토목

기사·산업기사 필기

응용역학

예문사

머리말 PREFACE

응용역학은 건설 분야의 모든 구조물의 구조 및 설계 계산에 기초가 되는 필수과목으로, 기사 · 산업기사, 공무원 임용 및 승진시험, 각종 공사의 입사시험 등에 포함된다. 이 책은 시험에서 도움이 되도록 최근 기출문제를 중심으로 분석 및 해설을 하였고, 출제경향을 파악한 후 시험에 응시하는 수험생의 관점에서 문제를 가장 쉽게 이해하고 해결해 나갈 수 있도록 다음과 같이 구성하였다.

❶ 짧은 시간에 기초적인 내용을 쉽게 이해하고 문제의 형식이 달라져도 공식을 적용할 수 있는 응용력을 키우는 데 최대의 역점을 두었다.

❷ 구체적으로 문제의 해설을 이해하는 데 도움이 되도록 각 단원별로 중요한 내용을 고딕체로 진하게 표시하거나 박스 처리하였고 기본예제와 핵심문제의 해설을 자세히 설명하였다.

❸ 이론 내용 부분 중 중요한 공식은 박스 처리하여 쉽게 알아보고 암기할 수 있도록 하였다.

❹ 각 파트마다 기출문제를 완전 분석한 후 기초문제부터 응용문제까지 난이도별로 적절히 배치하여 수험생이 쉽게 이해하고 응용할 수 있도록 해설과 특기사항을 명시하여 학습효과를 높이는 데 중점을 두었다.

이러한 노력에도 불구하고 미진한 점이 없지 않을 것인데, 이에 대해서는 추후 더 나은 방향으로 개정할 것을 약속드리며, 본 교재를 완성하기까지 각고의 노력을 기울이신 도서출판 예문사에 감사드린다.

저자 이 관 석

출제기준 INFORMATION

■ 토목기사

• 직무분야 : 건설	• 중직무분야 : 토목	• 자격종목 : 토목기사	• 적용기간 : 2026.1.1. ~ 2027.12.31.
• 직무내용 : 도로, 공항, 철도, 하천, 교량, 댐, 터널, 상하수도, 사면, 항만 및 해양시설물 등 다양한 건설사업을 계획, 설계, 시공, 관리 등을 수행			
• 필기검정방법 : 객관식	• 문제수 : 120	• 시험시간 : 3시간	

필기과목명	문제수	주요항목	세부항목	세세항목
응용역학	20	1. 역학적인 개념 및 건설 구조물의 해석	1. 힘과 모멘트	1. 힘 2. 모멘트
			2. 단면의 성질	1. 단면 1차 모멘트와 도심 2. 단면 2차 모멘트 3. 단면 상승 모멘트 4. 회전반경 5. 단면계수
			3. 재료의 역학적 성질	1. 응력과 변형률 2. 탄성계수
			4. 정정보	1. 보의 반력 2. 보의 전단력 3. 보의 휨모멘트 4. 보의 영향선 5. 정정보의 종류
			5. 보의 응력	1. 휨응력 2. 전단응력
			6. 보의 처짐	1. 보의 처짐 2. 보의 처짐각 3. 기타 처짐 해법
			7. 기둥	1. 단주 2. 장주
			8. 정정트러스(Truss), 라멘(Rahmen), 아치(Arch), 케이블(Cable)	1. 트러스 2. 라멘 3. 아치 4. 케이블
			9. 구조물의 탄성변형	1. 탄성변형
			10. 부정정 구조물	1. 부정정 구조물의 개요 2. 부정정 구조물의 판별 3. 부정정 구조물의 해법

필기과목명	문제수	주요항목	세부항목	세세항목
측량학	20	1. 측량학 일반	1. 측량기준 및 오차	1. 측지학개요 2. 좌표계와 측량원점 3. 측량의 오차와 정밀도
			2. 국가기준점	1. 국가기준점 개요 2. 국가기준점 현황
		2. 평면기준점 측량	1. 위성측위시스템(GNSS)	1. 위성측위시스템(GNSS) 개요 2. 위성측위시스템(GNSS) 활용
			2. 삼각측량	1. 삼각측량의 개요 2. 삼각측량의 방법 3. 수평각 측정 및 조정 4. 변장계산 및 좌표계산 5. 삼각수준측량 6. 삼변측량
			3. 다각측량	1. 다각측량 개요 2. 다각측량 외업 3. 다각측량 내업 4. 측점전개 및 도면작성
		3. 수준점측량	1. 수준측량	1. 정의, 분류, 용어 2. 야장기입법 3. 종 · 횡단측량 4. 수준망 조정 5. 교호수준측량
		4. 응용측량	1. 지형측량	1. 지형도 표시법 2. 등고선의 일반개요 3. 등고선의 측정 및 작성 4. 공간정보의 활용
			2. 면적 및 체적 측량	1. 면적계산 2. 체적계산
			3. 노선측량	1. 중심선 및 종횡단 측량 2. 단곡선 설치와 계산 및 이용방법 3. 완화곡선의 종류별 설치와 계산 및 이용방법 4. 종곡선 설치와 계산 및 이용방법
			4. 하천측량	1. 하천측량의 개요 2. 하천의 종횡단측량

출제기준 INFORMATION

필기과목명	문제수	주요항목	세부항목	세세항목
수리학 및 수문학	20	1. 수리학	1. 물의 성질	1. 점성계수 2. 압축성 3. 표면장력 4. 증기압
			2. 정수역학	1. 압력의 정의 2. 정수압 분포 3. 정수력 4. 부력
			3. 동수역학	1. 오일러방정식과 베르누이식 2. 흐름의 구분 3. 연속방정식 4. 운동량방정식 5. 에너지 방정식
			4. 관수로	1. 마찰손실 2. 기타 손실 3. 관망 해석
			5. 개수로	1. 전수두 및 에너지 방정식 2. 효율적 흐름 단면 3. 비에너지 4. 도수 5. 점변 부등류 6. 오리피스 7. 위어
			6. 지하수	1. Darcy의 법칙 2. 지하수 흐름 방정식
			7. 해안 수리	1. 파랑 2. 항만구조물
		2. 수문학	1. 수문학의 기초	1. 수문 순환 및 기상학 2. 유역 3. 강수 4. 증발산 5. 침투
			2. 주요 이론	1. 지표수 및 지하수 유출 2. 단위 유량도 3. 홍수추적 4. 수문통계 및 빈도 5. 도시 수문학
			3. 응용 및 설계	1. 수문모형 2. 수문조사 및 설계

필기과목명	문제수	주요항목	세부항목	세세항목
철근 콘크리트 및 강구조	20	1. 콘크리트 및 강구조	1. 철근콘크리트	1. 설계일반 2. 설계하중 및 하중조합 3. 휨과 압축 4. 전단과 비틀림 5. 철근의 정착과 이음 6. 슬래브, 벽체, 기초, 옹벽, 라멘, 아치 등의 구조물 설계
			2. 프리스트레스트 콘크리트	1. 기본개념 및 재료 2. 도입과 손실 3. 휨부재 설계 4. 전단 설계 5. 슬래브 설계
			3. 강구조	1. 기본개념 2. 인장 및 압축부재 3. 휨부재 4. 접합 및 연결
토질 및 기초	20	1. 토질역학	1. 흙의 물리적 성질과 분류	1. 흙의 기본성질 2. 흙의 구성 3. 흙의 입도분포 4. 흙의 소성특성 5. 흙의 분류
			2. 흙속에서의 물의 흐름	1. 투수계수 2. 물의 2차원 흐름 3. 침투와 파이핑
			3. 지반 내의 응력분포	1. 지중응력 2. 유효응력과 간극수압 3. 모관현상 4. 외력에 의한 지중응력 5. 흙의 동상 및 융해
			4. 압밀	1. 압밀이론 2. 압밀시험 3. 압밀도 4. 압밀시간 5. 압밀침하량 산정
			5. 흙의 전단강도	1. 흙의 파괴이론과 전단강도 2. 흙의 전단특성 3. 전단시험 4. 간극수압계수 5. 응력경로
			6. 토압	1. 토압의 종류 2. 토압 이론 3. 구조물에 작용하는 토압 4. 옹벽 및 보강토옹벽의 안정

출제기준 INFORMATION

필기과목명	문제수	주요항목	세부항목	세세항목
토질 및 기초	20	1. 토질역학	7. 흙의 다짐	1. 흙의 다짐특성 2. 흙의 다짐시험 3. 현장다짐 및 품질관리
			8. 사면의 안정	1. 사면의 파괴거동 2. 사면의 안정해석 3. 사면안정 대책공법
			9. 지반조사 및 시험	1. 시추 및 시료 채취 2. 원위치 시험 및 물리탐사 3. 토질시험
		2. 기초공학	1. 기초일반	1. 기초일반 2. 기초의 형식
			2. 얕은기초	1. 지지력 2. 침하
			3. 깊은기초	1. 말뚝기초 지지력 2. 말뚝기초 침하 3. 케이슨기초
			4. 연약지반개량	1. 사질토 지반개량공법 2. 점성토 지반개량공법 3. 기타 지반개량공법
상하수도 공학	20	1. 상수도 계획	1. 상수도 시설 계획	1. 상수도의 구성 및 계통 2. 계획급수량의 산정 3. 수원 4. 수질기준
			2. 상수관로 시설	1. 도수, 송수계획 2. 배수, 급수계획 3. 펌프장 계획
			3. 정수장 시설	1. 정수방법 2. 정수시설 3. 배출수 처리시설
		2. 하수도 계획	1. 하수도 시설계획	1. 하수도의 구성 및 계통 2. 하수의 배제방식 3. 계획하수량의 산정 4. 하수의 수질
			2. 하수관로 시설	1. 하수관로 계획 2. 펌프장 계획 3. 우수조정지 계획
			3. 하수처리장 시설	1. 하수처리 방법 2. 하수처리 시설 3. 오니(Sludge)처리 시설

■ 토목산업기사

• 직무분야 : 건설	• 중직무분야 : 토목	• 자격종목 : 토목산업기사	• 적용기간 : 2026.1.1. ~ 2027.12.31.
• 직무내용 : 도로, 공항, 철도, 하천, 교량, 댐, 터널, 상하수도, 사면, 항만 및 해양시설물 등 다양한 건설사업을 계획, 설계, 시공, 관리 등을 수행			
• 필기검정방법 : 객관식	• 문제수 : 60	• 시험시간 : 1시간 30분	

필기과목명	문제수	주요항목	세부항목	세세항목
구조설계	20	1. 역학적인 개념 및 건설 구조물의 해석	1. 힘과 모멘트	1. 힘 2. 모멘트
			2. 단면의 성질	1. 단면 1차 모멘트와 도심 2. 단면 2차 모멘트 3. 단면 상승 모멘트 4. 회전반경 5. 단면계수
			3. 재료의 역학적 성질	1. 응력과 변형률 2. 탄성계수
			4. 정정구조물	1. 반력 2. 전단력 3. 휨모멘트
			5. 보의 응력	1. 휨응력 2. 전단응력
			6. 보의 처짐	1. 보의 처짐 2. 보의 처짐각 3. 기타 처짐 해법
			7. 기둥	1. 단주 2. 장주
		2. 철근콘크리트 및 강구조	1. 철근콘크리트	1. 설계일반 2. 설계하중 및 하중조합 3. 휨과 압축 4. 전단 5. 철근의 정착과 이음 6. 슬래브, 벽체, 기초, 옹벽 등의 구조물 설계
			2. 프리스트레스트 콘크리트	1. 기본개념 및 재료 2. 도입과 손실
			3. 강구조	1. 기본개념 2. 인장 및 압축부재 3. 휨부재 4. 접합 및 연결

출제기준 INFORMATION

필기과목명	문제수	주요항목	세부항목	세세항목
측량 및 토질	20	1. 측량학 일반	1. 측량기준 및 오차	1. 측지학개요 2. 좌표계와 측량원점 3. 국가기준점 4. 측량의 오차와 정밀도
		2. 기준점 측량	1. 위성측위시스템(GNSS)	1. 위성측위시스템(GNSS) 개요 2. 위성측위시스템(GNSS) 활용
			2. 삼각측량	1. 삼각측량의 개요 2. 삼각측량의 방법 3. 수평각 측정 및 조정
			3. 다각측량	1. 다각측량 개요 2. 다각측량 외업 3. 다각측량 내업
			4. 수준측량	1. 정의, 분류, 용어 2. 야장기입법 3. 교호수준측량
		3. 응용측량	1. 지형측량	1. 지형도 표시법 2. 등고선의 일반개요 3. 등고선의 측정 및 작성 4. 공간정보의 활용
			2. 면적 및 체적 측량	1. 면적계산 2. 체적계산
			3. 노선측량	1. 노선측량 개요 및 방법(추가) 2. 중심선 및 종횡단 측량 3. 단곡선 계산 및 이용방법 4. 완화곡선의 종류 및 특성 5. 종곡선의 종류 및 특성
			4. 하천측량	1. 하천측량의 개요 2. 하천의 종횡단측량
		4. 토질역학	1. 흙의 물리적 성질과 분류	1. 흙의 기본성질 2. 흙의 구성 3. 흙의 입도분포 4. 흙의 소성특성 5. 흙의 분류
			2. 흙속에서의 물의 흐름	1. 투수계수 2. 물의 2차원 흐름 3. 침투와 파이핑

필기과목명	문제수	주요항목	세부항목	세세항목
측량 및 토질	20	4. 토질역학	3. 지반 내의 응력분포	1. 지중응력 2. 유효응력과 간극수압 3. 모관현상
			4. 흙의 압밀	1. 압밀이론 2. 압밀시험 3. 압밀도
			5. 흙의 전단강도	1. 흙의 파괴이론과 전단강도 2. 흙의 전단특성 3. 전단시험 4. 간극수압계수
			6. 토압	1. 토압의 종류 2. 토압 이론
			7. 흙의 다짐	1. 흙의 다짐특성 2. 흙의 다짐시험
			8. 사면의 안정	1. 사면의 파괴거동
		5. 기초공학	1. 기초일반	1. 기초일반 2. 기초의 종류 및 특성
			2. 지반조사	1. 시추 및 시료 채취 2. 원위치 시험 및 물리탐사
			3. 얕은기초와 깊은기초	1. 지지력 2. 침하
			4. 연약지반개량	1. 사질토 지반개량공법 2. 점성토 지반개량공법 3. 기타 지반개량공법
수자원설계	20	1. 수리학	1. 물의 성질	1. 점성계수 2. 압축성 3. 표면장력 4. 증기압
			2. 정수역학	1. 압력의 정의 2. 정수압 분포 3. 정수력 4. 부력
			3. 동수역학	1. 오일러방정식과 베르누이식 2. 흐름의 구분 3. 연속방정식 4. 운동량방정식 5. 에너지 방정식

출제기준 INFORMATION

필기과목명	문제수	주요항목	세부항목	세세항목
수자원설계	20	1. 수리학	4. 관수로	1. 마찰손실 2. 기타 손실 3. 관망 해석
			5. 개수로	1. 효율적 흐름 단면 2. 비에너지 및 도수 3. 점변 부등류 4. 오리피스 및 위어
		2. 상수도계획	1. 상수도 시설 계획	1. 상수도의 구성 및 계통 2. 계획급수량의 산정 3. 수원 4. 수질기준
			2. 상수관로 시설	1. 도수, 송수계획 2. 배수, 급수계획 3. 펌프장 계획
			3. 정수장 시설	1. 정수방법 2. 정수시설 3. 배출수 처리시설
		3. 하수도계획	1. 하수도 시설계획	1. 하수도의 구성 및 계통 2. 하수의 배제방식 3. 계획하수량의 산정 4. 하수의 수질
			2. 하수관로 시설	1. 하수관로 계획 2. 펌프장 계획 3. 우수조정지 계획
			3. 하수처리장 시설	1. 하수처리 방법 2. 하수처리 시설 3. 오니(Sludge)처리 시설

이책의 **차례** CONTENTS

PART 01 이론편

CHAPTER 01 정역학의 기초

CHAPTER 02 단면의 성질

CHAPTER 03 판별식

CHAPTER 04 정정보

이책의 차례 CONTENTS

이책의 차례 CONTENTS

CHAPTER 12 부정정보

PART 02 단원별 기사 · 산업기사 기출문제(2010~2022년)

부록 I 단원별 기사 · 산업기사 기출문제 (2023~2025년)

부록 II 과년도 출제문제 (2024~2025년)

부록 III 응용역학 꿀 TIP

※ 토목기사는 2022년 3회, 토목산업기사는 2020년 4회 시험부터 CBT(Computer-Based Test)로 전면 시행되었습니다.

PART 1

이론편

A P P L I E D M E C H A N I C S

정역학의 기초

01 힘(Force)

1. 정의

힘(Force)은 정지하고 있는 물체를 움직이게 하거나 움직이는 물체의 방향이나 속도를 변화시키는 원인으로 크기와 방향을 가지는 벡터(Vector)양으로 표시한다.

2. 힘의 단위

(1) 물리학(절대단위)

① 1dyne : 1g의 물체에 1cm/sec^{2}의 속도를 가한 힘(g · cm/sec^2)

② 1Newton : 1kg의 무게에 1m/sec^{2}의 속도를 가한 힘(kg · m/sec^2)

(2) 응용역학(중력단위) : 1tf(1ton force : 1t 힘)

중량을 힘의 단위로 사용한다.(t, kg 등)

3. 힘의 3요소

(1) 크기 : 선분길이로 표시(l)

(2) 방향 : 화살표와 선분기울기인 각도로 표시(θ)

(3) 작용점 : 좌표로 표시(x, y)

※ 작용선 : 힘의 방향을 연장한 선(L)

‖ (그림 1) 힘의 3요소 ‖

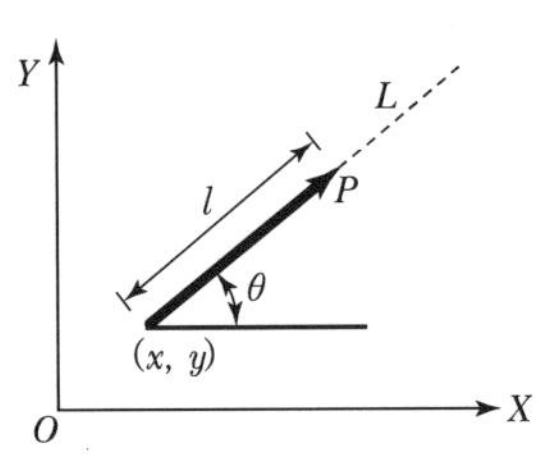

‖ (그림 2) 힘의 표시법 ‖

02 힘의 합성과 분해

1. 한 점에 작용하는 두 힘의 합성

(1) 도해법

① 합력

$$R^2=(\overline{AB}+\overline{BD})^2+\overline{CD}^2=(P_1+P_2\cos\alpha)^2+(P_2\sin\alpha)^2$$

$$=P_1^2+2P_1P_2\cos\alpha+P_2^2\sin^2\alpha+P_2\cos^2\alpha$$

$$=P_1^2+P_2^2(\sin^2\alpha+\cos^2\alpha)+2P_1P_2\cos\alpha$$

$$=P_1^2+P_2^2+2P_1P_2\cos\alpha \quad * \ (\sin^2\alpha+\cos^2\alpha=1)$$

$$\therefore\ R=\sqrt{P_1^2+P_2^2+2P_1P_2\cos\alpha}$$

② 합력의 방향(합력 R과 AB가 이루는 각)

$$\tan\theta=\frac{\overline{CD}}{\overline{AB}+\overline{BD}}=\frac{P_2\sin\alpha}{P_1+P_2\cos\alpha}$$

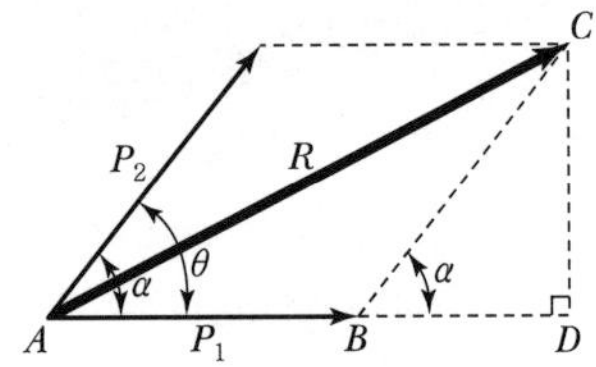

‖ (그림 3) 힘의 합성 ‖

01 힘의 3요소를 가장 옳게 설명한 것은?

① 벡터양으로 표시한다.
② 스칼라양으로 표시한다.
③ 벡터양과 스칼라양으로 표시한다.
④ 벡터양과 스칼라양으로 표시할 수 없다.

물리량의 표현
㉠ 스칼라양 : 크기만을 갖는 물리량으로 길이, 질량, 속력 등이 있다.
㉡ 벡터양 : 크기와 방향을 갖는 물리량으로 변위, 무게, 속도, 가속도, 힘 등이 있다.

02 아래 그림과 같이 60°의 각도를 이루는 두 힘 P_1, P_2가 작용할 때 합력 R의 크기는?

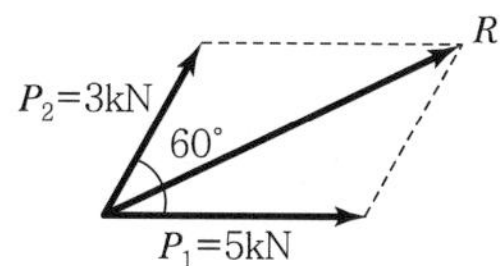

① 7kN　② 8kN
③ 9kN　④ 10kN

$R = \sqrt{P_1^2 + P_2^2 + 2P_1P_2\cos\alpha}$
$= \sqrt{5^2 + 3^2 + 2\times5\times3\times\cos60°} = 7\text{kN}$

03 그림에서 두 힘($P_1 = 50\text{kN}$, $P_2 = 40\text{kN}$)에 대한 합력(R)의 크기와 방향(θ) 값은?

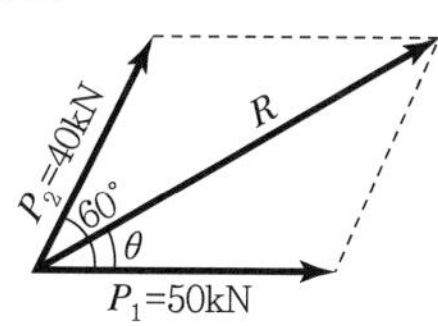

① $R=78.10\text{kN}$, $\theta=26.3°$
② $R=78.10\text{kN}$, $\theta=28.5°$
③ $R=86.97\text{kN}$, $\theta=26.3°$
④ $R=86.97\text{kN}$, $\theta=28.5°$

㉠ $R= \sqrt{P_1^2+P_2^2+2P_1\cdot P_2\cos\alpha}$
$= \sqrt{(50)^2+(40)^2+2\times50\times40\times\cos60}$
$=78.10\text{kN}$

㉡ $\tan\theta = \dfrac{P_2\sin\alpha}{P_1+P_2\cos\alpha}$

$\theta = \tan^{-1}\dfrac{P_2\sin\alpha}{P_1+P_2\cos\alpha}$

$= \tan^{-1}\dfrac{40\sin60}{50+40\cos60}$

$= \tan^{-1}\dfrac{34.64}{70} = \tan^{-1}(0.49)$

$\theta = 26.3°$

04 5kN과 8kN인 두 힘의 합력(R)이 10kN일 때 두 힘 사이의 각 α는?

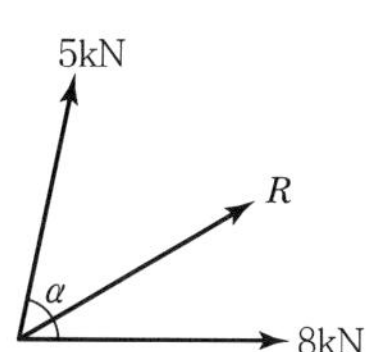

① 82.1°　② 83.8°
③ 51.3°　④ 67.0°

$R= \sqrt{5^2+8^2+2\times5\times8\times\cos\alpha} = 10$
$\cos\alpha = 0.1375$
$\therefore\ \alpha \fallingdotseq 82.1°$

정답 01 ① 02 ① 03 ① 04 ①

2. 일점에 작용하는 여러 힘의 합성

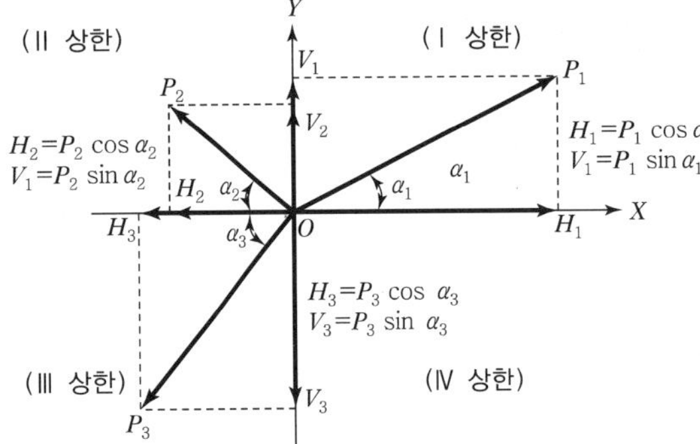

‖ (그림 3) 일점에 작용하는 여러 힘의 합성(해석법) ‖

① 수평분력의 합

$$\Sigma H = H_1 + H_2 + H_3$$
$$= P_1\cos\alpha_1 - P_2\cos\alpha_2 - P_3\cos\alpha_3$$

② 수직분력의 합

$$\Sigma V = V_1 + V_2 + V_3$$
$$= P_1\sin\alpha_1 + P_2\sin\alpha_2 - P_3\sin\alpha_3$$

③ 합력

$$R = \sqrt{(\Sigma H)^2 + (\Sigma V)^2}$$

④ 합력의 위치와 방향

㉠ 합력의 위치

ΣH와 ΣV의 부호에 따라 결정한다.

㉡ 합력의 방향

$$\tan\theta = \frac{\Sigma V}{\Sigma H}$$

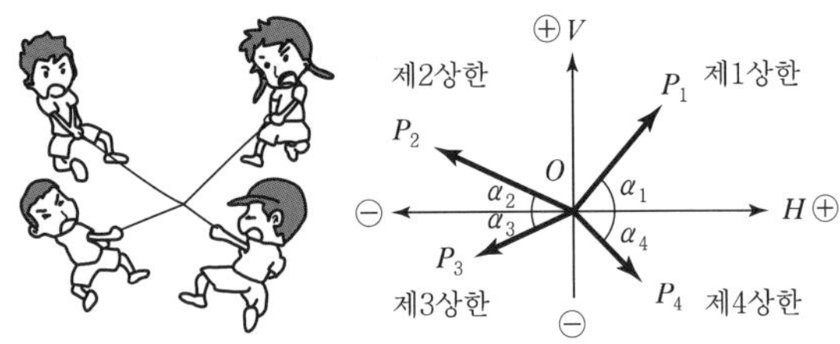

‖ (그림 4) 힘의 분력 부호 ‖

3. 힘의 분해 및 사이각

(1) 힘의 분해

R과 사이각을 알고 P_1과 P_2로 분해할 때 sin법칙을 적용하면

$$\frac{P_1}{\sin\alpha} = \frac{R}{\sin\theta} = \frac{P_2}{\sin\beta}$$

$\therefore P_1 = \frac{\sin\alpha}{\sin\theta} \cdot R$ $\qquad$ $\therefore P_2 = \frac{\sin\beta}{\sin\theta} \cdot R$

즉, $\theta = 90°$일 때

$\therefore P_1 = R\cos\beta$ $\qquad$ $\therefore P_2 = R\sin\beta$

$\theta = 180-(\alpha+\beta)$

‖ (그림 5) 힘의 분해 및 사이각 ‖

(2) 힘의 사이각

P_1, R, P_2가 균형을 이루고 있을 때 cos 제2법칙을 적용하면

$$\cos\beta = \frac{R^2 + P_1^2 - P_2^2}{2R \cdot P_1}, \quad \cos\alpha = \frac{R^2 + P_2^2 - P_1^2}{2R \cdot P_2}, \quad \cos\theta = \frac{P_1^2 + P_2^2 - R^2}{2P_1 \cdot P_2}$$

05 다음 그림과 같이 한 점에 작용하는 세 힘의 합력의 크기는 얼마인가?

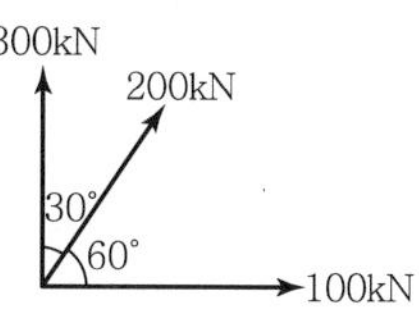

① 374.2kN ② 426.4kN
③ 513.7kN ④ 597.4kN

㉠ $\Sigma H = 100 + 200 \times \cos 60° = 200\text{kN}(\rightarrow)$
㉡ $\Sigma V = 300 + 200 \times \sin 60° \fallingdotseq 473\text{kN}(\uparrow)$
㉢ 합력 $R = \sqrt{\Sigma H^2 + \Sigma V^2} = \sqrt{200^2 + 473^2}$
$= 513.7\text{kN}$

06 다음 그림에 표시된 힘들의 x방향의 합력은 약 얼마인가?

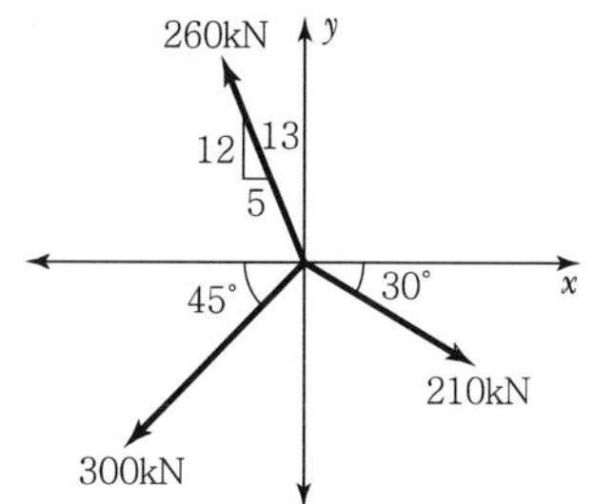

① 55kN(←) ② 77kN(→)
③ 122kN(→) ④ 130kN(←)

$\Sigma H = -260 \times \frac{5}{13} - 300 \times \cos 45° + 210 \times \cos 30°$
$= -100 - 212.16 + 181.87$
$= -130.3$
$= 130.3\text{kN}(\leftarrow)$

07 그림과 같이 $R = 90\text{kN}$의 힘을 $P_1 = 70\text{kN}$, $P_2 = 45\text{kN}$으로 분해할 때 β각의 크기는?

① 29°25′16″
② 49°49′47″
③ 54°20′15″
④ 60°40′24″

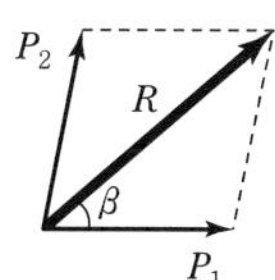

코사인 2법칙을 이용하면

$$\cos\beta = \frac{R^2 + P_1^2 - P_2^2}{2 \cdot R \cdot P_1}$$
$$= \frac{90^2 + 70^2 - 45^2}{2 \times 90 \times 70} = 0.87103$$
$$\beta = \cos^{-1}(0.87103) = 29°25'16''$$

08 합력 100kN이 2개의 분력 $P_1 = 80\text{kN}$, $P_2 = 50\text{kN}$으로 분해될 때 2개의 분력 P_1, P_2가 이루는 각은 몇 도인가?

① 70.7° ② 75.0°
③ 78.6° ④ 82.1°

$R^2 = P_1^2 + P_2^2 + 2 \cdot P_1 \cdot P_2 \cdot \cos\alpha$

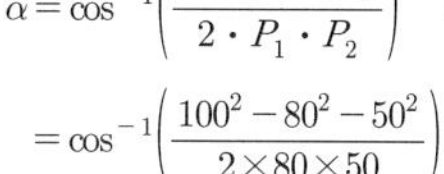

$$\alpha = \cos^{-1}\left(\frac{R^2 - P_1^2 - P_2^2}{2 \cdot P_1 \cdot P_2}\right)$$
$$= \cos^{-1}\left(\frac{100^2 - 80^2 - 50^2}{2 \times 80 \times 50}\right)$$
$$= 82.1°$$

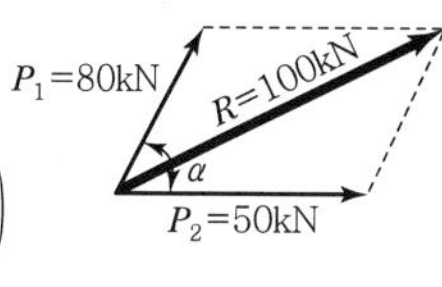

정답 05 ③ 06 ④ 07 ① 08 ④

03 모멘트(Moment)와 우력(Couple Force)

1. 모멘트(Moment)

(1) 정의 : 어떤 점을 기준으로 회전시키려고 하는 힘으로 구하는 점에서 힘의 방향에 내린 수선의 길이를 곱하면 된다.

$$M = P \times l$$

(2) 단위 : [kg · cm], [kg · m], [t · m] 등

(3) 부호 : 시계방향 ↱(+), 반시계방향 ↳(−)

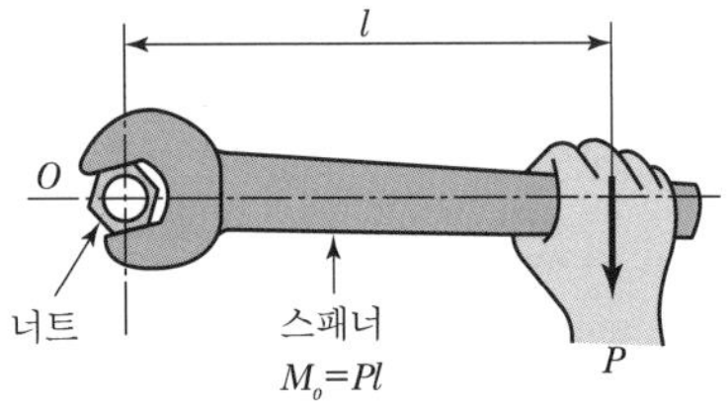

❙ (그림 6) 힘의 모멘트 ❙

2. 모멘트의 기하학적 의의

'힘의 모멘트의 힘의 크기를 밑변으로 하고, 모멘트 중심을 꼭지점으로 하는 삼각형 면적의 2배와 같다.'

즉, $M_o = P \times l,\ \ \triangle AOB = P \times l \times \frac{1}{2}$

$$\therefore\ M = 2\triangle AOB$$

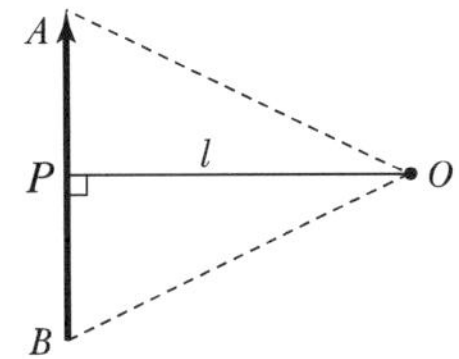

❙ (그림 7) 모멘트의 기하학적 의미 ❙

3. 바리뇽(Varignon)의 정리

(1) 정리 : 임의의 1점에 대한 분력모멘트 합은 그 점의 합력모멘트값과 같다.

(2) 적용 : 같은 방향으로 작용하는 힘의 합력 위치를 구할 때 사용된다.

① 여러 힘의 합력

$R = P_1 + P_2$

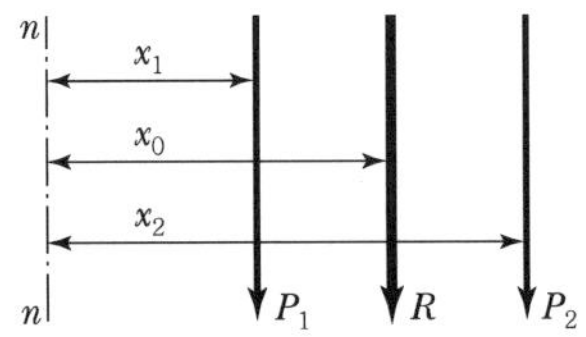

❙ (그림 8) 합력의 작용위치 ❙

② 바리뇽 정리를 기준선 $n-n$에 대해 적용하면

$P_1 \times x_1 + P_2 \times x_2 = R \times x_0$

$$\therefore\ x_0 = \frac{P_1 \cdot x_1 + P_2 \cdot x_2}{R}$$

4. 우력(짝힘)

(1) 정의 : 힘의 크기가 같고 방향이 서로 반대인 한 쌍의 나란한 힘

(2) 우력모멘트 : 우력에 대한 힘의 모멘트를 말함

$M_o = P_1 l_1 - P_2(l_1 + l)$

$= P_1 l_1 - P_2 l_1 - P_2 l$

$= -P_2 l (P_1 = P_2)$

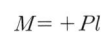

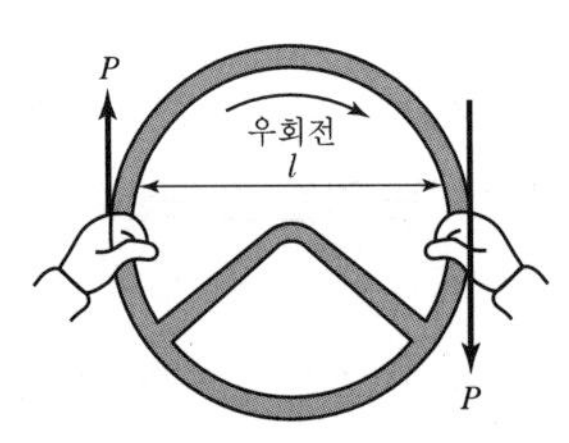

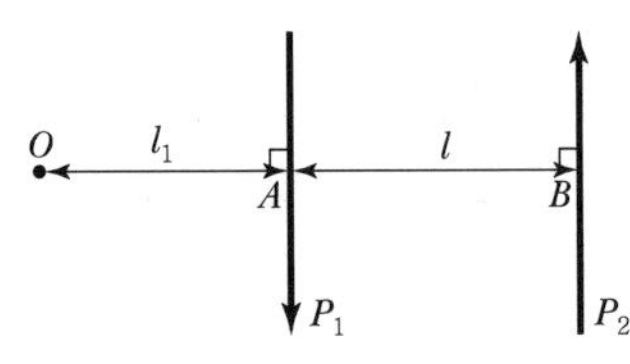

❙ (그림 9) 우력과 우력모멘트 ❙

09 다음 그림과 같이 O점에 P_1, P_2, P_3의 3힘이 작용하고 있을 때 점 A를 중심으로 한 모멘트의 크기는?

① 8kN · cm
② 10kN · cm
③ 15kN · cm
④ 18kN · cm

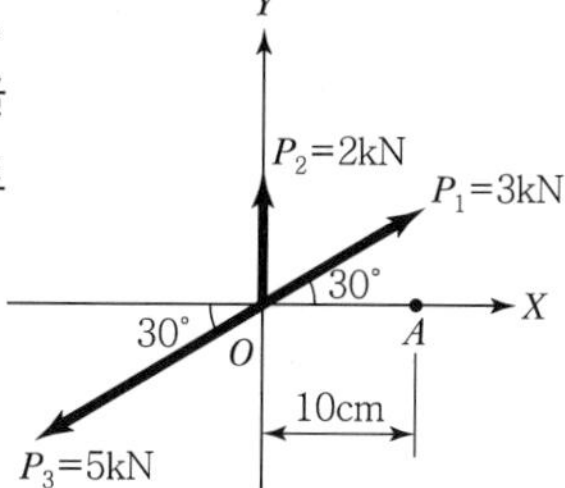

⊙ $M_A = -(5-3)\times 5 + 2\times 10$
$= -2\times 5 + 2\times 10$
$= 10\text{kN}\cdot\text{cm}$

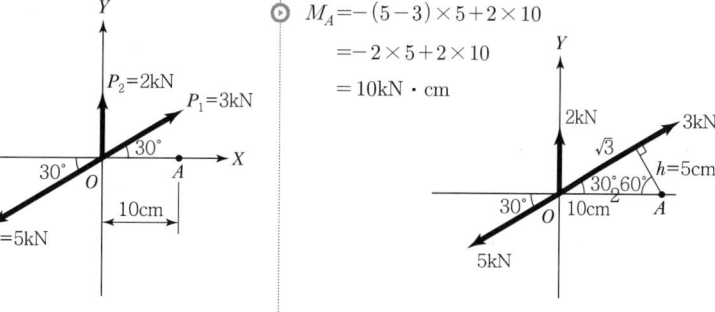

10 그림과 같이 10kN이 작용할 경우 A점에 대한 모멘트는? (단, 시계 방향을 정(+)으로 한다.)

① +44.64kN · m
② +37.32kN · m
③ −2.68kN · m
④ −3.26kN · m

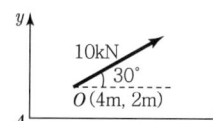

⊙ ㉠ $V = 10\text{kN}\times\sin 30° = 5\text{kN}$
㉡ $H = 10\text{kN}\times\cos 30° = 8.66\text{kN}$
㉢ $M_A = -5\text{kN}\times 4\text{m} + 8.66\text{kN}\times 2\text{m} = -2.68\text{kN}\cdot\text{m}$

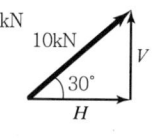

11 다음 그림과 같은 세 힘에 대한 합력(R)의 작용점은 O점에서 얼마의 거리에 있는가?

① 1m
② 2m
③ 3m
④ 4m

⊙ 바리뇽 정리
$M_o = -1\times 1 - 4\times 3 - 2\times 4 = Rx$
$-21 = -7x$
$\therefore x = 3\text{m}$

12 다음 그림에서와 같은 평행력(平行力)에 있어서 P_1, P_2, P_3, P_4의 합력의 위치는 O점에서 얼마의 거리에 있겠는가?

① 4.8m
② 5.4m
③ 5.8m
④ 6.0m

⊙ ㉠ 합력 $R = 8 + 4 - 6 + 10 = 16\text{kN}(\downarrow)$
㉡ $\Sigma M_o = 8\times 9 + 4\times 7 - 6\times 4 + 10\times 2 = R\cdot x$
$x = \frac{96}{R} = \frac{96}{16} = 6\text{m}(\leftarrow)$

13 그림과 같이 힘의 크기가 같고 작용 방향이 반대이며, 나란한 두 힘에 의하여 생기는 우력모멘트의 크기는 다음 중 어느 것인가?(단, 모멘트의 방향은 시계 방향을 (+), 반시계 방향을 (−)로 한다.)

① $M = P\cdot l$
② $M = -P\cdot l\cos\theta$
③ $M = P\cdot l\cos\theta$
④ $M = 2P\cdot l$

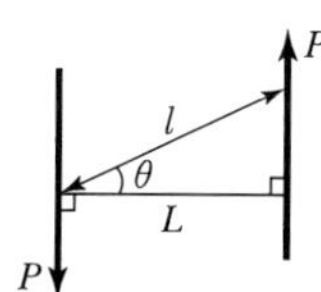

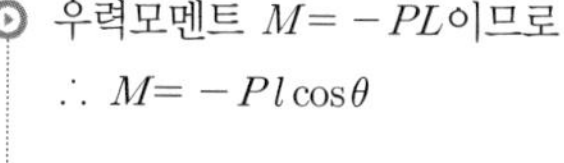

⊙ 우력모멘트 $M = -PL$이므로
$\therefore M = -Pl\cos\theta$

정답 09 ② 10 ③ 11 ③ 12 ④ 13 ②

04 힘의 평형

1. 정의

물체나 구조물에 여러 개의 힘이 작용하여 그 물체나 구조물이 이동하지 않거나 회전하지 않고 정지된 상태를 힘의 평형(균형)이라 한다.

힘의 평형(균형) 조건	역학적 조건
① 상하 수직방향으로 움직이지 않는다.	$\Sigma V=0$
② 좌우 수평방향으로 움직이지 않는다.	$\Sigma H=0$
③ 어떤 방향으로도 회전하지 않는다.	$\Sigma M=0$

2. 일점에 작용하는 여러 힘의 평형조건

(1) 도해적 조건 : 시력도(힘의 다각형)가 폐합해야 한다.($R=0$)

(2) 해석적 조건 : $\Sigma H=0,\quad \Sigma V=0$

3. 여러 점에 작용하는 여러 힘의 평형조건

(1) 도해적 조건 : 시력도와 연력도가 폐합해야 한다.($R=0$, $M=0$)

(2) 해석적 조건 : $\Sigma H=0,\quad \Sigma V=0,\quad \Sigma M=0$

>>> 기본예제

01 부양력 200kN인 기구가 수평선과 60°의 각으로 정지상태에 있을 때 기구의 끈에 작용하는 인장력(T)과 풍압(W)을 구하면?

① $T=220.94$kN, $W=105.47$kN
② $T=230.94$kN, $W=115.47$kN
③ $T=220.94$kN, $W=125.47$kN
④ $T=230.94$kN, $W=135.47$kN

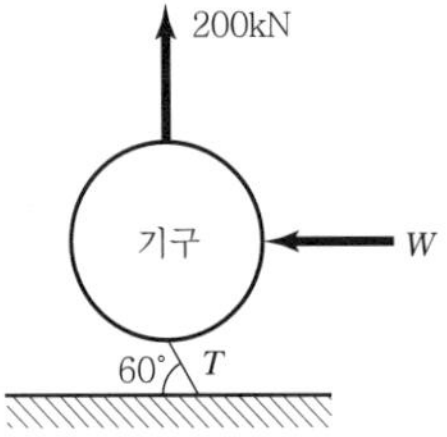

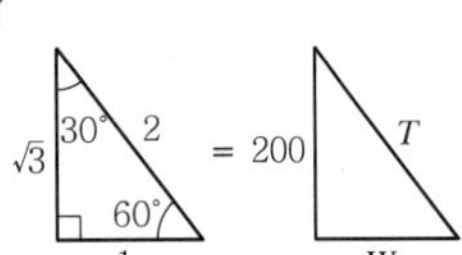

$$T=2\times\frac{200}{\sqrt{3}}=230.94\text{kN}$$

$$W=1\times\frac{200}{\sqrt{3}}=115.47\text{kN}$$

02 다음 그림과 같은 구조물의 BD 부재에 작용하는 힘의 크기는?

① 10kN　　② 12.5kN
③ 15kN　　④ 20kN

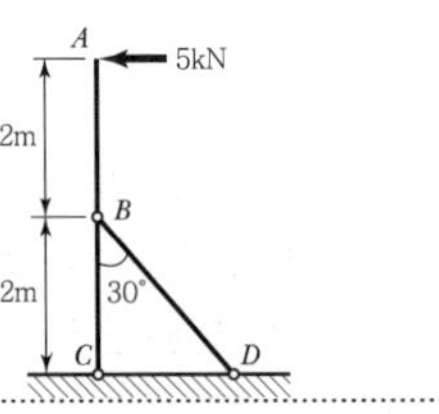

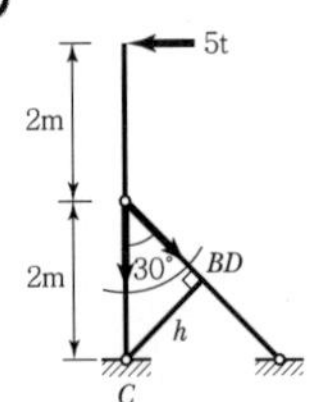

$\Sigma M_C=0$

$-5\times4+BD\times h=0$

$-20+BD\times 2\sin30°=0$

$-20+BD\times1=0$

$\therefore\ BD=20$kN

정답 01 ② 02 ④

14 $P=12\text{kN}$의 무게를 매달은 다음 그림과 같은 구조물에서 T_1이 받는 힘은?

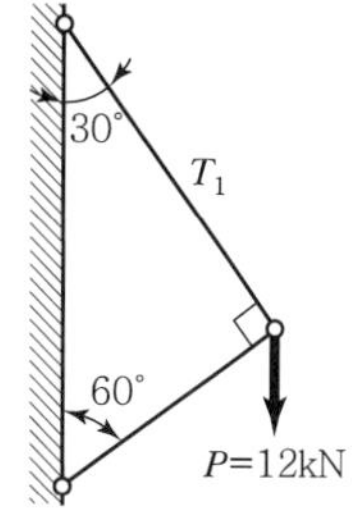

① 10.39kN(인장)
② 10.39kN(압축)
③ 6kN(인장)
④ 6kN(압축)

해설

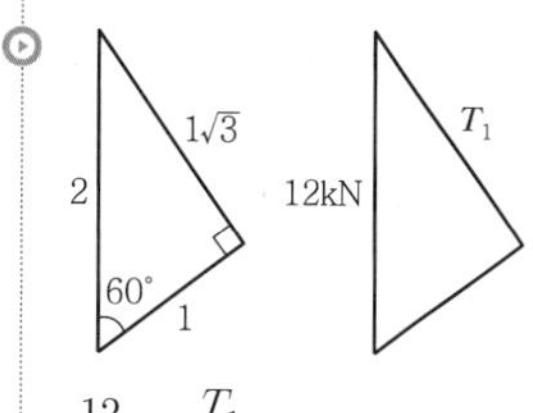

$$\frac{12}{2}=\frac{T_1}{\sqrt{3}}$$

$T_1=10.39\text{kN}$

15 다음 그림에서 지점 A와 C에서의 반력을 각각 R_A와 R_C라 고 할 때, R_A의 크기는?

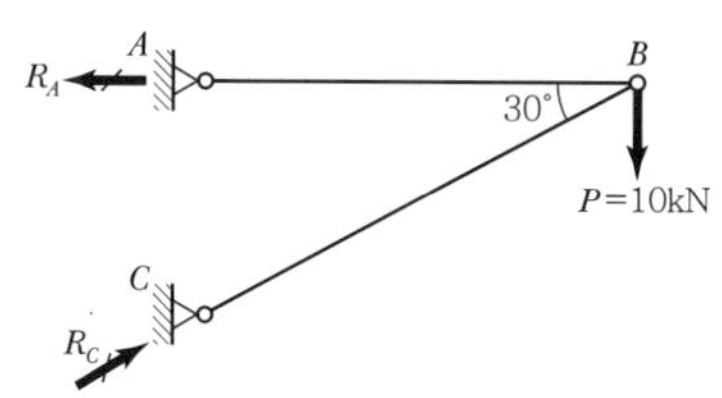

① 20kN ② 17.32kN
③ 10kN ④ 8.66kN

해설

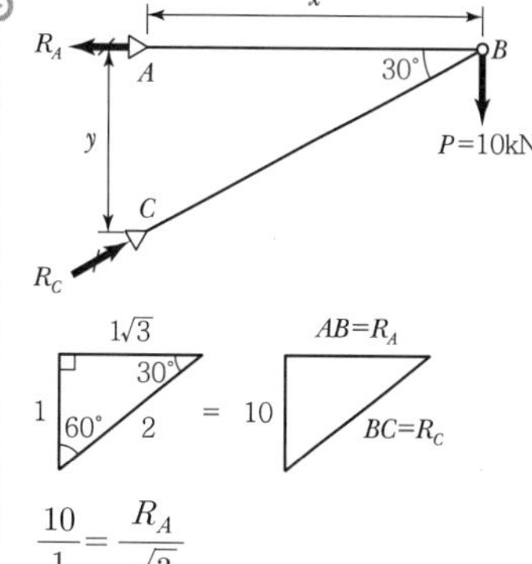

$$\frac{10}{1}=\frac{R_A}{\sqrt{3}}$$

$R_A=10\sqrt{3}=17.32$ (←)

16 다음 그림과 같은 세 개의 힘이 평형상태에 있다면 C점에서 작용하는 힘 P와 BC 사이의 거리 x는?

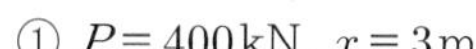
① $P=400\text{kN},\ x=3\text{m}$

② $P=300\text{kN},\ x=3\text{m}$
③ $P=400\text{kN},\ x=4\text{m}$
④ $P=300\text{kN},\ x=4\text{m}$

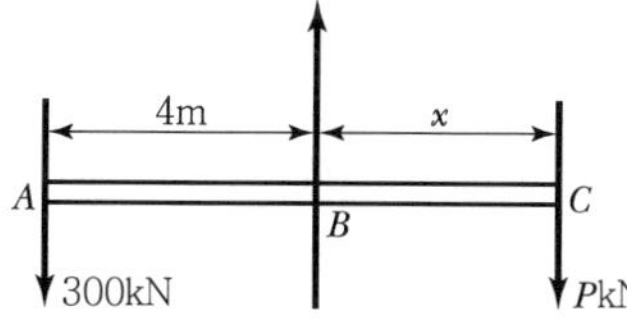

해설

㉠ $\Sigma V=-300+700-P=-0$

$\therefore\ P=400\text{kN}(\downarrow)$

㉡ $IM_A=0$

$-700\times 4+P(4+x)=0$

$-2{,}800+1{,}600+400x=0$

$$x=\frac{1{,}200}{400}=3\text{m}$$

17 그림과 같이 네 개의 힘이 평형 상태에 있다면 A점에 작용하는 힘 P와 AB 사이의 거리 x는?

① $P=400\text{kN},\ x=2.5\text{m}$
② $P=400\text{kN},\ x=3.6\text{m}$
③ $P=500\text{kN},\ x=2.5\text{m}$

④ $P=500\text{kN},\ x=3.2\text{m}$

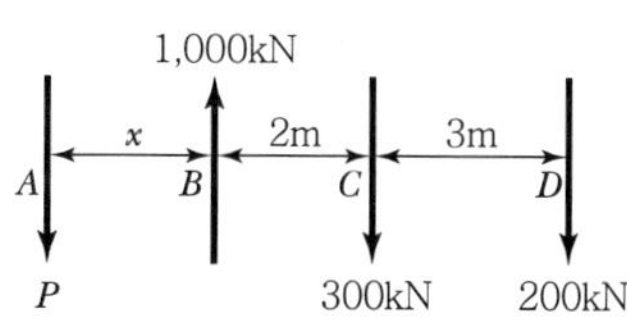

해설

㉠ $\Sigma V=-P+1{,}000-300-200=0$

$\therefore\ P=500\text{kN}(\downarrow)$

㉡ $\Sigma M_B=-500\times x+300\times 2+200\times 5=0$

$$\therefore\ x=\frac{600+1{,}000}{500}=3.2\text{m}$$

정답 14 ① 15 ② 16 ① 17 ④

4. 라미(Lami)의 정리

'한 점에 작용하는 3개의 힘이 평형을 이루고 있을 때, 이 3개의 힘이 동일 평면에 있으면 각각의 힘은 다른 2개의 힘 사이각의 sin에 정비례한다.'

$$\frac{P_1}{\sin(180° - \theta_1)} = \frac{P_2}{\sin(180° - \theta_2)} = \frac{P_3}{\sin(180° - \theta_3)}$$

$\sin(180° - \theta) = \sin\theta$

$$\boxed{\frac{P_1}{\sin\theta_1} = \frac{P_2}{\sin\theta_2} = \frac{P_3}{\sin\theta_3}}$$

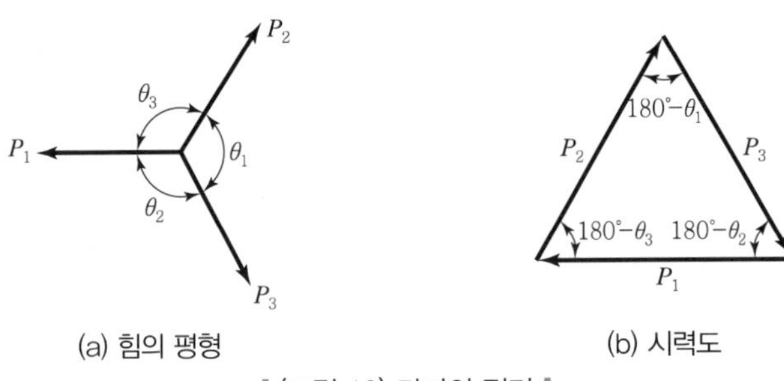

(a) 힘의 평형 (b) 시력도

‖ (그림 10) 라미의 정리 ‖

>>> 기본예제

01 그림과 같이 중량이 500kN 되는 물체가 로프에 지지되어 있을 때, 줄 AB 및 BC에 작용하는 힘은?

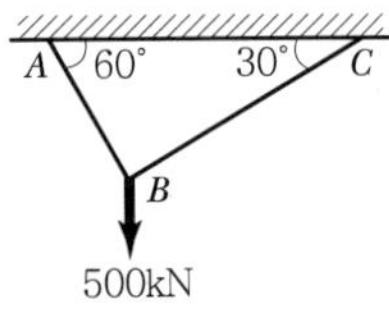

① AB=433kN, BC=220kN
② AB=433kN, BC=250kN
③ AB=443kN, BC=220kN
④ AB=443kN, BC=250kN

해설

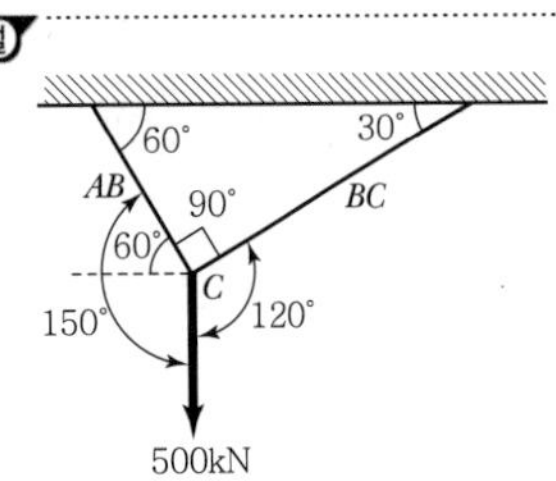

㉠ $\frac{AB}{\sin 120°} = \frac{500}{\sin 90°} = \frac{BC}{\sin 150°}$

㉡ $AB = \frac{500}{\sin 90°} \times \sin 120° ≒ 433\text{kN}$

㉢ $BC = \frac{500}{\sin 90°} \times \sin 150° = 250\text{kN}$

정답 01 ②

18 그림과 같이 무게 1,000kN의 물체가 두 부재 AC 및 BC로 써 지지되어 있을 때 각 부재에 작용하는 장력 T는?

① 696kN
② 707kN
③ 796kN
④ 807kN

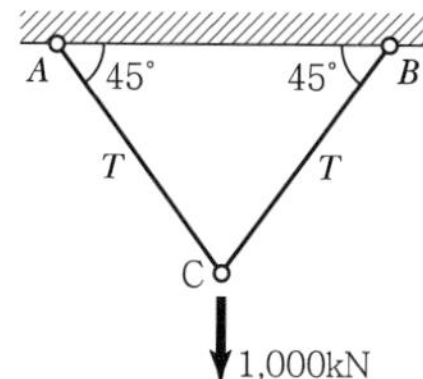

해설

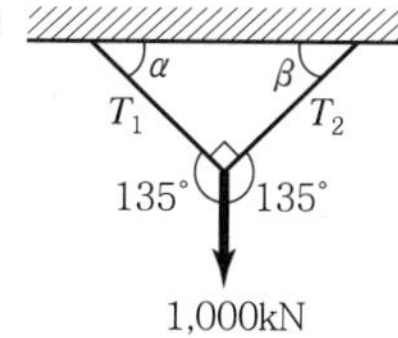

$d+\beta=90°$이면

$$T_1=T_2=P\sin45=1,000\times\frac{1}{\sqrt{2}}=707\text{kN}$$

19 그림과 같이 ABC의 중앙점에 10kN의 하중을 달았을 때 정지하였다면 장력 T의 값은 몇 kN인가?

① 10
② 8.66
③ 5
④ 15

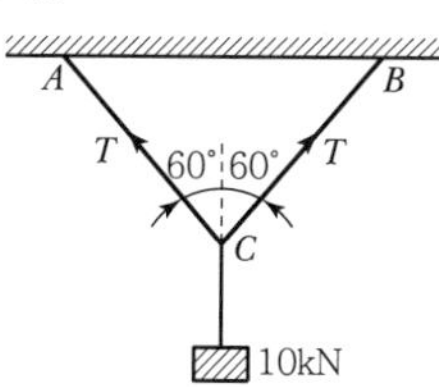

해설

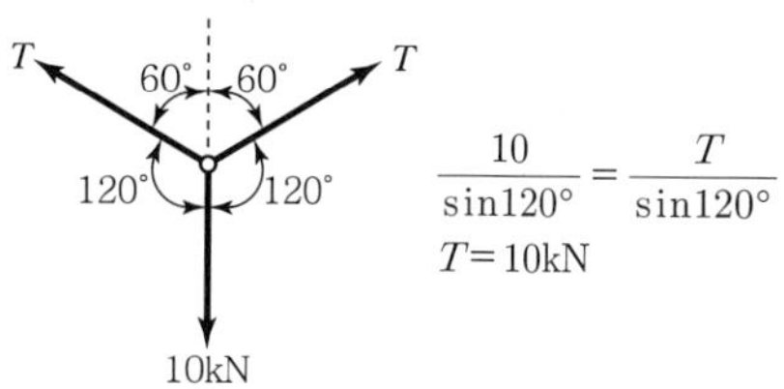

$$\frac{10}{\sin120°}=\frac{T}{\sin120°}$$

$T=10\text{kN}$

20 무게 1kN의 물체를 두 끈으로 늘어뜨렸을 때 한 끈이 받는 힘의 크기 순서가 옳은 것은?

① $B>A>C$
② $C>A>B$
③ $A>B>C$
④ $C>B>A$

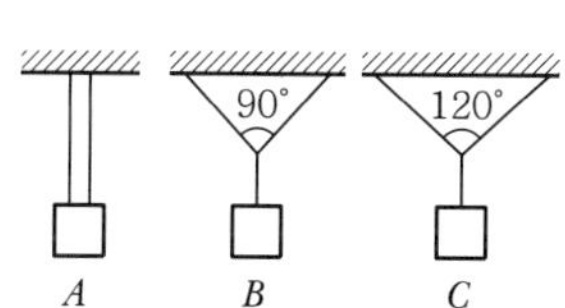

해설

〈공식〉

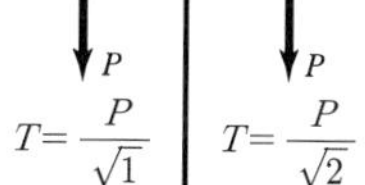
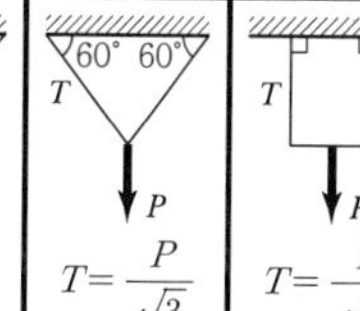

30° 30°	45° 45°	60° 60°	
$T=\frac{P}{\sqrt{1}}$	$T=\frac{P}{\sqrt{2}}$	$T=\frac{P}{\sqrt{3}}$	$T=\frac{P}{\sqrt{4}}$

$$C>B>A$$
$$\frac{w}{\sqrt{1}}\quad\frac{w}{\sqrt{2}}\quad\frac{w}{\sqrt{4}}$$

21 그림과 같이 중량 300kN인 물체가 끈에 매달려 지지되어 있을 때, 끈 AB와 BC에 작용되는 힘은?

① $AB=245\text{kN}$, $BC=180\text{kN}$
② $AB=260\text{kN}$, $BC=150\text{kN}$
③ $AB=275\text{kN}$, $BC=240\text{kN}$
④ $AB=230\text{kN}$, $BC=210\text{kN}$

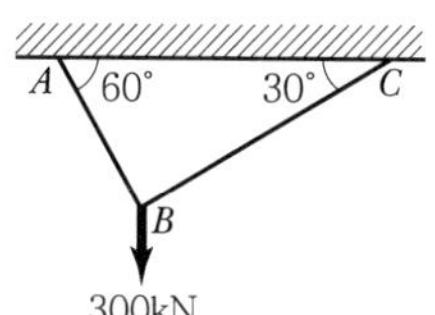

해설

$\alpha+\beta=90°$이면

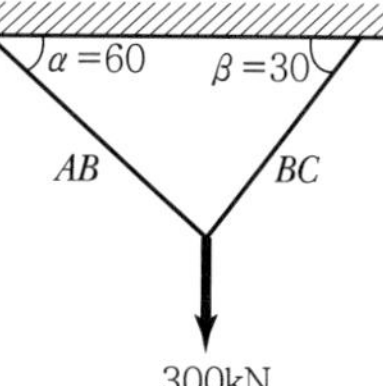

$AB=300\times\sin\alpha=300\times\sin60°=259.8\text{kN}$

$BC=300\times\sin\beta=300\times\sin30°=150\text{kN}$

정답 18 ② 19 ① 20 ④ 21 ②

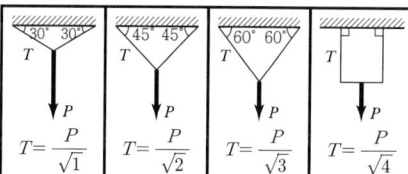

05 마찰(Friction)

1. 정의

두 물체가 접촉면에서 움직이거나 이동하려고 할 때, 두 물체 사이에서 상대적으로 활동에 대한 저항력이 발생되는데, 이것을 마찰(Friction)이라 한다.

2. 마찰력과 마찰계수

(1) 마찰력(F) : 물체의 무게 또는 수직반력에 비례한다.

$$F = f \times W = f \times P$$

(2) 평면 미끄럼 마찰(마찰각 : ϕ)

$$\tan\phi = \frac{F}{P} = f \text{ : (마찰계수)}$$

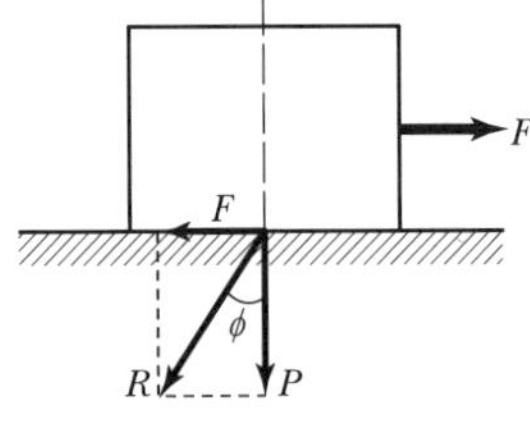

(그림 11) 평면 미끄럼 마찰

06 도르래(활차)

1. 고정 도르래

도르래 바퀴축은 이동하지 않고 바퀴만 회전하는 1종 지레의 역할을 하는 도르래

$\Sigma M_O = 0$

$P \times r - W \times r = 0$

$P \times r = W \times r$

$\therefore\ P = W$

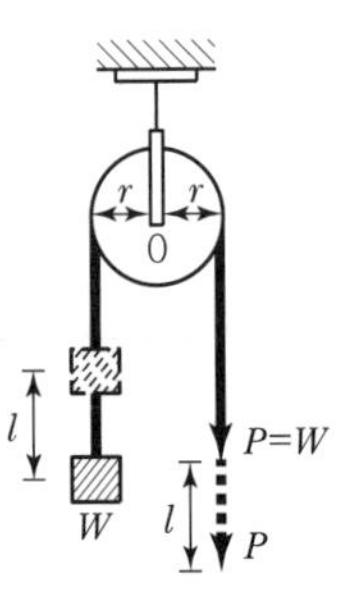

(그림 12) 고정 도르래

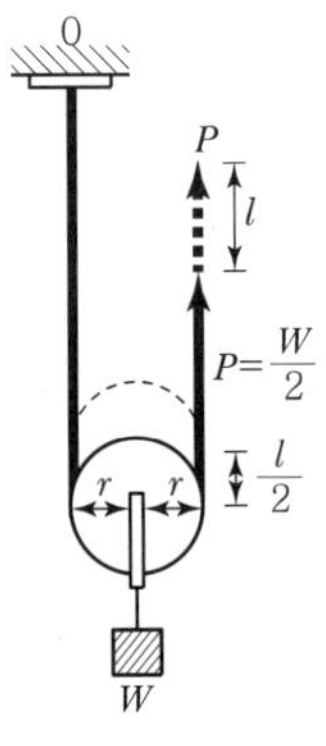

(그림 13) 움직이는 도르래

2. 움직이는 도르래

바퀴가 돌면서 축 자체도 동시에 움직이는 2종 지레의 역할을 하는 도르래

$\Sigma M_O = 0$

$-P \times 2r + W \times r = 0$

$W \times r = P \times 2r$

$\therefore\ W = 2P$

(그림 14) 복합 도르래

3. 복합 도르래

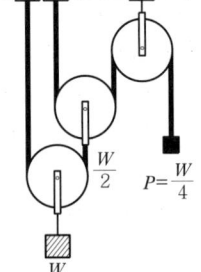

고정 도르래와 움직이는 도르래를 여러 가지 방법으로 결합한 도르래로 **체인블록**에 적용된다.

22 그림과 같은 30° 경사진 언덕에 40kN의 물체를 밀어 올릴 때 필요한 힘 P는 최소 얼마 이상이어야 하는가?(단, 마찰계수는 0.3이다.)

① 20.0kN
② 30.4kN
③ 34.6kN
④ 35.0kN

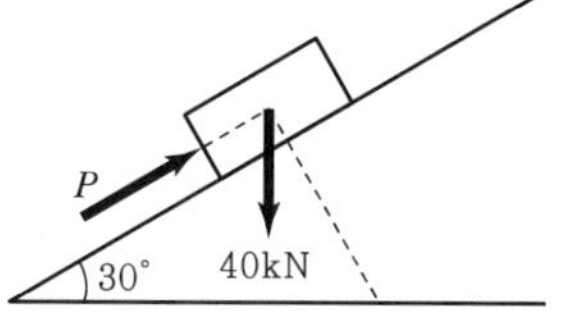

$P_1 = 20\text{kN}$

$P_2 = w \cdot \mu = (20\sqrt{3})(0.3) = 10.39\text{kN}$

$P = P_1 + P_2 = 20 + 10.39\text{kN} = 30.4\text{kN}$

23 다음 그림에서 블록 A를 뽑아내는 데 필요한 힘 P는 최소 얼마 이상이어야 하는가?(단, 블록과 접촉면과의 마찰계수 $\mu = 0.3$)

① 3kN 이상
② 6kN 이상
③ 9kN 이상
④ 12kN 이상

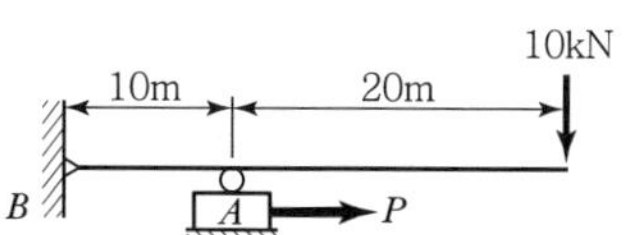

㉠ $\Sigma M_B = 10\text{kN} \times 30\text{m} = V_A \times 10\text{m} = 0$

$\therefore V_A = 30\text{kN}(\downarrow)$

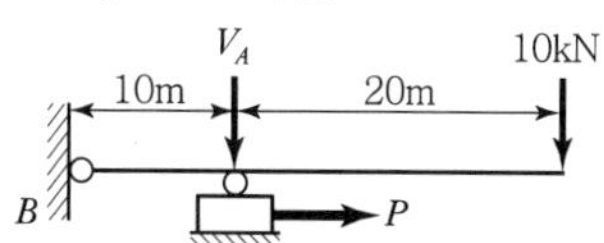

㉡ $P > V_A \times \mu = 30\text{kN} \times 0.3 = 9\text{kN}$

24 그림과 같이 로프의 중앙에 물체 W가 매달려 있을 때 α, P, W의 관계가 옳은 것은?(단, $0° < \alpha < 180°$)

① $P = \dfrac{W}{2}\sec\dfrac{\alpha}{2}$

② $P = \dfrac{W}{2}\sec\alpha$

③ $P = \dfrac{W}{2}\cos\dfrac{\alpha}{2}$

④ $P = \dfrac{W}{2}\cos\alpha$

$\Sigma V = 0$

$-W + P\cos\dfrac{\alpha}{2} \times 2 = 0$

$\therefore P = \dfrac{W}{2\cos\dfrac{\alpha}{2}} = \dfrac{W}{2}\sec\dfrac{\alpha}{2}$

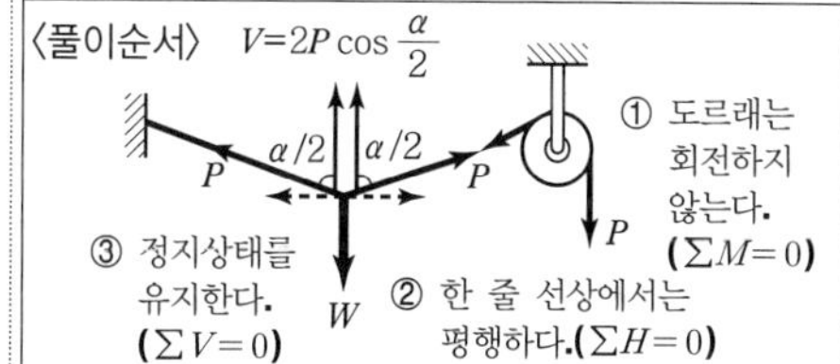

25 그림과 같이 반지름이 R, r인 A와 B의 활차를 고정시키고 C 활차에 달린 물체 W를 힘 P로 올린다면 P와 W의 관계식을 옳게 표시한 것은?

① $P = \dfrac{R-r}{R}W$

② $P = \dfrac{R-r}{2R}W$

③ $P = \dfrac{R}{R-r}W$

④ $P = \dfrac{2R}{R-r}W$

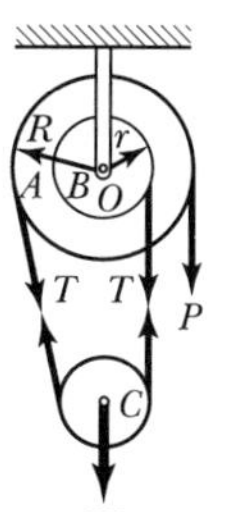

$\Sigma M_O = 0$

$P \times R - T \times R + T \times r = 0$

$\therefore P = \dfrac{(R-r)}{R}T$

$= \dfrac{(R-r)}{2R}W$

정답 22 ② 23 ③ 24 ① 25 ②

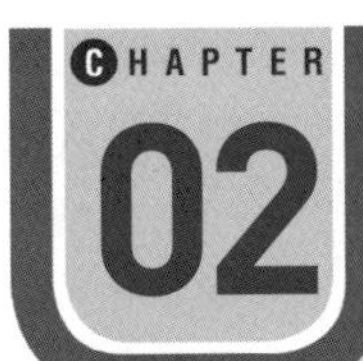

단면의 성질

01 단면1차모멘트(Geometrical Moment of Section)

1. 기본 단면의 도심위치

(1) 사각형, 평행사변형 : 도형의 대각선 교점

(2) 원형 : 두 지름의 교점(원의 중심)

(3) 삼각형 : 3중선의 교점(중선 : 각 2등분점과 상대변의 중점에 연결한 직선)

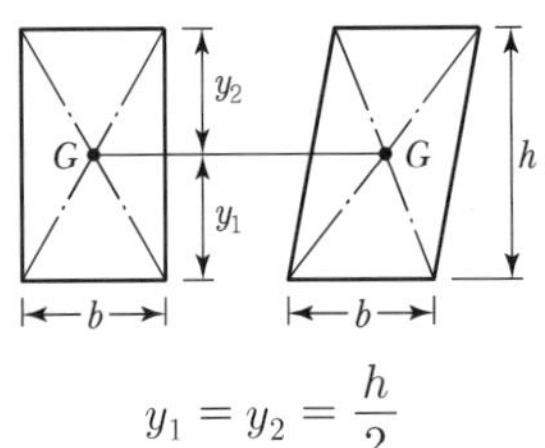

$$y_1 = y_2 = \frac{h}{2}$$

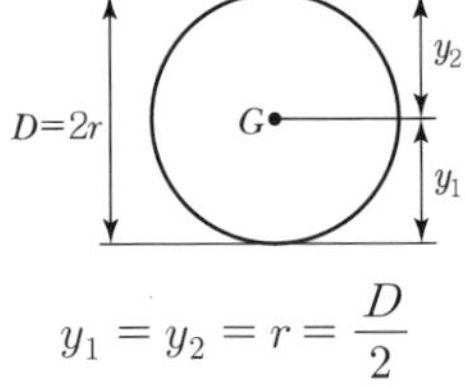

$$y_1 = y_2 = r = \frac{D}{2}$$

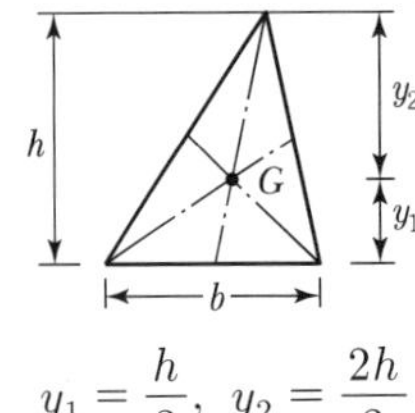

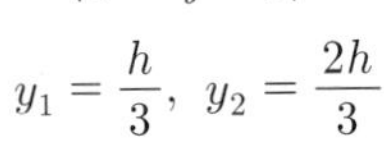

$$y_1 = \frac{h}{3},\ y_2 = \frac{2h}{3}$$

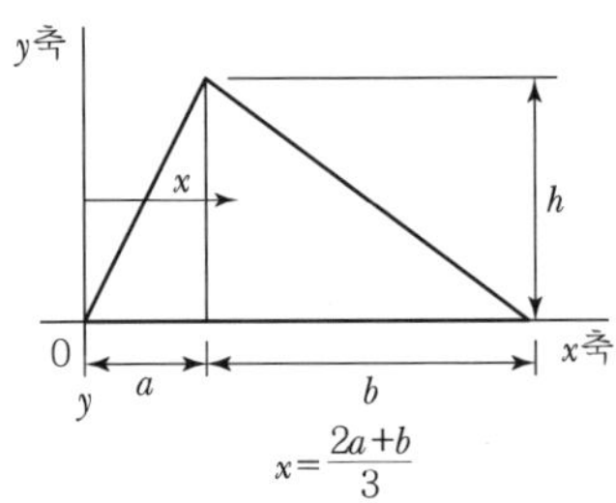

$$x = \frac{2a+b}{3}$$

2. 각종 단면의 도심위치

(1) 포물선형

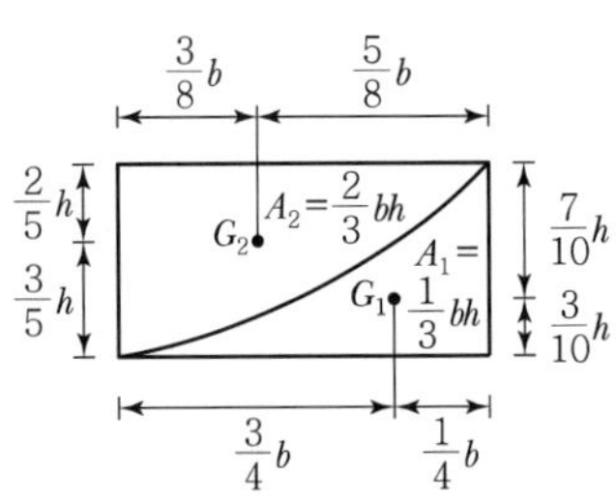

(2) 사다리꼴형

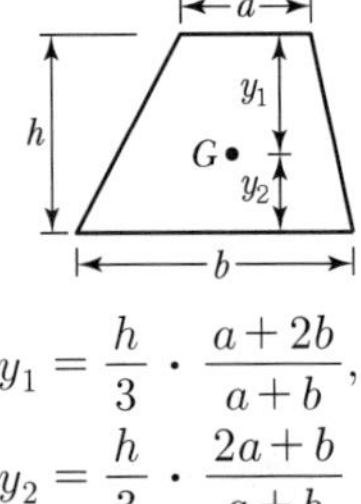

$$y_1 = \frac{h}{3} \cdot \frac{a+2b}{a+b},$$

$$y_2 = \frac{h}{3} \cdot \frac{2a+b}{a+b}$$

(3) 반원형 및 1/4원형

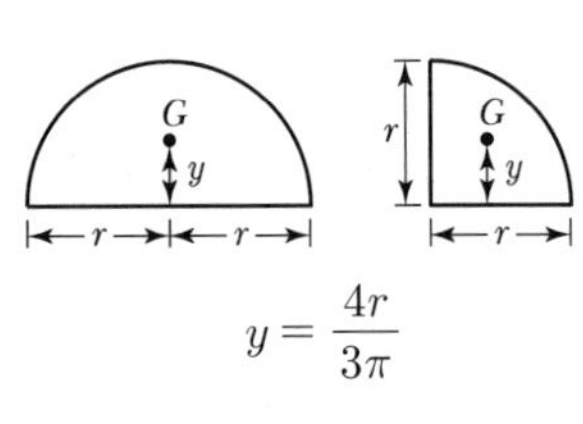

$$y = \frac{4r}{3\pi}$$

‖ (그림 1) 각종 단면의 도심위치 ‖

01 다음 포물선에서 도심거리 $\bar{x}$와 $\bar{y}$는?

	$\bar{y}$	$\bar{x}$
①	$\frac{3}{4}h$,	$\frac{3}{10}b$
②	$\frac{3}{4}h$,	$\frac{4}{5}b$
③	$\frac{3}{10}h$,	$\frac{3}{4}b$
④	$\frac{4}{5}h$,	$\frac{4}{3}b$

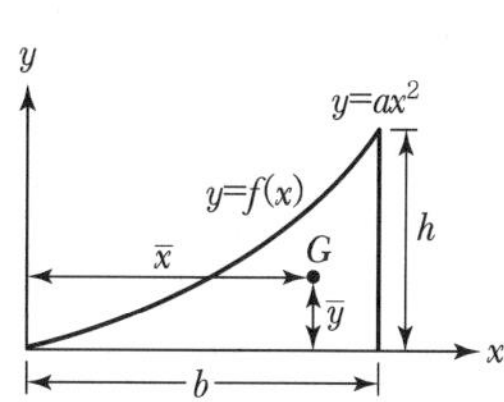

2차 포물선의 도심위치

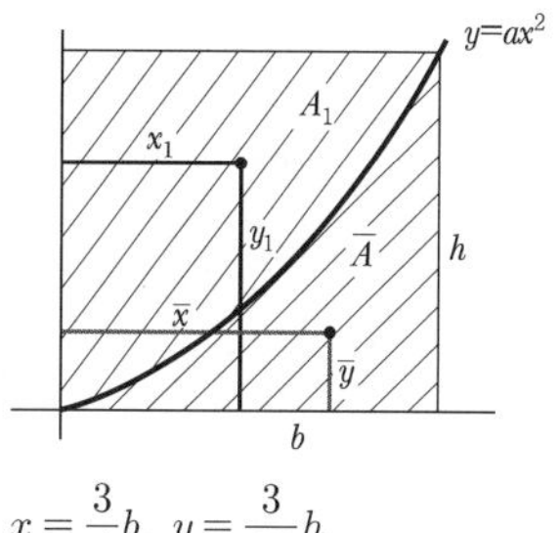

$x=\frac{3}{4}b,\ y=\frac{3}{10}h$

02 다음 사다리꼴의 도심의 위치는?

① $y_0=\frac{h}{3}\times\frac{2a+b}{a+b}$

② $y_0=\frac{h}{3}\times\frac{a+2b}{a+b}$

③ $y_0=\frac{h}{3}\times\frac{a+b}{2a+b}$

④ $y_0=\frac{h}{3}\times\frac{a+b}{a+2b}$

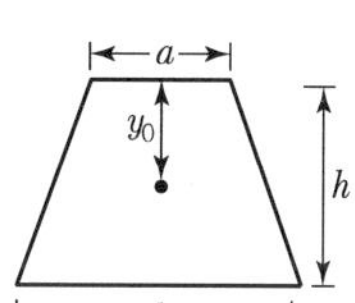

$y_0=\frac{h(a+2b)}{3(a+b)}$

03 다음 삼각형(ABC) 단면에서 y축으로부터 도심까지의 거리는?

① 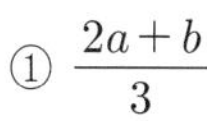 $\frac{2a+b}{3}$

② $\frac{a+2b}{2}$

③ $\frac{2a+b}{2}$

④ $\frac{a+2b}{3}$

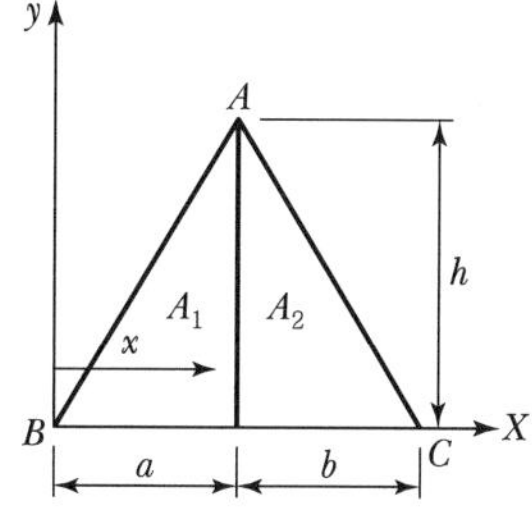

$x=\frac{2a+b}{3}$

정답 01 ③ 02 ② 03 ①

3. 단면1차모멘트(G)

임의축에 대한 어떤 단면의 모멘트를 말하며, 단면적(A)을 미소면적(dA_1, dA_2 $\cdots$ dA_n)으로 구분하여 구하는 축에서 미소면적까지 거리(x_1, $x_2 \cdots x_n$), (y_1, $y_2 \cdots y_n$)를 곱하여 전단면에 대해 적분한 것을 **단면1차모멘트(Geomertrical Moment)**라 한다.[단위 : cm^3, m^3]

$$G_x = \int_A y\,dA$$
$$G_y = \int_A x\,dA$$

즉, $G_x = dA_1 \cdot y_1 + dA_2 \cdot y_2 + \cdots + dA_n \cdot y_n = \boxed{\Sigma dA \cdot y = A \cdot y}$

(면적×구하는 축에서 도심까지 거리)

$G_y = dA_1 \cdot x_1 + dA_2 \cdot x_2 + \cdots + dA_m \cdot x_n = \boxed{\Sigma dA \cdot x = A \cdot x}$

여기서, A : 전체 단면적, d_A : 미소면적, G : 도심

x, y : 구하는 축에서 도심까지 거리

>>> 기본예제

01 그림과 같은 4분 원호에서 x축에 대한 단면1차모멘트의 크기는?

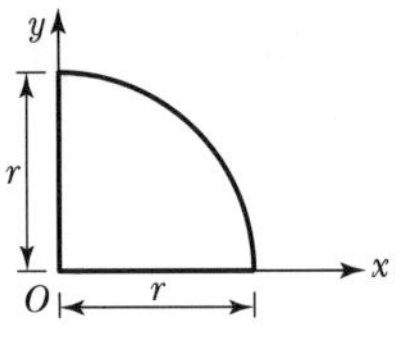

① $\dfrac{r^3}{2}$　　② $\dfrac{r^3}{3}$

③ $\dfrac{r^3}{4}$　　④ $\dfrac{r^3}{5}$

해설

$$G_x = A \cdot y = \left(\pi r^2 \times \frac{1}{4}\right) \times \frac{4r}{3\pi} = \frac{r^3}{3}$$

정답 01 ②

04 그림과 같은 단면의 X축에 대한 단면1차모멘트는 얼마인가?

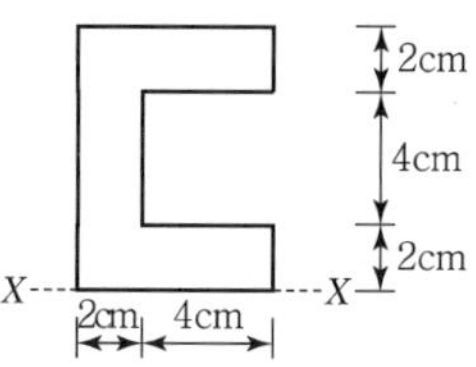

① 128cm^3　　② 138cm^3
③ 148cm^3　　④ 158cm^3

해설

6　4　8　4　2　X　X　X　X

$\therefore\ G_x = \{(6\times8)\times4\} - \{(4\times4)\times4\}$
$= 128\text{cm}^3$

05 다음 삼각형의 x축에 대한 단면1차모멘트는?

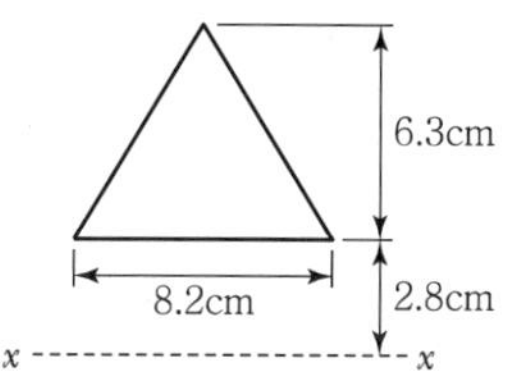

① 126.6cm^3　　② 136.6cm^3
③ 146.6cm^3　　④ 156.6cm^3

해설

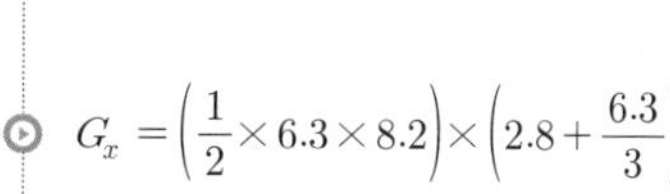

$G_x = \left(\frac{1}{2}\times6.3\times8.2\right)\times\left(2.8+\frac{6.3}{3}\right)$
$=126.6\text{cm}^3$

06 그림과 같은 도형(빗금 친 부분)의 X축에 대한 단면1차모멘트는?

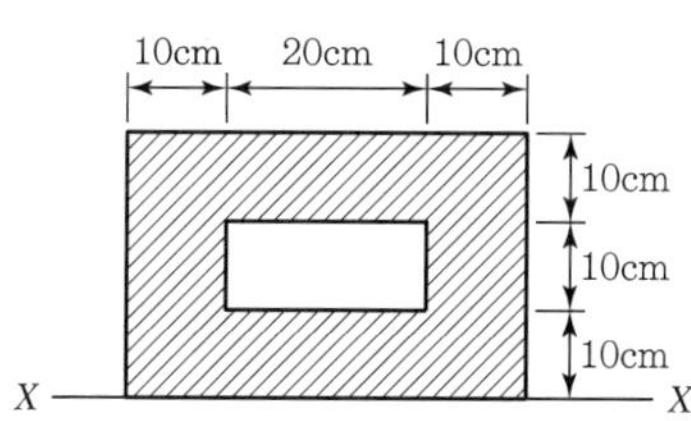

① $5,000\text{cm}^3$　　② $10,000\text{cm}^3$
③ $15,000\text{cm}^3$　　④ $20,000\text{cm}^3$

해설

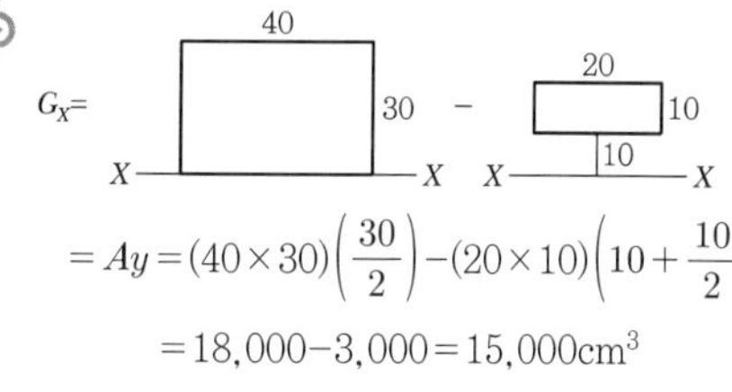

$= Ay = (40\times30)\left(\frac{30}{2}\right) - (20\times10)\left(10+\frac{10}{2}\right)$
$= 18,000 - 3,000 = 15,000\text{cm}^3$

정답 04 ① 05 ① 06 ③

02 도심(Centroid)

도형의 한 점을 지나는 직각좌표축에서 단면1차모멘트가 0이 되는 좌표의 원점을 도형의 **도심**(Centroid)이라 한다.[단위 : cm, m]

$$G_x = A \cdot y \quad \therefore \boxed{y = \frac{G_x(\text{단면1차모멘트})}{A(\text{단면적})}}$$

$$G_y = A \times x \quad \therefore \boxed{x = \frac{G_y}{A}}$$

>>> 기본예제

01 다음 그림과 같이 직교좌표계 위에 있는 사다리꼴 도형 $OABC$ 도심의 좌표($\overline{x}$, $\overline{y}$)는?(단, 좌표의 단위는 cm)

① (2.54, 3.46) ② (2.77, 3.31)
③ (3.34, 3.21) ④ (3.54, 2.74)

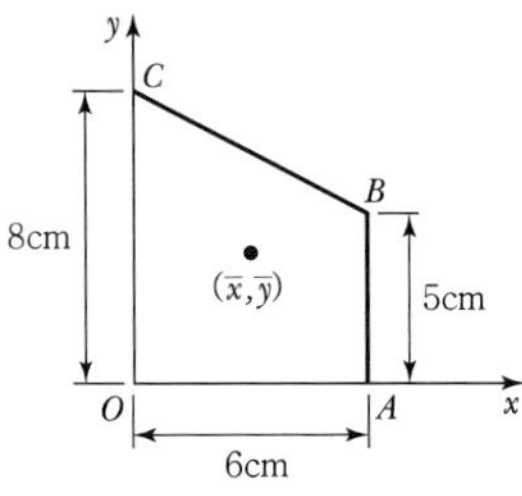

해설

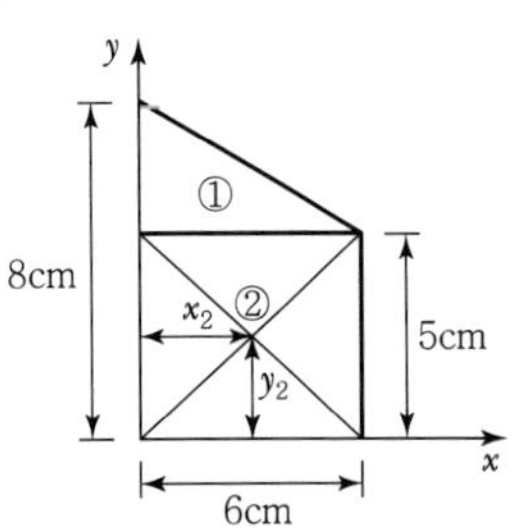

㉠ $A_1 = \frac{1}{2} \times 6 \times 3 = 9\text{cm}^2$ $A_2 = 6 \times 5 = 30\text{cm}^3$

㉡ $G_{y1} = A_1 \cdot x_1 = 9 \times \frac{6}{3} = 18\text{cm}^3$ $G_{y2} = A_2 \cdot x_2 = 30 \times \frac{6}{2} = 90\text{cm}^3$

㉢ $G_{x1} = A_1 \cdot y_1 = 9 \times \left(5 + \frac{3}{3}\right) = 54\text{cm}^3$ $G_{x2} = A_2 \cdot y_2 = 30 \times \frac{5}{2} = 75\text{cm}^3$

$\therefore \overline{x} = \frac{G_y}{A} = \frac{108}{9+30} = 2.77\text{cm}$ $\overline{y} = \frac{G_x}{A} = \frac{125}{9+30} = 3.31\text{cm}$

정답 01 ②

07 다음과 같이 1변이 a인 정사각형 단면의 1/4을 절취한 나머지 부분의 도심(C)의 위치 y_0는?

① $\frac{5a}{12}$ ② $\frac{6a}{12}$

③ $\frac{7a}{12}$ ④ $\frac{8a}{12}$

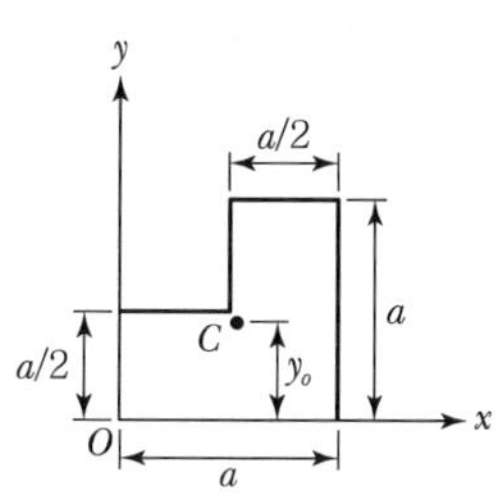

해설: $y_0=\frac{G_X}{A}=\frac{\left\{\left(\frac{a}{2}\times\frac{a}{2}\right)\times\frac{a}{4}\right\}+\left\{\left(\frac{a}{2}\times a\right)\times\frac{a}{2}\right\}}{\left(\frac{a}{2}\times\frac{a}{2}\right)+\left(\frac{a}{2}\times a\right)}=\frac{5a}{12}$

08 다음 그림과 같은 T형 단면에서 도심축 $C-C$축의 위치 y는?

① $2.5h$

② $3.0h$
③ $3.5h$
④ $4.0h$

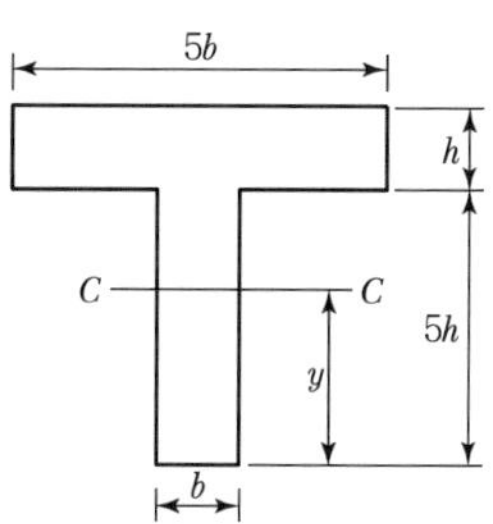

해설: $A_1=A_2$이면

$y=\frac{y_1+y_2}{2}=\frac{5.5h+2.5h}{2}=4h$

09 다음 도형의 단면에서 빗금 친 부분에 대한 도심 y_0값은?

① $\frac{8}{17}a$ ② $\frac{7}{18}a$

③ $\frac{8}{19}a$ ④ $\frac{13}{20}a$

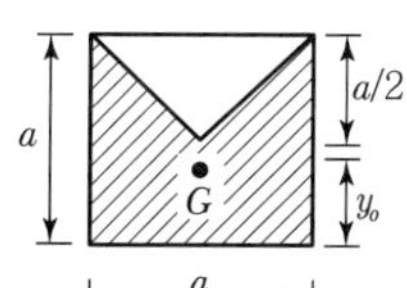

해설: $y_0=\frac{G_A-G_{x1}}{A-A_1}=\frac{a^2\times\frac{a}{2}-\frac{a^2}{4}\times\left(\frac{a}{2}+\frac{a}{2}\times\frac{2}{3}\right)}{a^2-a\times\frac{a}{2}\times\frac{1}{2}}$

$=\frac{\frac{a^3}{2}-\frac{5a^3}{24}}{\frac{3a^2}{4}}=\frac{7a}{18}$

10 그림의 빗금 친 부분의 단면적 A인 단면에서 도심 $\bar{y}$를 구한 값은?

① $\frac{5}{12}D$ ② $\frac{6}{12}D$

③ $\frac{7}{12}D$ ④ $\frac{8}{12}D$

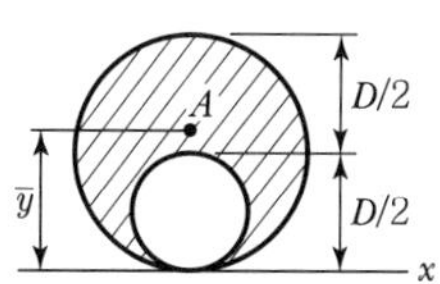

해설:

㉠ $A=\frac{\pi D^2}{4}-\frac{\pi\left(\frac{D}{2}\right)^2}{4}=\frac{3\pi D^2}{16}$

㉡ $G_x=\frac{\pi D^2}{4}\times\frac{D}{2}-\frac{\pi\left(\frac{D}{2}\right)^2}{4}\times\frac{D}{4}=\frac{7\pi D^3}{64}$

㉢ $y=\frac{G_x}{A}=\frac{\frac{7\pi D^3}{64}}{\frac{3\pi D^2}{16}}=\frac{7D}{12}$

11 그림과 같은 1/4원 중에서 빗금 부분의 도심 y_0는?

① 5.84cm
② 7.81cm
③ 4.94cm
④ 5.00cm

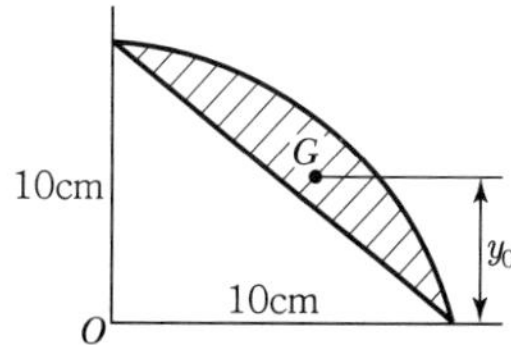

해설: $y_0=\frac{r}{3\left(\frac{\pi}{2}-1\right)}=\frac{10}{3\left(\frac{\pi}{2}-1\right)}=5.84\text{cm}$

정답 07 ① 08 ④ 09 ② 10 ③ 11 ①

03 단면상승모멘트(관성상승모멘트)

1. 정의

단면적(A)의 미소면적(dA)에 x, y축에서부터 미소면적까지 거리를 x_0, y_0라 할 때 x, y, dA를 전 단면에 걸쳐 적분한 것을 **단면상승모멘트(Polar Moment of Intertia)**라 한다.[단위 : cm^4, m^4]

$$I_{xy}=\int_A x_0 \cdot y_0 \cdot dA$$

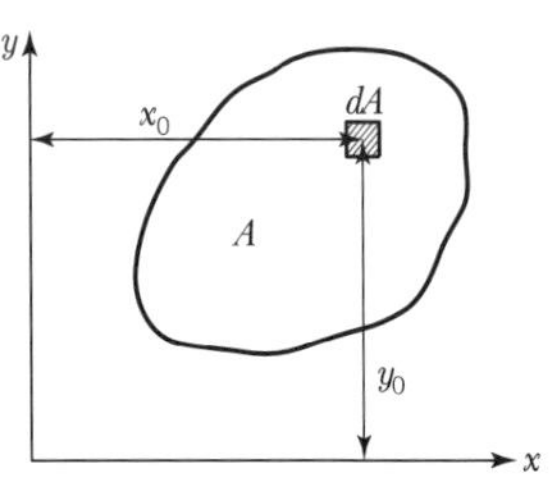

‖ (그림 2) 단면상승모멘트 ‖

주 도심축에 대한 단면상승모멘트는 0이다.(대칭 단면일 때)

$$\therefore I_{xy}=x_0 \cdot y_0 \cdot A$$

2. 여러 단면의 단면상승모멘트

(1) 사각형

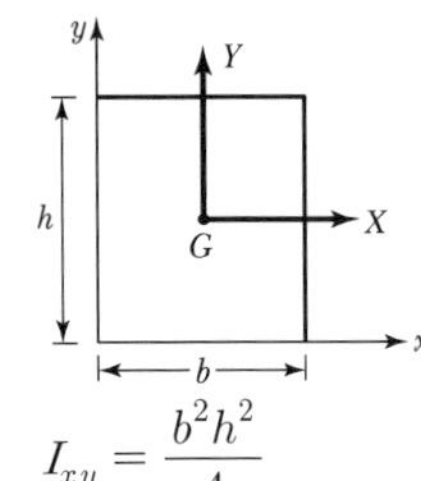

$$I_{xy}=\frac{b^2h^2}{4}$$

(2) 1/4원형

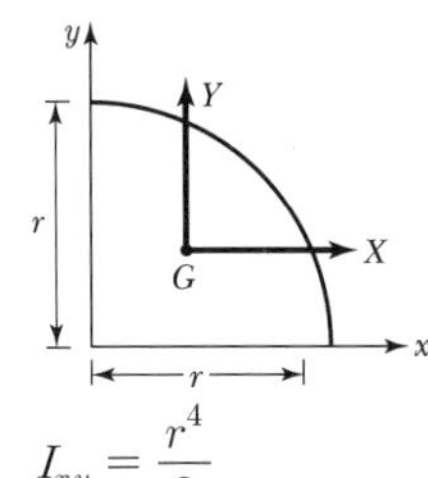

$$I_{xy}=\frac{r^4}{8}$$

(3) 삼각형

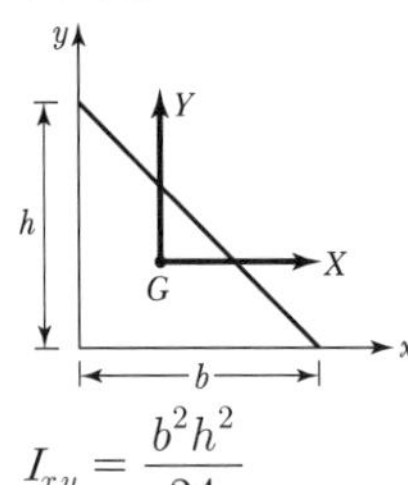

$$I_{xy}=\frac{b^2h^2}{24}$$

‖ (그림 3) 여러 단면의 단면상승모멘트 ‖

>>> 기본예제

01 그림과 같이 폭(b)이 20cm, 높이(h)가 30cm인 직사각형 단면의 x, y 축에 대한 단면상승모멘트 I_{xy}는?

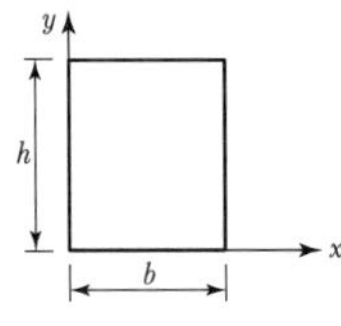

① $30{,}000\mathrm{cm}^4$　② $60{,}000\mathrm{cm}^4$

③ $90{,}000\mathrm{cm}^4$　④ $120{,}000\mathrm{cm}^4$

해설

$$I_{xy}=A\cdot x\cdot y=bh\times\frac{b}{2}\times\frac{h}{2}=\frac{b^2h^2}{4}=\frac{20^2\times30^2}{4}=90{,}000\mathrm{cm}^4$$

02 그림과 같은 정사각형($abcd$) 단면에 대하여 $x-y$축에 대한 단면상승모멘트(I_{xy})의 값은?

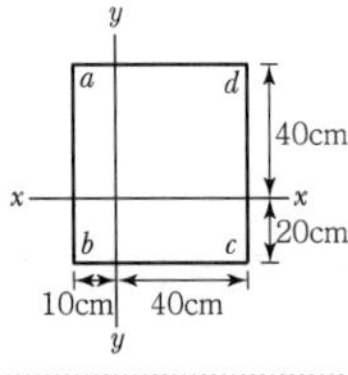

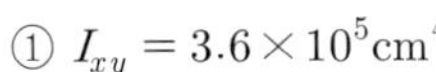
① $I_{xy}=3.6\times10^5\mathrm{cm}^4$　② $I_{xy}=4.5\times10^5\mathrm{cm}^4$

③ $I_{xy}=6.8\times10^5\mathrm{cm}^4$　④ $I_{xy}=8.4\times10^5\mathrm{cm}^4$

해설

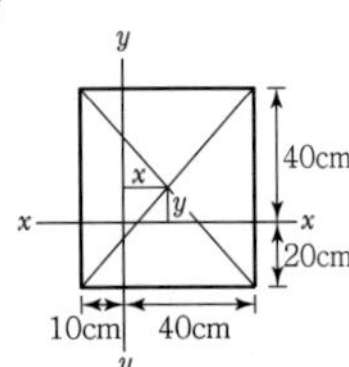

$$I_{xy}=Axy$$
$$=\frac{50\times60}{A}\times\frac{15}{x}\times\frac{10}{y}$$
$$=4.5\times10^5\mathrm{cm}^4$$

정답 01 ③ 02 ②

12 그림과 같은 단면의 단면상승모멘트 I_{xy}는?

① 384,000cm⁴
② 3,840,000cm⁴
③ 3,360,000cm⁴
④ 3,520,000cm⁴

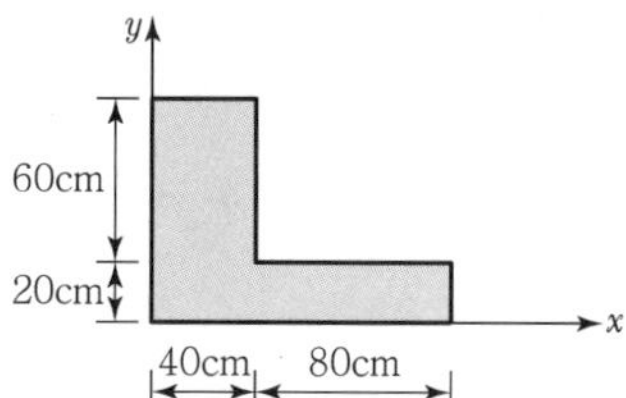

해설

80cm, A_1, A_2, 20cm, 40cm, 80cm

$$I_{xy} = A_1 x_1 y_1 + A_2 x_2 y_2$$
$$= 3{,}200 \times 20 \times 40 + 1{,}600 \times 80 \times 10$$
$$= 3{,}840{,}000\text{cm}^4$$

13 그림과 같은 도형에서 빗금 친 부분에 대한 x, y축의 단면상승 모멘트(I_{xy})는?

① 2cm⁴
② 4cm⁴
③ 8cm⁴
④ 16cm⁴

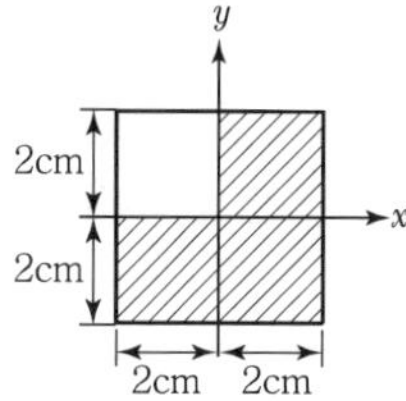

해설

$$= 0 + (2 \times 2)(-1)(-1)$$
$$= 4\text{cm}^4$$

14 그림에서 직사각형의 도심축에 대한 단면상승모멘트 I_{XY}의 크기는?

① 576cm⁴
② 256cm⁴
③ 142cm⁴
④ 0cm⁴

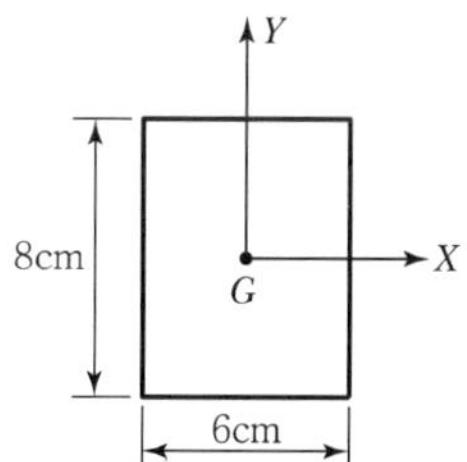

해설

대칭도형이며 X, Y 한 축이라도 도심을 지나면 $I_{xy}=0$이다.

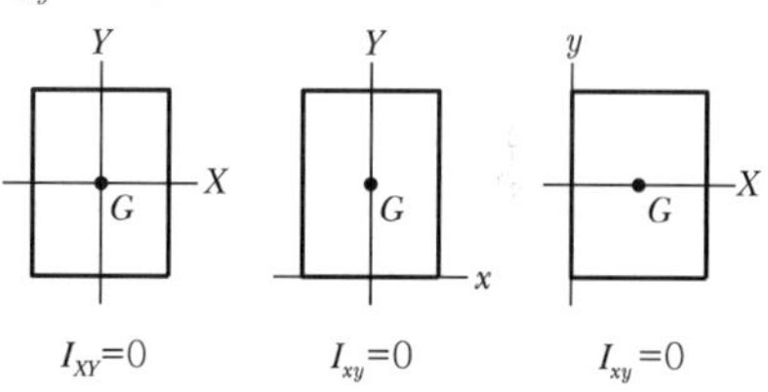

15 그림과 같이 폭(b)와 높이(h)가 모두 12cm인 2등변삼각형의 x, y축에 대한 단면상승모멘트 I_{xy}는?

① 624cm⁴
② 864cm⁴
③ 1,072cm⁴
④ 1,152cm⁴

해설

$$I_{xy} = \frac{b^2h^2}{24} = \frac{12^4}{24} = 864\text{cm}^4$$

16 다음 중 정(+)의 값뿐만 아니라 부(−)의 값도 갖는 것은?

① 단면계수 ② 단면2차모멘트
③ 단면2차반경 ④ 단면상승모멘트

정답 12 ② 13 ② 14 ④ 15 ② 16 ④

3. 파푸스(Pappus)의 정리

(1) 제1정리 : 회전체의 표면적은 회전체를 형성시키기 위해 회전시킨 선분의 길이(L)와 선분의 도심까지 거리(y)와 중심의 회전한 각(θ)의 곱과 같다.

$$\boxed{A = L \cdot y \cdot \theta_x} \qquad y = \frac{A}{L \cdot \theta_x}$$

※ 회전각(θ)은 90° 회전 시 $\pi/2$

주 선분을 좌표축의 중심으로 θ만큼 회전시킬 때 표면적 계산에 사용

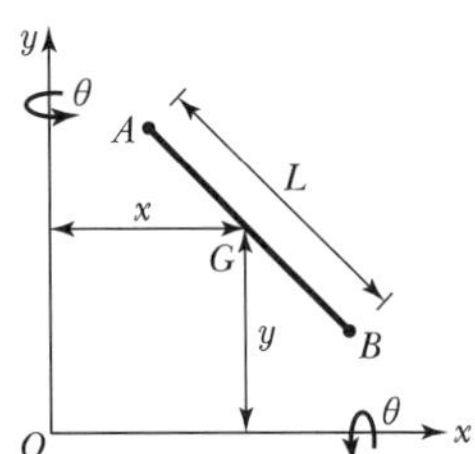

▌(그림 4) 파푸스의 제1정리 ▌

(2) 제2정리 : 회전체의 체적은 회전체를 형성시키기 위해 회전시킨 도형의 면적(A)과 도형의 도심까지 거리(y)와 중심의 회전한 각(θ)의 곱과 같다.

$$\boxed{V = A \cdot y \cdot \theta_x} \qquad y = \frac{V}{A \cdot \theta_x}$$

주 면적을 좌표축을 중심으로 θ만큼 회전시킬 때 체적 계산에 사용

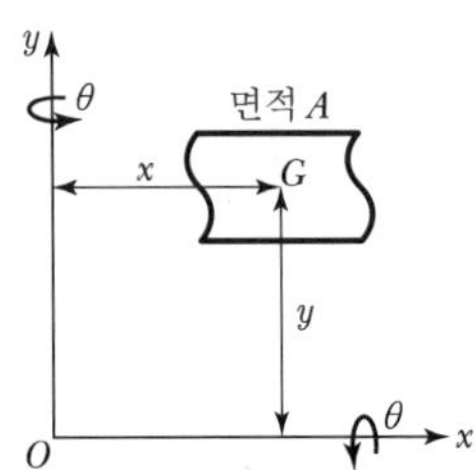

▌(그림 5) 파푸스의 제2정리 ▌

17 그림과 같이 길이 10cm인 선분 AB를 y축을 중심으로 한 바퀴 회전시켰을 때 생기는 표면적은?

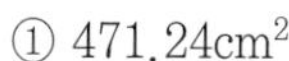

① 471.24cm²
② 481.24cm²
③ 13,500cm²
④ 27,000cm²

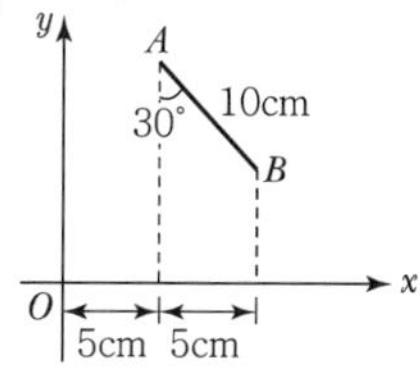
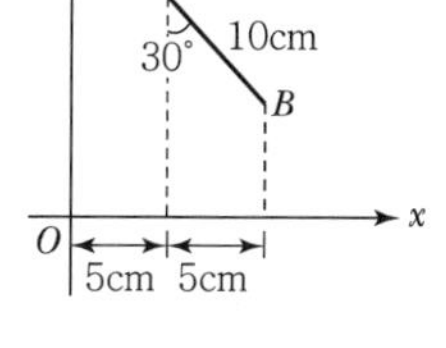

⊙ Pappus 제1정리를 이용하면

$A = L \cdot x \cdot \theta_y = 10 \times 7.5 \times 2\pi = 471.24\text{cm}^2$

18 그림과 같은 삼각형에서 변 a를 회전축으로 180° 회전시켰을 때의 체적을 Pappus의 정리를 이용하여 구한 값은?

① $\dfrac{\pi ab^2}{6}$ 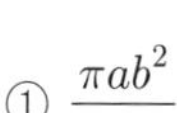
② $\dfrac{\pi ab^2}{3}$
③ $\dfrac{\pi ab^2}{4}$
④ $\dfrac{\pi ab^2}{8}$

⊙ Pappus 제2정리를 이용하면

$V = A \cdot y \cdot \theta_x$

$= \dfrac{1}{2}ab \cdot \dfrac{b}{3} \cdot \pi = \dfrac{\pi ab^2}{6}$

19 Pappus의 정리를 이용하여 그림과 같은 반지름 r인 1/4원의 도심의 y좌표 y_c를 구한 값은?

① $\dfrac{4r}{3\pi}$ 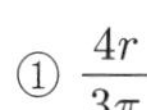
② $\dfrac{3\pi}{4r}$
③ $\dfrac{2r}{3\pi}$
④ $\dfrac{2r}{\pi}$

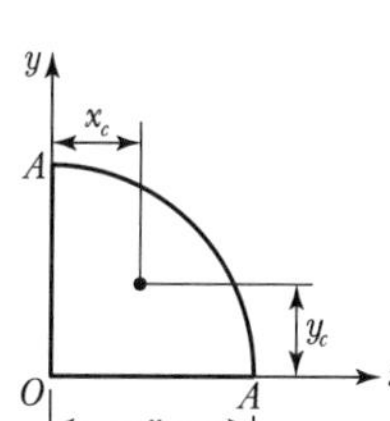

⊙ Pappus의 제2정리를 이용하면

$V = A \cdot y_c \cdot \theta_x$

$\dfrac{1}{2}\dfrac{4\pi r^3}{3} = \dfrac{1}{4}\pi r^2 y_c \cdot 2\pi$

$y_c = \dfrac{4r}{3\pi}$

〈참고〉
① 구의 체적 : $\dfrac{4\pi r^3}{3}$
② 구의 표면적 : $4\pi r^2$

20 도심 C점의 좌표($x_c = 4a/3\pi,\ y_c = 4b/3\pi$) 단면적 $A = \dfrac{\pi ab}{4}$ 인 $\dfrac{1}{4}$의 타원형을 x축 둘레로 회전시켰을 때 생기는 반원체의 체적을 구한 값은?

① $\dfrac{\pi ab^2}{6}$ 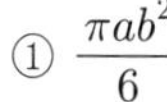
② $\dfrac{a^2b}{3}$
③ $\dfrac{2\pi ab^2}{3}$
④ $\dfrac{\pi a^2 b}{6}$

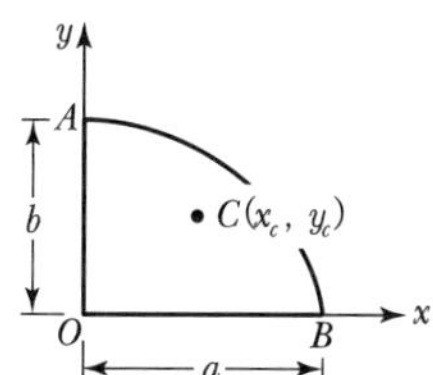

⊙ $V = A \cdot y \cdot \theta_x = \dfrac{\pi ab}{4} \times \dfrac{4b}{3\pi} \times 2\pi = \dfrac{2\pi ab^2}{3}$

정답 17 ① 18 ① 19 ① 20 ③

04 단면2차모멘트(Moment of Intertia of Section)

1. 정의

단면적(A)을 미소면적(dA_1, $dA_2 \cdots dA_N$)으로 구분하여 구하는 축에서 미소면적까지 거리(x_1, $x_2 \cdots x_n$), (y_1, $y_2 \cdots y_n$)를 제곱하여 전 단면에 대해 적분한 것을 **단면2차모멘트(관성모멘트)**라 한다.[단위 : cm^4, m^4]

$$I_X = \int_A y^2 dA \qquad I_Y = \int_A x^2 dA$$

즉, $I_X = dA_1 \times y_1^2 + dA_2 \times y_2^2 + \cdots\cdots + dA_n \times y_n^2 = \boxed{\Sigma dA \cdot y^2 = A \cdot y^2}$

$I_Y = dA_1 \times x_1^2 + dA_2 \times x_2^2 + \cdots + dA_n \times x_n^2 = \boxed{\Sigma dA \cdot x^2 = A \cdot x^2}$

2. 기본 단면의 도심축에 대한 단면2차모멘트

(1) 직사각형

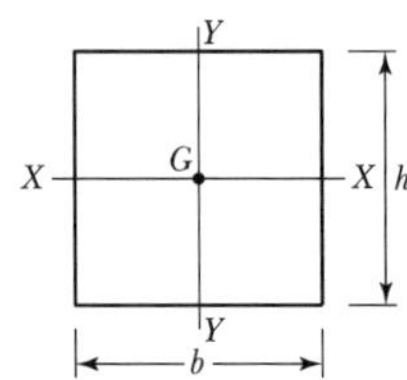

$I_X = \dfrac{bh^3}{12}$, $I_Y = \dfrac{hb^3}{12}$

(2) 원형

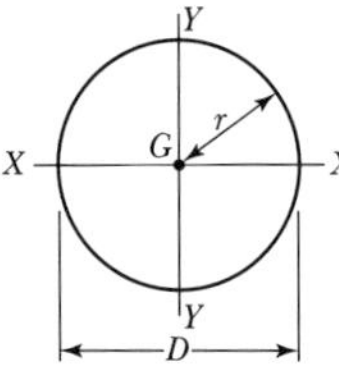

$I_X = I_Y = \dfrac{\pi D^4}{64} = \dfrac{\pi r^4}{4}$

(3) 삼각형

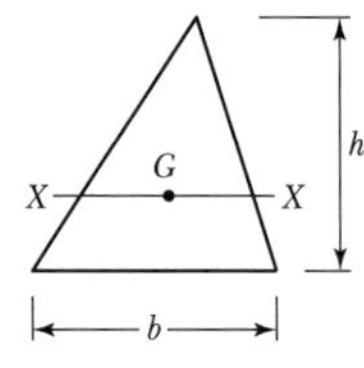

$I_X = \dfrac{bh^3}{36}$

‖ (그림 6) 기본 단면의 도심축에 대한 단면2차모멘트 ‖

>>> 기본예제

01 다음 그림과 같은 단면 $X-X$축에 대한 단면2차모멘트 I_{X-X}를 표시한 값은?

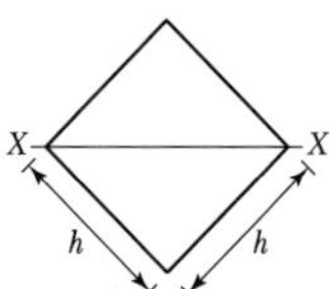

① $\dfrac{h^3}{24}$ ② $\dfrac{h^3}{3}$ ③ $\dfrac{h^4}{6}$ ④ $\dfrac{h^4}{12}$

해설

$I_X = \dfrac{bh^3}{12} = \dfrac{h^4}{12}$

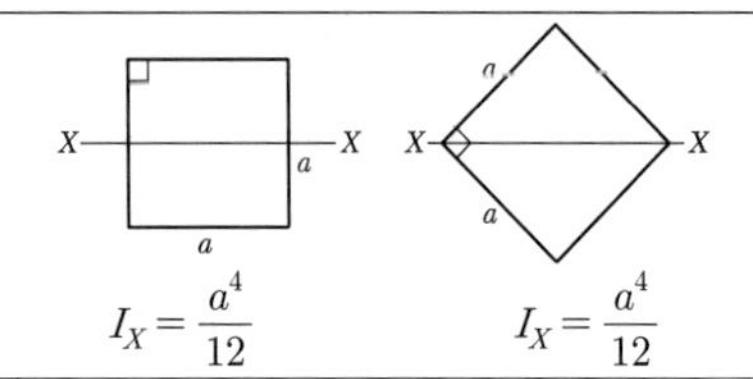

02 그림과 같은 타원형의 X축에 대한 단면2차모멘트는?

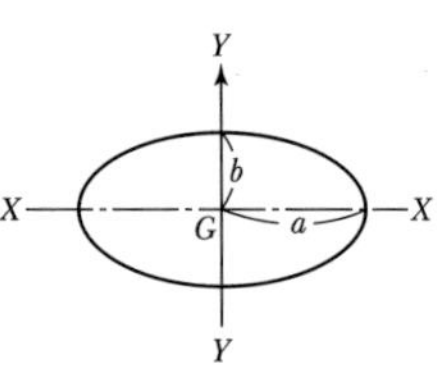

① $\dfrac{\pi ab^3}{3}$ ② $\dfrac{\pi ab^3}{4}$ ③ $\dfrac{\pi a^3 b}{3}$ ④ $\dfrac{\pi a^3 b}{4}$

해설

타원형에 대한 단면2차모멘트

$I_X = \dfrac{\pi ab^3}{4}$, $I_Y = \dfrac{\pi a^3 b}{4}$가 된다.

정답 01 ④ 02 ②

21 정삼각형의 도심(G)을 지나는 여러 축에 대한 단면2차모멘트의 값에 대한 다음 설명 중 옳은 것은?

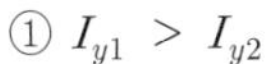

① $I_{y1} > I_{y2}$
② $I_{y2} > I_{y1}$
③ $I_{y3} > I_{y2}$
④ $I_{y1} = I_{y2} = I_{y3}$

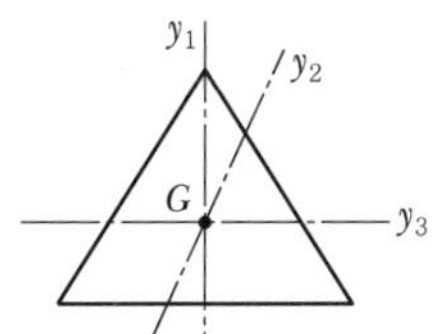

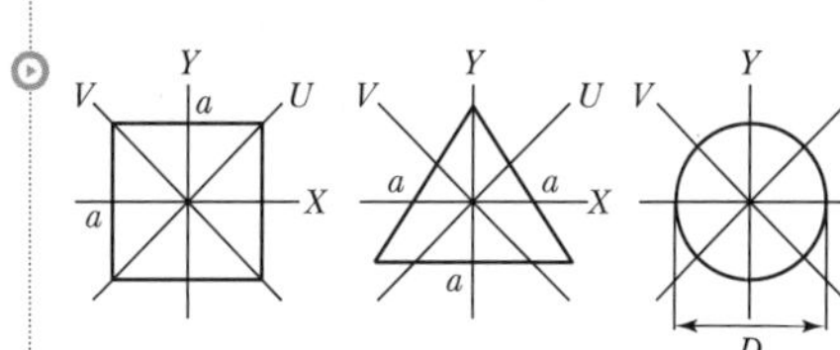

$I_x = I_y = I_u = I_v$

22 그림과 같은 정사각형 단면의 대칭축 $X-X$에 대하여 30° 기울어진 $x-x$축에 대한 단면2차모멘트 I_X의 값은?

① $I_X = 1,667\text{cm}^4$
② $I_X = 1,250\text{cm}^4$
③ $I_X = 625\text{cm}^4$
④ $I_X = 833\text{cm}^4$

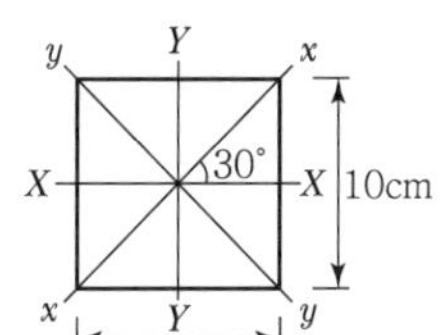

$I_X = I_x = I_Y = I_y$

$\therefore I_X = \dfrac{bh^3}{12} = \dfrac{10^4}{12} = 833.3\text{cm}^4$

23 그림과 같은 I형 단면에서 중립축 $X-X$에 대한 단면2차모멘트는?

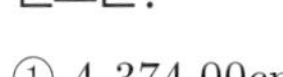

① $4,374.00\text{cm}^4$
② $6,666.67\text{cm}^4$
③ $2,292.67\text{cm}^4$
④ $3,574.76\text{cm}^4$

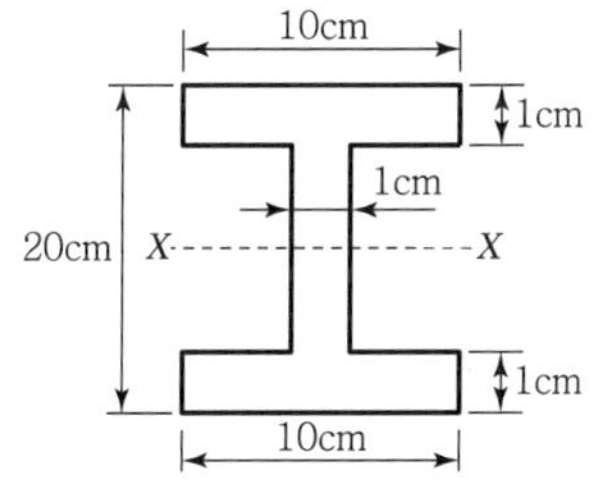

10
20
−
20−2=18
10−1=9

$I_X = \dfrac{BH^3}{12} - \dfrac{bh^3}{12}$

$= \dfrac{10 \times 20^3}{12} - \dfrac{9 \times 18^3}{12}$

$\fallingdotseq 2,292.67\text{cm}^4$

24 정사각형의 중앙에 지름 20cm인 원이 있는 그림과 같은 도형에서 빗금 친 부분의 X축에 대한 단면2차모멘트를 구한 값은?

① $205,479\text{cm}^4$
② $215,479\text{cm}^4$
③ $225,497\text{cm}^4$
④ $235,479\text{cm}^4$

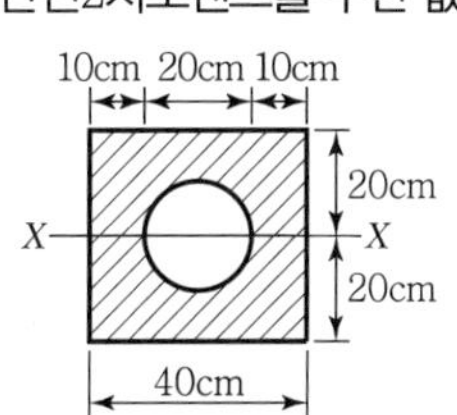

$I_X = \dfrac{BH^3}{12} - \dfrac{\pi D^4}{64}$

$= \dfrac{40 \times 40^3}{12} - \dfrac{\pi \times 20^4}{64}$

$\fallingdotseq 205,479\text{cm}^4$

정답 21 ④ 22 ④ 23 ③ 24 ①

3. 도심축에 평행한 임의 축에 대한 단면2차모멘트

$$I_x = I_X + A \cdot {y_0}^2$$
$$I_y = I_Y + A \cdot {x_0}^2$$

(1) 직사각형

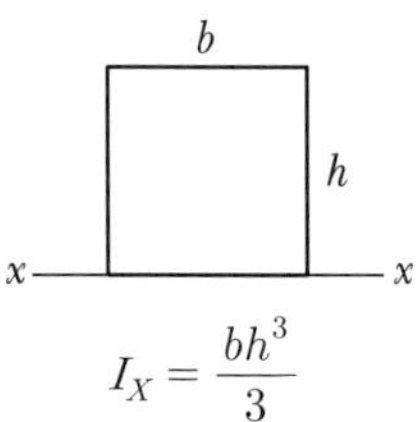

$I_X = \dfrac{bh^3}{3}$

(2) 삼각형

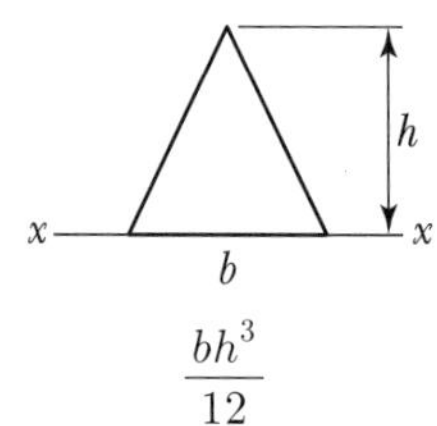

$\dfrac{bh^3}{12}$

(3) 원형

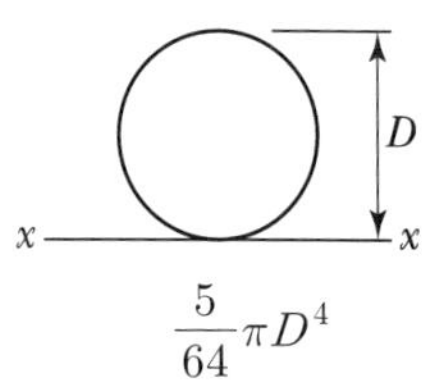

$\dfrac{5}{64}\pi D^4$

>>> 기본예제

01 다음 그림과 같은 단면의 $A-A$축에 대한 단면2차모멘트는?

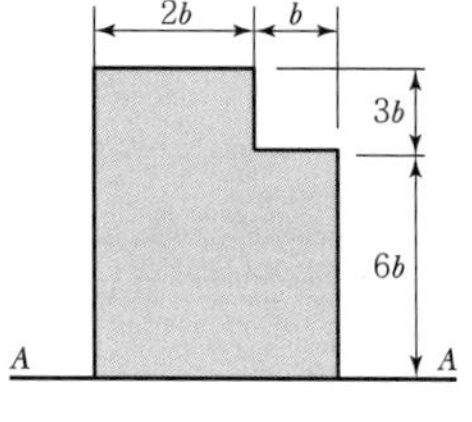

① $558b^4$ ② $623b^4$ ③ $685b^4$ ④ $729b^4$

해설

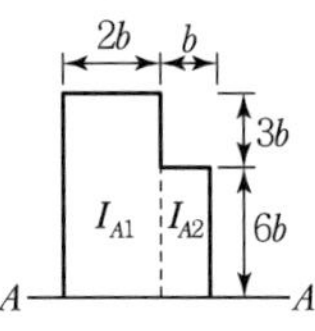

$$I_A = \frac{2b(9b)^3}{3} + \frac{b(6b)^3}{3} = \frac{1,458+216}{3} \cdot b^4 = 558b^4$$

02 다음 도형의 도심축에 관한 단면2차모멘트를 I_g, 밑변을 지나는 축에 관한 단면2차모멘트를 I_x라 하면 I_x / I_g 값은?

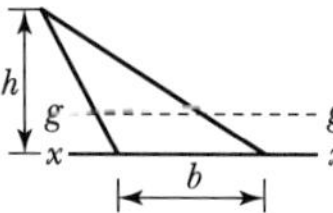

① 1 ② 2 ③ 3 ④ 4

해설

$$I_x = \frac{bh^3}{12},\ I_g = \frac{bh^3}{36},\ \therefore\ \frac{I_x}{I_g} = 3$$

03 다음 그림과 같은 원의 x축에 대한 단면2차모멘트는?

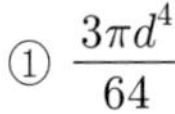

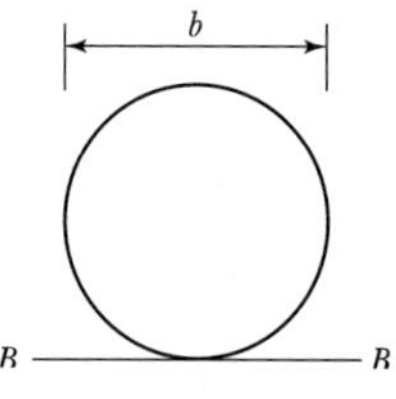

① $\dfrac{3\pi d^4}{64}$ ② $\dfrac{5\pi d^4}{64}$ ③ $\dfrac{7\pi d^4}{64}$ ④ $\dfrac{9\pi d^4}{64}$

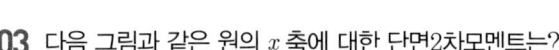

해설

$$I_B = \frac{\pi d^4}{64} + Ay^2 = \frac{\pi d^4}{64} + \left(\frac{\pi d^4}{4}\right)\left(\frac{d}{2}\right) = \frac{5}{64}\pi d^4$$

정답 01 ① 02 ③ 03 ②

25 다음 그림에서 $A-A$축에 대한 단면2차모멘트값은?

① $30,000\text{cm}^4$
② $90,000\text{cm}^4$
③ $270,000\text{cm}^4$
④ $330,000\text{cm}^4$

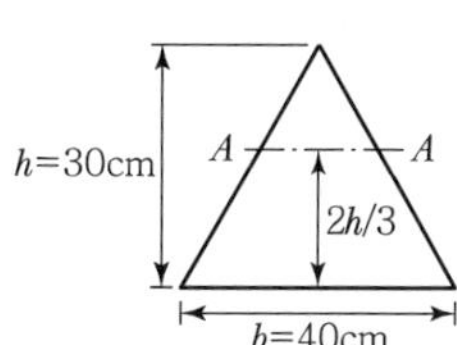

$I_A = I_X + Ay^2$

$= \dfrac{bh^3}{36} + \dfrac{1}{2}bh\left(\dfrac{h}{3}\right)^2 = \dfrac{bh^3}{12}$

$= \dfrac{40\times 30^3}{12} = 90,000\text{cm}^4$

26 그림과 같은 이등변삼각형에서 y축에 대한 단면2차모멘트를 구하면?

① 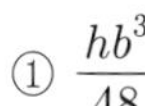 $\dfrac{hb^3}{48}$ ② $\dfrac{bh^3}{48}$

③ $\dfrac{hb^3}{96}$ ④ $\dfrac{bh^3}{96}$

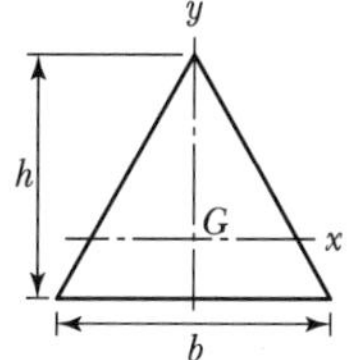

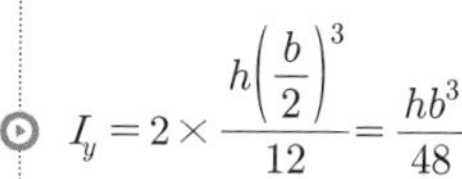

$I_y = 2\times \dfrac{h\left(\dfrac{b}{2}\right)^3}{12} = \dfrac{hb^3}{48}$

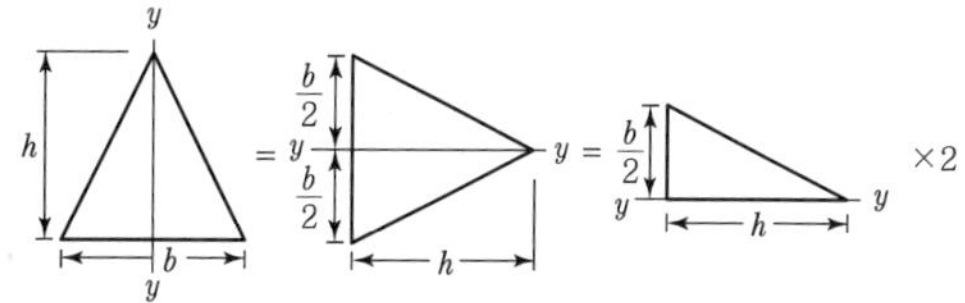

27 빗금 친 도형의 x축에 대한 단면2차모멘트는?

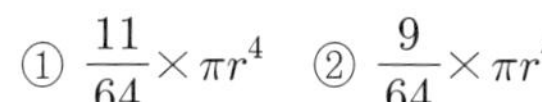

① $\dfrac{11}{64}\times\pi r^4$ ② $\dfrac{9}{64}\times\pi r^4$

③ $\dfrac{9}{72}\times\pi r^4$ ④ $\dfrac{5}{72}\times\pi r^4$

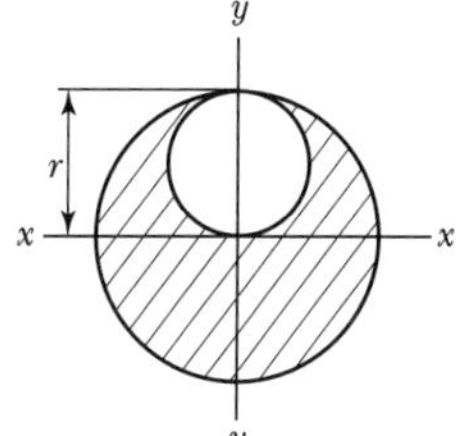

$I_x = I_{x1} - I_{x2}$

$= \dfrac{\pi r^4}{4} - \left\{\dfrac{\pi r^4}{64} + \dfrac{\pi r^2}{4}\cdot\left(\dfrac{r}{2}\right)^2\right\} = \dfrac{11}{64}\pi r^4$

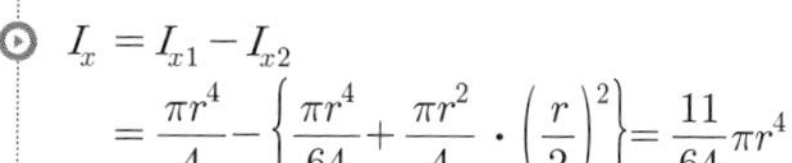

또는 $I_x = \dfrac{\pi r^4}{4} + \dfrac{5\pi r^4}{64} = \dfrac{16-5}{64}\pi r^4 = \dfrac{11}{64}\pi r^4$

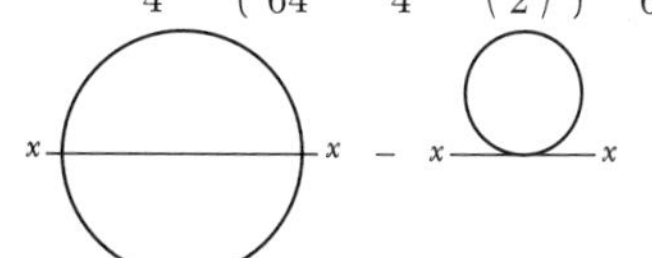

28 그림과 같은 사다리꼴 단면에서 x축에 대한 단면2차모멘트 값은?

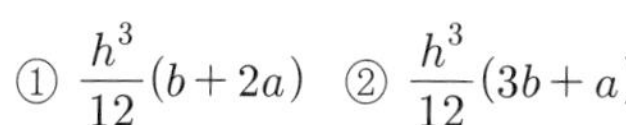

① $\dfrac{h^3}{12}(b+2a)$ ② $\dfrac{h^3}{12}(3b+a)$

③ $\dfrac{h^3}{12}(2b+a)$ ④ $\dfrac{h^3}{12}(b+3a)$

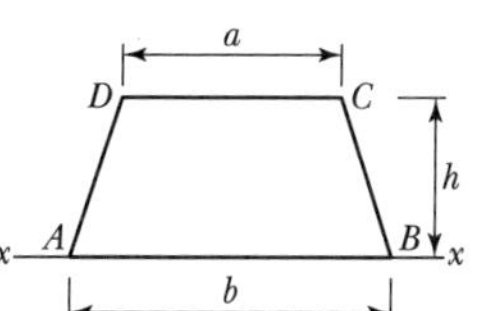

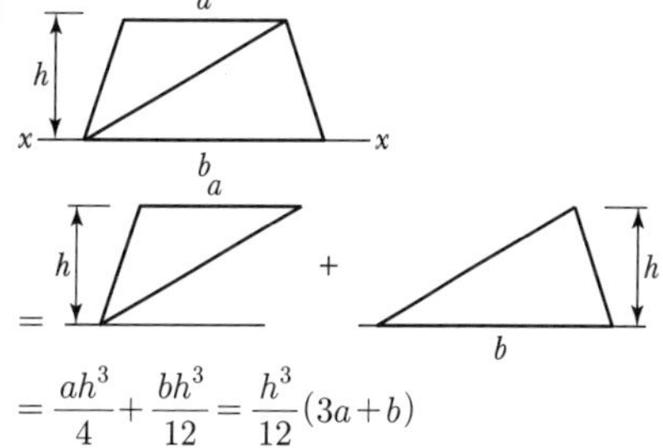

$= \dfrac{ah^3}{4} + \dfrac{bh^3}{12} = \dfrac{h^3}{12}(3a+b)$

29 다음 T형 단면에서 X축에 관한 단면2차모멘트 값은?

① 413cm^4
② 446cm^4
③ 489cm^4
④ 513cm^4

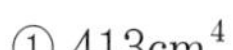

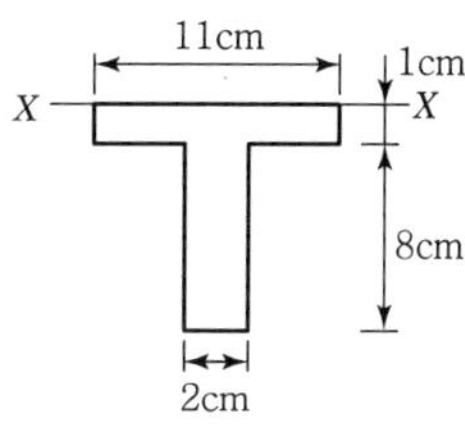

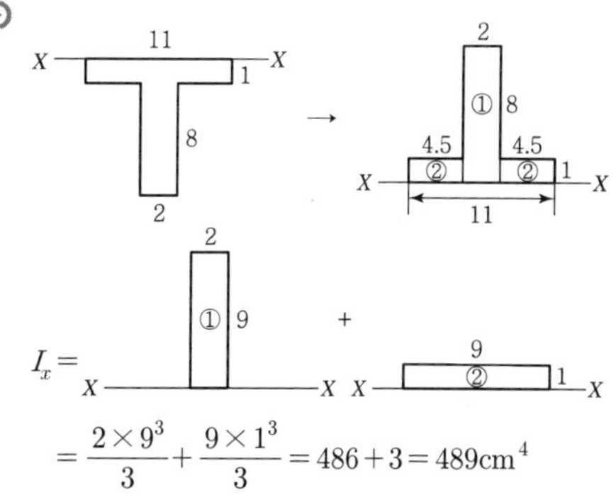

$= \dfrac{2\times 9^3}{3} + \dfrac{9\times 1^3}{3} = 486+3 = 489\text{cm}^4$

정답 25 ② 26 ① 27 ① 28 ④ 29 ③

4. 임의축 단면2차모멘트를 이용한 도심축의 단면2차모멘트 계산

$$I_X = I_x - A \cdot y^2$$

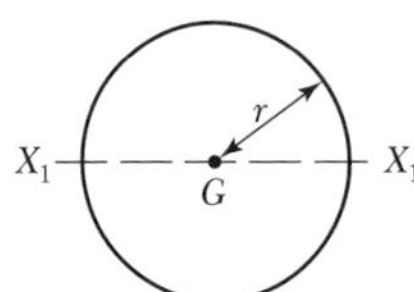

도심축 $I_{X_1} = \dfrac{\pi r^4}{4}$

임의축 $I_{X_2} = \dfrac{\pi r^4}{8}$

도심축 $I_{X_0} = \dfrac{\pi r^4}{8} - \dfrac{8r^4}{9\pi}$

임의축 $I_{X_3} = \dfrac{\pi r^4}{16}$

도심축 $I_{X_0} = \dfrac{\pi r^4}{16} - \dfrac{4r^4}{9\pi}$

‖ (그림 7) 임의축 단면2차모멘트를 이용한 도심축 단면2차모멘트 ‖

5. 단면2차모멘트의 특성

(1) 나란한 축에 대한 단면2차모멘트 중에서는 도심축에 대한 단면2차모멘트가 **최소이고, 0은 아니다.**

(2) 단면2차모멘트는 좌표축에 관계없이 항상 **정(+)**의 값을 갖는다.

(3) 원형, 정사각형, 정육각형 등 정다각형의 도심축에 대한 단면2차모멘트는 축의 회전에 관계없이 **항상 일정하다.**

(4) 단면2차모멘트를 크게 하기 위해서는 단면의 **폭 b보다 높이 h를 크게** 해야 한다.

(5) 단면2차모멘트가 크면 **휨강성(휨저항성)이 크고 구조적으로 안전하다.**

>>> 기본예제

01 반지름 2cm인 반원의 도심에 대한 단면2차모멘트 I_{x0}를 구한 값은 얼마인가?

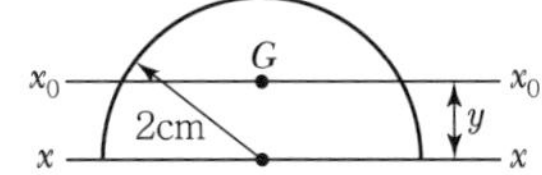

① 1.75cm^4 ② 1.85cm^4 ③ 1.95cm^4 ④ 2.00cm^4

〈공식〉

$I_x = I_X + Ay^2$

$\dfrac{\pi r^4}{8} = I_X + \left(\dfrac{\pi r^2}{2}\right)\left(\dfrac{4r}{3\pi}\right)^2 \quad \therefore\ I_X = \left(\dfrac{\pi}{8} - \dfrac{8}{9\pi}\right)r^4$

$$I_{x_0} = \left(\frac{\pi}{8} - \frac{8}{9\pi}\right)r^4 = \left(\frac{\pi}{8} - \frac{8}{9\pi}\right) \times 2^4 = 1.756\text{cm}^4$$

02 다음과 같은 단면적이 A인 임의의 부재단면이 있다. 도심축으로부터 y_1 떨어진 축을 기준으로 한 단면2차모멘트의 크기가 I_{x_1}일 때, $2y_1$ 떨어진 축을 기준으로 한 단면2차모멘트의 크기는?

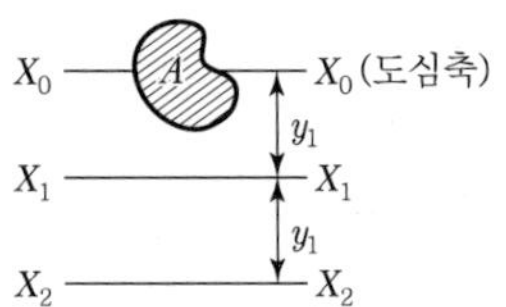

① $I_{x_1} + Ay_1{}^2$ ② $I_{x_1} + 2Ay_1{}^2$ ③ $I_{x_1} + 3Ay_1{}^2$ ④ $I_{x_1} + 4Ay_1{}^2$

해설

㉠ $I_{X_1} = I_{X_0} + A \cdot y_1{}^2 \qquad \therefore\ I_{X_0} = I_{X_1} - A \cdot y_1{}^2$

㉡ $I_{X_2} = I_{X_0} + A \cdot (2y_1)^2 = (I_{X_1} - A \cdot y_1{}^2) + 4 \cdot A \cdot y_1{}^2 = I_{X_1} + 3 \cdot A \cdot y_1{}^2$

정답 01 ① 02 ③

30 그림과 같은 불규칙한 단면의 $A-A$ 축에 대한 단면2차모멘트는 $35\times10^6\text{mm}^4$이다. 만약 단면의 총면적이 $1.2\times10^4\text{mm}^2$라면 $B-B$축에 대한 단면2차모멘트는 얼마인가?(단, $D-D$ 축은 단면의 도심을 통과한다.)

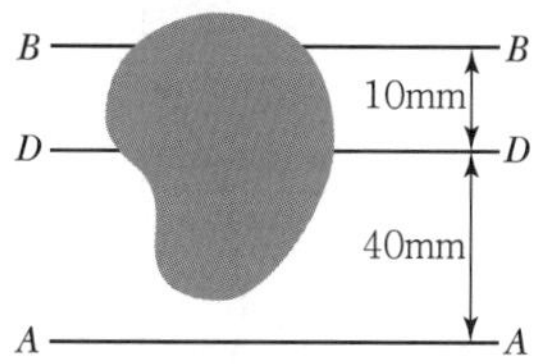

① $17\times10^6\text{mm}^4$ ② $15.8\times10^6\text{mm}^4$
③ $17\times10^5\text{mm}^4$ ④ $15.8\times10^5\text{mm}^4$

해설

$I_{임의축} = I_{도심축} + Ay^2$

$I_{도심축(D)} = I_{임의축(A)} - A\cdot y^2$

$= 35\times10^6 - (1.2\times10^4)\times(40)^2$

$= 15.8\times10^6\text{mm}^4$

$\therefore\ I_B = I_D + Ay^2$

$= 15.8\times10^6 + (1.2\times10^4)\times(10)^2$

$= 17\times10^6\text{mm}^4$

31 다음 그림에서 $A-A$축과 $B-B$축에 대한 빗금부분의 단면2차모멘트가 각각 $80,000\text{cm}^4$, $160,000\text{cm}^4$일 때 빗금부분의 면적은?

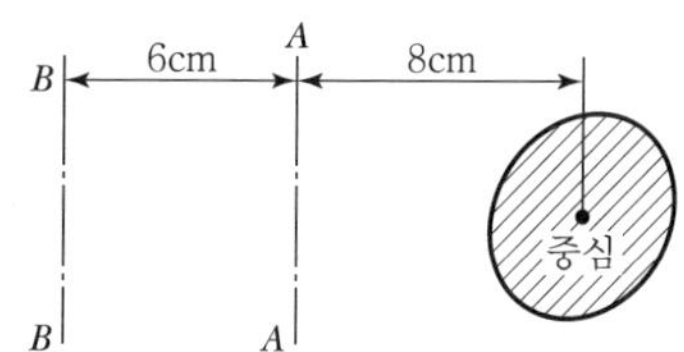

① 800cm^2 ② 752cm^2
③ 606cm^2 ④ 573cm^2

해설

㉠ 〈공식〉

$I_{임의축} = I_{도심축} + A\cdot y^2$

$\left(\because\ I_{도심축} = I_{임의축} - A\cdot y^2\right)$

$\therefore\ I_{도심축} = I_A - A\cdot {y_A}^2 = I_B - A\cdot {y_B}^2$

㉡ $A = \dfrac{I_B - I_A}{{y_B}^2 - {y_A}^2} = \dfrac{160,000-80,000}{14^2-8^2}$

$\fallingdotseq 606\text{cm}^2$

정답 30 ① 31 ③

05 단면2차극모멘트(극관성모멘트)

1. 정의

단면적(A)의 미소면적(dA)에 임의의 극점(O)에서 미소면적까지 거리(ρ)의 제곱을 곱한 것을 전단면에 걸쳐 적분한 것을 **단면2차극모멘트(Polar Moment of Inertia)**라 한다.[단위 : cm^4, m^4]

$$I_P = \int_A \rho^2 dA$$

그림에서 $\rho^2 = y^2 + x^2$

$$\boxed{I_P = \int_A (y^2 + x^2) dA}$$

$$= \int_A \cdot y^2 dA + \int_A \cdot x^2 dA = \boxed{I_X + I_Y}$$

$I_X = I_Y$인 경우 $I_P = 2I_X = 2I_Y$

※ 단면2차극모멘트는 좌표축의 회전에 관계없이 **항상 일정**하다.

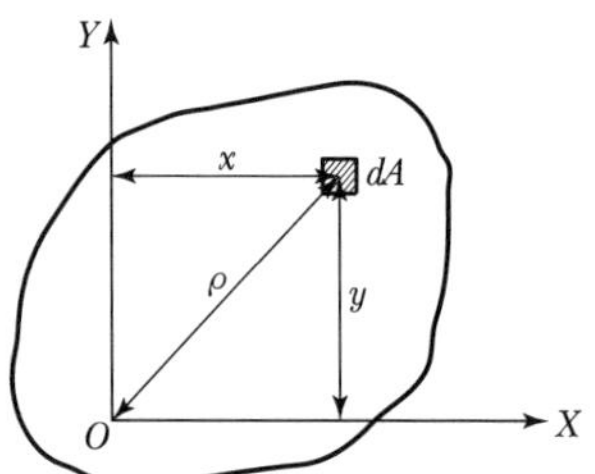

(그림 8) 단면2차극모멘트

>>> 기본예제

01 폭이 b이고 높이가 h인 직사각형의 그 도심에 대한 극(極)2차모멘트는?

① $\frac{bh}{3}(b^2+h^2)$　② $\frac{\sqrt{bh}}{3}(b^3+h^3)$　③ $\frac{\sqrt{bh}}{12}(b^3+h^3)$　④ $\frac{bh}{12}(b^2+h^2)$

해설

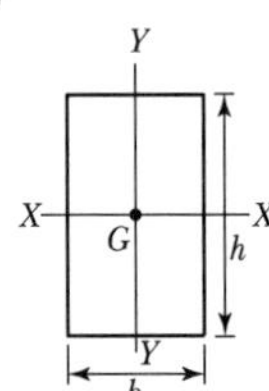

$$I_{P(G)} = I_X + I_Y = \frac{bh^3}{12} + \frac{b^3h}{12}$$
$$= \frac{bh}{12}(h^2 + b^2)$$

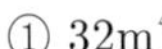

02 그림과 같이 밑변의 길이가 4m, 높이는 6m인 이등변삼각형의 도심을 지나는 중심 X, Y의 도심 G에 대한 단면2차극모멘트 I_P의 크기는?

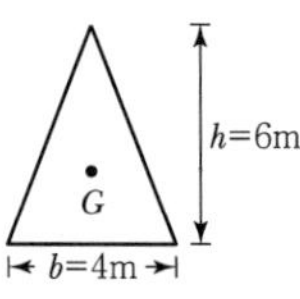

① $32\mathrm{m}^4$　② $48\mathrm{m}^4$
③ $288\mathrm{m}^4$　④ $296\mathrm{m}^4$

해설

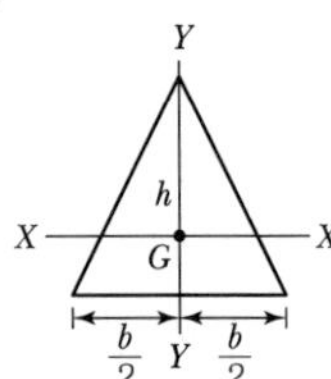

㉠ $I_X = \frac{bh^3}{36} = \frac{4 \times 6^3}{36} = 24\mathrm{m}^4$

㉡ $I_Y = \frac{b^3h}{48} = \frac{(4)^3 \times 6}{48} = 8\mathrm{m}^4$

$\therefore I_P = 24 + 8 = 32\mathrm{m}^4$

정답 01 ④ 02 ①

⋙ 기본예제

03 직경 d인 원형 단면의 단면2차극모멘트 I_P의 값은?

① $\frac{\pi d^4}{64}$　② $\frac{\pi d^4}{32}$　③ $\frac{\pi d^4}{16}$　④ $\frac{\pi d^4}{4}$

해설

원형단면이므로 $I_x = I_y$

$$I_p = I_x + I_y = 2I_x = 2 \times \frac{\pi d^4}{64} = \frac{\pi d^4}{32}$$

04 그림과 같이 속이 빈 원형 단면(빗금 친 부분)의 도심에 대한 극관성모멘트는?

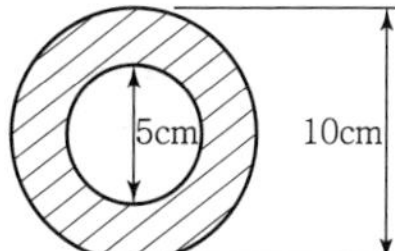

① 460cm^4　② 760cm^4
③ 840cm^4　④ 920cm^4

해설

〈공식〉

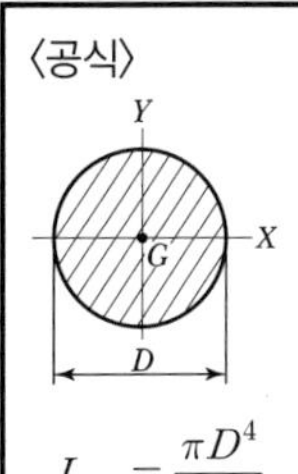

$$I_{P(G)} = \frac{\pi D^4}{32}$$

$$I_{P(G)} = \frac{\pi}{32}(D^4 - d^4) = \frac{\pi}{32}(10^4 - 5^4)$$

$$\fallingdotseq 920.38\text{cm}^4$$

정답 03 ② 04 ④

2. 도심축에 평행한 임의 축의 단면2차극모멘트

$$\boxed{I_p = I_x + I_y} = (I_X + A \cdot y_0^2) + (I_Y + A \cdot x_0^2)$$

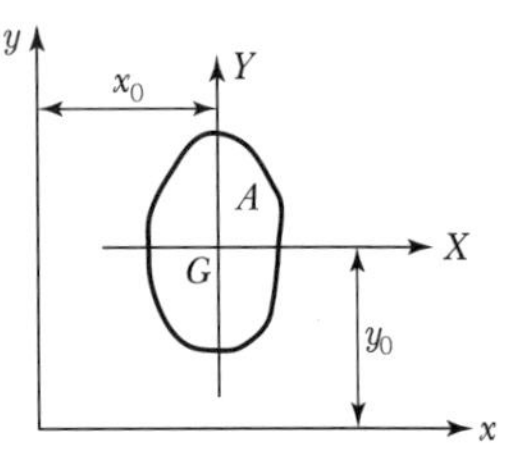

‖ (그림 9) 도심축에 평행한 축의 단면2차극모멘트 ‖

〈참고〉

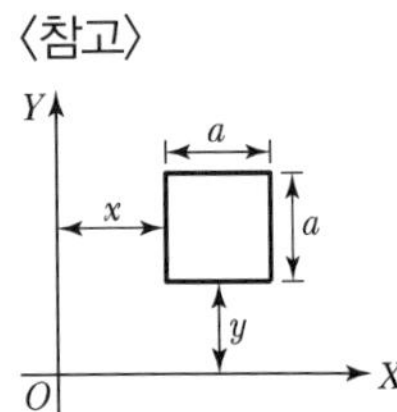

$$I_{P_{(O)}} = \frac{a^4}{6} + a^2\left\{\left(y + \frac{a}{2}\right)^2 + \left(x + \frac{a}{2}\right)^2\right\}$$

⋙ 기본예제

01 반지름 r인 원형 단면의 원주상 한점에 대한 단면2차극모멘트(I_P)는?

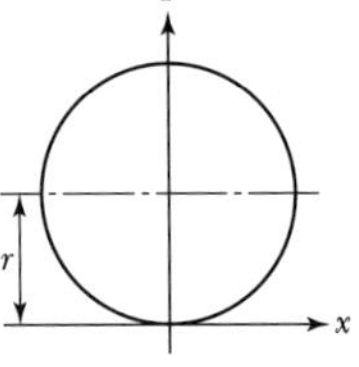

① $\frac{5\pi r^4}{2}$ ② $\frac{3\pi r^4}{2}$ ③ $\frac{4\pi r^4}{3}$ ④ $\frac{2\pi r^4}{3}$

해설

$$I_P = I_x + I_Y = \frac{5\pi r^4}{4} + \frac{\pi r^4}{4} = \frac{6\pi r^4}{4} = \frac{3\pi r^4}{2}$$

02 x, y축에 대한 직사각형 단면의 단면2차극모멘트(I_P)를 옳게 나타낸 식은?

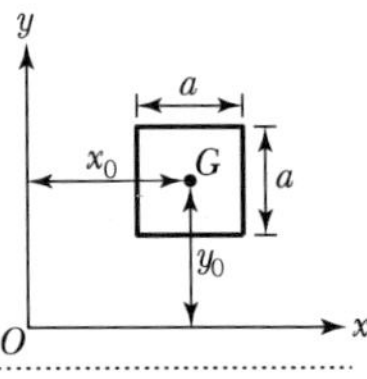

① $I_P = \frac{a^4}{12} + a^2(x_0^2 + y_0^2)$ ② $I_P = \frac{a^4}{6} + a^2(x_0 + y_0)^2$

③ $I_P = \frac{a^4}{6} + a^2(x_0^2 + y_0^2)$ ④ $I_P = \frac{a^4}{12} + a^2(x_0 + y_0)^2$

해설

$$I_P = (I_x + Ay_0^2) + (I_y + Ax_0^2) = \left(\frac{a^4}{12} + a^2y_0^2\right) + \left(\frac{a^4}{12} + a^2x_0^2\right) = \frac{a^4}{6} + a^2(x_0^2 + y_0^2)$$

03 한 등변 L형강(100×100×10)의 단면적 $A = 19.0\text{cm}^2$이다. 1축과 2축의 단면2차모멘트 $I_1 = I_2 = 175\text{cm}^4$이고, 1축과 45°를 이루는 U축의 $I_u = 278\text{cm}^4$이면 V축의 단면2차모멘트 I_v는?

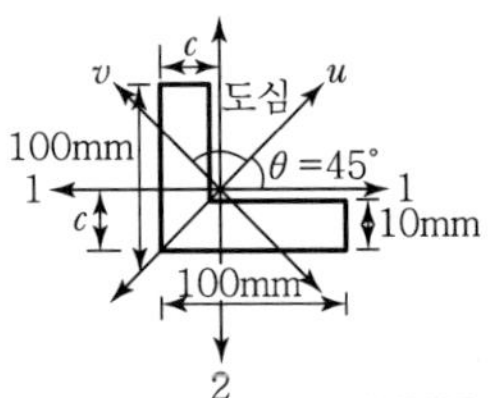

① 72cm^4 ② 175cm^4 ③ 139cm^4 ④ 350cm^4

해설

$I_1 + I_2 = I_u + I_v$

$175 + 175 = 278 + I_v$

$I_v = 72\text{cm}^4$

04 단면의 성질에 대한 다음 설명 중 잘못된 것은?

① 단면2차모멘트의 값은 항상 0보다 크다.
② 단면2차극모멘트의 값은 항상 극을 원점으로 하는 두 직교좌표축에 대한 단면2차모멘트의 합과 같다.
③ 도심축에 관한 단면1차모멘트의 값은 항상 0이다.
④ 단면상승모멘트의 값은 항상 0보다 크거나 같다.

해설

단면상승모멘트는 부(−)의 값도 생길 수 있다.

정답 01 ② 02 ③ 03 ① 04 ④

06 단면계수(Section Modulus)

1. 정의

도심을 지나는 축에 대한 단면2차모멘트(I)를 도심에서 상하연단까지의 거리(y)로 나눈 것을 **단면계수(Section Modulus)**라 한다. [단위 : cm^3, m^3]

$$Z_{X_1} = \frac{I_X}{y_1} \qquad Z_{X_2} = \frac{I_X}{y_2}$$

주 축에 대칭일 때 $Z_1 = Z_2$가 된다.

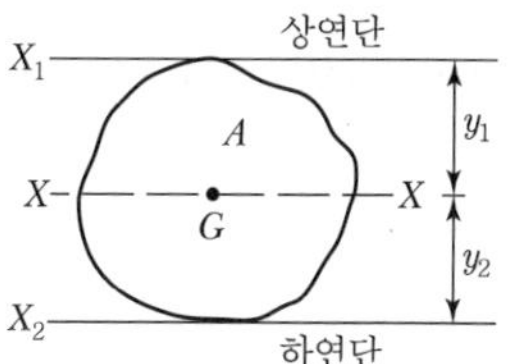

(그림 10) 단면계수

2. 기본 단면의 단면계수

(1) 사각형

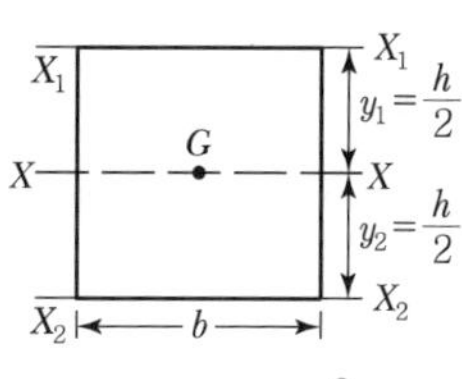

$$Z_{X_1} = Z_{X_2} = \frac{bh^2}{6}$$

(2) 원형

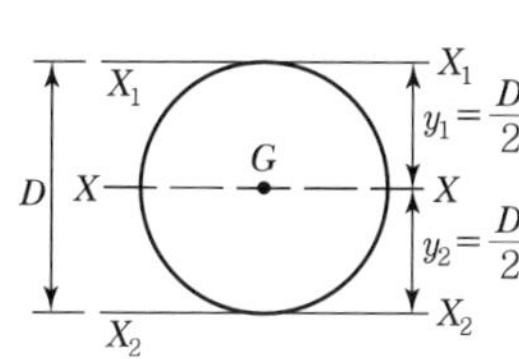

$$Z_{X_1} = Z_{X_2} = \frac{\pi D^3}{32}$$

(3) 삼각형

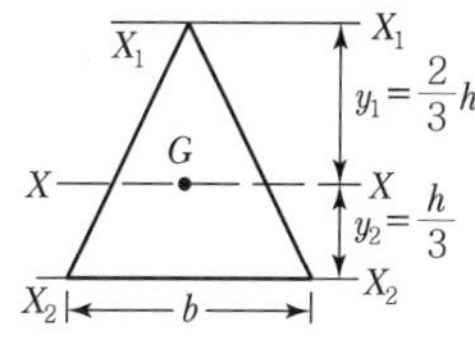

$$Z_{X_1} = \frac{I_X}{y_1} = \frac{bh^2}{24}, \quad Z_{X_2} = \frac{I_X}{y_2} = \frac{bh^2}{12}$$

$$Z_1 : Z_2 = 1 : 2$$

(그림 11) 기본단면의 단면계수

※ 단면계수도 단면2차모멘트와 같은 성질로 단면계수가 크다는 것은 재료의 강도가 크다는 뜻이며, 부재 단면 설계 시 **단면계수가 큰 것이 유리한 단면**이 된다.

>>> 기본예제

01 그림과 같은 직사각형 보에서 중립축에 대한 단면계수값은?

① $\frac{bh^2}{6}$　　② $\frac{bh^2}{12}$

③ $\frac{bh^3}{6}$　　④ $\frac{bh}{4}$

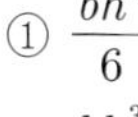

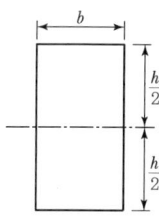

해설

기본 단면의 단면계수

(1) 사각형

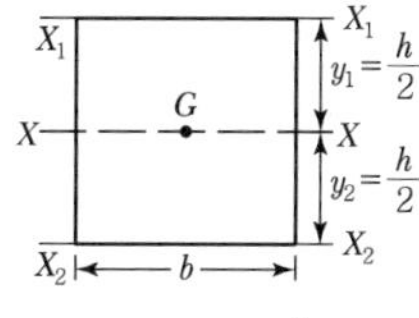

$$Z_{X_1} = Z_{X_2} = \frac{bh^2}{6}$$

(2) 원형

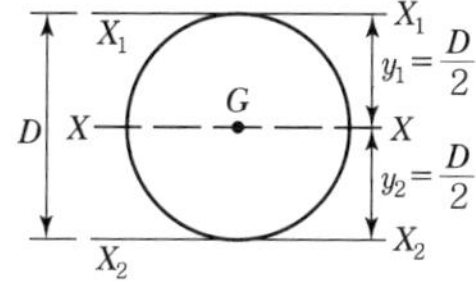

$$Z_{X_1} = Z_{X_2} = \frac{\pi D^3}{32}$$

(3) 삼각형

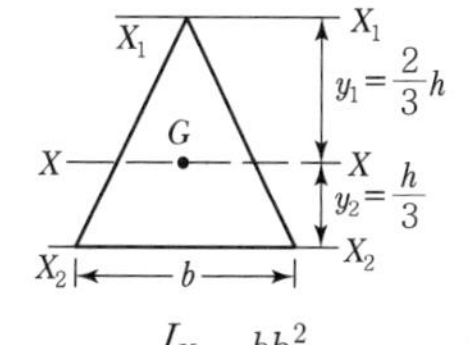

$$Z_{X_1} = \frac{I_X}{y_1} = \frac{bh^2}{24}, \quad Z_{X_2} = \frac{I_X}{y_2} = \frac{bh^2}{12}$$

$$Z_1 : Z_2 = 1 : 2$$

정답 01 ③

32 그림과 같은 직사각형 단면의 단면계수는?

① 800cm^3
② 800cm^2
③ $8,000\text{cm}^3$
④ $8,000\text{cm}^2$

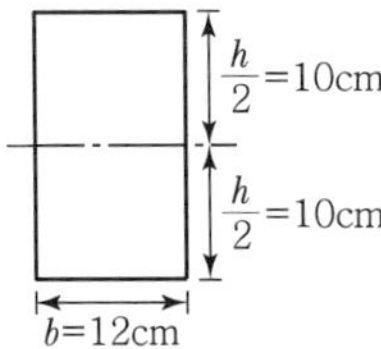

해설: $Z=\dfrac{bh^2}{6}=\dfrac{12\times 20^2}{6}=800\text{cm}^3$

33 그림과 같은 단면의 단면계수는 얼마인가?

① $2,333\text{cm}^3$
② $2,555\text{cm}^3$
③ $38,333\text{cm}^3$
④ $45,000\text{cm}^3$

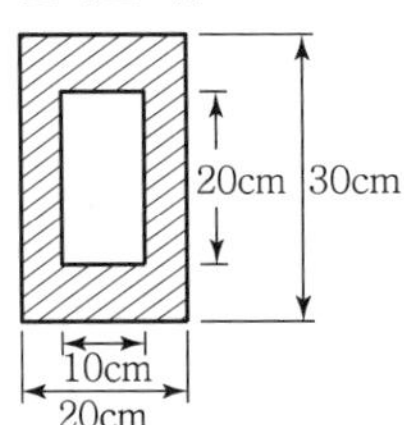

해설: ㉠ $I_X=\dfrac{BH^3}{12}-\dfrac{bh^3}{12}=\dfrac{1}{12}(BH^3-bh^3)$

$=\dfrac{1}{12}(20\times 30^3-10\times 20^3)$

$=38,333.3\text{cm}^4$

㉡ $Z_x=\dfrac{I_X}{y}=\dfrac{38,333.3}{15}=2,555.6\text{cm}^3$

34 다음 단면에서 중립축 상단의 단면계수는?

① $10,800\text{cm}^3$
② $8,800\text{cm}^3$
③ $5,300\text{cm}^3$
④ $5,400\text{cm}^3$

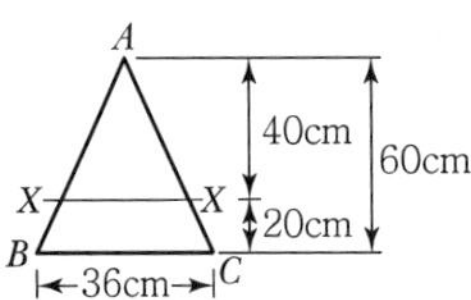

해설: $Z=\dfrac{I_X}{y_C}=\dfrac{\dfrac{bh^3}{36}}{\dfrac{2h}{3}}=\dfrac{bh^2}{24}=\dfrac{36\times 60^2}{24}$

$=5,400\text{cm}^3$

35 지름 D인 원형 단면의 단면계수는?

① $\dfrac{\pi D^4}{64}$　② $\dfrac{\pi D^3}{64}$

③ $\dfrac{\pi D^4}{32}$　④ $\dfrac{\pi D^3}{32}$

해설: $Z=\dfrac{I_X}{y_1}=\dfrac{\dfrac{\pi D^4}{64}}{\dfrac{D}{2}}=\dfrac{\pi D^3}{32}$

36 지름이 D인 원목을 직사각형 단면으로 제재하고자 한다. 휨모멘트에 대한 저항을 크게 하기 위해 최대 단면계수를 갖는 직사각형 단면을 얻으려면 적당한 폭 b는?

① $b=\dfrac{\sqrt{3}}{2}D$　② $b=\sqrt{\dfrac{2}{3}}D$

③ $b=\dfrac{1}{2}D$　④ $b=\dfrac{1}{\sqrt{3}}D$

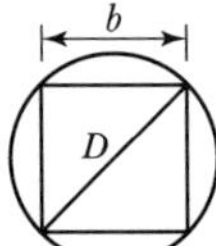

해설: ㉠ 피타고라스 정리에 의해 $h^2=D^2-b^2$

㉡ $Z=\dfrac{bh^2}{6}=\dfrac{b(D^2-b^2)}{6}=\dfrac{bD^2-b^3}{6}$

㉢ 단면계수가 최대이려면

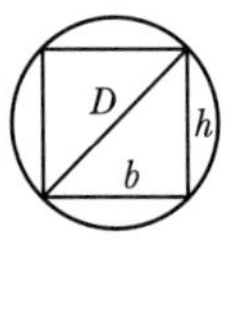

$\dfrac{dz}{db}=\dfrac{D^2-3b^2}{6}=0$

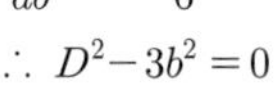

$\therefore D^2-3b^2=0$

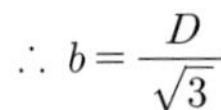

$\therefore b=\dfrac{D}{\sqrt{3}}$

〈참고〉

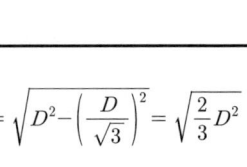

$h^2=\sqrt{D^2-b^2}=\sqrt{D^2-\left(\dfrac{D}{\sqrt{3}}\right)^2}=\sqrt{\dfrac{2}{3}D^2}$

$\therefore h=\dfrac{\sqrt{2}}{\sqrt{3}}D$

정답 32 ① 33 ② 34 ④ 35 ④ 36 ④

07 단면 회전반경(회전반지름)

1. 정의

도심을 지나는 축에 대한 단면2차모멘트(I)를 단면적(A)으로 나눈 값의 제곱근을 **단면 2차 회전반경**(Radius of Gyration)이라 한다.[단위 : cm, m]

$$r_X = \sqrt{\frac{I_X}{A}},\ r_Y = \sqrt{\frac{I_Y}{A}}$$

※ 도심을 지나는 최대 단면2차모멘트를 사용하면 최대 회전반경이 되고, 도심을 지나는 최소 단면2차모멘트를 사용하면 최소 회전반경이 된다.

주 봉이나 기둥설계 시 **최소 회전반경**이 사용된다.

2. 도심축 회전반경

(1) 사각형

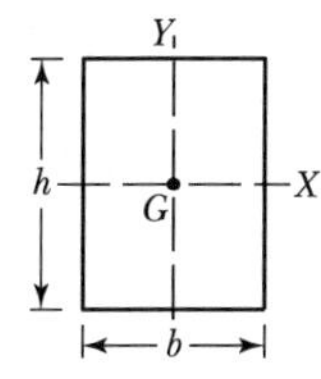

$$r_X = \frac{h}{2\sqrt{3}} \quad r_Y = \frac{b}{2\sqrt{3}}$$

(2) 삼각형

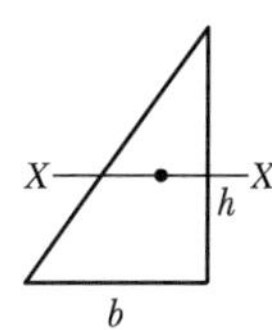

$$r_X = \frac{h}{3\sqrt{2}} \quad r_Y \frac{b}{3\sqrt{2}}$$

(3) 원형

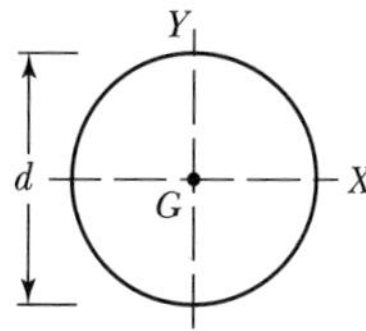

$$r_X = r_Y = \frac{d}{4}$$

▌(그림 12) 기본단면의 회전반경▐

3. 도심축에 평행한 회전반경

$$r_x = \sqrt{\frac{I_x}{A}} = \sqrt{\frac{I_x + Ay^2}{A}} = \sqrt{{r_x}^2 + y^2}$$

(1) 사각형

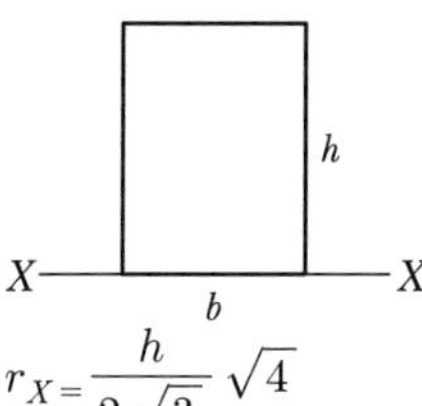

$$r_X = \frac{h}{2\sqrt{3}}\sqrt{4}$$

(2) 삼각형

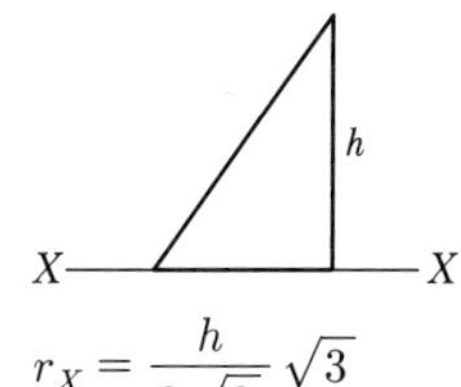

$$r_X = \frac{h}{3\sqrt{2}}\sqrt{3}$$

(3) 원형

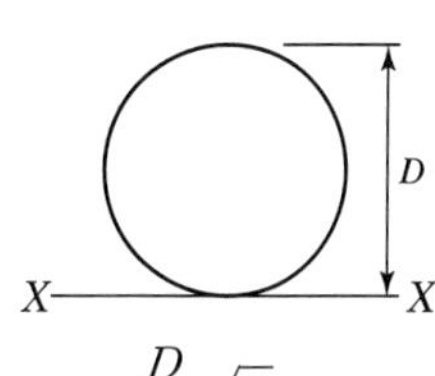

$$r_X = \frac{D}{4}\sqrt{5}$$

>>> 기본예제

01 그림과 같은 T형 단면의 X축에 대한 회전반경은?

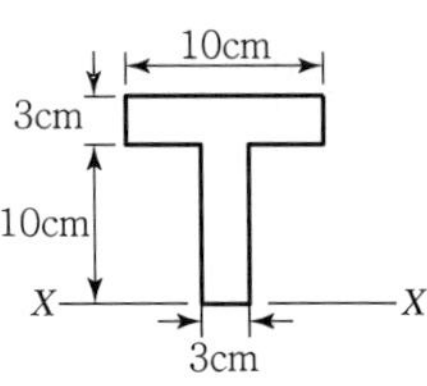

① 8.47cm ② 9.12cm

③ 10.37cm ④ 11.52cm

㉠ $I_x = \frac{10\times 13^3}{3} - \frac{7\times 10^3}{3} = 4{,}990\text{cm}^4$

㉡ $A = (10\times 3)\times 2 = 60\text{cm}^2$

㉢ $r_x = \sqrt{\frac{I_x}{A}} = \sqrt{\frac{4{,}990}{60}} \fallingdotseq 9.12\text{cm}$

정답 01 ②

02 다음 단면에서 y축에 대한 회전반지름은?

① 3.07cm

② 3.20cm

③ 3.81cm

④ 4.24cm

해설

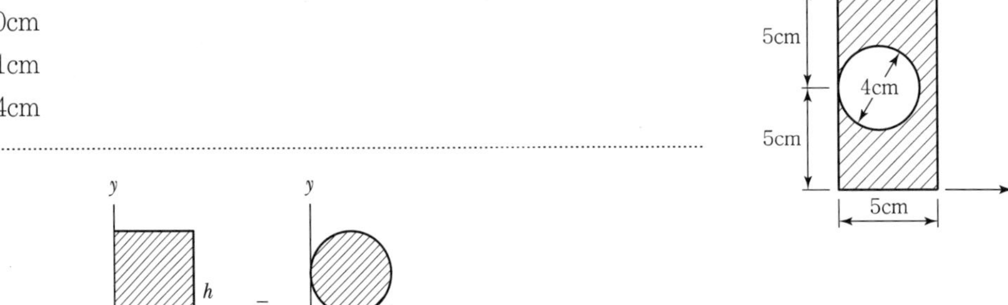

$r_y = \sqrt{\frac{I_y}{A}} =$

$= \sqrt{\frac{\frac{b^3h}{3} - \frac{5}{64}\pi d^4}{(bh) - \frac{\pi d^2}{4}}} = \sqrt{\frac{\frac{5^3\times 10}{3} - \frac{5}{64}\pi(4)^4}{(5\times 10) - \frac{\pi(4)^2}{4}}} = \sqrt{\frac{416.67 - 20\pi}{50 - 4\pi}} = \sqrt{\frac{416.67 - 62.8}{37.44}}$

$= \sqrt{9.45} = 3.07\text{cm}$

정답 01 ② 02 ①

37 다음 그림에서 $x-x$ 축에 대한 단면 2차 반지름은?

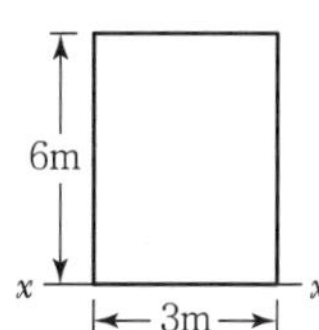

① 1.73m
② 2.46m
③ 2.73m
④ 3.46m

해설
㉠ $I_x = \frac{bh^3}{3} = \frac{3\times 6^3}{3} = 216\text{m}^4$

㉡ $A = 6\times 3 = 18\text{m}^2$

$\therefore r_x = \sqrt{\frac{I_x}{A}} = \sqrt{\frac{216}{18}} = 3.46\text{m}$

38 그림과 같은 직사각형의 도심을 지나는 X, Y 두 축에 대한 최소 회전반지름의 크기는?

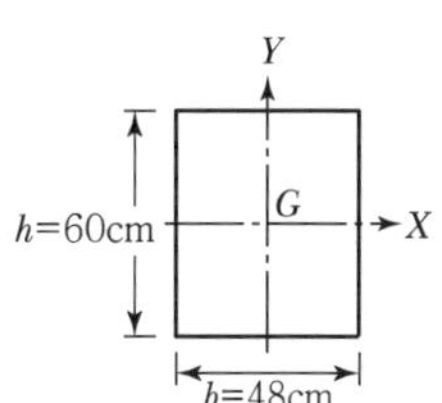

① 9.48cm
② 17.32cm
③ 13.86cm
④ 27.71cm

해설
㉠ $r_{\min} = \sqrt{\frac{I_{\min}}{A}}$ 이므로

㉡ $I_{\min} = I_Y = \frac{60\times 48^3}{12} = 552{,}960\text{cm}^4$

㉢ $r_{\min} = \sqrt{\frac{552{,}960}{48\times 60}} = \sqrt{192} = 13.86\text{cm}$

39 그림과 같은 이등변삼각형에서 y축에 대한 회전반경 r_y는?

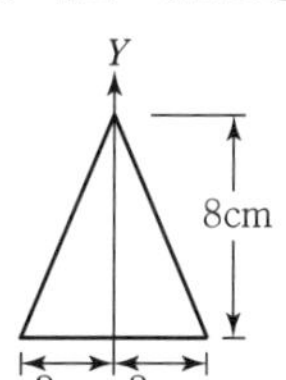

① $\sqrt{\frac{3}{2}}$ cm
② $\sqrt{2}$ cm
③ $\sqrt{3}$ cm
④ 2cm

해설
$I_y = 2\times\frac{bh^3}{12} = 2\times\frac{8\times 3^3}{12} = 36\text{cm}^4$

$\therefore r_Y = \sqrt{\frac{I_Y}{A}} = \sqrt{\frac{36}{24}} = \sqrt{\frac{3}{2}}$

40 다음 그림과 같은 삼각형 단면의 단면 2차 반지름을 구한 값은?(단, $n-n$축은 도심축이다.)

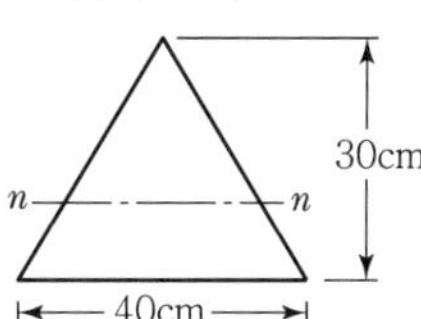

① 12.56cm ② 8.25cm
③ 7.07cm ④ 5.67cm

해설
$r_n = \sqrt{\frac{I_n}{A}} = \sqrt{\frac{\frac{bh^3}{36}}{\frac{bh}{2}}} = \frac{h}{3\sqrt{2}} = \frac{30}{3\sqrt{2}}$

$= 7.07\text{cm}$

41 지름 d인 원형 단면의 회전 반지름은?

① $\frac{d}{2}$ ② $\frac{d}{3}$
③ $\frac{d}{4}$ ④ $\frac{d}{8}$

해설
$r_X = \sqrt{\frac{I_X}{A}} = \sqrt{\frac{\frac{\pi d^4}{64}}{\frac{\pi d^2}{4}}} = \frac{d}{4}$

정답 37 ④ 38 ③ 39 ① 40 ③ 41 ③

08 주단면2차모멘트

1. 주축

임의 단면의 도심을 지나는 여러 직각좌표축 중 단면2차모멘트가 최대인 축과 최소인 지각축을 **주축**(Principal Axia)이라 한다.

2. 주단면2차모멘트

좌표 원점을 중심으로 x, y축을 회전시켰을 때 주축에 대한 단면2차모멘트를 **주단면2차모멘트**라 한다. 또한 임의 좌표축(R.S)을 그린 원점 둘레로 회전하여도 이들 직각축에 대한 단면2차모멘트의 합은 **항상 일정**하다.

(1) 주단면2차모멘트

$$I_{\max} = \frac{1}{2}\left\{(I_x + I_y) + \sqrt{(I_x - I_y)^2 + 4{I_{xy}}^2}\right\}$$

$$I_{\min} = \frac{1}{2}\left\{(I_x + I_y) - \sqrt{(I_x - I_y)^2 + 4{I_{xy}}^2}\right\}$$

(2) 주축의 위치를 표시한 각(ϕ)

$$\tan 2\phi = \frac{-2I_{xy}}{I_x - I_y} = \frac{2I_{xy}}{I_y - I_x}$$

(3) m, n축이 주축일 때

$I_x + I_y = I_R + I_S = I_m + I_n =$ 일정(Constant)하다.

3. 전단 중심(Shear Center)

(1) 정의 : 보에서는 일반적으로 휨모멘트 외에 전단력이 생기는데 **전단력의 작용점을 전단 중심**이라 한다.
(하중의 작용선이 전단 중심을 벗어나면 비틀림이 발생된다.)

(2) 전단 중심의 특징
① X, Y축 대칭단면의 전단 중심은 도심과 일치한다.
② 두 단면이 교차할 때 축의 교점이 전단중심이다.
③ 한 축에 대칭인 단면의 전단 중심은 대칭축상에 있다.
④ 기타의 도형은 간단하지 않으므로 계산에 의한다.

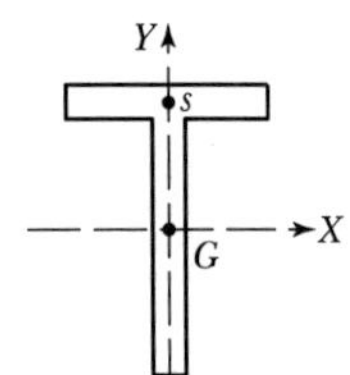

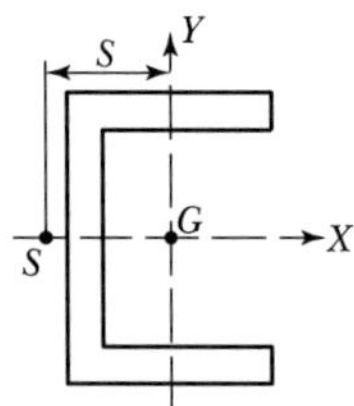

42 그림과 같은 직사각형 단면의 주축에 대한 단면2차모멘트 합이 옳게 된 것은?

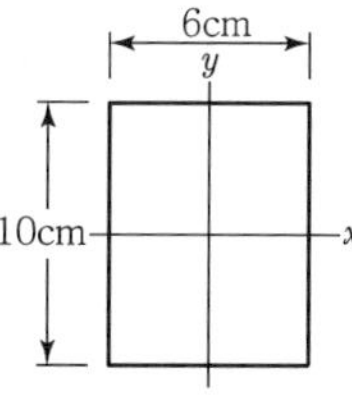

① 680cm^4　② 780cm^4
③ 880cm^4　④ 980cm^4

⊙ $I_x + I_y = \frac{6\times10^3}{12} + \frac{10\times6^3}{12} = 680\text{cm}^4$

43 그림과 같은 직사각형 단면의 O점을 지나는 주축의 방향을 표시하는 식은?

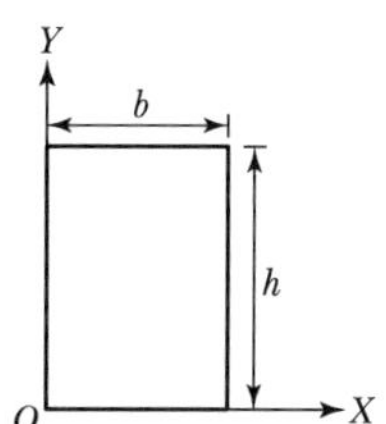

① $\tan2\alpha = -\frac{3bh}{2(b^2-h^2)}$　② $\tan2\alpha = -\frac{2bh}{3(b^2-h^2)}$
③ $\tan2\alpha = -\frac{3bh}{2(h^2-b^2)}$　④ $\tan2\alpha = \frac{2bh}{3(h^2-b^2)}$

⊙ $\tan2\alpha = -\frac{2\times\frac{b^2h^2}{4}}{\frac{bh}{3}(h^2-b^2)} = -\frac{3bh}{2(h^2-b^2)}$

44 다음은 단면의 주축에 대한 설명이다. 틀린 것은?

① 단면의 도심을 지나는 모든 축 가운데 단면2차모멘트가 최대, 최소인 축을 단면의 주축이라 한다.
② 최대 주축과 최소 주축은 직교한다.
③ 두 주축에 관한 단면상승모멘트는 0이다.
④ 대칭축은 주축이다. 따라서, 모든 주축 역시 대칭축이다.

⊙ 주어진 단면이 L형 단면과 같이 비대칭 단면일 경우 주축은 대칭축이 아니다.

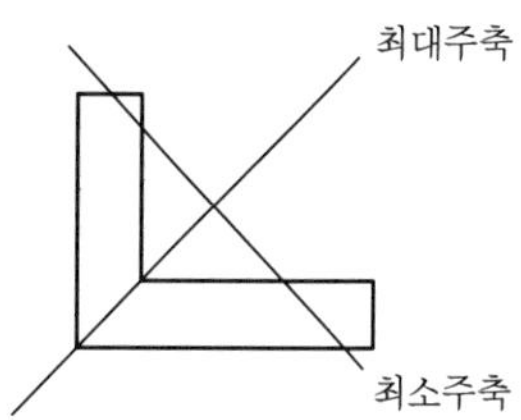

정답 42 ① 43 ③ 44 ④

판별식

01 구조물의 정정과 부정정

1. 안정과 불안정

(1) 안정(Stable) : 외력이 작용할 때 구조물이 평형을 이루는 상태
① 외적 안정 : 외력에 의해서 구조물의 **위치**가 변하지 않을 때
② 내적 안정 : 외력에 의해서 구조물의 **모양(형태)**이 변하지 않을 때

(2) 불안정(Unstable) : 외력이 작용할 때 구조물이 평형을 이루지 못하는 상태
① 외적 불안정 : 외력에 의해서 구조물의 **위치**가 변할 때
② 내적 불안정 : 외력에 의해서 구조물의 **모양(형태)**이 변할 때

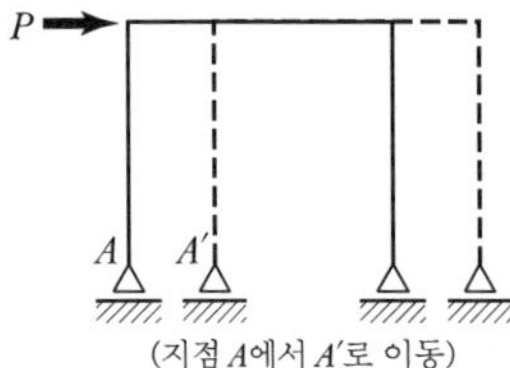

(a) 외적 불안정, 내적 안정

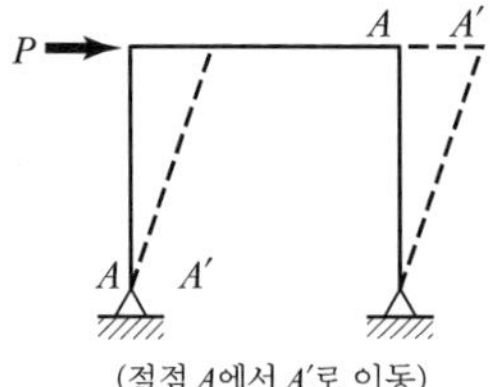

(b) 외적 안정, 내적 불안정

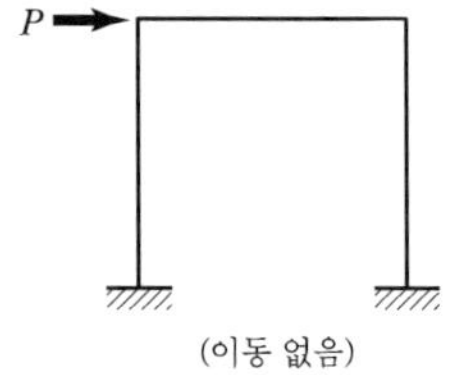

(c) 외적, 내적 안정(전체 안정)

‖ (그림 1) 구조물의 안정과 불안정 ‖

2. 정정과 부정정

(1) **정정** : 힘의 평형조건식($\Sigma H=0, \Sigma V=0, \ \Sigma M=0$)으로 구조물의 **반력**과 **단면력**을 구할 수 있는 것을 말한다.
① 외적 정정 : 힘의 평형조건식으로 **반력**을 구할 수 있는 것
② 내적 정정 : 힘의 평형조건식으로 **단면력**을 구할 수 있는 것

(2) **부정정** : 힘의 평형조건식으로 구조물의 **반력**과 **단면력**을 구할 수 없는 것을 말한다.
① 외적 부정정 : 힘의 평형조건식으로 **반력**을 구할 수 없는 것
② 내적 부정정 : 힘의 평형조건식으로 **단면력**을 구할 수 없는 것

02 구조물의 판별

1. 단층 구조물 판별(외적 판별)

$$N = R - 3 - h$$

여기서, N : 부정정 차수($N < 0$: 불안정, $N = 0$: 정정, $N > 0$: 부정정)
R : 지점 반력 수
h : 힌지(활절) 수

(1) 지점과 지점반력

① 지점(Support) : 구조물(상부 구조)을 지지하기 위해 설치된 받침부를 역학에서는 **지점**이라 한다.
② 지점반력(Support Reaction) : 구조물에 외력이 작용하면 지점에서 힘의 평형상태를 이루기 위해 수동적으로 발생되는 힘을 **지점반력**이라 한다.

(2) 지점의 종류

① 가동(이동)지점(Roller Support) : 회전과 수평이동은 자유로우나 **수직**이동은 불가능한 지점
② 회전(활절)지점(Hinged Support) : 회전은 가능하나 **수평**과 **수직**이동은 불가능한 지점
③ 고정지점(Fixed Support) : 부재를 완전히 고정시켜 **수평**, **수직**, **회전**이동이 불가능한 지점

▼ (표 1) 지점 종류 및 반력의 수

종류	지점 구조상태	기호	반력 수
가동지점(이동지점) (Roller Support)	P	P, V	수직반력 1개
회전지점 (Hinged Support)	P	P, H, V	수직반력 1개 수평반력 1개
고정지점 (Fixed Support)	P	M, P, H, V	수직반력 1개 수평반력 1개 모멘트 반력 1개

>>> 기본예제

01 다음 중 지점(Support)의 종류에 해당되지 않는 것은?

① 이동지점 ② 자유지점 ③ 회전지점 ④ 고정지점

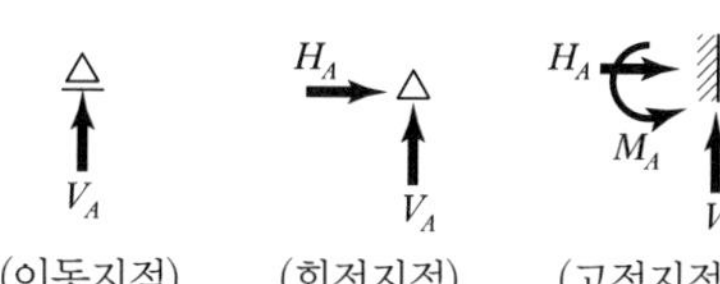

정답 01 ②

APPLIED MECHANICS **핵심문제** | **해설**

01 다음 그림과 같은 구조물의 부정정 차수는?

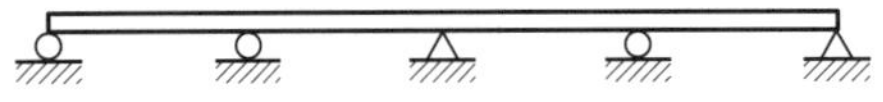

① 1차 부정정 ② 3차 부정정
③ 4차 부정정 ④ 6차 부정정

해설: $N=R-3-h=7-3-0=4$차 부정정

02 다음 구조물의 판별로 옳은 것은?

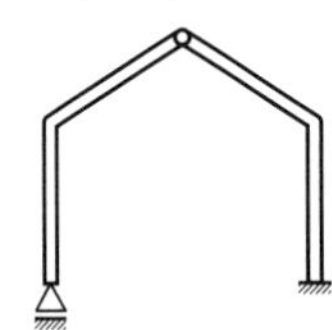

① 정정 ② 1차 부정정
③ 2차 부정정 ④ 3차 부정정

해설:
$N=R-3-h$
$=4-3-1$
$=0$(정정)

03 그림과 같은 부정정보를 정정보로 하기 위해서는 활절(Hinge)이 몇 개 필요한가?

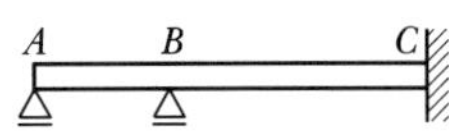

① 1개 ② 2개
③ 3개 ④ 4개

해설:
$N=R-3-h$
$0=5-3-h$
$\therefore\ h=2$개

04 다음 아치 중 정정 아치에 속하는 것은?

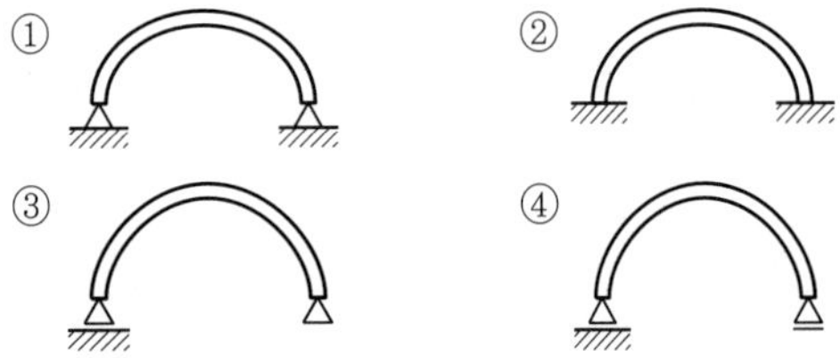

① 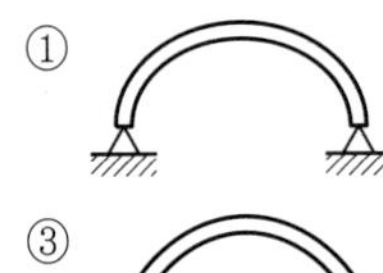 ②

③  ④

해설:
① $R-3-h=4-3-0=1$차
② $R-3-h=6-3-0=3$차
③ $R-3-h=3-3-0=0$
④ $R-3-h=2-3-0=-1$

정답 01 ③ 02 ① 03 ② 04 ③

05 다음 구조물의 부정정 차수는?

① 1차　　② 2차
③ 3차　　④ 4차

◎ $N = R - 3 - h$
$= 6 - 3 - 0$
$= 3$차

06 그림과 같이 양 지점이 고정(Fixed)인 라멘은 몇 차 부정정 차수인가?

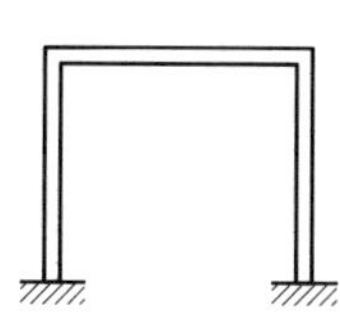

① 1차　　② 2차
③ 3차　　④ 4차

◎ $N = R - 3 - h$
$= 6 - 3 - 0$
$= 3$차

07 다음 구조물 중 부정정 차수가 가장 높은 것은?

① 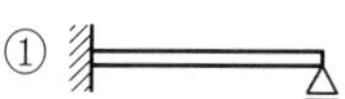
②
③
④

◎ ① $N = R - 3 - h = 4 - 3 - 0 = 1$차
② $N = R - 3 - h = 7 - 3 - 0 = 4$차
③ $N = R - 3 - h = 5 - 3 - 0 = 2$차
④ $N = R - 3 - h = 4 - 3 - 1 = 0$차
∴ 정정

정답 05 ③　06 ③　07 ②

2. 라멘 구조물 판별

(1) 전체 판별식

$$N = R + m + S - 2P$$

여기서, N : 부정정 차수, R : 지점 반력 수

m : 점과 점 사이의 부재 수

S : 강절점 수

P : 절점 수(지점 및 자유단 포함)

(2) 절점의 종류

구조물을 구성하고 있는 부재와 부재가 만나는 점(교점)을 **절점**(Panel Point)이라 한다.

① 활절(Hinged Joint) : 부재와 부재가 핀 또는 힌지로 연결된 절점으로 회전이동은 가능하나, **수평, 수직**이동이 불가능한 절점이다.[그림 (a)]

② 강절(Rigid Joint) : 부재와 부재가 완전히 고정 접합되어 **수평, 수직, 회전**이동이 불가능한 절점이다.[그림 (b)]

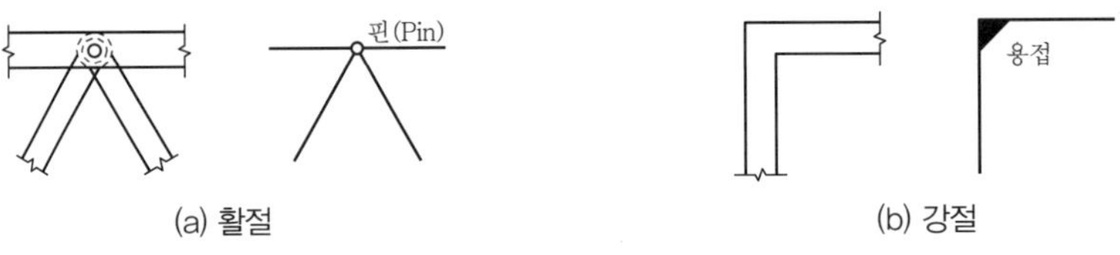

(a) 활절 (b) 강절

▌(그림 2) 절점의 종류▐

(3) 외적 판별

$$N_0 = R - 3$$

(4) 내적 판별

$$N_1 = \text{전체 판별}(N) - \text{외적 판별}(N_0)$$

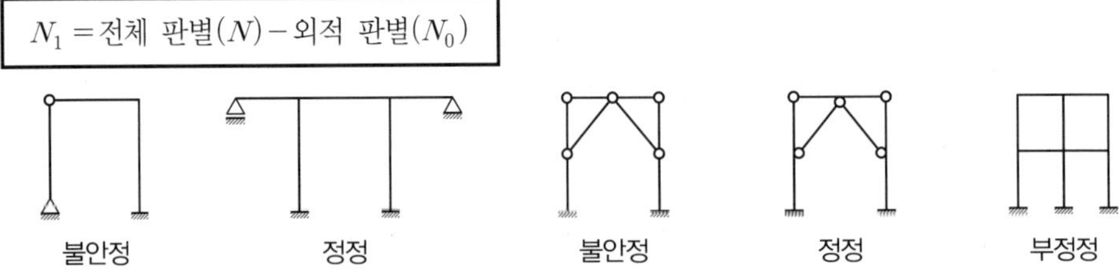

>>> 기본예제

01 그림과 같은 구조물의 부정정 차수는?

① 2차 ② 3차 ③ 4차 ④ 5차

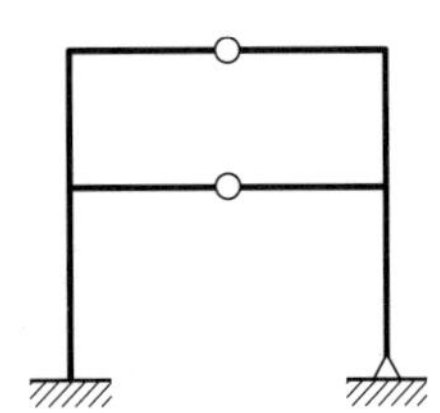

해설

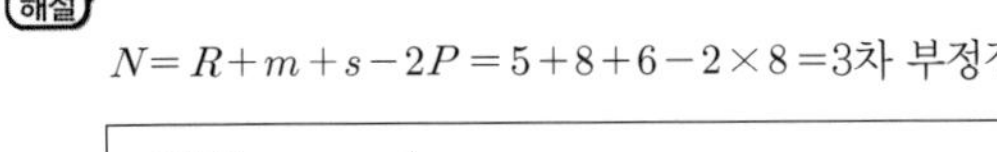

$N = R + m + s - 2P = 5 + 8 + 6 - 2 \times 8 = 3$차 부정정

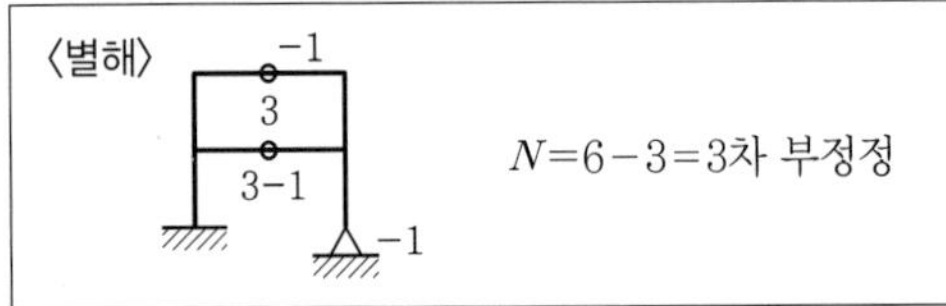

정답 01 ②

08 다음 라멘의 부정정 차수는?

① 9차
② 8차
③ 7차
④ 15차

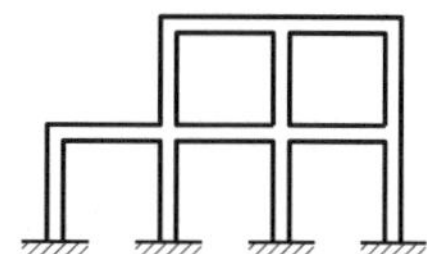

해설: $N=15$차 부정정

09 그림과 같은 라멘의 부정정 차수는?

① 16차
② 17차
③ 18차
④ 19차

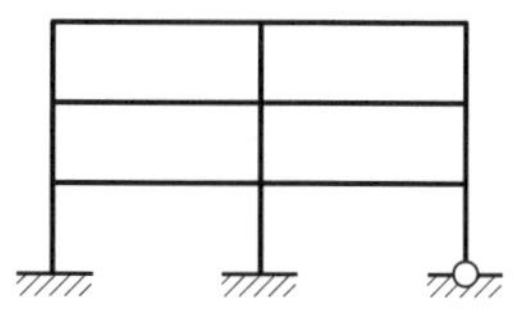

해설: $N=R+m+s-2P$

$=8+15+18-2\times 12=17$차 부정정

또는,

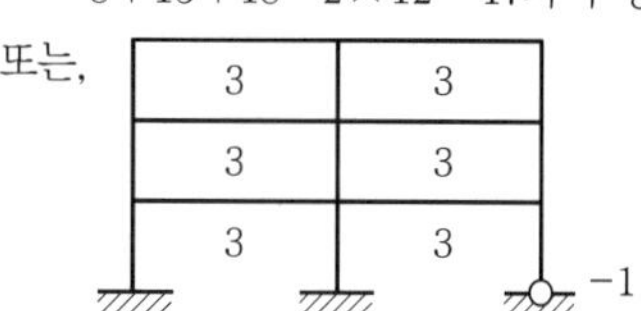

$N=3\times 6-1=17$차 부정정

10 다음 부정정 구조물은 몇 차 부정정인가?

① 8차 부정정
② 4차 부정정
③ 5차 부정정
④ 7차 부정정

Roller

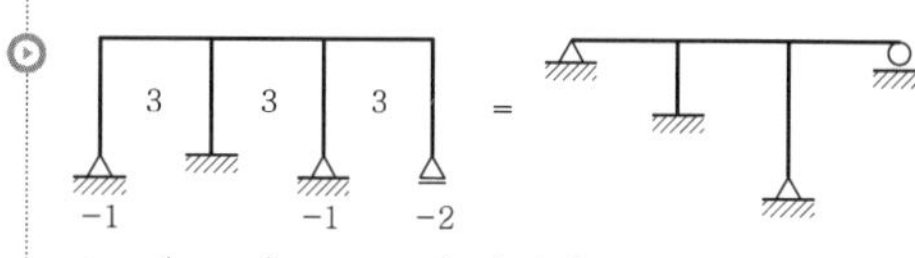

해설: $N=(3\times 3)-4=5$차 부정정

11 그림과 같은 라멘은 몇 차 부정정인가?

① 1차 부정정
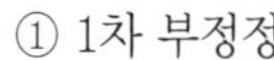
② 2차 부정정
③ 3차 부정정
④ 4차 부정정

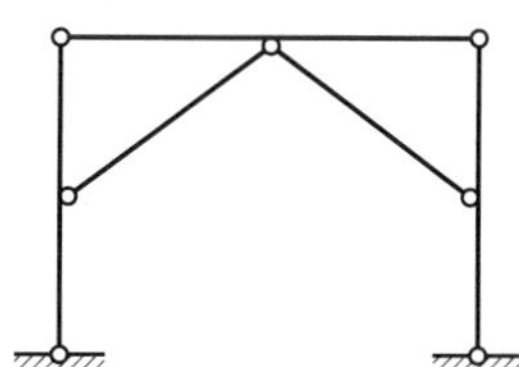

해설: $N=R+m+s-2P$

$=4+8+3-2\times 7=1$차 부정정

〈참고〉

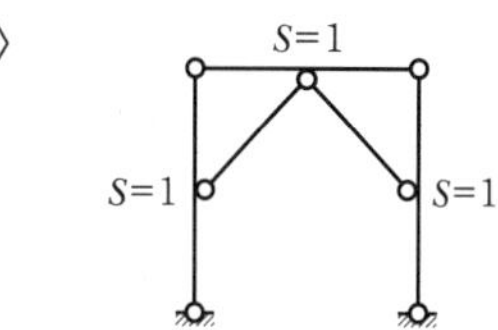

12 그림과 같은 라멘구조의 부정정 차수는 얼마인가?

① 2차
② 3차
③ 4차
④ 5차

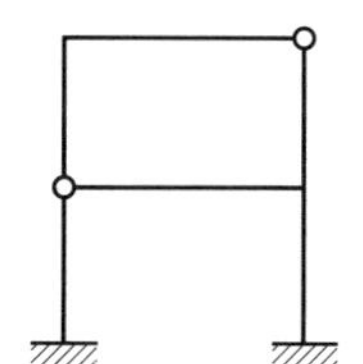

해설: 반력수 $R=6$, 부재수 $m=6$, 강절점수 $S=3$

지점 포함 절점수 $P=6$

$\therefore N=R+m+S-2P=6+6+3-2\times 6$

$=3$차 부정정

〈참고〉

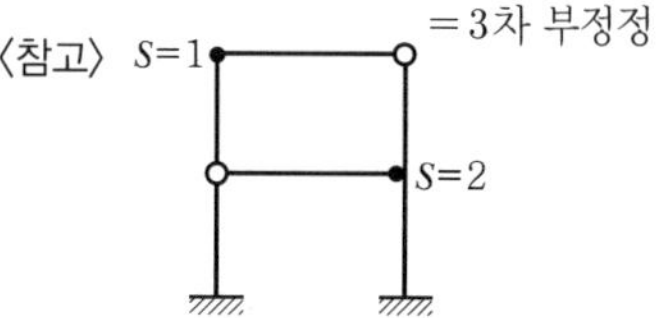

정답 08 ④ 09 ② 10 ③ 11 ① 12 ②

3. 트러스 구조물 판별

$$N = m + R - 2P$$

여기서, N : 부정정 차수

m : 부재 수

R : 지점 반력 수

P : 절점 수

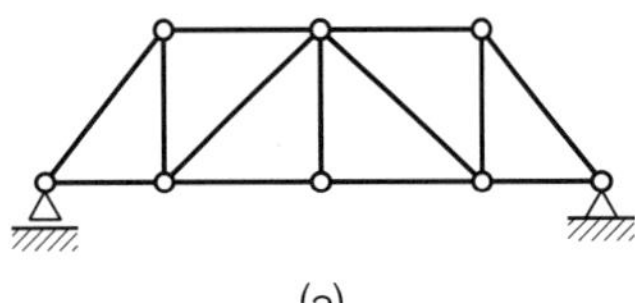

(a)

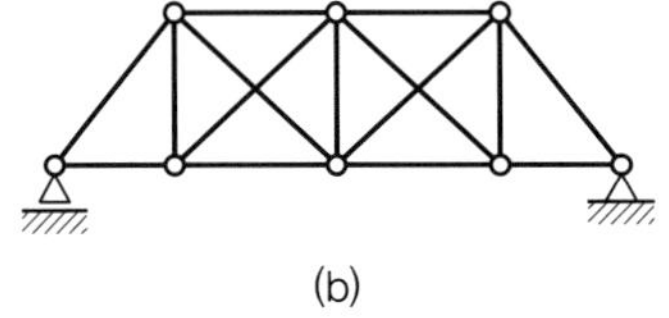

(b)

‖ (그림 3) 트러스 구조물 ‖

- $N_{(a)} = m + R - 2P$
  $= 13 + 3 - 2 \times 8 = 0$(정정)
- $N_{(b)} = m + R - 2P$
  $= 15 + 3 - 2 \times 8 = 2$(2차 부정정)

13 그림과 같은 트러스는?

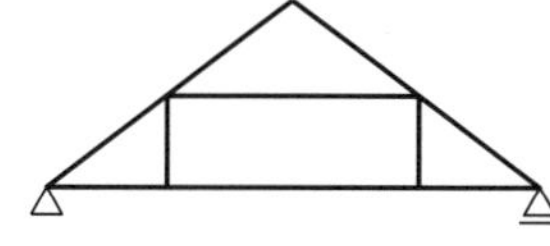

① 불안정　　② 정정
③ 1차 부정정　　④ 2차 부정정

해설
$N = R + m - 2P$
$= 3 + 10 - 2 \times 7 = -1$(불안정)

14 다음 트러스를 판별하면?

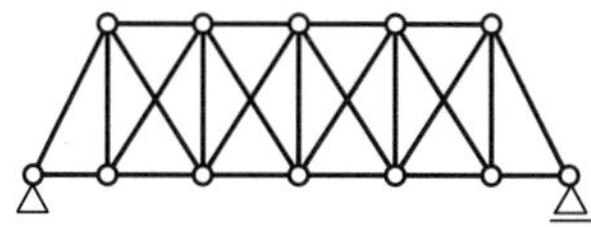

① 4차 부정정　　② 2차 부정정
③ 불안정　　④ 1차 부정정

해설
$N = N_{외} + N_{내}$
$= (3-3) + (4) = 4$차

⊠의 수

15 다음 트러스는 몇 차 부정정인가?

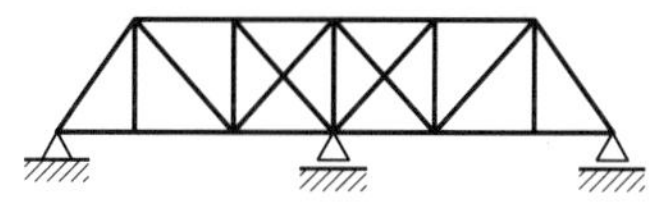

① 1차　　② 2차
③ 3차　　④ 4차

해설
$N = R + m + S - 2P$
$= 4 + 23 + 0 - 2 \times 12$
$= 3$차 부정정

16 다음 트러스의 부정정 차수는?

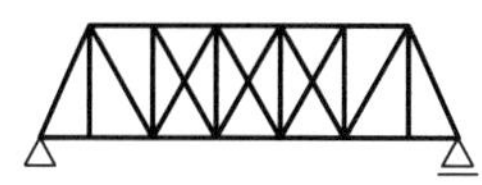

① 내적 1차, 외적 1차　　② 내적 2차
③ 내적 3차　　④ 내적 2차, 외적 1차

해설
$N = N_{외} + N_{내}$
$= (R-3) + ($⊠ 수$)$
$= (3-3) + (3)$
=내적 3차

정답 13 ① 14 ① 15 ③ 16 ③

정정보

01 구조물에 작용하는 하중

1. 하중 분포상태에 따른 분류

(1) 집중하중(Concentrated Load)

자동차나 기관차의 무게가 바퀴를 통하여 구조물의 일점에 집중하여 작용하는 하중

(2) 분포하중(Distributed Load)

구조물의 자중, 수압, 토압 등과 같이 어느 범위 내에 분포하여 작용하는 하중

① 등분포하중(Uniform Distributed Load) : 어느 거리에 하중의 크기가 균일하게 분포 작용하는 하중

② 등변분포하중(Uniformly Varying Distributed Load) : 어느 거리에 하중의 크기가 일정하게 증가 또는 감소하여 분포 작용하는 하중

(3) 모멘트하중(Moment Load) : 힘의 모멘트로 작용하는 하중

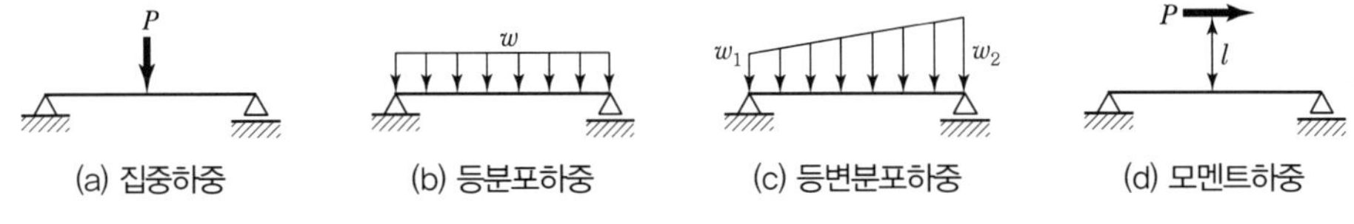

▌(그림 1) 하중 분포상태에 따른 분류 ▌

2. 하중 작용 방법에 따른 분류

(1) 직접하중(Direct Load)

구조물에 직접 작용하는 하중

(2) 간접하중(Indirect Load)

구조물에 직접 작용하지 않고 다른 구조물을 통하여 간접으로 작용하는 하중(교량 바닥판에 작용하는 하중이 세로보, 가로보를 통해 주형에 간접 전달하는 하중)

▌(그림 2) 하중 작용 방법에 따른 분류 ▌

02 보의 종류

1. 정정보

(1) 단순보(Simple Beam) : 한쪽 지점은 회전지점이고, 다른 지점은 가동지점으로 된 보

(2) 캔틸레버보(Cantilever Beam) : 한쪽 지점은 고정지점이고, 다른 쪽은 지점이 없는 (자유단)보

(3) 내민보(Overhanging Beam) : 단순보의 한끝 또는 양끝을 지점 밖으로 내민 보로 단순보와 캔틸레버보가 합성된 것

(4) 게르버보(Gerber's Beam) : 부정정보에 힌지(Hinge)를 넣어 정정보로 만든 보

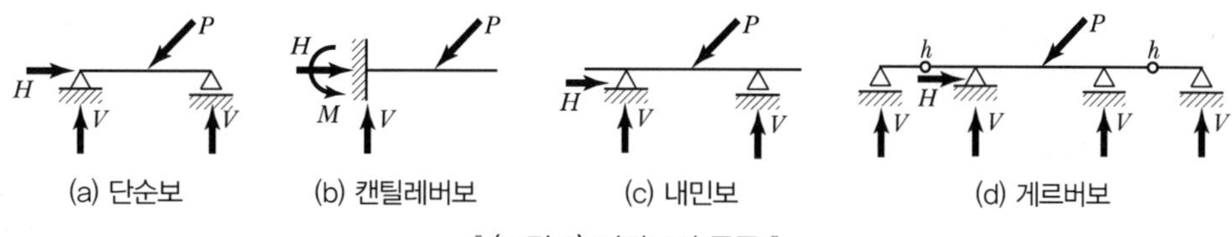

‖ (그림 3) 정정보의 종류 ‖

2. 부정정보

(1) 연속보(Continuous Beam) : 3지점 2지간 이상으로, 지점 중 어느 하나는 회전지점이고 나머지 지점은 가동지점으로 만든 보

(2) 고정보(Fixed Beam) : 일단은 고정지점이고 타단은 다른 지점으로 만든 보

① 일단고정, 타단가동 지지보 : 일단은 고정지점이고 타단은 가동지점으로 만든 보

② 양단 고정보 : 양단을 고정지점으로 만든 보

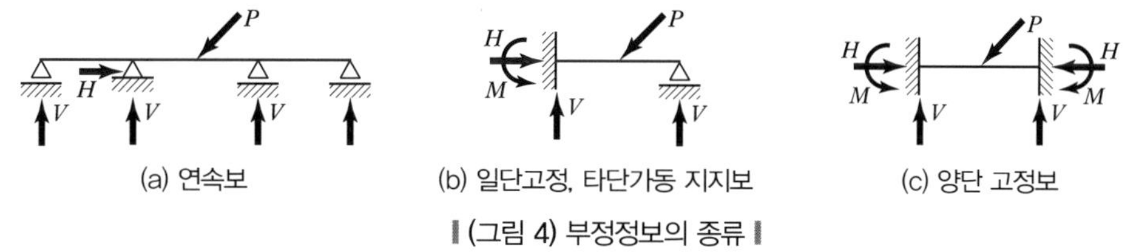

‖ (그림 4) 부정정보의 종류 ‖

03 반력

1. 반력(Reaction)

작용과 반작용의 법칙에 따라 구조물에 외력(하중)이 작용하면 외력에 평형상태를 이루기 위하여 수동적으로 발생되는 힘을 말하며, 특히 지점에서 발생되는 반력을 지점반력이라 한다. 보에서는 일반적으로 수직, 수평, 모멘트 반력이 생기고 단면력 계산시의 지점반력도 외력으로 본다.

2. 집중하중이 작용하는 경우

① 수평반력

$\sum H = 0$에서 $\therefore\ H_A = 0$

② 수직반력

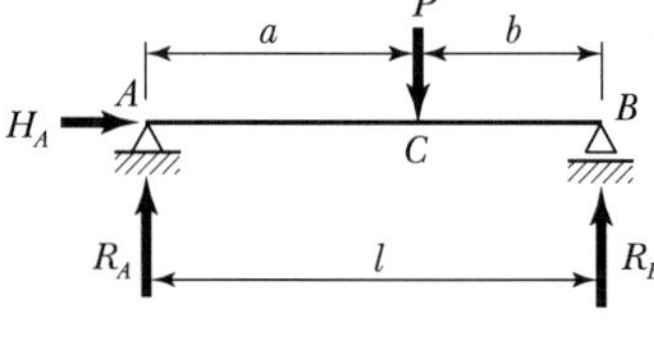

$\sum M_B = 0$에서 $R_A \times l - P \times b = 0$

$$\therefore\ R_A = \frac{Pb}{l}$$

$\sum M_A = 0$에서 $-R_B \times l + P \times a = 0$

$$\therefore\ R_B = \frac{Pa}{l}$$

즉, R_A 계산 후

$\sum V = 0$에서 $R_A + R_B - P = 0$ $\qquad \therefore\ R_B = P - R_A$

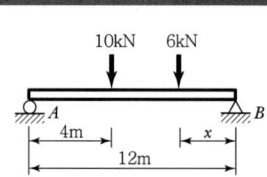

>>> 기본예제

01 그림에서 지점 A, B의 반력 $R_A = R_B$가 되기 위한 거리 x는?

① 2.67m ② 2.87m

③ 3.02m ④ 3.22m

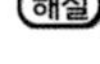

㉠ $\sum V = 0$, $\therefore\ R_A + R_B = 16\text{kN}$

$R_A = R_B$ 이므로 $2R_A = 16\text{kN}$, $\therefore\ R_A = 8\text{kN}(\uparrow)$

㉡ $\sum M_B = R_A \times 12\text{m} - 10 \times 8\text{m} - 6 \times x = 0$

$\therefore\ x \fallingdotseq 2.67\text{m}$

정답 01 ①

해설

01 다음 단순보에서 지점의 반력을 계산한 값은?

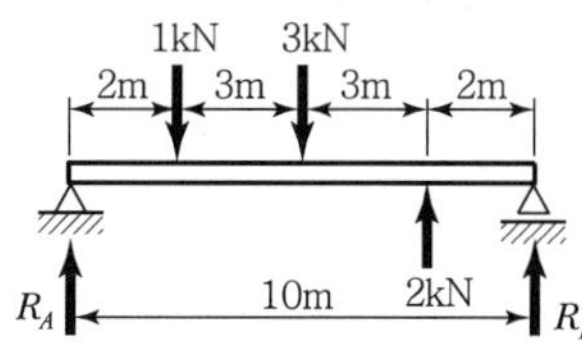

① $R_A = 1.9\text{kN}$, $R_B = 2.1\text{kN}$
② $R_A = 1.9\text{kN}$, $R_B = 0.1\text{kN}$
③ $R_A = 2.1\text{kN}$, $R_B = 1.9\text{kN}$
④ $R_A = 0.1\text{kN}$, $R_B = 1.9\text{kN}$

ⓞ ㉠ $\Sigma M_B = 0$

$R_A \times 10 - 1 \times 8 - 3 \times 5 + 2 \times 2 = 0$

$R_A = 1.9\text{kN}(\uparrow)$

㉡ $IV = 0$

$1.9 - 1 - 3 + 2 + R_B = 0$

$R_B = 0.1\text{kN}(\uparrow)$

02 다음 그림과 같은 보에서 A점의 반력이 B점의 반력의 2배가 되도록 하는 거리 X는 얼마인가?

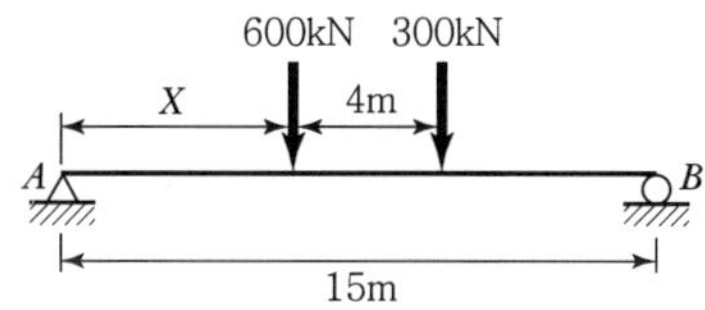

① 1.67m
② 2.67m
③ 3.67m
④ 4.67m

ⓞ ㉠ $\Sigma V = 0$

$R_A + R_B - 900 = 0$

$(2R_B) + R_B = 900\text{kN}$

$R_B = 300\text{kN}$

$R_A = 2R_B = 600\text{kN}$

㉡ $\Sigma M_A = 0$

$600 \times X + 300 \times (X+4) - 300 \times 15 = 0$

$X = 3.67\text{m}(\rightarrow)$

03 그림과 같은 구조물에서 지점 A의 수평반력 크기는?

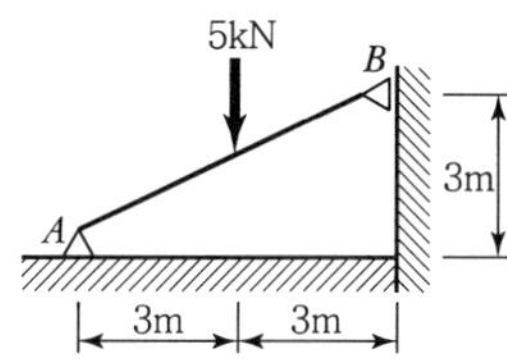

① 3kN
② 4kN
③ 5kN
④ 6kN

ⓞ ㉠ $\Sigma M_A = 0$

$5 \times 3 - H_B \times 3 = 0$

$H_B = 5\text{kN}(\leftarrow)$

㉡ $\Sigma H = 0$

$H_A - 5 = 0$

$H_A = 5\text{kN}(\rightarrow)$

정답 01 ② 02 ③ 03 ③

3. 집중하중이 경사로 작용할 때

부재축에 경사진 힘은 수평력($\boldsymbol{P_H}$), 수직력($\boldsymbol{P_V}$)으로 분해한다.

$P_H = P \cdot \cos\theta \quad P_V = P \cdot \sin\theta$

① 수평반력 : $\Sigma H = 0$에서

$H_A - P_H = 0 \qquad \therefore H_A = P_H = P \cdot \cos\theta$

② 수직반력 : $\Sigma M_B = 0$에서

$V_A \times l - P_V \times b = 0 \qquad \therefore V_A = \dfrac{P_V b}{l} = \dfrac{Pb\sin\theta}{l}$

③ 반력

$$R_A = \sqrt{(H_A)^2 + (V_B)^2}$$

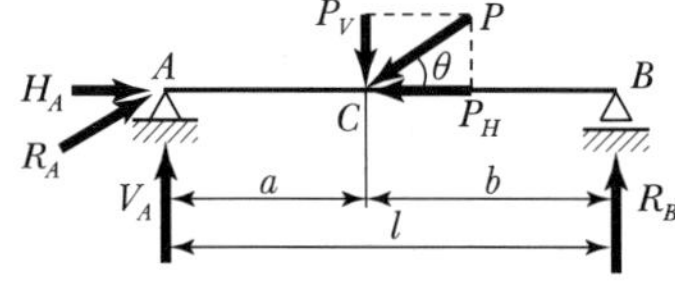

④ 반력(R_B) : $\Sigma V = 0$에서

$V_A + R_B - P_V = 0 \qquad \therefore R_B = P_V - V_A = \dfrac{Pa\sin\theta}{l}$

>>> 기본예제

01 그림과 같이 단순보에 하중 P가 경사지게 작용할 때 A점에서의 수직반력 V_A를 구하면?

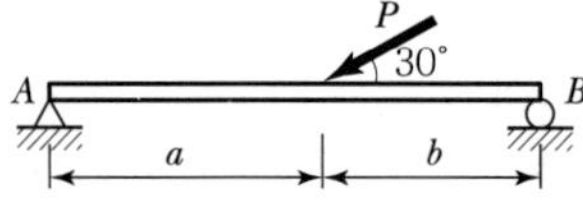

① $\dfrac{Pb}{(a+b)}$ ② $\dfrac{Pa}{2(a+b)}$

③ $\dfrac{Pa}{(a+b)}$ ④ $\dfrac{Pb}{2(a+b)}$

해설

$\Sigma M_B = V_A \times (a+b) - P \cdot \sin 30° \times b = 0$

$V_A = \dfrac{\frac{P}{2} \times b}{a+b} = \dfrac{Pb}{2(a+b)}(\uparrow)$

정답 01 ④

04 다음 그림과 같은 보에서 지점 B의 수평반력 H_B는?

① 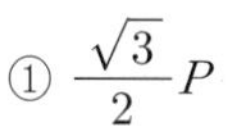 $\frac{\sqrt{3}}{2}P$

② 0

③ $\frac{1}{2}P$

④ P

⊙ B점은 이동지점으로 수직반력만 생긴다.

05 다음 그림과 같은 보에서 두 지점의 반력이 같게 되는 하중의 위치(x)를 구하면?

① 0.33m

② 1.33m

③ 2.33m

④ 3.33m

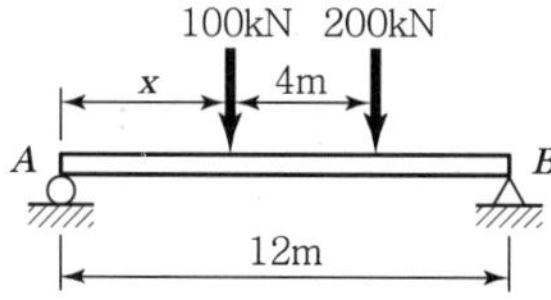

⊙ ㉠ $R_A = R_B$이므로

$\Sigma V = R_A + R_B - 100 - 200 = 0$

$2R_B = 300$

$\therefore R_B = 150\text{kN}(\uparrow)$

$\therefore R_A = 150\text{kN}(\uparrow)$

㉡ $\Sigma M_A = -R_B \times 12 + 100 \times x + 200 \times (4+x) + 0$

$x = \frac{150 \times 12 - 800}{100 + 200} = 3.33\text{m}$

06 다음 그림과 같은 보에서 B지점의 반력이 $2P$가 되기 위해서 $\frac{b}{a}$는 얼마가 되어야 하는가?

① 0.50

② 0.75

③ 1.00

④ 1.25

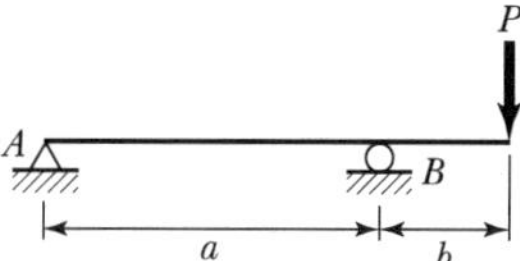

⊙ [1]

㉠ $\Sigma V = 0$

$-R_A + 2P - P = 0,\ R_A = P(\downarrow)$

㉡ $\Sigma M_B = 0$

$-P \times a + P \times b = 0,\ \frac{b}{a} = 1$

[2] ㉠ B점 반력 $R_B = 2P(\uparrow)$

㉡ $\Sigma M_A = -2P \times a + P(a+b) = 0$

$Pa = Pb \qquad \therefore \frac{b}{a} = 1$

07 다음 그림에서 지점 A의 반력이 영(零)이 되기 위해 C점에 작용시킬 집중하중의 크기(P)는?

① 12kN

② 16kN

③ 20kN

④ 24kN

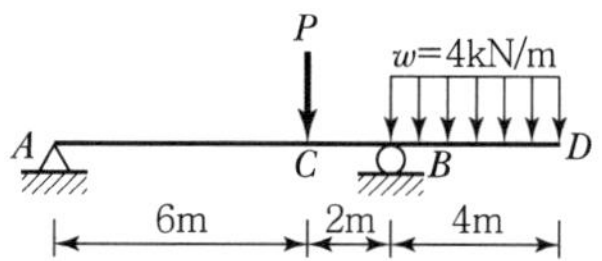

⊙ $\Sigma M_B = 0$

$-P \times 2 + 4 \times 4 \times 2 = 0$

$P = 16\text{kN}$

정답 04 ② 05 ④ 06 ③ 07 ②

4. 등분포하중이 작용할 때

$\Sigma M_B = 0$에서

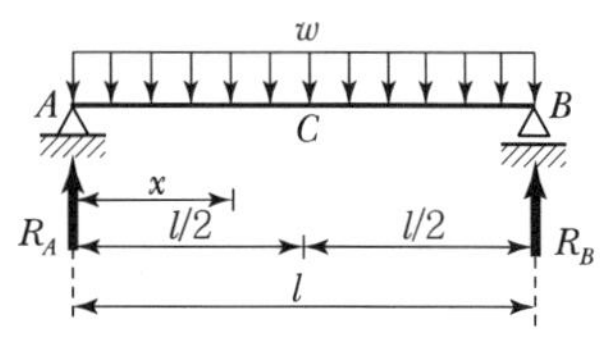

$R_A \times l - w \times l \times \frac{l}{2} = 0$ $\quad \boxed{\therefore\ R_A = \frac{wl}{2}}$

$\Sigma V = 0$에서 $R_A + R_B - w \times l = 0$

$\therefore\ R_B = wl - R_A = \boxed{\frac{wl}{2}}$

5. 등변분포하중이 작용할 때

(1) 반력

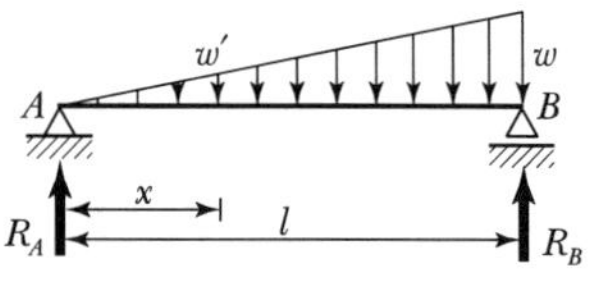

$\Sigma M_B = 0$에서 $R_A \times l - \left(\frac{wl}{2}\right) \times \left(\frac{1}{3}\right) = 0$ $\quad \boxed{\therefore\ R_A = \frac{wl}{6}}$

$\Sigma V = 0$에서 $R_A + R_B - \frac{wl}{2} - 0$ $\quad \boxed{\therefore\ R_B = \frac{wl}{3}}$

6. 모멘트하중이 작용할 때

모멘트하중은 수직, 수평력이 없고 보를 회전시키려는 힘이다.

(1) 반력

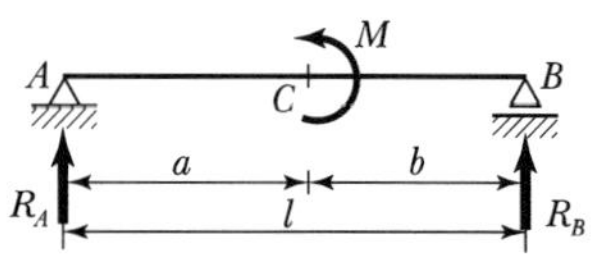

$\Sigma M_B = 0$에서 $R_A \times l - M = 0$ $\quad \boxed{\therefore\ R_A = \frac{M}{l}}$

$\Sigma V = 0$에서 $R_A - R_B = 0$ $\quad \boxed{\therefore\ R_B = \frac{M}{l}}$

주 단순보에 Moment 하중만 작용 시 A, B지점의 반력 절댓값은 같고, 방향은 서로 반대이다.

7. 간접하중이 작용할 때

그림 (b)에서 $\Sigma M_B = 0$

$R_A \times l - R_C \times \frac{3}{4} l - R_D \times \frac{l}{4} = 0$

$\therefore\ R_A = \frac{wl}{4}$

$\Sigma V = 0$

$R_A + R_B - \Sigma P = 0$

$\therefore\ R_B = \frac{wl}{4}$

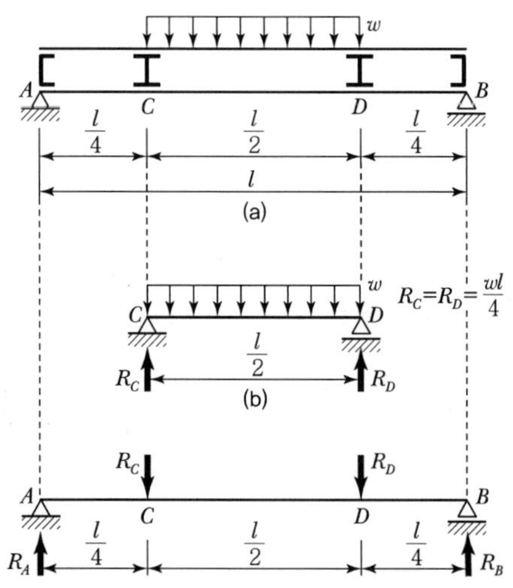

08 다음 단순보에서 A점의 반력을 구한 값은?

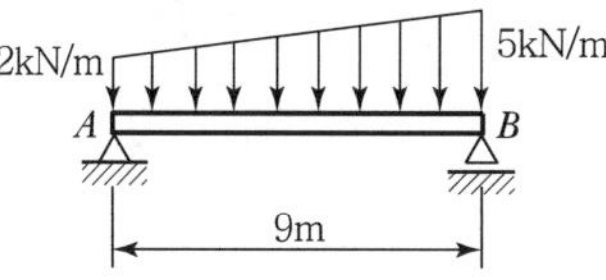

① 10.5kN ② 11.5kN
③ 12.5kN ④ 13.5kN

해설
$\Sigma M_B = 0$

$R_A \times 9 - 2 \times 9 \times \frac{9}{2} - \frac{1}{2} \times 3 \times 9 \times \frac{9}{3} = 0$

$R_A = 13.5\text{kN}(\uparrow)$

09 그림과 같은 보에서 A점의 반력은?

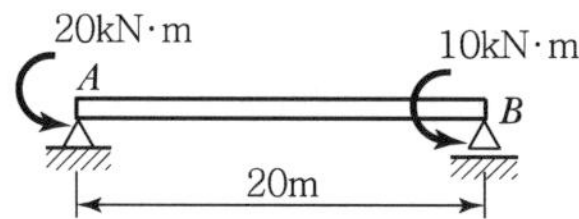

① 1.5kN ② 1.8kN
③ 2.0kN ④ 2.3kN

해설
$\Sigma M_B = 0$

$R_A \times 20 - 20 - 10 = 0$

$R_A = 1.5\text{kN}(\uparrow)$

10 그림과 같은 단순보에서 A지점의 반력은?

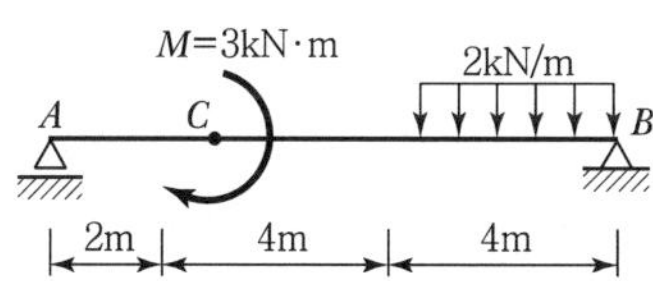

① 0.8kN ② 1.3kN
③ 1.9kN ④ 2.5kN

해설
$\Sigma M_B = 0$

$R_A \times 10\text{m} + 3\text{kN} \cdot \text{m} - (2 \times 4) \times 2\text{m} = 0$

$\therefore R_A = \frac{-3+16}{10} = 1.3\text{kN}(\uparrow)$

11 그림과 같은 단순보에서 옳은 지점반력은?(단, A, B점의 지점반력은 R_A, R_B이다.)

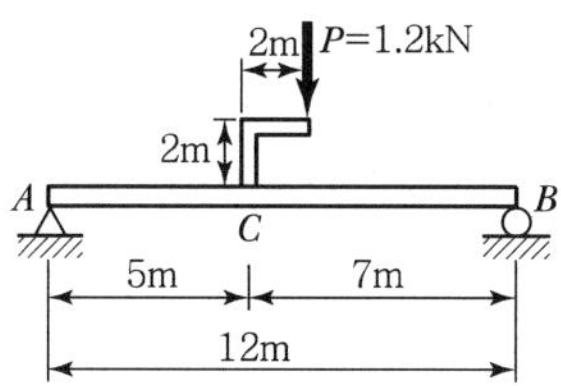

① $R_A = 0.8\text{kN}$ ② $R_B = 0.8\text{kN}$
③ $R_A = 0.5\text{kN}$ ④ $R_B = 0.5\text{kN}$

해설
㉠ $\Sigma M_A = 0$

$1.2 \times 7 - R_B \times 12 = 0$

$R_B = 0.7\text{kN}(\uparrow)$

㉡ $\Sigma V = 0$

$R_A - 1.2 + 0.7 = 0$

$R_A = 0.5\text{kN}(\uparrow)$

정답 08 ④ 09 ① 10 ② 11 ③

12 그림과 같은 단순보에서 간접하중이 작용할 경우 M_D를 구하면?

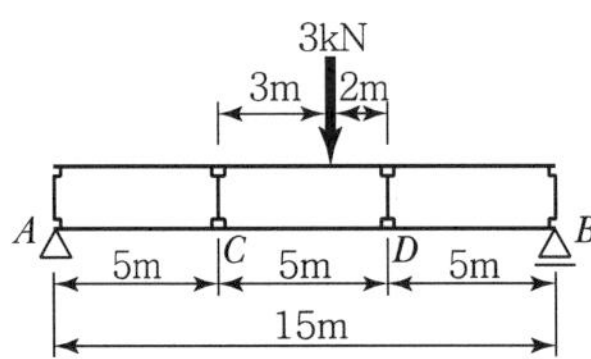

① 7kN · m ② 6kN · m
③ 9kN · m ④ 8kN · m

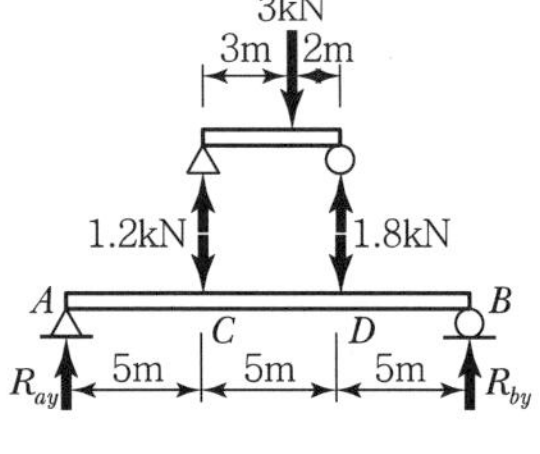

㉠ $\Sigma M_A = 0$

$1.2 \times 5 + 1.8 \times 10$

$- R_B \times 15 = 0$

$R_B = 1.6\text{kN}$

㉡ $M_D = R_B \times 5$

$= 8\text{kN} \cdot \text{m}$

13 다음 간접하중을 받는 단순보에 대한 그림 중 옳지 않은 것은?

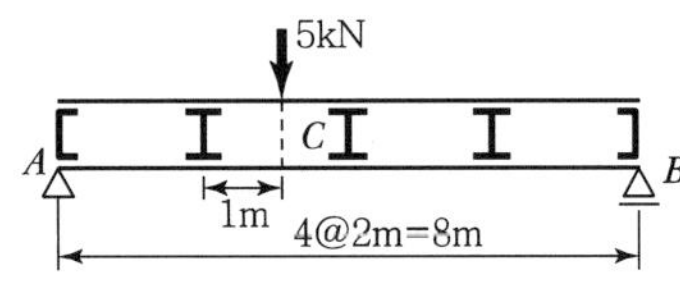

① 전단력도

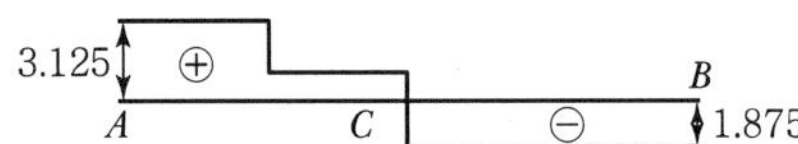

② 휨모멘트도

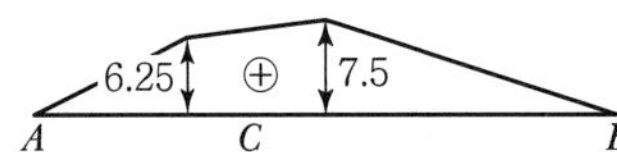

③ 지점 A의 반력 영향선도

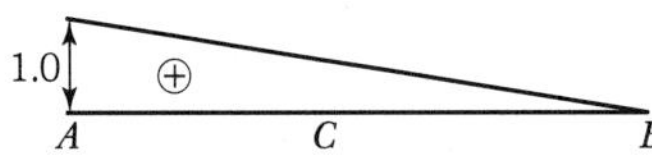

④ C점의 전단력의 영향선도

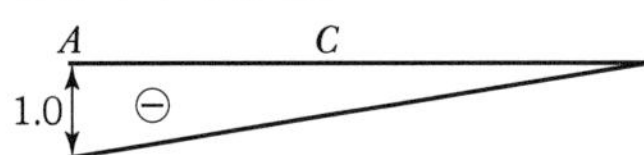

C점의 전단력 영향선은 다음과 같다.
(C점 좌우 간접보 사이를 연결한다.)

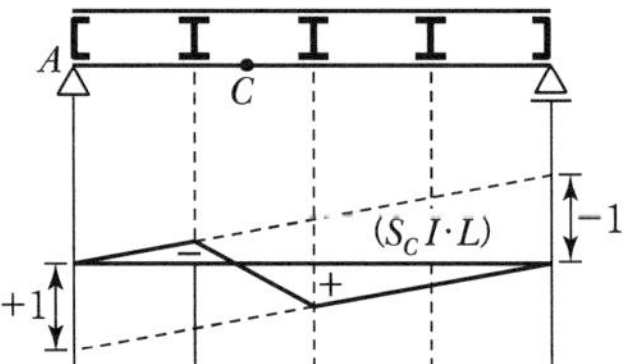

정답 12 ④ 13 ④

14 다음 그림과 같은 기관차의 무게에 의해 두 지점 A와 B에서 반력은 $\frac{W}{2}$와 같다. 기관차가 열차를 끌어서 견인봉의 인력 P가 접촉면 A와 B에서 전 마찰력과 같을 때 A점의 연직반력 R_a는 얼마인가?

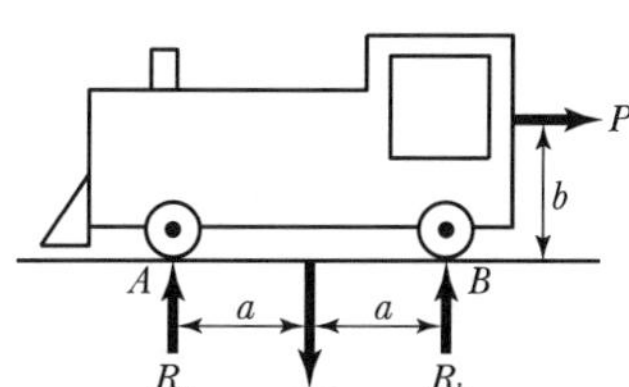

① $R_a = \frac{W}{2} - \frac{Pb}{2a}$　② $R_a = \frac{W}{2} + \frac{Pb}{2a}$

③ $R_a = \frac{W}{2} - \frac{P}{2}$　④ $R_a = \frac{W}{2} + \frac{P}{2}$

해설 $\Sigma M_B = R_a \times 2a - W \times a + P \times b = 0$

$\therefore R_a = \frac{W \times a - P \times b}{2a}$

$= \frac{W}{2} - \frac{Pb}{2a}$

15 BC 부재의 자유 물체도를 옳게 그린 것은?

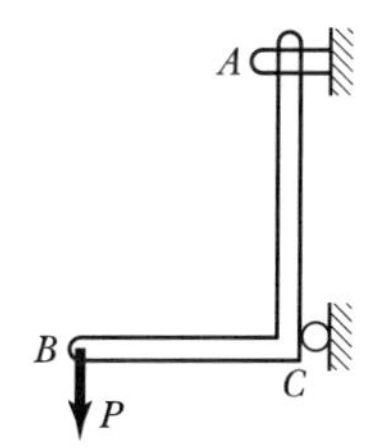

①　②　③　④ (그림)

해설 평형 조건식 ($\Sigma H = 0$, $\Sigma M = 0$)을 생각한다.

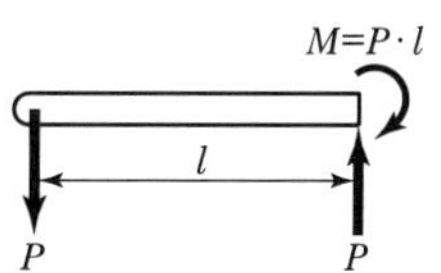

정답 14 ① 15 ③

04 단면력

1. 단면력(Section Force)

구조물(보)에 하중이 작용함에 따라 부재 축에 직각인 단면에 생기는 응력의 합력으로 **축방향력, 전단력, 휨 모멘트**가 있다.

(1) 축방향력(Axial Force)

보의 중립축방향으로 외력(수평력)이 작용하여 보를 인장 또는 압축하려는 힘을 **축방향력**(A)이라 한다.

① 부호

㉠ 인장일 때 : (+)

㉡ 압축일 때 : (−)

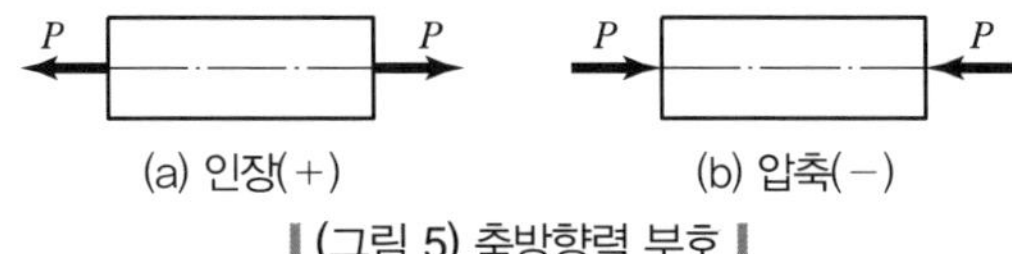

▮ (그림 5) 축방향력 부호 ▮

② 축방향력 크기 : 부재의 축방향에 작용하는 힘으로서 어떤 단면의 축방향의 크기는 어느 한쪽에 작용하는 모든 외력(하중, 반력)의 대수합이다.

③ 단위 : kg, ton, 힘의 단위와 동일하다.

(2) 전단력(Shearing Force)

보의 중립축에 직각방향으로 외력(수직력)이 작용하여 보를 절단하려는 힘을 **전단력**(S)이라 한다.

① 부호

㉠ 좌측 : 상향↑(+), 하향↓(−)

㉡ 우측 : 상향↑(−), 하향↓(+)

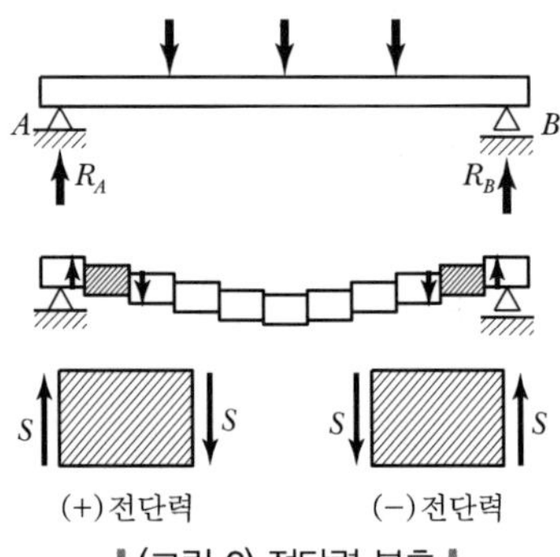

▮ (그림 6) 전단력 부호 ▮

② 전단력의 크기 : 부재의 중립축과 수직방향으로 절단하려는 힘으로 보의 임의의 단면에 대한 전단력의 크기는 그 점의 좌측 또는 우측에 작용하는 보의 중립축 방향과 수직한 분력의 대수합이다.

③ 단위 : kg, ton, 힘의 단위와 동일하다.

16 그림과 같은 단순보에서 C점의 전단력 크기는 다음 중 어느 것인가?

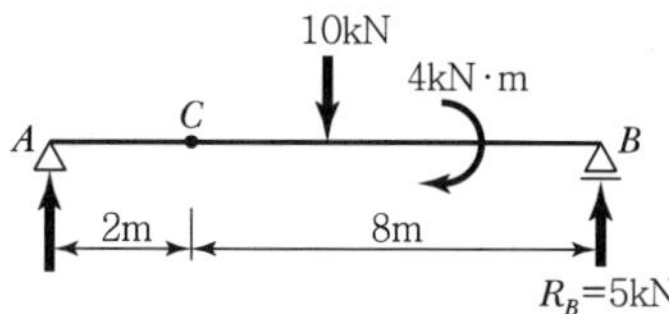

① 1kN ② 5kN
③ 9kN ④ 19kN

㉠ R_B가 주어졌으므로

$\Sigma V = R_A + 5\text{t} = 10\text{kN}$

$\therefore\ R_A = 5\text{kN}(\uparrow)$

㉡ 따라서, $S_C = R_A = 5\text{kN}$

(∵ 참고로 10kN은 A점으로부터 4, 6m 위치에 있다.)

17 다음 그림에서 C점의 전단력은?

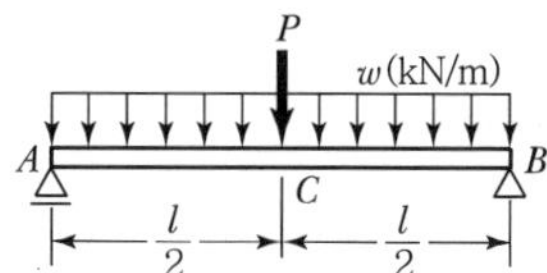

① $\dfrac{P}{2}+\dfrac{w\cdot l}{2}$ ② $\dfrac{w\cdot l}{2}$

③ $\dfrac{P}{2}$ ④ $\dfrac{P\cdot l}{4}+\dfrac{w\cdot l^2}{3}$

㉠ $\Sigma M_B = 0$

$$R_A \times l - P\times\frac{l}{2} - \frac{w\cdot l^2}{2} = 0$$

$$R_A = \frac{P}{2}+\frac{w\cdot l}{2}$$

㉡ $S_C = R_A - \dfrac{w\cdot l}{2}$

$$= \frac{P}{2}$$

18 다음 그림에서 $x=\dfrac{l}{2}$인 점의 전단력은 몇 kN인가?

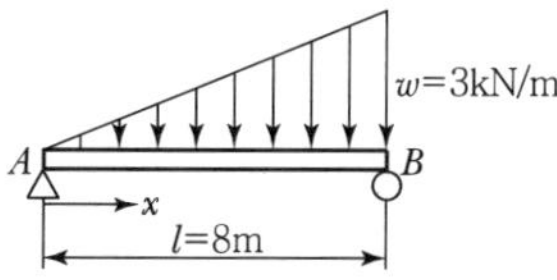

① 4kN ② 3kN
③ 2kN ④ 1kN

$$S_{\left(\frac{l}{2}\right)} = \frac{w\cdot l}{24} = \frac{3\times 8}{24} = 1\text{kN}$$

〈참고〉

$$S_{\left(\frac{l}{2}\right)} = R_A - \left(\frac{w}{2}\times\frac{l}{2}\times\frac{1}{2}\right) = \frac{wl}{6} - \frac{wl}{8} = \frac{wl}{24}$$

19 그림과 같은 보의 중앙점 C의 전단력의 값은?

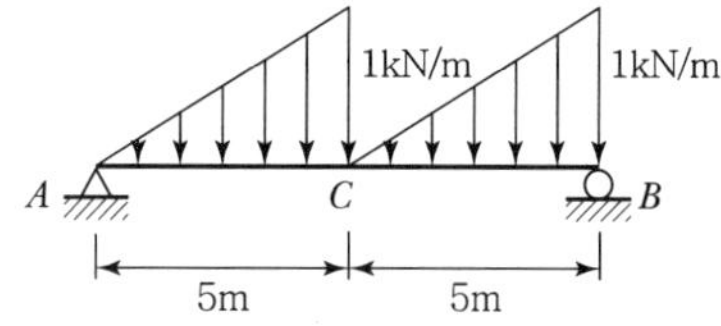

① 0 ② −0.22kN
③ −0.42kN ④ −0.62kN

㉠ $\Sigma M_B = 0$

$$R_A\times 10 - \left\{\left(\frac{1}{2}\times 1\times 5\right)\times\left(5+5\times\frac{1}{3}\right)\right\} - \left\{\left(\frac{1}{2}\times 1\times 5\right)\times\left(5\times\frac{1}{3}\right)\right\} = 0$$

$R_A = 2.08\text{kN}(\uparrow)$

㉡ $S_c = R_A - 5\times 1\times\dfrac{1}{2}$

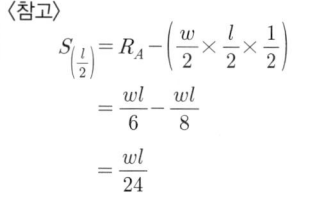

$= -0.42\text{kN}$

정답 16 ② 17 ③ 18 ④ 19 ③

(3) 휨모멘트(Bending Moment)

보에 외력(모멘트)이 작용하여 보를 휘게 하려는 힘을 **휨모멘트(M)**라 한다.

① 부호

㉠ 좌측 : 시계방향 ↱(+), 반시계방향 ↰(−)

㉡ 우측 : 시계방향 ↱(−), 반시계방향 ↰(+)

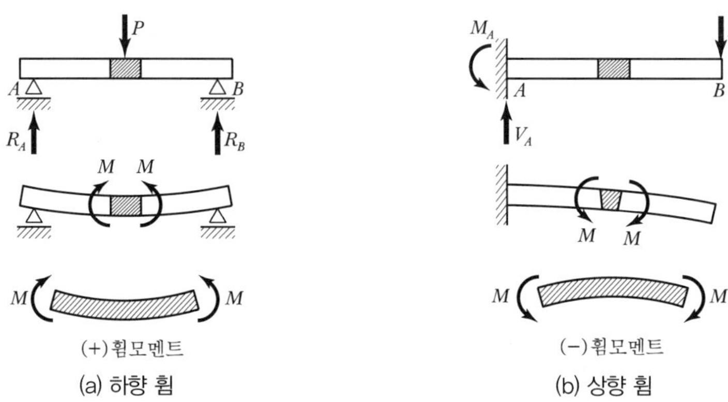

‖ (그림 7) 휨모멘트 부호 ‖

주 변형 후 중립축을 기준으로 상면이 압축이고 하면이 인장이면 ⊕, 상면이 인장이고 하면이 압축이면 ⊖가 된다.

② 휨모멘트의 크기 : 부재를 휘게 하는 힘으로서 보의 임의의 단면에 대한 휨모멘트의 크기는 그 점의 좌측 또는 우측에 작용하는 외력의 그 점에 대한 모멘트의 대수합이다.

③ 단위 : kg · cm, t · m, 모멘트의 단위와 동일하다.

>>> 기본예제

01 아래 그림과 같은 단순보의 B점에 하중 5t이 연직방향으로 작용하면 C점에서의 휨모멘트는?

① 3.33t · m ② 5.4t · m

③ 6.67t · m ④ 10.0t · m

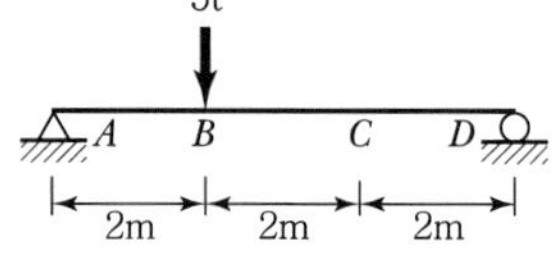

해설

$$M_C = \frac{Pa'b'}{l} = \frac{5\times2\times2}{6} = 3.34\text{t} \cdot \text{m}$$

정답 01 ①

(4) 단면력도(Section Force Diagram)

단면력을 그림으로 표시한 것

① 축방향력도(A.F.D : Axial Force Diagram)
기선의 위를 (+), 아래를 (−)로 한다.

② 전단력도(S.F.D : Shearing Force Diagram)
기선의 위를 (+), 아래를 (−)로 한다.

③ 휨모멘트도(B.M.D : Bending Moment Diagram)
기선의 위를 (−), 아래를 (+)로 한다.

주 (+), (−) 부호는 약속일 뿐 위와 반대로 해도 무관하다.

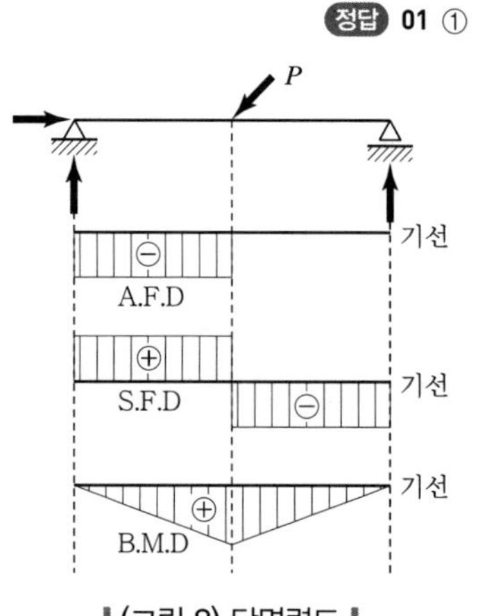

‖ (그림 8) 단면력도 ‖

20 다음 단순보에서 $C-D$ 간의 휨모멘트를 일정하게 하기 위한 하중 P_1, P_2와 거리 a, b 사이에 대한 관계 중 옳은 것은?

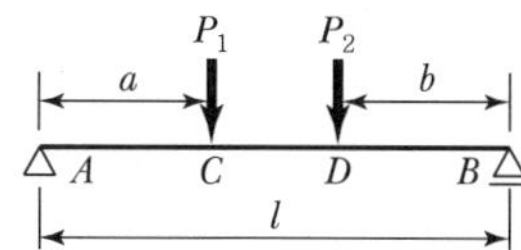

① $P_1 : P_2 = a : b$　② $P_1 : P_2 = b : a$
③ $P_1 : P_2 = (l-b) : (l-a)$　④ $P_1 : P_2 = (l-a) : (l-b)$

> 〈핵심〉
> $C-D$ 간의 휨모멘트가 일정하려면 전단력이 0이어야 한다.

㉠ $M_C = R_A \cdot a = P_1 : a$
㉡ $M_D = R_B \cdot b = P_2 \cdot b$
㉢ $M_C = M_D$이므로
$P_1 \cdot a = P_2 \cdot b$
$\therefore P_1 : P_2 = b : a$

21 다음 그림과 같은 단순보에서 C점의 모멘트는 얼마인가?

① $\dfrac{wL^2}{16}$　② $\dfrac{wL^2}{8}$
③ $\dfrac{3wL^2}{32}$　④ $\dfrac{wL^2}{10}$

㉠ $\Sigma M_B = R_A \times L - (wL) \times \dfrac{L}{2} = 0$
$\therefore R_A = \dfrac{wL}{2}(\uparrow)$
㉡ $M_C = \dfrac{wL}{2} \times \dfrac{L}{4} - \left(\dfrac{wL}{4}\right) \times \dfrac{L}{8} = \dfrac{3wL^2}{32}$

22 그림의 단순보에서 지점 A에서 4m 떨어진 C점에서의 휨모멘트는?

① 24kN · m
② 28kN · m
③ 32kN · m
④ 40kN · m

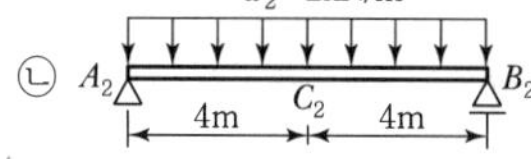

$\therefore M_C = M_{C1} + M_{C2} = \dfrac{w_1 l^2}{16} + \dfrac{w_2 l^2}{8}$
$= \dfrac{3 \times 8^2}{16} + \dfrac{2 \times 8^2}{8} = 28\text{kN} \cdot \text{m}$

23 그림과 같은 단순보의 중앙점(C점)에서 휨모멘트 M_C는?

① 10kN · m
② 20kN · m
③ 30kN · m
④ 40kN · m

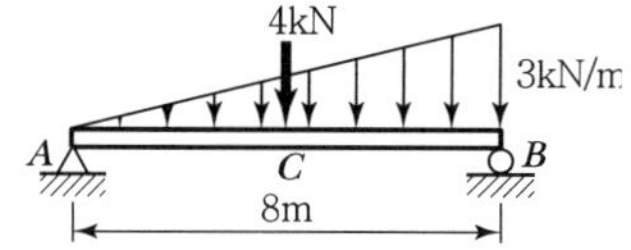

$M_C = M_{C_1} + M_{C_2}$
$= \dfrac{Pl}{4} + \dfrac{wl^2}{16} = \dfrac{4 \times 8}{4} + \dfrac{3 \times 8^2}{16} = 20\text{kN} \cdot \text{m}$

24 그림에서 중앙점 C의 휨모멘트 M_C는?

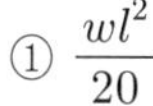

① $\dfrac{wl^2}{20}$　② $\dfrac{wl^2}{96}$
③ $\dfrac{wl^2}{6}$　④ $\dfrac{wl^2}{12}$

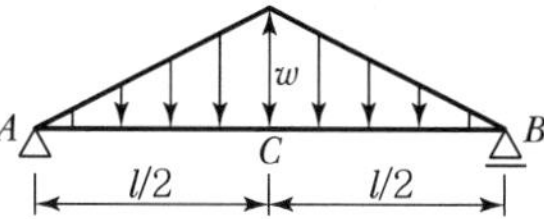

㉠ 대칭하중이므로
$R_A = R_B = \left(\dfrac{w \times l}{2} \times \dfrac{1}{2}\right) = \dfrac{wl}{4}(\uparrow)$
㉡ $M_C = \dfrac{wl}{4} \times \dfrac{l}{2} - \left(w \times \dfrac{l}{2} \times \dfrac{1}{2}\right) \times \left(\dfrac{l}{2} \times \dfrac{1}{3}\right)$
$= \dfrac{wl^2}{12}$

정답 20 ② 21 ③ 22 ② 23 ② 24 ④

2. 하중 · 전단력 · 휨모멘트의 관계

하중 W를 받는 보에서 임의의 미소구간 dx(cd 구간)에서 살펴보면 다음과 같다. 그림 (b)는 미소구간 dx (cd 구간)의 자유 물체도를 나타낸 것이다.

(1) 하중과 전단력과의 관계

보의 임의의 단면의 전단력을 거리로 미분하면 그 단면에 작용하는 (−)하중이 된다. $\Sigma V=0$에 의해서

$$\therefore\ S-W\cdot dx-(S+ds)=0$$

$$\therefore\ \frac{dS}{dx}=(-)W$$

즉, (−) 하중을 한 번 적분하면 전단력이 된다.

$$S=\int(-)W\cdot dx$$

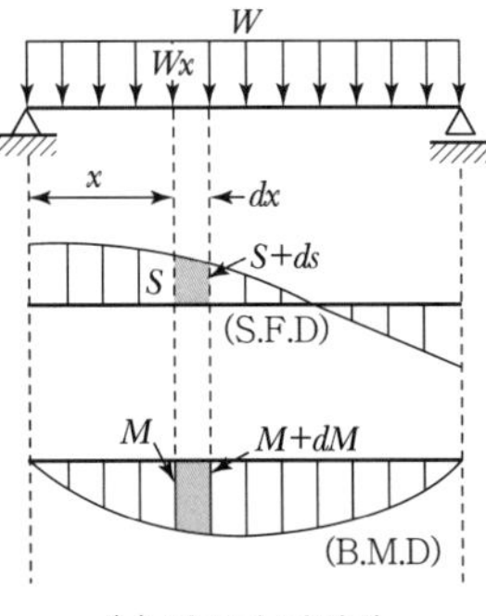

(a) 하중과 단면력

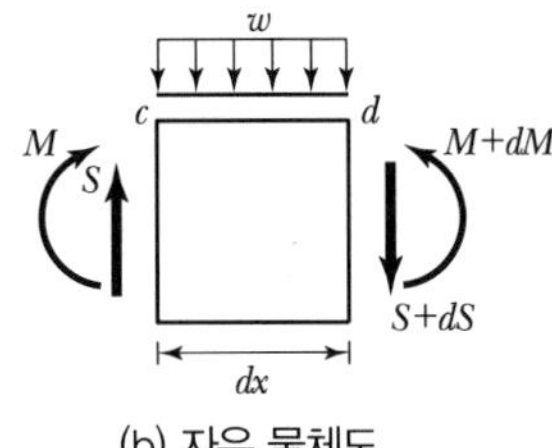

(b) 자유 물체도

‖ (그림 9) 하중 · 전단력 · 휨모멘트 관계 ‖

(2) 전단력과 휨모멘트와의 관계

보의 임의의 단면에서 휨모멘트를 거리로 미분하면 그 단면에 작용하는 전단력이 된다. $\Sigma M_d=0$에 의해서

$$\therefore\ M+S\cdot dx-w\cdot\frac{(dx)^2}{2}-(M+dM)=0$$

여기서, $d(dx)^2$을 무시하면

$$\therefore\ \frac{dM}{dx}=S$$

즉, 전단력을 한 번 적분하면 휨모멘트가 된다.

$$M=\int S\cdot dx$$

(3) 하중 · 전단력 · 휨모멘트의 관계

$$(-)W=\frac{dS}{dx}=\frac{d^2M}{dx^2}$$

즉, 휨모멘트를 거리로 두 번 미분하면 (−) 하중이 된다.

$$M=\int S\cdot dx=\iint(-)W\cdot dx\cdot dx$$

즉, (−) 하중을 두 번 적분하면 휨모멘트가 된다.

25 하중, 전단력 및 휨모멘트의 관계가 맞는 것은?

① $\frac{dM}{dx}=\frac{dS}{dx}=w_x$ ② $\frac{d^2M}{dx^2}=\frac{dS}{dx}=-w_x$

③ $\frac{dS^2}{d^2x}=-w_x$ ④ $\frac{d^2M}{dx^2}=-w_x^2$

㉠ $\frac{d^2M}{dx}=\frac{dS}{dx}=-w_x$

㉡ $M=\int Sdx=-\iint w_x dxdx$

26 힘을 받는 부재에서 휨모멘트 M과 하중강도 W_x의 관계는?

① $\frac{d^2M}{dx^2}=-W_x$ ② $\frac{dM}{dx}=-W_x$

③ $\int Mdx=-W_x$ ④ $\iint Mdxdx=-W_x$

$$\frac{d^4y}{dx^4}=\frac{d^3\theta}{dx^3}=-\frac{1}{EI}\cdot\frac{d^2M}{dx^2}$$

$$=-\frac{1}{EI}\cdot\frac{dS}{dx}=\frac{W_x}{EI}$$

27 다음의 휨모멘트 M, 전단력 S, 등분포하중 w, 하향처짐 y의 상호관계식 중 옳은 것은?

① $\frac{dM}{dx}=+S$ ② $\frac{dS}{dx}=+w$

③ $\frac{d^2M}{dx^2}=-y$ ④ $\frac{d^2y}{dx^3}=-\frac{M}{EI}$

㉠ $\frac{dM}{dx}=S$, $\frac{dS}{dx}=-w$

$\therefore \frac{d^2M}{dx^2}=\frac{dS}{dx}=-w$

㉡ $M=\int S\cdot dx=-\iint w\cdot dx\cdot dx$

28 정정보의 단면력 중 전단력에 관한 설명으로 틀린 것은?

① 어떤 점까지의 전단력도(S.F.D) 면적은 그 지점의 휨모멘트값이다.

② 전단력을 1차 미분하면 하중이 된다.

③ 전단력을 1차 적분하면 휨모멘트가 된다.

④ 전단력은 휨모멘트를 2차 미분한 것이다.

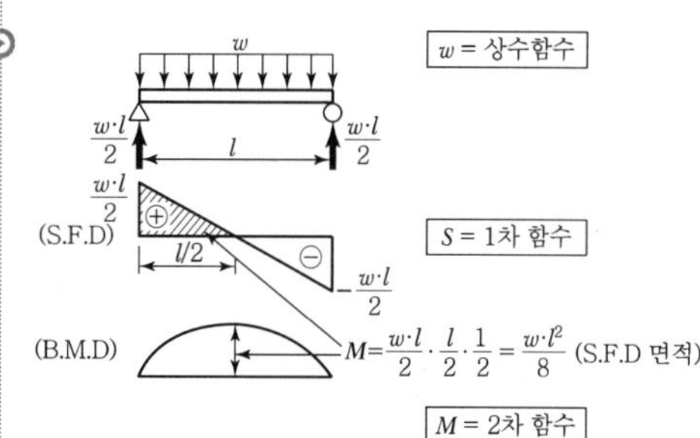

정답 25 ② 26 ① 27 ① 28 ④

05 단순보(Simple Beam)

1. 집중하중이 작용하는 경우

(1) 반력

$\Sigma M_B = 0$에서 $R_A \times l - P \times b = 0$

$$\therefore R_A = \frac{Pb}{l}$$

$\Sigma M_A = 0$에서 $-R_B \times l + P \times a = 0$

$$\therefore R_B = \frac{Pa}{l}$$

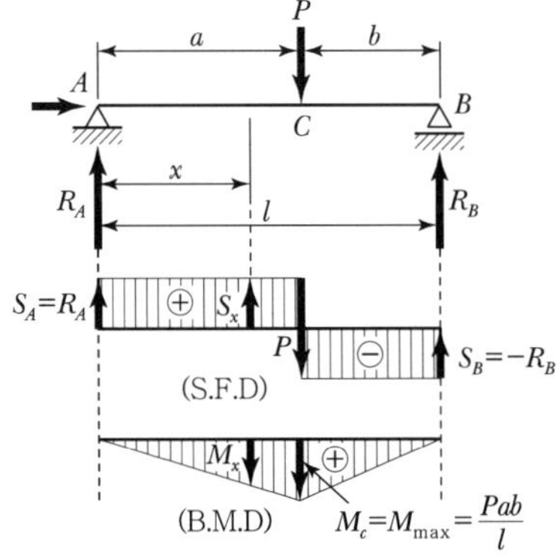

‖ (그림 10) 집중하중이 작용할 경우의 단면력도 ‖

(2) 전단력

$$S_A = R_A = \frac{Pb}{l} \qquad S_{A-C} = R_A - \frac{Pb}{l}$$

$S_C = R_A$ 또는 $R_A - P = -R_B$

$$S_{C-B} = R_A - P = \frac{Pb}{l} - P = P\left(\frac{b}{l} - 1\right) = P\left[\frac{b-(a+b)}{l}\right] = -\frac{Pa}{l}$$

$$S_B = -R_B = -\frac{Pa}{l}$$

주 집중하중이 작용하는 단면에서 전단력의 값은 2개가 발생하는데 그중 절댓값이 큰 것을 보의 설계에 사용하며, 절댓값의 합은 집중하중과 같다.

(3) 휨모멘트(좌에서 우로 계산)

$$M_A = M_B = 0$$

$$M_x = R_A \cdot x = \frac{Pb}{l} \cdot x$$

$$M_C = M_{max} = R_A \times a = \frac{Pba}{l}$$

주 우에서 좌로 계산 시 최종 부호를 반대로 하여 계산한다.

$$M_{max} = M_C = -R_B \times b = -\frac{Pa}{l} \times b = -\frac{Pab}{l}$$

$$(\text{최종 부호 반대}) = \frac{Pab}{l}$$

(4) 집중하중이 보의 중앙점에 작용할 때

$$M_A = M_B = 0$$

$$M_C = M_{max} = \frac{P}{2} \times \frac{l}{2} = \boxed{\frac{Pl}{4}}$$

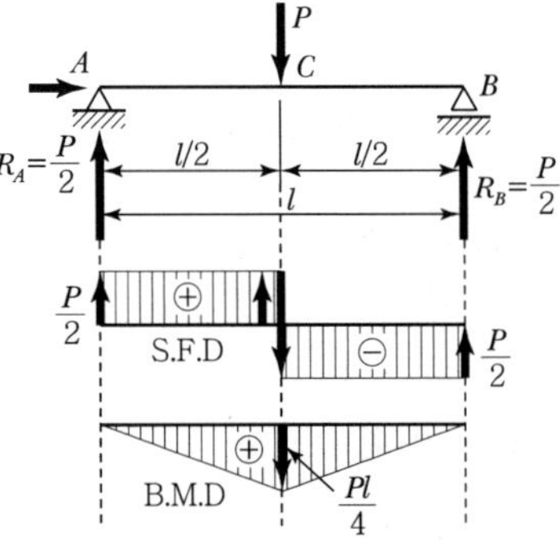

‖ (그림 11) 집중하중이 중앙에 작용할 경우 단면력도 ‖

29 다음 보에서 지점반력은 $R_B = 2R_A$이다. 하중 위치 X의 값은?

① 7.2m
② 6.4m
③ 5.3m
④ 4.8m

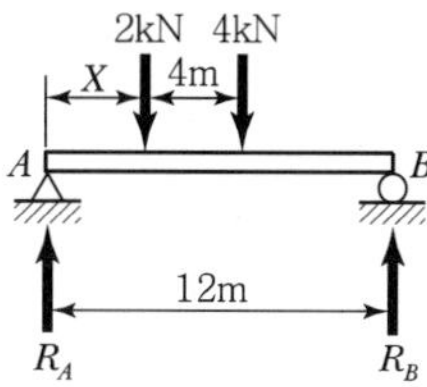

㉠ $\Sigma V=0$

$R_A+R_B-6=0$

$R_A+(2R_A)-6=0$

$R_A=2\text{kN}(\uparrow)$

$R_B=2R_A=4\text{kN}(\uparrow)$

㉡ $\Sigma M_A=0$

$2\times X+4\times(X+4)-4\times 12=0$

$X=5.33\text{m}(\rightarrow)$

30 그림과 같은 단순보에서 A지점의 반력은?

① P의 상향
② P의 하향
③ $2P$의 상향
④ $2P$의 하향

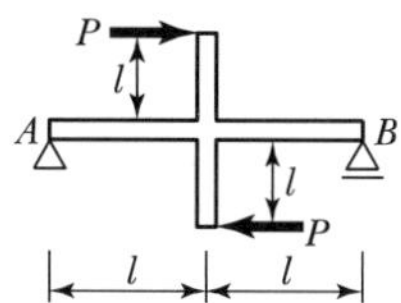

$\Sigma M_B=0$에서

$V_A\times 2l+P\times l+P\times l=0$

$\therefore V_A=-P(\downarrow)$

(하중이 시계방향의 우력이므로 반력은 반시계방향의 우력이 되어야 한다.)

31 다음 구조물의 지점 A, B에서 반력 R_A, R_B는?

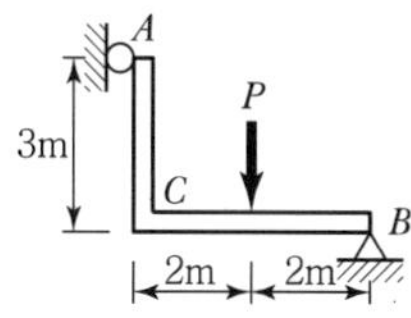

	R_A	R_B		R_A	R_B
①	$0.67P$	$1.2P$	②	$1.2P$	$0.67P$
③	$0.67P$	$0.78P$	④	P	$1.2P$

㉠ $\Sigma M_B=0$에서

$H_A\times 3\text{m}-P\times 2\text{m}=0$

$\therefore H_A=0.67P(\rightarrow)$

㉡ $\Sigma V=0$에서

$-P+V_B=0$

$\therefore V_B=P(\uparrow)$

㉢ $\Sigma H=0$에서

$H_A-H_B=0$

$\therefore H_B=0.67P(\leftarrow)$

$\therefore R_A=H_A=0.67P$

㉣ $R_B=\sqrt{V_B^2+H_B^2}=1.2P$

32 다음 그림과 같은 단순보에서 n점이 받는 힘은?

① 비틀림 모멘트와 전단력을 받는다.
② 전단력과 휨모멘트를 받는다.
③ 전단력만 받는다.
④ 휨모멘트만 받는다.

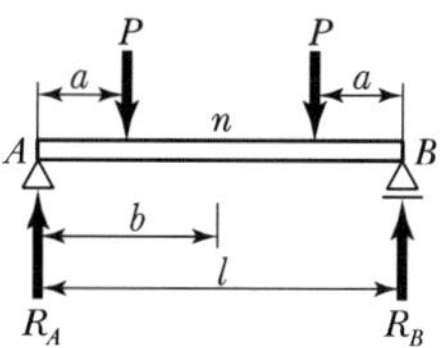

㉠ 하중이 좌우대칭이므로 $R_A=R_B=P$

㉡ 전단력은 $S_n=R_A-P=0$

㉢ 휨모멘트는 $M_n=P\times b-P\times(b-a)=Pa$

㉣ n점에서는 휨모멘트만 생긴다.

33 주어진 보에서 C점의 전단력의 크기는?

① 3kN
② 5.77kN
③ 1.23kN
④ 4.23kN

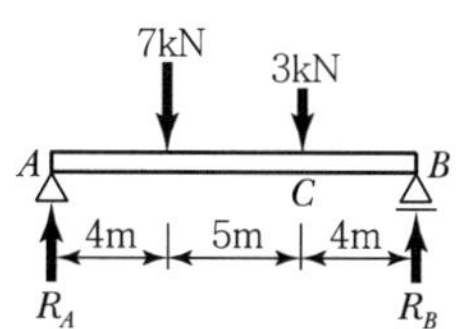

㉠ $\Sigma M_A=0$에서

$7\text{t}\times 4\text{m}+3\text{t}\times 9\text{m}-R_B\times 13\text{m}=0$

$\therefore R_B=4.23\text{kN}(\uparrow)$

㉡ $S_C=R_B=4.23\text{kN}$

(하중 3t을 포함하지 않고 전단력이 큰 값이 되도록 한다.)

정답 29 ③ 30 ② 31 ① 32 ④ 33 ④

2. 등분포하중이 작용할 때

(1) 반력 : $\sum M_B = 0$에서

$$R_A \times l - w \times l \times \frac{l}{2} = 0$$

$$\boxed{\therefore\ R_A = \frac{wl}{2}}$$

$\sum V = 0$에서 $R_A + R_B - w \times l = 0$

$$\therefore\ R_B = wl - R_A = \boxed{\frac{wl}{2}}$$

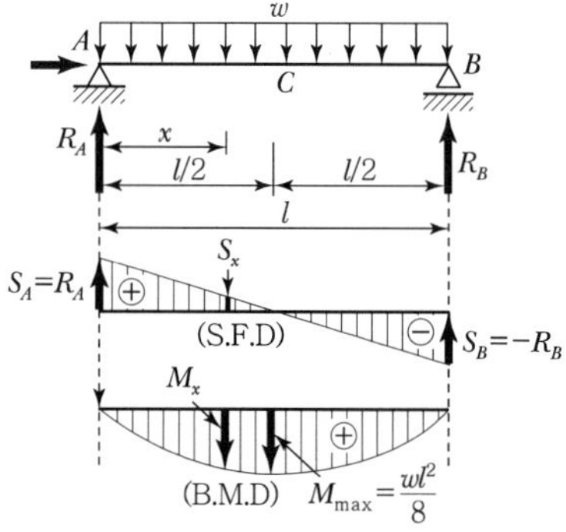

▌(그림 12) 등분포하중이 작용할 때 ▌

(2) 전단력

$$S_A = R_A = \frac{wl}{2}$$

「임의거리 x에 대한 전단력(S_x)」

$$S_x = R_A - wx$$

$$= \boxed{\frac{wl}{2} - wx}\ \text{(전단력의 일반식)}$$

주 x에 관한 1차식으로 직선변화를 한다.

$$S_B = S_A - wl = -\frac{wl}{2} \quad S_B' = S_B + R_B = 0$$

(3) 전단력이 0인 위치의 x 계산

$$S_x = 0 \quad R_A - w \times x = 0 \qquad \therefore\ x = \frac{R_A}{w} = \frac{l}{2}$$

주 전단력이 0인 위치에서 최대 휨모멘트가 발생한다.

(4) 휨모멘트

$$M_A = M_B = 0$$

「임의거리 x에 대한 휨모멘트(M_x)」

$$M_x = R_A \times x - w \times x \times \frac{x}{2}$$

$$= \boxed{\frac{wl}{2}x - \frac{wx^2}{2}}\ \text{(휨모멘트의 일반식)}$$

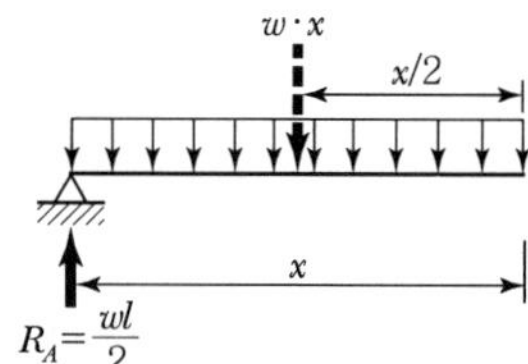

▌(그림 13) 등분포하중이 작용할 때 임의점 휨모멘트 ▌

주 x에 관한 2차식으로 2차 포물선 변화를 한다.

$$M_{max} = R_A \times \frac{l}{2} - w \times \frac{l}{2} \times \frac{l}{2} \times \frac{1}{2} = \boxed{\frac{wl^2}{8}}$$

34 다음 그림과 같은 길이가 l인 단순보에 등분포하중 w가 재하되고 있다. 이때 A를 기준으로 한 전단력 선 방정식(S_x) 및 휨모멘트 선 방정식(M_x)을 구하면?

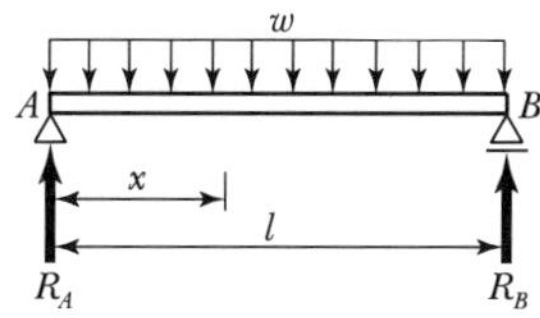

① $S_x = \frac{w \cdot l}{2} + wx,\ M_x = \frac{w \cdot l}{2}x + \frac{w}{2}x^2$

② $S_x = \frac{w \cdot l}{2} + wx,\ M_x = \frac{w \cdot l}{2}x - \frac{w}{2}x^2$

③ $S_x = \frac{w \cdot l}{2} - wx,\ M_x = \frac{w \cdot l}{2}x - \frac{w}{2}x^2$

④ $S_x = \frac{w \cdot l}{2} - wx,\ M_x = \frac{w \cdot l}{2}x + \frac{w}{2}x^2$

㉠ 전단력 $S_x = \frac{wl}{2} - wx$

㉡ 휨모멘트 $M_x = \frac{wl}{2} \times x - wx \times \frac{x}{2}$

$= \frac{wl}{2}x - \frac{w}{2}x^2$

$$M_x = \int S_x d_x$$

35 그림에 표시한 것은 단순보에 대한 전단력도이다. 이 보의 C점에 발생하는 휨모멘트는?(단, 단순보에는 회전모멘트하중이 작용하지 않는다.)

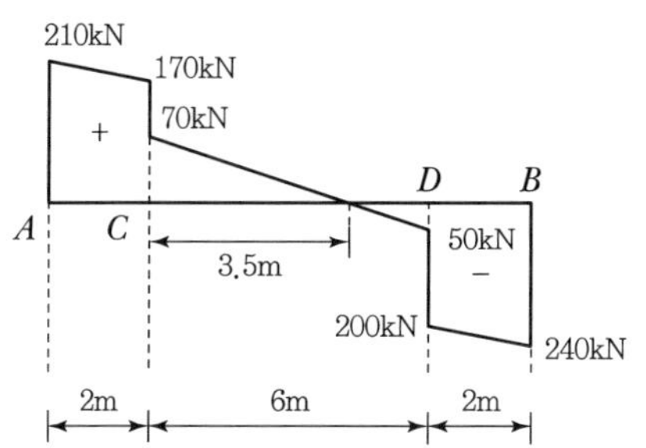

① +420kN · m ② +380kN · m

③ +210kN · m ④ +100kN · m

M_C= C점까지 SFD면적

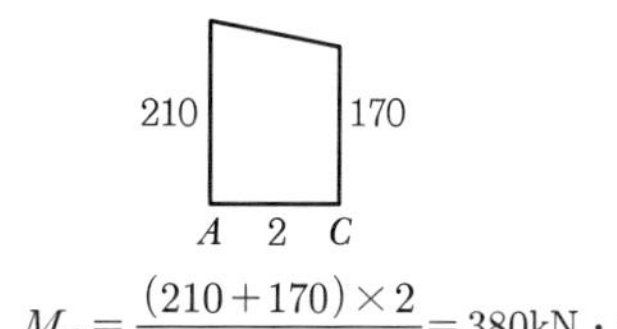

$M_C = \frac{(210+170)\times 2}{2} = 380\text{kN} \cdot \text{m}$

36 다음 단순보의 여러 가지 하중상태에 대한 전단력도를 그린 것 중 옳지 않은 것은?

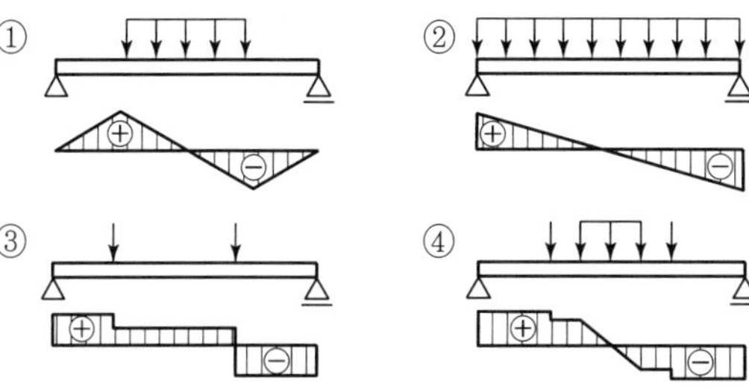

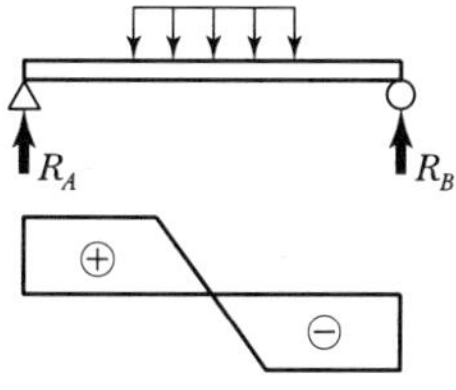

정답 34 ③ 35 ② 36 ①

3. 등변분포하중이 작용할 때

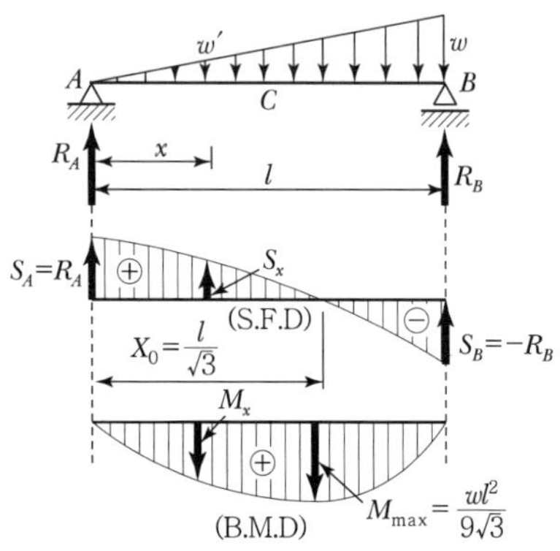

‖ (그림 14) 등변분포하중이 작용할 때 ‖

(1) 반력 : $\sum M_B = 0$에서

$$\therefore\ R_A = \frac{wl}{6}$$

$\sum V = 0$에서 $R_A + R_B - \frac{wl}{2} = 0$

$$\therefore\ R_B = \frac{wl}{3}$$

(2) 전단력

$S_A = R_A = \frac{wl}{6}$

「임의거리 x에 대한 전단력(S_x)」

$$S_x = R_A - \frac{w'x}{2} = \boxed{\frac{wl}{6} - \frac{wx^2}{2l}}$$ (전단력의 일반식)

주 x에 관한 2차식으로 2차 포물선 변화를 한다.

$S_B = S_A - \frac{wl}{2} = \frac{wl}{6} - \frac{wl}{2} = -\frac{wl}{3}$

$S_B' = S_B + R_B = 0$

(3) 전단력이 0인 x_0 위치 계산

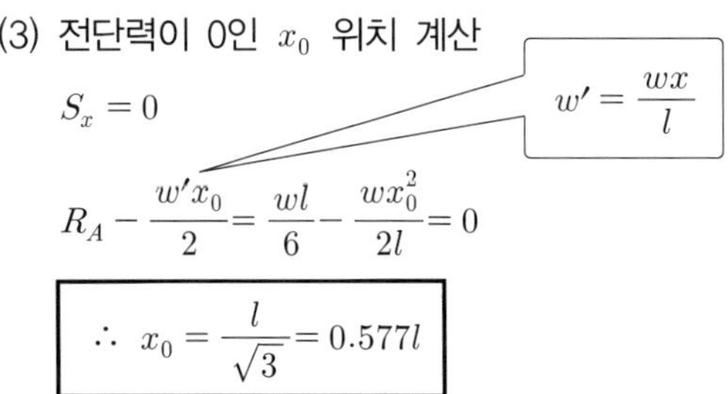

$S_x = 0$

$w' = \frac{wx}{l}$

$R_A - \frac{w'x_0}{2} = \frac{wl}{6} - \frac{wx_0^2}{2l} = 0$

$$\therefore\ x_0 = \frac{l}{\sqrt{3}} = 0.577l$$

(4) 휨모멘트

$M_A = M_B = 0$

「임의거리 x에 대한 휨모멘트(M_x)」

$$M_x = R_A \times x - \left(\frac{w'x}{2}\right) \times \frac{x}{3} = \frac{wl}{6} \times x - \frac{x}{l} \times w \times \frac{x^2}{6}$$

$$= \boxed{\frac{w}{6}\left(lx - \frac{x^3}{l}\right)}$$ (휨모멘트의 일반식)

주 x에 관한 3차식으로 3차 포물선 변화를 한다.

$$M_{max} = R_A \times \frac{l}{\sqrt{3}} - w' \times \frac{1}{\sqrt{3}} \times \frac{1}{2} \times \frac{l}{\sqrt{3}} \times \frac{1}{3}$$

$$= \frac{wl^2}{6}\left(\frac{1}{\sqrt{3}} - \frac{1}{3\sqrt{3}}\right) = \frac{wl^2}{6} \times \frac{2}{3\sqrt{3}}$$

$$M_{max} = \frac{wl^2}{9\sqrt{3}}$$

37 중앙점 C의 휨모멘트 M_c는?(단, C는 보의 중앙임)

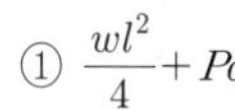
① $\frac{wl^2}{4}+Pa$ ② $\frac{wl^2}{8}+\frac{Pa}{2}$

③ $\frac{wl^2}{8}+Pa$ ④ $\frac{wl^2}{5}+\frac{Pl}{8}$

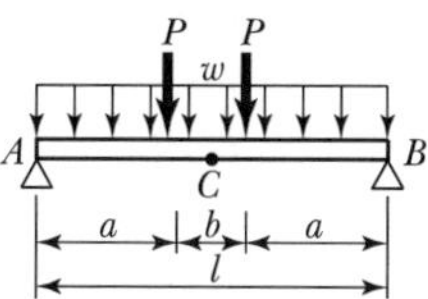

해설: $M_c=\frac{wl^2}{8}+Pa$

38 다음 보에서 최대 휨모멘트가 발생되는 위치는 지점 A로부터 얼마인가?

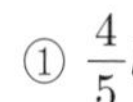
① $\frac{4}{5}l$ ② $\frac{2}{3}l$

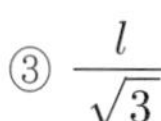
③ $\frac{l}{\sqrt{3}}$ ④ $\frac{l}{\sqrt{2}}$

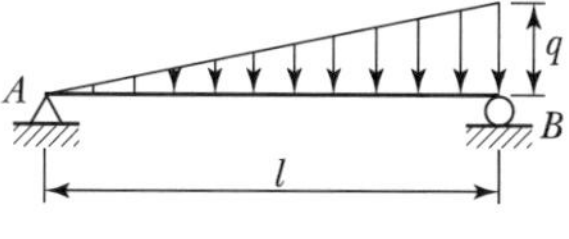

해설:
㉠ $\Sigma M_B=R_A\times l-\frac{q\cdot l}{2}\times\frac{l}{3}=0$

$\therefore R_A=\frac{q\cdot l}{6}$

㉡ 최대 휨모멘트는 전단력이 0이 되는 곳이므로

$S_x=\frac{q\cdot l}{6}-\frac{q\cdot x}{l}\times x\times\frac{1}{2}=0$

$\therefore x=\frac{1}{\sqrt{3}}=0.577l$

39 그림과 같은 단순보에서 C점의 휨모멘트는?

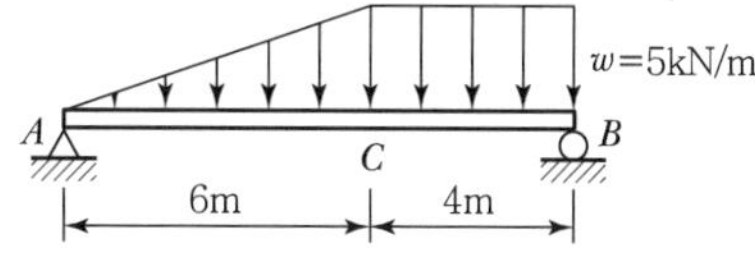

① 32kN · m ② 42kN · m

③ 48kN · m ④ 54kN · m

해설:

w=5kN/m
A B C
6m 4m

㉠
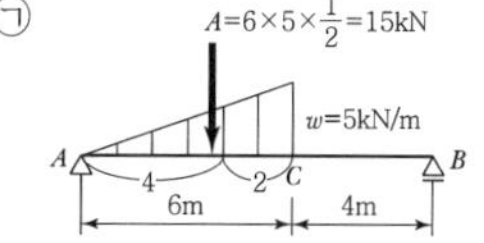

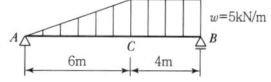

$M_{C_1}=\frac{15\times(4)\times(4)}{10}=24\text{kN}\cdot\text{m}$

㉡
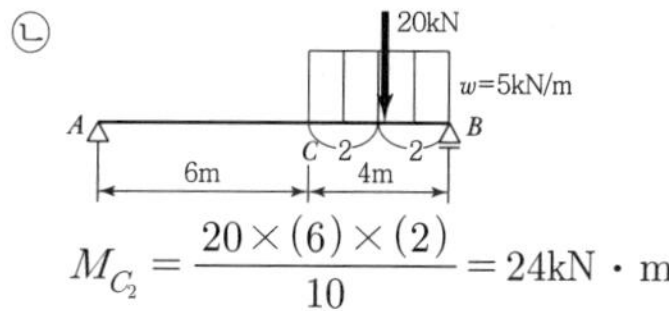

$M_{C_2}=\frac{20\times(6)\times(2)}{10}=24\text{kN}\cdot\text{m}$

㉢ $M_C=M_{C_1}+M_{C_2}=48\text{kN}\cdot\text{m}$

40 다음 그림과 같은 단순보에서 A점으로부터 0.5m 되는 C점의 휨모멘트 M_C와 전단력 V_C는 각각 얼마인가?

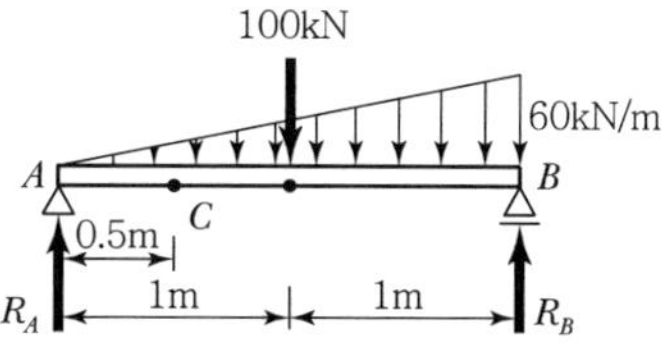

① M_C=34.375kN · m, V_C=66.25kN

② M_C=44.375kN · m, V_C=33.75kN

③ M_C=34.375kN · m, V_C=65.50kN

④ M_C=43.75kN · m, V_C=85.00kN

해설:
㉠ $R_A=\frac{P}{2}+\frac{wl}{6}=\frac{100}{2}+\frac{60\times2}{6}=70\text{kN}$

㉡ 전단력 $V_C=70\text{kN}-1/2\times15\text{kN/m}\times0.5\text{m}$

$=66.25\text{kN}$

㉢ 휨모멘트 $M_C=70\text{kN}\times0.5\text{m}-1/2\times15\text{kN/m}\times0.5\text{m}\times\frac{0.5\text{m}}{3}$

$=34.375\text{kN}\cdot\text{m}$

정답 37 ③ 38 ③ 39 ③ 40 ①

4. 모멘트하중이 작용할 때

모멘트하중은 수직, 수평력이 없고 보를 회전시키려는 힘이다.

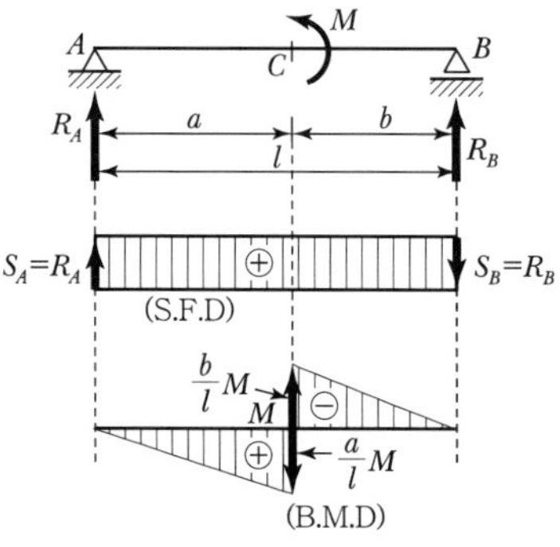

‖ (그림 15) 모멘트하중이 작용할 때 ‖

(1) 반력

$\Sigma M_B = 0 \qquad R_A \times l - M = 0$

$$\therefore R_A = \frac{M}{l}$$

$\Sigma V = 0 \qquad R_A - R_B = 0$

$$\therefore R_B = \frac{M}{l}$$

(2) 전단력

$S_A = R_A = \frac{M}{l} \qquad S_{A-B} = S_A = \frac{M}{l}$

$S_B = S_A - R_B = 0$

주 단순보에 Moment 하중만 작용 시 **전단력은 전 지간에서 일정**하다.

(3) 휨모멘트

$M_A = M_B = 0$

$M_C = R_A \times a = \frac{M}{l} \cdot a$

$M_C{}' = R_A \times a - M = \frac{M}{l} \times a - M = -\frac{M}{l} \times b$

주 모멘트하중이 작용하는 단면에서 휨모멘트 값은 2개이다.

41 그림과 같이 포물선 분포하중을 받는 단순보에서 보의 중앙점 C점의 휨모멘트는?

① 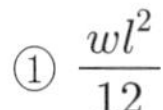 $\frac{wl^2}{12}$ ② $\frac{wl^2}{24}$

③ 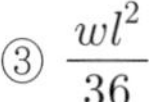 $\frac{wl^2}{36}$ ④ $\frac{wl^2}{48}$

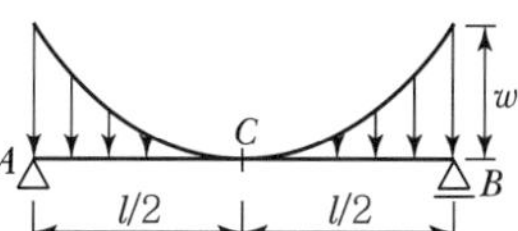

해설

㉠ $R_A = R_B$

$= \left(w \times \frac{l}{2}\right) \times \frac{1}{3}$

$= \frac{wl}{6}(\uparrow)$

(그림: $\frac{5}{8}l$, h, $\frac{2}{3}lh$, $\frac{lh}{3}$, $\frac{3}{4}l$, l)

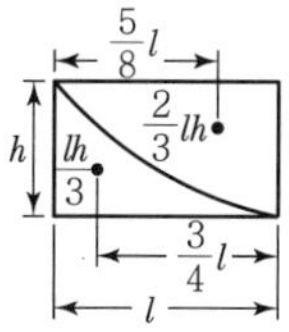

㉡ $M_C = \frac{wl}{6} \times \frac{l}{2} - \frac{wl}{6} \times \left(\frac{l}{2} \times \frac{3}{4}\right) = \frac{wl^2}{48}$

42 그림과 같은 보에서 C점의 휨모멘트는?

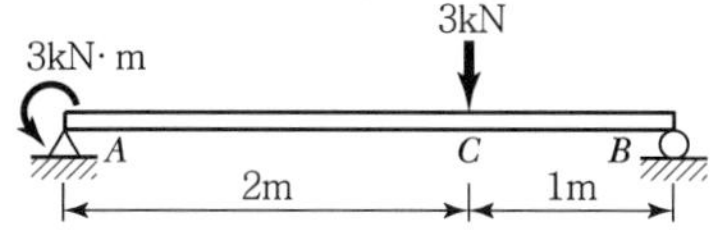

① 1kN · m ② −1kN · m

③ 2kN · m ④ −2kN · m

해설

㉠ $\Sigma M_B = R_A \times 3\text{m} - 3\text{kN} \cdot \text{m} - 3\text{kN} \times 1\text{m} = 0$

$R_A = 2\text{kN}(\uparrow)$

㉡ $M_C = R_A \times 2\text{m} - 3\text{kN} \cdot \text{m}$

$= 2\text{kN} \times 2\text{m} - 3\text{kN} \cdot \text{m}$

$= 1\text{kN} \cdot \text{m}$

또는 $M_C = M_{C_1} + M_{C_2} = \frac{Pab}{l} - \left(3 \times \frac{1}{3}\right)$

$= \frac{3 \times 2 \times 1}{3} - 1 = 1\text{kN} \cdot \text{m}$

43 그림과 같은 단순보에서 최대 휨모멘트가 발생하는 위치는? (단, A점으로부터의 거리 X로 나타낸다.)

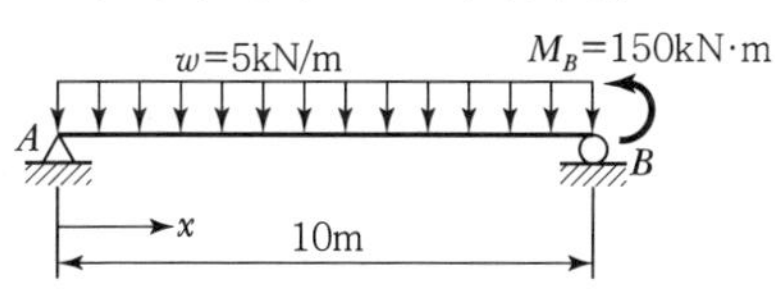

① 6m ② 7m

③ 8m ④ 9m

해설

㉠ $\Sigma M_B = 0$

$R_A \times 10 - (5 \times 10) \times 5 - 150 = 0$

$R_A = 40\text{kN}(\uparrow)$

㉡ $x = \frac{R_A}{w} = \frac{40}{5} = 8\text{m}$

44 다음 단순보의 휨모멘트(B.M.D) 중 옳은 것은?(단, 휨모멘트의 단위는 kN · m이다.)

① (a)

② (b)

③ (c)

④ (d)

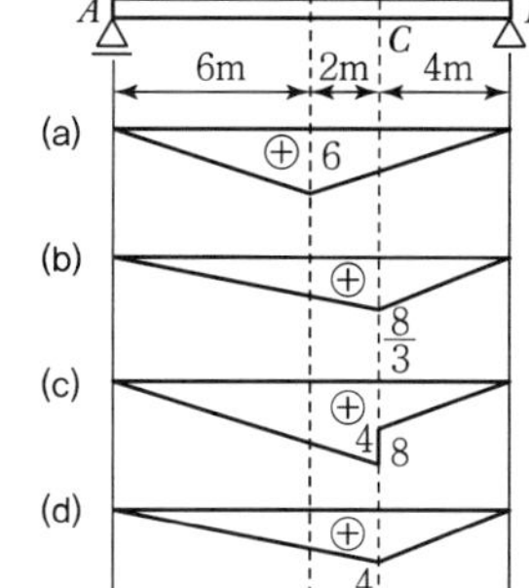

해설

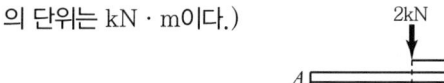

㉠ $\Sigma M_B = 0$

$R_A \times 12 - 2 \times 4 - 4 = 0$

$R_A = 1\text{kN}$

㉡ $M_{C_1} = R_A \times 8 = 8\text{kN} \cdot \text{m}$

㉢ $M_{C_2} = R_A \times 8 - (2 \times 2) = 4\text{kN} \cdot \text{m}$

정답 41 ④ 42 ① 43 ③ 44 ③

5. 간접하중이 작용할 때

(1) 반력

그림 (b)에서 $\Sigma M_B = 0$

$$R_A \times l - R_C \times \frac{3}{4}l - R_D \times \frac{l}{4} = 0$$

$$\therefore\ R_A = \frac{wl}{4}$$

$\Sigma V = 0$

$$R_A + R_B - \Sigma P = 0$$

$$\therefore\ R_B = \frac{wl}{4}$$

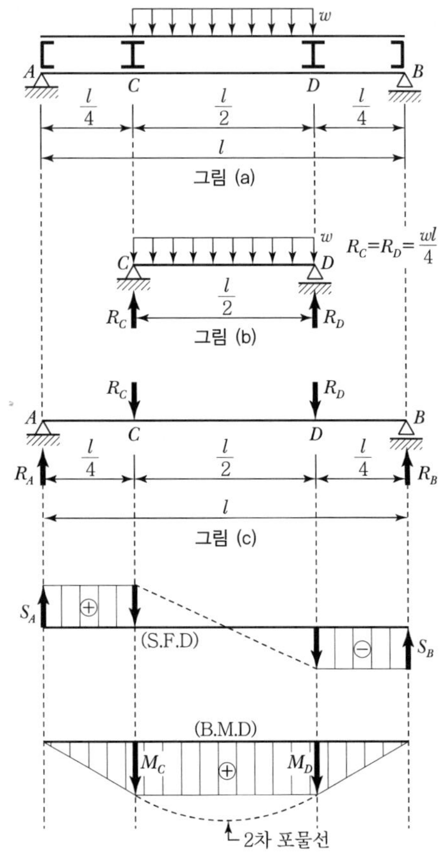

‖ (그림 16) 간접하중이 작용할 때 ‖

(2) 전단력

$$S_A = R_A = \frac{wl}{4}$$

$$S_{A-C} = S_A = \frac{wl}{4}$$

$$S_C = S_A - R_C = 0$$

$$S_{C-D} = 0$$

$$S_D - S_C - R_D = -\frac{wl}{4}$$

$$S_{D-B} = S_D = -\frac{wl}{4}$$

$$S_B = -\frac{wl}{4} + R_B = 0$$

(3) 휨모멘트

$$M_A = M_B = 0$$

$$M_C = R_A \times \frac{l}{4} = \frac{wl}{4} \times \frac{l}{4} = \frac{wl^2}{16}$$

$$M_D = R_A \times \frac{3l}{4} - R_C \times \frac{l}{2} = \frac{wl^2}{16}$$

$$\therefore\ M_{\max} = M_C = M_D$$

주 단면력도에서 점선은 주형(보)에 직접하중이 작용할 때 단면력도의 모양을 표시한 것이다.

45 그림과 같은 단순보에서 C 단면의 휨모멘트는?

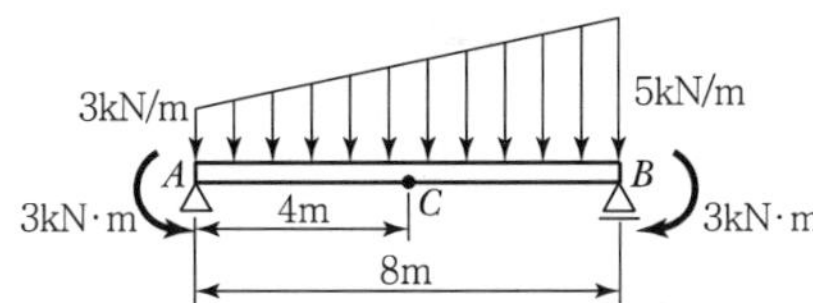

① 20kN · m ② 23kN · m

③ 26kN · m ④ 29kN · m

⊙ ㉠ $\Sigma M_B = R_A \times 8\text{m} - 3\text{kN}\cdot\text{m} - (3\text{kN/m} \times 8\text{m}) \times 4\text{m} - \dfrac{2\text{kN/m} \times 8\text{m}}{2} \times \dfrac{8\text{m}}{3} + 3\text{kN}\cdot\text{m} = 0$

$\therefore R_A = 14.67\text{kN}(\uparrow)$

㉡ C점은 중앙이므로 삼각형 하중에서 $w' = 1\text{kN/m}$를 갖는다.

$M_C = 14.67\text{kN} \times 4\text{m} - 3\text{kN}\cdot\text{m} - (3\text{kN/m} \times 4\text{m}) \times 2\text{m} - \dfrac{1\text{kN/m} \times 4\text{m}}{2} \times \dfrac{4\text{m}}{3} = 29\text{kN}\cdot\text{m}$

46 그림과 같은 간접하중을 받는 단순보 E점의 휨모멘트는?

① 28kN · m

② 30kN · m

③ 32kN · m

④ 35kN · m

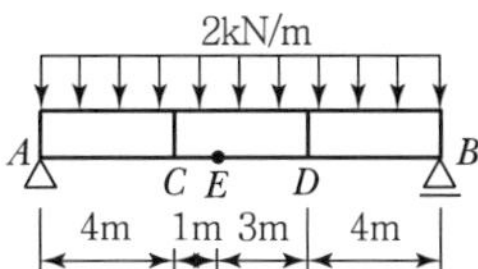

⊙ ㉠ 직접 하중으로 다시 고치면

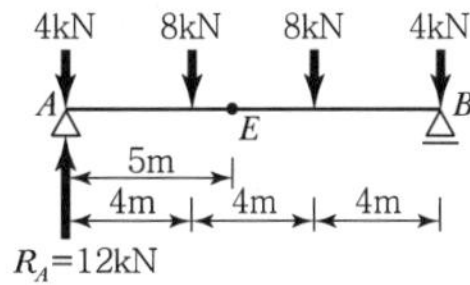

㉡ 대칭이므로 $R_A = 12\text{kN}(\uparrow)$

㉢ $M_E = 12\text{kN} \times 5\text{m} - 4\text{kN} \times 5\text{m} - 8\text{kN} \times 1\text{m} = 32\text{kN}\cdot\text{m}$

47 그림과 같이 간접하중을 받는 단순보 위를 하나의 집중하중 P가 이동할 때 m 단면의 최대 전단력은?

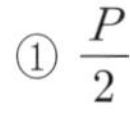

① $\dfrac{P}{2}$

② $\dfrac{2}{3}P$

③ $\dfrac{3}{4}P$

④ $\dfrac{4}{5}P$

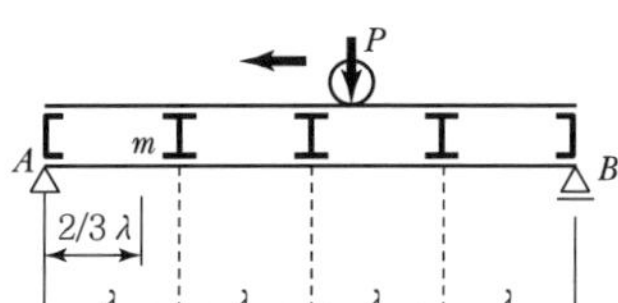

⊙

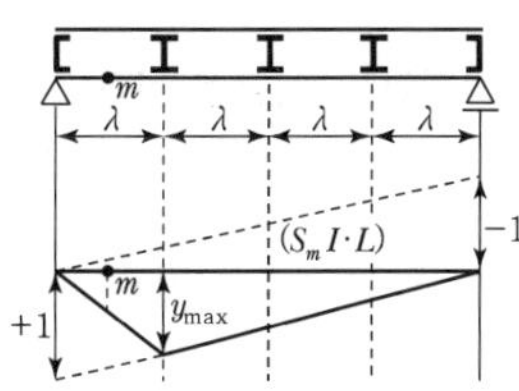

$1 : y_{max} = 4\lambda : 3\lambda$

$\therefore y_{max} = \dfrac{3\lambda}{4\lambda} = \dfrac{3}{4}$

$\therefore S_m = P \times y_{max} = P \times \dfrac{3}{4} = \dfrac{3}{4}P$

48 다음 간접하중을 받는 단순보에 대한 그림 중 옳지 않은 것은?

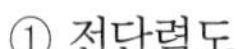

① 전단력도

② 휨모멘트도

③ 지점 A의 반력의 영향선도

④ C점의 전단력의 영향선도

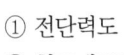

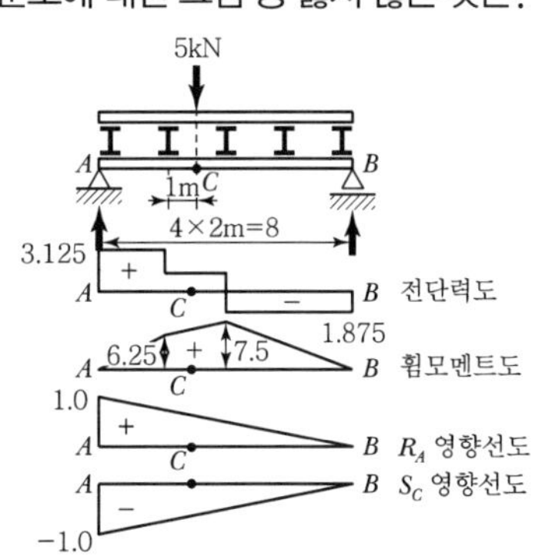

⊙ 전단력의 영향선은 아래와 같다.

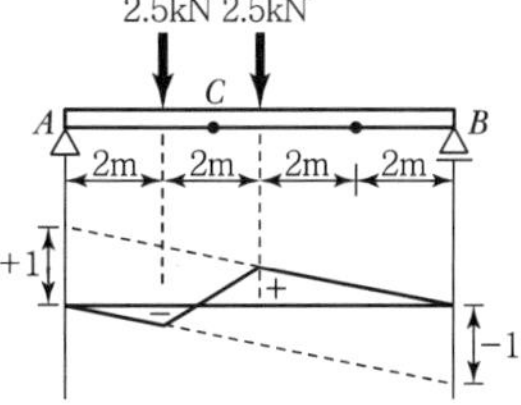

정답 45 ④ 46 ③ 47 ③ 48 ④

06 캔틸레버보(Cantilever Beam)

1. 집중하중이 경사로 작용할 때

(1) 하중 P를 수평력(H), 수직력(V)으로 분해

$H = P \cdot \cos\theta$, $V = P \cdot \sin\theta$

(2) 반력

모멘트 반력 : $\Sigma M_A = 0$에서

$-M_A + V \times l = 0$

$\therefore M_A = V \times l = P \times l \times \sin\theta$

(3) 축방향력

$A_{A-B} = H_A$(인장)$= P \cdot \cos\theta$

(4) 전단력

$S_A = V_A = P \cdot \sin\theta$

$S_{A-B} = S_A = P \cdot \sin\theta$

$S_B = S_A - V = 0$

(5) 휨모멘트

$M_A = -M_A$(반력모멘트)$= -P \times l \times \sin\theta$

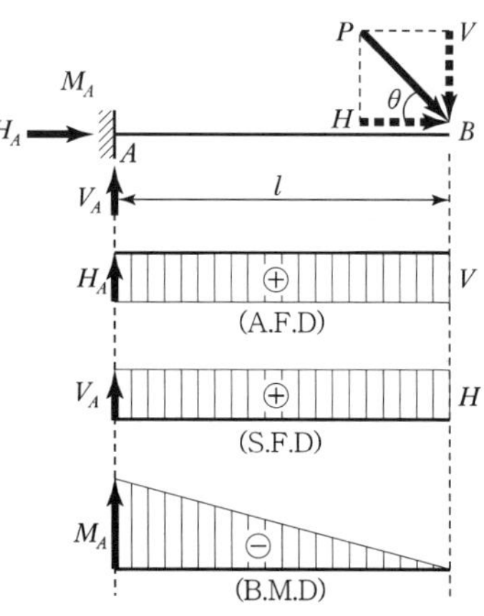

(그림 17) 집중하중이 경사로 작용할 때

2. 등분포하중이 작용할 때

(1) 반력

① 수직반력 : $\Sigma V = 0$에서

$V_A - w \times l = 0$

$\therefore V_A = w \times l$

② 모멘트 반력 : $\Sigma M_A = 0$에서

$$M_A - w \times l \times \frac{l}{2} = 0$$

$$\therefore M_A = \frac{wl^2}{2}$$

(2) 전단력

$S_A = -w \cdot l$

$S_A' = S_A + V_A = 0$

(3) 휨모멘트

$$M_A = -w \times l \times \frac{l}{2} = \boxed{-\frac{wl^2}{2}}$$

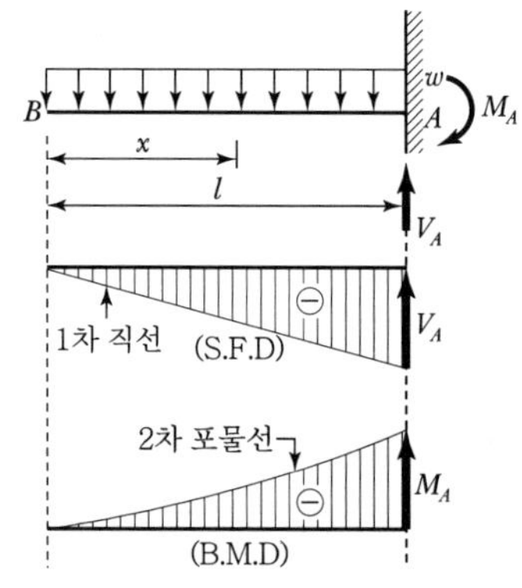

(그림 18) 등분포하중이 작용할 때

49 다음 캔틸레버의 끝에 1kN · m의 모멘트하중이 작용할 경우 다음 사항 중 옳은 것은?

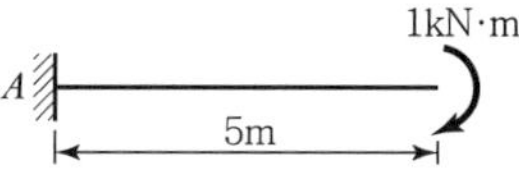

① A점의 전단력은 1kN이다.
② A점의 휨모멘트는 −1kN · m이다.
③ A점의 휨모멘트는 −5kN · m이다.
④ A점의 휨모멘트는 5kN · m이다.

㉠ 캔틸레버에서 모멘트하중만 작용하므로 전 구간에 휨모멘트(−1kN · m)만 발생한다.
㉡ 모멘트하중으로 인해 보의 상단이 인장(−)이고 휨모멘트값은 −1kN · m이다.

50 그림과 같은 캔틸레버보에서 C점의 휨모멘트는?

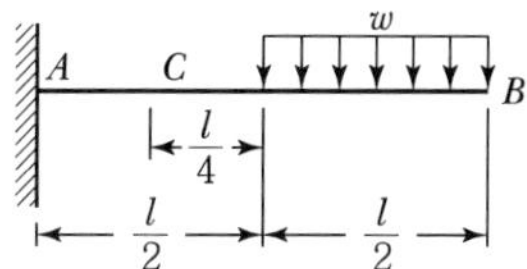

① $-\frac{1}{8}wl^2$　② $-\frac{1}{6}wl^2$
③ $-\frac{1}{4}wl^2$　④ $-\frac{1}{2}wl^2$

$M_C = -\left(w \cdot \frac{l}{2}\right) \times \frac{l}{2} = -\frac{1}{4}wl^2$

51 다음 그림의 캔틸레버에서 A점의 휨 모멘트는?

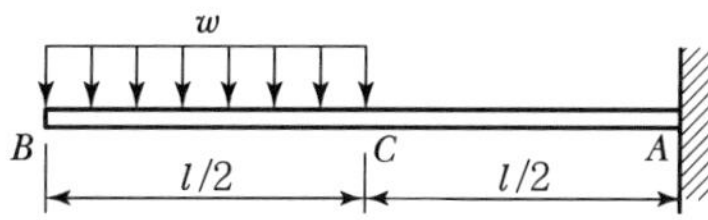

① $-\frac{wl^2}{8}$　② $-\frac{2wl^2}{8}$
③ $-\frac{3wl^2}{4}$　④ $-\frac{3wl^2}{8}$

$$M_A = -\left(w \times \frac{l}{2}\right) \times \left(\frac{l}{2} \times \frac{1}{2} + \frac{l}{2}\right)$$
$$= -\frac{wl}{2} \times \frac{3l}{4} = -\frac{3wl^2}{8}$$

정답 49 ② 50 ③ 51 ④

3. 등변분포하중이 작용할 때

(1) 반력

① 수직반력 : $\Sigma V = 0$에서

$$V_A - w \times l \times \frac{1}{2} = 0$$

$$\therefore \; V_A = \frac{wl}{2}$$

② 모멘트 반력 : $\Sigma M_A = 0$에서

$$-M_A + w \times l \times \frac{1}{2} \times \frac{l}{3} = 0$$

$$\therefore \; M_A = \frac{wl^2}{6}$$

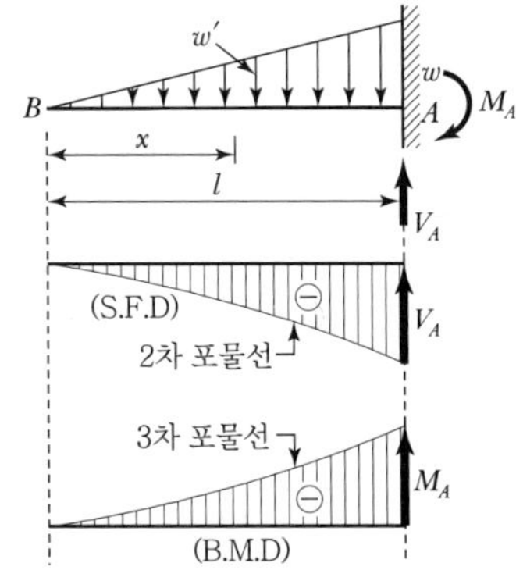

▌(그림 19) 등변분포하중이 작용할 때▐

(2) 임의점 하중 w' 계산

$$w : l = w' : x$$

$$\therefore \; w' = \frac{wx}{l}$$

(3) 전단력

$S_B = 0$

「B지점에서 임의거리 x의 전단력(S_x)」

$$S_x = -w' \times x \times \frac{1}{2} = \boxed{-\frac{wx^2}{2l}} \text{(전단력의 일반식)}$$

㈜ x에 관한 2차식으로 2차 포물선 변화를 한다.

$$S_A = -w \times l \times \frac{1}{2} = -\frac{wl}{2}$$

$$S_A' = S_A + V_A = 0$$

(4) 휨모멘트

$M_B = 0$

「B지점에서 임의거리 x의 휨모멘트(M_x)」

$$M_x = -w' \times x \times \frac{1}{2} \times \frac{x}{3} = \boxed{-\frac{wx^3}{6l}} \text{(휨모멘트의 일반식)}$$

㈜ x에 관한 3차식으로 3차 포물선 변화를 한다.

52 그림과 같은 캔틸레버(Cantilever)의 고정단 B의 휨모멘트 M_B의 값은?

① 50kN · m
② −50kN · m
③ 75kN · m
④ −75kN · m

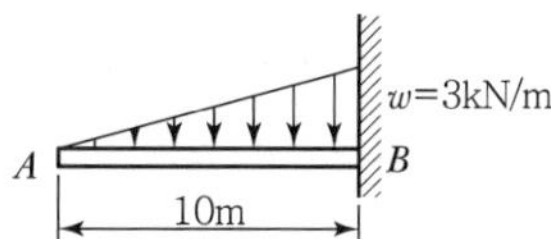

㉠ $A=\frac{1}{2}\times 3\text{kN/m}\times 10\text{m}=15\text{kN}$

㉡ $M_B=-15\text{kN}\times 10\text{m}\times\frac{1}{3}=-50\text{kN}\cdot\text{m}$

53 그림과 같은 캔틸레버보에서 A단의 휨모멘트로 맞는 것은?

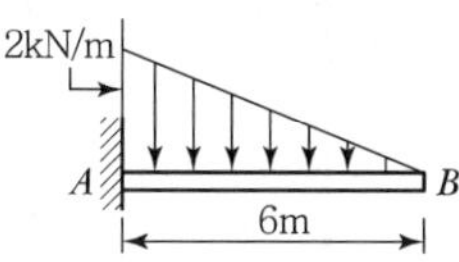

① 6kN · m ② 8kN · m
③ 10kN · m ④ 12kN · m

㉠ 면적 $A=2\text{kN/m}\times 6\text{m}\times\frac{1}{2}=6\text{kN}$

㉡ $M_A=-6\text{kN}\times 2\text{m}=-12\text{kN}\cdot\text{m}$

54 그림과 같은 캔틸레버보의 C점의 휨모멘트는 얼마인가? (단, 자중은 무시한다.)

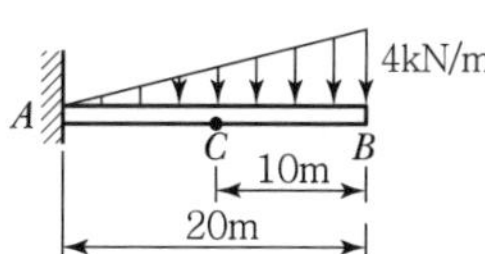

① −30.0kN · m ② −80.5kN · m
③ 120.1kN · m ④ −166.7kN · m

㉠ 사각형 면적=2kN/m×10m=20kN
㉡ 삼각형 면적=1/2×2kN/m×10m=10kN

$\therefore M_C=-(20\text{kN}\times 5\text{m})-(10\text{kN}\times 10\text{m}\times 2/3)$

$=-166.7\text{kN}\cdot\text{m}$

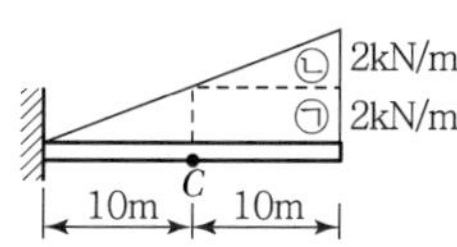

55 다음 그림의 캔틸레버보에서 최대 휨모멘트는 얼마인가?

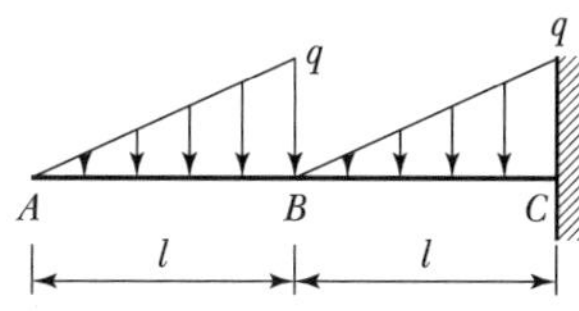

① $-\frac{1}{6}ql^2$ ② $-\frac{1}{2}ql^2$
③ $-\frac{1}{3}ql^2$ ④ $-\frac{5}{6}ql^2$

$M_{\max}=M_c=\frac{-ql}{2}\left(\frac{l}{3}+l\right)-\frac{ql}{2}\left(\frac{l}{3}\right)$

$=-\frac{4}{6}ql^2-\frac{ql^2}{6}=-\frac{5}{6}ql^2$

정답 52 ② 53 ④ 54 ④ 55 ④

07 내민보(Overhanging Beam)

1. 내민보 개요

단순보의 한쪽 또는 양쪽을 돌출시켜 연장한 보로 단순보와 캔틸레버보의 합성구조로 앞에서 설명한 **단순보 및 캔틸레버보**와 같이 해석한다.

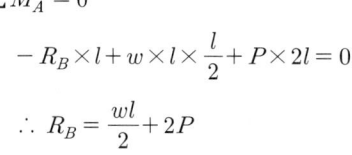

(한쪽 돌출 : 한끝 내민보)

내민보 구간　단순보 구간　내민보 구간

(양쪽 돌출 : 양끝 내민보)

2. 내민보 해석

(1) 반력(단순보와 동일하게 해석)

$\Sigma M_B = 0$

$$R_A \times l - w \times l \times \frac{l}{2} + P \times l = 0$$

$$\therefore\ R_A = \frac{wl}{2} - P$$

$\Sigma M_A = 0$

$$-R_B \times l + w \times l \times \frac{l}{2} + P \times 2l = 0$$

$$\therefore\ R_B = \frac{wl}{2} + 2P$$

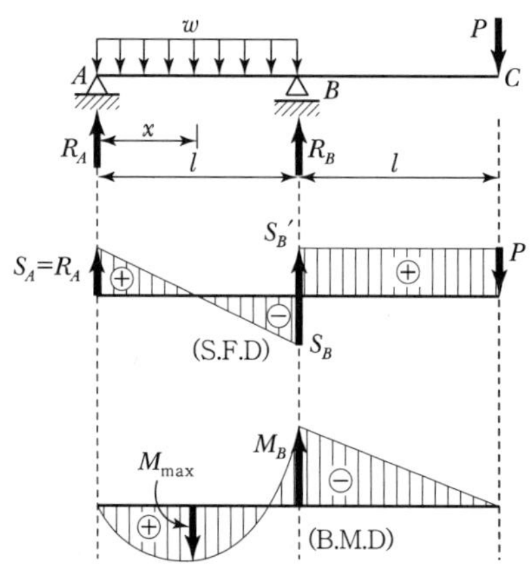

▌(그림 20) 내민보의 하중에 대한 단면력도▐

(2) 전단력

$$S_A = R_A = \frac{wl}{2} - P$$

$$S_B = S_A - w \times l = -\frac{wl}{2} - P$$

$$S_B' = S_B + R_B = P$$

$$S_{B-C} = S_B' = P$$

$$S_C = S_B' - P = 0$$

(3) 전단력이 0인 위치의 x 계산

$$S_x = 0,\quad R_A - w \times x = 0$$

$$\therefore\ x = \frac{R_A}{w} = \frac{l}{2} - \frac{P}{w}$$

(4) 휨모멘트

$$M_A = M_C = 0$$

$$M_{\max} = R_A \times x - w \times x \times \frac{x}{2}$$

$$M_B = R_A \times l - w \times l \times \frac{l}{2} = -P \times l$$

56 다음 그림에서 지점 C의 반력이 0이 되기 위해 B점에 작용시킬 집중하중의 크기는?

① 8kN ② 10kN
③ 12kN ④ 14kN

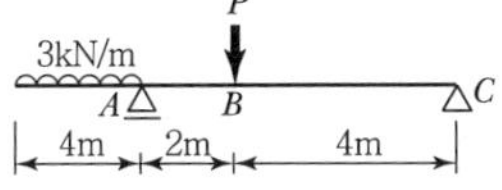

해설 $\Sigma M_A = -(3\text{kN/m} \times 4\text{m}) \times 2\text{m} + P \times 2\text{m} = 0$

$P = 12\text{kN}$

57 그림과 같은 내민보에서 D점에 집중하중 $P = 5\text{t}$이 작용할 경우 C점의 휨모멘트는 얼마인가?

① $-2.5\text{kN} \cdot \text{m}$
② $-5\text{kN} \cdot \text{m}$
③ $-7.5\text{kN} \cdot \text{m}$

④ $-10\text{kN} \cdot \text{m}$

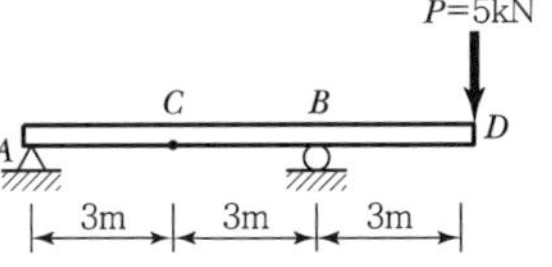

해설 $M_c = \dfrac{M_B}{2} = \dfrac{-5 \times 3}{2} = -7.5\text{kN} \cdot \text{m}$

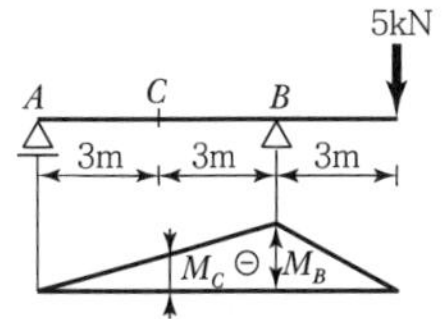

58 그림과 같은 내민보에서 A지점에서 5m 떨어진 C점의 전단력 V_C와 휨모멘트 M_C는?

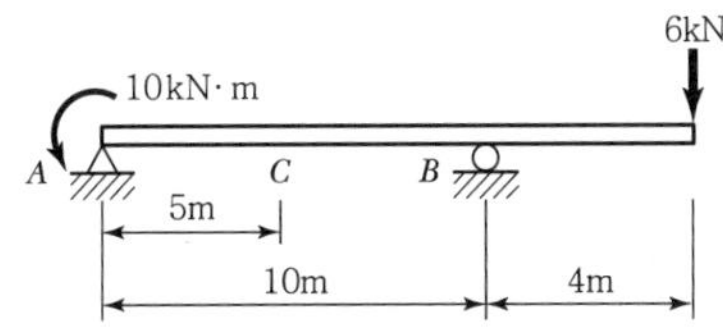

① $V_C = -1.4\text{kN},\ M_C = -17\text{kN} \cdot \text{m}$
② $V_C = -1.8\text{kN},\ M_C = -24\text{kN} \cdot \text{m}$
③ $V_C = 1.4\text{kN},\ M_C = -24\text{kN} \cdot \text{m}$
④ $V_C = +1.8\text{kN},\ M_C = -17\text{kN} \cdot \text{m}$

해설
㉠ $\Sigma M_B = R_A \times 10 - 10 + 6 \times 4 = 0$
$\therefore R_A = -1.4\text{kN}(\downarrow)$
㉡ $V_C = R_A = -1.4\text{kN}$
㉢ $M_C = -R_A \times 5 - 10 = -17\text{kN} \cdot \text{m}$
또는 $M_C = \dfrac{-6 \times 4}{2} - \dfrac{10}{2} = -17\text{kN} \cdot \text{m}$

59 그림과 같은 보에서 $w \cdot l = P$일 때 이 보의 중앙점에서 휨모멘트가 0이 된다면 a/l은?

① 1/2
② 1/4
③ 1/6
④ 1/8

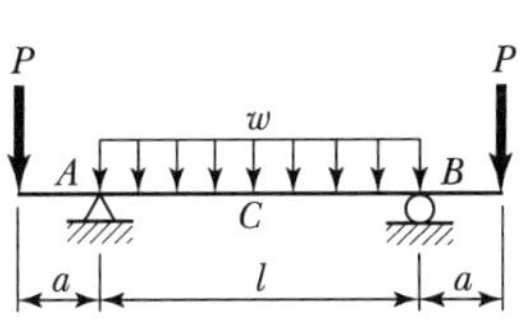

해설
㉠ 하중을 집중과 등분포로 나누어서 휨모멘트를 구하면 다음과 같다.
($S_{AB} = 0$이므로 $M = -wl \cdot a$로 일정)

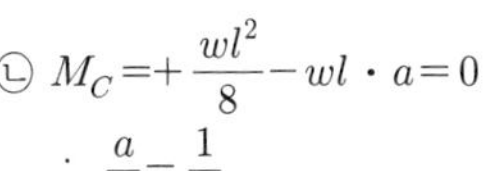

㉡ $M_C = +\dfrac{wl^2}{8} - wl \cdot a = 0$
$\therefore \dfrac{a}{l} = \dfrac{1}{8}$

60 그림과 같은 내민보에 발생하는 최대 휨모멘트를 구하면?

① $-8\text{kN} \cdot \text{m}$
② $-12\text{kN} \cdot \text{m}$
③ $-16\text{kN} \cdot \text{m}$
④ $-20\text{kN} \cdot \text{m}$

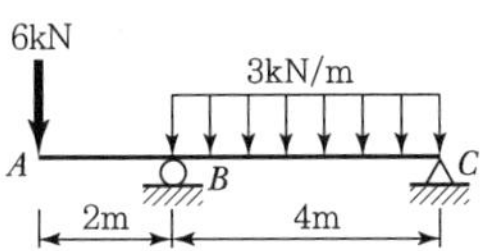

해설
㉠ 반력 $\Sigma M_C = 0$
$R_B \times 4 - 6 \times 6 - 3 \times 4 \times 2 = 0$
$R_B = \dfrac{36 + 24}{4} = 15\text{kN}$
$\Sigma V = 0$
$-6 - 3 \times 4 + R_B + R_C = 0$
$R_B + R_C = 18$
$R_C = 3\text{kN}$

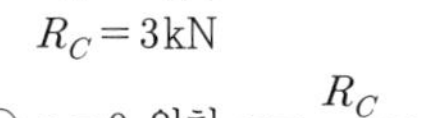

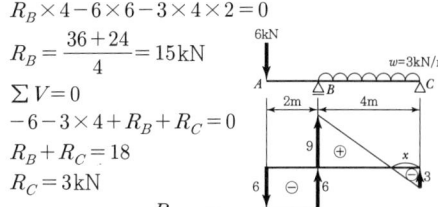

㉡ $x = 0$ 위치 $x = \dfrac{R_C}{w} = \dfrac{3}{3} = 1\text{m}$
㉢ $M_B = -6 \times 2 = -12\text{kN} \cdot \text{m}$

정답 56 ③ 57 ③ 58 ① 59 ④ 60 ②

08 게르버보(Gerber Beam)

1. 게르버보의 개요

부정정보에 힌지(Hinge)를 넣어 정정보로 만든 것으로 모양은 내민보 및 캔틸레버보와 단순보(적지간)를 합성한 것이다.

2. 게르버보의 형태

(1) 연속보를 게르버보로 만든 보

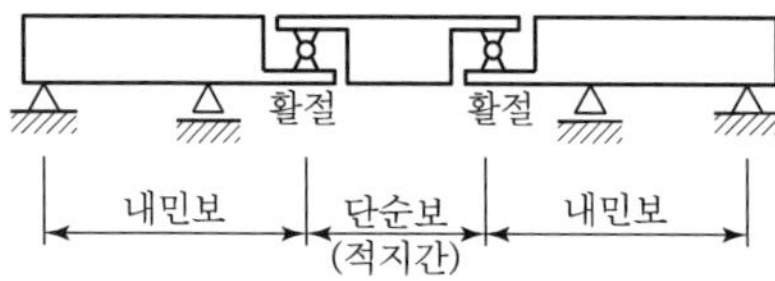

(2) 고정보를 게르버보로 만든 보

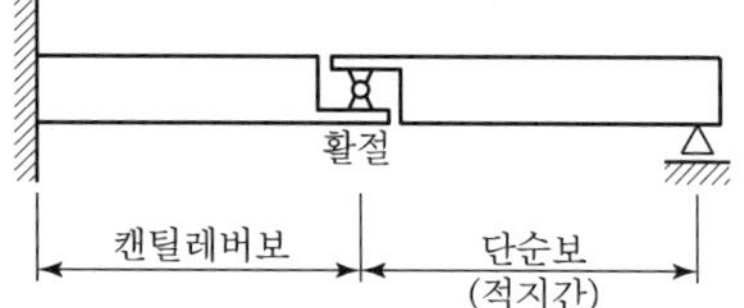

3. 게르버보 해석

(1) 반력

① 단순보 구간의 반력

$$R_B = R_D = \frac{P}{2}$$

② 캔틸레버보 구간의 반력

$$V_A - w \times l - R_B = 0 \quad \therefore V_A = w \times l + \frac{P}{2}$$

(2) 전단력

$$S_A = V_A = w \times l + \frac{P}{2}$$

$$S_B = S_A - w \times l = \frac{P}{2}$$

$$S_{B-C} = S_B = \frac{P}{2}$$

$$S_C = S_B - P = -\frac{P}{2}$$

$$S_{C-D} = S_C = -\frac{P}{2}$$

$$S_D = S_C + R_D = 0$$

(3) 휨모멘트

$$M_B = M_D = 0$$

「우에서 좌로 M_C를 계산」

$$M_C = R_D \times \frac{l}{2} = \frac{Pl}{4}$$

$$M_A = + R_B \times l + w \times l \times \frac{l}{2}$$

$$= -\left(\frac{Pl}{2} + \frac{wl^2}{2}\right)\text{(최종 부호 반대)}$$

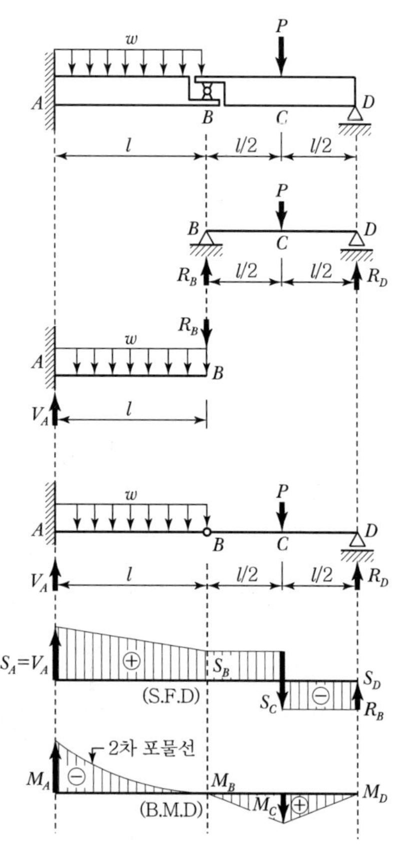

▌(그림 21) 게르버보의 하중에 대한 단면력도▐

61 다음 게르버보에서 A점의 모멘트는?

① $-16\text{kN}\cdot\text{m}$
② $-20\text{kN}\cdot\text{m}$
③ $-25\text{kN}\cdot\text{m}$
④ $-40\text{kN}\cdot\text{m}$

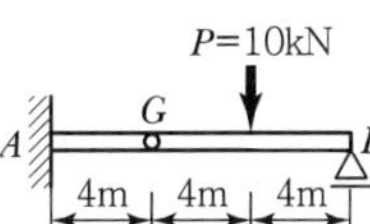

㉠ $R_G=5\text{kN}$
㉡ $M_A=-5\text{kN}\times 4\text{m}=-20\text{kN}\cdot\text{m}$

62 다음 그림과 같은 게르버보에서 C점의 휨모멘트 M_C와 전단력 S_C를 구하시오.

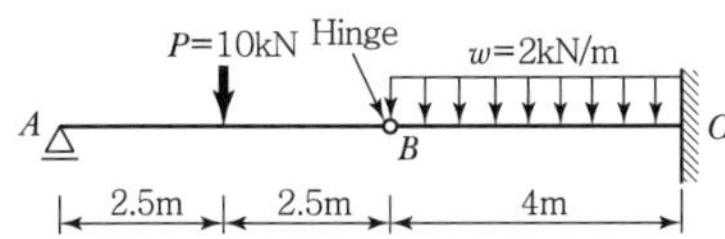

① $M_C=-36\text{kN}\cdot\text{m}$, $S_C=-13\text{kN}$
② $M_C=-52\text{kN}\cdot\text{m}$, $S_C=15\text{kN}$
③ $M_C=-27\text{kN}\cdot\text{m}$, $S_C=13\text{kN}$
④ $M_C=-36\text{kN}\cdot\text{m}$, $S_C=15\text{kN}$

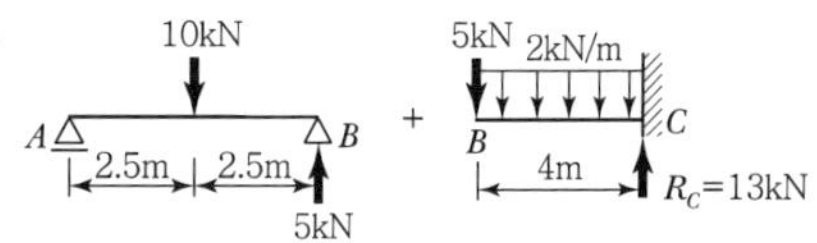

㉠
$S_C=-R_C=-5\text{kN}-(2\text{kN/m}\times 4\text{m})=-13\text{kN}$
㉡ $M_C=-5\text{kN}\times 4\text{m}-(2\text{kN/m}\times 4\text{m})\times 2\text{m}$
$=-36\text{kN}\cdot\text{m}$

63 그림과 같은 게르버보에서 B점의 휨모멘트값은?

① $-\dfrac{wl^2}{2}$ ② $-\dfrac{wl^2}{3}$
③ $+\dfrac{wl^2}{3}$ ④ $-\dfrac{wl^2}{6}$

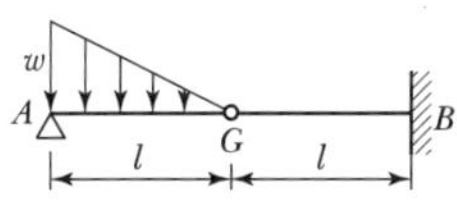

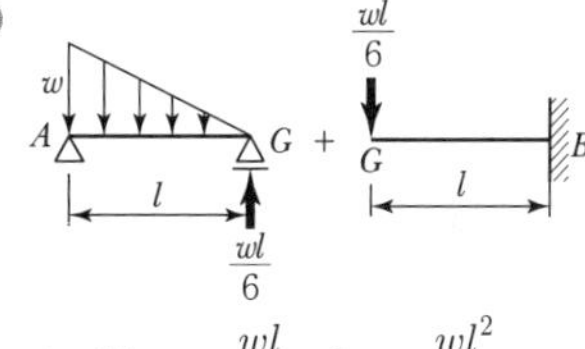

$\therefore\ M_B=-\dfrac{wl}{6}\times l=-\dfrac{wl^2}{6}$

64 그림과 같이 C점이 내부힌지로 구성된 게르버보에서 B지점에 발생하는 모멘트의 크기는?

① $9\text{kN}\cdot\text{m}$ ② $6\text{kN}\cdot\text{m}$
③ $3\text{kN}\cdot\text{m}$ ④ $1\text{kN}\cdot\text{m}$

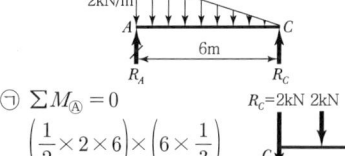

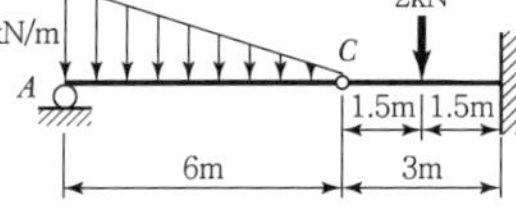

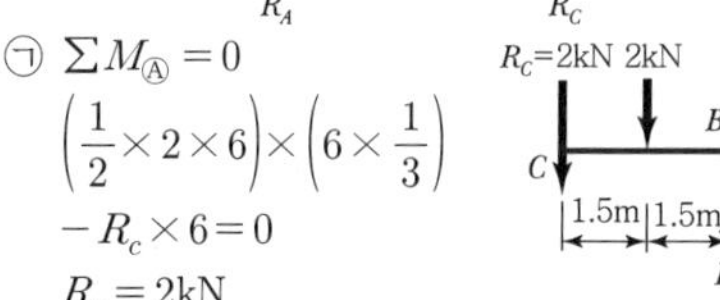

㉠ $\Sigma M_{Ⓐ}=0$
$\left(\dfrac{1}{2}\times 2\times 6\right)\times\left(6\times\dfrac{1}{3}\right)$
$-R_c\times 6=0$
$R_c=2\text{kN}$
㉡ $M_B=-2\times 1.5-2\times 3=-9\text{kN}\cdot\text{m}$

65 그림과 같은 게르버보의 A점의 전단력으로 맞는 것은?

① 4kN ② 6kN
③ 12kN ④ 24kN

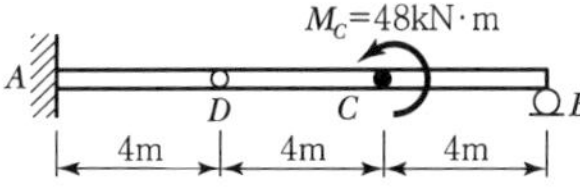

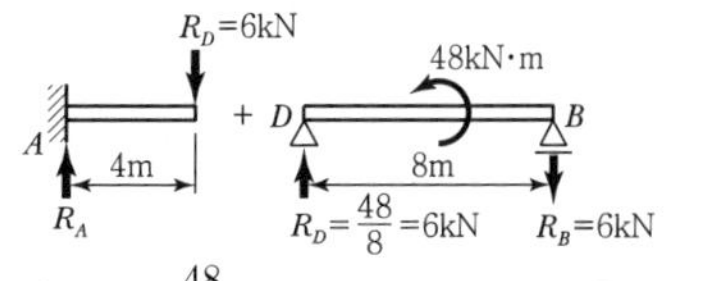

㉠$R_D=\dfrac{48}{8}=6\text{kN}$, $R_B=6\text{kN}$ ㉡ $S_A=6\text{kN}$

66 그림과 같은 게르버보에서 A지점의 휨모멘트는?

① $18\text{kN}\cdot\text{m}$ ② $27\text{kN}\cdot\text{m}$
③ $45\text{kN}\cdot\text{m}$ ④ $72\text{kN}\cdot\text{m}$

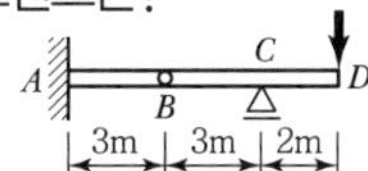

㉠ $\Sigma M_C=0$
$V_B\times 3\text{m}+9\text{kN}\times 2\text{m}=0$
$\therefore\ V_B=-6\text{kN}(\downarrow)$
㉡ $M_A=6\text{kN}\times 3\text{m}=18\text{kN}\cdot\text{m}$

정답 61 ② 62 ① 63 ④ 64 ① 65 ② 66 ①

09 영향선(Influence Line)

1. 영향선(Influence Line)

구조물의 임의의 점에 작용하는 **단위하중** $P=1$을 이동시켰을 때, 어느 한 지점의 **지점반력, 전단력 및 휨모멘트**가 어떻게 변화하는지 알아보기 위한 선도이다.

영향선에 의한 반력 및 단면력

$$\begin{bmatrix} \text{지점반력}(R) \\ \text{전단력}(S) \\ \text{휨모멘트}(M) \end{bmatrix} = \begin{bmatrix} \text{집중하중}(P)\times\text{영향선의 하중작용점의 종거}(y)+ \\ \text{등분포하중}(w)\times\text{영향선의 하중작용거리의 면적}(A) \end{bmatrix}$$

$$(R),\ (S),\ (M)=P\times y+w\times A$$

2. 단순보의 영향선

(1) 지점반력 영향선

보의 축에 평행선(기선)을 긋고 구하는 지점의 **기준 종거를** ⊕1로 하여 삼각형으로 작도한다.

$$R_A=P\times y+w\times A$$

$$R_B=P\times y+w\times A$$

(2) 전단력 영향선

보의 축에 평행선을 긋고 좌측 지점(A)의 **기준 종거는** ⊕1, 우측 지점(B)의 **기준 종거는** ⊖1로 하여 삼각형으로 작도하고 구하는 점에서 영향선 절단을 평행선에 수직으로 절단하고 기선에 접한 삼각형만 유효하게 사용한다.

$$S_C=P\times y+w\times A$$

(3) 휨모멘트 영향선

보의 축에 평행선을 긋고 좌우측 지점에서 **구하는 점까지 거리를** 그 지점에 ⊕로 한 기준 종거로 하여 삼각형으로 작도한 후 기선에 접한 삼각형만 유효하게 사용한다.

$$M_C=P\times y+w\times A$$

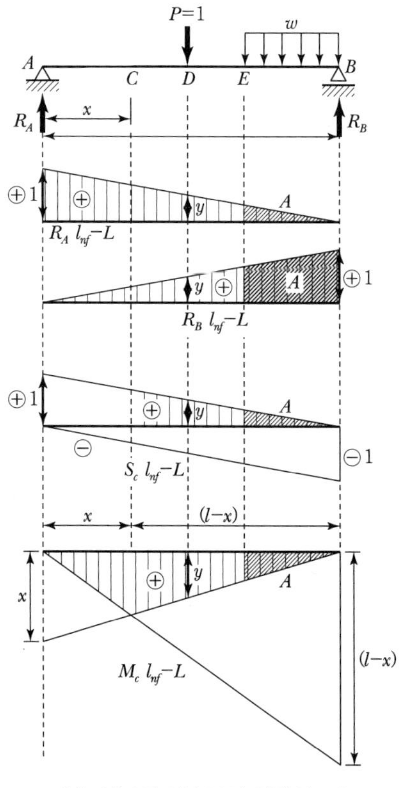

❙ (그림 22) 단순보의 영향선도 ❙

67 그림과 같은 보(Beam) 위를 이동하중이 지나갈 때 C점의 최대 전단력은?(단, 등분포하중의 길이는 무한정이다.)

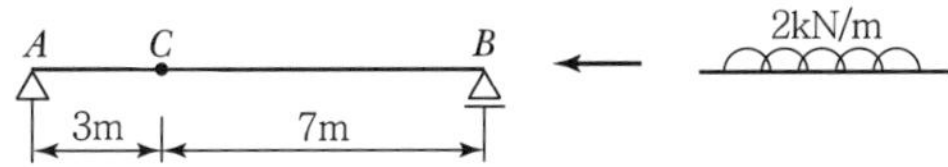

① 3.9kN ② 4.0kN
③ 4.9kN ④ 9.1kN

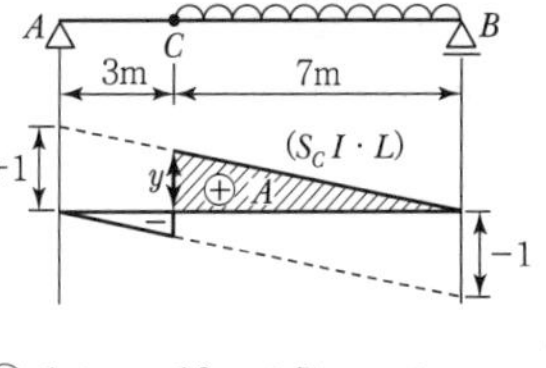

㉠ $1 : y = 10\text{m} : 7\text{m} \quad \therefore\ y = \frac{7}{10} = 0.7$

㉡ $S_C = w \cdot A = 2\text{kN/m} \times \left(0.7 \times \frac{7\text{m}}{2}\right) = 4.9\text{kN}$

68 다음 그림과 같은 단순보에서 지점 A로부터 거리 a만큼 떨어진 C점의 휨모멘트 영향선을 나타내는 식은?(단, $A-C$ 간에 하중이 작용할 경우의 식이다.)

① 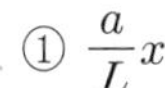 $\frac{a}{L}x$

② 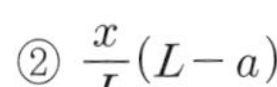 $\frac{x}{L}(L-a)$

③ 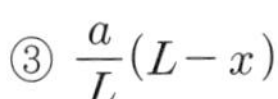 $\frac{a}{L}(L-x)$

④ 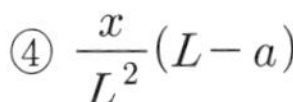 $\frac{x}{L^2}(L-a)$

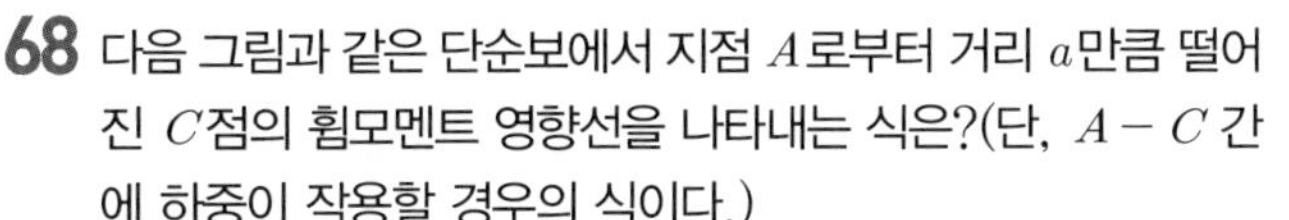

㉠ 종거(y)를 구하면

$(L-a) : y = L : x \quad \therefore\ y = \frac{(L-a) \cdot x}{L}$

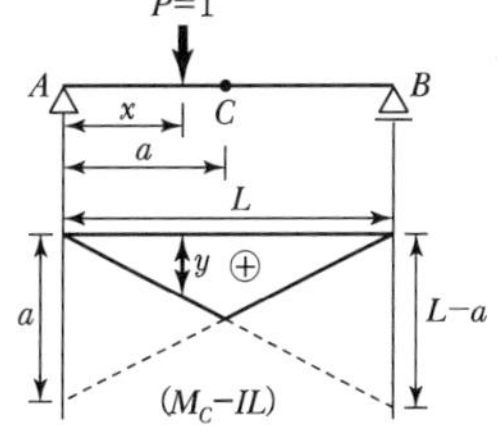

㉡ $M_C = P \times y = 1 \times \frac{(L-a) \cdot x}{L} = \frac{(L-a) \cdot x}{L}$

69 다음 보의 C점에 대한 휨모멘트 영향선도에서 C점과 D점의 종거는?

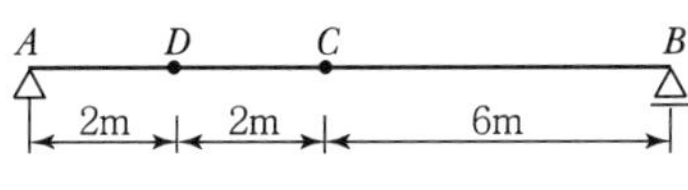

	C	D		C	D
①	1.2	2.4	②	2.4	1.2
③	1.6	0.8	④	0.8	1.6

㉠ 비례식으로 종거를 구하면

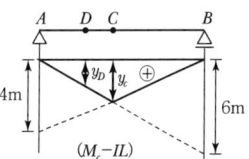

$6 : y_C = 10\text{m} : 4\text{m} \quad \therefore\ y_C = \frac{6 \times 4}{10} = 2.4$

㉡ $2 : y_D = 10 : 6 \quad \therefore\ y_D = \frac{6 \times 2}{10} = 1.2$

70 그림과 같은 이동하중이 작용할 때 C점에 대한 최대 휨모멘트는?(단, 영향선에 의해 계산하시오.)

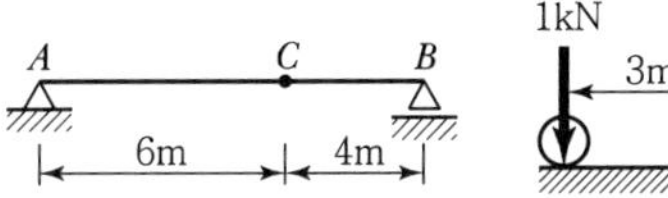

① 7kN · m ② 6kN · m
③ 5kN · m ④ 3kN · m

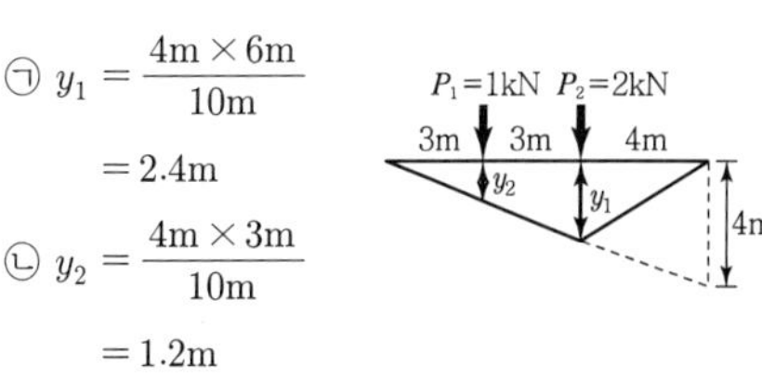

㉠ $y_1 = \frac{4\text{m} \times 6\text{m}}{10\text{m}} = 2.4\text{m}$

㉡ $y_2 = \frac{4\text{m} \times 3\text{m}}{10\text{m}} = 1.2\text{m}$

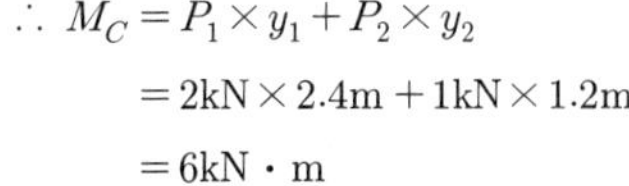

$\therefore\ M_C = P_1 \times y_1 + P_2 \times y_2$
$= 2\text{kN} \times 2.4\text{m} + 1\text{kN} \times 1.2\text{m}$
$= 6\text{kN} \cdot \text{m}$

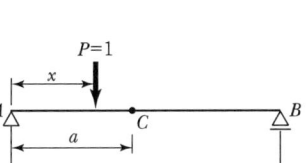

정답 67 ③ 68 ② 69 ② 70 ②

10 단순보의 최대 단면력

1. 집중하중이 이동하면서 작용할 때

(1) 집중하중 1개가 작용할 때

① 최대 전단력 : 하중이 지점에 작용할 때 발생하고, 최대 전단력은 하중크기와 같다.

$$S_{max} = P$$

② 최대 휨모멘트 : 하중이 중앙지점에 작용할 때 발생한다.

$$M_{max} = \frac{Pl}{4}$$

(2) 집중하중 2개가 작용할 때

① 최대 전단력 : 큰 하중이 지점에 오고 나머지 하중은 지간 내에 작용할 때 발생한다.

$$S_{max} = P_1 \times 1 + P_2 \times y = P_1 + P_2 \times \left(\frac{l-d}{l}\right)$$

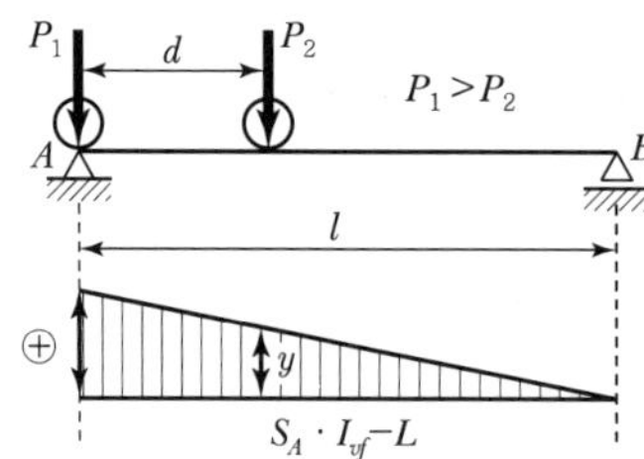

‖ (그림 23) 집중하중 2개가 이동작용했을 때의 최대 전단력 ‖

주 **절대 최대 전단력**은 가장 큰 전단력으로, 이것은 지점에서 가장 가까운 단면에서 발생되며 그 값은 **최대 반력과 같다.**

71 지간 10m인 단순보 위를 1개의 집중하중 $P=20\text{kN}$이 통과할 때 이 보에 생기는 최대 전단력 S와 최대 휨모멘트 M이 옳게 된 것은?

① $S=10\text{kN}$, $M=50\text{kN}\cdot\text{m}$
② $S=10\text{kN}$, $M=100\text{kN}\cdot\text{m}$
③ $S=20\text{kN}$, $M=50\text{kN}\cdot\text{m}$
④ $S=20\text{kN}$, $M=100\text{kN}\cdot\text{m}$

72 그림과 같이 이동하중이 작용할 때 절대 최대 전단력은?

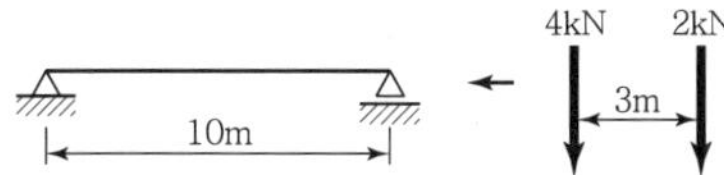

① 5.4kN ② 5.6kN
③ 5.8kN ④ 6.0kN

73 다음 그림과 같이 게르버보에 연행하중이 이동할 때 지점 B에서 최대 휨모멘트는?

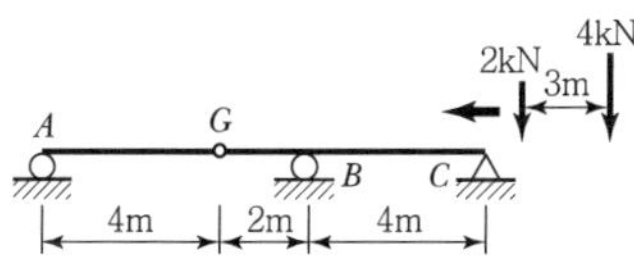

① $-9\text{kN}\cdot\text{m}$ ② $-11\text{kN}\cdot\text{m}$
③ $-13\text{kN}\cdot\text{m}$ ④ $-15\text{kN}\cdot\text{m}$

74 단순보 AB 위에 그림과 같은 이동하중이 지날 때 A점으로부터 10m 떨어진 C점의 최대 휨모멘트?

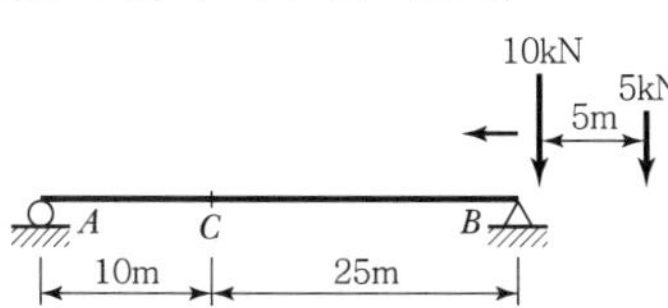

① $85\text{kN}\cdot\text{m}$ ② $95\text{kN}\cdot\text{m}$
③ $100\text{kN}\cdot\text{m}$ ④ $115\text{kN}\cdot\text{m}$

---

71 ㉠

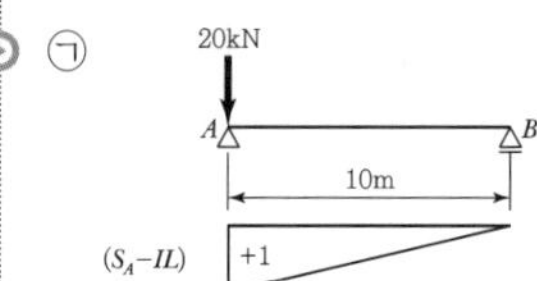

$S_{max}=Py_{max}=20\times1=20\text{kN}$

㉡

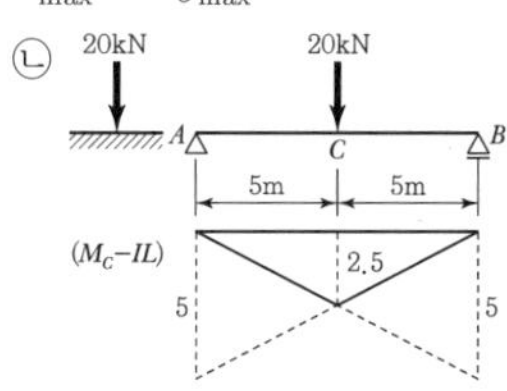

$M_{max}=Py_{max}=20\times2.5=50\text{kN}\cdot\text{m}$

또는 $\dfrac{Pl}{4}=\dfrac{20\times10}{4}=50\text{kN}\cdot\text{m}$

72 ㉠ 단순보에서 최대 전단력은 지점에서 발생하므로

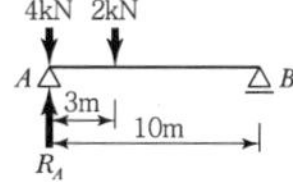

$\Sigma M_B=R_A\times10\text{m}-4\text{kN}\times10\text{m}-2\text{kN}\times7\text{m}=0$

$\therefore R_A=5.4\text{kN}$

㉡ $S_{max}=R_A=5.4\text{kN}$

73

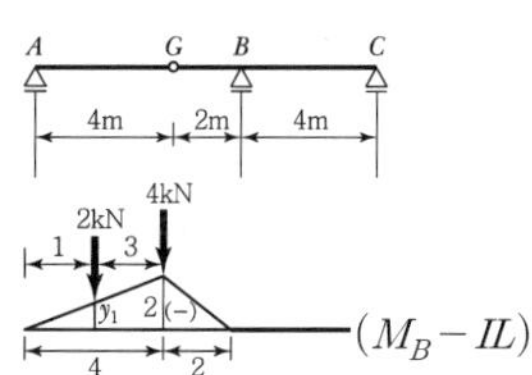

㉠ $\dfrac{2}{4}=\dfrac{y_1}{1}$ $y_1=0.5$

㉡ $M_{B(\max)}=P_1y_1+P_{\max}y_{\max}$
$=-(2)(0.5)-(4)(2)=-9\text{kN}\cdot\text{m}$

74

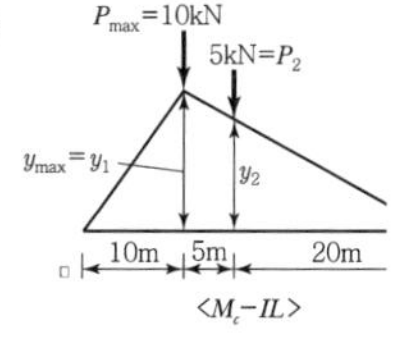

㉠ $y_1=\dfrac{10\times25}{35}=\dfrac{50}{7}$ $25:y_1=20:y_2$

㉡ $y_2=y_1\cdot\dfrac{20}{25}=\dfrac{50}{7}\times\dfrac{20}{25}=\dfrac{40}{7}$

$\therefore M_{C(\max)}=10\times\dfrac{50}{7}+5\times\dfrac{40}{7}=\dfrac{700}{7}$
$=100\text{kN}\cdot\text{m}$

정답 71 ③ 72 ① 73 ① 74 ③

2. 절대 최대 휨모멘트

(1) 합력 : $R = P_1 + P_2$

(2) 합력의 작용위치 x 계산 : $R \times x = P_2 \times d$ $\therefore\ x = \dfrac{P_2 \cdot d}{R}$

(3) 합력과 가장 가까운 하중과의 거리 $\dfrac{1}{2}$ 되는 곳을 보의 중앙점에 오도록 하중을 이동한다.

(4) 최대 휨모멘트는 중앙지점에서 가장 가까운 하중에서 발생한다.

A점에서 거리는 $\dfrac{l}{2} - \dfrac{x}{2}$

(5) 최대 휨모멘트 계산 : $M_{\max} = R_A \times \left(\dfrac{l}{2} - \dfrac{x}{2}\right)$

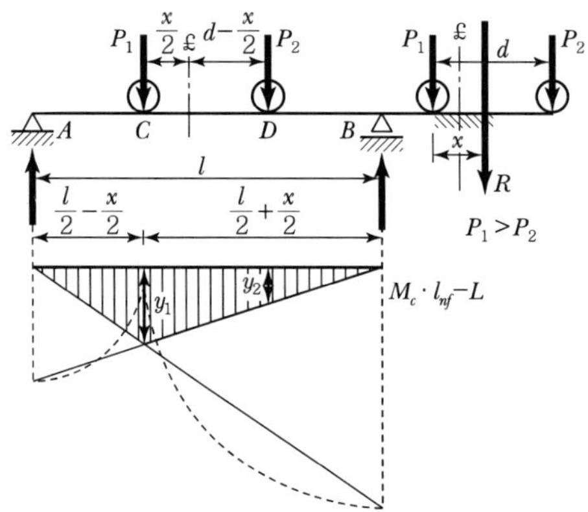

▌(그림 24) 집중하중 2개가 이동작용할 때 최대 휨모멘트▐

75 연행하중이 절대 최대 휨모멘트가 생기는 위치에 왔을 때, 지점 A에서 하중 1kN까지의 거리(x)는?

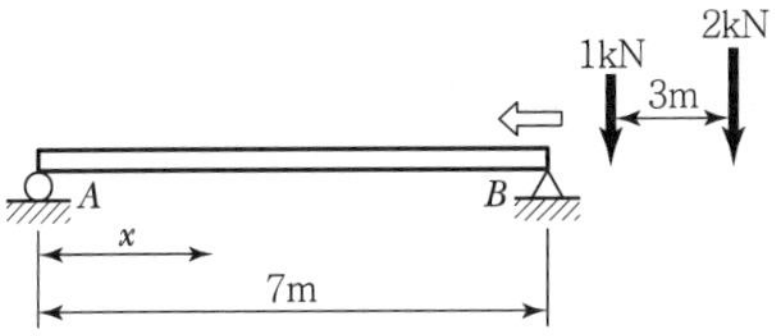

① 0.2m ② 0.5m
③ 0.8m ④ 1.0m

㉠ 바리뇽 정리(C점)

$M_c = 3\text{kN} \times x = 1\text{kN} \times 3\text{m}$ $\therefore x = 1\text{m}$

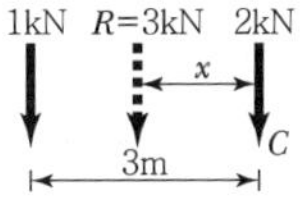

㉡ 절대 최대 휨모멘트는 합력($R=3$kN)과 큰 하중(2kN)의 2등분점이 보 중앙에 올 때 큰 하중(2kN) 밑에 생긴다.

㉢ 1kN 하중은 A지점으로부터 1m 위치에 있다.

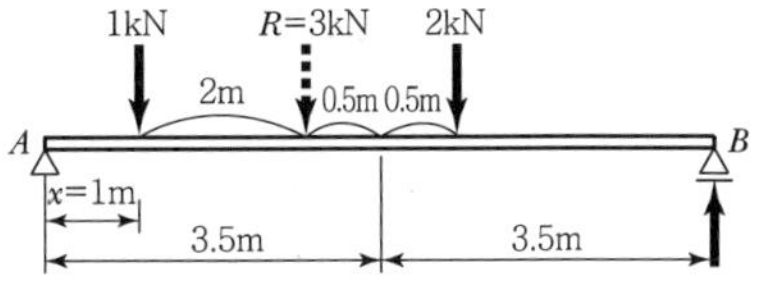

76 그림과 같은 이동하중이 작용할 경우 절대 최대 휨모멘트가 생기는 위치(A점으로부터 떨어진 거리)와 절대 최대 휨모멘트 값 중 옳은 것은?

	x(m)	M(kN · m)
①	4.6	9.68
②	5.0	8.96
③	5.6	9.68
④	4.6	8.96

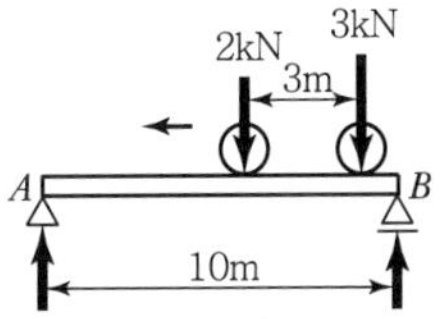

㉠ $R = 5\text{kN}$, $x = 1.8\text{m}$, $\dfrac{a}{2} = 0.6\text{m}$가 되므로 A점으로부터의 거리는 5.6m이다.

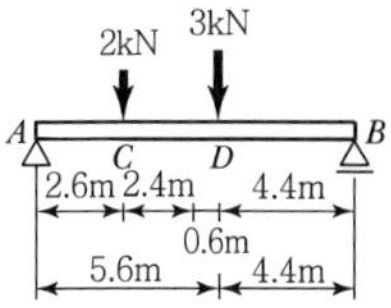

㉡ $\Sigma M_A = 0$에서

$2\text{kN} \times 2.6\text{m} + 3\text{kN} \times 5.6\text{m} - R_B \times 10\text{m} = 0$

$\therefore R_B = 2.2\text{kN}$

㉢ $M_D = M_{max} = 2.2\text{kN} \times 4.4\text{m} = 9.68\text{kN} \cdot \text{m}$

77 지간이 l인 단순보 위를 그림과 같이 이동하중이 통과할 때 지점 B로부터 절대 최대 휨모멘트가 일어나는 위치는 다음 중 어느 것인가?

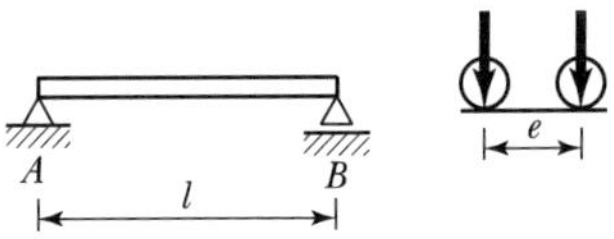

① $\dfrac{l}{2} - \dfrac{3e}{4}$ ② $\dfrac{l}{2}$ ③ $\dfrac{l}{2} - \dfrac{e}{4}$ ④ $\dfrac{l}{2} - \dfrac{e}{2}$

$R = 2P$이고, $\dfrac{a}{2} = \dfrac{e}{4}$

$\therefore$ B점으로부터의 거리는 $\dfrac{l}{2} - \dfrac{e}{4}$이다.

78 다음 그림과 같은 단순보에 이동하중이 작용하는 경우 절대 최대 휨모멘트는 얼마인가?

① 17.64kN · m
② 16.72kN · m
③ 22.53kN · m
④ 18.50kN · m

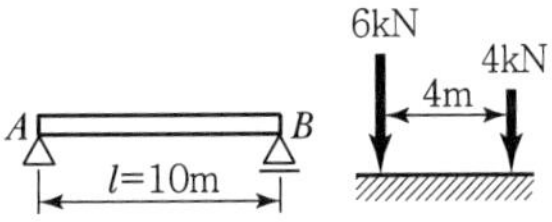

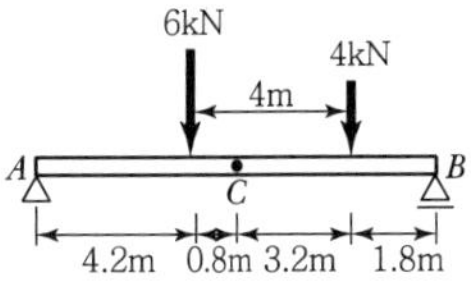

㉠ $\Sigma M_B = 0$에서

$R_A \times 10\text{m} - 6\text{kN} \times 5.8\text{m} - 4\text{kN} \times 1.8\text{m} = 0$

$R_A = 4.2\text{kN}$

㉡ $M_{max} = 4.2\text{kN} \times 4.2\text{m} = 17.64\text{kN} \cdot \text{m}$

정답 75 ④ 76 ③ 77 ③ 78 ①

2. 등분포하중이 작용할 때

(1) 하중 작용거리가 지간거리보다 짧을 때

① 최대 전단력($S_{\max}$) : 하중이 처음 또는 끝 지점에 작용할 때 발생한다.

$$S_{\max} = w \times A$$

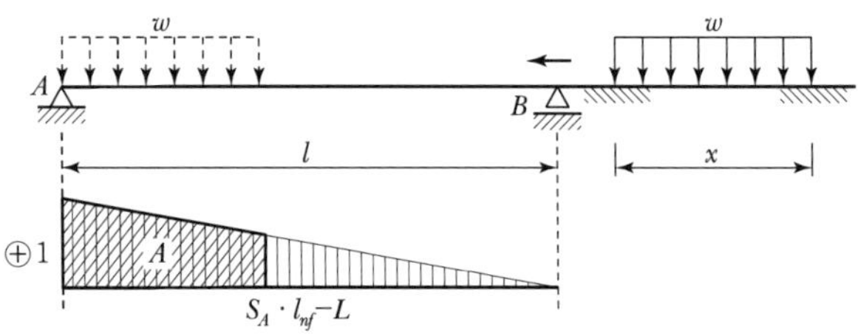

▌(그림 25) 등분포하중이 이동작용할 때 최대 전단력▐

② 임의점 C의 최대 전단력

하중이 이동하여 영향선의 종거가 큰 곳에 하중의 처음이 작용할 때 발생한다.

$$S_{\max} = w \times A$$

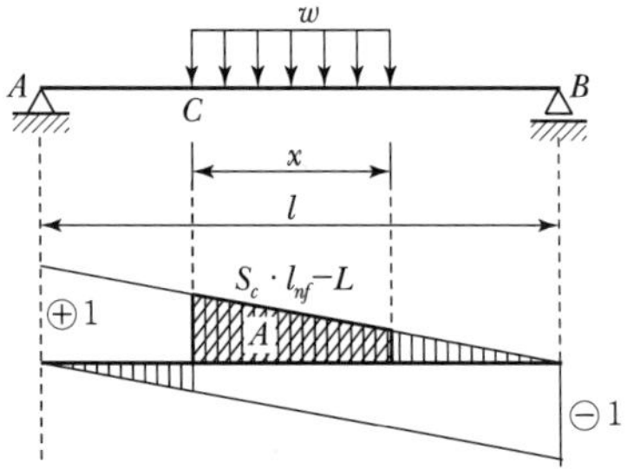

▌(그림 26) 등분포하중이 이동작용할 때 임의점의 최대 전단력▐

③ 임의점 C의 최대 휨모멘트

㉠ C점에서 최대 휨모멘트가 발생하기 위한 하중 작용 위치 a 계산

$$a = \frac{x \times b}{l}$$

㉡ 해석법

$$M_{\max} = R_A \times b - w \times \frac{a^2}{2}$$

㉢ 영향선법

$$M_{\max} = w \times A$$

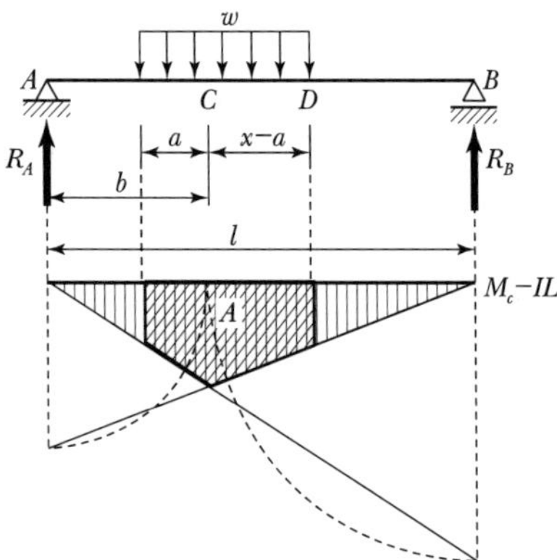

▌(그림 27) 등분포하중이 이동작용할 때 임의점의 최대 휨모멘트▐

79 다음 그림과 같은 보(Beam) 위를 이동하중이 지나갈 때 C점의 최대 전단력은?(단, 등분포하중의 길이는 무한정이다.)

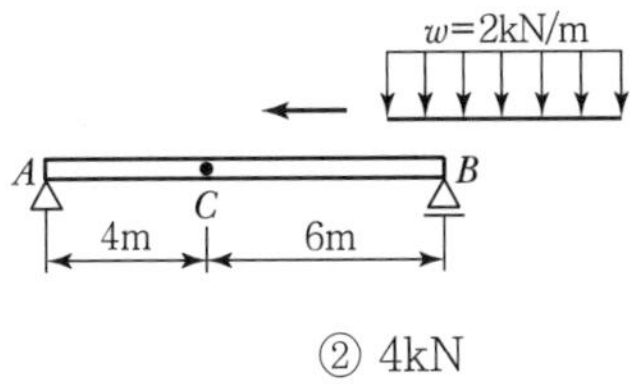

① 3.6kN ② 4kN
③ 4.9kN ④ 9.1kN

해설

$S_{C(\max)} = wA$

$= 2 \times \left(0.6 \times 6 \times \dfrac{1}{2}\right) = 3.6\text{kN}$

80 다음과 같은 이동 등분포하중이 보 AB 위를 지날 때 C점에서 최대 휨모멘트가 생기려면 등분포하중의 앞단에서 C점까지의 거리가 얼마인 때가 되겠는가?

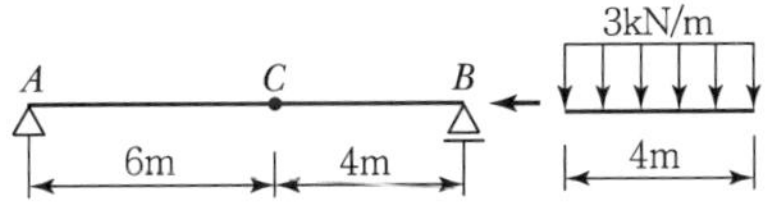

① 2.0m ② 2.4m
③ 2.7m ④ 3.0m

해설

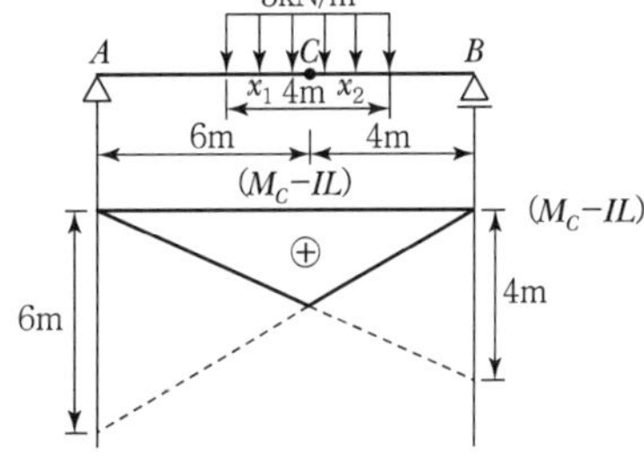

㉠ $10\text{m} : 4\text{m} = 6\text{m} : x_1$

$\therefore x_1 = \dfrac{4\text{m} \times 6\text{m}}{10\text{m}} = 2.4\text{m}$

㉡ $10\text{m} : 4\text{m} = 4\text{m} : x_2$

$\therefore x_2 = \dfrac{4\text{m} \times 4\text{m}}{10\text{m}} = 1.6\text{m}$

∴ 등분포하중 앞단에서 C점까지의 거리

$x_1 = 2.4\text{m}$

정답 79 ① 80 ②

11 내민보의 영향선

보의 축에 평행선을 긋고 단순보 구간은 단순보와 같이 작도하며 돌출부(내민구간)는 직선 연장하여 작도하고, 내민구간의 영향선은 캔틸레버보와 동일하게 작도한다.

$R_A = P_1 \times y_1 - P_2 \times y_2$

$R_B = -P_1 \times y_1 + P_2 \times y_2$

$S_C = P_1 \times y_1 - P_2 \times y_2$

$M_C = -P_1 \times y_1 - P_2 \times y_2$

$S_D = -P_1$

$M_D = -P_1 \times x_1$

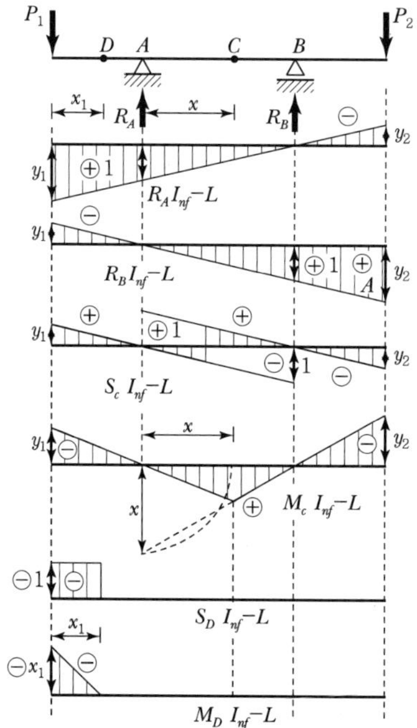

‖ (그림 28) 내민보의 영향선도 ‖

81 $P=2\text{kN}$의 하중이 그림과 같은 보 위를 지날 때 B점의 최대 반력 R_B는?

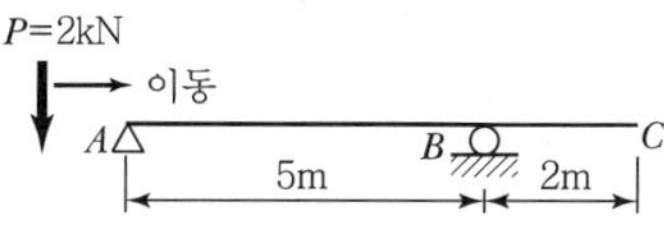

① $R_B=2\text{kN}$ ② $R_B=2.8\text{kN}$
③ $R_B=3\text{kN}$ ④ $R_B=5\text{kN}$

하중이 C점에 올 경우 B점 반력이 최대이다.
$\left(y_C=\dfrac{1\times 7}{5}=1.4\right)$

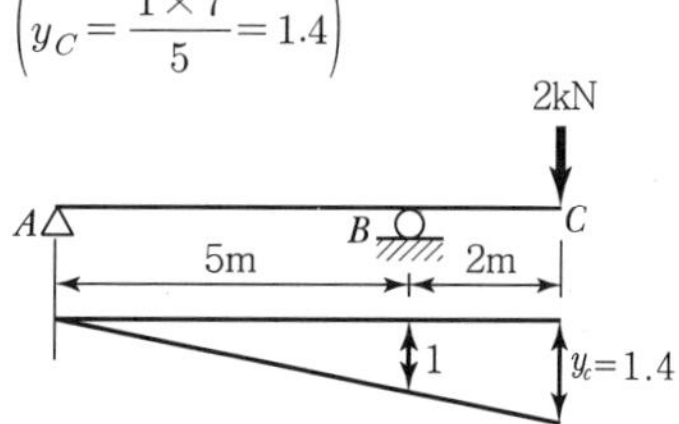

$\therefore\ R_B=P\times y_C=2\text{kN}\times 1.4$
$=2.8\text{kN}(\uparrow)$

82 그림의 내민보에서 A점의 반력에 대한 영향선으로 옳은 것은?

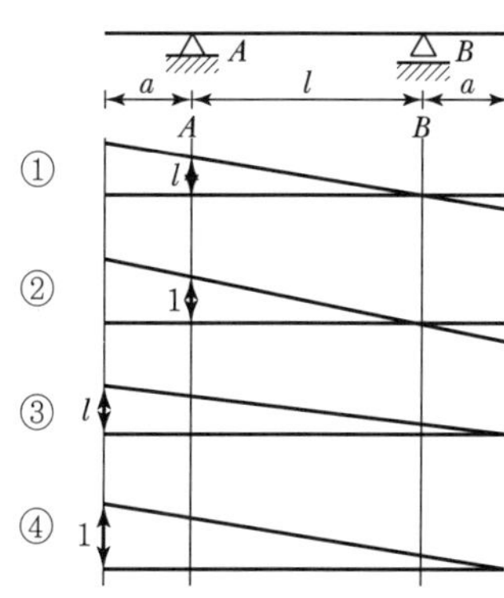

반력의 영향선
㉠ 지점 밑에 단위종거 1을 놓고 반대쪽 지점에 연결시킨다.
㉡ 내민보의 경우 내민 부분까지 그대로 연장한다.

83 다음 그림과 같은 내민보의 C점에 대한 전단력 영향선에서 D점의 종거는?

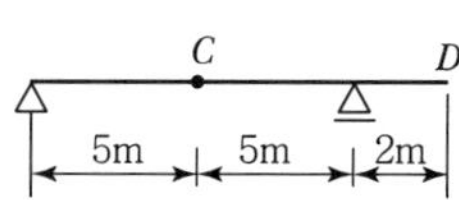

① −0.167 ② −0.2
③ −0.4 ④ −0.5

$(S_C\ l\cdot L)$

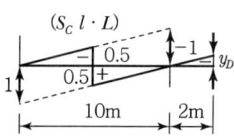

㉠ D점은 내민 부분이므로 영향선을 연장하면 기준선 상측이 되어 (−)종거이다.
㉡ 비례식으로 종거(y_D)를 구하면
$1:10\text{m}=(-y_D):2\text{m}$
$\therefore\ y_D=-0.2$

정답 81 ② 82 ② 83 ②

12 캔틸레버보의 영향선

(1) 지점반력 영향선

보의 축에 평행선을 긋고 자유단에서 기준 종거를 ⊕1로 하여 지점까지 연장한다.

$$V_A = P \times y + w \times A$$

(2) 전단력 영향선

보의 축에 평행선을 긋고 자유단의 기준 종거를 고정지점이 좌측이면 ⊕1, 우측이면 ⊖1로 하여 구하는 점까지 연장한다.

$$S_C = P \times y + w \times A$$

(3) 휨모멘트 영향선

보의 축에 평행선을 긋고 자유단에서 구하는 점까지 거리를 자유단에 ⊖로 한 기준 종거로 삼각형을 작도한다.

$$M_C = P \times y + w \times A$$

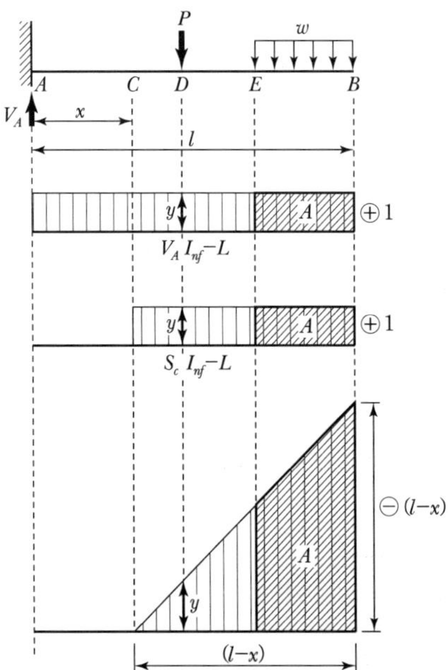

‖ (그림 29) 캔틸레버보의 영향선도 ‖

13 게르버보의 영향선

보의 축에 평행선을 긋고 앵커지간인 내민보와 캔틸레버보는 내민보와 캔틸레버보와 동일하게 작동하여 활절(Hinge) 단면에서 평행선 쪽으로 꺾어 직선으로 연결하고 적지간인 단순보 구간은 단순보와 동일하게 작도한다.

$R_A = P_1 \times y_1$

$R_B = P_1 \times y_1 + P_2 \times y_2$

$R_C = - P_1 \times y_1 + P_2 \times y_2$

$S_D = - P_1 \times y_1$

$S_E = P_1 \times y_1 - P_2 \times y_2$

$M_D = - P_1 \times y_1$

$M_E = - P_1 \times y_1 + P_2 \times y_2$

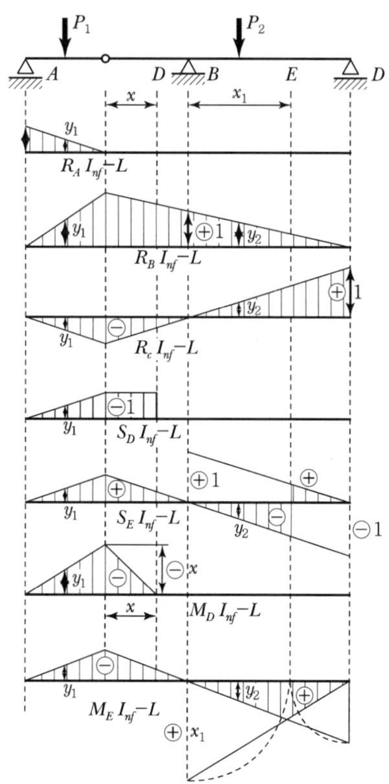

‖ (그림 30) 게르버보의 영향선도 ‖

84 그림과 같은 게르버보의 C점에 대한 전단력의 영향선도 중 옳은 것은?

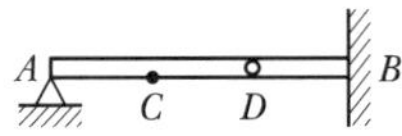

① A–B (C, D) ② A–B (C, D)
③ A–B (C, D) ④ A–B (C, D)

> ㉠ $D-B$ 구간에 작용한 하중은 $A-D$ 구간에는 영향이 없게 된다.
> ㉡ $A-D$ 구간에만 영향선이 나타난다.

85 그림과 같은 보의 A점의 휨모멘트 M_A의 크기는?

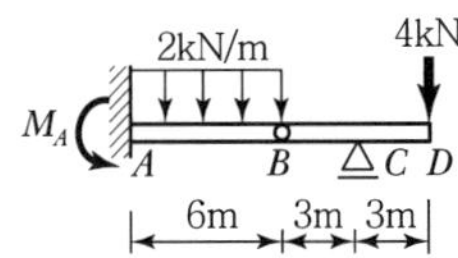

① $-12\text{kN}\cdot\text{m}$ ② $-36\text{kN}\cdot\text{m}$
③ $-48\text{kN}\cdot\text{m}$ ④ $-60\text{kN}\cdot\text{m}$

> ㉠ $\Sigma M_C=0$에서
> $R_B\times 3\text{m}+4\text{kN}\times 3\text{m}=0$
> $\therefore\ R_B=-4\text{kN}(\downarrow)$
> ㉡ $M_A=4\text{kN}\times 6\text{m}-2\text{kN/m}\times 6\text{m}\times 3\text{m}$
> $=-12\text{kN}\cdot\text{m}$

86 다음 그림과 같은 게르버보에서 단위하중에 의한 영향선으로 옳은 것은?

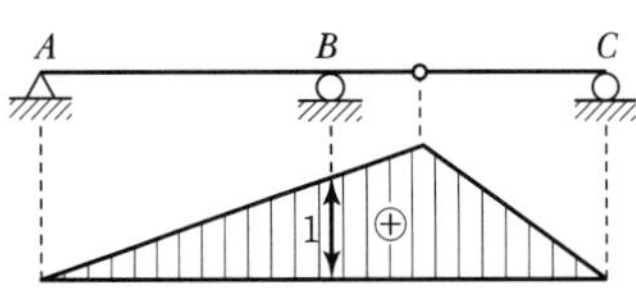

① A점의 반력 영향선 ② B점의 반력 영향선
③ B점의 모멘트 영향선 ④ C점의 반력 영향선

> B지점 밑에 단위종거 1이 있으므로 B점 반력의 영향선이다.

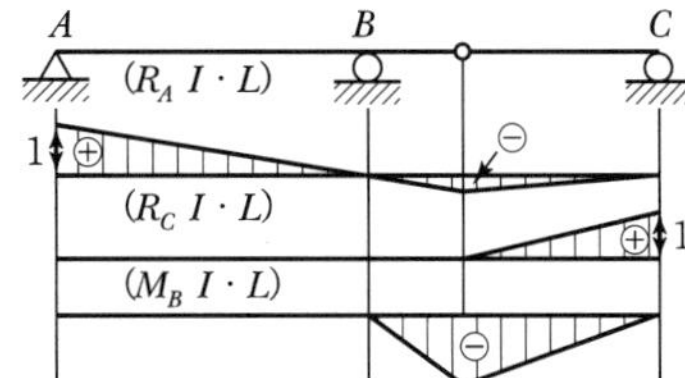

87 다음은 게르버보의 m 단면에 대한 영향선이다. 영향선의 종거 y를 계산한 값은 다음 중 어느 것인가?

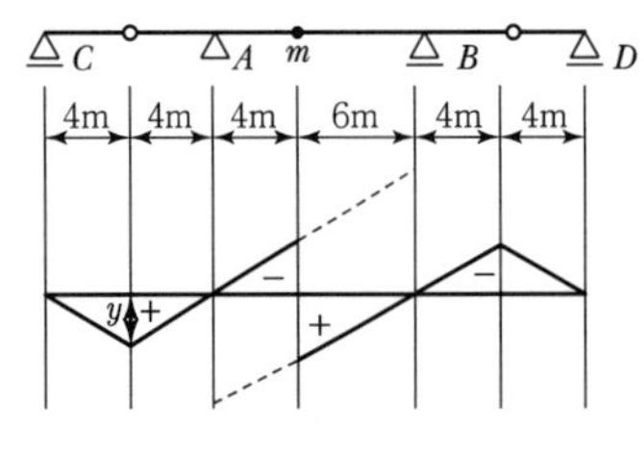

① 0.6 ② 0.5
③ 0.4 ④ 0.3

> m점의 전단력 영향선
> ㉠ m점 좌우 A, B 지점 밑에 단위종거 $+1$, -1을 놓는다.
> ㉡ 빗금 친 부분에서 비례식으로 종거 y를 구하면
> $1:10\text{m}=y:4\text{m}$
> $\therefore\ y=0.4$

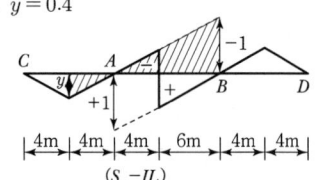

C A B D y −1 +1 4m 4m 4m 6m 4m 4m
(S_m-IL)

정답 84 ② 85 ① 86 ② 87 ③

88 그림과 같은 게르버보에서 R_A 영향선이 옳게 그려진 것은?

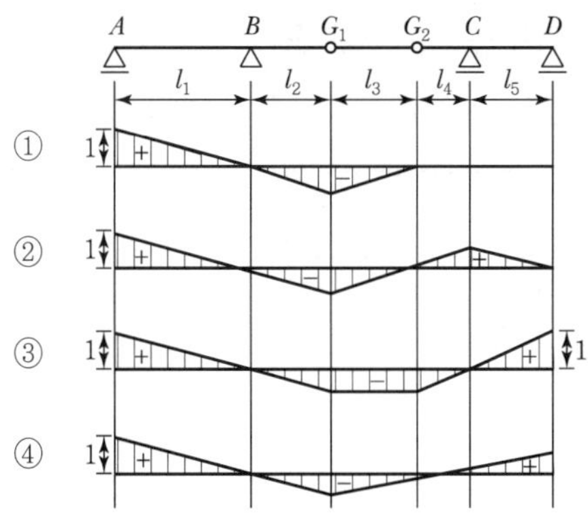

89 그림 (b)는 그림 (a)와 같은 게르버보에 대한 영향선이다. 다음 중 옳은 것은?

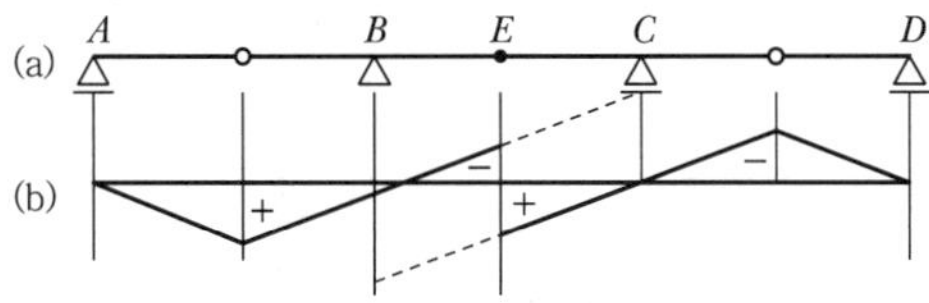

① 힌지점의 전단력에 대한 영향선이다.
② E점의 전단력에 대한 영향선이다.
③ E점의 모멘트에 대한 영향선이다.
④ 지점반력에 대한 영향선이다.

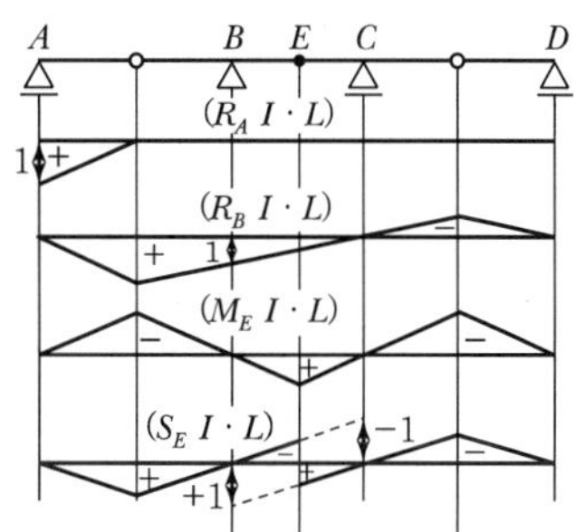

90 그림과 같은 게르버보에서 C점의 반력 영향선은?

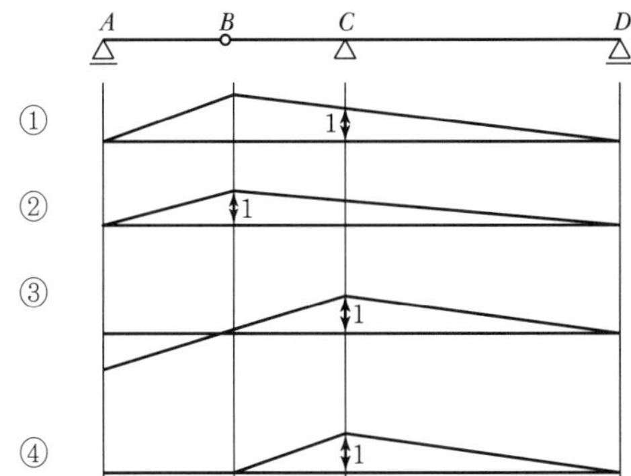

㉠ R_C는 자기 밑 지점에 단위종거 1을 놓고 반대 지점(D)에 연결시킨다.
㉡ $B-C$ 구간은 내민 부분이므로 연장한다.
㉢ $B-C-D$(내민보) 구간의 반력(R) 및 모든 부재력(S, M, A)은 $A-B$(단순보) 구간에 작용하는 하중영향을 받으므로 영향선을 A점에 연결시킨다.

정답 88 ① 89 ② 90 ①

14 하중에 따른 단면력도

(1) 중앙점에 집중하중 작용 시

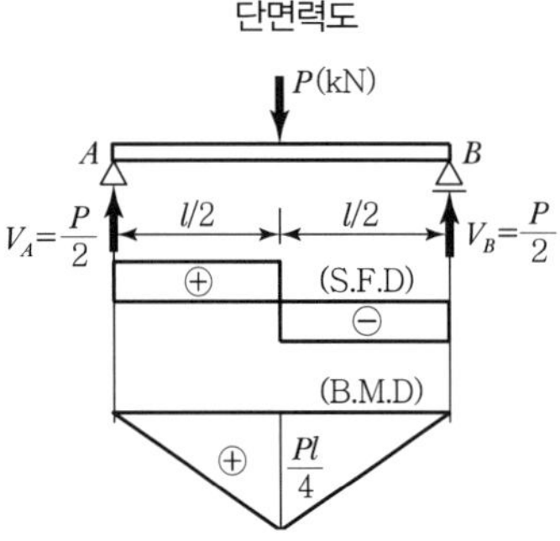

(2) 등분포하중 만재 시

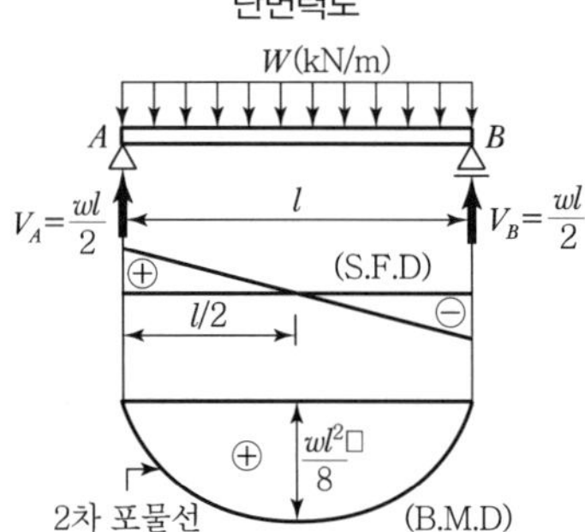

(3) 등변분포하중 작용 시

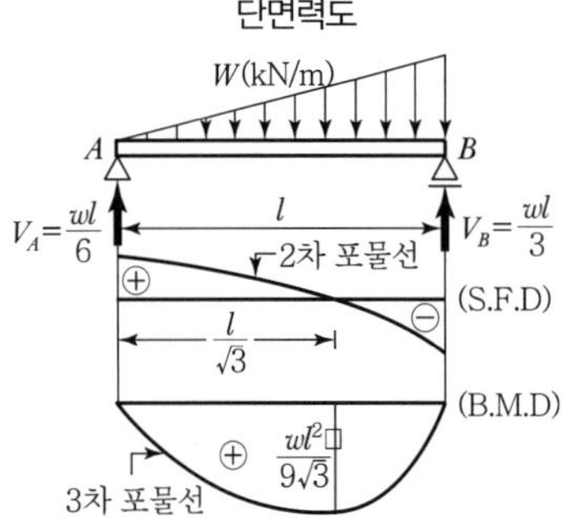

(4) 모멘트하중 작용 시

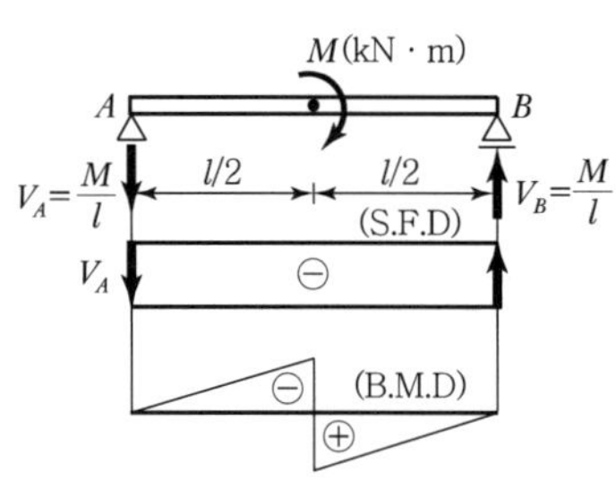

91 다음 그림은 단순보의 전단력도이다. 전단력도를 이용하여 최대 휨모멘트를 구한 값은?

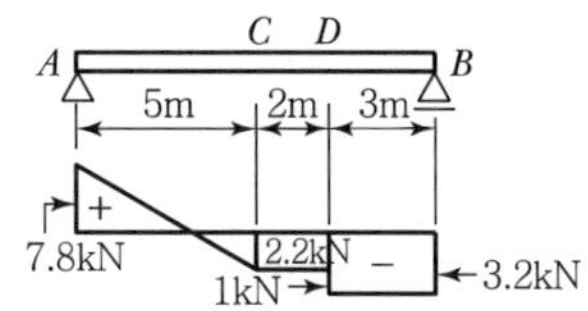

① 14.71kN · m　　② 15.21kN · m
③ 16.21kN · m　　④ 17.31kN · m

㉠ 전단력이 0인 곳 x

$7.8 : x = 2.2 : (5 - x)$

$\therefore x = 3.9\text{m}$

㉡ $M_{\max} = \frac{1}{2} \times 3.9\text{m} \times 7.8\text{kN} = 15.21\text{kN} \cdot \text{m}$

92 다음은 단순보의 B.M.D이다. C점에 작용하는 집중하중 P_C와 $C-D$ 간의 전단력 S_{C-D}의 값은?

	P_C(kN)	S_{C-D}(kN)
①	3	−1
②	4	−2
③	1	1
④	4	−1

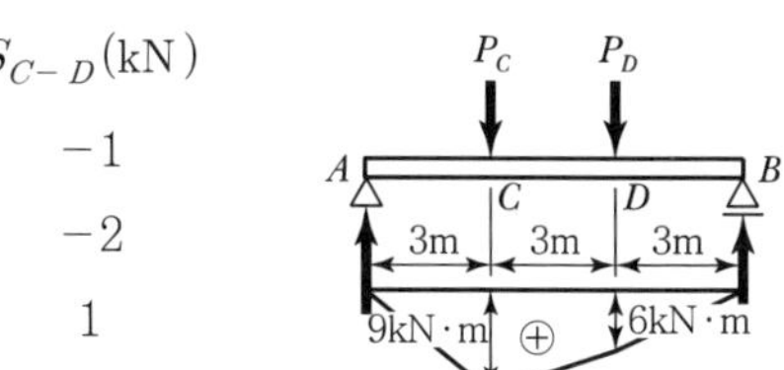

㉠ $P_C = 4\text{kN},\ P_D = 1\text{kN}$

㉡ $S_{A-C} = y_1 = \frac{9-0}{3} = 3\text{kN}$

㉢ $S_{C-D} = \frac{-(9-6)}{3} = -1\text{kN}$

$S_{D-B} = \frac{-(6-0)}{3} = -2\text{kN}$

93 다음 그림과 같은 내민보에서 집중하중 P, 반력 R_B 및 B.M.D에서 M의 값은?

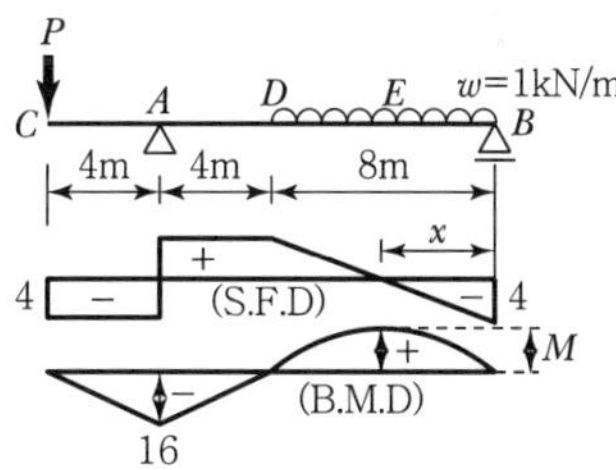

	P(kN)	R_B(kN)	M(kN · m)
①	4kN	4kN(↑)	8kN · m
②	4kN	4kN(↓)	16kN · m
③	−4kN	4kN(↑)	8kN · m
④	−4kN	4kN(↓)	16kN · m

㉠ $P = 4\text{kN}(\downarrow)$

㉡ $R_B = 4\text{kN}(\uparrow)$

㉢ $M = R_B \times 4\text{m} - (1\text{kN/m} \times 4\text{m}) \times 2\text{m}$

$= 8\text{kN} \cdot \text{m}$

㉣ $x = \frac{4}{w} = \frac{4}{1} = 4\text{m}$

정답 91 ② 92 ④ 93 ③

라멘 및 아치

01 정정 라멘(Rahmen)

1. 정의

2개 이상 부재가 **고정** 또는 **강절**(Rigid Joint)로 연결된 구조물을 **라멘**이라고 한다. 이때 구조물이 외력을 받아 변형하더라도 각 절점에 이루고 있는 부재의 절점각은 변하지 않는다고 본다.

2. 라멘의 종류

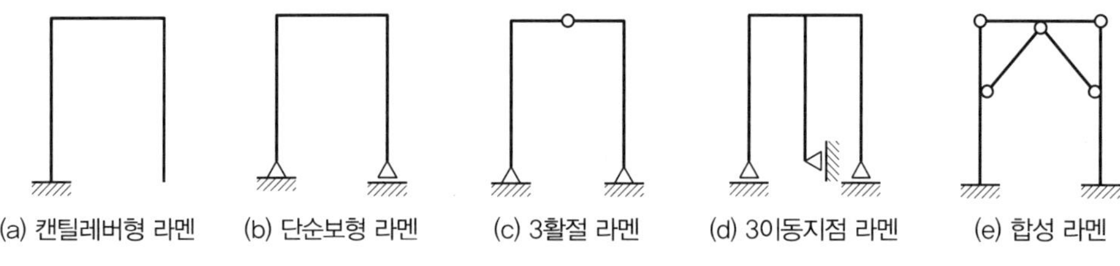

▌(그림 1) 라멘의 종류▐

3. 캔틸레버형 라멘 해석

(1) 부재축에 경사진 힘(P)을 수평력(H)과 수직력(V)으로 분해

$H = P \cdot \cos\theta$, $V = P \cdot \sin\theta$

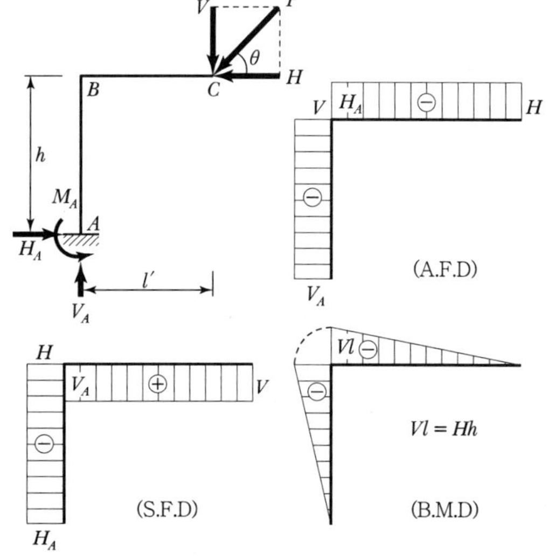

(2) 반력

$\Sigma H = 0$에서 $H_A - H = 0$

$\therefore H_A = H = P \cdot \cos\theta$

$\Sigma V = 0$에서 $V_A - V = 0$

$\therefore V_A = V = P \cdot \sin\theta$

$\Sigma M_A = 0$에서 $-M_A + V \times l - H \times h = 0$

$\therefore M_A = V \cdot l - H \cdot h$

(3) 축방향력

$A_{A-B} = V_A(\text{압축}) = -P\sin\theta$

$A_{B-C} = H_A(\text{압축}) = -P\cos\theta$

(4) 전단력

$S_{A-B} = -H_A = -P \cdot \cos\theta$

$S_{B-C} = V_A = P \cdot \sin\theta$

(5) 휨모멘트

$M_C = 0$

$M_B = V \times l = P \cdot l \cdot \sin\theta = M_A - H_A \times h$

$M_A = V \times l - H \times h = P \cdot l \cdot \sin\theta - P \cdot h \cdot \cos\theta$

해설

01 그림과 같은 정정라멘의 D점의 수직반력 V_D, 수평반력 H_D 및 C점의 휨모멘트 M_C는?

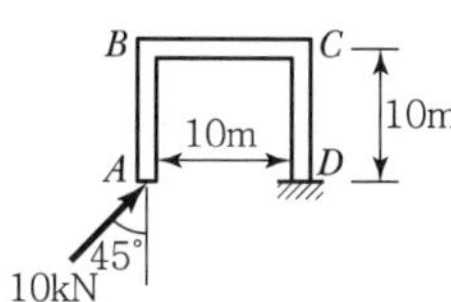

① $V_D = 10\text{kN}$, $H_D = 7.07\text{kN}$, $M_C = 10\text{kN}\cdot\text{m}$
② $V_D = 7.07\text{kN}$, $H_D = 7.07\text{kN}$, $M_C = 0$
③ $V_D = 7.07\text{kN}$, $H_D = 10\text{kN}$, $M_C = 10\text{kN}\cdot\text{m}$
④ $V_D = 7.07\text{kN}$, $H_D = 7.07\text{kN}$, $M_C = 7.07\text{kN}\cdot\text{m}$

⊙ ㉠ $\Sigma H = 0$

$10 \times \sin 45° - H_D = 0$, $H_D = 7.07\text{kN}(\leftarrow)$

㉡ $\Sigma V = 0$

$10 \times \cos 45° - V_D = 0$, $V_D = 7.07\text{kN}(\downarrow)$

㉢ $M_C = 10 \times \cos 45° \times 10 - 10 \times \sin 45° \times 10$

$= 0$

02 다음 그림의 라멘의 자유단인 D점에 15kN이 작용한다. A점의 휨모멘트는?

① $-54\text{kN}\cdot\text{m}$
② $+54\text{kN}\cdot\text{m}$
③ $-72\text{kN}\cdot\text{m}$
④ $+72\text{kN}\cdot\text{m}$

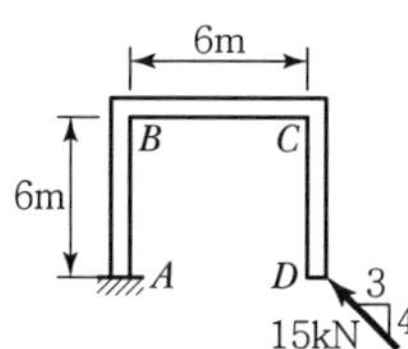

⊙ $M_A = V_A \times 6$

$= 15\text{kN} \times \frac{4}{5} \times 6\text{m} = 72\text{kN}\cdot\text{m}(\curvearrowright)$

03 고정단 A점의 휨모멘트로 옳은 것은?

① $-6\text{kN}\cdot\text{m}$
② $6\text{kN}\cdot\text{m}$
③ $-12\text{kN}\cdot\text{m}$
④ $12\text{kN}\cdot\text{m}$

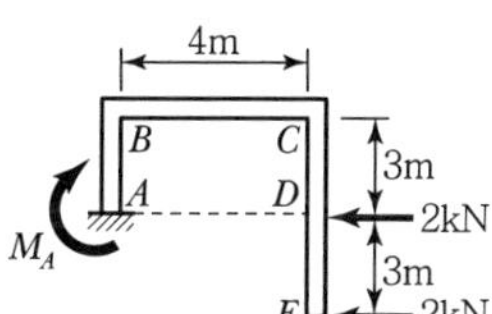

⊙ $M_n = -2 \times 3 = -6\text{kN}\cdot\text{m}$

04 다음 구조물에서 C점의 휨모멘트는?

① $32\text{kN}\cdot\text{m}$
② $-36\text{kN}\cdot\text{m}$
③ $42\text{kN}\cdot\text{m}$
④ $-48\text{kN}\cdot\text{m}$

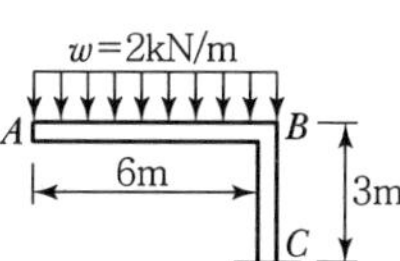

⊙ $M_C = -2\text{kN/m} \times 6\text{m} \times 3\text{m} = -36\text{kN}\cdot\text{m}$

05 다음 구조물에서 A점의 휨모멘트 크기를 구한 값은?

① $-1\text{kN}\cdot\text{m}$
② $2\text{kN}\cdot\text{m}$
③ $-7\text{kN}\cdot\text{m}$
④ $9\text{kN}\cdot\text{m}$

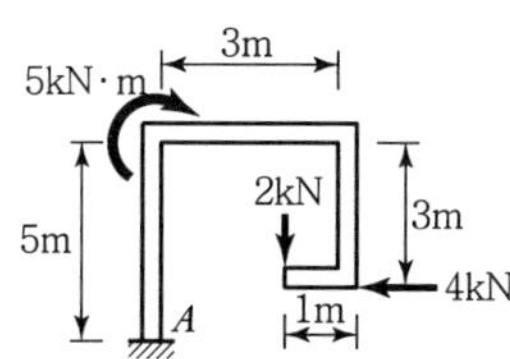

⊙ $M_A = -5 - 2(3-1) + 4(5-3)$

$= -5 - 4 + 8 = -1\text{kN}\cdot\text{m}$

정답 01 ② 02 ④ 03 ① 04 ② 05 ①

4. 단순보형 라멘 해석

(1) 반력

$\sum H = 0$에서

$P - H_A = 0, \ H_A = P$

$\sum M_A = 0$에서

$- V_B \times l + P \times h_1 = 0, \ V_B = \dfrac{P \cdot h_1}{l}$

$\sum V = 0$에서

$V_B - V_A = 0, \ V_A = \dfrac{P \cdot h_1}{l}$

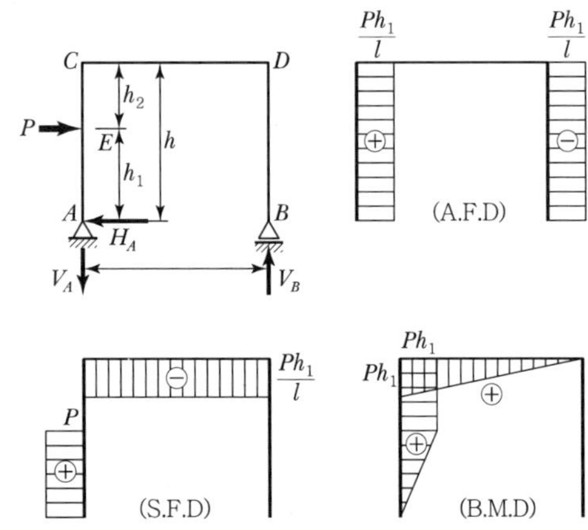

▌(그림 2) 단순보형 라멘의 단면력도▐

(2) 축방향력(A)

$A_{A-C} = V_A(\text{인장}) = \dfrac{P \cdot h_1}{l}$

$A_{C-D} = 0$

$A_{D-B} = V_B(\text{압축}) = -\dfrac{P \cdot h_1}{l}$

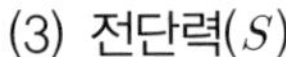

(3) 전단력(S)

$S_{A-E} = H_A = P(\text{일정})$

$S_{E-C} = 0$

$S_{C-D} = -V_A = -\dfrac{P \cdot h_1}{l}$

$S_{D-B} = 0$

(4) 휨모멘트(M)

$M_A = M_B = 0$

$M_E = H_A \times h_1 = P \times h_1$

$M_C = H_A \times h - P \times h_2$

$M_D = -V_A \times l + H_A \times h - P \times h_2 = 0$

>>> 기본예제

01 다음의 분형 라멘에서 BC 부재의 전단력은?

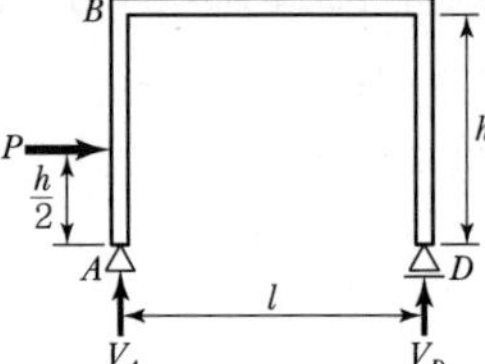

① $-\dfrac{P \cdot h}{4l}$ ② $-\dfrac{P \cdot h}{2l}$ ③ $-\dfrac{P \cdot h}{l}$ ④ $-\dfrac{2P \cdot h}{l}$

해설

$\sum M_A = 0$ ㉠ $P \times \dfrac{h}{2} - V_D \times l = 0, \ V_D = \dfrac{P \cdot h}{2l}(\uparrow)$

㉡ $S_{BC} = V_A = V_D = -\dfrac{P \cdot h}{2l}$

정답 01 ②

06 다음 그림과 같은 라멘에서 D지점의 반력은?

① $0.5P(\uparrow)$
② $P(\uparrow)$
③ $1.5P(\uparrow)$
④ $2.0P(\uparrow)$

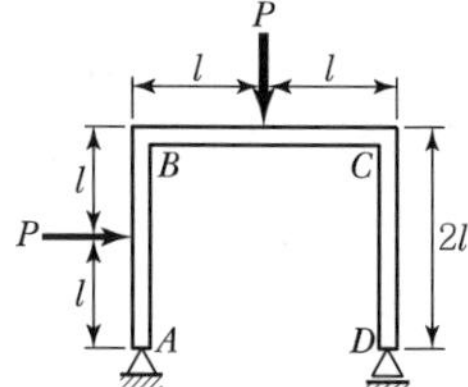

$M_A=0$

$P \cdot l + P \cdot l - 2l \cdot R_D = 0$

$R_D = P(\uparrow)$

07 그림과 같은 라멘에서 B지점의 연직반력 R_b는?(단, A지점은 힌지지점이고 B지점은 롤러지점이다.)

① 6kN
② 7kN
③ 8kN
④ 9kN

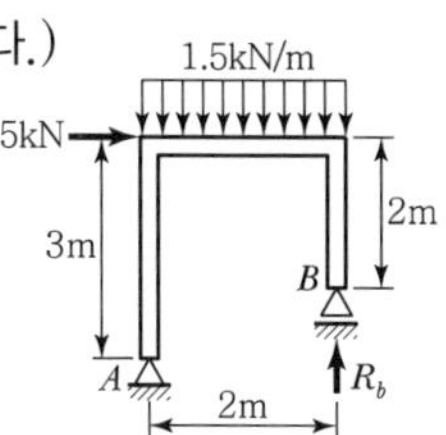

$\Sigma M_A = 0$

$5 \times 3 + 1.5 \times 2 \times 1 - 2 \times R_b = 0$

$R_b = 9\text{kN}(\uparrow)$

08 다음 그림과 같은 정정 라멘의 C점에서 휨모멘트는?

① $\dfrac{w \cdot l}{8}(h_1 + h_2)$

② $\dfrac{w \cdot l^2}{8} + \dfrac{w \cdot l}{2}h_1$

③ $\dfrac{w \cdot l^2}{8} + \dfrac{w \cdot l}{2}h_1$

④ $\dfrac{w \cdot l^2}{8}$

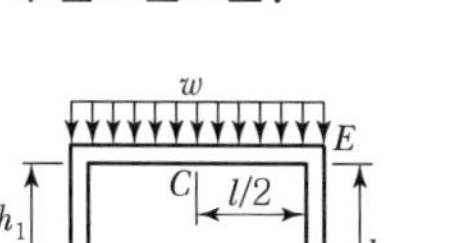

㉠ $R_A = \dfrac{wl}{2}$

㉡ $M_C = R_A \times \dfrac{l}{2} - w \times \dfrac{l}{2} \times \dfrac{l}{4} = \dfrac{wl^2}{8}$

09 그림과 같은 라멘에서 C점의 휨모멘트는?

① $-11\text{kN} \cdot \text{m}$
② $-14\text{kN} \cdot \text{m}$
③ $-17\text{kN} \cdot \text{m}$
④ $-20\text{kN} \cdot \text{m}$

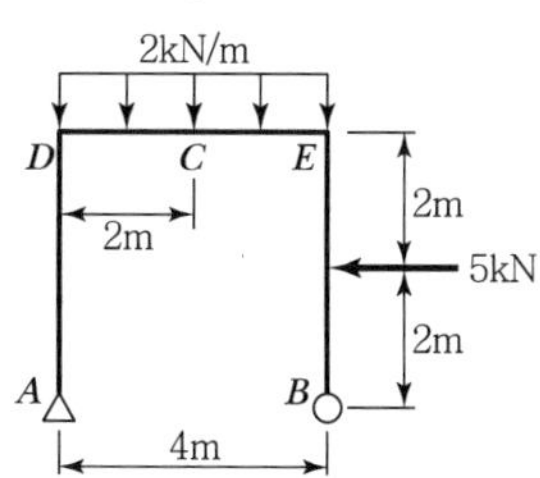

㉠ $\Sigma H = H_A - 5\text{kN} = 0$

$\therefore H_A = 5\text{kN}(\rightarrow)$

㉡ $\Sigma M_B = V_A \times 4\text{m} - (2\text{kN/m} \times 4\text{m}) \times 2\text{m} - 5\text{kN} \times 2\text{m} = 0$

$\therefore V_A = 6.5\text{kN}(\uparrow)$

$\therefore M_C = V_A \times 2\text{m} - H_A \times 4\text{m} - (2\text{kN/m} \times 2\text{m}) \times 1\text{m}$

$= 6.5 \times 2 - 5 \times 4 - 4 \times 1 = -11\text{kN} \cdot \text{m}$

또는, $M_C = \dfrac{wl^2}{8} - \dfrac{(H_A \times 4) + (5 \times 2)}{2}$

$= \dfrac{2 \times 4^2}{8} - 15 = 4 - 15 = -11\text{kN} \cdot \text{m}$

10 아래 그림과 같은 정정 라멘에 분포하중 w가 작용할 때 최대 모멘트를 구하면?

① $0.186wL^2$
② $0.219wL^2$
③ $0.250wL^2$
④ $0.281wL^2$

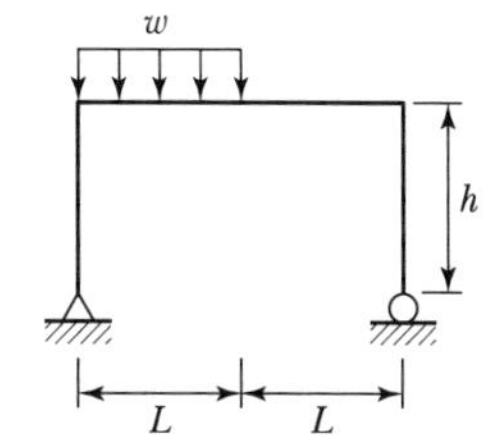

$M_{\max} = \dfrac{9}{128}w(2L)^2$

$= 0.281wL^2$

정답 06 ② 07 ④ 08 ④ 09 ① 10 ④

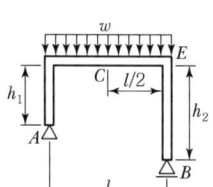

5. 3활절(Hinge) 라멘

(1) 반력

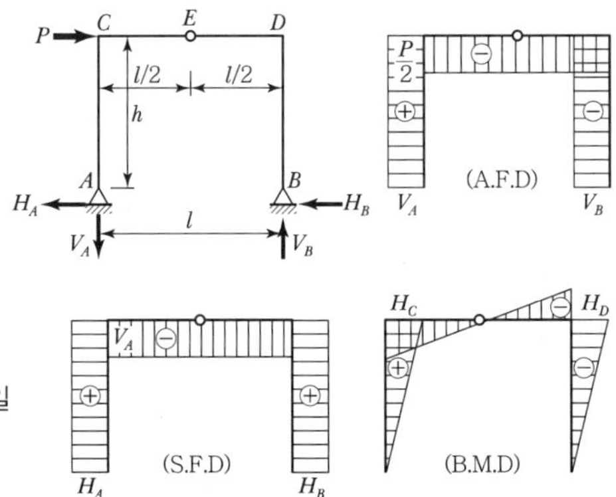

❙ (그림 3) 3활절 라멘의 단면력도 ❙

$\Sigma M_B = 0$에서 $-V_A \times l + P \times h = 0$

$\therefore V_A = \dfrac{P \cdot h}{l}$

$\Sigma V = 0$에서 $-V_A + V_B = 0$

$\therefore V_B = V_A = \dfrac{P \cdot h}{l}$

주 수평반력은 중간 활절에서 $\Sigma M = 0$으로 하여 좌 · 우 단일 부재로 하여 계산한다.

$\Sigma M_E = 0$에서 $-V_A \times \dfrac{l}{2} + H_A \times h = 0$

$\therefore H_A = \dfrac{P}{2}$

(2) 축방향력(A)

$A_{A-C} = V_A = \dfrac{P \cdot h}{l}$(인장)

$A_{C-D} = -\dfrac{P}{2}$(압축)

$A_{D-B} = -V_B = -\dfrac{P \cdot h}{l}$(압축)

(3) 전단력(S)

$S_{A-C} = H_A = \dfrac{P}{2}$

$S_{C-E-D} = -V_A = -\dfrac{P \cdot h}{l}$

$S_{D-B} = H_B = \dfrac{P}{2}$

(4) 휨모멘트(M)

$M_A = M_E = M_B = 0$

$M_C = H_A \times h = \dfrac{P \cdot h}{2}$

$M_D = -V_A \times l + H_A \times h = -\dfrac{P \cdot h}{2}$

주 우에서 좌로 계산하여 최종 부호를 반대(최반)로 한다.

$M_D = H_a \cdot h = \dfrac{P \cdot h}{2}$

>>> 기본예제

01 그림과 같은 3활절 라멘에 일어나는 최대 휨모멘트는?

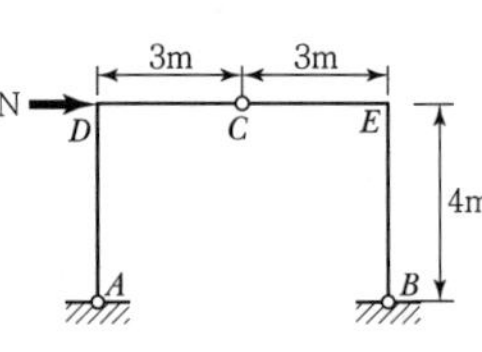

① 9kN · m ② 12kN · m ③ 15kN · m ④ 18kN · m

해설

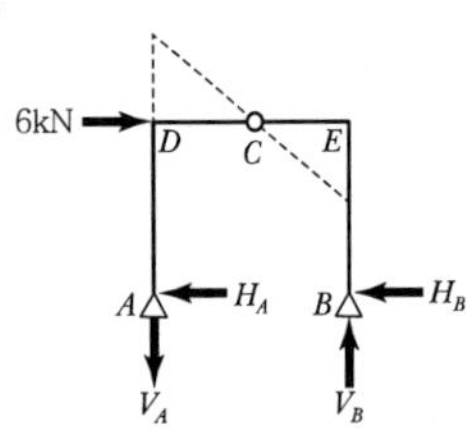

㉠ $\Sigma M_B = 0$,

$V_A \times 6\text{m} + 6\text{kN} \times 4\text{m} = 0$, $V_A = -4\text{kN}(\downarrow)$

㉡ $\Sigma M_{C(\text{힌지 좌측})}$

$= -4\text{kN} \times 3\text{m} - H_A \times 4\text{m} = 0$, $H_A = -3\text{kN}(\leftarrow)$

㉢ $M_D = H_A \times 4\text{m} = 3\text{kN} \times 4\text{m} = 12\text{kN} \cdot \text{m}$

㉣ $M_E = -H_B \times 4 = -3 \times 4 = -12\text{kN} \cdot \text{m}$

$\therefore M_{\max} = M_D$ 또는 M_E

정답 01 ②

11 다음 3힌지 라멘에 A점의 수평반력(H_A)은?

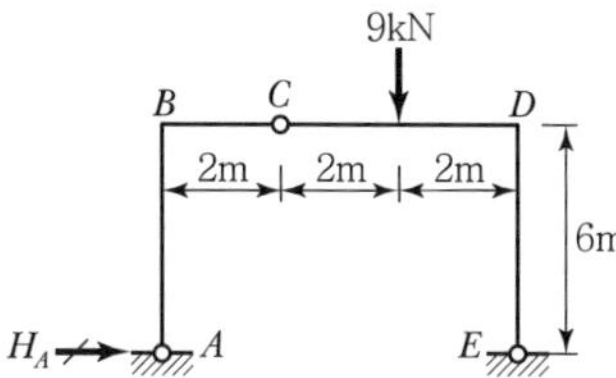

① 1kN ② 2kN ③ 3kN ④ 4kN

㉠ $\Sigma M_E = 0$

$V_A \times 6 - 9 \times 2 = 0$

$V_A = 3\text{kN}(\uparrow)$

㉡ $\Sigma M_C = 0$

$3 \times 2 - H_A \times 6 = 0$

$H_A = 1\text{kN}(\rightarrow)$

12 다음 그림과 같은 3힌지 라멘의 수평지점 반력 H_A는 얼마인가?

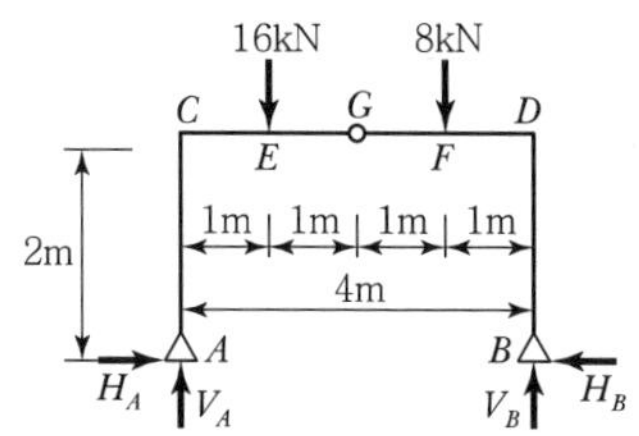

① 2kN ② 4kN ③ 6kN ④ 8kN

㉠ $\Sigma M_B = 0$

$V_A \times 4\text{m} - 16\text{kN} \times 3\text{m} - 8\text{kN} \times 1\text{m} = 0$

$\therefore V_A = 14\text{kN}$

㉡ $\Sigma M_C = 0$

$14\text{kN} \times 2\text{m} - H_A \times 2\text{m} - 16\text{kN} \times 1\text{m} = 0$

$\therefore H_A = 6\text{kN}$

13 그림과 같은 3－Hinge 라멘의 수평반력 H_A 값은?

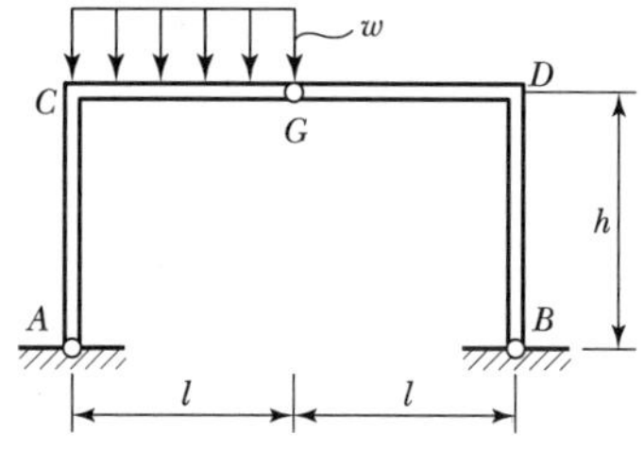

① $\dfrac{wl^2}{4h}$ ② $\dfrac{wl^2}{8h}$ ③ $\dfrac{wl^2}{16h}$ ④ $\dfrac{wl^2}{24h}$

㉠ $\Sigma M_B = V_A \times 2l - wl \times \dfrac{3}{2}l = 0$

$\therefore V_A = \dfrac{3wl}{4}(\uparrow)$

㉡ $\Sigma M_G = V_A \times l - H_A \times h - wl \times \dfrac{l}{2} = 0$

$\therefore H_A = \dfrac{wl^2}{4h}(\rightarrow)$

〈별해〉

$H_A = \dfrac{\text{단순보 } M_G}{h} = \dfrac{w(2l)^2}{16h} = \dfrac{wl^2}{4h}$

14 그림과 같은 라멘구조에서 반력 H_D의 크기는?

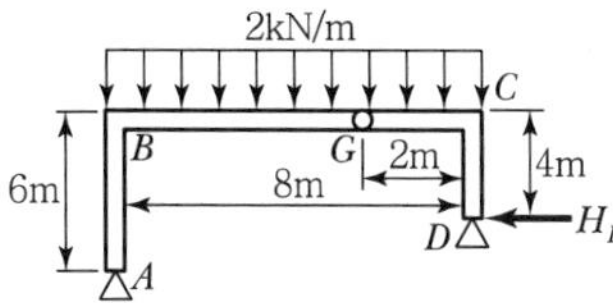

① 2.67kN ② 4kN ③ 7.33kN ④ 8.67kN

㉠ $\Sigma M_A = 0$

$2 \times 8 \times 4 - V_D \times 8 - H_D \times 2 = 0 \cdots\cdots ①$

㉡ $\Sigma M_C = 0$

$2 \times 2 \times 1 - V_D \times 2 + H_D \times 4 = 0 \cdots\cdots ②$

식 ①, ②를 연립해서 풀면

$V_D = 7.33\text{kN}(\uparrow)$, $H_D = 2.67\text{kN}(\leftarrow)$

정답 11 ① 12 ③ 13 ① 14 ①

02 정정 아치(Arch)

1. 정의

라멘에서 직선부재를 곡선부재로 만든 보를 **아치(Arch)**라 하고, 단면력은 축방향력, 전단력, 휨모멘트가 발생하나 주로 **축방향력**에 저항하도록 만든 구조물이다.

2. 아치 종류

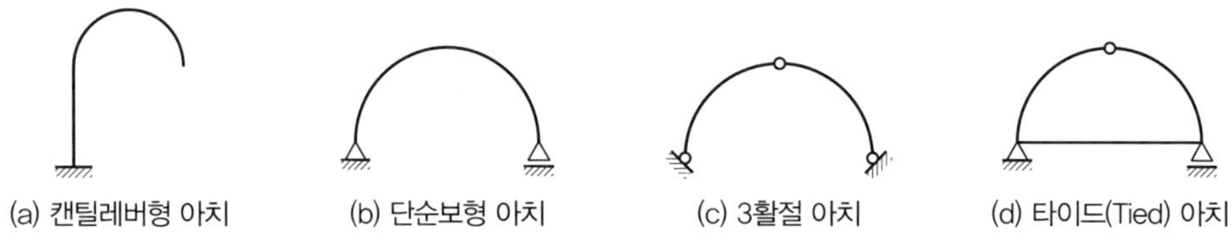

‖ (그림 4) 아치의 종류 ‖

3. 캔틸레버형 아치 해석

(1) 반력

$\Sigma V = 0$에서 $V_A - P = 0 \quad \therefore V_A = P$

$\Sigma M_A = 0$에서 $-M_A + P \times 2r = 0$

$\therefore M_A = 2 \cdot P \cdot r$

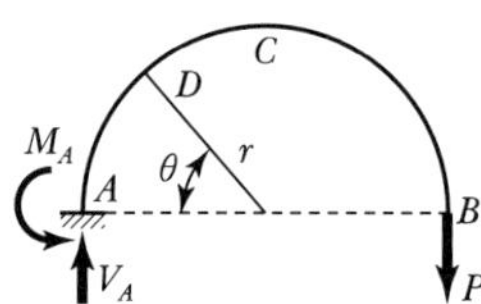

(2) 축방향력(A)

$A_A = V_A(\text{압축}) = -P$

$A_D = V_A \cdot \cos\theta(\text{압축}) = -P \cdot \cos\theta$

$A_C = 0$

$A_B = P(\text{인장})$

(3) 전단력(S)

$S_A = 0$

$S_D = V_A \cdot \sin\theta = P \cdot \sin\theta$

$S_C = P$

$S_B = 0$

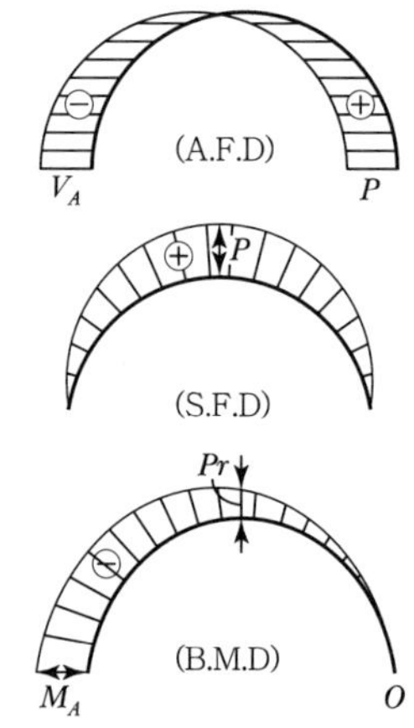

‖ (그림 5) 캔틸레버 아치 단면력도 ‖

(4) 휨모멘트(M)

$M_B = 0$

$M_C = P \times r$

$M_D = P \times (r + r \cdot \cos\theta)$

$M_A = P \times 2r$

15 다음 중 아치(arch)의 특성에 대하여 잘못 설명한 것은?

① 부재는 곡선이며 주로 축방향 압축력을 지지한다.
② 강재로 된 3활절 아치는 지간의 길이가 180m 이내인 교량에 많이 사용한다.
③ 수평반력은 각 단면에서의 휨모멘트를 감소시킨다.
④ 휨모멘트나 압축에는 저항이 불가능하며, 오직 장력만을 견딘다.

아치(arch)
곡선부재로 형성된 구조물로서 단면내력으로는 축방향력, 전단력 그리고 휨모멘트가 발생할 수 있지만 주로 축방향 압축력에 저항하도록 만든 구조물이다.

16 다음 중 정정 아치에 속하는 것은?

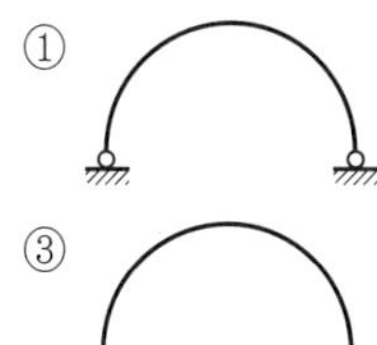
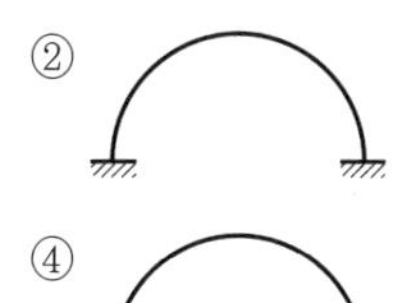

① ② ③ ④

17 그림과 같은 정정 라멘에서 C점의 휨모멘트는?

① 6.25kN · m
② 9.25kN · m
③ 12.3kN · m
④ 18.2kN · m

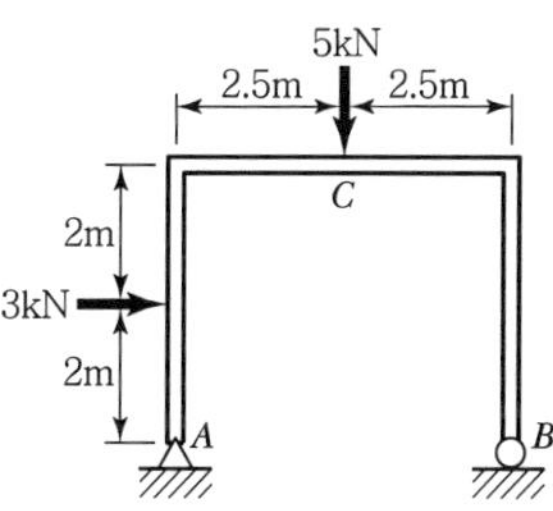

㉠ $\Sigma M_A = 0$

$-V_B \times 5 + 3 \times 2 + 5 \times 2.5 = 0$

$\therefore\ V_B = 3.7\text{kN}(\uparrow)$

㉡ $M_c = V_B \times 2.5 = 3.7 \times 2.5 = 9.25\text{kN} \cdot \text{m}$

18 그림과 같은 라멘에서 A점의 수직반력(R_A)은?

① 6.5kN
② 7.5kN
③ 8.5kN
④ 9.5kN

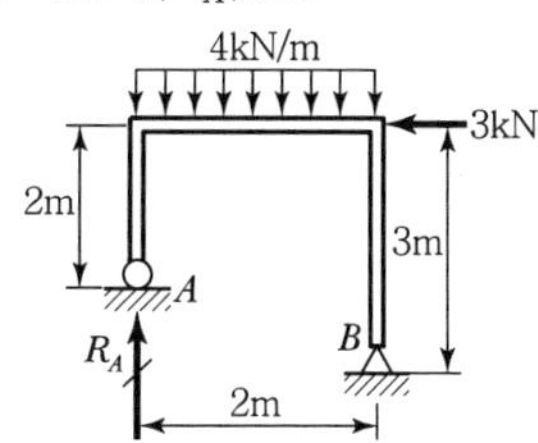

$\Sigma M_B = R_A \times 2 - (4 \times 2) \times 1 - 3 \times 3 = 0$

$\therefore\ R_A = 8.5\text{kN}(\uparrow)$

또는 $R_A = \dfrac{wl}{2} + \dfrac{ph}{l} = \dfrac{4 \times 2}{2} + \dfrac{3 \times 3}{2} = 8.5\text{kN}$

정답 15 ④ 16 ③ 17 ② 18 ③

4. 단순 아치 해석

(1) 반력

$\sum M_B = 0$에서 $V_A \times l - P \times \frac{l}{2} = 0$

$\therefore V_A = \frac{P}{2}$

$\sum V = 0$에서 $V_A + V_B - P = 0$

$\therefore V_B = \frac{P}{2}$

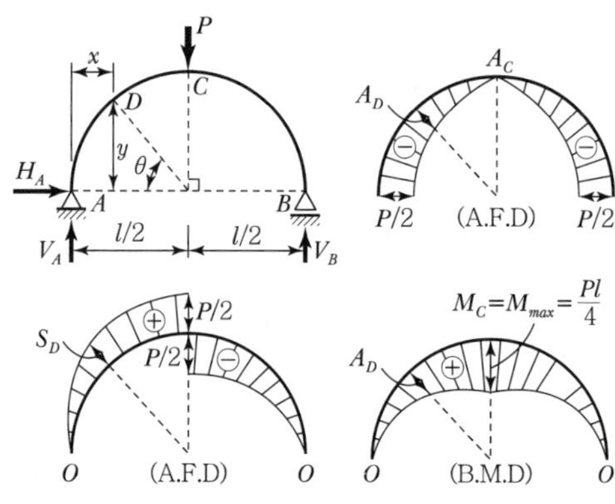

‖ (그림 6) 단순 아치 단면력도 ‖

(2) 축방향력(A)

$A_A = V_A(압축) = -\frac{P}{2}$

$A_D = V_A \cdot \cos\theta(압축) = -\frac{P}{2}\cos\theta$

$A_C = 0$

$A_B = V_B(압축) = -\frac{P}{2}$

(3) 전단력(S)

$S_A = 0$

$S_D = V_A \cdot \sin\theta = \frac{P}{2} \cdot \sin\theta$

$S_C = \frac{P}{2}, \; S_C' = S_C - P = -\frac{P}{2}$

$S_B = 0$

(4) 휨모멘트(M)

$M_A = M_B = 0$

$M_D = V_A \times x = \frac{P}{2} \cdot x$

$M_C = V_A \times \frac{l}{2} = \frac{Pl}{4}$

(5) 단면력도의 전개도

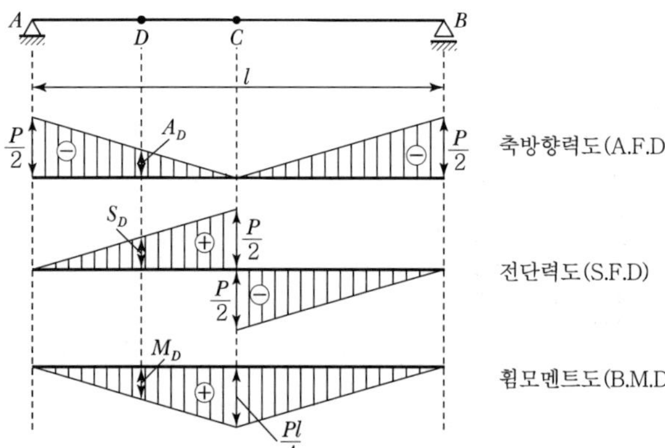

‖ (그림 7) 단순 아치 단면력도의 전개도 ‖

5. 3활절 아치 해석

(1) 반력

$$\Sigma M_B = 0\text{에서 } V_A \times l - w \times l \times \frac{l}{2} = 0 \quad \therefore V_A = \frac{wl}{2}$$

$$\Sigma V = 0\text{에서 } V_A + V_B - w \times l = 0 \quad \therefore V_B = \frac{wl}{2}$$

주 수평반력은 중간활절에서 $\Sigma M = 0$으로 하여 좌우 단일 부재로 하여 계산한다.

$$\Sigma M_D = 0$$

$$V_A \times \frac{l}{2} - H_A \times h - w \times \frac{l}{2} \times \frac{l}{4} = 0$$

$$\therefore H_A = \frac{wl^2}{8h}$$

$$\Sigma H = 0 \quad H_A - H_B = 0$$

$$\therefore H_B = H_A = \frac{wl^2}{8h}$$

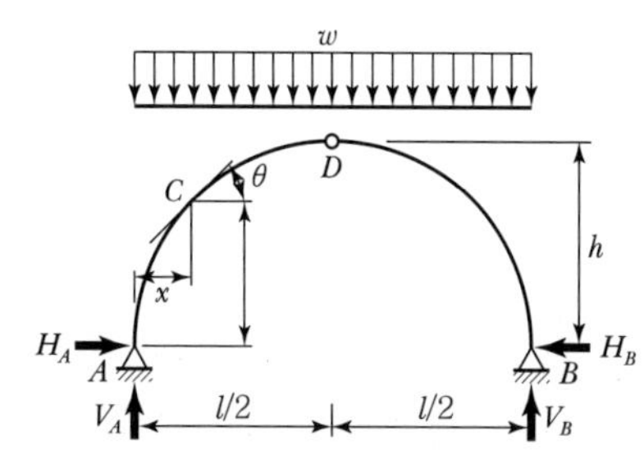

‖ (그림 8) 3활절 아치에 등분포하중이 작용할 때 ‖

(2) 축방향력(A)

$$A_A = V_A(\text{압축}) = -\frac{wl}{2}$$

$$A_C = -(V_A - w \cdot x) \cdot \sin\theta - H_A \cdot \cos\theta(\text{압축})$$

$$A_D = H_A(\text{압축}) = -\frac{wl^2}{8h}$$

$$A_B = V_B(\text{압축}) = -\frac{wl}{2}$$

(3) 전단력(S)

$$S_A = -H_A = -\frac{wl^2}{8h}$$

$$S_C = (V_A - w \cdot x) \cdot \cos\theta - H_A \cdot \sin\theta$$

$$S_D = 0$$

$$S_B = H_B = \frac{wl^2}{8h}$$

(4) 휨모멘트(M)

$$M_A = M_D = M_B = 0$$

$$M_C = V_A \times x - H_A \times y - w \times x \times \frac{x}{2}$$

주 **3활절 포물선아치**에서 전 지간에 등분포하중이 작용할 때 단면력 중 전단력과 휨모멘트는 발생하지 않고 **축방향력**만 발생한다.

19 3힌지(Hinge) 아치에서 A점의 수평반력을 구하면?

① 2kN
② 4kN
③ 6kN
④ 8kN

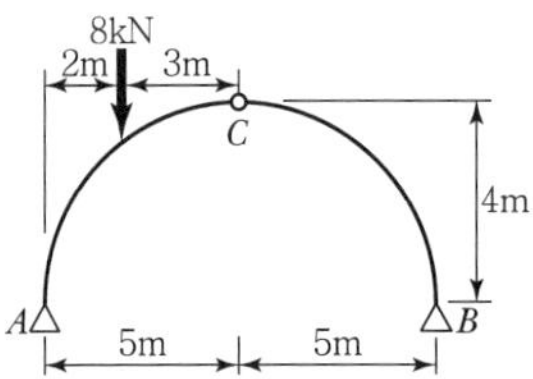

㉠ $\Sigma M_B = R_A \times 10\text{m} - 8\text{kN} \times 8\text{m} = 0$

$\therefore\ R_A = 6.4\text{kN}(\uparrow)$

㉡ $\Sigma M_{힌지} = 6.4 \times 5\text{m} - H_A \times 4\text{m} - 8\text{kN} \times 3\text{m}$
(좌측 부분)
$= 0$

$\therefore\ H_A = 2\text{kN}(\rightarrow)$

20 그림과 같은 비대칭 3힌지 아치에서 힌지 C에 $P = 20\text{kN}$이 수직으로 작용한다. A지점에서 수평반력 R_H는?

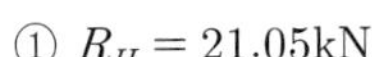
① $R_H = 21.05\text{kN}$
② $R_H = 22.05\text{kN}$
③ $R_H = 23.05\text{kN}$
④ $R_H = 24.05\text{kN}$

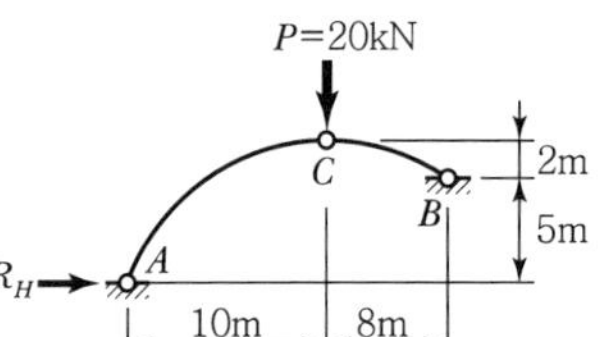

㉠ $\Sigma M_B = R_A \times 18\text{m} - R_H \times 5\text{m} - 20\text{kN} \times 8\text{m} = 0 \cdots ①$

㉡ $\Sigma M_{힌지} = R_A \times 10\text{m} - R_H \times 7\text{m} = 0 \cdots ②$
(좌측 부분)

따라서 연립방정식으로 풀면
$(① \times 7 - ② \times 5)$

$$\begin{array}{rrrrr} & 126R_A & -\ 35R_H & -\ 1{,}120 & =0 \\ - & 50R_A & -\ 35R_H & & =0 \\ \hline & 70R_A & & -\ 1{,}120 & =0 \end{array}$$

$\therefore\ R_A = 14.74\text{kN}(\uparrow),\ R_H = 21.05\text{kN}(\rightarrow)$

21 다음과 같은 3힌지 원호 아치에서 정점 힌지 B에 P의 수직하중이 작용한다. OB에서 각이 θ가 되는 위치 D의 전단력은?

① $S_D = \dfrac{P}{2}(\cos\theta - \sin\theta)$
② $S_D = 0$
③ $S_D = \dfrac{P}{2}(\sin\theta - \cos\theta)$
④ $S_D = \dfrac{P}{2}(\cos\theta + \sin\theta)$

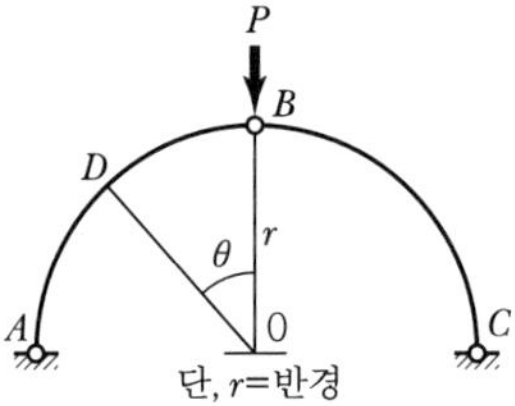

㉠ $R_A = R_B = H_A = H_B = \dfrac{P}{2}$

㉡ 곡선 부분의 전단력은 접선에 대한 수직 힘이므로

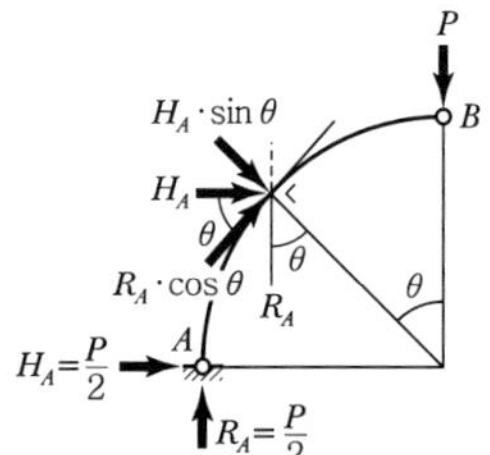

$S_D = R_A \cdot \cos\theta - H_A \cdot \sin\theta$

$= \dfrac{P}{2}(\cos\theta - \sin\theta)$

22 다음과 같은 3활절 아치에서 C점의 굽힘 모멘트는?

① 3.25kN · m
② 3.50kN · m
③ 3.75kN · m
④ 4.00kN · m

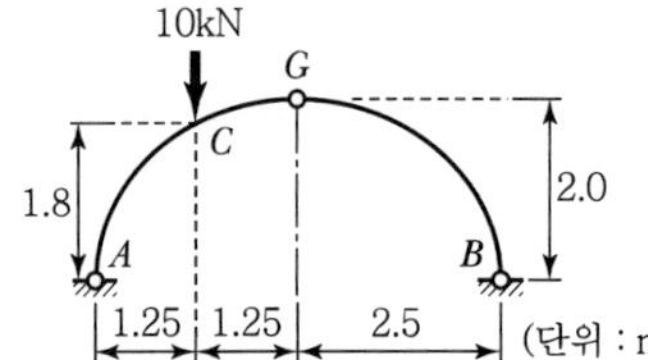

㉠ $\Sigma M_B = R_A \times 5\text{m} - 10\text{kN} \times 3.75\text{m} = 0$

$\therefore\ R_A = 7.5\text{kN}(\uparrow)$

㉡ $\Sigma M_{힌지} = 7.5\text{kN} \times 2.5\text{m} - H_A \times 2\text{m}$
$- 10\text{kN} \times 1.25 = 0$

$\therefore\ H_A = 3.125\text{kN}(\rightarrow)$

$\therefore\ M_C = 7.5\text{kN} \times 1.25\text{m} - 3.125\text{kN} \times 1.8\text{m}$
$= 3.75\text{kN} \cdot \text{m}$

정답 19 ① 20 ① 21 ① 22 ③

23 아치축선이 포물선인 3활절아치가 그림과 같이 등분포하중을 받고 있을 때, 지점 A의 수평반력은?

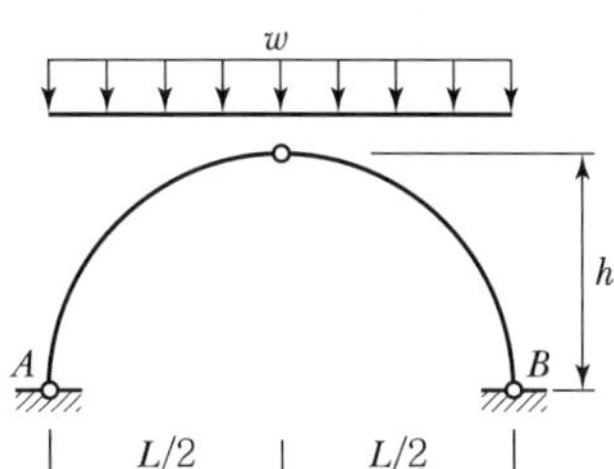

① $\dfrac{wL^2}{8h}(\leftarrow)$

② $\dfrac{wh^2}{8L}(\leftarrow)$

③ $\dfrac{wL^2}{8h}(\rightarrow)$

④ $\dfrac{wh^2}{8L}(\rightarrow)$

⊙ $H_A = \dfrac{wL^2}{8h}(\rightarrow)$

24 그림과 같은 3활절 아치에서 A지점의 반력은?

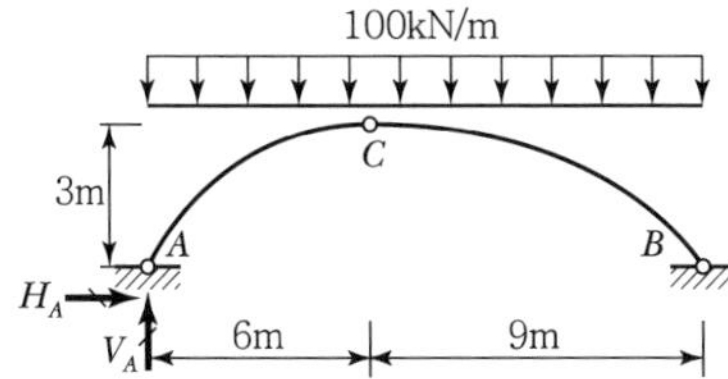

① $V_A = 750\text{kN}(\uparrow)$, $H_A = 900\text{kN}(\rightarrow)$

② $V_A = 600\text{kN}(\uparrow)$, $H_A = 600\text{kN}(\rightarrow)$

③ $V_A = 900\text{kN}(\uparrow)$, $H_A = 1,200\text{kN}(\rightarrow)$

④ $V_A = 600\text{kN}(\uparrow)$, $H_A = 1,200\text{kN}(\rightarrow)$

⊙ ㉠ $\Sigma M_B = V_A \times 15 - 100 \times 15 \times 7.5 = 0$

$\therefore V_A = 750\text{kN}(\uparrow)$

㉡ $\Sigma M_C = V_A \times 6 - H_A \times 3 - 100 \times 6 \times 3 = 0$

$\therefore H_A = \dfrac{750 \times 6 - 1,800}{3} = 900\text{kN}(\rightarrow)$

〈별해〉

(w, C, a, b)

$H_A = \dfrac{\text{단순보 } M_C}{h} = \dfrac{Wab}{2h}$

$= \dfrac{100 \times 6 \times 9}{2 \times 3}$

$= 900\text{kN}(\rightarrow)$

25 그림과 같은 3활절 아치의 지점 A에서의 지점반력 V_A와 H_A 값이 옳은 것은?

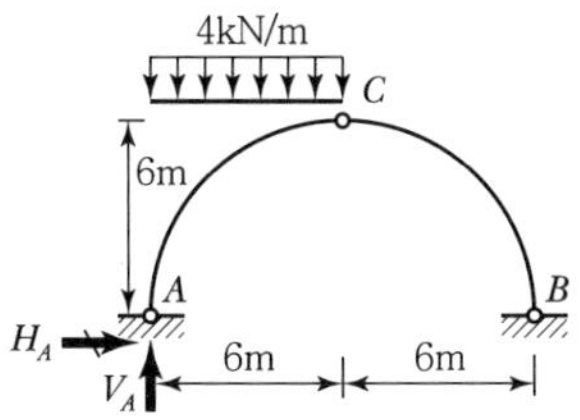

① $V_A = 18\text{kN}(\uparrow)$, $H_A = 18\text{kN}(\rightarrow)$

② $V_A = 18\text{kN}(\uparrow)$, $H_A = 6\text{kN}(\rightarrow)$

③ $V_A = 18\text{kN}(\downarrow)$, $H_A = 18\text{kN}(\leftarrow)$

④ $V_A = 18\text{kN}(\uparrow)$, $H_A = 6\text{kN}(\leftarrow)$

⊙ ㉠ $V_A = \dfrac{3}{8}wl = \dfrac{3}{8} \times 4 \times 12$

$= 18\text{kN}(\uparrow)$

㉡ $H_A = \dfrac{\text{단순보 } M_C}{h} = \dfrac{wl^2}{16h} = \dfrac{4 \times (12)^2}{16 \times 6}$

$= 6\text{kN}(\rightarrow)$

정답 23 ③ 24 ① 25 ②

26 그림과 같은 3힌지(Hinge) 아치에 하중이 작용할 때, 지점 A의 수평반력 H_A는?

① 6kN
② 8kN
③ 10kN
④ 12kN

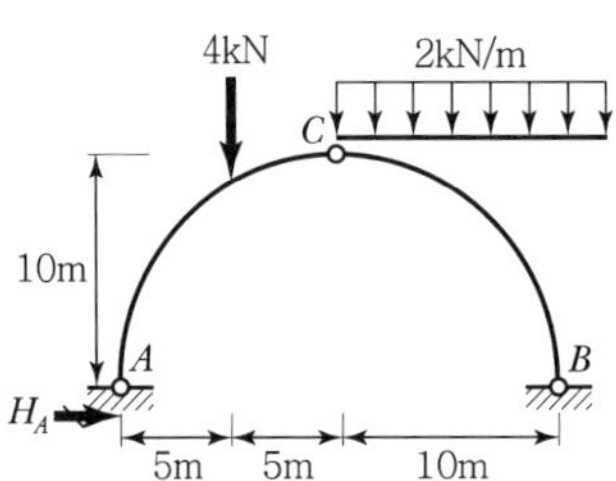

㉠ $\Sigma M_{Ⓑ}=0$

$V_A\times 20-4\times 15-(2\times 10)\times 5=0$

$V_A=8\text{kN}(\uparrow)$

㉡ $\Sigma M_{Ⓒ}=0$

$8\times 10-4\times 5-H_A\times 10=0$

$H_A=6\text{kN}(\rightarrow)$

27 그림과 같은 3힌지 아치의 중간 힌지에 수평하중 P가 작용할 때 A지점의 수직반력과 수평반력은?[단, A지점의 반력은 그림과 같은 방향을 정(+)으로 한다.]

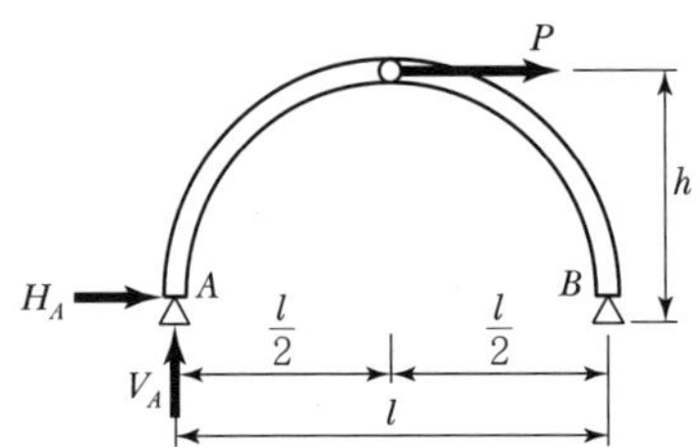

① $V_A=\frac{Ph}{l}$, $H_A=\frac{P}{2}$

② $V_A=\frac{Ph}{l}$, $H_A=-\frac{P}{2h}$

③ $V_A=-\frac{Ph}{l}$, $H_A=\frac{P}{2h}$

④ $V_A=-\frac{Ph}{l}$, $H_A=-\frac{P}{2}$

㉠ $V_A=\frac{Ph}{l}(\downarrow)$

$V_B=\frac{Ph}{l}(\uparrow)$

㉡ $\Sigma M_C=0$

$-V_A\times\frac{l}{2}+H_A\cdot h=0$

$-\frac{Ph}{l}\times\frac{l}{2}+M_A\cdot h=0$

$\therefore\ M_A=\frac{P}{2}(\leftarrow)$

28 그림과 같은 3힌지(Hinge) 아치에서 B점의 수평반력 H_B를 구하면?

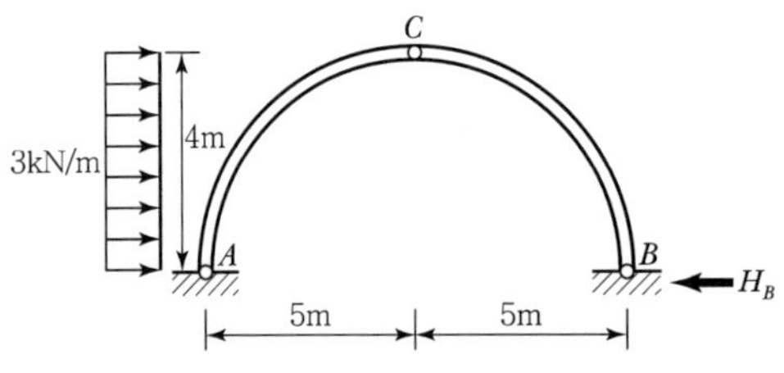

① 2kN　② 3kN
③ 4kN　④ 6kN

㉠ $\Sigma M_A=-V_B\times 10\text{m}+12\text{kN}\times 2\text{m}=0$

$V_B=2.4\text{kN}(\uparrow)$

㉡ $\Sigma M_{C(\text{힌지 우측})}=-V_B\times 5\text{m}+H_B\times 4\text{m}=0$

$\therefore\ H_B=\frac{2.4\text{kN}\times 5\text{m}}{4\text{m}}=3\text{kN}(\leftarrow)$

〈별해〉 $H_B=\frac{wh}{4}=\frac{3\times 4}{4}=3\text{kN}$

정답 26 ① 27 ④ 28 ②

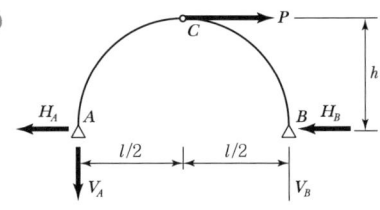

트러스

01 트러스의 구성과 종류

1. 정의

트러스(Truss)란, 3개 이상의 직선부재를 전혀 마찰이 없는 활절(Hinge)로 연결하여 삼각형 형상으로 결합시켜 외력에 저항하도록 만든 구조물이다.

2. 트러스 각 부분의 명칭

① 현재(Chord Member) : 트러스 외부를 형성하고 있는 부재

㉠ 상현재(Upper Chord : U)

㉡ 하현재(Lower Chord : L)

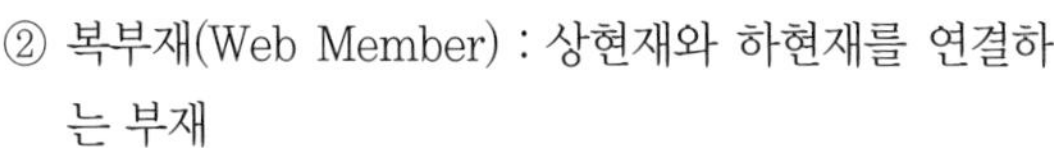

② 복부재(Web Member) : 상현재와 하현재를 연결하는 부재

㉠ 수직재(Vertical Member : V)

㉡ 경사재(Diagonal Member : D)

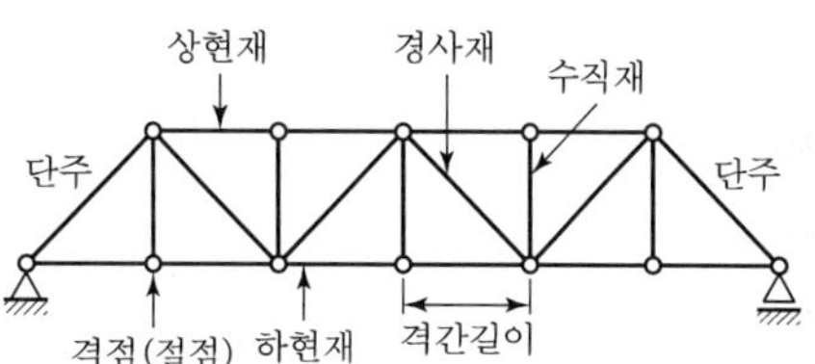

‖(그림 1) 트러스 각 부분의 명칭‖

3. 트러스의 종류

(1) 현재의 형상에 따른 분류

① 직현 트러스(Parallel Chord Truss) : 상하 현재가 평행하게 일직선상에 있는 트러스

② 곡현 트러스(Curved Chord Truss) : 현재가 경사지게 구성되어 다각형을 이루고 있는 트러스

(2) 복부재 배열에 따른 분류

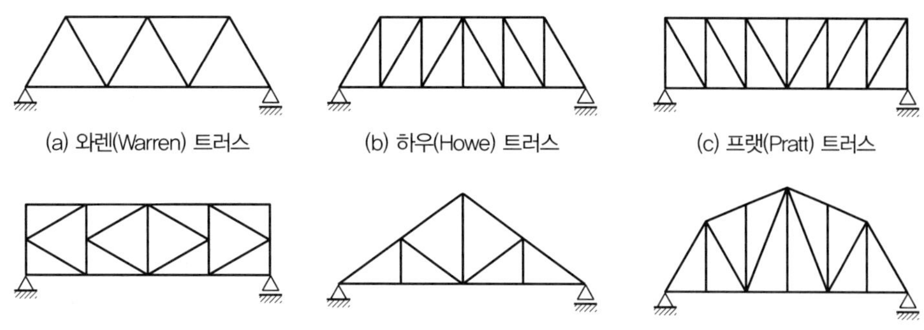

(a) 와렌(Warren) 트러스 (b) 하우(Howe) 트러스 (c) 프랫(Pratt) 트러스

(d) K-트러스 (e) 지붕틀 트러스(King Post Truss) (f) 곡현 트러스(Curved Chord Truss)

‖(그림 2) 트러스의 종류‖

APPLIED MECHANICS **핵심문제**

해설

01 그림과 같은 형태의 트러스를 무슨 트러스라 부르는가?

① 프랫 트러스 ② 하우 트러스
③ 와우 트러스 ④ K-트러스

02 그림과 같은 형태의 트러스를 무슨 트러스라 부르는가?

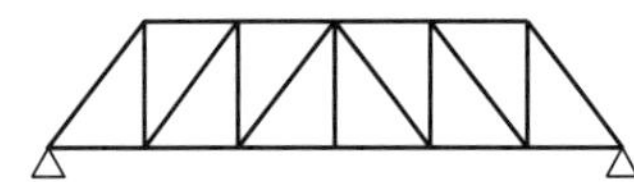

① 프랫 트러스 ② 하우 트러스
③ 와렌 트러스 ④ K-트러스

03 다음 부재의 종류와 단면력의 관계 중 옳지 않은 것은?

① 보에는 휨모멘트와 전단력이 작용한다.
② 트러스의 부재에는 축방향력과 전단력이 작용한다.
③ 편심하중을 받는 기둥에는 축방향과 휨모멘트가 작용한다.
④ 라멘의 부재에는 휨모멘트, 전단력, 축방향력이 작용한다.

⊙ 부재의 종류와 단면력

부 재	단면력
트러스, 줄, 철사	축방향력
기둥(편심=0)	

04 축방향력만을 받는 부재로 된 구조물은?

① 단순보
② 트러스
③ 연속보
④ 라멘

⊙ 부재의 종류와 단면력

부 재	단면력
트러스, 줄, 철사	축방향력
기둥(편심=0)	
기둥(편심≠0)	축방향력, 휨모멘트
보	전단력, 휨모멘트
라멘, 아치	축방향력, 휨모멘트, 전단력

정답 01 ① 02 ② 03 ② 04 ②

① 와렌 트러스(Warren Truss) : 중앙 측 상향사재는 주로 압축력을 받고 하향사재는 주로 인장력을 받도록 구성된 트러스로 **연속교**에 **사용**되며, 현재길이가 길어 강성이 적다. 그러므로 수직재를 보강하여 강교에도 사용한다.

② 하우 트러스(Howe Truss) : 상현재는 압축력, 하현재는 인장력, 경사재는 압축력, 수직재는 인장력을 받도록 구성된 트러스로 **목조 트러스**에 **사용**되고 있다.

③ 프랫 트러스(Pratt Truss) : 상현재는 압축력, 하현재는 인장력, 경사재는 인장력, 수직재는 압축력을 받도록 구성된 트러스로 **강교**에 **널리 사용**된다.

④ K-트러스(K-Truss) : 복부재 길이를 비교적 짧게 하고 사재의 경사를 적당하게 고려한 트러스로 **상횡구**에 **사용**된다.

⑤ 지붕틀 트러스(King Post Truss) : 삼각형 구조로 수직재는 인장력을 받도록 구성된 트러스로 **건축 지붕구조**에 **널리 사용**된다.

02 트러스의 특성

1. 해법상의 가정

① 각 **부재**는 **직선재**이다.

② 각 **부재**의 **절점**은 **마찰**이 **전혀 없는 핀(Pin) 또는 활절(Hinge)**로 결합되어 있다.

③ 각 **부재축**은 **각 절점**에서 한 점에 모인다.

④ 트러스의 **부재**에 **작용하는 하중은 같은 평면** 안에 있다.

⑤ 하중은 절점에만 집중하여 작용하고, **부재축**을 따라 다른 **절점**에 **전달**된다.

⑥ **부재응력**은 그 부재 재료의 **탄성한도 이내에서 성립**한다.

⑦ 하중이 작용한 후에도 **절점의 위치에는 변화가 없다**.

⑧ 각 부재의 **변형은 미소**하여 그로 인한 **2차 응력은 무시**한다.

⑨ 트러스에서 전단력과 휨모멘트는 발생하지 않고 **부재력(축방향력)**만 **작용**한다.

위 가정하에서 발생되는 축방향응력을 **1차 응력**이라 한다.

주 **2차 응력** : 결점을 실제조건인 강절 또는 볼트이음과 자중 등을 고려할 때 발생되는 응력(마찰, 변형, 침하 등으로 **1차 응력의 20~30% 정도**이다.)

05 평면 트러스 해법상 가정 중 옳은 것은?

① 모든 외력은 절점에만 작용한다.
② 각 부재는 회전하지 못하도록 강결되어 있다.
③ 각 부재는 직선이 아닐 수도 있다.
④ 모든 외력의 작용선은 트러스를 품는 평면 내에 있지 않다.

② 부재 연결은 전부 힌지(활절)로 되어 있다.
③ 모든 부재는 직선재이다.
④ 평면 트러스로 가정한다.

06 정정 트러스 해법상의 가정 중 옳지 않은 것은?

① 외력은 모두 격점에만 작용한다.
② 각 부재는 직선이다.
③ 절점의 중심을 이은 직선은 부재의 축과 일치한다.
④ 각 부재는 회전하지 못하도록 리벳으로 연결한다.

트러스의 절점은 해석상 힌지로 가정한다.
(실제 시공 시에는 리벳이음이나 용접이음을 한다.)

07 트러스를 정적으로 1차 응력을 해석하기 위한 가정사항으로 틀린 것은?

① 절점을 잇는 직선은 부재축과 일치한다.
② 외력은 절점과 부재 내부에 작용하는 것으로 한다.
③ 외력의 작용선은 트러스와 동일 평면 내에 있다.
④ 각 부재는 마찰이 없는 핀 또는 힌지로 결합되어 자유로이 회전할 수 있다.

모든 외력은 절점에만 집중한다.

08 트러스 해석 시 가정을 설명한 것 중 틀린 것은?

① 부재들은 일단에서 마찰이 없는 핀으로 연결된다.
② 하중과 반력은 모두 트러스의 격점에만 작용한다.
③ 부재의 도심축은 직선이며 연결핀의 중심을 지난다.
④ 하중으로 인한 트러스의 변형을 고려하여 부재력을 산출한다.

트러스의 변형은 고려하지 않는다.

정답 05 ① 06 ④ 07 ② 08 ④

2. 트러스의 0부재

(1) 정의

사실상 트러스에는 변형이 발생하나 트러스 가정상 변형은 미소하여 무시한다.
이 때문에 **계산상 부재응력이 0이 되는 부재를 0부재**라 한다.

(2) 0부재 설치 목적

① **구조상 안정**하기 위하여 설치한다.
② **변형과 처짐이 적게 발생**하도록 설치한다.

(3) 0부재 판별

① 부재를 절단했을 때 두 부재만 절단되고 하중이 없으면 두 부재는 부재력이 없는 0부재이다.
⇨ [그림 3(a)] : $D \cdot L = 0$

② 3부재를 절단했을 때 외력이 없고 두 부재가 일직선상에 있으면 다른 한 부재는 0부재이다.
⇨ [그림 3(b)] : $V = 0$

③ 구조물 전체 0부재 판별은 하중을 부재축을 통해서 지점에 연결하여 가장 간단한 삼각형을 작도한 후 나머지 부재는 0부재이다.
⇨ [그림 3(c)] : 5개, [그림 3(d)] : 2개

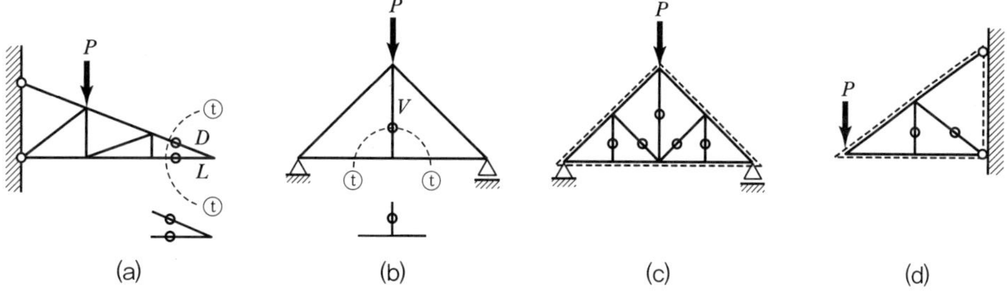

Ⅰ(그림 3) 트러스 0부재 판별Ⅰ

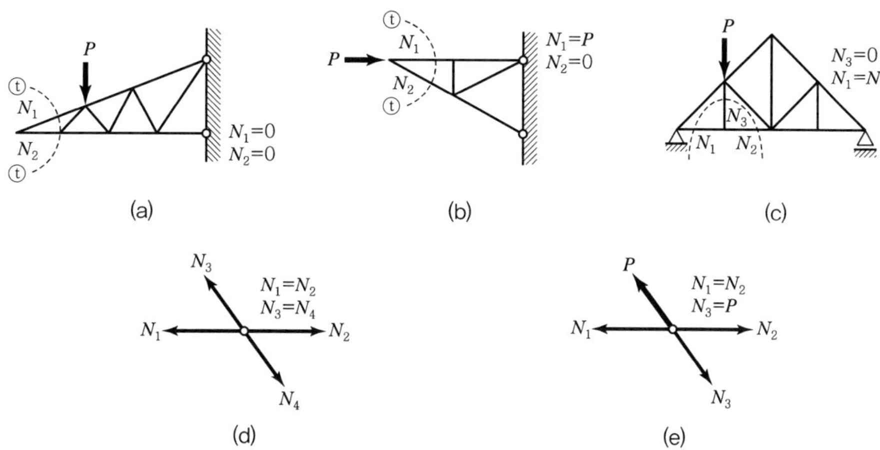

Ⅰ(그림 4) 트러스 부재력의 일반원칙Ⅰ

09 다음 그림의 지붕틀에서 응력이 생기지 않는 부재의 수는?

① 1개
② 2개
③ 3개
④ 4개

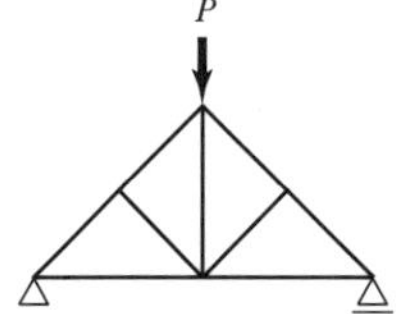

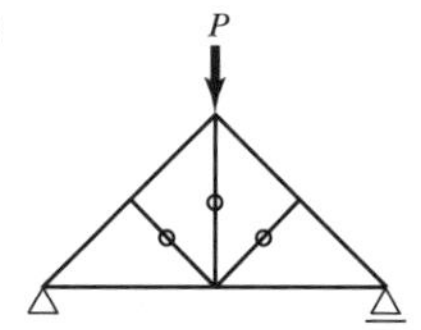

10 그림과 같은 트러스에서 응력이 발생하지 않는 부재는?

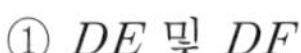

① DE 및 DF
② DE 및 DB
③ AD 및 DC
④ DB 및 DC

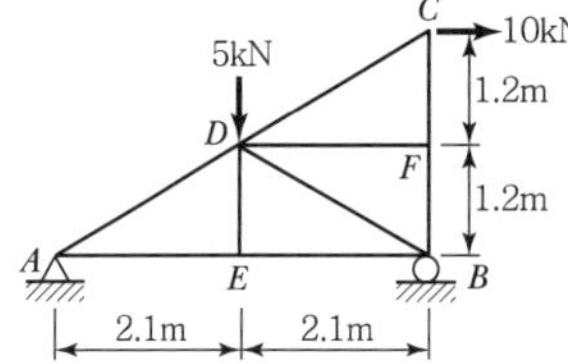

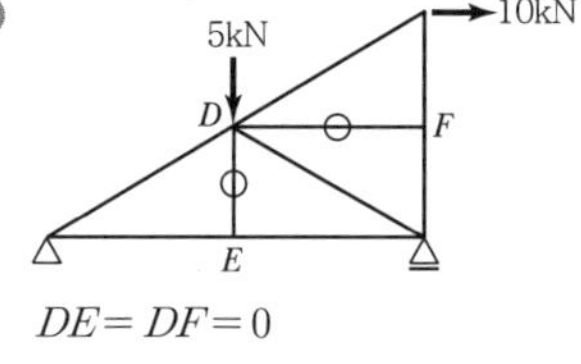

$DE = DF = 0$

11 다음과 같은 트러스에서 부재력이 0인 것은?

① D_3
② D_2
③ D_1
④ L

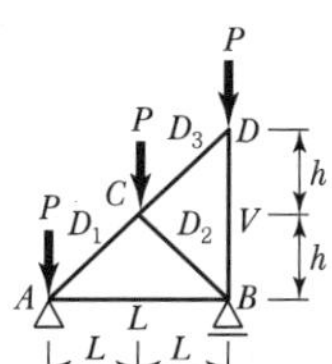

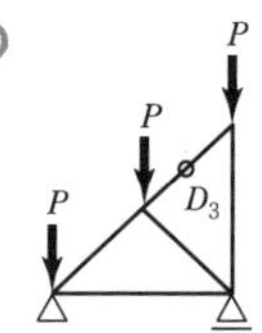

12 다음 그림과 같은 트러스에서 응력이 0이 되는 것은?

① A
② B
③ C
④ D

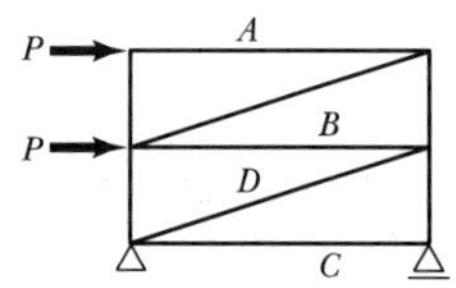

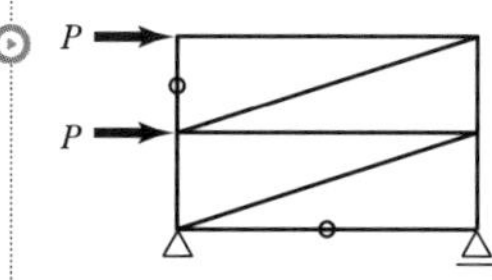

13 다음 그림의 트러스에서 DE의 부재력은?

① 0kN
② 2kN
③ 5kN
④ 10kN

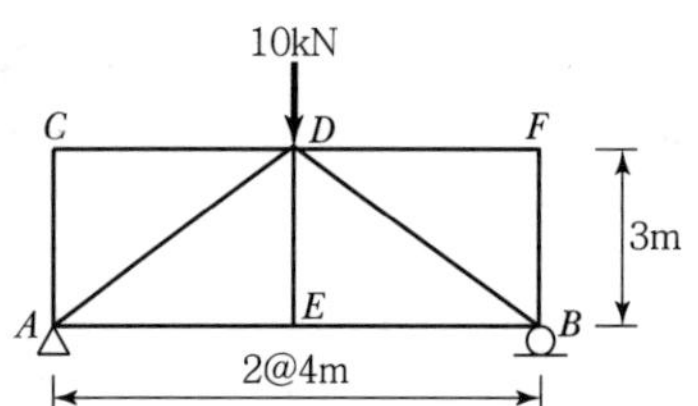

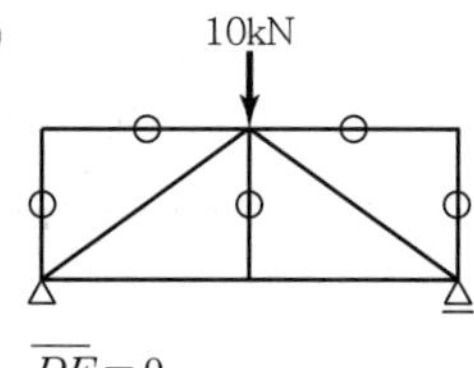

$\overline{DE} = 0$

정답 09 ③ 10 ① 11 ① 12 ① 13 ①

03 트러스의 해법

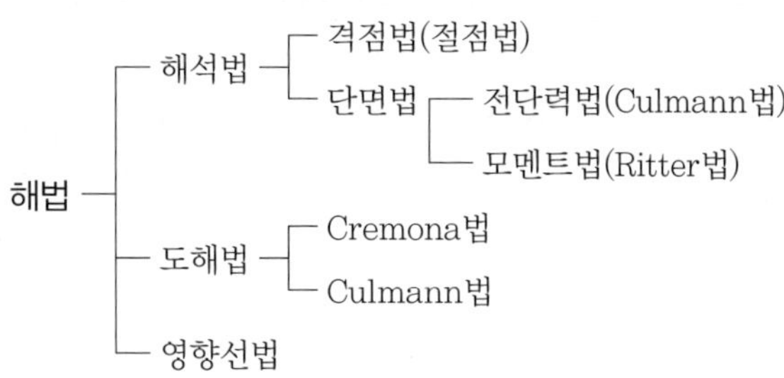

‖ (그림 5) 트러스 해법의 종류 ‖

트러스가 안정을 유지하여 파괴되지 않는다는 사실은 외력과 각 부재가 받아 주는 내력이 평형을 이루고 있기 때문이다. 그러므로 외력에 대한 지점반력을 계산하고 **힘의 평형조건식**을 이용하여 해석한다.

1. 격점법(절점법)

지점반력을 계산하고 **미지 부재력이 2개 이하인** 절점에서 부재를 절단하여 절단부재의 힘의 방향을 인장으로 가정한 후 힘의 평형조건식 중 $\Sigma H=0$ 또는 $\Sigma V=0$으로 해석하여 그 결과가 (+)이면 인장부재이고, (−)이면 압축부재가 된다. 격점법은 **모든 부재의 부재력 계산에 적용**되나 처음 부재의 부재력이 다른 부재의 부재력계산에 영향을 주므로 신중하게 계산하고 **단주와 0부재 수직재에 사용하면 편리하다.**

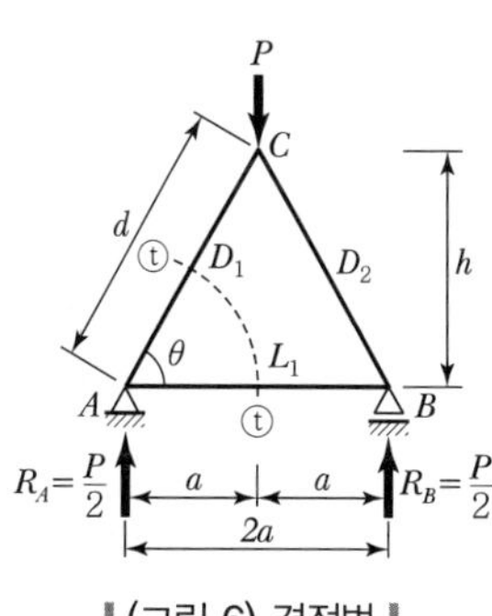

‖ (그림 6) 격점법 ‖

① 반력

$\Sigma M_B=0$에서 $R_A\times 2a-P\times a=0$

$$\therefore\ R_A=\frac{P}{2}$$

$\Sigma V=0$에서 $R_A+R_B-\Sigma P=0$

$$\therefore\ R_B=\frac{P}{2}$$

② 부재각(θ)

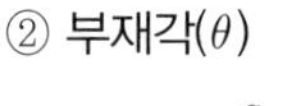

$$\cos\theta=\frac{a}{d}\qquad \sin\theta=\frac{h}{d}$$

③ D_1 부재력 : (그림 7)에서

$\Sigma V=0$에서 $D_1\cdot\sin\theta+R_A=0$

$$\therefore\ D_1=-\frac{R_A}{\sin\theta}=-\frac{\frac{P}{2}}{\frac{h}{d}}=-\frac{Pd}{2h}\text{(압축)}$$

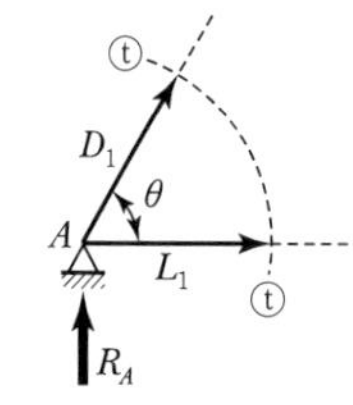

‖ (그림 7) ⓣ−ⓣ부재 절단 ‖

④ L_1 부재력 : (그림 7)에서

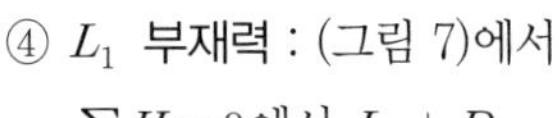

$\Sigma H=0$에서 $L_1+D_1\cdot\cos\theta=0$

$$\therefore\ L_1=-D_1\cdot\cos\theta=-\left(-\frac{Pd}{2h}\right)\times\frac{a}{d}=\frac{Pa}{2h}\text{(인장)}$$

⑤ D_2 부재력 : 트러스하중이 대칭이므로 부재력 D_2는 D_1과 같다.

$$D_2=D_1=-\frac{Pd}{2h}\text{(압축)}$$

14 트러스의 해법이 아닌 것은?

① 격점법 ② 단면법
③ 도해법 ④ 휨응력법

㉠ 격점법(절점법)
㉡ 단면법(절단법) : 전단력법, 모멘트법
㉢ 도해법 : 도해절점법, 도해단면법

15 다음 그림과 같은 트러스에서 힌지 지점의 연직반력의 크기는?

① 5kN(하향)
② 0
③ 5kN(상향)
④ 10kN(상향)

$\Sigma M_B = 0$

$V_A \times 6\text{m} + 10\text{kN} \times 2\text{m} - 10\text{kN} \times 2\text{m} = 0$

$\therefore \ V_A = 0$

16 그림과 같은 트러스에서 AC부재의 부재력은?

① 인장 4kN
② 압축 4kN
③ 인장 8kN
④ 압축 8kN

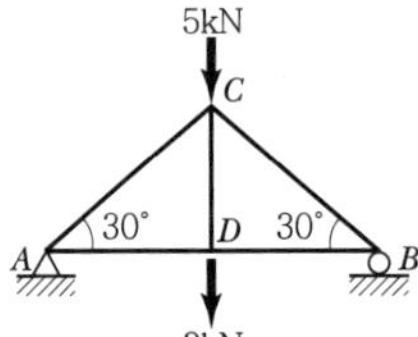

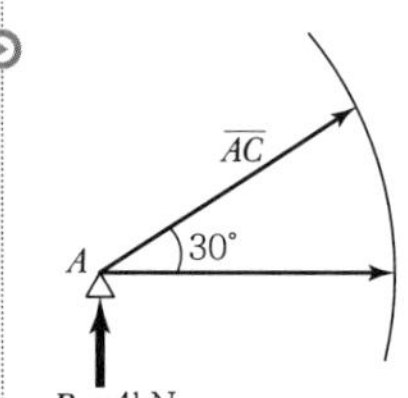

$\Sigma V = 0, \ AC\sin30° + 4\text{kN} = 0$

$\therefore \ AC = -\dfrac{4\text{kN}}{\sin30°} = -8\text{kN}(\text{압축})$

17 다음 트러스에서 경사재인 A 부재의 부재력은?

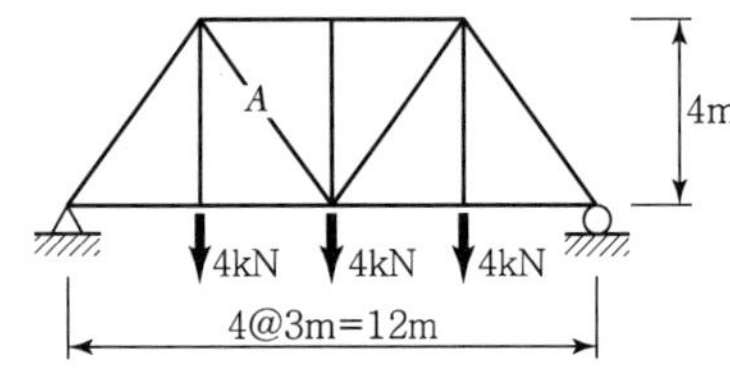

① 2.5kN(인장) ② 2kN(인장)
③ 2.5kN(압축) ④ 2kN(압축)

㉠ $R_A = \dfrac{12\text{kN}}{2} = 6\text{kN}(\uparrow)$

㉡ $\Sigma V = 6\text{kN} - 4\text{kN} - A\sin\theta = 0$

$\therefore \ A = \dfrac{6-4}{\sin\theta} = \dfrac{2}{\frac{4}{5}} = 2.5\text{kN}(\text{인장})$

18 다음 트러스에서 AF 부재의 부재력은 얼마인가?

① -4kN
② $-\dfrac{2}{\sqrt{2}}\text{kN}$
③ $-1.5\sqrt{2}\,\text{kN}$
④ -1.5kN

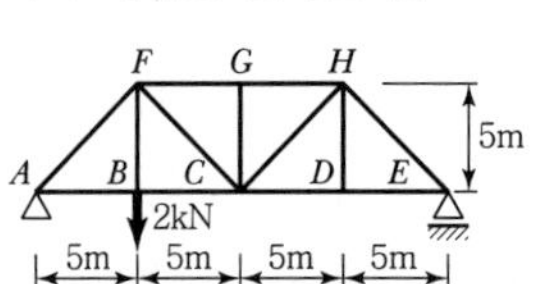

㉠ $\Sigma M_E = 0$

$V_A \times 20\text{m} - 2\text{kN} \times 15\text{m} = 0$

$\therefore \ V_A = 1.5\text{kN}$

㉡ $\Sigma V_A = 0$

$1.5\text{kN} - AF \times \dfrac{5}{5\sqrt{2}} = 0$

$\therefore \ AF = 1.5\sqrt{2}\,\text{kN}(\text{압축})$

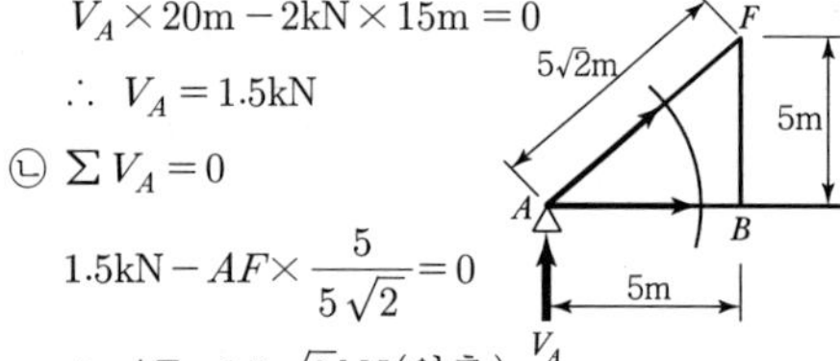

정답 14 ④ 15 ② 16 ④ 17 ① 18 ③

2. 단면법

지점반력을 계산하고 구하는 부재의 절단은 **절단 부재수가 가장 적은 단면을 절단**한 후 절단면의 부재력과 물체에 작용하는 외력이 서로 평행을 이루게 하여 미지의 부재력을 구하는 방법으로 임의 부재의 부재력을 바로 구할 수 있으며 계산이 잘못되어도 타 부재에 영향을 주지 않는다.

① 모멘트법

힘의 평형조건식 중 $\Sigma M=0$으로 하여 미지부재를 구하는 방법으로 **상현재와 하현재의 부재력 계산에 사용하면 편리하다.**

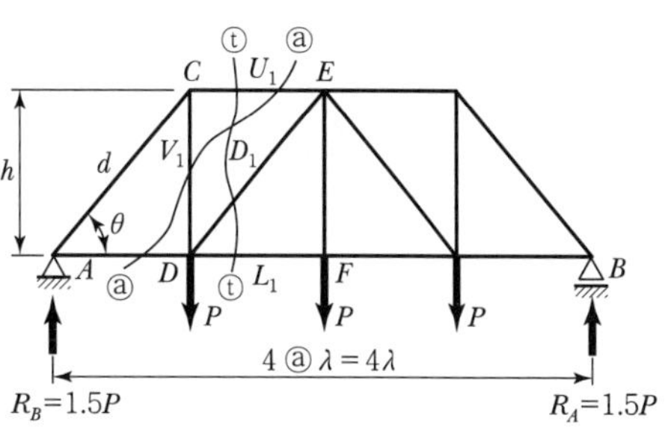

‖ (그림 8) 단면법 ‖

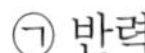
㉠ 반력

$\Sigma M_B = 0$에서

$R_A \times 4\lambda - P \times 3\lambda - P \times 2\lambda - P \times \lambda = 0$

$\therefore\ R_A = 1.5P$

$\Sigma V = 0$에서 $R_A + R_B - \Sigma P = 0$

$\therefore\ R_A = 3P - 1.5P = 1.5P$

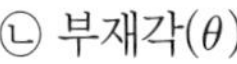
㉡ 부재각(θ)

$\cos\theta = \dfrac{\lambda}{d}$, $\sin\theta = \dfrac{h}{d}$

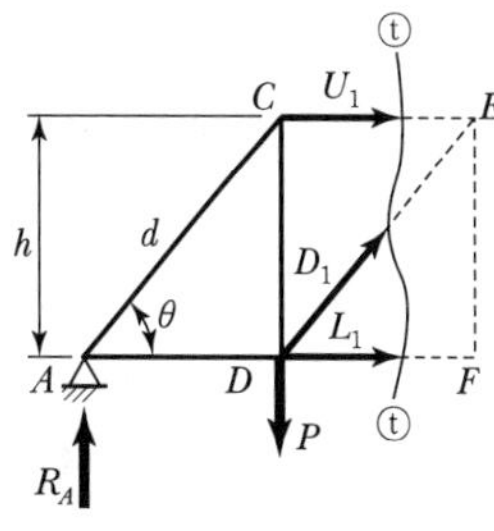

‖ (그림 9) ⓣ－ⓣ부재 절단 ‖

㉢ U_1 부재력 : (그림 9)에서

$\Sigma M_D = 0$에서 $R_A \times \lambda + U_1 \times h = 0$

$\therefore\ U_1 = -\dfrac{R_A \times \lambda}{h} = -\dfrac{3P\lambda}{2h}$(압축)

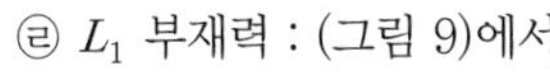
㉣ L_1 부재력 : (그림 9)에서

$\Sigma M_E = 0$에서 $R_A \times 2\lambda - P \times \lambda - L_1 \times h = 0$

$\therefore\ L_1 = \dfrac{R_A \times 2\lambda - P \times \lambda}{h} = \dfrac{2P\lambda}{h}$(인장)

② 전단력법

힘의 평형조건식 중 $\Sigma V=0$ 또는 $\Sigma H=0$으로 하여 미지 부재력을 구하는 방법으로 **사재와 수직재에 사용하면 편리하다.**

㉠ D_1 부재력 : (그림 9)에서

$\Sigma V = 0$에서 $R_A - P + D_1 \sin\theta = 0$

$\therefore\ D_1 = \dfrac{-R_A + P}{\sin\theta} = -\dfrac{0.5P}{\sin\theta}$(압축)

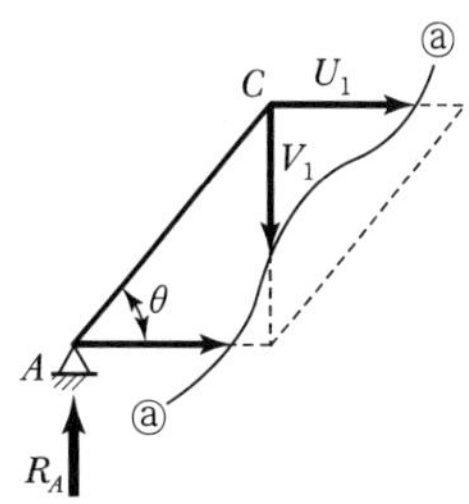

‖ (그림 10) ⓐ－ⓐ부재 절단 ‖

㉡ V_1 부재력 : (그림 10)에서

$\Sigma V = 0$에서 $R_A - V_1 = 0$

$\therefore\ V_1 = R_A = 1.5P$(인장)

19 다음 트러스에서 부재 U_1의 부재력은?

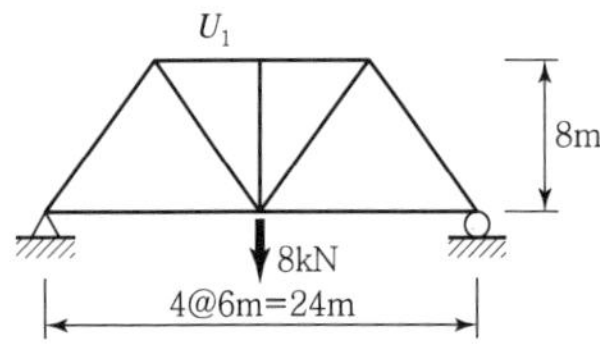

① 6kN(압축) ② 6kN(인장)
③ 5kN(압축) ④ 5kN(인장)

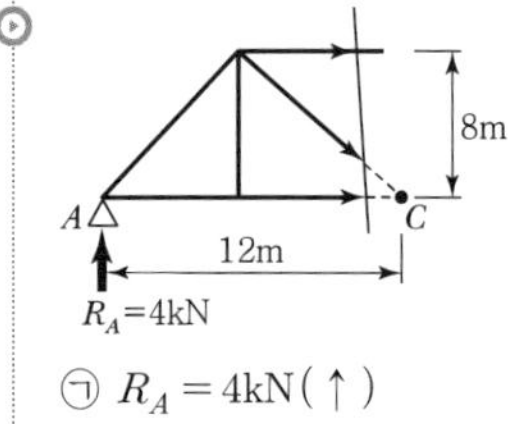

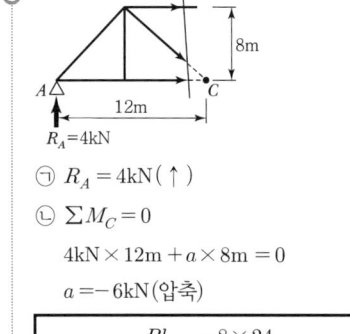

㉠ $R_A = 4\text{kN}(\uparrow)$

㉡ $\Sigma M_C = 0$

$4\text{kN} \times 12\text{m} + a \times 8\text{m} = 0$

$a = -6\text{kN}$(압축)

〈별해〉 $\dfrac{-Pl}{4h} = \dfrac{-8 \times 24}{4 \times 8} = -6\text{kN}$

20 다음 트러스(Truss)에서 U_1 부재의 부재력을 계산한 값은? (단, 부재들은 힌지로써 연결되어 있다.)

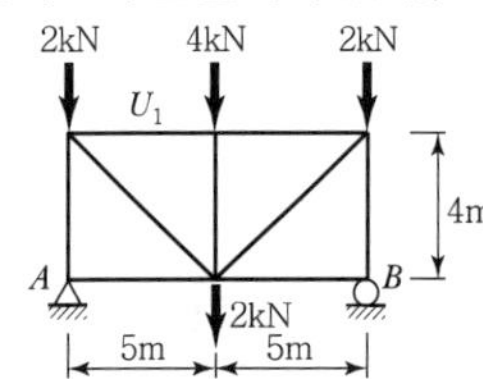

① 3.75kN(압축) ② 3.05kN(압축)
③ 2.83kN(압축) ④ 2.83kN(인장)

㉠ $R_A = R_B = 5\text{kN}(\uparrow)$

㉡ $a-a$단면으로 절단하여 $\Sigma M_C = 0$을 취하면

$5\text{kN} \times 5\text{m} - 2\text{kN} \times 5\text{m} + U_1 \times 4\text{m} = 0$

$\therefore\ U_1 = -3.75\text{kN}$(압축)

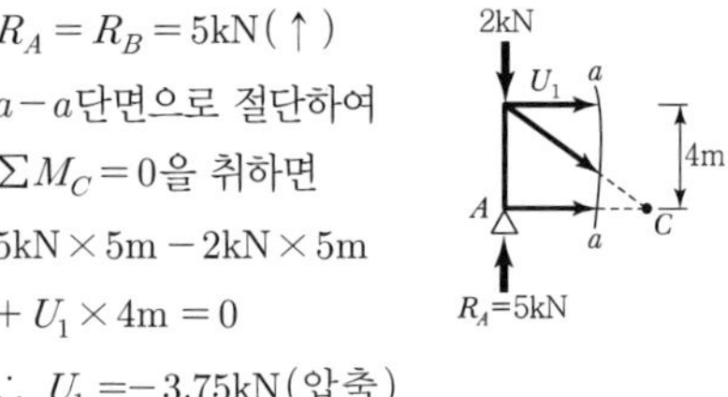

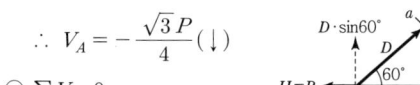

21 다음과 같은 트러스에서 부재력 D는?

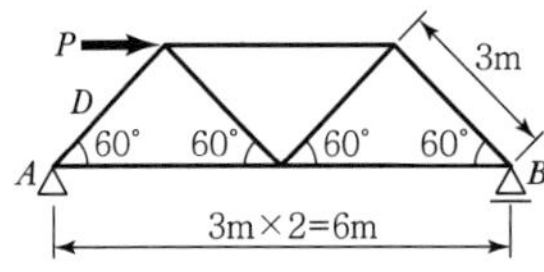

① $+\dfrac{P}{\sqrt{2}}$ ② $+\dfrac{P}{\sqrt{3}}$

③ $+\dfrac{P}{2}$ ④ $+\dfrac{P}{3}$

㉠ $\Sigma M_B = V_A \times 6\text{m} + P \times 3\text{m} \cdot \sin 60° = 0$

$\therefore\ V_A = -\dfrac{\sqrt{3}P}{4}(\downarrow)$

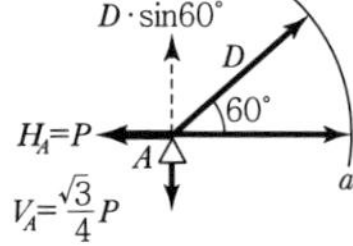

㉡ $\Sigma V = 0$

$D \cdot \sin 60° - \dfrac{\sqrt{3}P}{4} = 0$

$\therefore\ D = \dfrac{\sqrt{3}P}{4 \cdot \sin 60°} = \dfrac{\sqrt{3}P}{4 \times \dfrac{\sqrt{3}}{2}} = \dfrac{P}{2}$(인장)

22 정삼각형 트러스의 B점에 수평하중 P가 작용할 경우 AC부재의 부재력값은?

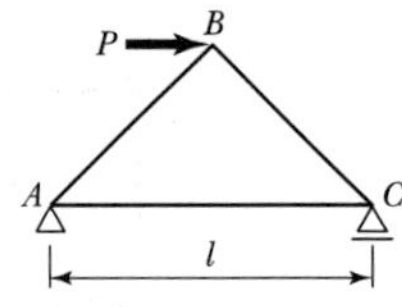

① $\dfrac{P}{2}$ ② $-\dfrac{P}{2}$ ③ P ④ $-P$

㉠ $\Sigma M_A = 0$

$\therefore\ -R_C \times l + P \times \dfrac{l}{2}\tan 60° = 0$

$\therefore\ R_C = \dfrac{\sqrt{3}P}{2}(\uparrow)$

㉡ $\Sigma M_B = 0$

$AC \times \dfrac{l}{2}\tan 60° - \dfrac{\sqrt{3}P}{2} \times \dfrac{l}{2} = 0$

$\therefore\ AC = \dfrac{\dfrac{\sqrt{3}}{2}P}{\tan 60°} = \dfrac{P}{2}$(인장)

정답 19 ① 20 ① 21 ③ 22 ①

3. 트러스 부재 절단의 원칙

(1) 부재는 가능하면 **하중을 포함하여 3개 이내로 절단**한다.

(2) 가능하면 **사재와 하중이 있는 격점의 절단**은 피한다.

(3) 절단된 부재는 모두 부재력이 존재하고 **부재력의 방향은 절단된 쪽으로 (인장부재)작용**하도록 가정한다.

(4) 수직재와 수평재로 된 격점에서는 하중이 있어도 절단한다.

4. 트러스 부재의 부호[인장(+), 압축(−)] 결정

트러스는 하중이 힌지 절점에 작용하여 부재축을 따라 다른 절점에 작용되므로 전단력과 휨모멘트는 발생하지 않고 **축방향력(부재력)**만 발생한다. 그러므로 부재력의 부호를 일반적으로 결정할 수 있다.

(1) **단주와 상현재는 압축(−)**부재력이 생긴다.

(2) **하현재는 인장(+)**부재력이 생긴다.

(3) **복부재(사재와 수직재)** : 0부재를 제외하고 단주에서 중앙 부재 쪽으로 좌우 대칭되게 **압축(−), 인장(+)부재력**이 교대로 생긴다.

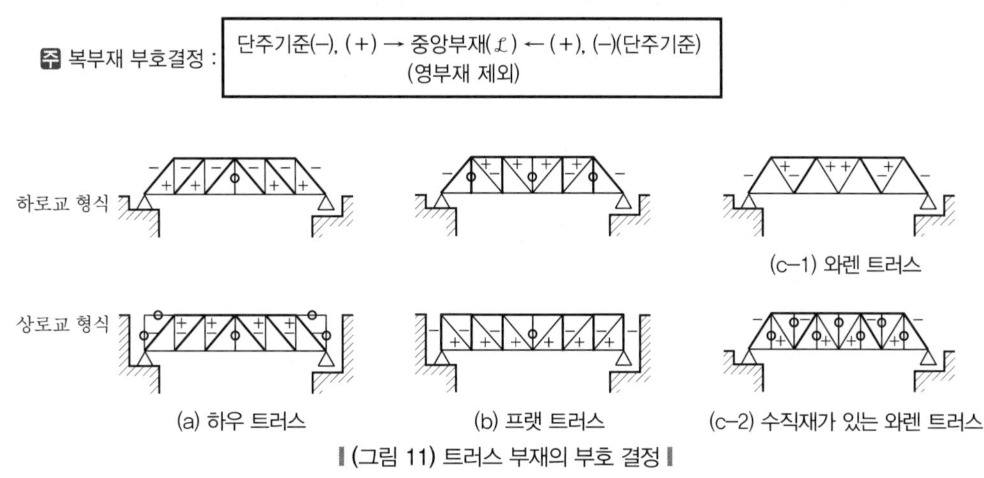

‖(그림 11) 트러스 부재의 부호 결정‖

23 그림과 같은 트러스에 사하중(死荷重)이 작용할 때 A와 B의 경사 부재는 각기 어떤 종류의 내력이 생기는가?

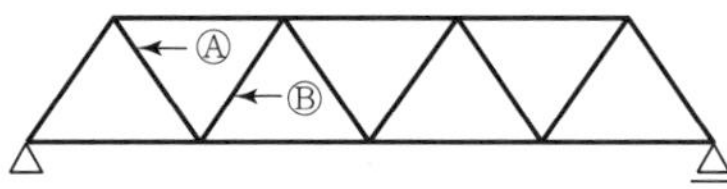

① A와 B가 모두 축장력(軸張力)
② A와 B가 모두 축압력(軸壓力)
③ A는 축장력, B는 압축력
④ A와 B가 모두 휨모멘트와 전단력

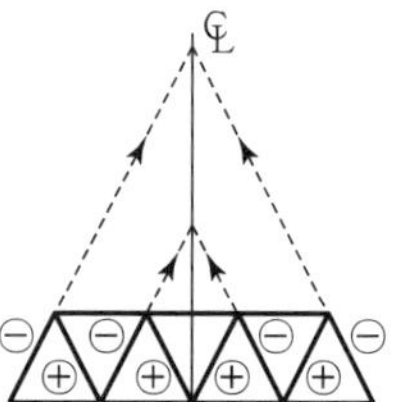

일반적으로 중앙(℄)을 향해 상향인 부재는 압축(−), 하향인 부재는 인장(+)을 갖는다.

24 다음 그림과 같은 트러스에서 ⓐ, ⓓ, ⓕ부재의 부재력은 얼마인가?

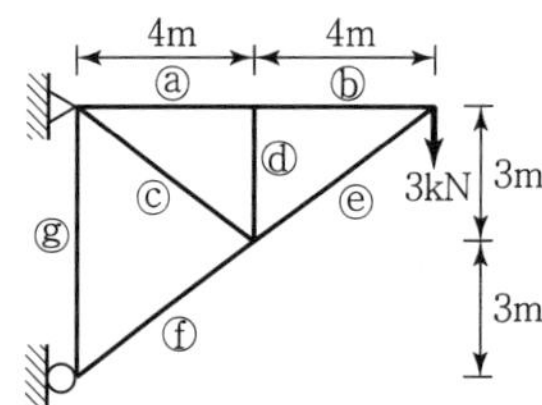

① ⓐ=4kN(인장), ⓓ=0, ⓕ=5kN(압축)
② ⓐ=5kN(인장), ⓓ=0, ⓕ=4kN(압축)
③ ⓐ=4kN(압축), ⓓ=0, ⓕ=5kN(인장)
④ ⓐ=5kN(인장), ⓓ=0, ⓕ=5kN(압축)

㉠

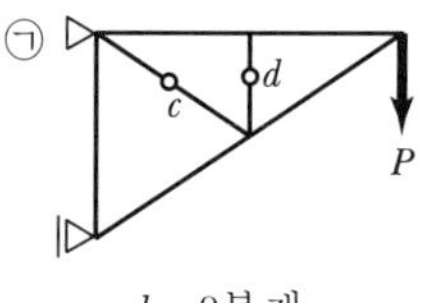

$c = d = 0$부재

㉡

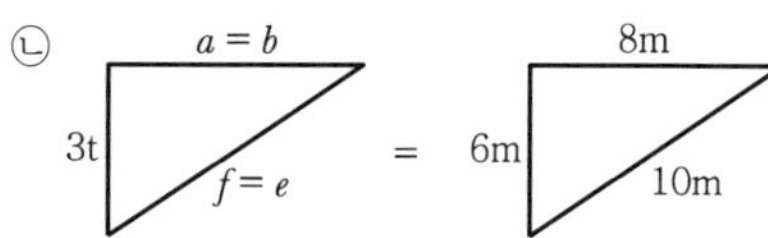

- $a = b = 4$kN(인장)
- $f = e = -5$kN(압축)

25 그림과 같은 캔틸레버 트러스에서 DE 부재의 부재력은?

① 4kN
② 5kN
③ 6kN
④ 8kN

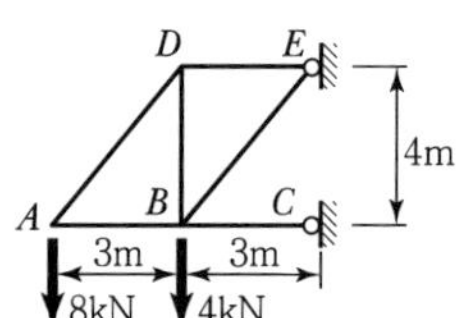

$\Sigma M_B = 0$

$-8\text{kN} \times 3\text{m} + DE \times 4\text{m} = 0$

$\therefore DE = 6$kN(인장)

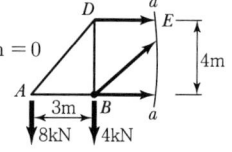

26 다음 Truss에서 C점에 하중 $P = 6$kN이 작용한다면 부재 $a-b$가 받는 힘은?(단, 인장력의 부호는 +, 압축력의 부호는 −로 한다.)

① −6kN
② −8kN
③ +8kN
④ +10kN

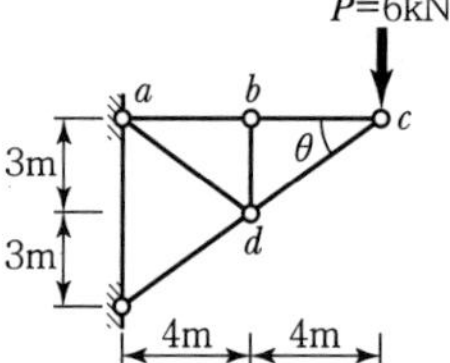

$\Sigma M_d = 0,\ 6\text{kN} \times 4\text{m} - ab \times 3\text{m} = 0$

$\therefore ab = \dfrac{6\text{kN} \times 4\text{m}}{3\text{m}} = 8$kN(인장)

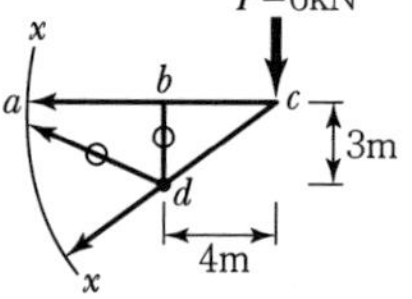

정답 23 ③ 24 ① 25 ③ 26 ③

5. 영향선법

트러스에 이동하중이 작용할 때 영향선을 사용하여 **최대 응력을 구하면 효과적**이다. 특히 복부재는 하중의 위치에 따라 인장 또는 압축재가 되는데 영향선을 작도하면 아주 편리하게 구분할 수 있다.

부재력 = (집중하중 × 영향선 종거) + (등분포하중 × 영향선의 하중작용 거리면적)

= $\boxed{P \cdot y + W \cdot A}$

(1) 하우 · 프랫 트러스 영향선 작도법

① 반력 영향선

트러스도 **단순보 반력의 영향선과 같게** 작도한다.

② 현재 영향선

기선을 긋고 좌측 지점에서 구하는 부재의 해석법으로 $\Sigma M = 0$으로 하는 절점까지 거리를 **트러스 높이(h)**로 나누어 좌측 지점의 기준 종거로 하고, 부호는 **상현재(−), 하현재(+)**로 한다.

따라서 기선을 밑변으로 기준 종거를 높이로 하는 직각삼각형을 작도한 후 지점기선에서 $\Sigma M = 0$으로 한 점까지 경사지게 절단하면, **기선에 접한 삼각형이 현재의 영향선**이다.

③ 사재 영향선

기선을 긋고 **좌우측 지점의 기준 종거를** $\dfrac{1}{\sin\theta}$로 하고, 부호는 하로교를 기준으로 **부재절단이** (−), (+)로 한다. 좌측지점의 기준 종거의 부호가 (−)이면 기선 위에, (+)이면 기선 아래로 하여 단순보의 전단력 영향선과 같이 작도하고, 구하는 부재의 격간에서 **절단 부재와 같은 방향으로 전단력의 영향선을 절단하면, 기선에 접한 삼각형이 사재의 영향선**이 된다.

④ 수직재 영향선

기선을 긋고 **좌우측의 기준 종거를** 1로 하고, 부호는 하로교를 기준으로 **부재절단이** (−), (+)로 한다. 좌측 지점에서 기준 종거가 (−)이면 기선 위에, (+)이면 기선 아래로 단순보의 전단력 영향선과 같이 작도하고, 하로교를 기준으로 구하는 부재의 절점에서 **사재 반대 방향의 격간으로 전단력의 영향선을 절단하면, 기선에 접한 삼각형이 수직재의 영향선**이다.

⑤ 0부재 수직재 영향선

기선을 긋고 구하는 부재의 절점에서 **기준 종거를** 1로 하고, 부호는 하중이 위에 있으면 (−), 하중이 아래에 있으면 (+)로 한다. **구하는 부재의 절점에서 좌우 격간장을 지간으로 한 삼각형을 작**도하면 0부재 수직재의 영향선이 된다.

27 그림은 프랫 트러스(Pratt Truss) D 부재의 부재력을 구하기 위한 영향선이다. 그림에서 x의 값은?

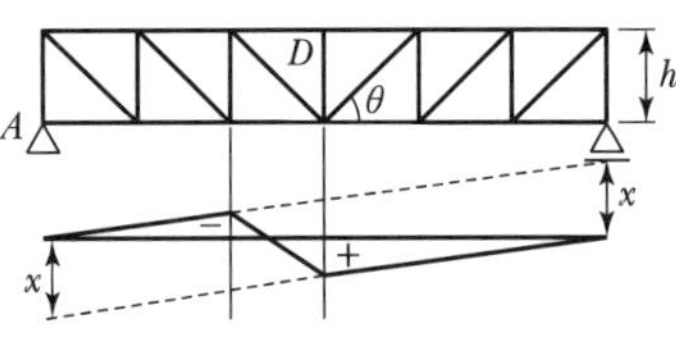

① 1.0 ② $\frac{1}{\sin\theta}$ ③ $\frac{1}{\cos\theta}$ ④ h

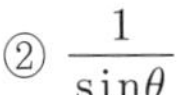

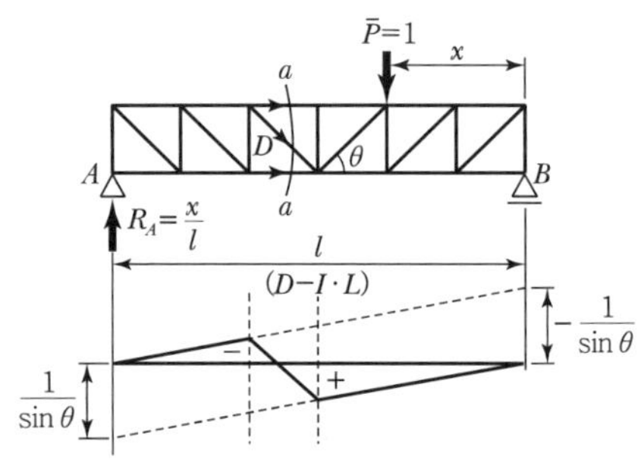

28 그림에서 사재(斜材) D의 영향선이 맞게 그려진 것은?

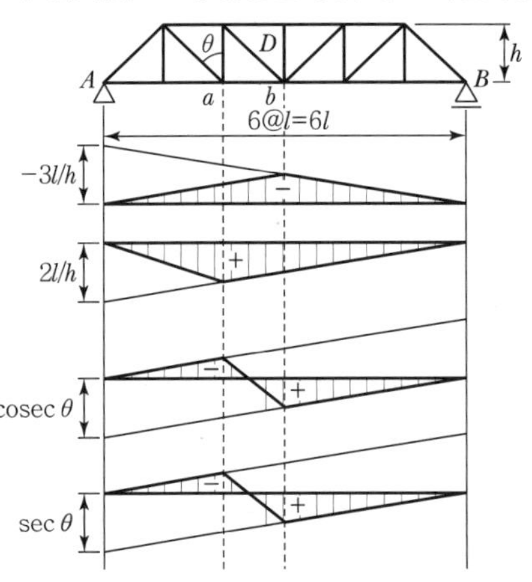

① $-3l/h$ ② $2l/h$ ③ $\operatorname{cosec}\theta$ ④ $\sec\theta$

$D=\frac{1}{\cos\theta}=\sec\theta$

29 그림과 같은 프랫 트러스의 영향선이 잘못된 것은?

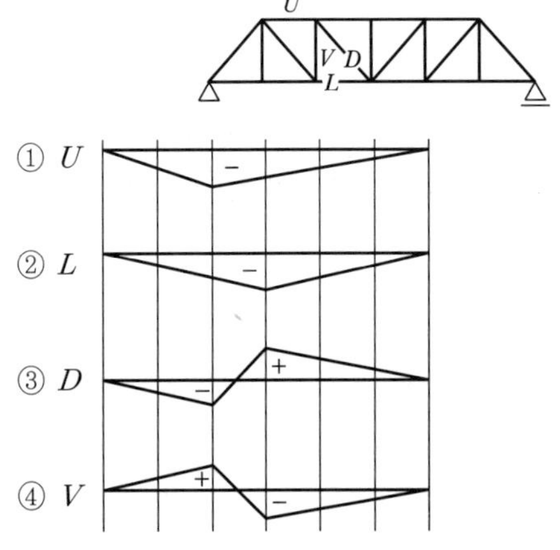

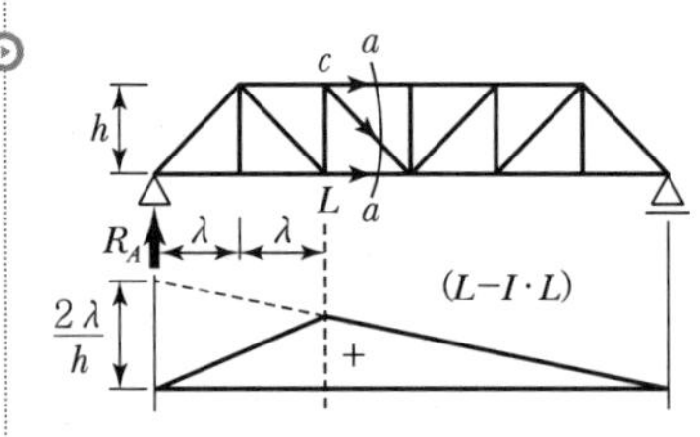

정답 27 ② 28 ④ 29 ②

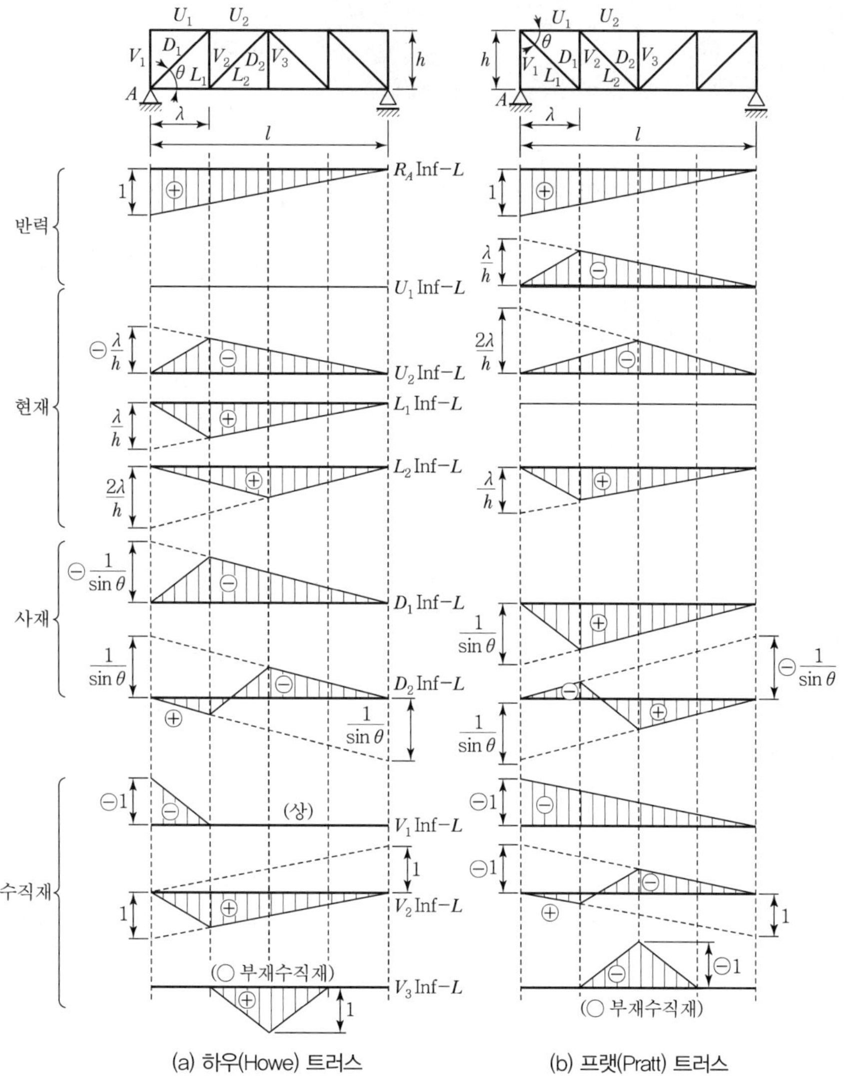

(a) 하우(Howe) 트러스

(b) 프랫(Pratt) 트러스

‖ (그림 12) 트러스 영향선 ‖

30 다음 트러스에서 집중 활하중 10kN이 작용할 때 부재 $\overline{U_1L_2}$의 최대 부재력은 얼마인가?

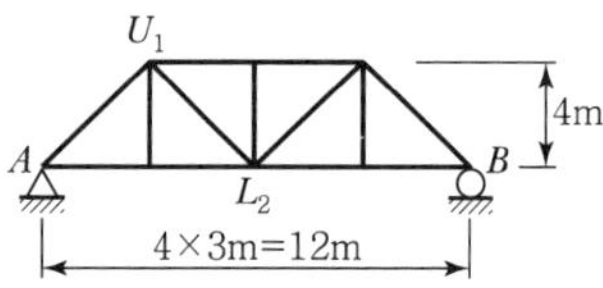

① 8.40kN(압축) ② 7.50kN(인장)
③ 7.50kN(압축) ④ 6.25kN(인장)

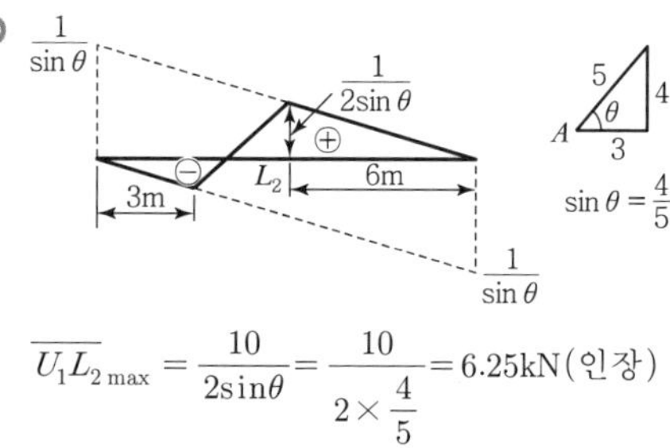

$$\overline{U_1L_2}_{\max} = \frac{10}{2\sin\theta} = \frac{10}{2\times\frac{4}{5}} = 6.25\text{kN(인장)}$$

31 다음 트러스에 이동하중 $w = 8\text{kN/m}$가 작용하고 있을 때 하현재(下弦材) L에 생기는 최대 부재력은?

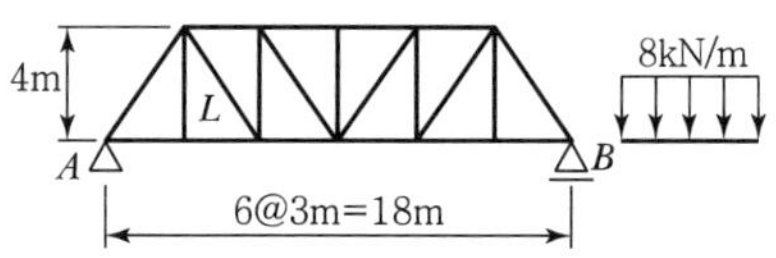

① 37kN ② 40kN
③ 43kN ④ 45kN

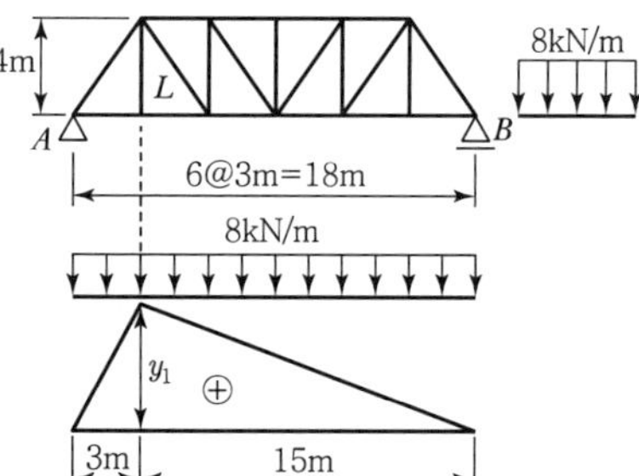

$$y_1 = \frac{a\cdot b}{lh} = \frac{3\times15}{18\times4} = 0.625$$

$$L_{\max} = 8\times\frac{1}{2}\times0.625\times18 = 45\text{kN(인장)}$$

32 그림과 같은 Truss에서의 영향선은 어떤 부재를 구하기 위한 것인가?

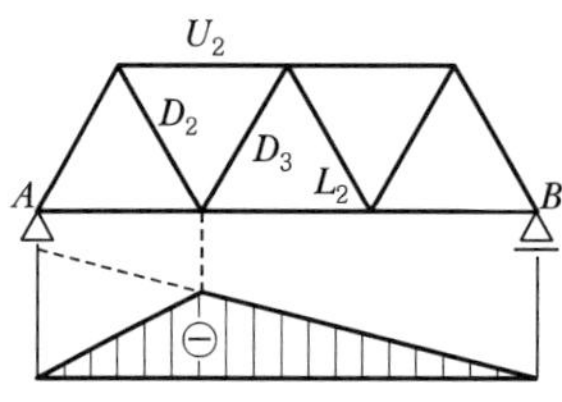

① L_2 ② D_2
③ D_3 ④ U_2

정답 30 ④ 31 ④ 32 ④

(2) 와렌 트러스 영향선 작도

하우 · 프랫 트러스와 같이 작도하며 현재 영향선은 상현재에 하중이 작용하면 하현재는 간접하중을 받게 되어 간접하중을 받는 부재로 작도한다.

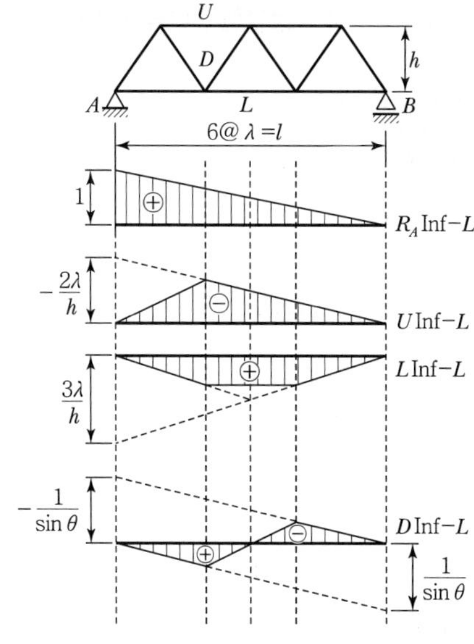

‖ (그림 13) 와렌 트러스 영향선 ‖

33 그림과 같은 Warren Truss의 사재 D의 영향선은 다음 중 어느 것인가?

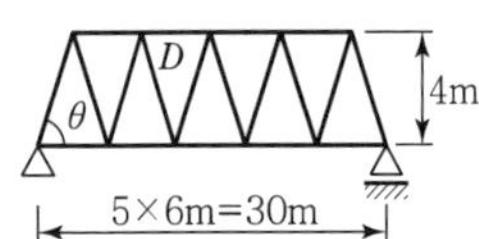

①
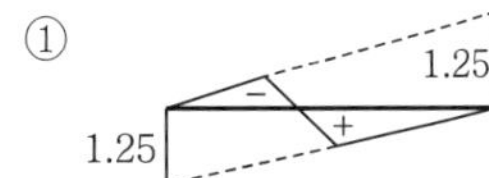

②
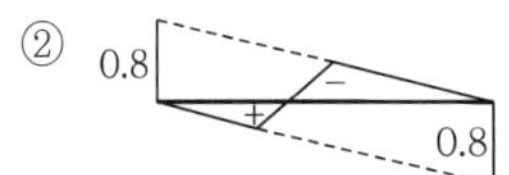

③
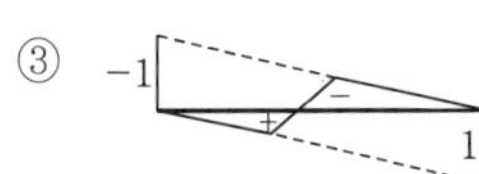

④
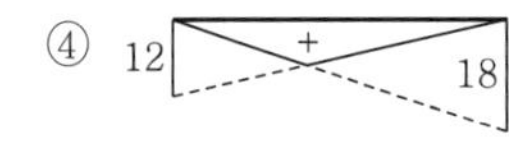

Warren Truss의 사재에 대한 영향선의 종거 y는 사재의 길이가 5m이므로

$$y=\frac{1}{\sin\theta}=\frac{1}{\frac{4}{5}}=1.25$$

34 다음 그림은 와렌 트러스(Warren Truss) D 부재의 영향선을 작도한 것이다. AA' 간의 거리 y를 얼마로 잡아야 하는가?

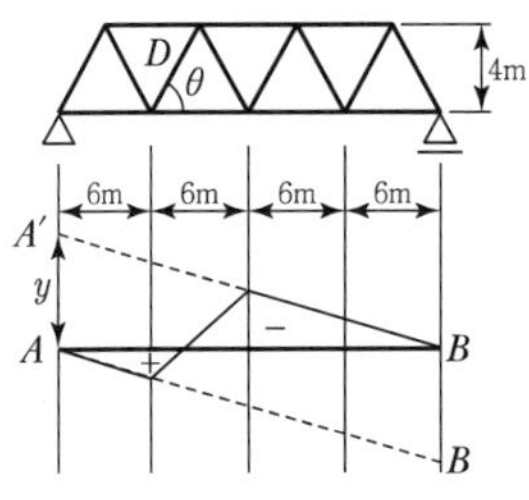

① 0.8 ② 1.25
③ 0.6 ④ 1.667

$$y=-\frac{1}{\sin\theta}=-\frac{1}{\frac{4}{5}}=-\frac{1}{0.8}=-1.25$$

5m, 4m, 3m, θ

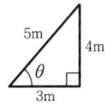

35 연행하중이 지날 때 L 부재의 최대 부재력은?

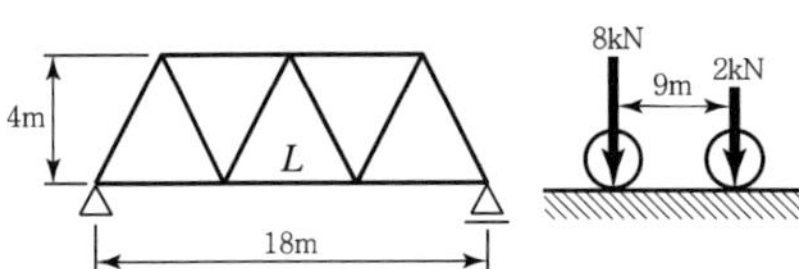

① 6.75kN ② 5.76kN
③ 4.42kN ④ 3.62kN

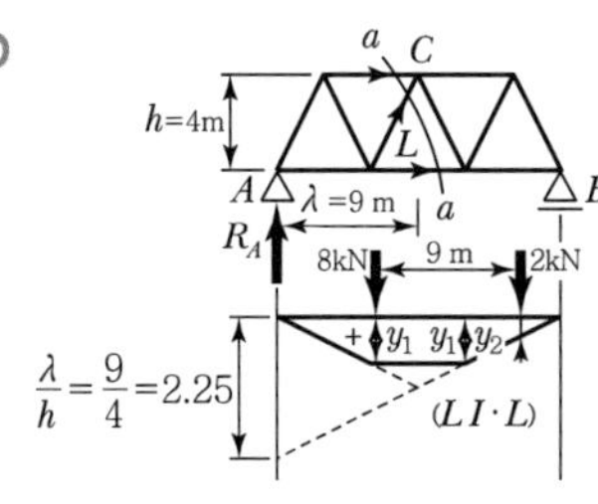

㉠ $y_1=\frac{2.25\times6}{18}=0.75$

$2.25 : y_2=18\text{m} : 3\text{m}$

㉡ $y_2=\frac{2.25\times6}{18}=0.375$

$\therefore L_{max}=P_1\times y_1+P_2\times y_2$

$=8\text{kN}\times0.75+2\text{kN}\times0.375=6.75\text{kN}$

정답 33 ① 34 ② 35 ①

재료의 성질

01 응력(Stress)

1. 정의

부재에 외력이 작용하면 부재 내부에서 외력의 크기와 같은 원상태로 회복되려는 저항력이 발생되는데 이를 응력 또는 **내력**이라 하고, 단면 전체에 대한 응력을 **전응력**(Total Stress), 단위면적에 작용하는 응력을 **단위응력**(Unit Stress) 또는 **응력**이라 한다.[단위 : N/mm²]

2. 수직응력(축방향응력)

부재 축방향으로 외력이 작용하여 부재를 인장 또는 압축시키려고 할 때 저항하여 발생하는 응력이다.

(1) 축방향 인장응력 : 인장력(P) 작용

$$\sigma_t = \frac{+P}{A} \quad (\text{N/mm}^2)$$

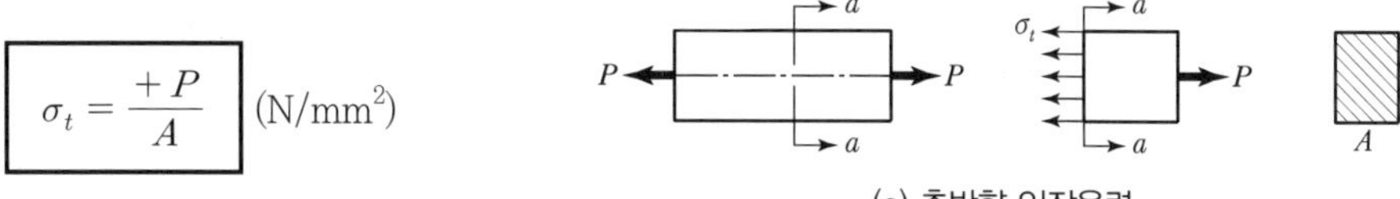

(a) 축방향 인장응력

(2) 축방향 압축응력 : 압축력(P) 작용

$$\sigma_c = \frac{-P}{A} \quad (\text{N/mm}^2)$$

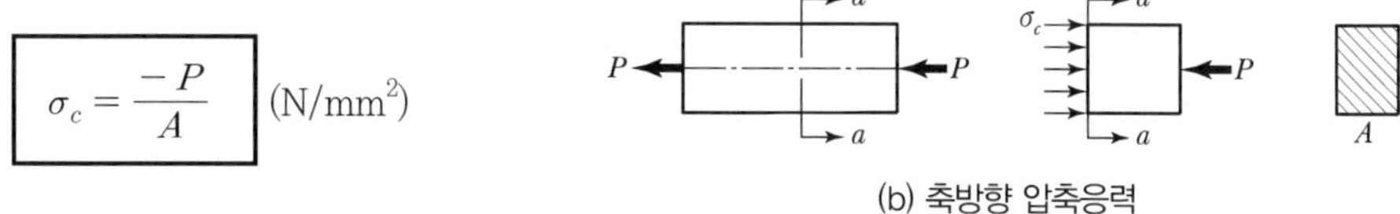

(b) 축방향 압축응력

❙(그림 1) 수직응력❙

주 트러스, 봉, 중심축 하중을 받는 단주(短柱)에 적용

3. 전단응력(Shear Stress)

부재축에 직각방향으로 외력이 작용하여 부재를 전단하려고 할 때 저항하여 발생하는 응력이다.

$$\tau = \frac{S}{A} \quad (\text{N/mm}^2)$$

여기서, S : 전단을 일으키는 힘(전단력)

A : 단면적

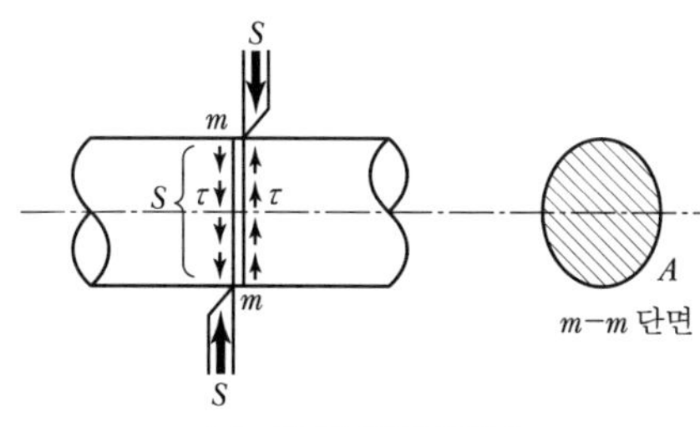

❙(그림 2) 전단응력❙

01 그림과 같은 강봉이 2개의 다른 정사각형 단면적을 가지고 하중 P를 받고 있을 때 AB가 1,500kg/cm²의 수직응력(Normal Stress)을 가지면, BC에서의 수직응력(Normal Stress)은 얼마인가?

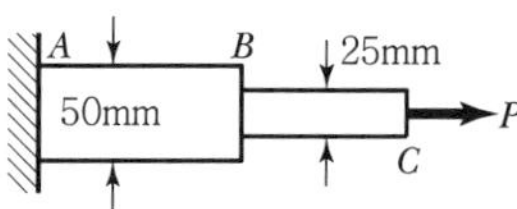

① 1,500kg/cm²　② 3,000kg/cm²
③ 4,500kg/cm²　④ 6,000kg/cm²

㉠ $\sigma_{AB} = \frac{P}{A} = \frac{P}{5 \times 5} = 1,500$

∴ $P = 37,500$kg

㉡ $\sigma_{BC} = \frac{P}{A} = \frac{37,500}{2.5 \times 2.5} = 6,000\text{kg/cm}^2$

02 그림과 같은 구조물에서 AC 강봉의 최소 직경 D의 크기는? (단, 강봉의 허용응력 $\sigma_a = 1,400\text{kN/cm}^2$으로 한다.)

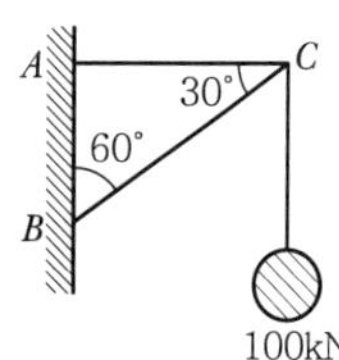

① 4mm　② 6mm
③ 8mm　④ 10mm

㉠ $a-a$ 단면으로 절단

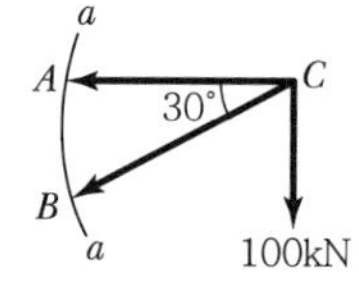

㉡ $\Sigma V = BC \cdot \sin 30° + 100 = 0$

∴ $BC = -200$kN(압축)

㉢ $\Sigma H = AC + BC \cdot \cos 30° = 0$

∴ $AC \fallingdotseq 173$kN(인장)

㉣ $\sigma = \frac{P}{A}$이므로

$$A = \frac{\pi D^2}{4} = \frac{P}{\sigma} = \frac{173}{1,400}$$

$$\therefore D = \sqrt{\frac{173 \times 4}{1,400 \times \pi}} \fallingdotseq 0.397\text{cm} \fallingdotseq 4\text{mm}$$

03 다음 Rivet Joint에서 $P = 628$kN의 힘으로 인장할 때 Rivet에 생기는 전단응력은?(단, Rivet의 지름은 2cm이다.)

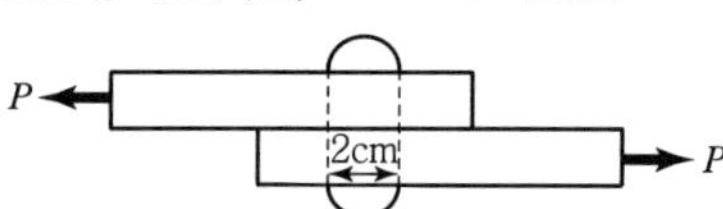

① 200kN/cm²　② 250kN/cm²
③ 300kN/cm²　④ 350kN/cm²

$$\tau = \frac{P}{A} = \frac{628}{\left(\frac{\pi \times 2^2}{4}\right)} = 200\text{kN/cm}^2$$

정답 01 ④　02 ①　03 ①

4. 리벳이음

(1) 리벳의 전단세기

① 단전단(Single Shear) : 1면에 의한 전단

㉠ 리벳의 전단응력

$$\boxed{\tau = \frac{P}{A}} = \frac{4P}{\pi D^2}$$

㉡ 리벳의 전단강도

$$\boxed{P_s = \tau_a \cdot A} = \tau_a \cdot \frac{\pi D^2}{4}$$

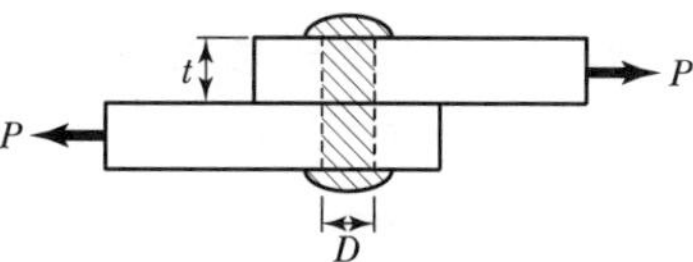

(a) 단전단이음

② 복전단(Double Shear) : 2면에 의한 전단

㉠ 리벳의 전단응력

$$\boxed{\tau = \frac{P}{2A}} = \frac{2P}{\pi D^2}$$

㉡ 리벳의 전단강도

$$\boxed{P_s = \tau_a \cdot 2A} = \tau_a \cdot \frac{\pi D^2}{2}$$

여기서, τ_a : 리벳의 허용 전단응력

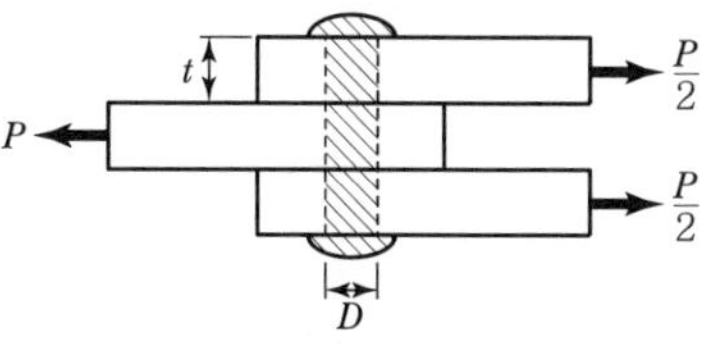

(b) 복전단이음

‖ (그림 3) 리벳이음 ‖

5. 비틀림 응력(Torsional Stress)

부재의 양끝에 반대 방향의 외력(우력)이 작용하여 부재를 비틀려고 할 때 비틀림에 저항하여 발생하는 응력을 비틀림 응력이라 하며, 이는 항상 면에 따라 작용하는 것으로 **전단응력의 일종**이다.

(1) 비틀림 응력

$$\boxed{\tau = \frac{T \cdot r}{J} = \frac{T \cdot r}{I_p}}$$

$$= \frac{16T}{\pi d^3} = \frac{2T}{\pi r^3}$$

여기서, T : 비틀림 모멘트

J : 비틀림 상수

I_p : 단면2차극모멘트$\left(I_p = \frac{\pi d^4}{32} = \frac{\pi r^4}{2}\right)$

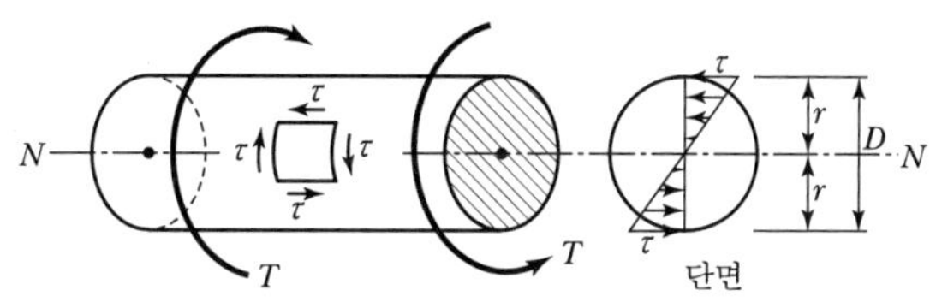

‖ (그림 4) 비틀림 응력 ‖

(2) 비틀림 각

$$\boxed{\phi = \theta \cdot L = \frac{T \cdot L}{G \cdot J}}$$

여기서, $G \cdot J$: 비틀림 강성

L : 부재의 길이

(3) 특징

① 비틀림 응력의 성질은 **전단응력**과 같다.

② 비틀림 응력은 **중심축**에서 0이다.

③ 비틀림 응력은 **원주연**에서 최대이다.

04 그림과 같은 강판의 응력을 구하면?(단, 판의 두께는 3mm이며, 리벳구멍은 19mm이다.)

① 1,280N/cm²
② 1,480N/cm²
③ 1,580N/cm²
④ 1,780N/cm²

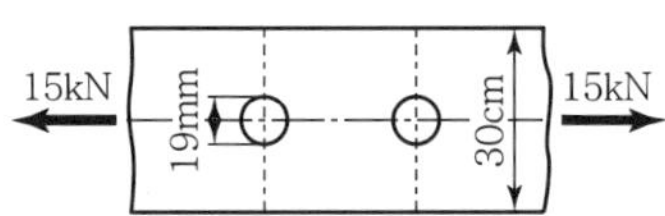

해설 $\sigma = \dfrac{P}{A} = \dfrac{15\times10^3}{(30-1.9)\times0.3} = 1{,}780\text{N/cm}^2$

05 반지름이 r인 중실축(中實軸)과 바깥 반지름이 r이고 안쪽 반지름이 $0.6r$인 중공충(中空軸)이 동일 크기의 비틀림 모멘트를 받고 있다면 중실축(中實軸) : 중공충(中空軸)의 최대 전단응력비는?

① 1 : 1.28 ② 1 : 1.24
③ 1 : 1.20 ④ 1 : 1.15

해설
㉠ $\tau_{\max1} = \dfrac{Tr}{I_{P1}} = \dfrac{Tr}{\dfrac{\pi r^4}{2}} = \dfrac{2T}{\pi r^3}$

㉡ $\tau_{\max2} = \dfrac{Tr}{I_{P2}} = \dfrac{Tr}{\dfrac{\pi(1-0.6^4)r^4}{2}}$

$= \dfrac{1}{(1-0.6^4)}\dfrac{2T}{\pi r^3} = 1.15\dfrac{2T}{\pi r^3}$

$\therefore\ \tau_{\max1} : \tau_{\max2} = 1 : 1.15$

06 그림과 같은 속이 찬 직경 6cm의 원형 축이 비틀림 T= 400kN · m를 받을 때 단면에서 발생하는 최대 전단응력은?

① 926.5kN/cm²
② 932.6kN/cm²
③ 943.1kN/cm²
④ 950.2kN/cm²

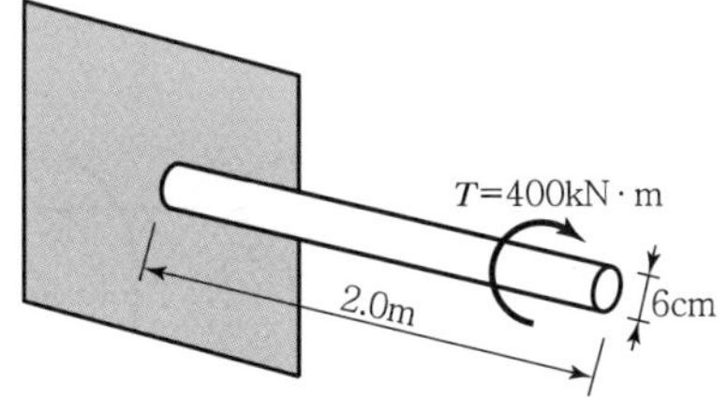

해설
〈공식〉

$$\tau = \frac{T\cdot r}{J} = \frac{T\cdot\frac{d}{2}}{I_P} = \frac{T\cdot\frac{d}{2}}{\frac{\pi d^4}{32}} = \frac{16T}{\pi d^3}$$

$$\tau = \frac{16\times(400\times10^2)}{\pi\times6^3} \fallingdotseq 943.1\text{kN/cm}^2$$

여기서, $T = 400\text{kN}\cdot\text{m} = 400\times10^2\text{kN}\cdot\text{cm}$
$d = 6\text{cm}$

07 그림과 같이 X, Y축에 대칭인 빗금 친 단면에 비틀림우력 5kN · m가 작용할 때 최대 전단응력은?

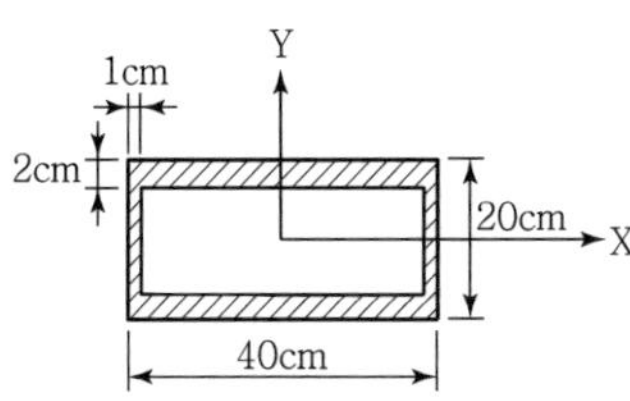

① 356.1N/cm² ② 435.5N/cm²
③ 524.3N/cm² ④ 602.7N/cm²

해설 중심선 치수의 단면적 $A_m = 39\text{cm}\times18\text{cm}$

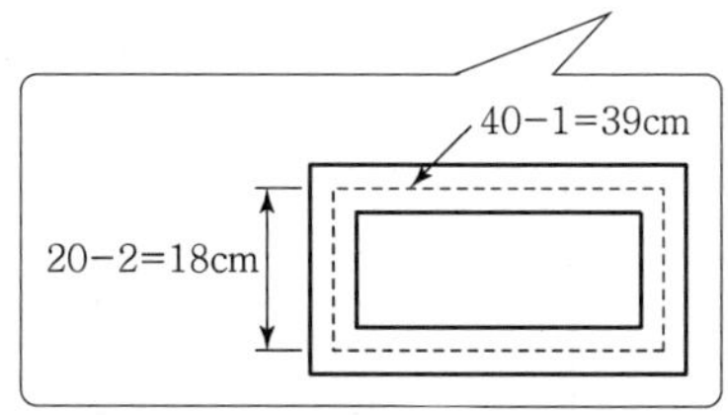

$$\therefore\ \tau_{\max} = \frac{T}{2A_m\cdot t} = \frac{5\times10^5}{2\times(39\times18)\times1}$$
$\fallingdotseq 356.1\text{N/cm}^2$

여기서, $T = 5\text{kN}\cdot\text{m} = 5\times10^5\text{N}\cdot\text{cm}$
$A_m = 39\times18\text{cm}^2$
$t = 1\text{cm}$

정답 04 ④ 05 ④ 06 ③ 07 ①

6. 온도응력(Temperature Stress)

온도의 변화$(t_1 - t_0)$에 의해 물체 내부에서 발생하는 응력이다.

(1) 온도응력

$$\sigma_t = E \cdot \varepsilon = E \cdot \frac{\Delta l}{l} = E \cdot \frac{\alpha \cdot l \cdot (t_1 - t_0)}{l} = \boxed{E \cdot \alpha \cdot (t_1 - t_0)}$$

여기서, E : 탄성계수　　　　　ε : 변형도

α : 선팽창계수(1℃ 기준)　　t_0 : 기준온도

t_1 : 측정 당시 온도

(2) 온도변형

온도에 의한 변형량$(\Delta l) = \alpha \cdot t \cdot l$

$$\therefore \varepsilon = \frac{\Delta l}{l} = \frac{\alpha \cdot t \cdot l}{l} = \boxed{\alpha \cdot t}$$

(3) 온도하중

$$P = \sigma_t \cdot A = \boxed{E \cdot A \cdot \alpha \cdot (t_1 - t_0)}$$

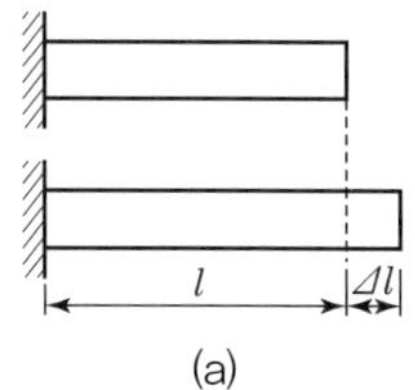

(a)

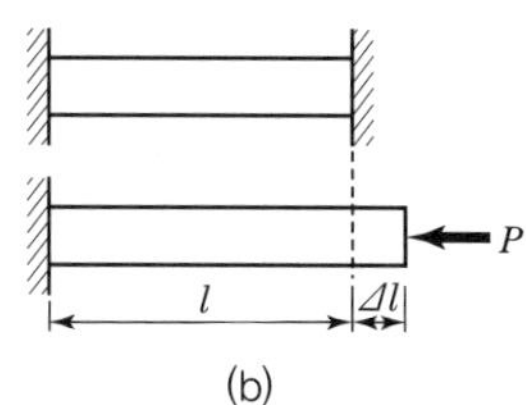

(b)

‖ (그림 5) 온도응력 ‖

주 그림 (b)와 같이 양쪽이 구속된 경우 온도가 상승하면 압축력, 온도가 하강하면 인장력이 발생된다.

>>> 기본예제

01 양단이 고정되어 있는 지름 3cm 강봉을 처음 10℃에서 25℃까지 가열하였을 때 온도응력은?(단, 탄성계수는 $2 \times 10^6 \text{kN/cm}^2$, 선팽창 계수는 1.2×10^{-5}이다.)

① 280kN/cm^2　② 360kN/cm^2　③ 420kN/cm^2　④ 480kN/cm^2

해설

$$\sigma_T = E \cdot \sigma \cdot (t - t_0) = 2 \times 10^6 \times 1.2 \times 10^{-5} \times (25 - 10) = 360\text{kN/cm}^2$$

02 다음 그림과 같이 양단이 고정된 강봉이 상온에서 20℃만큼 온도가 상승했다면 강봉에 작용하는 압축력의 크기는?[단, 강봉의 단면적 $A = 50\text{cm}^2$, $E = 2.0 \times 10^6 \text{N/cm}^2$, 열팽창계수 $\alpha = 1.0 \times 10^{-5}$(1℃에 대해서)이다.]

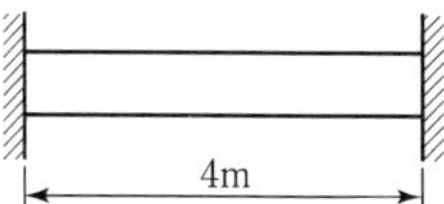

① 10kN　② 15kN　③ 20kN　④ 25kN

해설

$$P_{\Delta t} = \sigma_{\Delta t} \cdot A = (E \cdot \alpha \cdot \Delta t) \cdot A = \{(2.0 \times 10^6) \times (1.0 \times 10^{-5}) \times 20\} \times 50 = 20 \times 10^3 \text{N} = 20\text{kN}$$

정답 01 ② 02 ③

08 열응력에 대한 설명 중 틀린 것은 ?

① 재료의 선팽창 계수와 관계있다.
② 재료의 탄성계수와 관계있다.
③ 재료의 치수와 관계있다.
④ 온도차와 관계있다.

열응력 $\sigma_i = E \cdot \alpha \cdot \Delta t$이므로 치수(단면적)와는 무관하다.

09 길이 20m의 레일(Rail) 양단을 고정시키고 온도를 20℃ 상승시켰을 때 온도 응력은?(단, 선팽창계수 $\alpha = 0.000012/℃$, 탄성계수 $E = 2.1 \times 10^6 \text{kN/cm}^2$)

① 10,080kN/cm²
② 9,680kN/cm²
③ 504kN/cm²
④ 484kN/cm²

$\sigma_t = E \cdot \alpha \cdot \Delta t$

$= 2.1 \times 10^6 \times 0.000012 \times 20$

$= 504\text{kN/cm}^2$

10 단면적이 20cm²인 강봉이 온도가 10℃ 상승되더라도 길이가 변화되지 않게 하기 위하여 가해야 할 축방향 압축력은? (단, 이 재료의 탄성계수 $E = 2.1 \times 10^6 \text{kN/cm}^2$, 선팽창계수 $\alpha = 11.5 \times 10^{-6}/℃$ 이다.)

① 3,720kN
② 5,320kN
③ 4,830kN
④ 5,730kN

$P = \sigma \cdot A = (E \cdot \alpha \cdot \Delta t) \cdot A$

$= 2.1 \times 10^6 \times 11.5 \times 10^{-6} \times 10 \times 20$

$= 4{,}830\text{kN}$

정답 08 ③ 09 ③ 10 ③

7. 원환응력(Hoop Stress)

수도관이나 가스관 등에서 내압력을 받을 때 관 내부에서 발생되는 응력이다.

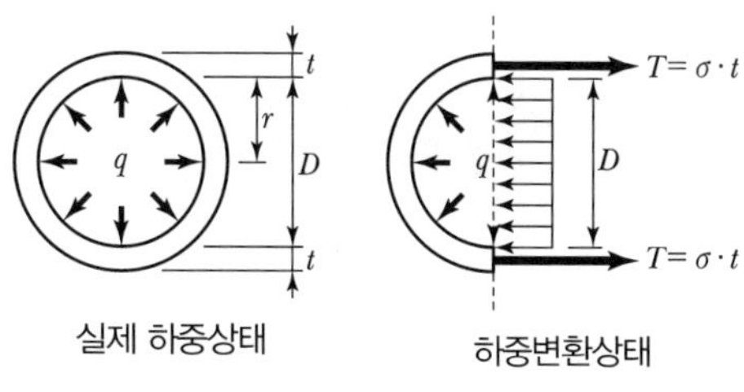

▌(그림 6) 원환응력▐

(1) 원환응력

평형조건식 $\sum H = 0$에서

$2T = qD$

$T = \dfrac{qD}{2}$

$\therefore \boxed{\sigma = \dfrac{T}{A} = \dfrac{q \cdot D}{2 \cdot t}}$

(2) 관의 두께

$\boxed{t = \dfrac{q \cdot D}{2 \cdot \sigma}}$ $\qquad \dfrac{q \cdot D}{2\sigma_a} = \dfrac{q_r}{\sigma_a}$

여기서, q : 내압력(kN/m² 또는 N/mm²)

t : 관의 두께

σ_a : 관의 허용인장응력

T : 내압력에 의한 인장력

>>> 기본예제

01 평균지름 $d = 1{,}200\text{mm}$, 벽두께 $t = 6\text{mm}$를 갖는 긴 강재 수도관(鋼製 水道管)이 $P = 10\text{kN/cm}^2$의 내압을 받고 있다. 이 관벽 속에 발생하는 원환응력(圓環應力) σ의 크기는?

① 16.6kN/cm^2 ② 450kN/cm^2 ③ 900kN/cm^2 ④ $1{,}000\text{kN/cm}^2$

해설

〈공식〉 $\sigma = \dfrac{P \cdot r}{t}$

여기서, P(내압)$= 10\text{kN/cm}^2$, r(단면반경)$= \dfrac{1{,}200}{2} = 600\text{mm} = 60\text{cm}$

t(두께)$= 6\text{mm} = 6 \times 10^{-1}\text{cm}$

$\sigma = \dfrac{Pr}{t} = \dfrac{10 \times 60}{6 \times 10^{-1}} = 1{,}000\text{kN/cm}^2$

02 지름 $d = 120\text{cm}$, 벽두께 $t = 0.6\text{cm}$인 긴 강관이 $q = 20\text{kN/cm}^2$의 내압을 받고 있다. 이 관벽 속에 발생하는 원환응력 σ의 크기는?

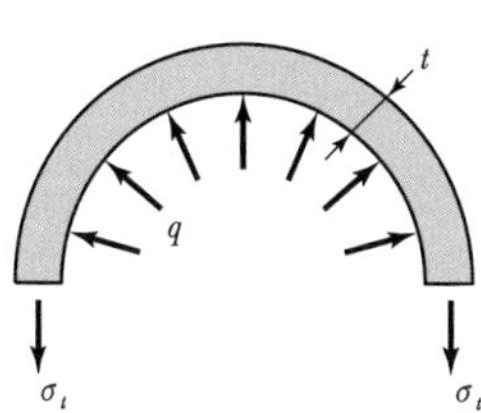

① 300kN/cm^2 ② 900kN/cm^2

③ $1{,}800\text{kN/cm}^2$ ④ $2{,}000\text{kN/cm}^2$

$\sigma = \dfrac{PD}{2t} = \dfrac{20 \times 120}{2 \times 0.6} = 2{,}000\text{kN/cm}^2$

여기서, $P = 20\text{kN/cm}^2$, $D = 120\text{cm}$, $t = 0.6\text{cm}$

정답 01 ④ 02 ④

8. 단동(單動)응력

(1) 자중에 의한 응력

단위무게가 r인 봉의 상단을 고정하고 P의 축방향 인장하중이 작용할 때 부재길이 l, 단면적 A일 때 자중에 의한 응력 σ_{max}는

$$\sigma_{max} = \frac{P + A \cdot r \cdot l}{A} = \frac{P}{A} + r \cdot l$$

$$\sigma_0 = \frac{P+0}{A}$$

$$\text{평균자중응력}(\sigma) = \frac{\sigma_{max} + \sigma_0}{2} = \boxed{\frac{P}{A} + \frac{r \cdot l}{2}}$$

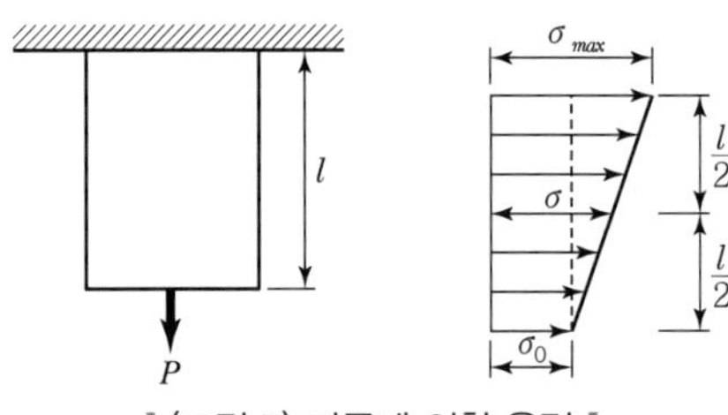

‖ (그림 7) 자중에 의한 응력 ‖

(2) 충격에 의한 응력

충격하중은 정하중의 2배를 고려하므로 충격을 주었을 때의 충격응력(σ_i)은 정하중에 의한 응력의 2배가 된다.

$$\boxed{\sigma_i = 2\sigma = 2 \times \frac{P}{A}}$$

① 충격하중에 의해 추가된 일량 : $W = P \cdot (h + \Delta l)$일 때

㉠ 추가 일량에 대한 탄성일 : $U = \dfrac{\sigma^2 \cdot A \cdot l}{2 \cdot E}$

㉡ 충격하중에 의한 추가응력 : $\sigma_i = \sqrt{\dfrac{2 \cdot E \cdot P(h + \Delta l)}{A \cdot l}}$

② 충격하중으로 인한 변형량 : Δl

선변형도 : $\varepsilon = \dfrac{\Delta l}{l} = \dfrac{\sigma}{E}$에서

$$\Delta l = \frac{\sigma \cdot l}{E} \text{가 된다.}$$

여기서, P : 축하중

A : 단면적

Δl : 충격에 대한 변형량

l : 부재길이

h : 하중 낙하고

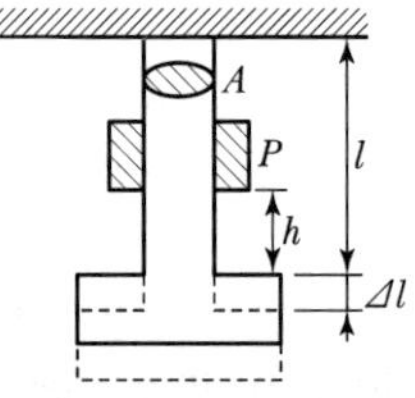

‖ (그림 8) 충격하중에 의한 추가일량 ‖

11 봉의 길이 60cm, 단면적 8cm^2인 정방형의 연강재에 20kN의 추로 10cm의 높이에서 낙하시켰을 때 일어나는 응력은 얼마인가?(단, 탄성계수 $E=2,000,000\text{kN/cm}^2$)

① $\sigma = 408.2\text{kN/cm}^2$ ② $\sigma = 816.4\text{kN/cm}^2$
③ $\sigma = 1,060\text{kN/cm}^2$ ④ $\sigma = 1,291\text{kN/cm}^2$

⊙ $\sigma = \sqrt{\dfrac{2Ewh}{AL}} = \sqrt{\dfrac{2\times 2\times 10^6\times 20\times 10}{8\times 60}}$

$= 1,290.99\text{kN/cm}^2$

12 길이 l, 단면적 A, 탄성계수 E, 단위체적의 무게 W인 막대를 매달고, 그 하단에 하중 P를 작용시켰을 때 막대의 변형(늘음량)을 구하는 식으로 옳은 것은?

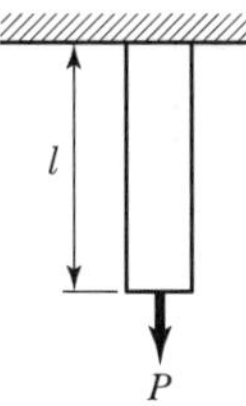

① $\dfrac{Pl}{EA}\left(1+\dfrac{AW}{2}\right)$ ② $\dfrac{l}{EA}\left(W+\dfrac{Pl}{2}\right)$
③ $\dfrac{Wl}{EA}\left(1+\dfrac{PA}{2}\right)$ ④ $\dfrac{l}{EA}\left(P+\dfrac{WAl}{2}\right)$

⊙ $P_x = P + AWx$

$\Delta l = \int_0^l \dfrac{P_x}{AE}dx$

$= \int_0^l \dfrac{P+AWx}{AE}dx$

$= \dfrac{1}{AE}\left[Px + \dfrac{1}{2}AWx^2\right]_0^l$

$= \dfrac{l}{AE}\left(P + \dfrac{AWl}{2}\right)$

13 단면적 A, 길이 l인 강철 사각보가 수직으로 매달려 있다. 단위중량이 γ일 때 자중에 의한 탄성에너지는?

① $\dfrac{\gamma}{2EA}$ ② $\dfrac{\gamma^2 A}{2E}$
③ $\dfrac{\gamma^2 Al^3}{6E}$ ④ $\dfrac{\gamma^2 A^2 l^2}{6E}$

⊙ $P_x = A\gamma x$

$U = \dfrac{1}{2}\int \dfrac{P_x}{AE}dx$

$= \dfrac{1}{2}\int_0^1 \dfrac{(A\gamma x)^2}{AE}dx$

$= \dfrac{A\gamma^2}{2E}\left[\dfrac{1}{3}x^3\right]_0^l$

$= \dfrac{A\gamma^2 l^3}{6E}$

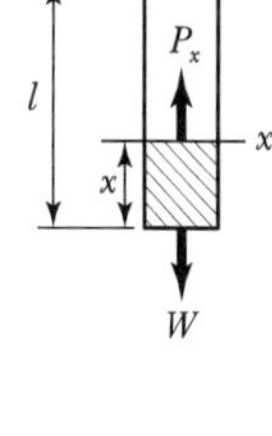

정답 11 ④ 12 ④ 13 ③

02 변형도(Strain)

1. 정의

어떤 부재(물체)에 외력이 작용하여 부재가 줄어들거나 늘어나는 것을 변형이라 하고 변형된 양을 변형 전 전체길이로 나눈 값을 변형도라 한다.

2. 선변형도(수직 변형도, 길이 변형도)

부재의 축방향으로 인장 또는 압축을 받을 때 생기는 변형도를 말한다.

(1) 세로 변형도(길이방향 변형도, 종변형도) : $\varepsilon = \dfrac{\Delta l}{l}$

(2) 가로 변형도(단면방향 변형도, 횡변형도) : $\beta = -\dfrac{\Delta d}{d}$

※ 일반적으로 $\varepsilon > \beta$

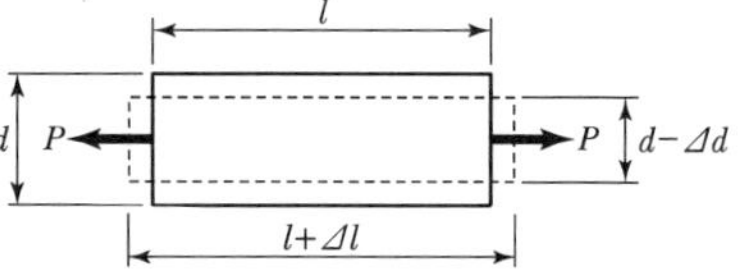

▌(그림 9) 선(세로, 가로) 변형도 ▌

(3) 푸아송 비(Poisson's Ratio) : $\boxed{\nu = \dfrac{\text{가로 변형도}(\beta)}{\text{세로 변형도}(\varepsilon)}} = \dfrac{l \cdot \Delta d}{d \cdot \Delta l}$

(4) 푸아송 수(Poisson's Number) : $\boxed{m = \dfrac{\text{세로 변형도}(\varepsilon)}{\text{가로 변형도}(\beta)}} = \dfrac{d \cdot \Delta l}{l \cdot \Delta d}$

※ 푸아송 비는 탄성한도 내에서 재료마다 거의 일정하나 이론적으로 어느 경우에도 0.5를 넘을 수 없다.

>>> 기본예제

01 직경 20mm, 길이 2m인 봉에 20kN의 인장력을 작용시켰더니 길이가 2.08m, 직경이 19.8mm로 되었다면 푸아송 비는 얼마인가?

① 0.5 ② 2 ③ 0.25 ④ 4

해설

$$\text{푸아송 비}(\nu) = \frac{\text{가로 }\varepsilon}{\text{세로 }\varepsilon} = \frac{\frac{\Delta d}{D}}{\frac{\Delta l}{l}} = \frac{l\Delta d}{D\Delta l} = \frac{2\times0.2}{20\times0.08} = 0.25$$

02 직경 50mm, 길이 2m인 봉이 힘을 받아 길이가 2mm 늘어났다면, 이때 이 봉의 직경은 얼마나 줄어드는가? [단, 이 봉의 푸아송(Poisson's)비는 0.3이다.]

① 0.015mm ② 0.030mm ③ 0.045mm ④ 0.060mm

해설

$$\text{푸아송 비}(\nu) = \frac{\text{가로 }\varepsilon}{\text{세로 }\varepsilon} = \frac{\frac{\Delta d}{D}}{\frac{\Delta l}{l}} = \frac{l\Delta d}{D\Delta l}$$

$$\therefore \Delta d = \frac{\nu \Delta l D}{l} = \frac{0.3\times2\times50}{2{,}000} = 0.015\text{mm}$$

정답 01 ③ 02 ①

14 지름 10cm, 길이 25cm인 재료에 인장력을 작용시켰더니 지름은 9.98cm로, 길이는 25.2cm로 변하였다. 이 재료의 Poisson의 수는?

① 3.0 ② 3.5
③ 4.0 ④ 4.5

⊙ $$\text{푸아송 수}(m) = \frac{\text{세로 변형률}}{\text{가로 변형률}} = \frac{\frac{0.2}{25}}{\frac{0.02}{10}} = 4$$

15 종변형도 0.0005, 횡변형도 0.0002인 재료의 푸아송 비는?

① 0.1 ② 2.5
③ 0.3 ④ 0.4

⊙ $$\nu = \frac{\beta}{\varepsilon} = \frac{0.0002}{0.0005} = \frac{2}{5} = 0.4$$

16 길이 100mm, 지름 10mm인 강봉을 당겼더니 10mm 늘어났다면 지름의 줄음양은?(단, 푸아송 비는 1/3이다.)

① $\frac{1}{3}$mm ② $\frac{1}{4}$mm
③ $\frac{1}{5}$mm ④ $\frac{1}{6}$mm

⊙ $$\text{푸아송 비} = \frac{\text{가로 변형률}\left(\frac{\Delta d}{d}\right)}{\text{세로 변형률}\left(\frac{\Delta l}{l}\right)}$$

$$\frac{1}{3} = \frac{\frac{\Delta d}{10}}{\frac{10}{100}}$$

$$\therefore \Delta d = \frac{1}{3} \times \frac{10}{100} \times 10 = \frac{1}{3}\text{mm}$$

17 지름 4cm, 길이 100cm의 둥근 막대가 인장력을 받아서 길이가 0.6cm 늘어나고 동시에 지름이 0.008cm만큼 줄었을 때 이 재료의 푸아송 수는?

① 1.5 ② 2.0
③ 2.5 ④ 3.0

⊙ $$\text{푸아송 수}(m) = \frac{\text{세로변형률}}{\text{가로변형률}} = \frac{\frac{\Delta l}{l}}{\frac{\Delta d}{d}} = \frac{d \cdot \Delta l}{l \cdot \Delta d}$$

$$= \frac{4 \times 0.6}{100 \times 0.008} = 3$$

정답 14 ③ 15 ④ 16 ① 17 ④

3. 전단변형도

[그림 10(a)]와 같은 정육면체에 수직응력은 없고 전단응력만 작용하는 경우를 **순수 전단상태**라 하고 순수 전단을 받아 (b)와 같이 변형한 각(γ)을 **전단변형도**라 하며 단위는 radian(**호도법**)으로 표시한다.

$$\gamma \fallingdotseq \tan\gamma = \frac{\lambda}{l}$$

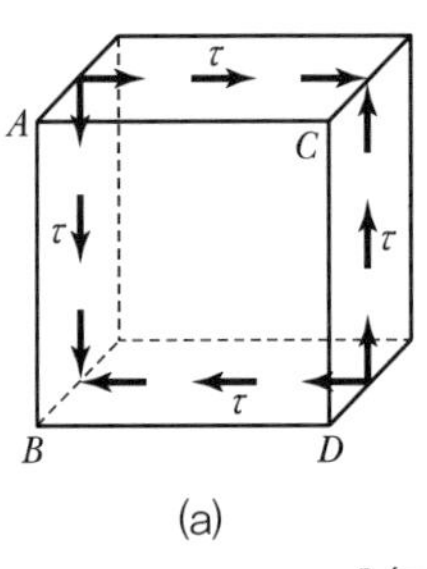

(a)

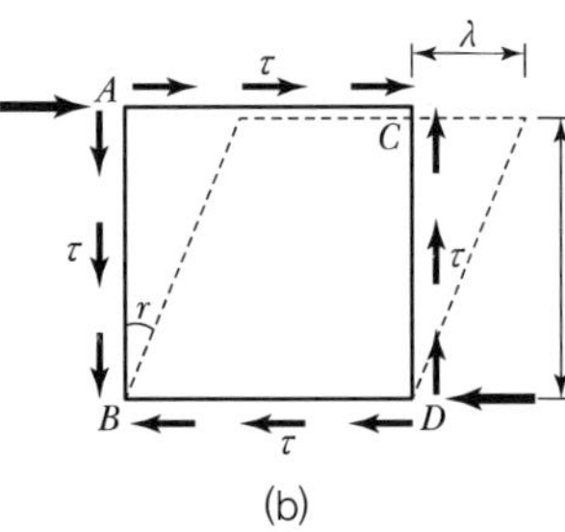

(b)

‖ (그림 10) 전단변형도 ‖

>>> 기본예제

01 그림과 같은 직사각형 판의 AB면을 고정시키고 점 C를 수평으로 0.03mm 이동시켰을 때 측면 AC의 전단변형도는?

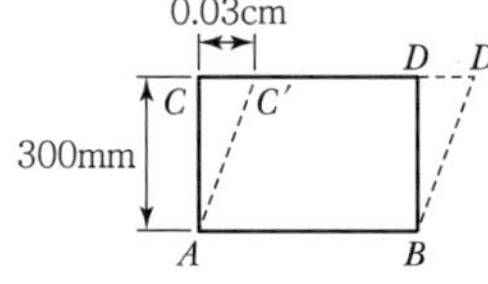

① 0.001(rad) ② 0.002(rad)

③ 0.003(rad) ④ 0.004(rad)

해설

전단변형도 $\gamma = \frac{\lambda}{l} = \frac{0.03\text{cm}}{30\text{cm}} = 0.001(\text{rad})$

$(l = 300\text{mm} = 30\text{cm})$

02 길이 20cm, 단면 20cm×20cm인 부재에 100kN의 전단력이 가해졌을 때 전단변형량은? (단, 전단 탄성계수 $G = 80{,}000\text{N/cm}^2$이다.)

① 0.0625cm ② 0.00625cm ③ 0.0725cm ④ 0.00725cm

해설

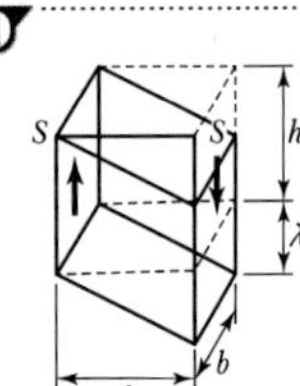

$$\tau = G \cdot \gamma$$

$$\frac{S}{A} = G\frac{\lambda}{l}$$

$$\lambda = \frac{Sl}{AG} = \frac{100 \times 10^3 \times 20}{20 \times 20 \times 80{,}000} = 0.0625\text{cm}$$

정답 01 ① 02 ①

03 탄성(Elasticity)과 소성(Plasticity)

물체가 외력을 받아 변형한 후에 외력을 제거하면 본래의 모양(원상태)으로 되돌아가는 경우와 되돌아가지 않는 경우가 있다. 이 두 가지 현상에서 본래의 모양으로 되돌아가는 성질을 **탄성**이라 하고 되돌아가지 않는 성질을 **소성**이라 한다.

1. 응력－변형도 곡선

구조용 재료로 시험편을 만들어 인장하중을 가하면서 변형도를 전기저항변형률 게이지와 변형 측정기로 측정하여 응력을 세로축에, 변형도에 가로축으로 표시한 그래프를 **응력－변형도 곡선**(Stress–Strain Diagram)이라 한다.

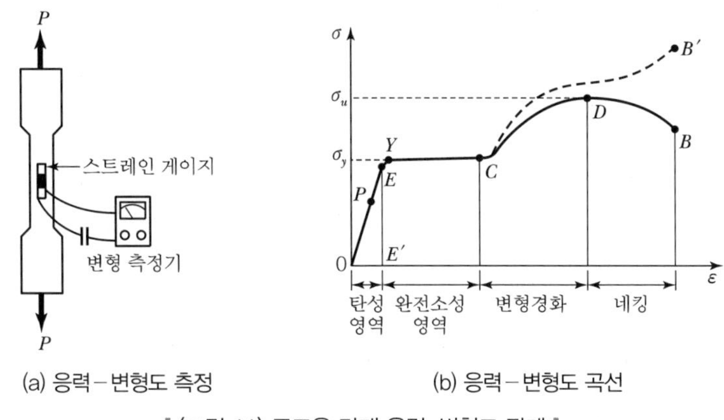

(a) 응력－변형도 측정 (b) 응력－변형도 곡선

‖ (그림 11) 구조용 강재 응력–변형도 관계 ‖

(1) 비례한계(Proportional Limit)

응력과 변형이 비례하여 **후크의 법칙이 적용**되는 범위의 한계점(P점)

(2) 탄성한계(Elastic Limit)

하중을 제거하면 원상태로 회복되는 한계점(E점)으로, 구조용 재료로 안전하게 사용할 수 있는 범위를 나타낸다.

(3) 항복점(Yielding Point)

탄성에서 소성으로 바뀌는 점, 즉 **영구변형**(0.2%)이 생기는 점으로 응력증가는 거의 없는데 변형은 급격하게 증가하는 점(Y점)

(4) 응력과 변형이 다시 증가하는 점(C점)

C점까지는 단면적 감소가 매우 적어 응력에 영향을 주지 않지만 C점을 지나면 단면의 감소로 응력과 변형이 다시 증가되어 곡선변화를 나타낸다.

(5) 극한 강도점(Ultimate Strength Point)

재료가 받을 수 있는 **최대 응력점**(D)이며, 이 점을 지나면 부재의 단면 감소현상이 눈에 보일 정도로 크게 발생한다. 이러한 현상을 부재의 **네킹**(Necking)이라 한다.

(6) **파괴점** : 부재 파괴점(B)

18 후크(Hook's Law)의 법칙과 관계있는 것은?

① 소성 ② 연성
③ 탄성 ④ 취성

재료의 성질 중 탄성한도 내(직선구간)에서는 응력과 변형도가 비례한다.

19 그림과 같은 어떤 재료의 인장시험도에서 점으로 표시된 위치의 명칭을 기록한 순서가 맞는 것은 어느 것인가?

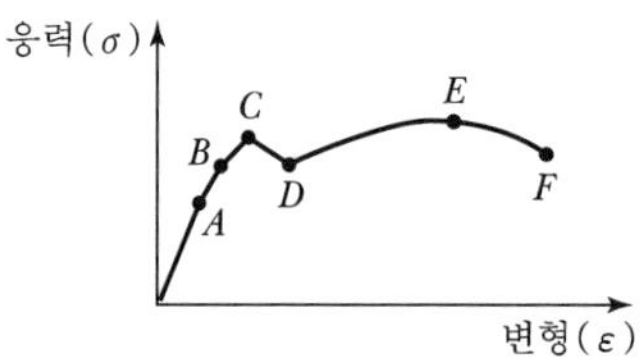

① 탄성한도, 비례한도, 상항복점, 하항복점, 극한응력, 파괴점
② 비례한도, 상항복점, 탄성한도, 하항복점, 극한응력 , 파괴점
③ 비례한도, 탄성한도, 상항복점, 하항복점, 극한응력, 파괴점
④ 탄성한도, 하항복점, 비례한도, 하항복점, 극한응력, 파괴점

재료의 안장시험결과 다음과 같이 표시된다.

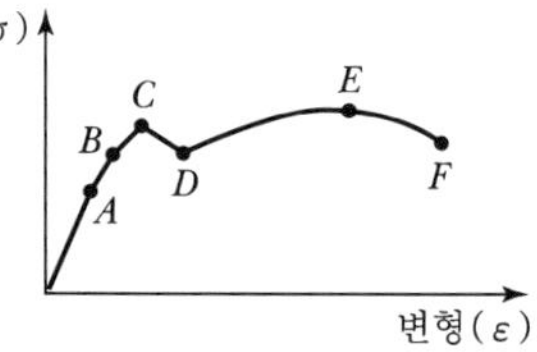

A : 비례한도, B : 탄성한도, C : 상항복점,
D : 하항복점, E : 극한 강도점, F : 파괴점

20 응력도-변형도 곡선에서 소성역에 해당되는 구간은?

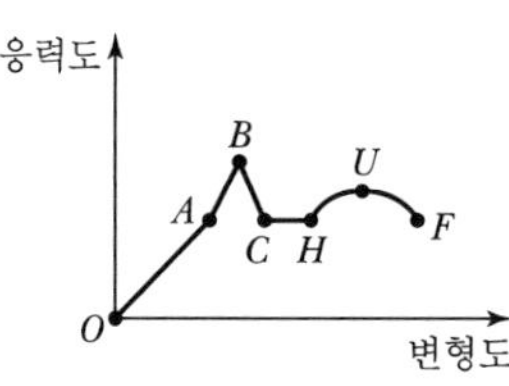

① $A-B$ ② $B-C$
③ $C-H$ ④ $A-F$

• 탄성범위 : $O \sim A$
• 소성범위 : $A \sim F$

21 다음 그림은 응력-변형도 곡선을 나타낸 것이다. 이 강재의 탄성계수 E값은?

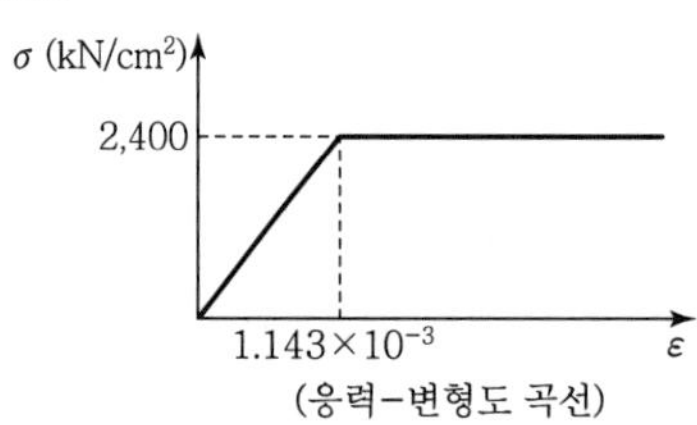

(응력-변형도 곡선)

① $8.1\times10^5\text{kN/cm}^2$ ② $2.06\times10^5\text{kN/cm}^2$
③ $8.1\times10^6\text{kN/cm}^2$ ④ $2.1\times10^6\text{kN/cm}^2$

탄성계수

$$E=\frac{\sigma}{\varepsilon}=\frac{2{,}400}{1.143\times10^{-3}}$$
$$=2{,}099.733\text{kN/cm}^2$$
$$\fallingdotseq 2.1\times10^6\text{kN/cm}^2$$

[참고] 탄성계수 E는 $\sigma-\varepsilon$ 곡선의 기울기이다.

정답 18 ③ 19 ③ 20 ④ 21 ④

2. 후크의 법칙(Hooke's Law)

탄성한도 내에서 응력은 그 변형에 비례한다.

(1) 탄성계수 : $E=\dfrac{\sigma}{\varepsilon}=\dfrac{P/A}{\Delta l/l}=\dfrac{P\cdot l}{A\cdot \Delta l}$

(2) 응력도 : $\sigma=E\cdot\varepsilon=E\dfrac{\Delta l}{l}$

(3) 탄성 변형량 : $\Delta l=\dfrac{P\cdot l}{A\cdot E}$

(4) 탄성 하중 : $P=\dfrac{E\cdot A\cdot \Delta l}{l}$

여기서, A : 단면적
P : 축방향하중
l : 부재길이
Δl : 변형량

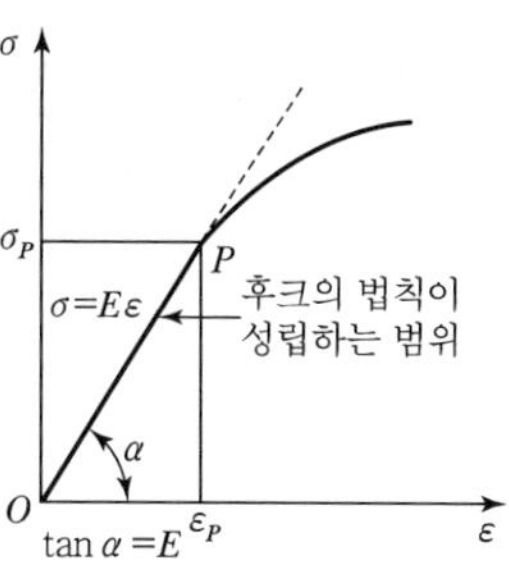

▌(그림 12) 탄성계수 ▌

>>> 기본예제

01 길이 10m, 지름 30mm인 철근이 5mm 늘어나기 위해서는 약 얼마의 하중이 필요한가?(단, $E=2\times10^6$ kN/cm^{2}이다.)

① 5,148kN ② 6,215kN ③ 7,069kN ④ 8,132kN

해설

$\Delta l=\dfrac{Pl}{EA}$

$P=\dfrac{\Delta lEA}{l}=\dfrac{0.5\times(2\times10^6)\times\left(\dfrac{\pi\times3^2}{4}\right)}{(10\times10^2)}$=7,069kN

02 직경 50mm, 길이 2m인 봉이 힘을 받아 길이가 2mm 늘어났다면, 이 봉의 직경은 얼마나 줄어드는가?(단, 이 봉의 푸아송 비는 0.3이다.)

① 0.015mm ② 0.030mm ③ 0.045mm ④ 0.060mm

해설

$\Delta d=\dfrac{\nu\cdot d\cdot\Delta l}{l}=\dfrac{0.3\times50\times2}{2,000}=0.015\text{mm}$

03 다음 중 단위 변형을 일으키는 데 필요한 힘은?

① 강성도 ② 유연도 ③ 축강도 ④ 푸아송 비

해설

㉠ $\delta=\dfrac{PL}{AE}$ $P=1$일 때 δ ∴ 유연도$(f)=\dfrac{L}{AE}$

㉡ $P=\dfrac{AE}{L}\delta$ $\delta=1$ 늘리는 데 필요한 힘 ∴ 강성도$(K)=\dfrac{AE}{L}$

정답 01 ③ 02 ① 03 ①

22 지름 2cm, 길이 1m인 강봉을 4kN의 힘으로 인장하였을 때, 이 강봉의 늘음량은?(단, 탄성계수 $E = 2.1 \times 10^6 \text{N/cm}^2$)

① 0.909mm ② 0.808mm
③ 0.707mm ④ 0.606mm

$$\Delta l = \frac{Pl}{EA} = \frac{4{,}000 \times 100}{2.1 \times 10^6 \times \frac{\pi \times 2^2}{4}} = 0.0606\text{cm}$$

$= 0.606\text{mm}$

23 그림에서 길이가 4m이고 한 변이 2cm인 정사각형 단면의 강재(鋼材)에 하중 8kN을 매달았을 때 강재가 늘어난 양은?(단, 탄성계수 $E = 2 \times 10^6 \text{N/cm}^2$이고 강재의 자중은 무시한다.)

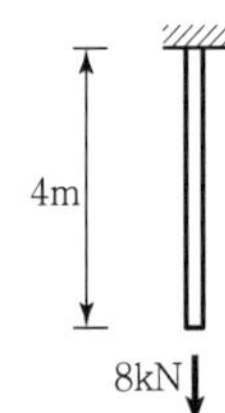

① 2mm ② 4mm
③ 6mm ④ 8mm

$$\Delta l = \frac{Pl}{AE} = \frac{8{,}000 \times 400}{(2 \times 2) \times 2 \times 10^6} = 0.4\text{cm} = 4\text{mm}$$

24 다음과 같은 단면의 지름이 $2d$에서 d로 선형적으로 변하는 원형 단면부재에 하중 P가 작용할 때, 전체 축방향 변위를 구하면?(단, 탄성계수 E는 일정하다.)

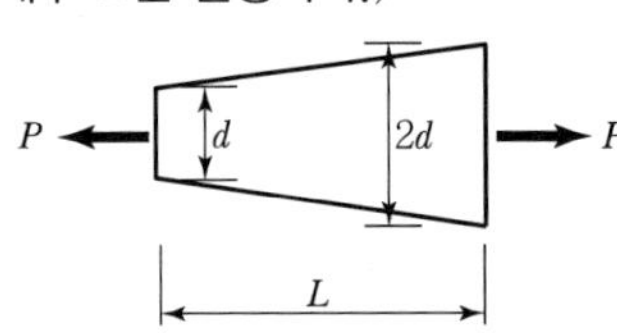

① $\dfrac{2PL}{3\pi d^2 E}$ ② $\dfrac{3PL}{2\pi d^2 E}$
③ $\dfrac{2PL}{\pi d^2 E}$ ④ $\dfrac{3PL}{\pi d^2 E}$

〈공식〉 $\delta = \dfrac{PL}{EA} = \dfrac{PL}{E \cdot \left(\dfrac{\pi d_1 d_2}{4}\right)}$

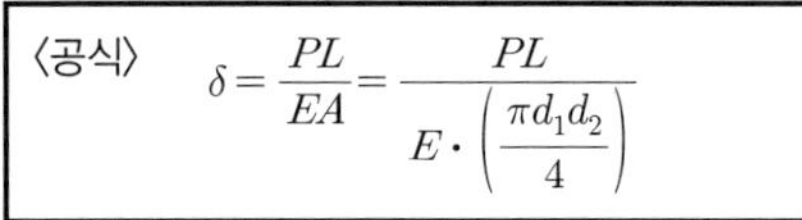

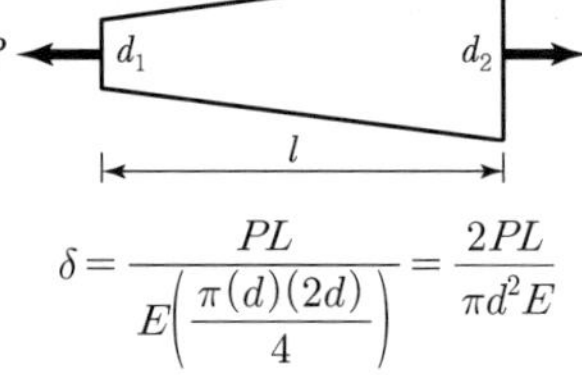

$$\delta = \frac{PL}{E\left(\frac{\pi(d)(2d)}{4}\right)} = \frac{2PL}{\pi d^2 E}$$

정답 22 ④ 23 ② 24 ③

3. 여러 탄성계수의 상호관계

(1) 영률(종탄성계수, 탄성계수, 영계수)

수직응력도(σ)와 종변형도(ε) 간의 비례상수로서 **영률**(Young's Modulus) 또는 **탄성계수**(Elastic Modulus)라 하며 보통 E로 표시하고 단위는 N/cm^2 또는 N/mm^{2}이다.

$$\boxed{E=\frac{\sigma}{\varepsilon}}=\frac{P/A}{\Delta l/l}=\frac{P\cdot l}{A\cdot \Delta l}$$

(2) 전단 탄성계수(횡탄성계수)

탄성체는 전단응력도(τ)와 전단변형도(γ) 간의 비례상수로서 **전단 탄성계수**(Shear Modulus)라고 하며 G로 표시하고 단위는 N/mm^{2}이다.

$$\boxed{G=\frac{\tau}{\gamma}}=\frac{S/A}{\lambda/l}=\frac{S\cdot l}{A\cdot\lambda}=\frac{S}{A\cdot\phi}$$

(3) 체적 탄성계수

탄성체는 체적응력도(σ)와 체적변형도(ε_V) 간의 비례상수로서 **체적 탄성계수**(Bulk Modulus)라고 하며 K로 표시하고 단위는 N/mm^{2}이다.

$$\boxed{K=\frac{\sigma}{\varepsilon_V}}=\frac{P/A}{\Delta V/V}=\frac{P\cdot V}{\Delta V\cdot A}$$

>>> 기본예제

01 단면 4cm×4cm인 부재에 5kN의 전단력을 작용시켜 전단변형도가 0.001rad일 때 전단 탄성계수(G)는?

① 312.5N/cm^2 ② 3,125N/cm^2 ③ 31,250N/cm^2 ④ 312,500N/cm^2

해설

$$G=\frac{\tau}{\gamma}=\frac{\frac{S}{A}}{0.001}=\frac{\frac{5,000}{4\times4}}{0.001}=312,500\text{N/cm}^2$$

02 그림과 같은 직육면체의 윗면에 전단력 $V=540$kg이 작용하여 그림 (b)와 같이 상면이 옆으로 0.6cm 만큼의 변형이 발생되었다. 이 재료의 전단탄성계수(G)는 얼마인가?

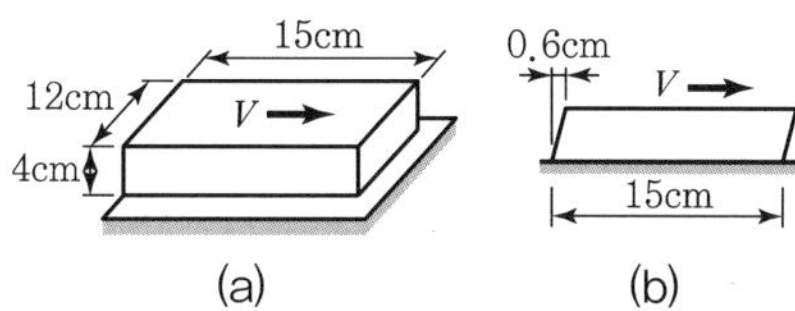

① 10kg/cm^2 ② 15kg/cm^2 ③ 20kg/cm^2 ④ 25kg/cm^2

해설

㉠ 전단응력 $\tau=\frac{S}{A}=\frac{540}{12\times15}$

㉡ 전단변형률 $\gamma=\frac{0.6}{4}$

㉢ 전단탄성계수 $G=\frac{\tau}{\gamma}=\frac{\frac{540}{12\times15}}{\frac{0.6}{4}}=20\text{kg/cm}^2$

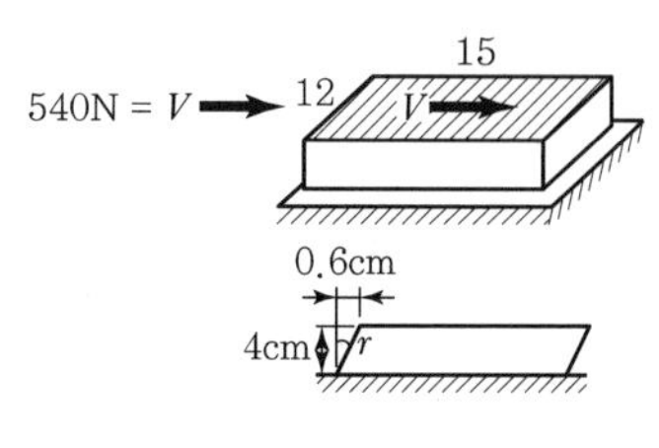

정답 01 ④ 02 ③

25 그림과 같은 단면적 A, 탄성계수 E인 기둥에서 줄음양을 구한 값은?

① $\dfrac{2Pl}{AE}$ ② $\dfrac{3Pl}{AE}$

③ $\dfrac{4Pl}{AE}$ ④ $\dfrac{5Pl}{AE}$

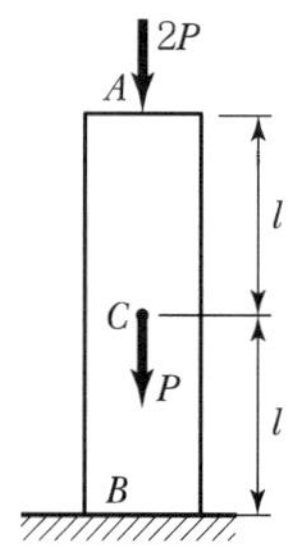

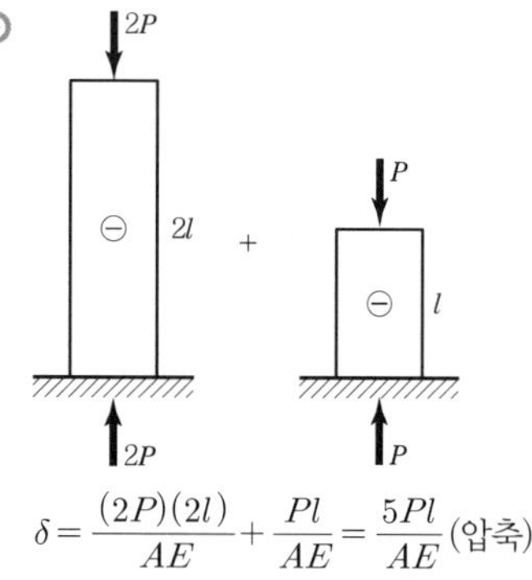

$$\delta=\frac{(2P)(2l)}{AE}+\frac{Pl}{AE}=\frac{5Pl}{AE}\text{(압축)}$$

26 다음과 같은 부재에서 길이의 변화량 δ는 얼마인가?(단, 보는 균일하며 단면적 A와 탄성계수 E는 일정하다고 가정한다.)

① $\dfrac{P\cdot l}{E\cdot A}$ ② $\dfrac{1.5P\cdot l}{E\cdot A}$

③ $\dfrac{3P\cdot l}{E\cdot A}$ ④ $\dfrac{4P\cdot l}{E\cdot A}$

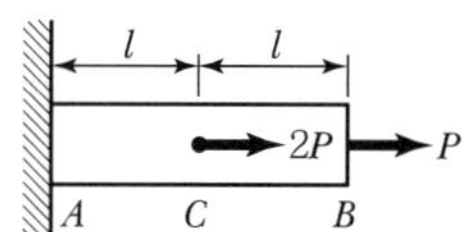

$$\Delta l=\Delta l_1+\Delta l_2=\frac{Pl}{EA}+\frac{3Pl}{EA}=\frac{4Pl}{EA}$$

27 단면적이 10cm²인 강봉이 그림과 같은 힘을 받을 때 이 강봉이 늘어난 길이는?(단, $E=2.0\times10^6\text{kN/cm}^2$)

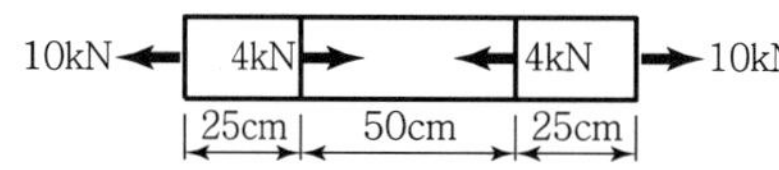

① 0.05cm ② 0.04cm

③ 0.03cm ④ 0.02cm

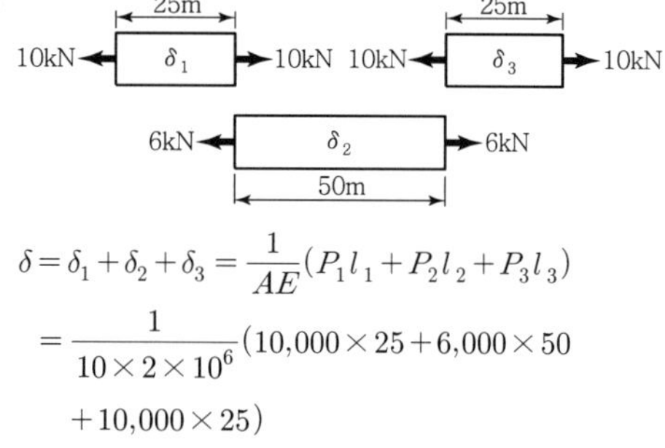

$$\delta=\delta_1+\delta_2+\delta_3=\frac{1}{AE}(P_1l_1+P_2l_2+P_3l_3)$$

$$=\frac{1}{10\times2\times10^6}(10{,}000\times25+6{,}000\times50+10{,}000\times25)$$

$$=0.04\text{cm}$$

28 그림과 같이 길이 L인 부재에서 전체 길이의 변화량(ΔL)은?(단, 보는 균일하며 단면적 A와 탄성계수 E는 일정)

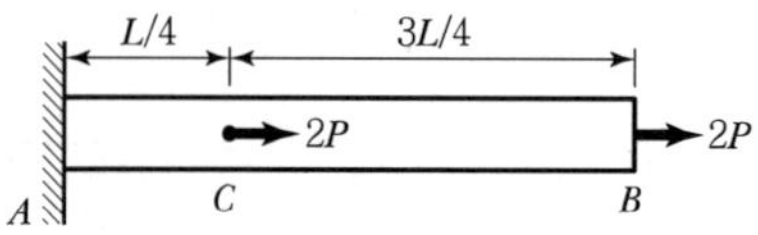

① $\dfrac{2PL}{EA}$ ② $\dfrac{2.5PL}{EA}$ ③ $\dfrac{3PL}{EA}$ ④ $\dfrac{3.5PL}{EA}$

㉠ $\Delta L_1=\dfrac{(4P)(L/4)}{EA}=\dfrac{PL}{EA}$

㉡ $\Delta L_2=\dfrac{(2P)(3L/4)}{EA}=\dfrac{3PL}{2EA}$

$$\therefore\ \Delta L=\Delta L_1+\Delta L_2=\frac{PL}{EA}+\frac{3PL}{2EA}=\frac{2.5PL}{EA}$$

정답 25 ④ 26 ④ 27 ② 28 ②

29 상하단이 고정인 기둥에 그림과 같이 힘 P가 작용한다면 반력 R_A, R_B가 옳은 것은?

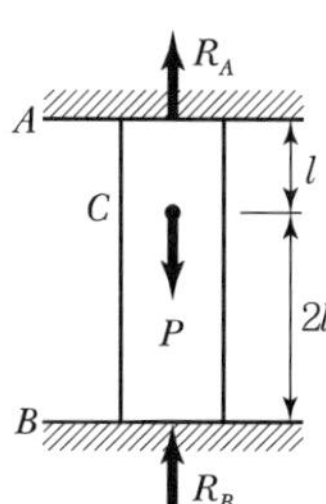

① $R_A=\frac{P}{2}$, $R_B=\frac{P}{2}$

② $R_A=\frac{P}{3}$, $R_B=\frac{2}{3}P$

③ $R_A=\frac{2}{3}P$, $R_B=\frac{P}{3}$

④ $R_A=P$, $R_B=0$

⊙ 단순보 반력식을 이용

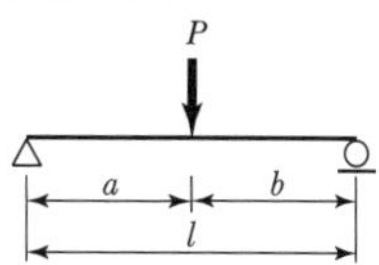

㉠ $R_A=\frac{Pb}{l}$ 에서 $R_A=\frac{P\times 2l}{l+2l}=\frac{2Pl}{3l}=\frac{2}{3}P$

㉡ $R_B=\frac{Pa}{l}$ 에서 $R_B=\frac{P\times l}{l+2l}=\frac{Pl}{3l}=\frac{1}{3}P$

30 다음에서 부재 BC에 걸리는 응력의 크기는?

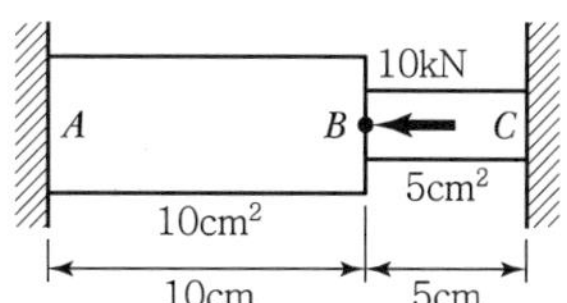

① $\frac{2}{3}\text{kN/cm}^2$　　② 1kN/cm^2

③ $\frac{3}{2}\text{kN/cm}^2$　　④ 2kN/cm^2

⊙

R_A A B 10kN C R_C $5cm^2$ $10cm^2$ 10cm 5cm

㉠ 강비

$k_{AB}:k_{BC}=\frac{A_{AB}}{l_{AB}}:\frac{A_{BC}}{l_{BC}}=\frac{10}{10}:\frac{5}{5}=1:1$

㉡ 반력

$R_A:R_C=10\times\frac{1}{2}:10\times\frac{1}{2}=5\text{kN}:5\text{kN}$

㉢ 부재 BC 응력

$\sigma_{BC}=\frac{R_C}{A_{BC}}=\frac{5}{5}=1\text{kN/cm}^2$(인장)

31 그림과 같은 직육면체의 윗면에 전단력 $V=540\text{N}$이 작용하여 그림 (b)와 같이 상면이 옆으로 0.6cm만큼의 변형이 발생되었다. 이 재료의 전단탄성계수(G)는 얼마인가?

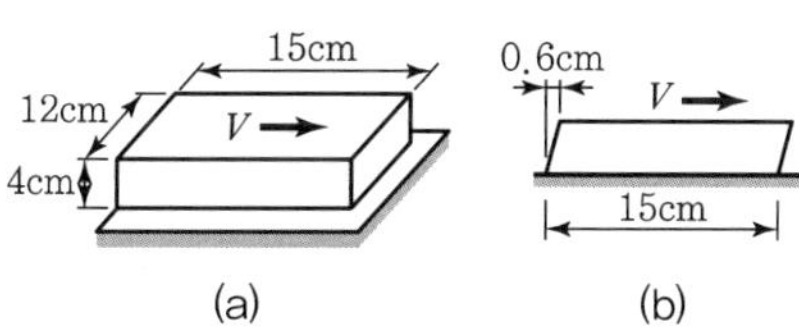

① 10N/cm^2　　② 15N/cm^2

③ 20N/cm^2　　④ 25N/cm^2

⊙

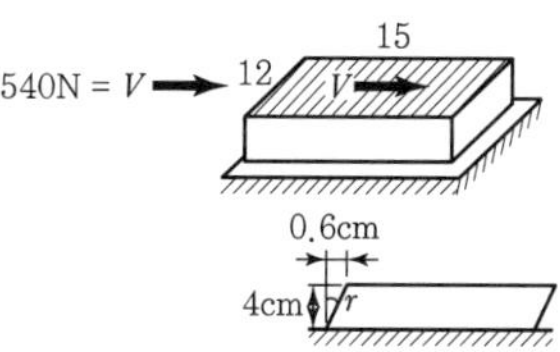

㉠ 전단응력 $\tau=\frac{S}{A}=\frac{V=540\text{N}}{12\times15}$

㉡ 전단변형률 $\gamma=\tan\gamma=\frac{0.6}{4}$

∴ 전단탄성계수(G)

$$G=\frac{\tau}{\gamma}=\frac{\frac{540}{12\times15}}{\frac{0.6}{4}}=20\text{N/cm}^2$$

〈참고〉

• 전단응력 $\tau=\frac{S}{A}=\frac{V}{bd}$

• 수직응력 $\sigma=\frac{P}{A}=\frac{P}{hd}$

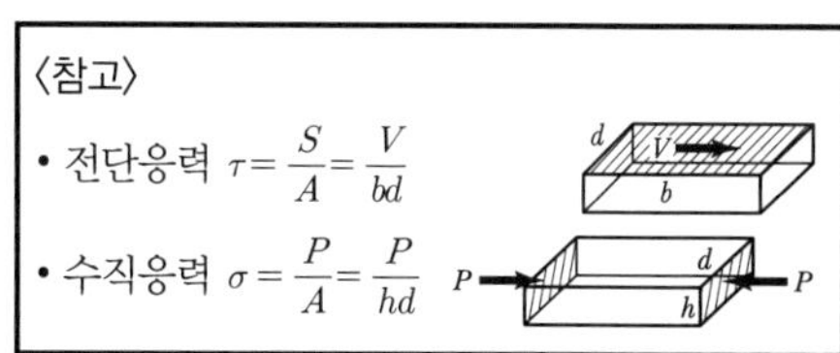

정답 29 ③　30 ②　31 ③

32 그림과 같은 2부재 트러스의 B에 수평하중 P가 작용한다. B 절점의 수평변위 δ_B는 몇 m인가?(단, EA는 두 부재가 모두 같다.)

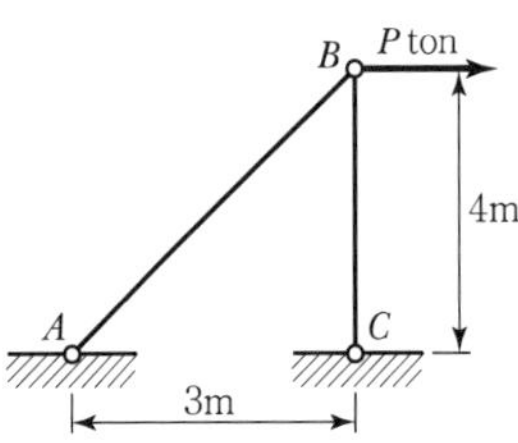

① $\delta_B = \dfrac{0.45P}{EA}$　② $\delta_B = \dfrac{2.1P}{EA}$

③ $\delta_B = \dfrac{21P}{EA}$　④ $\delta_B = \dfrac{4.5P}{EA}$

⊙ 단위하중법을 이용하면

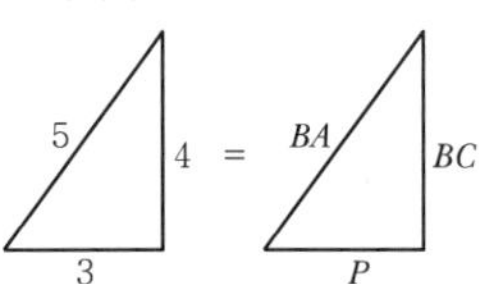

㉠ 부재력

$\overline{BA} = \dfrac{5}{3}P$, $\overline{BC} = -\dfrac{4}{3}P$

㉡ 단위 부재력($P=1$ 대입)

$\overline{P_{BA}} = \dfrac{5}{3}$, $\overline{P_{BC}} = -\dfrac{4}{3}$

㉢ $\boxed{\delta_B = \dfrac{P\bar{P}l}{AE}}$

$$= \frac{1}{AE}\left\{\underbrace{\left(\frac{5}{3}P\right)\left(\frac{5}{3}\right)(5)}_{BA} + \underbrace{\left(-\frac{4}{3}P\right)\left(-\frac{4}{3}\right)(4)}_{BC}\right\}$$

$$= \frac{21P}{AE}\text{(m)}$$

33 B점의 수직변위가 1이 되기 위한 하중의 크기 P는?(단, 부재의 축강성은 EA로 동일하다.)

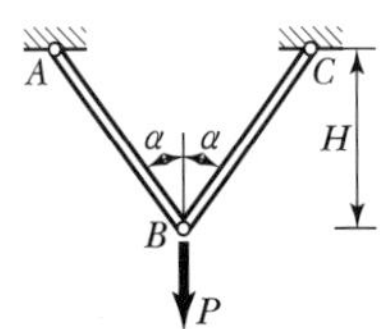

① $\dfrac{E\cos^3\alpha}{AH}$　② $\dfrac{2E\cos^3\alpha}{AH}$

③ $\dfrac{EA\cos^3\alpha}{H}$　④ $\dfrac{2EA\cos^3\alpha}{H}$

⊙ 〈공식〉 $\delta_{CV} = \dfrac{PH}{2AE\cos^3\alpha}$

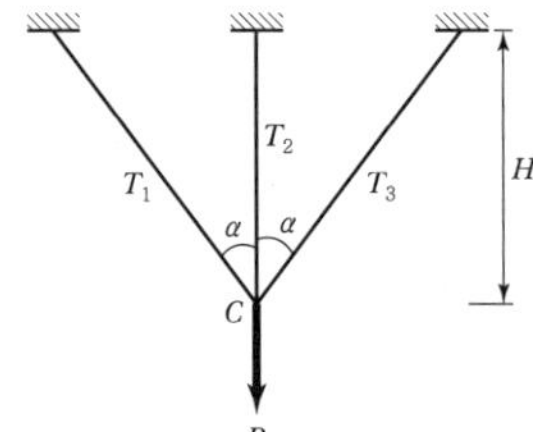

$T_1 = \dfrac{\cos^2\alpha}{2\cos^3\alpha+1}P$, $T_2 = \dfrac{1}{2\cos^3\alpha+1}P$

$T_3 = T_1$

㉠ 수직변위 $\delta_{CV} = \dfrac{PH}{2EA\cos^3\alpha}$

㉡ 수직변위 $\delta_V = 1$이 되기 위해서는 $\dfrac{PH}{2EA\cos^3\alpha} = 1$

$\therefore P = \dfrac{2EA\cos^3\alpha}{H}$

정답 32 ③ 33 ④

주 레질리언스 계수 : 재료의 인장시험결과 $\sigma \cdot \varepsilon$ 관계 그래프를 보면 탄성한도 내에서는 직선이며 단위체적당 저장되는 변형(탄성) 에너지

$$\therefore\ U = \frac{\varepsilon \cdot \sigma}{2} = \frac{\left(\frac{\sigma}{E}\right) \cdot \sigma}{2} = \frac{\sigma^2}{2E}$$

$$(\text{단위 : } U = \frac{(\mathrm{kN/cm^2})^2}{\mathrm{kN/cm^2}} = \mathrm{kN/cm^2})$$

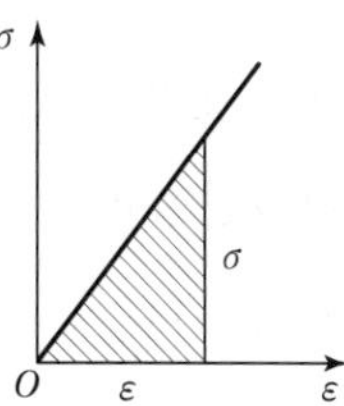

>>> 기본예제

01 지름이 4cm인 원형 강봉을 10kN의 힘으로 잡아당겼을 때 소성은 일어나지 않았고 탄성변형에 의해 길이가 1mm 증가하였다. 강봉에 축적된 탄성변형에너지는 얼마인가?

① 1.0kN · mm ② 5.0kN · mm ③ 10.0kN · mm ④ 20.0kN · mm

해설

탄성에너지 $U = \frac{P \cdot \delta}{2} = \frac{10\mathrm{kN} \times 1\mathrm{mm}}{2} = 5\mathrm{kN \cdot mm}$

02 수직 응력에 의하여 단위체적에 저장되는 변형에너지를 옳게 표시한 것은?(단, σ : 수직응력도, ε : 세로변형률, E : 탄성계수)

① $\frac{E \cdot \varepsilon}{2}$ ② $\frac{\sigma \cdot \varepsilon}{2}$ ③ $\frac{E \cdot \varepsilon}{2E}$ ④ $\frac{\sigma \cdot \varepsilon}{2E}$

해설

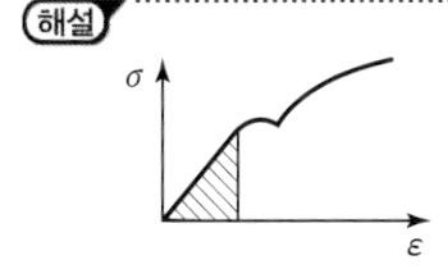

레질리언스(Resilience)−재료의 $\sigma - \varepsilon$곡선에서 최대 응력까지의 면적 $\frac{\sigma \cdot \varepsilon}{2}$이며, 이는 단위체적당 변형에너지와 같다.

03 봉의 변형에너지를 신장량의 함수로 표시한 식은?(단, L : 봉이 길이, EA : 봉의 축강성, δ : 신장량이다.)

① $V = \frac{EA\delta}{L}$ ② $V = \frac{EA\delta^2}{L^2}$ ③ $V = \frac{EA\delta^2}{2L}$ ④ $V = \frac{E^2A\delta}{L}$

해설

㉠ 변형량 $\Delta l = \delta = \frac{PL}{AE}$

$\therefore\ P = \frac{AE \cdot \delta}{L}$

㉡ 봉의 변형에너지(u)

$$u = \frac{P^2L}{2EA} = \frac{\left(\frac{AE\delta}{L}\right)^2 L}{2EA} = \frac{\frac{A^2E^2\delta^2}{L^2} \cdot L}{2EA} = \frac{AE \cdot \delta^2}{2L}$$

정답 01 ② 02 ② 03 ③

유연도와 강성도

1. 유연도(柔軟度, Flexibility)

   단위하중($P=1$)으로 인한 변형으로 $\dfrac{l}{EA}$ 로 표시한다.

2. 강성도(剛性度, Stiffness)

   단위변형($\Delta l = 1$)을 일으키는 데 필요한 힘으로 $\dfrac{EA}{l}$ 로 표시한다.

3. 강성(剛性, Rigidity)

   변형에 저항하는 성질

   ① 휨강성(EI)　　② 축강성(EA)

   ③ 전단강성(GA)　　④ 비틀림강성(GI_P)

>>> 기본예제

01 부재 AB의 강성도(Stiffness)를 바르게 나타낸 것은?

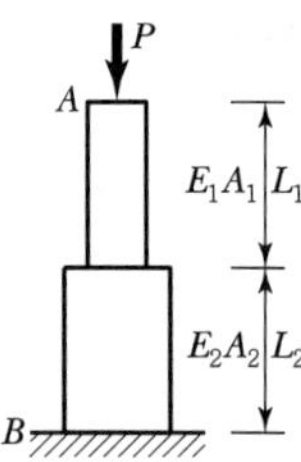

① $\dfrac{1}{\left(\dfrac{L_1}{E_1A_1}+\dfrac{L_2}{E_2A_2}\right)}$　② $\dfrac{E_1A_1}{L_1}+\dfrac{E_2A_2}{L_2}$

③ $\dfrac{E_1A_1+E_2A_2}{L_1+L_2}$　④ $\dfrac{L_1}{E_1A_1}+\dfrac{L_2}{E_2A_2}$

해설

강성도(K) : 단위변형($\delta=1$)을 일으키는 데 필요한 힘이다.

$$K=\frac{AE}{L}$$

$$\delta=\frac{PL_1}{A_1E_1}+\frac{PL_2}{A_2E_2}=1$$

$$\therefore P=\frac{1}{\dfrac{L_1}{A_1E_1}+\dfrac{L_2}{A_2E_2}}=\frac{1}{\dfrac{A_1E_1L_2+A_2E_2L_1}{A_1E_1A_2E_2}}=\frac{A_1E_1A_2E_2}{A_1E_1L_2+A_2E_2L_1}$$

정답 01 ①

34 다음 인장부재의 수직변위를 구하는 식으로 옳은 것은?(단, 탄성계수는 E)

① $\dfrac{PL}{EA}$

② $\dfrac{3PL}{2EA}$

③ $\dfrac{2PL}{EA}$

④ $\dfrac{5PL}{2EA}$

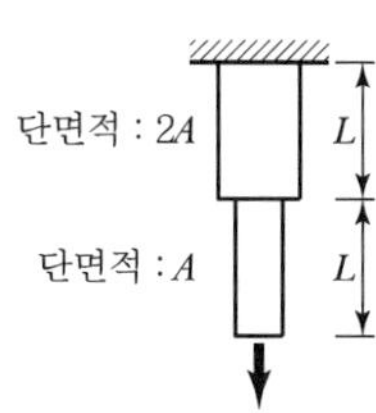

⊙ 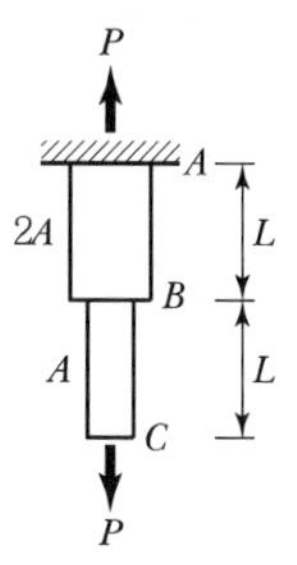

$$\delta_1 = \frac{PL}{(2A)E}$$

$$\delta_2 = \frac{PL}{AE}$$

$$\delta = \delta_1 + \delta_2 = \frac{3PL}{2AE}$$

35 그림과 같은 봉에 작용하는 힘들에 의한 봉 전체의 수직처짐의 크기는?

① $\dfrac{PL}{A_1E_1}$

② $\dfrac{2PL}{3A_1E_1}$

③ $\dfrac{4PL}{3A_1E_1}$

④ $\dfrac{3PL}{2A_1E_1}$

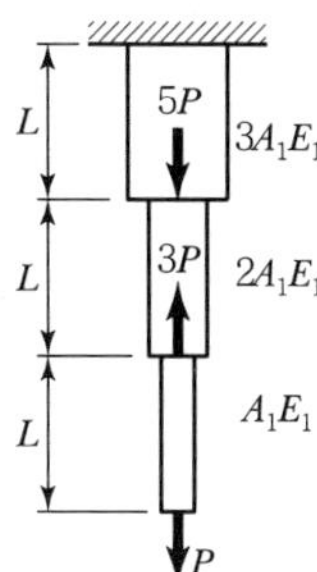

⊙ $3P$, A, L, δ_1, $3A_1E_1$, B, $3P$ / $2P$, B, L, δ_2, $2A_1E_1$, C, $2P$ / P, C, L, δ_3, A_1E_1, D, P

$$\delta = \delta_1 + \delta_2 + \delta_3$$

$$= \frac{PL}{A_1E_1}\left(\frac{3}{3} - \frac{2}{2} + \frac{1}{1}\right) = \frac{PL}{A_1E_1}$$

36 그림에 표시한 것과 같은 단면의 변화가 있는 AB 부재의 강도(Stiffness Factor)는?

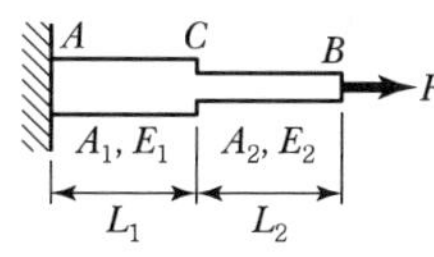

① $\dfrac{PL_1}{A_1E_1} + \dfrac{PL_2}{A_2E_2}$

② $\dfrac{A_1E_1}{PL_1} + \dfrac{A_2E_2}{PL_2}$

③ $\dfrac{A_1E_1}{L_1} + \dfrac{A_2E_2}{L_2}$

④ $\dfrac{A_1A_2E_1E_2}{L_1(A_2E_2) + L_2(A_1E_1)}$

⊙ ㉠ P ← A ① (A_1, E_1) C → P, l_1

$$\Delta L_1 = \frac{PL_1}{E_1A_1}$$

⊕

㉡ P ← C ② B → P, l_1

$$\Delta L_2 = \frac{PL_2}{E_2A_2}$$

㉢ $\Delta L = \dfrac{PL_1}{E_1A_1} + \dfrac{PL_2}{E_2A_2}$

$$= P\left(\frac{L_1E_2A_2 + L_2E_1A_1}{E_1A_1E_2A_2}\right)$$

㉣ $(\Delta L = 1 \rightarrow P = K)$

$$P = K = \frac{A_1A_2E_1E_2}{L_1(A_2E_2) + L_2(A_1E_1)}$$

정답 34 ② 35 ① 36 ④

(4) 탄성계수의 상호관계

① 탄성계수(E)와 전단 탄성계수(G)의 관계

$$\boxed{E = 2G(1+\nu)}$$

$$\boxed{\text{푸아송 비}(\nu) = \frac{1}{m}}$$

$$\therefore\ G = \frac{E}{2(1+\nu)} = \frac{E}{2(1+1/m)} = \boxed{\frac{mE}{2(m+1)}} \fallingdotseq \frac{2}{5}E$$

② 탄성계수(E)와 체적 탄성계수(K)의 관계

$$\boxed{E = 3K(1-2\nu)}$$

$$\therefore\ K = \frac{E}{3(1-2\nu)} = \frac{E}{3(1-2/m)} = \boxed{\frac{mE}{3(m-2)}} \fallingdotseq \frac{4}{5}E$$

③ 탄성계수(E), 전단 탄성계수(G), 체적 탄성계수(K)의 관계

$E > K > G$

④ 전단 탄성계수(G)와 체적 탄성계수(K)의 관계

$$\boxed{G = \frac{3(m-2)}{2(m+1)} \cdot K}$$

⑤ 푸아송 비와 여러 탄성계수의 관계

$$\boxed{\nu = \frac{(E-2G)}{2G} = \frac{3K-2G}{6K+2G}}$$

>>> 기본예제

01 체적 탄성계수 K를 탄성계수 E와 푸아송 비 ν로 옳게 표시한 것은?

① $K = \dfrac{E}{3(1-2\nu)}$

② $K = \dfrac{E}{2(1-3\nu)}$

③ $K = \dfrac{2E}{3(1-2\nu)}$

④ $K = \dfrac{3E}{2(1-3\nu)}$

해설

체적탄성계수 $K = \dfrac{E}{3(1-2\nu)} = \dfrac{mE}{3(m-2)}$

정답 01 ①

37 단면적 1cm^2, 길이 2m인 강봉이 8kN의 축방향 인장력을 받을 때 0.8cm 늘어났다. 이 봉재의 탄성계수(E)와 전단 탄성계수(G)의 값을 구하라.(단, 푸아송 비는 0.3이다.)

① $E=2.0\times10^6\text{N/cm}^2,\ G=8.1\times10^5\text{N/cm}^2$
② $E=2.1\times10^6\text{N/cm}^2,\ G=8.1\times10^5\text{N/cm}^2$
③ $E=2.1\times10^6\text{N/cm}^2,\ G=7.7\times10^5\text{N/cm}^2$
④ $E=2.0\times10^6\text{N/cm}^2,\ G=7.7\times10^5\text{N/cm}^2$

㉠ $E=\dfrac{P\cdot l}{A\cdot \Delta l}=\dfrac{8{,}000\times200}{1\times0.8}=2\times10^6\text{N/cm}^2$

㉡ $G=\dfrac{E}{2(1+\nu)}=\dfrac{2\times10^6}{2(1+0.3)}\fallingdotseq 7.7\times10^5\text{N/cm}^2$

38 탄성계수 $E=2.1\times10^6\text{N/cm}^2$, 푸아송 비 $\nu=0.25$일 때 전단 탄성계수는?

① $8.4\times10^5\text{N/cm}^2$
② $1.1\times10^6\text{N/cm}^2$
③ $1.7\times10^6\text{N/cm}^2$
④ $2.1\times10^6\text{N/cm}^2$

〈공식〉 $G=\dfrac{mE}{2(m+1)}=\dfrac{E}{2(1+\nu)}$

$K=\dfrac{mE}{3(m-2)}=\dfrac{E}{3(1-2\nu)}$

㉠ $E=2.1\times10^6\text{N/m}^2$
㉡ $\nu=0.25$

$\therefore G=\dfrac{E}{2(1+\nu)}=\dfrac{2.1\times10^6\text{N/cm}^2}{2(1+0.25)}=\dfrac{2.1}{2.5}\times10^6\text{N/cm}^2=8.4\times10^5\text{N/cm}^2$

39 탄성계수는 $2.3\times10^6\text{N/cm}^2$, 푸아송 비는 0.35일 때 전단 탄성계수의 값을 구하면?

① $8.1\times10^5\text{N/cm}^2$
② $8.5\times10^5\text{N/cm}^2$
③ $8.9\times10^5\text{N/cm}^2$
④ $9.3\times10^5\text{N/cm}^2$

$G=\dfrac{E}{2(1+\nu)}=\dfrac{2.3\times10^6}{2(1+0.35)}\fallingdotseq 8.5\times10^5\text{N/cm}^2$

40 푸아송 수가 3인 강재의 전단 탄성계수와 영계수의 관계는?

① $G=\dfrac{E}{6.0}$　② $G=\dfrac{E}{4.5}$
③ $G=\dfrac{E}{3.0}$　④ $G=\dfrac{E}{2.7}$

$G=\dfrac{mE}{2(m+1)}=\dfrac{3\times E}{2(3+1)}\fallingdotseq\dfrac{E}{2.66}$

정답 37 ④ 38 ① 39 ② 40 ④

4. 합성응력(조합응력)

철근 콘크리트와 같이 탄성계수가 다른 2개 이상의 재료가 동시에 하중을 받아 같은 변형이 발생하도록 만든 부재에서 외력에 저항하여 발생하는 응력이다.

(1) 합성부재 조건(그림 13에서)

$$A_1 \neq A_2,\ E_1 \neq E_2,\ \sigma_1 \neq \sigma_2,\ \varepsilon_1 = \varepsilon_2$$

$$\therefore\ \varepsilon = \varepsilon_1 = \varepsilon_2 \quad \left(\varepsilon_1 = \frac{\sigma_1}{E_1},\ \varepsilon_2 = \frac{\sigma_2}{E_2}\right)$$

$$\sigma_1 = \varepsilon \cdot E_1, \quad \sigma_2 = \varepsilon \cdot E_2,$$

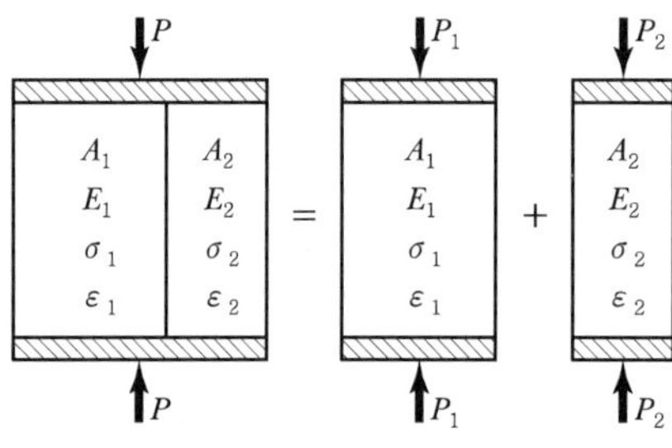

‖ (그림 13) 합성부재 ‖

(2) 축하중(P)

$P = \sigma \cdot A$를 P_1과 P_2로 나누어 생각하면

$$P_1 = \sigma_1 \cdot A_1 = A_1 \cdot E_1 \cdot \varepsilon$$

$$P_2 = \sigma_2 \cdot A_2 = A_2 \cdot E_2 \cdot \varepsilon$$

$$P = P_1 + P_2 = A_1 \cdot E_1 \cdot \varepsilon + A_2 \cdot E_2 \cdot \varepsilon = \varepsilon(A_1 \cdot E_1 + A_2 \cdot E_2)$$

$$\therefore\ \varepsilon = \frac{P}{(A_1 \cdot E_1 + A_2 \cdot E_2)}$$

(3) 합성응력

$$\sigma_1 = E_1 \cdot \varepsilon = \boxed{\frac{P \cdot E_1}{(A_1 \cdot E_1 + A_2 \cdot E_2)}} \qquad \sigma_2 = E_2 \cdot \varepsilon = \boxed{\frac{P \cdot E_2}{(A_1 \cdot E_1 + A_2 \cdot E_2)}}$$

(4) 철근콘크리트의 합성응력

철근과 콘크리트 부분의 단면은 각각 A_s, A_c, 탄성계수를 E_s, E_c라 할 때 탄성계수비 $n = \dfrac{E_s}{E_c}$라 하면 다음 식과 같이 쓸 수 있다.

① 콘크리트 응력 : $\boxed{\sigma_c = \dfrac{P \cdot E_c}{(A_c \cdot E_c + A_s \cdot E_s)}}$

$$= \frac{P}{A_c + nA_s}$$

② 철근의 응력 : $\boxed{\sigma_s = \dfrac{P \cdot E_s}{(A_c \cdot E_c + A_s \cdot E_s)}} = \dfrac{nP}{A_c + nA_s}$

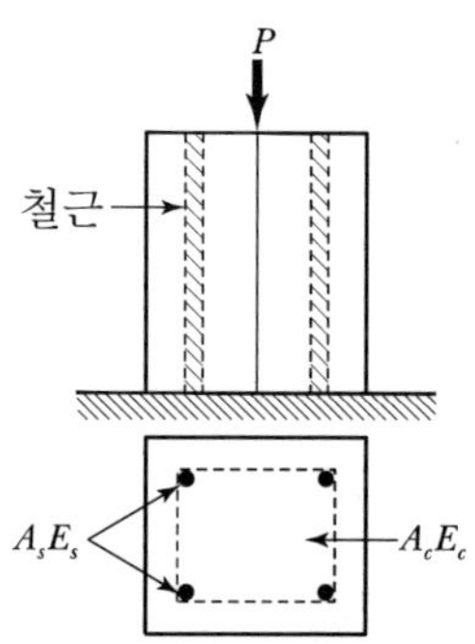

‖ (그림 14) 철근콘크리트 기둥 ‖

41 그림과 같이 강선과 동선으로 조립되어 있는 구조물에 200kN의 하중이 작용하면 강선에 발생하는 힘은?(단, 강선과 동선의 단면적은 같고, 강선의 탄성계수는 2.0×10^6kN/cm², 동선의 탄성계수는 1.0×10^6kN/cm²이다.)

① 66.7kN
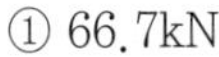
② 133.3kN
③ 166.7kN
④ 233.3kN

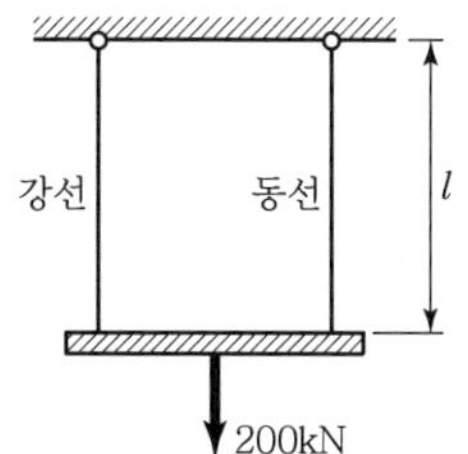

해설

강선 $E=2\times10^6$kN/cm², 동선 $E=1\times10^6$kN/cm², 2 : 1, 200kN

$\delta = \dfrac{Pl}{AE}$

$\therefore P = \dfrac{AE}{l}\delta$

$P_{강} : P_{동} = 2 : 1$

㉠ $P_{강} = (200) \times \dfrac{2}{2+1} = 133.3\text{kN}$

㉡ $P_{동} = (200) \times \dfrac{1}{2+1} = 66.66\text{kN}$

42 무게 3,000kN인 물체를 단면적이 2cm²인 1개의 동선과 양쪽에 단면적이 1cm²인 철선으로 매달았다면 철선과 동선의 인장응력 σ_s, σ_c는 얼마인가?(단, 철선의 탄성계수 $E_s = 2.1 \times 10^6$kN/cm² 동선의 탄성계수 $E_c = 1.05 \times 10^6$kN/cm²이다.)

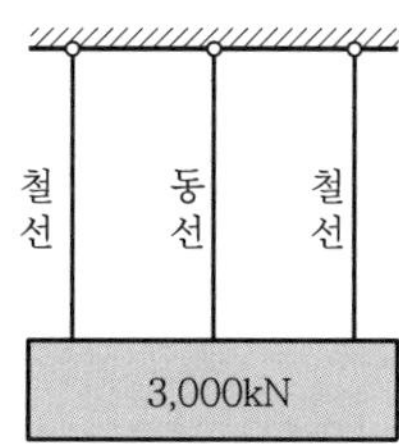

① $\sigma_s = 1,000\text{kN/cm}^2$, $\sigma_c = 1,000\text{kN/cm}^2$
② $\sigma_s = 1,000\text{kN/cm}^2$, $\sigma_c = 500\text{kN/cm}^2$
③ $\sigma_s = 500\text{kN/cm}^2$, $\sigma_c = 1,500\text{kN/cm}^2$
④ $\sigma_s = 500\text{kN/cm}^2$, $\sigma_c = 500\text{kN/cm}^2$

해설

㉠ 탄성계수비

$n = \dfrac{E_s}{E_c} = \dfrac{2.1 \times 10^6}{1.05 \times 10^6} = 2$

㉡ 동선의 응력

$\sigma_c = \dfrac{P}{A_c + nA_s} = \dfrac{3,000}{2 + 2(1 \times 2)} = 500\text{kN/cm}^2$

㉢ 철선의 응력

$\sigma_s = n\sigma_c = 2 \times 500 = 1,000\text{kN/cm}^2$

43 그림과 같은 강(Steel)과 콘크리트로 조합된 부재에서 $E_cA_c = E_sA_s = EA$이면 줄음양 Δl은?

① $\dfrac{Pl}{EA}$ ② $\dfrac{Pl}{2EA}$
③ $\dfrac{Pl}{3EA}$ ④ $\dfrac{Pl}{4EA}$

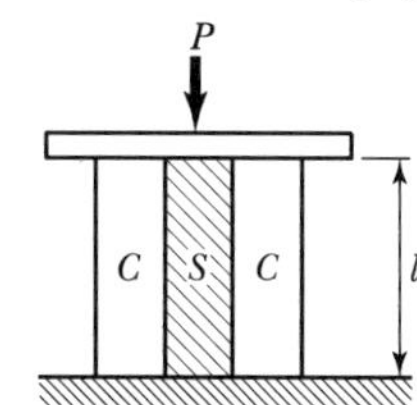

해설

$\Delta l = \dfrac{Pl}{AE}$

$= \dfrac{Pl}{A_c \cdot E_c + A_s \cdot E_s + \ldots}$

(∵ 콘크리트와 철근 2개 재료임)

$= \dfrac{Pl}{2EA}$

정답 41 ② 42 ② 43 ②

04 축응력과 변형도

1. 평면상태의 응력과 변형도

입방체의 변형상태를 그림으로 표시하면

$\varepsilon_x = x$방향 수직변형도

$\varepsilon_y = y$방향 수직변형도

$\varepsilon_z = z$방향 수직변형도

γ_{xy}, γ_{yz}, γ_{xz} =전단변형도

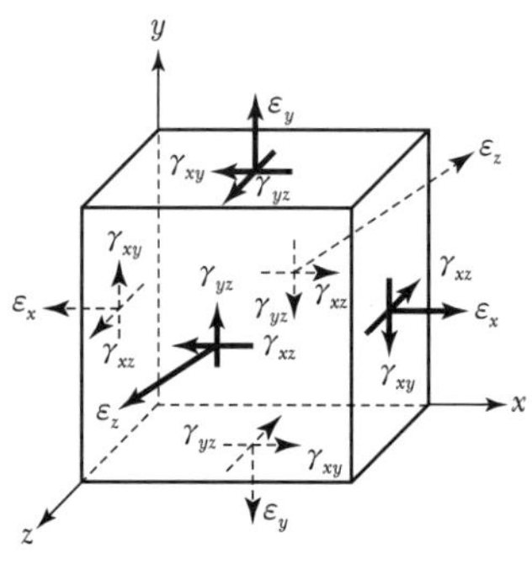

▮(그림 15) 입방체의 응력▮

이와 같은 입방체의 응력상태에서 평면상태가 되려면 어느 한 축의 응력이 없어지면 된다.

xy평면에 대해서 생각하면 xy면에 수직응력을 0으로 두면 된다.

$\varepsilon_x \neq 0,\ \varepsilon_y \neq 0,\ \varepsilon_z = 0,$

$\gamma_{xy} \neq 0,\ \gamma_{yz} = \gamma_{xz} = 0$

(1) 2축 응력에서의 변형도

$$\varepsilon_x = \frac{\sigma_x}{E} - \nu\frac{\sigma_y}{E}$$

σ_x로 인한 x방향의 변형도= $\dfrac{\sigma_x}{E}$

σ_y로 인한 x방향의 변형도=$- \nu \cdot \dfrac{\sigma_y}{E}$

ν(Poission's Ratio)= $\dfrac{\beta}{\varepsilon}$

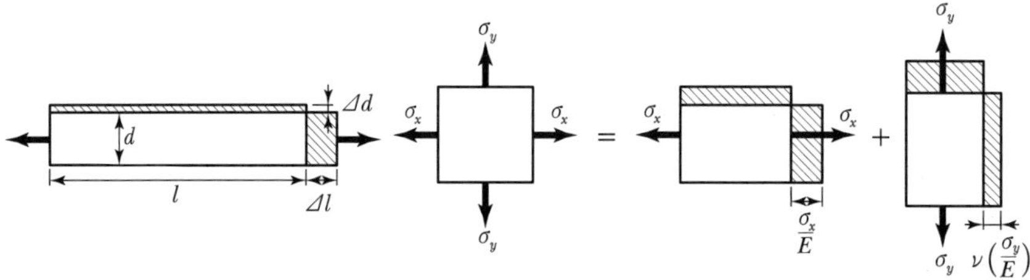

▮(그림 16) 2축 응력의 변형▮

$$\varepsilon_x = \frac{\sigma_x}{E} - \nu\frac{\sigma_y}{E}$$
$$\varepsilon_y = \frac{\sigma_y}{E} - \nu\frac{\sigma_x}{E} \quad \cdots\cdots\cdots\cdots\cdots\cdots (1)$$
$$\varepsilon_z = -\nu\frac{\sigma_x}{E} - \nu\frac{\sigma_y}{E}$$

ε_z : 입체로 볼 경우 폭으로 생각한다.

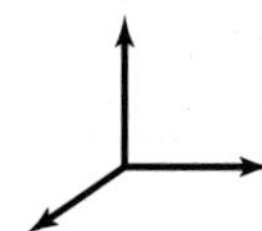

44 그림과 같이 이축응력(二軸應力) 상태에 있는 요소에서 x방향의 변형률은?(단, 이 요소의 탄성계수 $E=2\times10^6\text{kN/cm}^2$, 푸아송 비 $\nu=0.3$이다.)

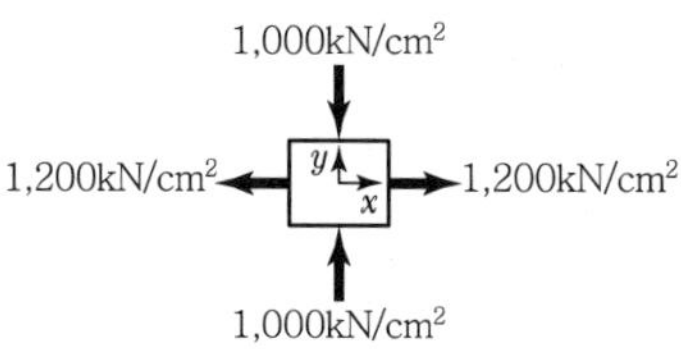

① 4.5×10^{-4}
② 5.5×10^{-4}
③ 6.5×10^{-4}
④ 7.5×10^{-4}

⊙ x방향의 변형률

$$\varepsilon_x=\frac{\sigma_x}{E}-\frac{\nu}{E}(\sigma_y+\sigma_z)$$

$$=\frac{1,200}{2\times10^6}-\frac{0.3}{2\times10^6}(-1,000+0)$$

$$=7.5\times10^{-4}$$

45 xyz 응력계에서 $P_x=6\text{kN}$, $P_y=4\text{kN}$으로 잡아당길 때 x방향의 변형이 0이 되기 위한 z방향의 힘 P_z는?(단, 푸아송 비 $\nu=0.3$)

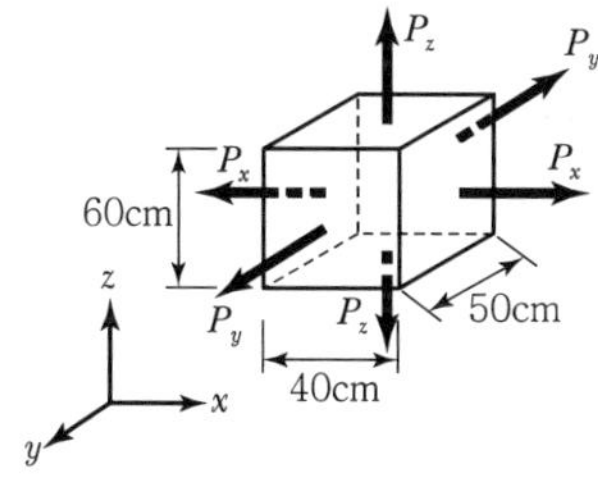

① 20kN
② 16kN
③ 10kN
④ 2kN

⊙ ㉠ $\sigma_x=\frac{P_x}{A_x}=\frac{6\times10^3}{50\times60}=2\text{N/cm}^2$

㉡ $\sigma_y=\frac{P_y}{A_y}=\frac{4\times10^3}{40\times60}=1.67\text{N/cm}^2$

㉢ $\varepsilon_x=\frac{\sigma_x}{E}-\nu\frac{\sigma_y}{E}-\nu\frac{\sigma_z}{E}=0$

$$\frac{\sigma_x}{E}-\nu\frac{\sigma_y}{E}=\nu\frac{\sigma_z}{E}$$

$$\sigma_x-\nu\sigma_y=\nu\sigma_z$$

$$\sigma_z=\frac{\sigma_x-\nu\sigma_y}{\nu}$$

$$=\frac{\sigma_x}{\nu}-\sigma_y$$

㉣ $\sigma_z=\frac{\sigma_x}{\nu}-\sigma_y=\frac{2}{0.3}-1.67=5\text{N/cm}^2$

$\therefore\ P_z=\sigma_z\times A_z=5\times40\times50=10,000\text{N}$
$=10\text{kN}$

정답 44 ④ 45 ③

(2) 2축 상태의 응력 : (1)식을 연립으로 풀 경우 2축 상태의 응력

$$\sigma_x = \frac{E}{1-\nu^2}(\varepsilon_x + \nu\varepsilon_y)$$
$$\sigma_y = \frac{E}{1-\nu^2}(\varepsilon_y + \nu\varepsilon_x)$$
$$\sigma_z = 0$$

(3) 2축 응력상태의 체적변형도

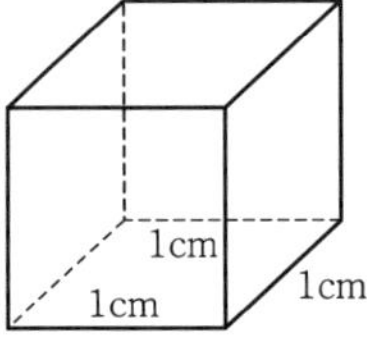

$V = 1\text{cm}^3$

$V + \Delta V = (1+\varepsilon_x)(1+\varepsilon_y)(1+\varepsilon_z)$

$\fallingdotseq (1+\varepsilon_x+\varepsilon_y+\varepsilon_z)$

$\therefore\ \Delta V = \varepsilon_x + \varepsilon_y + \varepsilon_z$

따라서, 체적변형도 $\dfrac{\Delta V}{V} = \varepsilon_x + \varepsilon_y + \varepsilon_z$에 식 (1)을 대입하면

$$\frac{\Delta V}{V} = \frac{1-2\nu}{E}(\sigma_x + \sigma_y)$$

(4) 3축 응력상태의 체적변형도

$$\frac{\Delta V}{V} = \varepsilon_V = \frac{1-2\nu}{E}(\sigma_x + \sigma_y + \sigma_z)$$

2. 체적변형도

변 길이가 l인 정육면체의 면에 수직력(압축 또는 인장) P가 작용하면 체적 V는 변형(줄어들거나 또는 늘어난다)하게 된다. 따라서, 변의 길이 l는 변형 후에 $l \pm \Delta l$가 되어 체적변형량 ΔV는 다음과 같다.

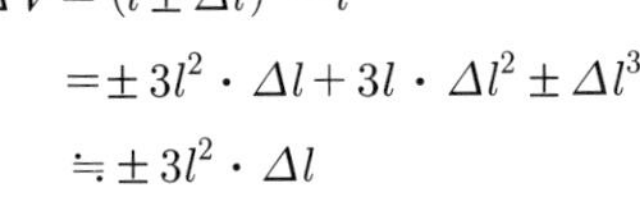

$\Delta V = (l \pm \Delta l)^3 - l^3$

$= \pm 3l^2 \cdot \Delta l + 3l \cdot \Delta l^2 \pm \Delta l^3$

$\fallingdotseq \pm 3l^2 \cdot \Delta l$

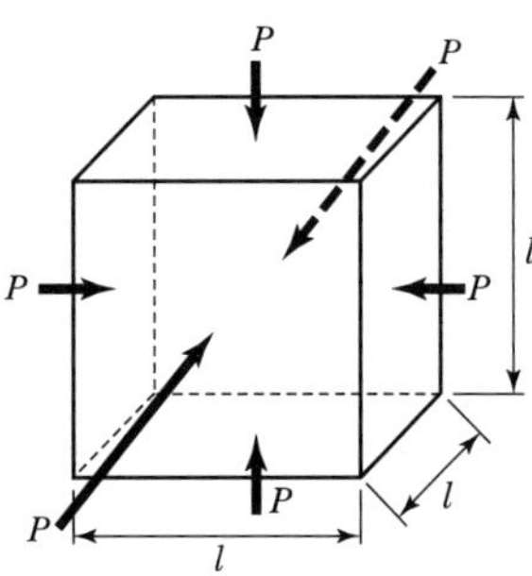

▌(그림 17) 체적변형도▐

주 Δ^2, Δl^3은 미소하여 무시한다.

체적변형도 : $\varepsilon_V = \dfrac{\Delta V}{V} = \dfrac{\pm 3l^2 \cdot \Delta l}{l^3} = \dfrac{\pm 3 \cdot \Delta l}{l} = \boxed{\pm 3 \cdot \varepsilon}$

주 체적변형도는 선변형도의 3배가 된다.

46 그림과 같이 2축응력을 받고 있는 요소의 체적변형률은?(단, 탄성계수 $E=2\times10^6\text{N/cm}^2$, 푸아송 비 $\nu=0.2$이다.)

① 1.8×10^{-4}
② 3.6×10^{-4}
③ 4.4×10^{-4}
④ 6.2×10^{-4}

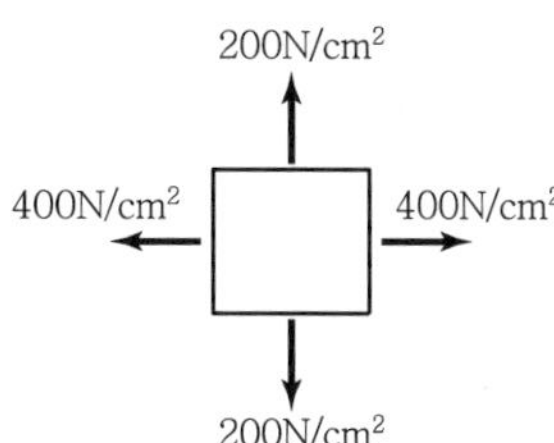

$$\varepsilon_V=\frac{\Sigma V}{V}=\frac{1-2\nu}{E}(\sigma_x+\sigma_y+\sigma_z)$$
$$=\frac{1-2\times0.2}{2\times10^6}(400+200+0)$$
$$=1.8\times10^{-4}$$

47 각 변의 길이가 10cm인 정육면체의 콘크리트가 두 직교방향으로 압축 하중 7,200N을 받고 있다. 콘크리트의 푸아송 비가 0.1, 탄성계수가 $2.79\times10^5\text{N/cm}^2$일 때 정육면체의 체적변화량은?

① 0.127cm^3(감소) ② 0.236cm^3(감소)
③ 0.318cm^3(감소) ④ 0.413cm^3(감소)

〈공식〉 $\frac{\Delta V}{V}=\frac{1-2\nu}{E}(\sigma_x+\sigma_y+\sigma_z)$

$$\Delta V=\frac{V\cdot(1-2\nu)}{E}\times(\sigma_x+\sigma_y+\sigma_z)$$
$$=\frac{10^3\times(1-2\times0.1)}{2.79\times10^5}\times\left(\frac{7,200}{100}+\frac{7,200}{100}+0\right)$$
$$=0.4129\text{cm}^3$$

48 어떤 요소를 스트레인 게이지로 계측하여 이 요소의 x방향 변형률 $\varepsilon_x=2.67\times10^{-4}$, y방향 변형률 $\varepsilon_y=6.07\times10^{-4}$을 얻었다면 x방향의 응력 σ_x는 얼마인가?(단, 푸아송 비 : 0.3, 탄성계수 : $2\times10^6\text{N/cm}^2$이다.)

① 654N/cm^2 ② 765N/cm^2
③ 876N/cm^2 ④ 987N/cm^2

$$\sigma_x=\frac{2\times10^6}{1-0.3^2}(2.67+0.3\times6.07)\times10^{-4}$$
$$=987.03\text{N/cm}^2$$

49 어떤 한 요소가 x방향응력 $\sigma_x=876\text{N/cm}^2$, y방향응력 $\sigma_y=1,154\text{N/cm}^2$의 이축응력 상태에 있다. 이 요소의 체적변형률은 얼마인가?(단, 이 요소의 푸아송 비 : 0.3, 탄성계수 : $2\times10^6\text{N/cm}^2$)

① 2.08×10^{-4} ② 2.74×10^{-4}
③ 3.40×10^{-4} ④ 4.06×10^{-4}

$$\varepsilon_v=\varepsilon_x+\varepsilon_y+\varepsilon_z=\frac{1-2\nu}{E}(\sigma_x+\sigma_y+\sigma_z)$$
$$=\frac{1-2\times0.3}{2\times10^6}\times(876+1,154+0)$$
$$=0.000406$$
$$=4.06\times10^{-4}$$

정답 46 ① 47 ④ 48 ④ 49 ④

05 경사 평면의 축응력

1. 경사 평면의 단축응력

그림과 같이 균일한 단면에 축방향 인장하중 P가 작용하면 중립축의 수직단면 ab상에는 균일한 수직응력 $\sigma = P/A$가 발생한다. 이때 θ만큼 경사진 a' b' 단면에 수직한 방향의 응력(수직응력 : σ_θ)과 접한 방향의 응력(접선 응력 : τ_θ)을 계산하면

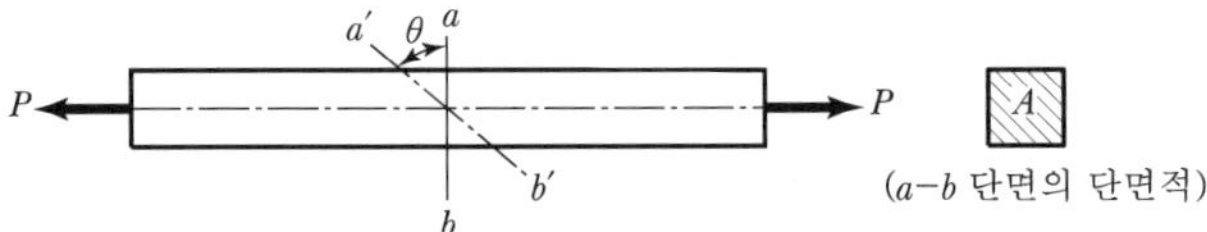

‖ (그림 18) 경사평면의 단축응력 ‖

(1) θ만큼 경사진 a' b' 단면적 A' 계산

$A = A' \cdot \cos\theta$

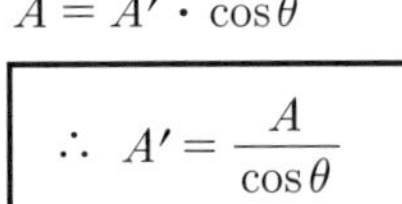

$$\therefore\ A' = \frac{A}{\cos\theta}$$

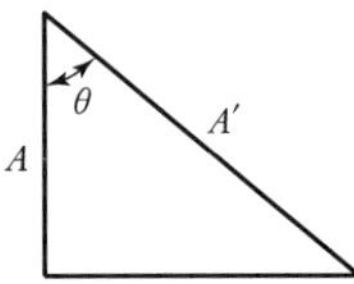

(2) θ만큼 경사진 a' b' 단면의 수직력(P')과 전단력(P'')으로 분해

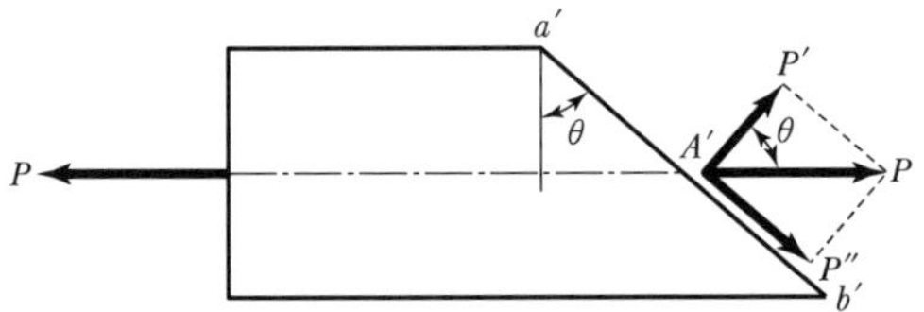

‖ (그림 19) 경사평면의 축하중분해 ‖

(3) θ만큼 경사진 단면의 수직응력(σ_θ)

$$\sigma_\theta = \frac{P'}{A'} = \frac{P\cos\theta}{\dfrac{A}{\cos\theta}} = \boxed{\frac{P}{A}\cos^2\theta}$$

경사각 θ가 0°일 때 최대 수직응력($\sigma_{\max}$)이 된다.

$$\boxed{\therefore\ \sigma_{\max} = \frac{P}{A}}$$

① 수직력 : $\boxed{P' = P \cdot \cos\theta}$ (P의 법선방향 분력)

② 전단력 : $\boxed{P'' = P \cdot \sin\theta}$ (P의 접선방향 분력)

(4) θ만큼 경사진 단면의 접선응력(전단응력)(τ_θ)

$$\tau_\theta = \frac{P''}{A'} = \frac{P\sin\theta}{\dfrac{A}{\cos\theta}} = \boxed{\frac{P}{A}\sin\theta \cdot \cos\theta = \frac{P}{2 \cdot A} \cdot \sin 2\theta}$$

경사각 θ가 45°일 때 최대 전단응력($\tau_{\max}$)이 된다.

$$\boxed{\tau_{\max} = \frac{P}{2 \cdot A} = \frac{\sigma_{\max}}{2}}$$

50 그림과 같은 단면적이 600cm²인 균일한 직사각형 단면봉이 3,000N의 축방향 하중을 받고 있다. 이때 경사 단면 $b-b$면에 작용하는 법선응력(σ_θ)과 전단응력(τ_θ)을 구한 값은?

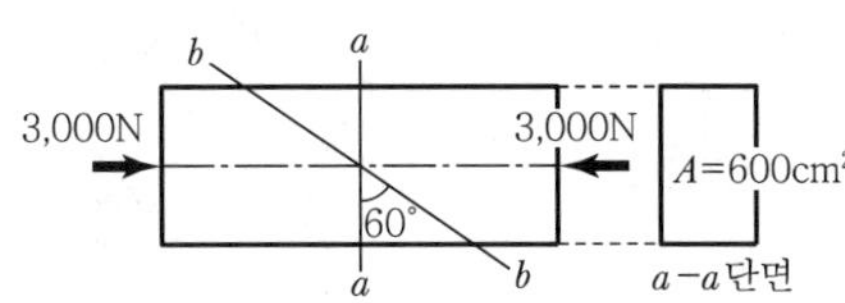

	σ_θ(N/cm²)	τ_θ(N/cm²)
①	0.43	2.85
②	1.05	4.32
③	0.26	3.21
④	1.25	2.17

해설

㉠ $\sigma_\theta = \dfrac{P}{A}cos^2\theta$

$= \dfrac{3,000}{600}\times(\cos 60°)^2$

$= 1.25\text{N/cm}^2$

㉡ $\tau_\theta = \dfrac{1}{2}\cdot\dfrac{P}{A}\cdot\sin 2\theta$

$= \dfrac{1}{2}\times\dfrac{3,000}{600}\times\sin 120°$

$= 2.165\text{N/cm}^2$

51 단면적 20cm²인 구형보에 $P=10$kN인 수직하중이 작용할 때 그림과 같은 45° 경사면에 생기는 전단응력의 크기는?

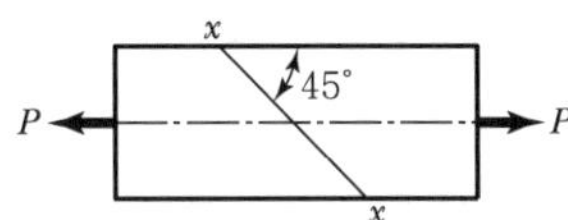

① 750N/cm² ② 500N/cm²
③ 250N/cm² ④ 633N/cm²

해설

$\tau = \dfrac{1}{2}\cdot\dfrac{P}{A}\cdot\sin 2\theta$

$= \dfrac{1}{2}\times\dfrac{10,000}{20}\times\sin 90°$

$= 250\text{N/cm}^2$

52 축인장하중 $P=2$kN을 받고 있는 지름 10cm인 원형봉 속에 발생하는 최대 전단응력은 얼마인가?

① 12.73N/cm²
② 15.15N/cm²
③ 17.56N/cm²
④ 19.98N/cm²

해설

〈공식〉 $\tau = \dfrac{\sigma}{2}\sin 2\theta$

$\theta=45$일 때 전단응력(τ)이 최대이므로

$\tau_{\max} = \dfrac{1}{2}\left(\dfrac{P}{A}\right)\sin 2\times 45° = \dfrac{1}{2}\cdot\dfrac{2,000}{\pi\times\dfrac{10^2}{4}}$

$\fallingdotseq 12.73\text{N/cm}^2$

53 다음 그림과 같이 인장력을 받는 막대에서 최대 전단력을 갖는 경사면 θ와 그 크기는?(단, σ는 x단면에서의 수직응력이다.)

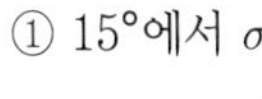
① 15°에서 σ
② 30°에서 $\dfrac{\sigma}{4}$
③ 45°에서 $\dfrac{\sigma}{2}$
④ 50°에서 $\dfrac{\sigma}{3}$

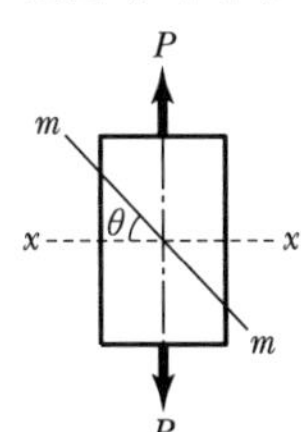

해설

〈공식〉 $\tau = \dfrac{1}{2}\sigma\sin 2\theta$ 에서

$\theta = 45° \rightarrow \tau_{(\max)} = \dfrac{\sigma}{2}$

정답 50 ④ 51 ③ 52 ① 53 ③

2. 경사평면의 2축 응력(Biaxial Stress)

단순응력에 직각방향으로 인장 또는 압축이 동시에 작용할 때의 응력을 2축 응력이라 한다. 그림과 같이 2축 방향으로 응력 σ_x, σ_y가 작용할 때 θ각만큼 경사진 단면에 대한 수직응력(Normal Stress) σ_θ와 전단응력 τ_θ를 유도하면,

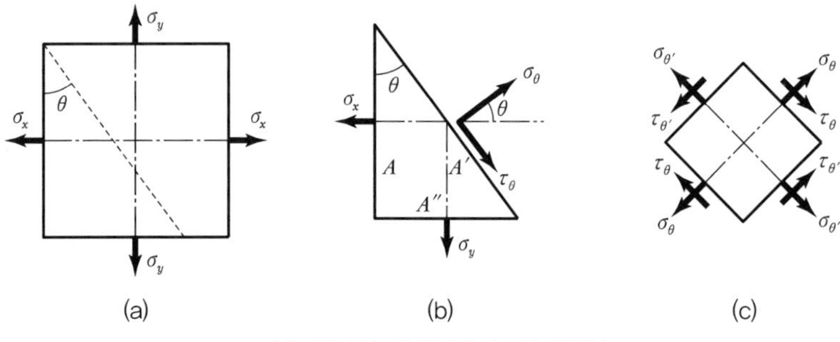

▌(그림 20) 경사평면의 2축 응력▐

(1) 위의 그림(b)에서 θ각만큼 경사진 단면(A')축에 나란한 단면(A'') 계산

$$A = A'\cos\theta \quad \therefore\ A' = \frac{A}{\cos\theta}$$

$$A'' = A\tan\theta = A \cdot \frac{\sin\theta}{\cos\theta}$$

(2) θ각만큼 경사진 단면의 수직응력(σ_θ)

평형조건에서 $\sigma_\theta \cdot A' = (\sigma_x \cdot A)\cos\theta + (\sigma_y \cdot A'') \cdot \sin\theta$

$$\frac{\sigma_\theta \cdot A}{\cos\theta} = \sigma_x \cdot A \cdot \cos\theta + \sigma_y \cdot A \cdot \frac{\sin\theta}{\cos\theta} \cdot \sin\theta$$

양변에 $\cos\theta$를 곱하고 A를 약분하면

$$\sigma_\theta = \sigma_x\cos^2\theta + \sigma_y\sin^2\theta$$

$$\sigma_\theta = \frac{\sigma_x + \sigma_x \cdot \cos 2\theta}{2} + \frac{\sigma_y - \sigma_y \cdot \cos 2\theta}{2} \qquad ※\ \left[\cos^2\theta = \frac{1+\cos 2\theta}{2},\ \sin^2\theta = \frac{1-\cos 2\theta}{2}\right]$$

$$\boxed{\therefore\ \sigma_\theta = \frac{\sigma_x + \sigma_y}{2} + \left(\frac{\sigma_x - \sigma_y}{2}\right)\cos 2\theta}$$

(3) θ각만큼 경사진 단면의 전단응력(τ_θ)

평형조건에서 $\tau_\theta \cdot A' = (\sigma_x \cdot A)\sin\theta - (\sigma_y \cdot A'')\cos\theta$

$$\frac{\tau_\theta \cdot A}{\cos\theta} = \sigma_x \cdot A \cdot \sin\theta - \sigma_y \frac{\sin\theta}{\cos\theta} \cdot \cos\theta$$

$$\tau_\theta = \sigma_x \cdot \sin\theta\cos\theta - \sigma_y\sin\theta\cos\theta$$

※ $\left[\sin\theta\cos\theta = \frac{1}{2}\sin 2\theta\right]$

$$\tau_\theta = \frac{\sigma_x}{2}\sin 2\theta - \frac{\sigma_y}{2}\sin 2\theta$$

$$\boxed{\therefore\ \tau_\theta = \left(\frac{\sigma_x - \sigma_y}{2}\right)\sin 2\theta}$$

54 그림과 같은 원형 단면재료에 1,200kN/cm²의 인장응력과 800kN/cm²의 압축응력이 서로 직각으로 작용할 때, 인장응력이 작용하는 면과 30°의 각도를 이루는 경사단면 위에 생기는 법선응력 σ_n 값은?

① 600kN/cm²

② 650kN/cm²

③ 700kN/cm²

④ 1,000kN/cm²

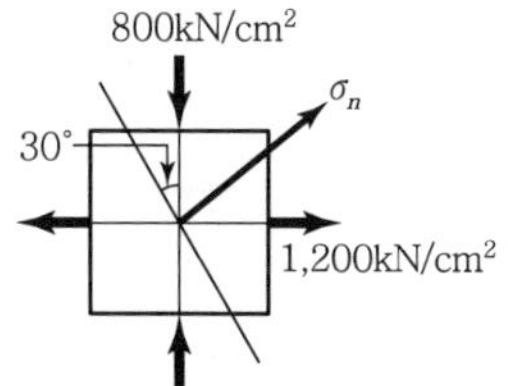

⊙ $\sigma_x = 1{,}200\text{kN/cm}^2,\ \sigma_y = -800\text{kN/cm}^2$

〈공식〉

$$\sigma_n = \sigma_{x'} = \frac{1}{2}(\sigma_x + \sigma_y) + \frac{1}{2}(\sigma_x - \sigma_y)\cos 2\theta$$

$$= \frac{1}{2}(1{,}200 - 800) + \frac{1}{2}(1{,}200 + 800)\cos 60$$

$$= 700\text{kN/cm}^2$$

55 그림과 같은 단면에 $\sigma_x = 400\text{kN/cm}^2$, $\sigma_y = -400\text{kN/cm}^2$이 작용할 때 단면 내부에 생기는 최대 전단응력의 값은?

① 0kN/cm²

② 400kN/cm²

③ 800kN/cm²

④ 200kN/cm²

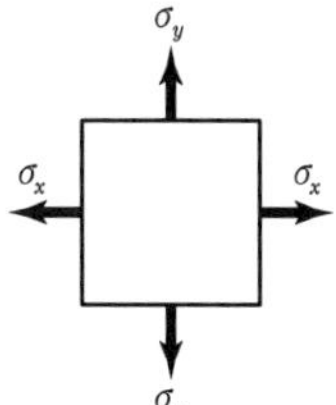

⊙ 최대 전단응력은 $\theta = 45°$일 때이므로

$$\tau_\theta = \frac{\sigma_x - \sigma_y}{2}\sin 2\theta = \frac{400 + 400}{2}\sin 90°$$

$$= 400\text{kN/cm}^2$$

56 그림과 같이 응력을 받고 있는 Plate에서 변과 45° 각을 이루고 있는 면에서 순수전단은 어느 경우에 일어나는가?

① $\sigma_x = \sigma_y$

② $\sigma_x = -\sigma_y$

③ $\sigma_x = 2\sigma_y$

④ $\sigma_x = -2\sigma_y$

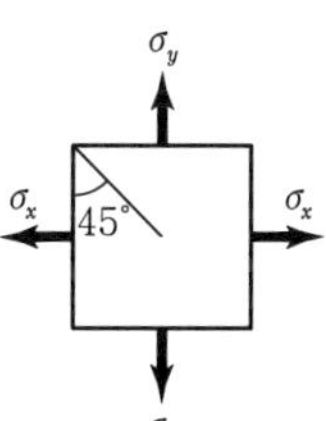

⊙ 순수전단

$\theta = 45°$인 경사면에 수직응력이 생기지 않고 순수하게 전단응력만 생기는 상태를 말한다.

∴ $\sigma_x = -\sigma_y$가 되어야 한다.

57 모아(Mohr)의 응력원이 다음 그림과 같이 하나의 점으로 나타난다면 이때의 응력상태 중 옳은 것은?

① $\sigma_1 = \sigma_2,\ \tau > 0$

② $\sigma_1 < \sigma_2,\ \tau = 0$

③ $\sigma_1 = \sigma_2,\ \tau = 0$

④ $\sigma_1 > \sigma_2,\ \tau = 0$

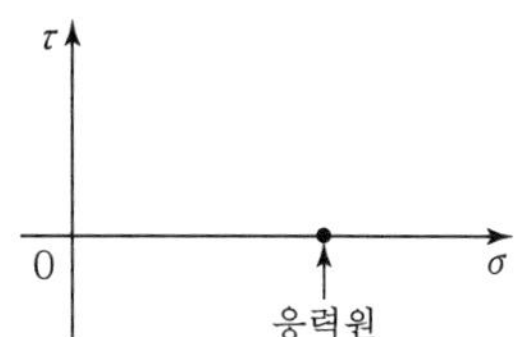

⊙ $\sigma_1 = \sigma_2,\ \tau = 0$

정답 54 ③ 55 ② 56 ② 57 ③

3. 평면응력(Plane Stress)

평면응력은 2축 방향응력(σ_x, σ_y)과 동시에 전단응력 τ_{xy}, τ_{yx}가 작용할 때 θ각만큼 경사진 단면에 대한 수직응력 σ_θ과 전단응력 τ_θ를 유도하면

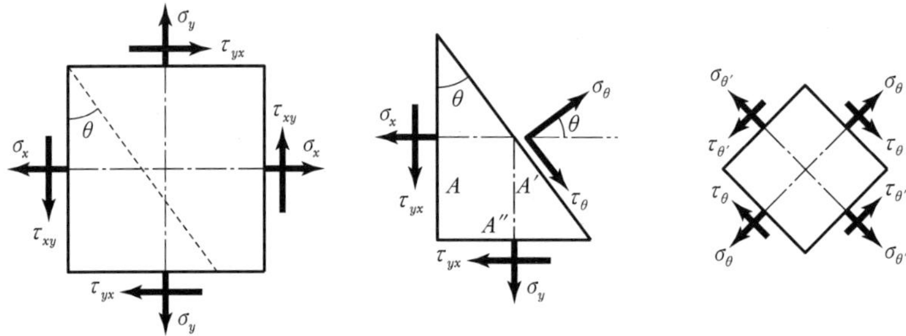

‖ (그림 21) 평면응력 ‖

(1) θ각만큼 경사진 단면의 수직응력(σ_θ)

$$\sigma_\theta \cdot A' = (\sigma_x \cdot A) \cdot \cos\theta + (\sigma_y \cdot A'') \cdot \sin\theta + (\tau_{xy} \cdot A) \cdot \sin\theta + (\tau_{xy} \cdot A'') \cdot \cos\theta$$

$$\therefore\ \sigma_\theta = \frac{\sigma_x + \sigma_y}{2} + \frac{\sigma_x - \sigma_y}{2}\cos 2\theta + \tau_{xy} \cdot \sin 2\theta$$

(2) θ각만큼 경사진 단면의 전단응력(τ_θ)

$$\tau_\theta \cdot A' = (\sigma_x \cdot A) \cdot \sin\theta - (\sigma_y \cdot A'') \cdot \cos\theta - (\tau_{xy} \cdot A) \cdot \cos\theta + (\tau_{xy} \cdot A'') \cdot \sin\theta$$

$$\therefore\ \tau_\theta = \frac{\sigma_x - \sigma_y}{2} \cdot \sin 2\theta - \tau_{xy} \cdot \cos 2\theta$$

마찬가지로 풀면(법선의 공액응력)

$$\therefore\ \sigma_\theta' = \frac{\sigma_x + \sigma_y}{2} + \frac{\sigma_x - \sigma_y}{2} \cdot \cos 2\theta - \tau_{xy} \cdot \sin 2\theta$$

$$\therefore\ \tau_\theta' = -\frac{\sigma_x - \sigma_y}{2} \cdot \sin 2\theta + \tau_{xy} \cdot \cos 2\theta$$

따라서, $\begin{cases} \sigma_\theta + \sigma_\theta' = \sigma_x + \sigma_y \\ \tau_\theta = -\tau_\theta' \end{cases}$

58 다음 그림과 같은 부재 요소에 전단응력 $\tau = 4\text{kN/cm}^2$, 인장응력 $\sigma_x = 50\text{kN/cm}^2$가 작용할 때 요소 내 최대 인장응력값은?

① 50.3kN/cm^2
② 54.4kN/cm^2
③ 56.3kN/cm^2
④ 57.4kN/cm^2

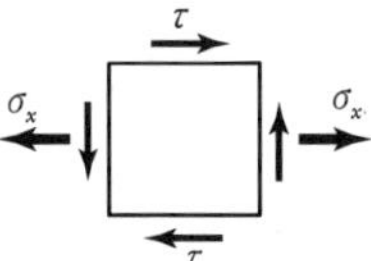

해설
$$\sigma_{\max} = \frac{\sigma_x + \sigma_y}{2} + \sqrt{\left(\frac{\sigma_x - \sigma_y}{2}\right)^2 + \tau_{xy}^2}$$
$$= \frac{50+0}{2} + \sqrt{\left(\frac{50-0}{2}\right)^2 + 4^2}$$
$$= 50.3\text{kN/cm}^2$$

59 지름 $d = 14\text{mm}$의 인장시험편이 표점 간 거리 50mm에 걸쳐 0.05mm의 신장을 보이고 있다. 이 재료의 탄성계수를 $E = 2.1 \times 10^4\text{kN/mm}^2$로 잡고 이 시험편에 걸린 최대 전단응력을 구한 값은?

① 10.5kN/mm^2　② 15.0kN/mm^2
③ 21.0kN/mm^2　④ 25.5kN/mm^2

해설
㉠ $\sigma_x = E\varepsilon = E\dfrac{\delta}{l} = 2.1 \times 10^4 \times \dfrac{0.05}{50}$
$= 21\text{kN/mm}^2$
㉡ $\sigma_y = 0$
㉢ $\tau_{xy} = 0$
$$\therefore \tau_{\max} = \sqrt{\left(\frac{\sigma_x - \sigma_y}{2}\right)^2 + \tau_{xy}^2}$$
$$= \sqrt{\left(\frac{21-0}{2}\right)^2 + 0^2}$$
$$= 10.5\text{kN/mm}^2$$

60 모아(Mohr)의 응력원에서 중심의 좌표와 반지름을 바르게 나타낸 것은?

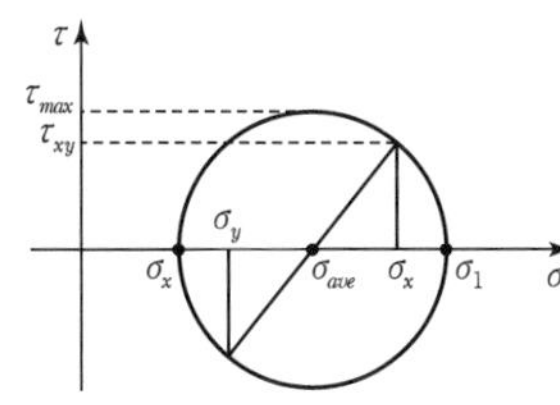

	중심의 좌표	반지름		중심의 좌표	반지름
①	$\left(\dfrac{\sigma_x+\sigma_y}{2},\ 0\right)$	최대 수직응력	②	$\left(\dfrac{\sigma_x-\sigma_y}{2},\ 0\right)$	최대 수직응력
③	$\left(\dfrac{\sigma_x+\sigma_y}{2},\ 0\right)$	최대 전단응력	④	$\left(\dfrac{\sigma_x-\sigma_y}{2},\ 0\right)$	최대 전단응력

해설
㉠ 원의 중심좌표$(\sigma,\ \tau)$
$\sigma = \sigma_y + (\sigma_x - \sigma_y) \times \dfrac{1}{2} = \dfrac{\sigma_x + \sigma_y}{2}$
$\tau = 0$
㉡ 원의 반지름$(\sigma_x - \sigma_y) \times \dfrac{1}{2} = \tau_{\max}$

〈모아(Mohr)의 응력원〉

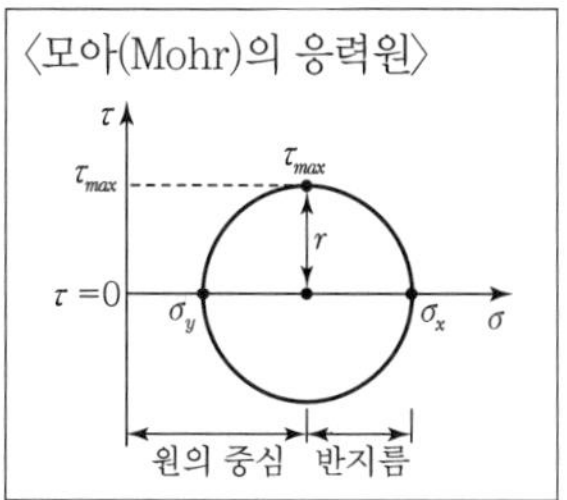

61 평면응력 상태하에서 모아(Mohr)의 응력원에 대한 설명으로 올바른 것은?

① 최대 전단응력의 크기는 두 주응력의 차이와 같다.
② 모아 원 중심의 X좌푯값은 직교하는 두 축의 수직응력의 평균값과 같고, Y좌푯값은 0이다.
③ 모아의 원이 그려지는 두 축 중 연직(Y)축은 수직응력의 크기를 나타낸다.
④ 모아의 원으로부터 주응력의 크기는 구할 수 있으나 방향은 구할 수 없다.

해설
㉠ 최대 전단응력 : $\tau_{\max} = R = \dfrac{\sigma_1 - \sigma_2}{2}$
㉡ Mohr 원의 중심 : $(\sigma_{ave},\ 0) = \left(\dfrac{\sigma_x + \sigma_y}{2},\ 0\right)$
㉢ 주단면 : $\tan 2\theta_p = \dfrac{2\tau_{xy}}{\sigma_x - \sigma_y}$

정답 58 ① 59 ① 60 ③ 61 ②

06 주응력(Principal Stress)

1. 정의

보의 임의의 단면에는 이 단면에 수직한 방향으로 휨응력과 전단응력이 일어나는데 보의 축과 임의의 경사를 가진 단면에는 이 두 수직응력의 합성응력을 받게 된다. 이 임의의 단면 가운데, **전단응력이 0인 단면을 주응력면**이라 하고 그 면에 작용하는 **수직응력을 주응력(Principal Stress)**이라 한다.

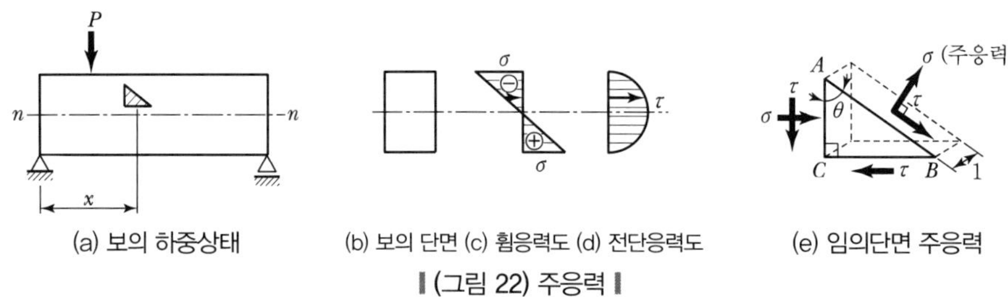

(a) 보의 하중상태 (b) 보의 단면 (c) 휨응력도 (d) 전단응력도 (e) 임의단면 주응력

‖ (그림 22) 주응력 ‖

2. 주응력의 크기

주평면에서 **전단응력** τ_θ가 0일 때 평면응력에서 **수직응력** σ_θ가 **최대 · 최소**로 나타나며 이를 **최대 · 최소 주응력**이라 한다.

주평면에서 주응력을 구하면

$\tan 2\theta = \dfrac{\tau_{xy}}{\left(\dfrac{\sigma_x - \sigma_y}{2}\right)}$ 를 다음과 같은 삼각형이라 가정하고

$$\sin 2\theta = \frac{\tau_{xy}}{\sqrt{\left(\dfrac{\sigma_x - \sigma_y}{2}\right)^2 + \tau_{xy}{}^2}}$$

$$\cos 2\theta = \frac{\left(\dfrac{\sigma_x - \sigma_y}{2}\right)}{\sqrt{\left(\dfrac{\sigma_x - \sigma_y}{2}\right)^2 + \tau_{xy}{}^2}}$$

따라서 평면응력에서 수직응력 σ_θ에 $\sin 2\theta$와 $\cos 2\theta$를 대입하면 된다.(θ를 90° 회전한 좌표에서는 sin, cos은 (−)이다.)

$\sigma_\theta = \dfrac{\sigma_x + \sigma_y}{2} + \dfrac{\sigma_x - \sigma_y}{2} \cdot \cos 2\theta + \tau_{xy} \cdot \sin 2\theta$ 에서

$$\therefore \ \sigma_{\substack{max \\ min}} = \frac{\sigma_x + \sigma_y}{2} \pm \frac{1}{2}\sqrt{(\sigma_x - \sigma_y)^2 + 4\tau_{xy}{}^2}$$

62 한 요소에서 응력이 $\sigma_x = 500\text{kN/cm}^2$, $\sigma_y = 1,500\text{kN/cm}^2$, $\tau_{xy} = -500\text{kN/cm}^2$일 때 최대 주응력의 크기는?

① $1,500\text{kN/cm}^2$ ② $1,707\text{kN/cm}^2$
③ $1,866\text{kN/cm}^2$ ④ $2,000\text{kN/cm}^2$

$$\sigma_{max} = \frac{500+1,500}{2} + \sqrt{\left(\frac{500-1,500}{2}\right)^2 + 500^2}$$
$$= 1,707\text{kN/cm}^2$$

63 구조재료 내부의 어떤 면에 350kN/cm^2의 전단응력과 280kN/cm^2의 인장응력이 작용하고 있고, 이면과 직각을 이루는 면에 210kN/cm^2의 압축응력이 작용하고 있다. 이 경우 최대 주응력은?

① 470kN/cm^2 ② 532kN/cm^2
③ 462kN/cm^2 ④ 597kN/cm^2

$$\sigma_{max} = \frac{\sigma_x + \sigma_y}{2} + \sqrt{\left(\frac{\sigma_x - \sigma_y}{2}\right)^2 + \tau_{xy}^2}$$
$$(\sigma_x = +280,\ \sigma_y = -210,\ \tau_{xy} = 350)$$
$$= \frac{280-210}{2} + \sqrt{\left(\frac{280+210}{2}\right)^2 + 350^2}$$
$$= 462\text{kN/cm}^2$$

64 평면응력을 받는 요소가 다음과 같이 응력을 받고 있다. 최대 주응력은?

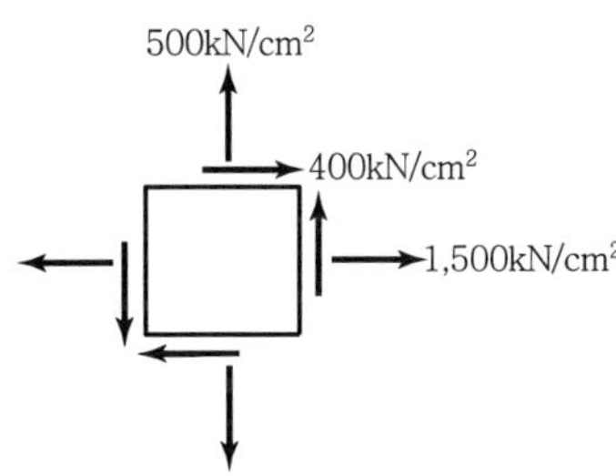

① 640kN/cm^2 ② $1,640\text{kN/cm}^2$
③ 360kN/cm^2 ④ $1,360\text{kN/cm}^2$

$$\sigma_{max} = \frac{\sigma_x + \sigma_y}{2} + \frac{1}{2}\sqrt{(\sigma_x - \sigma_y)^2 + 4 \cdot \tau_{xy}^2}$$
$$= \frac{1,500+500}{2}$$
$$+ \frac{1}{2}\sqrt{(1,500-500)^2 + 4 \times 400^2}$$
$$\fallingdotseq 1,640\text{kN/cm}^2$$

정답 62 ② 63 ③ 64 ②

3. 주전단응력

평면응력에서 전단응력 τ_θ에 $\sin 2\theta$와 $\cos 2\theta$를 대입하면 된다.

$$\tau_\theta = \frac{\sigma_x - \sigma_y}{2} sin2\theta - \tau_{xy}\cos 2\theta$$

$$\therefore\ \tau_{\substack{max \\ min}} = \pm\sqrt{\left(\frac{\sigma_x - \sigma_y}{2}\right)^2 + \tau_{xy^2}} = \pm\frac{1}{2}\sqrt{(\sigma_x - \sigma_y)^2 + 4 \cdot \tau_{xy^2}}$$

4. 주응력면의 위치

평면응력에서 전단응력 τ_θ가 0인 θ각을 구하면

$$\tau_\theta = \left(\frac{\sigma_x - \sigma_y}{2}\right) \cdot \sin 2\theta - \tau_{xy} \cdot \cos 2\theta = 0$$

$$\therefore\ \frac{\sin 2\theta}{\cos 2\theta} = \frac{\tau_{xy}}{\left(\frac{\sigma_x - \sigma_y}{2}\right)}$$

$$\therefore\ \tan 2\theta = \frac{2 \cdot \tau_{xy}}{\sigma_x - \sigma_y}$$

5. 주응력의 성질

① 주응력면에서 **전단응력(τ)은 0이다.**

② 주전단응력면에서 수직응력(σ)은 0이 아니고, $\frac{\sigma_x + \sigma_y}{2}$이다.

③ 주응력면과 주전단응력면은 서로 **역수관계**가 있다.

④ 주전단응력면과 주응력면은 45° 각을 이룬다.

⑤ 주응력면은 서로 **직교**하고, 주전단응력면도 서로 **직교**한다.

6. 주응력의 모아 응력원(Mohr's Circle for Principal Stress)

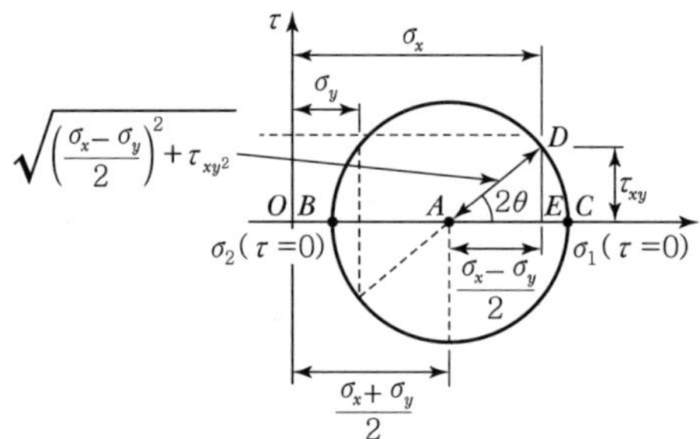

‖ (그림 23) 주응력의 모아 응력원 ‖

65 그림과 같은 2축 응력의 모아 응력원의 σ_θ 및 τ_θ의 표현 중 옳은 것은?

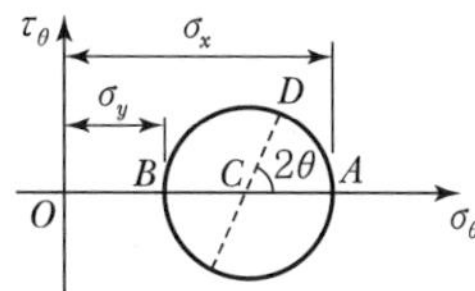

① $\sigma_\theta = OC + CD\cos 2\theta$
$\tau_\theta = CD\sin 2\theta$
② $\sigma_\theta = OC + CD\sin 2\theta$
$\tau_\theta = CD\cos 2\theta$
③ $\sigma_\theta = OC + CD\cos\theta$
$\tau_\theta = CD\sin 2\theta$
④ $\sigma_\theta = OC + CD\sin\theta$
$\tau_\theta = CD\cos\theta$

㉠ $\sigma_\theta = OC + CD\cos 2\theta$
㉡ $\tau_\theta = CD\sin 2\theta$

66 주응력과 주전단 응력의 설명 중 잘못된 것은?

① 주응력면은 서로 직교한다.
② 주전단응력면은 서로 직교한다.
③ 주응력면과 주전단 응력면은 45° 차이가 있다.
④ 주전단응력면에서는 주응력이 생기지 않는다.

주응력과 주전단응력
㉠ 주응력면과 주전단응력면은 45° 차이가 있으며, 주응력면끼리 서로 직교하고, 주전단응력면끼리 서로 직교한다.
㉡ 주응력면에서 주전단응력은 0이지만, 주전단응력면에서 주응력은 0이 아니다.

67 평면응력상태에서의 모아(Mohr) 응력원에 대한 설명 중 옳지 않은 것은?

① 최대 전단응력의 크기는 두 주응력의 차이와 같다.
② 모아 원 중심의 x좌푯값은 직교하는 두 축의 수직응력의 평균값과 같고, y좌푯값은 0이다.
③ 모아 원이 그려지는 두 축 중 연직(y)축은 전단응력의 크기를 나타낸다.
④ 모아 원으로부터 주응력의 크기와 방향을 구할 수 있다.

최대 전단응력($\tau_{\max}$)

$$\tau_{\max} = r = \frac{D}{2} = \frac{\sigma_x - \sigma_y}{2}$$

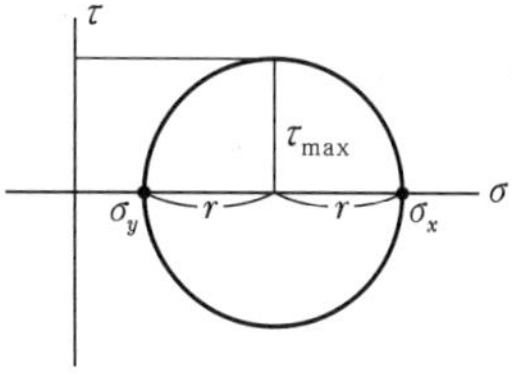

정답 65 ① 66 ④ 67 ①

평면응력 상태의 최대 수직응력(σ_θ)과 최대 전단응력(τ_θ)의 식에서

$$\sigma_\theta = \frac{\sigma_x + \sigma_y}{2} + \frac{\sigma_x - \sigma_y}{2} \cdot \cos 2\theta + \tau_{xy} \cdot \sin 2\theta$$

$$\tau_\theta = \frac{\sigma_x - \sigma_y}{2} \cdot \sin 2\theta - \tau_{xy} \cos 2\theta$$

위 식을 양변에 제곱하여 합하면

$$\left(\sigma_\theta + \frac{\sigma_x + \sigma_y}{2}\right)^2 + {\tau_\theta}^2 = \left(\frac{\sigma_x - \sigma_y}{2}\right)^2 + \tau_{xy^2}$$

이 식은 **중심이** $\left(\frac{\sigma_x + \sigma_y}{2},\ 0\right)$이고 **반지름이** $\sqrt{\left(\frac{\sigma_x - \sigma_y}{2}\right)^2 + \tau_{xy^2}}$ 인 원이다.
이를 Mohr 응력원이라고 한다.

따라서, 최대 주응력(σ_{max})은 $\overline{OC}$선분길이 σ_1이 되고
최소 주응력(σ_{min})은 $\overline{OB}$선분길이 σ_2가 된다.

$$\sigma_1 = \overline{OA} + \overline{AC}, \quad \sigma_2 = \overline{OA} - \overline{AB} = \overline{OA} - \overline{AC}$$

$$\sigma_2^1 = \overline{OA} \pm \overline{AC} = \frac{\sigma_x + \sigma_y}{2} \pm \sqrt{\left(\frac{\sigma_x - \sigma_y}{2}\right)^2 + \tau_{xy^2}}$$

$$\tan 2\theta = \frac{DE}{AE} = \frac{2\tau_{xy}}{\sigma_x - \sigma_y}$$

7. 보의 응력

보의 응력은 주응력에서 $\sigma_y = 0$이다. 따라서 σ_x를 σ로, τ_{xy}를 τ로 표시하면 된다.

(1) 보의 주응력

$$\sigma_{\substack{max \\ min}} = \frac{\sigma}{2} \pm \frac{1}{2}\sqrt{\sigma^2 + 4 \cdot \tau^2}$$

(2) 보의 주응력면 위치

$$\tan 2\theta = \frac{2 \cdot \tau}{\sigma}$$

(3) 보의 주전단응력

$$\tau_{\substack{max \\ min}} = \pm \frac{1}{2}\sqrt{\sigma^2 + 4 \cdot \tau^2}$$

(4) 보의 주전단응력면 위치

$$\tan 2\theta_1 = -\frac{\sigma}{2 \cdot \tau}$$

$$\therefore \cot 2\theta_1 = -\frac{2 \cdot \tau}{\sigma}$$

68 보의 중립축에서 주응력의 크기는?(단, τ는 전단응력도)

① $\pm 2\tau$ ② $\pm\tau$

③ $\pm\frac{\tau}{2}$ ④ 0

〈공식〉

주응력 $\sigma' = \frac{\sigma}{2} \pm \frac{1}{2}\sqrt{\sigma^2 + 4\tau^2}$

보의 중립축에서 $\sigma = 0$이므로

$\therefore \sigma' = \frac{0}{2} \pm \frac{1}{2}\sqrt{0^2 + 4\tau^2} = \pm\tau$

69 그림과 같은 보에서 임의의 단면의 주응력은?(단, σ_1 =최대 주응력, σ_2 =최소 주응력을 표시)

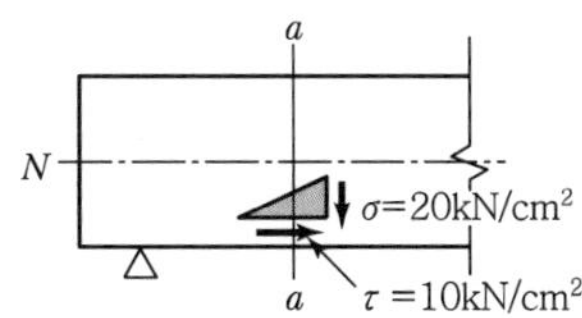

	$\sigma_1(\mathrm{kN/cm^2})$	$\sigma_2(\mathrm{kN/cm^2})$
①	24.1	−4.1
②	12.2	−8.2
③	20.0	−10.0
④	28.4	−8.4

㉠ $\sigma_1 = \frac{\sigma}{2} + \sqrt{\left(\frac{\sigma}{2}\right)^2 + \tau^2}$

$= \frac{20}{2} + \sqrt{\left(\frac{20}{2}\right)^2 + 10^2}$

$= 24.1\mathrm{kN/cm^2}$

㉡ $\sigma_2 = \frac{\sigma}{2} - \sqrt{\left(\frac{\sigma}{2}\right)^2 + \tau^2}$

$= \frac{20}{2} - \sqrt{\left(\frac{20}{2}\right)^2 + 10^2}$

$= -4.1\mathrm{kN/cm^2}$

70 보의 중립축에서의 전단응력을 τ라고 할 때, 주응력의 크기는?

① $\pm 2\tau$ ② $\pm\tau$

③ $\frac{\tau}{2}$ ④ 0

보의 중립축에서 $\sigma = 0$이 된다.

주응력 $\sigma = \frac{\sigma}{2} \pm \sqrt{\frac{\sigma}{2} + \tau^2} = \pm\tau$

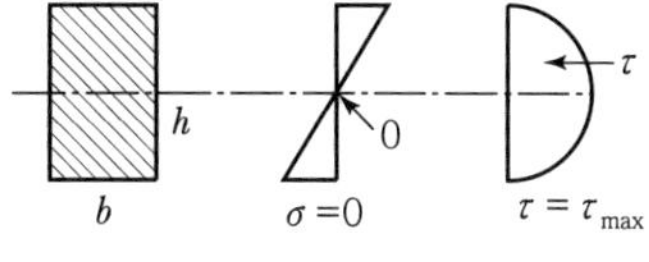

정답 68 ② 69 ① 70 ②

07 허용응력과 안전율

1. 허용응력(Allowable Stress)

(1) 정의

재료의 내부에 탄성한도를 초과하는 응력이 발생되면 재료에 영구변형이 생겨 파괴될 염려가 있다. 탄성한도 이내에서 충분한 작은 값을 취하여 구조물 설계 시 사용할 수 있는 최대응력을 **허용응력**이라 한다.

(2) 사용응력

구조물에 실제 하중이 작용할 때 발생되는 응력

(3) 응력의 상호관계

극한응력(σ_u) > 항복응력(σ_y) > 탄성한도 > 허용응력(σ_a) ≥ 사용응력(σ)

2. 안전율(Safety Factor)

(1) 정의

재료의 극한응력(σ_u)과 허용응력(σ_a)의 비로 표시한다.

$$\text{안전율}(S) = \frac{\text{극한응력}(\sigma_u)}{\text{허용응력}(\sigma_a)} > 1$$

(2) 특징

① 안전율이 크면 설계는 안전하나 재료가 낭비되어 비경제적인 설계가 된다.

② 가장 경제적인 설계는 안전율이 1에 가깝도록 설계하는 것이나, 일반적으로 **토목구조물에서는 2~3을 사용한다.**

71 안전율을 생각해야 할 이유로서 적합하지 않은 것은?

① 반복하중 또는 예기하지 못한 큰 하중이 작용할 때가 있다.
② 심리적인 불안감을 해소하기 위한 것이다.
③ 실제응력과 계산응력과는 차이가 있다.
④ 재료에는 계산하기 어려운 결함 또는 오랜 세월에 걸쳐 풍화 부식이 일어나고, 재료의 신뢰도가 문제가 된다.

72 지름 10mm의 환강에 최대 600N의 하중을 매달았을 때 그 안전율은?(단, 강의 극한강도는 3,000N/cm²이다.)

① 2.98 ② 3.86
③ 3.93 ④ 4.02

$$\sigma = \frac{P}{A} = \frac{600}{\dfrac{\pi \times 1^2}{4}} = 763.9\text{N/cm}^2$$

$$S = \frac{\sigma_{a}}{\sigma} = \frac{3{,}000}{763.9} = 3.93$$

73 파괴 압축 응력 500N/cm²인 정사각형 단면의 소나무가 압축력 50kN을 안전하게 받을 수 있는 한 변의 최소 길이는?(단, 안전율은 10이다.)

① 100cm ② 10cm
③ 5cm ④ 3cm

〈공식〉 $\text{안전율}(S) = \dfrac{\text{극한강도}}{\text{허용응력}}$

㉠ 허용하중 5kN×안전율 10=극한하중 50kN

㉡ $\sigma = \dfrac{P}{A}$에서 $A = \dfrac{P}{\sigma} = \dfrac{50{,}000\text{N}}{500\text{N/cm}^2} = 100\text{cm}^2$

∴ 한 변의 길이 $a = \sqrt{100} = 10\text{cm}$

정답 71 ② 72 ③ 73 ②

CHAPTER 08 보의 응력

01 휨응력(Bending Stress)

1. 정의

보에 외력이 작용하면 그 단면에는 휨모멘트가 발생되고 보는 휘면서 변형하여 단면의 중립축을 경계로 단면의 상측(상단면)은 압축되어 압축응력이 생기고 하측(하단면)은 늘어나면서 인장응력이 생긴다. 이 둘의 응력을 **휨응력**이라 한다.

2. 휨응력 공식

부재에 외력이 작용하여 부재를 휘게 할 때 저항하여 단면의 수직방향으로 발생하는 응력이다. [그림 1(a)]에서 중립축(N) 상단면은 압축되어 휨압축응력이 발생되고 하단면은 인장되어 휨인장응력이 발생된다.

$$\sigma_{\text{상단}\atop\text{하단}} = \mp \frac{M}{I} y$$ (kN/cm² 또는 N/mm²)

여기서, M : 휨모멘트, I : 단면2차모멘트, y : 중립축에서부터 구하는 축까지 거리

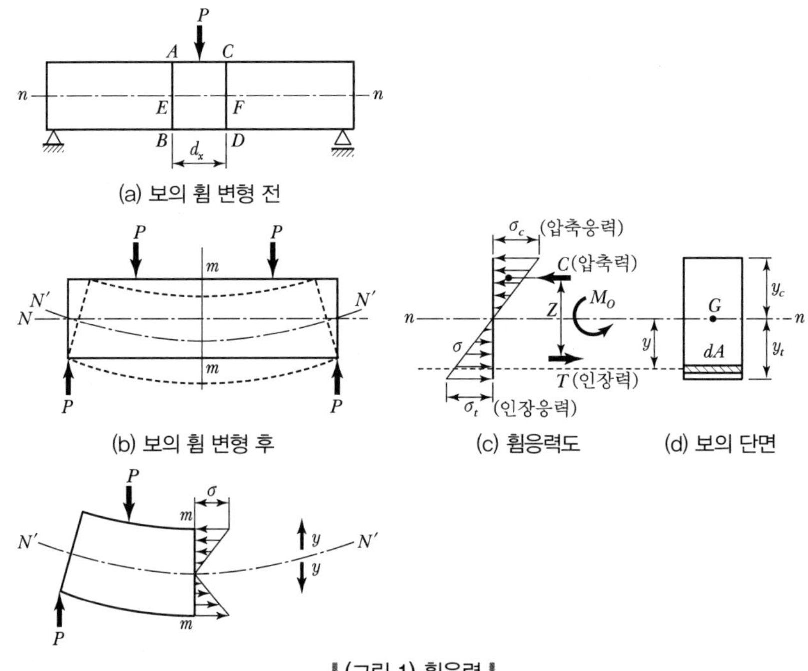

‖ (그림 1) 휨응력 ‖

※ 최대 휨응력

① 상연단응력 : $\sigma_c = -\dfrac{M}{Z_c}$

② 하연단응력 : $\sigma_t = \dfrac{M}{Z_t}$

여기서, Z_c와 Z_t는 각각 단면의 상 · 하연단에 대한 단면 계수이다.

핵심문제

해설

01 그림과 같은 구형 단면보가 최대 휨모멘트 90kN · cm를 받고 있을 때 상단에서 5cm인 $a-a$ 단면에서 휨응력 절대치는?

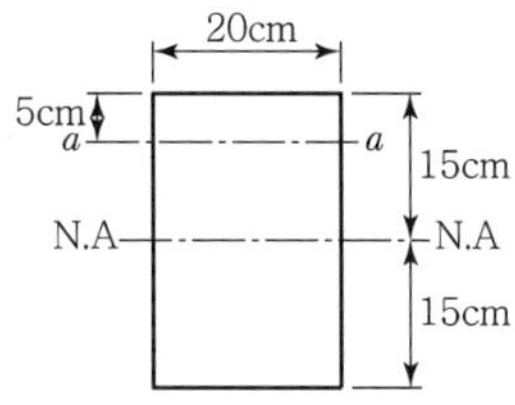

① 30N/cm² ② 25N/cm²
③ 20N/cm² ④ 15N/cm²

해설

(휨응력도)

$$\sigma_{a-a}=\frac{M}{I}\cdot y$$
$$=\frac{90{,}000}{\frac{20\times 30^3}{12}}\times(15-5)=20\text{N/cm}^2$$

02 지름 D인 원형 단면보에 휨모멘트 M이 작용할 때 최대 휨응력은?

① $\frac{16M}{\pi D^3}$ ② $\frac{6M}{\pi D^3}$ ③ $\frac{32M}{\pi D^3}$ ④ $\frac{64M}{\pi D^3}$

해설

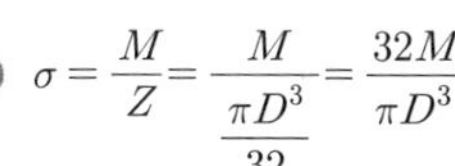

$$\sigma=\frac{M}{Z}=\frac{M}{\frac{\pi D^3}{32}}=\frac{32M}{\pi D^3}$$

03 다음 그림에서 최대 휨응력도는?

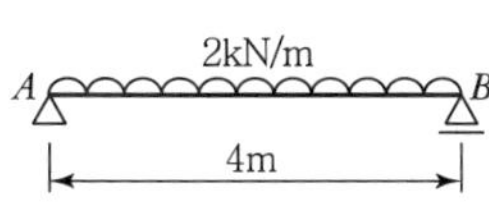

① 250N/cm² ② 500N/cm²
③ 750N/cm² ④ 1,000N/cm²

해설

$$\sigma_{\max}=\frac{6M_{\max}}{bh^2}=\frac{6\times\left(\frac{2\times 4^2}{8}\right)\times 10^5\text{N}\cdot\text{cm}}{12\times 20^2}$$
$$=500\text{N/cm}^2$$

04 그림과 같은 단순보에서 최대 휨응력은?

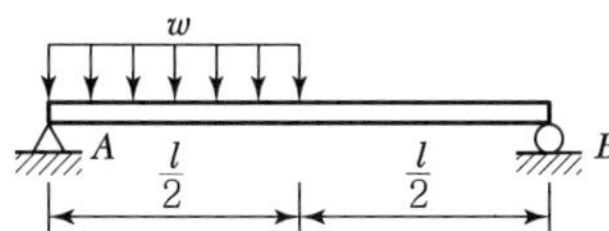

① $\frac{3wl^2}{4bh}$ ② $\frac{3wl^2}{8bh}$
③ $\frac{27wl^2}{32bh^2}$ ④ $\frac{27wl^2}{64bh^2}$

해설

㉠ 반력

$$\Sigma M_B=R_A\times l-\frac{wl}{2}\times\left(\frac{l}{2}+\frac{l}{4}\right)=0$$
$$\therefore\ R_A=\frac{3wl}{8}(\uparrow)$$

㉡ 최대 휨모멘트는 전단력이 0이 되는 곳에 생기므로

$$S_x=R_A-wx=0$$
$$\therefore\ x=\frac{R_A}{w}=\frac{3}{8}l$$

㉢ $M_{\max}=R_A\times\frac{3l}{8}-w\times\frac{3l}{8}\times\left(\frac{3l}{8}\times\frac{1}{2}\right)$

$$=\frac{3wl}{8}\times\frac{3l}{8}-\frac{9wl^2}{128}=\frac{9wl^2}{128}$$
$$\therefore\ \sigma_{\max}=\frac{M_{\max}}{Z}=\frac{\frac{9wl^2}{128}}{\frac{bh^2}{6}}=\frac{27wl^2}{64bh^2}$$

정답 01 ③ 02 ③ 03 ② 04 ④

3. 휨응력의 특징

① 휨응력은 중립축에서 0이다.
② 휨응력은 상 · 하연단에서 최대이다.
③ 휨응력도는 직선 변화를 한다.
④ 휨응력의 크기는 중립축으로부터 거리에 비례한다.

>>> 기본예제

01 보의 단면에서 휨모멘트로 인한 최대 휨응력이 생기는 위치는 어느 곳인가?

① 중립축　② 중립축과 상단의 중간점
③ 단면 상 · 하단　④ 중립축과 하단의 중간점

해설

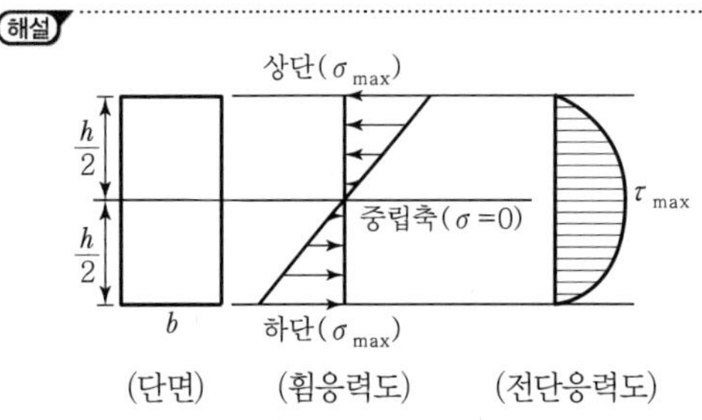

02 일반적인 보에서 휨모멘트에 의해 최대 휨응력이 0인 위치는?

① 부재의 중립축에서 발생　② 부재의 상단에서만 발생
③ 부재의 하단에서만 발생　④ 부재의 상 · 하단에서 발생

해설

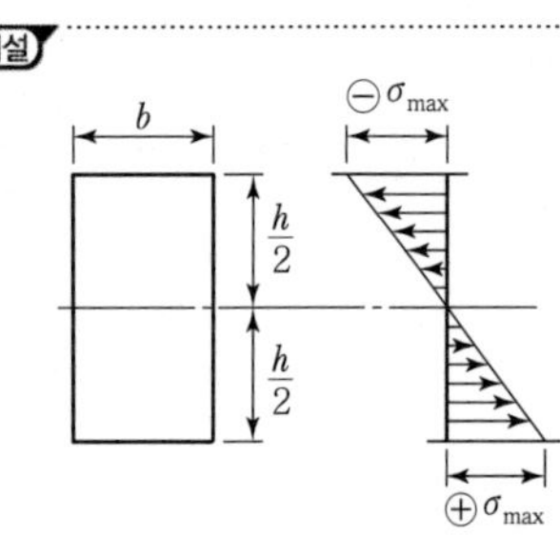

정답 01 ③　02 ①

4. 축방향력이 중립축에 작용할 때 휨응력과 합성

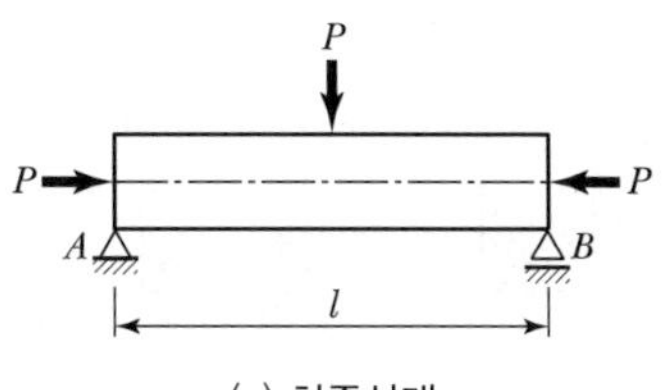

(a) 하중상태

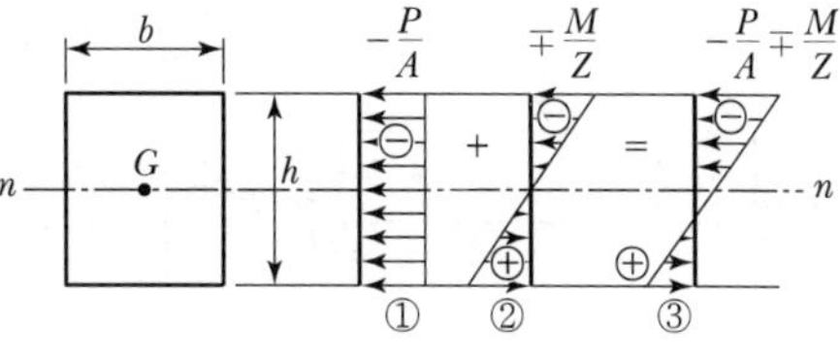

(b) 보의 단면 (c) 보의 응력상태

▌(그림 2) 축방향력이 중립축에 작용할 때 휨응력과 합성▐

(1) 축방향력에 의한 수직응력 : $\sigma = -\dfrac{P}{A}$

(2) 휨모멘트에 의한 휨응력 : $\sigma = \mp\dfrac{M}{I}y = \mp\dfrac{M}{Z}$

(3) (축방향력+휨모멘트)에 의한 응력 : $\sigma = -\dfrac{P}{A} \mp \dfrac{M}{I}y = -\dfrac{P}{A} \mp \dfrac{M}{Z}$

>>> 기본예제

01 폭 $b = 15\text{cm}$, 높이 $h = 30\text{cm}$인 직사각형 단면보에 그림과 같이 하중이 작용했을 때 보의 최대 인장응력은?(단, P는 수직하중, N은 축방향력이다.)

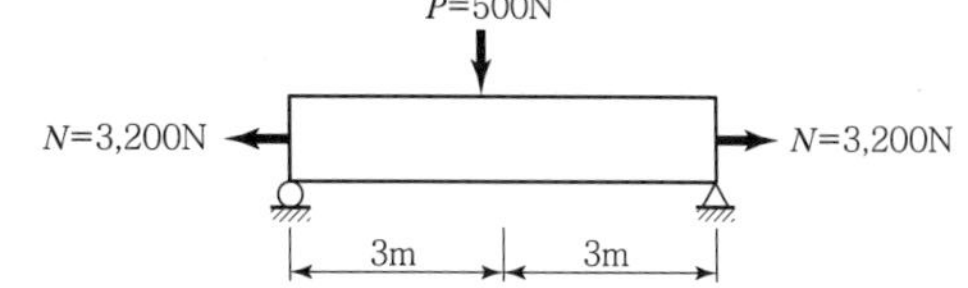

① 25.6N/cm² ② 38.7N/cm²
③ 35.7N/cm² ④ 40.4N/cm²

$$\sigma_{\max} = +\frac{M}{I}y + \frac{N}{A} = +\frac{3Pl}{2bh^2} + \frac{N}{bh} = +\frac{3\times500\times600}{2\times15\times30^2} + \frac{3{,}200}{15\times30} = 33.33 + 7.11\text{N/cm}^2 = 40.44\text{N/cm}^2$$

02 다음 단순보에서 그림과 같이 하중 P가 작용할 때 보의 중앙점의 단면 하단에서 생기는 수직응력의 값으로 옳은 것은?(단, 보의 단면에서 높이는 h이고 폭은 b이다.)

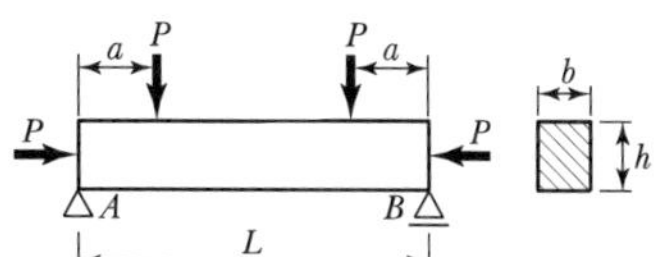

① $\dfrac{P}{bh^2}\left(1+\dfrac{6a}{h}\right)$ ② $\dfrac{P}{bh}\left(1-\dfrac{6a}{h}\right)$

③ $\dfrac{P}{b^2h^2}\left(1+\dfrac{6a}{h}\right)$ ④ $\dfrac{P}{b^2h}\left(1-\dfrac{6a}{h}\right)$

해설

축방향력이 작용하는 경우 응력도를 보면 다음과 같다.

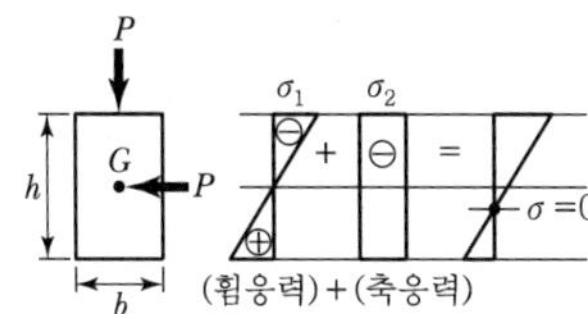

㉠ $\sigma_{상단} = \sigma_{\max} = -\sigma_1 - \sigma_2 = -\dfrac{6M}{bh^2} - \dfrac{P}{A} = -\dfrac{6(P\cdot a)}{bh^2} - \dfrac{P}{bh} = \dfrac{P}{bh}\left(-\dfrac{6a}{h} - 1\right)$

㉡ $\sigma_{하단} = \sigma_{\min} = +\sigma_1 - \sigma_2 = +\dfrac{6M}{bh^2} - \dfrac{P}{A} = +\dfrac{6(P\cdot a)}{bh^2} - \dfrac{P}{bh} = \dfrac{P}{bh}\left(\dfrac{6a}{h} - 1\right)$

정답 01 ④ 02 ②

5. 축방향력이 중립축에서 편심작용할 때 휨응력과 합성

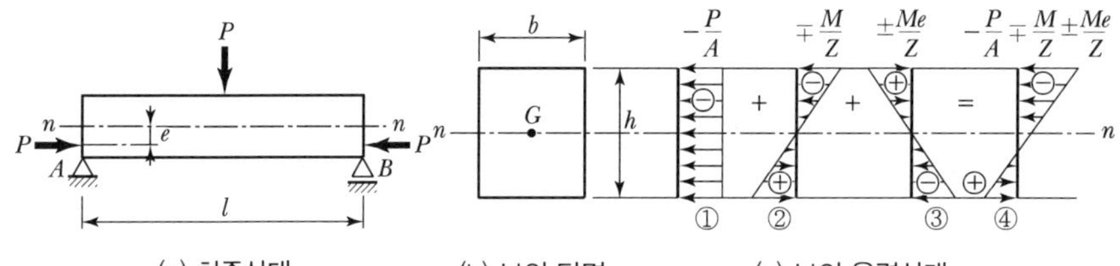

(a) 하중상태 (b) 보의 단면 (c) 보의 응력상태

‖ (그림 3) 축방향력이 중립축에서 편심작용할 때 휨응력과 합성 ‖

(1) 축방향력에 의한 수직응력 : $\sigma = -\dfrac{P}{A}$

(2) 휨모멘트에 의한 휨응력 : $\sigma = \mp \dfrac{M}{I}y = \mp \dfrac{M}{Z}$

(3) 축방향력에 의한 편심모멘트에 의한 휨응력 : $\sigma = \pm \dfrac{Me}{I}y = \pm \dfrac{Me}{Z}$

(4) (축방향력 + 휨모멘트 + 편심모멘트)에 의한 응력

$$\sigma = -\frac{P}{A} \mp \frac{M}{I}y \pm \frac{Me}{I}y = -\frac{P}{A} \mp \frac{M}{Z} \pm \frac{Me}{Z}$$

※ PC **보의 설계 시** 전단면에 압축이 발생하도록 하는 **가장 이상적인 응력도**는 [그림 3(c)]의 ④에서 **하면의 응력이 0인 삼각형**이다.

>>> 기본예제

01 높이 20cm, 폭 10cm인 직사각형 단면 단순보에 그림과 같이 등분포하중과 축방향 인장력이 작용할 때 이 보 속에 발생하는 최대 휨응력은 얼마인가?(단, 자중은 무시한다.)

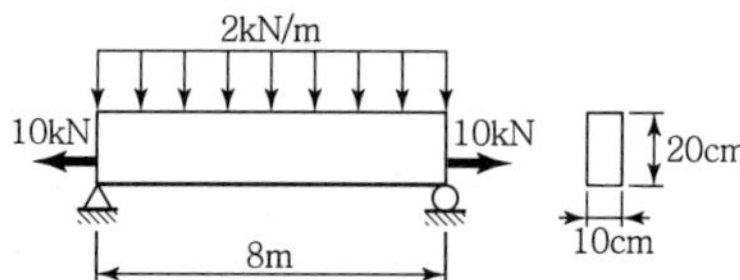

① 3,000N/cm^2 ② 2,750N/cm^2

③ 2,450N/cm^2 ④ 2,000N/cm^2

해설

$$\sigma_{하단} = \sigma_{max} = \frac{6M}{bh^2} + \frac{P}{A} = \frac{6 \times \left(\frac{2 \times 8^2}{8}\right) \times 10^5}{10 \times 20^2} + \frac{10,000}{10 \times 20} = 2,450\text{N/cm}^2$$

정답 01 ③

02 전단응력(Shear Stress)

1. 정의

보에 외력이 작용하면 단면에 작용하는 전단력에 의해 전단응력이 발생하고 외력을 받는 보의 임의의 단면에서는 **수평전단응력**(Horizontal Shearing Stress)과 **수직전단응력**(Vertical Shearing Stress)이 동시에 일어나며 그 크기는 서로 같다.

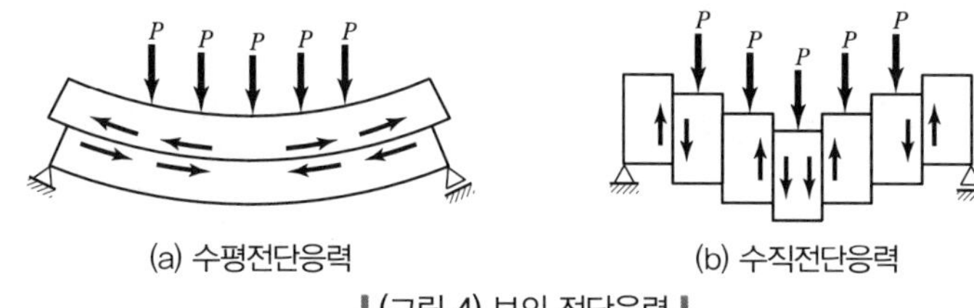

‖ (그림 4) 보의 전단응력 ‖

2. 전단응력 공식

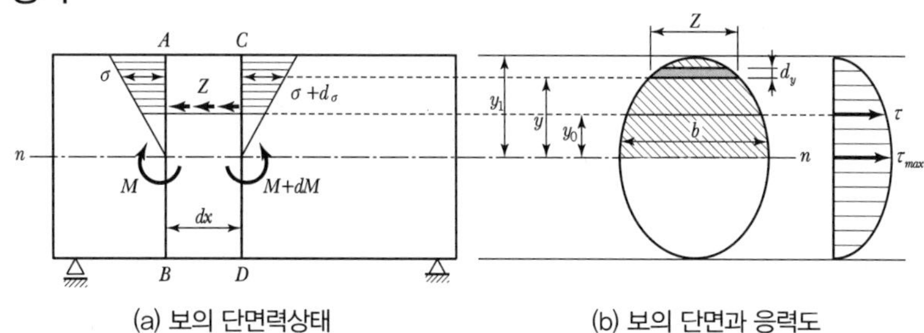

‖ (그림 5) 보의 전단응력도 ‖

$$\therefore \ \tau = \frac{S}{Ib} \cdot G_x$$

여기서, τ : 전단응력(N/mm^2)

I : 도심축 단면2차모멘트(cm^4)

b : 구하는 단면의 폭(cm)

S : 전단력(kN)

G_x : 구하려는 축 위 단면의 중립축에 대한 단면1차모멘트(cm^3)

>>> 기본예제

01 그림과 같은 $b=12cm$, $h=30cm$의 직사각형 보에서 2.4kN의 전단력을 받을 때 위 가장자리에서 5cm 떨어진 면($a-a$면)의 전단응력은?

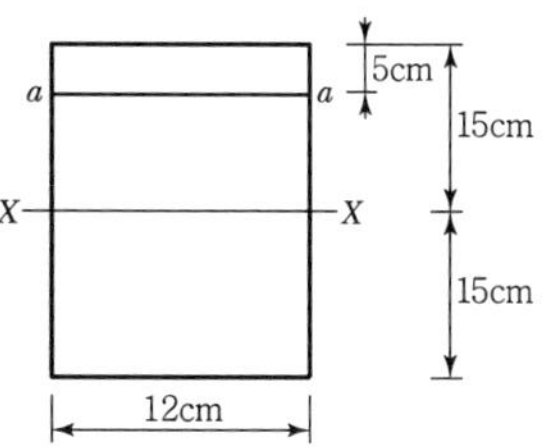

① $4.6N/cm^2$ ② $5.6N/cm^2$

③ $6.6N/cm^2$ ④ $7.6N/cm^2$

해설

㉠

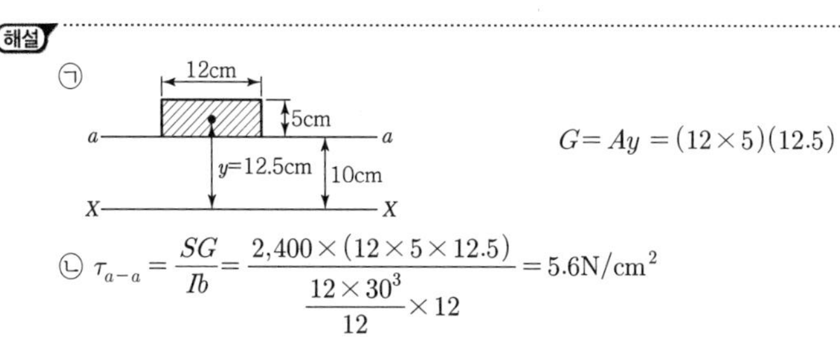

$G = Ay = (12 \times 5)(12.5)$

㉡ $\tau_{a-a} = \dfrac{SG}{Ib} = \dfrac{2{,}400 \times (12 \times 5 \times 12.5)}{\dfrac{12 \times 30^3}{12} \times 12} = 5.6N/cm^2$

정답 01 ②

05 다음 그림의 직사각형 단면에 작용하는 전단력이 2,400N일 때 이 단면 $A-A$에 작용하는 전단응력은?

① 11.25N/cm²
② 11.35N/cm²
③ 11.65N/cm²
④ 11.75N/cm²

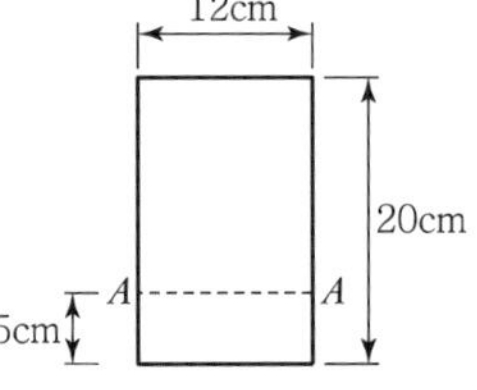

〈공식〉 $\tau = \dfrac{SG}{Ib}$

㉠ $I_x = \dfrac{12\times 20^3}{12} = 8{,}000\text{cm}^4$

㉡ $G_x = A\cdot y = (12\times 5)\times 7.5\text{cm} = 450\text{cm}^3$

$\therefore\ \tau_{A-A} = \dfrac{SG}{Ib} = \dfrac{2{,}400\times 450}{8{,}000\times 12} = 11.25\text{N/cm}^2$

06 전단력 S를 받고 있는 다음 그림과 같은 직사각형 단면에서 $A-A$ 단면에 발생하는 전단응력은?

① $\dfrac{3}{8}\dfrac{S}{bh}$

② $\dfrac{4}{3}\dfrac{S}{bh}$

③ $\dfrac{3}{2}\dfrac{S}{bh}$

④ $\dfrac{3}{4}\dfrac{S}{bh}$

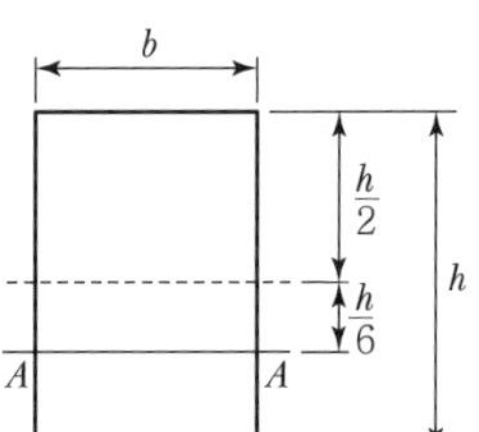

㉠ $G = b\cdot\left(\dfrac{h}{2}-\dfrac{h}{6}\right)\cdot\left(\dfrac{h}{2}-\dfrac{h}{3}\cdot\dfrac{1}{2}\right) = \dfrac{bh^2}{9}$

㉡ $I = \dfrac{bh^3}{12}$

$\therefore\ \tau_{A-A} = \dfrac{SG}{Ib} = \dfrac{S\dfrac{bh^2}{9}}{\dfrac{bh^3}{12}\cdot b} = \dfrac{4}{3}\dfrac{S}{bh}$

07 폭 30cm, 높이 40cm인 직사각형 단면의 단순보에서 전단력 $V=20$kN이 작용할 때 중립축으로부터 위로 10cm 떨어진 점에서 전단응력은?

① 18.75kN/cm²
② 25.5kN/cm²
③ 29.54kN/cm²
④ 37.84kN/cm²

[1]

㉠ $I_N = \dfrac{bh^3}{12} = \dfrac{30\times 40^3}{12}$

㉡ $G_x = Ay = (30\times 10)(15)$

(빗금 친 단면1차모멘트)

㉢ $\tau_{a-a} = \dfrac{SG}{Ib} = \dfrac{20{,}000\times(30\times 10\times 15)}{\dfrac{30\times 40^3}{12}\times 30}$

$= 18.75\text{kN/cm}^2$

[2]

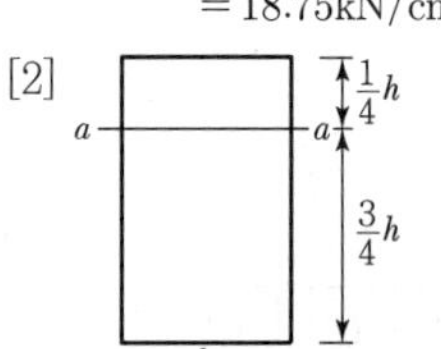

$\tau_{a-a} = \dfrac{1}{4}\times\dfrac{3}{4}\times 6\times\dfrac{S}{A} = \dfrac{18\times 20\times 10^3}{16\times(30\times 40)}$

$= 18.75\text{kN/cm}^2$

정답 05 ① 06 ② 07 ①

3. 여러 단면의 최대 전단응력

(1) 구형 단면의 최대 전단응력

① $G = A \cdot y = \frac{bh}{2} \times \frac{h}{4} = \frac{bh^2}{8}$, ② $I = \frac{bh^3}{12}$

③ $\tau_{\max} = \dfrac{S \times \dfrac{bh^2}{8}}{\dfrac{bh^3}{12} \times b} = \frac{3}{2} \times \frac{S}{bh} = \boxed{1.5\frac{S}{A}}$

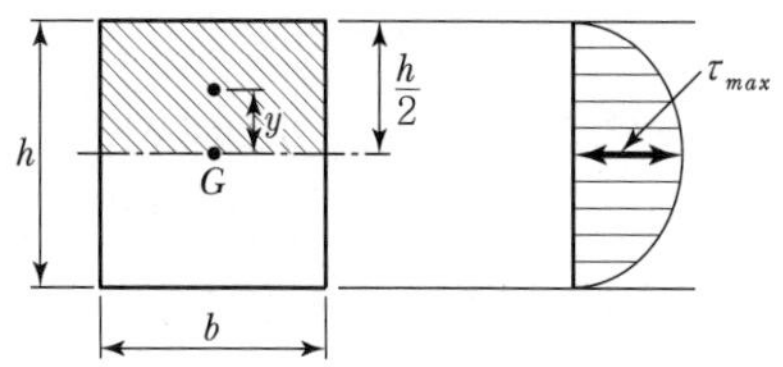

‖ (그림 6) 구형 단면의 전단응력도 ‖

주 구형 단면에서 최대 전단응력은 평균 전단응력의 1.5배이다.

(2) 원형 단면의 최대 전단응력

① $G = A \cdot y = \frac{\pi r^2}{2} \times \frac{4r}{3\pi} = \frac{2r^3}{3}$, ② $I = \frac{\pi r^4}{4}$

③ $\tau_{\max} = \dfrac{S \cdot \dfrac{2r^3}{3}}{\dfrac{\pi r^4}{4} \times 2r} = \frac{4}{3} \times \frac{S}{\pi r^2} = \boxed{\frac{4S}{3A}}$

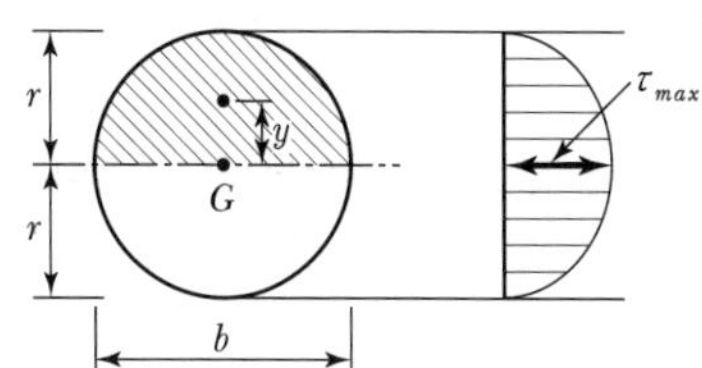

‖ (그림 7) 원형 단면의 전단응력도 ‖

주 원형 단면에서 최대 전단응력은 평균 전단응력의 4/3배이다.

(3) 삼각형 단면의 최대 전단응력

$$\tau_{\max} = \frac{SG}{Ib} = \frac{S \times \dfrac{\frac{b}{2} \times \frac{h}{2}}{2} \times \left[\left(\frac{h}{2} \times \frac{1}{3}\right) + \frac{h}{6}\right]}{\dfrac{bh^3}{36} \times \dfrac{b}{2}}$$

$$= \frac{3S}{bh} = \frac{3S}{2A} = 1.5\frac{S}{A}$$

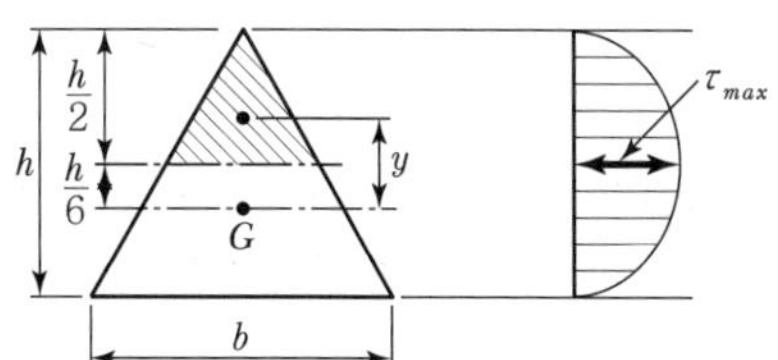

‖ (그림 8) 삼각형 단면의 전단응력도 ‖

주 삼각형 단면의 최대전단응력은 h/2되는 곳에서 발생하고 평균 전단응력의 1.5배이다.

(4) 여러 단면의 전단응력도

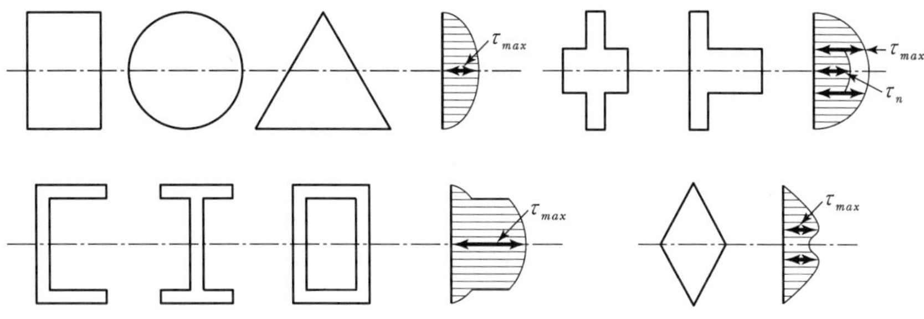

‖ (그림 9) 여러 단면의 전단응력도 ‖

08 다음은 직사각형 도형의 최대 전단응력도(τ_{max})와 평균 전단응력도(τ_{ave}) 사이의 관계식이다. 옳은 것은 어느 것인가? (단, A는 단면적, S는 전단력이다.)

① $\frac{4}{3} \cdot \frac{S}{A} = \tau_{max}$ ② $\frac{1}{2} \cdot \frac{S}{A} = \tau_{max}$

③ $\frac{S}{A} = \tau_{max}$ ④ $\frac{3}{2} \cdot \frac{S}{A} = \tau_{max}$

〈공식〉

$$\tau_{max} = \alpha \cdot \tau_{ave} = \alpha \frac{S_{max}}{A}$$

㉠ 직사각형 단면 : $\alpha = \frac{3}{2}$

㉡ 삼각형 단면 : $\alpha = \frac{3}{2}$

㉢ 원형 단면 : $\alpha = \frac{4}{3}$

09 다음 단면에서 직사각형 단면의 최대 전단응력도는 원형 단면의 몇 배인가?(단, 두 단면적과 작용하는 전단력의 크기는 같다.)

① 9/8배
② 8/9배
③ 5/6배
④ 6/5배

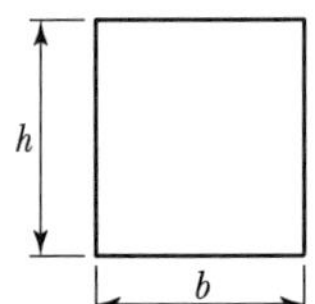

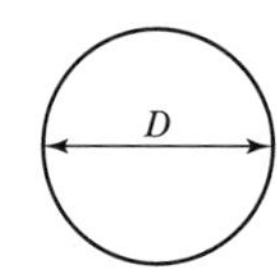

㉠ 직사각형 단면의 최대 전단응력

$$\tau_{max} = \frac{3}{2} \cdot \frac{S_{max}}{A}$$

㉡ 원형 단면의 최대 전단응력

$$\tau_{max} = \frac{4}{3} \cdot \frac{S_{max}}{A}$$

$$\therefore \frac{\text{직사각형 } \tau_{max}}{\text{원형 } \tau_{max}} = \frac{\frac{3}{2}}{\frac{4}{3}} = \frac{9}{8}$$

10 어떤 보 단면의 전단응력도를 그렸더니 다음 그림과 같았다. 이 단면에 가해진 전단력의 크기는?(단, 최대 전단응력(τ_{max})은 6kN/cm^{2}이다.)

① 4,200kN
② 4,800kN
③ 5,400kN
④ 6,000kN

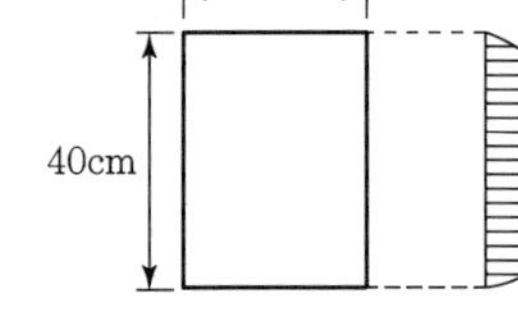

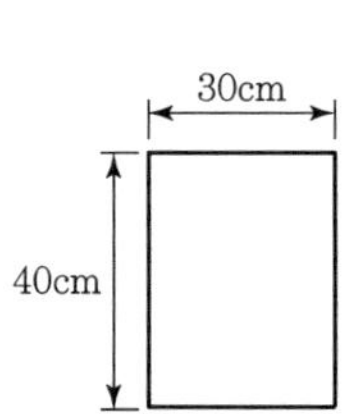

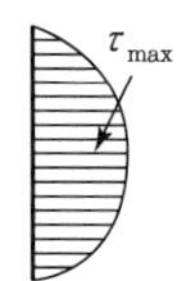

$$\tau_{max} = \frac{3}{2} \times \frac{S}{A}$$

$$6 = \frac{3}{2} \times \frac{S}{40 \times 30}$$

$\therefore S = 4{,}800\text{kN}$

11 I형 단면의 보에 일어나는 전단응력의 분포 모양은?

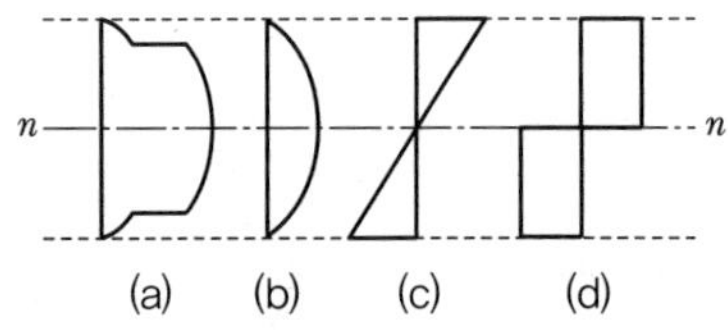

① (a) ② (b)

③ (c) ④ (d)

정답 08 ④ 09 ① 10 ② 11 ①

4. I 형 단면의 최대 전단응력

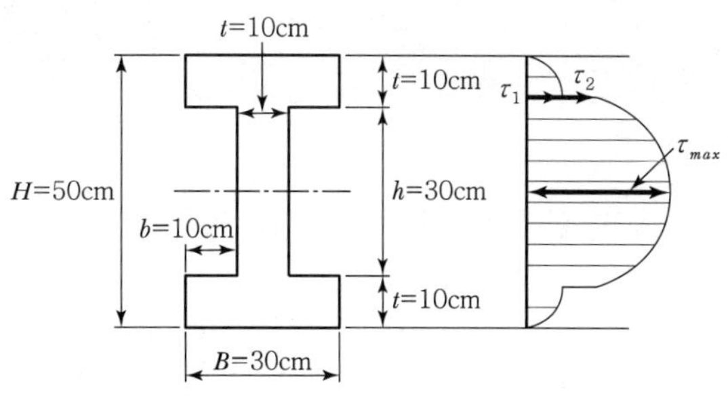

‖ (그림 10) I 형 단면의 전단응력도 ‖

① 단면2차모멘트(I)

$$I=\frac{BH^3}{12}-\frac{bh^3}{12}\times 2$$

$$=\frac{30\times 50^3}{12}-\frac{10\times 30^3}{12}\times 2$$

$$=267,500\text{cm}^4$$

② 전단력 : S(kN)

③ 단면폭(b) : $\tau_{\max}$, $\tau_2 \rightarrow t=10\text{cm}$, $\tau_1 \rightarrow B=30\text{cm}$

④ 단면1차모멘트(G_x)

$$\tau_{\max}\rightarrow G_x=B\times t\times\left(\frac{h}{2}+\frac{t}{2}\right)+t\times\frac{h}{2}\times\frac{h}{4}$$

$$=30\times 10\times\left(15+\frac{10}{2}\right)+10\times 15\times\left(\frac{15}{2}\right)=7,125\text{cm}^3$$

$$\tau_1, \tau_2\rightarrow G_x=B\times t\times\left(\frac{h}{2}+\frac{t}{2}\right)=30\times 10\times\left(15+\frac{10}{2}\right)=6,000\text{cm}^3$$

⑤ 최대 전단응력($\tau_{\max}$)

$$\tau_{\max}=\frac{G_x\cdot S}{I\cdot b}=\frac{7,125\times S}{267,500\times 10}\fallingdotseq\frac{S}{375}(\text{kN/cm}^2)$$

⑥ 플랜지와 복부 경계면의 전단응력(τ_1, τ_2)

$$\tau_1=\frac{G_x\cdot S}{I\cdot b}=\frac{6,000\times S}{267,500\times 10}\fallingdotseq\frac{S}{446}(\text{kN/cm}^2)$$

$$\tau_2=\frac{G_x\cdot S}{I\cdot b}=\frac{6,000\times S}{267,500\times 30}\fallingdotseq\frac{S}{1,338}(\text{kN/cm}^2)$$

⑦ $\tau_{\max}$, τ_1, τ_2 사용

주 플랜지와 복부의 경계면에서 τ_1과 τ_2의 비는 $\frac{1}{B}:\frac{1}{t}$이므로 $t:B$가 된다.

12 다음 I형 단면의 최대 전단응력으로 옳은 것은?(단, 전단력을 20kN으로 한다.)

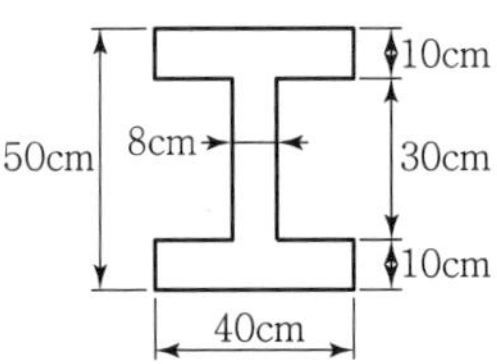

① 60.28N/cm^2 ② 68.24N/cm^2
③ 70.21N/cm^2 ④ 64.56N/cm^2

〈핵심〉
최대 전단응력은 중립축에서 생긴다.

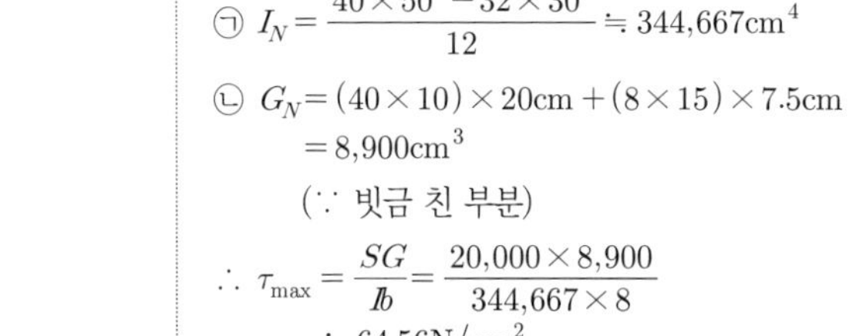

㉠ $I_N = \dfrac{40 \times 50^3 - 32 \times 30^3}{12} \fallingdotseq 344,667\text{cm}^4$

㉡ $G_N = (40 \times 10) \times 20\text{cm} + (8 \times 15) \times 7.5\text{cm}$
$= 8,900\text{cm}^3$
(∵ 빗금 친 부분)

$\therefore \tau_{\max} = \dfrac{SG}{Ib} = \dfrac{20,000 \times 8,900}{344,667 \times 8}$
$\fallingdotseq 64.56\text{N/cm}^2$

13 다음 그림과 같이 속이 빈 단면에 전단력 $V = 15\text{kN}$이 작용하고 있다. 단면에 발생하는 최대 전단응력은?

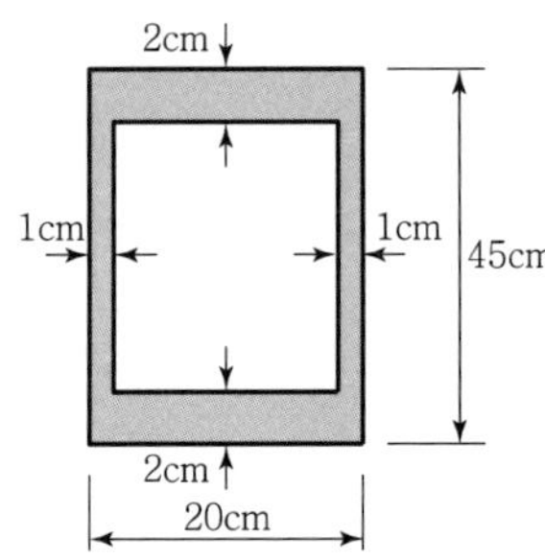

① 9.9N/cm^2 ② 19.8N/cm^2
③ 99N/cm^2 ④ 198N/cm^2

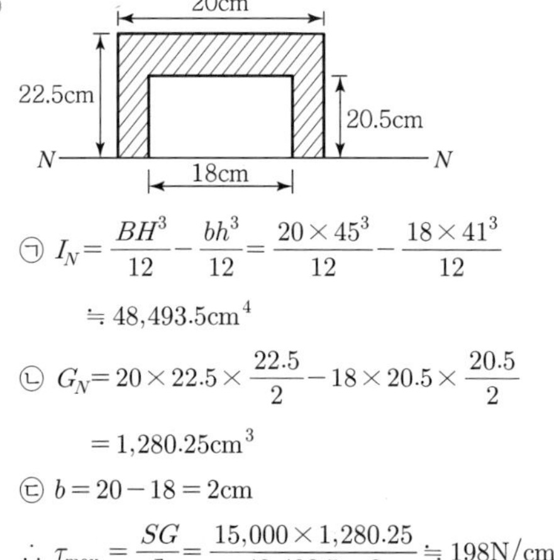

㉠ $I_N = \dfrac{BH^3}{12} - \dfrac{bh^3}{12} = \dfrac{20 \times 45^3}{12} - \dfrac{18 \times 41^3}{12}$
$\fallingdotseq 48,493.5\text{cm}^4$

㉡ $G_N = 20 \times 22.5 \times \dfrac{22.5}{2} - 18 \times 20.5 \times \dfrac{20.5}{2}$
$= 1,280.25\text{cm}^3$

㉢ $b = 20 - 18 = 2\text{cm}$

$\therefore \tau_{\max} = \dfrac{SG}{Ib} = \dfrac{15,000 \times 1,280.25}{48,493.5 \times 2} \fallingdotseq 198\text{N/cm}^2$

정답 12 ④ 13 ④

5. 전단응력의 특징

① 전단응력은 중립축에서 최대이다.
② 전단응력은 상 · 하연단에서 0이다.
③ 전단응력도는 곡선 변화를 한다.
④ 전단응력은 중립축에서부터 거리에 반비례한다.

>>> 기본예제

01 전단응력도에 대한 다음 설명 중 옳지 않은 것은?

① 직사각형 단면에서는 중앙부의 전단응력도가 제일 크다.
② I형 단면에서는 상 · 하단의 전단응력도가 제일 크다.
③ 원형 단면에서는 중앙부의 전단응력도가 제일 크다.
④ 전단응력도는 전단력의 크기에 비례한다.

해설

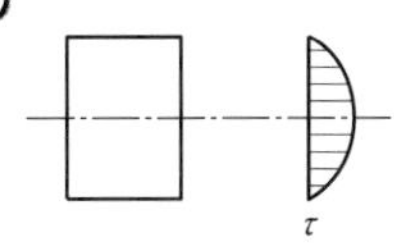

$\tau = \dfrac{S \cdot G}{I \cdot b}$에서 G는 구하고자 하는 점에서 끝단까지의 단면1차모멘트이므로 단면의 형태에 관계없이 상 · 하단의 전단응력은 0이다.

02 그림과 같이 속이 빈 직사각형 단면의 최대 전단응력은?(단, 전단력은 2kN)

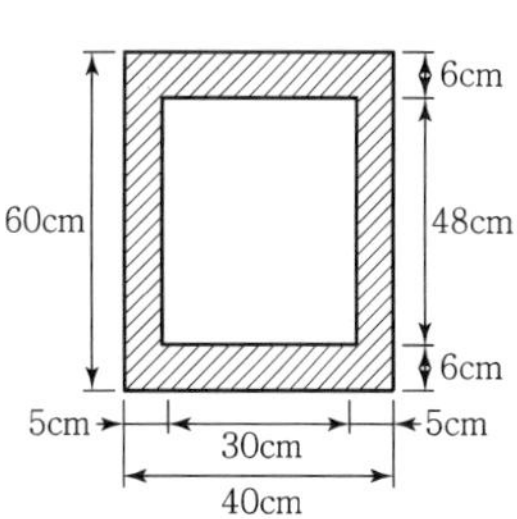

① 2.125N/cm² ② 3.22N/cm²
③ 4.125N/cm² ④ 4.22N/cm²

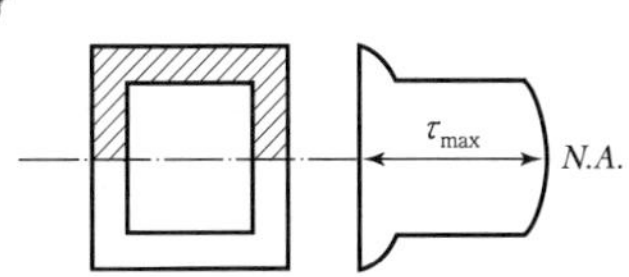

㉠ $b = 10\text{cm}$ (단면의 중립축에서 폭)

㉡ $I_X = \dfrac{40 \times 60^3}{12} - \dfrac{30 \times 48^3}{12} = 443{,}520\text{cm}^4$

㉢ $G_X = (40 \times 30) \times \dfrac{30}{2} - (30 \times 24) \times \dfrac{24}{2} = 9{,}360\text{cm}^3$

㉣ $S_{\max} = 2\text{kN} = 2{,}000\text{N}$

$\therefore \tau_{\max} = \dfrac{SG}{I_X b} = \dfrac{(2 \times 10^3) \times 9{,}360}{443{,}520 \times 10} = 4.22\text{N/cm}^2$

정답 01 ② 02 ④

14 그림과 같은 단면의 단순보에 집중하중이 작용할 때 단면에 생기는 최대 전단응력도(N/cm²)의 값은?

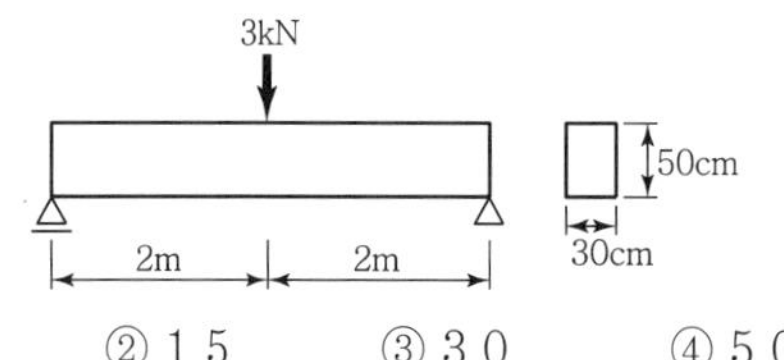

① 0.5 ② 1.5 ③ 3.0 ④ 5.0

$\tau_{max} = \dfrac{3}{2} \cdot \dfrac{S_{max}}{A} = \dfrac{3}{2} \times \dfrac{\frac{3,000}{2}}{30 \times 50} = 1.5\text{N/cm}^2$

(∵ 최대 전단력은 최대 반력 $R_A = R_B = \dfrac{P}{2} = \dfrac{3,000\text{N}}{2}$ 이다.)

15 그림과 같은 단순보에서 전단력에 충분히 안전하도록 하기 위한 지간 l을 계산한 값은?(단, 최대 전단응력도는 7N/cm²이다.)

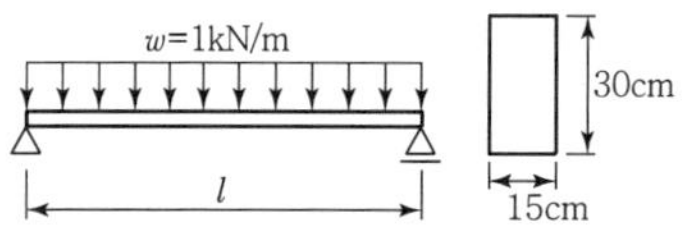

① 450cm ② 440cm ③ 430cm ④ 420cm

㉠ $\tau_a \geq \tau_{max} = \dfrac{3wl}{4bh}$

㉡ $l \leq \dfrac{4bh\tau_a}{3w} = \dfrac{4 \times 15 \times 30 \times 7}{3 \times 10} = 420\text{cm}$

$(w = 1\text{kN/m} = 10\text{N/cm})$

16 다음 그림과 같은 단순보에서 지점 A로부터 2m 되는 D 단면에 발생하는 최대 전단응력은 얼마인가?(단, 이 보의 단면은 폭 10cm, 높이 20cm의 직사각형 단면이다.)

① 3.50N/cm²
② 4.75N/cm²
③ 5.25N/cm²
④ 6.00N/cm²

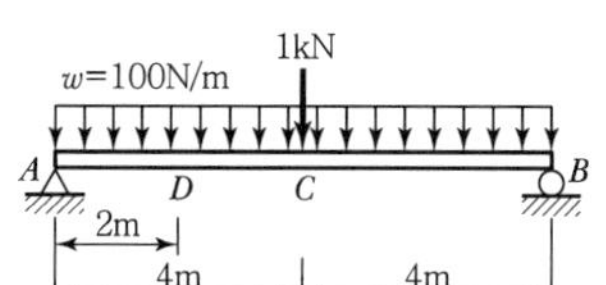

㉠ 대칭하중이므로

$R_A = \dfrac{wl+P}{2} = \dfrac{(100 \times 8) + 1,000}{2} = 900\text{N}(\uparrow)$

㉡ $S_D = R_A - (100\text{N/m} \times 2\text{m}) = 900 - 200 = 700\text{N}$

$\therefore \tau_{D(max)} = \dfrac{3}{2} \cdot \dfrac{S_D}{A} = \dfrac{3}{2} \times \dfrac{700}{10 \times 20} = 5.25\text{N/cm}^2$

17 그림과 같은 단순보의 최대 전단응력 τ_{max}를 구하면?(단, 보의 단면은 지름이 D인 원이다.)

① $\dfrac{wL}{2\pi D^2}$ ② $\dfrac{9wL}{4\pi D^2}$

③ $\dfrac{3wL}{2\pi D^2}$ ④ $\dfrac{2wL}{\pi D^2}$

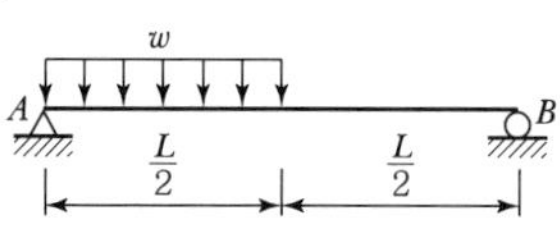

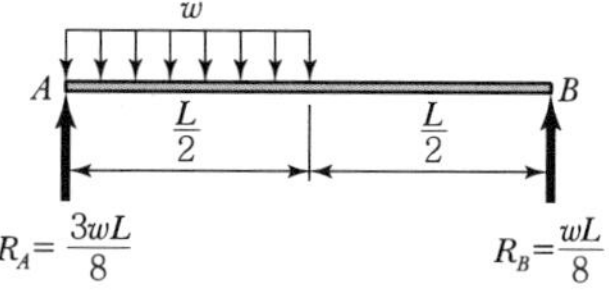

㉠ $S_{max} = \dfrac{3wL}{8}$

㉡ $\tau_{max} = \alpha \dfrac{S_{max}}{A} = \dfrac{4}{3} \cdot \dfrac{\left(\frac{3wL}{8}\right)}{\left(\frac{\pi D^2}{4}\right)} = \dfrac{2wL}{\pi D^2}$

18 그림과 같은 하중을 받는 보의 최대 전단응력은?

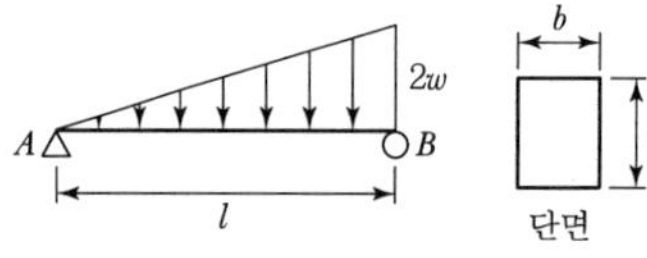

① $\dfrac{2}{3}\dfrac{wl}{bh}$ ② $\dfrac{3}{2}\dfrac{wl}{bh}$ ③ $2\dfrac{wl}{bh}$ ④ $\dfrac{wl}{bh}$

㉠ $S_{max} = R_B = \dfrac{2wl}{3}$

㉡ $\tau_{max} = \alpha \dfrac{S_{max}}{A} = \dfrac{3}{2} \cdot \dfrac{\left(\frac{2wl}{3}\right)}{(bh)} = \dfrac{wl}{bh}$

정답 14 ② 15 ④ 16 ③ 17 ④ 18 ④

19 그림과 같은 하중을 받는 단순보에 발생하는 최대 전단응력은?

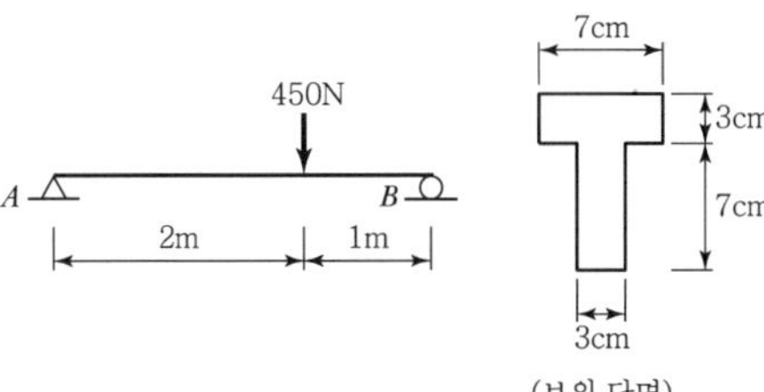

(보의 단면)

① 44.8N/cm^2 ② 34.8N/cm^2
③ 24.8N/cm^2 ④ 14.8N/cm^2

해설

㉠ $S_{max} = R_A,\ R_B$ 중 큰 값

$R_B = \dfrac{Pa}{l} = \dfrac{450\text{N}\times 2\text{m}}{3\text{m}} = 300\text{N}$

㉡ 도심 $y = \dfrac{G_x}{A} = \dfrac{(7\times 3)\times 8.5 + (3\times 7)\times 3.5}{7\times 3 + 3\times 7}$

$= 6\text{cm}$

㉢ $G_{(N-N\text{하단면})} = (3\times 6)\times 3 = 54\text{cm}^3$

(빗금 친 단면)

㉣ $I_N = \left(\dfrac{7\times 4^3}{3} - \dfrac{4\times 1^3}{3}\right) + \dfrac{3\times 6^3}{3} \fallingdotseq 364\text{cm}^4$

$\therefore\ \tau_{max} = \dfrac{S_{max}G}{Ib} = \dfrac{300\times 54}{364.3\times 3} \fallingdotseq 14.8\text{N/cm}^2$

20 다음 하중을 받고 있는 캔틸레버보에서 발생되는 최대 전단응력의 크기를 구한 값은?[단, 부재는 균질의 직사각형(5cm × 10cm) 강철보이며, 자중은 무시한다.]

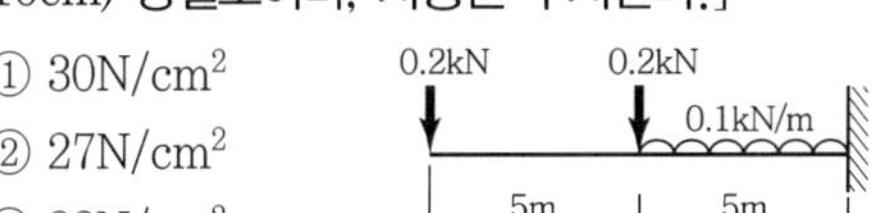

① 30N/cm^2
② 27N/cm^2
③ 22N/cm^2
④ 18N/cm^2

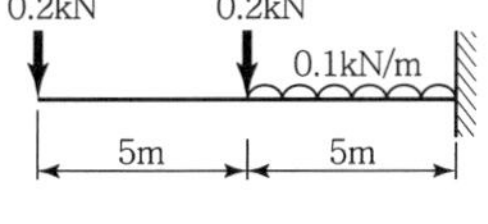

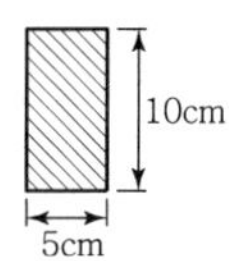

해설

㉠ $S_{max} = R_{max}$

$= 0.2\text{kN} + 0.2\text{kN} + (0.1\text{kN/m}\times 5\text{m})$

$= 0.9\text{kN} = 900\text{N}$

㉡ $\tau_{max} = \dfrac{3}{2}\cdot\dfrac{S_{max}}{A} = \dfrac{3}{2}\cdot\dfrac{900}{5\times 10} = 27\text{N/cm}^2$

21 주어진 T형보 단면의 캔틸레버에서 최대 전단응력을 구하면 얼마인가?(단, T형보 단면의 $I_{N.A.} = 86.8\text{cm}^4$이다.)

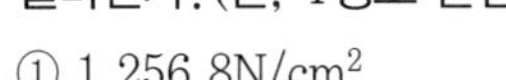

① $1,256.8\text{N/cm}^2$
② $1,663.6\text{N/cm}^2$
③ $2,079.5\text{N/cm}^2$
④ $2,433.2\text{N/cm}^2$

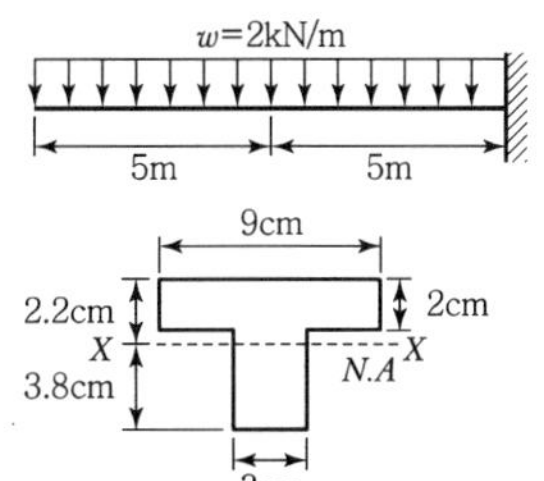

해설

㉠ $I_X = 86.8\text{cm}^4$

㉡ $b = 3\text{cm}$

㉢ $S_{max} = wl = 2\times 10 = 20\text{kN} = 20\times 10^3\text{N}$

㉣ $G_X = 3\times 3.8\times \dfrac{3.8}{2} = 21.66\text{cm}^3$

㉤ $\tau_{max} = \dfrac{S_{max}G_X}{I_X b} = \dfrac{(20\times 10^3)\times 21.66}{86.8\times 3}$

$= 1,663.6\text{N/cm}^2$

〈핵심〉
T형 단면에서 최대전단응력(τ_{max})은 최대전단력(S_{max})이 발생하는 단면의 중립축에서 발생한다.

정답 19 ④ 20 ② 21 ②

03 전단류(Shear Flow)

1. 정의

전단응력(τ)과 관의 두께(t)와의 적(積)은 그 단면의 모든 점에서 동일하다. 이때의 적을 전단류(f)라 한다.

즉, 전단류 $f = \tau \cdot t = \dfrac{S \cdot G}{I}$

여기서, $\tau \cdot t$: 전단류(전단흐름)

S : 단면의 전단력

G : 구하는 축위의 단면에 대한 중립축에 관한 단면1차모멘트

I : 단면2차모멘트

2. 폐쇄된 단면(Closed Section)

폐쇄된 단면에서 전단류는 다음과 같은 관계가 성립한다.

$\tau_1 \cdot t_1 = \tau_2 \cdot t_2 = \dfrac{T}{2A}$ (일정)

주 가장 큰 전단응력은 두께가 가장 작은 곳에서 발생한다.

전단류 : $f = \tau \cdot t = \dfrac{T}{2 \cdot A}$

여기서, T : 비틀림 우력

τ : 전단응력

t : 관의 두께

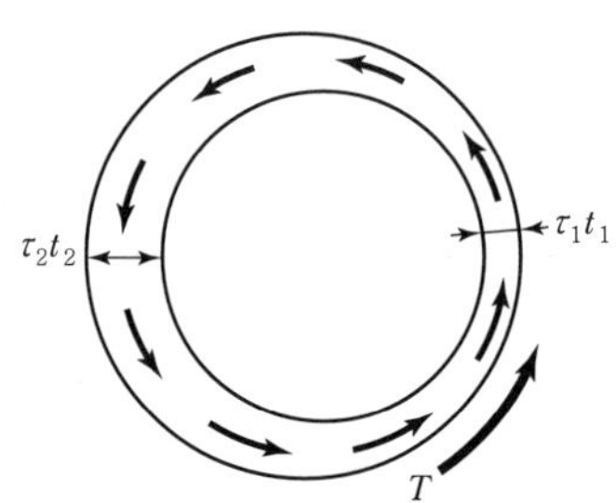

▌(그림 11) 폐쇄된 관의 단면에 대한 전단류 ▌

3. 직사각형 박판 단면의 전단류

단면에 비틀림 모멘트(T)가 작용할 때

(1) 전단류 : $f = \dfrac{T}{2A} = \dfrac{T}{2bh}$

(2) 전단응력 : $\tau = \dfrac{f}{t} = \dfrac{T}{2bht}$

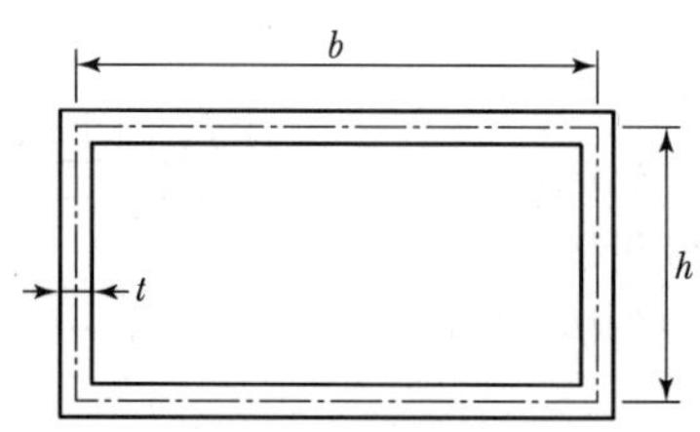

▌(그림 12) 직사각형 박판 단면 ▌

22 폭이 b, 높이가 h인 직사각형 단면에 전단력 S가 작용할 때 이 단면에 발생하는 가장 큰 전단흐름(Shear Flow)의 크기는?

① $\frac{3}{2}\frac{S}{b}$ ② $\frac{3}{2}\frac{S}{h}$

③ $\frac{3}{2}\frac{hS}{b^2}$ ④ $\frac{3}{2}\frac{bS}{h^2}$

⊙ $f=\tau \cdot b=\left(\frac{3}{2}\frac{S}{bh}\right)\cdot b=\frac{3}{2}\frac{S}{h}$

23 다음 그림과 같은 사각형으로 형성된 박판 단면에서 전단흐름은?(단, 이 단면에 작용하는 비틀림 모멘트는 T이다.)

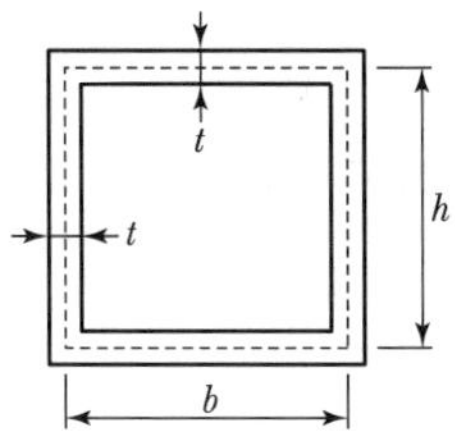

① $\frac{T}{bht}$ ② $\frac{T}{2bh}$

③ $\frac{T}{2b^2h^2t}$ ④ $\frac{T}{bh}$

⊙ $f=\frac{T}{2A_m}=\frac{T}{2bh}$

24 단면의 전단중심(Shear Center)이란?

① 단면에 작용하는 최대 전단응력의 축
② 단면의 도심을 통하는 축
③ 단면의 휨축
④ 대칭축을 갖는 단면의 중심축

⊙ 보단면의 전단중심을 지나는 축에 횡방향 하중이 작용하면 보에는 비틀림 모멘트가 발생하지 않는다. 즉, 부재의 단면내력은 전단력과 휨모멘트만 발생한다.

25 다음 그림과 같은 얇은 단면에서 전단중심까지의 거리 e의 값이 옳은 것은?

① $\frac{b^2h^2t_f}{4}$

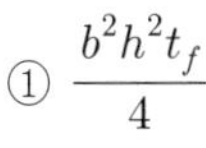

② $\frac{b^2ht_f}{4I_z}$

③ $\frac{bh^2t_f}{4I_z}$

④ $\frac{b^2h^2t_f}{4I_z}$

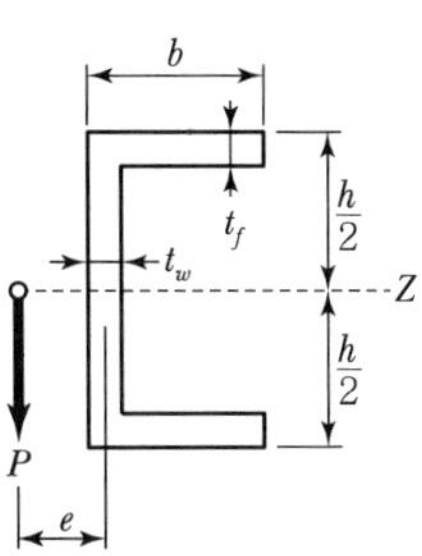

⊙ 전단류(Shear Flow)

㉠ $F=\tau \cdot t=\frac{P\cdot h\cdot t\cdot b^2}{4I}$

㉡ $e=\frac{F\cdot h}{P}=\frac{t\cdot h^2\cdot b^2}{4I}$

$\therefore e=\frac{b^2\cdot h^2\cdot t}{4I}$

정답 22 ② 23 ② 24 ① 25 ④

기둥

01 기둥의 구별

1. 정의

기둥(Column)이란, 중립축 방향으로 압축력을 받는 부재를 말한다. 경사진 부재가 압축을 받으면 역학적으로 기둥으로 해석한다.

2. 기둥의 판별

(1) 파괴형상에 따른 분류

① 단주(Short Column : 짧은 기둥) : 부재의 중립축 방향으로 압축력을 받아 **압축파괴**를 하는 기둥
② 장주(Long Column : 긴 기둥) : 부재의 중립축 방향으로 압축력을 받아 **좌굴파괴**를 하는 기둥

(2) 세장비(Slenderness Ratio)에 따른 분류

$$\text{세장비}(\lambda) = \frac{\text{기둥길이}(l)}{\text{최소회전반경}(r_{min})}$$

일반적으로

- 철근콘크리트 기둥 : $\lambda \le 60$: 단주, $\lambda > 60$: 장주
- 목재기둥 : $\lambda \le 100$: 단주, $\lambda > 100$: 장주

>>> 기본예제

01 직경이 d인 원형 단면의 기둥이 있다. 이 기둥의 길이가 $10d$일 때 이 기둥의 세장비는?

① 10 ② 20 ③ 30 ④ 40

해설

$$\lambda = \frac{l}{r_{min}} = \frac{l}{\frac{d}{4}} = \frac{4l}{d} = \frac{4(10d)}{d} = 40$$

02 기둥의 길이가 3.5m이고 단면이 10cm×15cm인 직사각형이라면 이 기둥의 세장비는?

① 80.83 ② 121.23 ③ 142.96 ④ 165.47

해설

$$\lambda = \frac{l}{r_{min}} = \frac{l}{\sqrt{\frac{I_{min}}{A}}} = \frac{350}{\sqrt{\frac{10^3 \times \frac{12}{12}}{10 \times 12}}} \fallingdotseq 121.23$$

정답 01 ④ 02 ②

01 정사각형의 목재 기둥에서 길이가 4m라면 세장비가 200이 되기 위한 기둥 단면 한 변의 길이로서 옳은 것은?

① 4.93cm　② 5.93cm
③ 6.93cm　④ 7.93cm

해설

㉠ $I=\dfrac{a^4}{12}$

㉡ $r=\sqrt{\dfrac{I}{A}}=\sqrt{\dfrac{\frac{a^4}{12}}{a^2}}=\dfrac{a}{\sqrt{12}}$

㉢ $\lambda=\dfrac{400}{\frac{a}{\sqrt{12}}}=200$

$\therefore\ a=\dfrac{400}{200}\times\sqrt{12}=6.93\text{cm}$

02 지름 d인 원형 단면의 나무기둥에서 길이가 4m일 때 세장비를 100으로 하려면 적당한 d는?

① 10cm　② 12cm
③ 14cm　④ 16cm

해설

물리량의 표현

〈공식〉 원형 단면의 세장비 $\lambda=\dfrac{4l}{d}$

$\lambda=\dfrac{4\times400}{d}=100$

$\therefore\ d=16\text{cm}$

03 기둥의 길이가 3m이고 단면이 100mm×120mm인 직사각형이라면 이 기둥의 세장비는?

① 86.8　② 94.8
③ 103.9　④ 112.9

해설

㉠ $I_{min}=\dfrac{b^3h}{12}=\dfrac{10^3\times12}{12}=1{,}000\text{cm}^4$

㉡ $r_{min}=\sqrt{\dfrac{I_{min}}{A}}=\sqrt{\dfrac{1{,}000}{10\times12}}\fallingdotseq2.887\text{cm}$

$\therefore\ \lambda=\dfrac{l}{r_{min}}=\dfrac{300}{2.887}\fallingdotseq103.9$

04 그림과 같이 가운데가 비어 있는 직사각형 단면 기둥의 길이 $L=$ 10m일 때 이 기둥의 세장비는?

① 1.9
② 191.9
③ 2.2
④ 217.3

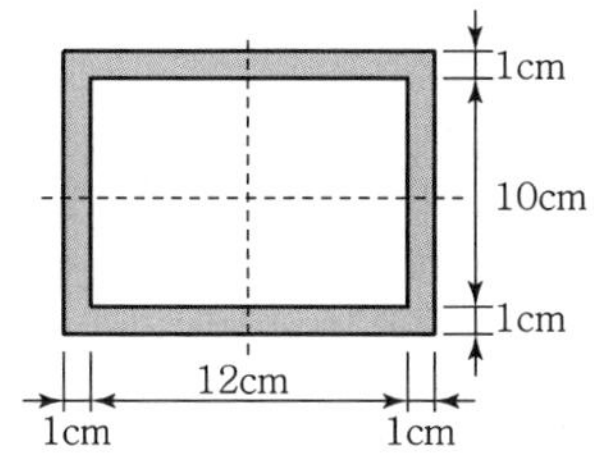

해설

㉠ $A=14\times12-12\times10=48\text{cm}^2$

㉡ $I_{max}=\dfrac{BH^3-bh^3}{12}=\dfrac{14\times12^3-12\times10^3}{12}=1{,}016\text{cm}^4$

㉢ $r_{min}=\sqrt{\dfrac{I_{min}}{A}}=\sqrt{\dfrac{1{,}016}{48}}\fallingdotseq4.6\text{cm}$

$\therefore\ \lambda=\dfrac{l}{r_{min}}=\dfrac{1{,}000}{4.6}\fallingdotseq217.39$

정답 01 ③　02 ④　03 ③　04 ④

02 단주

1. 정의

기둥의 길이에 비하여 단면이 비교적 크고 길이가 짧은 부재로 하중을 증가시키면 **압축파괴**가 발생하는 기둥 (파괴원인 : 압축력이며, 기둥표면이 부풀어 오르며 파괴한다.)

2. 중심축방향 하중을 받는 단주

(1) 축방향 압축응력 $\boxed{\sigma = \dfrac{P}{A}} \le f_{ca}$

(2) 기둥단면 계산 $\boxed{A \ge \dfrac{P}{f_{ca}}}$

여기서, σ : 축방향 압축응력(kN/cm² 또는 N/mm²)

P : 압축하중

A : 단면적

f_{ca} : 허용압축응력(kN/cm² 또는 N/mm²)

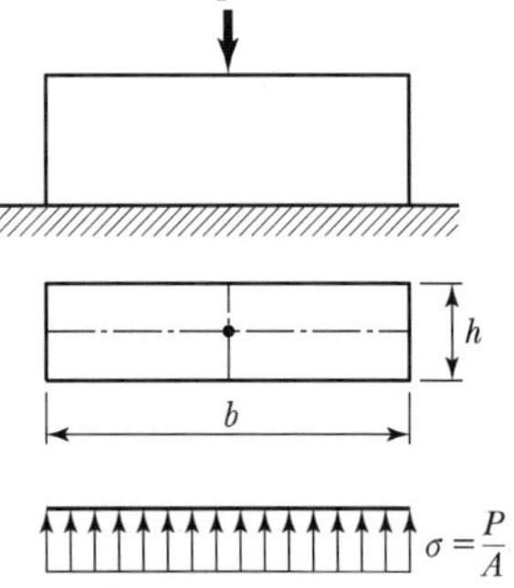

‖ (그림 1) 중심축 하중을 받는 기둥의 응력도 ‖

3. 편심축 하중을 받는 단주

(1) 중심축 하중 P가 x축 또는 y축상에 편심 작용할 때

중심축 하중(P)에 의해 생기는 응력(σ)은 중심축에서 작용하는 **압축응력**($\sigma = P/A$)과 편심거리(e)의 편심모멘트($Me = P \cdot e_x$)로 인한 **휨응력**($\sigma = Me / I_y \cdot x$)이 동시에 생기므로 **합성응력**을 구해야 한다.

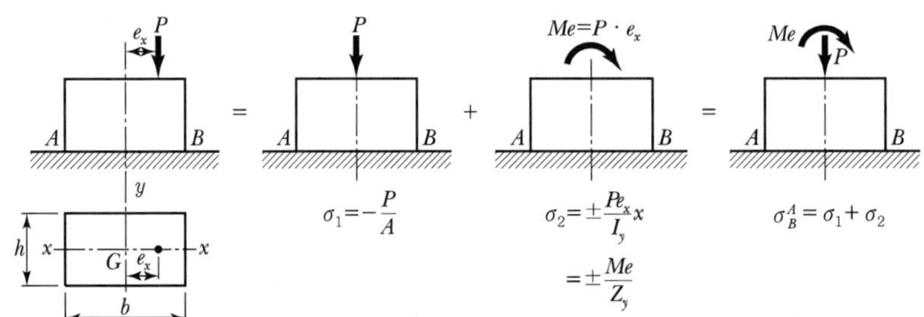

‖ (그림 2) 편심축 하중을 받는 기둥 ‖

그림에서 합성응력 $\sigma = \sigma_1 + \sigma_2$이다.

$$\boxed{\text{합성응력 } \sigma_B^A = -\frac{P}{A} \pm \frac{Me}{I_y}x = -\frac{P}{A} \pm \frac{Pe_x}{Z_y}}$$ (압축⊖, 인장⊕)

여기서, $A = bh$, $I_y = \dfrac{hb^3}{12}$, $x = \dfrac{b}{2}$, $Z_y = \dfrac{hb^2}{6}$, $Me = P \cdot e_x$를 대입하여 계산하면

$$\therefore \ \sigma_B^A = -\frac{P}{bh} \pm \frac{P \cdot e_x}{\dfrac{hb^2}{6}} = -\frac{P}{bh} \pm \frac{6P \cdot e_x}{hb^2} = \boxed{-\frac{P}{bh}\left(1 \mp \frac{6e_x}{b}\right)}$$

05 편심 하중이 작용하는 단주의 응력상태를 옳게 기술한 것은?

① 압축력만 작용하고 휨모멘트는 작용하지 않는다.
② 압축력과 인장력이 작용하고 휨모멘트는 작용하지 않는다.
③ 압축력과 휨모멘트가 작용하고 인장력이 작용할 경우도 있다.
④ 인장력과 휨모멘트가 작용한다.

⊙ ㉠ 중심축 하중

$\sigma = -\dfrac{P}{A}$(압축)

㉡ 편심 하중

$\sigma = -\dfrac{P}{A} \pm \dfrac{M}{Z}$(−압축, +인장)

따라서 편심에 따라 압축 또는 인장응력이 발생한다.

06 그림과 같은 단주에 편심하중 $P = 18\text{kN}$이 작용할 때 단면 내에 응력이 0인 위치는 A점으로부터 얼마인가?

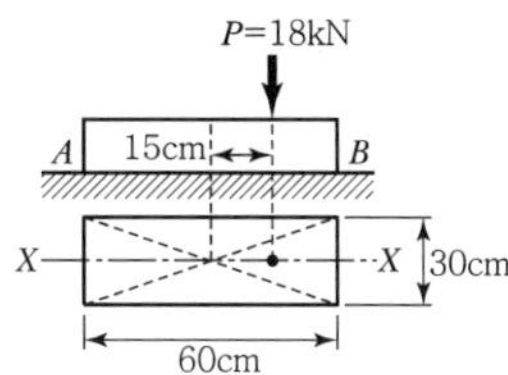

① 6cm ② 8cm
③ 10cm ④ 18cm

⊙ $\sigma = -\dfrac{P}{A} \pm \dfrac{6M}{bh^2}$

$= -\dfrac{18{,}000}{30 \times 60} \pm \dfrac{6 \times (18{,}000 \times 15)}{30 \times 60^2}$

$= -10 \pm 15$

$\therefore \sigma_{max} = -25\text{N/cm}^2$(압축)

$\sigma_{min} = +5\text{N/cm}^2$(인장)

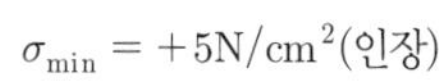

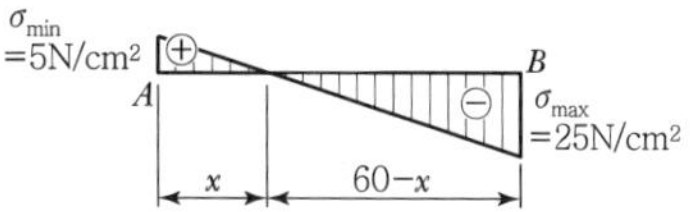

(비례식을 이용하면)

$25 : (60 - x) = 5 : x$

$300 - 5x = 25x \quad \therefore x = \dfrac{300}{30} = 10\text{cm}$

07 그림과 같은 직사각형 단면의 짧은 기둥에 15kN의 하중이 작용할 경우 부재에 생기는 최대 응력과 최소 응력의 비는?

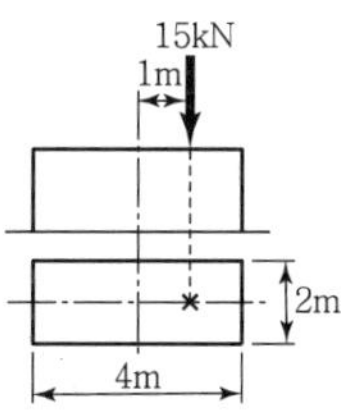

① $\dfrac{7}{5}$ ② $-\dfrac{7}{5}$ ③ -5 ④ 5

⊙ $\sigma = -\dfrac{P}{A} \pm \dfrac{6M}{bh^2} = -\dfrac{15}{2 \times 4} \pm \dfrac{6 \times (15 \times 1)}{2 \times 4^2}$

$= -1.875 \pm 2.8125$

$\therefore \sigma_{max} = -4.6875\text{kN/cm}^2$(압축)

$\sigma_{min} = +0.9375\text{kN/cm}^2$(압축)

$\therefore \dfrac{\sigma_{max}}{\sigma_{min}} = \dfrac{-4.6875}{+0.9375} = -5$

08 편심하중을 받는 다음 기둥에서 B점의 응력을 구한 값은? (단, 기둥 단면의 지름 $d = 20\text{cm}$, 편심거리 $e_x = 5\text{cm}$, 편심하중 $P = 10\text{kN}$)

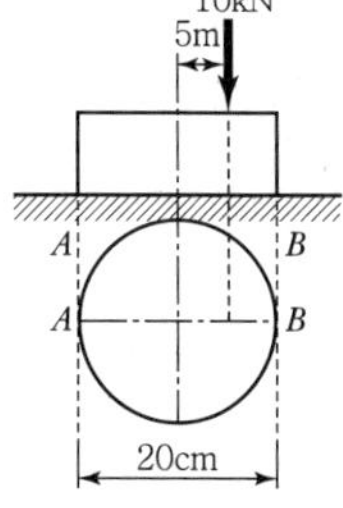

① 31.84N/cm^2
② 94.46N/cm^2
③ 95.49N/cm^2
④ 95.54N/cm^2

⊙ $\sigma = -\dfrac{P}{A} \pm \dfrac{M}{Z}$에서

$\therefore \sigma_B = -\dfrac{P}{\dfrac{\pi D^2}{4}} - \dfrac{P \cdot e}{\dfrac{\pi D^3}{32}}$

$= -\dfrac{4 \times 10{,}000}{\pi \times 20^2} - \dfrac{32 \times 10{,}000 \times 5}{\pi \times 20^3}$

$\fallingdotseq -95.49\text{N/cm}^2$(압축)

정답 05 ③ 06 ③ 07 ③ 08 ③

(2) 축하중 작용점의 응력

$$\sigma = -\frac{P}{A} \pm \frac{M_y}{I_y}x \pm \frac{M_x}{I_x}y \qquad \begin{pmatrix} M_y = P\,e_x \\ M_x = P\,e_y \end{pmatrix}$$

주 기둥의 최대 압축응력은 A점에서 발생되고 최대 인장응력은 C점에서 발생된다.

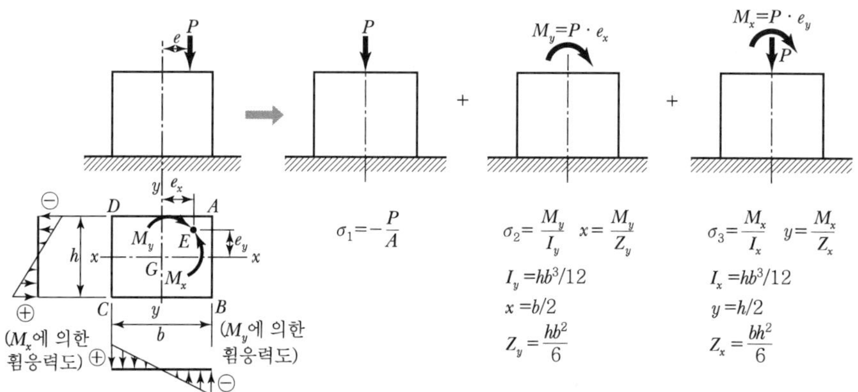

▌(그림 3) 축하중 임의점에 편심작용할 때▐

$$\sigma_A = -\frac{P}{A} - \frac{M_y}{I_y}\cdot x - \frac{M_x}{I_x}\cdot y = -\frac{P}{A} - \frac{Pe_x}{Z_y} - \frac{Pe_y}{Z_x} \qquad (M_y = P\,e_x)$$

$$\sigma_B = -\frac{P}{A} - \frac{M_y}{I_y}\cdot x + \frac{M_x}{I_x}\cdot y = -\frac{P}{A} - \frac{Pe_x}{Z_y} + \frac{Pe_y}{Z_x} \qquad (M_x = P\,e_y)$$

$$\sigma_C = -\frac{P}{A} + \frac{M_y}{I_y}\cdot x + \frac{M_x}{I_x}\cdot y = -\frac{P}{A} + \frac{Pe_x}{Z_y} + \frac{Pe_y}{Z_x}$$

$$\sigma_D = -\frac{P}{A} + \frac{M_y}{I_y}\cdot x - \frac{M_x}{I_x}\cdot y = -\frac{P}{A} + \frac{Pe_x}{Z_y} - \frac{Pe_y}{Z_x}$$

(3) 축하중 P가 임의점에 편심작용 시 기둥단면의 응력분포상태

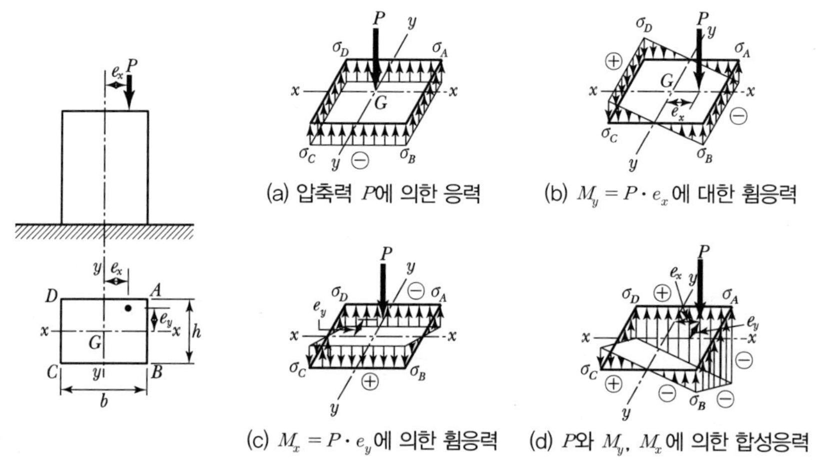

▌(그림 4) 축하중이 임의점에 편심작용 시 응력분포도▐

09 기둥이 그림과 같이 재하되어 있을 때 B점의 응력을 나타내는 식은?[단, A = 단면적, I_x, $I_y = x$, y축의 단면2차모멘트, 압축응력을 (+)로 한다.]

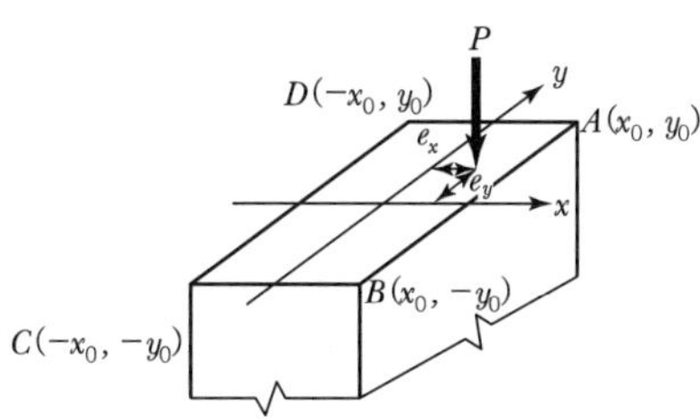

① $\sigma_B = \dfrac{P}{A} - \dfrac{P \cdot e_y}{I_y} \cdot y_0 + \dfrac{P \cdot e_x}{I_x} x_0$

② $\sigma_B = \dfrac{P}{A} + \dfrac{P \cdot e_y}{I_y} \cdot y_0 - \dfrac{P \cdot e_x}{I_x} x_0$

③ $\sigma_B = \dfrac{P}{A} - \dfrac{P \cdot e_y}{I_x} \cdot x_0 + \dfrac{P \cdot e_x}{I_y} y_0$

④ $\sigma_B = \dfrac{P}{A} - \dfrac{P \cdot e_y}{I_x} \cdot y_0 + \dfrac{P \cdot e_x}{I_y} x_0$

해설 ㉠ 문제에서 압축을 (+)로 하므로

$$\sigma = \frac{P}{A} \pm \frac{M_x}{Z_x} \pm \frac{M_y}{Z_y}$$

(하중) (x축) (y축)

$$= \frac{P}{A} \pm \frac{P \cdot e_y}{I_x} \cdot y \pm \frac{P \cdot e_x}{I_y} \cdot x$$

㉡ B점은 x축에 대하여는 인장(−), y축에 대하여는 압축(+)이므로

$$\sigma_B = \frac{P}{A} - \frac{P \cdot e_y}{I_x} \cdot y + \frac{P \cdot e_x}{I_y} \cdot x$$

10 그림과 같은 단주에 편심하중이 작용할 때 최대 압축응력은?

① 138.75N/cm²
② 172.65N/cm²
③ 245.75N/cm²
④ 317.65N/cm²

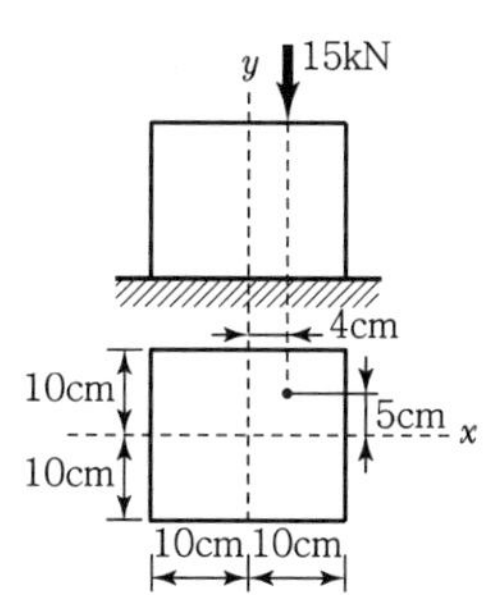

해설 ㉠ $Z_x = Z_y = \dfrac{bh^2}{6} = \dfrac{20 \times 20^2}{6} ≒ 1{,}333\text{cm}^3$

㉡ $\sigma_{\max} = -\dfrac{P}{A} - \dfrac{P \cdot e_y}{Z_x} - \dfrac{P \cdot e_x}{Z_y}$

$$= -\frac{15{,}000}{20 \times 20} - \frac{15{,}000 \times 4}{1{,}333} - \frac{15{,}000 \times 5}{1{,}333}$$

$$≒ -138.75\text{N/cm}^2$$

11 다음 단주에 압축력 P가 편심 E에 작용할 때, 모서리 A점의 응력을 구한 값은?

① 35N/cm²
② 65N/cm²
③ 85N/cm²
④ 185N/cm²

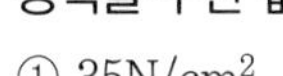

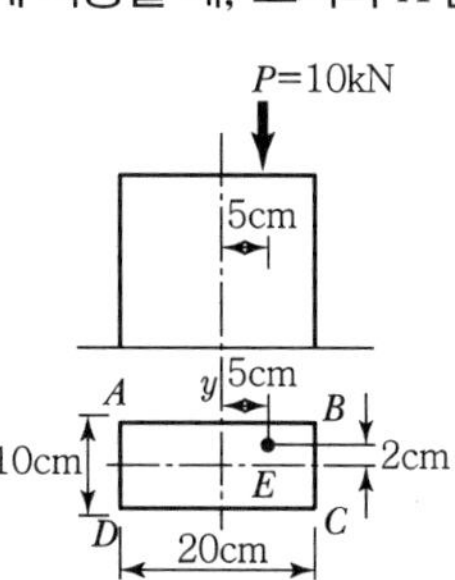

해설 $\sigma_A = -\dfrac{P}{A}\left(1 - \dfrac{6e_x}{h} + \dfrac{6e_y}{b}\right)$

$$= -\frac{10 \times 10^3}{10 \times 20}\left(1 - \frac{6 \times 5}{20} + \frac{6 \times 2}{10}\right)$$

$$= -35\text{N/cm}^2$$

정답 09 ④ 10 ① 11 ①

03 단면의 핵

1. 정의

핵점이란, 기둥단면 내에 압축응력만이 일어나는 하중작용 편심거리의 한계점을 말하며 핵점에 둘러싸인 부분을 핵(Core)이라 한다. 즉, 기둥단면에 압축응력만 발생되는 **하중작용 편심거리의 한계점**이 된다.

2. 기둥단면에 압축응력만 발생되는 하중작용 편심거리(핵거리)

$\sigma_{\min} \leq 0$ 되는 조건에서

$$\sigma = -\frac{P}{A} \pm \frac{M_y}{I_Y} \cdot x = -\frac{P}{A} \pm \frac{P \cdot e_x}{I_Y} \cdot x \leq 0$$

$$\therefore \frac{P \cdot e_x}{I_Y} \cdot x \leq \frac{P}{A}$$

$$\boxed{\text{핵거리}(e) \leq \frac{I_Y}{A \cdot x} = \frac{{r_Y}^2}{x} = \frac{Z_Y}{A}}$$

여기서, r_Y : 회전반경 $\left(\sqrt{\frac{I_Y}{A}}\right)$, Z_Y : 단면계수 $\left(\frac{I_Y}{x}\right)$

3. 핵거리(핵반경) 계산

(1) 직사각형(구형) 단면

$$e_y = \frac{I_X}{A \cdot y} = \frac{\frac{bh^3}{12}}{bh \times \frac{h}{2}} = \boxed{\frac{h}{6}}$$

$$e_x = \frac{I_Y}{A \cdot x} = \frac{\frac{hb^3}{12}}{bh \times \frac{b}{2}} = \boxed{\frac{b}{6}}$$

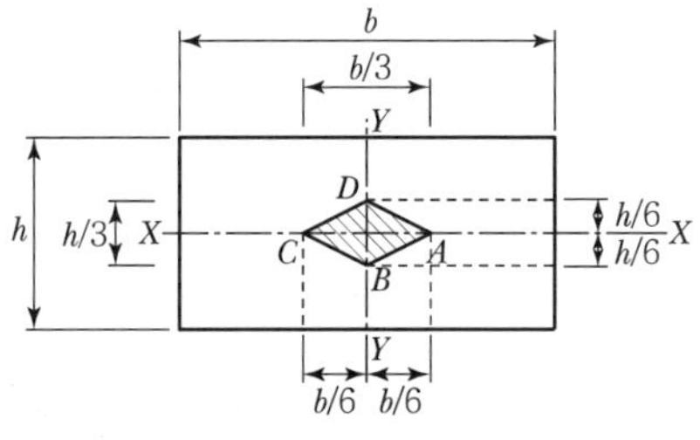

‖ (그림 5) 직사각형 단면의 핵 ‖

주 빗금 친 부분이 **기둥단면의 핵**이 되고, A, B, C, D점이 **핵점**, $ABCD$선이 **핵선**이 되며, $\overline{AC}$ 또는 $\overline{BD}$를 **중앙 3분권(Middle Third)**이라 한다.

① 핵의 단면적 $A' = \frac{b}{3} \times \frac{h}{3} \times \frac{1}{2} = \frac{bh}{18}$

② 핵단면적과 전단면적의 비 $A' : A = \frac{bh}{18} : bh \rightarrow 1 : 18$

(2) 단면의 핵(직사각형 단면과 같이 계산하면 된다.)

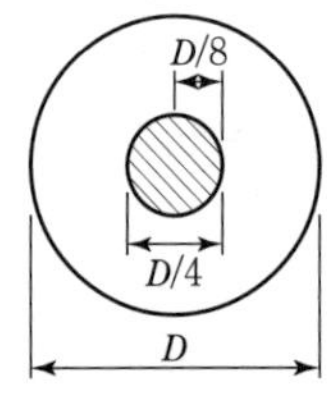

(a) 원형 단면

핵단면적$(A') = \frac{\pi D^2}{64}$

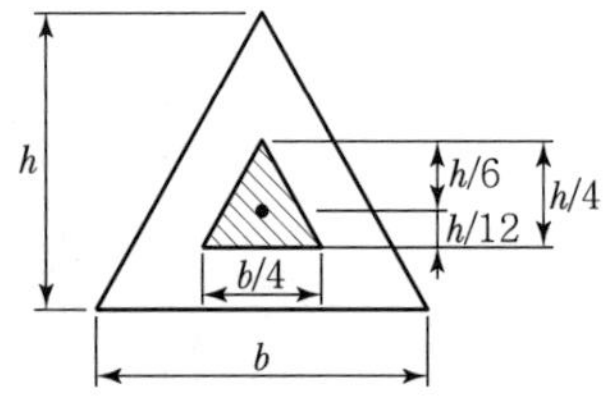

(b) 삼각형 단면

핵단면적$(A') = \frac{bh}{32}$

‖ (그림 6) 단면의 핵 ‖

12 다음 그림과 같이 $P=15\text{kN}$, $M=5\text{kN}\cdot\text{m}$를 받는 철근콘크리트 기초가 있다. 지면에서 받는 반력이 직선분포한다고 가정하고, 기초 1단의 반력을 0이 되도록 하려면 기초 폭은 얼마로 하면 되는가?

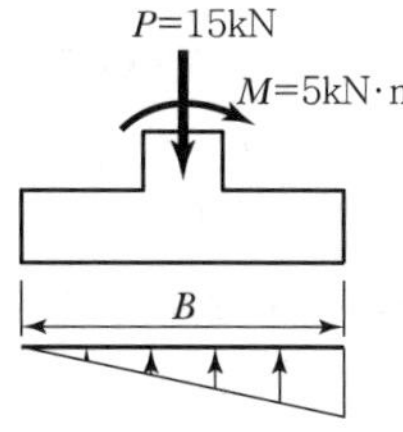

① 1.5m
② 2.0m
③ 2.5m
④ 3.0m

㉠ $M=P\cdot e_x \rightarrow e_x=\dfrac{M}{P}=\dfrac{5}{15}=\dfrac{1}{3}\text{m}$

㉡ $e_x=\dfrac{h}{6} \rightarrow h=6\cdot e_x=6\times\dfrac{1}{3}=2\text{m}$

13 그림과 같은 사각형 단면을 가지는 기둥의 핵 면적은?

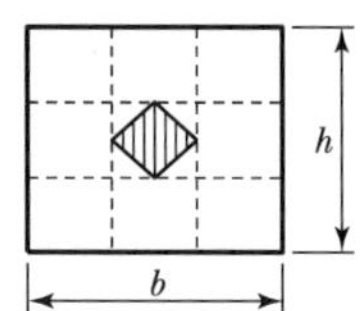

① $\dfrac{bh}{9}$　② $\dfrac{bh}{18}$

③ $\dfrac{bh}{16}$　④ $\dfrac{bh}{36}$

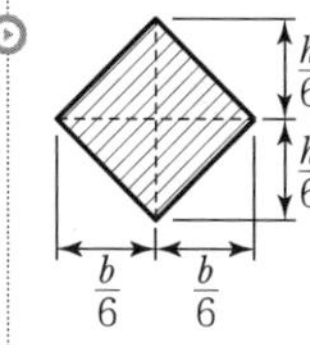

핵면적 $A=\left(\dfrac{b}{6}\times\dfrac{h}{6}\times\dfrac{1}{2}\right)\times 4\text{개}=\dfrac{1}{18}bh$

$=\dfrac{bh}{18}$

14 반지름이 25cm인 원형단면을 가지는 단주에서 핵의 면적은 약 얼마인가?

① 122.7cm^2
② 168.4cm^2
③ 245.4cm^2
④ 336.8cm^2

㉠

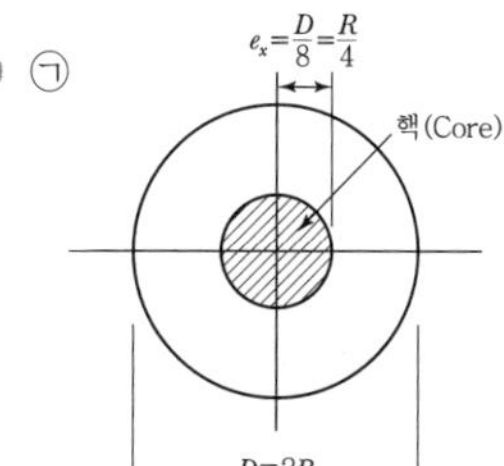

㉡ $A=\pi\left(\dfrac{R}{4}\right)^2$

$=\dfrac{\pi R^2}{16}$

$=\dfrac{\pi\times 25^2}{16}$

$=122.7\text{cm}^2$

15 외반경 R_1, 내경 R_2인 중공(中空) 원형 단면의 핵은? (단, 핵의 반경은 e이다.)

① $e=\dfrac{(R_1{}^2+R_2{}^2)}{4R_1}$　② $e=\dfrac{(R_1{}^2-R_2{}^2)}{4R_1}$

③ $e=\dfrac{(R_1{}^2-R_2{}^2)}{4R_1{}^2}$　④ $e=\dfrac{(R_1{}^2+R_2{}^2)}{4R_1{}^2}$

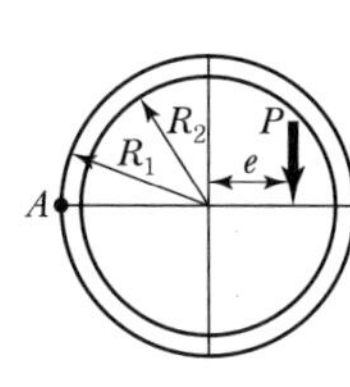

$e=\dfrac{R_1{}^2+R_2{}^2}{4R_1}$

정답 12 ② 13 ② 14 ① 15 ①

4. 축하중의 편심거리(e)에 의한 응력분포도

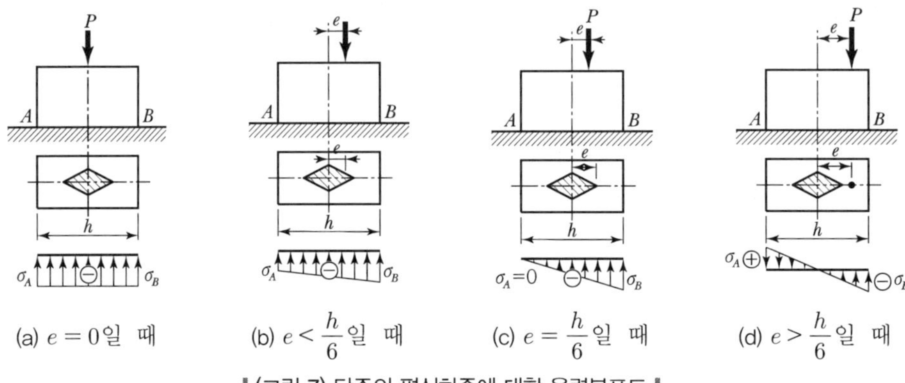

(a) $e=0$일 때 (b) $e<\frac{h}{6}$일 때 (c) $e=\frac{h}{6}$일 때 (d) $e>\frac{h}{6}$일 때

‖ (그림 7) 단주의 편심하중에 대한 응력분포도 ‖

- 편심하중에 의한 응력도의 특징
  ① (a)는 축하중이 중립축에 작용하여 기둥 전단면에서 압축응력이 일정하게 분포되어 기둥으로서 가장 좋은 상태이다. $\left(\frac{M}{Z}=0\right)$

  ② (b)는 축하중이 핵점 내에 있어 전단면에 압축응력은 발생하나 비균형 상태가 되고 최대 응력은 σ_B가 된다. $\left(\frac{P}{A}>\frac{M}{Z}, \sigma_{\max}=\sigma_B\right)$

  ③ (c)는 축하중이 핵의 한계점에 작용하여 σ_A가 0이 되므로 **압축응력이 발생하는 한계점**이 된다. $\left(\frac{P}{A}=\frac{M}{Z}\right)$, $\left(\sigma_{\max}=\sigma_B=2\frac{P}{A}\right)$

  ④ (d)는 축하중의 작용점이 핵점을 벗어난 경우로 A점에는 인장응력이, B점에는 압축응력이 발생되고 축하중이 B점 연단에 작용하면 σ_A는 **최대 인장응력**, σ_B는 **최대 압축응력**이 발생된다. $\left(\frac{P}{A}<\frac{M}{Z}\right)$

>>> 기본예제

01 그림과 같은 단주에서 편심거리 e에 $P=800$kg이 작용할 때 단면에 인장력이 생기지 않기 위한 e의 한계는?

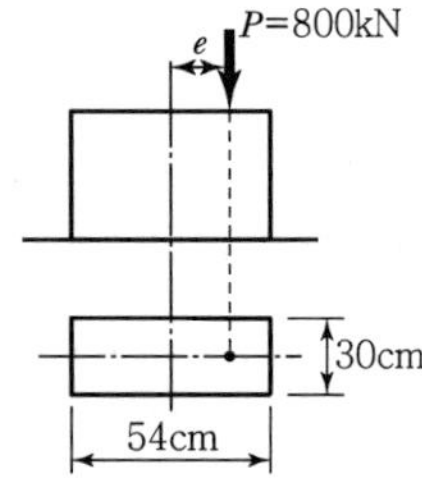

① 10cm ② 8cm ③ 9cm ④ 5cm

해설

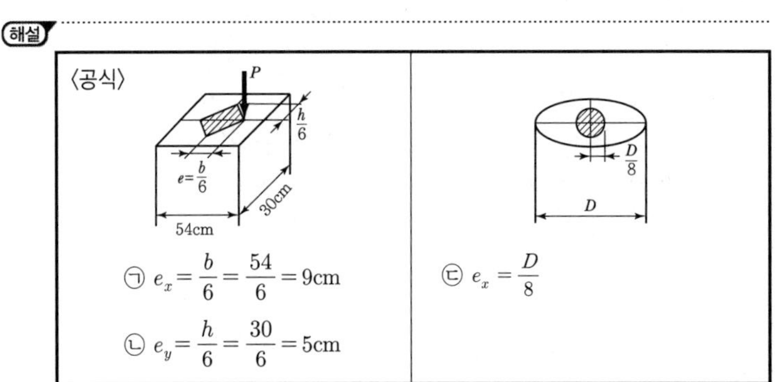

㉠ $e_x=\frac{b}{6}=\frac{54}{6}=9\text{cm}$

㉡ $e_y=\frac{h}{6}=\frac{30}{6}=5\text{cm}$

㉢ $e_x=\frac{D}{8}$

정답 01 ③

16 기둥의 밑면에서 응력이 그림과 같을 때 하중의 편심거리가 가장 큰 단주는?

① 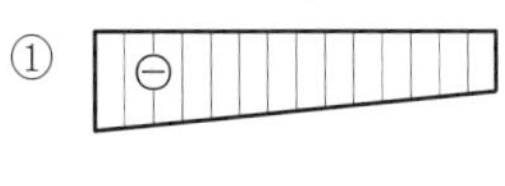
② 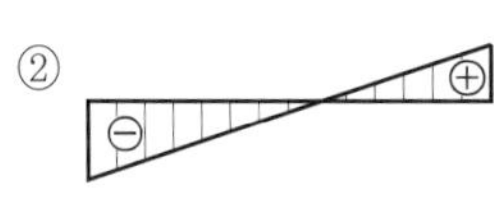
③ 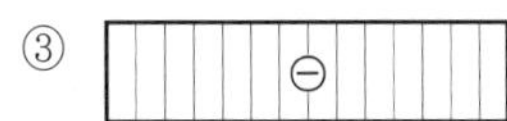
④

◉ ① 하중이 핵 내에 작용할 경우
② 하중이 핵을 벗어났을 때
③ 하중이 중심에 작용할 경우
④ 하중이 핵점에 작용할 경우

17 직사각형 단면의 단주에서 편심거리가 e 되는 점에 하중 P가 작용할 때 $e > \frac{h}{6}$(x축)인 경우 단면에 생기는 응력의 분포도로 옳은 것은?

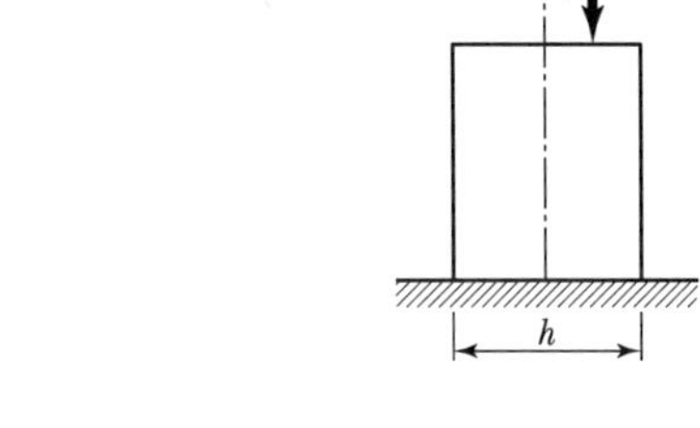

① 
② 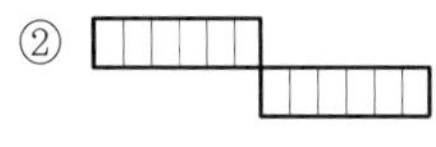
③
④ 

◉ 편심거리가 단면의 핵을 벗어났으므로 편심의 반대쪽 위치에 인장응력이 발생한다.

18 다음과 같은 직사각형 단면의 짧은 기둥의 응력에 대하여 옳은 것은?

① $\sigma_{\max}$은 인장, $\sigma_{\min}$은 압축
② $\sigma_{\max}$, $\sigma_{\min}$ 모두 인장
③ $\sigma_{\max}$, $\sigma_{\min}$ 모두 압축
④ $\sigma_{\max}$, $\sigma_{\min}$ 모두 0

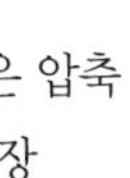
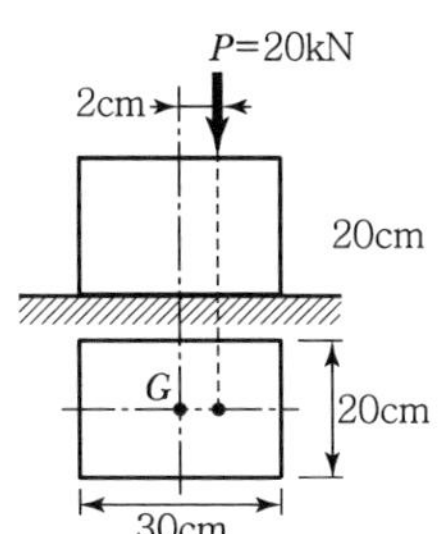

◉ ㉠ $e_x < \frac{b}{6}$, $2 < \frac{30}{6}$, $2 < 5$
㉡ 편심 2cm는 핵 이내이므로 단면에는 모두 압축응력이 발생한다.

정답 16 ② 17 ③ 18 ③

04 장주(Long Column)

1. 정의

세장비가 어떤 값 이상인 부재에 하중이 증가하면 부재는 불안정 상태로 되어 **좌굴(Buckling)현상**이 발생한다. 이 좌굴에 의하여 파괴되는 **기둥**을 말한다.

2. 좌굴(Buckling)

세장비가 큰 기둥에서 기둥단면의 도심에 축하중이 작용할 때 그 단면에 일정하게 압축분포가 발생되지 않고 일종의 휨모멘트가 발생되어 압축응력이 허용강도에 도달하기 전에 **휘어지는 현상**이다.

주 좌굴의 주원인은 **휨모멘트**이다.

3. 좌굴하중(Buckling Load)

장주는 좌굴에 의해 파괴되기 때문에 압축응력이 허용압축응력에 도달하기 전에 파괴된다. 좌굴이 일어나기 직전의 하중을 **좌굴하중** 또는 **임계하중**이라 한다.

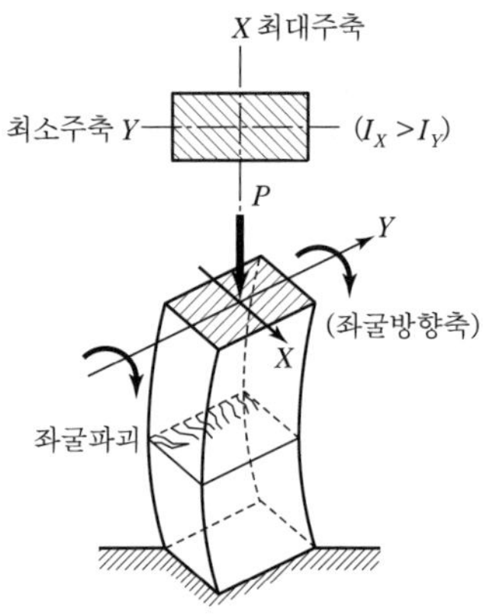

‖ (그림 8) 좌굴하중과 좌굴방향 ‖

4. 좌굴방향

(1) 단면2차모멘트가 **최대인 축의 방향**
(단면2차모멘트가 **최대인 주축방향**)

(2) 단면2차모멘트가 **최소인 축의 직각방향**
(단면2차모멘트가 **최소인 주축의 직각방향**)

5. 장주기둥의 좌굴길이

장주의 좌굴길이는 기둥의 재료, 단면, 길이, 양단의 지지상태 등에 따라 크게 다르나 일반적으로 양단의 지지상태가 힌지인 기둥을 기준으로 환산한 값을 **좌굴길이 또는 환산길이**(kl)라 한다.(표 1 참고)

19 다음 장주의 좌굴에 대한 설명 중 틀린 것은?

① 장주의 강도는 I(단면2차모멘트)에 비례하고, 길이 l의 자승에 반비례한다.
② 좌굴응력은 세장비 자승에 반비례한다.
③ 같은 단면의 기둥에서 직사각형 단면보다 정사각형이 강하다.
④ 세장비는 길이 l과 회전반경 r의 비로서 표시하고 r는 그 단면에서 최대의 것을 사용한다.

세장비를 구할 때 단면2차반지름(r)이 최소가 되도록 한다.

① $P_2 = \dfrac{n\pi EI}{l^2}$

② $\sigma = \dfrac{\pi^2 E}{\lambda^2}$

③ 정사각형이 강하다.

④ $\lambda = \dfrac{l}{r_{\min}} = \dfrac{l}{\sqrt{\dfrac{I_{\min}}{A}}}$

20 장주의 좌굴방향은?

① 최대 주축과 같은 방향
② 최소 주축과 같은 방향
③ 최대 주축과 직각 방향
④ 최대 주축과 최소 주축의 중간 방향

- 좌굴축 : 최소 주축
- 좌굴방향 : 최대 주축방향(최소주축과 직각방향)

21 그림 L형강에서 U, V는 주축이다. 이 L형강을 압축재로 사용할 때 어느 축의 방향으로 좌굴하겠는가?

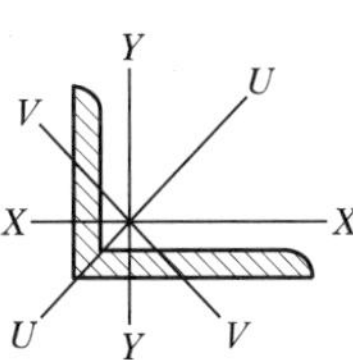

① X축 방향으로 좌굴
② Y축 방향으로 좌굴
③ U축 방향으로 좌굴
④ V축 방향으로 좌굴

좌굴방향은 최대 수축방향이며, 최대 주축방향은 U축이다. 또한 U축과 직교인 V축은 최소 주축이며 좌굴축이 된다.

정답 19 ④ 20 ① 21 ③

6. 장주의 공식

(1) 오일러(Euler)공식

① 중립축 하중을 받는 장주의 좌굴응력을 이론적으로 유도한 **이론공식**이다.

주 후크법칙이 성립하는 한도 이내에서는 실험 결과와 잘 일치한다.

② 오일러공식은 **세장비(λ)**가 100 이상일 때 적합하다.

▼ (표 1) 장주기둥의 고정 계수

기둥의 종류 / 항 목	1단 고정 타단 자유	양단 힌지	1단 고정 타단 힌지	양단고정
	1단 구속 타단 자유	단부 회전 불구속	1단 구속 타단 불구속	양단부 구속
	P, l, $kl=2l$, P	P, l, $kl=l$, P	P, l, $kl=0.7l$, P	P, l, $kl=0.5l$, P
좌굴계수(k)	2	1	0.7	0.5
환산길이=좌굴길이 (kl)	$2l$	l	$0.7l$	$0.5l$
좌굴강도 계수 $\left(n=\dfrac{1}{k^2}\right)$	$\dfrac{1}{4}$	1	2	4
등가기둥 길이 $\left(\dfrac{1}{k}\right)$	$\dfrac{1}{2}$	1	$\sqrt{2}$	2

>>> 기본예제

01 그림에서 (a)의 장주가 4kN에 견딜 수 있다면 (b)의 장주가 견딜 수 있는 하중은?

① 4kN ② 16kN ③ 32kN ④ 64kN

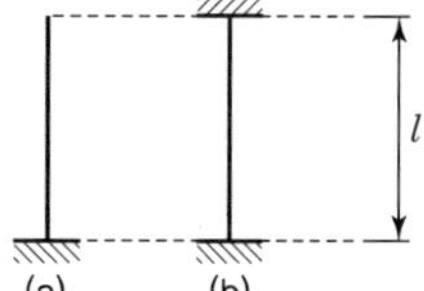

해설

㉠ 좌굴하중은 기둥의 강도(n값)에 비례한다.

$$n_a : n_b = \frac{1}{4} : 4 = 1 : 16$$

㉡ $P_{(a)} : P_{(b)}$

1 : 16

4kN : 64kN

02 그림과 같은 등질, 등단면 장주의 강도가 옳게 표시된 것은?

① $A > B > C$ ② $A > B = C$

③ $A = B = C$ ④ $A = B < C$

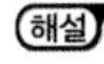

해설

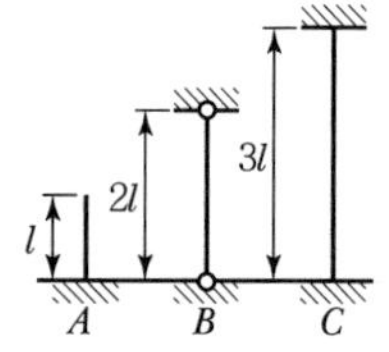

㉠ $l_{KA} = 2l,\ l_{KB} = 2l,\ l_{KC} = 1.5l$

㉡ $l_{KA} = 1_{KB} < l_{KC}$(∵ 동일 조건에서 좌굴길이가 작으면 강도가 크다.)

정답 01 ④ 02 ④

해설

22 그림 (A)의 양단힌지 기둥의 탄성좌굴하중이 10kN이었다면, 그림 (B)기둥의 좌굴하중은?

① 2.5kN
② 10kN
③ 20kN
④ 40kN

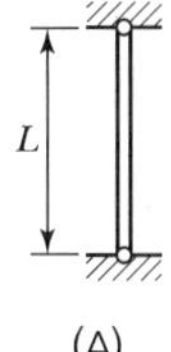

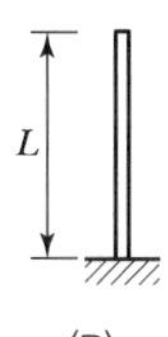

(A) (B)

좌굴하중은 n에 비례하므로

$1 : \frac{1}{4} = 10\text{kN} : P_B$

$\therefore P_B = 10\text{kN} \times \frac{1}{4} = 2.5\text{kN}$

23 동일한 재료 및 단면을 사용한 다음 기둥 중 좌굴하중이 가장 큰 기둥은?

① 양단 고정의 길이가 $2L$인 기둥
② 양단 힌지의 길이가 L인 기둥
③ 일단 자유 타단 고정의 길이가 $0.5L$인 기둥
④ 일단 힌지 타단 고정의 길이가 $1.2L$인 기둥

〈핵심〉
$P_b = \frac{n\pi^2 EI}{L^2}$이므로 L^2에 반비례 n에 비례

	㉮		㉯		㉰		㉱
$\therefore$	$\frac{4}{(2L)^2}$	:	$\frac{1}{L^2}$	:	$\frac{\frac{1}{4}}{(0.5L)^2}$	:	$\frac{2}{(1.2L)^2}$
	1	:	1	:	1	:	1.38

24 재질과 단면적과 길이가 같은 장주에서 양단활절 기둥의 좌굴하중과 양단고정 기둥의 좌굴하중의 비는?

① 1 : 16
② 1 : 8
③ 1 : 4
④ 1 : 2

좌굴하중 $P_b = \frac{n\pi^2 EI}{l^2}$

따라서, 조건이 같으므로 n값으로 비교한다.

$n_{양단힌지} : n_{양단고정} = 1 : 4$

25 다음 그림과 같은 기둥에서 좌굴하중의 비 $(a) : (b) : (c) : (d)$는?[단, EI와 기둥의 길이(l)는 모두 같다.]

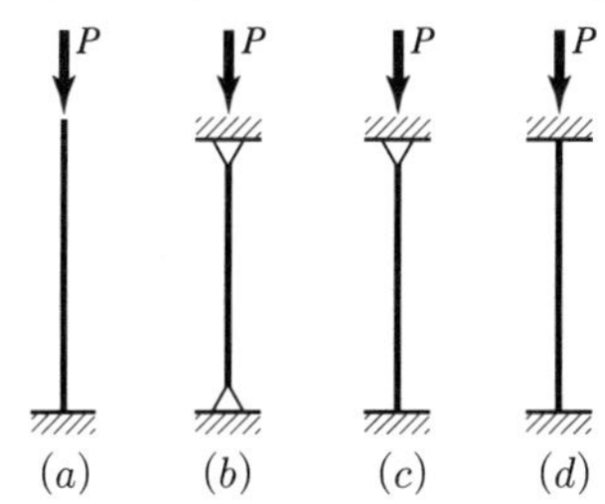

① 1 : 2 : 3 : 4
② 1 : 4 : 8 : 12
③ $\frac{1}{4}$: 2 : 4 : 8
④ 1 : 4 : 8 : 16

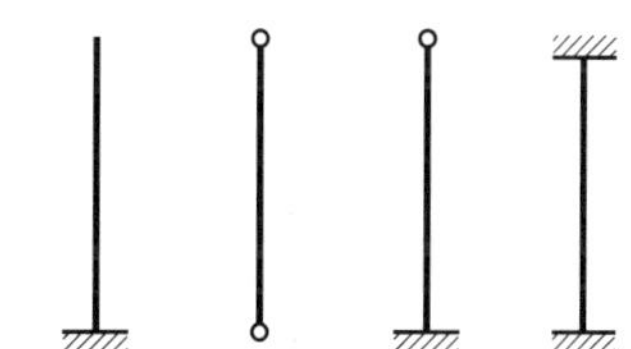

(n) $\frac{1}{4}$ 1 2 4

〈공식〉 $P_{cr} = \frac{n\pi^2 EI}{l^2}$

$\therefore$

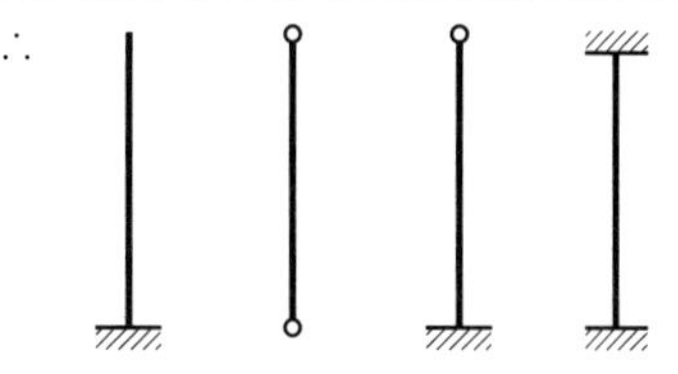

(n) $\frac{1}{4}$: 1 : 2 : 4

1 : 4 : 8 : 16

정답 22 ① 23 ④ 24 ③ 25 ④

(2) 좌굴하중(P_{cr})

$$P_{cr} = \frac{n\pi^2 EI_{\min}}{l^2} = \frac{\pi^2 EI_{\min}}{{l_k}^2}$$

① 기둥의 길이 l을 사용한 경우($r_{\min} = \sqrt{\frac{I_{\min}}{A}}$)

$$P_{cr} = \frac{n\pi^2 EI_{\min}}{l^2} = \boxed{\frac{n\pi^2 EA}{\lambda^2}}$$

② 좌굴길이 l_k을 사용한 경우

$$P_{cr} = \frac{\pi^2 EI_{\min}}{{l_k}^2} = \boxed{\frac{\pi^2 EA}{\lambda^2}}$$

여기서, λ : 세장비, $r_{\min}$: 최소 회전반경

l_k : 좌굴길이$= kl = \frac{l}{\sqrt{n}}$, l : 기둥길이, $I_{\min}$: 최소 2차모멘트, A : 면적

주 좌굴하중은 재료, 단면의 형상, 기둥의 길이에 좌우됨을 알 수 있다. 또한 그 크기는 **탄성계수와 단면2차모멘트에 비례**하고, **기둥길이의 제곱에 반비례**한다.

(3) 좌굴응력(σ_{cr})

$$\sigma_{cr} = \frac{P_{cr}}{A} = \frac{n\pi^2 EI}{Al^2} = \frac{\pi^2 EI_{\min}}{A{l_k}^2}$$

① 기둥의 길이 l을 사용한 경우($r_{\min} = \sqrt{\frac{I_{\min}}{A}}$)

$$\sigma_{cr} = \frac{n\pi^2 EI_{\min}}{Al^2} = \frac{n\pi^2 E(r_{\min})^2}{l^2} = \boxed{\frac{n\pi^2 E}{\frac{l^2}{(r_{\min})^2}}} = \boxed{\frac{n\pi^2 E}{\lambda^2}}$$

② 좌굴길이 l_k을 사용한 경우

$$\sigma_{cr} = \frac{\pi^2 EI_{\min}}{A{l_k}^2} = \frac{\pi^2 E(r_{\min})^2}{{l_k}^2} = \boxed{\frac{\pi^2 E}{\frac{{l_k}^2}{(r_{\min})^2}}} = \boxed{\frac{\pi^2 E}{\lambda^2}}$$

여기서, λ : 세장비, $r_{\min}$: 최소 회전반경

l_k : 좌굴길이$= kl = \frac{l}{\sqrt{n}}$

l : 기둥길이, $I_{\min}$: 최소 2차모멘트, A : 면적

주 좌굴응력은 **탄성계수에 비례**하고 **세장비의 제곱에 반비례**하므로, 가늘고 긴 기둥은 좌굴응력이 작다.

⋙ 기본예제

01 단면2차모멘트가 I이고 길이가 l인 균일한 단면의 직선상(直線狀)의 기둥이 있다. 그 양단이 고정되어 있을 때 오일러(Euler) 좌굴하중은?(단, 이 기둥의 영(Young)계수는 E이다.)

① $\dfrac{4\pi^2 EI}{l^2}$　② $\dfrac{\pi^2 EI}{(0.7l)^2}$　③ $\dfrac{\pi^2 EI}{l^2}$　④ $\dfrac{\pi^2 EI}{4l^2}$

해설

양단 고정 상태의 $n=4$　　$\therefore P_b = \dfrac{n\pi^2 EI}{l^2} = \dfrac{4\pi^2 EI}{l^2}$

02 동일한 재료 및 단면을 사용한 다음 기둥 중 좌굴하중이 가장 큰 기둥은?

① 양단 고정의 길이가 $2L$인 기둥
② 양단 힌지의 길이가 L인 기둥
③ 일단 자유 타단 고정의 길이가 $0.5L$인 기둥
④ 일단 힌지 타단 고정의 길이가 $1.2L$인 기둥

해설

〈핵심〉
$P_b = \dfrac{n\pi^2 EI}{L^2}$이므로 L^2에 반비례, n에 비례

03 Euler의 장주공식은 $P_{cr} = \dfrac{\pi^2 EI}{(Kl)^2}$이다. 다음 기둥의 경우, K값은?

① 1.0　② 0.7　③ 0.5　④ 2.0

해설

Euler의 좌굴하중

$P_{cr} = \dfrac{n\pi^2 EI}{l^2} = \dfrac{\pi^2 EI}{(Kl)^2}$이므로 $P_{cr} = \dfrac{\pi^2 EI_{\min}}{(0.7l)^2}$

04 다음 그림과 같이 일단고정 타단힌지의 장주에 P_b라는 압축력이 작용할 때 이 단면에서 좌굴응력의 값은?(단, $E = 21 \times 10^5 \text{N/cm}^2$이다.)

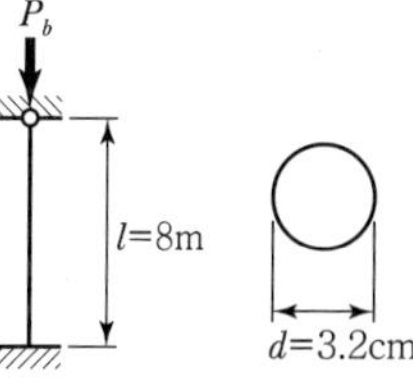

① 332.8N/cm^2　② 284.5N/cm^2
③ 51.4N/cm^2　④ 41.5N/cm^2

해설

〈공식〉 $\sigma_u = \dfrac{\pi^2 E}{\lambda^2} = \dfrac{\pi^2 E}{\left(\dfrac{l_k}{r_{\min}}\right)^2}$ 또는 $\dfrac{n\pi^2 E}{\left(\dfrac{l}{r_{\min}}\right)^2}$　$\left(l_k = kl = \dfrac{l}{\sqrt{n}}\right)$

㉠ 일단고정, 타단활절이므로 $n=2$

㉡ 단면의 2차 반경 $r = \dfrac{d}{4} = \dfrac{3.2\text{cm}}{4} = 0.8\text{cm}$

$\therefore \sigma_u = \dfrac{n\pi^2 E}{\left(\dfrac{l}{r_{\min}}\right)^2} = \dfrac{2 \times \pi^2 \times 21 \times 10^5}{\left(\dfrac{800}{0.8}\right)^2} \fallingdotseq 41.45\text{N/cm}^2$

정답 01 ① 02 ④ 03 ② 04 ④

26 장주의 탄성좌굴하중(Elastic bukling Load) P_{cr}은 다음 식과 같다. 기둥의 각 지지조건에 따른 n의 값으로 틀린 것은?(단, E : 탄성계수, I : 단면2차모멘트, l : 기둥의 높이)

$$\frac{n\pi^2 EI}{l^2}$$

① 양단힌지 : $n=1$
② 양단고정 : $n=4$
③ 일단고정 타단자유 : $n=1/4$
④ 일단고정 타단힌지 : $n=1/2$

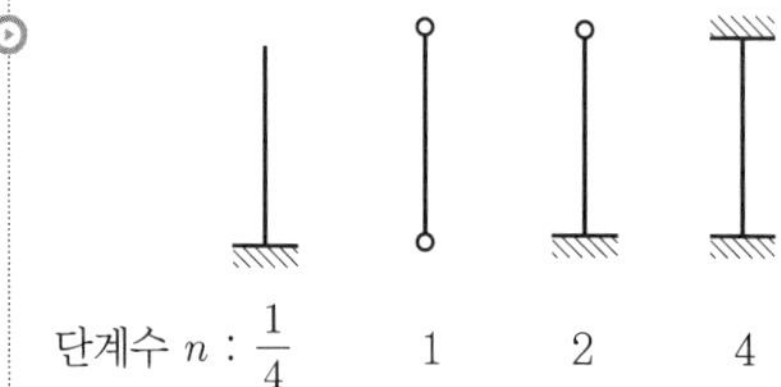

단계수 n : $\frac{1}{4}$　　1　　2　　4

27 그림과 같이 양단 고정인 기둥의 좌굴응력을 오일러(Euler)의 공식에 의하여 계산한 값은?(단, 기둥단면은 그림과 같으며 $E=4.0\times10^5\text{N/cm}^2$이다.)

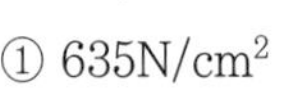

① 635N/cm^2
② 458N/cm^2
③ 783N/cm^2
④ 526N/cm^2

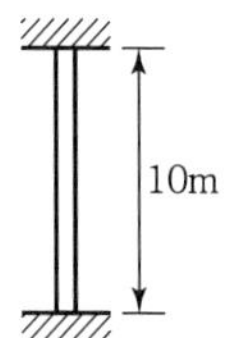

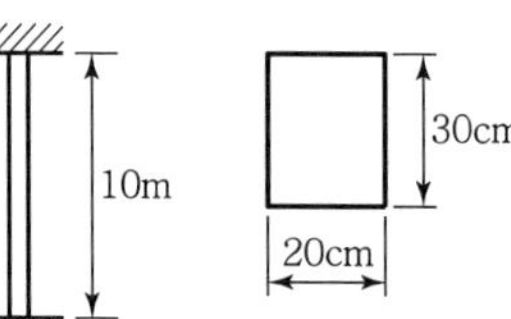

㉠ $r_{min}=\sqrt{\frac{I_{min}}{A}}=\sqrt{\frac{30\times20^3/12}{30\times20}}\fallingdotseq5.77\text{cm}$

㉡ 세장비 $\lambda=\frac{l}{r_{min}}=\frac{1{,}000}{5.77}\fallingdotseq173.21$

㉢ 양단 고정 $n=4$

$\therefore\ \sigma_b=\frac{n\pi^2E}{\lambda^2}=\frac{4\times\pi^2\times4\times10^5}{(173.21)^2}$

$\fallingdotseq526\text{N/cm}^2$

28 길이 2m, 지름 4cm인 원형 단면을 가진 일단고정, 타단힌지의 장주에 중심축 하중이 작용할 때 이 단면의 좌굴 응력은?(단, $E=2\times10^6\text{N/cm}^2$이다.)

① 769N/cm^2　② 987N/cm^2
③ $1{,}254\text{N/cm}^2$　④ $1{,}487\text{N/cm}^2$

㉠ 세장비

$\lambda=\frac{l}{r}=\frac{l}{D/4}=\frac{200}{4/4}=200$

㉡ 좌굴응력

$\sigma_b=\frac{n\pi^2E}{\lambda^2}=\frac{2\times\pi^2\times2\times10^6}{200^2}\fallingdotseq987\text{N/cm}^2$

$n=2$

29 그림과 같은 단면을 가진 양단 힌지로 지지된 길이 4m의 장주의 좌굴하중은?(단, $E=2\times10^6\text{N/cm}^2$, $A=12\text{cm}^2$, $I_x=190\text{cm}^4$, $I_y=27\text{cm}^4$)

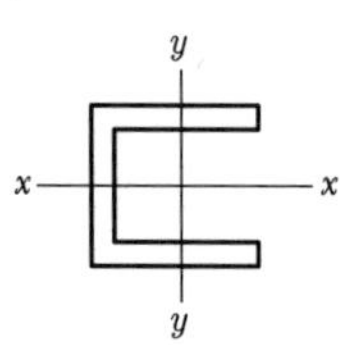

① 1.4kN　② 2.1kN　③ 2.5kN　④ 3.5kN

$P_b=\frac{n\pi^2EI}{l^2}$(여기서 I는 I_x, I_y 중 작은 값)

$=\frac{1\times\pi^2\times2.1\times10^6\times27}{400^2}$

$\fallingdotseq3{,}497\text{N}\fallingdotseq3.5\text{kN}$

정답 26 ④　27 ④　28 ②　29 ④

보의 처짐

01 처짐각과 처짐

1. 용어설명

(1) 처짐곡선(Deflection Curve) 혹은 탄성곡선(Elastic Curve)

보에 하중이 작용하면 그림과 같이 변형하여 휘게 된다. 변형 전 부재 중립축 $n-n$이 변형 후에는 곡선 $n'-n'$이 된다. 이와 같이 부재가 하중을 받아 변형한 곡선을 **처짐곡선**이라 한다.

(2) 처짐(Deflection) : y

하중이 작용하기 전 C는 하중을 받아 C'로 이동하며, CC'의 수직거리 yc는 C점의 **처짐**이 된다. 따라서 처짐은 변형 전 중립축을 기준으로 하향이면 (+), 상향이면 (−)부호를 사용하고 단위는 길이로 표시한다.

(3) 처짐각(Deflection Angle) : θ

구하는 점 D'의 처짐곡선에 접선을 그으면 변형 전 중립축과 만나는 사이각 θ_D는 D점의 **처짐각**이 된다. 따라서 처짐각은 변형 전 중립축을 기준으로 시계방향이면 (+), 반시계방향이면 (−)부호를 사용하고 단위는 **라디안**(Radian)으로 표시한다.

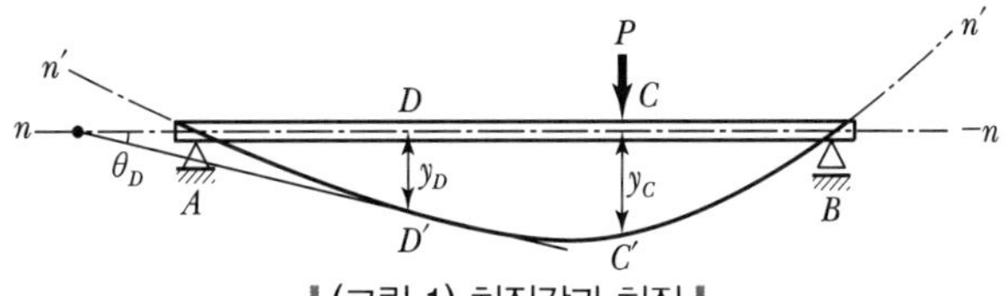

▌(그림 1) 처짐각과 처짐 ▌

2. 처짐의 해법

(1) 기하학적 방법

① **탄성곡선식법**(처짐곡선식법=미분방정식법=2중적 분법) : 보와 기둥에 적용
② **탄성하중법** : Mohr의 정리로 단순보에 적용
③ **공액보법** : 모든 보와 라멘에 적용
④ **모멘트 면적법** : Green의 정리로 보와 라멘에 집중하중이 작용할 때 적용
⑤ **중첩보의 원리** : 부정정보인 고정보에 주로 적용

(2) 에너지 방법

① **단위하중법(가상일의 원리)** : 모든 구조물에 적용
② **Castigliano의 제2정리** : 모든 구조물에 적용
③ **실제 일의 방법** : 보에서 집중하중 한 개 작용 시 하중 작용점의 처짐만 구할 수 있는 방법이다.

(3) 수치해석법

① 유한차분법
② Rayleigh–Ritz법

3. 처짐을 구하는 목적과 발생원인

(1) 처짐을 구하는 목적

① **사용성 문제** : 자중에 대한 처짐 고려 → **솟음(Camber) 설치**
허용처짐량을 넘으면 구조물의 미관을 해치고 구조물에 부착된 다른 부분이 손상된다.

② **부정정구조물 해석 시 이용** : 변위일치법, 3연모멘트정리, 처짐각법 등

(2) 처짐 발생원인

휨모멘트, 전단력, 축방향력과 같은 단면력에 의하여 발생하나 **보와 라멘**에서는 전단력에 대한 처짐은 매우 작아 무시하고 **휨모멘트**만 고려하며, **트러스**는 축방향력에 의하여 발생되므로 **축방향력**에 의한 처짐만 고려한다.

>>> 기본예제

01 다음 중 처짐을 구하는 방법과 가장 관계가 먼 것은?

① 탄성하중법　② 3연 모멘트법
③ 모멘트 면적법　④ 탄성곡선의 미분방정식 이용법

해설
3연 모멘트법은 부정정 해법이다.

정답 01 ②

4. 곡률반경과 곡률

(1) 곡률반경(R)

$$R = \frac{EI}{M} = \frac{h}{\alpha(\Delta T)}$$

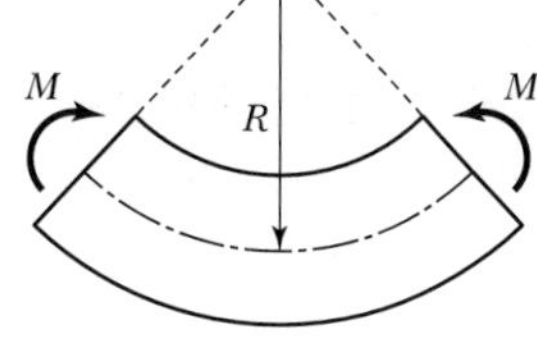

(2) 곡률($\frac{1}{R}$)

$$\frac{1}{R} = -\frac{M}{EI} = -\frac{\alpha(\Delta T)}{h}$$

여기서, R : 곡률반경(ρ)

$\frac{1}{R}$: 곡률

$E \cdot I$: 휨강성(굴곡강성)

$\frac{M}{EI}$: 탄성하중

⋙ 기본예제

01 최대 휨모멘트 $M = 6\text{kN} \cdot \text{m}$를 받는 단순보의 단면 폭 $b = 23\text{cm}$, 높이 $h = 35\text{cm}$라 할 때 그 곡률반경은 얼마인가?(단, $E = 1.0 \times 10^5 \text{N/cm}^2$이다.)

① 356m ② 113m ③ 254m ④ 137m

해설

$$R = \frac{EI}{M} = \frac{1 \times 10^5 \times \frac{23 \times 35^3}{12}}{6 \times 10^5}$$

$\fallingdotseq 13{,}696\text{cm} \fallingdotseq 137\text{m}$

02 다음 그림과 같은 단순보에 등분포하중 w가 만재하여 작용할 경우 이 보의 처짐곡선에 대한 곡률반경의 최소치는 다음 중 어느 점에서 발생되는가?

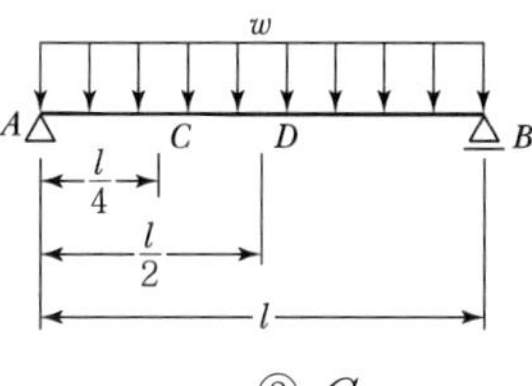

① A ② B ③ C ④ D

해설

$$R_{\min} = \frac{EI}{M_{\max}}$$

$\therefore$ D점

정답 01 ④ 02 ④

01 다음의 단순보의 C점의 곡률반경을 구하면 얼마인가?(단, $E=10,000\text{N/cm}^2$, $I=40,000\text{cm}^4$)

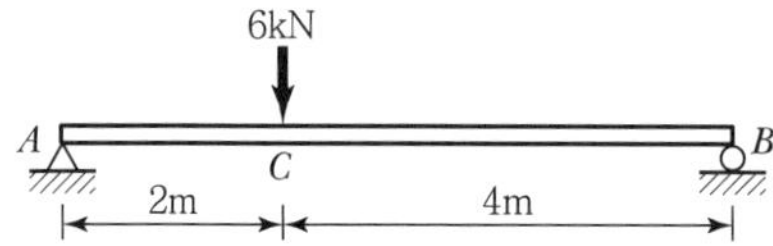

① 350cm ② 400cm
③ 450cm ④ 500cm

$$M_C=\frac{Pab}{l}=\frac{6\times2\times4}{6}=8\text{kN}\cdot\text{m}$$
$$=800,000\text{kg}\cdot\text{cm}$$
$$\therefore R_C=\frac{EI}{M_C}=\frac{10,000\times40,000}{800,000}=500\text{cm}$$

02 그림과 같은 보에서 CD 구간의 곡률반경(曲律半徑)은 얼마인가?(단, 이 보의 휨강도 $EI=3,800\text{kN}\cdot\text{m}^2$이다.)

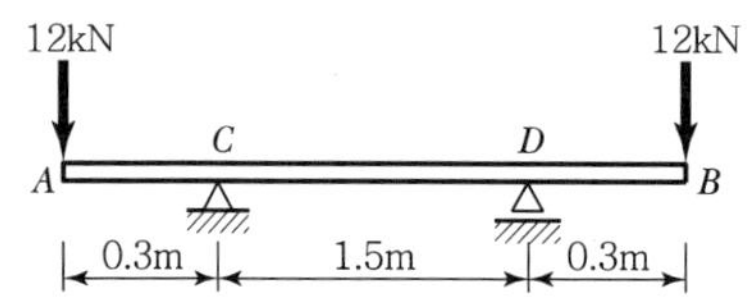

① 924m ② 1,056m
③ 1,174m ④ 1,283m

㉠ $M_C=M_D=-12\text{kN}\times0.3\text{m}$
$=-3.6\text{kN}\cdot\text{m}$

㉡ 곡률반경

$$R_{CD}=\frac{EI}{M_{CD}}=\frac{3,800}{3.6}\fallingdotseq1,055.6\text{m}$$

03 지름이 d인 강선이 반지름 r인 원통 위로 굽어져 있다. 이 강선 내의 최대 굽힘모멘트 $M_{\max}$를 계산하면?(단, 강선의 탄성계수 $E=2\times10^6\text{N/cm}^2$, $d=2\text{cm}$, $r=10\text{cm}$)

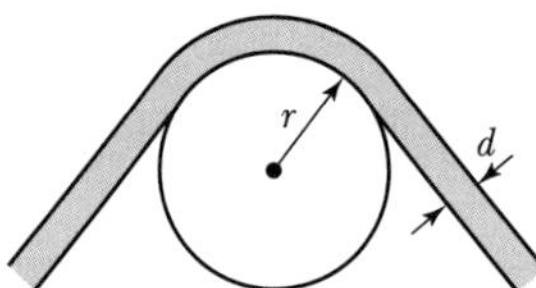

① $1.2\times10^5\text{N}\cdot\text{cm}$ ② $1.4\times10^5\text{N}\cdot\text{cm}$
③ $2.0\times10^5\text{N}\cdot\text{cm}$ ④ $2.2\times10^5\text{N}\cdot\text{cm}$

$$\frac{1}{R}=\frac{M}{EI}$$

$$M=\frac{EI}{R}=\frac{E\left(\frac{\pi d^4}{64}\right)}{\left(r+\frac{d}{2}\right)}=\frac{E\pi d^4}{64\left(r+\frac{d}{2}\right)}$$

$$=\frac{(2\times10^6)\pi(2^4)}{64\left(10+\frac{2}{2}\right)}=1.4\times10^5\text{N}\cdot\text{cm}$$

정답 01 ④ 02 ② 03 ②

02 탄성하중법(Mohr의 정리)

1. 탄성하중법의 원리

(1) 탄성하중

휨모멘트도(B.M.D)를 휨강성 $E \cdot I$로 나눈 값$\left(\dfrac{M}{EI}\right)$

(2) 탄성하중법의 적용

① **탄성하중**을 가상하중으로 구하는 점의 **전단력**을 계산하면 그 점의 **처짐각**이 된다.

② **탄성하중**을 가상하중으로 구하는 점의 **휨모멘트**를 계산하면 그 점의 **처짐**이 된다.

2. 계산순서

① 각 단면의 휨모멘트(M)를 구하고 휨모멘트도(B.M.D)를 작도한다.

② 탄성하중 $\left(\dfrac{M}{EI}\right)$을 가상하중으로 하여 휨모멘트의 부호가 (+)이면 하향(↓)으로, (−)이면 상향(↑)으로 하여 공액보로 바꾼 단순보에 작용시킨다.

③ 가상하중에 의한 구하는 점의 전단력 S_x와 휨모멘트 M_x를 구한다.

④ 처짐각 $\theta_x = S_x$가 되고 처짐 $y_x = M_x$가 된다.

3. 탄성하중법에 의한 해석

(1) 단순보 중앙에 집중하중이 작용할 때

① A점의 처짐각(θ_A)

$$\theta_A = S_A' = R_A'$$

$$= \frac{Pl}{4EI} \times \frac{l}{2} \times \frac{1}{2} = \boxed{\frac{Pl^2}{16EI}}$$

② B점의 처짐각(θ_B) : 구조와 하중이 대칭이므로

$$\theta_B = -\theta_A = -\frac{Pl^2}{16EI}$$

③ A점의 처짐(y_A)

$$y_A = M_A' = 0$$

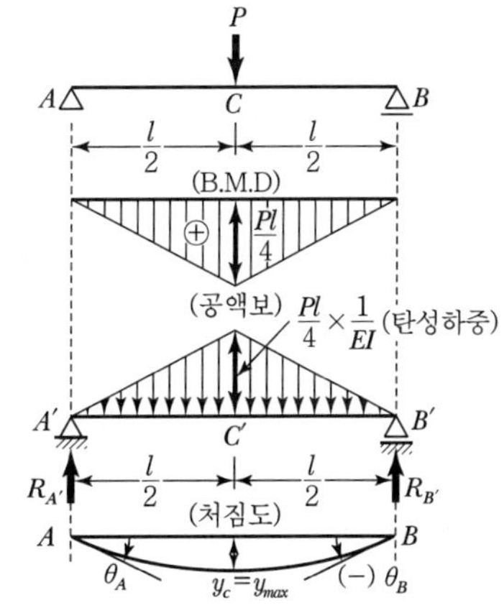

▮(그림 2) 단순보에 집중하중이 작용할 때 탄성하중법 해석▮

④ C점의 처짐(y_c)=($y_{\max}$)

$$y_c = y_{\max} = R_A' \times \frac{l}{2} - \frac{Pl}{4EI} \times \frac{l}{2} \times \frac{1}{2} \times \frac{l}{2} \times \frac{1}{3} = \boxed{\frac{Pl^3}{48EI}}$$

04 보의 단면에서 그림과 같이 지간이 같은 단순보의 중앙에 집중하중 P가 작용할 경우 처짐 y_1은 y_2의 몇 배인가?

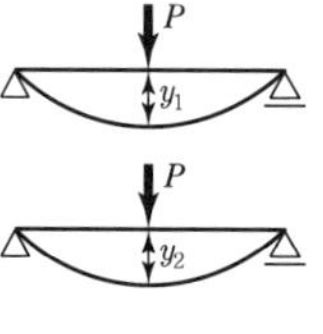

① 1배 ② 2배
③ 4배 ④ 8배

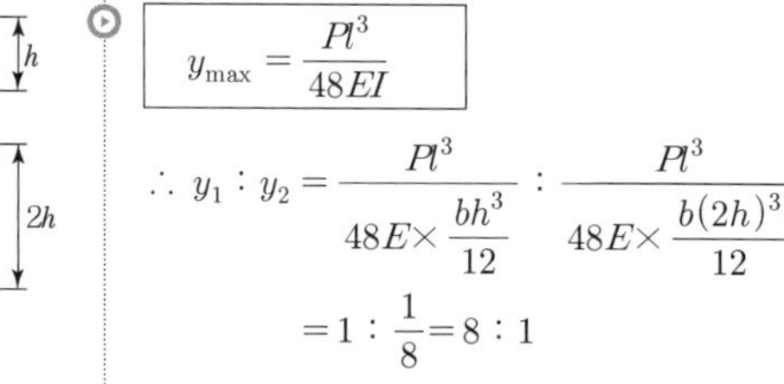

$$y_{\max} = \frac{Pl^3}{48EI}$$

$$\therefore\ y_1 : y_2 = \frac{Pl^3}{48E\times\frac{bh^3}{12}} : \frac{Pl^3}{48E\times\frac{b(2h)^3}{12}} = 1 : \frac{1}{8} = 8 : 1$$

05 중앙점에서 서로 직교하는 두개의 단순보가 있다. E, I는 일정하고 지간 길이의 비는 1 : 2이다. 교점인 중앙점에 집중하중 P가 작용할 때 두보의 하중 부담률은?

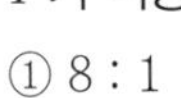

① 8 : 1 ② 9 : 1
③ 4 : 1 ④ 2 : 1

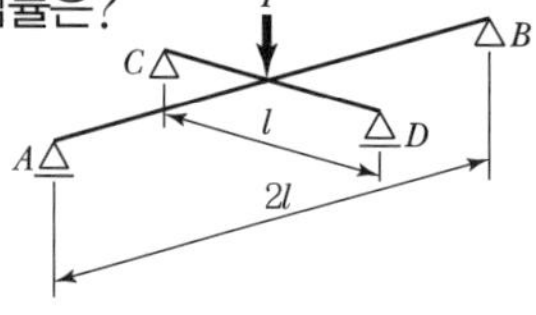

교차보에서 중앙 처짐은 같다. 따라서,

$$\frac{P_{AB}\cdot(2l)^3}{48EI} = \frac{P_{CD}\cdot(l)^3}{48EI}$$

$$P_{AB}\times 8l^3 = P_{CD}\times l^3$$

$$\therefore \begin{cases} P_{AB} : P_{CD} = 1 : 8 \\ P_{CD} : P_{AB} = 8 : 1 \end{cases}$$

06 그림과 같은 보에서 A점의 처짐각을 구하면? (단, $EI=2\times10^5\text{N}\cdot\text{m}^2$이다.)

① 0.00328rad
② 0.00563rad
③ 0.00600rad
④ 0.01125rad

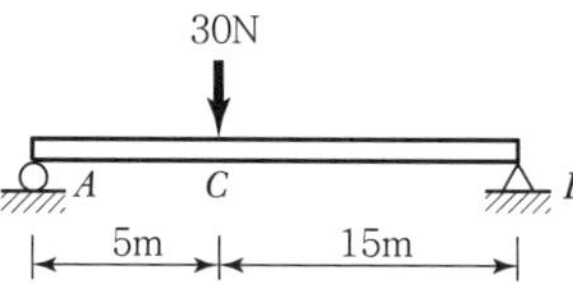

$$\theta_A = \frac{Pab(l+b)}{6EIl} = \frac{30\times5\times15\times(20+15)}{6\times2\times10^5\times20}$$

$$= 0.00328\text{rad}$$

07 그림과 같은 단순보에서 C의 처짐은?

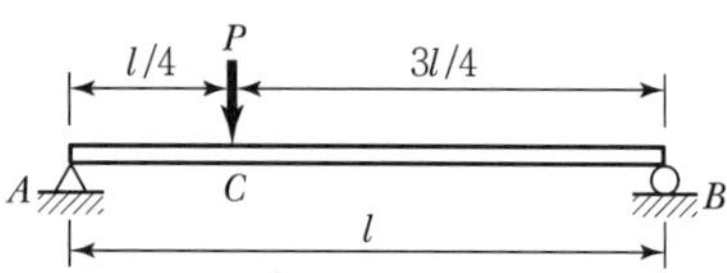

① $\frac{5Pl^3}{198EI}$ ② $\frac{7Pl^3}{198EI}$ ③ $\frac{3Pl^3}{256EI}$ ④ $\frac{7Pl^3}{256EI}$

$$y_c = \frac{Pa^2b^2}{3EIl} = \frac{P\left(\frac{l}{4}\right)^2\left(\frac{3l}{4}\right)^2}{3EIl}$$

$$= \frac{P\times\frac{l^2}{16}\times\frac{9l^2}{16}}{3EIl} = \frac{3Pl^3}{256EI}$$

08 다음 그림에서 처짐각 θ_A는?

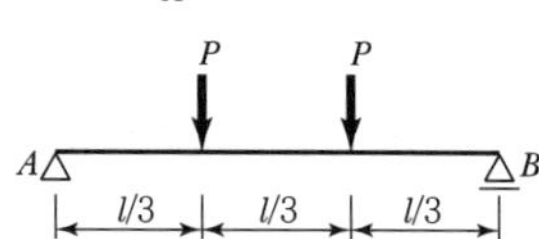

① $\frac{Pl^2}{EI}$ ② $\frac{Pl^3}{EI}$ ③ $\frac{Pl^2}{9EI}$ ④ $\frac{10Pl^3}{81EI}$

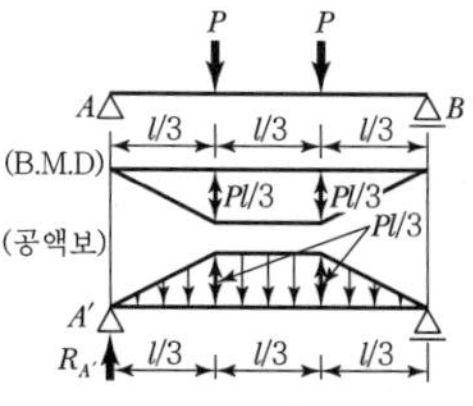

$$\theta_A = \frac{S_A}{EI} = \frac{R_A'\left(\text{전 하중의 }\frac{1}{2}\right)}{EI}$$

$$= \frac{1}{EI}\left[\frac{\left(\frac{l}{3}+l\right)\times\frac{Pl}{3}}{2}\times\frac{1}{2}\right] = \frac{Pl^2}{9EI}$$

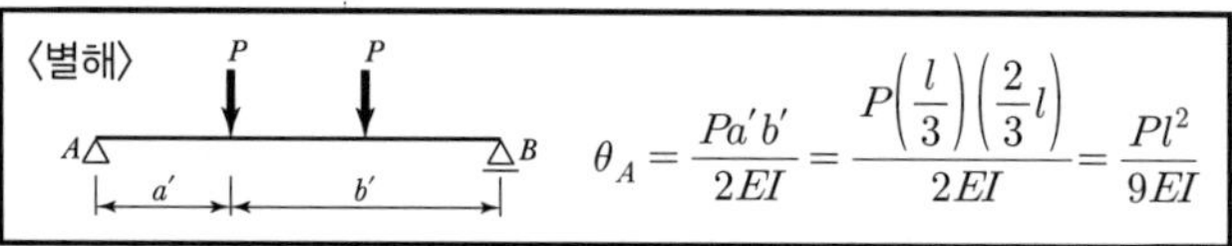

$$\theta_A = \frac{Pa'b'}{2EI} = \frac{P\left(\frac{l}{3}\right)\left(\frac{2}{3}l\right)}{2EI} = \frac{Pl^2}{9EI}$$

정답 04 ④ 05 ① 06 ① 07 ③ 08 ③

(2) 단순보에 등분포하중이 작용할 때

① A점의 처짐각(θ_A)

$$\theta_A = S_A{}' = R_A{}'$$

$$= \frac{wl^2}{8EI} \times \frac{l}{2} \times \frac{2}{3} = \boxed{\frac{wl^3}{24EI}}$$

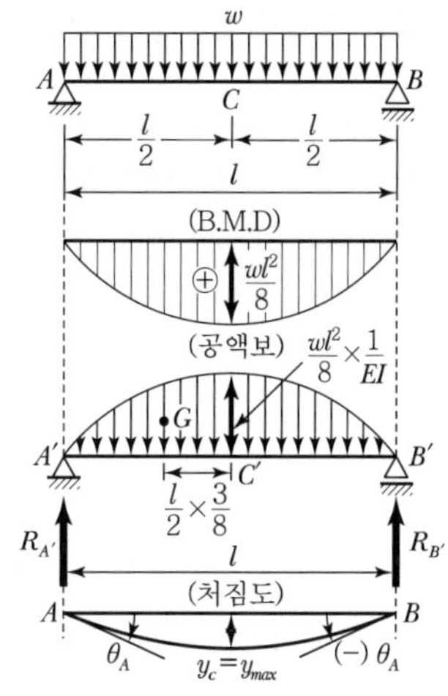

‖ (그림 3) 단순보에 등분포하중이 작용할 때 탄성하중법 해석 ‖

② θ점의 처짐각(θ_B) : 구조와 하중이 대칭이므로

$$\theta_B = -\theta_A = -\frac{wl^3}{24EI}$$

③ A점의 처짐(y_A)

$$y_A = M_A{}' = 0$$

④ C점의 처짐(y_c)=($y_{\max}$)

$$y_c = y_{\max} = R_A{}' \times \frac{l}{2} - \frac{wl^2}{8EI} \times \frac{l}{2} \times \frac{2}{3} \times \frac{l}{2} \times \frac{3}{8}$$

$$= \boxed{\frac{5wl^4}{384EI}}$$

〈참고〉

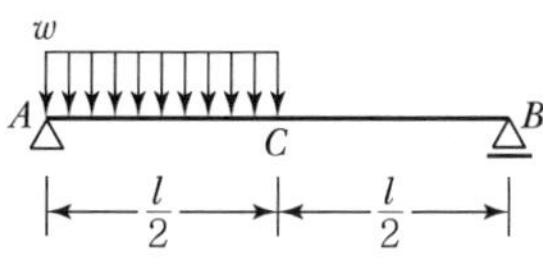

$$\delta_C = \frac{5wl^4}{384EI} \times \frac{1}{2}$$

㉡

w
A
B
C
l/2
l/2

$$\delta_C = \frac{5wl^4}{384EI} \times \frac{1}{2}$$

09 스팬에 (길이 l인) 등분포하중 w를 받는 구형 단순보의 최대 처짐에 대하여 옳은 것은?

① 보의 폭에 정비례한다. ② l의 3승에 정비례한다.
③ 탄성계수에 반비례한다. ④ 보 높이의 2승에 반비례한다.

해설: 단순보에 등분포하중이 작용할 경우 최대 처짐

$$y_{max}=\frac{5wl^4}{384EI}=\frac{5wl^4}{384E\times\frac{bh^3}{12}}$$

따라서, ① 폭(b)에 반비례
② l의 4승에 비례
③ 높이(h)의 3승에 반비례

10 그림과 같이 단순보에 등분포하중 $w=8\text{kN/m}$가 작용할 때 최대 처짐값은?(단, $E=21\times10^5\text{N/cm}^2$이다.)

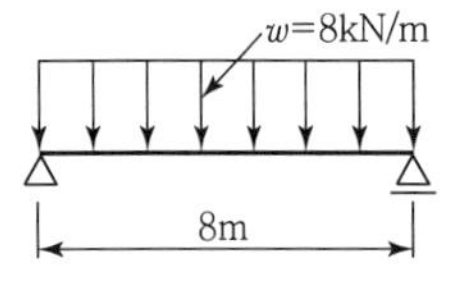

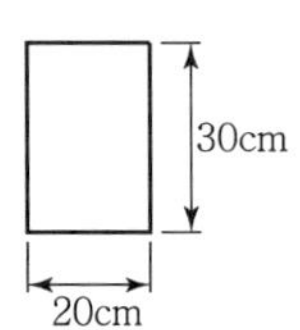

① 2.5cm ② 3.5cm ③ 4.5cm ④ 5.5cm

해설:

$$y_{max}=\frac{5wl^4}{384EI}=\frac{5\times80\times(800)^4}{384\times21\times10^5\times\frac{20\times30^3}{12}}$$

$\fallingdotseq 4.51\text{cm}$

(여기서, $w=8\text{kN/m}=80\text{N/cm}$)

11 단순보의 중앙점에 집중하중 P가 작용하는 경우 (A)와 등분포하중이 작용하는 경우 (B)의 최대 처짐의 비 (A) : (B)는?(단, $w=\frac{P}{l}$이며 EI는 일정하다.)

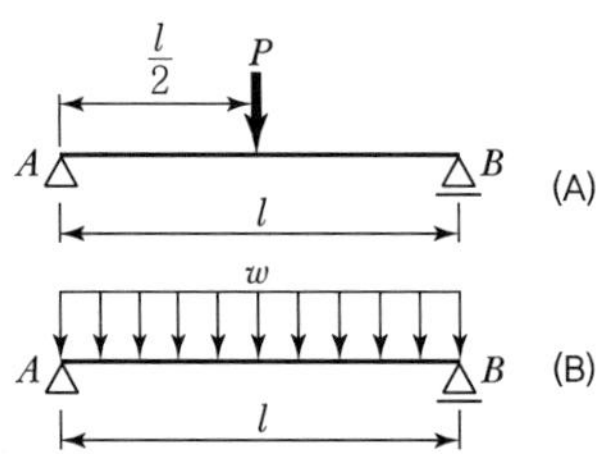

① 4 : 3 ② 3 : 4 ③ 8 : 5 ④ 5 : 8

해설:

$$y_A : y_B=\frac{Pl^3}{48EI} : \frac{5\left(\frac{P}{l}\right)\cdot l^4}{384EI}$$

$$=\frac{1}{48} : \frac{5}{384}=8 : 5$$

12 그림과 같이 집중하중 및 등분포하중을 받고 있는 단순보의 최대 처짐량을 구한 값은?(단, $E=2\times10^6\text{N/cm}^2$, $I=10{,}000\text{cm}^4$)

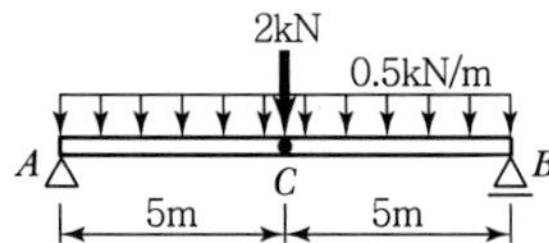

① 1.65cm ② 2.37cm
③ 4.22cm ④ 5.34cm

해설:

$$y_{max}=\frac{Pl^3}{48EI}+\frac{5wl^4}{384EI}=\left(\frac{P}{48}+\frac{5wl}{384}\right)\frac{l^3}{EI}$$

$$=\left(\frac{2\times10^3}{48}+\frac{5\times5\times10\times10^3}{384}\right)\times\frac{(1{,}000)^3}{2\times10^6\times10^4}$$

$=5.34\text{cm}$

(여기서, $w=0.5\text{kN/m}=5\text{N/cm}$)

정답 09 ③ 10 ③ 11 ③ 12 ④

(3) 단순보에 모멘트하중이 작용할 때

① A점 처짐각(θ_A)

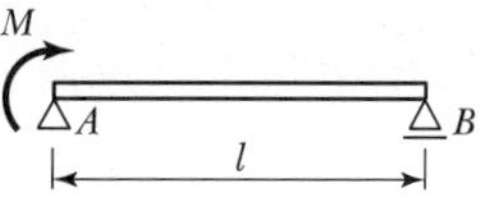

$$\theta_A = \frac{V_A'}{EI} = \frac{Ml}{3EI}$$

② B점 처짐각(θ_B)

$$\theta_B = \frac{-V_B'}{EI} = \frac{-Ml}{6EI}$$

③ C점 처짐량(δ_C)

$$M_C' = \frac{Ml}{6} \times \frac{l}{2} \times \frac{1}{2} \times \frac{M}{2} \times \frac{l}{2} \times \left(\frac{l}{2} \times \frac{1}{3}\right)$$

$$= \frac{Ml^2}{12} - \frac{Ml^2}{48} = \frac{3Ml^2}{48} = \frac{Ml^2}{16}$$

$$\delta_C = \frac{M_C}{EI} = \frac{Ml^2}{16EI}$$

M, $\frac{M}{2}$, A′, C, B′, V_A', $l/2$, $l/2$, V_B'

(공액보)

$V_A' = \frac{Ml}{3}$ $\quad V_B' = \frac{Ml}{6}$

>>> 기본예제

01 그림과 같은 단순보에 모멘트하중 M이 B단에 작용할 때 C점에서의 처짐은?

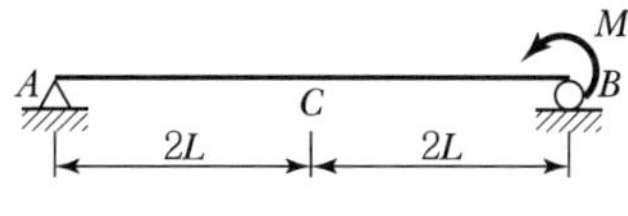

① $\frac{ML^2}{8EI}$ ② $\frac{ML^2}{4EI}$ ③ $\frac{ML^2}{2EI}$ ④ $\frac{ML^2}{EI}$

해설

$$\delta_C = \frac{Ml^2}{16EI} = \frac{M(4L)^2}{16EI} = \frac{ML^2}{EI}$$

02 다음 단순보의 지점 B에 모멘트 M가 작용할 때 지점 A에서의 처짐각(θ_A)은?

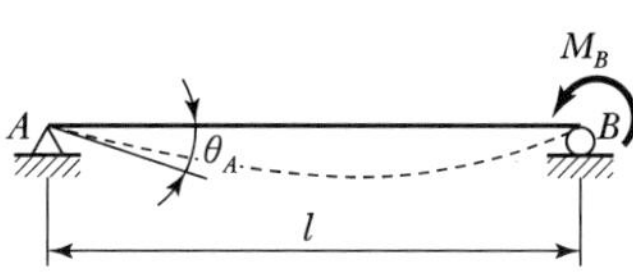

① $\frac{M_B l}{2EI}$ ② $\frac{M_B l}{3EI}$ ③ $\frac{M_B l}{6EI}$ ④ $\frac{M_B l}{8EI}$

해설

$$\theta_A = \frac{M_B l}{6EI}$$

정답 01 ④ 02 ③

13 그림과 같은 단순보의 지점 A에 모멘트 M_a가 작용할 경우 A점과 B점의 처짐각 비$\left(\dfrac{\theta_a}{\theta_b}\right)$의 크기는?

① 1.5 ② 2.0
③ 2.5 ④ 3.0

해설

㉠ $\theta_A = \dfrac{M_a \cdot l}{3EI}$

㉡ $\theta_B = \dfrac{M_a \cdot l}{6EI}$

$\therefore \left(\dfrac{\theta_A}{\theta_B}\right) = \dfrac{M_a \cdot l/3EI}{M_a \cdot l/6EI} = 2$

14 다음 그림과 같은 단순보의 중앙점 C에 집중하중 P가 작용하여 중앙점의 처짐 δ가 발생했다. δ가 0이 되도록 양쪽 지점에 모멘트 M을 작용시키려고 할 때 이 모멘트의 크기 M을 하중 P와 지간 L로 나타내면 얼마인가?(단, EI는 일정하다.)

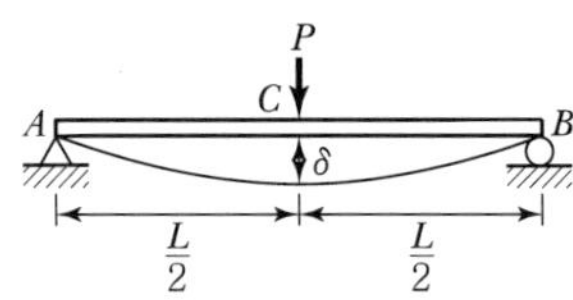

① $M = \dfrac{PL}{2}$ ② $M = \dfrac{PL}{4}$
③ $M = \dfrac{PL}{6}$ ④ $M = \dfrac{PL}{8}$

해설

㉠ $\delta_{c_1} = \dfrac{PL^3}{48EI}$

㉡ $\delta_{c_2} = -\dfrac{ML^2}{8EI}$

㉢ $\delta = \delta_{c_1} + \delta_{c_2} = 0$

$= \dfrac{PL^3}{48EI} - \dfrac{ML^2}{8EI} = 0$

$\therefore M = \dfrac{PL}{6}$

15 단순보의 중앙에 수평하중 P가 작용할 때 B점에서의 처짐각을 구하면?

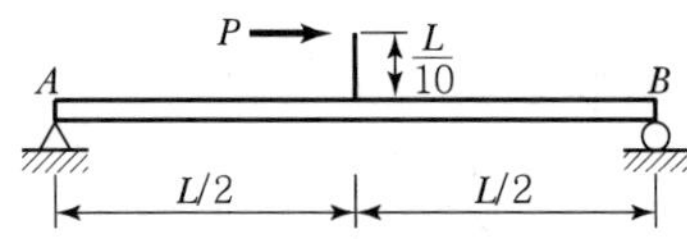

① $-\dfrac{PL^2}{240EI}$ ② $-\dfrac{PL^2}{120EI}$
③ $-\dfrac{3PL^2}{80EI}$ ④ $-\dfrac{3PL^2}{40EI}$

해설

$M = \dfrac{PL}{10}$

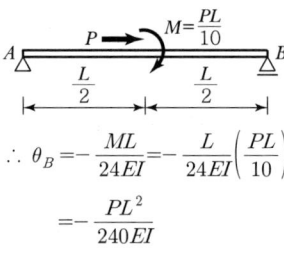

$\therefore \theta_B = -\dfrac{ML}{24EI} = -\dfrac{L}{24EI}\left(\dfrac{PL}{10}\right)$

$= -\dfrac{PL^2}{240EI}$

정답 13 ② 14 ③ 15 ①

03 공액보법

1. 공액보법의 원리

탄성하중법은 단순보에서 적용되며 단순보 이외에는 적용할 수 없다. 따라서 탄성하중법의 원리를 적용할 수 있도록 지점상태를 바꾸어 만든 가상의 보를 **공액보**라 하며, 공액보에 탄성하중 $\left(\dfrac{M}{EI}\right)$을 재하시켜 **탄성하중법**을 그대로 적용하여 처짐과 처짐각을 해석하는 방법을 **공액보법**이라 한다.

2. 공액보의 조건

(1) 공액보의 적용(상호 적용 가능)

① 고정지점 ↔ 자유단
② 지간 중간 힌지지점 ↔ 지간 중간 힌지절점
③ 보의 끝단 활절지점 ↔ 보의 끝단 가동지점

(2) 공액보의 예

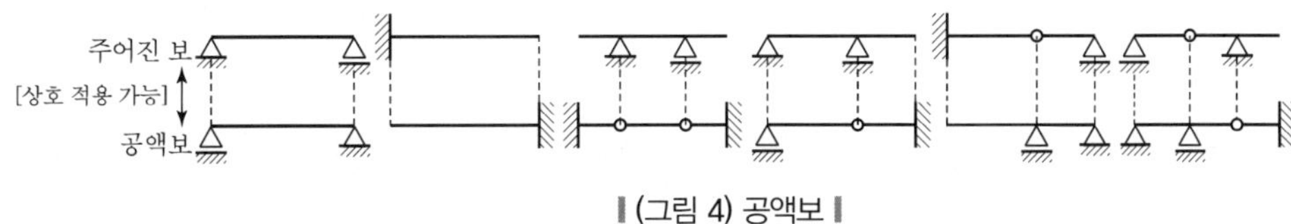

‖ (그림 4) 공액보 ‖

>>> 기본예제

01 보의 처짐과 EI와의 관계가 옳게 된 것은?

① 보의 처짐은 EI에 비례한다.
② 보의 처짐은 EI에 반비례한다.
③ 보의 처짐은 EI에 비례할 때도 있고, 반비례할 때도 있다.
④ 보의 처짐은 EI와 아무 관계가 없다.

해설

휨강성($E \cdot I$)은 휨에 대한 저항 강성으로 $E \cdot I$가 크면 처짐이 감소한다. 즉, 처짐 $y = \dfrac{M}{EI}$(공액보)으로 표시된다.

02 보의 단면2차모멘트 I가 2배로 되면 처짐은 어떻게 되는가?

① 2배로 커진다. ② 1/2배로 줄어든다. ③ 관계없이 일정하다. ④ 4배로 커진다.

해설

처짐$\left[y = \dfrac{M}{EI}\right.$(공액보)]은 단면2차모멘트 I에 반비례하므로 1/2배가 된다.

정답 01 ② 02 ②

3. 공액보법에 의한 해석

(1) 캔틸레버보에 집중하중이 작용할 때

① A점의 처짐각(θ_A)과 처짐(y_A)

$\theta_A = S_A{}' = 0$

$y_A = M_A{}' = 0$

② B점의 처짐각(θ_B)

$$\theta_B = S_B{}' = R_B{}' = \frac{Pl}{EI} \times l \times \frac{1}{2} = \boxed{\frac{Pl^2}{2EI}}$$

③ B점의 처짐(y_B)

$$y_B = M_B{}' = \frac{Pl}{EI} \times l \times \frac{1}{2} \times \frac{2l}{3} = \boxed{\frac{Pl^3}{3EI}}$$

$\therefore\ y_B = y_{\max}$

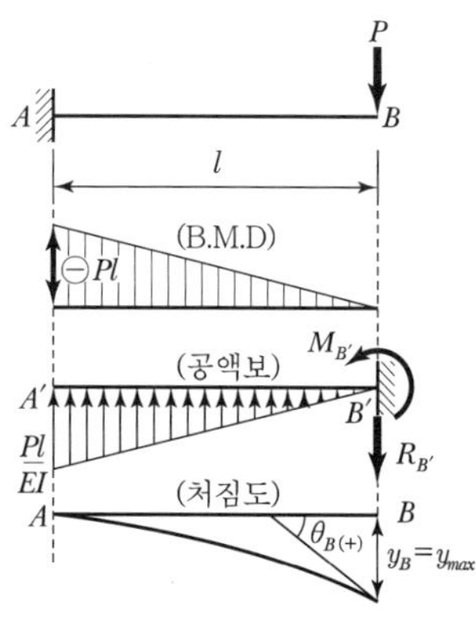

▌(그림 5) 캔틸레버보에 집중하중이 작용할 때 공액보법 해석▐

최대 처짐각과 처짐은 자유단에서 발생하고 고정지점에서의 처짐각과 처짐은 0이다.

>>> 기본예제

01 그림과 같은 하중, 재질, 단면 및 길이가 같은 두 구조물에서 처짐량의 비(δ_1/δ_2)는?

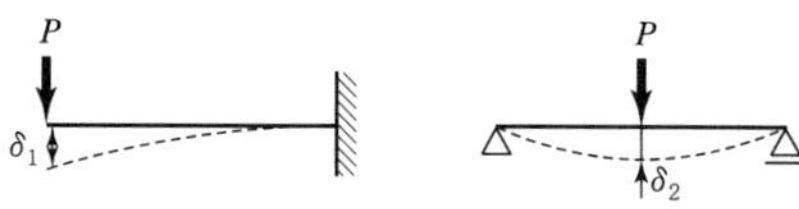

① 16　　② 12　　③ 8　　④ 4

해설

캔틸레버보 : $\delta_1 = \dfrac{Pl^3}{3EI}$

단순보 : $\delta_2 = \dfrac{Pl^3}{48EI}$

재질, 하중길이가 같으므로

$$\therefore\ \frac{\delta_1}{\delta_2} = \frac{\frac{1}{3}}{\frac{1}{48}} = 16$$

02 그림과 같은 캔틸레버보의 최대 처짐이 옳게 된 것은?

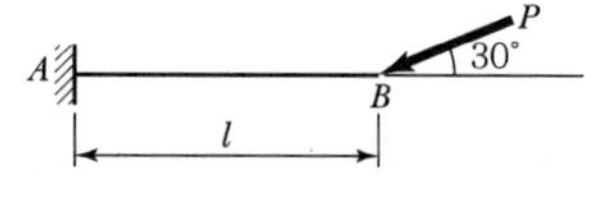

① $\dfrac{Pl^3}{2EI}$　　② $\dfrac{Pl^3}{3EI}$　　③ $\dfrac{Pl^3}{6EI}$　　④ $\dfrac{Pl^3}{8EI}$

해설

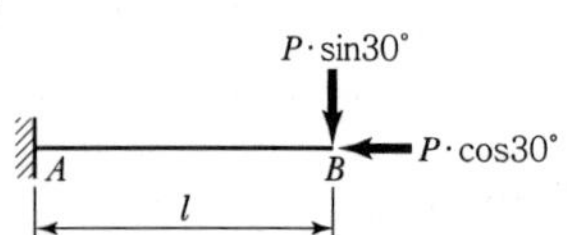

$$y_{\max} = y_B = \frac{(P \cdot \sin 30°) \cdot l^3}{3EI} = \frac{Pl^3}{6EI}$$

정답 01 ① 02 ③

16 그림과 같은 보에 일정한 단면적을 가진 길이 l의 Cantilever 자유단 B에 집중하중 P가 작용하여 B점의 처짐 δ가 4δ가 되려면 보의 길이는?

① l의 1.2배　② l의 1.6배
③ l의 2.0배　④ l의 2.2배

⊙ 캔틸레버보의 B점 처짐 $\delta = \frac{Pl^3}{3EI}$이므로 4δ가 되려면 보의 길이가 (l_1)배 늘어나야 한다.

따라서, $4\delta = 4\times\left(\frac{Pl^3}{3EI}\right) = \frac{P(l_1)^3}{3EI}$

$\therefore\ {l_1}^3 = 4l^3$

$\therefore\ l_1 = \sqrt[3]{4}\cdot l \fallingdotseq 1.587l$

17 재질, 단면이 같은 2개의 Cantilever 자유단의 처짐을 같게 하려면 P_1/P_2의 값은?

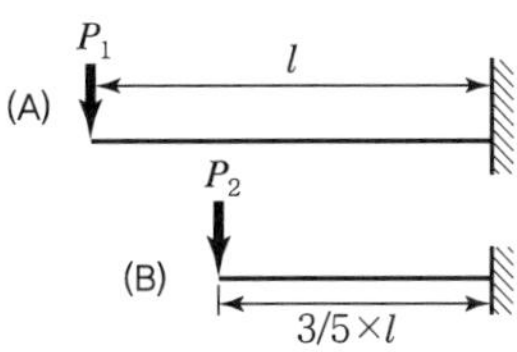

① 0.217　② 0.216
③ 0.215　④ 0.214

⊙ $\delta_A = \frac{P_1\cdot l^3}{3EI}$, $\delta_B = \frac{P_2\cdot\left(\frac{3}{5}l\right)^3}{3EI}$ 처짐은 같으므로

$$\frac{P_1\cdot l^3}{3EI} = \frac{P_2\cdot\left(\frac{3}{5}l\right)^3}{3EI}$$

$$\therefore\ \frac{P_1}{P_2} = \left(\frac{3}{5}\right)^3 = 0.216$$

18 그림과 같은 집중하중이 작용하는 캔틸레버보(Cantilever Beam)의 A점의 처짐은?(단, EI는 일정하다.)

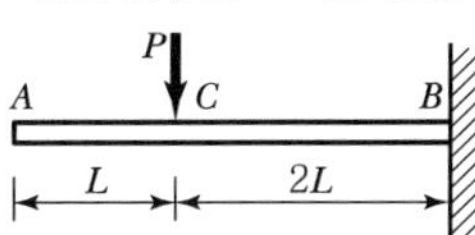

① $\frac{14PL^3}{3EI}$　② $\frac{2PL^3}{EI}$
③ $\frac{8PL^3}{3EI}$　④ $\frac{10PL^3}{3EI}$

⊙

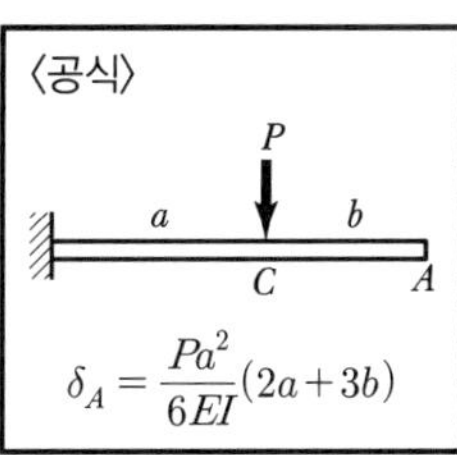

$$\delta_A = \frac{P(2L)^2}{6EI}[2\times 2L + 3L]$$
$$= \frac{4PL^2}{6EI}[7L]$$
$$= \frac{14}{3EI}PL^3$$

정답 16 ② 17 ② 18 ①

해설

19 그림과 같은 캔틸레버보에서 C점에 집중하중 P가 작용할 때 보의 중앙 B점의 처짐각은 얼마인가?(단, EI는 일정)

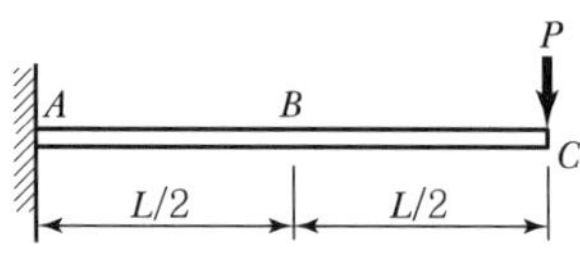

① $\dfrac{PL^2}{12EI}$　② $\dfrac{5PL^2}{12EI}$

③ $\dfrac{PL^2}{8EI}$　④ $\dfrac{3PL^2}{8EI}$

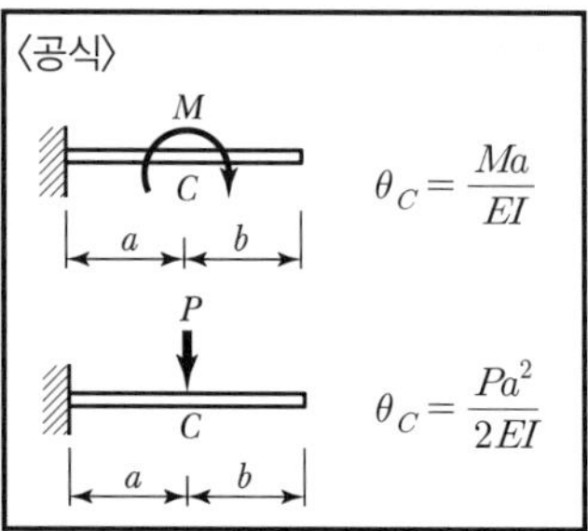

$\theta_C = \dfrac{Ma}{EI}$

$\theta_C = \dfrac{Pa^2}{2EI}$

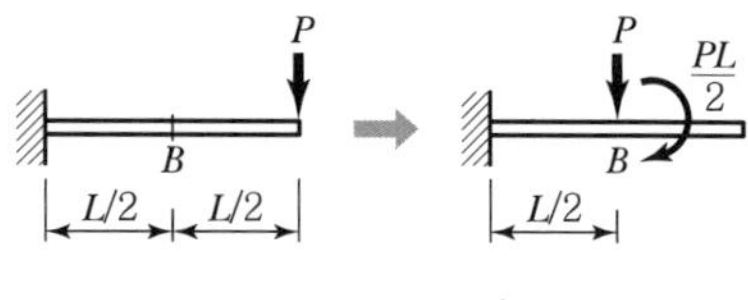

$$\theta_B = \frac{\left(\frac{PL}{2}\right)\left(\frac{L}{2}\right)}{EI} + \frac{P\left(\frac{L}{2}\right)^2}{2EI}$$

$$= \frac{PL^2}{4EI} + \frac{PL^2}{8EI}$$

$$= \frac{3PL^2}{8EI}$$

20 다음 그림과 같은 변단면 Cantilever 보 A점의 처짐을 구하면?

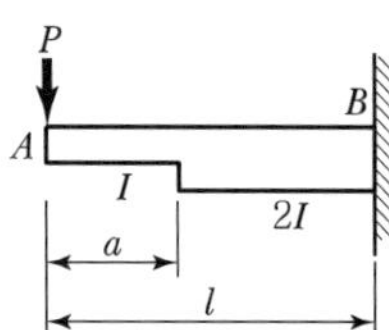

① $\dfrac{P}{6EI}(a^3+l^3)$　② $\dfrac{P}{12EI}(a^3+l^3)$

③ $\dfrac{P}{18EI}(a^3+l^3)$　④ $\dfrac{P}{24EI}(a^3+l^3)$

공액보를 그려보면 다음과 같다.(단면2차모멘트 I가 2배이므로 휨모멘트(M)는 $\dfrac{1}{2}$로 감소한다.)

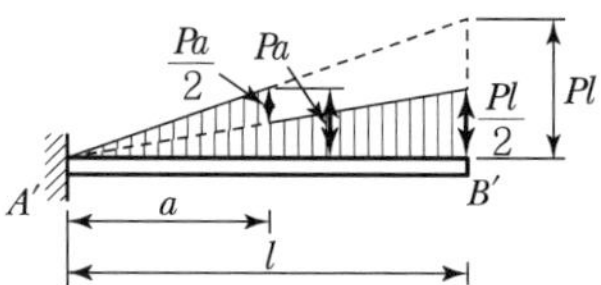

$$y_A = \frac{M_A'}{EI}$$

$$= \frac{1}{EI}\left(\frac{P\cdot a}{2}\times a\times\frac{1}{2}\times\frac{2a}{3} + \frac{Pl}{2}\times l\times\frac{1}{2}\times\frac{2l}{3}\right)$$

$$= \frac{1}{EI}\left(\frac{Pa^3}{6} + \frac{Pl^3}{6}\right)$$

$$= \frac{P(a^3+l^3)}{6EI}$$

정답 19 ④　20 ①

(2) 캔틸레버보에 등분포하중이 작용할 경우

① A점의 처짐각(θ_A)과 처짐(y_A)

$$\theta_A = S_A' = 0,\ y_A = M_A' = 0$$

② B점의 처짐각(θ_B)

$$\theta_B = S_B' = R_B' = \frac{wl^2}{2} \times l \times \frac{1}{3} = \boxed{\frac{wl^3}{6EI}}$$

$$\therefore\ \theta_B = \theta_{\max}$$

③ B점의 처짐(y_B)

$$y_B = M_a' = \frac{wl}{2} \times 1 \times \frac{1}{3} \times \frac{3l}{4} = \boxed{\frac{wl^4}{8EI}}$$

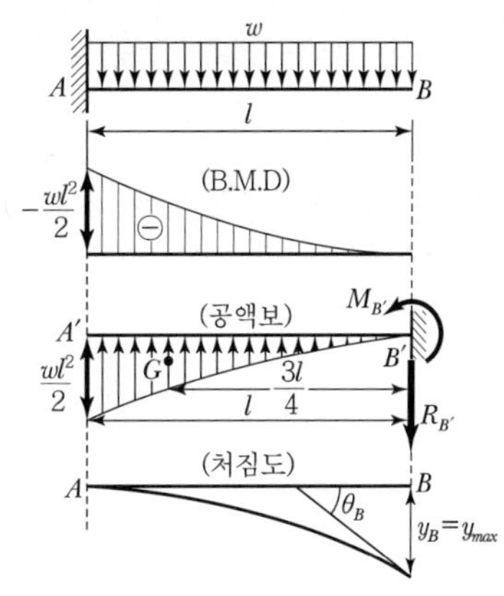

‖ (그림 6) 캔틸레버보에 등분포하중이 작용할 때 공액보법 해석 ‖

⋙ 기본예제

01 다음의 캔틸레버보에서 A점의 처짐량은?(단, 이 보의 $E = 2 \times 10^6\text{N/cm}^2$, $I = 1{,}000\text{cm}^4$이다.)

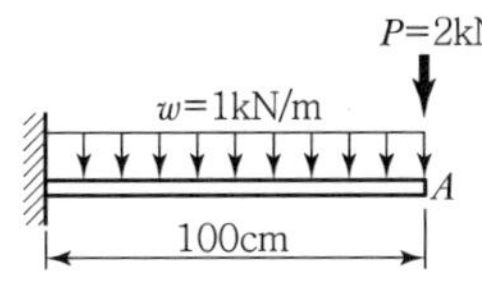

① 0.264cm ② 0.396cm ③ 0.528cm ④ 0.660cm

해설

$$y_A = \frac{Pl^3}{3EI} + \frac{wl^4}{8EI} = \frac{1}{EI}\left(\frac{Pl^3}{3} + \frac{wl^4}{8}\right) = \frac{1}{2 \times 10^6 \times 1{,}000}\left(\frac{2{,}000 \times 100^3}{3} + \frac{10 \times 100^4}{8}\right) = 0.396\text{cm}$$

(여기서, $w = 1\text{kN/m} = 10\text{N/cm}$)

02 아래 그림의 보에서 C점의 수직 처짐량은?

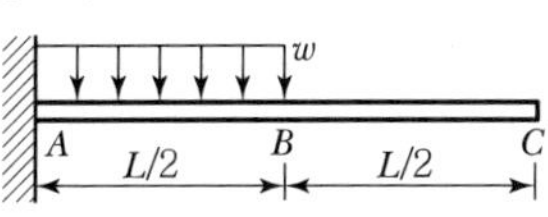

① $\dfrac{7wL^4}{384EI}$ ② $\dfrac{5wL^4}{384EI}$ ③ $\dfrac{7wL^4}{192EI}$ ④ $\dfrac{5wL^4}{192EI}$

해설

공액보

$\frac{wL^2}{8}$, $\frac{L}{2} \times \frac{3}{4} + \frac{L}{2} = \frac{7}{8}L$, A′, C, $\frac{L}{2}$, $\frac{L}{2}$

$$M_A = -\left(w \times \frac{L}{2}\right) \times \frac{L}{4} = -\frac{wL^2}{8}$$

$$\therefore\ y_C = \frac{M_C'}{EI} = \frac{1}{EI}\left[\left(\frac{wL^2}{8} \times \frac{L}{2} \times \frac{1}{3}\right) \times \left(\frac{L}{2} \times \frac{3}{4} + \frac{L}{2}\right)\right] = \frac{1}{EI}\left(\frac{wL^3}{48} \times \frac{7L}{8}\right) = \frac{7wL^4}{384EI}$$

〈별해〉

w, B, C, a, b

$$\delta_C = \frac{wa^3}{24EI}(3a + 4b)$$

$$\delta_C = \frac{w\left(\frac{L}{2}\right)^3}{24EI}\left(3 \times \frac{L}{2} + 4 \times \frac{L}{2}\right) = \frac{wL^3}{192EI}\left(\frac{7}{2}L\right) = \frac{7wL^4}{384EI}$$

정답 01 ② 02 ①

21 다음 그림과 같은 캔틸레버(Cantilever)에서 (2)구조 A점의 처짐은?[단, (1)과 (2)의 EI는 일정하다.]

(1) 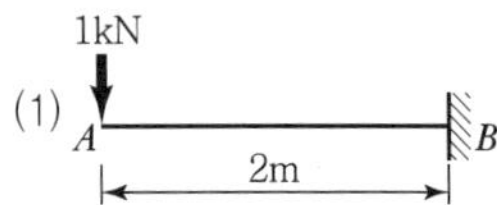

(2) 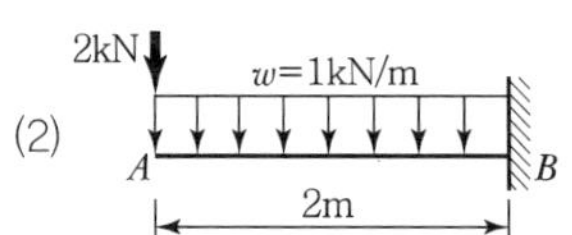

① (1)구조 A점 처짐의 2.65배이다.
② (1)구조 A점 처짐의 2.75배이다.
③ (1)구조 A점 처짐의 2.85배이다.
④ (1)구조 A점 처짐의 2.95배이다.

해설
㉠ $\delta_{A(1)} = \dfrac{Pl^3}{3EI} = \dfrac{1\times 2^3}{3EI} ≒ \dfrac{2.66}{EI}$

㉡ $\delta_{A(2)} = \dfrac{Pl^3}{3EI} + \dfrac{wl^4}{8EI} = \dfrac{2\times 2^3}{3EI} + \dfrac{1\times 2^4}{8EI} ≒ \dfrac{7.33}{EI}$

$\therefore\ \dfrac{\delta_{A(1)}}{\delta_{A(2)}} = \dfrac{7.33}{2.66} = 2.75$

22 다음의 캔틸레버보에서 A점의 회전각은 얼마인가?(단, 보의 $E = 2\times 10^6\text{N/cm}^2$, $I = 1{,}000\text{cm}^4$)

① 0.00234radian
② 0.00349radian
③ 0.00466radian
④ 0.00583radian

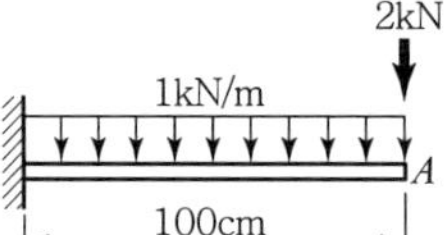

해설
$\theta_A = \dfrac{Pl^2}{2EI} + \dfrac{wl^3}{6EI}$

$= \dfrac{1}{EI}\left(\dfrac{Pl^2}{2} + \dfrac{wl^3}{6}\right)$

$= \dfrac{1}{2\times 10^6 \times 1{,}000}\left(\dfrac{2{,}000\times 100^2}{2} + \dfrac{10\times 100^3}{6}\right)$

$= 0.00583\,\text{rad}$

23 그림과 같은 캔틸레버보에서 최대 처짐각(θ_B)은?(단, EI는 일정하다.)

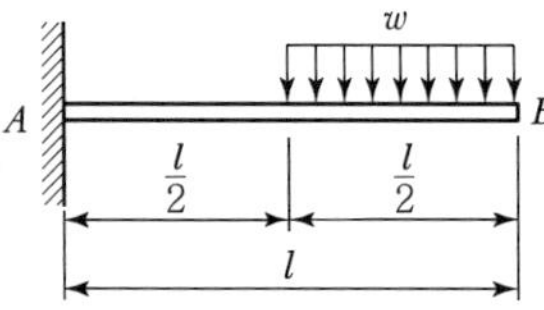

① $\dfrac{3wl^3}{48EI}$　② $\dfrac{7wl^3}{48EI}$　③ $\dfrac{9wl^3}{48EI}$　④ $\dfrac{5wl^3}{48EI}$

해설
θ_B = [w, l, B] − [w, l/2, l/2, B]

$\theta_B = \dfrac{wl^3}{6EI} - \dfrac{w\left(\dfrac{l}{2}\right)^3}{6EI} = \dfrac{7wl^3}{48EI}$

24 그림의 캔틸레버에서 C점, B점의 처짐 $\Delta_C : \Delta_B$는?(단, EI는 일정)

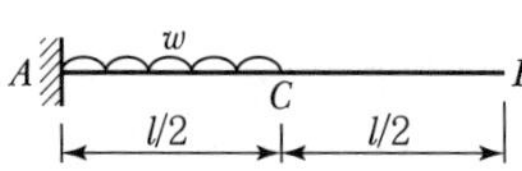

① 3 : 8　② 3 : 7　③ 2 : 5　④ 1 : 2

해설
[A, w, C, B, a, b]

$\delta_C : \delta_B = 3a : 3a + 4b$

$= 3\left(\dfrac{l}{2}\right) : 3\left(\dfrac{l}{2}\right) + 4\left(\dfrac{l}{2}\right) = 3 : 7$

정답 21 ② 22 ④ 23 ② 24 ②

04 모멘트 면적법(Green의 정리)

1. 모멘트 면적 제1정리

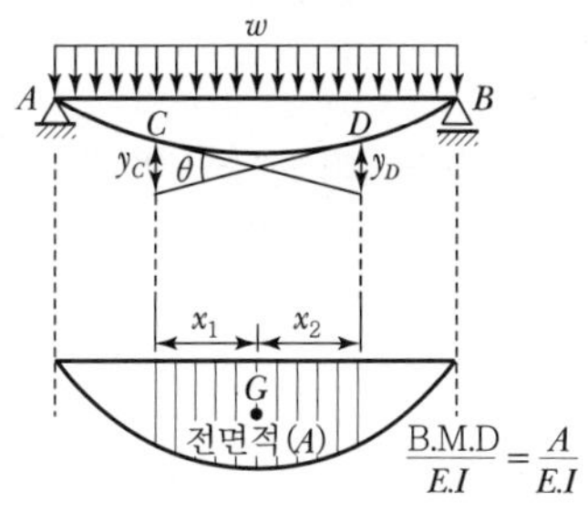

▌(그림 7) 모멘트 면적법▐

탄성 곡선상에서 임의의 점 C와 D에서의 접선이 이루는 각(θ)은 이 두 점 간의 휨모멘트도(B.M.D)의 면적을 EI로 나눈 값과 같다.

$$\theta=\int\frac{M}{EI}d_x=\boxed{\frac{A}{EI}}$$

2. 모멘트 면적 제2정리

탄성 곡선상에서 임의의 점 C에서 탄성곡선에 접하는 접선으로부터 그 탄성 곡선상의 다른 점 D까지의 수직거리(y)는 이들 두 점 간의 휨모멘트(B.M.D)도 면적의 C점을 지나는 축에 대한 단면1차모멘트를 EI로 나눈 값과 같다.

$$y_C=\int\frac{M}{EI}\cdot x_1\cdot dx=\boxed{\frac{A}{EI}\cdot x_1}$$

$$y_D=\int\frac{M}{EI}\cdot x_2\cdot dx=\boxed{\frac{A}{EI}\cdot x_2}$$

3. 모멘트 면적법에 의한 해석

(1) 캔틸레버보에 집중하중이 중앙에 작용할 경우

① 휨모멘트 계산 및 휨모멘트도(B.M.D) 작도

$$M_B=M_C=0,\ M_A=-\frac{Pl}{2}$$

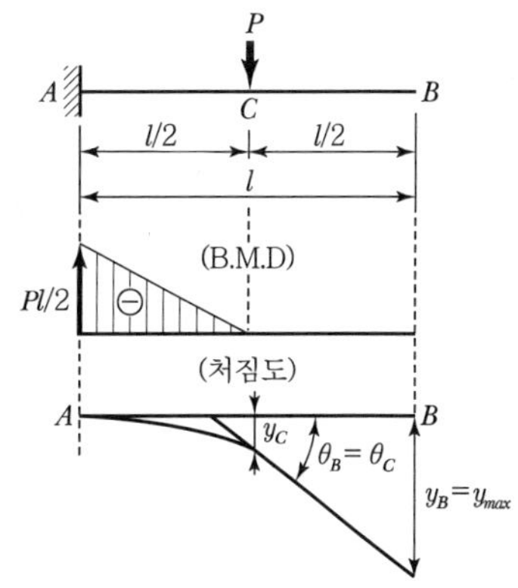

▌(그림 8) 캔틸레버보에 집중하중이 작용할 때 모멘트 면적법 해석▐

② B, C점의 처짐각(θ_B, θ_C)

$$\theta_B=\theta_C=\int\frac{M}{EI}\cdot dx=\frac{A}{EI}$$

$$=\frac{1}{EI}\times\frac{Pl}{2}\times\frac{l}{2}\times\frac{1}{2}=\boxed{\frac{Pl^2}{8EI}}$$

③ C점의 처짐(y_C)

$$y_C=\int\frac{M}{EI}\cdot x\cdot dx=\frac{A}{EI}\cdot x$$

$$=\frac{1}{EI}\times\frac{Pl}{2}\times\frac{l}{2}\times\frac{1}{2}\times\frac{l}{2}\times\frac{2}{3}=\frac{Pl^3}{24EI}$$

④ B점의 처짐(y_B)

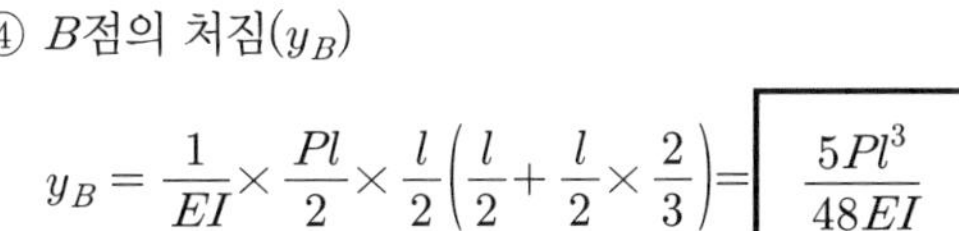

$$y_B=\frac{1}{EI}\times\frac{Pl}{2}\times\frac{l}{2}\left(\frac{l}{2}+\frac{l}{2}\times\frac{2}{3}\right)=\boxed{\frac{5Pl^3}{48EI}}$$

25 그림과 같이 캔틸레버보 중앙에 2kN의 집중하중이 작용할 때 A점의 처짐량은?(단, $E=2\times10^6\text{N/cm}^2$, $I=20{,}000\text{cm}^4$이다.)

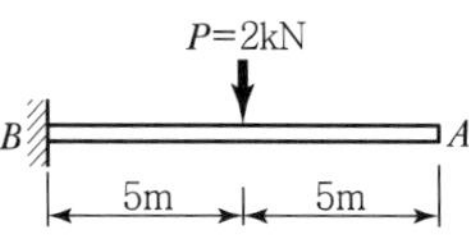

① 3.03cm ② 4.55cm
③ 5.21cm ④ 6.08cm

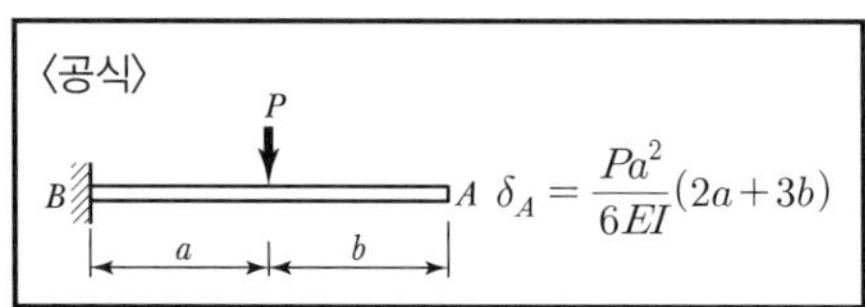

$$\delta_A=\frac{Pa^2}{6EI}(2a+3b)$$

$P=2\text{kN}$, $a=5\text{m}$, $b=5\text{m}$

$$\delta_A=\frac{(2\times10^3)(5\times100)^2}{6(2\times10^6)(20{,}000)}[(2\times500)+(3\times500)]=5.21\text{cm}$$

26 그림과 같은 보에서 A점의 δ_A를 구한 값은?

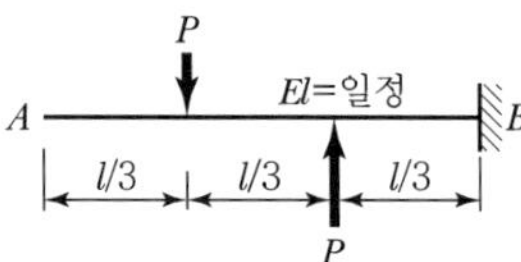

① $\dfrac{2Pl^2}{9EI}$ ② $\dfrac{13Pl^3}{324EI}$ ③ $\dfrac{21Pl^2}{324EI}$ ④ $\dfrac{10Pl^3}{81EI}$

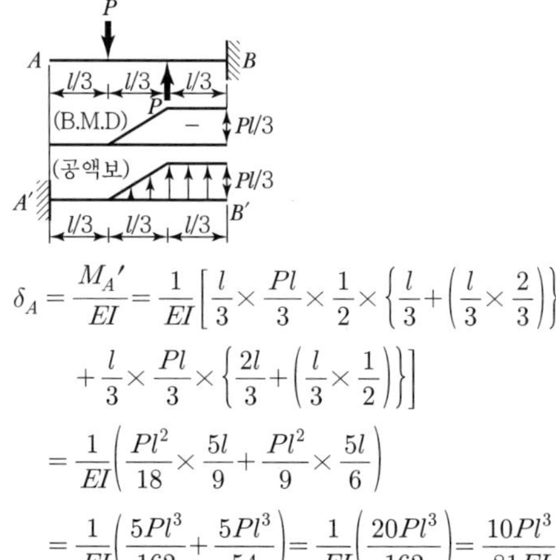

$$\delta_A=\frac{M_A'}{EI}=\frac{1}{EI}\left[\frac{l}{3}\times\frac{Pl}{3}\times\frac{1}{2}\times\left\{\frac{l}{3}+\left(\frac{l}{3}\times\frac{2}{3}\right)\right\}+\frac{l}{3}\times\frac{Pl}{3}\times\left\{\frac{2l}{3}+\left(\frac{l}{3}\times\frac{1}{2}\right)\right\}\right]$$

$$=\frac{1}{EI}\left(\frac{Pl^2}{18}\times\frac{5l}{9}+\frac{Pl^2}{9}\times\frac{5l}{6}\right)$$

$$=\frac{1}{EI}\left(\frac{5Pl^3}{162}+\frac{5Pl^3}{54}\right)=\frac{1}{EI}\left(\frac{20Pl^3}{162}\right)=\frac{10Pl^3}{81EI}$$

27 다음 캔틸레버보에서 B점의 처짐은?(단, EI는 일정하다.)

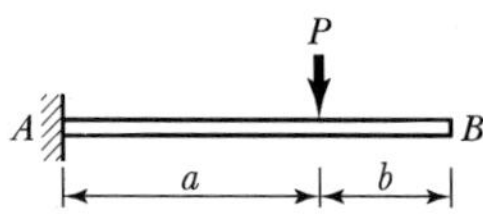

① $\dfrac{Pb^2}{6EI}(2b+3a)$ ② $\dfrac{Pb^2}{6EI}(3b+2a)$
③ $\dfrac{Pa^2}{6EI}(2b+3a)$ ④ $\dfrac{Pa^2}{6EI}(3b+2a)$

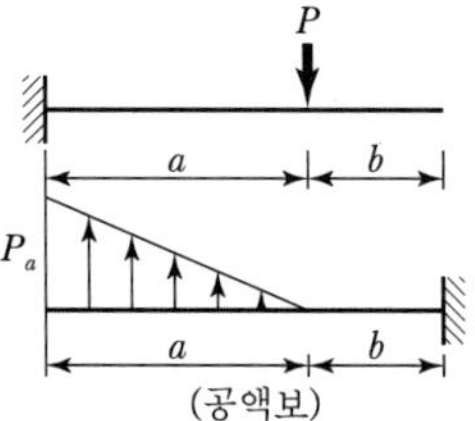

$$M_B'=\frac{1}{2}\times Pa\times a\times\left(b+\frac{2a}{3}\right)=\frac{Pa^2}{6}(3b+2a)$$

$$\therefore\ y_B=\frac{M_B'}{EI}=\frac{Pa^2}{6EI}(3b+2a)$$

정답 25 ③ 26 ④ 27 ④

05 단위하중법(가상일의 원리)

1. 단위하중법의 원리

가상일의 원리는 에너지 불변의 법칙에 근거를 두고 구조물에 작용한 하중에 의한 외력일은 구조물 내에 저장된 탄성에너지와 같다는 이론으로 모든 구조물의 처짐각과 처짐을 구할 수 있는 에너지 방법이며, **단위하중법**이라고 한다.

주 구조물에 작용하는 **힘이 평형하며 가상변위를 줄 때 생기는 가상일의 합은 0**이다.

2. 가상일

휨응력에 대한 가상일 + 수직응력에 대한 가상일 +전단응력에 대한 가상일

외력일 / 내력일

$$\Sigma P \cdot \delta = \int \frac{M \cdot \overline{M}}{EI} dx + \int \frac{P \cdot \overline{P}}{EA} dx + \int \frac{S \cdot \overline{S}}{GA} dx$$

휨모멘트가 하는 일 축방향력이 하는 일 전단력이 하는 일

주 실제 보에서는 수직응력은 없고, 전단응력에 대한 일은 미소하여 무시한다. 그러므로 휨응력에 대한 값만 고려한다.

3. 단위하중법의 공식

구하고자 하는 점에 **가상 단위하중** 1(또는 단위모멘트 $M=1$)을 작용시켜 처짐각과 처짐을 구하면 된다.

(1) 처짐각 : $\theta_x = \int_0^l \frac{M\,Mn}{EI} dx$

(2) 처　짐 : $y_x = \int_0^l \frac{M\,\overline{Mn}}{EI} dx$

여기서, M : 주어진 하중에 의한 임의점의 휨모멘트

Mn : 처짐각을 구할 때는 가상 단위모멘트하중($M=1$)에 의한 임의점의 휨모멘트

$\overline{Mn}$: 처짐을 구할 때는 가상 단위 집중하중($\overline{P}=1$)에 의한 임의점의 휨모멘트

>>> 기본예제

01 그림과 같은 구조물에서 C점의 수직처짐을 구하면?(단, $EI = 2 \times 10^9 \text{N} \cdot \text{cm}^2$이며 자중은 무시한다.)

① 2.70mm ② 3.57mm ③ 6.24mm ④ 7.35mm

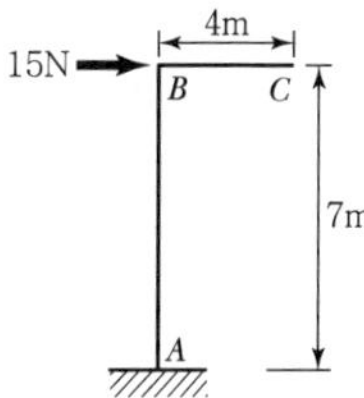

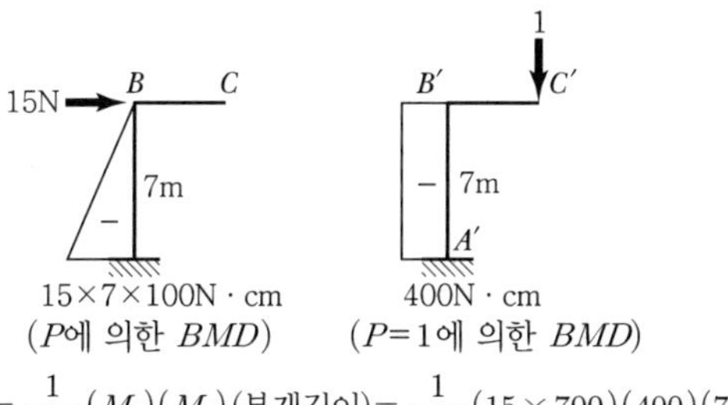

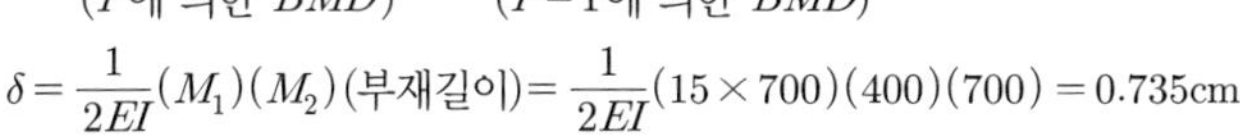

$$\delta = \frac{1}{2EI}(M_1)(M_2)(\text{부재길이}) = \frac{1}{2EI}(15 \times 700)(400)(700) = 0.735\text{cm}$$

정답 01 ④

4. 캔틸레버보에 등분포하중이 작용할 때

(1) 그림 (a)에서 임의거리 x의 하중에 의한 휨모멘트(M_x)

$$M_x = -\frac{w}{2} \cdot x^2$$

(2) 그림 (b)에서 처짐각계산 시 단위하중($\overline{M} = 1$)에 의한 휨모멘트(M_x)

$$M_x = -1$$

(3) 그림 (c)에서 처짐계산 시 단위하중($\overline{P} = 1$)에 의한 휨모멘트(M_x)

$$M_x = -1 \cdot x$$

(4) 처짐각(θ_A)

$$\theta_A = \int_0^l \frac{M\,Mn}{EI} dx$$

$$= \frac{1}{EI}\int_0^l \left(-\frac{w}{2} \cdot x^2\right)(-1)dx$$

$$= \frac{w}{2EI}\left(\frac{x^3}{3}\right)_0^l = \boxed{\frac{wl^3}{6EI}}$$

(5) 처짐(y_A)

$$y_A = \int_0^l \frac{M\,\overline{M}n}{EI} dx$$

$$= \frac{1}{EI}\int_0^l \left(-\frac{w}{2} \cdot x^2\right)(-1 \cdot x)dx$$

$$= \frac{w}{2EI}\left(\frac{x^4}{4}\right)_0^l = \boxed{\frac{wl^4}{8EI}}$$

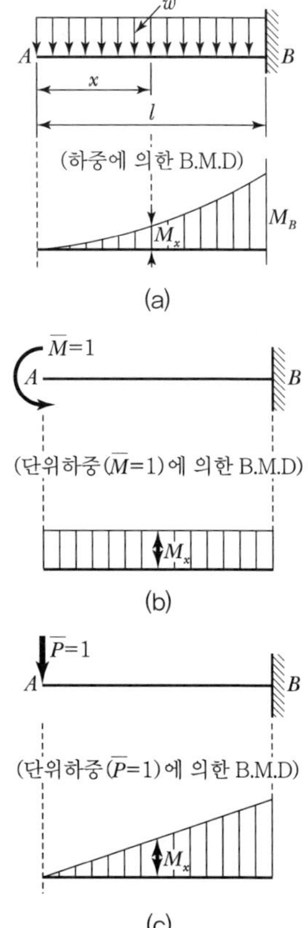

▌(그림 9) 캔틸레버보에 등분포하중이 작용할 때 가상일의 원리해석▐

28 다음 그림과 같은 라멘에서 A점의 수평변위 δ_{HA}의 크기를 구하는 식은 다음 중 어느 것인가?(단, 보의 단면2차모멘트와 기둥의 단면2차모멘트는 I_B와 I_C로서 각각 일정하다.)

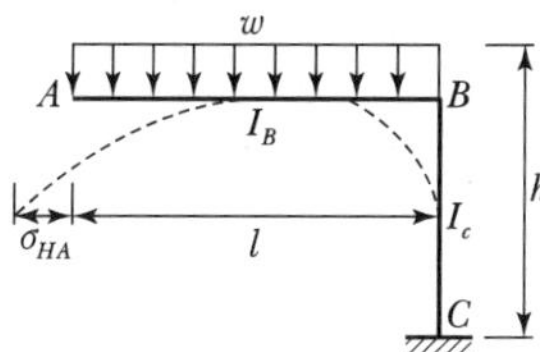

① $\dfrac{wl^2h^3}{2EI_B}$　② $\dfrac{wl^2h^2}{4EI_C}$

③ $\dfrac{wl^3h^2}{2EI_B}$　④ $\dfrac{wl^3h^3}{4EI_C}$

각 부재의 임의점(x)에 대한 휨모멘트(M)와 A점에 단위 수평하중($P=1$)을 가했을 때 각 부재의 휨모멘트($\overline{M}$)를 구하면 다음과 같다.

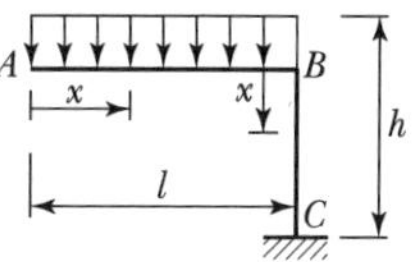

$$\begin{cases} AB \text{ 부재 } M_x = -\dfrac{wx^2}{2} \\ BC \text{ 부재 } M_x = -\dfrac{wl^2}{2} \end{cases}$$

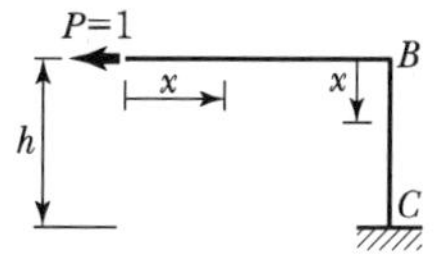

$$\begin{cases} AB \text{ 부재 } \overline{M_x}=0 \\ BC \text{ 부재 } \overline{M_x}=-x \end{cases}$$

따라서,

〈공식〉　처짐 $\delta=\displaystyle\int_0^l \frac{M\overline{M}}{EI}\cdot dx$

$$\therefore\ \delta=\int_0^l \frac{\left(-\dfrac{wx^2}{2}\right)\times 0}{E\cdot I_B}\cdot dx + \int_0^h \frac{\left(-\dfrac{wl^2}{2}\right)\cdot(-x)}{E\cdot I_C}\cdot dx$$

$$=\int_0^h \frac{\dfrac{wl^2\cdot x}{2}}{E\cdot I_C}\cdot dx = \frac{wl^2}{2EI_C}\left[\frac{x^2}{2}\right]_0^h$$

$$=\frac{wl^2h^2}{4EI_C}$$

정답 28 ②

06 트러스 변위(처짐)

1. 가상일의 원리에 의한 방법

① [그림 10(a)]에서 하중 P가 작용할 때 각 부재응력 S를 계산한다.

② [그림 10(b)]에서 구할 변위의 절점에 가상하중 $\overline{P}=1$을 작용시킨 경우의 각 부재응력 $\overline{S}$를 계산한다.

③ 변위 δ는 다음 식에 의하여 계산한다.

$$\text{변위}(\delta) = \frac{S_1 \overline{S_1} l_1}{EA_1} + \frac{S_2 \overline{S_2} l_2}{EA_2} + \cdots\cdots + \frac{S_n \overline{S_n} l_n}{EA_n} = \boxed{\Sigma \frac{S \cdot \overline{S} \cdot l}{EA}}$$

2. 후크(Hooke)의 법칙에 의한 방법

① [그림 14(a)]에서 각 부재의 변형량을 계산한다.

$$\Delta l_1 = \frac{S_1 l_1}{EA_1},\ \Delta l_2 = \frac{S_2 l_2}{EA_2} \cdots\cdots \Delta l_n = \frac{S_n l_n}{EA_n}$$

② 변위 δ는 다음 식에 의하여 계산한다.

$$\therefore \text{변위}(\delta) = \overline{S_1} \cdot \Delta l_1 + \overline{S_2} \cdot \Delta l_2 + \cdots\cdots + \overline{S_n} \cdot \Delta l_n = \boxed{\Sigma \overline{S} \cdot \Delta l}$$

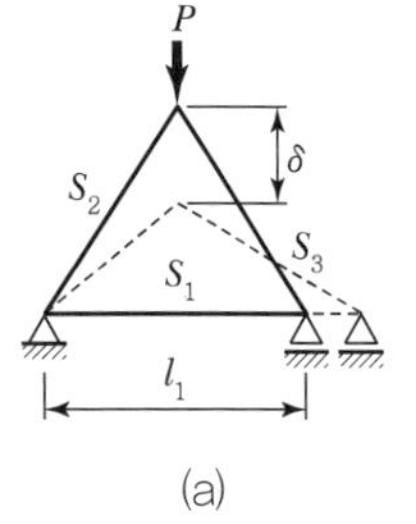

(a)

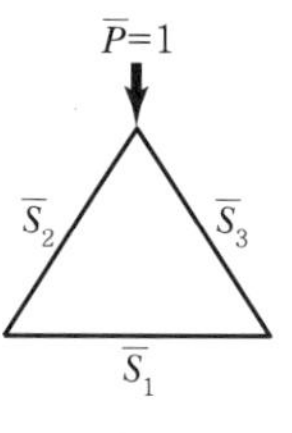

(b)

‖ (그림 10) 트러스의 변위 ‖

여기서, E : 탄성계수
A : 부재단면적
l : 부재길이
Δl : 부재의 변형량
S : 부재력
$\overline{S}$: 단위하중에 의한 부재력

>>> 기본예제

01 다음과 같이 A점에 연직으로 하중 P가 작용하는 트러스에서 A점의 수직 처짐량은?(단, AB 부재의 축강도는 EA, AC 부재의 축강도는 $\sqrt{3}\,EA$)

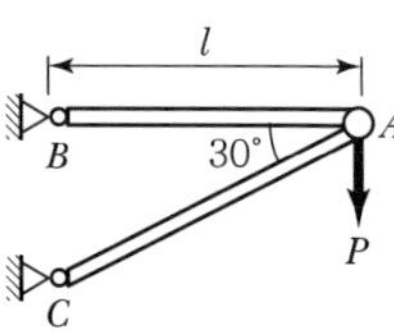

① $\frac{17}{2}\frac{Pl}{EA}$ ② $\frac{17}{3}\frac{Pl}{EA}$ ③ $\frac{17}{4}\frac{Pl}{EA}$ ④ $\frac{17}{5}\frac{Pl}{EA}$

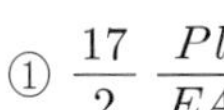

〈공식〉 $\delta = \Sigma \frac{1}{EA} P\overline{P}$

(P : 축력, $\overline{P}$: $P=1$일 때의 축력)

㉠ AB의 처짐(EA) $\delta_1 = \sum \frac{l}{EA}(\sqrt{3}P \times \sqrt{3}) = \frac{3Pl}{EA}$

㉡ AC의 처짐($\sqrt{3}\,EA$) $\delta_2 = \sum \frac{\frac{2}{\sqrt{3}}l}{\sqrt{3}\,EA}(2P \times 2) = \frac{8Pl}{3EA}$

$\therefore \delta = \delta_1 + \delta_2 = \frac{17Pl}{3EA}$

정답 01 ②

핵심문제 / 해설

29 다음 그림과 같은 구조물에서 C점의 수직처짐은 얼마나 일어나는가?(단, AC 및 BC 부재의 길이는 l, 단면적은 A, 탄성계수는 E이다.)

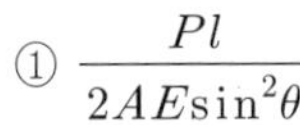

① $\dfrac{Pl}{2AE\sin^2\theta}$

② $\dfrac{Pl}{2AE\cos^2\theta}$

③ $\dfrac{Pl}{2AE\sin\theta\cdot\cos\theta}$

④ $\dfrac{Pl}{2AE\sin\theta}$

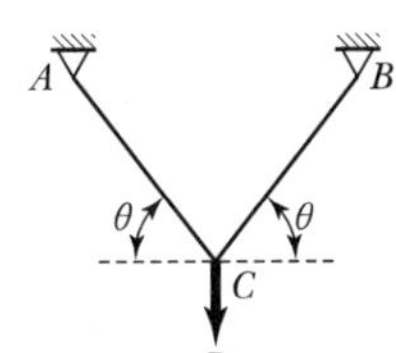

해설

$S_{AC}=\dfrac{P}{2\sin\theta}$ $S_{BC}=\dfrac{P}{2\sin\theta}$ $\dfrac{1}{2\sin\theta}$ $\dfrac{1}{2\sin\theta}$

① 대칭이므로 $S_{AC}=S_{BC}$

$\Sigma V=2\cdot S_{AC}\cdot\sin\theta-P=0$

$\therefore\ S_{AC}=S_{BC}=\dfrac{P}{2\sin\theta}$

② 단위하중($P=1$) 작용 시 부재력

$\overline{S_{AC}}=\overline{S_{BC}}=\dfrac{1}{2\sin\theta}$

$\therefore\ \delta_{VC}=\Sigma\dfrac{S\cdot\bar{S}\cdot l}{AE}$

$=\dfrac{\dfrac{P}{2\sin\theta}\times\dfrac{1}{2\sin\theta}\times l}{AE}\times 2\text{개}$

$=\dfrac{Pl}{2\cdot\sin^2\theta AE}$

30 B점의 수직변위가 1이 되기 위한 하중의 크기 P는?(단, 부재의 축강성은 EA로 동일하다.)

① $\dfrac{E\cos^3\alpha}{AH}$

② $\dfrac{2E\cos^3\alpha}{AH}$

③ $\dfrac{EA\cos^3\alpha}{H}$

④ $\dfrac{2EA\cos^3\alpha}{H}$

해설

$\delta_B=\dfrac{PH}{2AE\cos^3\alpha}$

$1=\dfrac{PH}{2AE\cos^3\alpha}$

$\therefore\ P=\dfrac{2AE\cos^3\alpha}{H}$

31 그림과 같은 2부재 트러스의 B에 수평하중 P가 작용한다. B 절점의 수평변위 δ_B는 몇 m인가?(단, EA는 두 부재가 모두 같다.)

① $\delta_B=\dfrac{0.45P}{EA}$

② $\delta_B=\dfrac{2.1P}{EA}$

③ $\delta_B=\dfrac{21P}{EA}$

④ $\delta_B=\dfrac{4.5P}{EA}$

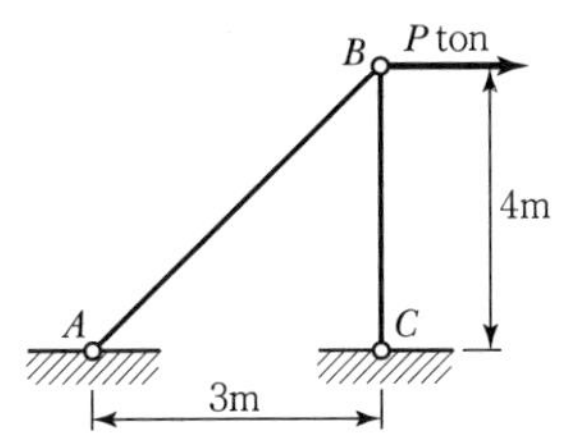

해설

단위하중법을 이용하면

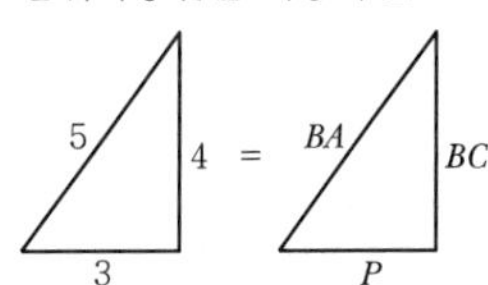

① 부재력

$\overline{BA}=\dfrac{5}{3}P$

$\overline{BC}=-\dfrac{4}{3}P$

② 단위 부재력($P=1$ 대입)

$\overline{P_{BA}}=\dfrac{5}{3}$

$\overline{P_{BC}}=-\dfrac{4}{3}$

$\therefore\ \boxed{\delta_B=\dfrac{P\bar{P}l}{AE}}$

$=\dfrac{1}{AE}\left\{\underbrace{\left(\dfrac{5}{3}P\right)\left(\dfrac{5}{3}\right)(5)}_{BA}+\underbrace{\left(-\dfrac{4}{3}P\right)\left(-\dfrac{4}{3}\right)(4)}_{BC}\right\}$

$=\dfrac{21P}{AE}$(m)

정답 29 ① 30 ④ 31 ③

07 탄성곡선 방정식법

1. 탄성곡선 방정식 유도

중립축 $n-n$에서 y떨어진 부분의 변형을 Δdx, 변형률을 ε, 휨응력을 σ라 하면

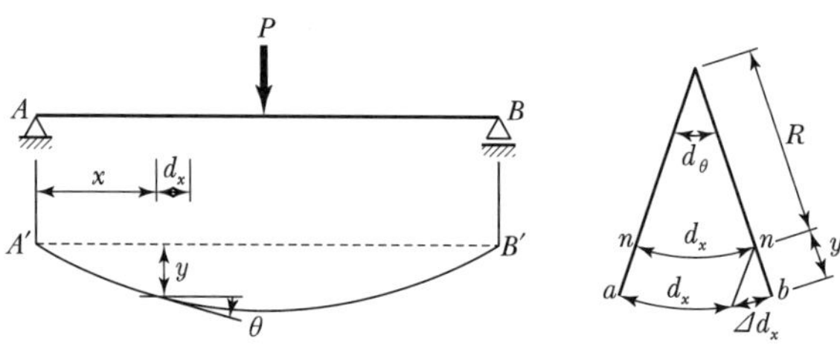

▎(그림 11) 탄성곡선 방정식법 ▎

$$\frac{dx+\Delta dx}{R+y}\text{에서 }\frac{R+y}{R}=\frac{dx+\Delta dx}{dx}=1+\frac{\Delta dx}{dx}=1+\varepsilon \quad\cdots\cdots\cdots\cdots (1)$$

후크법칙에서 $\varepsilon=\dfrac{\Delta dx}{dx}=\dfrac{\sigma}{E}$, $\sigma=\dfrac{Mx}{I}\cdot y$를 (1)식에 대입하면

$$1+\frac{y}{R}=1+\frac{\sigma}{E}=1+\frac{1}{E}\cdot\frac{M_x}{I}y$$

$$\frac{y}{R}=\frac{1}{E}\cdot\frac{M_x}{I}\cdot y \qquad \therefore\ \frac{1}{R}=\frac{M_x}{EI} \quad\cdots\cdots\cdots\cdots (2)$$

또한 미분학의 곡률반경은 $\dfrac{1}{R}=\dfrac{\left(\dfrac{d^2y}{dx^2}\right)}{\left\{1+\left(\dfrac{dy}{dx}\right)^2\right\}^{3/2}}$

여기서, $\dfrac{dy}{dx}$는 미소하여 $\left(\dfrac{dy}{dx}\right)^2$이 0이 되므로

$$\frac{1}{R}=\frac{d^2y}{dx^2} \quad\cdots\cdots\cdots\cdots (3)$$

식 (2)와 식 (3)에서 $\dfrac{d^2y}{dx^2}=\dfrac{M_x}{EI}$ $\quad\cdots\cdots\cdots\cdots$ (4)

식 (4)에서 M_x와 처짐 y의 부호가 상반되므로

$$\boxed{\frac{d^2y}{dx^2}=-\frac{M_x}{EI}}$$ (탄성곡선 방정식)

32 다음 그림과 같은 단순보에서 A에서 x거리의 처짐을 v라 할 때 $EI \cdot d^2v/dx^2 = C_1x^2 + C_2x$의 관계가 성립한다. C_1, C_2의 값이 옳은 것은?(단, EI는 보의 휨강도이다.)

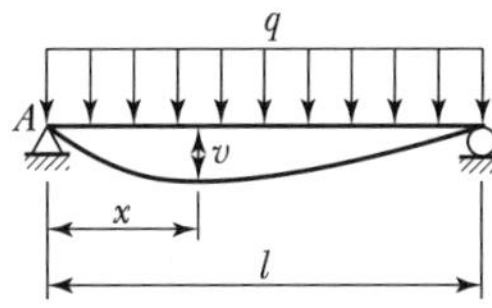

① $C_1 = q/2$, $C_2 = ql/2$
② $C_1 = ql/2$, $C_2 = q/2$
③ $C_1 = q/2$, $C_2 =- ql/2$
④ $C_1 = ql/2$, $C_2 =- q/2$

㉠ $M_x = R_A \cdot x - q \cdot x \cdot \dfrac{x}{2}$

$= \dfrac{q \cdot l}{2} \cdot x - \dfrac{q \cdot x^2}{2}$

㉡ 탄성곡선의 미분방정식

$\dfrac{d^2v}{dx^2} = -\dfrac{M}{EI}$에서

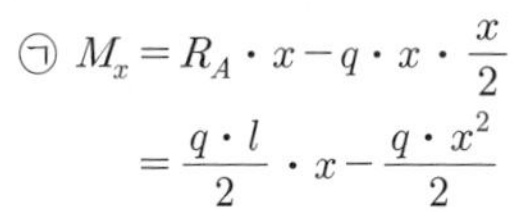

$EI \cdot \dfrac{d^2v}{dx^2} = -M_x = -\left(\dfrac{ql}{2} \times x - \dfrac{qx^2}{2}\right)$

$= \dfrac{q}{2}x^2 - \dfrac{ql}{2}x$

$\therefore C_1 = \dfrac{q}{2}$, $C_2 = -\dfrac{ql}{2}$

33 다음 그림과 같이 단순보에 등분포하중 w가 작용하고 있을 때 단순보의 탄성곡선의 미분방정식은

$EIV'''' =$ [   ], $EIV''' = -\dfrac{wl}{2} +$ [   ].

$EIV'' = -\dfrac{wl}{2}x +$ [   ] 이다.

[   ] 속에 들어갈 내용을 순서대로 나열한 것은?

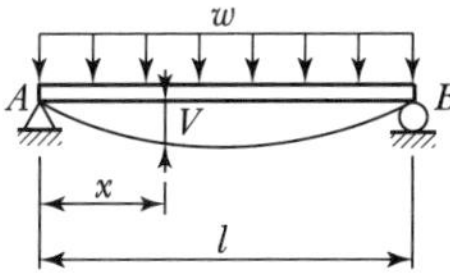

① w, $\dfrac{w}{2}x$, $\dfrac{w}{4}x^2$ ② w, wx, $\dfrac{w}{2}x^2$

③ $-w$, $-\dfrac{w}{2}x$, $-\dfrac{w}{4}x^2$ ④ $-w$, $-wx$, $-\dfrac{w}{2}x^2$

〈공식〉
$EI\dfrac{d^2y}{dx^2} = -M_x = EIV''$

$EI\dfrac{d^3y}{dx^3} = -S_x = EIV'''$

$EI\dfrac{d^4y}{dx^4} = -w_x = EIV''''$

㉠ $EIV'''' = w_x$

㉡ $EIV''' = -S_x = -\left(\dfrac{wl}{2} - wx\right)$

$= -\dfrac{wl}{2} + wx$

㉢ $EIV'' = -M_x = -\left(\dfrac{wl}{2}x - \dfrac{wx^2}{2}\right)$

$= -\dfrac{wl}{2}x + \dfrac{wx^2}{2}$

34 다음 중 보의 해석에서 전단력을 미분식으로 표시한 것은?

① $EI \cdot \dfrac{d^4y}{dx^4}$ ② $EI \cdot \dfrac{d^3y}{dx^3}$

③ $EI \cdot \dfrac{d^2y}{dx^2}$ ④ $EI \cdot \dfrac{dy}{dx}$

$S = EI\dfrac{d^3y}{dx^3}$

정답 32 ③ 33 ② 34 ②

▼ (표 1) 처짐각과 처짐공식

보의 종류		하중작용 상태	처짐각(θ)	최대 처짐($y_{\max}$)
단순보	1		$\theta_A = -\theta_B = \boxed{\dfrac{Pl^2}{16EI}}$	$y_C = \boxed{\dfrac{Pl^3}{48EI}}$
	2		$\theta_A = \dfrac{Pb}{6EIl}(l^2 - b^2)$ $\theta_B = -\dfrac{Pa}{6EIl}(l^2 - a^2)$	$y_C = \boxed{\dfrac{Pa^2b^2}{3EIl}}$
	3		$\theta_A = -\theta_B = \boxed{\dfrac{wl^3}{24EI}}$	$y_C = \boxed{\dfrac{5wl^4}{384EI}}$
	4		$\theta_A = \dfrac{7wl^3}{360EI}$ $\theta_B = -\dfrac{8wl^3}{360EI}$	$y_{\max} = 0.00652 \times \dfrac{wl^4}{EI}$
	5		$\theta_A = -\theta_B = \dfrac{5wl^3}{192EI}$	$y_C = \dfrac{wl^4}{120EI}$
	6		$\theta_A = \boxed{\dfrac{l}{6EI}(2M_A + M_B)}$ $\theta_B = \boxed{-\dfrac{l}{6EI}(M_A + 2M_B)}$	$M_A = M_B = M$ $y_{\max} = \boxed{\dfrac{Ml^2}{8EI}}$
	7		$\theta_A = \boxed{\dfrac{M_A l}{3EI}}$ $\theta_B = \boxed{-\dfrac{M_A l}{6EI}}$	$y_{\max} = 0.064 \times \dfrac{Ml^2}{EI}$
	8		$\theta_A = \boxed{-\dfrac{M_A l}{3EI}}$ $\theta_B = \boxed{\dfrac{M_A l}{6EI}}$	$y_{\max} = -0.064 \times \dfrac{Ml^2}{EI}$

35 그림과 같은 캔틸레버보에서 중앙점 C의 처짐은?(단, EI는 일정하다.)

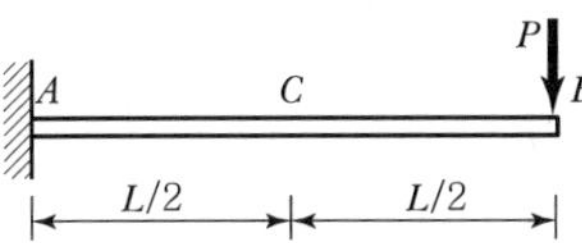

① $\dfrac{PL^3}{24EI}$ ② $\dfrac{5PL^3}{24EI}$ ③ $\dfrac{PL^3}{48EI}$ ④ $\dfrac{5PL^3}{48EI}$

해설

$$\delta_C = \frac{P\left(\frac{L}{2}\right)^3}{3EI} + \frac{\left(\frac{PL}{2}\right)\left(\frac{L}{2}\right)^2}{2EI} = \frac{PL^3}{24EI} + \frac{PL^3}{16EI} = \frac{5PL^3}{48EI}$$

36 다음 균일한 단면을 가진 단순보의 A지점 회전각은?

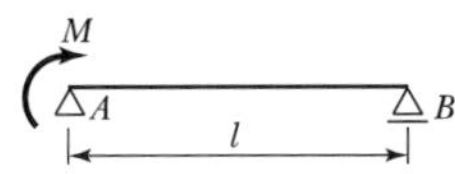

① $\dfrac{Ml}{3EI}$ ② $\dfrac{Ml}{4EI}$ ③ $\dfrac{Ml}{5EI}$ ④ $\dfrac{Ml}{6EI}$

해설 공액보에서

$$\theta_A = \frac{S_A}{EI} = \frac{R_{A'}}{EI} = \frac{1}{EI}\left(\frac{Ml}{3}\right) = \frac{Ml}{3EI}$$

$$\theta_B = \frac{S_B}{EI} = \frac{R_B{'}}{EI} = \frac{1}{EI}\left(-\frac{Ml}{6}\right) = -\frac{Ml}{6EI}$$

37 그림과 같은 단순보의 지간 중앙점의 처짐량은?

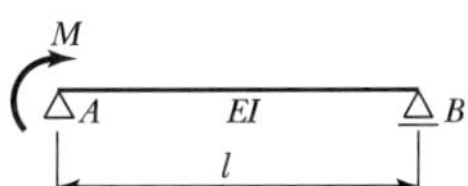

① $\dfrac{Ml^2}{48EI}$ ② $\dfrac{Ml^2}{16EI}$ ③ $\dfrac{Ml^2}{24EI}$ ④ $\dfrac{Ml^2}{8EI}$

해설

$$y_{중앙} = \frac{M_{중앙}}{EI} = \frac{1}{EI}\left[R_B{'} \times \frac{l}{2} - \frac{M}{2} \times \frac{l}{2} \times \frac{1}{2} \times \left(\frac{l}{2} \times \frac{1}{3}\right)\right] = \frac{1}{EI}\left(\frac{Ml}{6} \times \frac{l}{2} - \frac{Ml}{8} \times \frac{l}{6}\right) = \frac{3Ml^2}{48EI} = \frac{Ml^2}{16EI}$$

〈참고〉

최대 처짐 $y_{max} = \dfrac{Ml^2}{9\sqrt{3}EI}$

(B점에서 $\dfrac{1}{\sqrt{3}} = 0.577l$ 지점에서 생긴다.)

38 단순보의 양단에 모멘트하중 M이 작용할 경우 최대 처짐은?(단, EI는 일정)

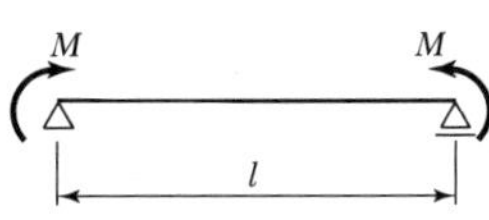

① $\dfrac{Ml^2}{4EI}$ ② $\dfrac{Ml^2}{16EI}$ ③ $\dfrac{Ml^2}{8EI}$ ④ $\dfrac{Ml^2}{32EI}$

해설 공액보에서 하중강도가 M인 등분포하중과 같다.

$$y_{max} = \frac{M_{max}}{EI} = \frac{1}{EI}\left(\frac{Ml^2}{8}\right) = \frac{Ml^2}{8EI}$$

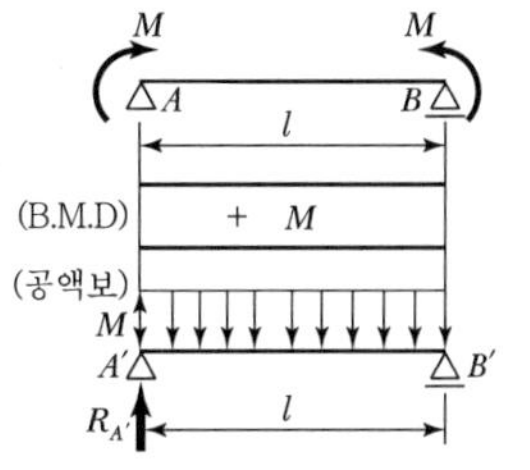

$$\theta_A = \frac{S_A}{EI} = \frac{1}{EI}\left(\frac{Ml}{2}\right) = \frac{Ml}{2EI}$$

정답 35 ④ 36 ① 37 ② 38 ③

보의 종류		하중작용 상태	처짐각(θ)	최대 처짐(y_{max})
캔틸레버보	9	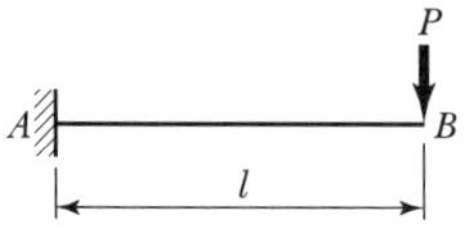	$\theta_B = \boxed{\dfrac{Pl^2}{2EI}}$	$y_B = \boxed{\dfrac{Pl^3}{3EI}}$
	10	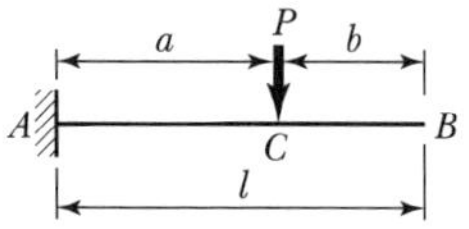	$\theta_C = \theta_B = \dfrac{Pa^2}{2EI}$	$y_B = \dfrac{Pa^2}{6EI}(3l - a)$
	11	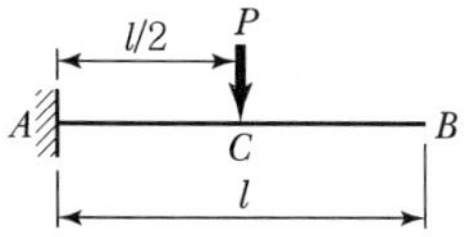	$\theta_C = \theta_B = \boxed{\dfrac{Pl^2}{8EI}}$	$y_B = \boxed{\dfrac{5Pl^3}{48EI}}$
	12	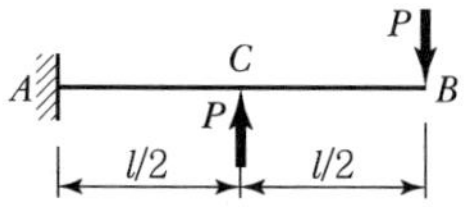	$\theta_B = \dfrac{3Pl^2}{8EI}$	$y_B = \dfrac{11Pl^3}{48EI}$
	13	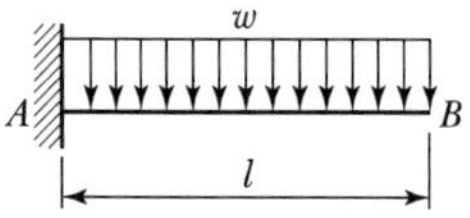	$\theta_B = \boxed{\dfrac{wl^3}{6EI}}$	$y_B = \boxed{\dfrac{wl^4}{8EI}}$
	14	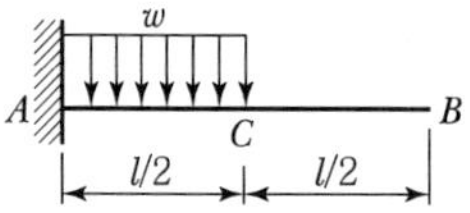	$\theta_C = \theta_B = \boxed{\dfrac{wl^3}{48EI}}$	$y_B = \dfrac{7wl^4}{384EI}$
	15	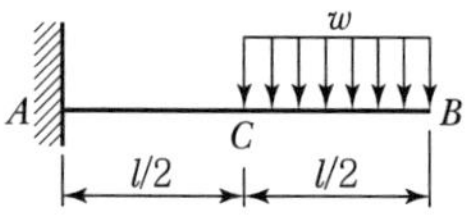	$\theta_B = \boxed{\dfrac{7wl^3}{48EI}}$	$y_B = \dfrac{41wl^4}{384EI}$
	16	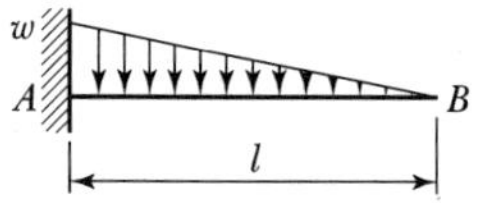	$\theta_B = \dfrac{wl^3}{24EI}$	$y_B = \dfrac{wl^4}{30EI}$
	17	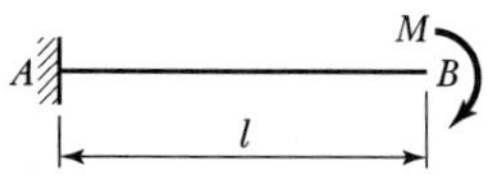	$\theta_B = \boxed{\dfrac{Ml}{EI}}$	$y_B = \boxed{\dfrac{Ml^2}{2EI}}$
	18	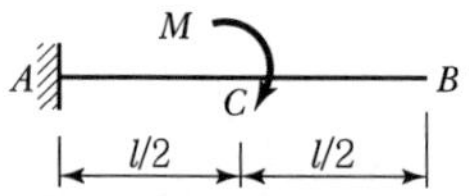	$\theta_B = \boxed{\dfrac{Ml}{2EI}}$	$y_B = \boxed{\dfrac{3Ml^2}{8EI}}$
부정정보	19	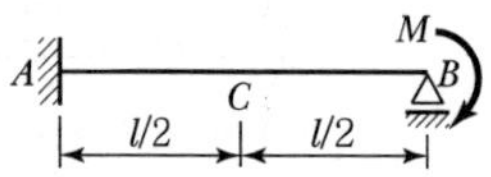	$\theta_B = -\dfrac{Ml}{4EI}$	

39 다음 내민보 그림에서 점 A의 처짐은?(단, EI는 일정)

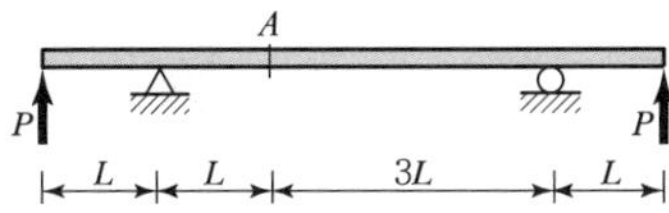

① $\dfrac{PL^3}{2EI}$ ② $\dfrac{3PL^3}{4EI}$ ③ $\dfrac{PL^3}{EI}$ ④ $\dfrac{3PL^3}{2EI}$

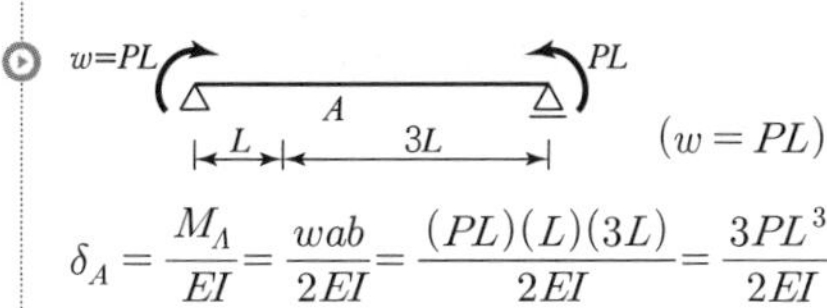

$(w = PL)$

$$\delta_A = \frac{M_A}{EI} = \frac{wab}{2EI} = \frac{(PL)(L)(3L)}{2EI} = \frac{3PL^3}{2EI}$$

40 다음 캔틸레버보에서 $M_0 = \dfrac{PL}{2}$이면 자유단의 처짐 δ는?(단, EI는 일정하다.)

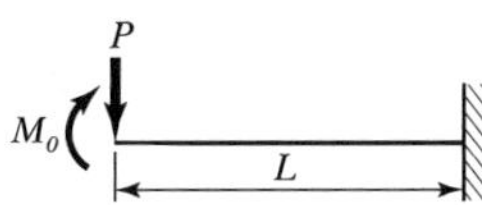

① $\dfrac{PL^3}{12EI}$ ② $\dfrac{PL^3}{24EI}$

③ $\dfrac{PL^3}{8EI}$ ④ $\dfrac{PL^3}{16EI}$

$$\delta = \frac{PL^3}{3EI} - \frac{M_0L^2}{2EI}$$

(집중하중 처짐)(모멘트 하중처짐)

$$= \frac{PL^3}{3EI} - \frac{\left(\frac{PL}{2}\right)\cdot L^2}{2EI} = \frac{PL^3}{12EI}$$

41 다음 외팔보의 자유단에 힘 P와 C점에 모멘트 M이 작용한다. 자유단에 발생하는 처짐과 처짐각을 구하면?(단, EI는 일정하다.)

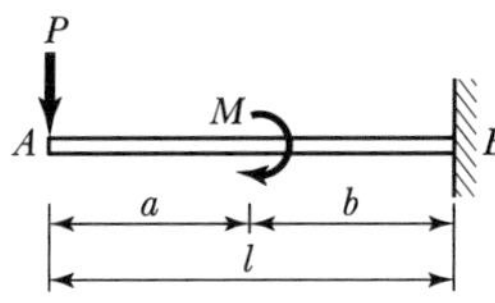

① $\theta_A = \dfrac{Pl^2}{4EI} - \dfrac{Mb}{EI}$, $y_A = \dfrac{Pl^3}{4EI} - \dfrac{Mb}{EI}\left(a + \dfrac{b}{2}\right)$

② $\theta_A = \dfrac{4EI}{Pl^2} - \dfrac{EI}{Mb}$, $y_A = \dfrac{4EI}{Pl^3} - \dfrac{EI}{Mb}\left(a + \dfrac{b}{2}\right)$

③ $\theta_A = \dfrac{-Pl^2}{2EI} + \dfrac{Mb}{EI}$, $y_A = \dfrac{Pl^3}{3EI} - \dfrac{Mb}{EI}\left(a + \dfrac{b}{2}\right)$

④ $\theta_A = \dfrac{2EI}{Pl^2} - \dfrac{EI}{Mb}$, $y_A = \dfrac{3EI}{Pl^3} - \dfrac{EI}{Mb}\left(a + \dfrac{b}{2}\right)$

〈공식 1〉

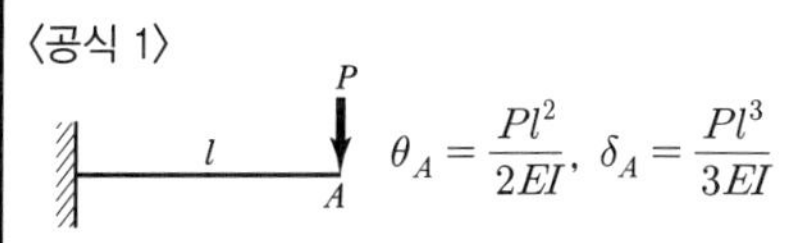

$\theta_A = \dfrac{Pl^2}{2EI}$, $\delta_A = \dfrac{Pl^3}{3EI}$

〈공식 2〉

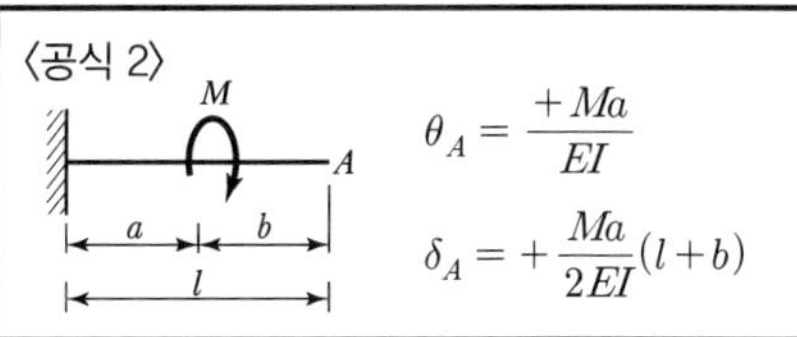

$\theta_A = \dfrac{+Ma}{EI}$

$\delta_A = +\dfrac{Ma}{2EI}(l+b)$

㉠ $\theta_A = \dfrac{-Pl^2}{2EI} + \dfrac{Mb}{EI}$

㉡ $\delta_A = \dfrac{Pl^3}{3EI} - \dfrac{Mb}{EI}\left(a + \dfrac{b}{2}\right)$

정답 39 ④ 40 ① 41 ③

42 그림과 같은 캔틸레버보에서 자유단 A의 처짐은?(단, EI는 일정하다.)

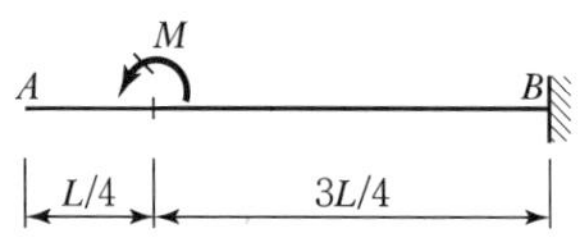

① $\dfrac{3ML}{EI}(\downarrow)$ ② $\dfrac{13ML^2}{32EI}(\downarrow)$

③ $\dfrac{7ML^2}{16EI}(\downarrow)$ ④ $\dfrac{15ML^2}{32EI}(\downarrow)$

해설

$\delta_A = \dfrac{Ma}{2EI}(a+2b) = \dfrac{15ML^2}{32EI}(\downarrow)$

여기서, $a = \dfrac{3}{4}L$

$b = \dfrac{1}{4}L$

43 그림과 같은 내민보에서 자유단 C점의 처짐이 0이 되기 위한 P/Q는 얼마인가?(단, EI는 일정하다.)

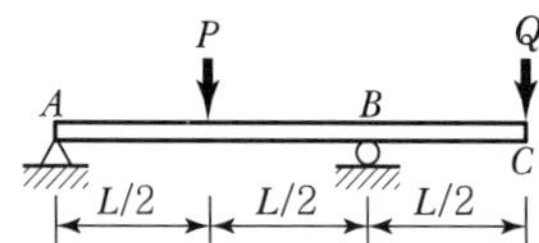

① 3 ② 4 ③ 5 ④ 6

해설

㉠

$\delta_{C_1} = \theta_B \times \dfrac{L}{2} = \dfrac{PL^2}{16EI} \times \dfrac{L}{2} = \dfrac{PL^3}{32EI}(\uparrow)$

㉡

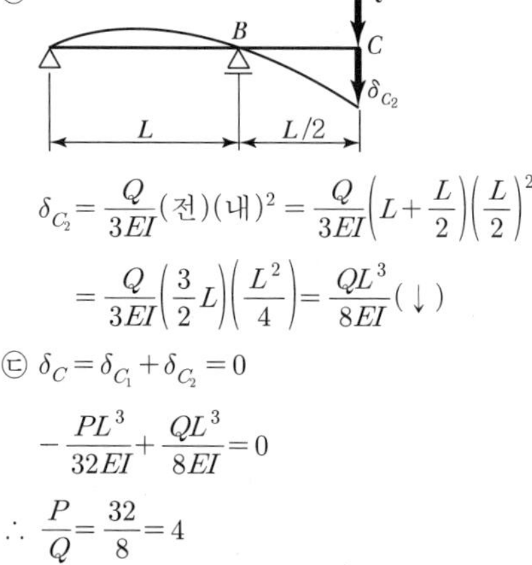

$\delta_{C_2} = \dfrac{Q}{3EI}(\text{전})(\text{내})^2 = \dfrac{Q}{3EI}\left(L+\dfrac{L}{2}\right)\left(\dfrac{L}{2}\right)^2$

$= \dfrac{Q}{3EI}\left(\dfrac{3}{2}L\right)\left(\dfrac{L^2}{4}\right) = \dfrac{QL^3}{8EI}(\downarrow)$

㉢ $\delta_C = \delta_{C_1} + \delta_{C_2} = 0$

$-\dfrac{PL^3}{32EI} + \dfrac{QL^3}{8EI} = 0$

$\therefore \dfrac{P}{Q} = \dfrac{32}{8} = 4$

44 그림과 같은 내민보에 대하여 지점 B에서의 처짐각을 구하면?(단, EI = 일정)

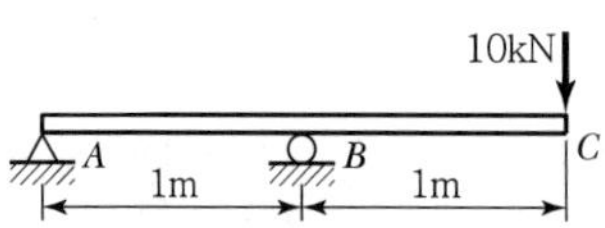

① $\dfrac{10}{3EI}$ ② $\dfrac{20}{3EI}$ ③ $\dfrac{9}{5EI}$ ④ $\dfrac{15}{6EI}$

해설

$M = 10 \times 1 = 10\text{kN}\cdot\text{m}$

$\theta_B = \dfrac{Ml}{3EI} = \dfrac{(10)(1)}{3EI} = \dfrac{10}{3EI}$

정답 42 ④ 43 ② 44 ①

45 그림과 같은 게르버보에서 하중 P만에 의한 C점의 처짐은?(단, 여기서 EI는 일정하고 $EI=2.7\times10^{11}\text{N}\cdot\text{cm}^2$이다.)

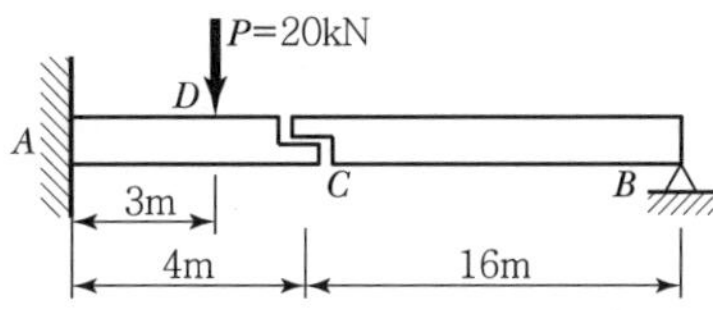

① 2.7cm ② 2.0cm ③ 1.0cm ④ 0.7cm

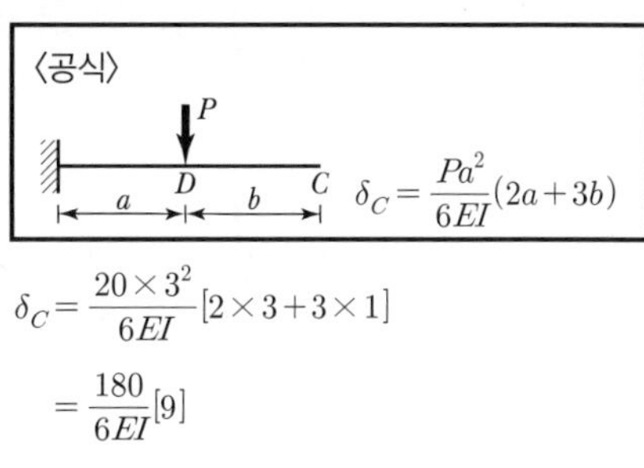

$$\delta_C=\frac{20\times3^2}{6EI}[2\times3+3\times1]$$

$$=\frac{180}{6EI}[9]$$

$$=\frac{270}{\text{EI}}=\frac{270(\text{kN}\cdot\text{m}^3)}{2.7\times10^{11}(\text{N}\cdot\text{cm}^2)}$$

$$=\frac{270\times10^3\times(100)^3\text{N}\cdot\text{cm}^3}{2.7\times10^{11}\text{N}\cdot\text{cm}^2}=1\text{cm}$$

46 다음과 같은 게르버(Gerber)보에 등분포하중이 작용할 경우 B점에서의 수직 처짐은?(단, EI는 일정하다.)

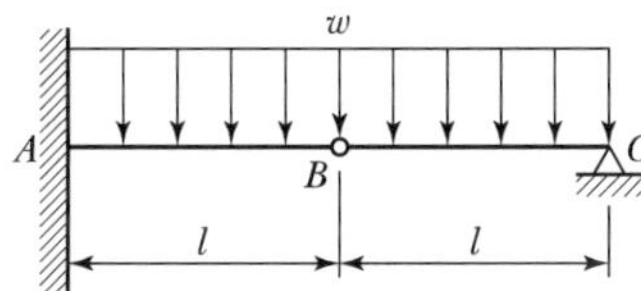

① $\frac{25wl^4}{96EI}$ ② $\frac{3wl^4}{32EI}$

③ $\frac{wl^4}{6EI}$ ④ $\frac{7wl^4}{24EI}$

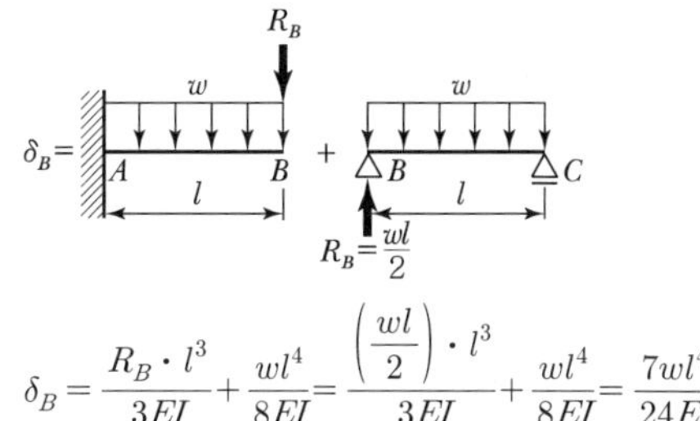

$$\delta_B=\frac{R_B\cdot l^3}{3EI}+\frac{wl^4}{8EI}=\frac{\left(\frac{wl}{2}\right)\cdot l^3}{3EI}+\frac{wl^4}{8EI}=\frac{7wl^4}{24EI}$$

47 그림과 같은 내민보에서 A점의 처짐은?(단, $I=16{,}000\text{cm}^4$, $E=2.0\times10^6\text{N/cm}^2$이다.)

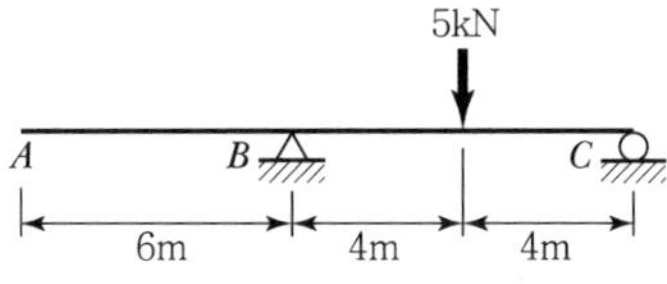

① 2.25cm ② 2.75cm

③ 3.25cm ④ 3.75cm

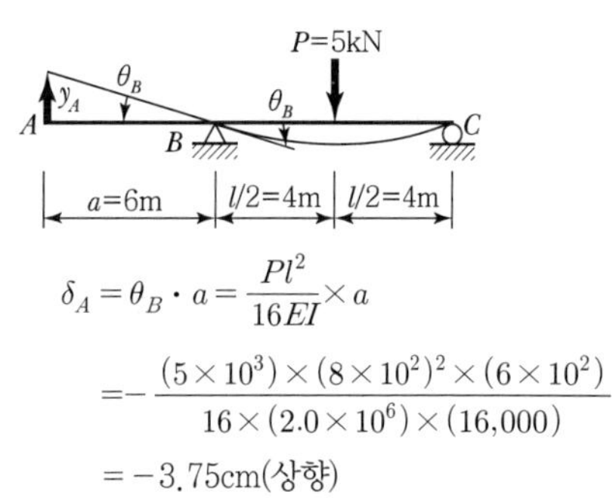

$$\delta_A=\theta_B\cdot a=\frac{Pl^2}{16EI}\times a$$

$$=-\frac{(5\times10^3)\times(8\times10^2)^2\times(6\times10^2)}{16\times(2.0\times10^6)\times(16{,}000)}$$

$$=-3.75\text{cm}(\text{상향})$$

정답 45 ③ 46 ④ 47 ④

보의 종류		하중 작용 상태	처짐각(θ)	최대 처짐($y_{\max}$)
부정정보	20		$\theta_B = -\dfrac{wl^3}{48EI}$	$y_{\max} = \dfrac{wl^4}{185EI}$
	21			$y_C = \boxed{\dfrac{Pl^3}{192EI}}$
	22			$y_C = \boxed{\dfrac{wl^4}{384EI}}$

>>> 기본예제

01 다음과 같은 부정정보에서 A의 처짐각 θ_A는?(단, 보의 휨강성은 EI이다.)

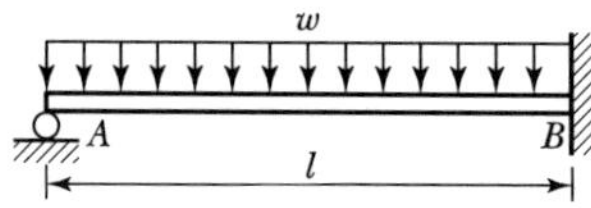

① $\dfrac{1}{12}\dfrac{wl^3}{EI}$　　② $\dfrac{1}{24}\dfrac{wl^3}{EI}$　　③ $\dfrac{1}{36}\dfrac{wl^3}{EI}$　　④ $\dfrac{1}{48}\dfrac{wl^3}{EI}$

해설

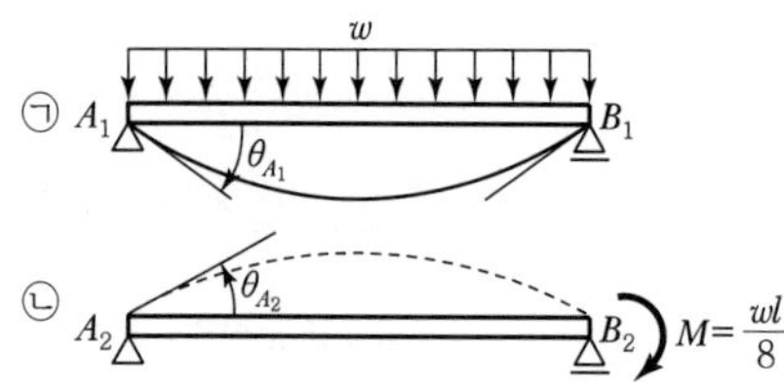

$$\therefore\ \theta_A = \theta_{A_1} - \theta_{A_2} = \frac{wl^3}{24EI} - \frac{Ml}{6EI} = \frac{wl^3}{24EI} - \frac{\left(\frac{wl^2}{8}\right)\cdot l}{6EI} = \frac{wl^3}{24EI} - \frac{wl^3}{48EI} = \frac{wl^3}{48EI}$$

정답 01 ④

48 다음 그림과 같은 균일 단면의 들보 AB의 A단에 M_{AB}인 우력을 가했을 때 A단의 회전각 θ_A는?

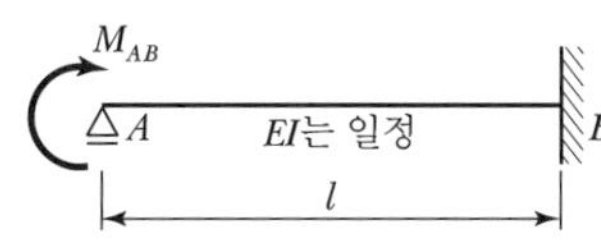

① $\theta_A = \dfrac{M_{AB} \cdot l}{4EI}$　② $\theta_A = \dfrac{M_{AB} \cdot l}{3EI}$

③ $\theta_A = \dfrac{M_{AB} \cdot l}{EI}$　④ $\theta_A = \dfrac{3M_{AB} \cdot l}{EI}$

$M_B = \dfrac{M_{AB}}{2}$ (모멘트 분배법에 의해 고정단으로 1/2 전달) 따라서,

$$\theta_A = \frac{(2M_A + M_B) \cdot l}{6EI} = \frac{2M_{AB} + \left(-\frac{M_{AB}}{2}\right) \cdot l}{6EI} = \frac{\frac{3M_{AB}}{2} \cdot l}{6EI} = \frac{M_{AB} \cdot l}{4EI}$$

〈보충〉

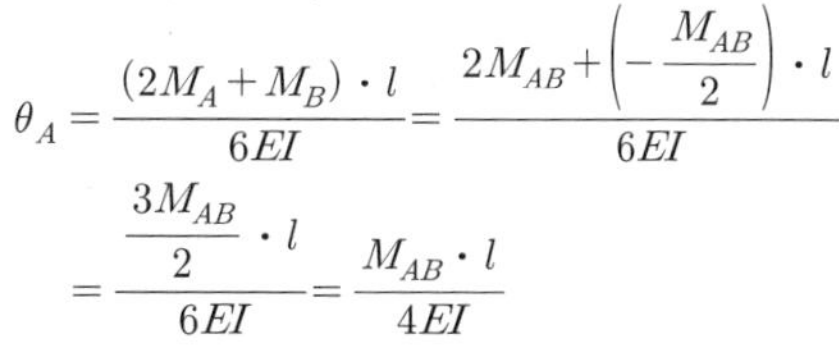

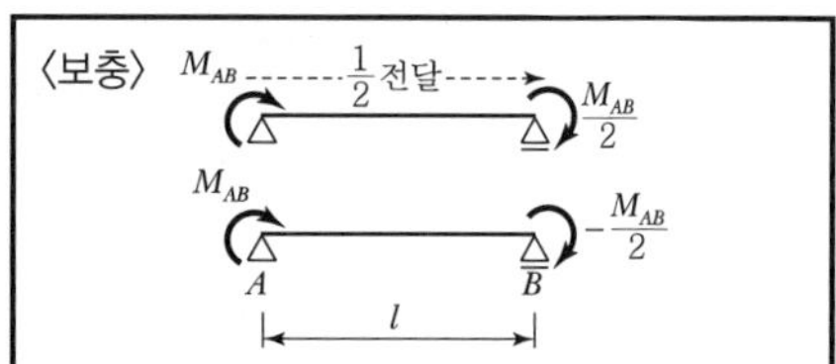

49 다음 그림에서 중앙점의 최대 처짐 δ는?

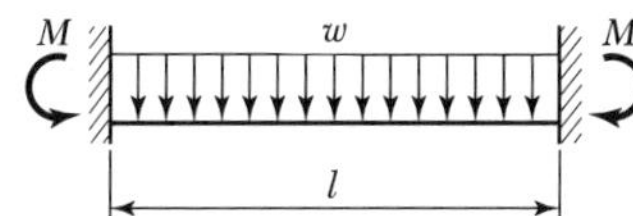

① $\dfrac{wl^4}{2EI}$　② $\dfrac{5wl^4}{384EI}$

③ $\dfrac{wl^4}{384EI}$　④ $\dfrac{41wl^4}{384EI}$

$\frac{wl^2}{12}$, w, δ, l = w, δ_1, l + $\frac{wl^2}{12}$, δ_2, l

$$\delta = \delta_1 - \delta_2 = \frac{5wl^4}{384EI} - \frac{wl^4}{96EI} = \frac{wl^4}{384EI}$$

50 그림과 같이 양단 고정보의 중앙점 C에 집중하중 P가 작용할 경우 C점의 처짐 δ_C는?(단, 보의 EI는 일정하다.)

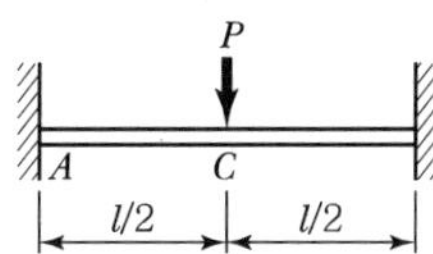

① $\delta_C = 0.00521\dfrac{Pl^3}{EI}$　② $\delta_C = 0.00511\dfrac{Pl^3}{EI}$

③ $\delta_C = 0.00501\dfrac{Pl^3}{EI}$　④ $\delta_C = 0.00491\dfrac{Pl^3}{EI}$

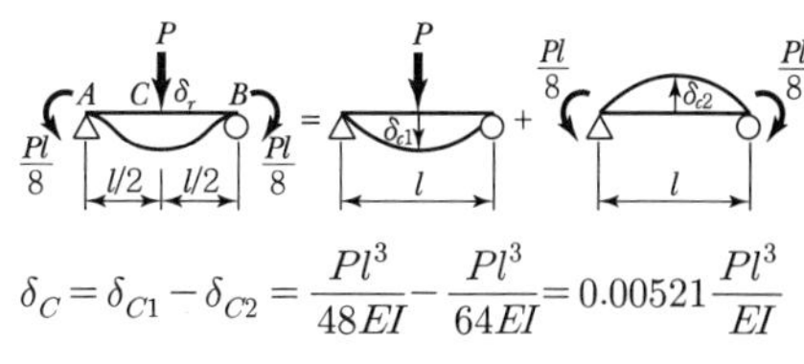

$$\delta_C = \delta_{C1} - \delta_{C2} = \frac{Pl^3}{48EI} - \frac{Pl^3}{64EI} = 0.00521\frac{Pl^3}{EI}$$

정답 48 ① 49 ③ 50 ①

탄성변형에너지

01 일(Work)

1. 정의

물체에 힘이 작용하여 물체를 움직일 때, 힘은 물체에 일을 하였다고 하며, **힘과 변위의 곱을 일량**이라 한다.

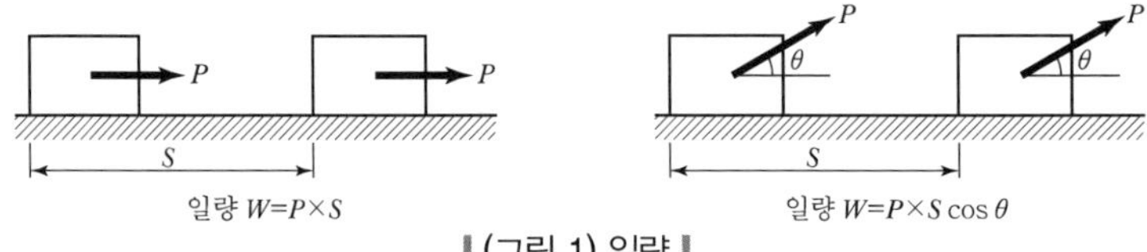

∥(그림 1) 일량∥

2. 외력일(External Work)

(1) 비변동 외력일(일정한 방향의 일정한 힘에 의한 일)

외력 P를 가하여 물체를 A에서 B'로 움직일 때 외력일은 힘 P와 그 방향 변위 δ의 곱으로 나타낸다.

$\overline{W} = P \cdot \delta = P \cdot \overline{AB'}\cos\theta$

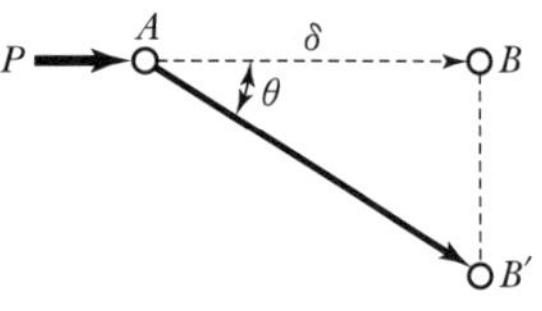

∥(그림 2) 비변동 외력일∥

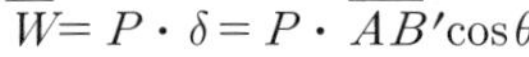

(2) 변동 외력일(하중의 크기가 0으로부터 일정하게 서서히 증가할 때의 일)

기둥에 외력 P가 작용하여 A가 A'로 변위했을 때 외력의 크기를 P'라 하면 후크(Hooke)의 법칙에 따라

① $P' : x = P : \delta \qquad \therefore P' = \dfrac{P \cdot x}{\delta}$

② $W = \displaystyle\int_0^{\delta} P' \cdot dx = \int_0^{\delta} \frac{P \cdot x}{\delta} dx$

$$= \frac{P}{\delta}\left[\frac{x^2}{2}\right]_0^{\delta} = \boxed{\frac{P\delta}{2}}$$

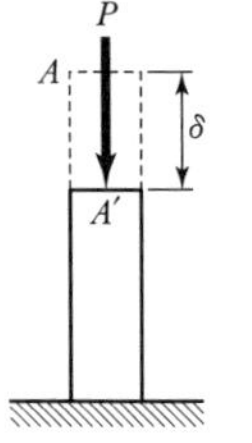

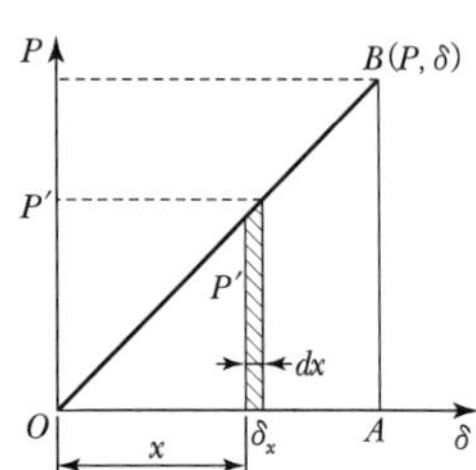

∥(그림 3) 외력 P와 변위 δ의 관계∥

주 탄성력에 외력 P가 작용하여 δ만큼 움직일 때 외력이 한 일은 **외력과 변위 곱의 1/2**이 된다. 그러므로 **ΔOBA의 면적**과 같다.

⋙ 기본예제

01 다음 그림과 같은 캔틸레버보에서 휨모멘트에 의한 탄성변형에너지는?(단, EI는 일정)

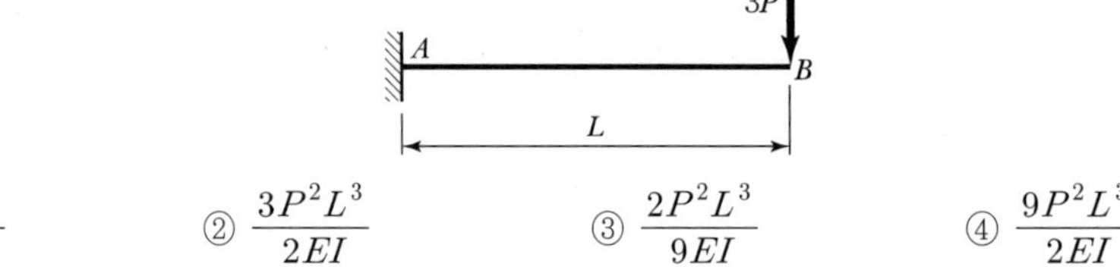

① $\dfrac{2P^2L^3}{3EI}$　② $\dfrac{3P^2L^3}{2EI}$　③ $\dfrac{2P^2L^3}{9EI}$　④ $\dfrac{9P^2L^3}{2EI}$

해설

$u = \dfrac{P}{2}\delta_B = \dfrac{3P}{2}\left[\dfrac{3PL^3}{3EI}\right] = \dfrac{3P^2L^3}{2EI}$

정답 01 ②

01

어떤 강봉의 하중과 변위의 관계가 다음 그림과 같다. 이 강봉을 0.05cm 신장(伸張)시키는 데 필요한 일의 양은 얼마인가?

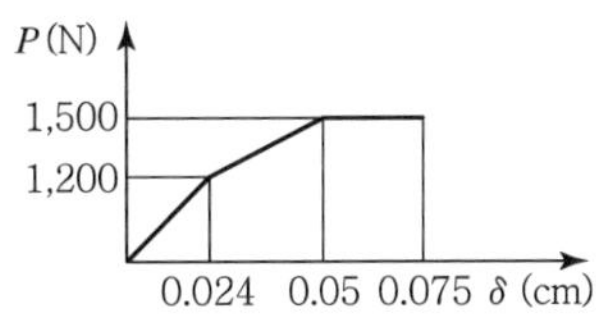

① 35.5N · cm ② 49.5N · cm
③ 54.5N · cm ④ 75.0N · cm

02

P_1, P_2가 0으로부터 작용하였다. B점의 처짐이 P_1으로 인하여 δ_1, P_2로 인하여 δ_2가 생겼다면 P_1이 하는 일은?

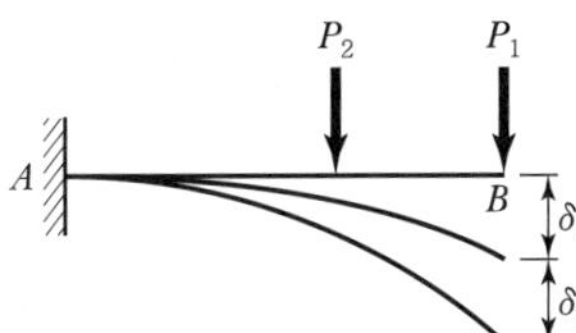

① $\frac{1}{2}P_1\delta_1 + \frac{1}{2}P_2\delta_2$ ② $\frac{1}{2}P_1\delta_1 + \frac{1}{2}P_1\delta_2$
③ $\frac{1}{2}P_1\delta_1 + P_2\delta_2$ ④ $\frac{1}{2}P_1\delta_1 + P_1\delta_2$

03

다음 그림에서 처음에 P_1이 작용했을 때 자유단의 처짐 δ_1이 생기고, 다음에 P_2를 가했을 때 자유단의 처짐은 δ_2만큼 증가되었다고 한다. 이때 외력 P_2가 행한 일은?

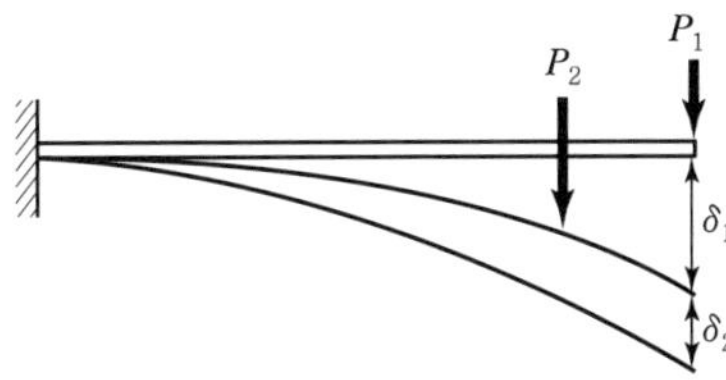

① $\frac{1}{2}P_2\delta_2$ ② $\frac{1}{2}P_1\delta_1 + P_2\delta_2$
③ $\frac{1}{2}(P_1\delta_1 + P_1\delta_2)$ ④ $\frac{1}{2}(P_1\delta_1 + P_2\delta_2)$

해설

01

$$W = \underbrace{\frac{1}{2}\times 1{,}200\times 0.024}_{A_1} + \underbrace{1{,}200\times(0.05-0.024)}_{A_2} + \underbrace{\frac{1}{2}(1{,}500-1{,}200)\times(0.05-0.024)}_{A_3}$$

$= 49.5\text{N}\cdot\text{cm}$

02

㉠ P_1이 한 일 $= \frac{P_1\cdot\delta_1}{2} + P_1\cdot\delta_2$

㉡ P_2가 한 일 $= \frac{P_2\cdot\delta_2}{2}$

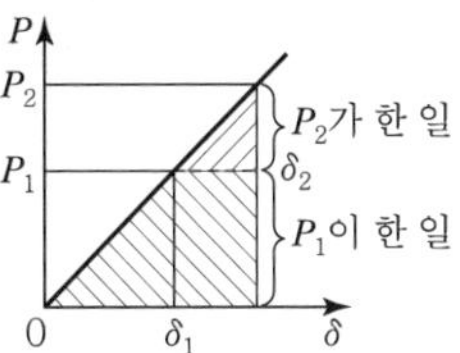

03

탄성인 구간에서 하중과 변형 관계를 보면 다음과 같다. 따라서

㉠ P_1이 한 일$= \frac{P_1\cdot\delta_1}{2} + P_1\cdot\delta_2$

㉡ P_2가 한 일$= \frac{P_2\cdot\delta_2}{2}$

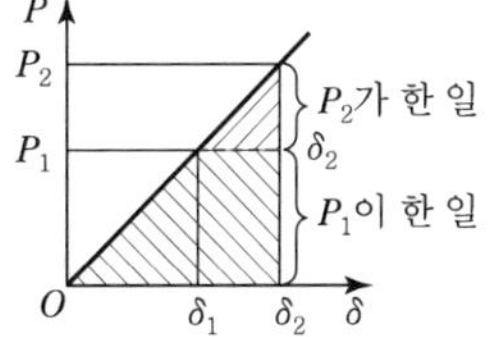

정답 01 ② 02 ④ 03 ①

(3) 모멘트(회전)에 의한 일

보에 모멘트(M) 외력이 작용하여 θ각만큼 회전했을 때 순간 모멘트(M')에 의한 회전각을 θ_x라 하면 M'는 후크(Hooke)의 법칙에 따라

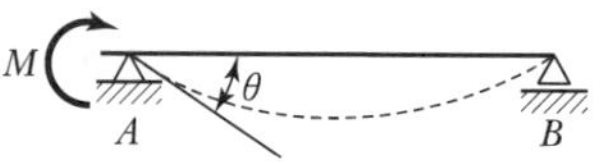

‖ (그림 4) 모멘트에 의한 일 ‖

① $M' : \theta_x = M : \theta \qquad \therefore\ M' = \dfrac{M}{\theta} \cdot \theta_x$

② $W = \displaystyle\int_0^{\theta} M' \cdot d\theta = \int_0^{\theta} \frac{M}{\theta} \cdot \theta_x \cdot d\theta$

$$= \frac{M}{\theta}\left[\frac{\theta_x^2}{2}\right]_0^{\theta} = \boxed{\frac{M \cdot \theta}{2}}$$

(4) 외력일의 합

일반적으로 탄성구조물의 외력일만으로 표시한다.

$$\boxed{W = \frac{1}{2}P \cdot \delta + \frac{1}{2}M \cdot \theta}$$

▼ **(표 1) 외력이 한 일**

하중작용상태	외력일	하중작용상태	외력일
P, δ	$W = \dfrac{1}{2}P \cdot \delta$	P, δ	$W = \dfrac{1}{2}P \cdot \delta$
P, δ	$W = \dfrac{1}{2}P \cdot \delta$	M, θ	$W = \dfrac{1}{2}M \cdot \theta$
P_2, P_1, δ_1, δ_2, δ_3	$W_{P1} = \dfrac{1}{2}P_1 \cdot \delta_1 + P_1 \cdot \delta_2$ $W_{P2} = \dfrac{1}{2}P_2 \cdot \delta_3$	θ, M	$W = \dfrac{1}{2}M \cdot \theta$

04 탄성에너지에 대한 다음 설명으로 옳은 것은?

① 응력에 반비례하고, 탄성계수에 비례한다.
② 응력의 자승에 반비례하고, 탄성계수에 비례한다.
③ 응력의 비례하고, 탄성계수 자승에 비례한다.
④ 응력의 자승에 비례하고, 탄성계수에 반비례한다.

해설: $U=\frac{1}{2}P\delta=\frac{1}{2}P\times\frac{Pl}{EA}=\frac{P^2l}{2EA}=\frac{\sigma^2Al}{2E}$

∴ 응력의 제곱에 비례하고 탄성계수에 반비례한다.

05 변형에너지(Strain Energy)에 속하지 않는 것은?

① 외력의 일(External Work)
② 축방향 내력의 일
③ 휨모멘트에 의한 내력의 일
④ 전단력에 의한 내력의 일

해설: 변형에너지는 내력에너지이다.

06 축방향력 N, 단면적 A, 탄성계수 E일 때 축방향 변형에너지를 나타내는 식은?

① $\int_0^l \frac{N^2}{2EA}dx$　　② $\int_0^l \frac{N}{2EA}dx$

③ $\int_0^l \frac{N^2}{EA}dx$　　④ $\int_0^l \frac{N}{EA}dx$

해설: $W=\int_0^l \frac{N^2}{2EA}dx$

07 탄성변형에너지(Strain Energy)에 관한 설명 중 옳지 않은 것은?

① 물체에 가해지는 모든 하중은 '영(0)'에서 점차로 증가하는 하중이다.
② 어떤 봉(俸)에 P의 인장력이 가해져 힘의 작용방향으로 δ만큼 변형이 발생하였다면 P에 의해 행하여진 외적 일은 $P\cdot\delta$이다.
③ 인장력이 받고 있는 어떤 봉 내에 저장되는 변형에너지는 그 봉의 강성도(剛性度 : Stiffness)가 크면 클수록 적다.
④ 응력 σ를 받은 어떤 봉이 ε의 변형률을 일으켰을 때 물체의 단위 체적당에 저장되는 변형에너지는 $\frac{\sigma^2}{2E}=\frac{E\cdot\varepsilon^2}{2}$이다.

해설: 인장력 P에 의해 행하여진 외적인 일

$W_e=\frac{1}{2}P\delta$

정답 04 ④ 05 ① 06 ② 07 ②

3. 내력일(Internal Work)

(1) 정의

부재에 외력이 작용하면 그 부재는 변형하면서 내부에 응력이 생긴다. 이 응력이 하는 일을 **내력일**이라 한다.

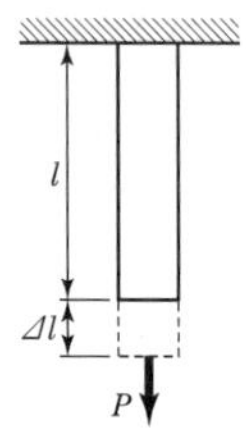

(a) 봉에 작용하는 수직응력

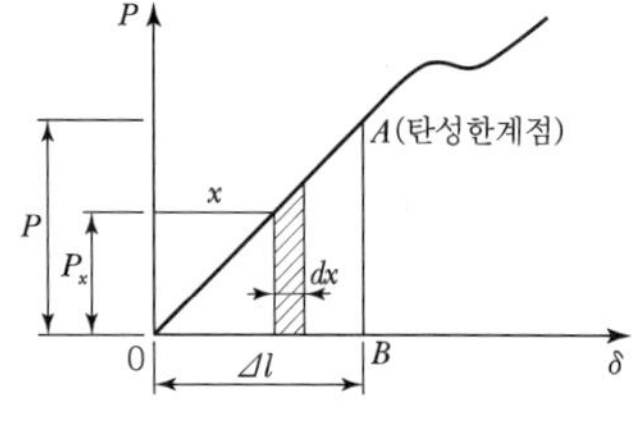

(b) 탄성에너지

‖(그림 5) 수직응력에 의한 탄성에너지‖

(2) 수직응력에 의한 내력일

미소변형 이론에 따른 변형 에너지 dU는

$dU = P_x \cdot dx,\ Px = P\dfrac{x}{\Delta l}$

전체탄성에너지 U는

$$U = \int_0^{\Delta l} Px \cdot dx = \int_0^{\Delta l} P\frac{x}{\Delta l}dx$$

$$= \frac{P}{\Delta l}\left[\frac{x^2}{2}\right]_0^{\Delta l} = \frac{P}{\Delta l}\left[\frac{\Delta l^2}{2}\right] = \frac{P\Delta l}{2} = \Delta OAB$$

$\sigma = \dfrac{P}{A} = E \cdot \varepsilon = E\dfrac{\Delta l}{l},\ \Delta l = \dfrac{\sigma \cdot l}{E}$ 또는 $\Delta l = \dfrac{P \cdot l}{A \cdot E}$이므로

따라서 수직응력에 의한 내력일

$$U_P = \frac{P\Delta l}{2} = \frac{P}{2} \cdot \frac{Pl}{AE} = \frac{P^2 l}{2AE} = \frac{\sigma^2 \cdot A^2 \cdot l}{2A \cdot E} = \frac{\sigma^2}{2E} \cdot A \cdot l$$

여기서, $\dfrac{\sigma^2}{2E}$: 탄성에너지계수[레질리언스(Resilience) 계수]

주 체적$(V) = A \cdot l$이므로 **단위체적당의 탄성에너지는 탄성에너지계수**와 같다.

(3) 전단응력에 의한 내력일

① 전단력이 변화할 때 $U_S = \displaystyle\int_0^l K\frac{S^2}{2G \cdot A}dx$ (일반식)

② 순수전단력이 작용할 때 $U_S = K\dfrac{S^2 l}{2G \cdot A}$

>>> 기본예제

01 수직응력에 의하여 단위 체적에 저장되는 변형에너지를 옳게 표시한 것은?(단, σ : 수직응력도, ε : 세로변형률, E : 탄성계수)

① $\dfrac{E\varepsilon}{2}$ ② $\dfrac{\sigma\varepsilon}{2}$ ③ $\dfrac{E\varepsilon}{2E}$ ④ $\dfrac{\sigma\varepsilon}{2E}$

해설

㉠ $U = \dfrac{P^2 l}{2EA} = \dfrac{\sigma^2 Al}{2E}$ (여기서, 단위 체적 $V = Al$)

㉡ $U = \dfrac{\sigma^2}{2E} = \dfrac{\sigma\varepsilon}{2}$

정답 01 ②

(4) 휨응력에 의한 내력일

① 휨모멘트가 변화할 때 $U_M = \int_0^l \frac{M^2}{2EI}dx$ (일반식)

② 순수휨모멘트가 작용할 때 $U_M = \frac{M^2 \cdot l}{2E \cdot I}$

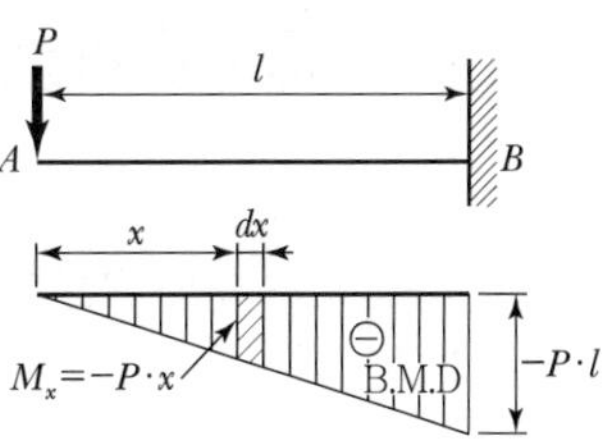

‖ (그림 6) 휨모멘트가 변화할 때 ‖

(5) 자중에 의한 내력일

$$U_w = \frac{A \cdot \gamma^2 \cdot l^3}{6E} = \frac{P^3}{6E \cdot A^2 \cdot \gamma}$$

여기서, γ : 재료의 단위무게($P = A \cdot l \cdot \gamma$)

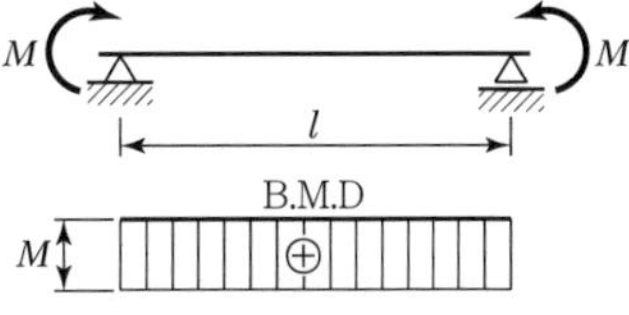

‖ (그림 7) 순수휨모멘트가 작용할 때 ‖

4. 탄성변형의 정리

에너지 불변의 법칙에 따라 **외력일과 내력일의 합은 같아야** 한다.

$$\frac{1}{2}(P \cdot \delta + M \cdot \theta) = \frac{P\Delta l}{2} + \int_0^l K\frac{S^2}{2GA}dx + \int_0^l \frac{M^2}{2EI}dx$$

여기서, ***EI*** : **휨강성**(굴곡강성 : Flexural rigidity, Bending rigidity)

GA : **전단강성**(Shearing rigidity)

주 강성(Rigidity) : 변형에 저항하는 성질(정도)

>>> 기본예제

01 다음 구조물의 변형에너지의 크기는?(단, E, I, A는 일정하다.)

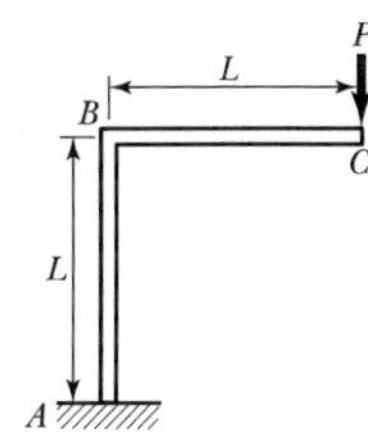

① $\frac{2P^2L^3}{3EI} + \frac{P^2L}{2EA}$ ② $\frac{P^2L^3}{3EI} + \frac{P^2L}{EA}$

③ $\frac{P^2L^3}{3EI} + \frac{P^2L}{2EA}$ ④ $\frac{2P^2L^3}{3EI} + \frac{P^2L}{EA}$

해설

㉠ 휨모멘트에 의한 변형에너지

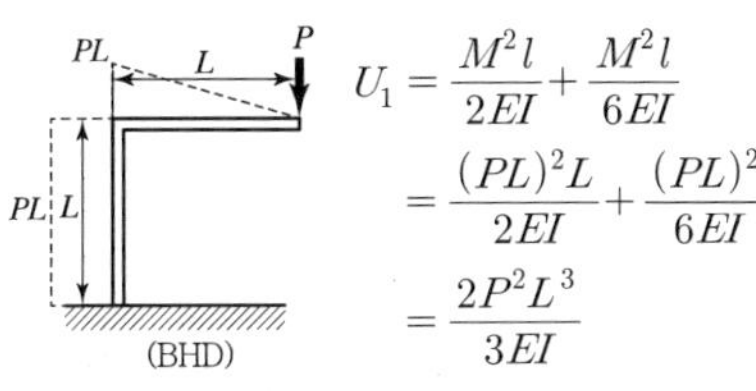

$$U_1 = \frac{M^2 l}{2EI} + \frac{M^2 l}{6EI} = \frac{(PL)^2 L}{2EI} + \frac{(PL)^2}{6EI} = \frac{2P^2L^3}{3EI}$$

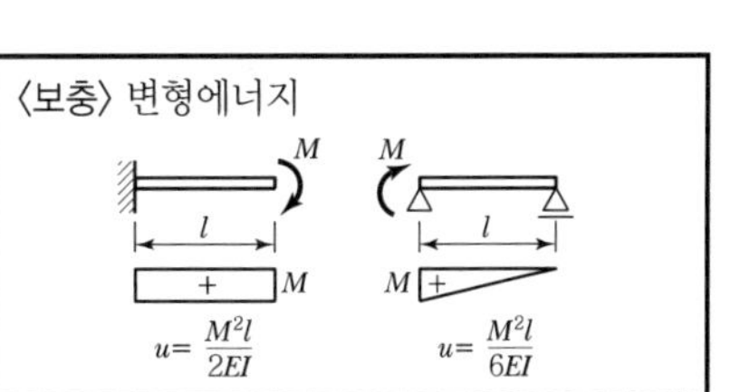

㉡ 축방향력에 의한 변형에너지

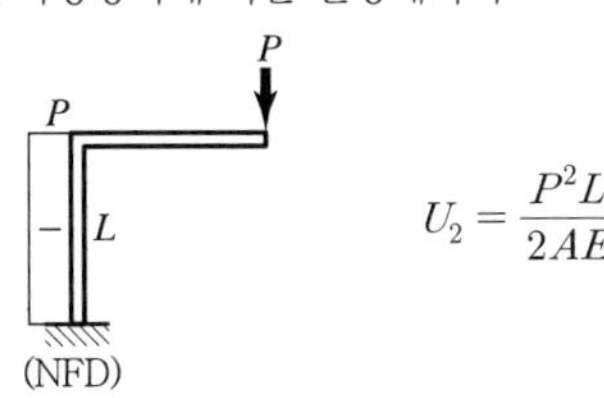

$$U_2 = \frac{P^2 L}{2AE}$$

$$\therefore\ U = U_1 + U_2 = \frac{2P^2L^3}{3EI} + \frac{P^2L}{2EA}$$

정답 01 ①

핵심문제 / 해설

08 휨모멘트를 받는 보의 탄성에너지(Strain Energy)를 나타내는 식은?

① $U=\int_0^l \frac{M^2}{2EI}dx$　　② $U=\int_0^l \frac{2EI}{M^2}dx$

③ $U=\int_0^l \frac{E}{2M^2}dx$　　④ $U=\int_0^l \frac{M^2}{EI}dx$

해설 휨모멘트에 의한 내력의 일

$$W=\int \frac{M^2}{2EI}dx$$

09 그림과 같이 자유단에 휨모멘트 M이 작용할 때 캔틸레버보에 저장되는 탄성변형에너지는?

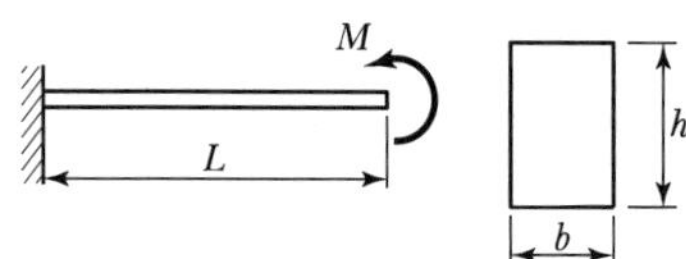

① $\frac{M^2L}{2EI}$　② $\frac{ML^2}{EI}$　③ $\frac{M^2L}{3EI}$　④ $\frac{M^2L}{EI}$

해설 $U=\int_0^l \frac{M_x^2}{2EI}dx$에서

$M_x=M$이므로

$\therefore\ U=\frac{M^2L}{2EI}$

10 그림과 같은 단순보에서 저장되는 변형에너지는?

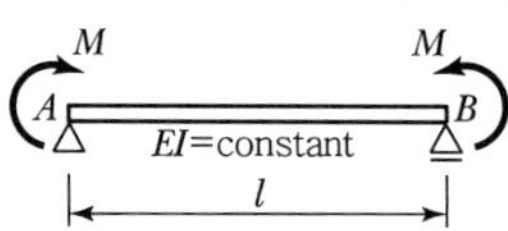

① $\frac{M^2l}{2EI}$　② $\frac{M^2l}{4EI}$　③ $\frac{M^2l}{6EI}$　④ $\frac{M^2l}{8EI}$

해설 $M_x=M$이므로

$$W=\int_0^1 \frac{{M_x}^2}{2EI}dx=\frac{M^2l}{2EI}$$

11 다음 그림과 같은 보에서 휨모멘트에 의한 탄성변형에너지를 구한 값은?

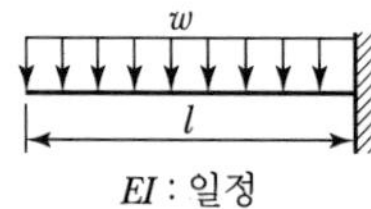

① $\frac{w^2l^5}{8EI}$　② $\frac{w^2l^5}{24EI}$　③ $\frac{w^2l^5}{40EI}$　④ $\frac{w^2l^5}{48EI}$

해설

w, A, x, l

$$U=\int_0^l \frac{M_x^2}{2EI}dx$$

$$=\frac{1}{2EI}\int_0^l\left(-\frac{wx^2}{2}\right)^2dx=\frac{w^2}{8EI}\left[\frac{1}{5}x^5\right]_0^l$$

$$=\frac{w^2l^5}{40EI}$$

정답 08 ① 09 ① 10 ① 11 ③

▼ (표 2) 보의 탄성에너지

작용하중	하중 작용상태	단면력	탄성에너지(U)	
축하중		축방향력 $P_x = P$	$U=\int_0^l \frac{P^2}{2E\cdot A}dx=\int_0^l \frac{P_x\cdot l}{E\cdot A}dPx=\boxed{\frac{P^2\cdot l}{2E\cdot A}}$	
모멘트하중			휨모멘트에 의한 탄성에너지	전단력에 의한 탄성에너지
		휨모멘트 $M_x = M$ 전단력 $S_x = 0$	$U=\int_0^l \frac{M^2}{2E\cdot I}dx = \boxed{\frac{M^2\cdot l}{2E\cdot I}}$	$U=\int_0^l K\frac{S^2}{2GA}dx=0$
집중하중·등분포하중		$M_x = -P\cdot x$ $S_x = P$	$U=\boxed{\frac{P^2\cdot l^3}{6E\cdot I}}$	$U=\boxed{\frac{K\cdot P^2\cdot l}{2G\cdot A}}$
		$M_x = -\frac{w\cdot x^2}{2}$ $S_x = w\cdot x$	$U=\boxed{\frac{w^2\cdot l^5}{40E\cdot I}}$	$U=\boxed{\frac{K\cdot w^2\cdot l^3}{6G\cdot A}}$
		$M_x = R_A\cdot x = \frac{P\cdot x}{2}$ $S_x = R_A = \frac{P}{2}$	$U=\boxed{\frac{P^2\cdot l^3}{96E\cdot I}}$	$U=\boxed{\frac{K\cdot P^2\cdot l}{8G\cdot A}}$
		$M_x = \frac{w\cdot l}{2}x - \frac{w\cdot x^2}{2}$ $S_x = \frac{w\cdot l}{2} - w\cdot x$	$U=\boxed{\frac{w^2\cdot l^5}{240E\cdot I}}$	$U=\boxed{\frac{K\cdot w^2\cdot l^3}{24G\cdot A}}$
		$M_x = \frac{P}{2}x - \frac{P\cdot l}{8}$ $S_x = \frac{P}{2}$	$U=\boxed{\frac{P^2\cdot l^3}{384E\cdot I}}$	$U=\frac{K\cdot P^2\cdot l}{8G\cdot A}$
		$M_x = \frac{w\cdot l}{2}x - \frac{w\cdot l^2}{12}$ $S_x = \frac{w\cdot l}{2} - w\cdot x$	$U=\boxed{\frac{w^2\cdot l^5}{1440E\cdot I}}$	$U=\frac{k\cdot w^2\cdot l^3}{24G\cdot A}$

>>> 기본예제

01 그림과 같은 2개의 캔틸레버보에 저장되는 변형에너지를 각각 $U_{(1)}$, $U_{(2)}$라고 할 때 $U_{(1)} : U_{(2)}$의 비는?

① 2 : 1　　② 4 : 1　　③ 8 : 1　　④ 16 : 1

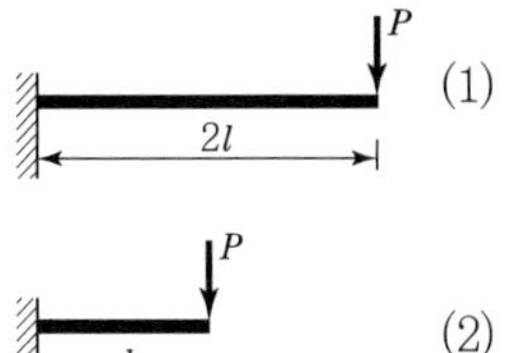

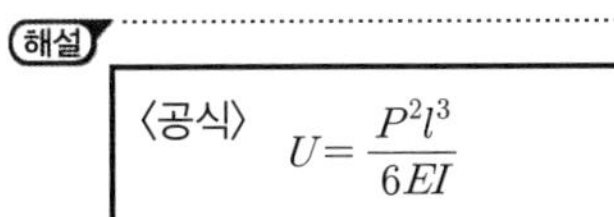
〈공식〉 $U=\frac{P^2l^3}{6EI}$

길이의 세제곱(l^3)에 비례한다.

$U_{(1)} : U_{(2)} = (2l)^3 : l^3 = 8 : 1$

정답 01 ③

02 상반작용의 원리

1. 베티(Betti)의 정리(상반 가상일의 원리)

온도 변화와 지점침하가 없는 탄성구조물의 그림 (a)에 하중 P_1 및 P_2가 작용할 때 P_1에 의해 P_2 방향인 D점에 생기는 처짐을 y_1, P_2에 의해 P_1방향으로 C점에 생긴 처짐을 y_2라 하면 다음과 같은 조건이 성립한다.

$\therefore\ P_1 \cdot y_2 = P_2 \cdot y_1$ (하중과 처짐의 관계)

(1) 그림 (b)에서 하중에 의한 처짐과 모멘트에 의한 처짐각에 대해서도 성립된다.

$P_1 \cdot y_3 = M_1 \cdot \theta_1$

(2) 그림 (c)에서 모멘트와 모멘트의 처짐각에 대해서도 성립된다.

$M_2 \cdot \theta_3 = M_1 \cdot \theta_2$

여기서, y_1 : C점에 하중(P_1)이 작용할 때 D점의 처짐
y_2 : D점에 하중(P_2)이 작용할 때 C점의 처짐
y_3 : D점에 하중(M_1)이 작용할 때 C점의 처짐
θ_1 : C점에 하중(P_1)이 작용할 때 D점의 처짐각
θ_2 : C점에 하중(M_2)이 작용할 때 D점의 처짐각
θ_3 : D점에 하중(M_1)이 작용할 때 C점의 처짐각

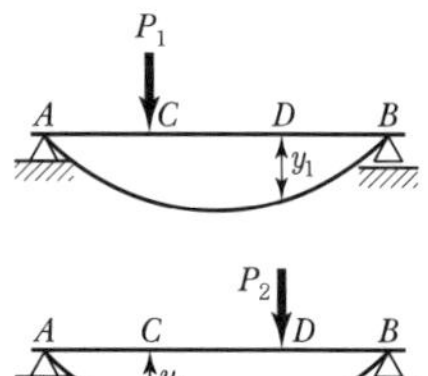

(a) 집중하중의 상반작용

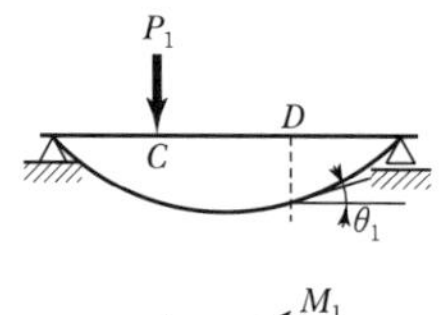

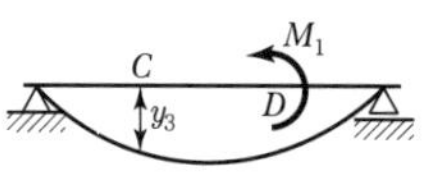

(b) 집중하중과 모멘트하중의 상반작용

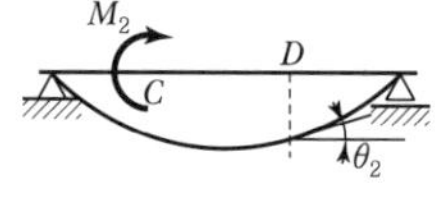

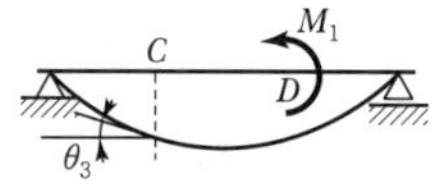

(c) 모멘트하중의 상반작용

❙ (그림 8) 처짐과 처짐각의 상반작용 ❙

2. 맥스웰(Maxwell)의 정리(상반처짐의 정리)

위 Betti의 정리에서 $P_1 = P_2 = M_1 = M_2 = 1$일 때 처짐과 처짐각을 표시한다.

$y_1 = y_2$ $y_3 = \theta_1$ $\theta_2 = \theta_3$

>>> 기본예제

01 그림과 같은 단순보의 B지점에 $M = 2\text{kN} \cdot \text{m}$를 작용시켰더니 A 및 B 지점에서의 처짐각이 각각 0.08rad과 0.12rad이었다. 만일 A지점에서 $3\text{kN} \cdot \text{m}$의 단모멘트를 작용시킨다면 B지점에서의 처짐각은?

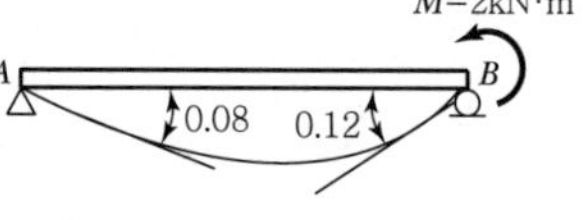

① 0.08radian ② 0.10radian ③ 0.12radian ④ 0.15radian

해설

베티의 정리

$M_1 \times \theta_{B2} = M_2 \times \theta_{A1}$

$\therefore\ 2 \times \theta_{B2} = 3 \times 0.08$

$\therefore\ \theta_{B2} = 0.12\text{rad}$

정답 01 ③

12 다음 정리들 가운데 어느 하나는 다른 셋에 속하지 않는다. 그 하나는?

① 맥스웰(Maxwell)의 정리 ② 베티(Betti)의 정리
③ 모멘트-면적정리 ④ 상반정리(相反定理)

해설: 베티의 정리, 맥스웰의 정리(상반정리)는 에너지 이론에 의한 탄성 변형의 정리에 해당되고, 모멘트 면적정리는 휨모멘트 면적을 탄성하중으로 생각하여 처짐이나 처짐각을 구하는 방법이다.

13 그림의 보에서 상반작용(相反作用)의 원리가 옳은 것은?

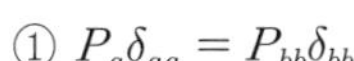

① $P_a\delta_{aa} = P_{bb}\delta_{bb}$
② $P_a\delta_{ab} = P_b\delta_{ba}$
③ $P_a\delta_{ba} = P_b\delta_{ab}$
④ $P_a\delta_{bb} = P_b\delta_{aa}$

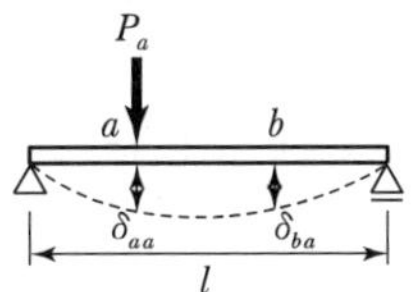

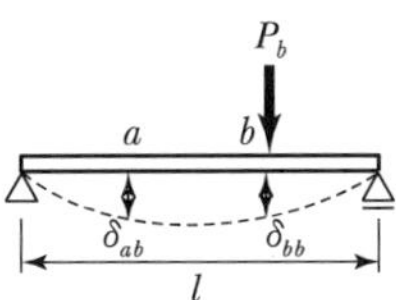

해설: 베티와 맥스웰의 상반정리
$P_a\delta_{ab} = P_b\delta_{ba}$

14 Betti-Maxwell의 법칙에 의할 때 다음 그림에서 성립되는 관계식은?(단, δ_{11} : 하중 P가 점 1에 작용했을 때 이 점에서 하중 방향으로 생기는 처짐, δ_{12} : 점 2에 작용하는 하중 P에 의하여 생기는 점 1에서의 처짐, δ_{21} : 하중 P가 점 1에 작용했을 때 점 2에 생기는 처짐, δ_{22} : 점 2에 작용하는 하중 P에 의하여 생기는 점 2에서의 처짐)

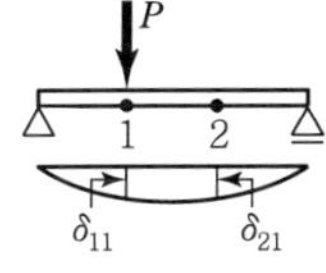

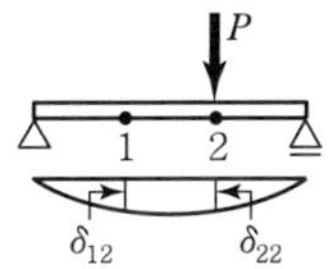

① $\delta_{11} = \delta_{12}$ ② $\delta_{11} = \delta_{22}$ ③ $\delta_{21} = \delta_{22}$ ④ $\delta_{21} = \delta_{12}$

해설: $P_1 = P_2 = 1$이면
$\delta_{12} = \delta_{21}$

15 다음 그림의 단순보 m점에 P의 하중이 작용할 때 n점에 δ_{nm}이라는 처짐이 생긴다면, P라는 하중이 n점에 작용할 때 m점에 생기는 처짐의 크기는?(단, 휨 강성계수 EI의 값은 일정하다.)

① $4.0\times\delta_{nm}$
② $2.0\times\delta_{nm}$
③ $1.0\times\delta_{nm}$
④ $0.5\times\delta_{nm}$

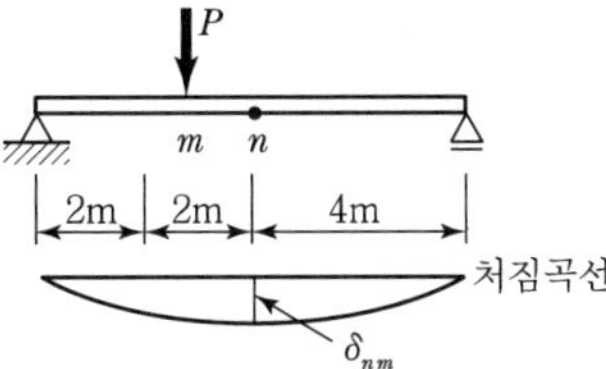

해설: $\delta_{nm} = \delta_{mn}$
$\therefore\ \delta_{mn} = 1\times\delta_{nm}$

정답 12 ③ 13 ② 14 ④ 15 ③

03 탄성처짐과 외력일의 관계

1. 캔틸레버보

P_1, P_2의 하중이 A 지점으로부터 B지점으로 이동 작용할 때 B 지점의 하중 P_1에 의한 처짐 y_1과 하중 P_2에 의한 처짐 y_2가 생겼다면 하중 P_1에 의한 외력일은 다음과 같이 나타낸다. 그림에서 P_1이 A점에서 B점으로 이동할 때 처짐은 0에서 y_1까지 증가되므로 외력에 의한 일은 $\frac{1}{2}P_1 \cdot y_1$이 된다. 즉,

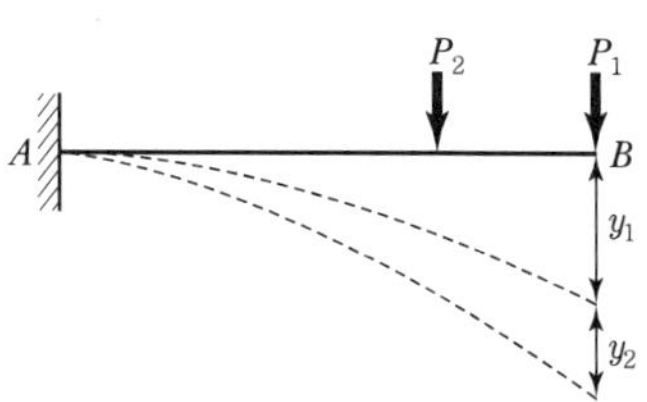

▌(그림 9) 캔틸레버보의 외력일▐

$$W = \int_0^y P \cdot x \cdot dx = \int_0^y \frac{P \cdot x}{y} \cdot dx = \boxed{\frac{1}{2}P \cdot y}$$

또한 P_2가 작용하여 y_2의 처짐이 생기는 동안에 하중 P_1는 일정한 상태로 있었으므로 이때의 외력일은 $P_1 y_2$이다.

- 하중 P_1과 P_2가 동시에 작용할 때

① 하중 P_1에 의한 외력일

$$\boxed{W_1 = \frac{1}{2}P_1 \cdot y_1 + P_1 \cdot y_2}$$

② 하중 P_2에 의한 외력일

$$\boxed{W_2 = \frac{1}{2}P_2 \cdot y_2}$$

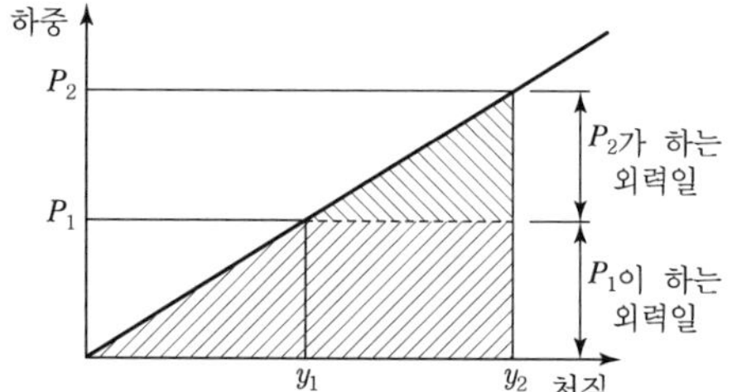

▌(그림 10) 탄성체에서 하중과 처짐의 관계▐

>>> 기본예제

01 그림과 같은 구조물에서 P_1으로 인하여 B점의 처짐 $\delta_1 = 3\text{cm}$, P_2로 인하여 B점의 처짐 $\delta_2 = 2\text{cm}$였다. P_1과 P_2가 동시에 작용하였을 때 P_1이 하는 일(외력일의 합)은?

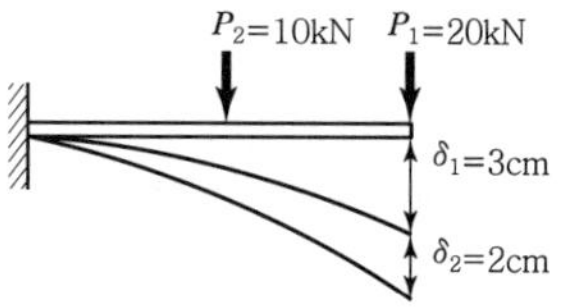

① 70,000N · cm ② 100,000N · cm
③ 120,000N · cm ④ 150,000N · cm

해설

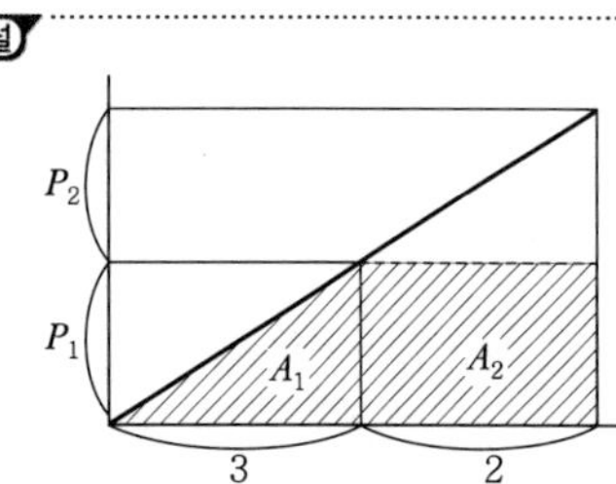

외력 P_1이 행한 일

$$W = \frac{1}{2}P_1\delta_1 + P_1\delta_2$$

$$= \underbrace{\frac{1}{2} \times 20{,}000 \times 3}_{A_1} + \underbrace{20{,}000 \times 2}_{A_2}$$

$$= 70{,}000\text{N} \cdot \text{cm}$$

정답 01 ①

2. 단순보

단순보에 하중 P_1이 C점에 작용할 때 C점과 D점의 처짐이 y_1과 y_2이고, 하중 P_2가 D점에 단독으로 작용할 때 처짐이 x_1과 x_2라 하면 P_1과 P_2가 동시에 작용할 때 외력일은 다음과 같이 나타낸다.

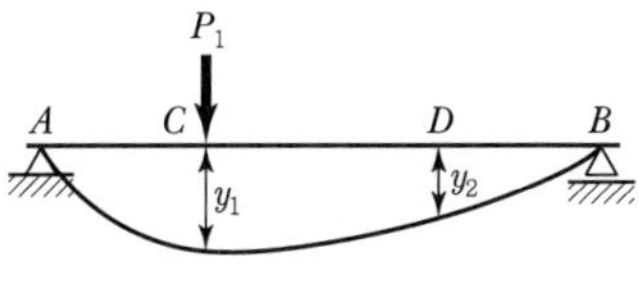

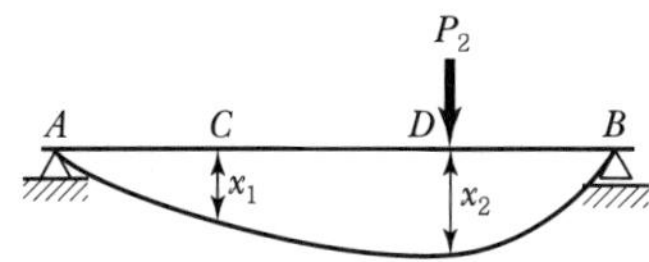

▌(그림 11) 단순보의 외력일▐

(1) 하중이 차례로 작용할 경우

① P_1이 먼저 작용할 경우

$$W=\frac{1}{2}P_1 \cdot y_1+P_1 \cdot x_1+\frac{1}{2}P_2 \cdot x_2$$

② P_2가 먼저 작용할 경우

$$W=\frac{1}{2}P_2 \cdot x_2+P_2 \cdot y_2+\frac{1}{2}P_1 \cdot y_1$$

(2) P_1과 P_2가 동시에 작용할 경우

$$W=\Sigma\frac{1}{2}P \cdot y=\frac{1}{2}(P_1 \cdot y_1+P_1 \cdot x_1+P_2 \cdot x_2+P_2 \cdot y_2)$$

P_1이 먼저 작용할 경우, P_2가 먼저 작용할 경우, P_1과 P_2가 동시에 작용할 경우의 계산된 총 외력일은 서로 같다.

>>> 기본예제

01 그림에서 P_1이 단순보의 C점에 작용하였을 때 C 및 D점의 수직변위가 각각 0.4cm, 0.3cm이고 P_2가 D점에 단독으로 작용하였을 때 C, D점의 수직변위는 0.2cm, 0.25cm였다. P_1과 P_2가 동시에 작용하였을 때의 일 W는?

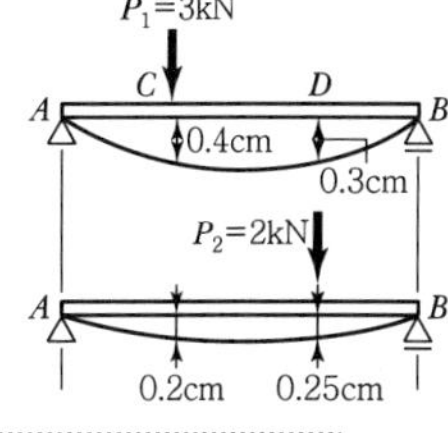

① $W=2.05\text{kN} \cdot \text{cm}$ ② $W=1.45\text{kN} \cdot \text{cm}$

③ $W=2.85\text{kN} \cdot \text{cm}$ ④ $W=1.90\text{kN} \cdot \text{cm}$

해설

$$W_{12}=\frac{1}{2}(P_1\delta_{11}+P_2\delta_{22})+P_1\delta_{12}=\frac{1}{2}(3\times 0.4+2\times 0.25)+3\times 0.2=1.45\text{kN} \cdot \text{cm}$$

또는

$$W_{21}=\frac{1}{2}(P_1\delta_{11}+P_2\delta_{22})+P_2\delta_{21}=\frac{1}{2}(3\times 0.4+2\times 0.25)+2\times 0.3=1.45\text{kN} \cdot \text{cm}$$

정답 01 ②

04 카스틸리아노(Castigliano)의 정리

1. 원리

이탈리아의 카스틸리아노(Castigliano)에 의해 발표된 정리로 에너지 보존의 법칙에 따라 구조물에서 이루어지는 외력일을 내력일로 계산하는 방법으로 트러스와 라멘에 적용된다.

2. 카스틸리아노의 제1정리

제1정리는 제2정리의 특수한 경우로서 '최소일의 원리'라고 하며, 구조물의 변형이나 부정정 구조물의 반력계산 시에 적용된다.

$$P_n = \frac{\partial W_i}{\partial y_n} = 0 \qquad M_n = \frac{\partial W_i}{\partial \theta_n} = 0$$

3. 카스틸리아노의 제2정리

구조물의 재료가 탄성적이고 온도 변화나 지점침하가 없는 경우에 외력(또는 모멘트)의 하중 작용점에서 힘의 방향으로 일으키는 변위 y(또는 처짐각 θ)는 내력일의 그 힘(변형에너지)으로 1차 편미분한 값과 같다.

$$y_n = \frac{\partial W_i}{\partial P_n} \qquad \theta_n = \frac{\partial W_i}{\partial M_n}$$

여기서, W_i : 변형에너지

P_n, M_n : n점의 하중 또는 모멘트

θ_n, y_n : n점의 처짐, 처짐각

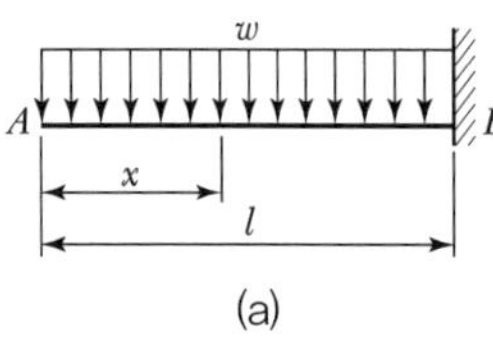

(a)

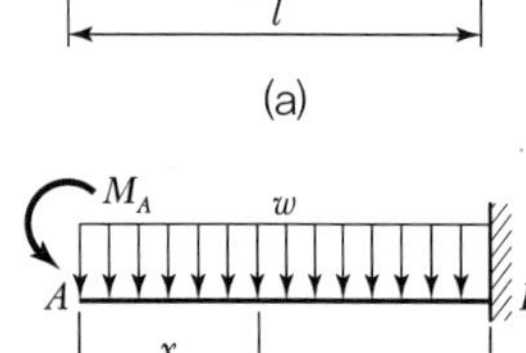

(처짐각)

(b)

① 처짐각(θ_A) 계산

$$\theta_A = \int \frac{\partial M}{\partial M_A} \cdot \frac{M}{EI} dx \text{에서}$$

$\frac{\partial M}{\partial M_A} = -1$, M값에서 $M_A = 0$으로 하면

$$\therefore \theta_A = \int_0^l \frac{1}{EI}\left(-\frac{w}{2} \cdot x^2\right)(-1)dx$$

$$= \frac{w}{2EI}\left(\frac{x^3}{3}\right)_0^l = \boxed{\frac{wl^3}{6EI}}$$

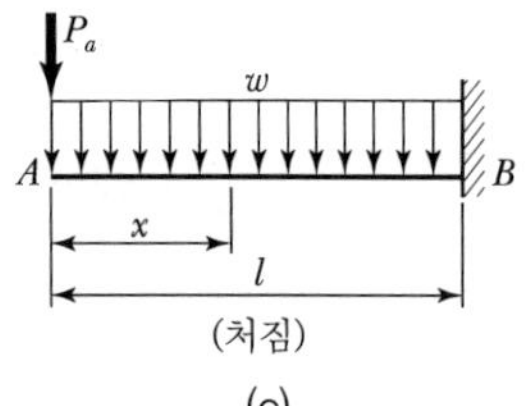

(처짐)

(c)

▌(그림 12) 캔틸레버보에 등분포 하중이 작용할 때 카스틸리아노의 정리 해석▐

② 처짐(y_A) 계산

$$y_A = \int \frac{\partial M}{\partial P_a} \cdot \frac{M}{EI} dx \text{에서}$$

$\frac{\partial M}{\partial P_a} = -x$, M에서 $P_a = 0$으로 하면

$$\therefore y_A = \int_0^l \frac{1}{EI}\left(-\frac{w}{2} \cdot x^2\right)(-x)dx$$

$$= \frac{w}{2EI}\left(\frac{x^4}{4}\right)_0^l = \boxed{\frac{wl^4}{8EI}}$$

16 '탄성체가 가지고 있는 탄성변형에너지를 작용하고 있는 하중으로 편미분하면 그 하중점에서 작용방향의 변위가 된다.'는 것은?

① 맥스웰의 상반정리
② 모아의 모멘트 면적정리
③ 카스틸리아노의 제2정리
④ 클라페이론의 3연 모멘트법

카스틸리아노(Castigliano)의 정리

$$\begin{cases} \theta = \dfrac{\partial U}{\partial M}(\text{변형에너지를 휨모멘트로 편미분}) \\ y = \dfrac{\partial U}{\partial P}(\text{변형에너지를 하중으로 편미분}) \end{cases}$$

즉, 구조물이 외력을 받을 때 온도 및 지점 변화가 없을 경우 구조물의 임의 점에 작용하는 하중 P의 방향으로 생기는 변위(처짐)는 변형에너지(Strain Energy)를 P로 편미분한 것과 같다.

17 Castigliano's Theorem을 이용하여 B점의 처짐각을 구하는 사항 중 옳은 것은?

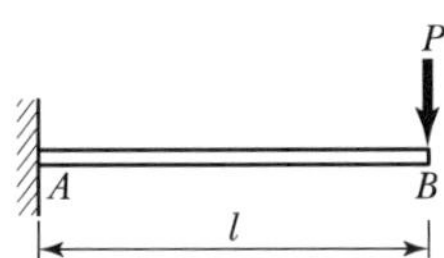

① B점에 가상의 단위하중 1을 가한다.
② 휨에 의한 변형에너지 U는 $\int_0^l \frac{M^2}{2EI}dx$이다.
③ $\frac{\partial U}{\partial P} = \delta_B$이다.
④ B점의 가상 모멘트 M_0가 '0'이므로 $\delta_B = \frac{Pl^3}{3EI}$이다.

① B점에 가상의 단위하중에 의해 B점의 처짐을 구한다.
② $U = \int_0^l \frac{M^2}{2EI}dx$에서 $\theta = \frac{\partial U}{\partial M}$을 구한다.
③ δ_B는 처짐을 구하는 식이다.
④ B점에 가상의 단위모멘트하중 $M=1$을 가하면 처짐각을 구할 수 있다.

18 '구조물의 지지점이 반력의 방향으로 변형 또는 회전하였을 때 내력이 한 일을 그 지점의 반력으로 1회 편미분한 것은 0이다.' 이상은 다음의 어느 것인가?

① 카스틸리아노의 정리　② 최소일의 정리
③ 가상일의 원리　④ 모르의 정리

최소일의 원리는 카스틸리아노의 정리 중 특수한 경우로 변위가 생기지 않는 지점에 적용된다.

$$\frac{\partial W}{\partial P} = 0$$

19 중첩법이 적용되는 탄성계에서 힘들의 2차 함수형으로 표시된 변형에너지를 그들 중의 임의의 한 힘에 관해서 미분하면 그 편도함수는 그 작용점의 그 힘의 방향의 변위 성분을 나타낸다. 다음 중 이러한 정리를 나타낸 것은?

① 중첩의 정리　② Castigliano의 정리
③ Betti의 정리　④ Maxwell의 정리

카스틸리아노의 정리

$$y = \frac{\partial W}{\partial P} = \frac{\partial U}{\partial P}$$

정답 16 ③ 17 ② 18 ② 19 ②

부정정보

01 부정정 구조물

1. 정의

구조물의 미지수(반력이나 단면력)가 3개 이상인 경우는 정역학적 힘의 평형조건식($\Sigma H=0$, $\Sigma V=0$, $\Sigma M=0$)만으로는 해석이 불가능한 구조물을 부정정 구조물이라 한다.

2. 부정정 해법

(1) 응력법(유연도법 · 적합법)

① 변위일치법(변형일치법) : 단지간의 고정보에 적용(고차 부정정일 때 미지 반력수가 많아 계산이 복잡하다.)

② 3연 모멘트의 정리 : 연속보에 적용(라멘에는 적용되지 않는다.)

③ 에너지법

㉠ 가상일의 원리(단위하중법) : 부정 정트러스와 아치에 적용

㉡ 최소일의 원리(카스틸리아노의 제2정리 이용) : 부정정 트러스와 아치에 적용

④ 처짐곡선의 미분방정식법

⑤ 기둥 유사법

(2) 변위법(강성도법 · 평형법)

① 처짐각법(요각법) : 직선재의 모든 부정정 구조물에 적용(특히 간단한 직사각형 라멘에 적당하다.)

② 모멘트 분배법 : 직선재의 모든 부정정 구조물에 적용(특히 고층 다경간 라멘에서 다른 방법보다 쉽게 적용된다.)

③ 에너지법(카스틸리아노의 제1정리 응용)

(3) 수치해석법

① 매트릭스 구조해석법(Method of Matrix Structural Analysis)

② 유한요소법(Finite Element Method)

핵심문제

해설

01 다음에서 부정정보의 해법으로 옳은 것은?

① 변형일치의 방법 ② 모멘트 면적법
③ 단위하중법 ④ 공액보법

(1) 부정정 구조물의 해법
㉠ 연성법
• 변형일치법
• 3연 모멘트법 등
㉡ 강성법
• 요각법
• 모멘트 분배법 등
(2) 처짐을 계산하는 방법
㉠ 이중적분법
㉡ 모멘트 면적법
㉢ 탄성하중법
㉣ 공액보법
㉤ 에너지법 등

02 부정정 라멘을 해석할 때 사용하지 않는 방법은?

① 변형일치법(Method of Consistent Deformation)
② 3연 모멘트법(Three Moment Equation)
③ 처짐각법(Slope Deflection Method)
④ 모멘트 분배법(Moment Distribution Method)

3연 모멘트법은 부정정보를 해석할 경우에만 사용 가능하다.

03 다음 중 부정정 구조물의 해법으로 틀린 것은?

① 3연 모멘트정리
② 처짐각법
③ 변위일치의 방법
④ 모멘트 면적법

모멘트 면적법은 임의점의 처짐이나 처짐각을 구할 때 사용된다.

04 정정 구조물에 비해 부정정 구조물이 갖는 장점을 설명한 것 중 틀린 것은?

① 설계모멘트의 감소로 부재가 절약된다.
② 외관이 우아하고 아름답다.
③ 부정정 구조물은 그 연속성 때문에 처짐의 크기가 작다.
④ 지점침하 등으로 인해 발생하는 응력이 작다.

정정 구조물에 비해 부정정 구조물은 지점침하 등으로 인해 발생하는 응력이 크다.

정답 01 ① 02 ② 03 ④ 04 ④

02 변위일치법

1. 처짐각을 이용하는 방법

(1) 일단 고정 타단이 가동지점인 고정보의 중앙에 집중하중이 작용할 때

① 적용방법

B점이 고정지점이므로 처짐각은 없다. 만약 B지점이 활절지점이라면 그림 1(b)와 같이 처짐각 θ_{B1}이 발생한다. 그러나 실제 보 (a)에서 B지점에 처짐각이 발생하지 않는 것은 그림 1(c)와 같이 M_B가 작용하여 θ_{B2}가 생기기 때문이다.

$$\therefore\ \theta_{B1} = \theta_{B2}$$

위 식에서 미지의 모멘트 M_B를 구하면 그림 1(d)와 같은 정정보가 되므로 정정보로 해석하면 된다.

② 반력모멘트(M_B)

$\theta_{B1} + \theta_{B2} = 0$에서

$$-\frac{Pl^2}{16EI} + \frac{M_B \cdot l}{3EI} = 0$$

$$\therefore\ M_B = \frac{3}{16}Pl$$

(a)

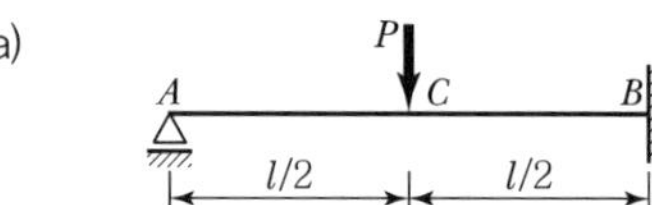

(b)

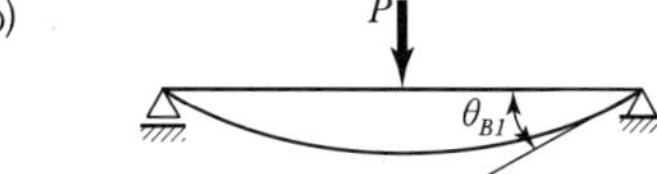

(c)

(d)

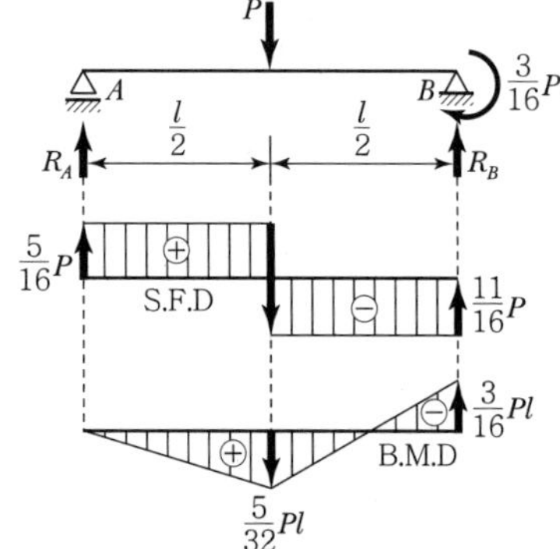

‖ (그림 1) 처짐각을 이용한 일단 고정 타단 가동인 보의 부정정 해석 ‖

③ 그림 1(d)와 같은 정정보를 해석하면 된다.

㉠ 반력($R_A \cdot R_B$)

$\Sigma M_B = 0$에서

$$R_A \times l - P \times \frac{l}{2} + \frac{3}{16}Pl = 0$$

$$\therefore\ R_A = \frac{5}{16}P$$

$\Sigma V = 0$에서

$$R_A + R_B = P \qquad \therefore\ R_B = \frac{11}{16}P$$

㉡ 전단력(S)

$$S_{(A-C)} = R_A = \frac{5}{16}P$$

$$S_{(C-B)} = R_A - P = -\frac{11}{16}P$$

㉢ 휨모멘트(M)

$$M_A = 0$$

$$M_B = \frac{5}{16}P \times l - P \times \frac{l}{2} = -\frac{3}{16}Pl$$

$$M_C = \frac{5}{16}P \times \frac{l}{2} = \frac{5}{32}Pl$$

05 다음 부정정보의 a단에 작용하는 모멘트는?

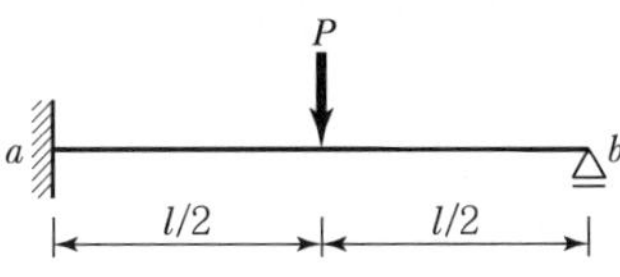

① $-\dfrac{Pl}{4}$ ② $\dfrac{Pl}{8}$

③ $-\dfrac{3}{16}Pl$ ④ $-\dfrac{2}{32}Pl$

변형일치법으로 풀면

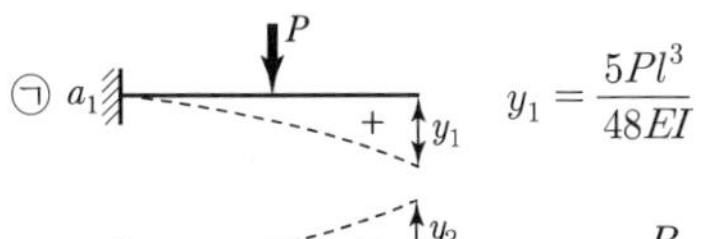

㉠ $y_1 = \dfrac{5Pl^3}{48EI}$

㉡ $y_2 = -\dfrac{R_b \cdot l^3}{3EI}$

㉢ $y_1 + y_2 = 0$

$$\frac{5Pl^3}{48EI} - \frac{R_b \cdot l^3}{3EI} = 0$$

$$\therefore R_b = \frac{5}{16}P(\uparrow)$$

㉣ $M_a = R_b \times l - P \times \dfrac{l}{2}$

$$= \frac{5}{16}P \times l - \frac{Pl}{2} = \frac{-3Pl}{16}$$

06 다음 부정정보에서 B점의 반력 크기는?

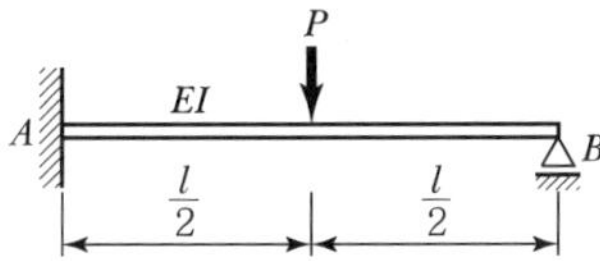

① $\dfrac{5}{16}P$ ② $\dfrac{7}{16}P$

③ $\dfrac{1}{2}P$ ④ $\dfrac{11}{16}P$

$R_B = \dfrac{5P}{16}(\uparrow)$

07 다음 그림에서 보에 집중하중 P가 작용할 때 고정단 모멘트는?

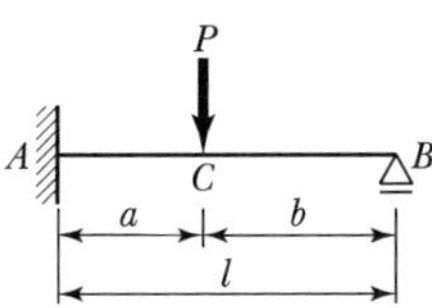

① $-\dfrac{Pab}{2l^2}(l+a)$ ② $-\dfrac{Pab}{2l^2}(l+b)$

③ $-\dfrac{Pab}{2l^3}(l+a)$ ④ $-\dfrac{Pab}{2l^3}(l+b)$

$M_A = -\dfrac{Pab}{2l^2}(l+b)$

정답 05 ③ 06 ① 07 ②

④ 2경간 연속보에 제 공식을 적용하면 단면력도는 다음과 같다.

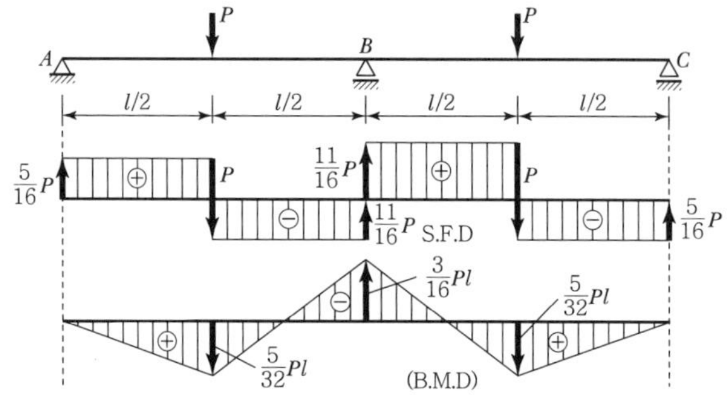

‖ (그림 2) 고정보의 제 공식을 적용한 2경간 연속보 ‖

>>> 기본예제

01 다음 부정정보에서 B점의 수직반력은?

① 10.67kN ② 9.33kN ③ 8.4kN ④ 7.6kN

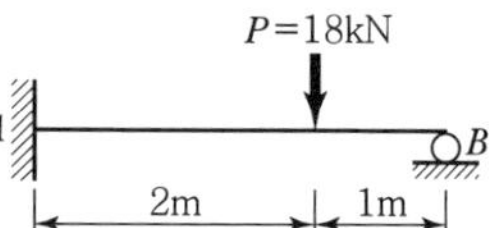

해설

변형일치법으로 푼다.

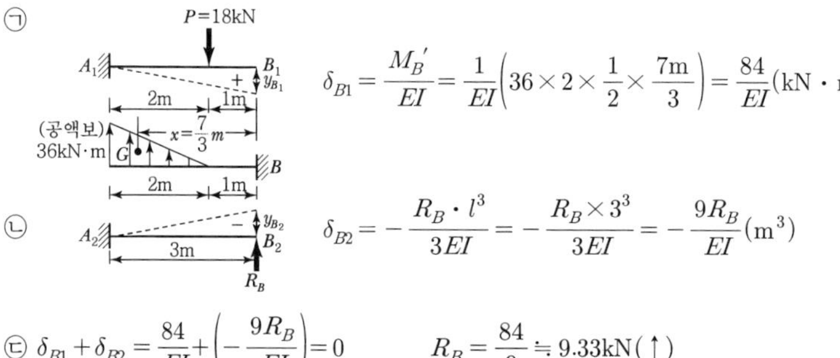

㉠ $\delta_{B1}=\dfrac{M_B'}{EI}=\dfrac{1}{EI}\left(36\times2\times\dfrac{1}{2}\times\dfrac{7\text{m}}{3}\right)=\dfrac{84}{EI}(\text{kN}\cdot\text{m}^3)$

㉡ $\delta_{B2}=-\dfrac{R_B\cdot l^3}{3EI}=-\dfrac{R_B\times3^3}{3EI}=-\dfrac{9R_B}{EI}(\text{m}^3)$

㉢ $\delta_{B1}+\delta_{B2}=\dfrac{84}{EI}+\left(-\dfrac{9R_B}{EI}\right)=0$ $\quad R_B=\dfrac{84}{9}\fallingdotseq 9.33\text{kN}(\uparrow)$

02 그림과 같이 1차 부정정보에 등간격으로 집중하중이 작용하고 있다. 반력 R_a와 R_b의 비는?

① $R_a : R_b = \dfrac{5}{9} : \dfrac{4}{9}$ ② $R_a : R_b = \dfrac{4}{9} : \dfrac{5}{9}$

③ $R_a : R_b = \dfrac{4}{3} : \dfrac{2}{3}$ ④ $R_a : R_b = \dfrac{1}{3} : \dfrac{2}{3}$

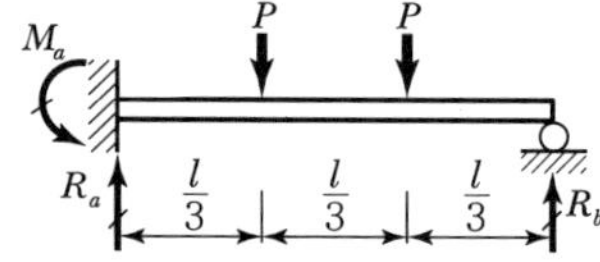

해설

〈공식〉 (A, B 단순보, 하중 P, P, 간격 a, b) $\theta_A=\dfrac{Pab}{2EI}$

㉠ A점 처짐각 $\theta_A=\dfrac{P\left(\dfrac{l}{3}\right)\left(\dfrac{2}{3}l\right)}{2EI}=\dfrac{Pl^2}{9EI}$

㉡ (고정단 M_A, 하중 P, P, 간격 a, a, a) 고정단 $\theta_A=0$, $\quad -\dfrac{M_A(3a)}{3EI}+\dfrac{Pa^2}{EI}=-\dfrac{M_Al}{3EI}+\dfrac{Pl^2}{9EI}=0$, $\quad M_A=\dfrac{Pl}{3}$

㉢ $R_A=\dfrac{2P}{2}+\dfrac{M_A}{3a}=P+\dfrac{\dfrac{Pl}{3}}{3\left(\dfrac{l}{3}\right)}=P+\dfrac{P}{3}=\dfrac{4}{3}P$, $\quad R_B=\dfrac{2P}{2}-\dfrac{M_A}{3a}=P-\dfrac{1}{3}P=\dfrac{2}{3}P$

㉣ $R_A : R_B = 2 : 1$

정답 01 ② 02 ③

(2) 양단고정보의 중앙에 집중하중이 작용할 때

① 적용방법

$A \cdot B$지점은 고정지점으로 처짐각이 없다. 하중에 의한 가정 단순보 지점에서 그림 3(b)와 같이 θ_{A1}이 생기고, 그림 3(c)와 같이 가정 단순보에 가상반력 M_A에 의한 θ_{A2}가 발생된다.

$$\therefore\ \theta_{A1} = \theta_{A2}$$

이 식으로 미지의 모멘트 반력 $(M_A,\ M_B)$를 구하면 그림 3(d)와 같은 정정보가 된다.

② 반력모멘트$(M_A,\ M_B)$

좌우대칭이므로 $M_A = M_B = M$

$$\theta_{A1} + \theta_{A2} = 0,\ \frac{Pl^2}{16EI} = \frac{Ml}{2EI}$$

$$\therefore\ M_A = \frac{Pl}{8}$$ (반시계 방향)

$$\therefore\ M_B = \frac{Pl}{8}$$ (시계 방향)

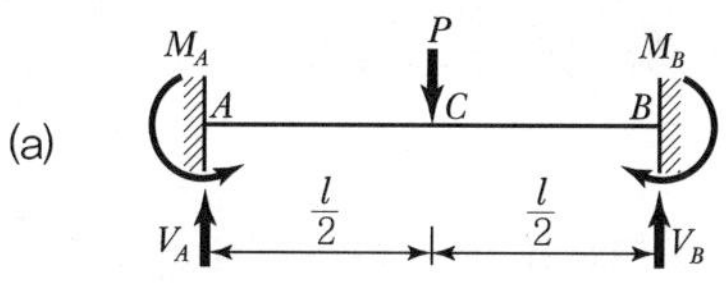

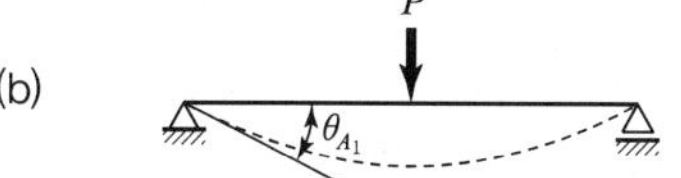

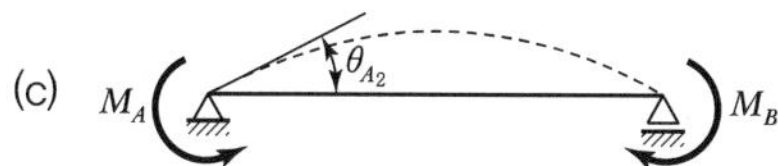

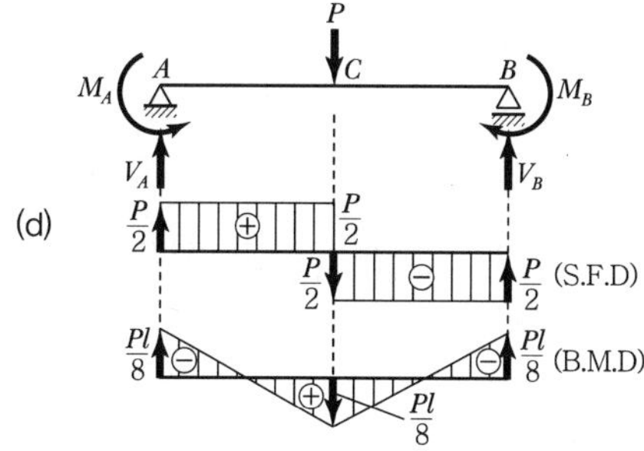

❙ (그림 3) 처짐각을 이용한 양단고정보의 부정정 해석 ❙

③ 그림 3(d)에서 정정보 해석

㉠ 수직반력$(V_A = V_B)$

좌우대칭이므로 $V_A = V_B = \frac{P}{2}$

㉡ 전단력(S)

$$S_{(A-C)} = \frac{P}{2},\ S_{(C-B)} = -\frac{P}{2}$$

㉢ 휨모멘트(M)

$$M_A = -M_A(\text{반력모멘트}) = -\frac{Pl}{8}$$

$$M_C = V_A \times \frac{l}{2} - M_A = \frac{Pl}{8}$$

$$M_B = V_A \times l - M_A - P \times \frac{l}{2} = -\frac{Pl}{8}$$

08 다음 그림과 같이 A지점이 고정이고 B지점이 힌지(hinge)인 부정정보가 어떤 요인에 의하여 B지점이 B'로 Δ만큼 침하하게 되었다. 이때 B'의 지점반력은?

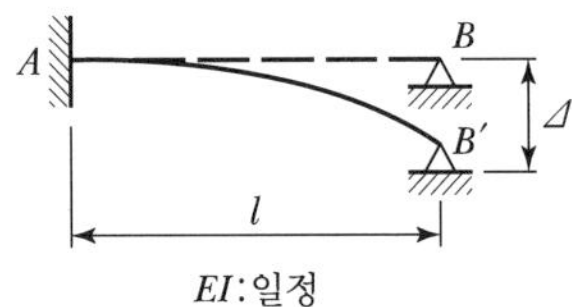

① $\dfrac{3EI\Delta}{l^3}$ ② $\dfrac{4EI\Delta}{l^3}$ ③ $\dfrac{5EI\Delta}{l^3}$ ④ $\dfrac{6EI\Delta}{l^3}$

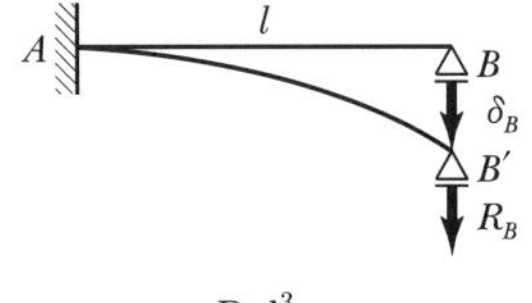

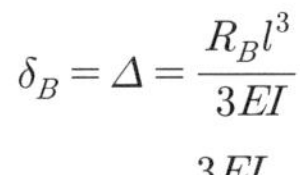

$\delta_B = \Delta = \dfrac{R_B l^3}{3EI}$

$\therefore\ R_B = \dfrac{3EI}{l^3}\Delta$

09 그림과 같은 양단고정보의 하중점(C점)에서의 휨모멘트가 옳은 것은?

① $M_C = \dfrac{Pl}{8}$

② $M_C = -\dfrac{Pl^2}{8}$

③ $M_C = \dfrac{Pl}{16}$

④ $M_C = -\dfrac{Pl^2}{16}$

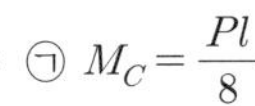

㉠ $M_C = \dfrac{Pl}{8}$

㉡ $M_A = M_B = -\dfrac{Pl}{8}$

10 다음과 같은 부정정보에서 8kN · m의 최대 휨모멘트가 작용한다면 몇 kN 이상의 집중하중으로서 보가 파괴되는가?

① 12kN 이상
② 14kN 이상
③ 16kN 이상
④ 18kN 이상

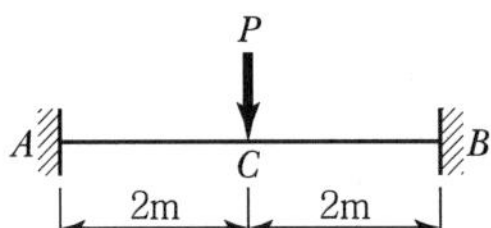

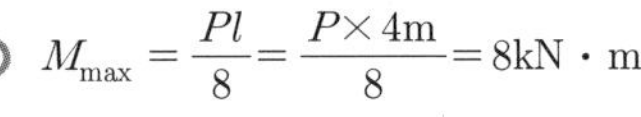

$M_{max} = \dfrac{Pl}{8} = \dfrac{P \times 4\text{m}}{8} = 8\text{kN} \cdot \text{m}$

$\therefore\ P = 16\text{kN}$

11 최대 휨응력이 같도록 한다면 그림 (a)의 하중을 P로 할 때 그림 (b)에서 하중의 크기 P_b는?(단, 단면 및 EI는 일정하고 하중은 중앙에 작용)

(a) (b)

① $1.0P$ ② $1.5P$ ③ $2.0P$ ④ $2.5P$

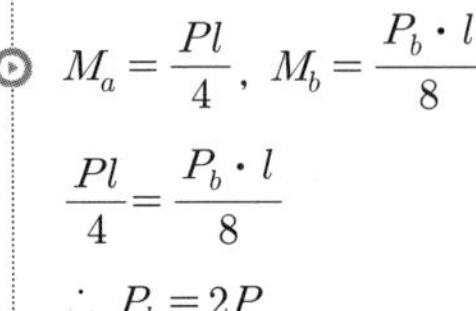

$M_a = \dfrac{Pl}{4}$, $M_b = \dfrac{P_b \cdot l}{8}$

$\dfrac{Pl}{4} = \dfrac{P_b \cdot l}{8}$

$\therefore\ P_b = 2P$

정답 08 ① 09 ① 10 ③ 11 ③

(3) 양단고정보에 등분포하중이 작용할 때

양단고정보 중앙에 집중하중이 작용할 때와 같은 방법으로 해석하면 된다.

① 반력모멘트($M_A \cdot M_B$)

좌우대칭이므로 $M_A = M_B = M$

$\theta_{A1} + \theta_{A2} = 0$, $\theta_{B1} + \theta_{B2} = 0$

$$\frac{wl^3}{24EI} - \frac{M \cdot l}{2EI} = 0$$

$$\therefore\ M_A = \frac{wl^2}{12} \text{ (반시계 방향)}$$

$$\therefore\ M_B = \frac{wl^2}{12} \text{ (시계 방향)}$$

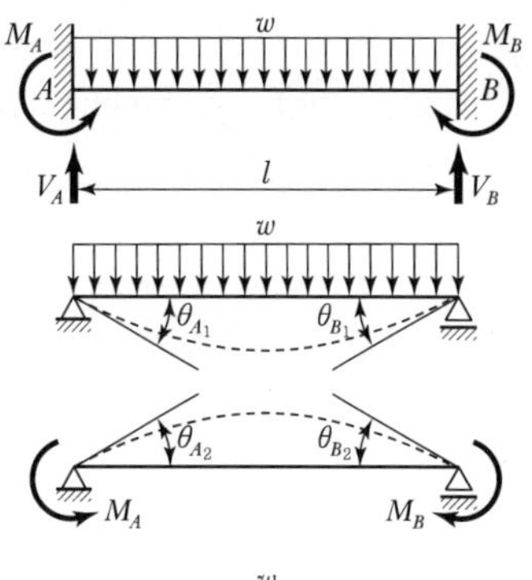

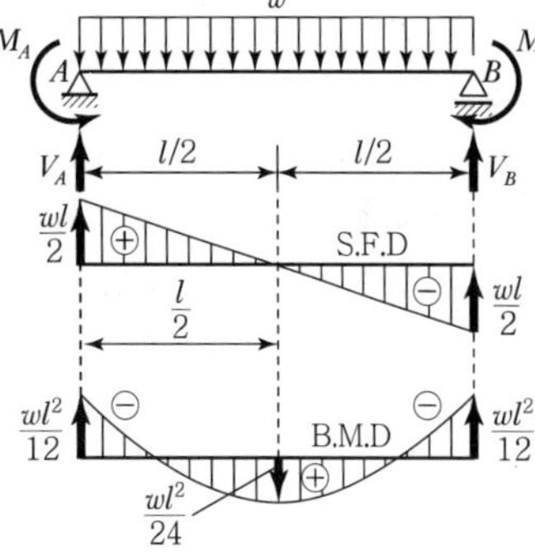

(그림 4) 처짐각을 이용한 양단 고정보의 부정정 해석

② 반력모멘트가 작용하는 가상 단순보의 정정보 해석

㉠ 수직반력($V_A = V_B$)

좌우대칭이므로 $V_A = V_B = \frac{wl}{2}$

㉡ 전단력(S)

$S_A = V_A = \frac{wl}{2}$, $S_B = S_A - wl = -\frac{wl}{2}$

$S_B' = S_B + V_B = 0$

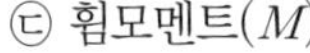

㉢ 휨모멘트(M)

$$M_A = -M_A(\text{반력모멘트}) = \boxed{-\frac{wl^2}{12}}$$

$$M_{\max} = -M_A + V_A \times \frac{l}{2} - \left(w \times \frac{l}{2}\right) \times \left(\frac{l}{2} \times \frac{1}{2}\right)$$

$$= -\frac{wl^2}{12} + \frac{wl^2}{4} - \frac{wl^2}{8} = \boxed{\frac{wl^2}{24}}$$

$$M_B = -M_A + V_A \times l - w \times l \times \frac{l}{2} = \boxed{-\frac{wl^2}{12}}$$

12 다음과 같이 양단고정보 AB에 3kN/m의 등분포하중과 10kN의 집중하중이 작용할 때 A점의 휨모멘트를 구하면?

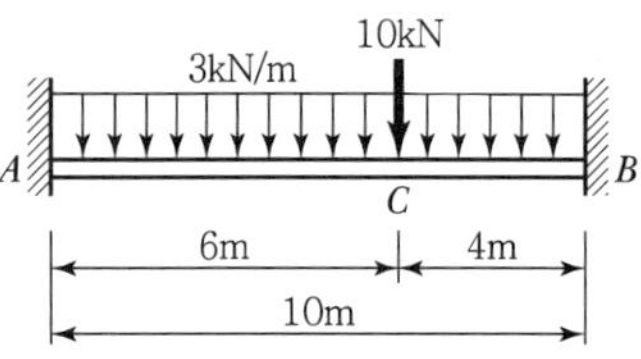

① −31.7kN · m ② −34.6kN · m
③ −37.4kN · m ④ −39.6kN · m

해설

$$M_A = -\frac{Pab^2}{l^2} - \frac{wl^2}{12}$$
$$= -\frac{10\times6\times4^2}{10^2} - \frac{3\times10^2}{12}$$
$$= -34.6\text{kN}\cdot\text{m}$$

13 그림과 같은 양단고정보에 등분포하중이 작용할 경우 지점 A의 휨모멘트 절댓값과 보 중앙에서의 휨모멘트 절댓값의 합은?

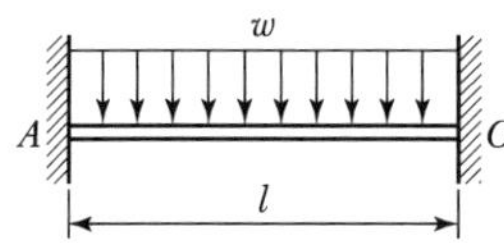

① $\dfrac{wl^2}{8}$ ② $\dfrac{wl^2}{12}$ ③ $\dfrac{wl^2}{24}$ ④ $\dfrac{wl^2}{36}$

해설

$$|M_A| + |M_C| = \frac{wl^2}{8}$$

14 다음 그림과 같은 양단고정보에서 보 중앙의 휨모멘트는 얼마인가?

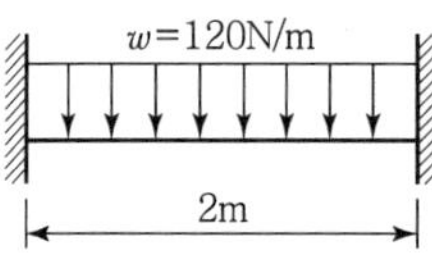

① 10N · m ② 20N · m
③ 30N · m ④ 40N · m

해설

㉠ 단부 최대 휨모멘트 $M_{max} = -\dfrac{wl^2}{12}$

㉡ 중앙점 휨모멘트

$$M_{중앙} = +\frac{wl^2}{24} = \frac{120\times2^2}{24} = 20\text{N}\cdot\text{m}$$

15 다음 보에서 A점의 휨모멘트는?

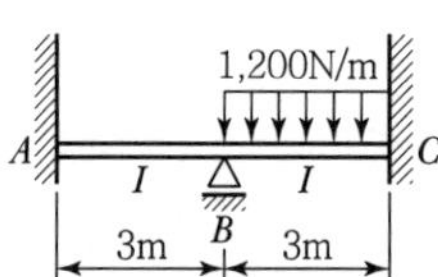

① 225N · m ② 450N · m
③ 90N · m ④ 1,125N · m

해설

㉠ $M_{BA} = -\dfrac{wl^2}{24}$

㉡ $M_{AB} = \dfrac{wl^2}{24} \times \dfrac{1}{2} = \dfrac{wl^2}{48} = \dfrac{1,200\times3^2}{48}$

$= 225\text{N}\cdot\text{m}$

정답 12 ② 13 ① 14 ② 15 ①

2. 처짐을 이용하는 방법

(1) 일단 고정 타단이 가동지점인 고정보에 등분포하중이 작용할 때

① 적용방법

그림과 같은 1차 부정정 고정보에서 B점은 가동지점으로 처짐이 없다. 만약, B지점이 없다면 그림 5(b)에서 B점에 처짐 y_1이 발생하며, 실제 처짐이 없는 것은 그림 5(c)에서 반력 R_B가 작용하기 때문이다.

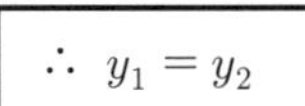

$$\therefore\ y_1 = y_2$$

위 식에서 미지의 반력 R_B를 구하면 그림 5(d)와 같은 정정보가 되므로 정정보로 해석하면 된다.

(a)

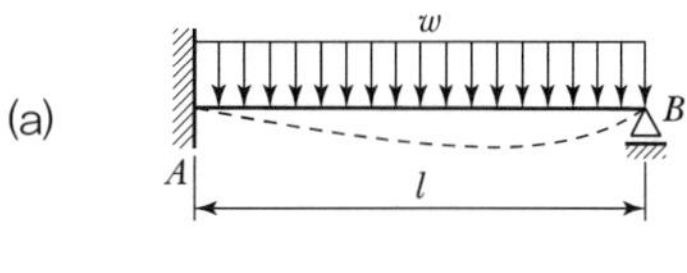

(b)

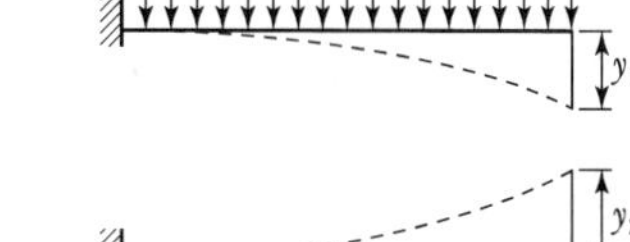

(c)

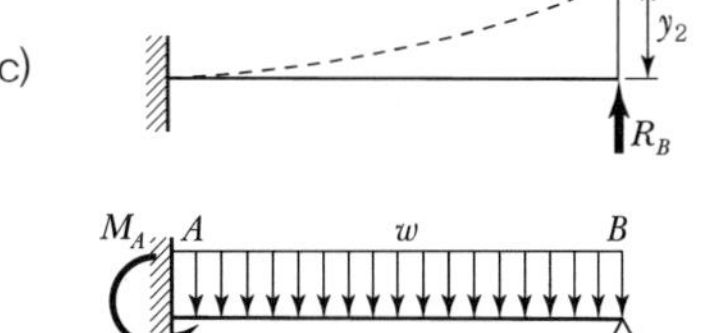

(d)

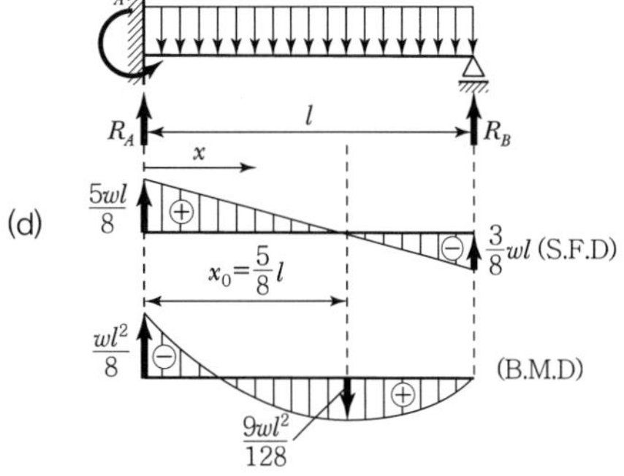

❙(그림 5) 처짐을 이용한 일단 고정 타단 가동인 고정보의 부정정 해석❙

② 지점반력(R_B, R_A)

$y_1 + y_2 = 0$에서

$$\frac{wl^4}{8EI} = \frac{R_B \cdot l^3}{3EI}$$

$$\therefore\ R_B = \frac{3wl}{8}$$

$\sum V = 0$에서, $R_A + R_B - wl = 0$

$$\therefore\ R_A = wl - \frac{3wl}{8} = \frac{5wl}{8}$$

③ 지점반력모멘트(M_A)

$$-M_A + w \times l \times \frac{l}{2} - R_B \times l = 0$$

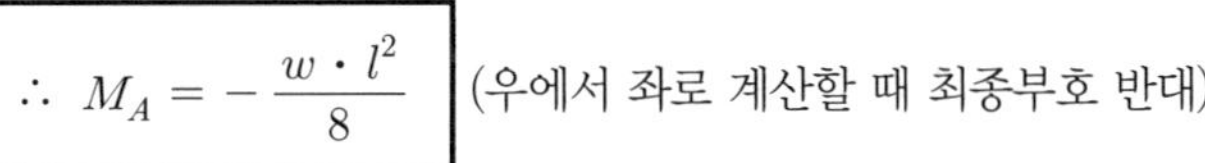

$$\therefore\ M_A = -\frac{w \cdot l^2}{8}$$ (우에서 좌로 계산할 때 최종부호 반대)

④ $$M_{\max} = -M_A + R_A \times x_0 - w \times x_0 \times \frac{x_0}{2}$$

$$= -\frac{wl^2}{18} + \frac{5wl}{8} \times \frac{5l}{8} - w \times \frac{5l}{8} \times \frac{5l}{8} \times \frac{1}{2} = \frac{9wl^2}{128}$$

>>> 기본예제

01 아래 그림과 같은 1차 부정정보에서 B점으로부터 전단력이 '0'이 되는 위치(x)의 값은?

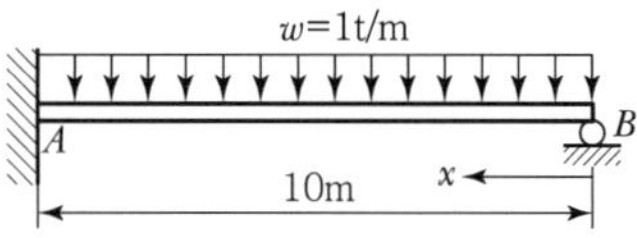

① 3.75m ② 4.25m ③ 4.75m ④ 5.25m

해설

㉠ $R_B = \dfrac{3wl}{8}$

㉡ $S_x = -\dfrac{3wl}{8} + wx = 0$

㉢ $x = \dfrac{3l}{8} = \dfrac{3 \times 10\text{m}}{8} = 3.75\text{m}$

02 다음 보에서 고정모멘트 M_A의 값은?

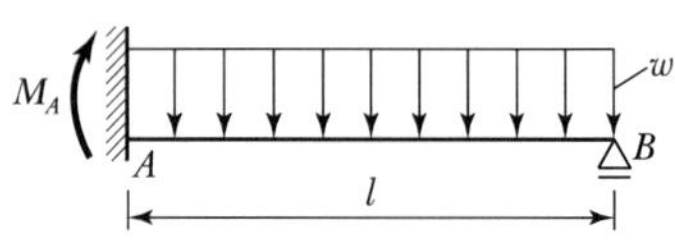

① $-\dfrac{wl^2}{24}$ ② $-\dfrac{wl^2}{12}$ ③ $-\dfrac{wl^2}{8}$ ④ $-\dfrac{wl^2}{4}$

해설

변형일치법으로 구하면

㉠

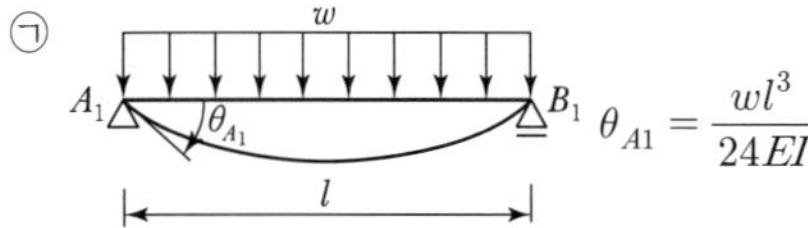

$\theta_{A1} = \dfrac{wl^3}{24EI}$

㉡ M_A A_2 θ_{A_2} B_2 l $\theta_{A2} = \dfrac{M_A \cdot l}{3EI}$

㉢ $\theta_A = \theta_{A1} + \theta_{A2} = 0$

$\dfrac{wl^3}{24EI} + \dfrac{M_A \cdot l}{3EI} = 0 \qquad \therefore M_A = -\dfrac{wl^2}{8}$

03 다음 그림과 같은 1차 부정정보에서 지점 B의 반력은?

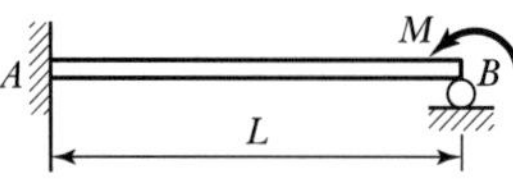

① $\dfrac{M}{L}$ ② $\dfrac{1.5M}{L}$ ③ $\dfrac{2M}{L}$ ④ $\dfrac{2.5M}{L}$

해설

변형일치법

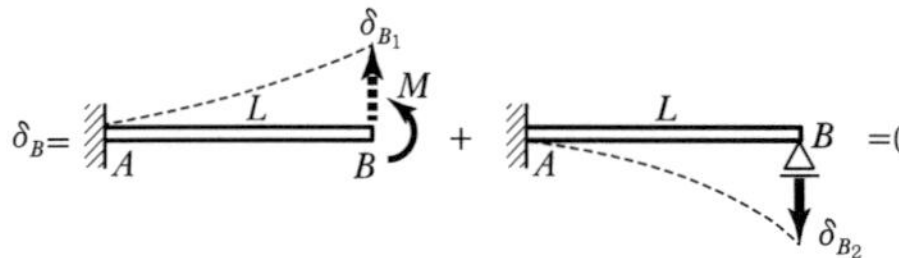

$\delta_B = \delta_{B_1} + \delta_{B_2} = -\dfrac{ML^2}{2EI} + \dfrac{R_B L^3}{3EI} = 0$

$\therefore R_B = \dfrac{3M}{2L} = 1.5\dfrac{M}{L}$

정답 01 ① 02 ③ 03 ②

16 다음 그림과 같은 보에서 A지점의 반력은?

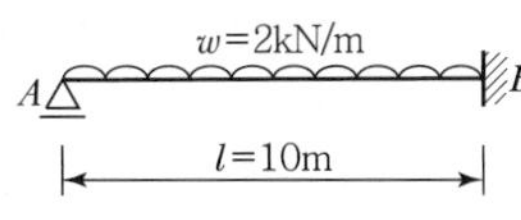

① 6.0kN ② 7.5kN
③ 8.0kN ④ 9.5kN

해설

$y_A = y_{A1} + y_{A2} = 0$이다.

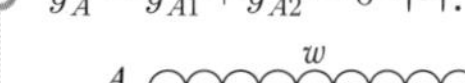
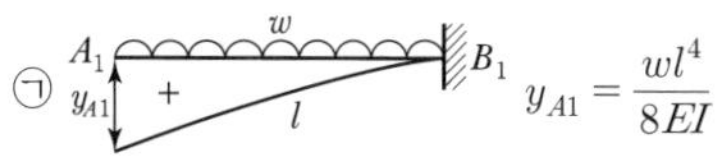

㉠ $y_{A1} = \dfrac{wl^4}{8EI}$

㉡ $y_{A2} = -\dfrac{R_A \cdot l^3}{3EI}$

㉢ $y_A = y_{A1} + y_{A2} = \dfrac{wl^4}{8EI} + \left(-\dfrac{R_A \cdot l^3}{3EI}\right) = 0$

$R_A = \dfrac{3wl}{8} = \dfrac{3 \times 2 \times 10}{8} = 7.5\text{kN}$

17 그림과 같은 부정정보에서 지점 A의 휨모멘트값을 옳게 나타낸 것은?

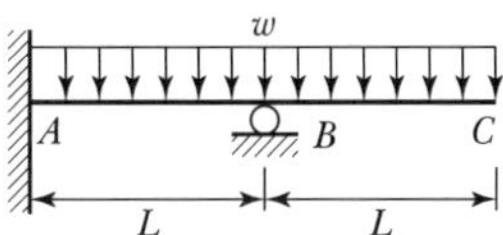

① $\dfrac{wL^2}{8}$ ② $-\dfrac{wL^2}{8}$

③ $\dfrac{3wL^2}{8}$ ④ $-\dfrac{3wL^2}{8}$

해설

$M_B = \dfrac{wl^2}{2}$

㉠ $M_B = \dfrac{wL^2}{2}$

㉡ $M_A = \dfrac{1}{2}M_B - \dfrac{wL^2}{8}$

$= \dfrac{1}{2}\left(\dfrac{wL^2}{2}\right) - \dfrac{wL^2}{8} = \dfrac{wL^2}{8}$

18 아래 그림과 같은 부정정보에서 C점에 작용하는 휨모멘트는?

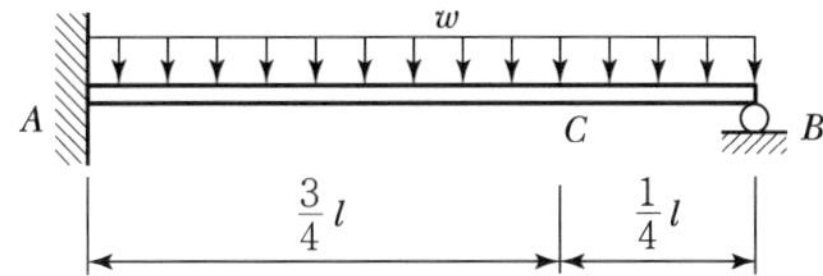

① $\dfrac{1}{16}wl^2$ ② $\dfrac{1}{12}wl^2$

③ $\dfrac{3}{32}wl^2$ ④ $\dfrac{5}{24}wl^2$

해설

㉠ $R_B = \dfrac{3wl}{8}(\uparrow)$

㉡ $M_C = \dfrac{3wl}{8} \times \dfrac{l}{4} - \left(w \times \dfrac{l}{4}\right) \times \left(\dfrac{l}{4} \times \dfrac{l}{2}\right)$

$= \dfrac{3wl^2}{32} - \dfrac{wl^2}{32}$

$= \dfrac{wl^2}{16}$

또는, $M_C = -M_A \times \dfrac{1}{4} + \dfrac{wab}{2}$

$= -\dfrac{wl^2}{8} \times \dfrac{1}{4} + \dfrac{w}{2}\left(\dfrac{3}{4}l\right)\left(\dfrac{1}{4}l\right)$

$= \dfrac{wl^2}{16}$

정답 16 ② 17 ① 18 ①

19 2경간 연속보의 중앙지점 B에서의 반력은?(단, EI는 일정하다.)

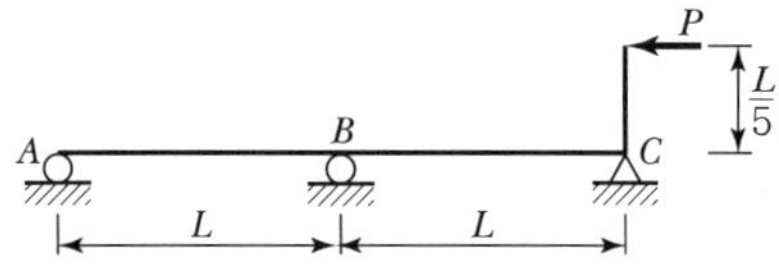

① $\dfrac{1}{25}P$　② $\dfrac{1}{15}P$

③ $\dfrac{1}{5}P$　④ $\dfrac{3}{10}P$

⊙ ㉠ $M_C = \dfrac{PL}{5}$

= ㉡ $M_C = \dfrac{PL}{5}$, δ_{B1}

+ ㉢ δ_{B2}, R_B

$$\delta_{B_1} = \frac{Ml^2}{16EI} = \frac{\left(\frac{PL}{5}\right)(2L)^2}{16EI} = \frac{PL^2}{20EI}$$

$$\delta_{B_2} = \frac{-R_b(2L)^3}{48EI} = \frac{-R_bL^3}{6EI}$$

㉣ $\delta_{B_1} + \delta_{B_2} = 0$

$$+\frac{PL^3}{20EI} - \frac{R_BL^3}{6EI} = 0$$

$$\therefore\ R_B = \frac{3}{10}P$$

20 다음 변형일치법에 의한 간단한 부정정보 해법과정 중 옳지 않은 것은?

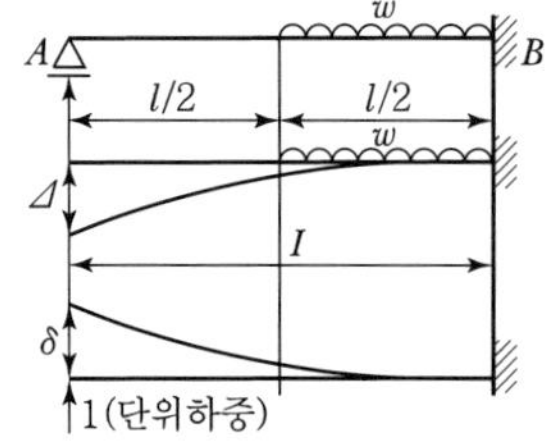

① 지점 A가 없다면 A점의 처짐은 $\Delta = \dfrac{7wl^4}{384EI}$이다.

② w를 제거하고 대신 A점에 단위하중을 가했을 때, A점의 처짐은 $\delta = \dfrac{l^3}{3EI}$이다.

③ $R_A \cdot \Delta = \delta$이어야 한다.

④ $R_A = \dfrac{7wl}{128}$이다.

⊙ $R_A \times \delta = \Delta$이므로

$$R_A = \frac{\Delta}{\delta} = \frac{7wl^4}{384EI} \times \frac{3EI}{l^3} = \frac{7wl}{128}(\uparrow)$$

정답 19 ④ 20 ③

⑤ 2경간 연속보에 제 공식을 적용하면 단면력도는 다음과 같다.

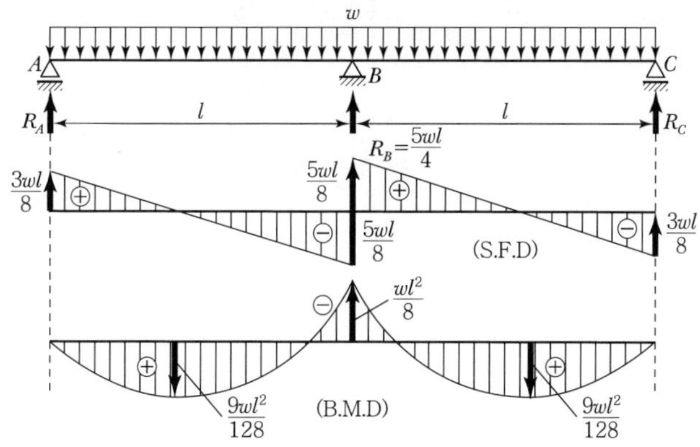

▌(그림 6) 고정보의 제 공식을 적용한 2경간 연속보▐

>>> 기본예제

01 그림과 같은 연속보에서 B점의 지점반력은?

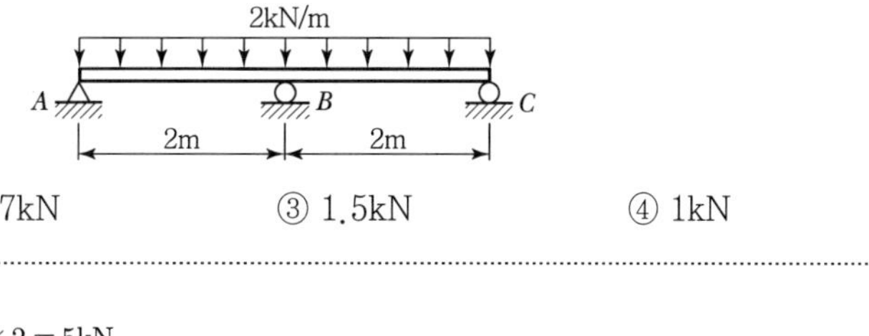

① 5kN　　② 2.67kN　　③ 1.5kN　　④ 1kN

해설

$$R_B = \frac{5}{8}wl \times 2 = \frac{5}{8} \times 2 \times 2 \times 2 = 5\text{kN}$$

02 다음의 2경간 연속보에서 지점 A에서의 수직반력은 얼마인가?

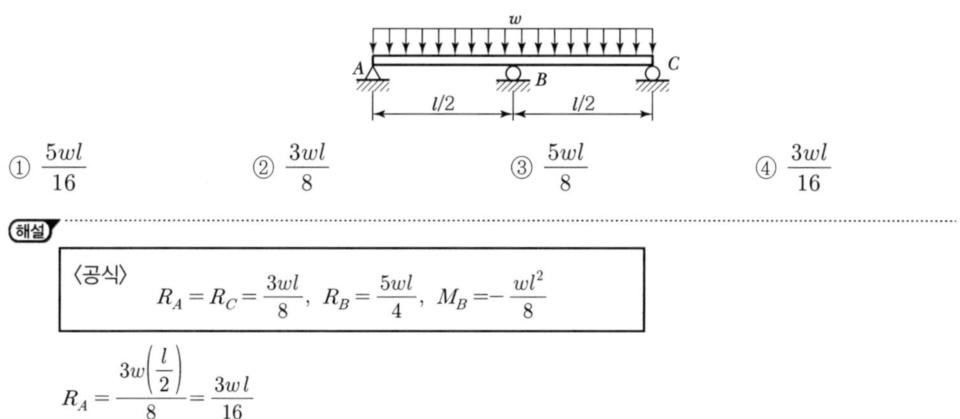

① $\frac{5wl}{16}$　　② $\frac{3wl}{8}$　　③ $\frac{5wl}{8}$　　④ $\frac{3wl}{16}$

해설

〈공식〉

$$R_A = R_C = \frac{3wl}{8},\ R_B = \frac{5wl}{4},\ M_B = -\frac{wl^2}{8}$$

$$R_A = \frac{3w\left(\frac{l}{2}\right)}{8} = \frac{3wl}{16}$$

정답 01 ① 02 ④

21 등분포하중을 받는 다음 연속보의 B지점의 모멘트는 얼마인가?(단, 휨강성 EI는 일정함)

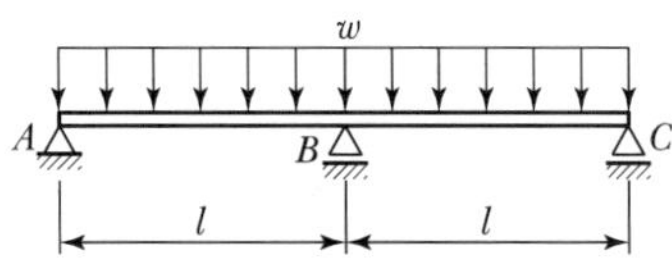

① $-\dfrac{wl^2}{2}$ ② $-\dfrac{wl^2}{4}$ ③ $-\dfrac{wl^2}{8}$ ④ $-\dfrac{wl^2}{12}$

해설 $M_B = -\dfrac{wl^2}{8}$

22 그림과 같은 2경간 연속보에 등분포하중 w가 만재되어 있을 때 중앙 지점의 반력 R_B는?

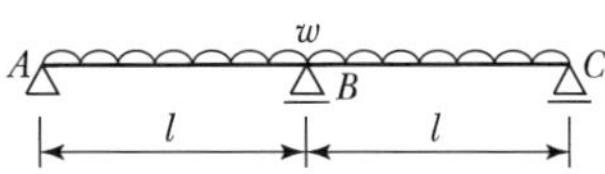

① $\dfrac{5}{2}wl$ ② $\dfrac{5}{4}wl$ ③ $\dfrac{5}{8}wl$ ④ $\dfrac{5}{16}wl$

해설 변형일치법으로 구하면

㉠ 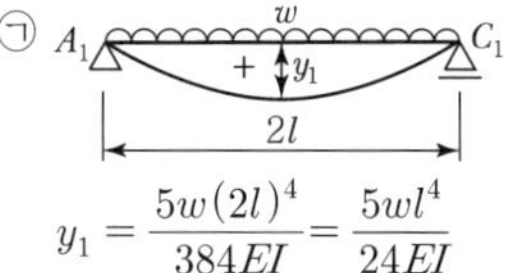

$y_1 = \dfrac{5w(2l)^4}{384EI} = \dfrac{5wl^4}{24EI}$

㉡ 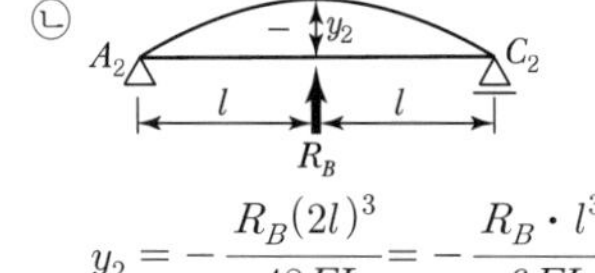

$y_2 = -\dfrac{R_B(2l)^3}{48EI} = -\dfrac{R_B \cdot l^3}{6EI}$

㉢ B점은 처짐이 없으므로 $y_B = y_1 + y_2 = 0$

$\dfrac{5wl^4}{24EI} + \left(-\dfrac{R_B \cdot l^3}{6EI}\right) = 0, \ \therefore \ R_B = \dfrac{5wl}{4}(\uparrow)$

23 그림과 같이 길이가 $2L$인 보에 w의 등분포하중이 작용할 때 중앙지점을 δ만큼 낮추면 중간지점의 반력(R_B)값은 얼마인가?

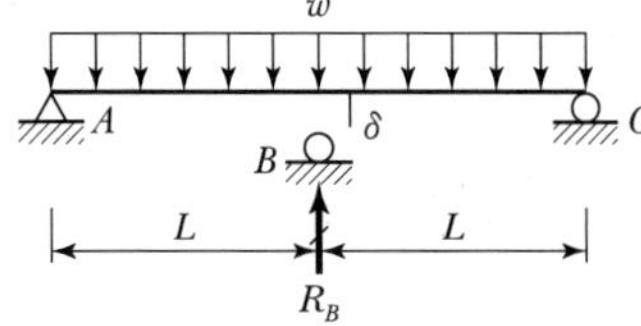

① $R_B = \dfrac{wL}{4} - \dfrac{6\delta EI}{L^3}$ ② $R_B = \dfrac{3wL}{4} - \dfrac{6\delta EI}{L^3}$

③ $R_B = \dfrac{5wL}{4} - \dfrac{6\delta EI}{L^3}$ ④ $R_B = \dfrac{7wL}{4} - \dfrac{6\delta EI}{L^3}$

해설 ㉠ 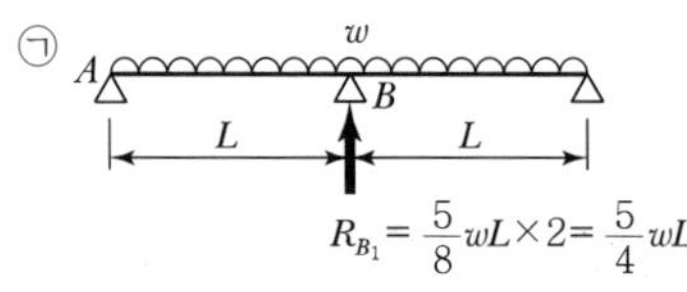

$R_{B_1} = \dfrac{5}{8}wL \times 2 = \dfrac{5}{4}wL$

㉡ 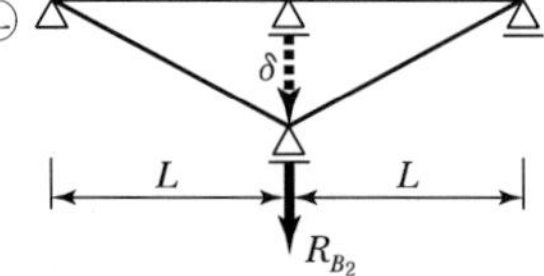

$R_{B_2} = \dfrac{3EI}{L^3}\delta \times 2 = \dfrac{6EI}{L^3}\delta$

㉢ $R_B = R_{B_1} + R_{B_2} = \dfrac{5}{4}wL - \dfrac{6EI}{L^3}\delta$

정답 21 ③ 22 ② 23 ③

▼ (표 1) 하중항 공식

지점상태 / 하중작용상태	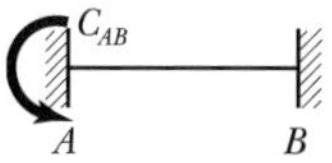 C_{AB} (A, B)	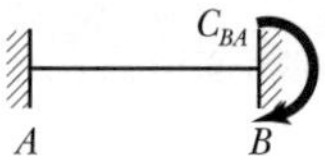 C_{BA} (A, B)	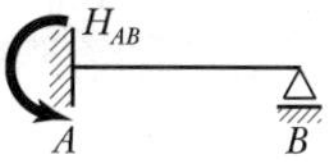 H_{AB} (A, B)	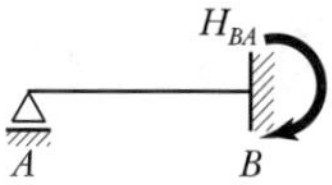 H_{BA} (A, B)
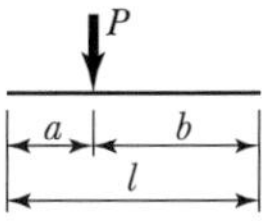 P, a, b, l	$\frac{Pab^2}{l^2}$	$\frac{Pa^2b}{l^2}$	$\frac{Pab}{2l^2}(l+b)$	$\frac{Pab}{2l^2}(l+a)$
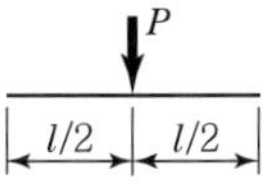 P, $l/2$, $l/2$	$\frac{Pl}{8}$	$\frac{Pl}{8}$	$\frac{3}{16}Pl$	$\frac{3}{16}Pl$
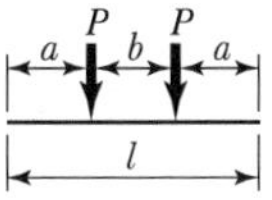 P, P, a, b, a, l	$\frac{Pa}{l}(1-a)$	$\frac{Pa}{l}(l-a)$	$\frac{3Pa}{2l}(l-a)$	$\frac{3Pa}{2l}(l-a)$
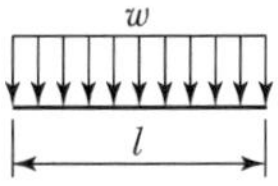 w, l	$\frac{wl^2}{12}$	$\frac{wl^2}{12}$	$\frac{wl^2}{8}$	$\frac{wl^2}{8}$
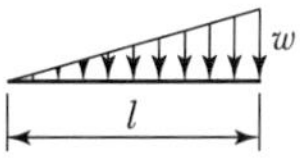 w, l	$\frac{wl^2}{30}$	$\frac{wl^2}{20}$	$\frac{7wl^2}{120}$	$\frac{8wl^2}{120}$
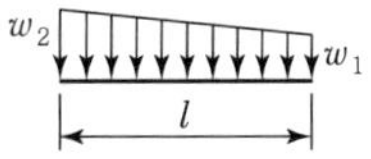 w_2, w_1, l	$\frac{l^2}{60}(3w_2+2w_1)$	$\frac{l^2}{60}(2w_2+3w_1)$	$\frac{l^2}{120}(8w_2+7w_1)$	$\frac{l^2}{120}(7w_2+8w_1)$
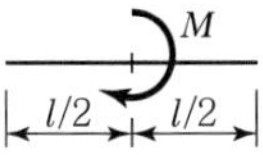 M, $l/2$, $l/2$	$\frac{M}{4}$	$\frac{M}{4}$	$\frac{3M}{8}$	$\frac{3M}{8}$
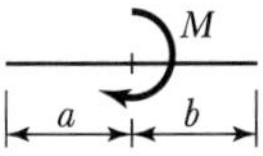 M, a, b	$\frac{M\cdot b}{l^2}(b-2a)$	$\frac{M\cdot a}{l^2}(a-2b)$	$\frac{M}{2l^3}(2b^3-3a^2b-a^3)$	$\frac{M}{2l^3}(2a^3-3ab^2-b^3)$

24 그림과 같은 양단고정보에서 A점 고정단 모멘트의 크기는?

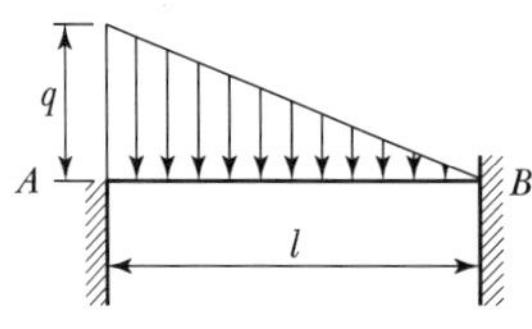

① $-\dfrac{ql^2}{30}$　② $-\dfrac{ql^2}{20}$

③ $-\dfrac{ql^2}{12}$　④ $-\dfrac{ql^2}{8}$

㉠ $M_A = -\dfrac{ql^2}{20}$

㉡ $M_B = -\dfrac{ql^2}{30}$

25 그림과 같은 양단고정보에서 C점의 휨모멘트 크기는?

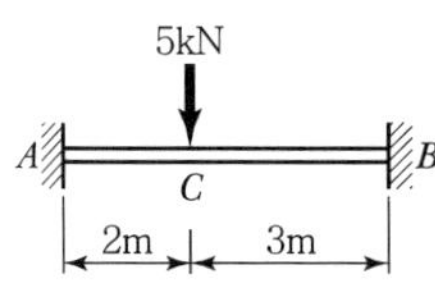

① 2.44kN · m　② 2.66kN · m

③ 2.88kN · m　④ 3.10kN · m

㉠ $M_A = \dfrac{Pab^2}{l^2} = \dfrac{5\times2\times3^2}{5^2} = 3.6\text{kN}\cdot\text{m}$

㉡ $M_B = \dfrac{Pa^2b}{l^2} = \dfrac{5\times2^2\times3}{5^2} = 2.4\text{kN}\cdot\text{m}$

㉢ $\sum M_B = 0$

$V_A\times5\text{m} - 5\text{kN}\times3\text{m} - 3.6\text{kN}\cdot\text{m} + 2.4\text{kN}\cdot\text{m} = 0$

$\therefore\ V_A = 3.24\text{kN}$

㉣ $M_C = 3.24\text{kN}\times2\text{m} - 3.6\text{kN}\cdot\text{m} = 2.88\text{kN}\cdot\text{m}$

26 그림과 같은 부정정보의 A점에 대한 휨모멘트가 옳게 된 것은?

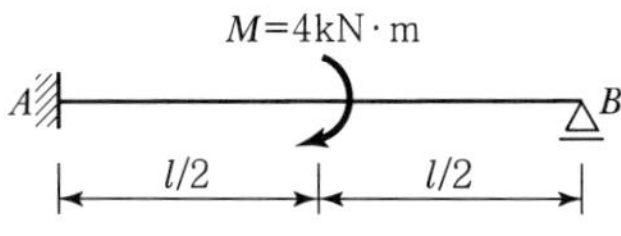

① 0.5kN · m　② −1.0kN · m

③ 1.5kN · m　④ −2.0kN · m

변형일치법으로 구하면

㉠

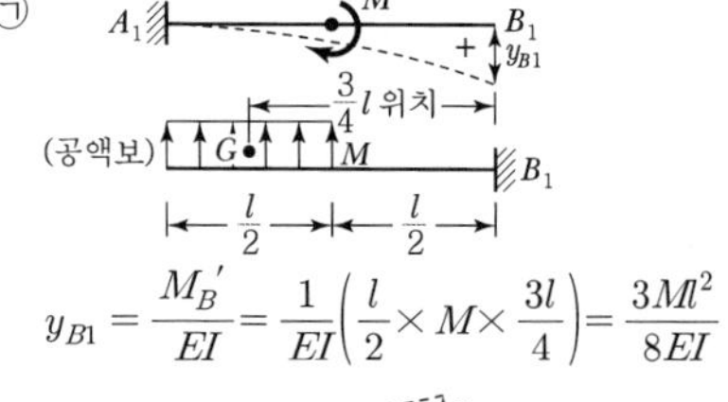

$y_{B1} = \dfrac{M_B'}{EI} = \dfrac{1}{EI}\left(\dfrac{l}{2}\times M\times\dfrac{3l}{4}\right) = \dfrac{3Ml^2}{8EI}$

㉡ $y_{B2} = -\dfrac{R_B\cdot l^3}{3EI}$

㉢ B점은 처짐이 없으므로

$y_B = y_{B1} + y_{B2} = 0$

$\therefore\ \dfrac{3Ml^2}{8EI} + \left(-\dfrac{R_B\cdot l^3}{3EI}\right) = 0 \quad \therefore\ R_B = \dfrac{9M}{8l}(\uparrow)$

㉣ $M_A = R_B\times l - M = \dfrac{9M}{8l}\times l - M = \dfrac{M}{8}$

$= \dfrac{4\text{kN}\cdot\text{m}}{8} = 0.5\text{kN}\cdot\text{m}$

정답 24 ② 25 ③ 26 ①

03 3연 모멘트의 정리

1. 정의

1857년 프랑스인 클라페이론(Clapeyron)이 제시한 것으로 부정정 연속보의 해석에 편리하며, 연속보의 2경간 3지점으로 방정식을 만들어 부정정을 해석하는 방법이다. 즉, 연속보에서 지점모멘트를 부정정 여력으로 취하면 부정정 여력 수만큼 방정식을 만들어 이것을 연립해서 풀어 지점모멘트를 구하는 정리다.

2. 3연 모멘트의 정리 기본식 적용

(1) 2지간 3지점을 묶어 하나의 방정식을 만든다.

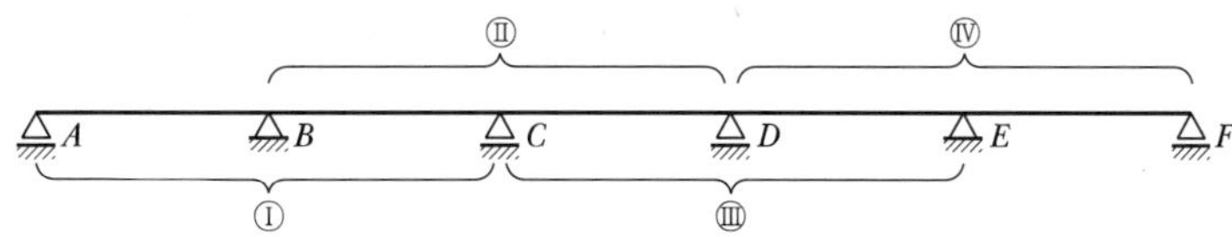

‖ (그림 7) 3연 모멘트 정리의 기본식 적용 ‖

① Ⅰ식 M_B, Ⅱ식 M_C, Ⅲ식 M_D, Ⅳ식 M_E를 구한다.

② 기본방정식수는 4개이고, 최소방정식수는 Ⅰ과 Ⅳ, Ⅱ와 Ⅲ이 같은 조건으로 2개이다.

(2) 고정지점인 경우는 가상지간을 연장하여 가동지점으로 한 후 방정식을 만들어 해석한다.

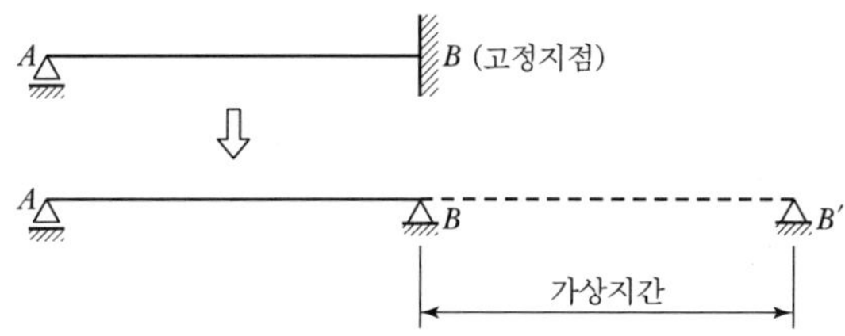

‖ (그림 8) 3연 모멘트 정리 기본식의 가상지간 ‖

3. 3연 모멘트 기본 방정식($I_1 = I_2 = I$, E : 일정)

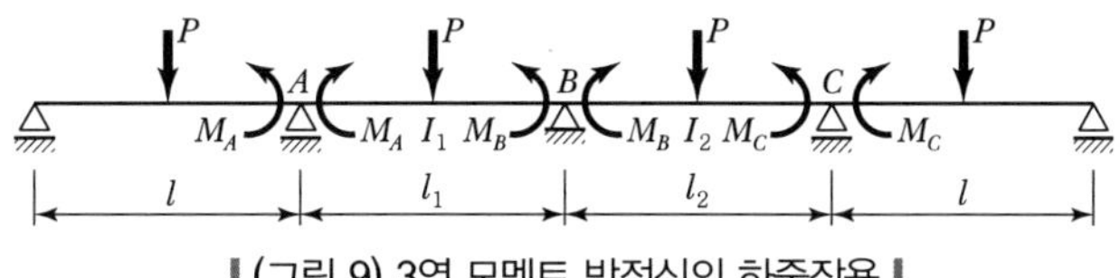

‖ (그림 9) 3연 모멘트 방정식의 하중작용 ‖

$$\therefore\ M_A \frac{l_1}{I_1} + 2M_B\left(\frac{l_1}{I_1} + \frac{l_2}{I_2}\right) + M_C \frac{l_2}{I_2} = 6E(\theta_{BA} - \theta_{BC})$$

27 다음 그림과 같은 연속보가 있다. B점과 C점 중간에 10kN의 하중이 작용할 때, B점에서의 휨모멘트 M은?(단, 탄성계수 E와 단면 2차모멘트 I는 전 구간에 걸쳐 일정하다.)

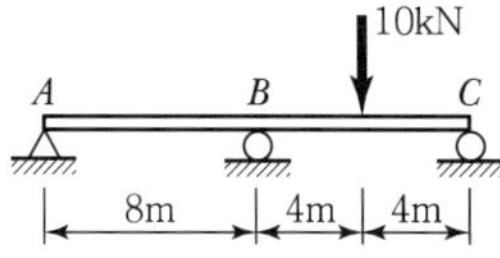

① −5kN · m　　② −7.5kN · m
③ −10kN · m　　④ −15kN · m

해설 3연 M법을 이용하면

10kN, $M_C=0$, A, B, C, 8m, 4m, 4m

$\frac{Pl}{4}=\frac{10\times8}{4}=20$, $a_x=4\text{m}$

$A=\frac{1}{2}\times20\times8=80$

$$M_A\left(\frac{8}{I}\right)+2M_B\left(\frac{8}{I}+\frac{8}{I}\right)+M_C\left(\frac{8}{I}\right)=0-\frac{6\times80\times4}{I\cdot8}$$

$M_B=-7.5\text{kN}\cdot\text{m}$

28 다음 그림에 보이는 1차 부정정보의 중앙 지점에서의 휨모멘트는?

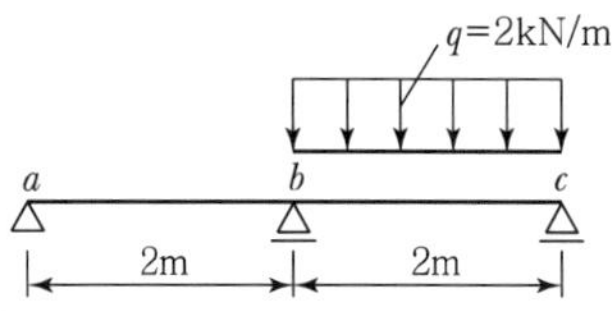

① −0.10kN · m　　② −0.25kN · m
③ −0.33kN · m　　④ −0.50kN · m

해설 $M_a=M_c=0$이므로

㉠ $2M_b\left(\frac{2\text{m}}{I}+\frac{2\text{m}}{I}\right)=6E\left(0-\frac{2\times2^3}{24EI}\right)$

$\therefore M_b=-0.5\text{kN}\cdot\text{m}$

㉡ $M_b=-\frac{q\cdot l^2}{16}$

$\therefore M_b=-\frac{2\times2^2}{16}=-0.5\text{kN}\cdot\text{m}$

29 3연 모멘트 방정식의 사용처로 적당한 곳은?

① 트러스 해석　　② 연속보 해석
③ 케이블 해석　　④ 아치 해석

해설 3연 모멘트법은 연속 구조물을 지간별로 분리하여 내부 휨모멘트를 부정정 여력으로 보고 푸는 방법이다.

정답 27 ②　28 ④　29 ②

4. 3연 모멘트 정리를 이용하는 방법

(1) 2지간 연속보에 집중하중이 작용할 때($E \cdot I$ 일정)

기본방정식에서 $M_A \cdot M_C$가 0이므로

$$2M_B\left(\frac{l_1}{I_1}+\frac{l_2}{I_2}\right)=6E(\theta_{BA}-\theta_{BC})$$

$$\therefore\ M_B=\frac{6EI}{4l}(\theta_{BA}-\theta_{BC})$$

$$=\frac{6EI}{4l}\left(-\frac{Pl^2}{16EI}-0\right)=\boxed{-\frac{3Pl}{32}}$$

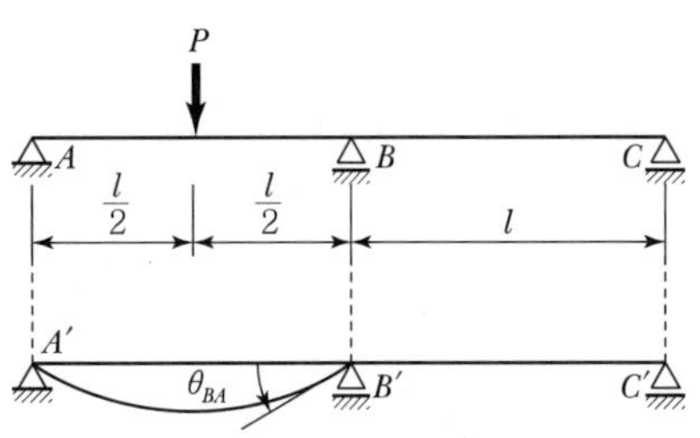

‖ (그림 10) 집중하중이 작용하는 연속보의 3연 모멘트 정리 해석 ‖

(2) 2지간 연속보에 등분포하중이 작용할 때 ($E \cdot I$ 일정)

기본방정식에서 $M_A \cdot M_C$가 0이므로

$$2M_B\left(\frac{l_1}{I_1}+\frac{l_2}{I_2}\right)=6E(\theta_{BA}-\theta_{BC})$$

$$\therefore\ M_B=\frac{6EI}{4l}(\theta_{BA}-\theta_{BC})$$

$$=\frac{6EI}{4l}\left(-\frac{wl^3}{24EI}-\frac{wl^3}{24EI}\right)$$

$$=\boxed{-\frac{wl^2}{8}}$$

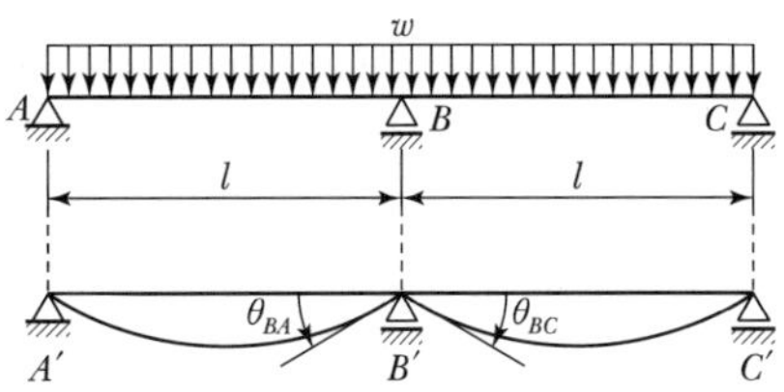

‖ (그림 11) 등분포하중이 작용하는 연속보의 3연 모멘트 정리 해석 ‖

>>> 기본예제

01 다음 그림과 같이 2경간 연속보의 첫 경간에 등분포하중이 작용한다. 중앙지점 B의 휨모멘트는?

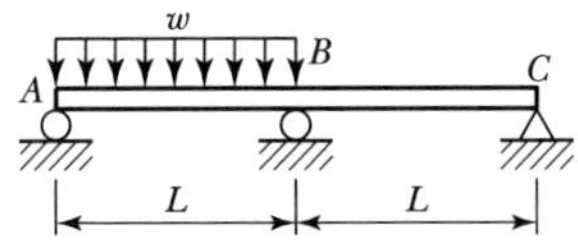

① $-\frac{1}{24}wL^2$　② $-\frac{1}{16}wL^2$　③ $-\frac{1}{12}wL^2$　④ $-\frac{1}{8}wL^2$

해설

㉠ (A, B, C 전 경간 w, L, L) $M_B=-\frac{wL^2}{8}$

㉡ (A–B 경간 w, L, L) $M_B=-\frac{wL^2}{16}$

정답 01 ②

30 그림과 같은 단면이 일정한 2경간 연속보에서 중간 지점의 휨 모멘트를 구하기 위해 세운 3연 모멘트 방정식(Three Moment Equation)으로 옳은 것은?

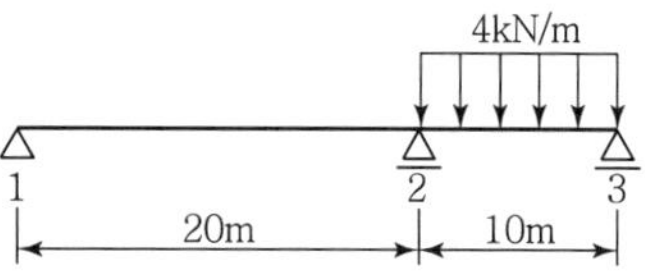

① $20M_1 + 30M_2 + 10M_3 = -(4\times 10^3)/12$

② $0 + 60M_2 + 0 = -10^3$

③ $0 + 30M_2 + 0 = -6\times(4\times 10^3/12)$

④ $20M_1 + 30M_2 + 0 = -6\times(4\times 10^3/4)$

해설 3연 M법을 이용하면

㉠ $M_1\left(\frac{l_1}{I_1}\right) + 2M_2\left(\frac{l_1}{I_1}+\frac{l_2}{I_2}\right) + M_3\left(\frac{l_2}{I_2}\right)$
$= 6E(\theta_{21}-\theta_{23})$

㉡ 여기서, $M_1 = M_3 = 0$, $I_1 = I_2 = I_3$(일정), $\theta_{23} = \frac{wl^3}{24EI}$

$\therefore 0 + 2M_2(20+10) + 0 = 6EI\left(0 - \frac{4\times 10^3}{24EI}\right)$

$0 + 60M_2 + 0 = -10^3$

31 그림과 같은 연속보에서 B지점 모멘트 M_B는?(단, EI는 일정하다.)

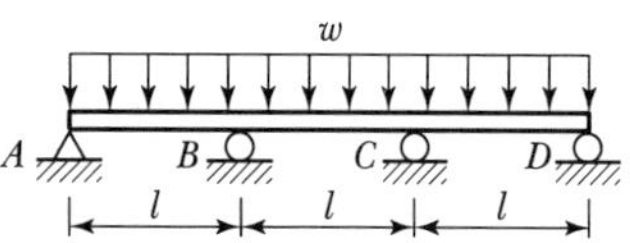

① $-\frac{wl^2}{4}$ ② $-\frac{wl^2}{8}$ ③ $-\frac{wl^2}{10}$ ④ $-\frac{wl^2}{12}$

해설 $M_B = M_C = -\frac{wl^2}{10}$

32 그림의 보에서 지점모멘트 M_B의 크기는?

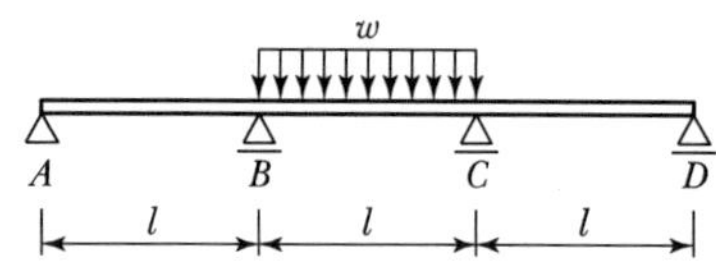

① $-\frac{wl^2}{20}$ ② $-\frac{wl^2}{10}$

③ $-\frac{wl^2}{5}$ ④ $-wl^2$

해설

$M_A=0$, $M_D=0$

$(A-B-C)$

㉠ $M_A\left(\frac{l}{I}\right) + 2M_B\left(\frac{l}{I}+\frac{l}{I}\right) + M_C\left(\frac{l}{I}\right)$
$= 0 - \frac{6\times\frac{wl^3}{12}\times\frac{l}{2}}{I\cdot l}$

㉡ $M_B = M_C$

㉢ $M_B = -\frac{wl^2}{20}$

정답 30 ② 31 ③ 32 ①

5. 하중과 지점 부등침하를 고려할 때

(1) 기본방정식에서 침하에 의한 값을 추가로 고려한다.

$$M_A\frac{l_1}{I_1}+2M_B\left(\frac{l_1}{I_1}+\frac{l_2}{I_2}\right)+M_C\frac{l_2}{I_2}=6E(\theta_{BA}-\theta_{BC})+6E(R_{AB}-R_{BC})$$

㉠ B지점이 δ만큼 침하할 때

$$R_{AB}=\frac{\delta}{l} \qquad R_{BC}=-\frac{\delta}{l}$$

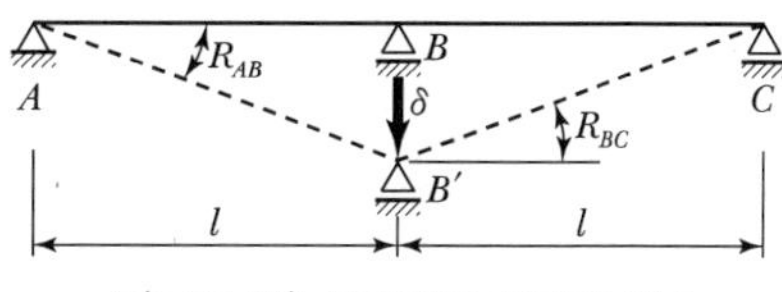

▌(그림 12) B지점이 침하할 때▐

㉡ A지점이 δ만큼 침하할 때

$$R_{AB}=-\frac{\delta}{l}$$

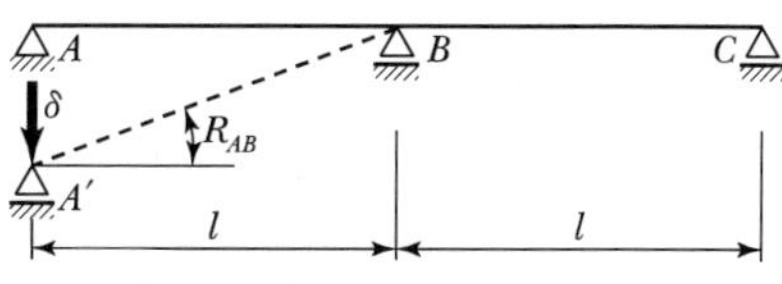

▌(그림 13) A지점이 침하할 때▐

㉢ C지점이 δ만큼 침하할 때

$$R_{BC}=\frac{\delta}{l}$$

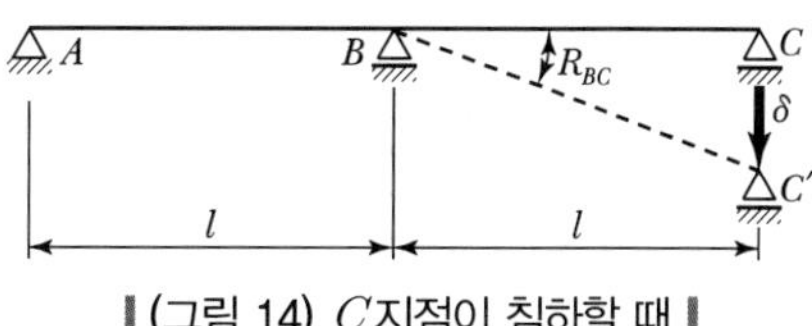

▌(그림 14) C지점이 침하할 때▐

(2) 2지간 연속보에서 B지점이 δ만큼 침하할 때($E \cdot I$ 일정)

기본방정식에서 $M_A \cdot M_B$가 0이므로

$$2M_B\left(\frac{l_1}{I_1}+\frac{l_2}{I_2}\right)=6E(R_{AB}-R_{BC})$$

$$\therefore\ M_B=\frac{6EI}{4l}(R_{AB}-R_{BC})$$

$$=\frac{6EI}{4l}\left(\frac{\delta}{l}+\frac{\delta}{l}\right)=\frac{6EI}{4l}\times\frac{2\delta}{l}$$

$$=\boxed{\frac{3EI\delta}{l^2}}$$

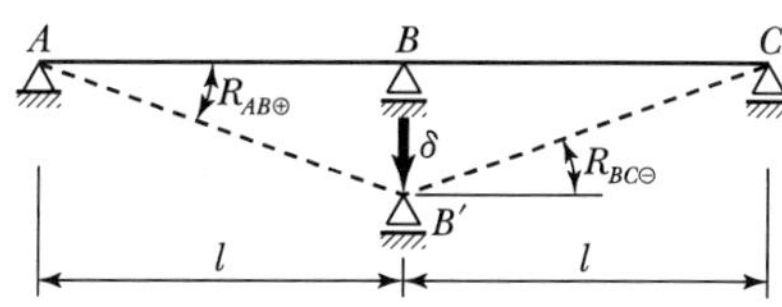

▌(그림 15) 지점침하 시 3연 모멘트 정리해석▐

33 그림과 같은 2경간 연속보에서 B점이 5cm 아래로 침하하고, C점이 2cm 위로 상승하는 변위를 각각 취했을 때 B점의 휨 모멘트로서 옳은 것은?

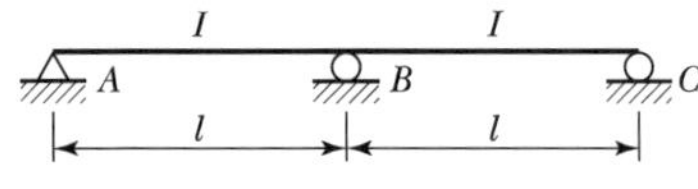

① $20EI/l^2$　② $18EI/l^2$
③ $15EI/l^2$　④ $12EI/l^2$

해설: 3연 모멘트식을 이용하면

$$0+2M_B\left(\frac{l}{I}+\frac{l}{I}\right)+0=0+6E\left(\frac{5-0}{l}-\frac{-2-5}{l}\right)$$

$$\therefore \frac{4M_B\cdot l}{I}=6E\left(\frac{12}{l}\right)$$

$$\therefore M_B=\frac{18EI}{l^2}$$

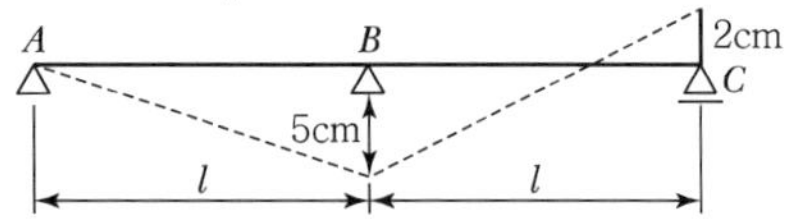

〈별해〉

$$M_B=\frac{3EI}{l^2}\delta+\frac{3EI}{l^2}\left(\frac{\delta}{2}\right)=\frac{3EI}{l^2}\left(5+\frac{2}{2}\right)=\frac{18EI}{l^2}$$

34 다음과 같은 3-Span 연속보의 B점이 5cm 아래로, C점이 2cm 위로 지점 변위를 일으켰다. 3연 모멘트 정리로 지점 A, B, C에 적용시킨 식을 간단히 정리한 식은?(단, 지간에 재하된 하중은 없으며 EI는 일정하다.)

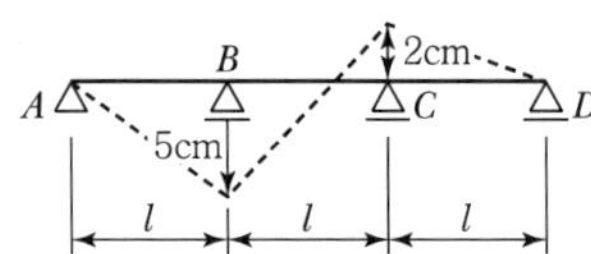

① $M_B+4M_C=\dfrac{36}{l^2}EI$　② $2M_B+4M_C=\dfrac{-36}{l^2}EI$
③ $M_B+4M_C=-\dfrac{72}{l^2}EI$　④ $4M_B+M_C=\dfrac{72}{l^2}EI$

해설:

㉠ 경계조건
$M_A=M_D=0$, $\theta_B=\theta_C=0$(하중 없음)

㉡ 지점변위 $\beta=\dfrac{\delta-\delta}{l}$

㉢ (ABC에 적용)

$$2M_B\left(\frac{l}{I}+\frac{l}{I}\right)+M_C\left(\frac{l}{I}\right)=6E\left(\frac{5-0}{l}-\frac{-2-5}{l}\right)$$

$$\frac{4M_B\cdot l}{I}+\frac{M_C\cdot l}{I}=6E\left(\frac{12}{l}\right)$$

$$\therefore 4M_B+M_C=\frac{72EI}{l^2}$$

㉣ (BCD에 적용)

$$M_B\left(\frac{l}{I}\right)+2M_C\left(\frac{l}{I}+\frac{l}{I}\right)=6E\left(\frac{-2-5}{l}-\frac{-0(-2)}{l}\right)$$

$$\frac{M_B\cdot l}{I}+\frac{4M_C\cdot l}{I}=6E\left(\frac{-9}{l}\right)$$

$$\therefore M_B+4M_C=-\frac{54EI}{l^2}$$

정답 33 ② 34 ④

▼ (표 2) 보의 하중상태에 따른 반력과 휨모멘트 관계

하중상태	반력과 휨모멘트	하중상태	반력과 휨모멘트
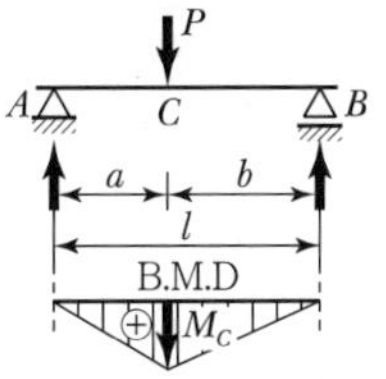 P, A, C, B, a, b, l, B.M.D, M_C	$R_A=\frac{Pb}{l}$, $M_A=M_B=0$ $R_B=\frac{Pa}{l}$, $M_C=\frac{Pab}{l}$	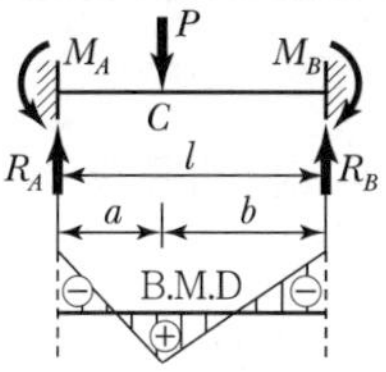 M_A, P, M_B, C, l, R_A, R_B, a, b, B.M.D	$R_A=\frac{Pb}{l}$, $M_A=-\frac{Pab^2}{l^2}$ $R_B=\frac{Pa}{l}$, $M_B=-\frac{Pa^2b}{l^2}$ $M_C=\frac{Pab}{2l}$
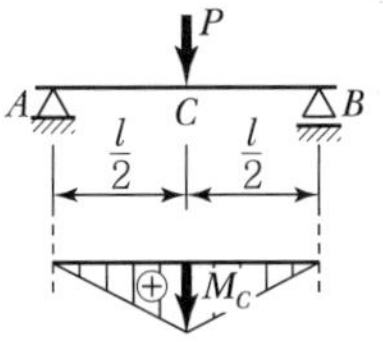 P, A, C, B, $\frac{l}{2}$, $\frac{l}{2}$, M_C	$R_A=R_B=\frac{P}{2}$, $M_A=M_B=0$, $M_C=\frac{Pl}{4}$	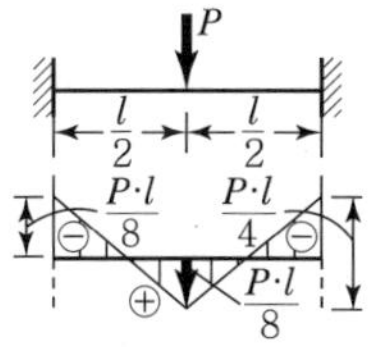 P, $\frac{l}{2}$, $\frac{l}{2}$, $\frac{P\cdot l}{8}$, $\frac{P\cdot l}{4}$, $\frac{P\cdot l}{8}$	$R_A=\frac{P}{2}$, $M_A=M_B=-\frac{Pl}{8}$ $P_B=\frac{P}{2}$, $M_C=\frac{Pl}{8}$
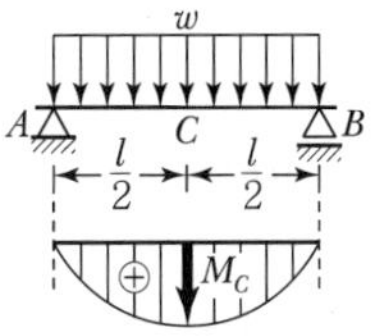 w, A, C, B, $\frac{l}{2}$, $\frac{l}{2}$, M_C	$R_A=\frac{wl}{2}$, $M_A=M_B=0$ $R_B=\frac{wl}{2}$, $M_C=\frac{wl^2}{8}$	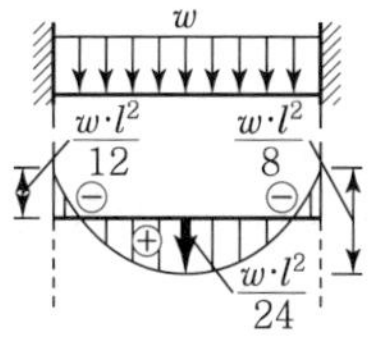 w, $\frac{w\cdot l^2}{12}$, $\frac{w\cdot l^2}{8}$, $\frac{w\cdot l^2}{24}$	$R_A=\frac{wl}{2}$, $M_A=M_B=-\frac{wl^2}{12}$ $R_B=\frac{wl}{2}$, $M_C=\frac{wl^2}{24}$
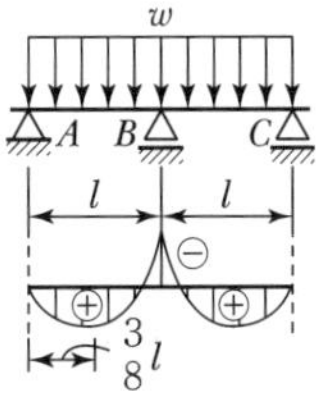 w, A, B, C, l, l, $\frac{3}{8}l$	$R_A=R_C=\frac{3}{8}wl$ $R_B=\frac{10}{8}wl=\frac{5}{4}wl$ $M_A=M_C=0$ $M_B=-\frac{wl^2}{8}$ $M_{max}=\frac{9}{128}wl^2$	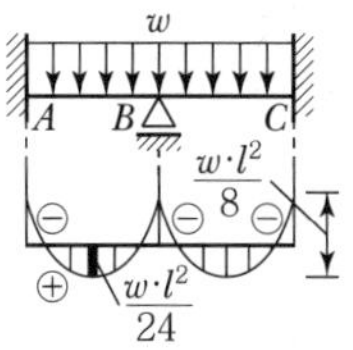 w, A, B, C, $\frac{w\cdot l^2}{8}$, $\frac{w\cdot l^2}{24}$	$R_A=R_C=\frac{wl}{2}$ $R_B=wl$ $M_A=M_B=M_C=-\frac{wl^2}{12}$ $(+)M_{max}=\frac{wl^2}{24}$
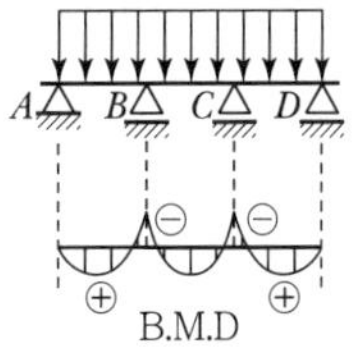 A, B, C, D, B.M.D	$R_A=R_D=\frac{4}{10}wl$ $R_B=R_C=\frac{11}{10}wl$ $M_B=M_C=-\frac{wl^2}{10}$	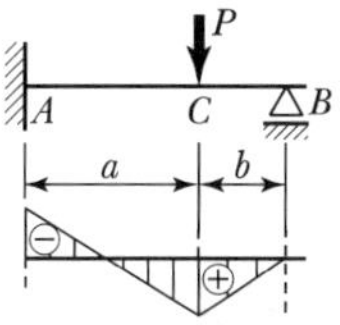 P, A, C, B, a, b	$R_B=\frac{Pa^2(2l+b)}{2l^3}$ $R_A=P-R_B$ $M_A=-\frac{Pab(a+2b)}{2l^2}$
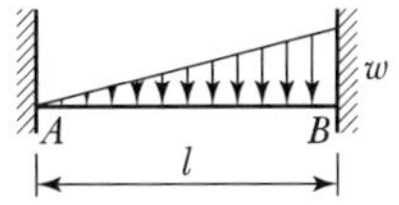 A, B, w, l	$R_A=\frac{3wl}{20}$, $M_A=-\frac{3wl^2}{20}$ $R_B=\frac{7}{20}wl$, $M_B=-\frac{wl^2}{20}$	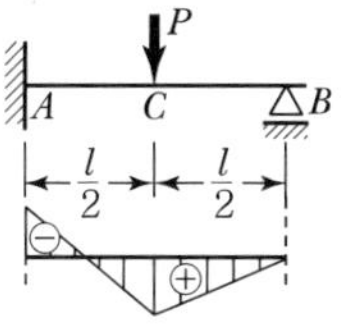 P, A, C, B, $\frac{l}{2}$, $\frac{l}{2}$	$R_A=\frac{11}{16}P$, $M_A=-\frac{3}{16}Pl$ $R_B=\frac{5}{16}P$, $M_C=\frac{5}{32}Pl$
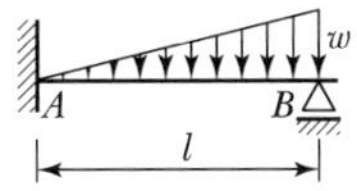 A, B, w, l	$R_A=\frac{9}{40}wl$, $M_A=\frac{-7wl^2}{120}$ $R_B=\frac{11}{40}wl$, $M_B=0$	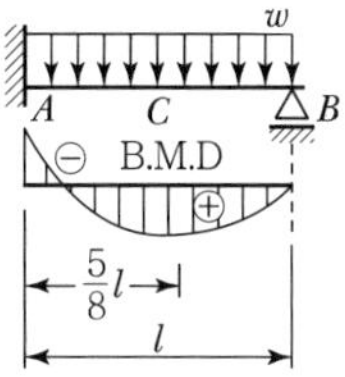 w, A, C, B, B.M.D, $\frac{5}{8}l$, l	$R_A=\frac{5}{8}wl$, $M_A=-\frac{wl^2}{8}$ $R_B=\frac{3}{8}wl$, $M_{max}=\frac{9wl^2}{128}$ $M_C=\frac{wl^2}{16}$
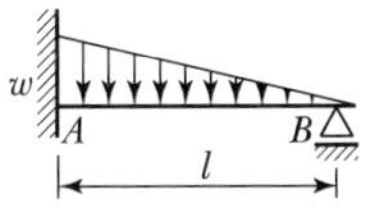 w, A, B, l	$R_A=\frac{4}{10}wl$, $M_A=-\frac{wl^2}{15}$ $R_B=\frac{1}{10}wl$		

35 그림과 같은 부정정보의 휨모멘트도는 다음 중 어느 것인가?

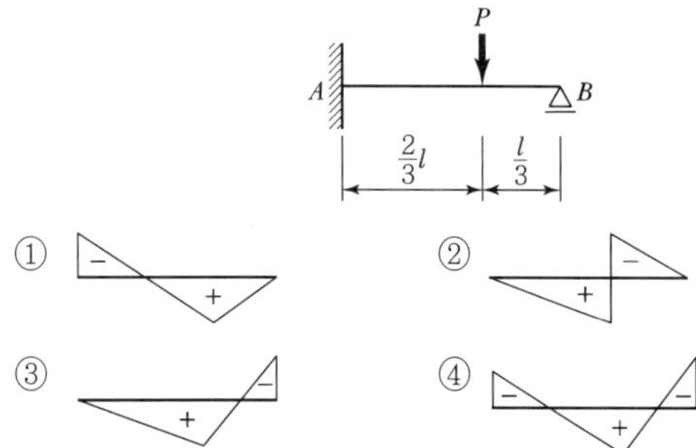

(B.M.D)

36 양단고정보에 집중하중 P가 작용할 때 A점의 고정단 모멘트가 최대가 되기 위한 하중 P의 위치는?

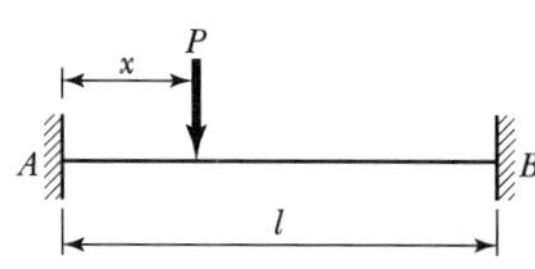

① $x=\frac{l}{2}$ ② $x=\frac{l}{3}$

③ $x=\frac{l}{4}$ ④ $x=\frac{l}{5}$

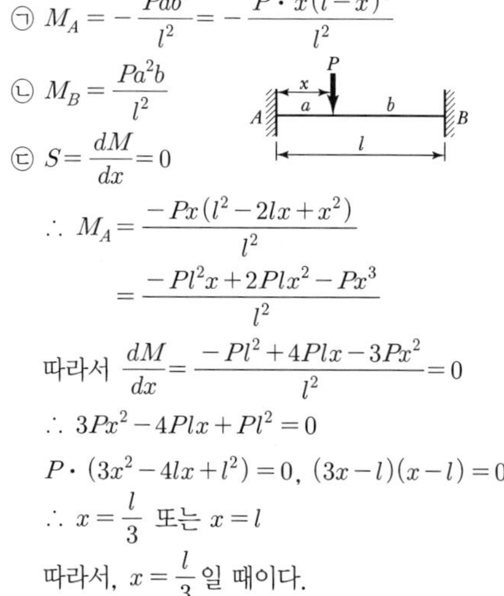

㉠ $M_A=-\frac{Pab^2}{l^2}=-\frac{P\cdot x(l-x)^2}{l^2}$

㉡ $M_B=\frac{Pa^2b}{l^2}$

㉢ $S=\frac{dM}{dx}=0$

$\therefore M_A=\frac{-Px(l^2-2lx+x^2)}{l^2}$

$=\frac{-Pl^2x+2Plx^2-Px^3}{l^2}$

따라서 $\frac{dM}{dx}=\frac{-Pl^2+4Plx-3Px^2}{l^2}=0$

$\therefore 3Px^2-4Plx+Pl^2=0$

$P\cdot(3x^2-4lx+l^2)=0$, $(3x-l)(x-l)=0$

$\therefore x=\frac{l}{3}$ 또는 $x=l$

따라서, $x=\frac{l}{3}$일 때이다.

37 그림과 같은 2경간 연속보에서 중앙 지점의 휨모멘트가 $M_B=-\frac{3Pl}{16}$이다. 각 지점의 반력은?

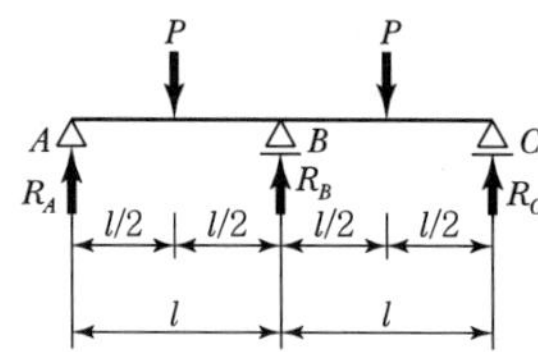

① $R_A=\frac{5}{16}P$, $R_B=\frac{22}{16}P$, $R_C=\frac{5}{16}P$

② $R_A=\frac{5}{16}P$, $R_B=\frac{11}{16}P$, $R_C=\frac{5}{16}P$

③ $R_A=\frac{3}{16}P$, $R_B=\frac{26}{16}P$, $R_C=\frac{3}{16}P$

④ $R_A=\frac{3}{16}P$, $R_B=\frac{13}{16}P$, $R_C=\frac{3}{16}P$

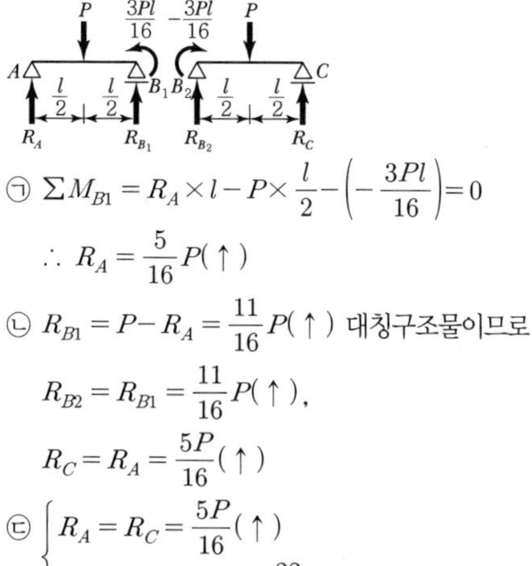

㉠ $\Sigma M_{B1}=R_A\times l-P\times\frac{l}{2}-\left(-\frac{3Pl}{16}\right)=0$

$\therefore R_A=\frac{5}{16}P(\uparrow)$

㉡ $R_{B1}=P-R_A=\frac{11}{16}P(\uparrow)$ 대칭구조물이므로

$R_{B2}=R_{B1}=\frac{11}{16}P(\uparrow)$,

$R_C=R_A=\frac{5P}{16}(\uparrow)$

㉢ $\begin{cases} R_A=R_C=\frac{5P}{16}(\uparrow) \\ R_B=R_{B1}+R_{B2}=\frac{22}{16}P(\uparrow) \end{cases}$

정답 35 ① 36 ② 37 ①

38 주어진 보에서 지점 A의 휨모멘트(M_A) 및 반력 R_A의 크기로 옳은 것은?

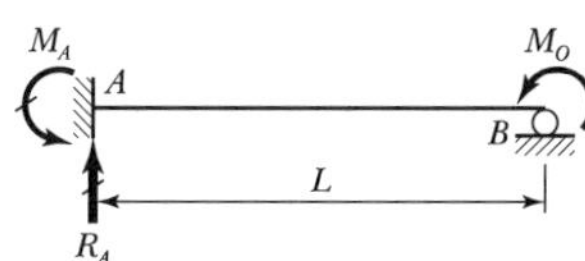

① $M_A = \dfrac{M_o}{2},\ R_A = \dfrac{3M_o}{2L}$ ② $M_A = M_o,\ R_A = \dfrac{M_o}{L}$

③ $M_A = \dfrac{M_o}{2},\ R_A = \dfrac{5M_o}{2L}$ ④ $M_A = M_o,\ R_A = \dfrac{2M_o}{L}$

해설

㉠ $M_A = \dfrac{M_o}{2}$ (↶)

㉡ $\Sigma M_{Ⓑ} = 0$

$$R_A \times L - \frac{M_o}{2} - M_o = 0$$

$$R_A = \frac{3M_o}{2L}\ (\uparrow)$$

39 다음과 같은 보의 A점의 수직반력 V_A는?

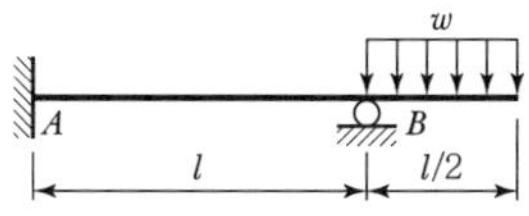

① $\dfrac{3}{8}wl(\downarrow)$ ② $\dfrac{1}{4}wl(\downarrow)$

③ $\dfrac{3}{16}wl(\downarrow)$ ④ $\dfrac{3}{32}wl(\downarrow)$

해설

〈공식〉

㉠ $\dfrac{M}{2}$, M, L, $V_B = \dfrac{3M}{2L}$

㉡ P, L, a, V_B

$$V_B = P + \frac{3M}{2L} = P + \frac{3(Pa)}{2L}$$

㉢ w, L, a ⇓ wa, $\dfrac{wa^2}{2}$, L, V_B

$$V_B = wa + \frac{3M}{2L} = wa + \frac{3\left(\frac{wa^2}{2}\right)}{2L}$$

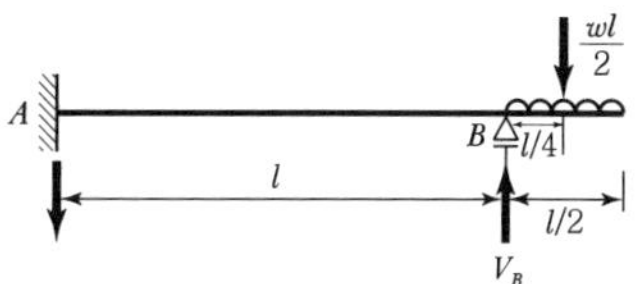

㉠ $V_B = \dfrac{wl}{2} + \dfrac{3M}{2l}$

$$= \frac{wl}{2} + \frac{3\left(\frac{wl^2}{8}\right)}{2l}$$

$$= \frac{wl}{2} + \frac{3}{16}wl$$

$$= \frac{11}{16}wl$$

㉡ $\Sigma V = 0$

$$-\frac{wl}{2} + V_A + V_B = 0$$

$$-\frac{wl}{2} + V_A + \frac{11}{16}wl = 0$$

$$V_A = \frac{-3}{16}wl$$

$$= \frac{3}{16}wl(\downarrow)$$

정답 38 ① 39 ③

해설

40 다음 구조물에서 지점 B의 수평반력 R_B는?

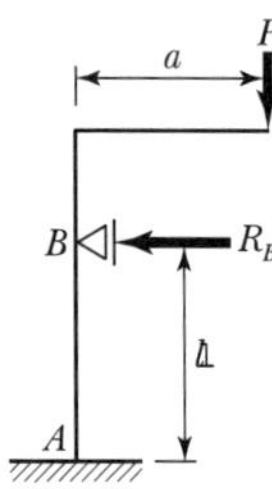

① $\frac{Pa}{l}$　② $\frac{2Pl}{3a}$

③ $\frac{3Pa}{2l}$　④ $\frac{3Pl}{4a}$

㉠ $M_A = M_B \times \frac{1}{2} = \frac{P \cdot a}{2}(\curvearrowright)$

㉡ $\Sigma M_A = -R_B \times l + \frac{Pa}{2} + P \cdot a = 0$

$\therefore R_B = \frac{3Pa}{2l}(\leftarrow)$

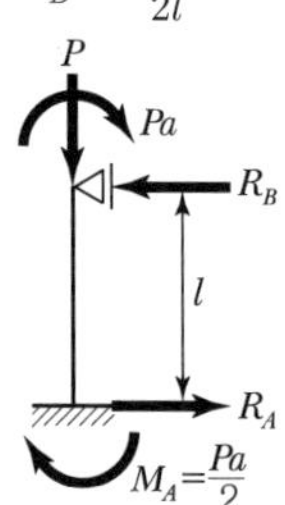

41 다음과 같은 보의 B점의 수직반력 V_B는?

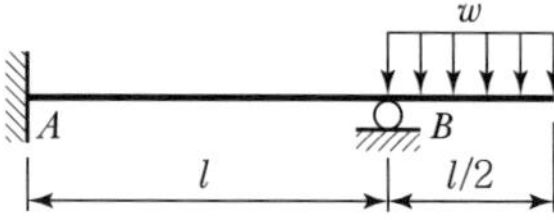

① $\frac{3}{8}wl(\downarrow)$　② $\frac{1}{4}wl(\downarrow)$

③ $\frac{11}{16}wl(\uparrow)$　④ $\frac{3}{32}wl(\downarrow)$

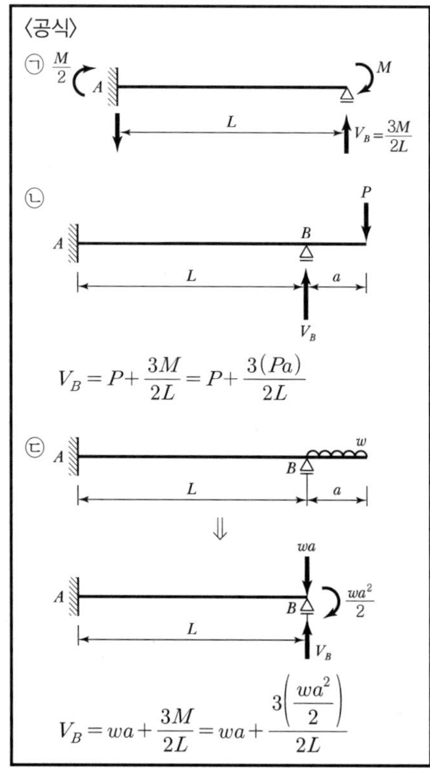

〈문제 38번 해설 참고〉

정답 40 ③ 41 ③

42 그림과 같은 보의 고정단 B의 휨모멘트는?

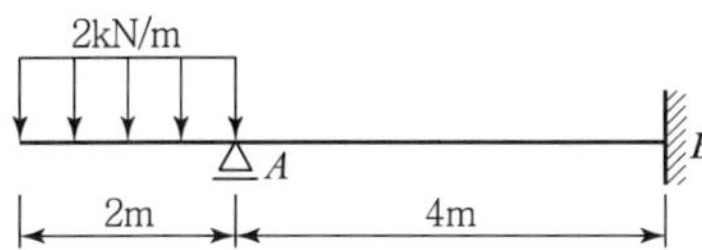

① 1kN · m ② 2kN · m ③ 3kN · m ④ 4kN · m

$\therefore\ M_B = M_A \times \frac{1}{2} = (4\text{t} \times 1\text{m}) \times \frac{1}{2}$
$= 2\text{kN} \cdot \text{m}$

43 다음 그림과 같은 1차 부정정 보에서 지점 B의 반력은?

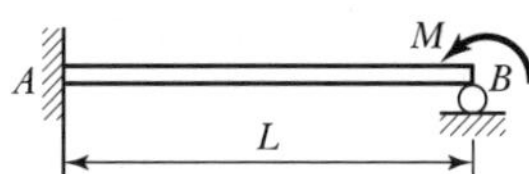

① $\frac{M}{L}$ ② $\frac{1.5M}{L}$ ③ $\frac{2M}{L}$ ④ $\frac{2.5M}{L}$

변형일치법

$\delta_B = \delta_{B_1} + \delta_{B_2} = 0$

$= -\frac{ML^2}{2EI} + \frac{R_B L^3}{3EI} = 0$

$R_B = \frac{3M}{2L} = 1.5\frac{M}{L}$

44 아래 그림과 같은 보에서 A점의 휨 모멘트는?

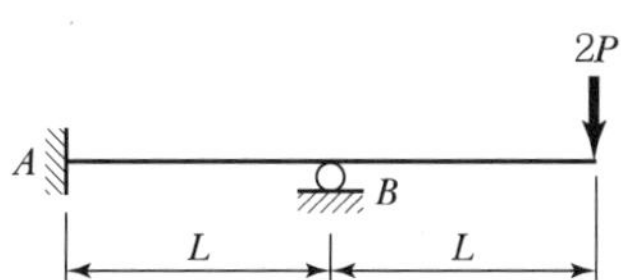

① $\frac{PL}{8}$(시계방향) ② $\frac{PL}{2}$(시계방향)

③ $\frac{PL}{2}$(반시계방향) ④ PL(시계방향)

㉠ $M_B = 2PL$

㉡ $M_A = \frac{M_B}{2} = PL$

45 그림과 같은 보에서 B점의 연직 반력은?(단, EI는 일정)

① $R_B = P + \frac{Pa}{2l}$

② $R_B = \frac{Pa}{2l}$

③ $R_B = P + \frac{3Pa}{2l}$

④ $R_B = \frac{3Pa}{2l}$

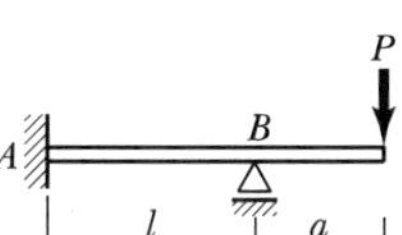

B점에 P와 $M(=Pa)$이 작용하는 경우와 같으므로

$R_B = P + \frac{3M}{2l} = P + \frac{3Pa}{2l}$

정답 42 ② 43 ② 44 ④ 45 ③

04 모멘트 분배법(고정모멘트법)

1. 정의

모멘트 분배법은 미국의 하디 크로스(Hardy Cross) 교수가 제시한 것으로 구조물의 절점 또는 임의 단면에서 모멘트의 균형을 유지하기 위하여 분배율을 적용하여 불균형 모멘트를 분배해가는 순환해법의 근사적 방법으로 부정정 라멘 해석에 효과적으로 사용되고 있다.

2. 해법순서

(1) 부재강도(k)와 강비(K)

① 부재강도(Stiffness) : k

$$k = \frac{\text{단면2차 모멘트}(I)}{\text{부재길이}(l)}$$

② 기준강도(k_0) : 여러 부재의 강도 중에서 기준으로 삼기 위한 지정강도

③ 강비(Stiffness Ratio) : K

$$K = \frac{\text{그 부재강도}(k)}{\text{기준강도}(k_0)}$$

(2) 분배율(Distribution Factor : DF)

$$D.F = \frac{\text{그 부재강도}(k)}{\text{전체강비}(\sum K)}$$

주 분배율의 합은 1이다.

(3) 하중항(Fixed End Moment : FEM) : (표 1) 하중항 공식 이용

(4) 불균형 모멘트(Unbalanced Moment : UMB)

보의 임의 한 점에서 좌우 모멘트 값은 같아야 하나 지간을 나누어 계산해보면 좌우 하중항이 틀린 경우가 대부분이다. 이 **좌우 모멘트 차를 불균형 모멘트**라 한다.

(5) 분배모멘트(Distributed Moment : DM)

$$D.M = \text{불균형 모멘트}(M) \times \text{분배율}(DF)$$

(6) 전달률과 전달모멘트

① 전달률(Carry Factor) : f

한쪽에 작용하는 모멘트를 다른 쪽 지점으로 전달하는 비율로 **고정절점 또는 고정지점에서 1/2이고 활절에서는 0이다.**

② 전달모멘트(Carry Moment : CM)

$$C.M = \text{분배모멘트}(D.M) \times \text{전달률}(f)$$

(7) 재단모멘트 = 최종모멘트(Final Moment : F.M)

재단모멘트 = 하중항 + 분배모멘트 + 전달모멘트 = 하중항 + 변량모멘트($D.M+C.M$)

주 재단 모멘트의 부호는 작용위치에 관계없이 **(+)인 경우는 시계방향, (−)인 경우는 반시계방향**을 의미한다.

▼ **(표 3) 유효강비 및 전달률, 절대강도**

부재의 조건	휨모멘트분포도	유효강비(강도)	전달률(f)	절대강도
타단 고정		$k\left(\frac{I}{l}\right)$ (100%)	$\frac{1}{2}$	$\frac{4EI}{l}$
타단 활절		$\frac{3}{4}k\left(\frac{I}{l}\right)$ (75%)	0	$\frac{3EI}{l}$
타단 자유		0	0	0
대칭 변형		$\frac{1}{2}k\left(\frac{I}{l}\right)$ (50%)	−1	$\frac{2EI}{l}$
역대칭 변형		$\frac{3}{2}k\left(\frac{I}{l}\right)$ (150%)	1	$\frac{6EI}{l}$

>>> 기본예제

01 모멘트 분배법의 적용이 적당한 예는?

① 트러스의 처짐 계산 ② 트러스 내력 계산 ③ 아치의 해석 ④ 라멘의 해석

해설

모멘트 분배법은 Hardy Cross 교수가 제안한 방법으로 한 절점에서 생긴 불균형 모멘트(U.B.M)를 분배하여 구조물을 해석하는 방법으로 라멘구조물 해석에 편리하다.

정답 01 ④

3. 모멘트 분배법의 해석

(그림 16)에서 A, B, C지점의 모멘트를 해석하면

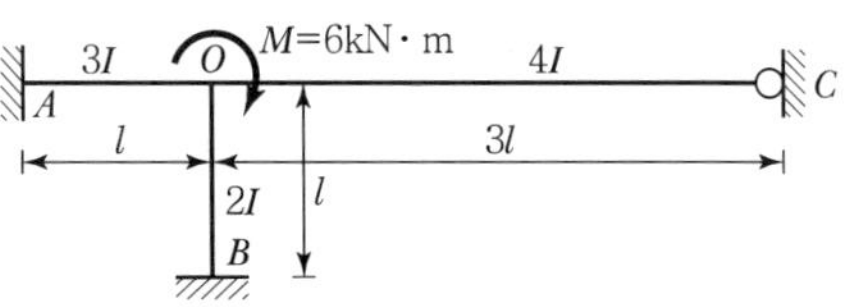

▌(그림 16) 모멘트 분배법을 이용한 부정정 해석▐

(1) 부재강도

① $K_{AO}=\dfrac{3I}{l}$ ② $K_{BO}=\dfrac{2I}{l}$

③ $K_{CO}=\dfrac{3}{4}\times\dfrac{4I}{3l}=\dfrac{I}{l}$

(2) 부재강비

$k_{AO}:k_{BO}:k_{OC}=\dfrac{3I}{l}:\dfrac{2I}{l}:\dfrac{I}{l}=3:2:1$

(3) 분배율

$$DF_{OA}=\frac{k_{AO}}{k_{AO}+k_{BO}+k_{CO}}=\frac{3}{3+2+1}=\frac{3}{6}$$

$$DF_{OB}=\frac{2}{3+2+1}=\frac{2}{6}$$

$$DF_{OC}=\frac{1}{3+2+1}=\frac{1}{6}$$

(4) 분배모멘트

$M_{OA}=$ 불균형 모멘트$(M)\times$분배율$(DF_{OA})=6\times\dfrac{3}{6}=3\text{kN}\cdot\text{m}$

$M_{OB}=M\times DF_{OB}=6\times\dfrac{2}{6}=2\text{kN}\cdot\text{m}$

>>> 기본예제

01 그림과 같은 라멘 구조물의 E점에서의 불균형 모멘트에 대한 부재 EA의 모멘트 분배율은?

① 0.222 ② 0.1667 ③ 0.2857 ④ 0.40

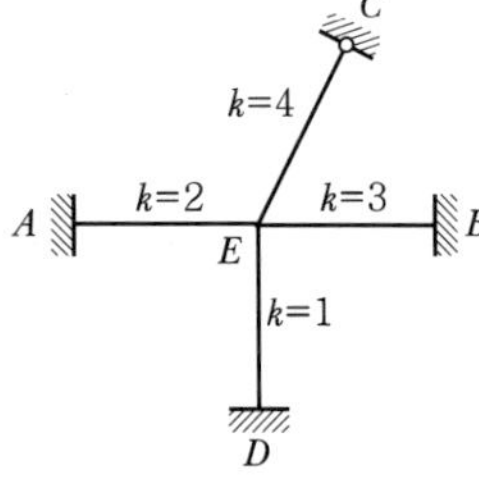

해설

㉠ 강비

$K_{EA}:K_{EB}:K_{EC}:K_{ED}=2:3:4\times\dfrac{3}{4}:1$

$=2:3:3:1$

㉡ 분배율

$f_{EA}=\dfrac{2}{2+3+3+1}=\dfrac{2}{9}=0.222$

02 그림의 구조물에서 유효강성계수를 고려한 부재 AC의 모멘트 분배율 DF_{AC}는 얼마인가?

① 0.253 ② 0.375 ③ 0.407 ③ 0.567

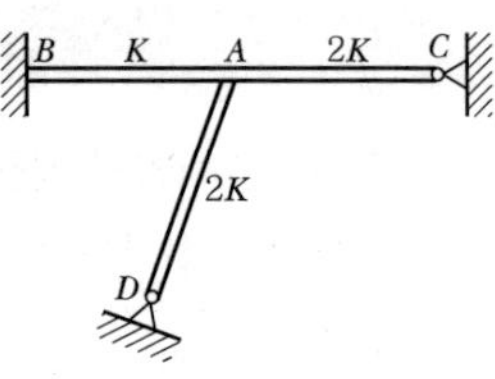

해설

힌지는 유효강비 $\dfrac{3}{4}$을 적용한다.

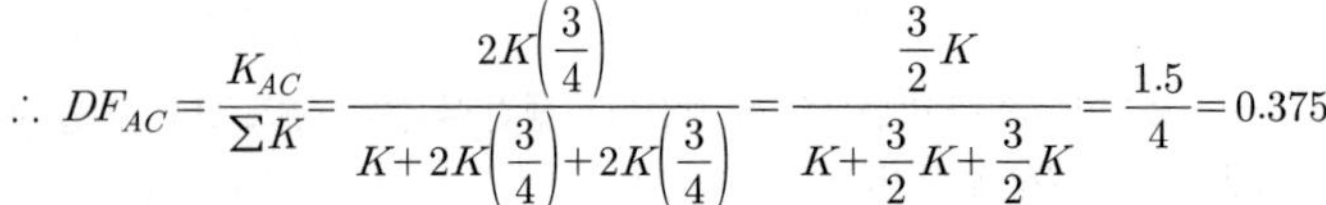

$$\therefore\ DF_{AC}=\frac{K_{AC}}{\Sigma K}=\frac{2K\left(\frac{3}{4}\right)}{K+2K\left(\frac{3}{4}\right)+2K\left(\frac{3}{4}\right)}=\frac{\frac{3}{2}K}{K+\frac{3}{2}K+\frac{3}{2}K}=\frac{1.5}{4}=0.375$$

정답 01 ① 02 ②

46 그림과 같은 구조물에서 단부 A, B는 고정, C지점은 힌지일 때 OA, OB, OC 부재의 분배율로 옳은 것은?

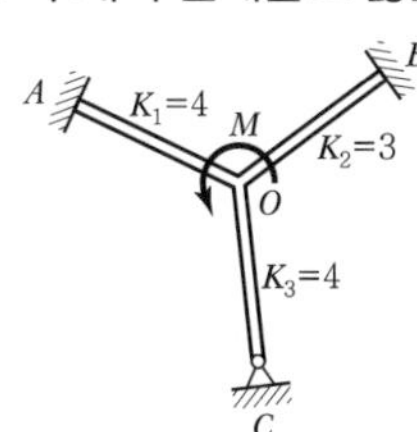

① $DF_{OA}=\frac{3}{10}$, $DF_{OB}=\frac{4}{10}$, $DF_{OC}=\frac{4}{10}$
② $DF_{OA}=\frac{4}{10}$, $DF_{OB}=\frac{3}{10}$, $DF_{OC}=\frac{3}{10}$
③ $DF_{OA}=\frac{4}{10}$, $DF_{OB}=\frac{3}{10}$, $DF_{OC}=\frac{4}{10}$
④ $DF_{OA}=\frac{3}{10}$, $DF_{OB}=\frac{4}{10}$, $DF_{OC}=\frac{3}{10}$

⊙ 분배율$(DF)=\frac{K}{\Sigma K}$(단, 힌지는 $\frac{3}{4}K$)

$$DF_{OA}=\frac{K_{OA}}{\Sigma K}=\frac{4}{4+3+\left(4\times\frac{3}{4}\right)}=\frac{4}{10}$$

$$DF_{OB}=\frac{K_{OB}}{\Sigma K}=\frac{3}{10}$$

$$DF_{OC}=\frac{K_{OC}}{\Sigma K}=\frac{4\times\frac{3}{4}}{10}=\frac{3}{10}$$

47 절점 O는 이동하지 않으며, 재단 A, B, C가 고정일 때 M_{CO}의 크기는 얼마인가?(단, K는 강비이다.)

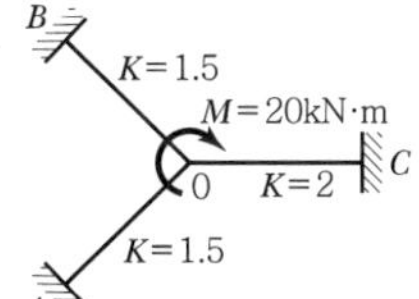

① 2.5kN·m ② 3kN·m
③ 3.5kN·m ④ 4kN·m

⊙ ㉠ $K_{OA}:K_{OB}:K_{OC}=1.5:1.5:2=3:3:4$

㉡ $DF_{OC}=\frac{K_{OC}}{\Sigma K_i}=\frac{4}{3+3+4}=\frac{4}{10}$

㉢ $M_{OC}=M\times DF_{OC}=20\times\frac{4}{10}=8\text{kN}\cdot\text{m}$

㉣ $M_{CO}=\frac{1}{2}\times M_{OC}=\frac{1}{2}\times 8=4\text{kN}\cdot\text{m}$

48 그림과 같은 부정정 구조물에서 OA, OB, OC 부재의 EI/l가 모두 동일하다면 A에서의 반력 모멘트는?

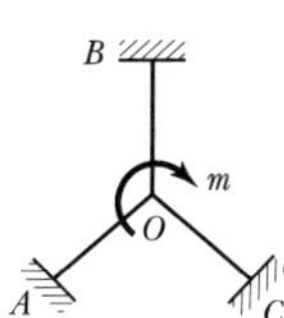

① $\frac{m}{6}(\curvearrowright)$ ② $\frac{m}{6}(\curvearrowleft)$
③ $\frac{m}{3}(\curvearrowright)$ ④ $\frac{m}{3}(\curvearrowleft)$

⊙ ㉠ $M_A=M_{OA}\times\frac{1}{2}=\left(m\times\frac{k_{OA}}{\Sigma k}\right)\times\frac{1}{2}$

$=\left(m\times\frac{1}{1+1+1}\right)\times\frac{1}{2}$

$=\left(m\times\frac{1}{3}\right)\times\frac{1}{2}=\frac{m}{6}(\curvearrowright)$

㉡ A점 반력 모멘트는 A점 재단 모멘트와 같으므로 $\frac{m}{6}(\curvearrowleft)$이다.

49 다음 그림에서 A점의 모멘트 반력은?(단, 각 부재의 길이는 동일함)

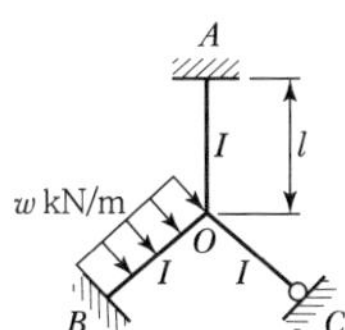

① $M_A=\frac{wl^2}{12}$ ② $M_A=\frac{wl^2}{24}$
③ $M_A=\frac{wl^2}{72}$ ④ $M_A=\frac{wl^2}{66}$

⊙ ㉠ O점의 불균형 모멘트(U.B.M)$=M_O=\frac{wl^2}{12}$

㉡ $M_A=M_{OA}\times\frac{1}{2}$

$=\left(\frac{wl^2}{12}\times\frac{k_{OA}}{\Sigma k}\right)\times\frac{1}{2}$

$=\left\{\frac{wl^2}{12}\times\frac{1}{1+1+\left(1\times\frac{3}{4}\right)}\right\}\times\frac{1}{2}$

$=\left(\frac{wl^2}{12}\times\frac{1}{2.75}\right)\times\frac{1}{2}=\frac{wl^2}{66}$

정답 46 ② 47 ④ 48 ② 49 ④

4. 부정정 구조물의 장단점

(1) 장점

① 휨모멘트 감소로 단면이 작아지므로 재료를 절감할 수 있어 경제적이다.
(연속강교 : 20%, 철도교 : 10% 절감)

② 같은 단면일 때 정정 구조물보다 더 큰 하중을 받을 수 있다.

③ 정정 구조물에 비하여 긴 지간을 만들 수 있다.

④ 과대한 응력을 재분배하므로 안정성이 좋다.

⑤ 강성이 크므로 변형이 작게 발생한다.

(2) 단점

① 해석과 설계가 복잡하다.($E.I$, A 등을 알고 있어야 해석이 가능하다.)

② 온도 변화와 지점의 침하 등으로 인해 큰 응력이 발생하게 된다.

③ 응력 교체가 정정 구조물보다 많이 발생하여 부가적인 부재가 필요하다.

④ 최종까지 정확한 응력 해석을 위해 여러 번 반복 설계해야 한다.

⋙ 기본예제

01 정정 구조물에 비해 부정정 구조물이 갖는 장점을 설명한 것 중 틀린 것은?

① 설계모멘트의 감소로 부재가 절약된다.

② 지점침하 등으로 인해 발생하는 응력이 적다.

③ 외관이 우아하고 아름답다.

④ 부정정 구조물은 그 연속성 때문에 처짐의 크기가 작다.

정답 01 ②

05 처짐각법(요각법)

1. 원리

1915년 G.A.Maney 교수가 처음 발표한 것으로 골조의 변형량을 미지수로 하고 재단의 응력과 각 부재의 변형과의 관계를 평형조건식에 적용하여 미지수의 하나인 고정지점(고정단) 모멘트(M)를 유도된 공식으로 직접 구하는 방법이다. 1960년대 이후 전자계산기의 출현으로 부정정 구조물 해석에 많이 사용되고 있다.

2. 처짐각법의 해법

(1) 해법상의 가정

① 각 부재의 교각은 변형 후에도 변화가 없는 **직선재**이다.
② 절점에 모인 각 부재는 한지절점을 제외하고 모두 **완전 강절점**으로 한다.
③ **축방향력과 전단력에 의한 변형은 무시**한다.
④ **휨모멘트에 의한 부재 처짐은 고려**하나, 처짐으로 인한 변형은 무시한다.
⑤ 재단 모멘트의 부호는 작용점에 관계없이 **시계방향은 (+), 반시계방향은 (−)**로 한다.

(2) 해법의 순서

① **미지수를 결정**한다.(절점각 θ, 부재각 R)
② 하중항을 구한다.(표 1. 하중항 공식 이용)
③ 각 부재마다 **기본식**을 세운다.
④ **평형 방정식(절점 방정식, 층방정식)**을 세운다.(보에서는 절점방정식만 존재한다.)
⑤ 방정식을 풀어 **미지수인 절점각과 부재각**을 구한다.
⑥ 미지수를 기본식에 대입하여 **재단 모멘트**를 구한다.
⑦ 재단 모멘트에 의하여 구조물 전체의 **휨모멘트도를 작도**한다.

>>> 기본예제

01 부정정 구조물의 해석법인 처짐각법에 대하여 틀린 것은?

① 보와 라멘에 모두 적용할 수 있다.
② 고정단 모멘트(Fixed End Moment)를 계산해야 한다.
③ 모멘트 분배율의 계산이 필요하다.
④ 지점침하나 부재가 회전했을 경우에도 사용할 수 있다.

해설

모멘트 분배율$\left(\dfrac{K}{\Sigma K}\right)$은 모멘트 분배법에서 사용된다.

정답 01 ③

3. 처짐각법의 기본식(재단 모멘트 방정식)

(1) 기본공식

$$처짐각 기본식 = 처짐각(\theta) + 부재각(R) + 하중항(C \cdot H)$$

① 양단이 고정절점 또는 고정지점일 때

$$M_{AB} = 2EK_{AB}(2\theta_A + \theta_B - 3R) - C_{AB}$$

$$M_{BA} = 2EK_{BA}(\theta_A + 2\theta_B - 3R) + C_{BA}$$

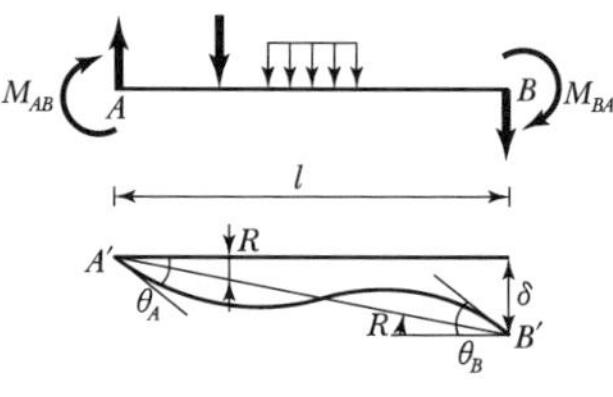

‖ (그림 17) 양단이 고정절점 또는 고정지점일 때 ‖

② 일단이 고정지점이고 타단이 고정절점일 때

㉠ A점 지점, B점 절점일 때

$$M_{AB} = 2EK_{AB}(\theta_B - 3R) - C_{AB}$$

$$M_{BA} = 2EK_{BA}(2\theta_B - 3R) + C_{BA}$$

㉡ A점 절점, B점 지점일 때

$$M_{AB} = 2EK_{AB}(2\theta_A - 3R) - C_{AB}$$

$$M_{BA} = 2EK_{BA}(\theta_A - 3R) + C_{BA}$$

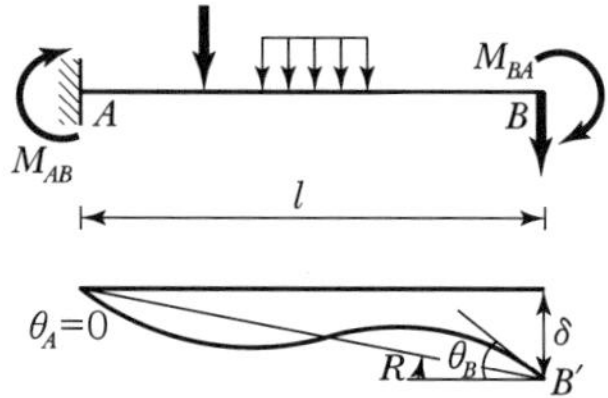

‖ (그림 18) 일단이 고정지점이고 타단이 고정절점일 때 ‖

③ 일단이 고정절점이고 타단이 활절 또는 가동지점일 때

㉠ A점 고정절점, B점 활절(hinge)

$$M_{AB} = 2EK_{AB}(1.5\theta_A - 1.5R) - H_{AB}$$

$$M_{BA} = 0$$

㉡ B점 고정절점, A점 활절(hinge)

$$M_{AB} = 0$$

$$M_{BA} = 2EK_{AB}(1.5\theta_B - 1.5R) + H_{BA}$$

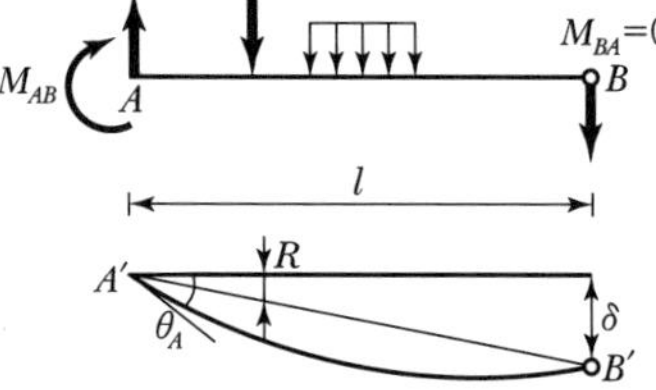

‖ (그림 19) 일단이 고정절점이고 타단이 활절 또는 가동지점일 때 ‖

여기서, $K_{AB} = K_{BA}$: AB 부재강도 $\left(K = \frac{I}{l}\right)$

θ_A, θ_B : A, B절점의 절점각(처짐각)

R : 부재각 $\left(R = \frac{\delta}{l},\ R = \frac{\delta}{h}\right)$

C_{AB}, C_{BA} : 양단이 고정절점(지점)일 때의 하중항

H_{AB}, H_{BA} : 일단 고정절점, 타단활절일 때의 하중항

$\left[H_{AB} = -\left(C_{AB} + \frac{C_{BA}}{2}\right),\ H_{BA} = \left(C_{BA} + \frac{C_{AB}}{2}\right)\right]$

50 그림과 같은 부재 AB에 대하여 처짐각법의 공식을 사용할 때 다음 중 옳은 것은?

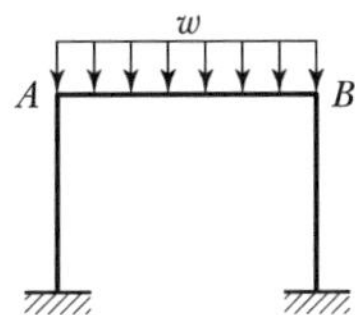

① $\theta_A = -\theta_B,\ R=0,\ C_{AB} = -C_{BA}$

② $\theta_A = \theta_B,\ R=0,\ M_{AB} = -M_{BA}$

③ $\theta_A = -\theta_B,\ R=0,\ M_{AB} = M_{BA}$

④ $\theta_A = \theta_B,\ R=0,\ C_{AB} = C_{BA}$

해설

㉠ $M_{AB} = k_{AB}(2\theta_A + \theta_B + R) - C_{AB} = \theta_A - C_{AB}$

㉡ $M_{BA} = k_{BA}(\theta_A + 2\theta_B + R) + C_{BA}$

$= -\theta_A + C_{BA} = -(\theta_A - C_{BA})$

$\therefore M_{AB} = -M_{BA}$

(여기서 $\theta_A = -\theta_B$, 대칭구조물이므로 $R=0$이다.)

51 다음 부정정 라멘을 요각법으로 풀 때 BC 부재의 재단 모멘트 (M_{BC})에 대한 요각 방정식을 옳게 쓴 것은?

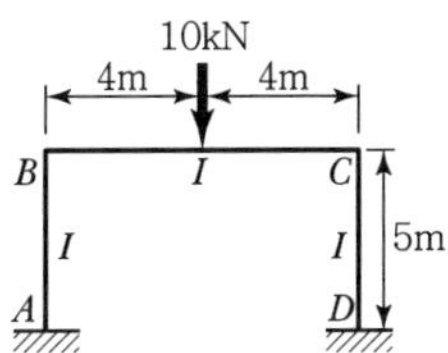

① $M_{BC} = \dfrac{EI}{4}(2\theta_B + \theta_C) - 10$

② $M_{BC} = \dfrac{EI}{4}(2\theta_B + \theta_C) + 10$

③ $M_{BC} = \dfrac{4EI}{5}(2\theta_B + \theta_C) - 10$

④ $M_{BC} = \dfrac{4EI}{5}(2\theta_B + \theta_C) + 10$

해설

$M_{BC} = 2EK(2\theta_B + \theta_C - 3R) - C_{BC}$

$= 2E \cdot \dfrac{I}{l}(2\theta_B + \theta_C) - \dfrac{Pl}{8}$

$= \dfrac{2EI}{8}(2\theta_B + \theta_C) - \dfrac{10 \times 8}{8}$

$= \dfrac{EI}{4}(2\theta_B + \theta_C) - 10$

52 그림과 같은 균일 단면보 AB의 A단에 모멘트 M_{AB}를 가하였을 때 A단의 회전각 θ_A는?

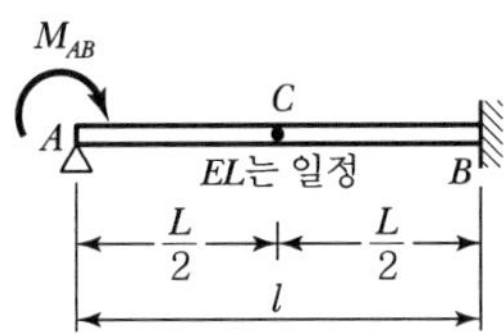

① $\theta_A = \dfrac{3M_{AB}L}{4EI}$

② $\theta_A = \dfrac{M_{AB}L}{4EI}$

③ $\theta_A = \dfrac{M_{AB}L}{3EI}$

④ $\theta_A = \dfrac{2M_{AB}L}{3EI}$

해설

㉠ $\theta_B = \theta$

㉡ $M_{AB} = M_{FAB} + \dfrac{2EI}{l}(2\theta_A + \theta_B) = 0 + \dfrac{4EI}{l}\theta_A$

$\therefore \theta_A = \dfrac{M_{AB}L}{4EI}$

정답 50 ① 51 ① 52 ②

(2) 실용공식

① 양단 고정절점 또는 고정지점인 경우

$$M_{AB} = k_0(2\phi_A + \phi_B + \mu) - C_{AB}$$

$$M_{BA} = k_0(2\phi_B + \phi_A + \mu) + C_{BA}$$

여기서, ϕ : $2 \cdot E \cdot K \cdot \theta$

μ : $-6 \cdot E \cdot K \cdot R$

k_0 : 강비$\left(\dfrac{\text{그 부재의 강도}}{\text{표준강도}}\right)$

② 일단 고정절점이고 타단 활절 또는 가동지점인 경우

$$M_{AB} = k_0(1.5\phi_A + 0.5\mu) - H_{AB} \qquad M_{BA} = 0$$

>>> 기본예제

01 그림과 같은 양단 고정 2경간 연속보의 재단 모멘트 M_{AB}는?(단, EI는 일정하다.)

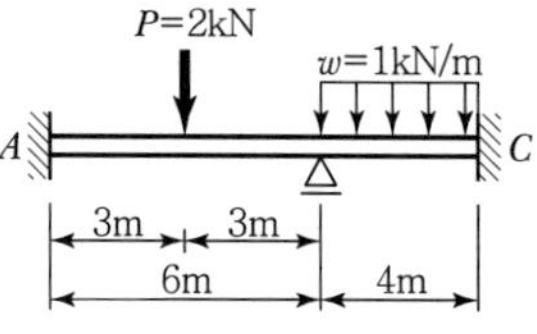

① $M_{AB} = \phi_B - 1.5$　　② $M_{AB} = 2\phi_B + 1.5$

③ $M_{AB} = 3\phi_B - 1.33$　　④ $M_{AB} = 1.5\phi_B + 1.33$

해설

㉠ $k_{AB} : k_{BC} = \dfrac{1}{6} : \dfrac{1}{4} = 1 : 1.5$

㉡ $M_{FAB} = -\dfrac{Pl}{8} = -\dfrac{2\times 6}{8} = -1.5\text{kN}\cdot\text{m}$

㉢ $M_{AB} = M_{FAB} + k_{AB}(2\phi_A + \phi_B) = -1.5 + \phi_B$ (여기서, $\phi_A = 0$)

정답 01 ①

53 다음 부정정 라멘을 처짐각법으로 해석할 경우 M_{CB}의 방정식으로 옳은 것은?

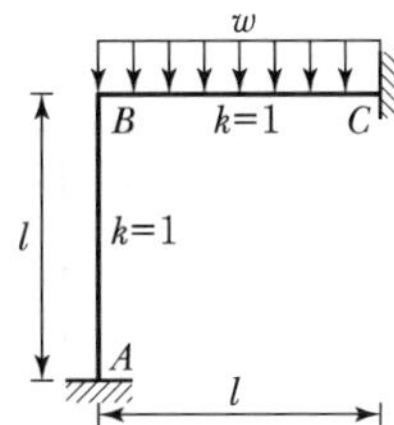

① $M_{CB}=\psi_B+\dfrac{wl^2}{12}$

② $M_{CB}=2\psi_B-\dfrac{wl^2}{12}$

③ $M_{CB}=2\psi_B+\psi_C-\dfrac{wl^2}{12}$

④ $M_{CB}=2\psi_B+\psi_C+\dfrac{wl^2}{12}$

해설

㉠ (BC 부재)

$\psi_B=0$(고정단)

$\phi=0$(부재각 없음)

㉡ $C_{CB}=\dfrac{wl^2}{12}$(하중항 우측⊕)

㉢ $M_{CB}=k(\psi_B+2\psi_C+\phi)+C_{CB}=\psi_B+\dfrac{wl^2}{12}$

54 그림과 같은 라멘의 M_{BC}는?

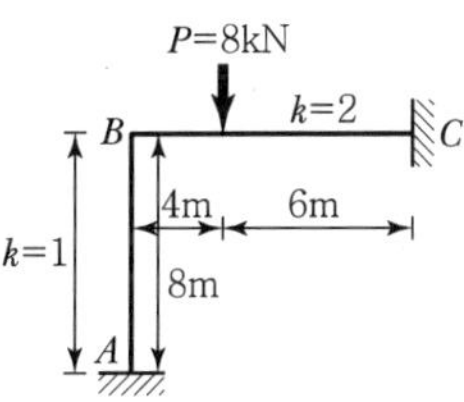

① $4\psi_B-11.52$ ② $2\psi_B-11.52$

③ $2\psi_B+11.52$ ④ $4\psi_B+11.52$

해설

㉠ 고정단 $\psi_A=\psi_C=0$, $R=\phi=0$

㉡ 하중항

$C_{BC}=-\dfrac{Pab^2}{l^2}=-\dfrac{8\times4\times6^2}{10^2}$

$=-11.55\text{kN}\cdot\text{m}$

㉢ $M_{BC}=k_{BC}(2\psi_B+\psi_C+\phi)-C_{BC}$

$=k_{BC}(2\psi_B)-C_{BC}=2(2\psi_B)-11.52$

$=4\psi_B-11.52$

정답 53 ① 54 ①

4. 평형 방정식

(1) 절점각(θ)과 부재각(R)

① 절점각(재단처짐각=처짐각=회전각) : θ_C, θ_D

절점각수는 끝지점을 제외한 절점수와 같다.

② 부재각(침하각) : $R_1 \cdot R_2$

수평변위나 수직변위에 의해 발생되는 각으로 부재각의 수는 구조물의 층수와 같다.

$$\boxed{R_1 = \frac{\delta_1}{h_1}} \rightarrow \delta_1 = R_1 \cdot h_1$$

$$\boxed{R_2 = \frac{\delta_2}{h_2}} \rightarrow \delta_2 = R_2 \cdot h_2$$

변위 $\delta_1 = \delta_2$이므로

$$R_2 = \frac{\delta_2}{h_2} = \frac{h_1 \cdot R_1}{h_2}$$

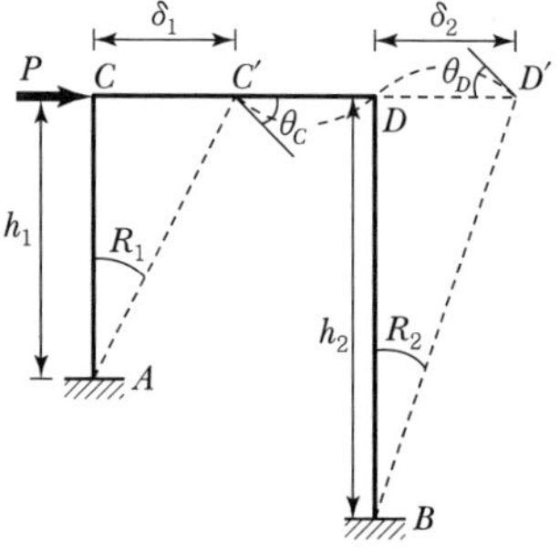

|(그림 20) 절점각과 부재각|

>>> 기본예제

01 그림과 같은 부정정 라멘이 외력을 받으면 기둥은 일반적으로 부재각(部材角)을 이룬다. 지금 기둥 CD의 부재각을 R이라고 하면 기둥 AB의 부재각은?

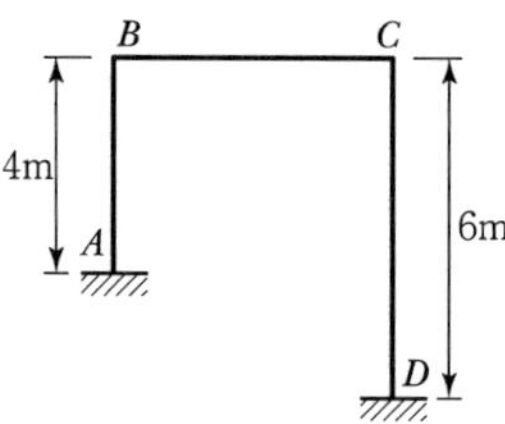

① R ② $1.5R$ ③ $2R$ ④ $2.5R$

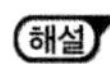

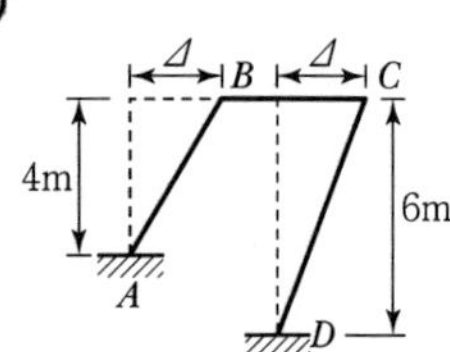

㉠ $R_{CD} = \frac{\Delta}{6} = R \rightarrow \Delta = 6R$

㉡ $R_{AB} = \frac{\Delta}{4} = \frac{6R}{4} = 1.5R$

정답 01 ②

55 그림과 같이 양단이 고정된 보에서 B지점이 B'로 Δ만큼 수직 침하되었을 때 보의 양단에서 발생되는 반력모멘트의 크기는?

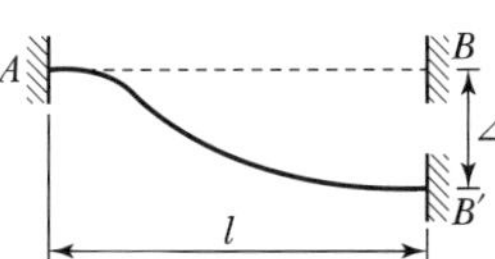

① $\frac{6EI\Delta}{l^2}$(반시계방향) ② $\frac{8EI\Delta}{l^2}$(반시계방향)

③ $\frac{10EI\Delta}{l^2}$(반시계방향) ④ $\frac{12EI\Delta}{l^2}$(반시계방향)

㉠ 고정단 처짐각 : $\theta_A = \theta_B = 0$

㉡ 강비 : $K = \frac{I}{l}$

㉢ 부재각 : $R = \frac{\Delta}{l}$

㉣ 하중항 : $C_{AB} = 0$

㉤ $M_{AB} = 2E \cdot \frac{I}{l}\left(-3 \times \frac{\Delta}{l}\right) = -\frac{6EI\Delta}{l^2}$

56 다음 부정정보의 b단이 l^*만큼 아래로 처졌다면 a단에 생기는 모멘트는?(단, $l^*/l = 1/600$이다.)

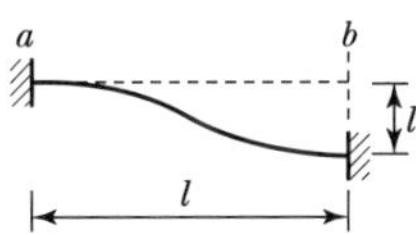

① $M_{ab} = +0.01\frac{EI}{l}$ ② $M_{ab} = -0.01\frac{EI}{l}$

③ $M_{ab} = +0.1\frac{EI}{l}$ ④ $M_{ab} = -0.1\frac{EI}{l}$

㉠ 고정단 처짐각 : $\theta_a = \theta_b = 0$

㉡ 강비 : $K = \frac{I}{l}$

㉢ 부재각 : $R = \frac{l^*}{l} = \frac{1}{600}$

㉣ 하중항 : $C_{ab} = 0$

$\therefore M_{ab} = 2EK(2\theta_a + \theta_b - 3R) - C_{ab}$

$= 2E \times \frac{I}{l}\left(-3 \times \frac{1}{600}\right)$

$= -0.01\frac{EI}{l}$

57 그림과 같은 양단 고정보에서 지점 B를 반시계방향으로 1만큼 회전시켰을 때 B점에 발생하는 단 모멘트의 값이 옳은 것은?

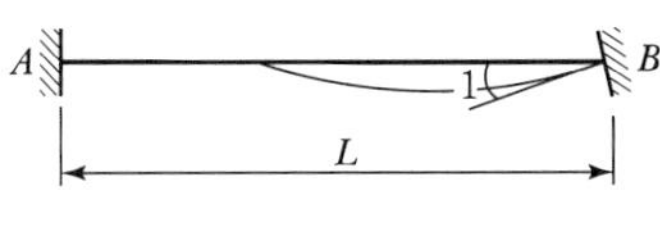

① $\frac{2EI}{L^2}$ ② $\frac{4EI}{L}$

③ $\frac{2EI}{L}$ ④ $\frac{4EI^2}{L}$

㉠ $M_{AB} = 2EK(2\theta_A + \theta_B - 3R) - C_{AB}$
$= 2E\frac{I}{L}(\theta_B) = \frac{2EI}{L}$

㉡ $M_{BA} = 2EK(\theta_A + 2\theta_B - 3R) - C_{BA}$
$= 2E\frac{I}{L}(2\theta_B) = \frac{4EI}{L}$

〈별해〉 $\theta_B = \frac{M_B L}{2EI}$

$M_B = \frac{4EI\theta}{L} = \frac{4EI \times 1}{L}$

정답 55 ① 56 ② 57 ②

(2) 절점방정식(모멘트식)

절점에 모인 각부재의 재단 모멘트 합은 0이며, 절점방정식은 끝지점을 제외한 절점수만큼 발생한다.

① 임의하중에 의한 절점방정식

㉠ 보구조　　　　　　㉡ 라멘구조

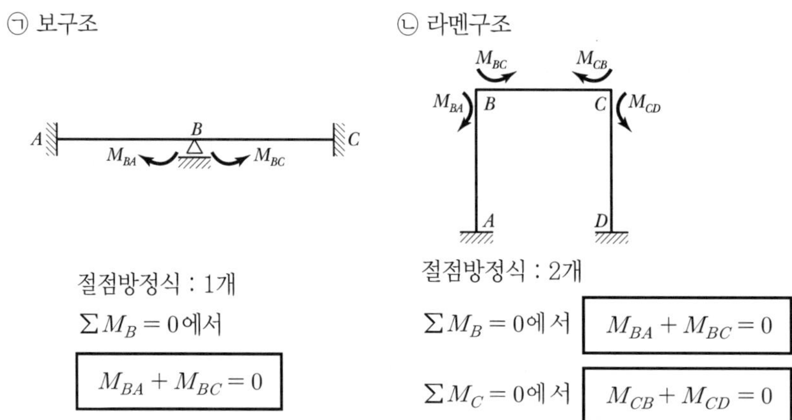

‖ (그림 21) 임의하중에 의한 절점방정식 ‖

② 모멘트하중(M)이 작용할 때 절점방정식

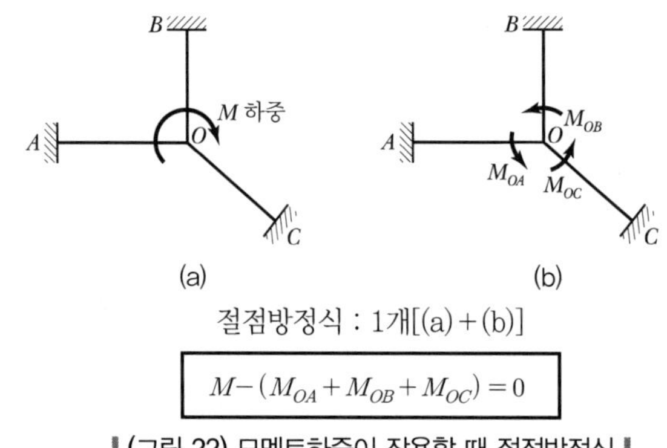

절점방정식 : 1개[(a)+(b)]

$$M-(M_{OA}+M_{OB}+M_{OC})=0$$

‖ (그림 22) 모멘트하중이 작용할 때 절점방정식 ‖

58 그림과 같은 라멘에서 기둥에 모멘트가 생기지 않도록 하기 위해서 필요한 P의 값은?(단, EI는 일정하다.)

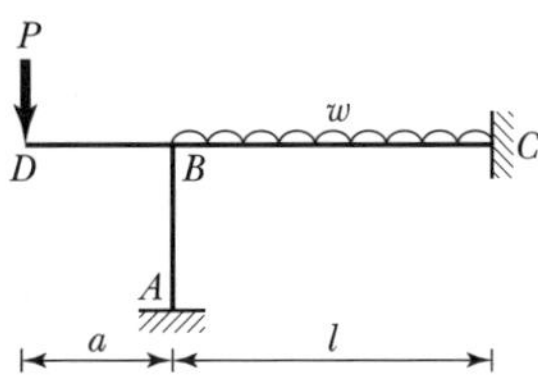

① $\frac{wl^2}{12a}$ ② $\frac{wl^2}{24a}$ ③ $\frac{wl^2}{8a}$ ④ $\frac{wl^2}{4a}$

㉠ 기둥에 휨모멘트가 생기지 않기 위해서는 B점에서 좌우 평형이 되어야 한다.
즉, $M_{BD} = M_{BC}$

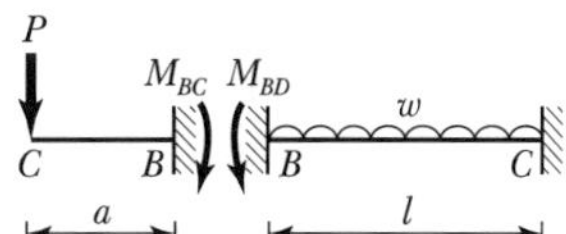

㉡ $\begin{cases} M_{BD} = -P \cdot a \\ M_{BC} = -\frac{wl^2}{12} \end{cases}$

$\therefore -Pa = -\frac{wl^2}{12}$, $P = \frac{wl^2}{12a}$

59 그림과 같은 구조물에서 기둥 AB에 모멘트가 생기지 않게 하기 위한 l_1과 l_2의 비 $l_1 : l_2$의 값은?

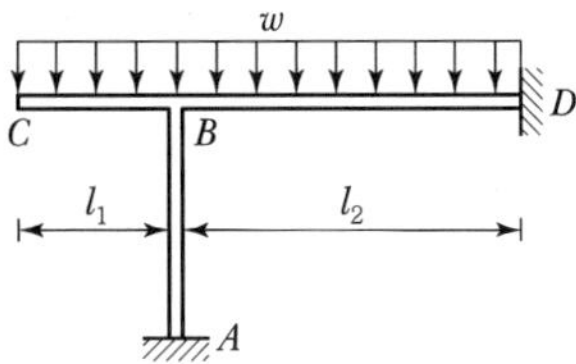

① $1 : \sqrt{2}$ ② $1 : \sqrt{3}$ ③ $1 : \sqrt{5}$ ④ $1 : \sqrt{6}$

㉠ $M_{BD} = \frac{wl_1^{\ 2}}{2}$

㉡ $M_{BC} = \frac{wl_2^{\ 2}}{12}$

㉢ $M_{BD} = M_{BC}$

$\frac{wl_1^{\ 2}}{2} = \frac{wl_2^{\ 2}}{12}$, $\frac{l_1}{l_2} = \frac{1}{\sqrt{6}}$

60 그림과 같은 등분포하중을 받는 부정정 구조물에서 기둥에 휨모멘트가 생기지 않도록 하기 위한 l_1과 l_2의 비는?

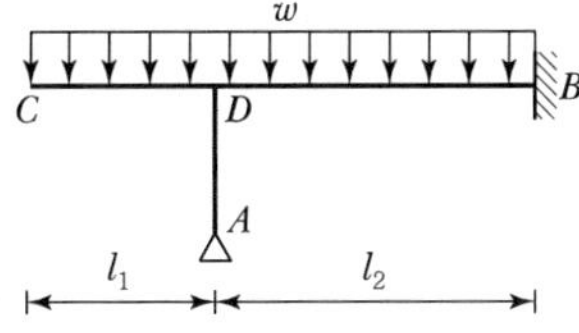

① $1 : \sqrt{3}$ ② $1 : \sqrt{4}$ ③ $1 : \sqrt{5}$ ④ $1 : \sqrt{6}$

㉠ 기둥에 휨모멘트가 생기지 않으려면 D점에서 좌우 평형이 되어야 한다. 즉, $M_{DC} = M_{DB}$

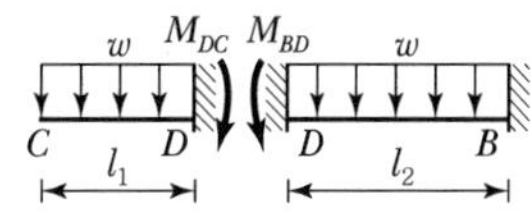

㉡ $M_{DC} = -wl_1 \times \frac{l_1}{2} = -\frac{wl_1^{\ 2}}{2}$

㉢ $M_{DB} = -\frac{wl_2^{\ 2}}{12}$

㉣ $-\frac{wl_1^{\ 2}}{2} = -\frac{wl_2^{\ 2}}{12}$

$l_1^{\ 2} = \frac{l_2^{\ 2}}{6}$

$\therefore l_1 = \frac{l_2}{\sqrt{6}} (l_1 : l_2 = 1 : \sqrt{6})$

정답 58 ① 59 ④ 60 ④

(3) 층방정식(전단력식)

각 층에서 전단력(수평력)의 합은 0이며, 층방정식수는 구조물의 층수만큼 존재한다.

> 각 층의 층방정식 = 위 절점의 재단 모멘트 + 아래 절점의 재단 모멘트
> + (해당 층 위에 작용하는 수평력) × 해당 층의 높이
> + (해당 층에 작용하는 수평력) × 기둥 하단에서 수평력까지 거리
> = 0

① 1층 구조의 층방정식

㉠ AC부재의 수평반력 : 그림 23(b)

$\Sigma M_C = 0$에서 $H_A \times h + M_{AC} + M_{CA} = 0$

$$\therefore\ H_A = -\frac{1}{h}(M_{AC} + M_{CA})$$

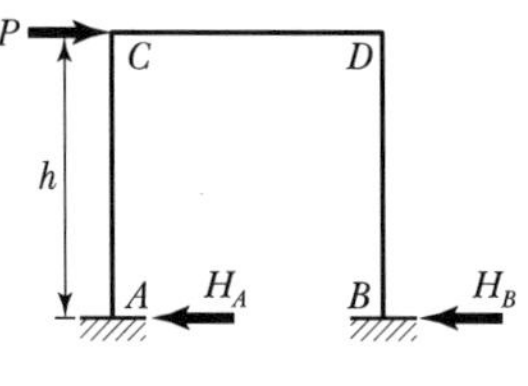

(a) 1층 구조

㉡ BD부재의 수평반력 : 그림 23(c)

$\Sigma M_D = 0$에서 $H_B \times h + M_{BD} + M_{DB} = 0$

$$\therefore\ H_B = -\frac{1}{h}(M_{BD} + M_{DB})$$

㉢ 층방정식 : 그림 23(a)

$\Sigma H = 0$에서 $P - H_A - H_B = 0$

$$\therefore\ P - \left[-\frac{1}{h}(M_{AC} + M_{CA})\right] - \left[-\frac{1}{h}(M_{BD} + M_{DB})\right] = 0$$

$$\therefore\ Ph + M_{AC} + M_{CA} + M_{BD} + M_{DB} = 0$$

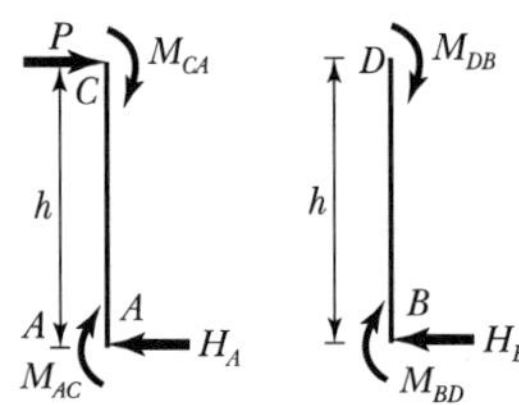

(b) AC부재 (c) BD부재

▮(그림 23) 1층 구조 층방정식▮

② 2층 구조의 층방정식

㉠ 1층에 대한 층방정식

$\Sigma H = 0$에서 $\Sigma P + \Sigma M_0 = 0$

$$\therefore\ P_1 \cdot h_1 + P_2 \cdot h_1 - P_3 \cdot y_1 + M_{AB} + M_{BA} + M_{EF} + M_{FE} = 0$$

㉡ 2층에 대한 층방정식(2층 위에 있는 수평력을 모두 더한다.)

$\Sigma H = 0$에서 $\Sigma P + \Sigma M_0 = 0$

$$\therefore\ P_2 \cdot y_2 + M_{BC} + M_{CB} + M_{DE} + M_{ED} = 0$$

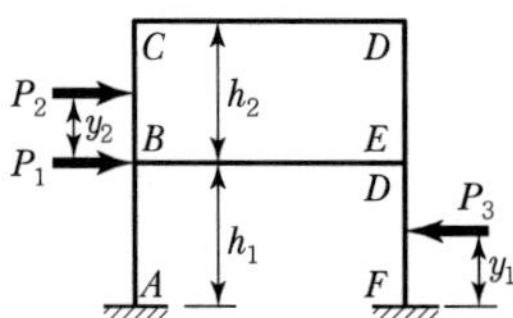

▮(그림 24) 2층 구조 층방정식▮

61 다음 라멘에서 1층에 대한 층방정식으로서 옳은 것은?

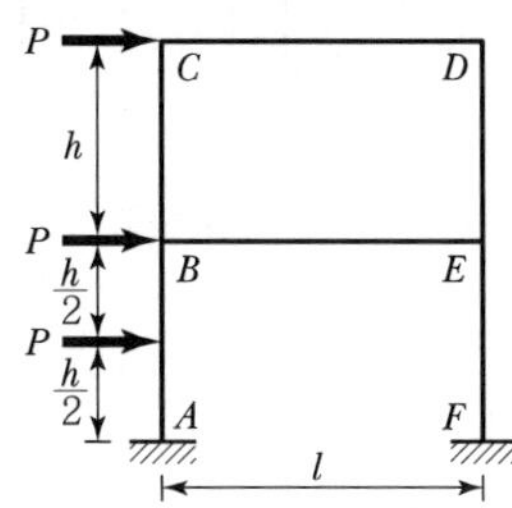

① $M_{AB}+M_{BA}+M_{EF}+M_{FE}+2P\cdot h=0$
② $M_{AB}+M_{BA}+M_{EF}+M_{FE}+2.5P\cdot h=0$
③ $M_{AB}+M_{BA}+M_{EF}+M_{FE}+3P\cdot h=0$
④ $M_{AB}+M_{BA}+M_{EF}+M_{FE}+1P\cdot h=0$

$$3P+\left(\frac{M_{AB}+M_{BA}}{h}\right)-\frac{P}{2}+\left(\frac{M_{FE}+M_{EF}}{h}\right)=0$$

$$M_{AB}+M_{BA}+M_{EF}+M_{FE}+2.5P\cdot h=0$$

62 다음 그림과 같은 뼈대 A점에 작용하는 수평하중 P는?

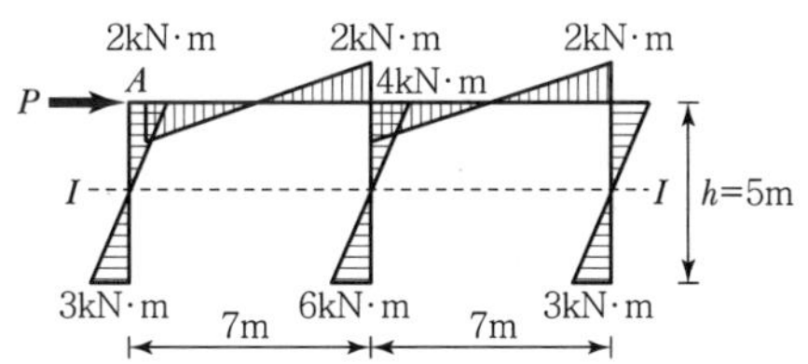

① 2kN ② 3kN
③ 4kN ④ 5kN

$$P=S_A+S_C+S_E$$

$$=\frac{M_{AB}+M_{BA}}{h}+\frac{M_{CD}+M_{DC}}{h}+\frac{M_{EF}+M_{FE}}{h}$$

$$=\frac{2\text{kN}\cdot\text{m}+3\text{kN}\cdot\text{m}}{5\text{m}}+\frac{4\text{kN}\cdot\text{m}+6\text{kN}\cdot\text{m}}{5\text{m}}+\frac{2\text{kN}\cdot\text{m}+3\text{kN}\cdot\text{m}}{5\text{m}}$$

$$=1\text{kN}+2\text{kN}+1\text{kN}=4\text{kN}$$

정답 61 ② 62 ③

5. 처짐각법 기본식을 이용한 방법

(1) 예비조건

대칭구조이므로 절반만 계산한다.

$M_A = M_F,\ M_B = M_E$

$M_D = 0,\ M_{CD} = 0$

$\theta_A = \theta_D = \theta_F = \theta_C = 0$

$R = 0$

$\theta_B = -\theta_E$: 미지수 1개

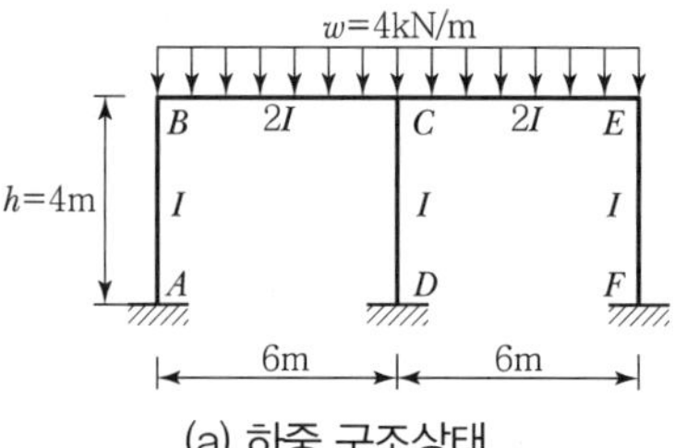

(a) 하중 구조상태

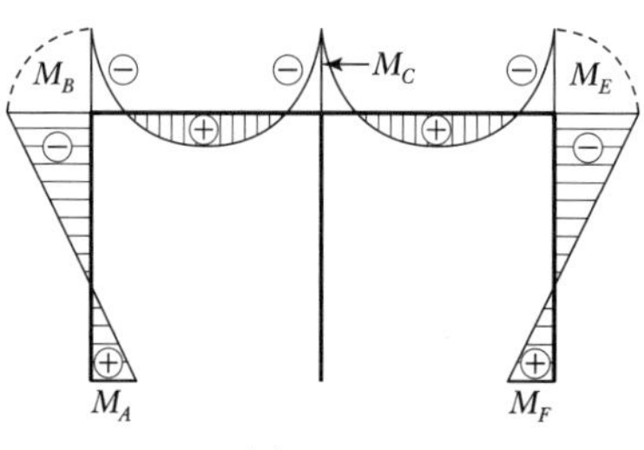

(b) B.M.D

‖ (그림 25) 처짐각법의 기본식을 이용한 부정정 해석 ‖

(2) 강도

$K_{BA} = \frac{I}{4},\ K_{BC} = \frac{2I}{6}$

$K_0 = K_{BC}$: 기준강도

(3) 강비

$k_{ab} = k_{ba} = \frac{K_{BA}}{K_0} = \frac{I}{4} \times \frac{6}{2I} = 0.75$

$k_{bc} = k_{cb} = \frac{K_{BC}}{K_0} = 1$

(4) 하중항

$C_{BC} = C_{CB} = \frac{wl^2}{12} = \frac{2\times6\times6}{12} = 6(\text{kN}\cdot\text{m})$

(5) 기본식

$M_{AB} = 2EK_{AB}(2\theta_A + \theta_B - 3R) - C_{AB} = k_{ab}(\theta_B) = 0.75\theta_B$

$M_{BA} = 2EK_{BA}(\theta_A + 2\theta_B - 3R) + C_{BA} = k_{ba}(2\theta_B) = 1.5\theta_B$

$M_{BC} = 2EK_{BC}(2\theta_B + \theta_C - 3R) - C_{BC} = k_{bc}(2\theta_B) - C_{BC} = 2\theta_B - 6$

$M_{CB} = 2EK_{CB}(\theta_B + 2\theta_C - 3R) + C_{CB} = k_{cb}(\theta_B) + C_{CB} = \theta_B + 6$

(6) 절점방정식

$\Sigma M_B = 0$에서 $M_{BA} + M_{BC} = 1.5\theta_B + 2\theta_B - 6 = 0$

$\therefore\ \theta_B = \frac{6}{3.5} = 1.71$

(7) 재단모멘트

$M_{AB} = 0.75\times1.71 = 1.28(\text{kN}\cdot\text{m}) = M_{FE}$

$M_{BA} = 1.5\times1.71 = 2.56(\text{kN}\cdot\text{m}) = -M_{EF}$

$M_{BC} = 2\times1.71 - 6 = -2.58(\text{kN}\cdot\text{m}) = M_{EC}$

$M_{CB} = 1.71 + 6 = 7.71(\text{kN}\cdot\text{m}) = -M_{CE}$

63 양단고정보 AB의 왼쪽 지점이 그림과 같이 처짐각 θ만큼 회전할 때 생기는 반력을 구한 값은?

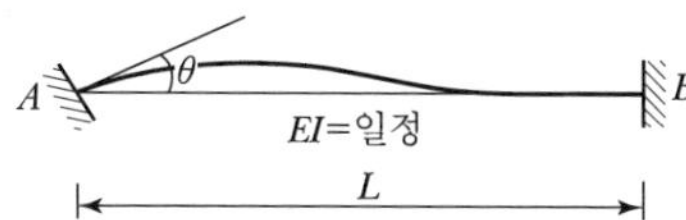

① $R_A = \dfrac{6EI}{L^2}\theta,\ M_A = \dfrac{4EI}{L}\theta$

② $R_A = \dfrac{12EI}{L^3}\theta,\ M_A = \dfrac{6EI}{L^2}\theta$

③ $R_A = \dfrac{4EI}{L}\theta,\ M_A = \dfrac{6EI}{L^2}\theta$

④ $R_A = \dfrac{2EI}{L^2}\theta,\ M_A = \dfrac{4EI}{L^2}\theta$

해설

㉠ 〈경계조건〉 $\theta_A = -\theta,\ \theta_B = 0$

㉡ $M_{AB} = M_{FAB} + \dfrac{2EI}{L}(2\theta_A + \theta_B)$

$= 0 + \dfrac{2EI}{L}(-2\theta + 0) = -\dfrac{4EI}{L}\theta(\curvearrowleft)$

㉢ $M_{BA} = M_{FBA} + \dfrac{2EI}{L}(2\theta_B + \theta_A)$

$= 0 + \dfrac{2EL}{L}(0 - \theta) = -\dfrac{2EI}{L}(\curvearrowleft)$

㉣ $\Sigma M_B = 0$

$R_A \times L - \dfrac{4EI}{L}\theta - \dfrac{2EI}{L} = 0$

$R_A = \dfrac{6EI}{L^2}\theta$

64 그림과 같은 라멘의 재단 모멘트 M_{CB}는?

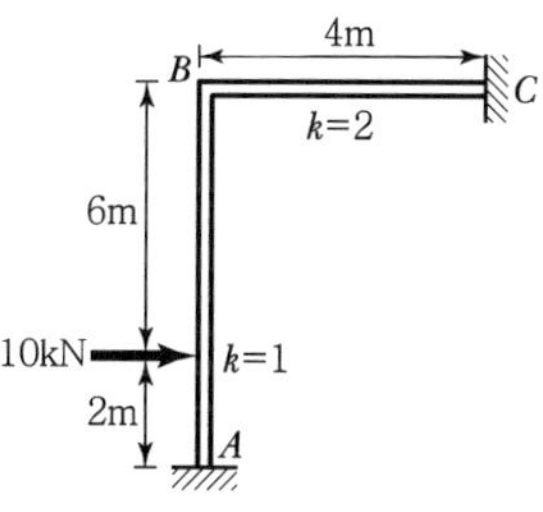

① −1.25kN · m　② −1.50kN · m

③ −1.75kN · m　④ −2.00kN · m

해설

㉠ $M_{BC} = \dfrac{P \cdot a^2 \cdot b}{l^2} = \dfrac{10 \times 2^2 \times 6}{8^2}$
$= 3.75\text{kN} \cdot \text{m}$

㉡ $M_{CB} = \dfrac{P \cdot a \cdot b^2}{l^2} = \dfrac{10 \times 2 \times 6^2}{8^2}$
$= 11.25\text{kN} \cdot \text{m}$

㉢ $k_{BA} : k_{BC} = 1 : 2,\ DF_{BC} = \dfrac{k_{BC}}{\Sigma k_i} = \dfrac{2}{3}$

㉣ $M_{BC} = -3.75 \times \dfrac{2}{3} = -2.5\text{kN} \cdot \text{m}$

㉤ $M_{CB} = \dfrac{1}{2} \cdot M_{BC} = \dfrac{1}{2} \times (-2.5)$
$= -1.25\text{kN} \cdot \text{m}$

정답 63 ① 64 ①

06 부정정보의 영향선

1. Müller–Breslau의 원리

① Maxwell의 상반작용의 원리를 이용한 영향선 작도법

② Müller–Breslau의 영향선 작도 원리

어느 특정 기능(반력, 전단력, 휨모멘트)의 영향선은 그 기능의 원인을 제거하고, 그 기능을 다시 하중으로 재하할 때의 단위 변위선도와 같다.

- 정정보 : 영향선이 직선 변화
- 부정정보 : 영향선이 곡선 변화

2. R_B의 영향선 작도방법

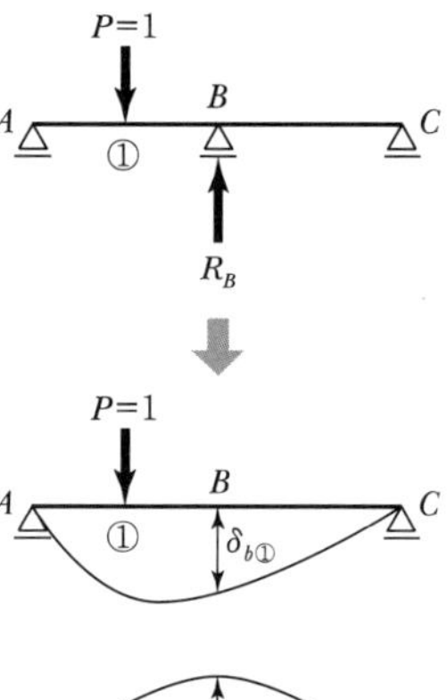

여력을 R_B라 하면

① $P=1$에 의한 B점의 처짐 : $1 \cdot \delta_{b①}$

② 여력 R_B에 의한 B점의 처짐 : $R_B \cdot \delta_{bb}$

③ 변형일치법에 의해

$\delta_B = \delta_{b①} - R_B\delta_{bb} = 0$

$$\therefore\ R_B = \frac{\delta_{b①}}{\delta_{bb}} = \frac{\delta_{①b}}{\delta_{bb}}$$

(Maxwell의 상반정리 : $\delta_{b①} = \delta_{①b}$)

⋙ 기본예제

01 그림 (b)는 그림 (a)와 같은 연속보에 대한 영향선이다. 무엇을 알기 위한 것인가?

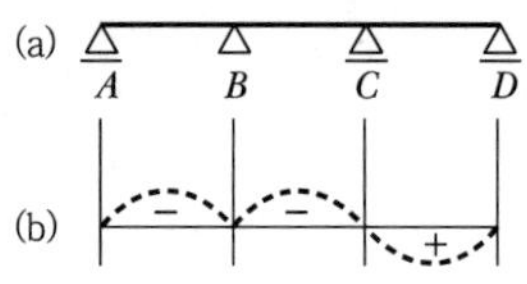

① B지점의 반력 ② B지점의 휨모멘트 ③ C점의 반력 ④ C점의 휨모멘트

정답 01 ②

3. 3경간 연속보의 영향선 개형

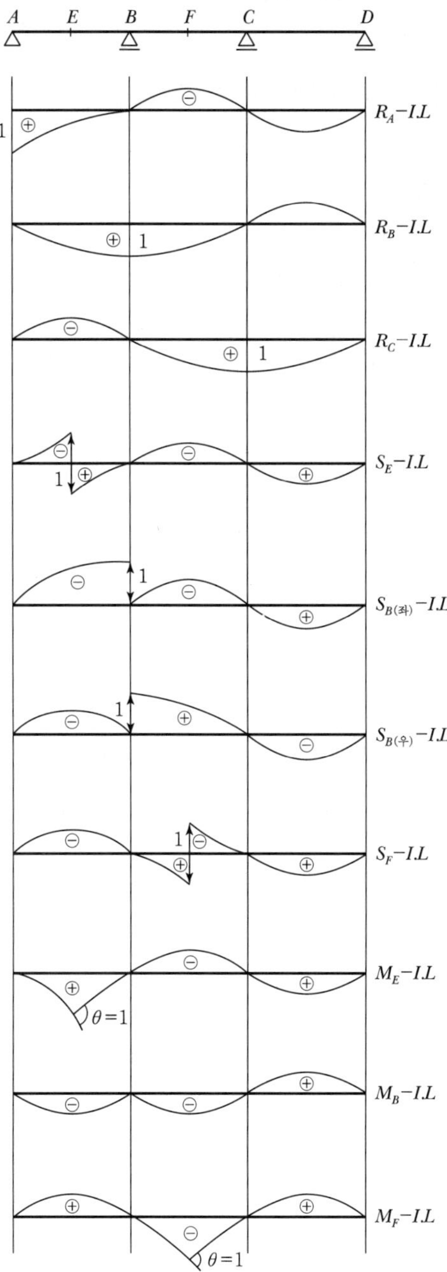

해설

65 그림과 같이 3경간 연속보에서 m점의 휨모멘트도 선으로 맞는 것은?

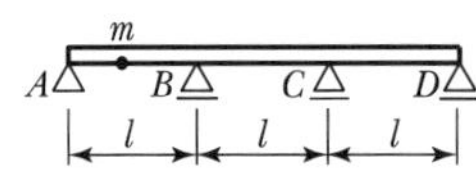

① 
② 
③ 
④ 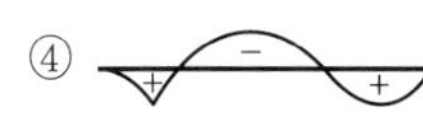

66 그림과 같은 부정정구조물에서 지점 B의 모멘트 M_B에 대한 영향선으로 가장 적절한 것은?

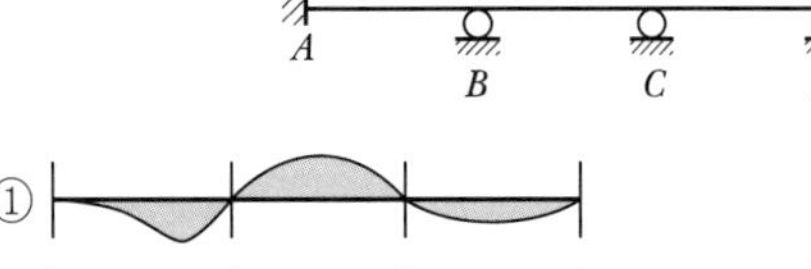

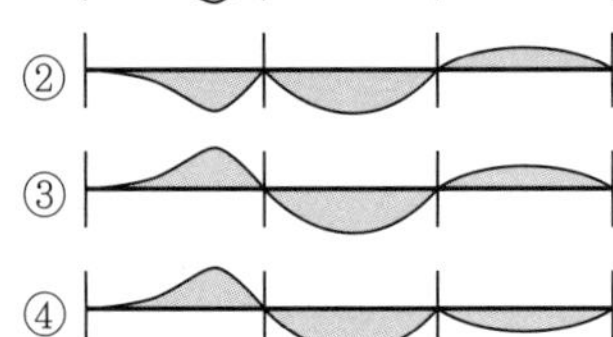

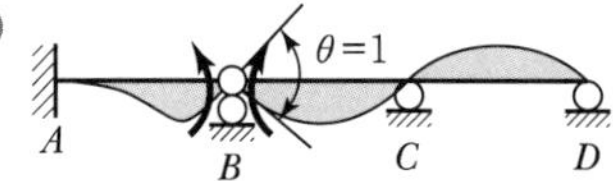

정답 65 ④ 66 ②

PART 2

단원별 기사 · 산업기사 기출문제

(2010~2022년)

토목기사	토목산업기사
01_ 정역학 기초	01_ 정역학 기초
02_ 단면의 성질	02_ 단면의 성질
03_ 구조물 판별식	03_ 구조물 판별식
04_ 정정보	04_ 정정보
05_ 라멘 · 아치	05_ 라멘 · 아치
06_ 트러스	06_ 트러스
07_ 재료의 성질	07_ 재료의 성질
08_ 보의 응력	08_ 보의 응력
09_ 기둥	09_ 기둥
10_ 처짐	10_ 처짐
11_ 탄성변형에너지	11_ 탄성변형에너지
12_ 부정정 구조물	12_ 부정정

APPLIED MECHANICS

토목기사

01 정역학 기초

합력 R

01 다음 그림에서 P_1과 R 사이의 각 θ를 나타낸 것은? ['19]

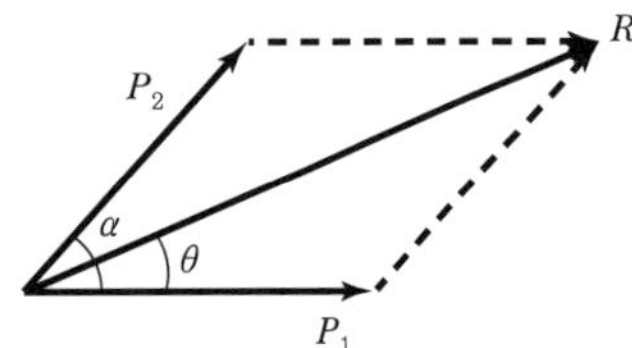

① $\theta = \tan^{-1}\left(\dfrac{P_2\cos\alpha}{P_2 + P_1\cos\alpha}\right)$

② $\theta = \tan^{-1}\left(\dfrac{P_2\cos\alpha}{P_1 + P_2\sin\alpha}\right)$

③ $\theta = \tan^{-1}\left(\dfrac{P_2\sin\alpha}{P_1 + P_2\cos\alpha}\right)$

④ $\theta = \tan^{-1}\left(\dfrac{P_2\sin\alpha}{P_1 + P_2\sin\alpha}\right)$

해설

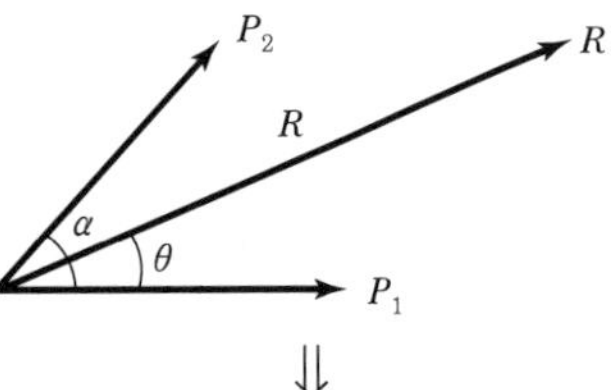

⇓

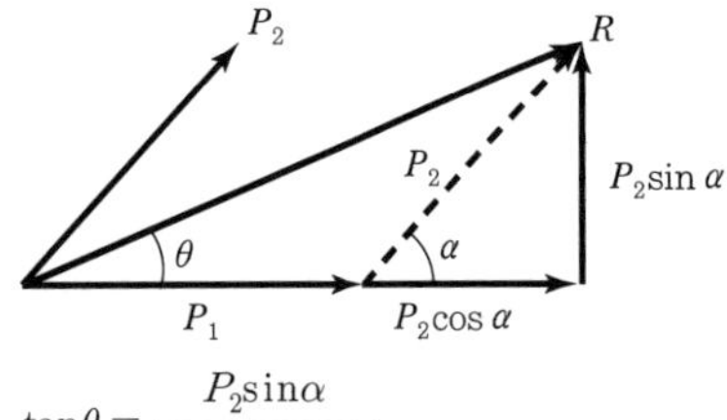

$$\tan\theta = \frac{P_2\sin\alpha}{P_1 + P_2\cos\alpha}$$

합력방향 $\theta = \tan^{-1}\dfrac{P_2\sin\alpha}{P_1 + P_2\cos\alpha}$

02 그림에서 합력 R과 P_1 사이의 각을 α라고 할 때 $\tan\alpha$를 나타낸 식으로 옳은 것은? ['20]

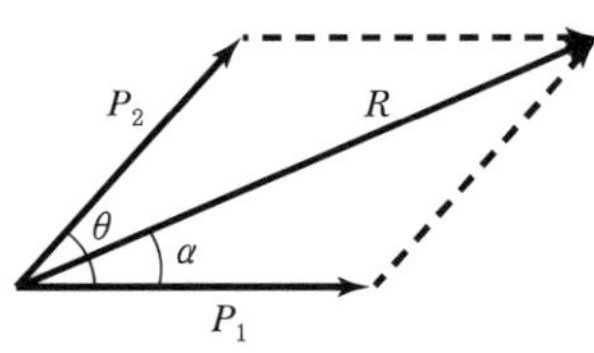

① $\tan\alpha = \dfrac{P_2\sin\theta}{P_1 + P_2\cos\theta}$

② $\tan\alpha = \dfrac{P_1\sin\theta}{P_1 + P_2\cos\theta}$

③ $\tan\alpha = \dfrac{P_2\cos\theta}{P_1 + P_2\sin\theta}$

④ $\tan\alpha = \dfrac{P_1\cos\theta}{P_1 + P_2\sin\theta}$

해설

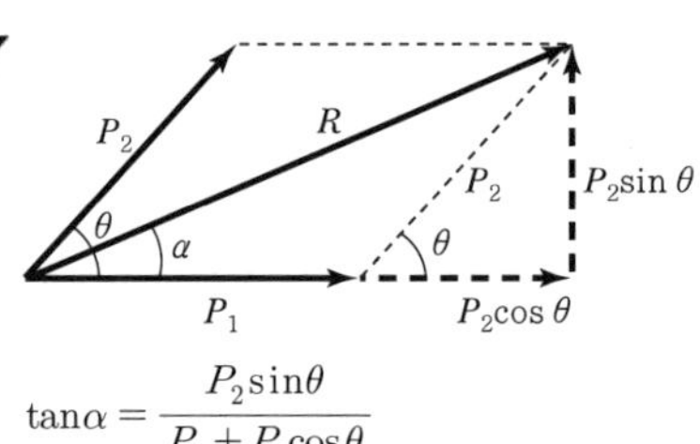

$$\tan\alpha = \frac{P_2\sin\theta}{P_1 + P_2\cos\theta}$$

03 그림에서 두 힘 P_1, P_2에 대한 합력(R)의 크기는? ['19, '21]

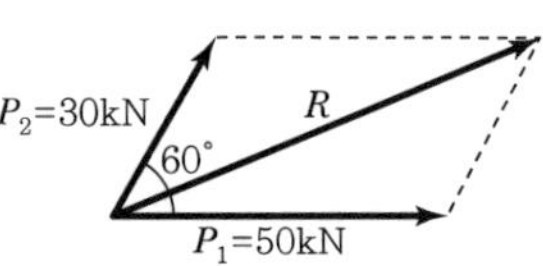

① 60kN ② 70kN ③ 80kN ④ 90kN

해설 $R = \sqrt{P_1^2 + P_2^2 + 2P_1P_2\cos\alpha}$

$= \sqrt{30^2 + 50^2 + 2\times30\times50\times\cos60°} = 70\text{kN}$

$\therefore R = 70\text{kN}$

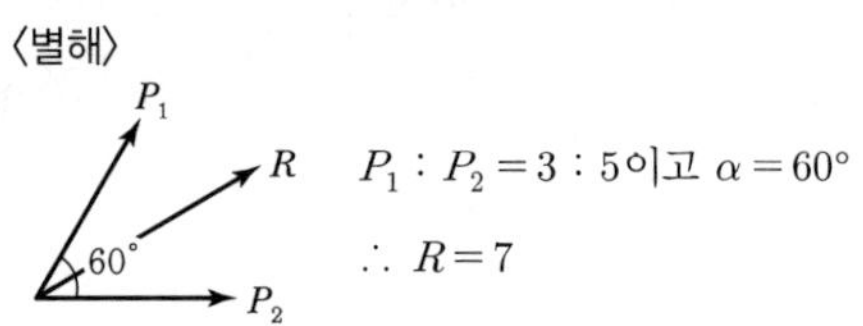

정답 01 ③ 02 ① 03 ②

04 다음 그림과 같이 강선 A와 B가 서로 평행상태를 이루고 있다. 이때 각도 θ의 값은?

① 47.2°
② 32.6°
③ 28.4°
④ 17.8°

해설 합력 $R_A = R_B$이므로

$R = \sqrt{30^2 + 60^2 + 2 \times 30 \times 60 \times \cos 30°}$

$= \sqrt{40^2 + 50^2 + 2 \times 40 \times 50 \times \cos\theta}$

$\therefore\ \theta = 28.4°$

05 다음 그림과 같이 강선 A와 B가 서로 평행상태를 이루고 있다. 이때 각도 θ의 값은?

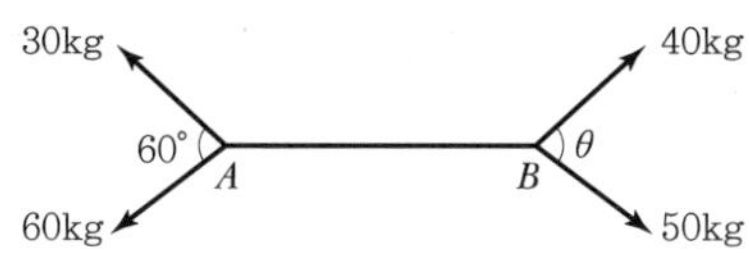

① 67.84° ② 56.63° ③ 42.26° ④ 28.35°

해설 $R = \sqrt{30^2 + 60^2 + 2 \times 30 \times 60 \times \cos 60°}$

$= \sqrt{40^2 + 50^2 + 2 \times 40 \times 50 \times \cos\theta}$

$30^2 + 60^2 + 3{,}600 \times \dfrac{1}{2} = 40^2 + 50^2 + 4{,}000\cos\theta$

$\therefore\ \theta = 56.63°$

06 다음 그림에 표시된 힘들의 x방향의 합력은 약 얼마인가?

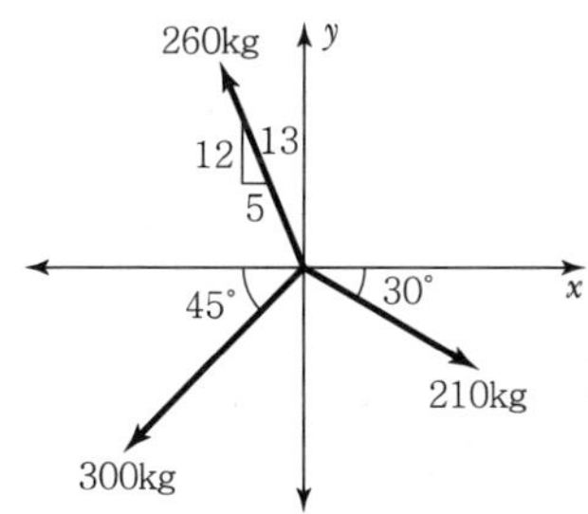

① 55kg(←) ② 77kg(→)
③ 122kg(→) ④ 130kg(←)

해설 $\Sigma H = -260 \times \dfrac{5}{13} - 300 \times \cos 45° + 210 \times \cos 30°$

$= -100 - 212.3 + 181.87$

$= -130.26\text{kg}$

$= 130.26\text{kg}(\leftarrow)$

07 그림에 표시된 힘들의 x방향의 합력으로 옳은 것은? ['20]

① 0.4kN(←)
② 0.7kN(→)
③ 1.0kN(→)
④ 1.3kN(←)

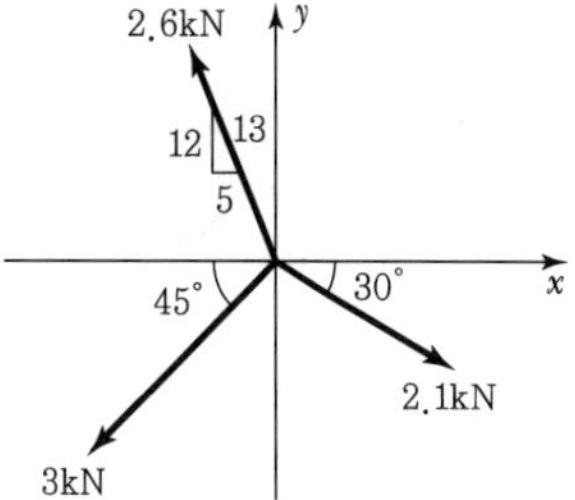

해설

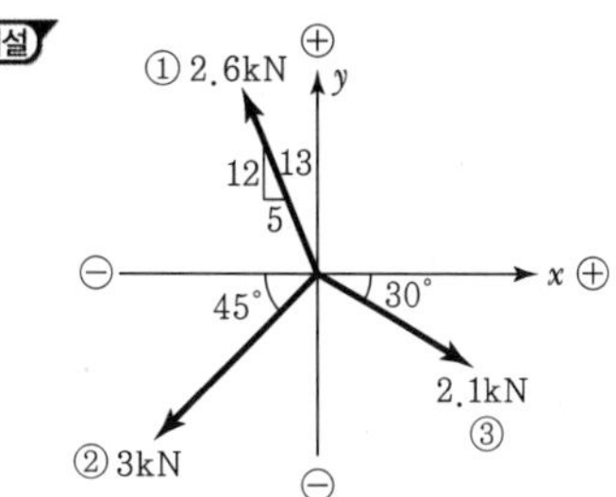

㉠ $13 \times \dfrac{2.6}{13}$, $H = 5 \times \dfrac{2.6}{13} = 1\text{kN}$

㉡ $\dfrac{3}{\sqrt{2}} \times \sqrt{2}$, $H = -1 \times \dfrac{3}{\sqrt{2}} = -2.1216$

㉢ $2 \times \dfrac{2.1}{2}$, $H = +\sqrt{3} \times \dfrac{2.1}{2} = 1.8186$

$\therefore\ H = 1 - 2.1216 + 1.8186 = 1.303\text{kN}$

모멘트

08 그림과 같은 4개의 힘이 작용할 때 G점에 대한 모멘트는?

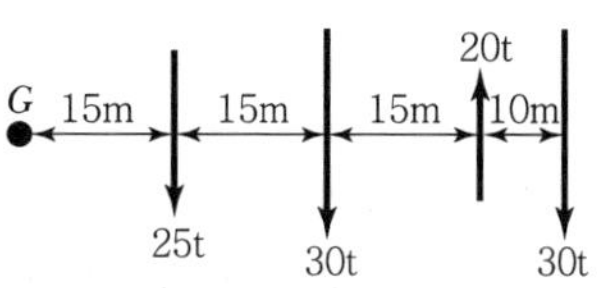

① 3,825t · m ② 2,025t · m
③ 2,175t · m ④ 1,650t · m

해설 $\Sigma M_G = 25 \times 15 + 30 \times 30 - 20 \times 45 + 30 \times 55$

$= 2{,}025\text{t} \cdot \text{m}$

정답 04 ③ 05 ② 06 ④ 07 ④ 08 ②

09 600kg의 힘이 그림과 같이 A와 C의 모서리에 작용하고 있다. 이 두 힘에 의해서 발생하는 모멘트는?

① 163.9kg · m ② 169.7kg · m
③ 173.9kg · m ④ 179.7kg · m

(해설)

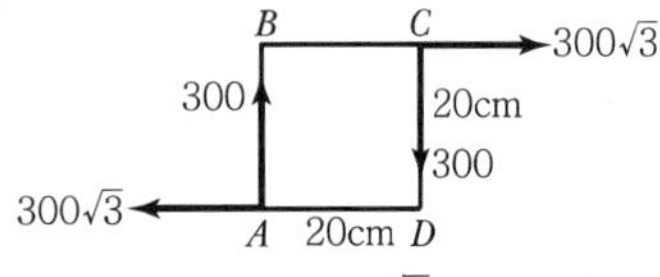

$M = 300 \times 20 + 300\sqrt{3} \times 20$
$= 6{,}000 + 6{,}000\sqrt{3}$
$= 16{,}392\text{kg} \cdot \text{cm} = 163.92\text{kg} \cdot \text{m}$

바리뇽 정리

10 그림과 같이 세 개의 평행력이 작용할 때 합력 R의 위치 x는? ['14, '18]

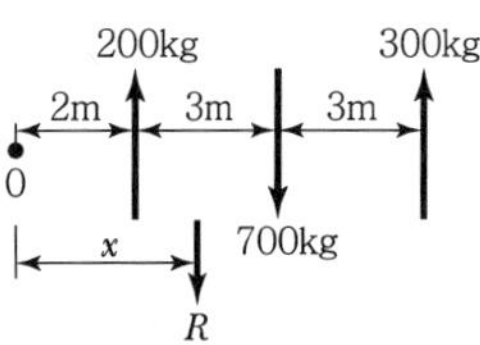

① 3.0m ② 3.5m
③ 4.0m ④ 4.5m

(해설) ㉠ 합력(R) $= -200 + 700 - 300 = 200$kg
㉡ $M_o = -200 \times 2 + 700 \times 5 - 300 \times 8$
$= R \times x$
$x = \dfrac{700}{R} = \dfrac{700}{200} = 3.5\text{m}\,(\rightarrow)$

11 동일평면상의 한 점에 여러 개의 힘이 작용하고 있을 때, 여러 개의 힘의 어떤 점에 대한 모멘트의 합은 그 합력의 동일점에 대한 모멘트와 같다는 것은 다음 중 어떤 정리에 대한 사항인가? ['20]

① Mohr의 정리 ② Lami의 정리
③ Castigliano의 정리 ④ Varignon의 정리

12 다음에서 설명하는 정리는? ['19]

동일 평면상의 한 점에 여러 개의 힘이 작용하고 있는 경우에 이 평면상의 임의점에 관한 이들 힘의 모멘트의 대수합은 동일점에 관한 이들 힘의 합력의 모멘트와 같다.

① Lami의 정리 ② Green의 정리
③ Pappus의 정리 ④ Varignon의 정리

라미의 정리

13 그림의 AC, BC에 작용하는 힘 F_{AC}, F_{BC}의 크기는? ['14, '16, '22]

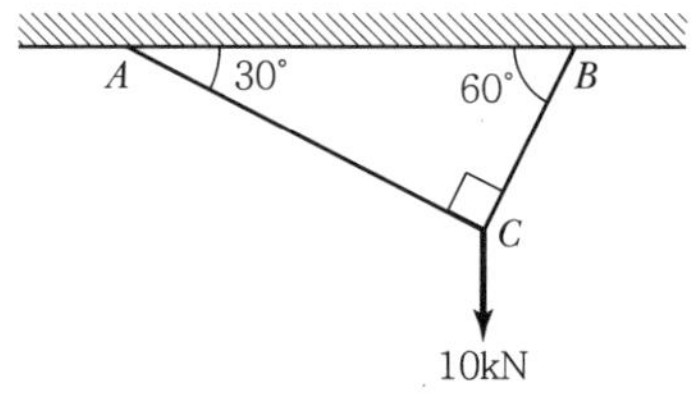

① $F_{AC} = 10\text{kN}$, $F_{BC} = 8.66\text{kN}$
② $F_{AC} = 8.66\text{kN}$, $F_{BC} = 5\text{kN}$
③ $F_{AC} = 5\text{kN}$, $F_{BC} = 8.66\text{kN}$
④ $F_{AC} = 5\text{kN}$, $F_{BC} = 17.32\text{kN}$

(해설)

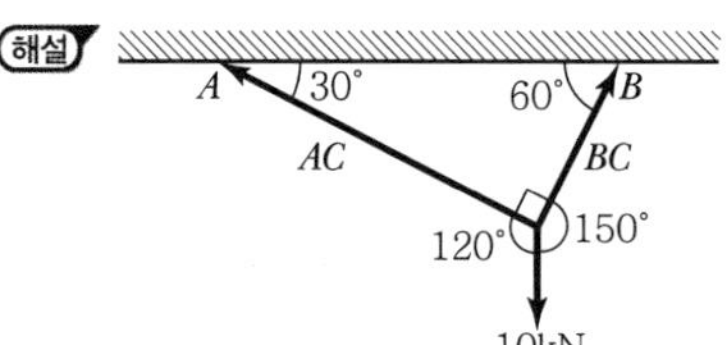

$\angle ACB = 90°$이면
㉠ $AC = P\sin 30° = 10\sin 30° = 5\text{kN}$
㉡ $BC = P\sin 60° = 10\sin 60° = 5\sqrt{3}\text{kN} = 8.66\text{kN}$

14 그림과 같은 구조물에서 부재 AB가 6kN의 힘을 받을 때 하중 P의 값은? ['19]

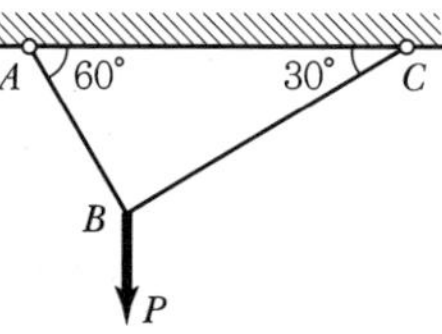

① 5.24kN ② 5.94kN
③ 6.27kN ④ 6.93kN

정답 09 ① 10 ② 11 ④ 12 ④ 13 ③ 14 ④

해설

$AB = P\sin 60°$

$6 = P\sin 60°$

$\therefore\ P = \dfrac{6}{\sin 60°} = \dfrac{6}{\dfrac{\sqrt{3}}{2}} = \dfrac{12}{\sqrt{3}} = 6.93\text{kN}$

15 무게 1kgf의 물체를 두 끈으로 늘어뜨렸을 때 한 끈이 받는 힘의 크기 순서가 옳은 것은? ['16, '18]

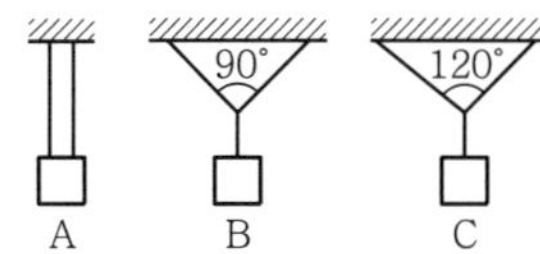

① B>A>C ② C>A>B
③ A>B>C ④ C>B>A

해설 ㉠

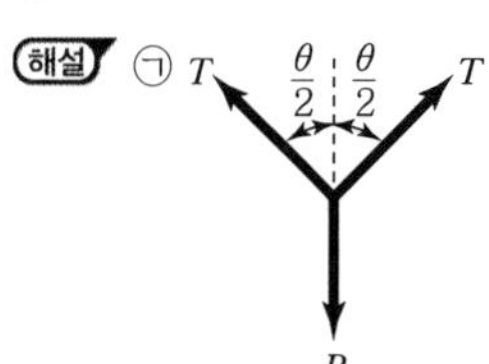

㉡ A) $\theta = 0$, $T_A = \dfrac{P}{2\cos(0°)} = \dfrac{P}{2}$

B) $\theta = 90°$, $T_B = \dfrac{P}{2\cos\left(\dfrac{90°}{2}\right)} = \dfrac{P}{\sqrt{2}}$

C) $\theta = 120°$, $T_C = \dfrac{P}{2\cos\left(\dfrac{120°}{2}\right)} = \dfrac{P}{1}$

㉢ $T_C > T_B > T_A$

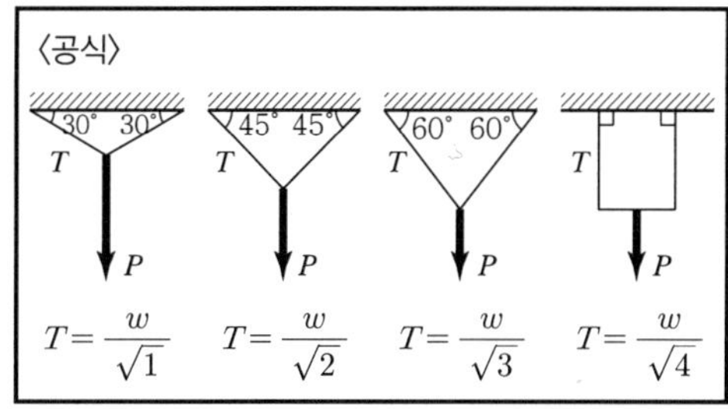

C > B > A

$\dfrac{w}{\sqrt{1}}$ $\dfrac{w}{\sqrt{2}}$ $\dfrac{w}{\sqrt{4}}$

16 정육각형 틀의 각 절점에 그림과 같이 하중 P가 작용할 때 각 부재에 생기는 인장응력의 크기는?

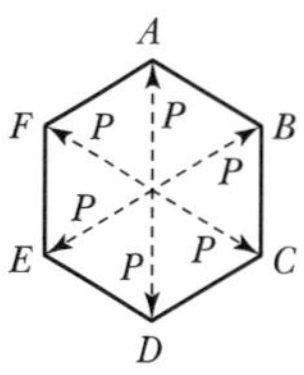

① P

② $2P$

③ $\dfrac{P}{2}$

④ $\dfrac{P}{\sqrt{2}}$

해설 ㉠ 육각형 내각의 합 $= 180°(n-2)$

$= 180° \times (6-2)$

$= 720°$

㉡ 한 점의 각 $= \dfrac{720°}{6} = 120°$

㉢

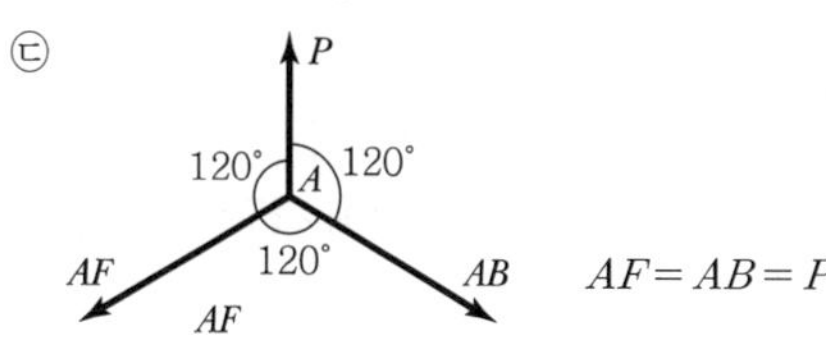

17 그림과 같은 구조물의 C점에 연직하중이 작용할 때 AC 부재가 받는 힘은? ['14, '16 기출 응용, '21]

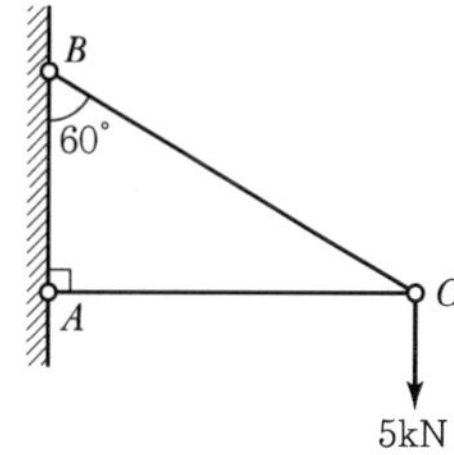

① 2.5kN ② 5.0kN ③ 8.7kN ④ 10.0kN

해설 비례식 이용

$AC = -5\sqrt{3} = -8.66 = -8.7\text{kN}$(압축)

18 점 C에 작용하는 하중 100kN으로 인해 부재 BC에 발생하는 힘은?

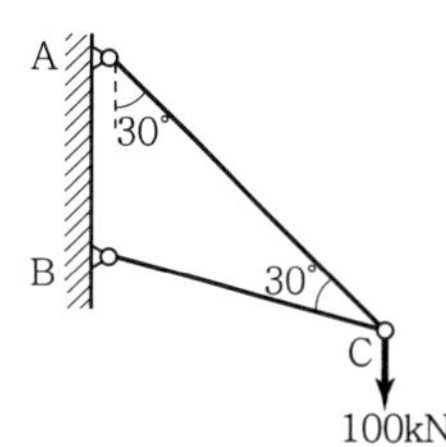

① 100kN(압축)
② 100kN(인장)
③ 200kN(압축)
④ 200kN(인장)

정답 15 ④ 16 ① 17 ③ 18 ①

해설

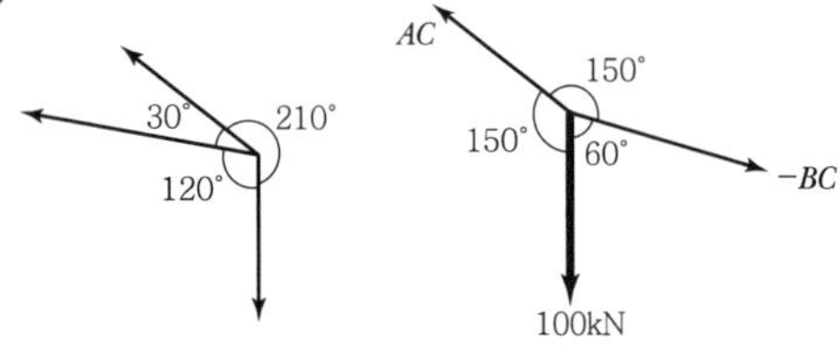

라미의 정리

$$\frac{-BC}{\sin 150°} = \frac{100}{\sin 150°} = \frac{AC}{\sin 60°}$$

$\therefore BC = -100\text{kN}$

$AC = 100\sqrt{3}\,\text{kN}$

평형조건식

19 부양력 200kN인 기구가 수평선과 60°의 각으로 정지상태에 있을 때 기구의 끈에 작용하는 인장력(T)과 풍압(w)을 구하면? ['10, '18]

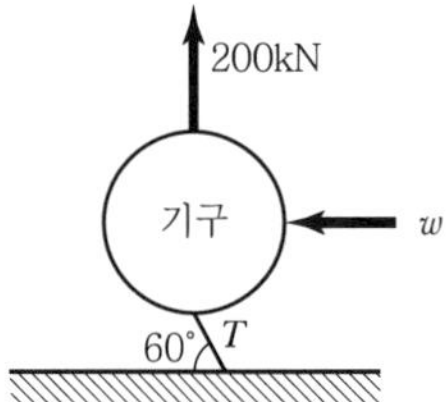

① $T = 220.94\text{kN}$, $w = 105.47\text{kN}$
② $T = 230.94\text{kN}$, $w = 115.47\text{kN}$
③ $T = 220.94\text{kN}$, $w = 125.47\text{kN}$
④ $T = 230.94\text{kN}$, $w = 135.47\text{kN}$

해설

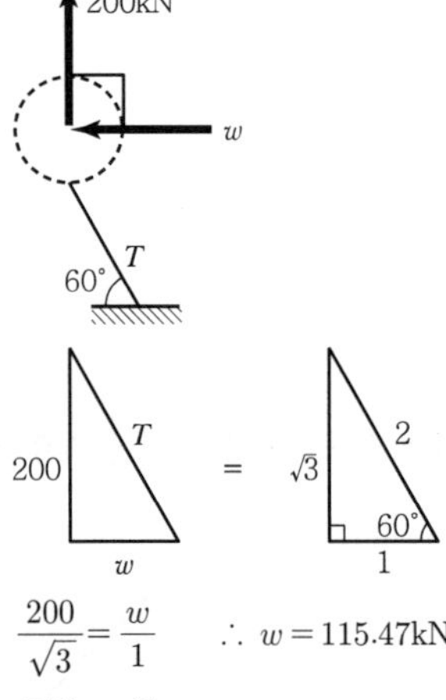

$$\frac{200}{\sqrt{3}} = \frac{w}{1} \qquad \therefore w = 115.47\text{kN}$$

$$\frac{200}{\sqrt{3}} = \frac{T}{2} \qquad \therefore T = 230.94\text{kN}$$

20 다음 그림에서 지점 A와 C에서의 반력을 각각 R_A와 R_C라고 할 때, R_A의 크기는?

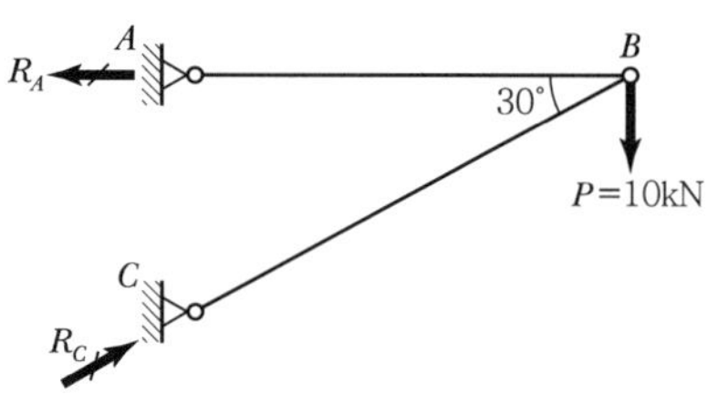

① 20kN ② 17.32kN
③ 10kN ④ 8.66kN

해설

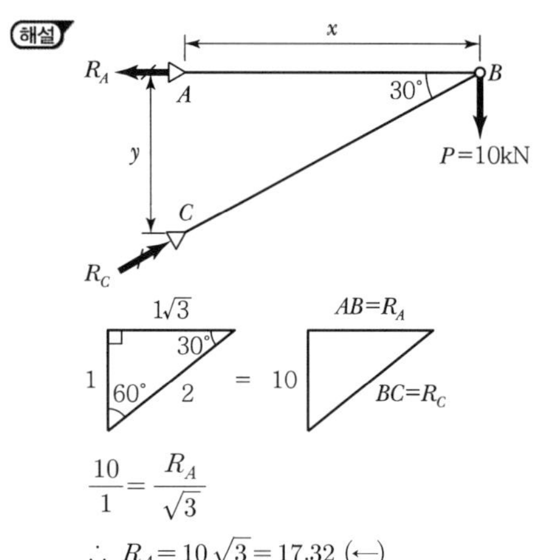

$$\frac{10}{1} = \frac{R_A}{\sqrt{3}}$$

$\therefore R_A = 10\sqrt{3} = 17.32\ (\leftarrow)$

21 그림과 같은 크레인의 D_1 부재의 부재력은? ['20]

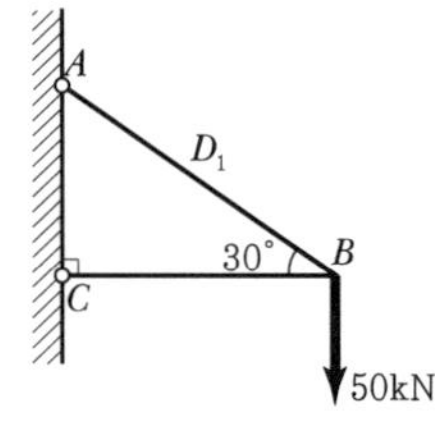

① 43kN ② 50kN ③ 75kN ④ 100kN

해설

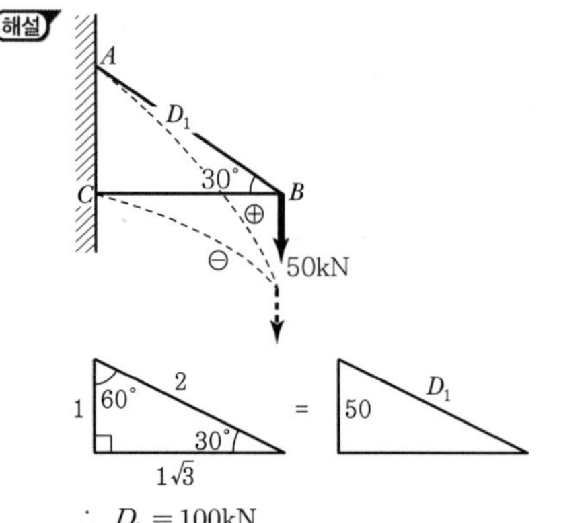

$\therefore D_1 = 100\text{kN}$

정답 19 ② 20 ② 21 ④

22 그림과 같이 밀도가 균일하고 무게가 W인 구(球)가 마찰이 없는 두 벽면 사이에 놓여 있을 때 반력 R_B의 크기는? ['13, '17, '21]

① $0.5\,W$
② $0.577\,W$
③ $0.866\,W$
④ $1.155\,W$

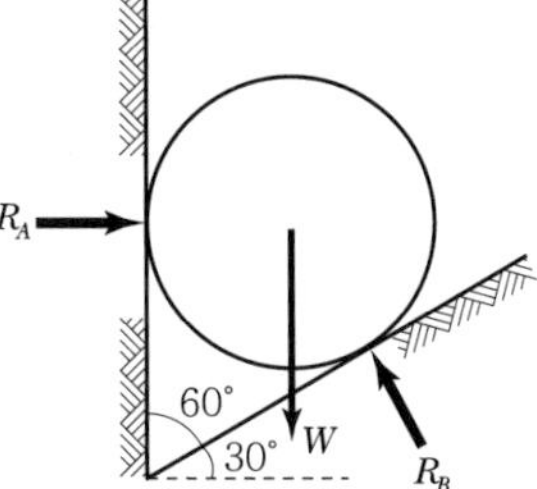

해설

[1] ㉠

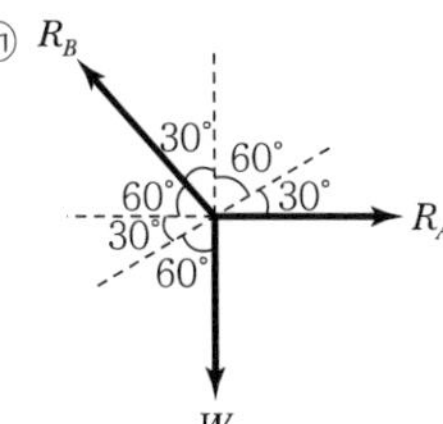

㉡

30°
W
R_B
60°
R_A

$$\sin 60° = \frac{W}{R_B} = \frac{\sqrt{3}}{2}$$

$$\therefore\ R_B = \frac{2}{\sqrt{3}}W$$

㉢ $R_A = \dfrac{R_B}{2} = \dfrac{W}{\sqrt{3}} = 0.577\,W$

[2] ㉠

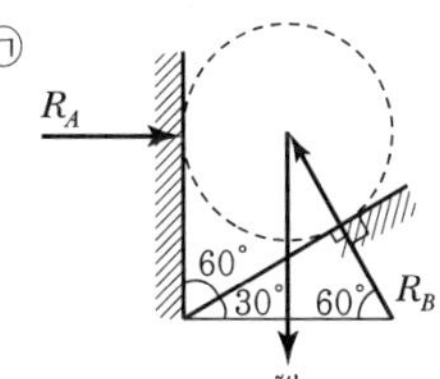

㉡ 〈시력도〉

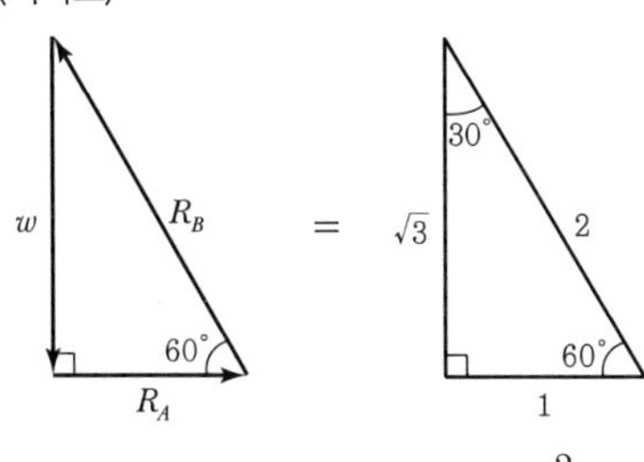

$$\frac{w}{\sqrt{3}} = \frac{R_B}{2}$$

$$R_B = \frac{2}{\sqrt{3}}w$$
$$= 1.155w$$

23 그림과 같이 연결부에 두 힘 50kN과 20kN이 작용한다. 평형을 이루기 위한 두 힘 A와 B의 크기는? ['22]

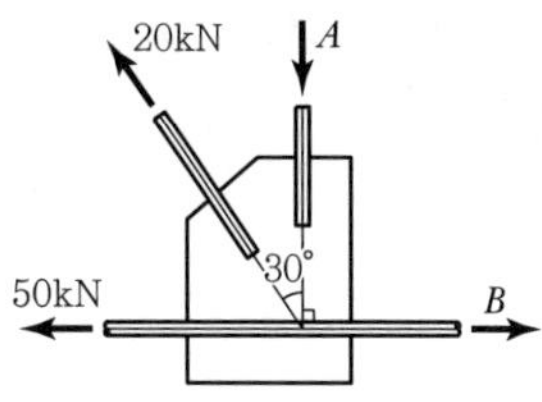

① $A = 10\text{kN},\ B = 50 + \sqrt{3}\,\text{kN}$
② $A = 50 + \sqrt{3}\,\text{kN},\ B = 10\text{kN}$
③ $A = 10\sqrt{3}\,\text{kN},\ B = 60\text{kN}$
④ $A = 60\text{kN},\ B = 10\sqrt{3}\,\text{kN}$

해설

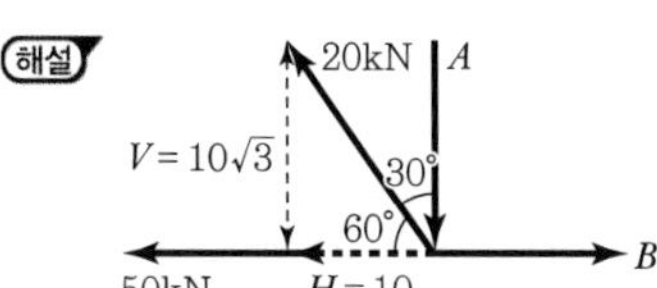

㉠ $\Sigma H = 0$

$-50 - 10 + B = 0$

$B = 60\text{kN}(\rightarrow)$

㉡ $\Sigma V = 0$

$10\sqrt{3} - A = 0$

$A = 10\sqrt{3}\,\text{kN}(\downarrow)$

24 다음 그림과 같은 세 힘이 평형상태에 있다면 점 C에서 작용하는 힘 P와 BC 사이의 거리 x로 옳은 것은?

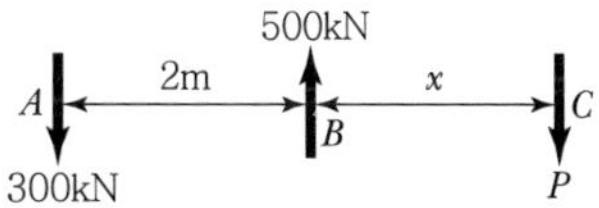

① $P = 200\text{kN},\ x = 3\text{m}$
② $P = 300\text{kN},\ x = 3\text{m}$
③ $P = 200\text{kN},\ x = 2\text{m}$
④ $P = 300\text{kN},\ x = 2\text{m}$

해설 ㉠ $\Sigma V = 0$

$-300 + 500 - P = 0$

$P = 200\,\text{kN}$

㉡ $\Sigma M_B = 0$

$300 \times 2 - Px = 0$

$x = 3\,\text{m}$

정답 22 ④ 23 ③ 24 ①

25 그림과 같이 케이블(cable)에 5kN의 추가 매달려 있다. 이 추의 중심을 수평으로 3m 이동시키기 위해 케이블 길이 5m 지점인 A점에 수평력 P를 가하고자 한다. 이때 힘 P의 크기는? ['17, '21]

① 3.75kN
② 4kN
③ 4.2kN
④ 4.5kN

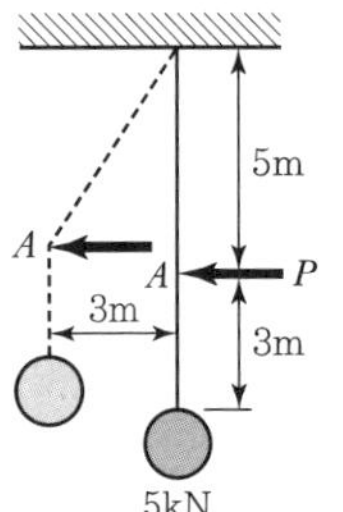

해설

[1]

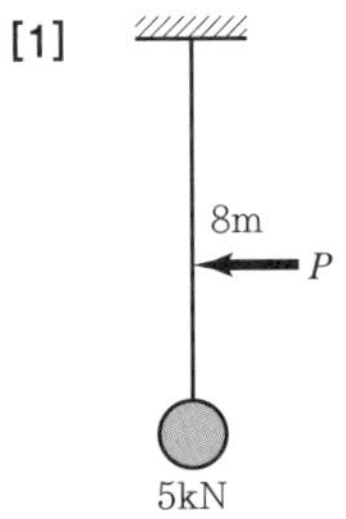

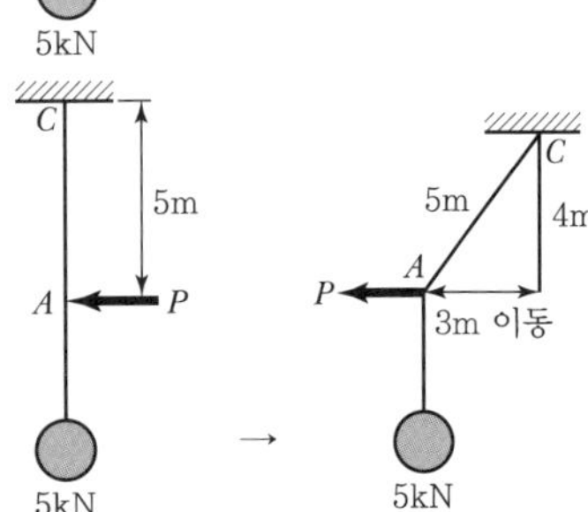

$\sum M_C = 0$

$-5\times3+P\times4=0$

$P=3.75\text{kN}$

[2]

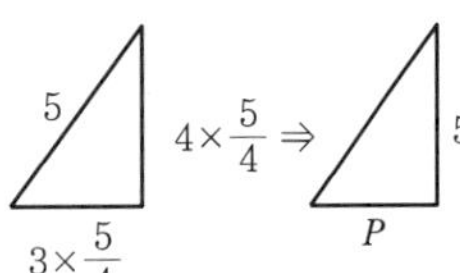

$P=3\times\frac{5}{4}=3.75\text{kN}$

[3] $\sum M_c = 0$

$-5\times3+P\times4=0$

$P=\frac{5\times3}{4}=3.75\text{kN}$

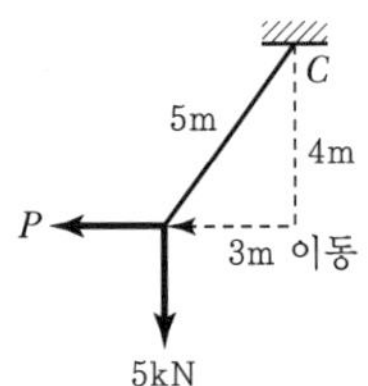

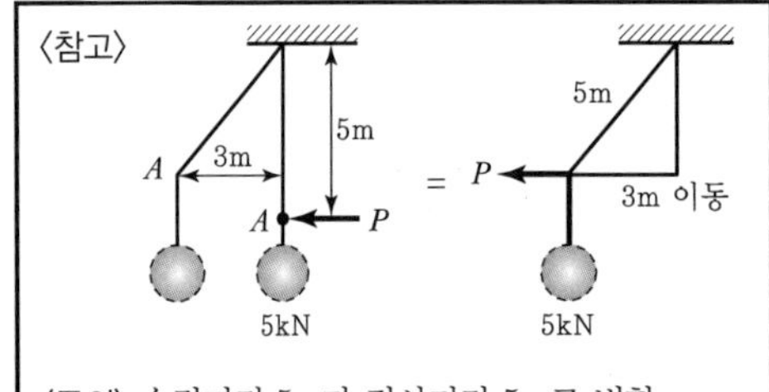

26 총 길이가 1.25m인 체인을 그림에서와 같이 크기가 25×25cm인 목재를 감싸서 운반하고 있다. 목재의 무게가 200kg일 때 체인에 작용하는 인장력은 얼마인가?

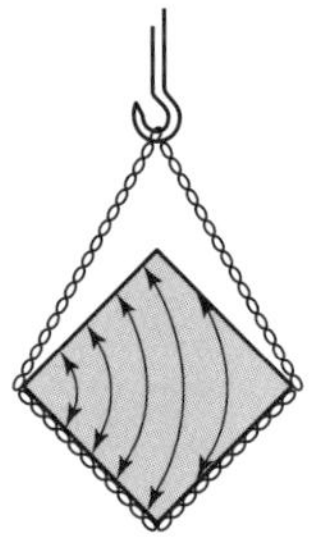

① 150kg
② 113.4kg
③ 103.4kg
④ 100kg

해설

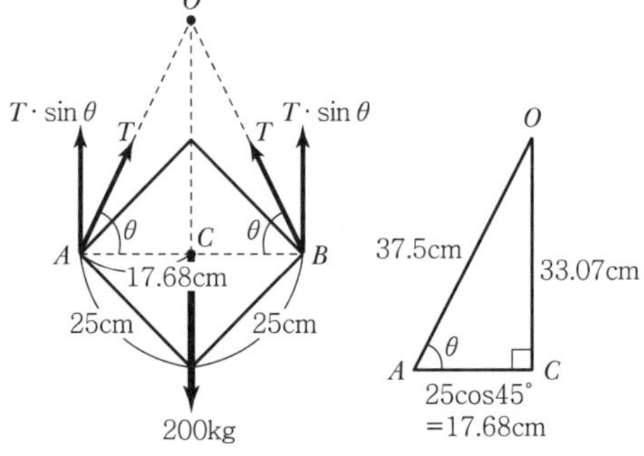

㉠ $AC=17.68\text{cm}$

㉡ $OA=\frac{125-25-25}{2}=37.5\text{cm}$

㉢ $OC=\sqrt{(37.5)^2-(17.68)^2}=33.07$

㉣ $\sum V=2T\cdot\sin\theta-200=0$

$2T\times\frac{33.07}{37.5}=200$

$\therefore\ T=200\times\frac{37.5}{2\times33.07}\fallingdotseq 113.4\text{kg}$

27 그림과 같은 구조물에서 부재 AB가 받는 힘의 크기는? ['14, '17, '22]

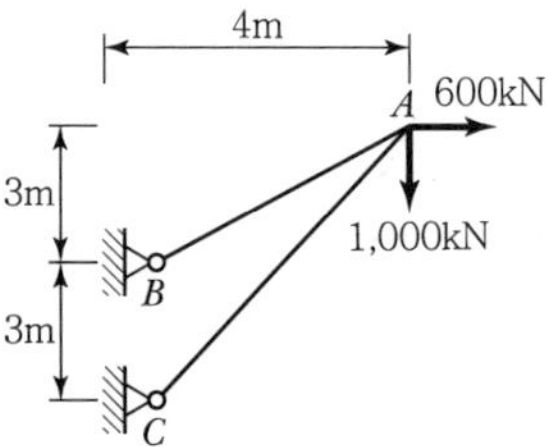

① 3,166.7kN
② 3,274.2kN
③ 3,368.5kN
④ 3,485.4kN

정답 25 ① 26 ② 27 ①

해설

[1]

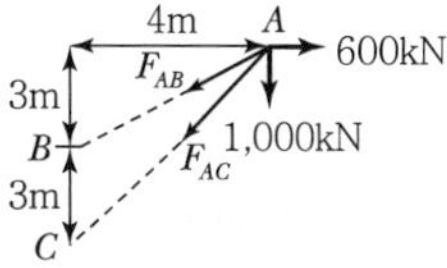

㉠ $\Sigma H=0$

$$-\frac{4}{5}F_{AB}-\frac{4}{\sqrt{52}}F_{AC}+600=0$$

㉡ $\Sigma V=0$

$$-\frac{3}{5}F_{AB}-\frac{6}{\sqrt{52}}F_{AC}-1,000=0$$

㉢ ㉠과 ㉡의 식을 연립하여 풀면

$F_{AB}=3,166.7\text{kN}$(인장)

$F_{AC}=-3,485.4\text{kN}$(압축)

[2]

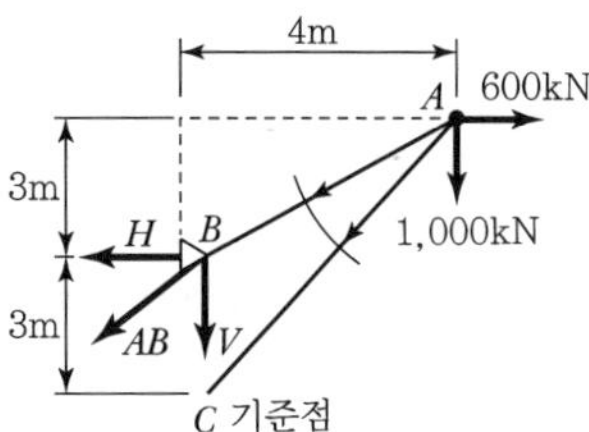

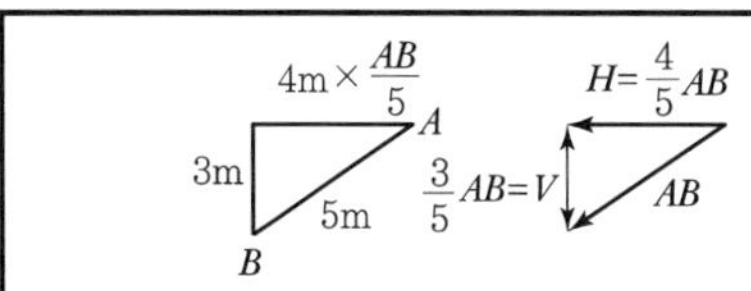

$\Sigma M_C=0$

$-H\times3+1,000\times4+600\times(3+3)=0$

$4,000+3,600=H\times3$

$7,600=\left(\frac{4}{5}AB\right)\times3$

$\therefore\ AB=\frac{5}{4\times3}\times7,600$

$=3,166.66\text{kN}$

28 그림에서와 같이 케이블 C점에서 하중 33kg이 작용하고 있다. 이때 AC 케이블에 작용하는 인장력은?

['11, '15]

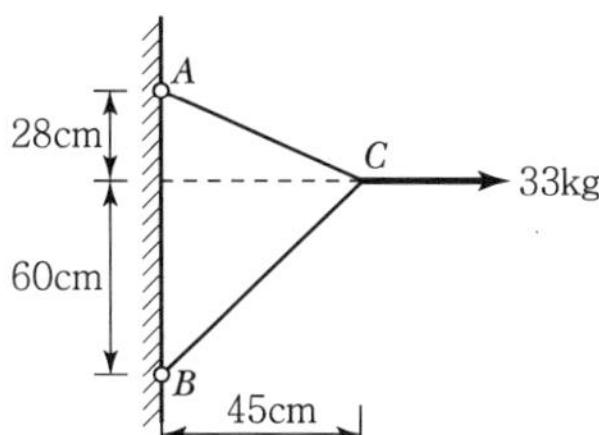

① 17.5kg ② 18.5kg ③ 25.5kg ④ 26.5kg

해설

[1] ㉠

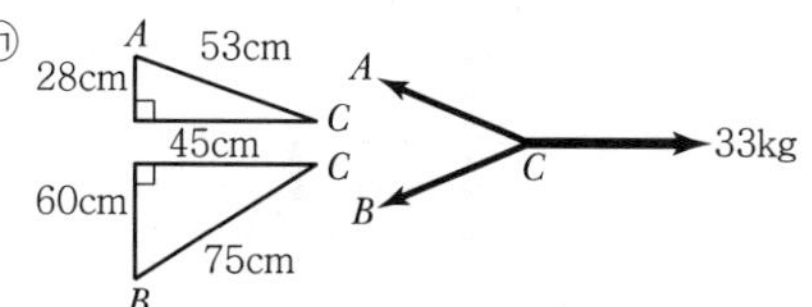

㉡

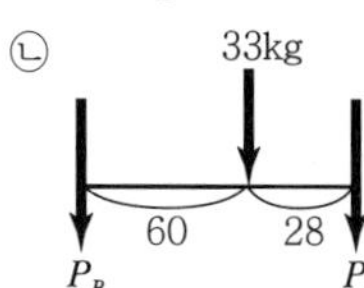

$$P_B=\frac{33\times28}{88}=10.5\text{kg}$$

$$P_A=\frac{33\times60}{88}=22.5\text{kg}$$

㉢ $\frac{P_A}{45}=\frac{AC}{53}$

$AC=26.5\text{kg}$

[2] ㉠ $AC=\sqrt{28^2+45^2}=53$

$BC=\sqrt{60^2+45^2}=75$

㉡ $\Sigma H=0$

$-H_1+H_2=0$

$-\frac{28}{53}F_{AC}+\frac{60}{75}F_{BC}=0$

$F_{AC}=1.5F_{BC}$

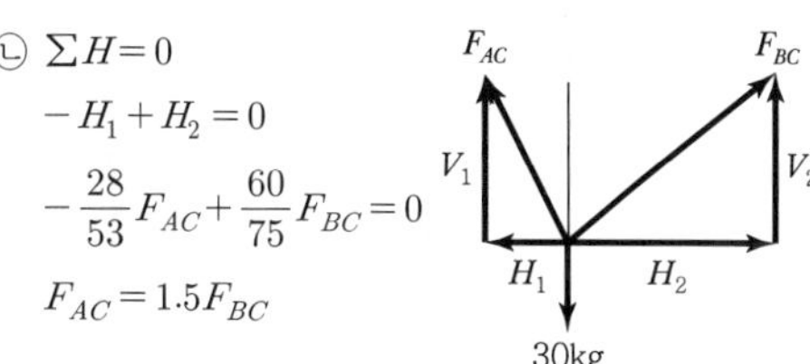

〈참고〉 $\Sigma V=0$

$V_1+V_2-30=0$

$\frac{45}{53}F_{AC}+\frac{45}{75}F_{BC}-33=0$

$\frac{45}{53}\cdot(1.5F_{BC})+\frac{45}{75}F_{BC}-33=0$

$F_{BC}=16\text{kg}$

29 그림과 같이 각 점이 힌지로 연결된 구조물에서 부재 CD의 부재력은?

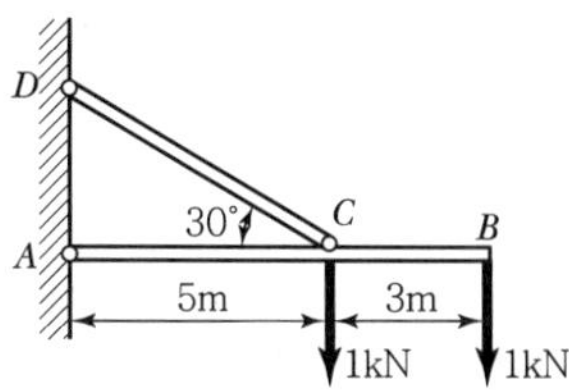

① 3kN(압축) ② 3kN(인장)
③ 5.2kN(압축) ④ 5.2kN(인장)

정답 28 ④ 29 ④

해설

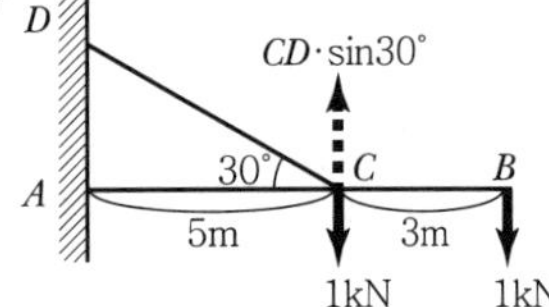

$\Sigma M_A = -CD \cdot \sin 30° \times 5\text{m} + 1\text{kN} \times 5\text{m} + 1\text{kN} \times 8\text{m}$
$= 0$

$\therefore CD = 5.2\text{kN}$(인장)

30 다음 그림과 같은 구조물의 BD 부재에 작용하는 힘의 크기는?

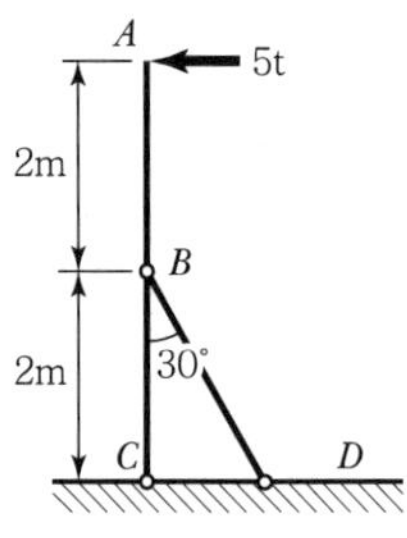

① 10t
② 12.5t
③ 15t
④ 20t

해설 $\Sigma M_C = 0$

$-5 \times 4 + BD \times h = 0$
$-20 + BD \times 2\sin 30° = 0$
$-20 + BD \times 1 = 0$
$\therefore BD = 20\text{t}$

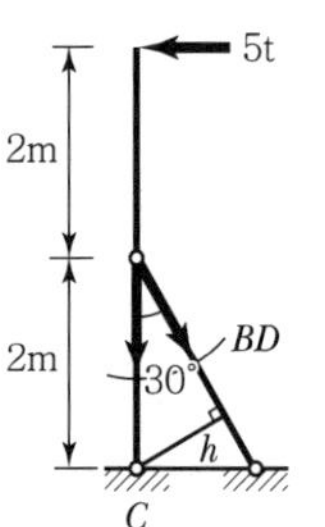

31 그림과 같은 삼각형 물체에 작용하는 힘 P_1, P_2를 AC면에 수직한 방향의 성분으로 변환할 경우 힘 P의 크기는? ['20]

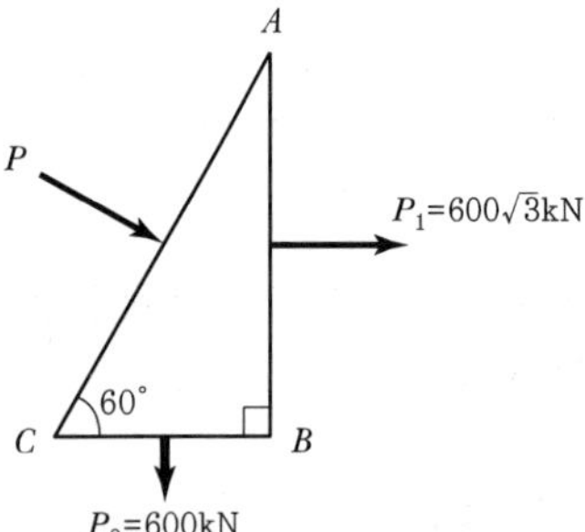

① 1,000kN
② 1,200kN
③ 1,400kN
④ 1,600kN

해설 ㉠ AC 수직한 힘 : P

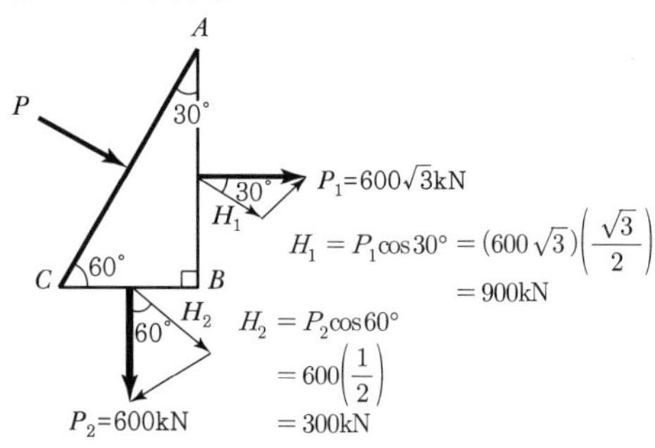

㉡ $P = H_1 + H_2$
$= P_1\cos 30° + P_2\cos 60°$
$= 600\sqrt{3}\left(\dfrac{\sqrt{3}}{2}\right) + 600\left(\dfrac{1}{2}\right)$
$= 900 + 300$
$= 1{,}200\text{kN}$

32 그림과 같은 구조물의 BD 부재에 작용하는 힘의 크기는? ['22]

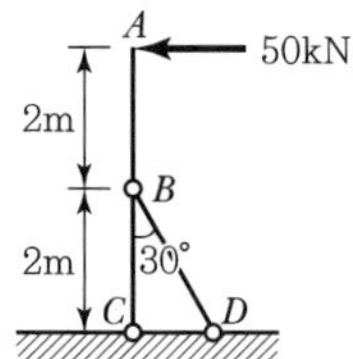

① 100kN
② 125kN
③ 150kN
④ 200kN

해설

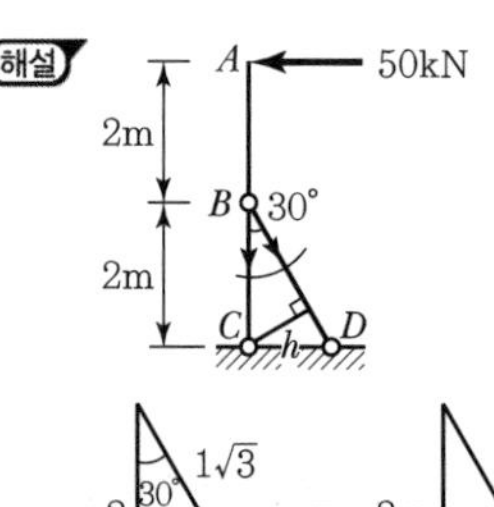

$\Sigma M_C = 0$
$-50 \times 4 + BD \times h = 0$
$BD = \dfrac{50 \times 4}{1} = 200\text{kN}$

정답 30 ④ 31 ② 32 ④

마찰

33 아래 그림에서 블록 A를 뽑아내는 데 필요한 힘 P는 최소 얼마 이상이어야 하는가?(단, 블록과 접촉면과의 마찰계수 $\mu=0.3$) ['15, '18]

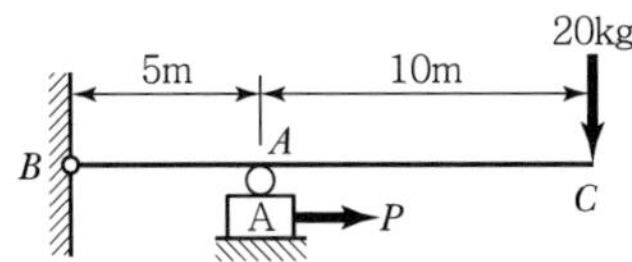

① 6kg ② 9kg
③ 15kg ④ 18kg

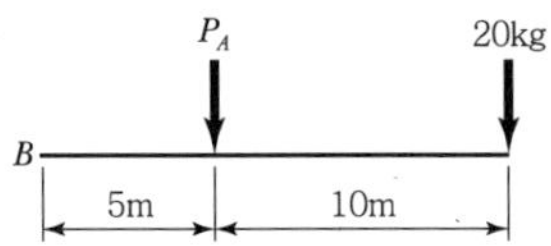

㉠ $M_B=P_A\times 5=20\times 15$

$P_A=60\text{kg}(\downarrow)$

㉡ $P=P_A\times\mu=60\times 0.3=18\text{kg}$

34 아래 그림에서 블록 A를 뽑아내는 데 필요한 힘 P는 최소 얼마 이상이어야 하는가?(단, 블록과 접촉면과의 마찰계수 $\mu=0.3$)

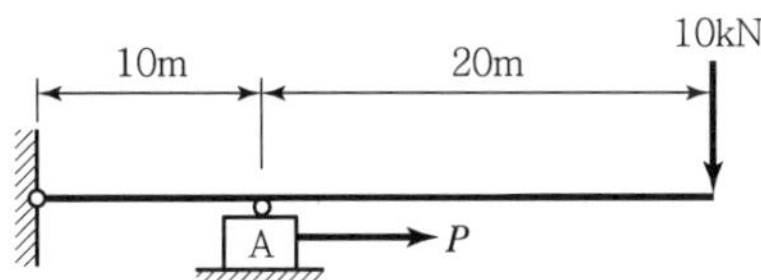

① 3kN 이상 ② 6kN 이상
③ 9kN 이상 ④ 12kN 이상

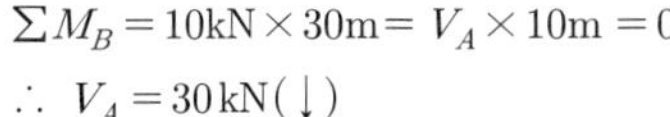

해설 ㉠ $\Sigma M_B=10\text{kN}\times 30\text{m}=V_A\times 10\text{m}=0$

$\therefore\ V_A=30\text{kN}(\downarrow)$

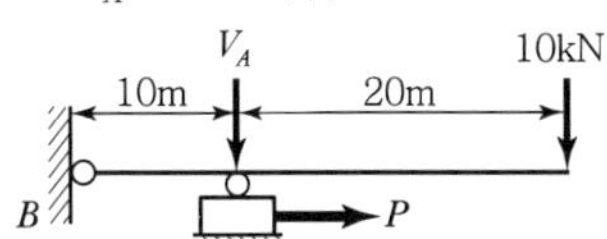

㉡ $P>V_A\times\mu=30\text{kN}\times 0.3=9\text{kN}$

35 그림과 같은 30° 경사진 언덕에 40kN의 물체를 밀어 올릴 때 필요한 힘 P는 최소 얼마 이상이어야 하는가?(단, 마찰계수는 0.25이다.) [핵심 p.13 22번 응용, '21]

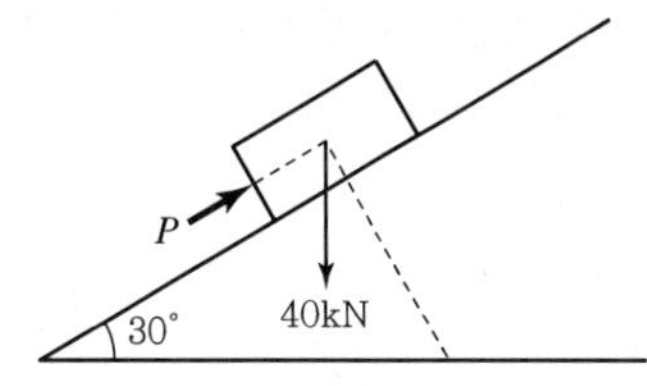

① 28.7kN ② 30.2kN
③ 34.7kN ④ 40.0kN

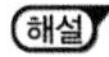

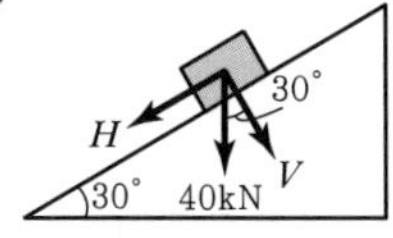

(마찰계수 $\mu=0.25$)

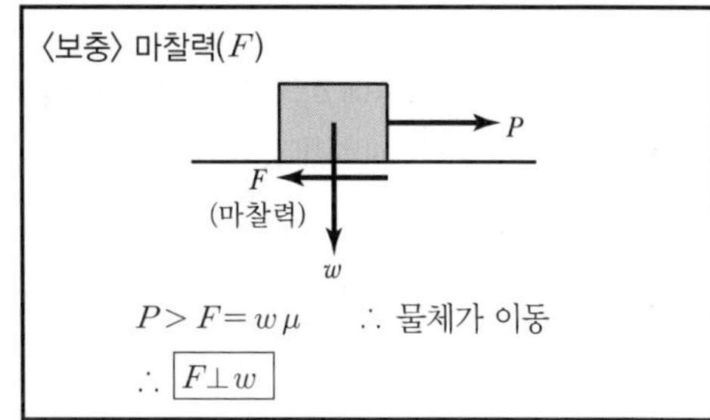

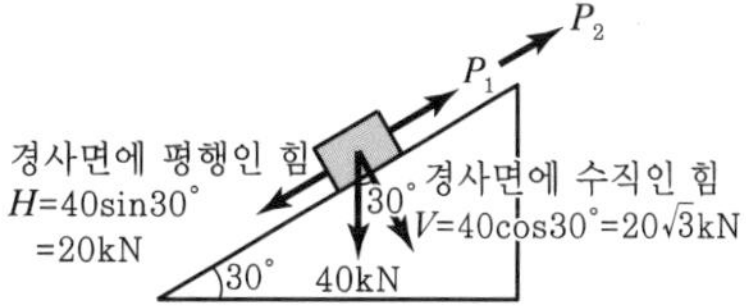

㉠ 물체를 정지시키는 힘 P_1 : H와 반대인 힘

$=H=20\text{kN}$

㉡ 물체를 이동시키는 힘 P_2

$=V\cdot\mu$

$=20\sqrt{3}\times 0.25$

$=8.66\text{kN}$

㉢ 물체를 끌어당기는 힘 P

$P=P_1+P_2$

$=28.66\text{kN}=28.7\text{kN}$

정답 33 ④ 34 ③ 35 ①

도르래

36 그림과 같이 두 개의 활차를 사용하여 물체를 매달 때 3개의 물체가 평형을 이루기 위한 각 θ값은?(단, 로프와 활차의 마찰은 무시한다.) ['19]

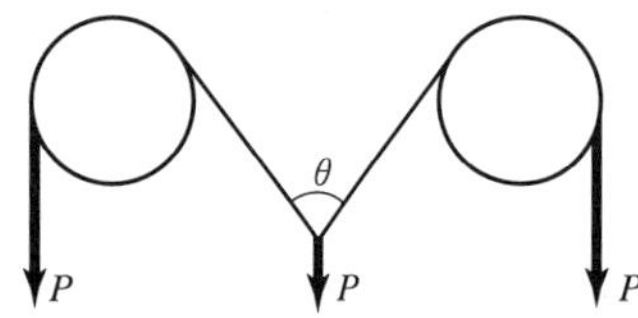

① 30° ② 45° ③ 60° ④ 120°

해설

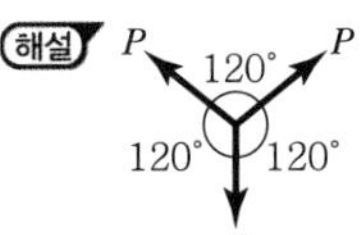

물체가 평형이 되려면 $\theta = 120°$이어야 한다.

37 그림과 같은 구조물에 하중 W가 작용할 때 P의 크기는?(단, $0° < \alpha < 180°$이다.) ['20]

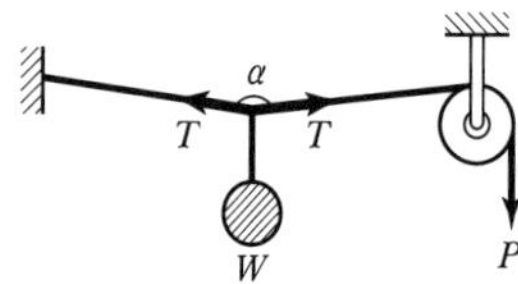

① $P = \dfrac{W}{2\cos\dfrac{\alpha}{2}}$ ② $P = \dfrac{W}{2\cos\alpha}$

③ $P = \dfrac{W}{\cos\dfrac{\alpha}{2}}$ ④ $P = \dfrac{2W}{\cos\dfrac{\alpha}{2}}$

해설

〈풀이순서〉

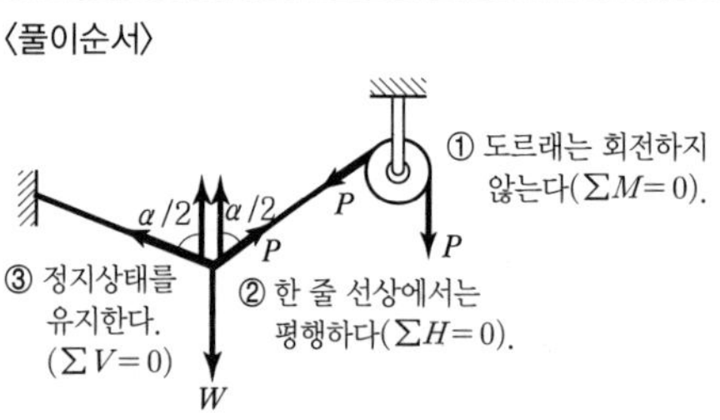

$\Sigma V = 0$

$2P\cos\dfrac{\alpha}{2} - W = 0$

$P = \dfrac{W}{2\cos\dfrac{\alpha}{2}} = \dfrac{W}{2}\sec\dfrac{\alpha}{2}$

정답 36 ④ 37 ①

단면의 성질

도심 Ⅰ

01 그림과 같은 사다리꼴의 도심 G의 위치 $\bar{y}$로 옳은 것은?

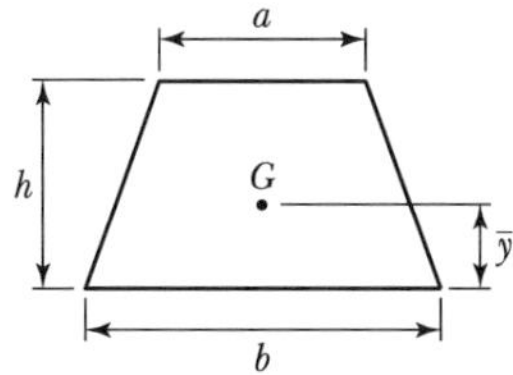

① $\bar{y}=\dfrac{h}{3}\dfrac{a+b}{a+2b}$ ② $\bar{y}=\dfrac{h}{3}\dfrac{a+b}{2a+b}$

③ $\bar{y}=\dfrac{h}{3}\dfrac{a+2b}{a+b}$ ④ $\bar{y}=\dfrac{h}{3}\dfrac{2a+b}{a+b}$

해설 $y=\dfrac{h}{3}\cdot\dfrac{2a+b}{a+b}$

단면1차모멘트

02 다음 삼각형의 x축에 대한 단면1차모멘트는?

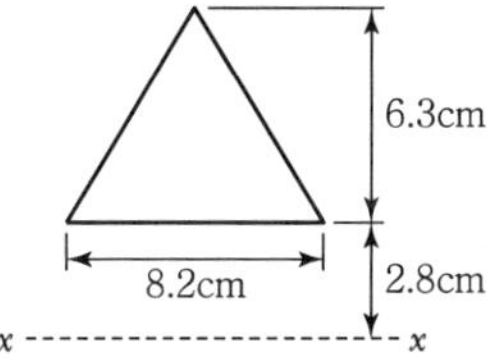

① 126.6cm^3 ② 136.6cm^3

③ 146.6cm^3 ④ 156.6cm^3

해설 $G_x=\left(\dfrac{1}{2}\times6.3\times8.2\right)\times\left(2.8+\dfrac{6.3}{3}\right)$

$=126.6\text{cm}^3$

도심 Ⅱ $y=\dfrac{G_x}{A}$

03 그림과 같은 단면에서 외곽 원의 직경(D)이 60cm이고 내부 원의 직경($D/2$)은 30cm라면, 빗금 친 부분의 도심의 위치는 x에서 얼마나 떨어진 곳인가? ['11, '15]

① 33cm
② 35cm
③ 37cm
④ 39cm

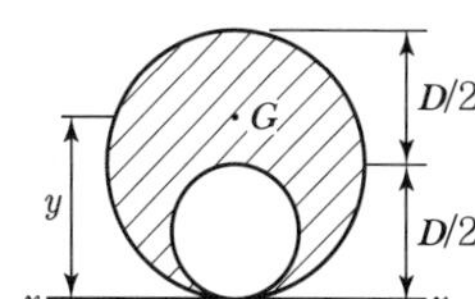

해설 ㉠ $A=\dfrac{\pi D^2}{4}-\dfrac{\pi\left(\dfrac{D}{2}\right)^2}{4}=\dfrac{\pi D^2}{4}-\dfrac{\pi D^2}{16}=\dfrac{3\pi D^2}{16}$

㉡ $G_x=\Sigma A\cdot y=\dfrac{\pi D^2}{4}\times\dfrac{D}{2}-\dfrac{\pi D^2}{16}\times\dfrac{D}{4}=\dfrac{7\pi D^3}{64}$

㉢ $\therefore\ y=\dfrac{G_x}{A}=\dfrac{\dfrac{7\pi D^3}{64}}{\dfrac{3\pi D^2}{16}}=\dfrac{7D}{12}=\dfrac{7\times60}{12}=35\text{cm}$

04 그림과 같은 4분원 중에서 빗금 친 부분의 밑변으로부터 도심까지의 위치 y는?

① 116.8mm
② 126.8mm
③ 146.7mm
④ 158.7mm

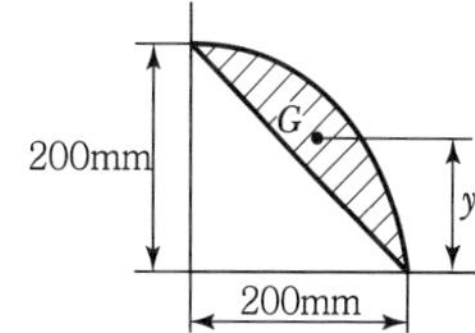

해설

[1] ㉠ $A=\dfrac{\pi r^2}{4}-\dfrac{r^2}{2}=\dfrac{200^2\pi}{4}-\dfrac{200^2}{2}$ (4분원 − 삼각형)

$=11,400\text{mm}^2$

㉡ $G_x=A\cdot y=\dfrac{\pi r^2}{4}\times\dfrac{4r}{3\pi}-\dfrac{r^2}{2}\times\dfrac{r}{3}$

$=\dfrac{200^2\pi}{4}\times\dfrac{4\times200}{3\pi}-\dfrac{200^2}{2}\times\dfrac{200}{3}$

$\fallingdotseq 1,333,333\text{mm}^3$

㉢ $y=\dfrac{G_x}{4}=\dfrac{1,333,333}{11,400}\fallingdotseq116.8\text{mm}$

[2] $y=\dfrac{2r}{3(\pi-2)}=\dfrac{2\times200}{3(\pi-2)}=116.80\text{mm}$

정답 01 ④ 02 ① 03 ② 04 ①

05 그림과 같은 1/4원 중에서 음영 부분의 도심까지 위치 y_0는? ['20]

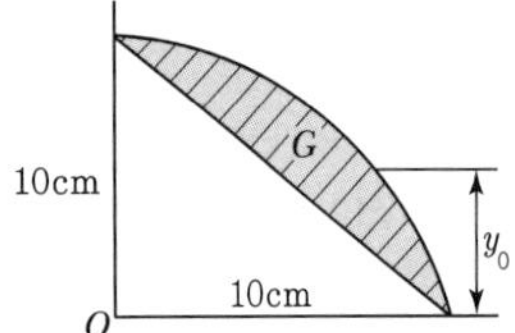

① 4.94cm ② 5.20cm

③ 5.84cm ④ 7.81cm

해설

$$y_0 = \frac{G_x}{A} = \frac{\text{(1/4원)} - \text{(삼각형)}}{\text{(1/4원)} - \text{(삼각형)}}$$

$$= \frac{\left(\frac{\pi r^2}{4}\right)\left(\frac{4r}{3\pi}\right) - \left(\frac{r^2}{2}\right)\left(\frac{r}{3}\right)}{\frac{\pi r^2}{4} - \frac{r^2}{2}}$$

$$= \frac{2r}{3(\pi - 2)}$$

$$= \frac{2 \times 10}{3(\pi - 2)} = \frac{20}{3.42} = 5.84\text{cm}$$

06 다음과 같이 1변이 a인 정사각형 단면의 1/4을 절취한 나머지 부분의 도심(C)의 위치 y_o는? ['22]

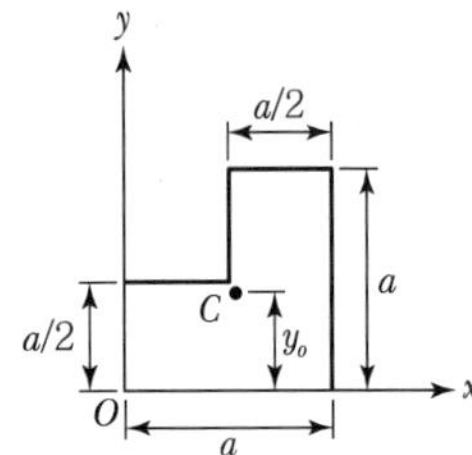

① $\frac{5a}{12}$ ② $\frac{6a}{12}$ ③ $\frac{7a}{12}$ ④ $\frac{8a}{12}$

해설

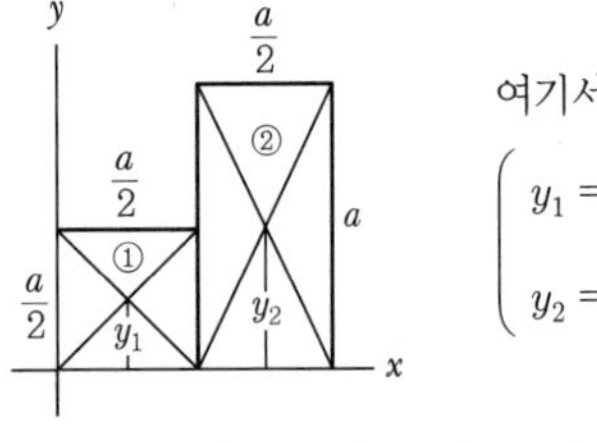

여기서

$$y_1 = \frac{a}{4}, \quad y_2 = \frac{a}{2}$$

$$y = \frac{G_x}{A} = \frac{\left(\frac{a}{2} \times \frac{a}{2}\right)y_1 + \left(\frac{a}{2} \times a\right)y_2}{\left(\frac{a}{2} \times \frac{a}{2}\right) + \left(a \times \frac{a}{2}\right)} = \frac{5}{12}a$$

07 다음 그림과 같은 T형 단면에서 도심축 $C-C$축의 위치 y는? ['10, '13, '18, '22]

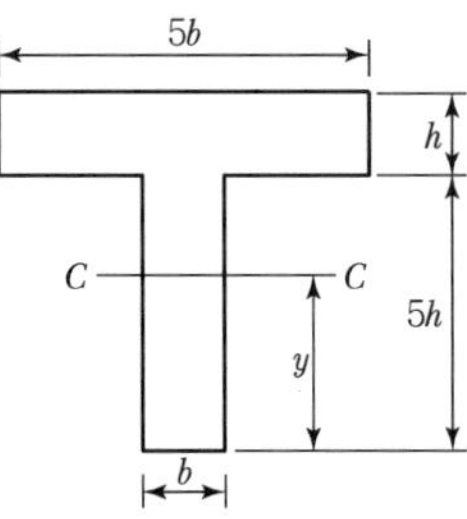

① $2.5h$ ② $3.0h$ ③ $3.5h$ ④ $4.0h$

해설

[1]

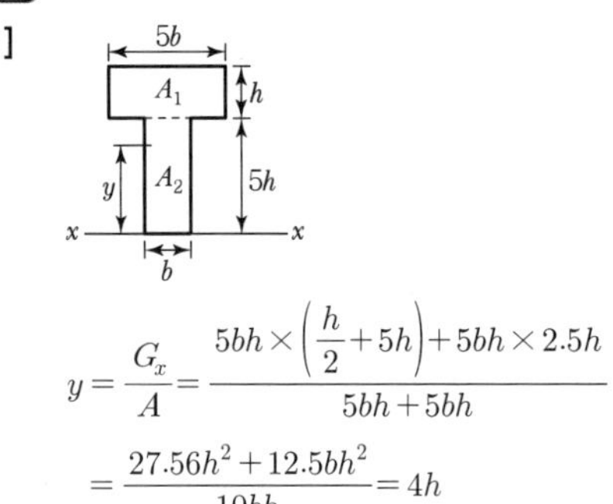

$$y = \frac{G_x}{A} = \frac{5bh \times \left(\frac{h}{2} + 5h\right) + 5bh \times 2.5h}{5bh + 5bh}$$

$$= \frac{27.56h^2 + 12.5bh^2}{10bh} = 4h$$

[2] $A_1 = A_2$이면

$$y = \frac{y_1 + y_2}{2} = \frac{5.5h + 2.5h}{2} = 4h$$

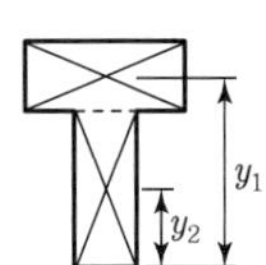

08 아래 그림에서 단면의 도심 $\bar{y}$를 구하면?

① 2.5cm

② 2.0cm

③ 1.5cm

④ 1.0cm

2.5cm
4cm
$\bar{y}$
2cm
5cm

해설

[1]

2.5cm
A_1
4cm
A_2
2cm
x
x
5cm

$$y = \frac{G_x}{A}$$

$$= \frac{(2.5 \times 4) \times (2 + 2) + (5 \times 2) \times 1}{(2.5 \times 4) + (5 \times 2)} = 2.5\text{cm}$$

정답 05 ③ 06 ① 07 ④ 08 ①

[2] $A_1 = A_2$이면

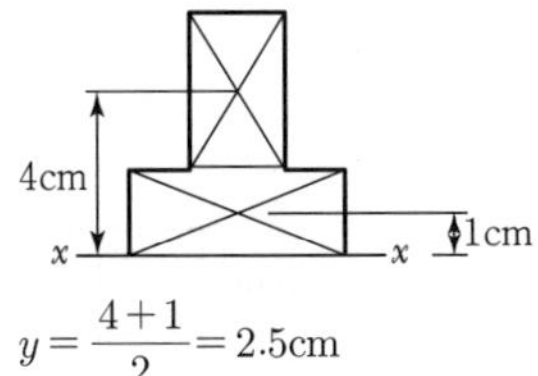

$$y = \frac{4+1}{2} = 2.5\text{cm}$$

09 주어진 단면의 도심을 구하면? ['11, '17]

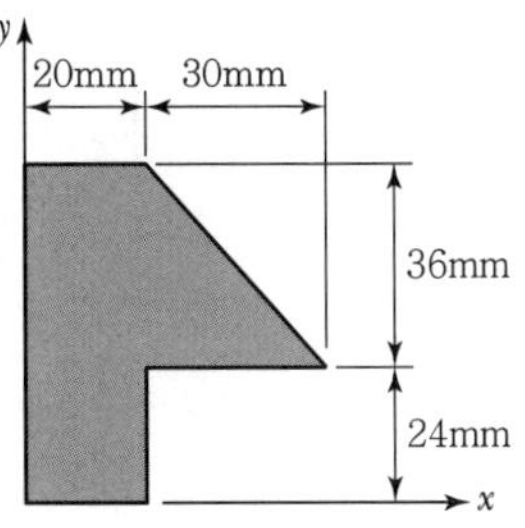

① $\bar{x} = 16.2\text{mm}$, $\bar{y} = 31.9\text{mm}$

② $\bar{x} = 31.9\text{mm}$, $\bar{y} = 16.2\text{mm}$

③ $\bar{x} = 14.2\text{mm}$, $\bar{y} = 29.9\text{mm}$

④ $\bar{x} = 29.9\text{mm}$, $\bar{y} = 14.2\text{mm}$

해설

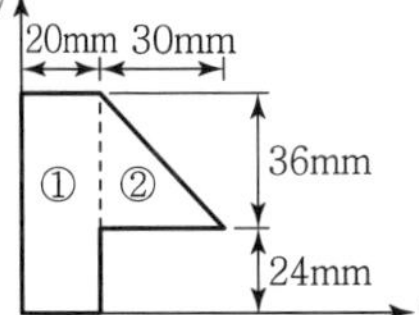

㉠ $G_x = \Sigma A \cdot y$

$= 20 \times 60 \times 30 + 30 \times 36 \times \frac{1}{2} \times \left(24 + \frac{36}{3}\right)$

$= 55{,}440\text{mm}^3$

㉡ $G_y = \Sigma A \cdot x$

$= 20 \times 60 \times 10 + 30 \times 36 \times \frac{1}{2} \times \left(20 + \frac{30}{3}\right)$

$= 28{,}200\text{mm}^3$

㉢ $A = A_1 + A_2 = 20 \times 60 + 30 \times 36 \times \frac{1}{2}$

$= 1{,}740\text{mm}^3$

㉣ $y = \frac{G_x}{A} = \frac{55{,}440}{1{,}740} ≒ 31.9\text{mm}$

㉤ $x = \frac{G_y}{A} = \frac{28{,}200}{1{,}740} ≒ 16.2\text{mm}$

10 그림과 같이 원($D = 40\text{cm}$)과 반원($r = 40\text{cm}$)으로 이루어진 단면의 도심거리 y값은? ['10, '12]

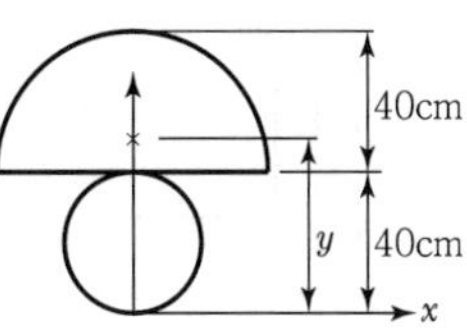

① 17.58cm ② 17.98cm

③ 44.65cm ④ 49.48cm

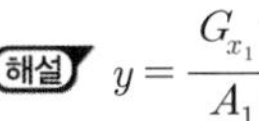

$$y = \frac{G_{x_1} + G_{x_2}}{A_1 + A_2}$$

$$= \frac{\frac{\pi \times 40^2}{2} \times \left(40 + \frac{4 \times 40}{3\pi}\right) + \pi \times 20^2 \times (20)}{\frac{\pi \times 40^2}{2} + \pi \times 20^2}$$

$≒ 44.65\text{cm}$

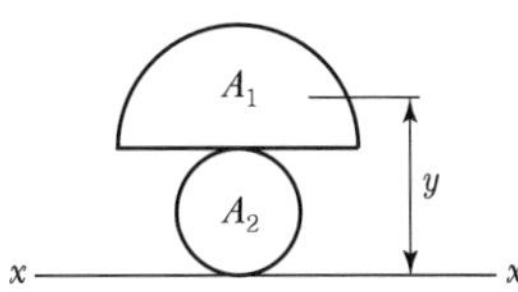

단면상승모멘트 I_{xy}

11 그림과 같은 단면의 단면상승모멘트 I_{xy}는? ['19]

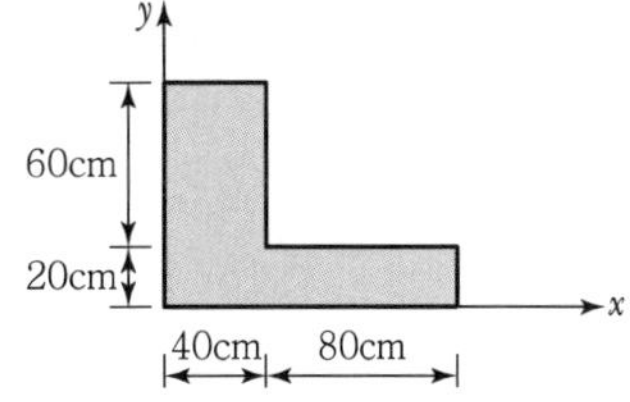

① $384{,}000\text{cm}^4$ ② $3{,}840{,}000\text{cm}^4$

③ $3{,}360{,}000\text{cm}^4$ ④ $3{,}520{,}000\text{cm}^4$

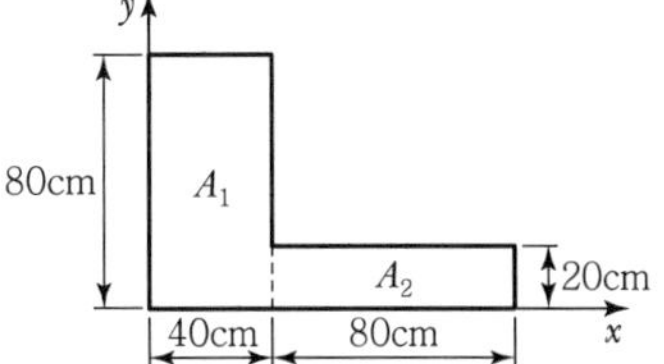

$I_{xy} = A_1 x_1 y_1 + A_2 x_2 y_2$

$= 3{,}200 \times 20 \times 40 + 1{,}600 \times 80 \times 10$

$= 3{,}840{,}000\text{cm}^4$

정답 09 ① 10 ③ 11 ②

12 그림과 같은 단면의 단면상승모멘트(I_{xy})는? ['22]

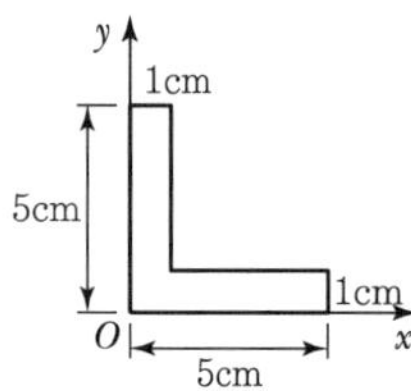

① 7.75cm⁴ ② 9.25cm⁴
③ 12.25cm⁴ ④ 15.75cm⁴

해설

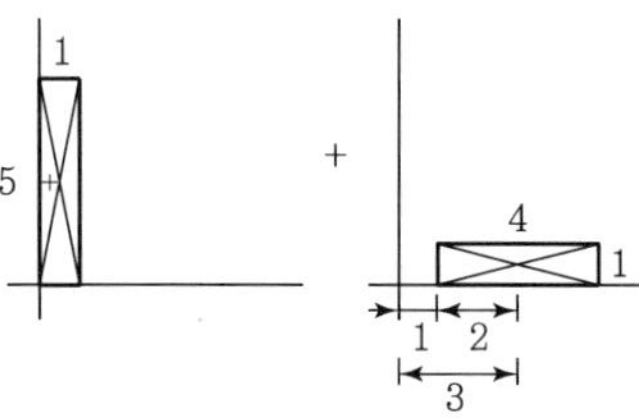

$$I_{xy} = Axy = (5\times 1)\times \frac{1}{2}\times \frac{5}{2} + (4\times 1)\times 3\times \frac{1}{2}$$
$$= 6.25 + 6$$
$$= 12.25\text{cm}^4$$

13 그림과 같은 단면의 상승모멘트(I_{xy})는? ['22]

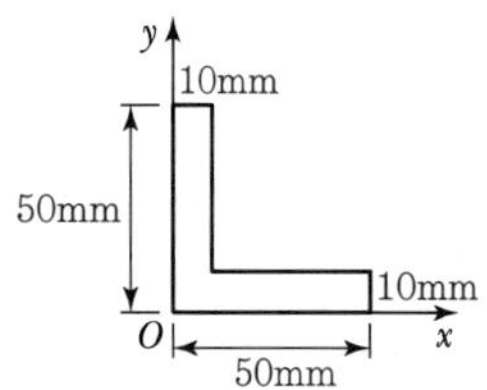

① 77,500mm⁴ ② 92,500mm⁴
③ 122,500mm⁴ ④ 157,500mm⁴

해설

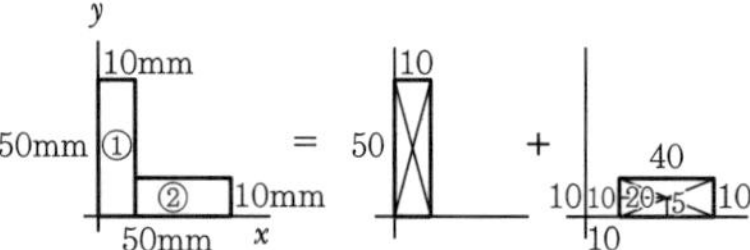

〈절단법〉

$$I_{xy} = A_1x_1y_1 + A_2x_2y_2$$
$$= (50\times 10)\times \frac{50}{2}\times \frac{10}{2}$$
$$+ (40\times 10)\times \left(10 + \frac{40}{2}\right)\times \frac{10}{2}$$
$$= (\underset{A}{\underline{500}}\times \underset{x}{\underline{25}}\times \underset{y}{\underline{5}}) + (\underset{A}{\underline{400}}\times \underset{x}{\underline{30}}\times \underset{y}{\underline{5}})$$
$$= 62{,}500 + 60{,}000$$
$$= 122{,}500\text{mm}^4$$

14 그림과 같은 도형에서 빗금 친 부분에 대한 x, y축의 단면상승모멘트(I_{xy})는? ['20]

① 2cm⁴
② 4cm⁴
③ 8cm⁴
④ 16cm⁴

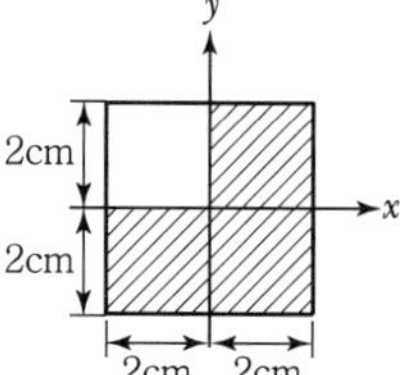

해설

[1]

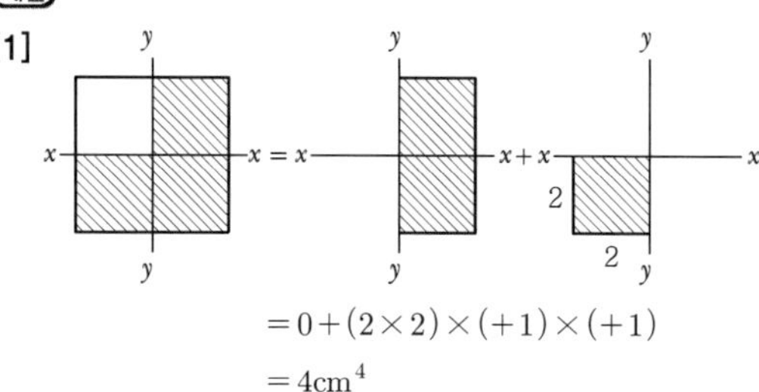

$$= 0 + (2\times 2)\times(+1)\times(+1)$$
$$= 4\text{cm}^4$$

[2]

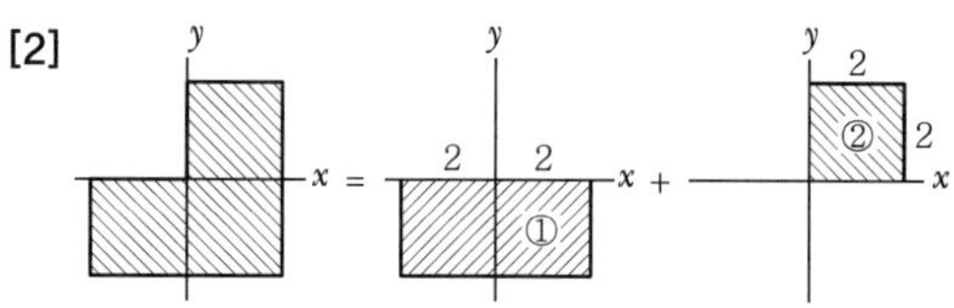

상승모멘트 $I_{xy} = ① + ②$
$$= 0 + Axy$$
$$= 0 + (2\times 2)\times(+1)\times(+1)$$
$$= 4\text{cm}^4$$

15 그림에서 직사각형의 도심축에 대한 단면상승모멘트 I_{XY}의 크기는? ['10, '16, '21]

① 576cm⁴
② 256cm⁴
③ 142cm⁴
④ 0cm⁴

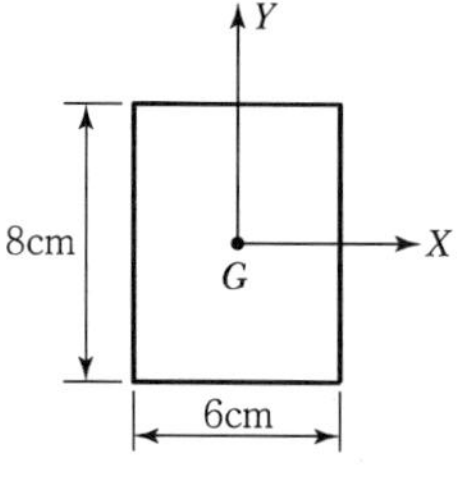

해설 대칭도형이며 X, Y축 중에서 한 축이라도 도심을 지나면 $I_{XY}=0$이다.

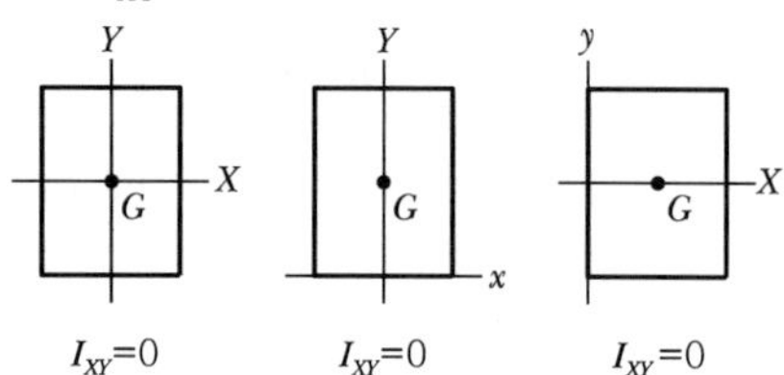

정답 12 ③ 13 ③ 14 ② 15 ④

16 다음 중 정(+)의 값뿐만 아니라 부(−)의 값도 갖는 것은? ['15, '16, '17, '20, '21]

① 단면계수　　② 단면2차모멘트
③ 단면2차반지름　　④ 단면상승모멘트

해설 ㉠ 단면계수$(Z)=\dfrac{I_x}{y}$

㉡ 단면2차반지름$(r_x)=\sqrt{\dfrac{I_x}{A}}$

㉢ 단면2차모멘트(I)

㉣ 단면상승모멘트$(I_{xy})=Axy$

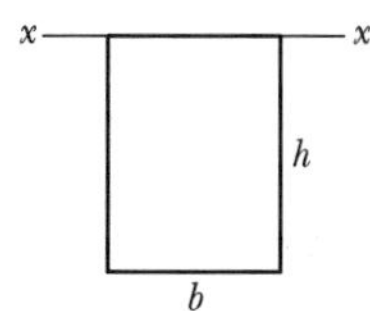

$$G_x=Ay=(bh)\times\left(-\frac{h}{2}\right)$$

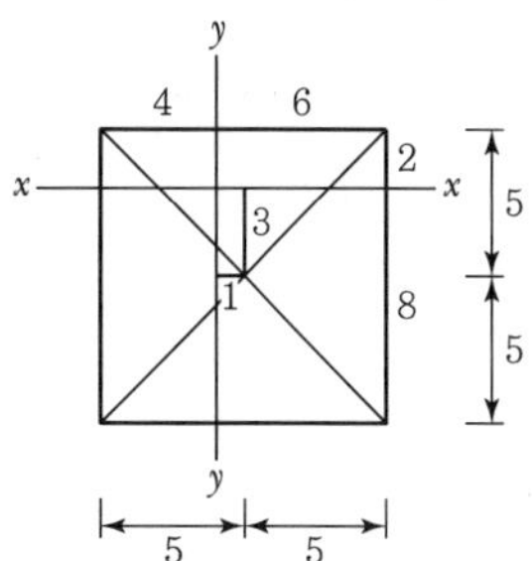

$$I_{xy}=Axy=(10\times10)\times(+1)\times(-3)$$

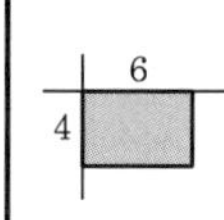

㉠ 단면상승모멘트

$I_{xy}=Axy=(6\times4)\times3\times(-2)$

∴ ⊖ 값을 갖는다.

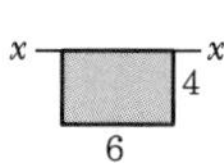

㉡ 단면1차모멘트

$G_x=Ay=(6\times4)\times(-2)$

∴ ⊖ 값을 갖는다.

17 그림과 같이 폭(b)과 높이(h)가 모두 12cm인 이등변 삼각형의 x, y축에 대한 단면상승모멘트 I_{xy}는? ['19]

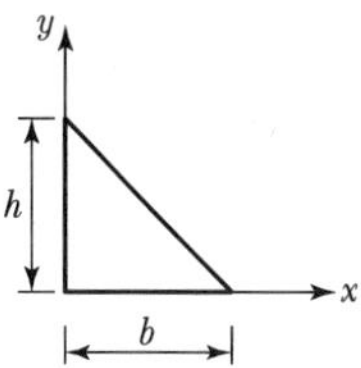

① 624cm^4　　② 864cm^4
③ 1,072cm^4　　④ 1,152cm^4

해설

〈공식〉

㉠ 대칭도형

$I_{xy}=Axy$

㉡ 비대칭도형

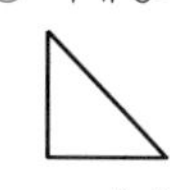

$I_{xy}=\int dAxy$

$I_{xy}=\dfrac{b^2h^2}{24}$　$I_{xy}=\dfrac{r^4}{8}$

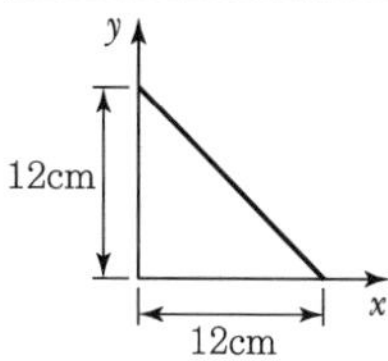

$$I_{xy}=\frac{b^2h^2}{24}=\frac{12^2\times12^2}{24}=864\text{cm}^4$$

단면2차모멘트 I_x

18 정삼각형의 도심(G)을 지나는 여러 축에 대한 단면2차모멘트의 값에 대한 다음 설명 중 옳은 것은?

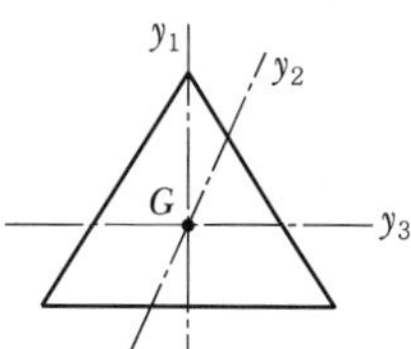

① $I_{y_1}>I_{y_2}$　　② $I_{y_2}>I_{y_1}$
③ $I_{y_3}>I_{y_2}$　　④ $I_{y_1}=I_{y_2}=I_{y_3}$

해설

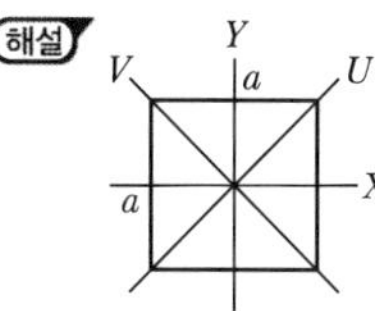

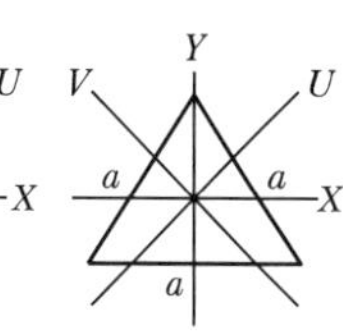

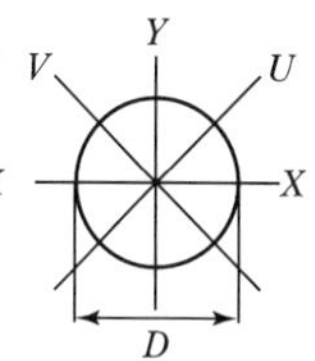

$$\therefore\ I_X=I_Y=I_U=I_V=\frac{a^4}{12}$$

정답 16 ④ 17 ② 18 ④

19 다음 그림과 같은 단면의 $A-A$축에 대한 단면2차 모멘트는? ['10, '13, '20, '22]

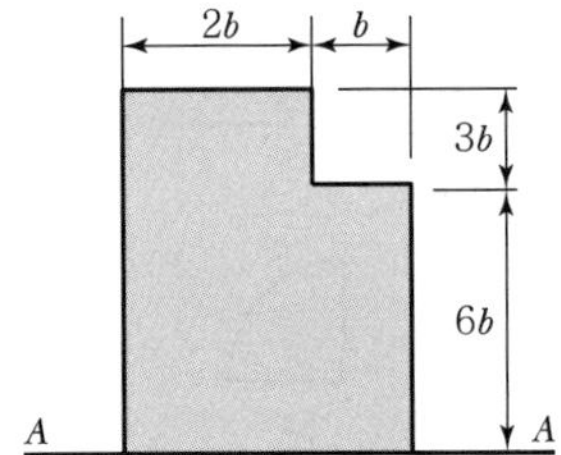

① $558b^4$ ② $623b^4$

③ $685b^4$ ④ $729b^4$

해설

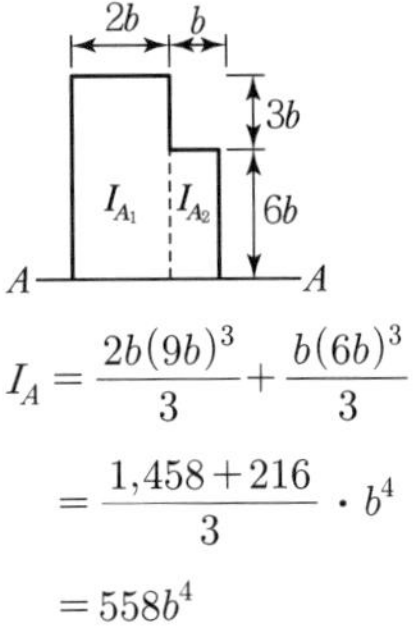

$$I_A = \frac{2b(9b)^3}{3} + \frac{b(6b)^3}{3}$$

$$= \frac{1,458+216}{3} \cdot b^4$$

$$= 558b^4$$

20 다음 T형 단면에서 X축에 관한 단면2차모멘트 값은?

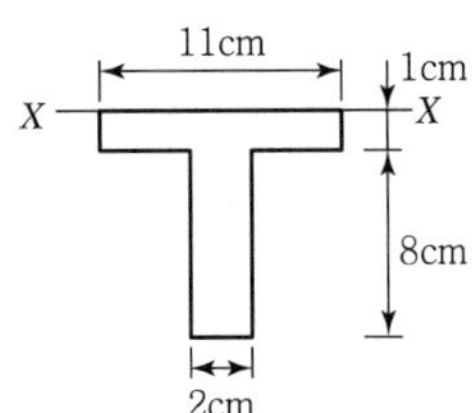

① 413cm^4 ② 446cm^4

③ 489cm^4 ④ 513cm^4

해설

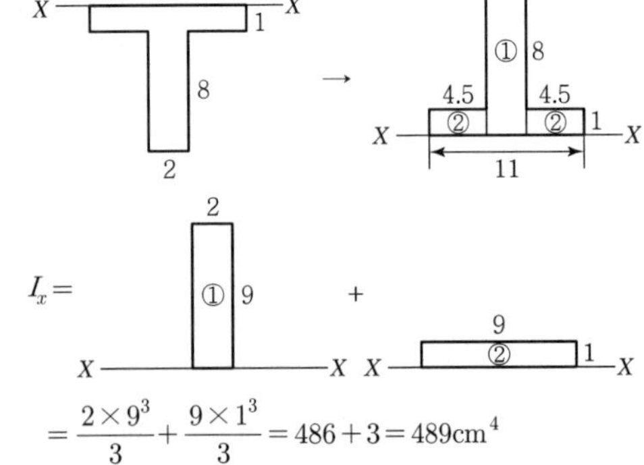

$$= \frac{2\times 9^3}{3} + \frac{9\times 1^3}{3} = 486+3 = 489\text{cm}^4$$

21 그림에서 음영 처리된 삼각형 단면의 X축에 대한 단면2차모멘트는 얼마인가?

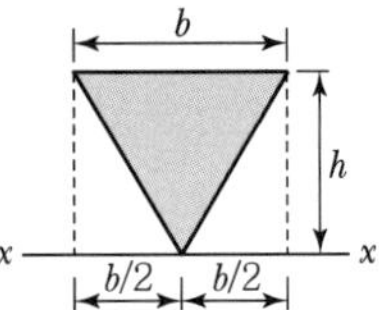

① $\frac{bh^3}{4}$ ② $\frac{bh^3}{5}$ ③ $\frac{bh^3}{6}$ ④ $\frac{bh^3}{8}$

해설 $I_x = \frac{bh^3}{4}$

22 그림과 같은 사다리꼴 단면에서 x축에 대한 단면2차모멘트 값은? ['17, '21]

① $\frac{h^3}{12}(b+2a)$

② $\frac{h^3}{12}(3b+a)$

③ $\frac{h^3}{12}(2b+a)$

④ $\frac{h^3}{12}(b+3a)$

해설

[1]

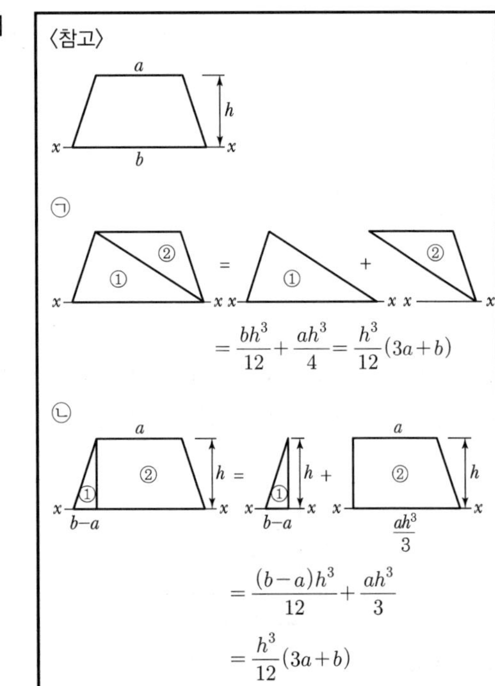

정답 19 ① 20 ③ 21 ① 22 ④

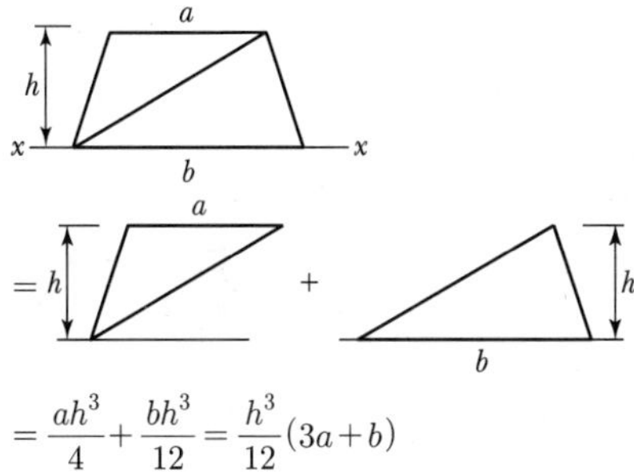

$$= \frac{ah^3}{4} + \frac{bh^3}{12} = \frac{h^3}{12}(3a+b)$$

[2]

〈공식〉

$$I_x = \frac{bh^3}{4}$$

$$I_x = \frac{bh^3}{3} \qquad I_{x_1} = \frac{bh^3}{4} \qquad I_{x_2} = \frac{bh^3}{12}$$

$$I_x = \frac{1}{12}(b-a)h^3 + \frac{1}{3}(a)\times(h)^3$$

$$= \frac{bh^3}{12} - \frac{ah^3}{12} + \frac{ah^3}{3}$$

$$= \frac{bh^3}{12} + \frac{3}{12}ah^3 = \frac{h^3}{12}(3a+b)$$

[3]

$$I_x = \frac{bh^3}{12} + \frac{ah^3}{4} = \frac{h^3}{12}(3a+b)$$

23 다음 단면의 $X-X$축에 대한 단면2차모멘트는?

① 12,880cm^4

② 252,349cm^4

③ 47,527cm^4

④ 69,429cm^4

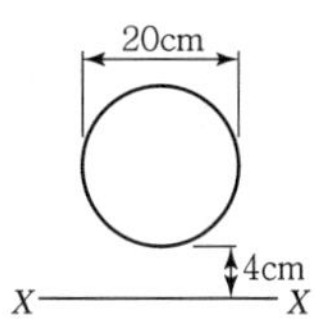

해설 $I_X = I_X(\text{도심}) + Ay^2$

$$= \left(\frac{\pi \times 20^4}{64}\right) + \left(\frac{\pi \times 20^2}{4}\right) \times (14)^2 = 69{,}429\text{cm}^4$$

24 단면2차모멘트의 특성에 대한 설명으로 옳지 않은 것은?

① 도심축에 대한 단면2차모멘트는 0이다.

② 단면2차모멘트는 항상 정(+)의 값을 갖는다.

③ 단면2차모멘트가 큰 단면은 휨에 대한 강성이 크다.

④ 정다각형의 도심축에 대한 단면2차모멘트는 축이 회전해도 일정하다.

해설 ① 도심축 단면2차모멘트는 최소이나 0은 아니다.

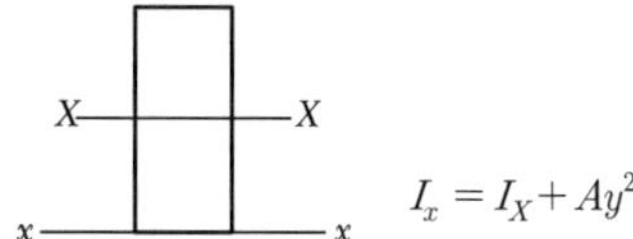

$$I_x = I_X + Ay^2$$

② 단면2차모멘트는 ⊕ 값만 갖는다.

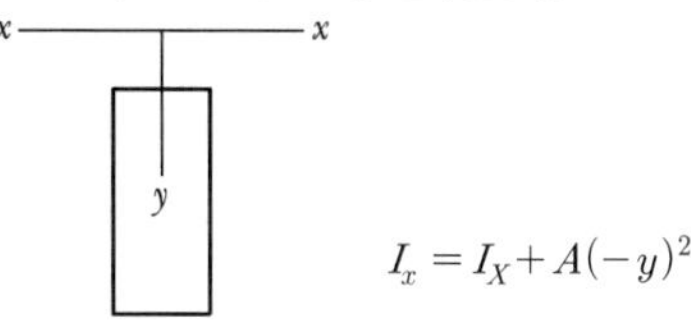

$$I_x = I_X + A(-y)^2$$

③

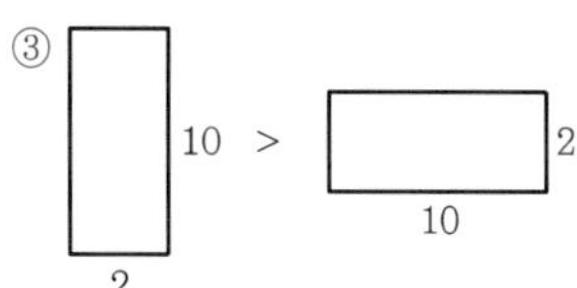

$$\sigma = \frac{M}{Z} \qquad Z = \frac{2\times 10^2}{6} > \frac{10\times 2^2}{6}$$

휨에 대한 강성이 크다.

④

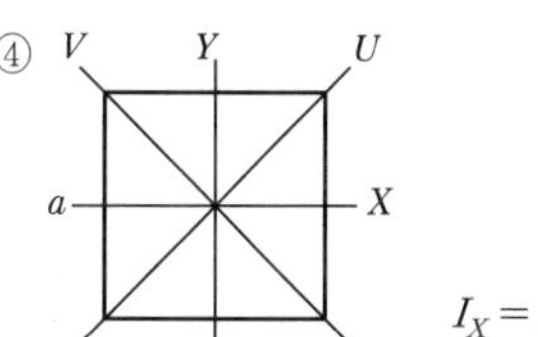

$$I_X = I_Y = I_U = I_V$$

25 다음 그림에서 빗금 친 부분의 x축에 관한 단면2차모멘트는?

① 56.2cm^4

② 58.5cm^4

③ 61.7cm^4

④ 64.4cm^4

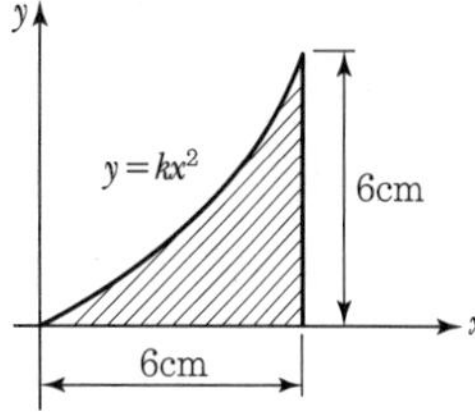

해설 $I_x = \dfrac{bh^3}{21} = \dfrac{6\times 6^3}{21} = 61.71\text{cm}^4$

정답 23 ④ 24 ① 25 ③

26 다음과 같은 단면적이 A인 임의의 부재단면이 있다. 도심축으로부터 y_1 떨어진 축을 기준으로 한 단면2차모멘트의 크기가 I_{x_1}일 때, $2y_1$ 떨어진 축을 기준으로 한 단면2차모멘트의 크기는?

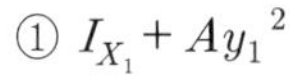

① $I_{X_1}+A{y_1}^2$
② $I_{X_1}+2A{y_1}^2$
③ $I_{X_1}+3A{y_1}^2$
④ $I_{X_1}+4A{y_1}^2$

해설 ㉠ $I_{X_1}=I_{X_0}+A\cdot {y_1}^2$

$\therefore\ I_{X_0}=I_{X_1}-A\cdot {y_1}^2$

㉡ $I_{X_2}=I_{X_0}+A\cdot(2y_1)^2$

$=(I_{X_1}-A\cdot {y_1}^2)+4\cdot A\cdot {y_1}^2$

$=I_{X_1}+3\cdot A\cdot {y_1}^2$

27 다음 그림에서 $A-A$축과 $B-B$축에 대한 빗금부분의 단면2차모멘트가 각각 80,000cm⁴, 160,000cm⁴일 때 빗금부분의 면적은?

① 800cm^2
② 752cm^2
③ 606cm^2
④ 573cm^2

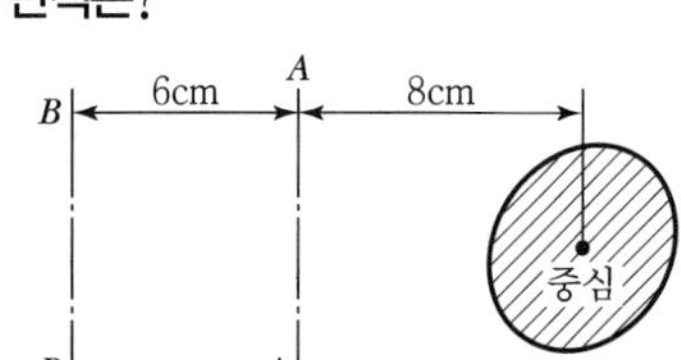

해설 ㉠

〈공식〉 $I_{임의축}=I_{도심축}+A\cdot y^2$
$(\because\ I_{도심축}=I_{임의축}-A\cdot y^2)$

$\therefore\ I_{도심축}=I_A-A\cdot {y_A}^2=I_B-A\cdot {y_B}^2$

㉡ $A=\dfrac{I_B-I_A}{{y_B}^2-{y_A}^2}=\dfrac{160{,}000-80{,}000}{14^2-8^2}$

$≒606\text{cm}^2$

28 아래 그림에서 $A-A$축과 $B-B$축에 대한 음영 부분의 단면2차모멘트가 각각 $8\times10^8\text{mm}^4$, $16\times10^8\text{mm}^4$일 때 음영 부분의 면적은? ['10, '21]

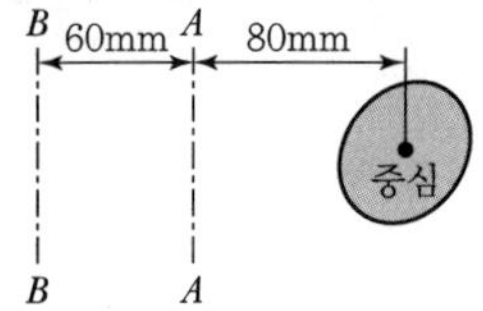

① $8.00\times10^4\text{mm}^2$
② $7.52\times10^4\text{mm}^2$
③ $6.06\times10^4\text{mm}^2$
④ $5.73\times10^4\text{mm}^2$

해설

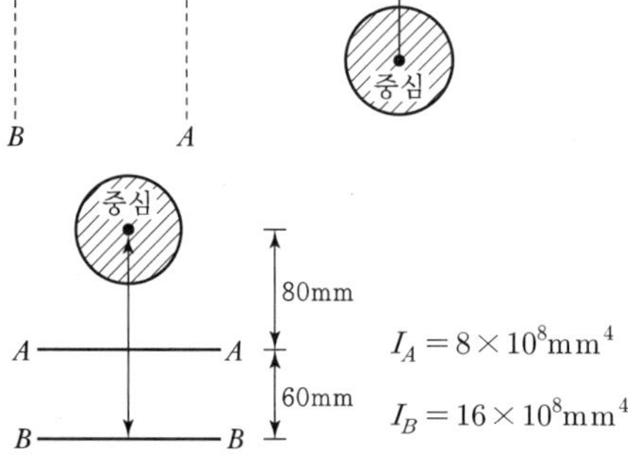

㉠ $I_A=$ 도심 $I_G+A{y_1}^2$

$8\times10^8=I_G+A(80)^2$

$\therefore\ I_G=(8\times10^8)-A(80)^2$

㉡ $I_B=$ 도심 $I_G+A{y_2}^2$

$16\times10^8=(8\times10^8)-A(80)^2+A(60+80)^2$

$16\times10^8-8\times10^8=A[(140)^2-(80)^2]$

$8\times10^8=A[19{,}600-6{,}400]$

$\therefore\ A=\dfrac{8\times10^8}{19{,}600-6{,}400}=\dfrac{80{,}000\times10^4}{13{,}200}$

$=6.06\times10^4\text{mm}^2$

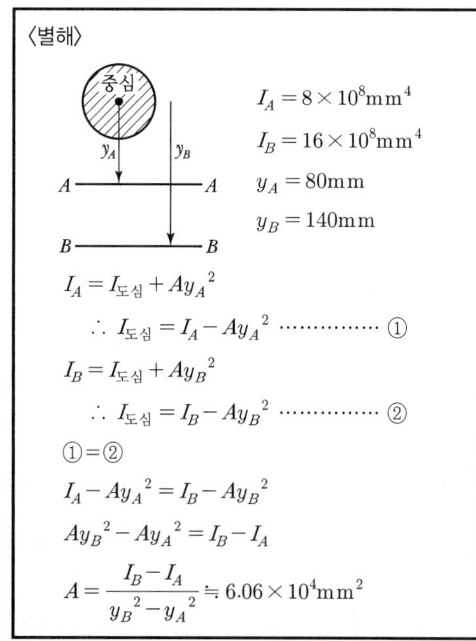

〈별해〉

$I_A=8\times10^8\text{mm}^4$
$I_B=16\times10^8\text{mm}^4$
$y_A=80\text{mm}$
$y_B=140\text{mm}$

$I_A=I_{도심}+A{y_A}^2$

$\therefore\ I_{도심}=I_A-A{y_A}^2$ ··············· ①

$I_B=I_{도심}+A{y_B}^2$

$\therefore\ I_{도심}=I_B-A{y_B}^2$ ··············· ②

①=②

$I_A-A{y_A}^2=I_B-A{y_B}^2$

$A{y_B}^2-A{y_A}^2=I_B-I_A$

$A=\dfrac{I_B-I_A}{{y_B}^2-{y_A}^2}≒6.06\times10^4\text{mm}^2$

정답 26 ③ 27 ③ 28 ③

29 아래 그림과 같은 불규칙한 단면의 $A-A$축에 대한 단면2차모멘트는 $35\times10^6\text{mm}^4$이다. 만약 단면의 총 면적이 $1.2\times10^4\text{mm}^2$라면 $B-B$축에 대한 단면2차모멘트는 얼마인가?(단, $D-D$축은 단면의 도심을 통과한다.) ['19]

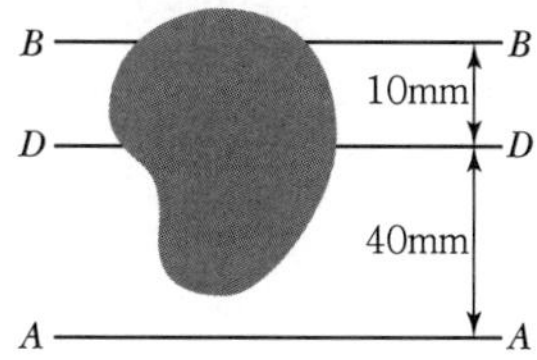

① $17\times10^6\text{mm}^4$ ② $15.8\times10^6\text{mm}^4$
③ $17\times10^5\text{mm}^4$ ④ $15.8\times10^5\text{mm}^4$

해설

[1] $I_{임의축}=I_{도심축}+Ay^2$

$I_{도심축(D)}=I_{임의축(A)}-A\cdot y^2$

$=35\times10^6-(1.2\times10^4)\times(40)^2$

$=15.8\times10^6\text{mm}^4$

$\therefore\ I_B=I_D+Ay^2=15.8\times10^6+(1.2\times10^4)\times(10)^2$

$=17\times10^6\text{mm}^4$

[2]

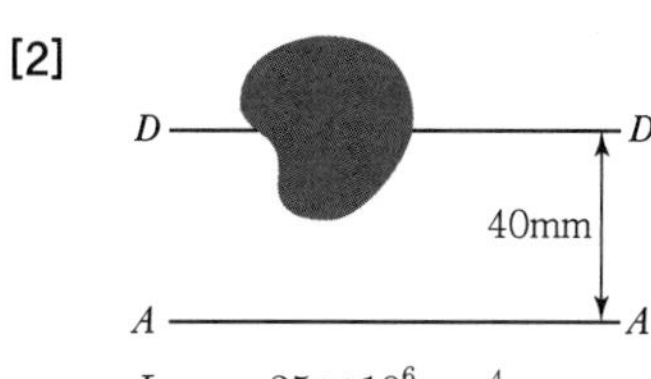

$I_{A-A}=35\times10^6\text{mm}^4$

㉠ 도심축 I_{D-D}

$I_{A-A}=$도심 $I_{D-D}+Ay^2$

$35\times10^6=$도심 $I_{D-D}+(1.2\times10^4)\times(40)^2$

$\therefore$ 도심 $I_{D-D}=15.8\times10^6\text{mm}^4$

㉡ I_{B-B}

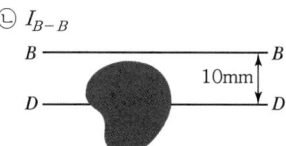

$\therefore\ I_{B-B}=I_{도심(D-D)}+Ay^2$

$=(15.8\times10^6)+(1.2\times10^4)\times(10)^2$

$=17\times10^6\text{mm}^4$

30 단면2차모멘트의 특성에 대한 설명으로 틀린 것은? ['22]

① 단면2차모멘트의 최솟값은 도심에 대한 것이며 그 값은 "0"이다.
② 정삼각형, 정사각형, 정다각형의 도심에 대한 단면2차모멘트는 축의 회전에 관계없이 모두 같다.
③ 단면2차모멘트는 좌표축에 상관없이 항상(+)의 부호를 갖는다.
④ 단면2차모멘트가 크면 휨강성이 크고 구조적으로 안전하다.

해설 ① 단면2차모멘트의 최솟값은 도심에 대한 것이며 "0"은 아니다.

② 정삼각형, 정사각형 등 대칭 도형의 단면2차모멘트는 모두 같다.

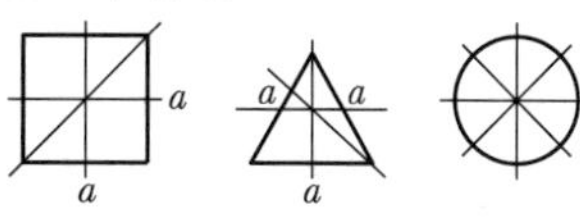

③ 단면2차모멘트는 (+) 부호를 갖는다.

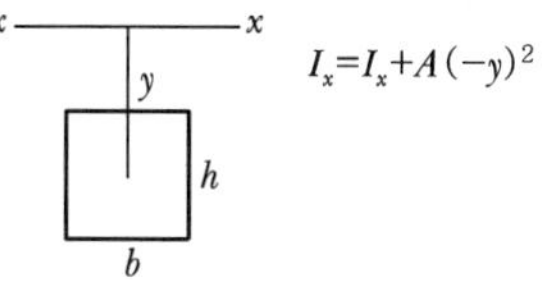

④ I가 크면 σ가 작다. 즉, 휨에 대한 저항성(강성)이 크다.

31 단면의 성질에 대한 다음 설명 중 잘못된 것은?

① 단면2차모멘트의 값은 항상 0보다 크다.
② 단면2차극모멘트의 값은 항상 극을 원점으로 하는 두 직교좌표축에 대한 단면2차모멘트의 합과 같다.
③ 도심축에 관한 단면1차모멘트의 값은 항상 0이다.
④ 단면상승모멘트의 값은 항상 0보다 크거나 같다.

해설 단면상승모멘트는 부(−)의 값도 생길 수 있다.

정답 29 ① 30 ① 31 ④

단면극2차모멘트 I_P

32 다음 그림과 같은 정사각형의 도심 0에 관한 단면2차극모멘트는?

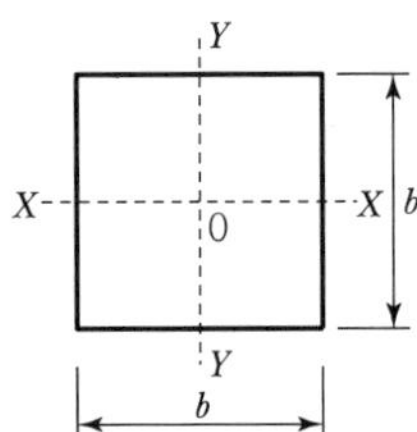

① $\frac{1}{144}b^4$ ② $\frac{1}{12}b^4$ ③ $\frac{1}{6}b^4$ ④ $\frac{1}{3}b^4$

해설 $I_{P(0)} = I_X + I_Y = \frac{b^4}{12} + \frac{b^4}{12} = \frac{b^4}{6}$

33 그림과 같이 속이 빈 원형 단면(빗금 친 부분)의 도심에 대한 극관성모멘트는? ['12, '16]

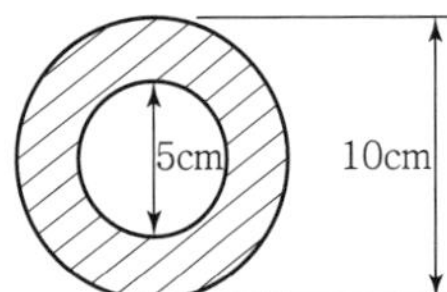

① 460cm⁴ ② 760cm⁴
③ 840cm⁴ ④ 920cm⁴

해설

〈공식〉

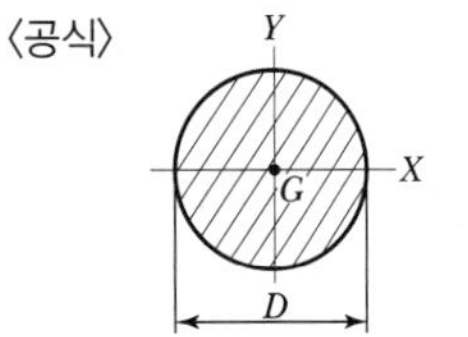

$I_{P(G)} = \frac{\pi D^4}{32}$

$I_{P(G)} = \frac{\pi}{32}(D^4 - d^4) = \frac{\pi}{32}(10^4 - 5^4) ≒ 920.38\text{cm}^4$

34 직경 d인 원형 단면의 단면2차극모멘트 I_P의 값은? ['21]

① $\frac{\pi d^4}{64}$ ② $\frac{\pi d^4}{32}$

③ $\frac{\pi d^4}{16}$ ④ $\frac{\pi d^4}{4}$

해설 원형 단면이므로 $I_x = I_y$

$I_P = I_x + I_y = 2I_x = 2\times\frac{\pi d^4}{64} = \frac{\pi d^4}{32}$

35 지름이 D인 원형 단면의 단면2차극모멘트(I_P)의 값은? ['10, '11, '13, '14, '21]

① $\frac{\pi D^4}{64}$ ② $\frac{\pi D^4}{32}$ ③ $\frac{\pi D^4}{16}$ ④ $\frac{\pi D^4}{8}$

해설

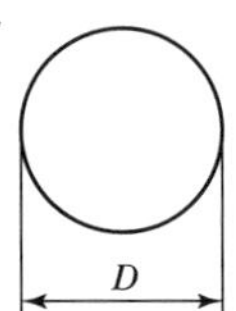

$I_P = I_X + I_Y$

$= \frac{\pi D^4}{64} + \frac{\pi D^4}{64} = \frac{\pi D^4}{32}$

36 단면의 성질에 대한 설명으로 틀린 것은? ['19]

① 단면2차모멘트의 값은 항상 0보다 크다.
② 도심축에 관한 단면1차모멘트의 값은 항상 0이다.
③ 단면상승모멘트의 값은 항상 0보다 크거나 같다.
④ 단면2차극모멘트의 값은 항상 극을 원점으로 하는 두 직교좌표축에 대한 단면2차모멘트의 합과 같다.

해설 단면상승모멘트는 부(−)의 값도 생길 수 있다.

〈보충〉

①

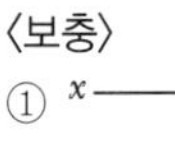

$I_x = \frac{bh^3}{12} + A(-y)^2$

∴ (+)값만 존재하므로 0보다 크다.

②

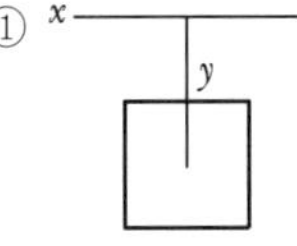

도심축 $G_x = 0$

③

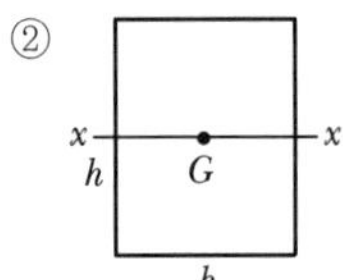

도심축 상승 $M(I_{xy}) = 0$

∴ 도심축일 때만 $I_{xy} = 0$이다.

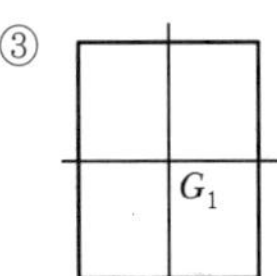

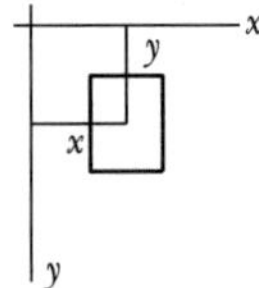

$I_{xy} = (A)(x)(-y) = -Axy$

∴ (−)값을 갖는다.

정답 32 ③ 33 ④ 34 ② 35 ② 36 ③

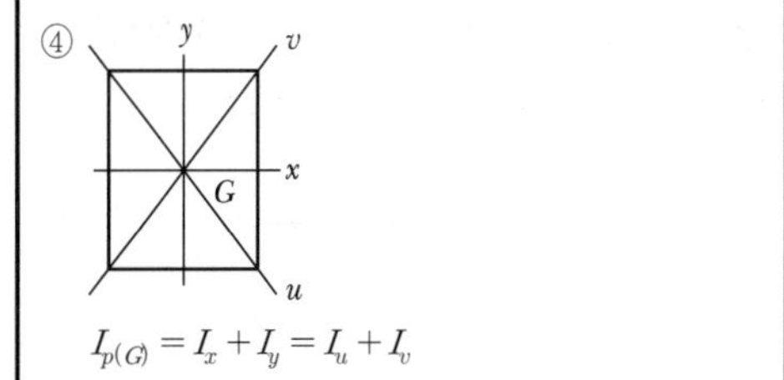

단면계수 Z

37 각 변의 길이가 a로 동일한 그림 (A), (B)단면의 성질에 관한 내용으로 옳은 것은? ['19]

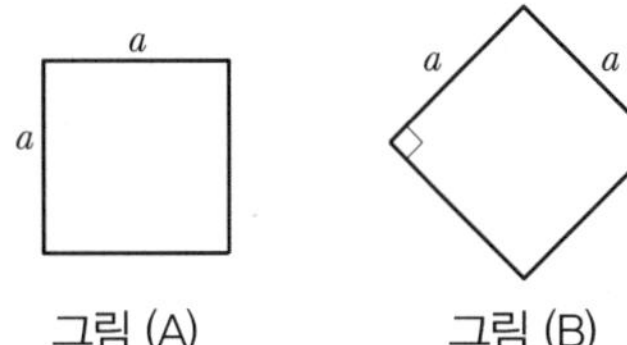

그림 (A) 그림 (B)

① 그림 (A)는 그림 (B)보다 단면계수는 작고, 단면2차 모멘트는 크다.
② 그림 (A)는 그림 (B)보다 단면계수는 크고, 단면2차 모멘트는 작다.
③ 그림 (A)는 그림 (B)보다 단면계수는 크고, 단면2차 모멘트는 같다.
④ 그림 (A)는 그림 (B)보다 단면계수는 작고, 단면2차 모멘트는 같다.

해설

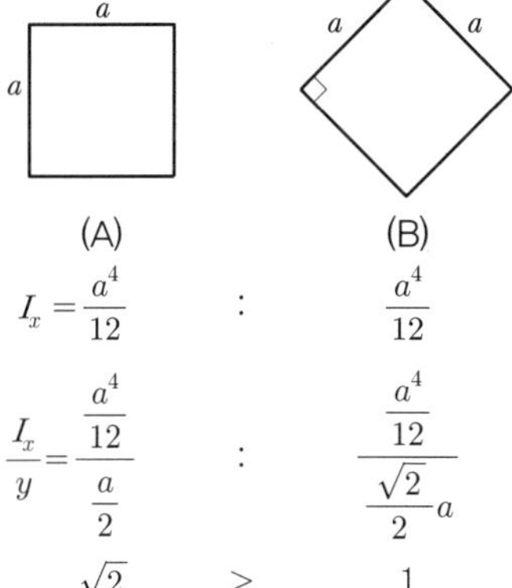

(A) (B)

$$I_x = \frac{a^4}{12} \quad : \quad \frac{a^4}{12}$$

$$Z_x = \frac{I_x}{y} = \frac{\frac{a^4}{12}}{\frac{a}{2}} \quad : \quad \frac{\frac{a^4}{12}}{\frac{\sqrt{2}}{2}a}$$

$$\sqrt{2} \quad > \quad 1$$

38 그림과 같은 직사각형 보에서 중립축에 대한 단면계수값은? ['22]

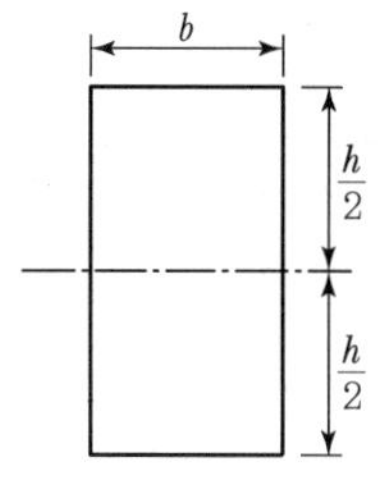

① $\dfrac{bh^2}{6}$
② $\dfrac{bh^2}{12}$
③ $\dfrac{bh^3}{6}$
④ $\dfrac{bh}{4}$

해설 기본 단면의 단면계수

㉠ 사각형

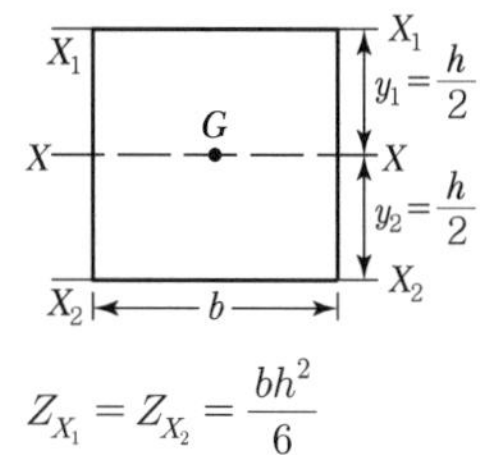

$$Z_{X_1} = Z_{X_2} = \frac{bh^2}{6}$$

㉡ 원형

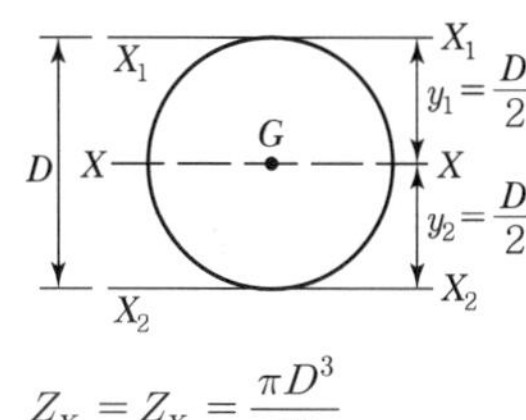

$$Z_{X_1} = Z_{X_2} = \frac{\pi D^3}{32}$$

㉢ 삼각형

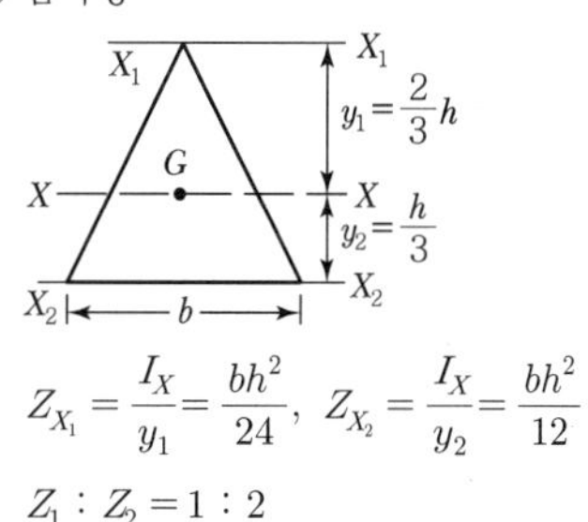

$$Z_{X_1} = \frac{I_X}{y_1} = \frac{bh^2}{24}, \quad Z_{X_2} = \frac{I_X}{y_2} = \frac{bh^2}{12}$$

$$Z_1 : Z_2 = 1 : 2$$

39 그림과 같이 지름 d인 원형 단면에서 최대 단면계수를 갖는 직사각형 단면을 얻으려면 b/h는?

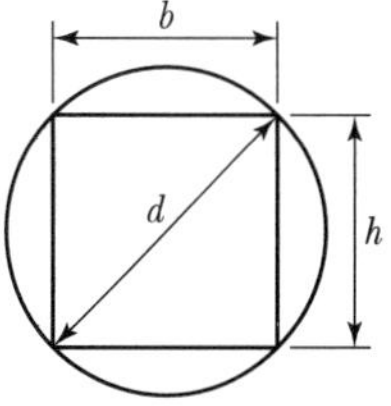

정답 37 ③ 38 ① 39 ③

① 1　　② $\frac{1}{2}$

③ $\frac{1}{\sqrt{2}}$　　④ $\frac{1}{\sqrt{3}}$

해설

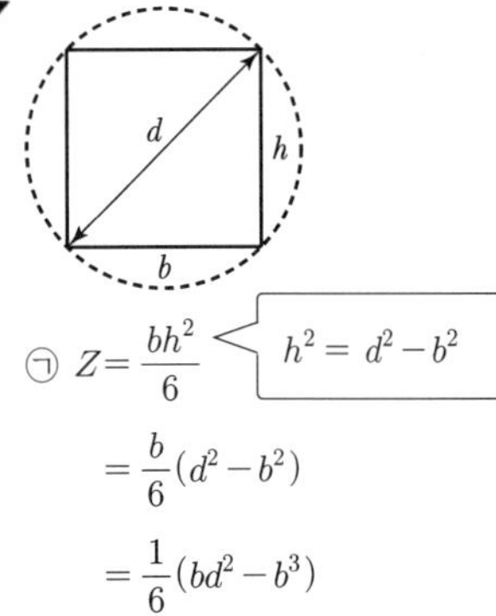

㉠ $Z = \frac{bh^2}{6}$ ($h^2 = d^2 - b^2$)

$= \frac{b}{6}(d^2 - b^2)$

$= \frac{1}{6}(bd^2 - b^3)$

㉡ $\frac{dZ}{db} = d^2 - 3b^2 = 0$

$d = \sqrt{3}\,b$

$\therefore\ h = \sqrt{2}\,b$

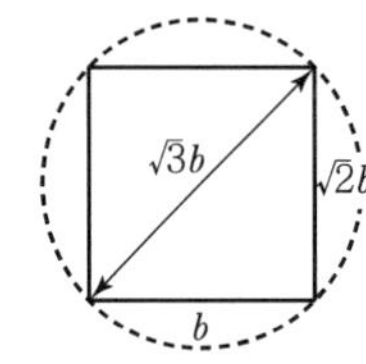

㉢ $\frac{b}{h} = \frac{b}{\sqrt{2}\,b} = \frac{1}{\sqrt{2}}$

40 직경 D인 원형 단면의 단면계수는? ['11, '14]

① $\frac{\pi D^4}{64}$　　② $\frac{\pi D^3}{64}$

③ $\frac{\pi D^4}{32}$　　④ $\frac{\pi D^3}{32}$

해설 $Z = \frac{I_x}{y_1} = \frac{\left(\frac{\pi D^4}{64}\right)}{\left(\frac{D}{2}\right)} = \frac{\pi D^3}{32}$

회전반경 r_x

41 단면적이 A이고, 단면2차모멘트가 I인 단면의 단면2차반경(r)은?

① $r = \frac{A}{I}$　　② $r = \frac{I}{A}$

③ $r = \frac{\sqrt{I}}{A}$　　④ $r = \sqrt{\frac{I}{A}}$

42 그림과 같은 평면도형의 $x - x'$축에 대한 단면 2차반경(r_x)과 단면2차모멘트(I_x)는? ['21]

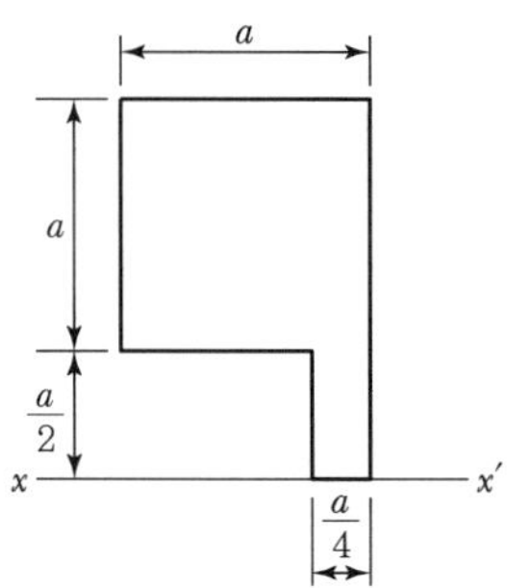

① $r_x = \frac{\sqrt{35}}{6}a,\ I_x = \frac{35}{32}a^4$

② $r_x = \frac{\sqrt{139}}{12}a,\ I_x = \frac{139}{128}a^4$

③ $r_x = \frac{\sqrt{129}}{12}a,\ I_x = \frac{129}{128}a^4$

④ $r_x = \frac{\sqrt{11}}{12}a,\ I_x = \frac{11}{128}a^4$

해설 ㉠ I_x

$I_x = \frac{1}{3}(a)\left(\frac{3}{2}a\right)^3 - \frac{1}{3}\left(\frac{3}{4}a\right)\left(\frac{a}{2}\right)^3$

$= \frac{1}{3} \times \frac{27}{8}a^4 - \frac{1}{3} \times \frac{3}{4} \times \frac{1}{8} \times a^4$

$= \frac{9}{8}a^4 - \frac{a^4}{32} = \frac{35}{32}a^4$

㉡ $r_x = \sqrt{\frac{I_x}{A}}$

$A = \left(a \times \frac{3}{2}a\right) - \left(\frac{3}{4}a \times \frac{a}{2}\right) = \frac{3}{2}a^2 - \frac{3}{8}a^2$

$= \left(\frac{12}{8} - \frac{3}{8}\right)a^2 = \frac{9}{8}a^2$

㉢ $r_x = \sqrt{\frac{I_x}{A}} = \sqrt{\frac{\frac{35}{32}a^4}{\frac{9}{8}a^2}}$

$= \sqrt{\frac{35 \times 8}{32 \times 9}a^2} = \sqrt{\frac{35}{36}a^2} = \frac{\sqrt{35}}{6}a$

정답 40 ④　41 ④　42 ①

43 지름이 d인 원형 단면의 회전반경은? ['19]

① $\frac{d}{2}$ ② $\frac{d}{3}$ ③ $\frac{d}{4}$ ④ $\frac{d}{8}$

해설

$$r_x = \sqrt{\frac{I_X}{A}} = \sqrt{\frac{\frac{\pi d^4}{64}}{\frac{\pi d^2}{4}}} = \frac{d}{4}$$

44 다음 단면에서 y축에 대한 회전반지름은?

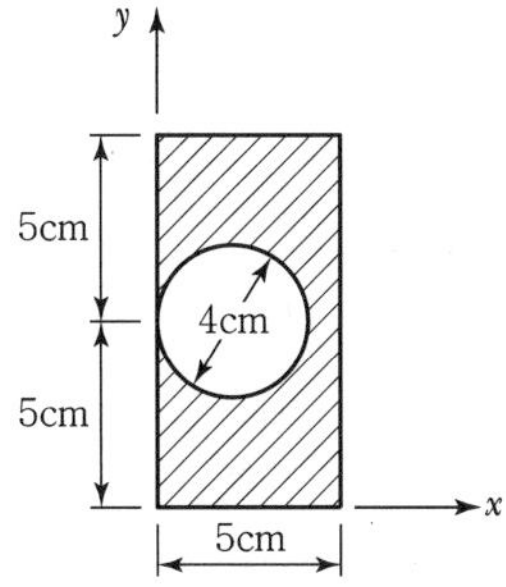

① 3.07cm ② 3.20cm

③ 3.81cm ④ 4.24cm

해설

$r_y = \sqrt{\frac{I_y}{A}} =$

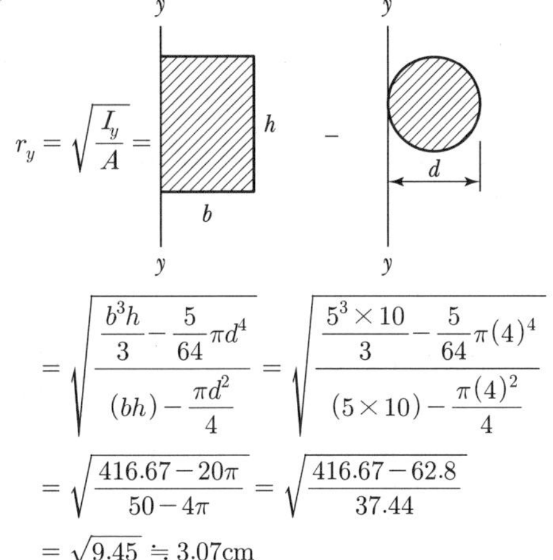

$$= \sqrt{\frac{\frac{b^3h}{3} - \frac{5}{64}\pi d^4}{(bh) - \frac{\pi d^2}{4}}} = \sqrt{\frac{\frac{5^3 \times 10}{3} - \frac{5}{64}\pi(4)^4}{(5\times 10) - \frac{\pi(4)^2}{4}}}$$

$$= \sqrt{\frac{416.67 - 20\pi}{50 - 4\pi}} = \sqrt{\frac{416.67 - 62.8}{37.44}}$$

$$= \sqrt{9.45} \fallingdotseq 3.07\text{cm}$$

45 다음 그림과 같은 T형 단면에서 $x-x$축에 대한 회전반지름(r)은?

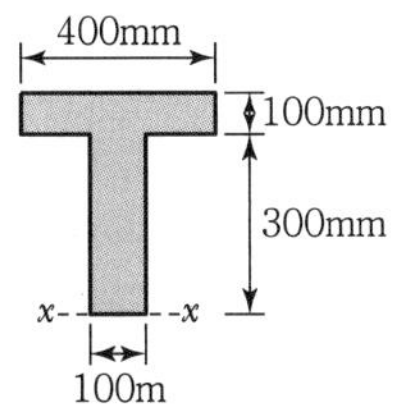

① 227mm ② 289mm ③ 334mm ④ 376mm

해설

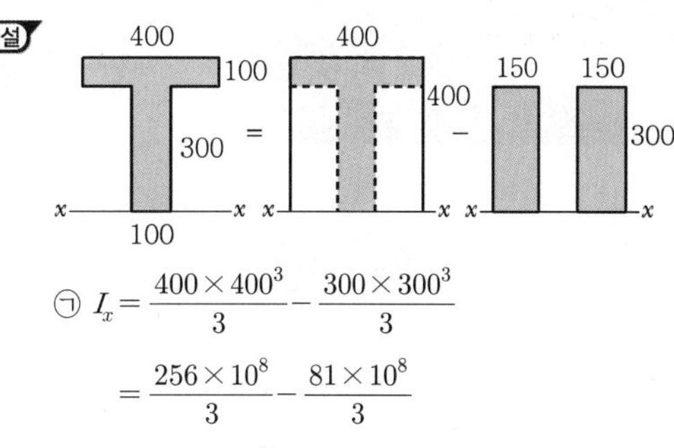

㉠ $I_x = \frac{400\times 400^3}{3} - \frac{300\times 300^3}{3}$

$= \frac{256\times 10^8}{3} - \frac{81\times 10^8}{3}$

$= \frac{175\times 10^8}{3} = 58.33\times 10^8\text{mm}^4$

㉡ $A = (400\times 100) + (300\times 100) = 70{,}000\text{mm}^2$

㉢ $r_x = \sqrt{\frac{I_x}{A}} = \sqrt{\frac{58.33\times 10^8}{70{,}000}} = 288.66\text{mm}$

46 그림과 같은 T형 단면의 X축에 대한 회전반경은?

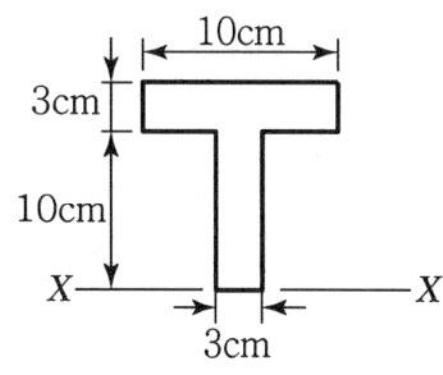

① 8.47cm

② 9.12cm

③ 10.37cm

④ 11.52cm

해설 ㉠ $I_x = \frac{10\times 13^3}{3} - \frac{7\times 10^3}{3} = 4{,}990\text{cm}^4$

㉡ $A = (10\times 3)\times 2 = 60\text{cm}^2$

㉢ $r_x = \sqrt{\frac{I_x}{A}} = \sqrt{\frac{4{,}990}{60}} \fallingdotseq 9.12\text{cm}$

전단중심

47 전단중심(Shear Center)에 대한 설명으로 틀린 것은? ['20]

① 1축이 대칭인 단면의 전단중심은 도심과 일치한다.

② 1축이 대칭인 단면의 전단중심은 그 대칭축선상에 있다.

③ 하중이 전단중심점을 통과하지 않으면 보는 비틀린다.

④ 전단중심이란 단면이 받아내는 전단력의 합력점의 위치를 말한다.

해설 ①, ② 1축 대칭인 경우 :
$S \cdot C$는 대칭축선상에 있다.

③ 전단중심 : 순수휨만 생기는 하중점으로, 하중이 이 점을 통과하지 않으면 비틀림이 발생한다.

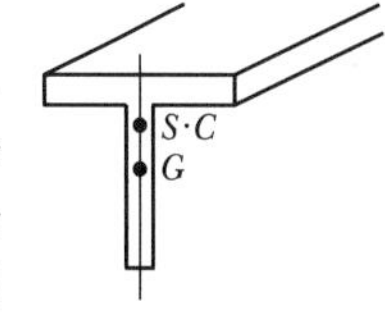

④ 전단중심 : 전단력의 합력점의 위치를 말한다.

정답 43 ③ 44 ① 45 ② 46 ② 47 ①

토목기사

03 구조물 판별식

라멘 판별식

01 다음 구조물은 몇 부정정 차수인가?

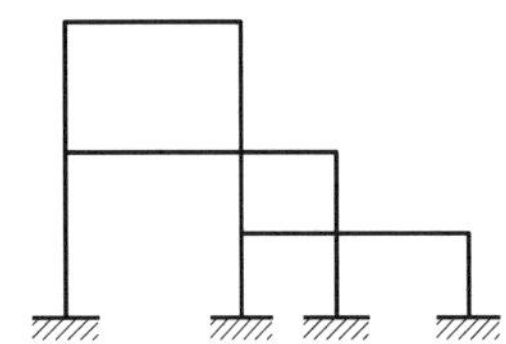

① 12차 부정정　② 15차 부정정
③ 18차 부정정　④ 21차 부정정

해설

[1]

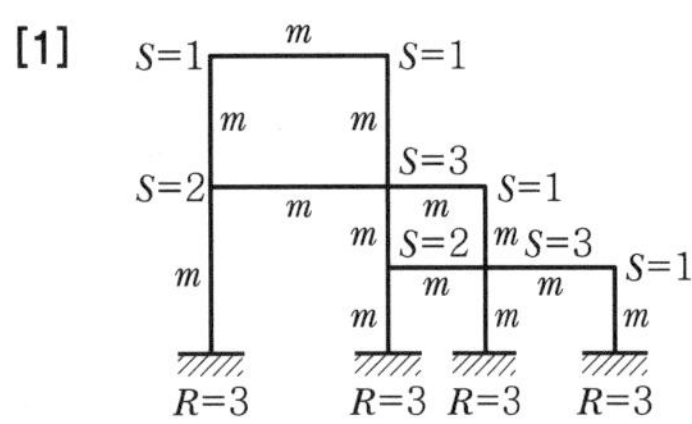

$N=R+m+s-2P$
$=12+13+14-2\times12$
$=39-24$
$=15$차 부정정

[2]

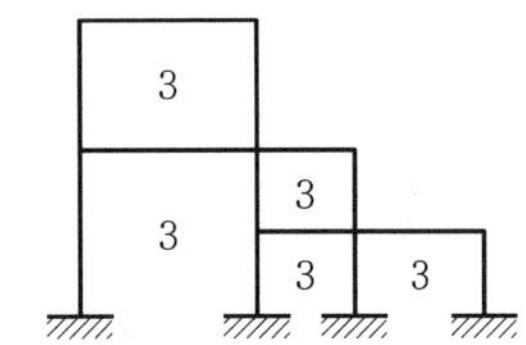

$N=3\times5=15$차 부정정

02 다음 라멘의 부정정의 차수는?

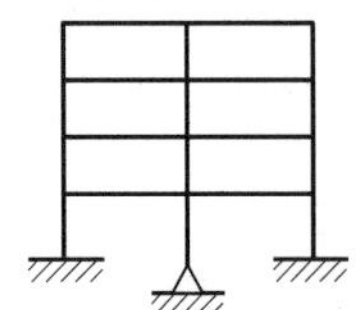

① 23차 부정정　② 28차 부정정
③ 32차 부정정　④ 36차 부정정

해설 $N=R+m+s-2P$
$=8+20+25-2\times15$
$=23$차 부정정

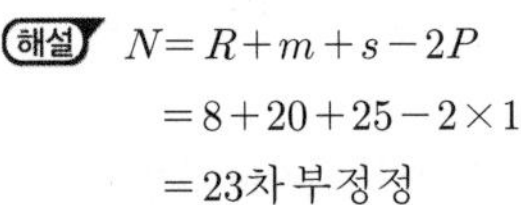

03 그림과 같은 라멘의 부정정 차수는?

['18 기출 응용, '21]

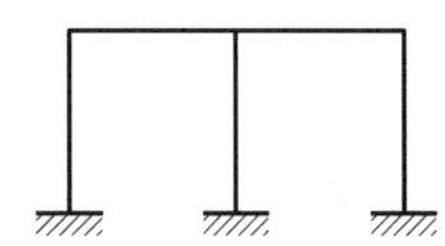

① 3차　② 5차
③ 6차　④ 7차

해설

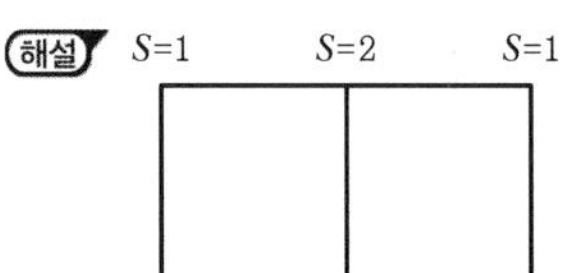

[1] $N=R+m+S-2P$
$=9+5+4-2\times6$
$=18-12=6$차 부정정

[2] 〈단층 N〉

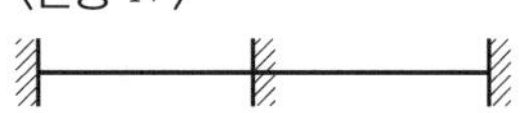

$N=R-3-H=9-3-0=6$차 부정정

〈별해〉

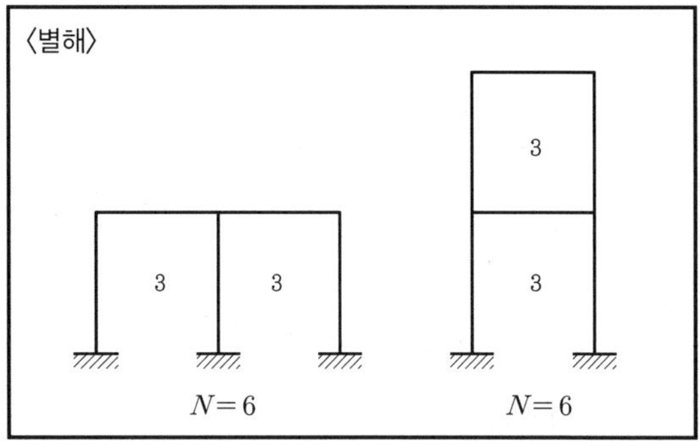

〈응용〉

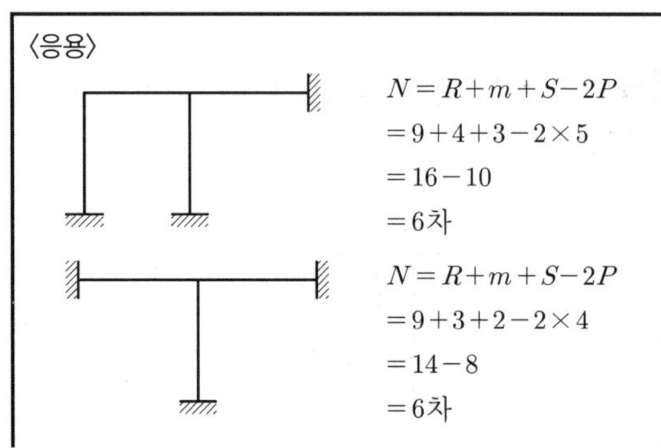

$N=R+m+S-2P$
$=9+4+3-2\times5$
$=16-10$
$=6$차

$N=R+m+S-2P$
$=9+3+2-2\times4$
$=14-8$
$=6$차

정답 01 ② 02 ① 03 ③

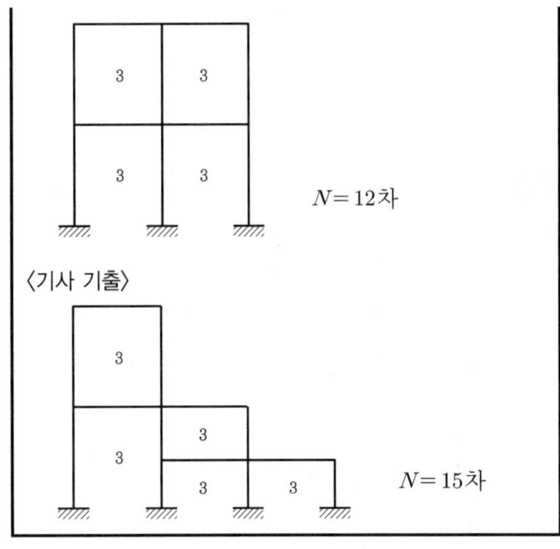

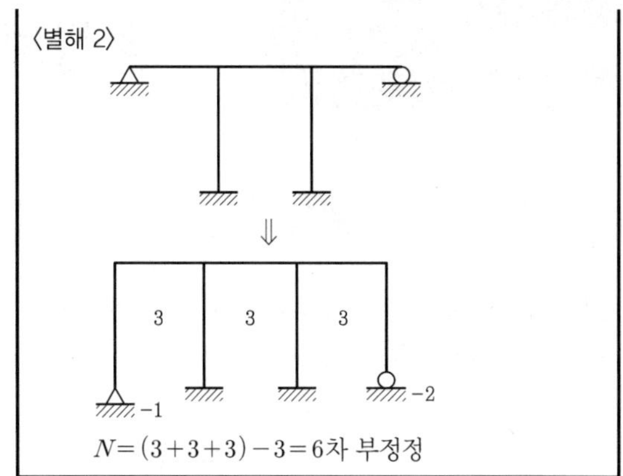

04 그림과 같은 구조물의 부정정 차수는?

[핵심 p.45 10번 응용, '21]

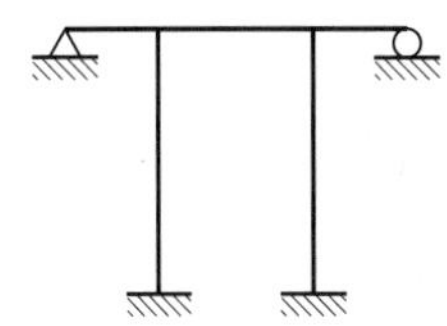

① 6차 부정정 ② 5차 부정정

③ 4차 부정정 ④ 3차 부정정

해설

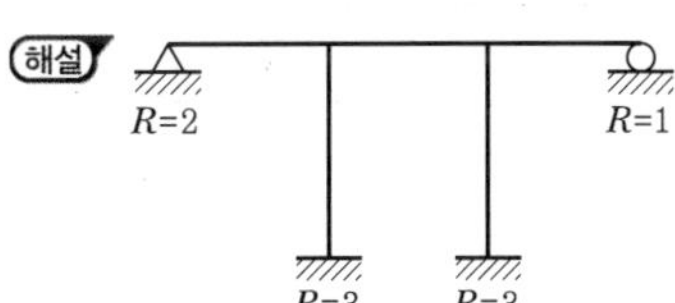

$$
\begin{aligned}
N &= R + m + S - 2P \\
&= 9 + 5 + 4 - 2 \times 6 \\
&= 18 - 12 \\
&= 6\text{차 부정정}
\end{aligned}
$$

$R = 9$, $m = 5$, $S = 4$, $P = 6$

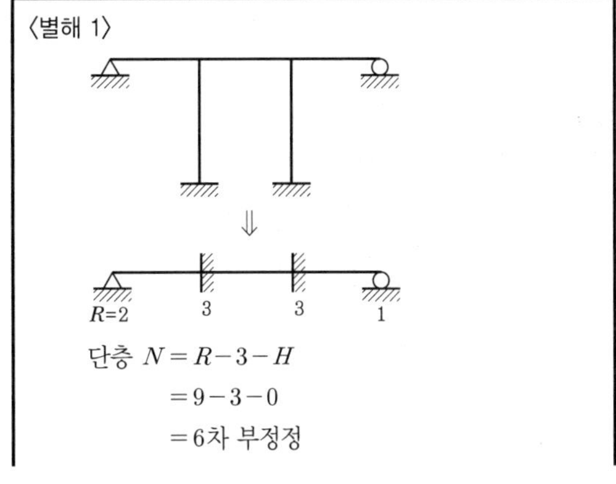

정답 04 ①

정정보

반력

01 그림과 같이 단순보에 하중 P가 경사지게 작용 시 A점에서의 수직반력 V_A를 구하면? ['10, '13]

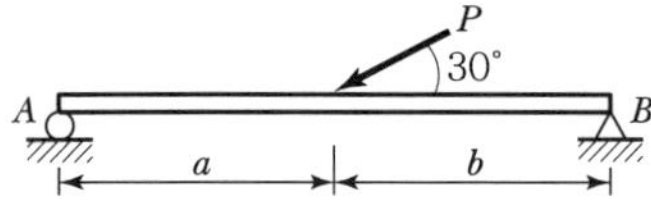

① $\frac{Pb}{(a+b)}$ ② $\frac{Pb}{2(a+b)}$

③ $\frac{Pa}{(a+b)}$ ④ $\frac{Pa}{2(a+b)}$

해설 $\Sigma M_B = V_A \times (a+b) - P \cdot \sin 30° \times b = 0$

$$V_A = \frac{\frac{P}{2} \times b}{a+b} = \frac{Pb}{2(a+b)} (\uparrow)$$

02 그림에서 지점 A, B의 반력 $R_A = R_B$가 되기 위한 거리 x는?

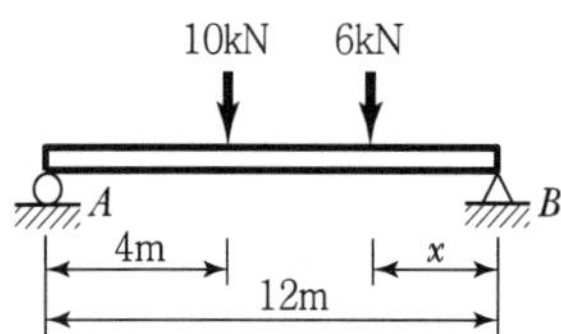

① 2.67m ② 2.87m ③ 3.02m ④ 3.22m

해설 ㉠ $\Sigma V = 0$, $\therefore R_A + R_B = 16\text{t}$

$R_A = R_B$이므로 $2R_A = 16\text{t}$ $\therefore R_A = 8\text{t}(\uparrow)$

㉡ $\Sigma M_B = R_A \times 12\text{m} - 10 \times 8\text{m} - 6 \times x = 0$

$\therefore x \fallingdotseq 2.67\text{m}$

03 다음 그림과 같은 보에서 두 지점의 반력이 같게 되는 하중의 위치(x)를 구하면? ['11, '18, '21]

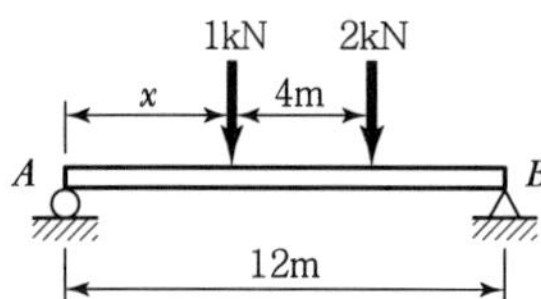

① 0.33m ② 1.33m ③ 2.33m ④ 3.33m

해설

[1]

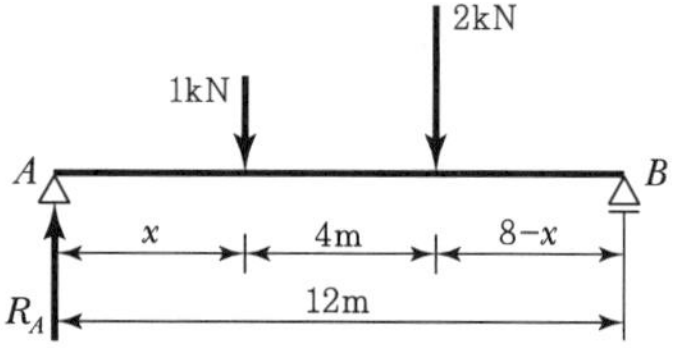

㉠ $\Sigma V = 0$

$-1 - 2 + R_A + R_B = 0$

$R_A + R_B = 3\text{kN}$

$R_A = R_B$이므로

$R_A = 1.5\text{kN}$, $R_B = 1.5\text{kN}$

㉡ $\Sigma M_B = 0$

$R_A \times 12 - 1(12 - x) - 2(8 - x) = 0$

$1.5 \times 12 - 12 + x - 16 + 2x = 0$

$3x = 12 + 16 - 18$

$3x = 10$

$x = 3.33\text{m}$

[2]

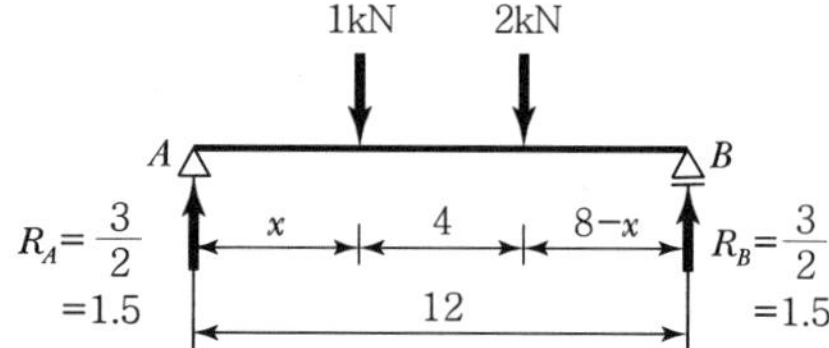

$\Sigma M_A = 0$

$-R_B \times 12 + 2(x + 4) + 1(x) = 0$

$-R_B \times 12 + 2x + 8 + 1x = 0$

$-18 + 3x + 8 = 0$

$3x = 10$

$\therefore x = 3.33\text{m}$

04 다음 그림과 같은 보에서 A점의 반력이 B점의 반력의 두 배가 되는 거리 x는? ['19]

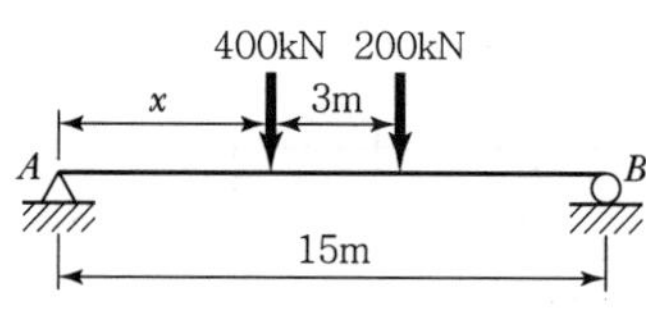

① 2.5m ② 3.0m

③ 3.5m ④ 4.0m

정답 01 ② 02 ① 03 ④ 04 ④

해설

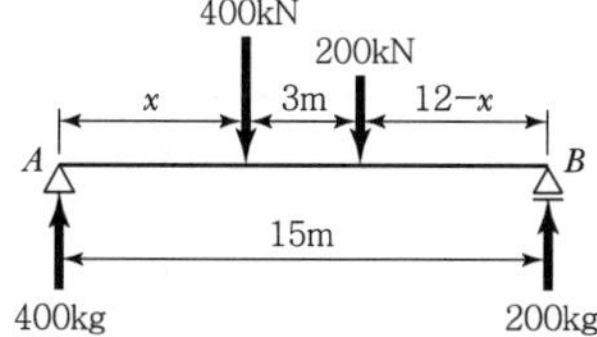

㉠ $\Sigma V=0$

$-400-200+R_A+R_B=0$

$R_A+R_B=600$

$2R_B+R_B=600$

$3R_B=600$

$R_B=200\text{kg}$

$\therefore\ R_A=400\text{kg}$

㉡ $\Sigma M_B=0$

$400\times 12-400(15-x)-200(12-x)=0$

$x=4\text{m}$

〈검산〉

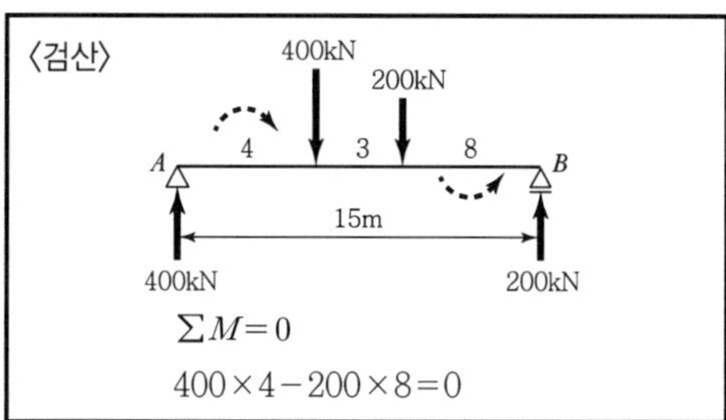

$\Sigma M=0$

$400\times 4-200\times 8=0$

05 다음 그림과 같은 보에서 A 점의 반력이 B 점의 반력의 2배가 되도록 하는 거리 x는 얼마인가? ['10, '15, '22]

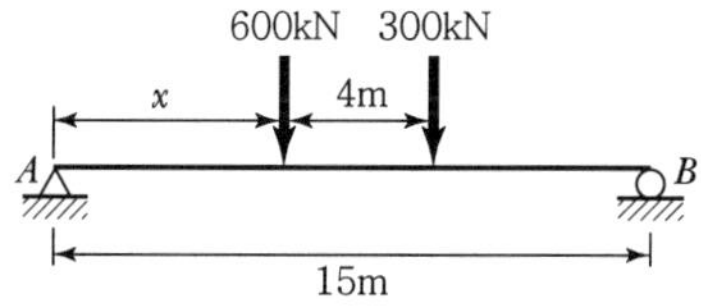

① 1.67m ② 2.67m

③ 3.67m ④ 4.67m

해설 ㉠ $\Sigma V=0$

$R_A+R_B-900=0$

$(2R_B)+R_B=900$

$R_B=300\text{kN}$

$R_A=2R_B=600\text{kN}$

㉡ $\Sigma M_A=0$

$600\times x+300\times(x+4)-300\times 15=0$

$x=3.67\text{m}(\rightarrow)$

06 그림과 같은 단순보에서 A점의 반력이 B점의 반력의 2배가 되도록 하는 거리 x는?(단, x는 A점으로부터의 거리이다.) ['10, '15, '21, '22]

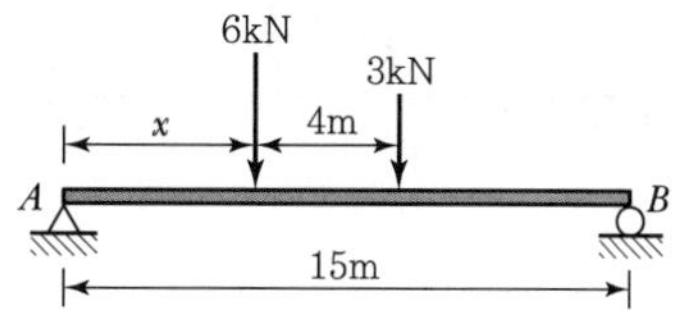

① 1.67m ② 2.67m ③ 3.67m ④ 4.67m

해설

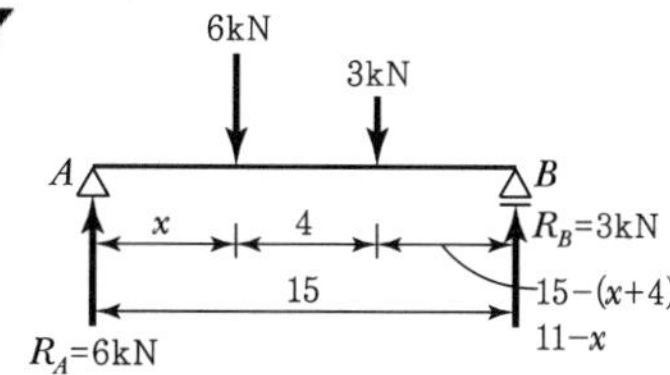

㉠ $\Sigma V=0$

$R_A+R_B-6-3=0$

$R_A+R_B=9$

$(2R_B)+R_B=9$

$3R_B=9$

$R_B=3\text{kN}$

$\therefore\ R_A=6\text{kN}$

㉡ $\Sigma M_B=0$

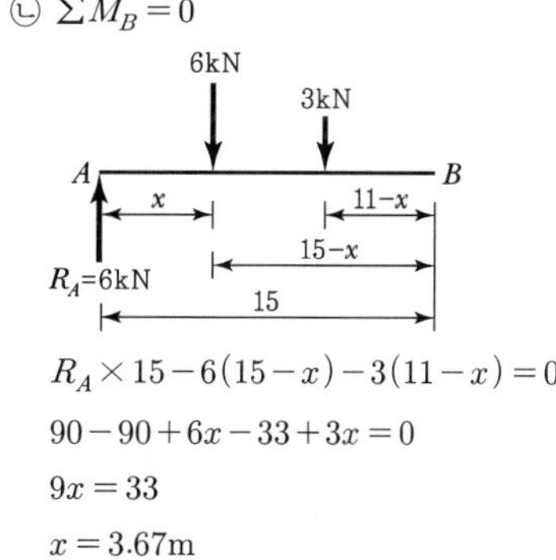

$R_A\times 15-6(15-x)-3(11-x)=0$

$90-90+6x-33+3x=0$

$9x=33$

$x=3.67\text{m}$

〈별해〉

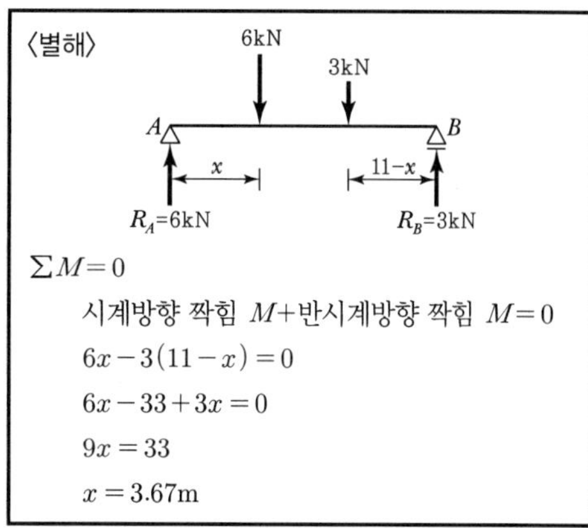

$\Sigma M=0$

시계방향 짝힘 M+반시계방향 짝힘 $M=0$

$6x-3(11-x)=0$

$6x-33+3x=0$

$9x=33$

$x=3.67\text{m}$

정답 05 ③ 06 ③

07 다음의 단순보에서 A점의 반력이 B점의 반력의 3배가 되기 위한 거리 x는 얼마인가?

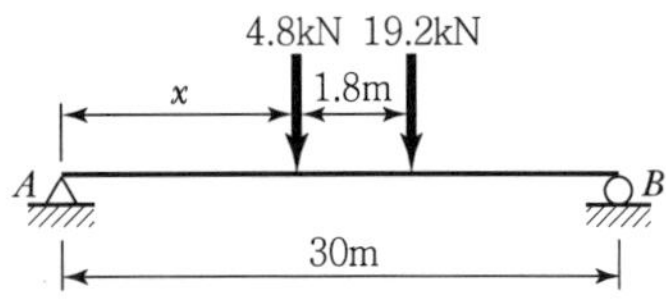

① 3.75m ② 5.04m
③ 6.06m ④ 6.66m

해설 ㉠ $\Sigma V=0$

$R_A - 4.8 - 19.2 + R_B = 0$

$(3R_B) + R_B = 24$

$R_B = 6\text{kg}(\uparrow)$

㉡ $\Sigma M_A = 0$

$4.8x + 19.2(x+1.8) - 6 \times 30 = 0$

$24x = 145.44$

$x = 6.06\text{m}(\rightarrow)$

08 그림과 같은 단순보에서 C점에 30kN · m의 모멘트가 작용할 때 A점의 반력은? ['16 기출 응용, '21]

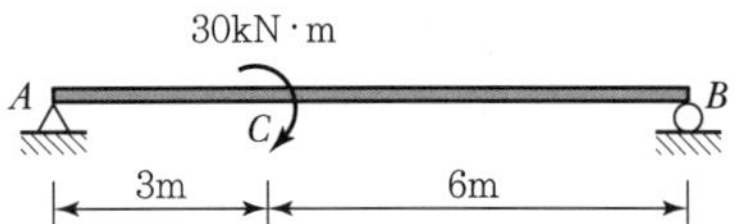

① $\dfrac{10}{3}\text{kN}(\downarrow)$ ② $\dfrac{10}{3}\text{kN}(\uparrow)$
③ $\dfrac{20}{3}\text{kN}(\downarrow)$ ④ $\dfrac{20}{3}\text{kN}(\uparrow)$

해설

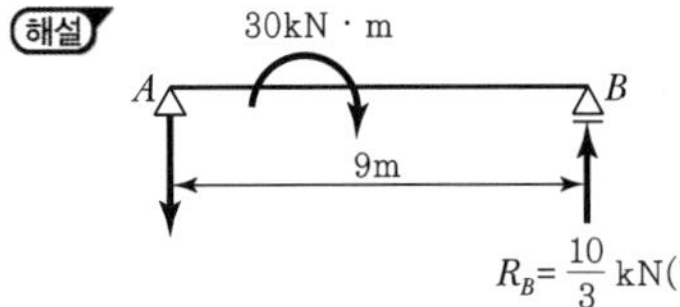

$R_A = \dfrac{30}{9} = \dfrac{10}{3}\text{kN}(\downarrow)$

09 그림과 같은 보에서 A점의 반력은? ['19]

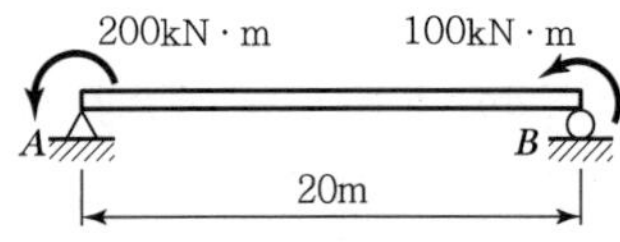

① 15kN ② 18kN
③ 20kN ④ 23kN

해설

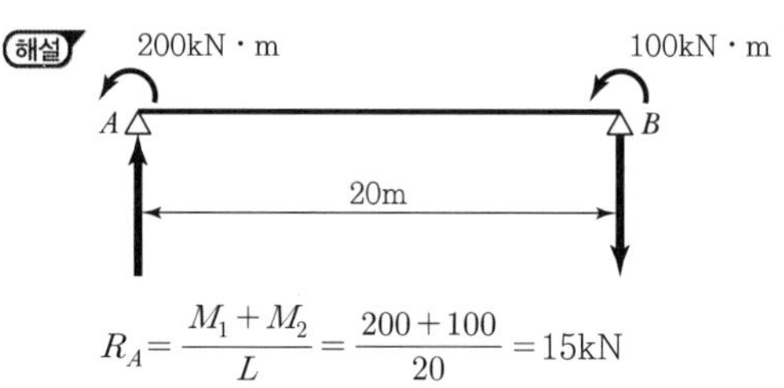

$R_A = \dfrac{M_1 + M_2}{L} = \dfrac{200+100}{20} = 15\text{kN}$

10 다음 그림과 같은 보에서 B지점의 반력이 $2P$가 되기 위해서 $\dfrac{b}{a}$는 얼마가 되어야 하는가? ['11, '16, '20]

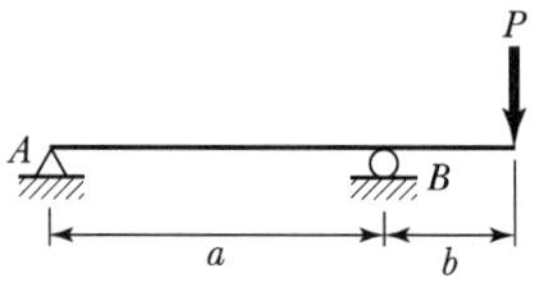

① 0.50 ② 0.75 ③ 1.00 ④ 1.25

해설

[1]

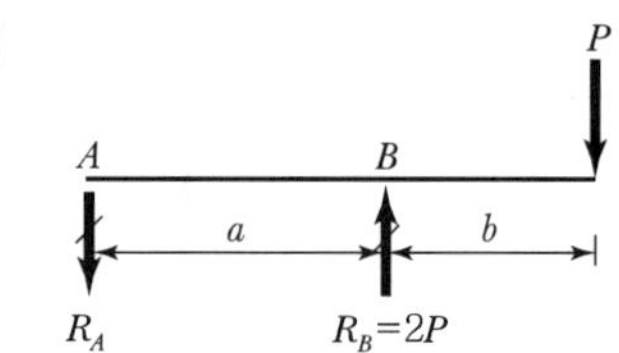

㉠ $\Sigma V=0$

$-R_A + 2P - P = 0,\ R_A = P(\downarrow)$

㉡ $\Sigma M_B = 0$

$-P \times a + P \times b = 0,\ \dfrac{b}{a} = 1$

[2] $\Sigma M_{A=0}$

$P(a+b) - 2P(a) = 0$

$Pa + Pb - 2Pa = 0$

$Pb - Pa = 0$

$a = b$

$\therefore\ \dfrac{b}{a} = 1$

11 다음 그림과 같은 구조물에서 지점 A에서의 수직반력의 크기는?

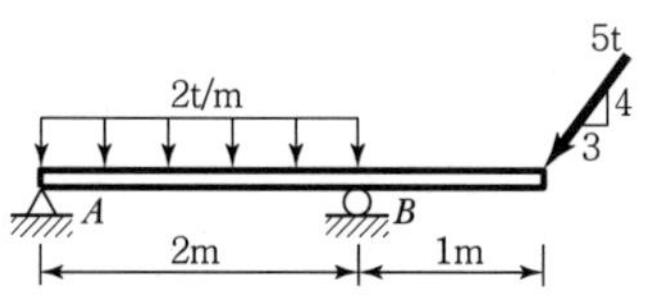

① 0t ② 1t ③ 2t ④ 3t

정답 07 ③ 08 ① 09 ① 10 ③ 11 ①

해설 $\Sigma M_B = R_A \times 2\text{m} - (2\times 2)\times 1\text{m} + \left(5\times\frac{4}{5}\right)\times 1\text{m} = 0$

$\therefore\ R_A = 0$

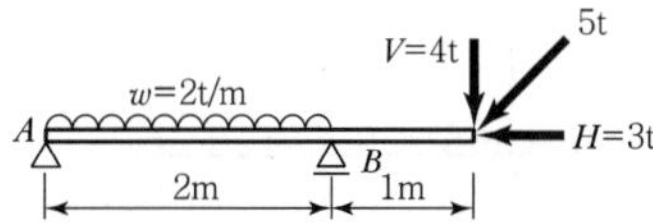

12 그림과 같은 구조물에서 지점 A에서의 수직반력은? ['12, '21]

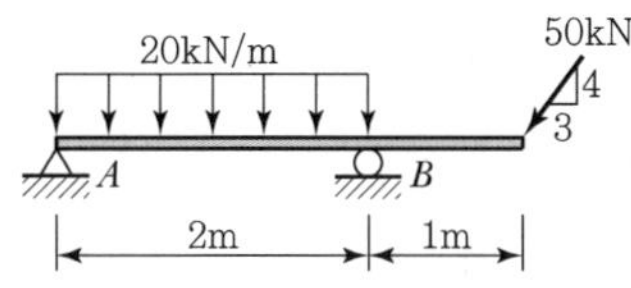

① 0kN ② 10kN
③ 20kN ④ 30kN

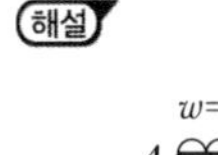

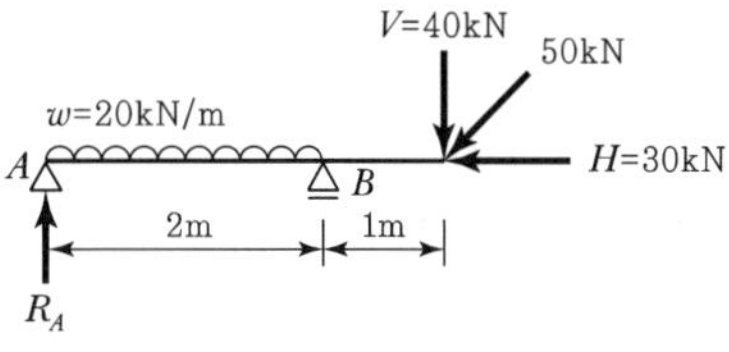

$\Sigma M_B = 0$

$R_A \times 2 - 20\times 2\times 1 + 40\times 1 = 0$

$R_A = \frac{40-40}{10} = 0$

〈검산〉

wl=20×2=40kN
V=40kN
w=20kN/m
A
B
1
2m
1m
R_A=0

$(wl)\times 1 = P\times 1$

$40\times 1 = 40\times 1$

13 아래 그림과 같은 보에서 A지점의 반력은?

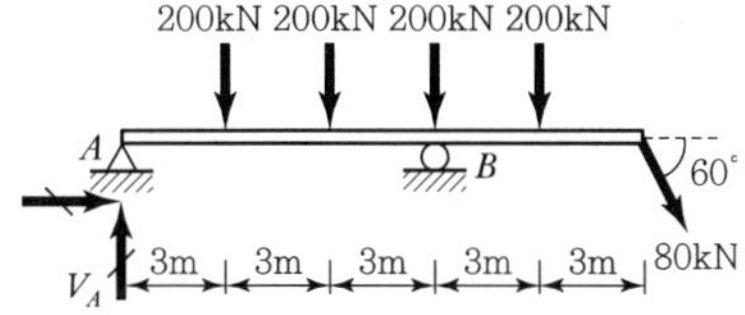

① $H_A = 87.1\text{kg}(\leftarrow)$, $V_A = 40\text{kg}(\uparrow)$
② $H_A = 40\text{kg}(\leftarrow)$, $V_A = 87.1\text{kg}(\uparrow)$
③ $H_A = 69.3\text{kg}(\rightarrow)$, $V_A = 87.1\text{kg}(\uparrow)$
④ $H_A = 40\text{kg}(\rightarrow)$, $V_A = 69.3\text{kg}(\uparrow)$

해설 ㉠

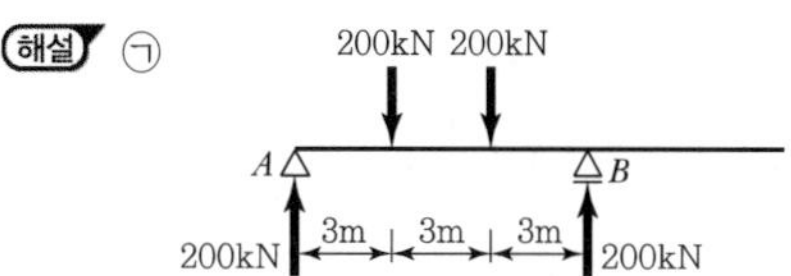

㉡

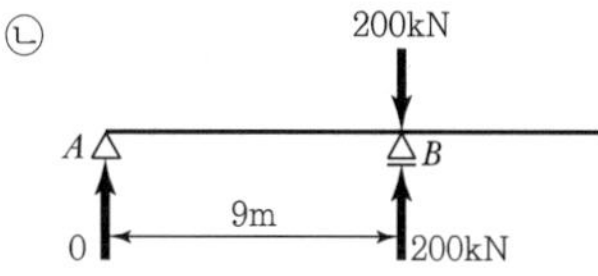

㉢

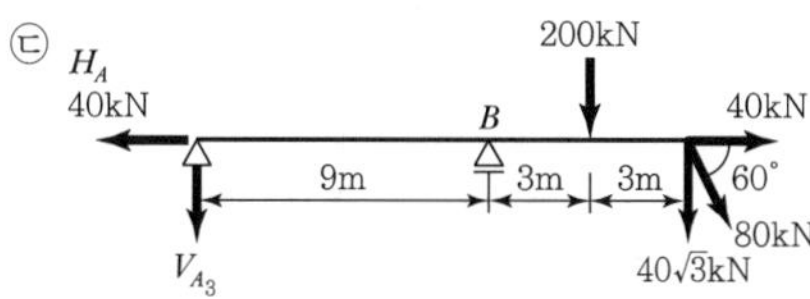

$V_{A_3} \times 9 = 200\times 3 + 40\sqrt{3}\times 6$

$V_{A_3} = \frac{600+240\sqrt{3}}{9}$

$= 112.85\text{kg}(\downarrow)$

$V_A = V_{A_1} + V_{A_2} + V_{A_3}$

$= 200 + 0 - (112.85) = 87.1\text{kg}$

14 그림과 같은 게르버보에서 A점의 반력은? ['22]

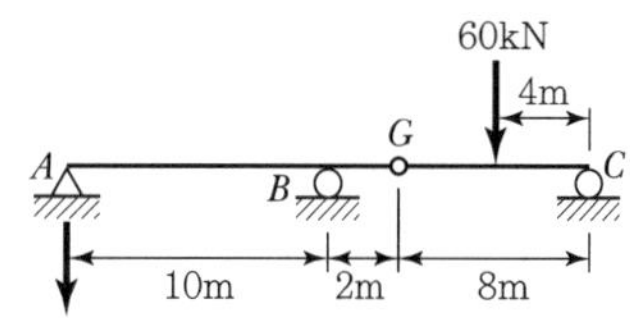

① 6kN(↓) ② 6kN(↑)
③ 30kN(↓) ④ 30kN(↑)

해설

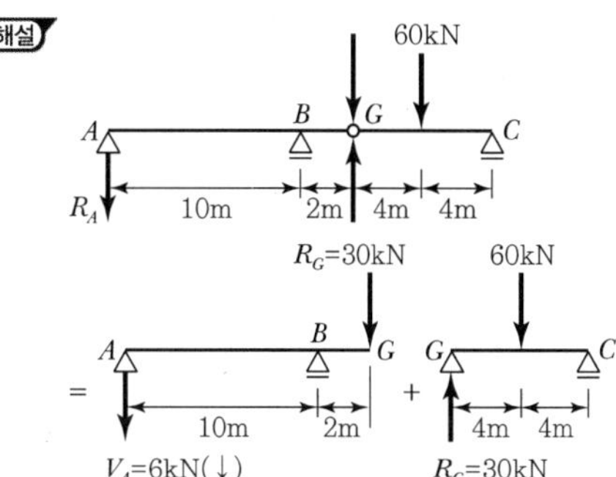

정답 12 ① 13 ② 14 ①

전단력 S

15 아래 그림과 같은 보의 중앙점 C의 전단력의 값은?

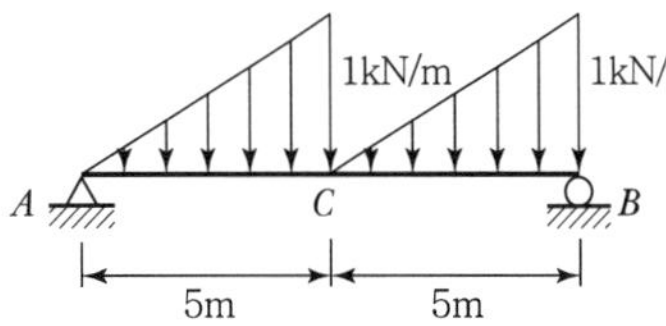

① 0 ② −0.22t
③ −0.42t ④ −0.62t

해설 ㉠ $\Sigma M_B = 0$

$$R_A \times 10 - \left\{\left(\frac{1}{2}\times 1\times 5\right)\times\left(5+5\times\frac{1}{3}\right)\right\}$$

$$-\left\{\left(\frac{1}{2}\times 1\times 5\right)\times\left(5\times\frac{1}{3}\right)\right\}=0$$

$R_A = 2.08\text{t}(\uparrow)$

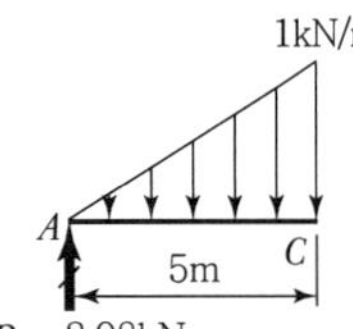

㉡ $S_c = R_A - 5\times 1\times\frac{1}{2} = -0.42\text{t}$

16 그림과 같은 단순보에 일어나는 최대 전단력은? ['20]

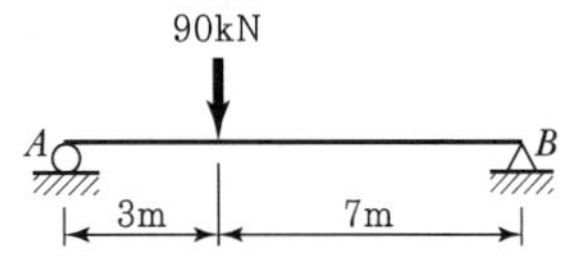

① 27kN ② 45kN
③ 54kN ④ 63kN

해설

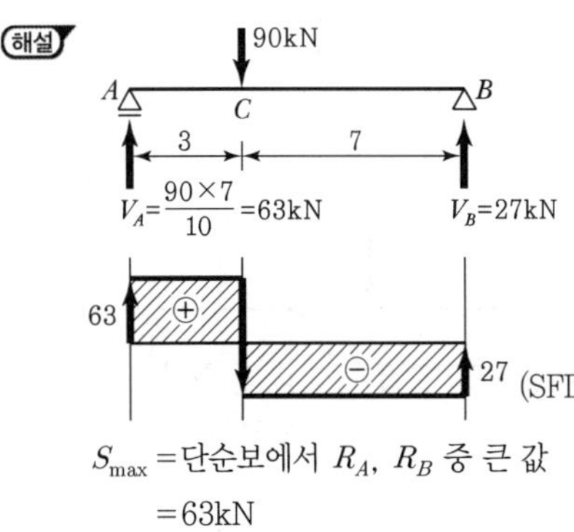

S_{max} = 단순보에서 R_A, R_B 중 큰 값
= 63kN

17 그림과 같은 단순보에서 $C\sim D$ 구간의 전단력 값은? [p.65 32번 동일, '21]

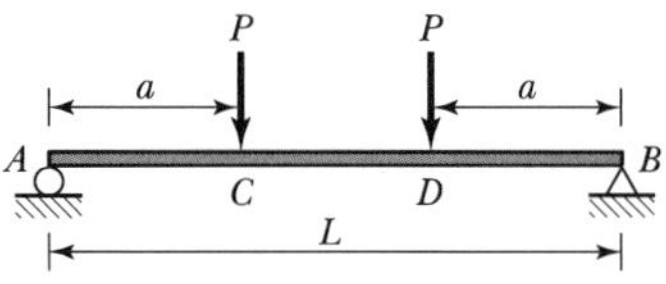

① P ② $2P$ ③ $\frac{P}{2}$ ④ 0

해설

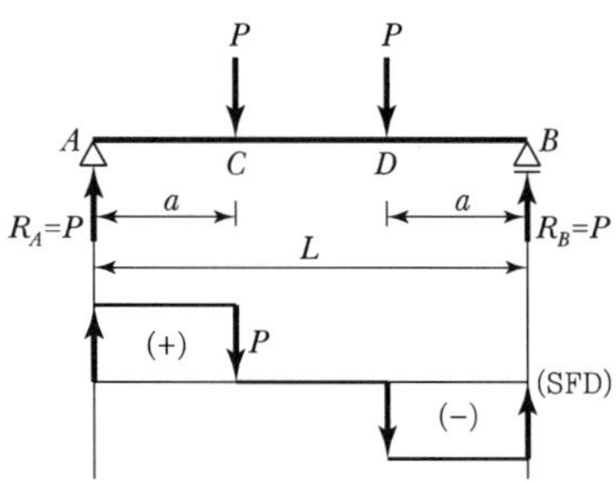

$S_{A\sim C} = P$
$S_{C\sim D} = 0$
$S_{D\sim B} = -P$

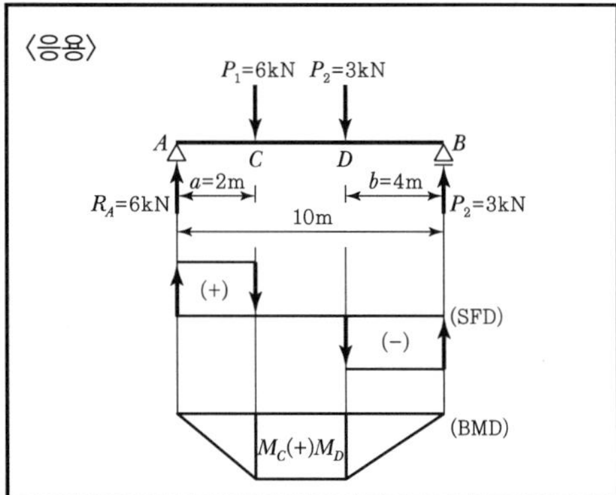

〈핵심〉 $P_1 : P_2 = b : a$이면
㉠ $R_A = P_1$, $R_B = P_2$
㉡ $S_{C\sim D} = 0$
㉢ $M_e = M_D = P_1 a$ 또는 $P_2 b$

18 그림과 같은 모멘트 하중을 받는 단순보에서 B지점의 전단력은? ['22]

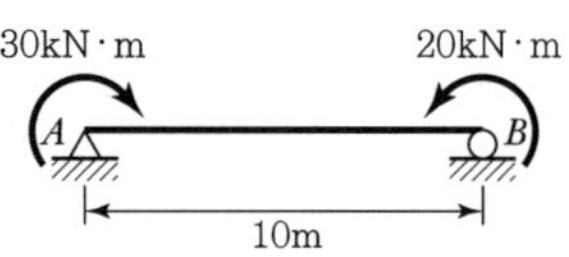

① −1.0kN ② −10kN
③ −5.0kN ④ −50kN

정답 15 ③ 16 ④ 17 ④ 18 ①

해설

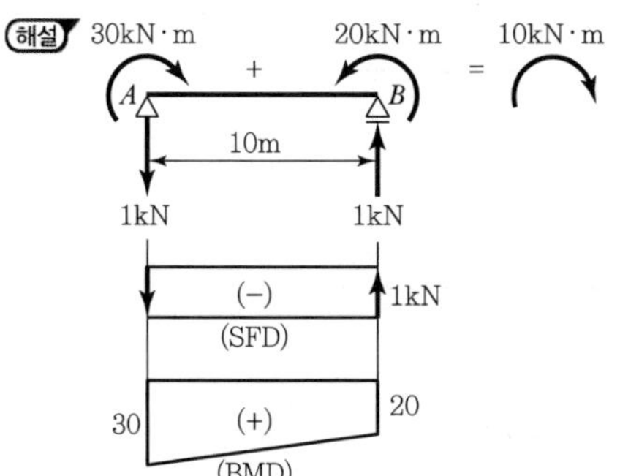

〈보충〉 모멘트하중이 작용할 때

모멘트하중은 수직, 수평력이 없고 보를 회전시키려는 힘이다.

㉠ 반력

$\sum M_B = 0 \qquad R_A \times l - M = 0$

$\therefore\ R_A = \dfrac{M}{l}$

$\sum V = 0 \qquad R_A - R_B = 0$

$\therefore\ R_B = \dfrac{M}{l}$

㉡ 전단력

$S_A = R_A = \dfrac{M}{l},\ S_{A-B} = S_A = \dfrac{M}{l}$

$S_B = S_A - R_B = 0$

주 단순보에 Moment 하중만 작용 시 **전단력은 전 지간에서 일정**하다.

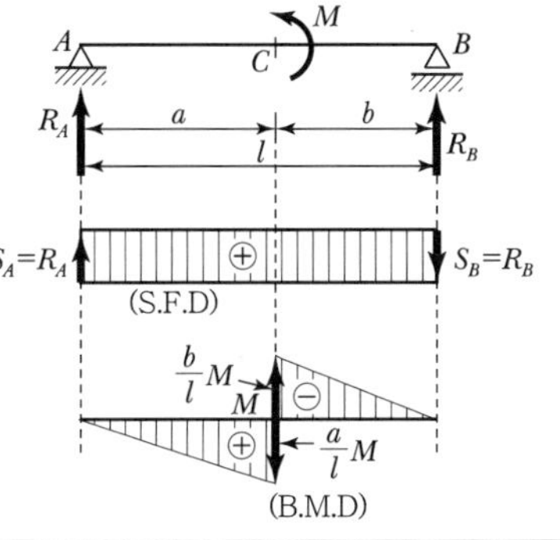

19 그림과 같이 단순보의 A점에 휨모멘트가 작용하고 있을 경우 A점에서의 전단력의 절댓값 크기는?

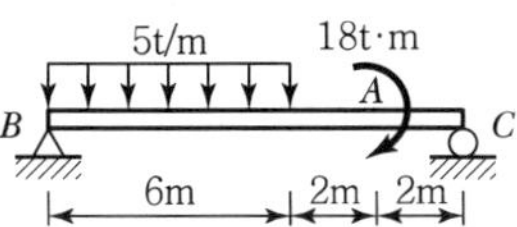

① 7.2t ② 10.8t ③ 12.6t ④ 25.2t

해설 ㉠ $\sum M_A = 0$

$R_B \times 10\text{m} - (5\times 6)\times 7\text{m} + 18\text{t}\cdot\text{m} = 0$

$R_B = \dfrac{210-18}{10} = 19.2\text{t}(\uparrow)$

$\therefore\ R_C = 10.8\text{t}$

㉡ $S_A = R_B - 5\times 6 = 19.2 - 30 = -10.8\text{t}$

또는 $S_A = -R_C = -10.8\text{t}$

20 그림과 같이 단순보의 A점에 휨모멘트가 작용하고 있을 경우 A점에서 전단력의 절댓값은? ['20]

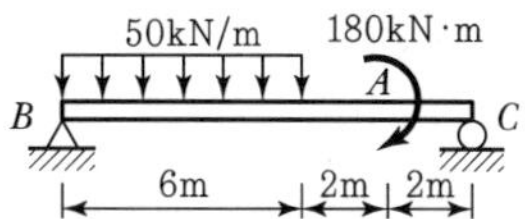

① 72kN ② 108kN ③ 126kN ④ 252kN

해설

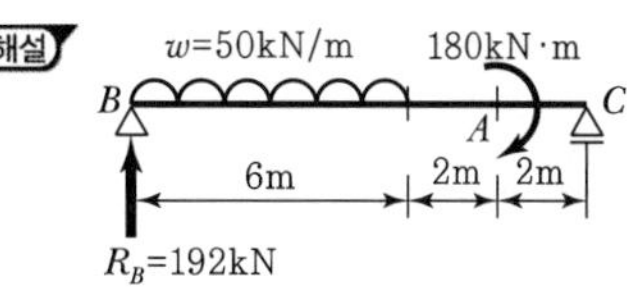

㉠ 반력

$\sum M_C = 0$

$R_B = \dfrac{50\times 6\times 7 - 180}{10} = 192\text{kN}$

㉡ $S_A = R_B - (50\times 6)$

$= 192 - 300$

$= -108$

$= |-108|$

$= 108\text{kN}$

21 그림과 같이 양단 내민보에 등분포하중(W)이 1kN/m가 작용할 때 C점의 전단력은? ['22]

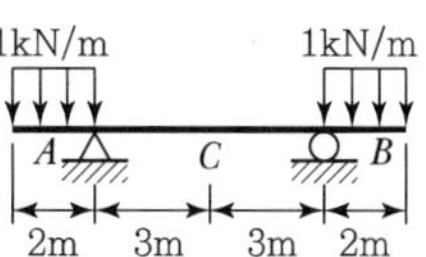

① 0kN ② 5kN ③ 10kN ④ 15kN

해설 $wa = 1\times 2 = 2\text{kN}\cdot\text{m}$ $\quad wa = 1\times 2 = 2\text{kN}\cdot\text{m}$

$w = 1\text{kN/m}$, C, $w = 1\text{kN/m}$, A, B, 2m, 3m, 3m, 2m

$R_A = 2\text{kN}$ $\quad R_B = 2\text{kN}$

$S_c = -2 + R_A = -2 + 2 = 0$

정답 19 ② 20 ② 21 ①

전단력도(SFD)

22 다음 정정보에서의 전단력도(SFD)로 옳은 것은? ['19]

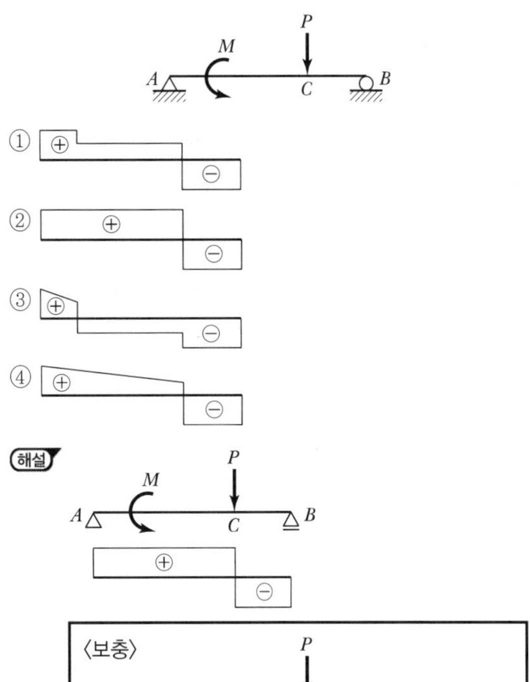

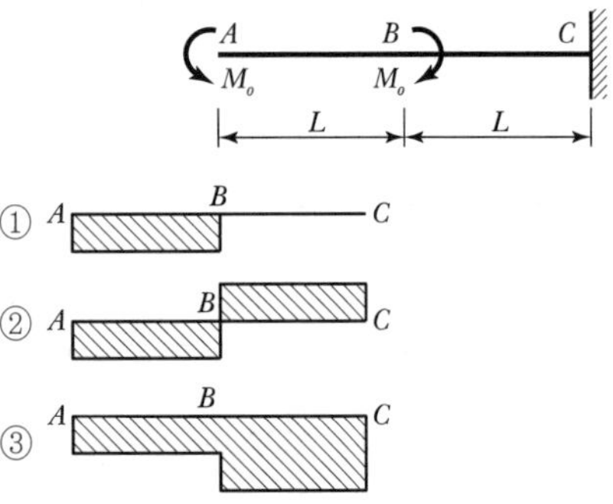

23 그림과 같이 A점과 B점에 모멘트 하중(M_o)이 작용할 때 생기는 전단력도의 모양은 어떤 형태인가? ['20]

해설

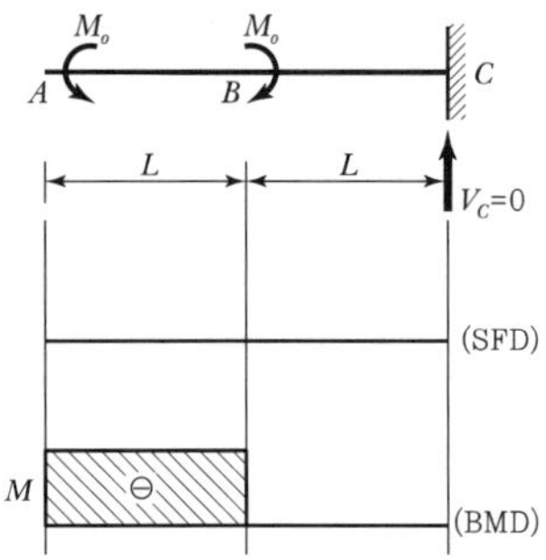

휨모멘트 M

24 아래 그림과 같은 단순보의 B점에 하중 5t이 연직방향으로 작용하면 C점에서의 휨모멘트는?

① 3.33t · m
② 5.4t · m
③ 6.67t · m
④ 10.0t · m

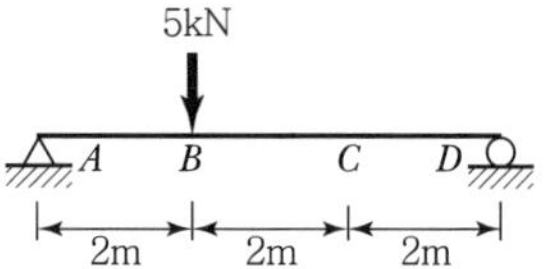

해설 $M_C = \frac{Pa'b'}{l} = \frac{5 \times 2 \times 2}{6} = 3.33\text{t} \cdot \text{m}$

25 다음 그림과 같은 보에서 C점의 휨모멘트는? ['19]

① 0t · m
② 40t · m
③ 45t · m
④ 50t · m

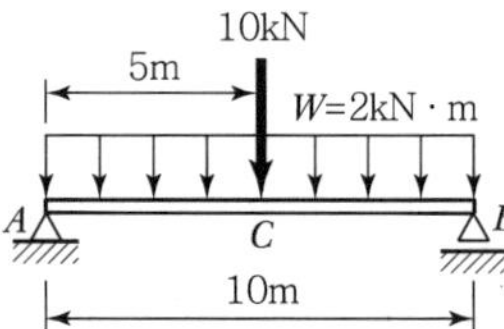

해설 $M_C = \frac{Pl}{4} + \frac{wl^2}{8}$

$= \frac{10 \times 10}{4} + \frac{2 \times 10^2}{8} = 25 + 25 = 50\text{t} \cdot \text{m}$

여기서, $P = 10\text{t}$, $l = 10\text{m}$, $w = 2\text{t/m}$

26 그림과 같은 단순보의 중앙점(C점)에서 휨모멘트 M_c는?

① 10t · m
② 20t · m
③ 30t · m
④ 40t · m

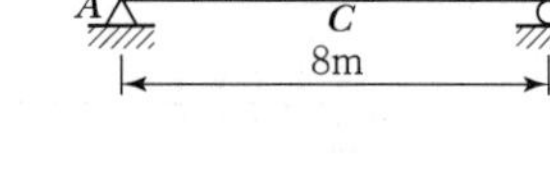

해설 $M_C = M_{C_1} + M_{C_2}$

$= \frac{Pl}{4} + \frac{wl^2}{16} = \frac{4 \times 8}{4} + \frac{3 \times 8^2}{16} = 20\text{t} \cdot \text{m}$

정답 22 ② 23 ④ 24 ① 25 ④ 26 ②

27 그림에서 중앙점(C점)의 휨모멘트(M_C)는? ['22]

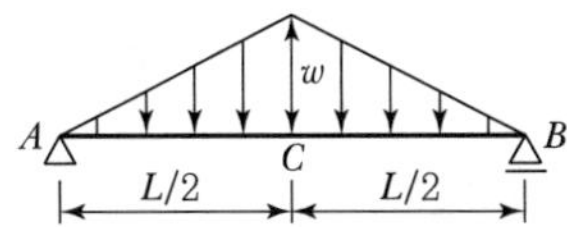

① $\dfrac{1}{20}wL^2$　　② $\dfrac{5}{96}wL^2$

③ $\dfrac{1}{6}wL^2$　　④ $\dfrac{1}{12}wL^2$

해설

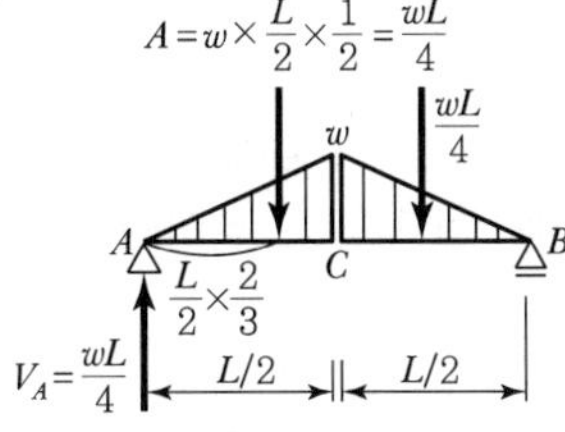

[1] $M_C = \dfrac{wL}{4} \times \left(\dfrac{L}{2} \times \dfrac{2}{3}\right) = \dfrac{wL^2}{12}$

[2] 〈공식〉

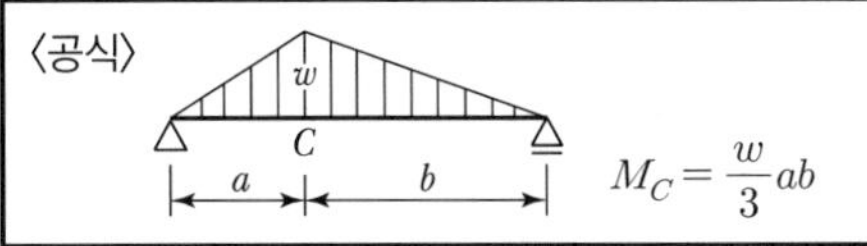

$M_C = \dfrac{w}{3}ab$

$M_C = \dfrac{wab}{3} = \dfrac{1}{3}w \cdot \dfrac{L}{2} \cdot \dfrac{L}{2} = \dfrac{wL^2}{12}$

28 그림과 같은 단순보에서 C점의 휨모멘트는? ['21]

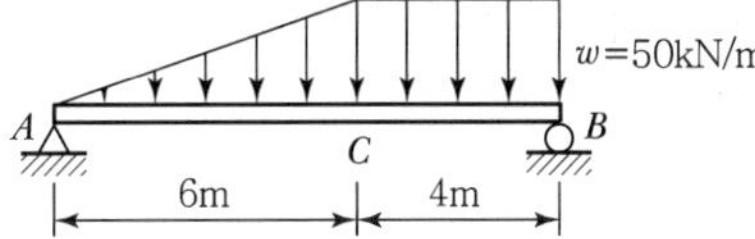

① 320kN · m　　② 420kN · m

③ 480kN · m　　④ 540kN · m

해설

[1]

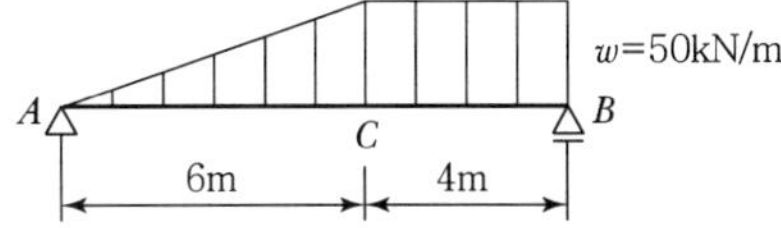

㉠

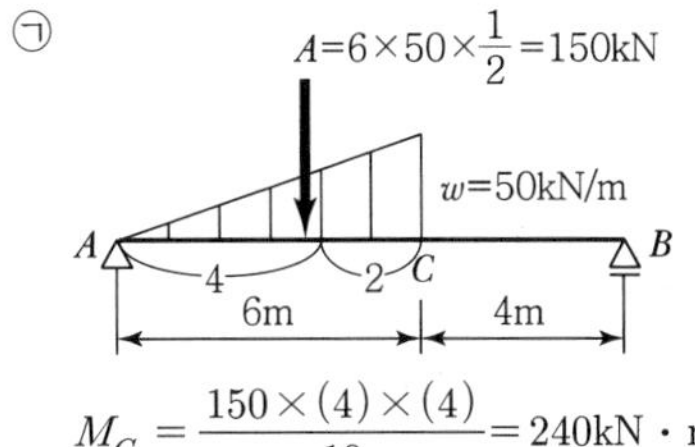

$M_{C_1} = \dfrac{150 \times (4) \times (4)}{10} = 240\text{kN} \cdot \text{m}$

㉡ 200kN/m, w=50kN/m, 6m, 4m

$M_{C_2} = \dfrac{200 \times (6) \times (2)}{10} = 240\text{kN} \cdot \text{m}$

㉢ $M_C = M_{C_1} + M_{C_2} = 480\text{kN} \cdot \text{m}$

[2]

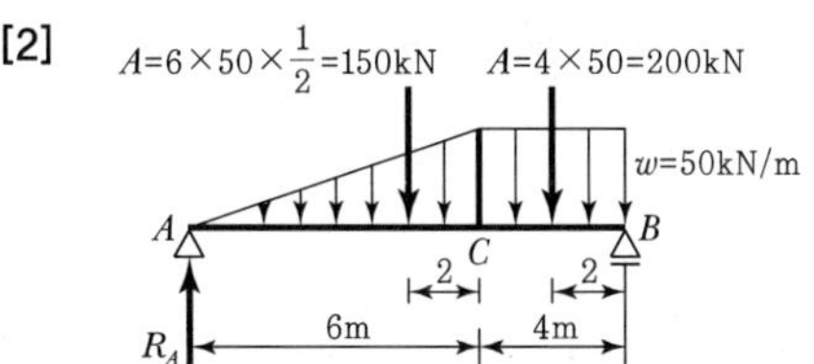

㉠ 반력

$\Sigma M_B = 0$

$R_A \times 10 - 150 \times (2+4) - 200 \times 2 = 0$

$R_A = \dfrac{900 + 400}{10} = 130\text{kN}$

㉡ 휨 M_C

$M_C = R_A \times 6 - 150 \times 2$

$= 780 - 300 = 480\text{kN} \cdot \text{m}$

[3]

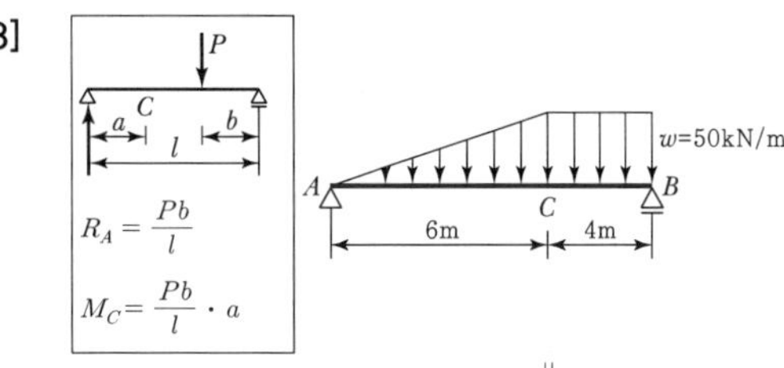

⇓

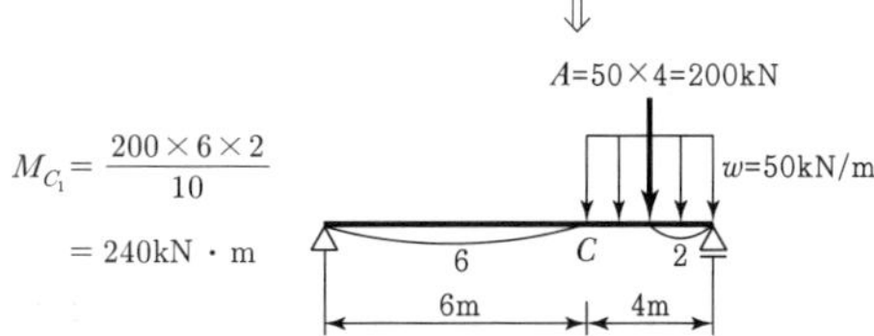

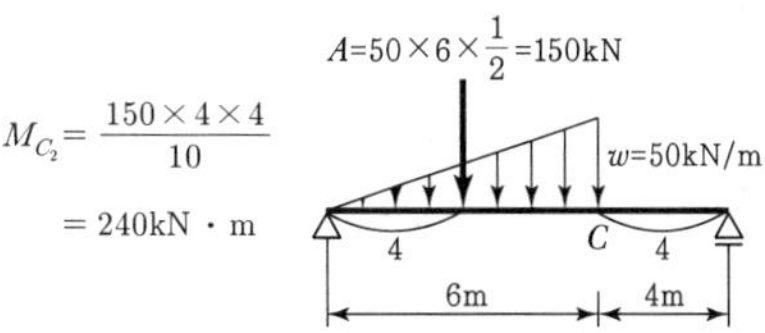

$M_C = M_{C_1} + M_{C_2} = 480\text{kN} \cdot \text{m}$

정답 27 ④　28 ③

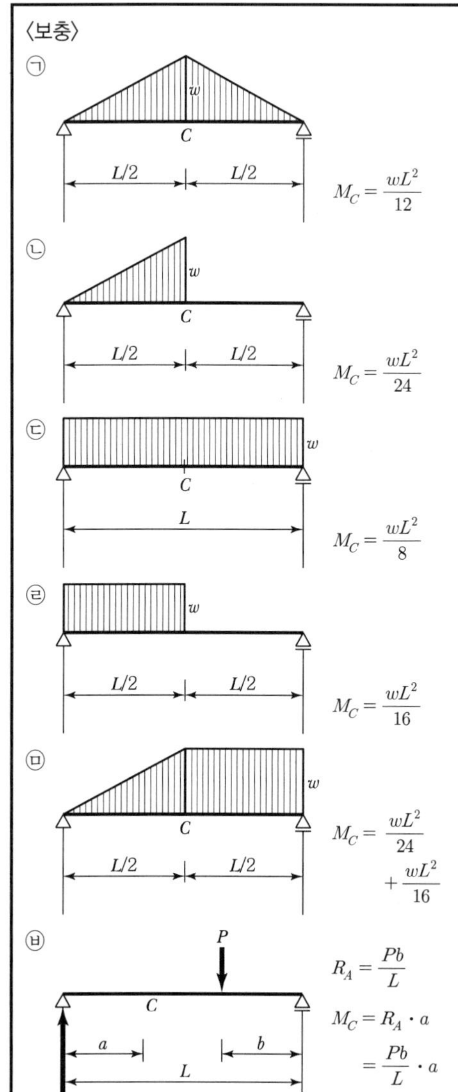

29 그림과 같은 단순보에서 A, B구간의 전단력 및 휨모멘트의 값은?

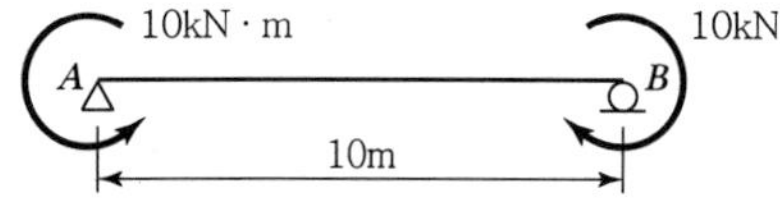

① $S=10\text{t}$, $M=10\text{t}\cdot\text{m}$

② $S=10\text{t}$, $M=20\text{t}\cdot\text{m}$

③ $S=0$, $M=-10\text{t}\cdot\text{m}$

④ $S=20\text{t}$, $M=-10\text{t}\cdot\text{m}$

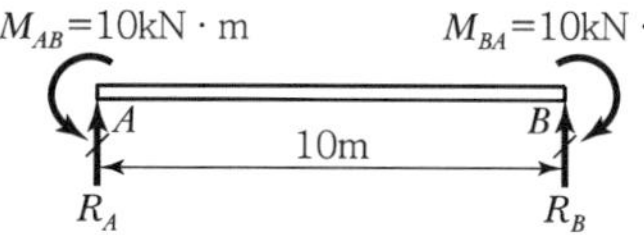

㉠ $\Sigma M_B=0$

$R_A\times 10-10+10=0$

$R_A=0$

㉡ $S_{A\sim B}=0$

㉢ $M_A=M_B=-10\text{t}\cdot\text{m}$

30 그림과 같은 내민보에서 D점에 집중하중 $P=5\text{t}$이 작용할 경우 C점의 휨모멘트는 얼마인가? ['10, '17]

① $-2.5\text{t}\cdot\text{m}$

② $-5\text{t}\cdot\text{m}$

③ $-7.5\text{t}\cdot\text{m}$

④ $-10\text{t}\cdot\text{m}$

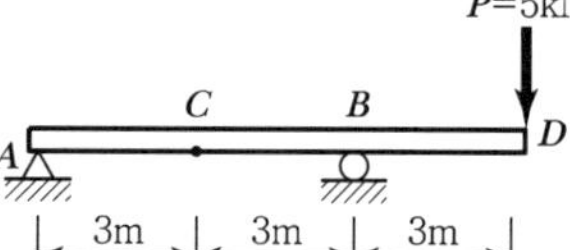

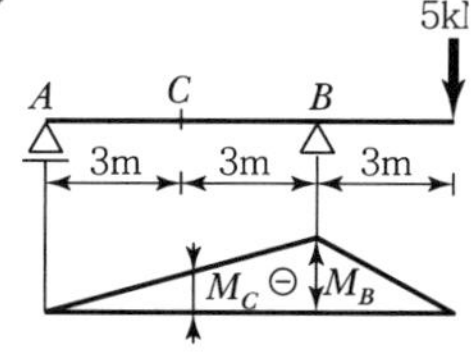

$$M_C=\frac{M_B}{2}=\frac{-5\times 3}{2}=-7.5\text{t}\cdot\text{m}$$

31 아래 그림과 같은 내민보에서 D점의 휨모멘트 M_D는 얼마인가?

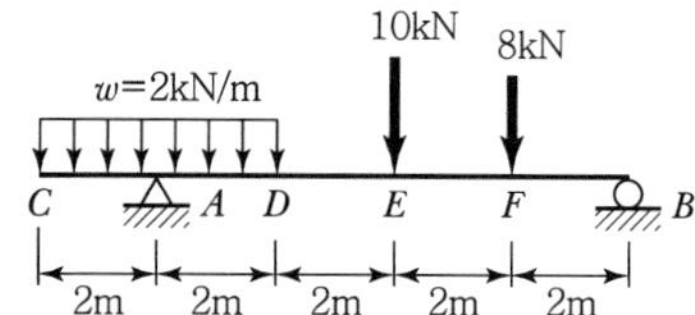

① $18\text{t}\cdot\text{m}$　　② $16\text{t}\cdot\text{m}$

③ $14\text{t}\cdot\text{m}$　　④ $12\text{t}\cdot\text{m}$

해설 ㉠ $\Sigma M_A=0$

$10\times 4+8\times 6-R_B\times 8=0$

$R_B=11\text{t}(\uparrow)$

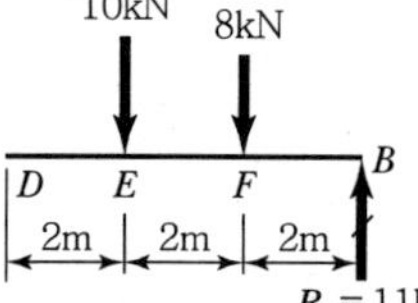

㉡ $M_D=R_B\times 6-10\times 2-8\times 4=14\text{t}\cdot\text{m}$

정답 29 ③ 30 ③ 31 ③

32 다음 내민보에서 B점의 모멘트와 C점의 모멘트의 절댓값의 크기를 같게 하기 위한 $\frac{L}{a}$의 값을 구하면?

['10, '14, '18]

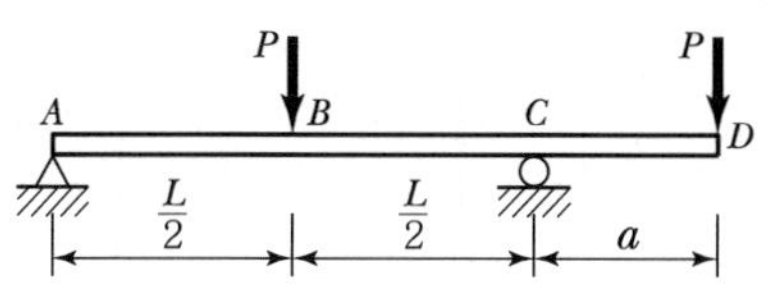

① 6 ② 4.5 ③ 4 ④ 3

해설

[1] ㉠ $\Sigma M_C = 0$

$R_A \times L - P \times \frac{L}{2} + P \times a = 0$

$\therefore R_A = \frac{P}{2} - \frac{Pa}{L}$

㉡ $M_B + \left(\frac{P}{2} - \frac{Pa}{L}\right) \times \frac{L}{2} = \frac{PL}{4} - \frac{Pa}{2}$

㉢ $M_C = -P \cdot a$

㉣ $M_B = |M_C|$이므로

$\frac{PL}{4} - \frac{Pa}{2} = \left| -P \cdot a \right|$

$\therefore \frac{L}{a} = 6$

[2]

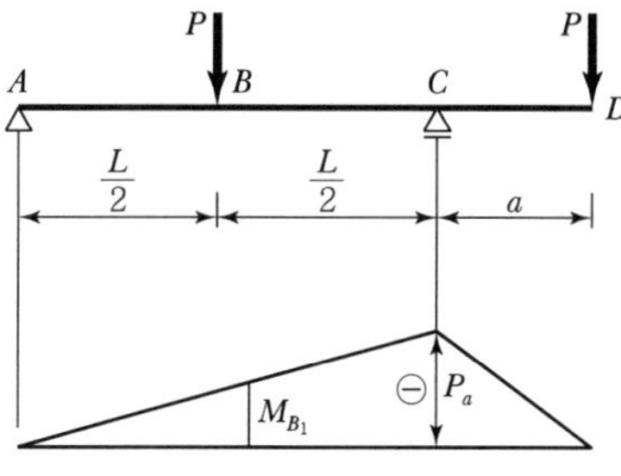

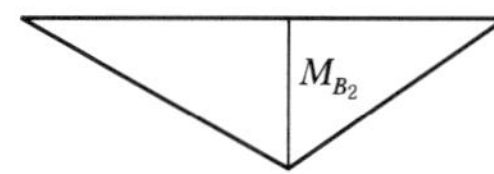

㉠ $M_{B_1} = -\frac{Pa}{2}$

$M_{B_2} = \frac{PL}{4}$

㉡ $|M_B| = |M_C|$

$\left|\frac{PL}{4} - \frac{Pa}{2}\right| = |Pa|$

$\frac{PL}{4} = \frac{3}{2}Pa$

$\therefore \frac{L}{4} = \frac{3}{2}a$

㉢ $\frac{L}{a} = \frac{4 \times 3}{2} = 6$

33 그림과 같은 내민보에서 C점의 휨모멘트가 영(零)이 되게 하기 위해서는 x가 얼마가 되어야 하는가?

['14, '17, '22]

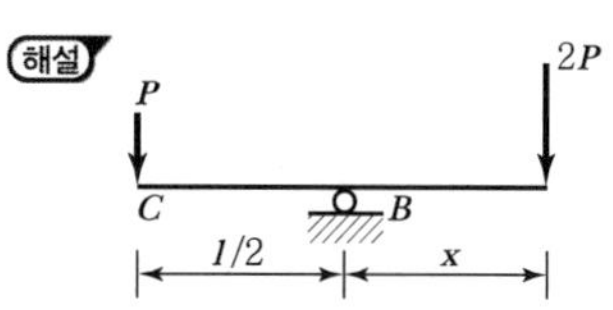

① $x = \frac{l}{4}$ ② $x = \frac{l}{3}$

③ $x = \frac{l}{2}$ ④ $x = \frac{2l}{3}$

해설

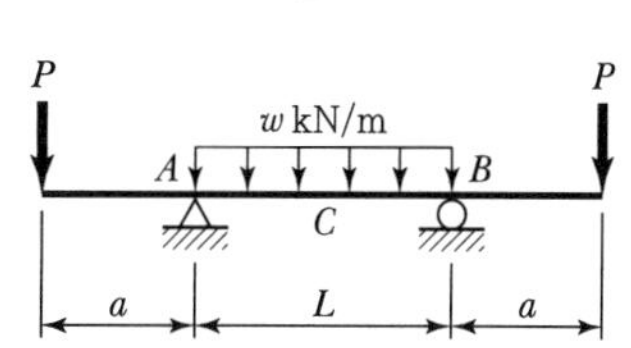

㉠ $M_c = 0$이므로 $R_A = 0$을 의미

㉡ $\Sigma M_B = 0$

$-P \times \frac{l}{2} + 2Px = 0$

$\therefore x = \frac{l}{4}$

34 그림과 같은 양단 내민보에서 C점(중앙점)에서 휨모멘트가 0이 되기 위한 $\frac{a}{L}$는?(단, $P = wL$이다.)

['19]

① $\frac{1}{2}$ ② $\frac{1}{4}$ ③ $\frac{1}{7}$ ④ $\frac{1}{8}$

해설

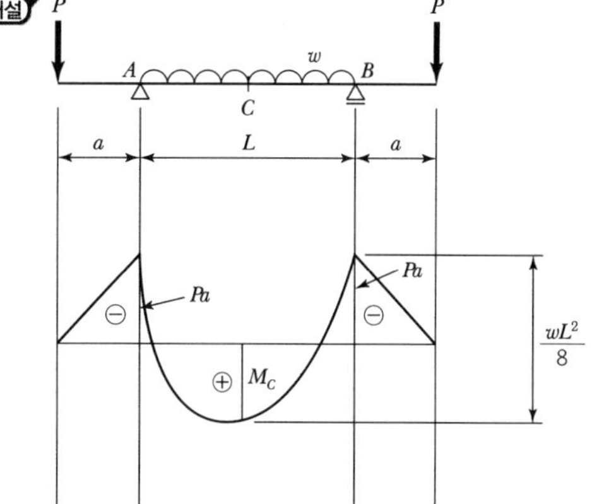

정답 32 ① 33 ① 34 ④

$$M_C = \frac{wL^2}{8} - Pa = \frac{PL}{8} - Pa = 0$$

$$L = 8a$$

$$\therefore \frac{a}{L} = \frac{a}{8a} = \frac{1}{8}$$

35 그림과 같은 보에서 다음 중 휨모멘트의 절댓값이 가장 큰 곳은? ['11, '18]

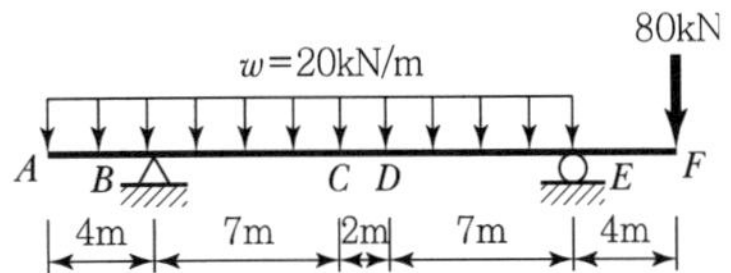

① B점　　② C점

③ D점　　④ E점

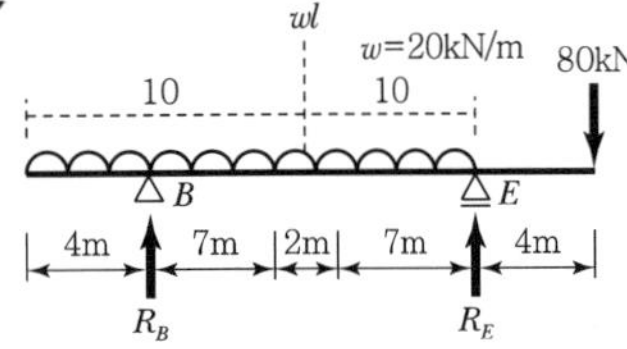

㉠ 반력

$\Sigma M_E = 0$

$R_B \times 16 - 20 \times 20 \times \dfrac{20}{2} + 80 \times 4 = 0$

$R_B = 230\text{kg}(\uparrow)$

㉡ $\Sigma V = 0$

$-20 \times 20 - 80 + R_B + R_E = 0$

$R_E = 250(\uparrow)$

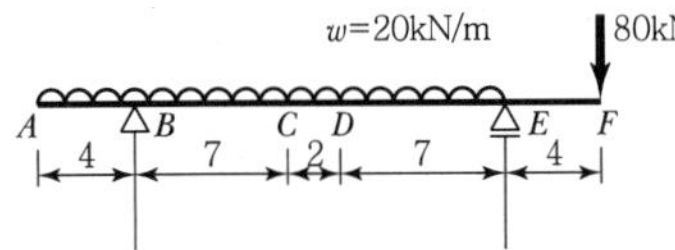

㉢ $M_B = -20 \times 4 \times 2 = -160\text{kg}\cdot\text{m}$

㉣ $M_C = -20 \times 11 \times \dfrac{11}{2} + R_A \times 7 =$ 400kg · m (M_{max})

㉤ $M_D = R_A \times 9 - 20 \times (4+7+2)(\dfrac{13}{2})$

$= 230 \times 9 - 20 \times 13 \times \dfrac{13}{2}$

$= 2{,}070 - 1{,}690 = 380\text{kg}\cdot\text{m}$

㉥ $M_E = -80 \times 4 = -320\text{kg}\cdot\text{m}$

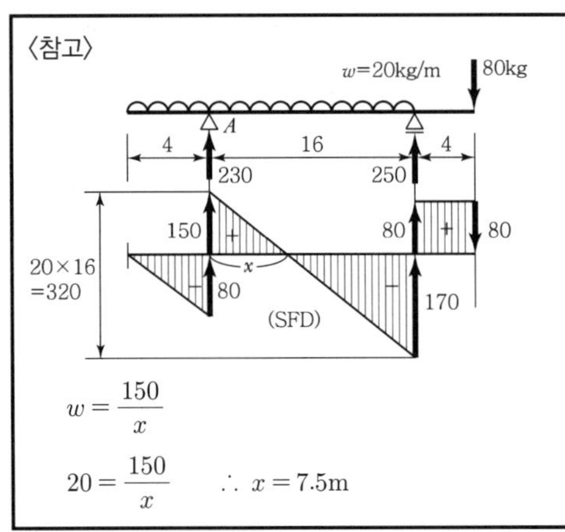

36 내민보에 그림과 같이 지점 A에 모멘트가 작용하고, 집중하중이 보의 양 끝에 작용한다. 이 보에 발생하는 최대 휨모멘트의 절댓값은? ['22]

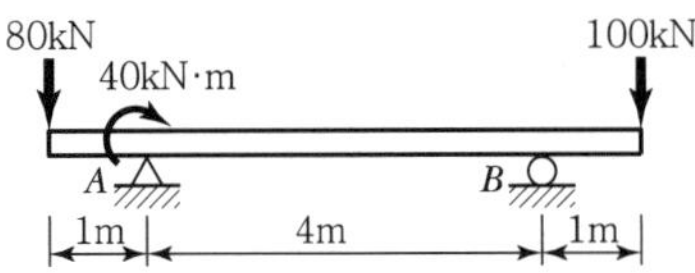

① 60kN · m　　② 80kN · m

③ 100kN · m　　④ 120kN · m

해설

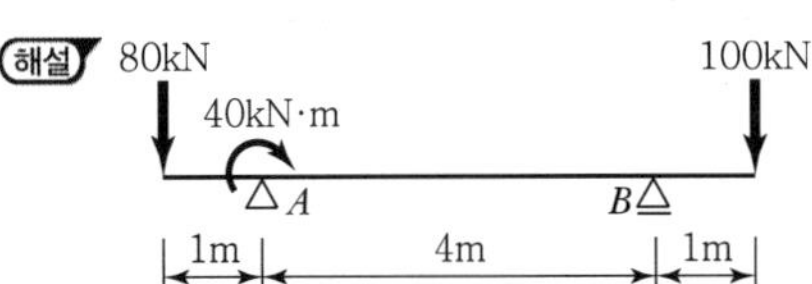

㉠ M_{A_1}, M_{B_1}

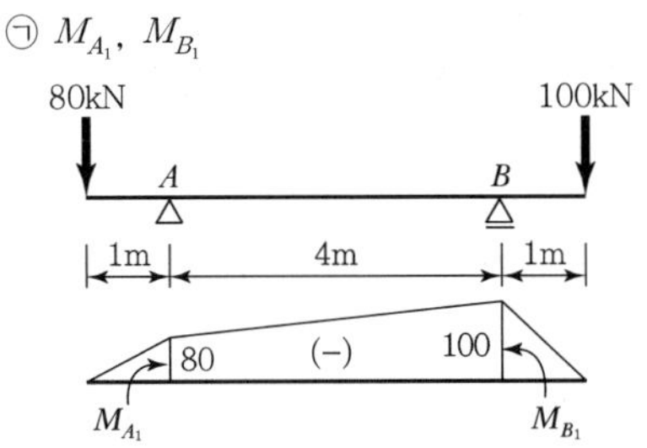

㉡ M_{A_2}, M_{B_2}

40kN·m

A B

4m

M_{A_2} (+) M_{B_2}

㉢ $M_A = |-80+40| = 40\text{kN}\cdot\text{m}$

$M_B = |-100+0| = 100\text{kN}\cdot\text{m}$

㉣ 최대 M_{max} 절댓값 $= 100\text{kN}\cdot\text{m}$

정답 35 ② 36 ③

37 그림과 같이 단순지지된 보에 등분포하중 q가 작용하고 있다. 지점 C의 부모멘트와 보의 중앙에 발생하는 정모멘트의 크기를 같게 하여 등분포하중 q의 크기를 제한하려고 한다. 지점 C와 D는 보의 대칭거동을 유지하기 위하여 각각 A와 B로부터 같은 거리에 배치하고자 한다. 이때 보의 A점으로부터 지점 C의 거리 x는? ['19, '22]

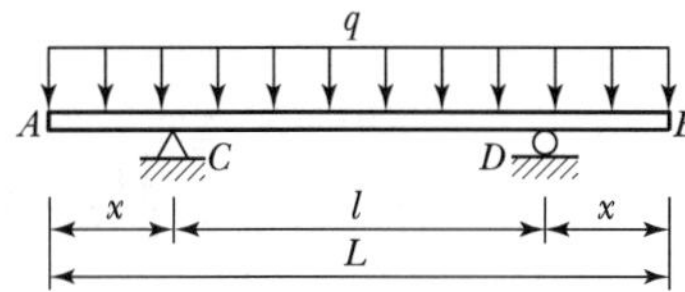

① $x=0.207L$　　② $x=0.250L$
③ $x=0.333L$　　④ $x=0.444L$

해설

[1]

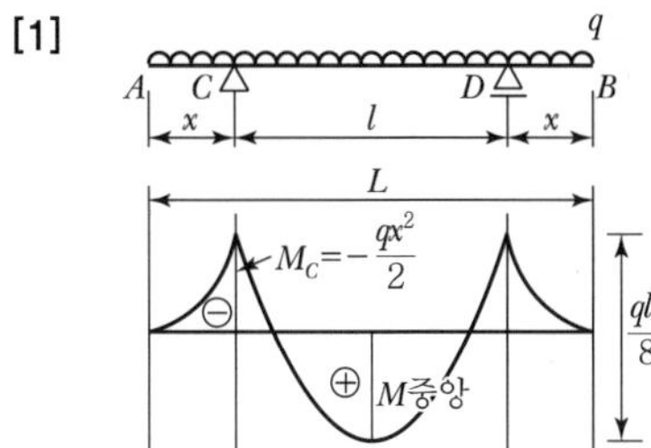

㉠ $|M_C|=|M_{중앙}|$이 되려면 $\frac{ql^2}{8}\times\frac{1}{2}$ 크기여야 한다.

$\therefore\ M_C=M_{중앙}=\frac{ql^2}{16}$

㉡ $M_C=\left|\frac{qx^2}{2}\right|=\left|\frac{ql^2}{16}\right|$

$x^2=\frac{2}{16}l^2,\ l^2=8x^2$

$\therefore\ l=2\sqrt{2}x$

㉢ $L=x+l+x=x+2\sqrt{2}x+x=(2+2\sqrt{2})x$

$\therefore\ x=\frac{L}{2+2\sqrt{2}}=0.207L$

[2]

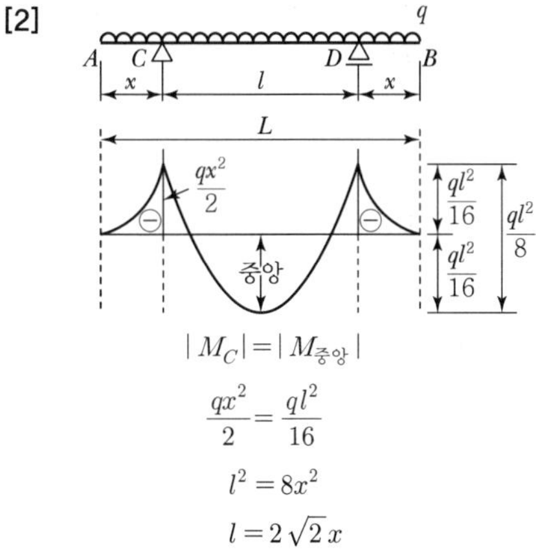

$|M_C|=|M_{중앙}|$

$\frac{qx^2}{2}=\frac{ql^2}{16}$

$l^2=8x^2$

$l=2\sqrt{2}x$

$L=x+l+x$

$=x+(2\sqrt{2}x)+x$

$=x(1+2\sqrt{2}+1)$

$\therefore\ x=\frac{L}{2+2\sqrt{2}}=0.207L$

38 그림과 같은 게르버보에서 A점의 수직반력 R_A와 휨모멘트 반력 M_A는?

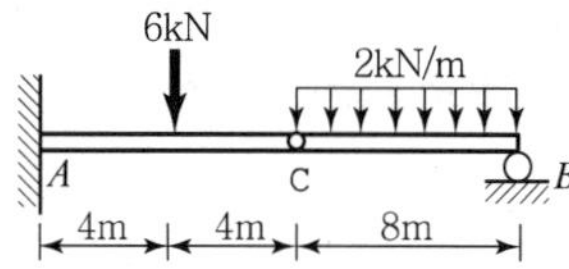

① $R_A=2\text{t}(\downarrow),\ M_A=40\text{t}\cdot\text{m}$
② $R_A=14\text{t}(\uparrow),\ M_A=-88\text{t}\cdot\text{m}$
③ $R_A=14\text{t}(\uparrow),\ M_A=-216\text{t}\cdot\text{m}$
④ $R_A=2\text{t}(\downarrow),\ M_A=108\text{t}\cdot\text{m}$

해설

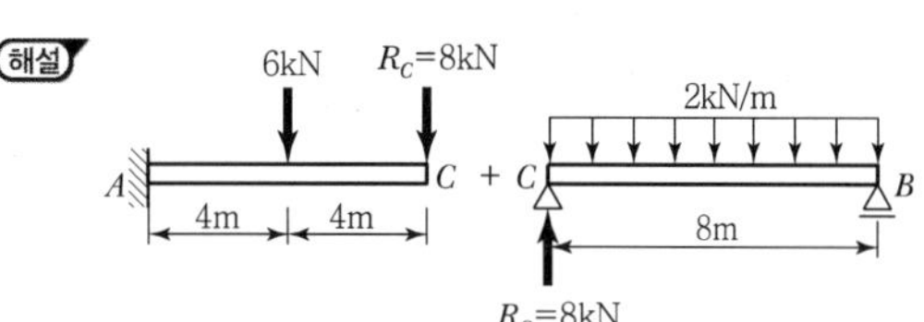

㉠ $R_A=6\text{t}+8\text{t}=14\text{t}(\uparrow)$
㉡ $M_A=-6\times4-8\times8=-88\text{t}\cdot\text{m}$

39 그림과 같이 C점이 내부 힌지로 구성된 게르버보에서 B지점에 발생하는 모멘트의 크기는? ['15, '17]

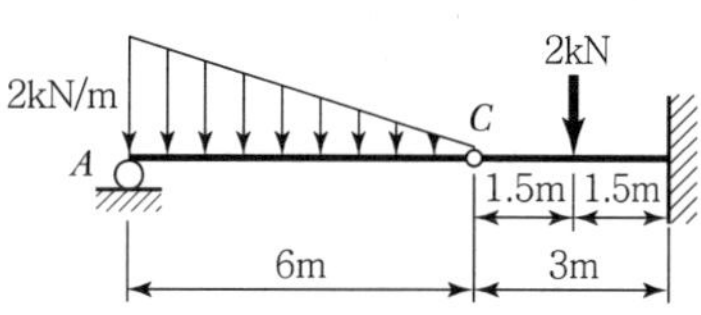

① 9t · m　　② 6t · m
③ 3t · m　　④ 1t · m

해설

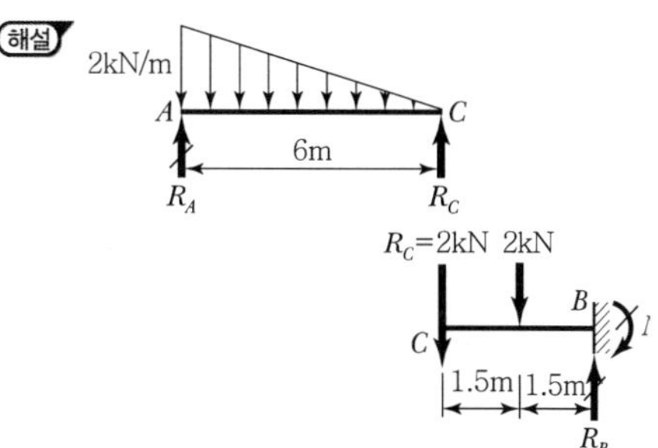

정답 37 ① 38 ② 39 ①

㉠ $\Sigma M_{Ⓐ}=0$

$\left(\frac{1}{2}\times 2\times 6\right)\times\left(6\times\frac{1}{3}\right)-R_C\times 6=0$

$R_C=2t$

㉡ $\Sigma M_{Ⓑ}=0$

$M_B-2\times 3-2\times 1.5=0$

$M_B=9\text{t}\cdot\text{m}$

40 그림의 보에서 G는 내부 힌지(Hinge)이다. 지점 B에서의 휨모멘트로 옳은 것은?

① $-10\text{t}\cdot\text{m}$
② $+20\text{t}\cdot\text{m}$
③ $-40\text{t}\cdot\text{m}$
④ $+50\text{t}\cdot\text{m}$

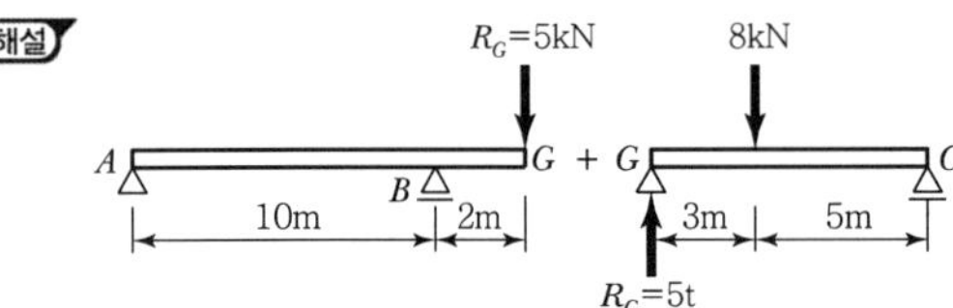

해설

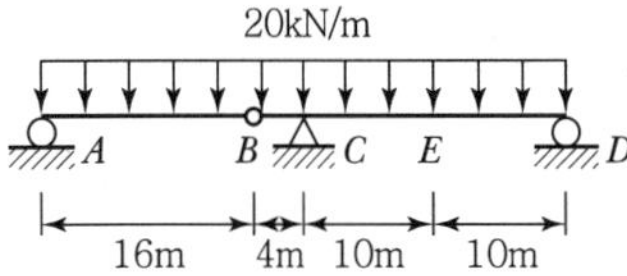

㉠ $\Sigma M_C=R_G\times 8\text{m}-8\text{t}\times 5\text{m}=0$

$\therefore\ R_G=5\text{t}(\uparrow)$

㉡ $M_B=-R_G\times 2\text{m}=-5\text{t}\times 2\text{m}=-10\text{t}\cdot\text{m}$

41 그림과 같은 게르버보의 E점(지점 C에서 오른쪽으로 10m 떨어진 점)에서의 휨모멘트 값은? ['19]

① $600\text{kg}\cdot\text{m}$ ② $640\text{kg}\cdot\text{m}$
③ $1{,}000\text{kg}\cdot\text{m}$ ④ $1{,}600\text{kg}\cdot\text{m}$

해설

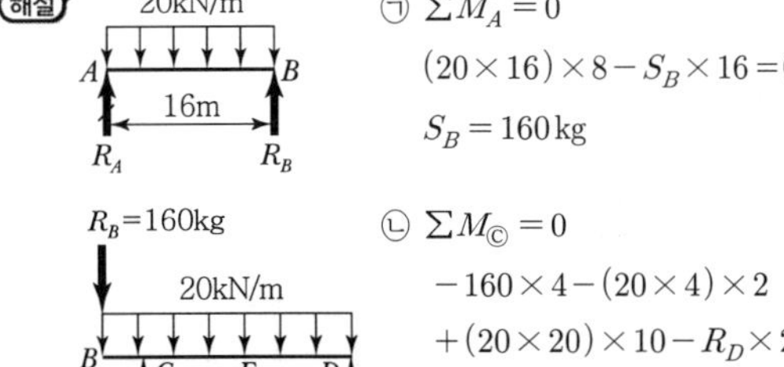

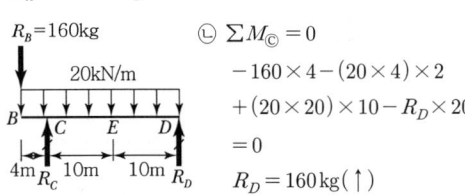

㉠ $\Sigma M_A=0$

$(20\times 16)\times 8-S_B\times 16=0$

$S_B=160\text{kg}$

㉡ $\Sigma M_{Ⓒ}=0$

$-160\times 4-(20\times 4)\times 2+(20\times 20)\times 10-R_D\times 20=0$

$R_D=160\text{kg}(\uparrow)$

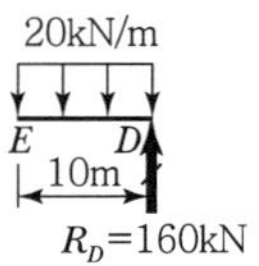

㉢ $M_E=R_D\times 10-20\times 10\times 5=600\text{kg}\cdot\text{m}$

42 아래 그림과 같은 게르버보에서 E점의 휨모멘트 값은? ['20]

① $190\text{kN}\cdot\text{m}$
② $240\text{kN}\cdot\text{m}$
③ $310\text{kN}\cdot\text{m}$
④ $710\text{kN}\cdot\text{m}$

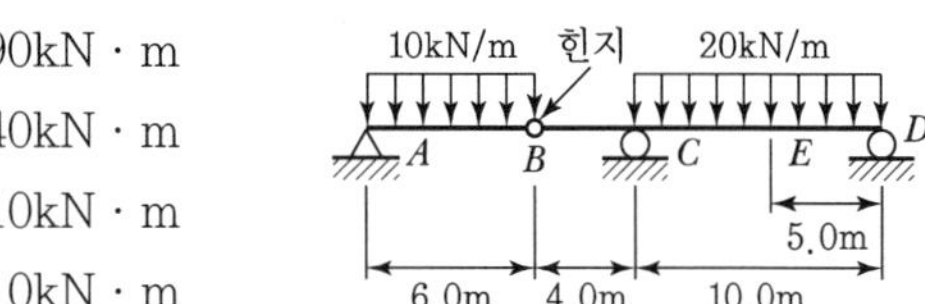

해설

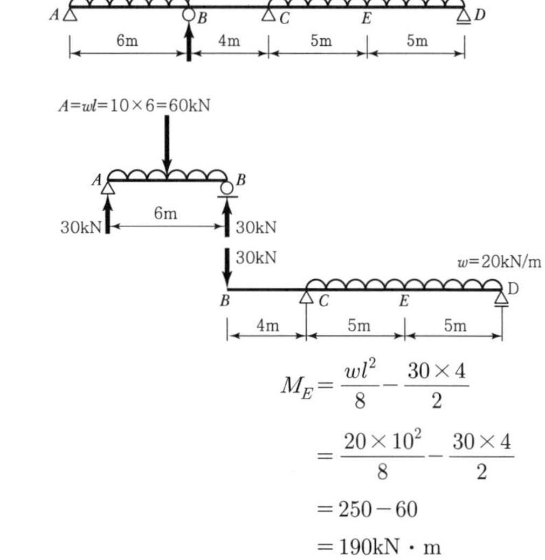

$M_E=\frac{wl^2}{8}-\frac{30\times 4}{2}$

$=\frac{20\times 10^2}{8}-\frac{30\times 4}{2}$

$=250-60$

$=190\text{kN}\cdot\text{m}$

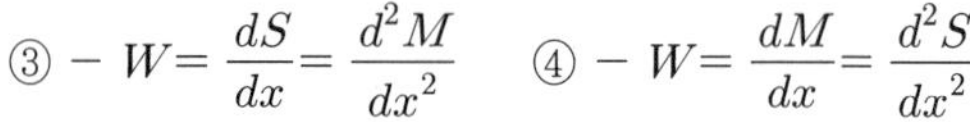

$W-S-M$ 관계식

43 분포하중(W), 전단력(S) 및 굽힘모멘트(M) 사이의 관계가 옳은 것은?

① $W=\frac{dM}{dx}=\frac{d^2S}{dx^2}$ ② $W=\frac{dM}{dx}=\frac{d^2M}{dx^2}$

③ $-W=\frac{dS}{dx}=\frac{d^2M}{dx^2}$ ④ $-W=\frac{dM}{dx}=\frac{d^2S}{dx^2}$

해설 ㉠

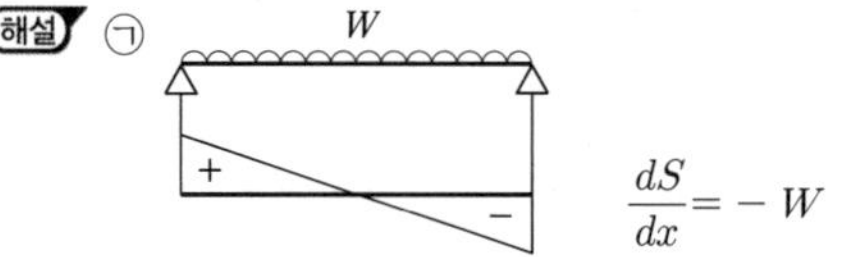

$\frac{dS}{dx}=-W$

정답 40 ① 41 ① 42 ① 43 ③

㉡

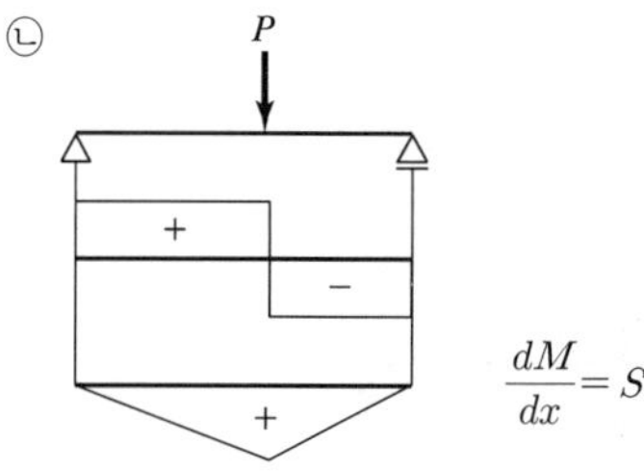

$$\frac{dM}{dx}=S$$

양변을 미분하면

$$\frac{d^2}{dx^2}M=\frac{d}{dx}S=-W$$

최대 휨모멘트

44 다음 그림의 단순보에서 최대 휨모멘트가 발생되는 위치는 지점 A로부터 얼마나 떨어진 곳인가?

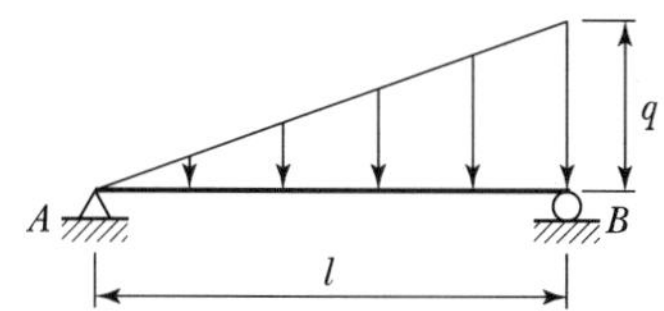

① $\frac{4}{5}l$ ② $\frac{2}{3}l$ ③ $\frac{1}{\sqrt{3}}l$ ④ $\frac{1}{\sqrt{2}}l$

해설 ㉠ $S=0$인 위치($M_{\max}$ 위치)

A점으로부터 $\frac{l}{\sqrt{3}}≒0.577l$ 위치

㉡ $M_{\max}=\frac{wl^2}{9\sqrt{3}}≒0.06415wl^2$

45 그림과 같이 삼각형 분포하중이 작용하는 단순보에서 최대 휨모멘트가 발생하는 점 C의 위치는 A지점에서 거리가 x 되는 곳이다. 여기서 x의 값은? ['22]

① $0.577l$(m)
② $0.667l$(m)
③ $0.750l$(m)
④ $0.875l$(m)

해설 ㉠ $x=\frac{l}{\sqrt{3}}≒0.577l$

㉡ $M_{\max}=\frac{wl^2}{9\sqrt{3}}$

46 다음 그림과 같이 단순보 위에 삼각형 분포하중이 작용하고 있다. 이 단순보에 작용하는 최대 휨모멘트는? ['20]

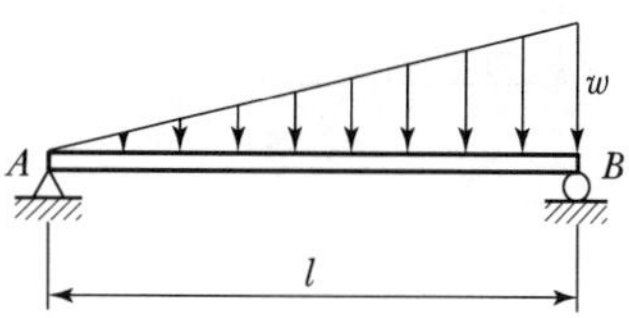

① $0.03214wl^2$ ② $0.04816wl^2$
③ $0.05217wl^2$ ④ $0.06415wl^2$

해설 ㉠ $S=0$인 위치($M_{\max}$ 위치)

A점으로부터 $\frac{l}{\sqrt{3}}≒0.577l$ 위치

㉡ $M_{\max}=\frac{wl^2}{9\sqrt{3}}≒0.06415wl^2$

47 그림과 같은 단순보에서 최대 휨모멘트가 발생하는 위치 x(A점으로부터의 거리)와 최대 휨모멘트 M_x는? ['18 기출 유사, '21]

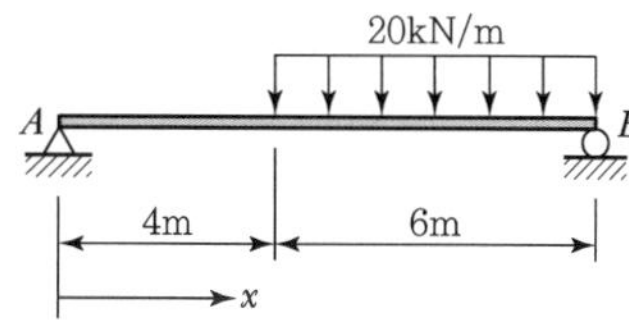

① $x=5.2$m, $M_x=230.4$kN · m
② $x=5.8$m, $M_x=176.4$kN · m
③ $x=4.0$m, $M_x=180.2$kN · m
④ $x=4.8$m, $M_x=96$kN · m

해설

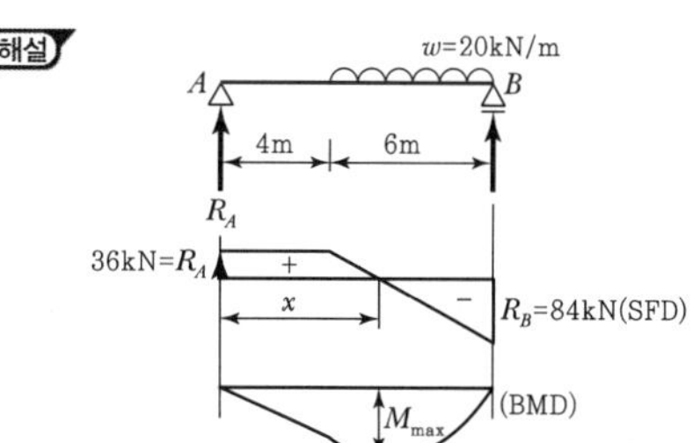

㉠ 반력 $\Sigma M_B=0$

$R_A\times10-20\times6\times\frac{6}{2}=0$

$R_A=36$kN

$\Sigma V=0$

$-20\times6+R_A+R_B=0$

$R_B=84$kN

정답 44 ③ 45 ① 46 ④ 47 ②

ⓛ 전단력도(SFD)

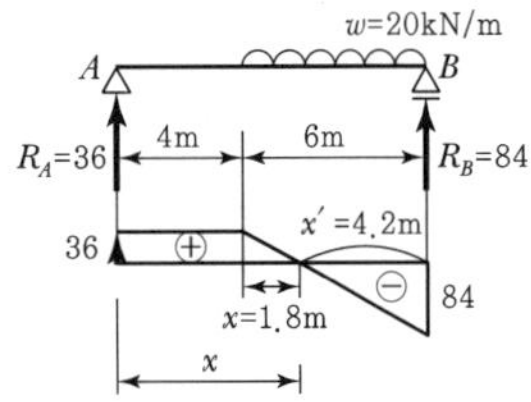

ⓒ $S=0$ 위치

$$x=\frac{R_A}{w}=\frac{36}{20}=1.8\text{m}$$

$$X=4+x=5.8\text{m}$$

〈별해〉

$$x'=\frac{R_B}{w}=\frac{84}{20}=4.2\text{m}$$

$$X=10-4.2=5.8\text{m}$$

ⓔ M_{max}

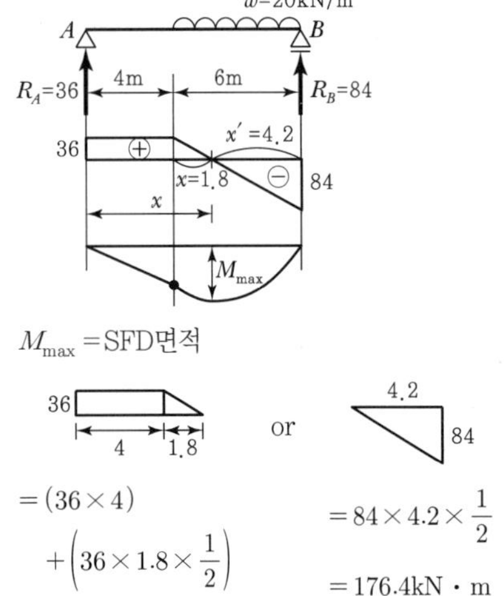

M_{max} =SFD면적

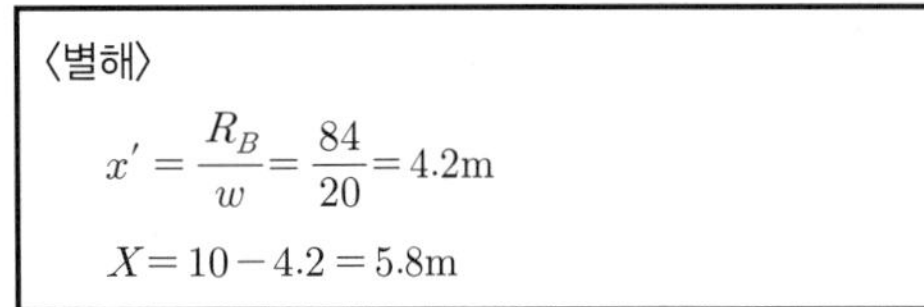

$=(36\times4)$

$+\left(36\times1.8\times\frac{1}{2}\right)$

$=144+32.4$

$=176.4\text{kN}\cdot\text{m}$

$=84\times4.2\times\frac{1}{2}$

$=176.4\text{kN}\cdot\text{m}$

48 아래 그림과 같은 내민보에 발생하는 최대 휨모멘트를 구하면?

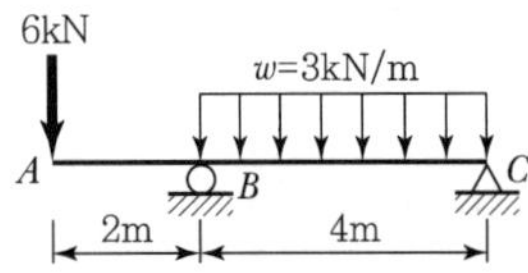

① $-8\text{kN}\cdot\text{m}$ ② $-12\text{kN}\cdot\text{m}$

③ $-16\text{kN}\cdot\text{m}$ ④ $-20\text{kN}\cdot\text{m}$

해설

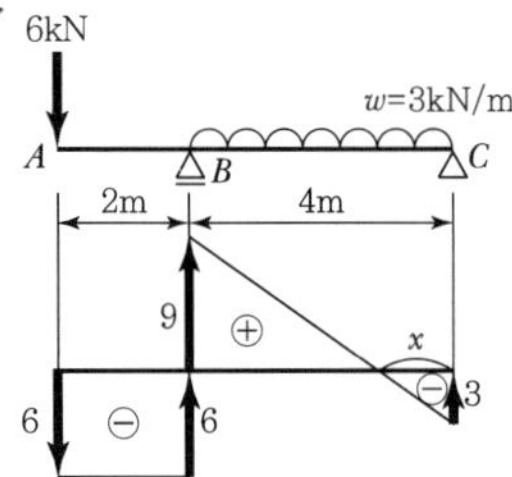

㉠ 반력 $\Sigma M_C=0$

$R_B\times4-6\times6-3\times4\times2=0$

$$R_B=\frac{36+24}{4}=15\text{kN}$$

$\Sigma V=0$

$-6-3\times4+R_B+R_C=0$

$R_B+R_C=18$

$R_C=3\text{kN}$

㉡ $S=0$ 위치 $x=\frac{R_C}{w}=\frac{3}{3}=1\text{m}$

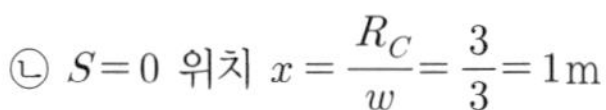

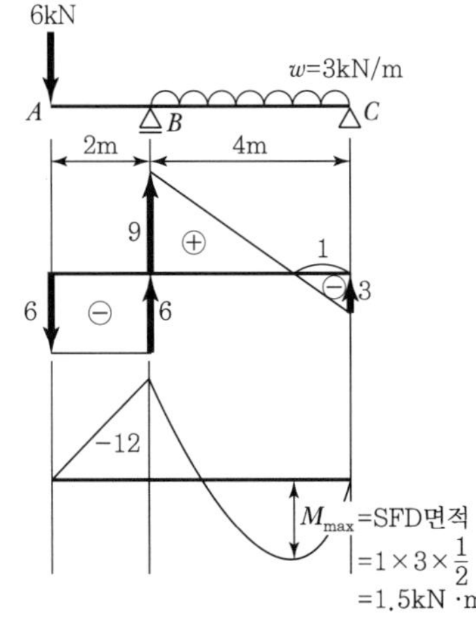

㉢ 최대 휨모멘트는 $1.5\text{kN}\cdot\text{m}$, $-12\text{kN}\cdot\text{m}$ 중 큰 값이므로 $-12\text{kN}\cdot\text{m}$

49 그림과 같은 내민보에서 정(+)의 최대 휨모멘트가 발생하는 위치 x(지점 A로부터의 거리)와 정(+)의 최대 휨모멘트(M_x)는?

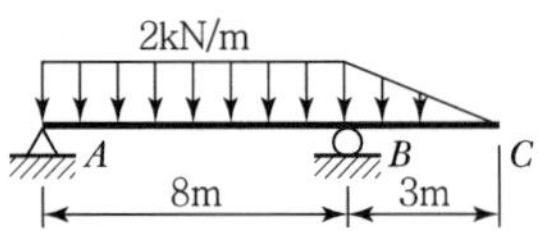

① $x=2.821\text{m}$, $M_x=11.438\text{t}\cdot\text{m}$

② $x=3.256\text{m}$, $M_x=17.547\text{t}\cdot\text{m}$

③ $x=3.813\text{m}$, $M_x=14.535\text{t}\cdot\text{m}$

④ $x=4.527\text{m}$, $M_x=19.063\text{t}\cdot\text{m}$

정답 48 ② 49 ③

해설 ㉠ 반력

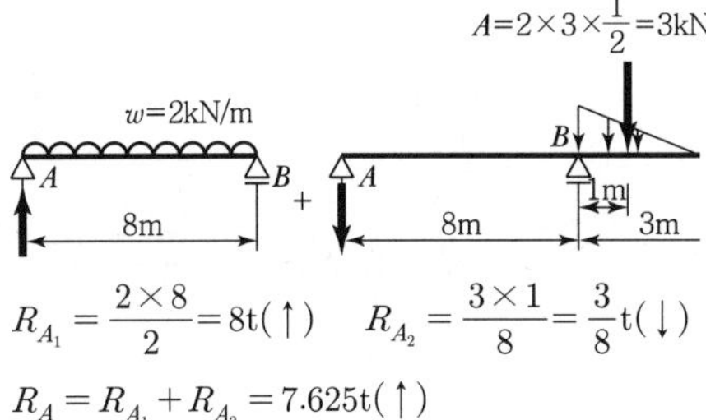

$R_{A_1}=\dfrac{2\times8}{2}=8\text{t}(\uparrow)\quad R_{A_2}=\dfrac{3\times1}{8}=\dfrac{3}{8}\text{t}(\downarrow)$

$R_A=R_{A_1}+R_{A_2}=7.625\text{t}(\uparrow)$

㉡ $S=0$인 위치 x

$x=\dfrac{R_A}{w}=\dfrac{7.625}{2}=3.8125\text{m}$

㉢ M_{max} =SFD면적$=R_A\cdot x\cdot\dfrac{1}{2}$

$=\dfrac{7.625\times3.8125}{2}=14.535\text{t}\cdot\text{m}$

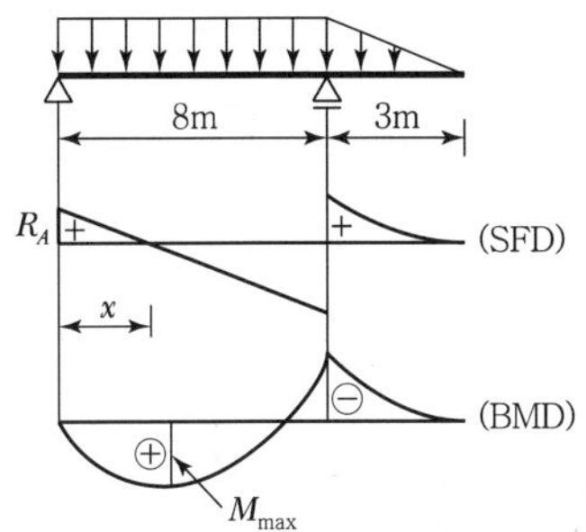

절대 최대 휨모멘트

50 **그림과 같이 2개의 집중하중이 단순보 위를 통과할 때 절대 최대 휨모멘트의 크기(M_{max})와 발생위치(x)는?** ['12, '18, '21]

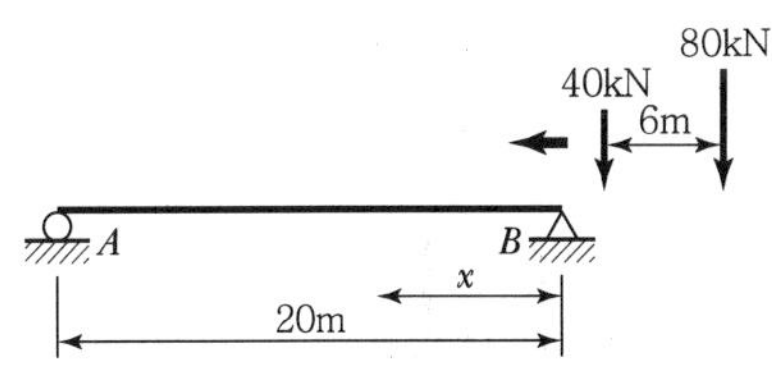

① $M_{max}=362\text{kN}\cdot\text{m},\ x=8\text{m}$

② $M_{max}=382\text{kN}\cdot\text{m},\ x=8\text{m}$

③ $M_{max}=486\text{kN}\cdot\text{m},\ x=9\text{m}$

④ $M_{max}=506\text{kN}\cdot\text{m},\ x=9\text{m}$

해설

[1] ㉠ 합력 R의 위치

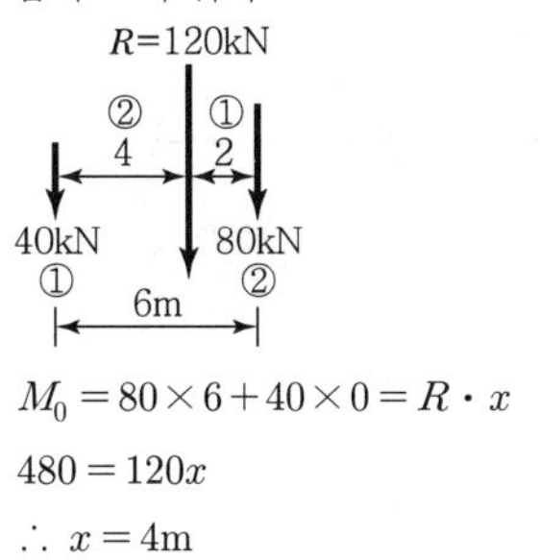

$M_0=80\times6+40\times0=R\cdot x$

$480=120x$

$\therefore\ x=4\text{m}$

㉡

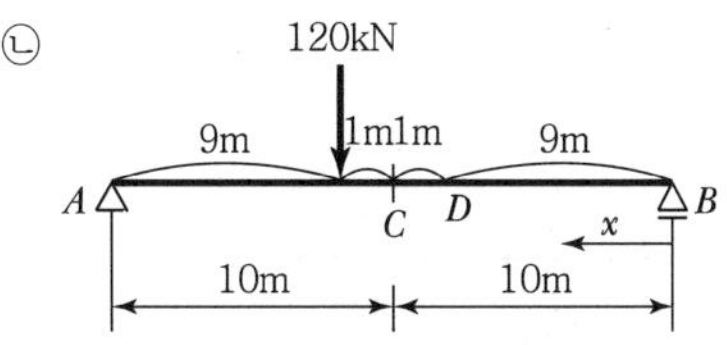

절대 최대 휨모멘트는 B점으로부터 9m 거리에서 발생($x=9$m)

㉢ $M_D=M_{max}=\dfrac{Rab}{l}=\dfrac{120\times9\times9}{20}=486\text{kN}\cdot\text{m}$

[2] ㉠ 바리뇽 정리

40kN R=120kN 80kN, x, 6m

$R\times x=40\times6$

$\therefore\ x=2\text{m}$

㉡ 절대 최대 휨모멘트는 합력(R=120kN)과 큰 하중(80kN)의 2등분점이 보 중앙에 올 때 큰 하중(80kN) 밑에 생긴다.($x=9$m)

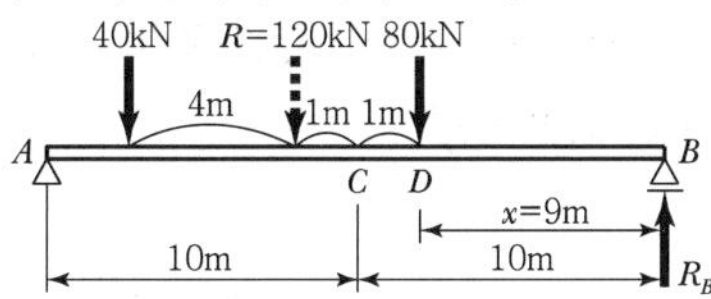

㉢ $M_D=M_{max}=R_B\times9$

$=\left(\dfrac{80\times11+40\times5}{20}\right)\times9=486\text{kN}\cdot\text{m}$

[3] 1) 절대 최대 M가 생기는 위치

㉠ 합력 R의 위치 : x

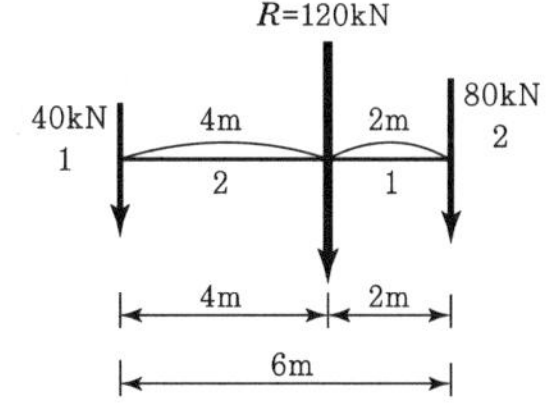

정답 50 ③

㉡ 절대 최대 M가 생기는 위치 : $x=9\text{m}$

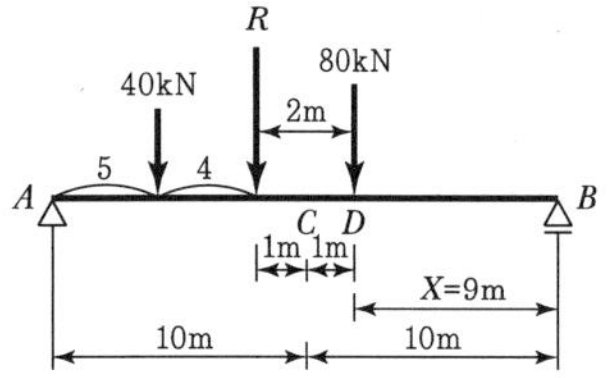

2) 절대 최대 M_{max}

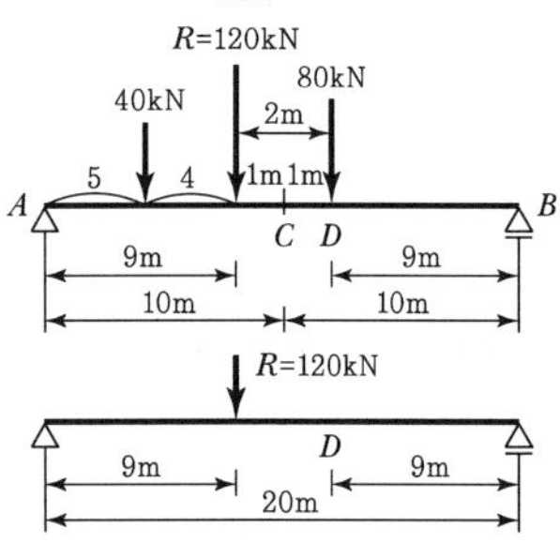

$$M_D=\frac{Ra'b'}{l}=\frac{120\times9\times9}{20}=486\text{kN}\cdot\text{m}$$

또는

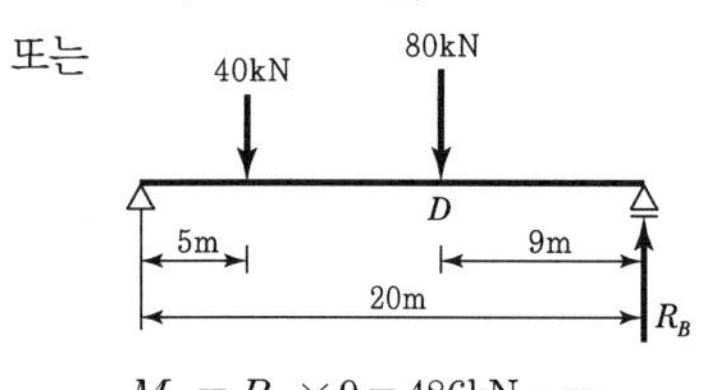

$$M_D=R_B\times9=486\text{kN}\cdot\text{m}$$

51 그림과 같이 단순보에 이동하중이 작용하는 경우 절대 최대 휨모멘트는? ['20]

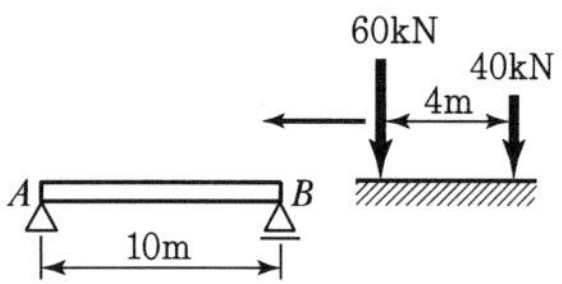

① 176.4kN · m ② 167.2kN · m
③ 162.0kN · m ④ 125.1kN · m

해설 ㉠ 합력의 위치 x

$M_o=40\times4=100\cdot x$

$x=1.6\text{m}$

㉡ 절대 최대 휨모멘트

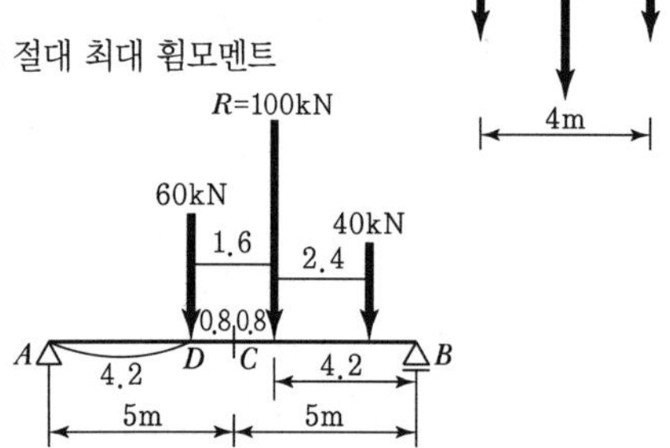

$M_D=M_{max}=R_A\times4.2=176.4\text{kN}\cdot\text{m}$

또는

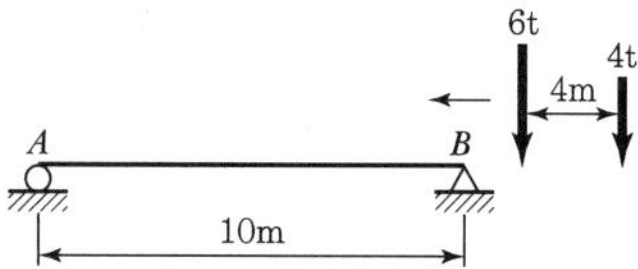

$$M_D=M_{max}=\frac{Ra'b'}{l}=\frac{100\times4.2\times4.2}{10}=176.4\text{kN}\cdot\text{m}$$

52 다음 그림과 같은 단순보에 이동하중이 작용하는 경우 절대 최대 휨모멘트는 얼마인가? ['12, '16]

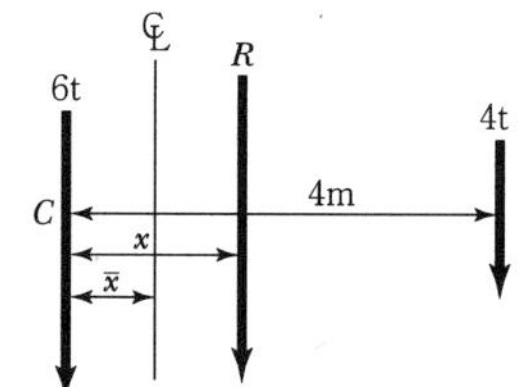

① 17.64t · m ② 16.72t · m
③ 16.20t · m ④ 12.51t · m

해설

[1]

㉠ 합력 크기(R)

$R=10\text{t}$

㉡ 합력 위치(x)

$\Sigma M_C=4\times4=R\times x$

$$x=\frac{16}{R}=\frac{16}{10}=1.6\text{m}$$

㉢ 절대 최대 휨모멘트가 발생하는 위치($\bar{x}$)

$$\bar{x}=\frac{x}{2}=\frac{1.6}{2}=0.8\text{m}$$

㉣

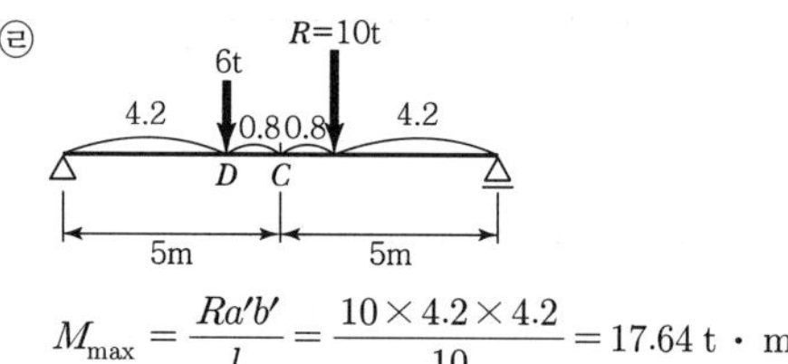

$$M_{max}=\frac{Ra'b'}{l}=\frac{10\times4.2\times4.2}{10}=17.64\text{ t}\cdot\text{m}$$

[2] ㉠ 바리뇽 정리(C점)

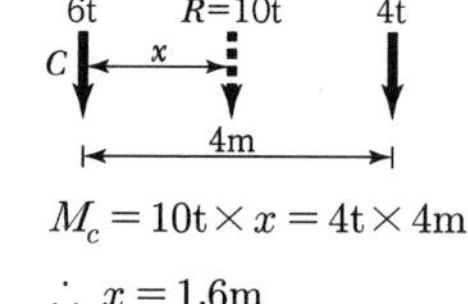

$M_c=10\text{t}\times x=4\text{t}\times4\text{m}$

$\therefore x=1.6\text{m}$

정답 51 ① 52 ①

㉡ 절대 최대 휨모멘트는 합력(10t)과 큰 하중(6t)의 2등분이 보 중앙에 올 때 큰 하중(6t)점에 생긴다.

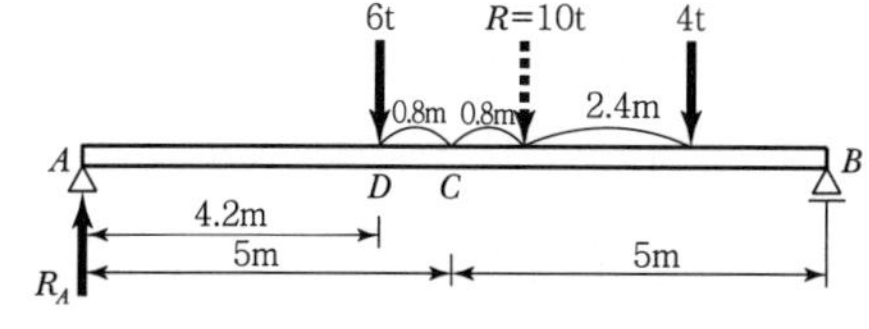

㉢ $M_D = M_{max} = R_A \times 4.2\text{m}$

$= \left(\frac{6\times 5.8\text{m} + 4\times 1.8\text{m}}{10}\right)\times 4.2\text{m}$

$= 17.64\text{t}\cdot\text{m}$

53 다음 그림의 단순보에 이동하중이 작용할 때 절대 최대 휨모멘트를 구한 값은? ['22]

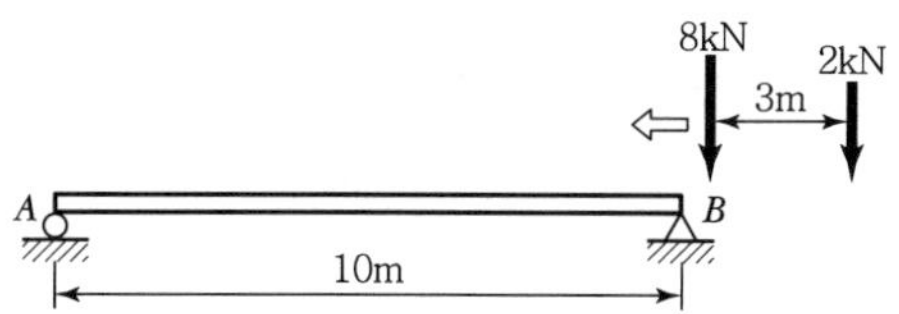

① 18.20kN · m ② 22.09kN · m
③ 26.76kN · m ④ 32.80kN · m

해설 ㉠ 바리뇽 정리(C점)

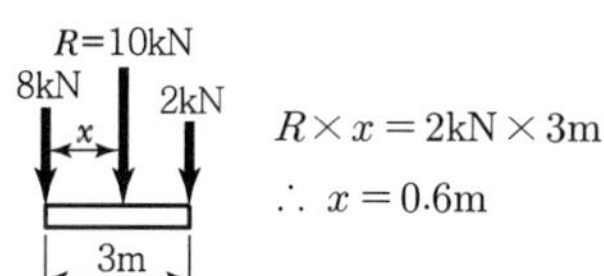

$R\times x = 2\text{kN}\times 3\text{m}$

$\therefore\ x = 0.6\text{m}$

㉡

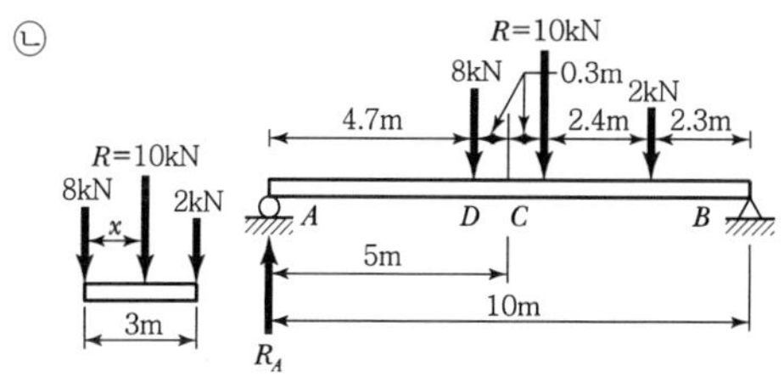

㉢ $M_D = M_{max} = R_A \times 4.7\text{m}$

$= \left(\frac{8\text{kN}\times 5.3\text{m} + 2\text{kN}\times 2.3\text{m}}{10\text{m}}\right)\times 4.7\text{m}$

$= 22.09\text{kN}\cdot\text{m}$

54 그림 (a)와 같은 하중이 그 진행방향을 바꾸지 아니하고, 그림 (b)와 같은 단순보 위를 통과할 때, 이 보에 절대 최대 휨모멘트를 일어나게 하는 하중 9t의 위치는?(단, B지점으로부터 거리임) ['11, '15]

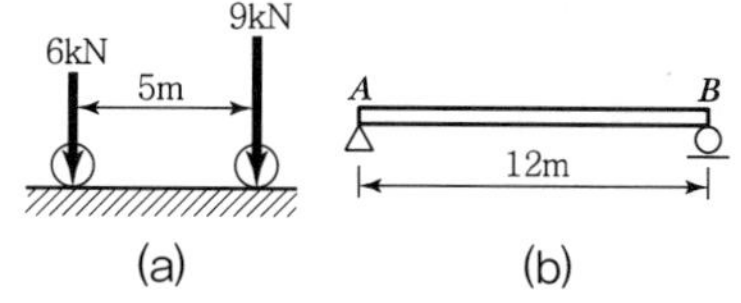

① 2m ② 5m ③ 6m ④ 7m

해설

[1] ㉠ 바리뇽 정리(D점)

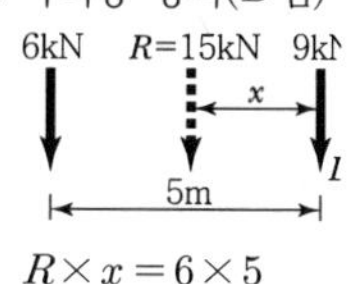

$R\times x = 6\times 5$

$x = 2\text{m}$

㉡ 절대 최대 휨모멘트는 합력(15t)과 큰 하중(9t)의 2등분점이 보 중앙에 올 때 큰 하중(9t) D점에 생긴다.

㉢ B점으로부터 5m 위치이다.

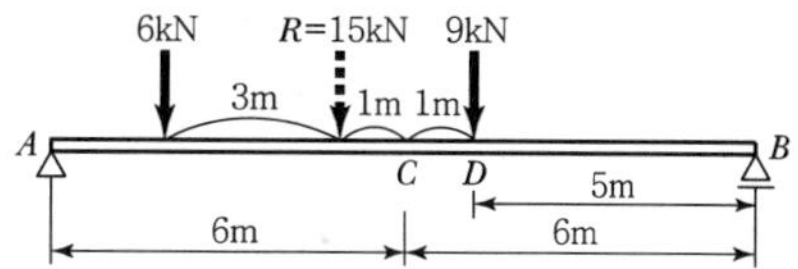

[2]

6kN R ℄ 9kN 5m x $\bar{x}$

㉠ 이동 하중의 합력 위치(x)

$\sum M_{©} = 6\times 5 = R\times x$

$x = \frac{30}{R} = \frac{30}{15} = 2\text{m}$

㉡ 절대 최대 휨모멘트가 발생하는 위치($\bar{x}$)

$\bar{x} = \frac{x}{2} = \frac{2}{2} = 1\text{m}$

55 그림과 같이 단순보에 이동하중이 재하될 때 절대 최대 휨모멘트는 약 얼마인가? ['19]

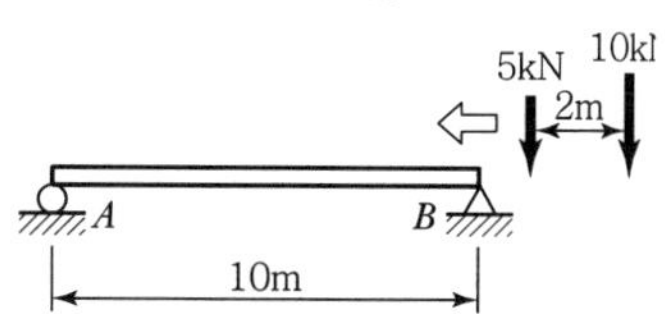

① 33t · m ② 35t · m
③ 37t · m ④ 39t · m

정답 53 ② 54 ② 55 ①

해설 5kN R=15kN 1 (x, 2m)

㉠ 바리뇽 정리(10t점)

$M_o = 15 \times x = 5 \times 2$

$\therefore\ x \fallingdotseq 0.67\text{m}$

㉡ 절대 최대 휨모멘트는 합력(15t)과 큰 하중(10t)의 2등분점이 보 중앙에 올 때 큰 하중(10t) 밑에 생긴다.

㉢ $M_{\max} = M_D = R_B \times 4.66\text{m}$

$$= \left(\frac{5 \times 3.335 + 10 \times 5.335}{10}\right) \times 4.665$$

$$\fallingdotseq 32.67\text{t} \cdot \text{m}$$

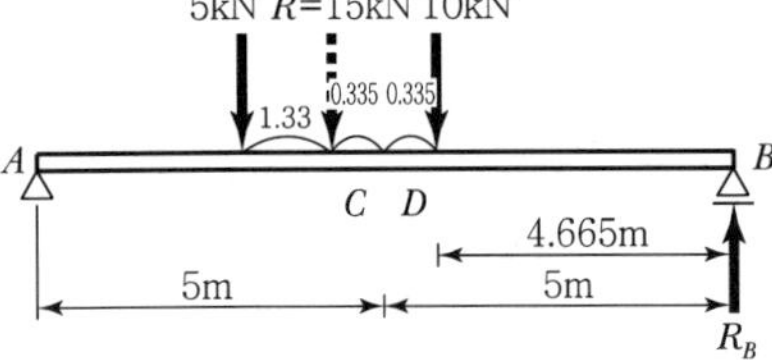

[2] R의 위치

$M_o = -5 \times 2 = -15x$

$x = \dfrac{10}{15} = \dfrac{2}{3}$

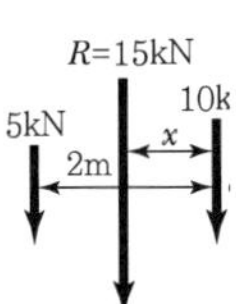

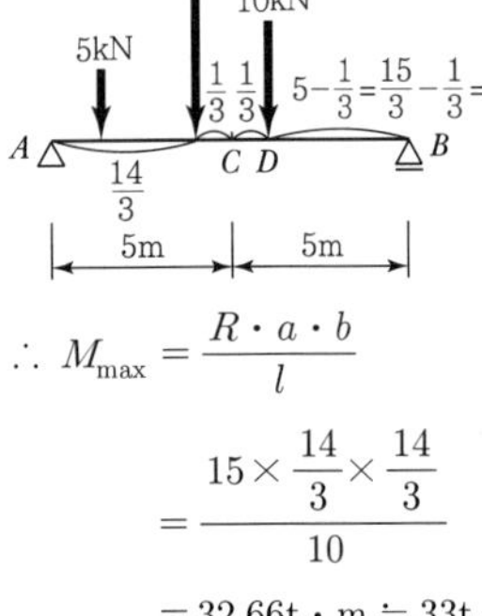

$$\therefore\ M_{\max} = \frac{R \cdot a \cdot b}{l}$$

$$= \frac{15 \times \frac{14}{3} \times \frac{14}{3}}{10}$$

$$= 32.66\text{t} \cdot \text{m} \fallingdotseq 33\text{t} \cdot \text{m}$$

56 **그림과 같이 단순보에 이동하중이 작용할 때 절대 최대 휨모멘트는?** ['22]

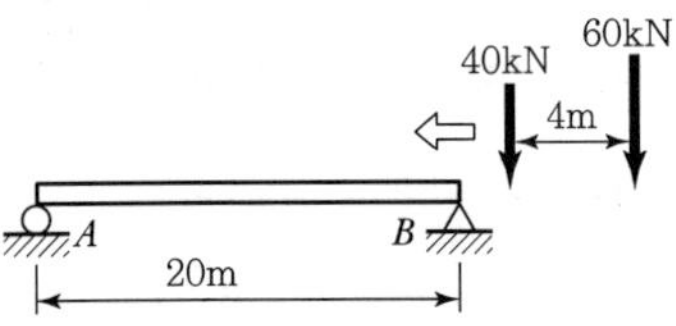

① 387.2kN · m ② 423.2kN · m

③ 478.4kN · m ④ 531.7kN · m

해설

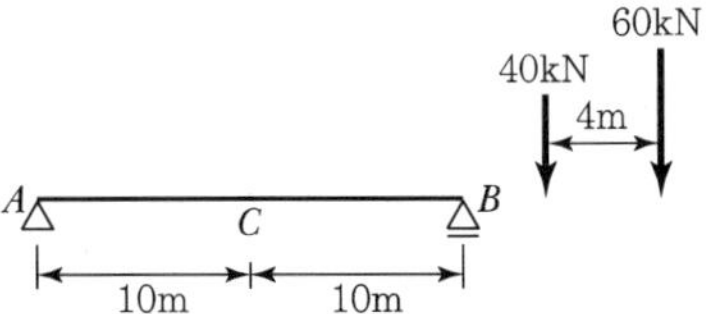

㉠

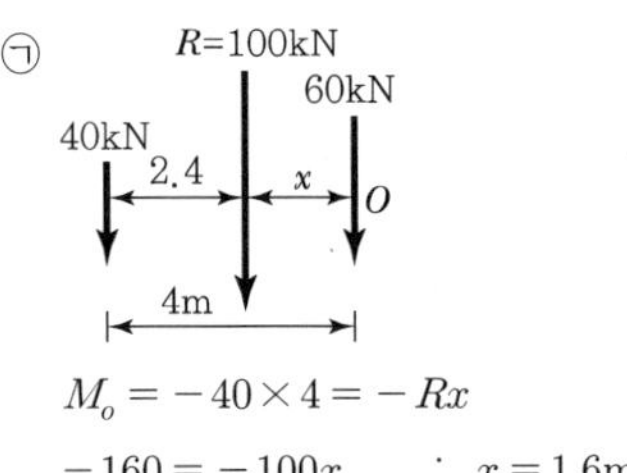

$M_o = -40 \times 4 = -Rx$

$-160 = -100x \qquad \therefore\ x = 1.6\text{m}$

㉡

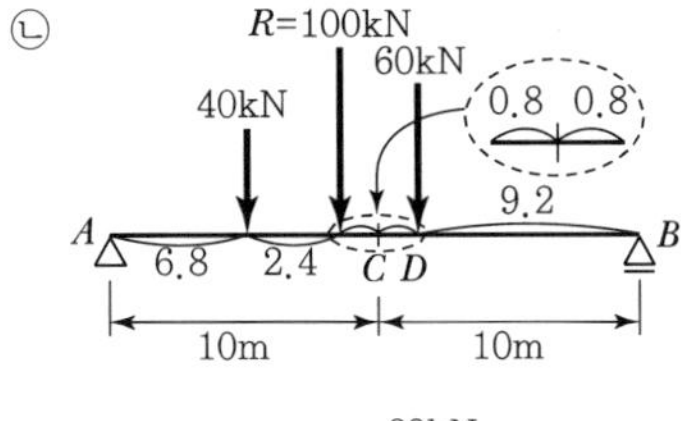

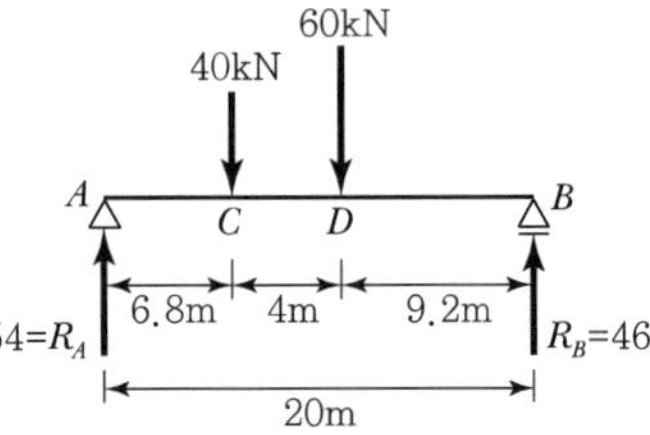

㉢ R_A

$\Sigma M_B = 0$

$R_A \times 20 - 40(20 - 6.8) - 60 \times 9.2 = 0$

$R_A \times 20 - 528 - 552 = 0$

$R_A = 54\text{kN}$

$R_B = 46\text{kN}$

㉣ M_D

$M_D = R_A \times (6.8 + 4) - 40 \times 4$

$= 583.2 - 160$

$= 423.2\text{kN} \cdot \text{m}$

또는

$M_D = R_B \times 9.2 = 46 \times 9.2 = 423.2\text{kN} \cdot \text{m}$

〈별해〉

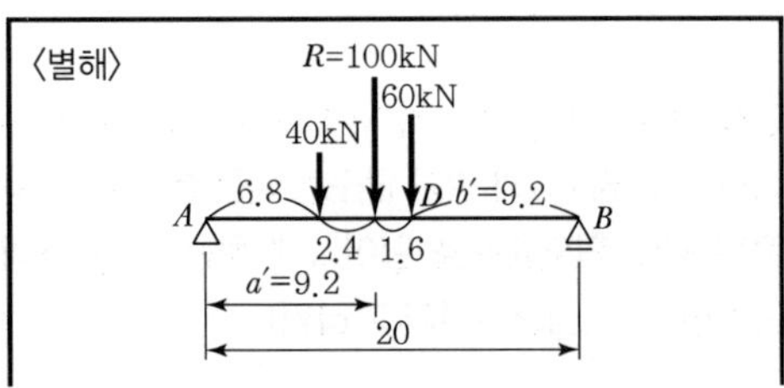

정답 56 ②

$$M_D = \frac{Ra'b'}{l} = \frac{100\times(6.8+2.4)\times 9.2}{20} = 423.2\text{kN}\cdot\text{m}$$

$\left[\begin{array}{l} R=100 \\ a'=9.2 \\ b'=9.2 \\ l=20 \end{array}\right.$

57 그림과 같은 지간(Span)이 8m인 단순보에 연행하중에 작용할 때 절대 최대 휨모멘트는 어디에서 생기는가? ['22]

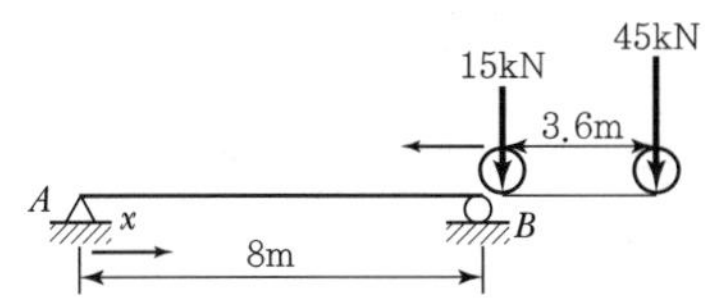

① 45kN의 재하점이 A점으로부터 4m인 곳
② 45kN의 재하점이 A점으로부터 4.45m인 곳
③ 15kN의 재하점이 B점으로부터 4m인 곳
④ 합력의 재하점이 B점으로부터 3.35m인 곳

해설 절대 최대 휨모멘트가 생기는 위치

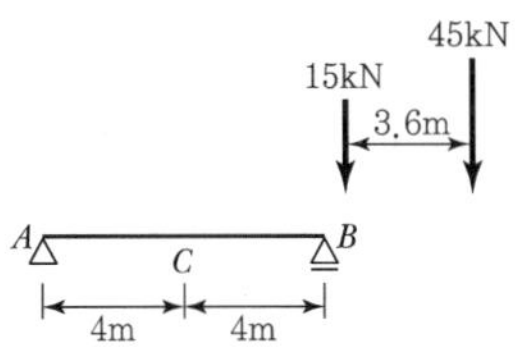

㉠

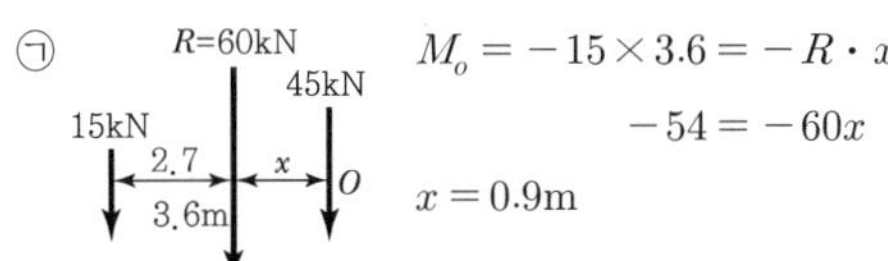

$M_o = -15\times 3.6 = -R\cdot x$

$-54 = -60x$

$x = 0.9\text{m}$

㉡

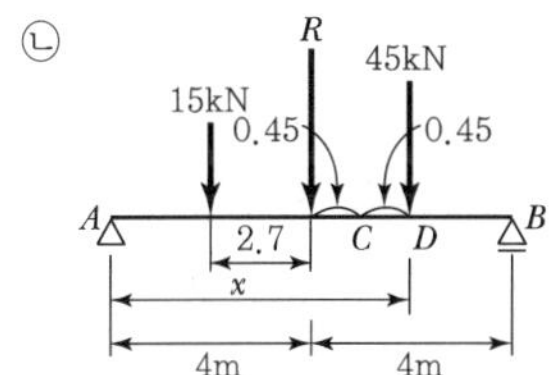

절대 최대 휨모멘트가 생기는 위치

$x = A$점으로부터 $4+0.45=4.45$m

58 그림과 같이 단순보에 이동하중이 작용할 때 절대 최대 휨모멘트가 생기는 위치는? ['11, '15 기출 응용, '21]

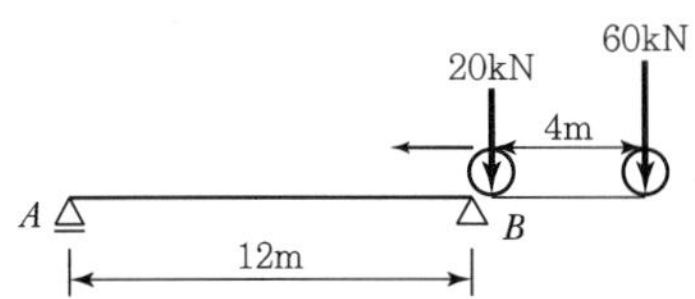

① A점으로부터 6m인 점에 20kN의 하중이 실릴 때 60kN의 하중이 실리는 점
② A점으로부터 7.5m인 점에 60kN의 하중이 실릴 때 20kN의 하중이 실리는 점
③ B점으로부터 5.5m인 점에 20kN의 하중이 실릴 때 60kN의 하중이 실리는 점
④ B점으로부터 9.5m인 점에 20kN의 하중이 실릴 때 60kN의 하중이 실리는 점

해설

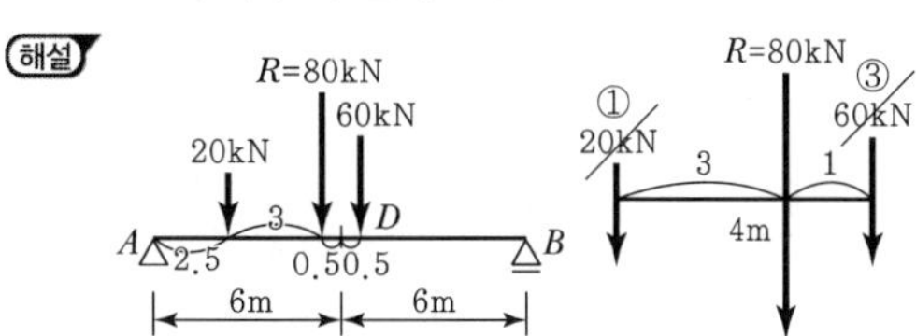

㉠ 20kN 위치 : B점으로부터 9.5m인 점의 위치

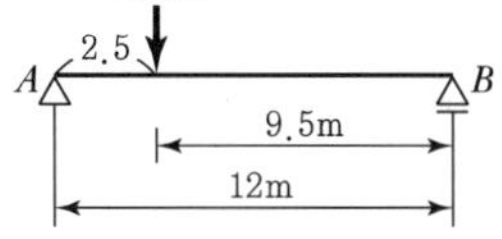

㉡ 절대 최대 M가 생기는 위치 : D점
∴ [60kN 하중이 실린 점(D점)]

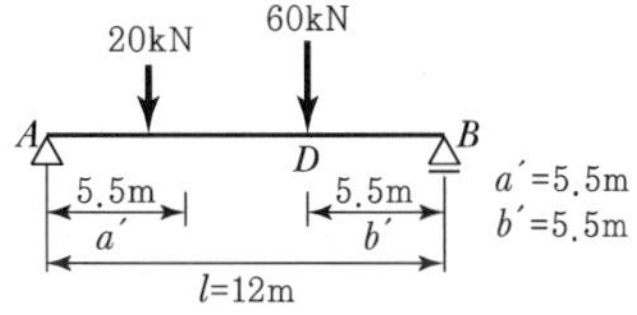

〈참고〉
㉢ 절대 최대 휨모멘트

$$M_{\max} = \frac{Ra'b'}{l} = \frac{(80)(5.5)(5.5)}{12} = 201.66\text{kN}\cdot\text{m}$$

59 그림과 같은 단순보에 하중이 우에서 좌로 이동할 때 절대 최대 휨모멘트는 얼마인가? ['10, '13]

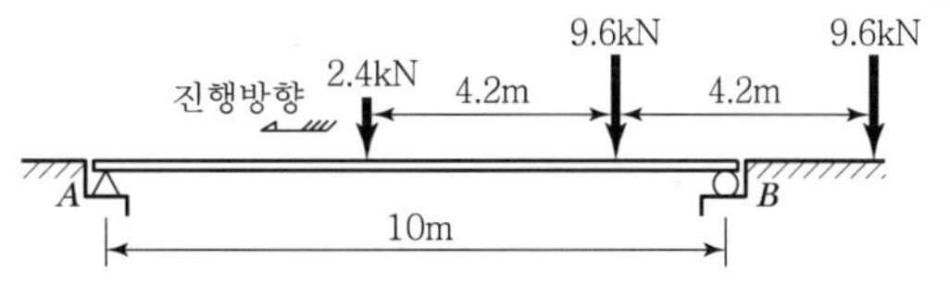

① 22.86ton · m
② 25.86ton · m
③ 29.86ton · m
④ 33.86ton · m

정답 57 ② 58 ④ 59 ③

해설 ㉠ 바리뇽 정리(C점)

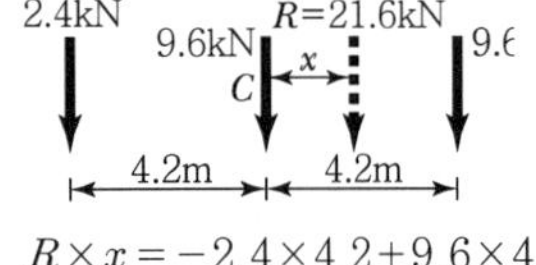

$R \times x = -2.4 \times 4.2 + 9.6 \times 4.2$

$\therefore \ x = 1.4\text{m}$

㉡ 절대 최대 휨모멘트는 합력(21.6t)과 근접하중(9.6t)의 이등분점이 보 중앙에 올 때 근접하중(9.6t) 밑에 생긴다.

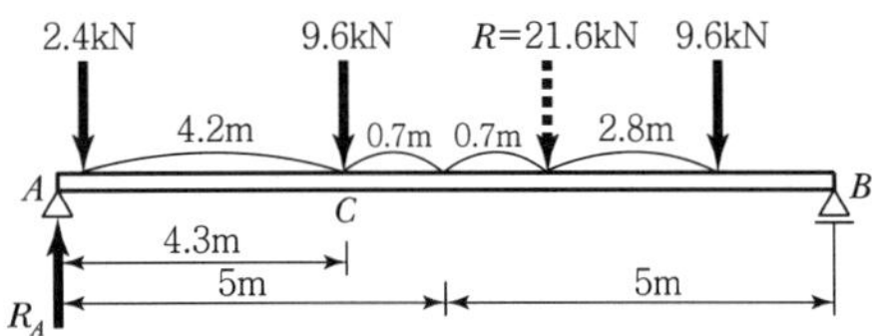

㉢ $M_{\max} = R_A \times 4.3\text{m} - 2.4\text{t} \times 4.2\text{m}$

$= \left(\dfrac{21.6 \times 4.3}{10}\right) \times 4.3 - 10.08$

$= 29.8584\text{t} \cdot \text{m}$

영향선

60 자중이 4kN/m인 그림 (a)와 같은 단순보에 그림 (b)와 같은 차륜하중이 통과할 때 이 보에 일어나는 최대 전단력의 절댓값은? ['19]

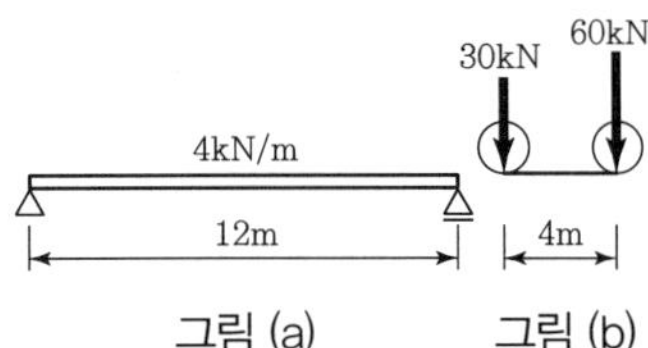

그림 (a) 그림 (b)

① 74kN ② 80kN ③ 94kN ④ 104kN

해설

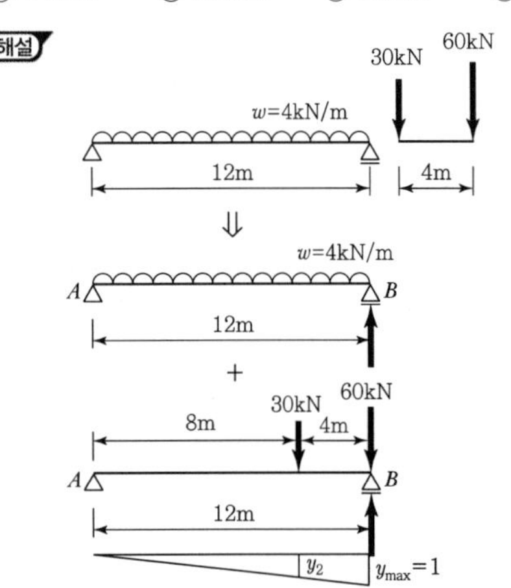

$S_{\max} = |R_B|$

㉠ $R_{B_1} = \dfrac{4 \times 12}{2} = 24\text{kN}$

㉡ $R_{B_2} = 60 + \dfrac{30 \times 8}{12} = 60 + 20 = 80\text{kN}$ 또는

$R_{B_2} = 30 \times y_2 + 60 \times 1 = 30 \times \dfrac{2}{3} + 60 \times 1$

$= 80\text{kN}$

㉢ $|S_{\max}| = R_{B_1} + R_{B_2} = 104\text{kN}$

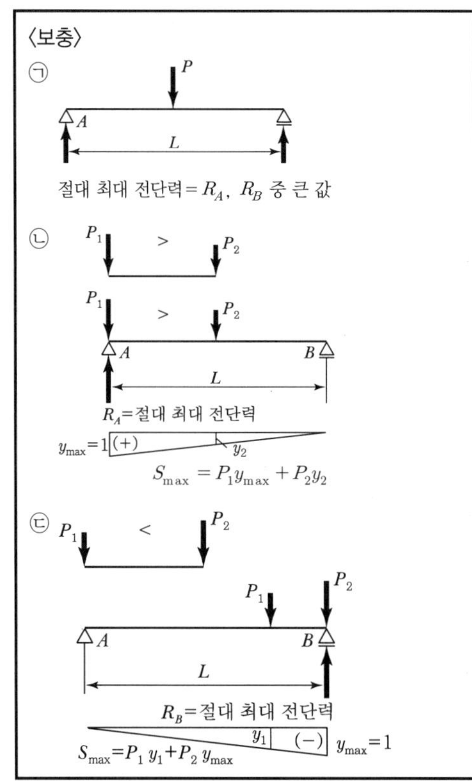

61 지간 10m인 단순보 위를 1개의 집중하중 P = 200kN이 통과할 때 이 보에 생기는 최대 전단력(S)과 최대 휨모멘트(M)는? ['20]

① S=100kN, M=500kN · m

② S=100kN, M=1,000kN · m

③ S=200kN, M=500kN · m

④ S=200kN, M=1,000kN · m

해설

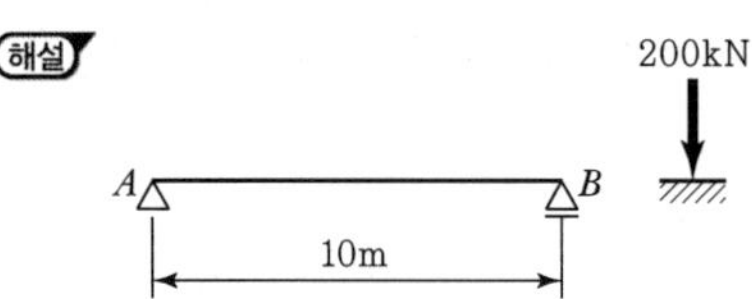

정답 60 ④ 61 ③

㉠

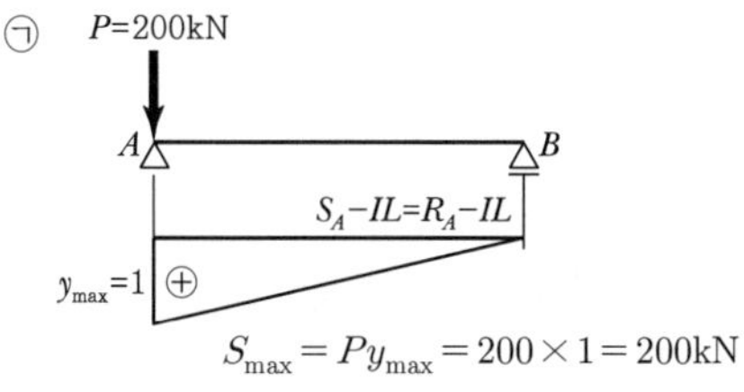

$$S_{max}=Py_{max}=200\times1=200\text{kN}$$

㉡

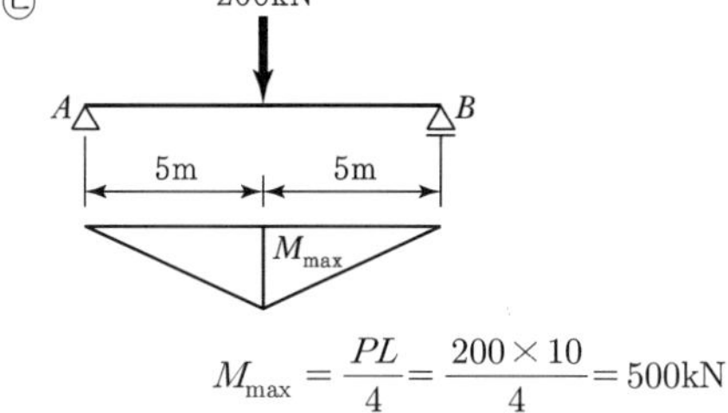

$$M_{max}=\frac{PL}{4}=\frac{200\times10}{4}=500\text{kN}$$

62 단순보 AB 위에 그림과 같은 이동하중이 지날 때 A점으로부터 10m 떨어진 C점의 최대 휨모멘트는? ['14, '17]

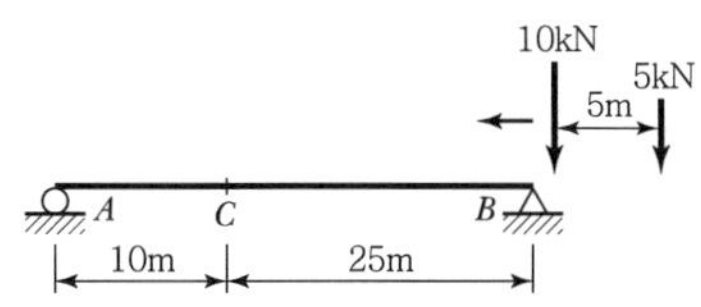

① 85kN · m ② 95kN · m
③ 100kN · m ④ 115kN · m

해설

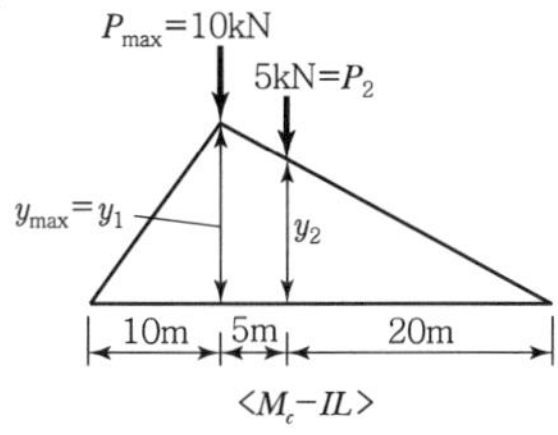

㉠ $y_1=\frac{10\times25}{35}=\frac{50}{7}$

$25:y_1=20:y_2$

㉡ $y_2=y_1\cdot\frac{20}{25}=\frac{50}{7}\times\frac{20}{25}=\frac{40}{7}$

㉢ $M_{c,\ max}=10\times\frac{50}{7}+5\times\frac{40}{7}=\frac{700}{7}=100\text{kN}\cdot\text{m}$

63 지간 10m인 단순보 위를 1개의 집중하중 $P=20\text{t}$이 통과할 때 이 보에 생기는 최대 전단력 S와 최대 휨모멘트 M이 옳게 된 것은?

① $S=10\text{t}$, $M=50\text{t}\cdot\text{m}$ ② $S=10\text{t}$, $M=100\text{t}\cdot\text{m}$
③ $S=20\text{t}$, $M=50\text{t}\cdot\text{m}$ ④ $S=20\text{t}$, $M=100\text{t}\cdot\text{m}$

해설 ㉠

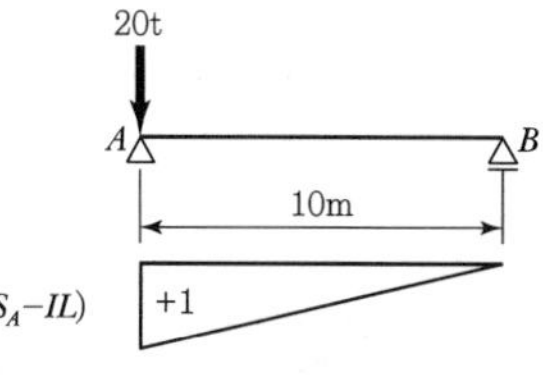

$$S_{max}=Py_{max}=20\times1=20\text{t}$$

㉡

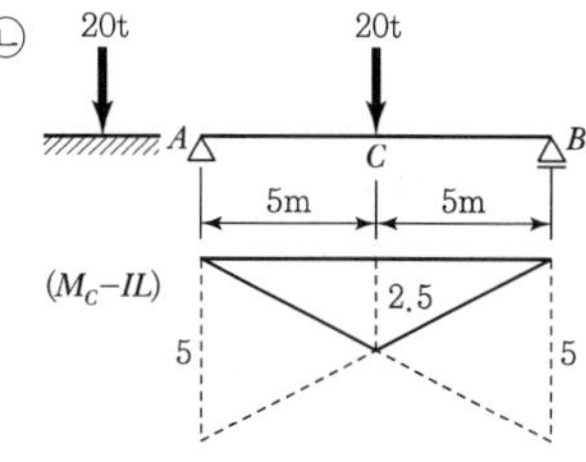

$M_{max}=Py_{max}=20\times2.5=50\text{t}\cdot\text{m}$ 또는

$\frac{Pl}{4}=\frac{20\times10}{4}=50\text{t}\cdot\text{m}$

64 다음 그림과 같이 게르버보에 연행하중이 이동할 때 지점 B에서 최대 휨모멘트는?

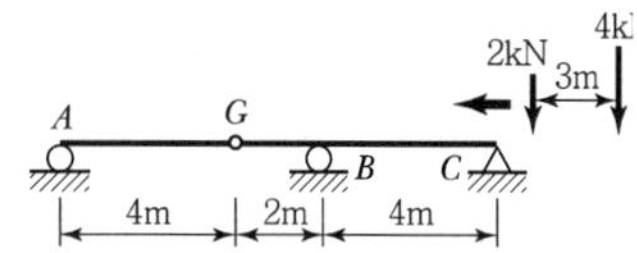

① $-9\text{t}\cdot\text{m}$ ② $-11\text{t}\cdot\text{m}$
③ $-13\text{t}\cdot\text{m}$ ④ $-15\text{t}\cdot\text{m}$

해설

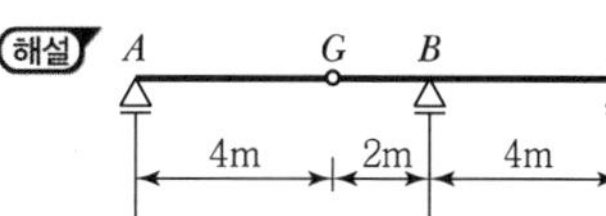

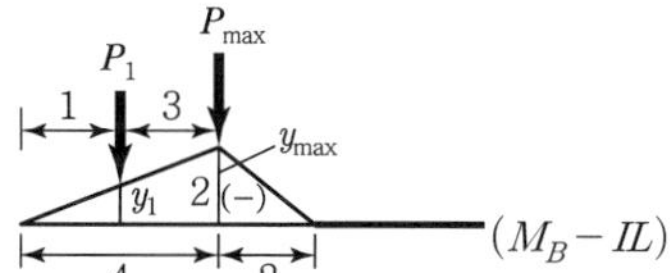

㉠ $\frac{2}{4}=\frac{y_1}{1}$ $y_1=0.5$

㉡ $M_{B(max)}=P_1y_1+P_{max}y_{max}$
$=-2\times0.5-4\times2=-9\text{t}\cdot\text{m}$

〈참고〉

㉠

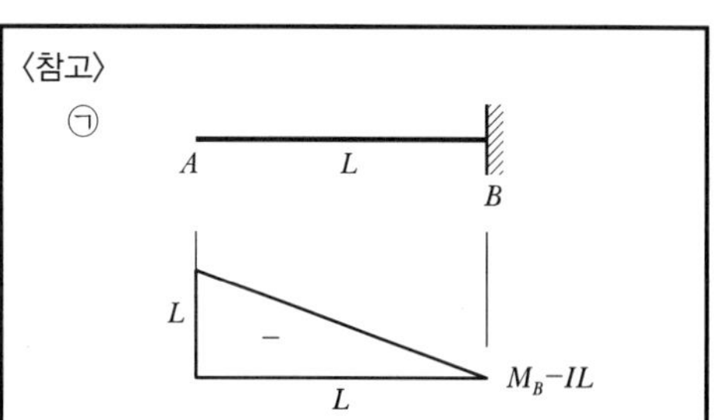

정답 62 ③ 63 ③ 64 ①

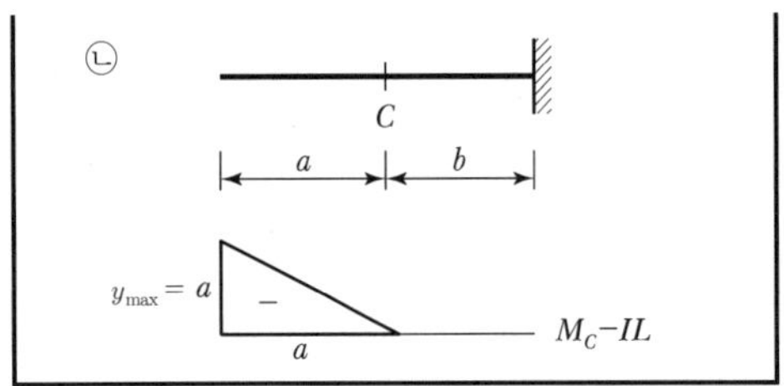

65 그림 (b)는 그림 (a)와 같은 게르버보에 대한 영향선이다. 다음 설명 중 옳은 것은?

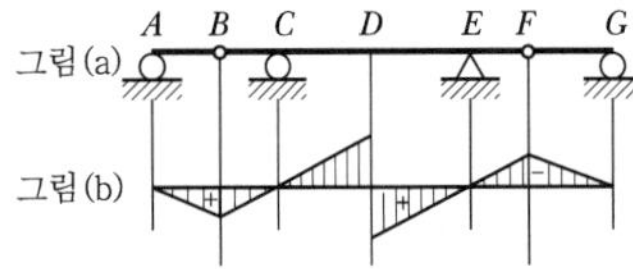

① 힌지점 B의 전단력에 대한 영향선이다.

② D점의 전단력에 대한 영향선이다.

③ D점의 휨모멘트에 대한 영향선이다.

④ C지점의 반력에 대한 영향선이다.

해설

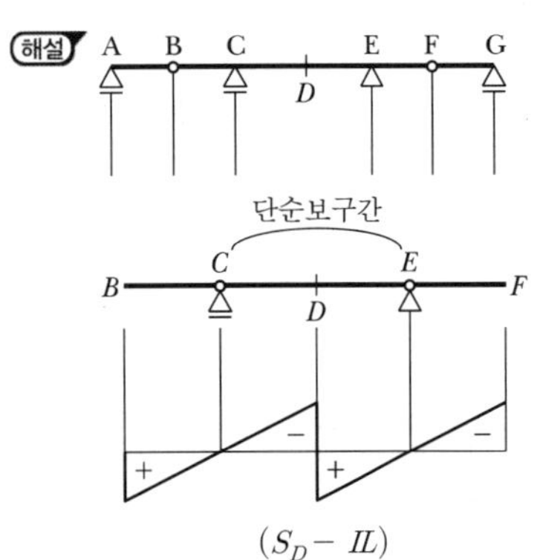

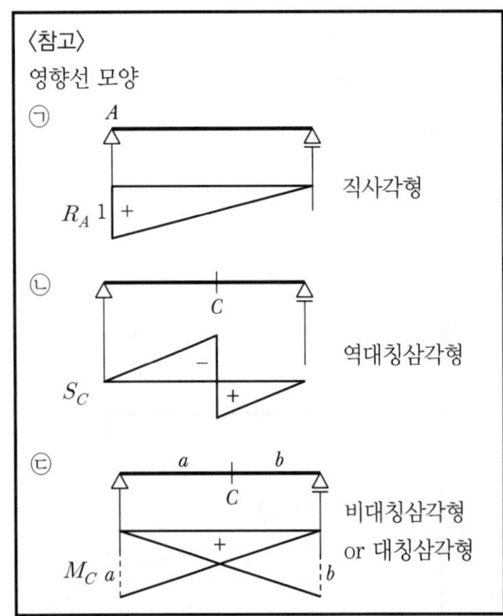

정답 65 ②

라멘 · 아치

반력

01 그림과 같은 라멘에서 A점의 수직반력(R_A)은? ['12, '16]

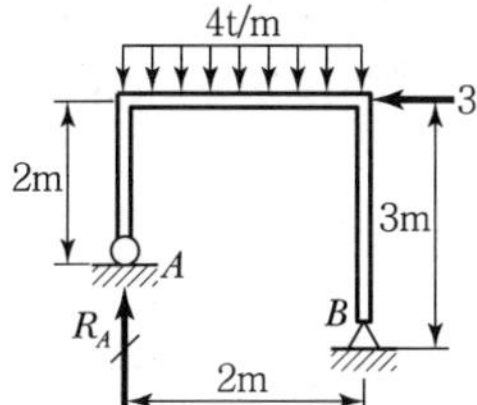

① 6.5t ② 7.5t
③ 8.5t ④ 9.5t

해설

[1] $\Sigma M_B = R_A \times 2 - (4 \times 2) \times 1 - 3 \times 3 = 0$

$\therefore R_A = 8.5\text{t}(\uparrow)$

[2] $R_A = \dfrac{wl}{2} + \dfrac{Ph}{l} = \dfrac{4 \times 2}{2} + \dfrac{3 \times 3}{2} = 8.5\text{t}$

02 그림과 같은 라멘에서 A점의 수직반력(R_A)은? ['19]

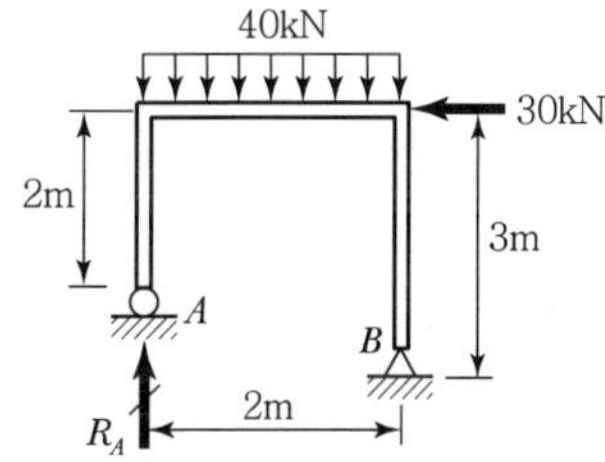

① 65kN ② 75kN
③ 85kN ④ 95kN

해설

[1] $\Sigma M_B = R_A \times 2 - 40 \times 2 \times 1 - 30 \times 3 = 0$

$\therefore R_A = \dfrac{80 + 90}{2} = 85\text{kN}$

또는 $R_A = \dfrac{wl}{2} + \dfrac{ph}{l} = \dfrac{40 \times 2}{2} + \dfrac{30 \times 3}{2} = 85\text{kN}$

[2]

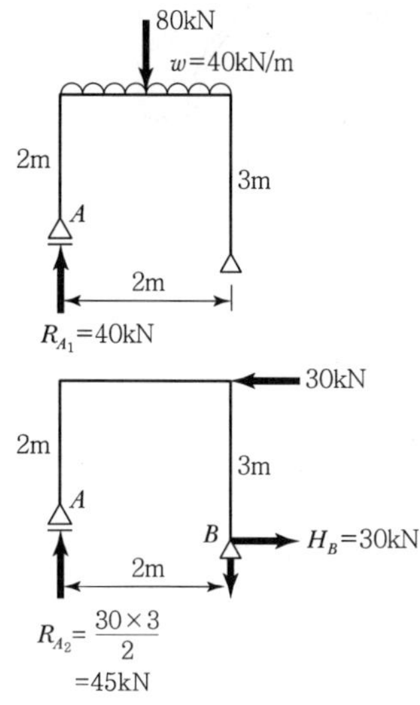

$\therefore R_A = R_{A_1} + R_{A_2} = 40 + 45 = 85\text{kN}$

03 그림과 같은 라멘 구조물에서 A점의 수직반력(R_A)은? ['19 기출 유사, '21]

① 30kN
② 45kN
③ 60kN
④ 90kN

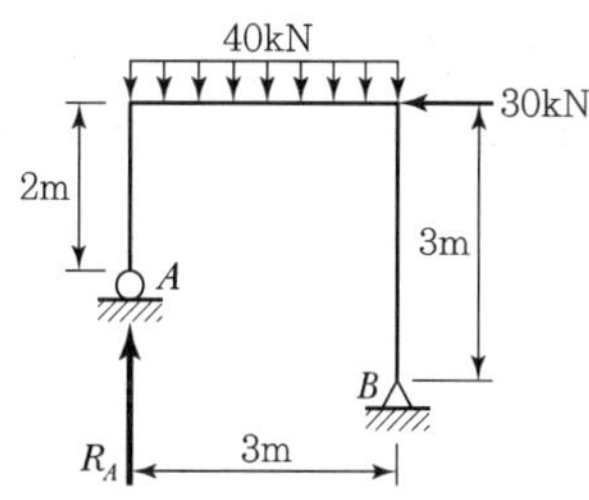

해설

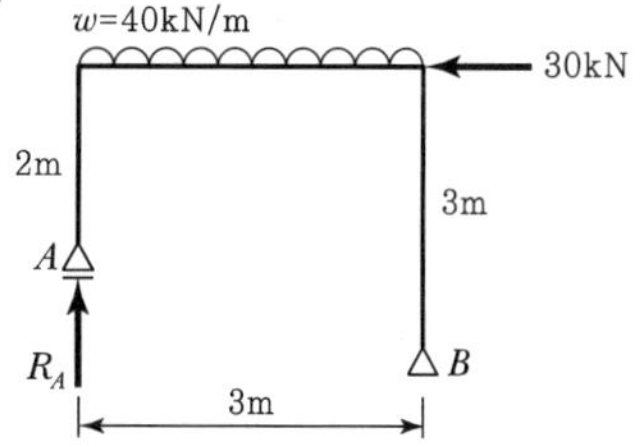

㉠ $\Sigma M_B = 0$

$R_A \times 3 - 40 \times 3 \times \dfrac{3}{2} - 30 \times 3 = 0$

$R_A = \dfrac{180 + 90}{3} = \dfrac{270}{3} = 90\text{kN}(\uparrow)$

㉡ $\Sigma V = 0$

$-(40 \times 3) + R_A + R_B = 0$

$R_B = 30\text{kN}(\uparrow)$

정답 01 ③ 02 ③ 03 ④

04 그림과 같은 3힌지(Hinge) 원호 아치가 $P=10t$의 하중을 받고 있다. B지점에서 수평반력(H_B)은?

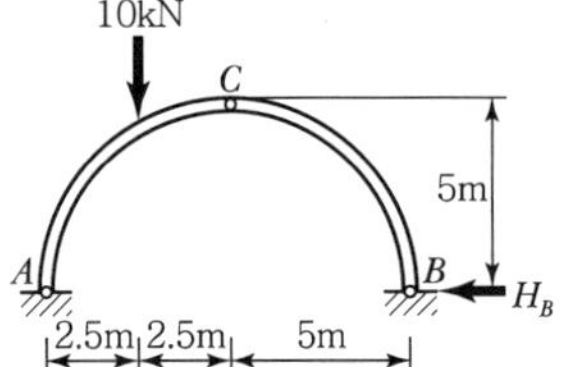

① 1.5t ② 2.0t ③ 2.5t ④ 3.0t

해설

[1] ㉠ $\Sigma M_A=0,\ R_A\times10-10\times7.5=0$

$\therefore\ R_A=7.5t,\ R_B=2.5t$

㉡ $\Sigma M_{C(\text{힌지 우측})}=-R_B\times5m+H_B\times5m=0$

$\therefore\ H_B=R_B=2.5t(\leftarrow)$

[2] $H_A=H_B=\dfrac{P\cdot a}{2h}=\dfrac{10\times2.5}{2h}=2.5t$

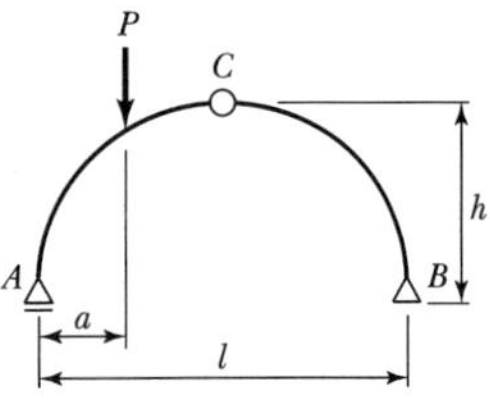

05 다음 그림과 같은 3힌지 아치에 집중하중 P가 가해질 때 지점 B에서의 수평반력은? ['22]

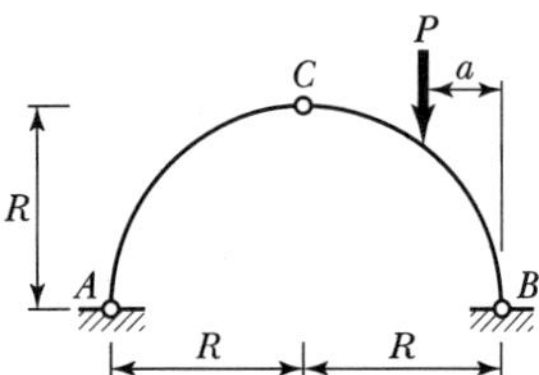

① $\dfrac{Pa}{4R}$ ② $\dfrac{P(R-a)}{2R}$

③ $\dfrac{P(R-a)}{4R}$ ④ $\dfrac{Pa}{2R}$

해설

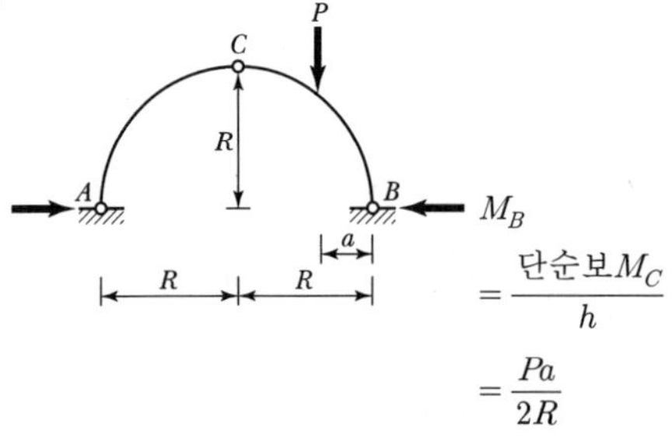

$M_B=\dfrac{\text{단순보}M_C}{h}=\dfrac{Pa}{2R}$

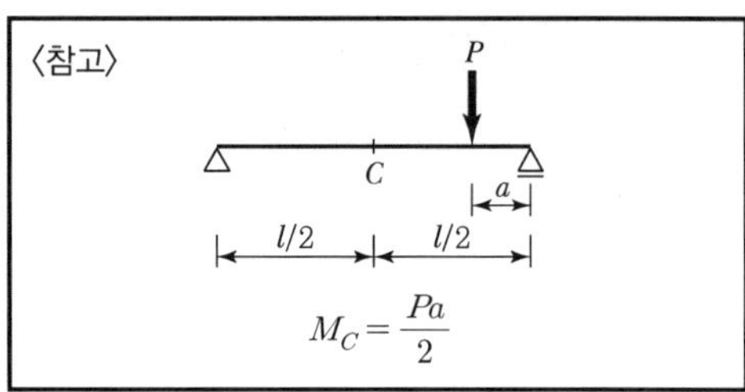

$M_C=\dfrac{Pa}{2}$

06 그림과 같은 3힌지 아치의 C점에 연직하중(P) 400kN이 작용한다면 A점에 작용하는 수평반력(H_A)은? ['21]

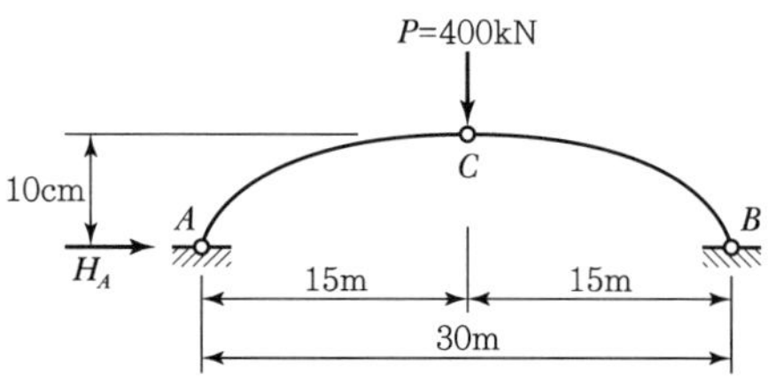

① 100kN ② 150kN ③ 200kN ④ 300kN

해설

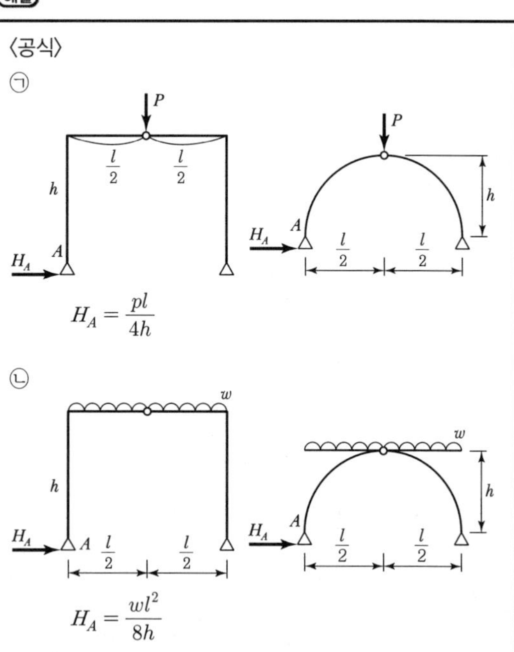

㉠ $H_A=\dfrac{pl}{4h}$

㉡ $H_A=\dfrac{wl^2}{8h}$

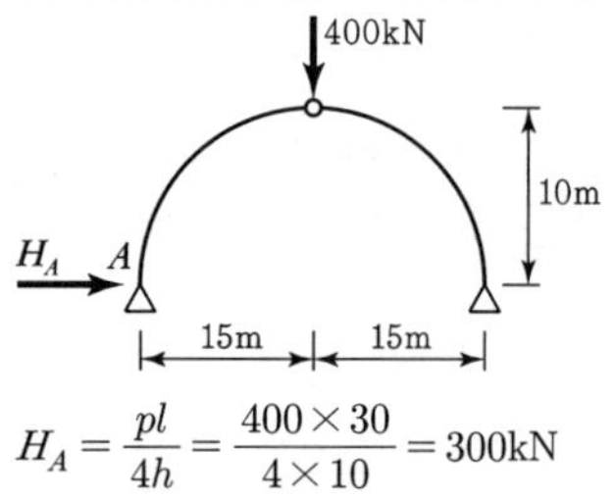

$H_A=\dfrac{pl}{4h}=\dfrac{400\times30}{4\times10}=300kN$

정답 04 ③ 05 ④ 06 ④

07 다음 그림과 같은 반원형 3힌지 아치에서 A점의 수평반력은? ['10, '18, '22]

① P ② $\dfrac{P}{2}$ ③ $\dfrac{P}{4}$ ④ $\dfrac{P}{5}$

해설

[1] ㉠ $\Sigma M_B = V_A \times 10 - P \times 8 = 0$

$\therefore V_A = \dfrac{4}{5}P$(힌지 좌측 부분)

㉡ $\Sigma M_c = V_A \times 5 - P \times 3 - H_A \times 5 = 0$

$\therefore H_A = \dfrac{P}{5}(\rightarrow)$

[2] $H_A = \dfrac{P(5-3)}{2h} = \dfrac{P \times 2}{2 \times 5} = \dfrac{P}{5}(\rightarrow)$

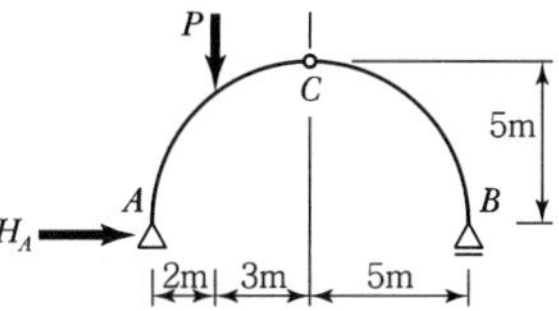

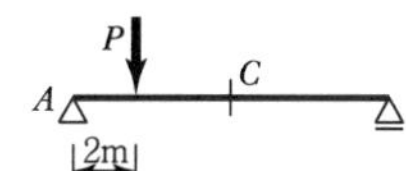

$H_A = \dfrac{\text{단순보}M_C}{h} = \dfrac{P \times 2}{2 \times 5} = \dfrac{P}{5}$

〈보충〉

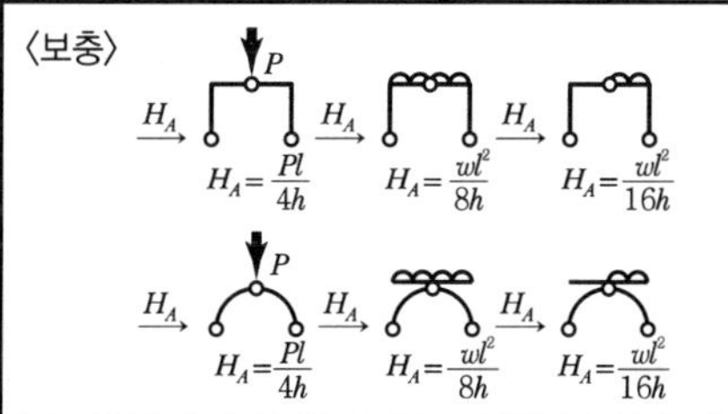

08 그림과 같은 3활절 아치에서 D점에 연직하중 20t이 작용할 때 A점에 작용하는 수평반력 H_A는? ['13, '17]

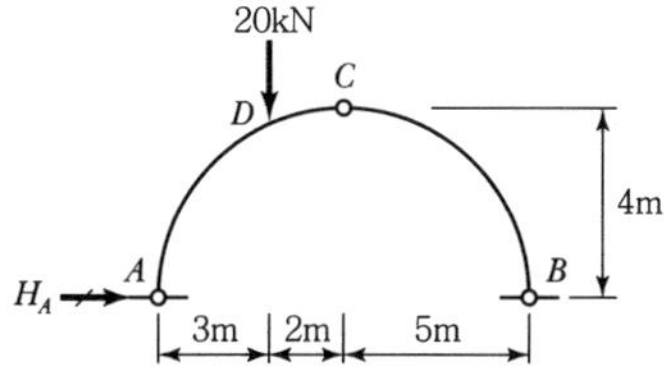

① 5.5t ② 6.5t

③ 7.5t ④ 8.5t

해설

[1] ㉠ $\Sigma M_B = V_A \times 10\text{m} - 20\text{t} \times 7\text{m} = 0$

$\therefore V_A = 14\text{t}(\uparrow)$

㉡ $\Sigma M_{C(\text{힌지 좌측})} = V_A \times 5\text{m} - H_A \times 4\text{m} - 20\text{t} \times 2\text{m} = 0$

$\therefore H_A = 7.5\text{t}(\rightarrow)$

[2] $H_A = \dfrac{20 \times 3}{2 \times h} = 7.5\text{t}$

09 다음 그림과 같은 3활절 포물선 아치의 수평반력(H_A)은? ['11, '15, '16, '21]

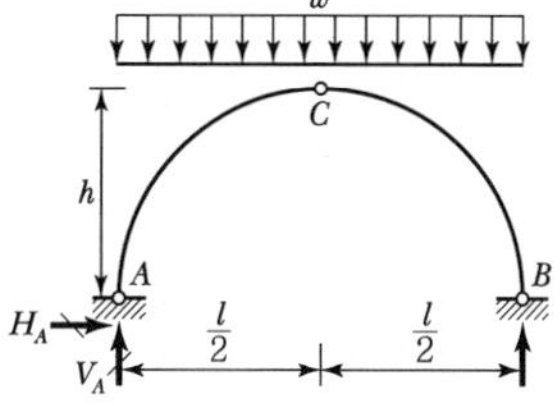

① 0 ② $\dfrac{wl^2}{8h}$

③ $\dfrac{3wl^2}{8h}$ ④ $\dfrac{5wl^2}{8h}$

해설

[1] ㉠ $V_A = V_B = \dfrac{wl}{2}(\uparrow)$

㉡ $\Sigma M_C = V_A \times \dfrac{l}{2} - H_A \times h - w \times \dfrac{l}{2} \times \dfrac{l}{4} = 0$

$\therefore H_A = \dfrac{wl^2}{8h}$

[2]

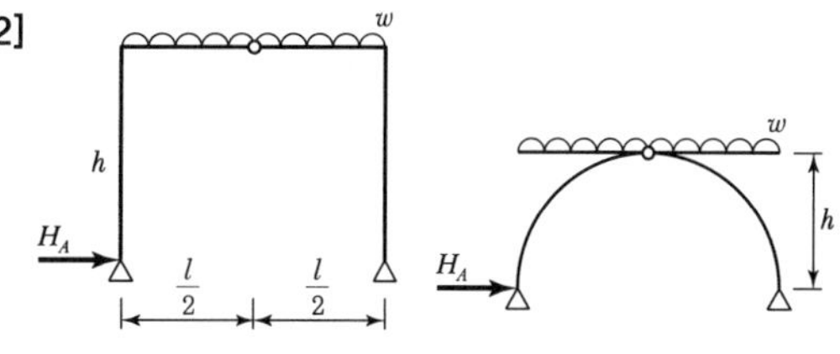

$H_A = \dfrac{\text{단순보 } M_c}{h} = \dfrac{wl^2}{8h}$

〈보충〉

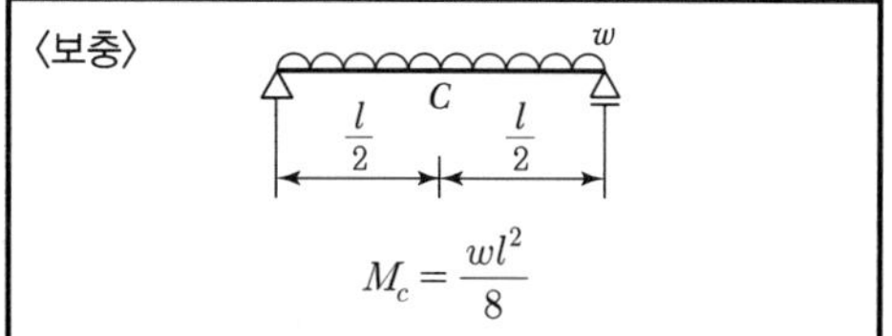

정답 07 ④ 08 ③ 09 ②

10 그림과 같은 비대칭 3힌지 아치에서 힌지 C에 연직하중(P) 15t이 작용한다. A지점의 수평반력 H_A는? ['19]

① 12.43t
② 15.79t
③ 18.42t
④ 21.05t

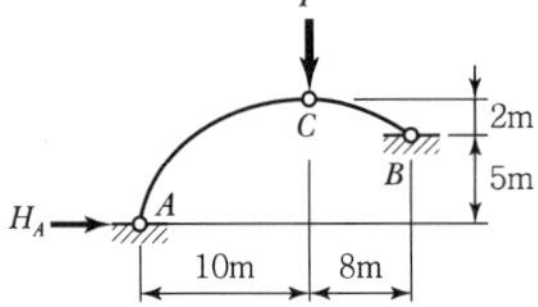

해설

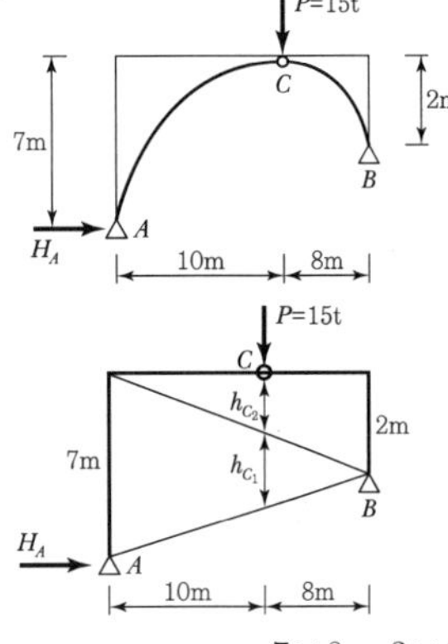

$$h_C = h_{C_1} + h_{C_2} = \frac{7\times 8}{18} + \frac{2\times 10}{18} = \frac{76}{18}$$

〈공식〉 $H_A = \dfrac{\text{단순보 } M_C}{h_C}$

$$= \frac{Pab}{l\,h_C} = \frac{15\times 10\times 8}{18\times \frac{76}{18}} = 15.79\,\text{t}$$

11 그림과 같은 3활절 아치에서 A지점의 반력은? ['11, '15]

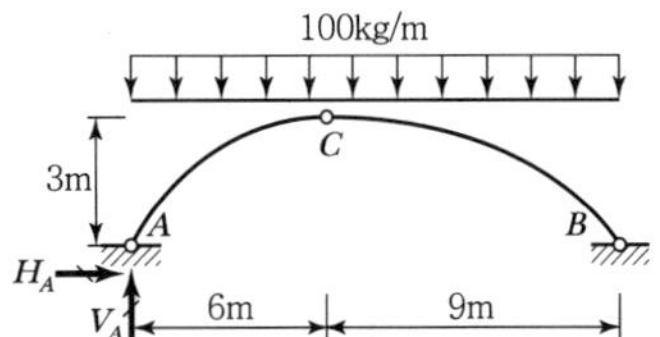

① $V_A = 750\text{kg}(\uparrow)$, $H_A = 900\text{kg}(\rightarrow)$
② $V_A = 600\text{kg}(\uparrow)$, $H_A = 600\text{kg}(\rightarrow)$
③ $V_A = 900\text{kg}(\uparrow)$, $H_A = 1{,}200\text{kg}(\rightarrow)$
④ $V_A = 600\text{kg}(\uparrow)$, $H_A = 1{,}200\text{kg}(\rightarrow)$

해설

[1] ㉠ $\Sigma M_B = V_A \times 15 - 100\times 15\times 7.5 = 0$

$\therefore\ V_A = 750\text{kg}(\uparrow)$

㉡ $\Sigma M_C = V_A \times 6 - H_A \times 3 - 100\times 6\times 3 = 0$

$\therefore\ H_A = \dfrac{750\times 6 - 1{,}800}{3} = 900\text{kg}(\rightarrow)$

[2]

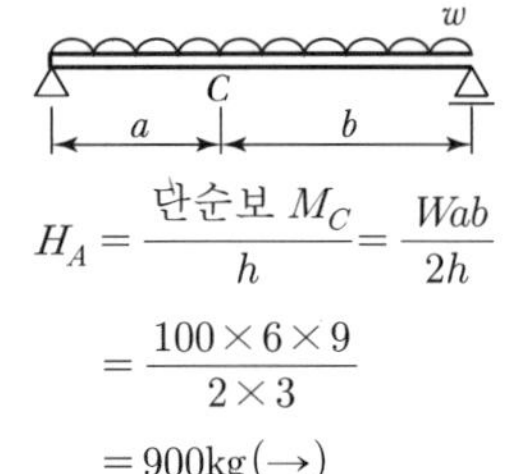

$$H_A = \frac{\text{단순보 } M_C}{h} = \frac{Wab}{2h}$$

$$= \frac{100\times 6\times 9}{2\times 3}$$

$$= 900\text{kg}(\rightarrow)$$

12 그림과 같은 3힌지 아치에서 A지점의 반력은? ['20]

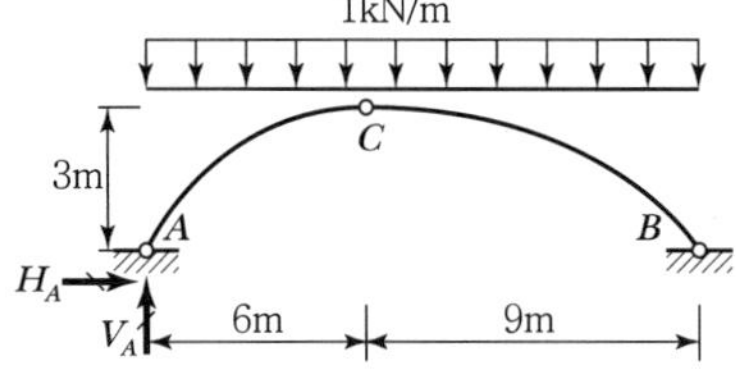

① $V_A = 6.0\text{kN}(\uparrow)$, $H_A = 9.0\text{kN}(\rightarrow)$
② $V_A = 6.0\text{kN}(\uparrow)$, $H_A = 12.0\text{kN}(\rightarrow)$
③ $V_A = 7.5\text{kN}(\uparrow)$, $H_A = 9.0\text{kN}(\rightarrow)$
④ $V_A = 7.5\text{kN}(\uparrow)$, $H_A = 12.0\text{kN}(\rightarrow)$

해설

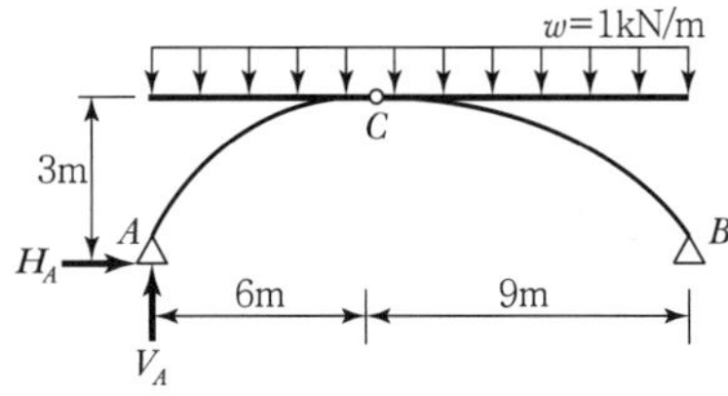

㉠ $V_A = \dfrac{wl}{2} = \dfrac{1\times 15}{2} = 7.5\text{kN}(\uparrow)$

㉡ $H_A = \dfrac{\text{단순보 } M_C}{h} = \dfrac{wab}{2h} = \dfrac{1\times 6\times 9}{2\times 3}$

$= 9\text{kN}(\rightarrow)$

13 그림과 같은 3힌지 아치의 중간 힌지에 수평하중 P가 작용할 때 A지점의 수직반력(V_A)과 수평반력(H_A)은? ['22]

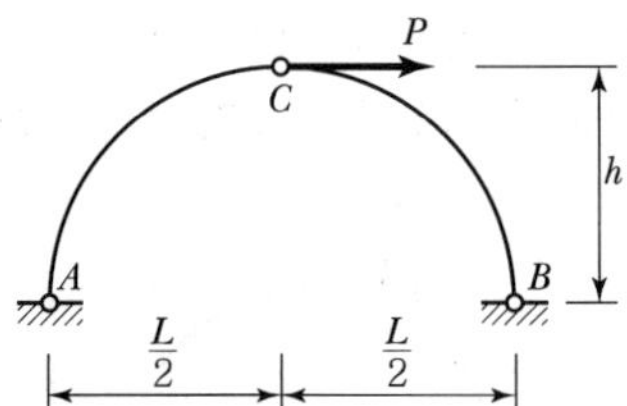

정답 10 ② 11 ① 12 ③ 13 ④

① $V_A = \frac{Ph}{L}(\uparrow),\ H_A = \frac{P}{2h}(\leftarrow)$

② $V_A = \frac{Ph}{L}(\downarrow),\ H_A = \frac{P}{2h}(\rightarrow)$

③ $V_A = \frac{Ph}{L}(\uparrow),\ H_A = \frac{P}{2}(\rightarrow)$

④ $V_A = \frac{Ph}{L}(\downarrow),\ H_A = \frac{P}{2}(\leftarrow)$

해설

㉠ 반력

$\Sigma M_B = 0$

$-V_A \times L + Ph = 0$

$V_A = \frac{Ph}{L}(\downarrow)$

㉡ $\Sigma M_C = 0$

$-V_A \times \frac{L}{2} + H_A \cdot h = 0$

$-\left(\frac{Ph}{L}\right)\frac{L}{2} + H_A \cdot h = 0$

$H_A = \frac{P}{2}(\leftarrow)$

14 다음 라멘의 수직반력 R_B는? ['19]

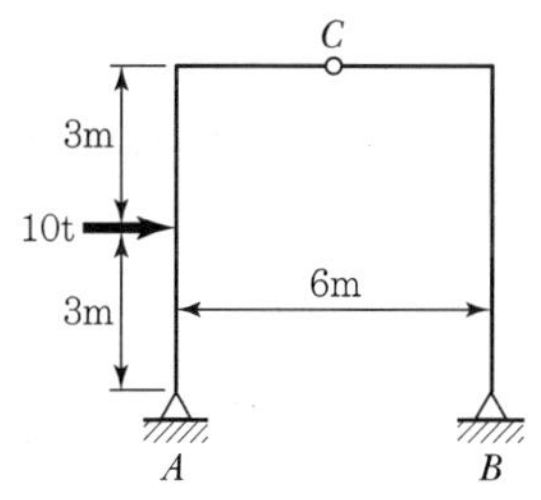

① 2t ② 3t ③ 4t ④ 5t

해설

$\Sigma M_A = 0$

$10 \times 3 - R_B \times 6 = 0 \qquad \therefore R_B = 5\text{t}$

15 그림과 같은 3힌지(Hinge) 아치에서 B점의 수평반력 H_B를 구하면?

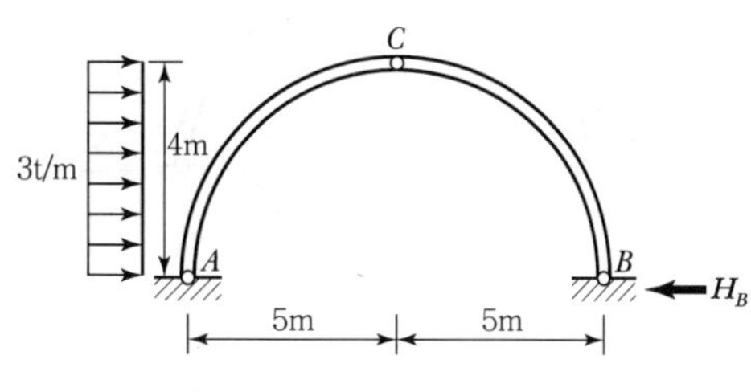

① 2t ② 3t ③ 4t ④ 6t

해설

[1] ㉠ $\Sigma M_A = -V_B \times 10\text{m} + 12\text{t} \times 2\text{m} = 0$

$V_B = 2.4\text{t}(\uparrow)$

㉡ $\Sigma M_{C(\text{힌지 우측})} = -V_B \times 5\text{m} + H_B \times 4\text{m} = 0$

$\therefore H_B = \frac{2.4\text{t} \times 5\text{m}}{4\text{m}} = 3\text{t}(\leftarrow)$

[2] $H_B = \frac{wh}{4} = \frac{3 \times 4}{4} = 3\text{t}$

16 그림과 같은 3힌지 아치에서 B점의 수평반력(H_B)은? ['20]

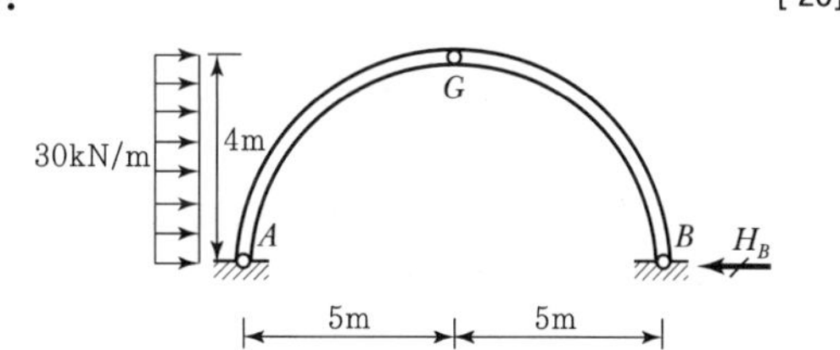

① 20kN ② 30kN

③ 40kN ④ 60kN

해설

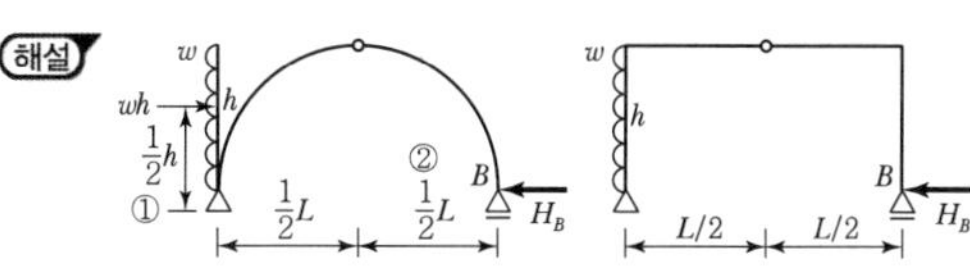

〈간편 식〉 $H_B = (wh) \times \underset{①}{\frac{1}{2}} \times \underset{②}{\frac{1}{2}}$

$= \frac{wh}{4}$

$= \frac{30 \times 4}{4}$

$= 30\text{kN}$

정답 14 ④ 15 ② 16 ②

17 다음 3힌지 아치에서 수평반력 H_B를 구하면? ['19]

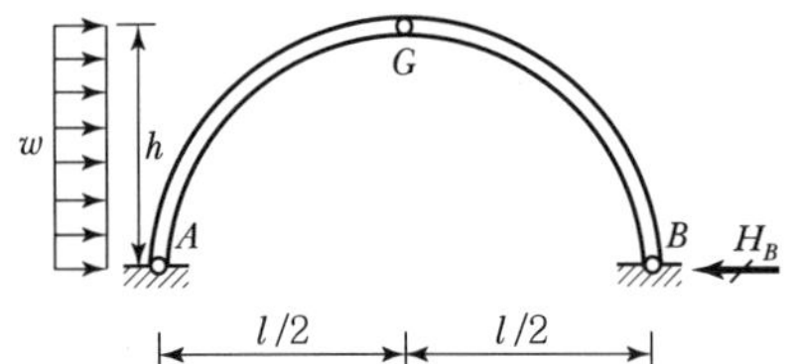

① $\dfrac{1}{4wh}$ ② $\dfrac{1}{2wh}$ ③ $\dfrac{wh}{4}$ ④ $2wh$

해설

[1] ㉠ $\Sigma M_A = -V_B \times l + wh \times \dfrac{h}{2} = 0$

$\therefore\ V_B = \dfrac{wh^2}{2l}(\uparrow),\ V_A = \dfrac{wh^2}{2l}(\downarrow)$

㉡ $\Sigma M_G = -V_B \times \dfrac{l}{2} + H_B \times h = 0$

$-\dfrac{wh^2}{2l} \times \dfrac{l}{2} + H_B \cdot h = 0$

$\therefore\ H_B = \dfrac{wh}{4}(\leftarrow)$

[2] $H_B = 힘 \times \dfrac{1}{4} = (wh) \times \dfrac{1}{4} = \dfrac{wh}{4}$

축방향력

18 그림과 같은 반경이 r인 반원 아치에서 D점의 축방향력 N_D의 크기는 얼마인가?

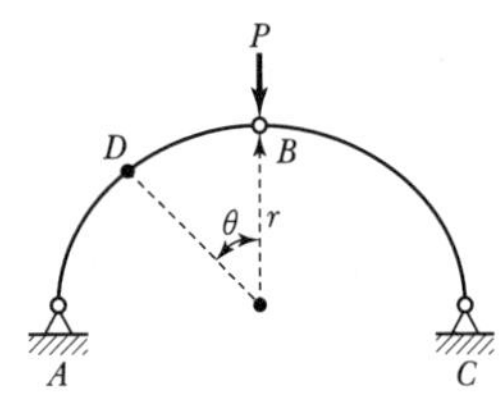

① $N_D = \dfrac{P}{2}(\cos\theta - \sin\theta)$

② $N_D = \dfrac{P}{2}(r\cos\theta - \sin\theta)$

③ $N_D = \dfrac{P}{2}(\cos\theta - r\sin\theta)$

④ $N_D = \dfrac{P}{2}(\sin\theta + \cos\theta)$

해설 ㉠ $\Sigma M_C = 0$

$V_A \times 2r - P \times r = 0$

$V_A = \dfrac{P}{2}(\uparrow)$

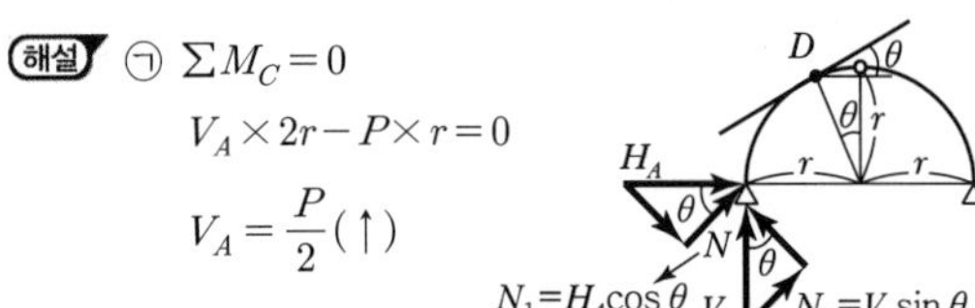

㉡ $\Sigma M_B = 0$

$V_A \times r - H_A \times r = 0$

$H_A = \dfrac{P}{2}(\rightarrow)$

㉢ $N_D = -\underset{N_1}{\underline{H_A\cos\theta}} - \underset{N_2}{\underline{V_A\sin\theta}}$

$= -\dfrac{P}{2}(\sin\theta + \cos\theta)$(압축)

19 그림과 같은 구조물에서 B지점의 휨모멘트는?

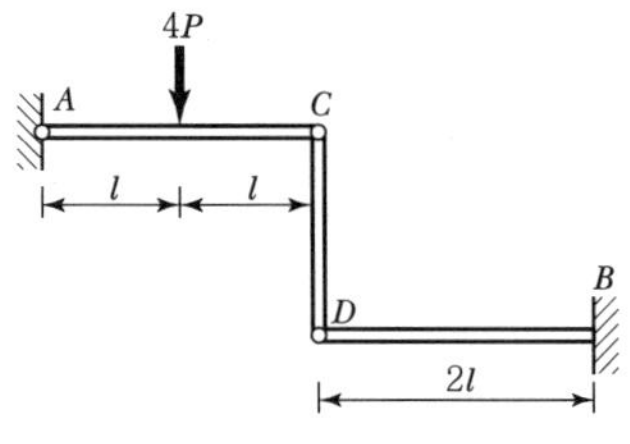

① $-3Pl$ ② $-4Pl$

③ $-6Pl$ ④ $-12Pl$

해설

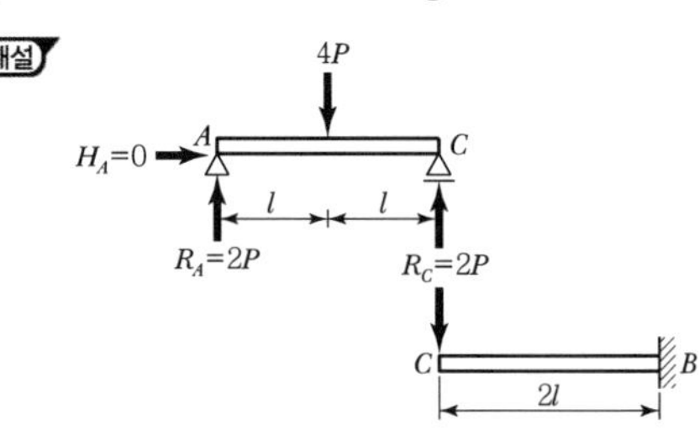

$M_B = -2P \times 2l = -4Pl$

20 그림과 같은 단순형 라멘에서 단면력에 관한 설명으로 틀린 것은?(단, 굴곡부는 강절점이다.)

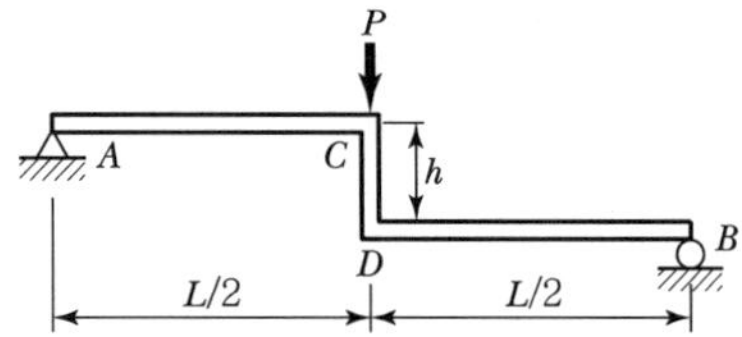

① 부재 AC에는 양(+)의 전단력이 발생한다.

② 부재 CD에는 휨모멘트가 발생하지 않는다.

③ 부재 CD에는 전단력이 발생하지 않는다.

④ 부재 BD에는 휨모멘트가 발생한다.

해설 ㉠ $R_A = R_B = \dfrac{P}{2}(\uparrow)$

㉡ $M_C = M_D = R_A \times \dfrac{L}{2} = \dfrac{PL}{4}$

정답 17 ③ 18 ④ 19 ② 20 ②

휨모멘트

21 그림과 같은 라멘에서 A점의 휨모멘트 반력은?

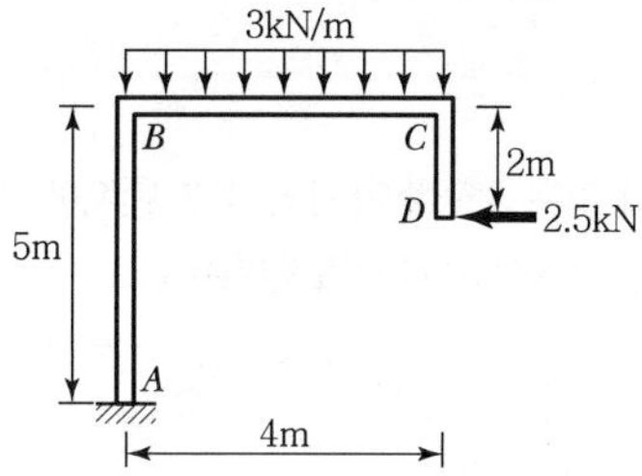

① -9.5kN · m　　② -12.5kN · m

③ -14.5kN · m　　④ -16.5kN · m

해설 $M_A = -3 \times 4 \times 2 - 2.5 \times 3 = -16.5$kN · m

22 그림과 같은 구조에서 절댓값이 최대로 되는 휨모멘트의 값은? ['22]

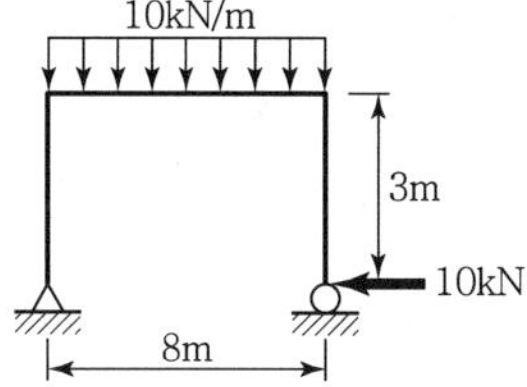

① 80kN · m　　② 50kN · m

③ 40kN · m　　④ 30kN · m

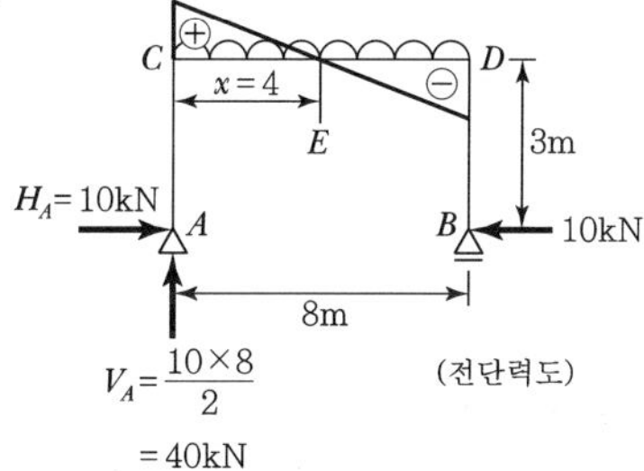

[1] ㉠ $S=0$인 위치

$$x = \frac{V_A}{w} = \frac{40}{10} = 4\text{m}$$

㉡ $M_{\max} = M_E = V_A \times 4 - 10 \times 4 \times 2 - H_A \times 3$

$= 40 \times 4 - 80 - 10 \times 3$

$= 160 - 80 - 30$

$= 50$kN · m

[2]

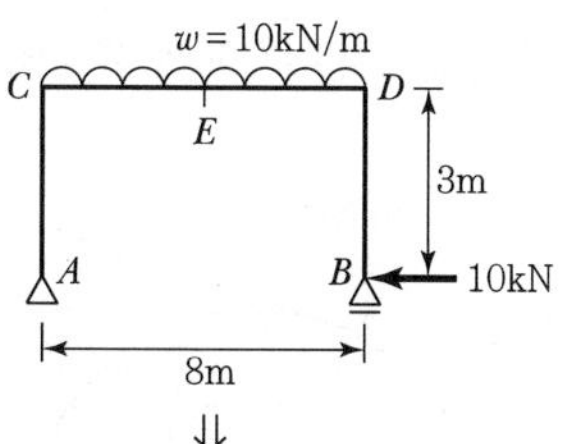

⇓

㉠ M_{E_1}

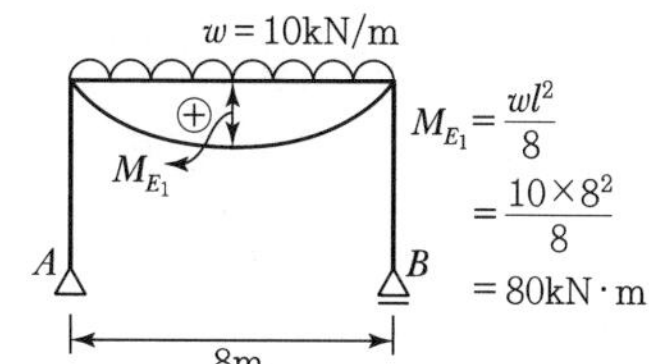

㉡ M_{E_2}

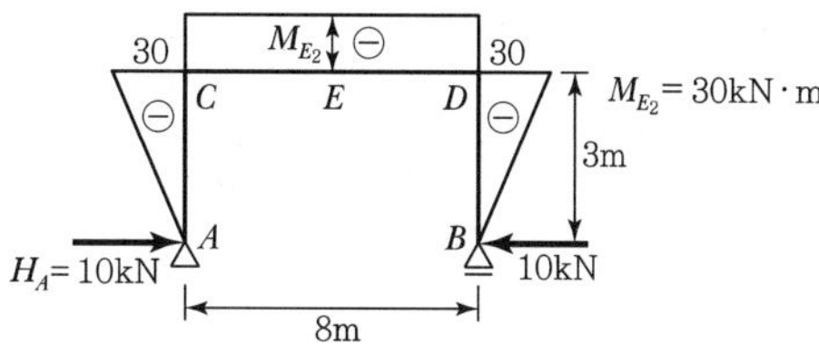

$M_{E_2} = M_C = M_D = -H_A \times h$

$= -10 \times 3 = -30$kN · m

㉢ $M_k = M_{E_1} + M_{E_2} = 80 - 30 = 50$kN · m

23 아래 그림과 같은 정정 라멘에 분포하중 w가 작용할 때 최대 모멘트를 구하면? ['12, '15]

① $0.186wL^2$

② $0.219wL^2$

③ $0.250wL^2$

④ $0.281wL^2$

해설 단순보와 같다.

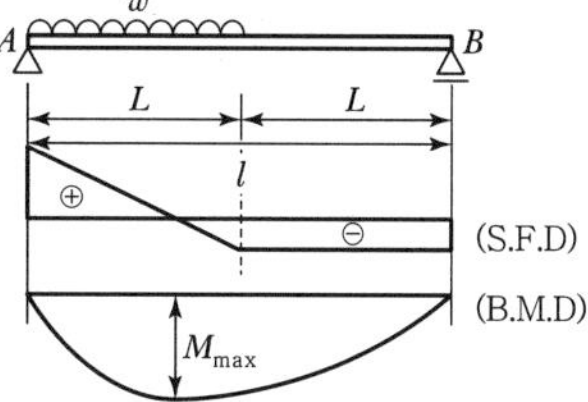

㉠ $S=0$인 위치 x

$$x = \frac{3}{8}l = \frac{3}{8} \times (2L) = \frac{6}{8}L$$

㉡ 최대 휨모멘트

$$M_{\max} = \frac{9}{128}wl^2 = \frac{9}{128}w(2L)^2 = 0.28125wL^2$$

정답 21 ④　22 ②　23 ④

24 그림과 같은 3힌지 아치에서 C점의 휨모멘트는? ['20]

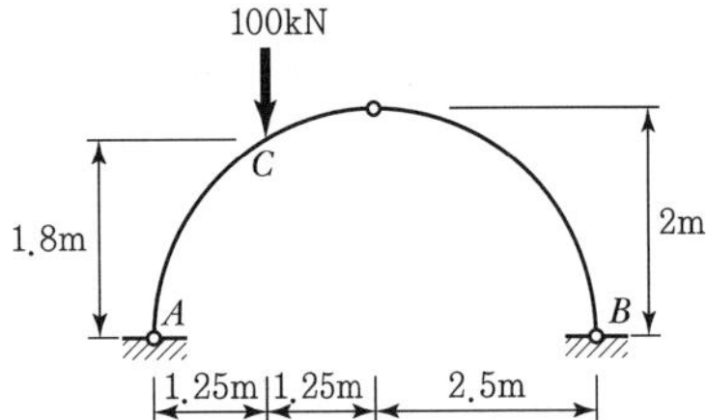

① 32.5kN · m ② 35.0kN · m

③ 37.5kN · m ④ 40.0kN · m

해설 ㉠ 수직반력

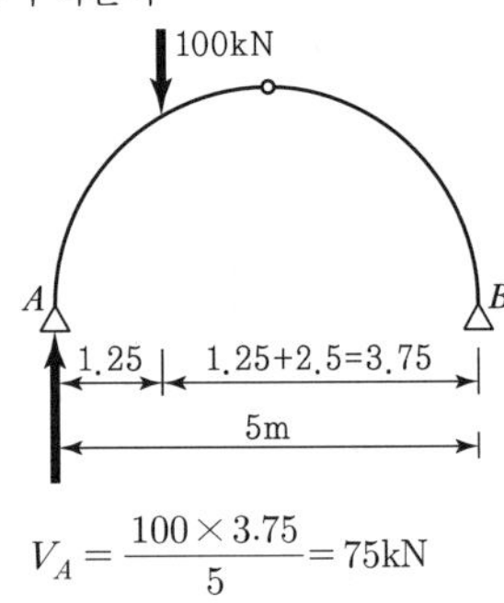

$$V_A = \frac{100 \times 3.75}{5} = 75\text{kN}$$

㉡ 수평반력(H_A)

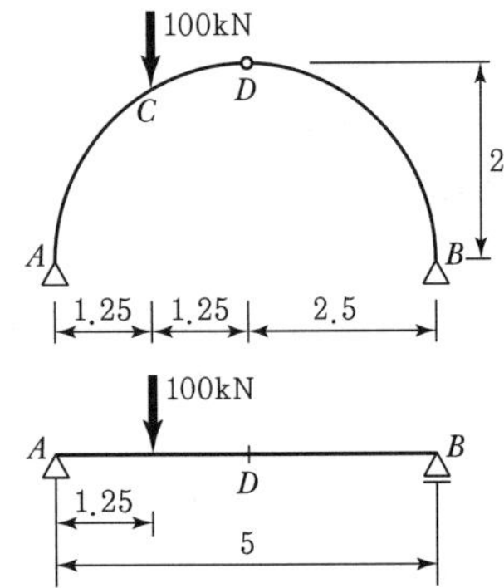

〈간편 식〉

$$H_A = \frac{M_D}{h} = \frac{100 \times 1.25}{2 \times 2} = 31.25\text{kN}$$

㉢ M_C

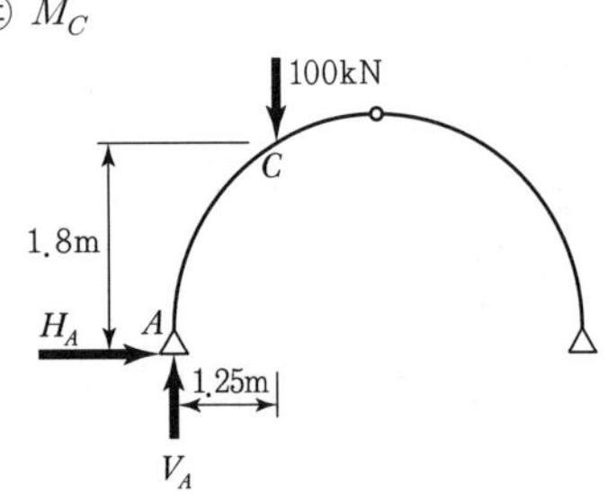

$$M_C = V_A \times 1.25 - H_A \times 1.8$$
$$= 75 \times 1.25 - 31.25 \times 1.8$$
$$= 93.75 - 56.25$$
$$= 37.5\text{kN} \cdot \text{m}$$

25 그림과 같은 3활절 아치의 내부 힌지에서 수평으로 3m 떨어진 D점에서의 휨모멘트는?

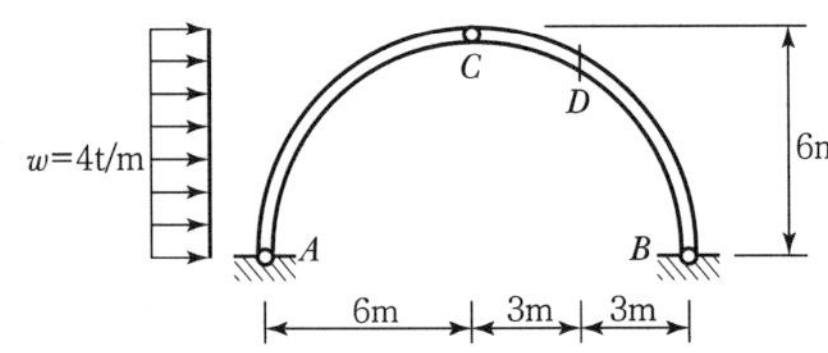

① 18t · m ② −18t · m

③ 13.18t · m ④ −13.2t · m

해설 ㉠ $\Sigma M_A = -V_B \times 12\text{m} + (4 \times 6) \times 3\text{m} = 0$

$\therefore V_B = 6\text{t}(\uparrow),\ V_A = 6\text{t}(\downarrow)$

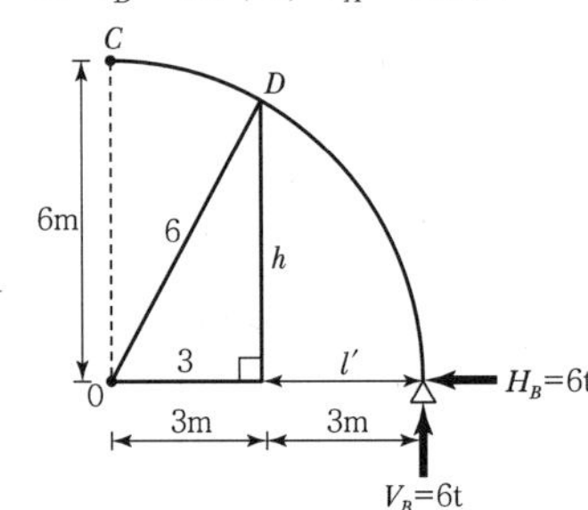

$h = \sqrt{6^2 - 3^2} = 5.2\text{m}$

㉡ ΣM_C(우측 부분) $= -6\text{t} \times 6\text{m} + H_B \times 6\text{m} = 0$

$\therefore H_B = 6\text{t}(\leftarrow)$

㉢ $M_D = V_B \times l' - H_B \times h$

$= 6 \times 3\text{m} - 6 \times 5.2\text{m} = -13.2\text{t} \cdot \text{m}$

26 다음 그림과 같은 $r = 4$m인 3힌지 원호 아치에서 지점 A에서 2m 떨어진 E점의 휨모멘트의 크기는 약 얼마인가? ['14, '16]

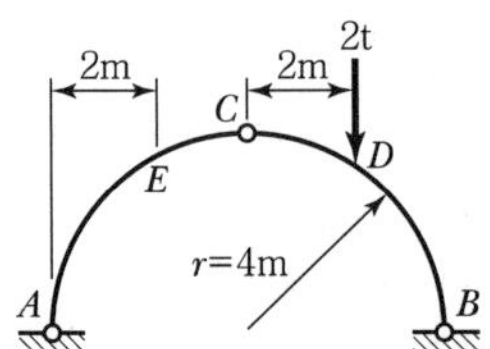

① 0.613t · m ② 0.732t · m

③ 0.827t · m ④ 0.916t · m

정답 24 ③ 25 ④ 26 ②

해설

[1] ㉠ $\Sigma M_B = 0$

$V_A \times 8 - 2 \times 2 = 0$

$V_A = 0.5\text{t}(\uparrow)$

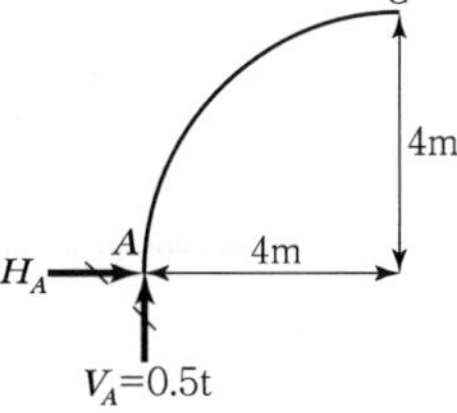

㉡ $\Sigma M_c = 0$

$0.5 \times 4 - H_A \times 4 = 0$

$H_A = 0.5\text{t}(\rightarrow)$

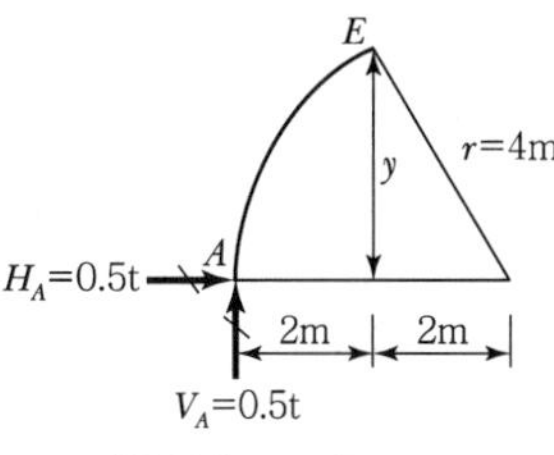

㉢ $y = \sqrt{4^2 - 2^2} = 2\sqrt{3}\,\text{m}$

㉣ $M_E = 0.5 \times 2 - 0.5 \times 2\sqrt{3} = -0.732\text{t} \cdot \text{m}$

[2] ㉠ $H_A = \dfrac{Pab}{lh} = \dfrac{2 \times 4 \times 2}{8 \times 4} = \dfrac{1}{2}\text{t}$

㉡ $y = \sqrt{4^2 - 2^2} = 2\sqrt{3}\,\text{m}$

$M_E = 0.5 \times 2 - 0.5 \times 2\sqrt{3} = -0.732\text{t} \cdot \text{m}$

27 다음 그림과 같은 $r = 4\text{m}$인 3힌지 원호 아치에서 지점 A에서 1m 떨어진 E점의 휨모멘트는 약 얼마인가?(단, EI는 일정하다.)

① $-0.823\text{t} \cdot \text{m}$

② $-1.322\text{t} \cdot \text{m}$

③ $-1.661\text{t} \cdot \text{m}$

④ $-2.00\text{t} \cdot \text{m}$

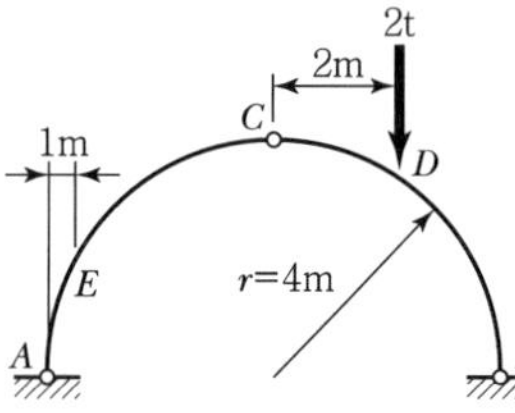

해설 ㉠ $\Sigma M_B = V_A \times 8 - 2 \times 2 = 0$

$\therefore V_A = 0.5\text{t}(\uparrow)$

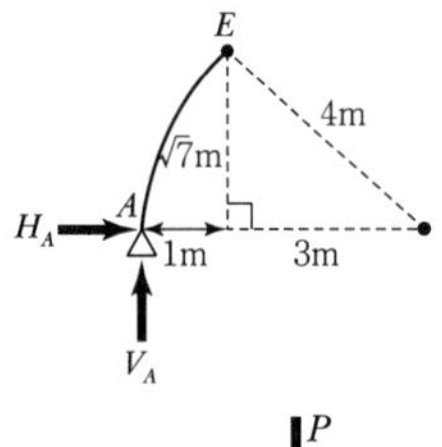

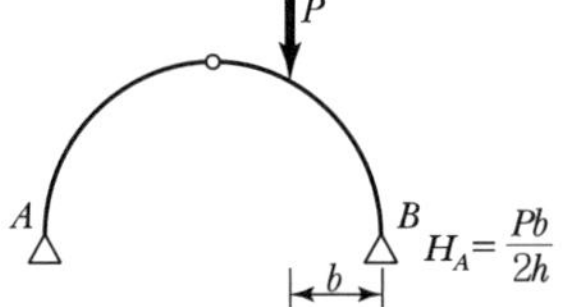

㉡ $H_A = \dfrac{2 \times 2}{2 \times h} = \dfrac{2}{4} = 0.5\text{t}$

㉢ $\Sigma M_E = V_A \times 1\text{m} - H_A \times \sqrt{7}\,\text{m}$

$= 0.5 \times 1 - 0.5 \times \sqrt{7}$

$\fallingdotseq -0.823\text{t} \cdot \text{m}$

28 그림과 같은 $r = 4\text{m}$인 3힌지 원호 아치에서 지점 A에서 2m 떨어진 E점에 발생하는 휨모멘트의 크기는?

['14, '16 기출 유사, '21]

① $6.13\text{kN} \cdot \text{m}$

② $7.32\text{kN} \cdot \text{m}$

③ $8.27\text{kN} \cdot \text{m}$

④ $9.16\text{kN} \cdot \text{m}$

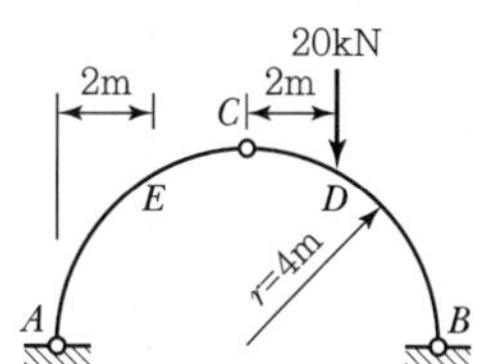

해설 3힌지 원호 아치에서 $M_E =$

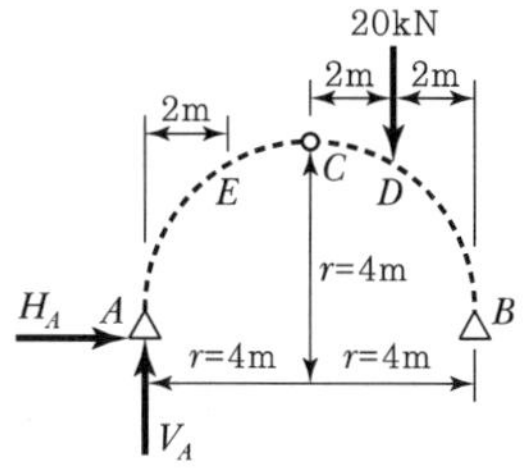

㉠ 반력

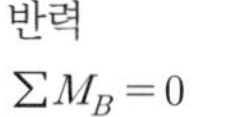

$\Sigma M_B = 0$

$V_A \times 8 - 20 \times 2 = 0$

$V_A = 5\text{kN}(\uparrow)$

$\Sigma M_C = 0$

$V_A \times 4 - H_A \times 4 = 0$

$H_A = 5\text{kN}(\uparrow)$

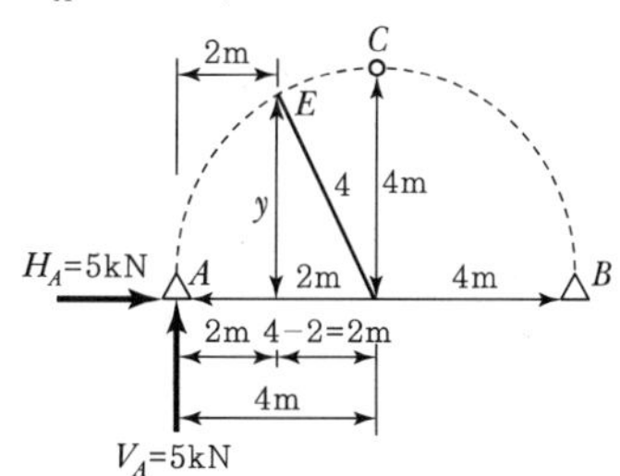

㉡ $M_E = V_A \times 2 - H_A \cdot y$

$= (5 \times 2) - (5 \times 2\sqrt{3})$

$= 10 - 17.32$

$= -7.32\text{kN} \cdot \text{m}$

$= 7.32\text{kN} \cdot \text{m}$

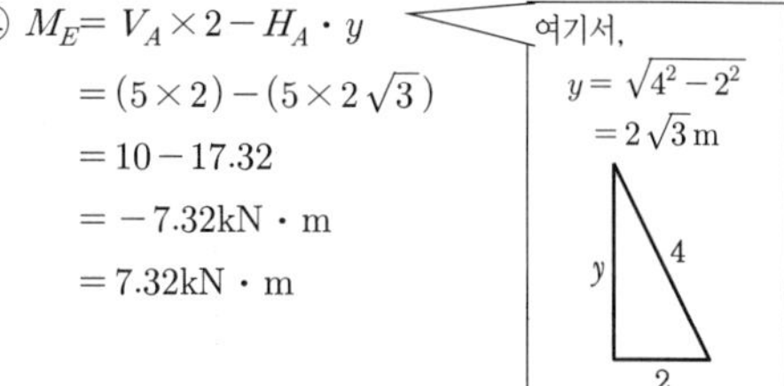

정답 27 ① 28 ②

29 그림과 같은 3힌지 라멘의 휨모멘트 선도(BMD)는? ['14, '17, '20]

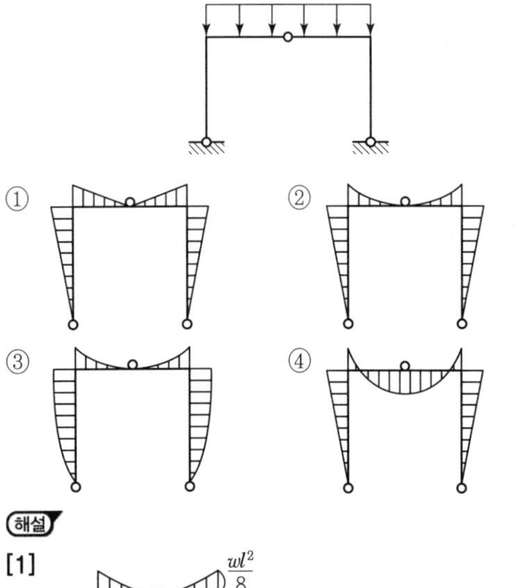

해설

[1] $\frac{wl^2}{8}$

[2]

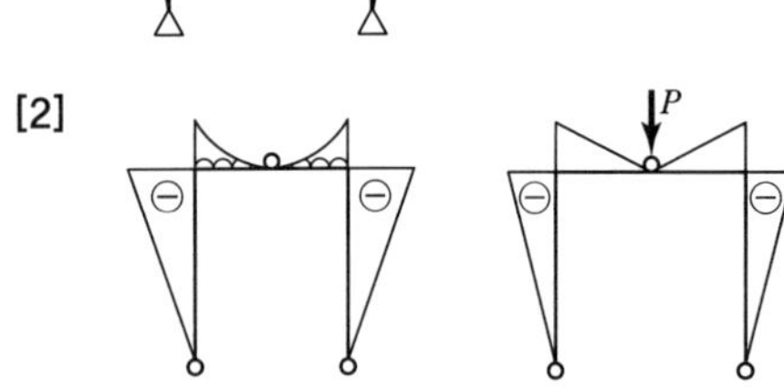

30 아래와 같은 라멘에서 휨모멘트도(B.M.D)를 옳게 나타낸 것은?

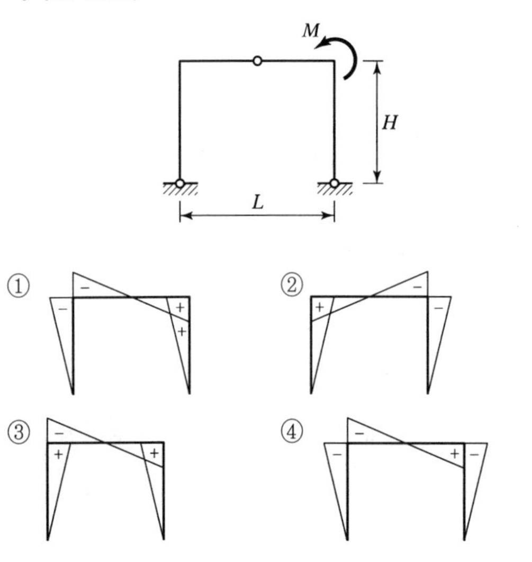

해설

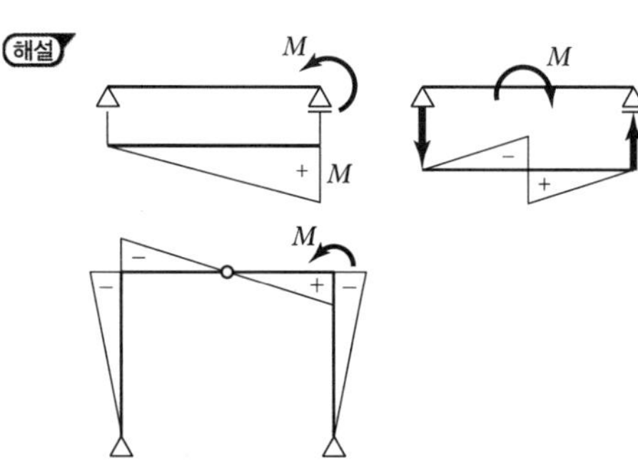

정답 29 ② 30 ④

트러스

반력

01 다음 그림과 같은 하중을 받는 트러스에서 A지점은 힌지(Hinge), B지점은 롤러(Roller)로 되어 있을 때 A점의 반력의 합력 크기는?

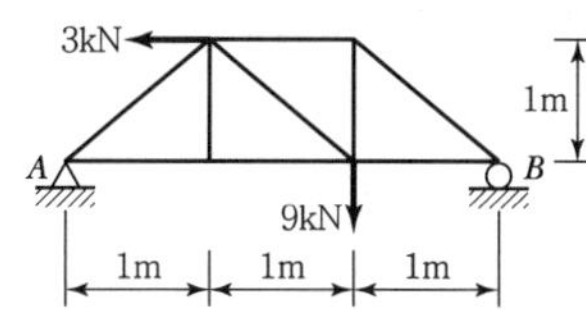

① 3kN　　② 4kN
③ 5kN　　④ 6kN

해설 ㉠ $\Sigma H = 0 \quad -3 + H_A = 0$

$\therefore\ H_A = 3\text{kN}(\rightarrow)$

㉡ $\Sigma M_B = V_A \times 3 - 3 \times 1 - 9 \times 1 = 0$

$\therefore\ V_A = 4\text{kN}(\uparrow)$

㉢ A점 반력

$R_A = \sqrt{{H_A}^2 + {V_A}^2} = \sqrt{3^3 + 4^2} = 5\text{kN}(\nearrow)$

트러스 가정

02 트러스 해석 시 가정을 설명한 것 중 틀린 것은? ['11, '15]

① 부재들은 일단에서 마찰이 없는 핀으로 연결된다.
② 하중과 반력은 모두 트러스의 격점에만 작용한다.
③ 부재의 도심축은 직선이며 연결핀의 중심을 지난다.
④ 하중으로 인한 트러스의 변형을 고려하여 부재력을 산출한다.

해설 트러스의 변형은 고려하지 않는다.

0부재

03 아래 그림과 같은 트러스에서 응력이 발생하지 않는 부재는?

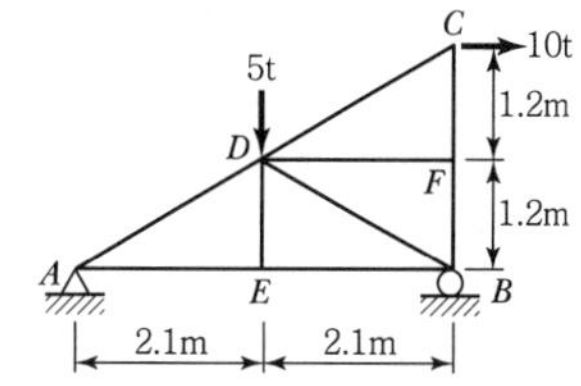

① DE 및 DF　　② DE 및 DB
③ AD 및 DC　　④ DB 및 DC

해설

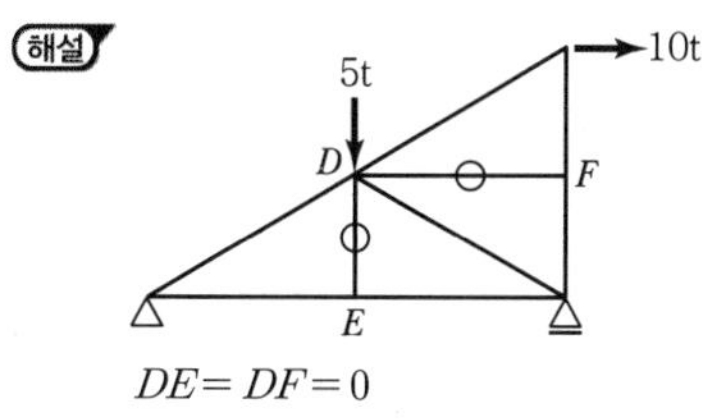

$DE = DF = 0$

04 그림과 같은 와렌(Warren) 트러스에서 부재력이 '0(영)'인 부재는 몇 개인가? ['22]

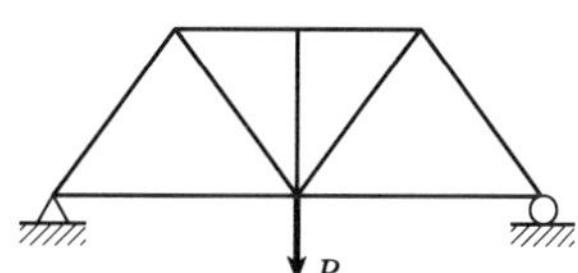

① 0개　　② 1개　　③ 2개　　④ 3개

해설

〈참고〉 0부재

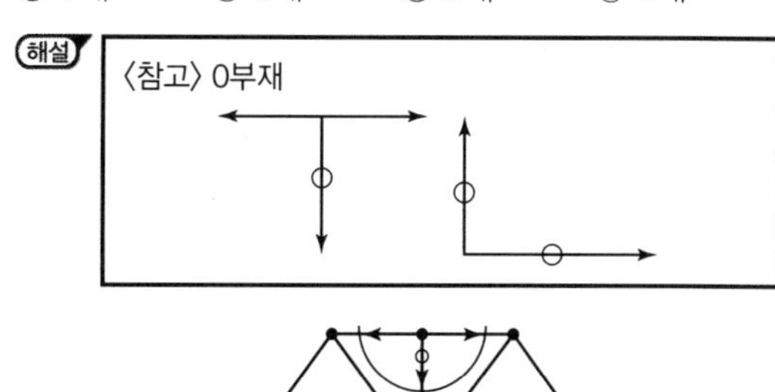

(1개)

정답 01 ③ 02 ④ 03 ① 04 ②

05 다음 트러스에서 부재력이 0인 부재는? ['10, '18]

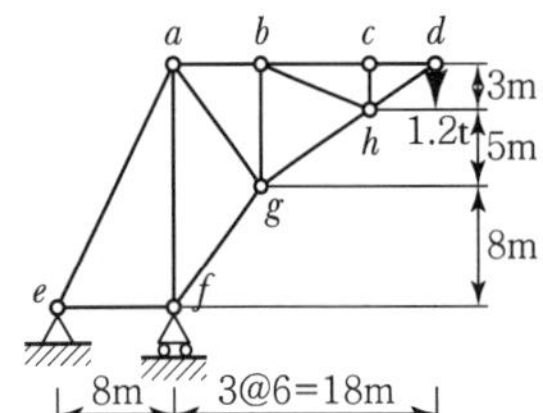

① 부재 $a-e$　　② 부재 $a-f$

③ 부재 $b-a$　　④ 부재 $c-h$

해설

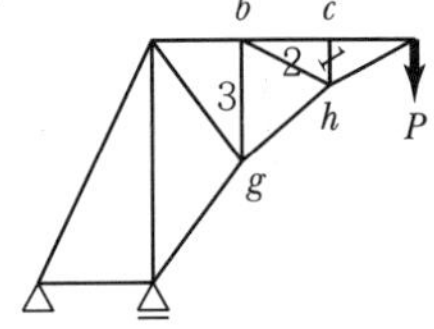

$bg = bh = ch = 0$

〈참고〉 0부재 판별순서

1. 절점표시
2. 반력표시(반력계산)
3. 절점주위 부재수 3개 이하
4. 원 → 화살표

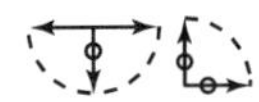

06 그림과 같은 트러스에서 부재력이 0인 부재는 몇 개인가?

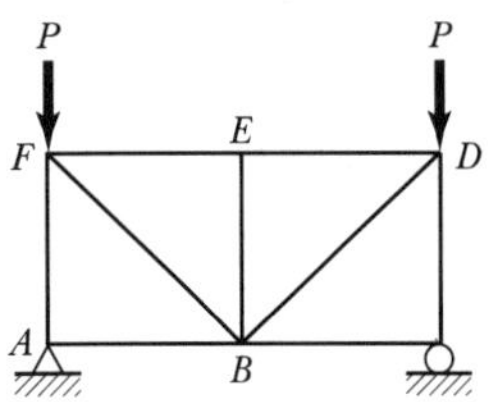

① 3개　　② 4개　　③ 5개　　④ 7개

해설

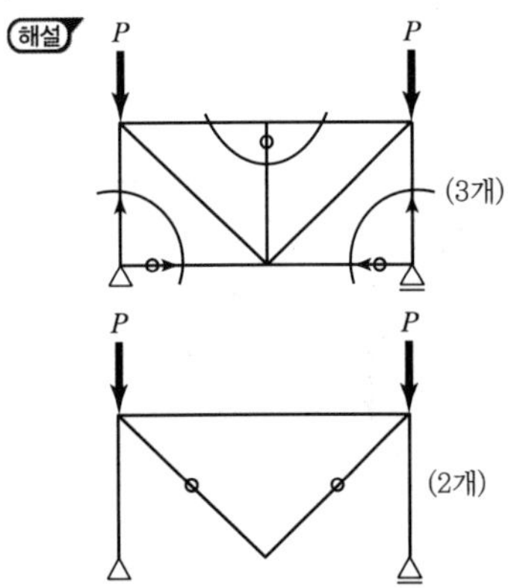

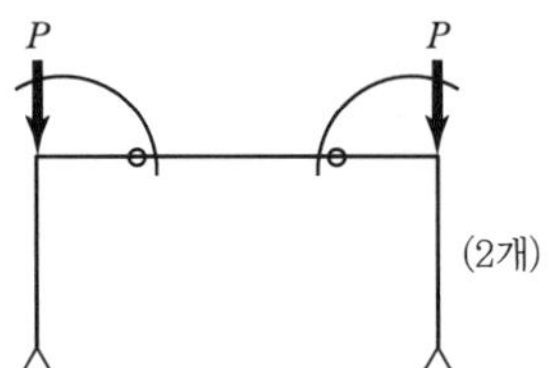

수직재

07 그림의 트러스에서 수직 부재 V의 부재력은? ['20]

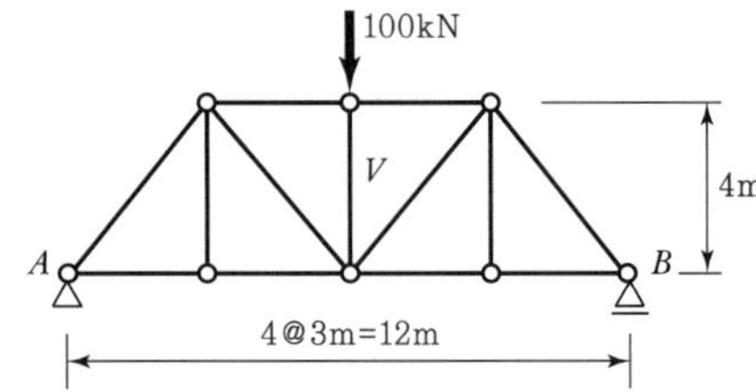

① 100kN(인장)　　② 100kN(압축)

③ 50kN(인장)　　④ 50kN(압축)

해설

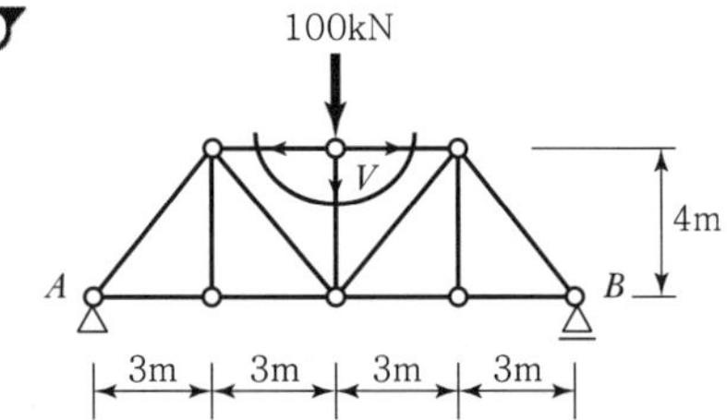

$\Sigma V = 0$

$-100 - V = 0$

$V = -100\text{kN}$(압축)

경사재

08 다음 그림과 같은 트러스에서 AC의 부재력은? ['10, '12]

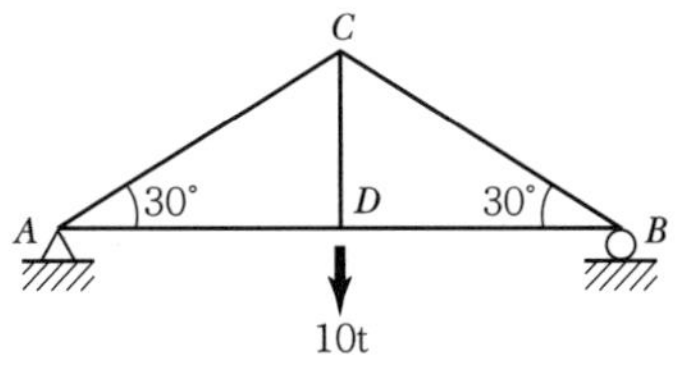

① 인장 10t　　② 인장 15t

③ 압축 5t　　④ 압축 10t

정답 05 ④ 06 ④ 07 ② 08 ④

해설

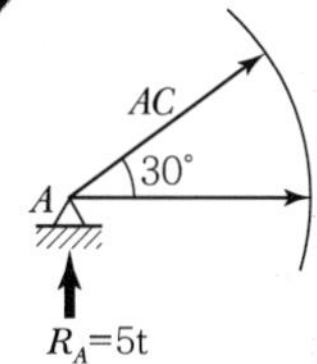

$\Sigma V=0$

$R_A+AC\cdot\sin30°=0$

$5+AC\cdot\frac{1}{2}=0$

$\therefore\ AC=-10t$(압축)

$\Sigma V=0$

$V_A+AC\sin30°=0$

$40+AC\times\frac{1}{2}=0$

$AC=-80kN$

09 그림과 같은 트러스에서 AC부재의 부재력은?

['13, '17]

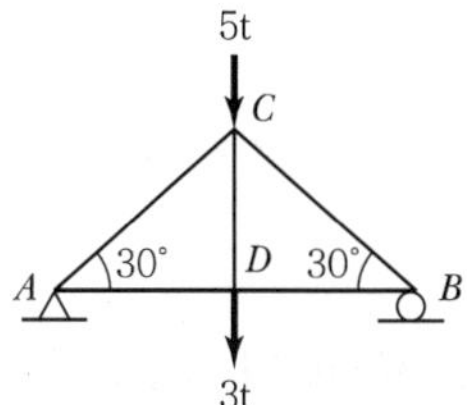

① 인장 4t ② 압축 4t ③ 인장 8t ④ 압축 8t

해설

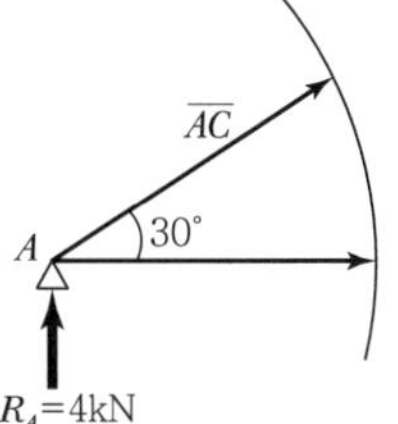

$\Sigma V=0$

$AC\sin30°+4t=0$

$\therefore\ AC=-\frac{4t}{\sin30°}$

$=-8t$(압축)

10 그림과 같은 트러스에서 AC부재의 부재력은?

['13, '17, '21]

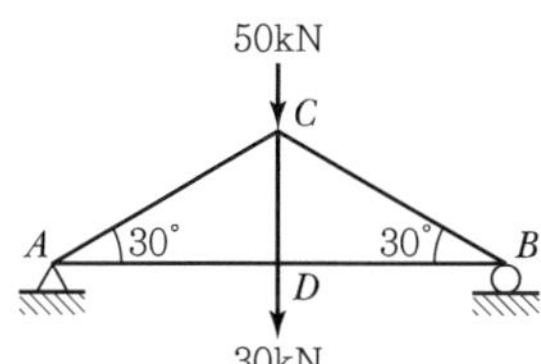

① 인장 40kN ② 압축 40kN
③ 인장 80kN ④ 압축 80kN

해설

〈Point〉 1) 거리, 높이가 없다.
2) 이등변삼각형 구조이다.

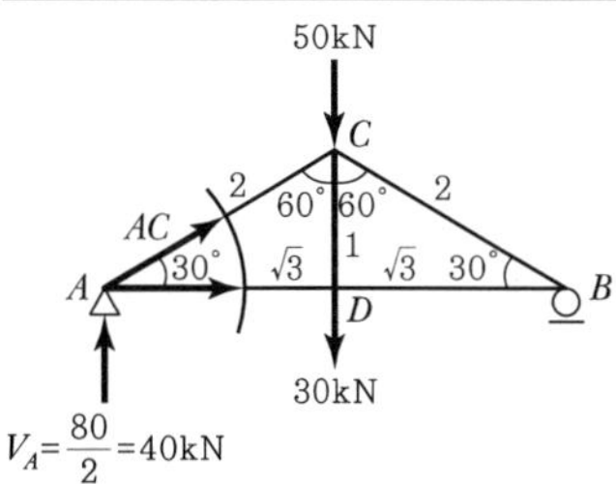

11 그림과 같은 정정 트러스에서 D_1 부재($\overline{AC}$)의 부재력은?

['12, '16]

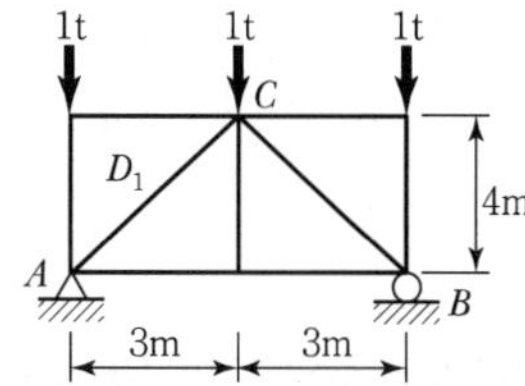

① 0.625t(인장력) ② 0.625t(압축력)
③ 0.75t(인장력) ④ 0.75t(압축력)

해설

[1] ㉠ $R_A=R_B=\frac{3t}{2}=1.5t(\uparrow)$

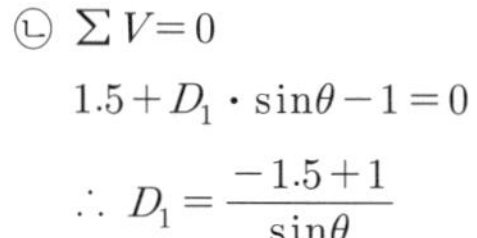

㉡ $\Sigma V=0$

$1.5+D_1\cdot\sin\theta-1=0$

$\therefore\ D_1=\frac{-1.5+1}{\sin\theta}$

$=-0.5\times\frac{5}{4}=-0.625t$(압축)

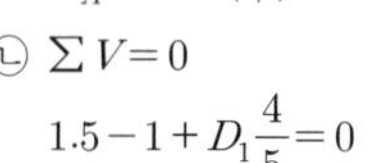

[2] ㉠ $\Sigma M_B=0$

$R_A\times6-1\times6-1\times3=0$

$R_A=1.5t(\uparrow)$

㉡ $\Sigma V=0$

$1.5-1+D_1\frac{4}{5}=0$

$D_1=-0.625t$(압축)

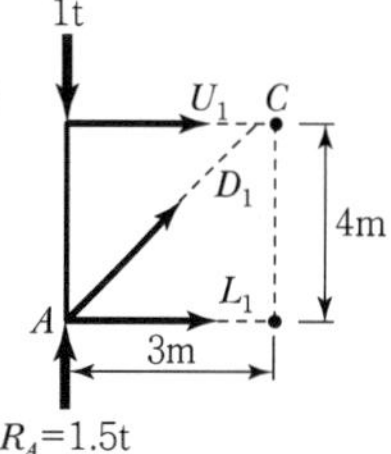

12 다음 트러스에서 AB 부재의 부재력으로 옳은 것은?

['11, '14]

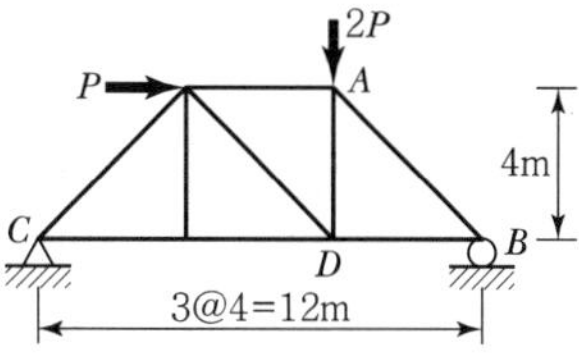

① 1.179P(압축) ② 2.357P(압축)
③ 1.179P(인장) ④ 2.357P(인장)

정답 09 ④ 10 ④ 11 ② 12 ②

해설 ㉠ $\Sigma M_C = 0$

$-R_B \times 12 + P \times 4 + 2P \times 8 = 0$

$\therefore R_B = \frac{5}{3}P(\uparrow)$

㉡

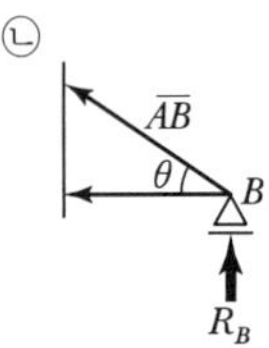

A, 4m, $4\sqrt{2}$m, θ, B, D, 4m

$\Sigma V = \overline{AB} \times \sin\theta + R_B = 0$

$\therefore \overline{AB} = -\frac{5}{3}P \times \frac{4\sqrt{2}}{4} \fallingdotseq -2.357P$(압축)

13 그림과 같은 트러스의 부재 EF의 부재력은?

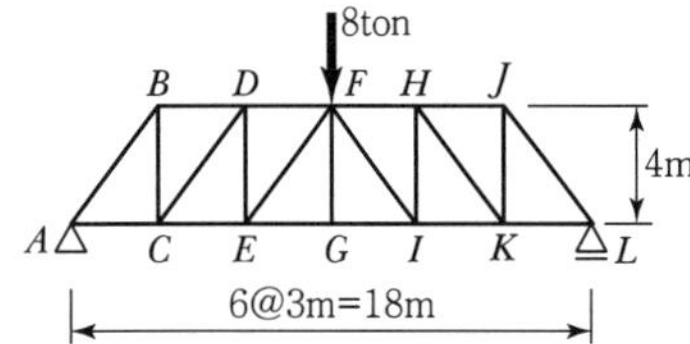

① 3ton(인장) ② 3ton(압축)
③ 4ton(압축) ④ 5ton(압축)

해설

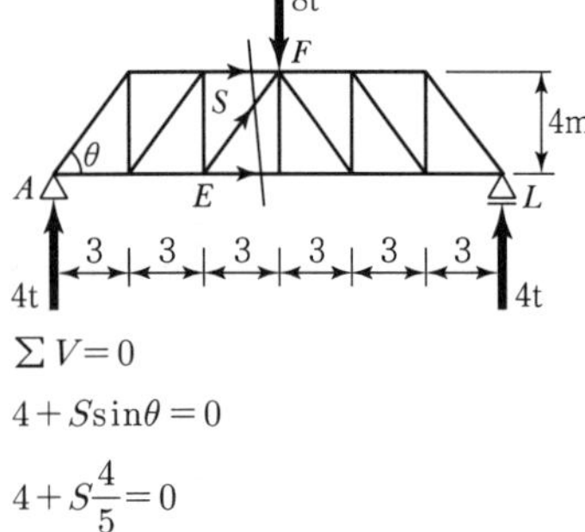

$\Sigma V = 0$

$4 + S\sin\theta = 0$

$4 + S\frac{4}{5} = 0$

$S = -5t = 5t$(압축)

14 그림과 같은 트러스에서 $L_1 U_1$ 부재의 부재력은?

['13, '21]

20kN 40kN 40kN 40kN 20kN, U_1, 4m, L_1, 3m 3m 3m 3m

① 22kN(인장) ② 25kN(인장)
③ 22kN(압축) ④ 25kN(압축)

해설

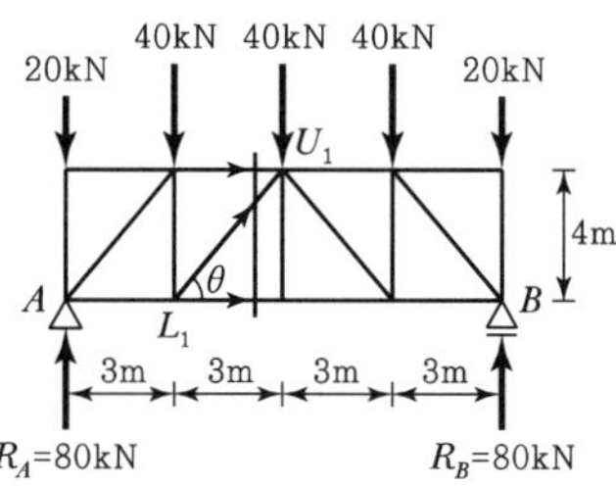

$\Sigma V = 0$

$80 - 20 - 40 + U_1L_1 \sin\theta = 0$

$20 + U_1L_1 \times \frac{4}{5} = 0$

$\therefore U_1L_1 = -25\text{kN} = 25\text{kN}$(압축)

15 그림과 같은 트러스의 사재 D의 부재력은? ['20]

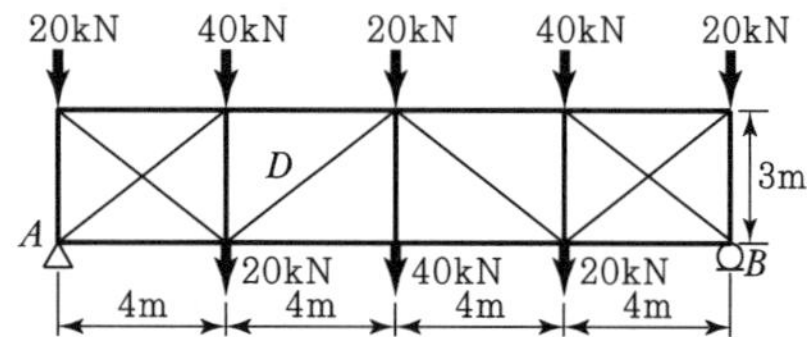

① 50kN(인장) ② 50kN(압축)
③ 37.5kN(인장) ④ 37.5kN(압축)

해설

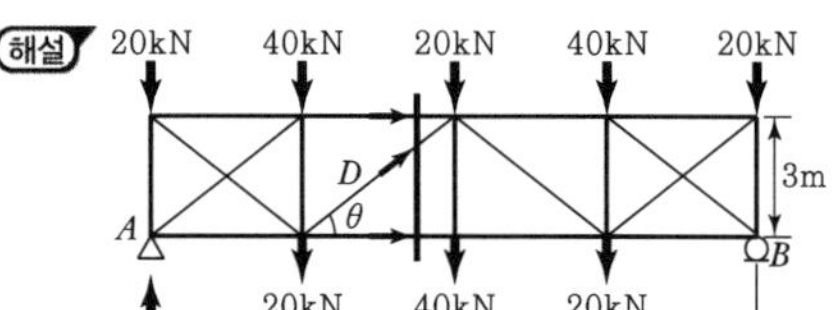

$V_A = \frac{220}{2} = 110\text{kN}$

$\Sigma V = 0$

$V_A - 20 - 20 - 40 + D \times \frac{3}{5} = 0$

$30 + D \times \frac{3}{5} = 0$

$D = -50\text{kN}$(압축)

16 다음 트러스에서 CD 부재의 부재력은?

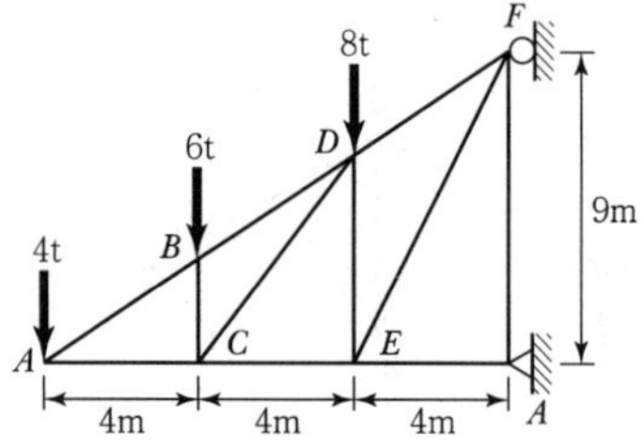

정답 13 ④ 14 ④ 15 ② 16 ③

① 5.542t(인장) ② 6.012t(인장)
③ 7.211t(인장) ④ 6.242t(인장)

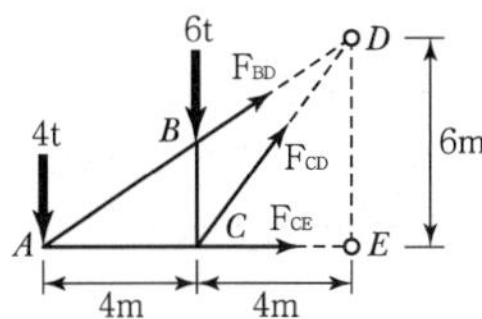

㉠ $F_{CD(H)}=\dfrac{2}{\sqrt{13}}F_{CD}$

㉡ $F_{CD(V)}=\dfrac{3}{\sqrt{13}}F_{CD}$

㉢ $\Sigma M_A=0$

$6\times4-F'_{CD(\text{수직분력})}\times4=0$

$6\times4-\dfrac{3}{\sqrt{13}}F_{CD}\times4=0$

$F_{CD}=2\sqrt{13}=7.211\,\text{t}$(인장)

상 · 하현재

17 그림의 트러스에서 a부재의 부재력은?

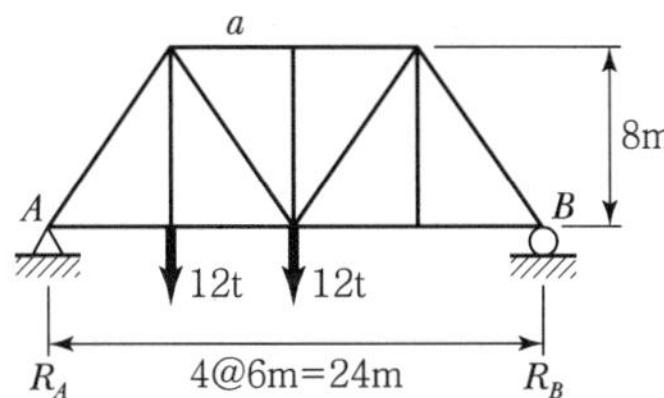

① 13.5t(인장) ② 17.5t(인장)
③ 13.5t(압축) ④ 17.5t(압축)

해설 ㉠

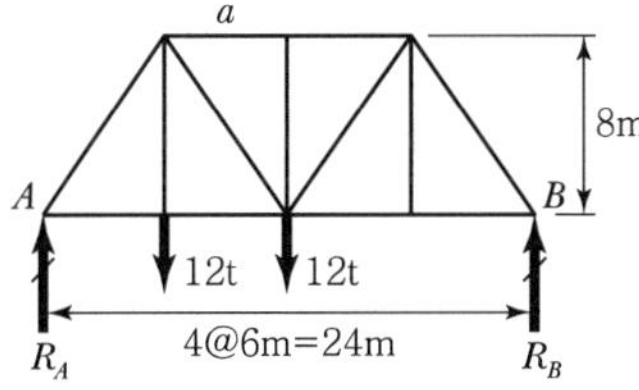

$\Sigma M_B=0$

$R_A\times24-12\times18-12\times12=0$

$R_A=15\,\text{t}(\uparrow)$

㉡

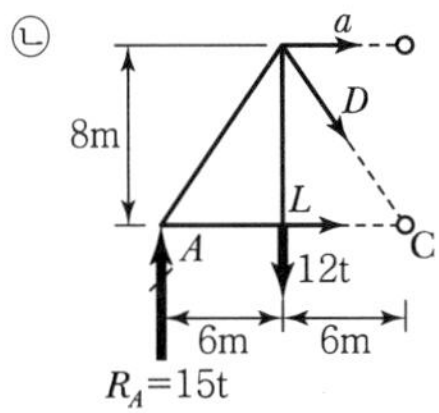

$\Sigma M_C=0$

$15\times12-12\times6+a\times8=0$

$a=-13.5\,\text{t}$(압축)

18 다음 그림과 같은 트러스에서 U부재에 일어나는 부재내력은? ['19]

① 9t(압축)
② 9t(인장)
③ 15t(압축)
④ 15t(인장)

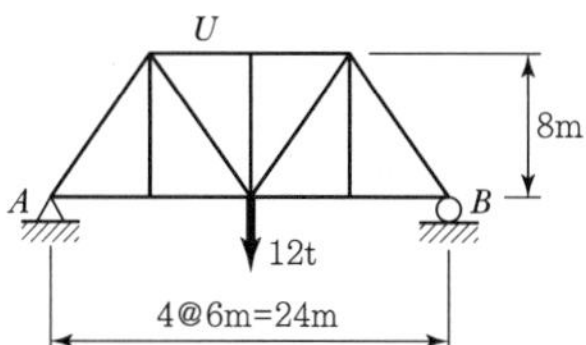

해설

[1]

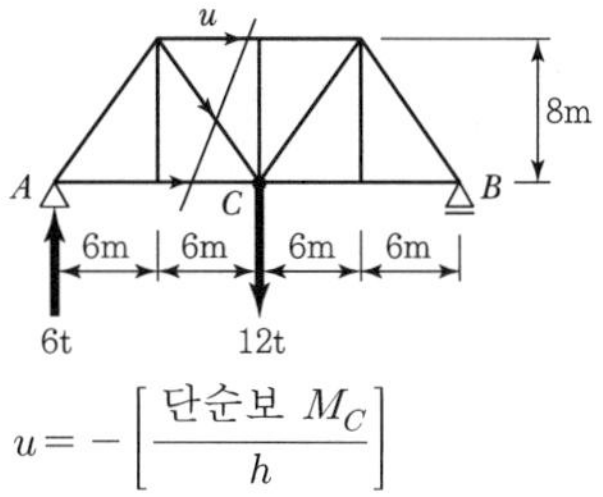

$u=-\left[\dfrac{\text{단순보 }M_C}{h}\right]$

$=-\dfrac{Pl}{4h}=-\dfrac{12\times24}{4\times8}=-9\text{t}$(압축)

[2] $\Sigma M_C=0$

$R_A\times12+u\times8=0$

$u=-\dfrac{6\times12}{8}=-9\text{t}$

19 다음 트러스에서 $\overline{L_1U_1}$ 부재의 부재력은?

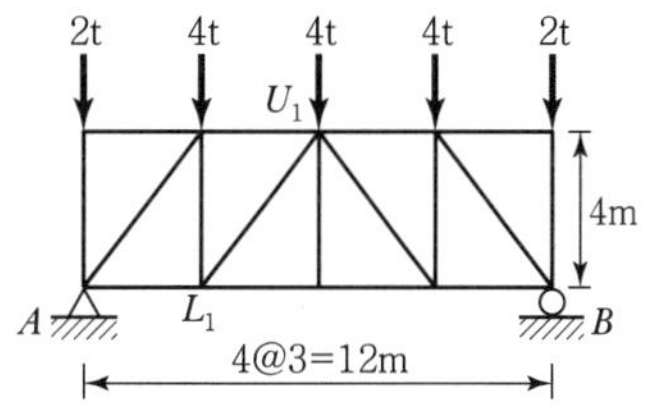

① 2.2t(인장) ② 2.5t(인장)
③ 2.2t(압축) ④ 2.5t(압축)

해설

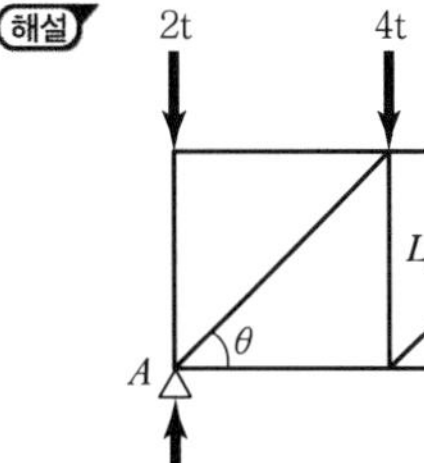

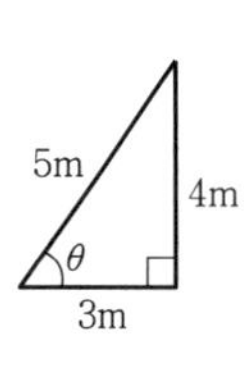

정답 17 ③ 18 ① 19 ④

㉠ 대칭이므로 $R_A = \frac{16t}{2} = 8t(\uparrow)$

㉡ $\Sigma V = 0$

$R_A - 2t - 4t + L_1U_1 \times \sin\theta = 0$

$8t - 2t - 4t + L_1U_1 \times \frac{4}{5} = 0$

$\therefore L_1U_1 = -2 \times \frac{5}{4} = -2.5t$(압축)

20 그림과 같은 트러스에서 부재 U_1 및 D_1의 부재력은? ['22]

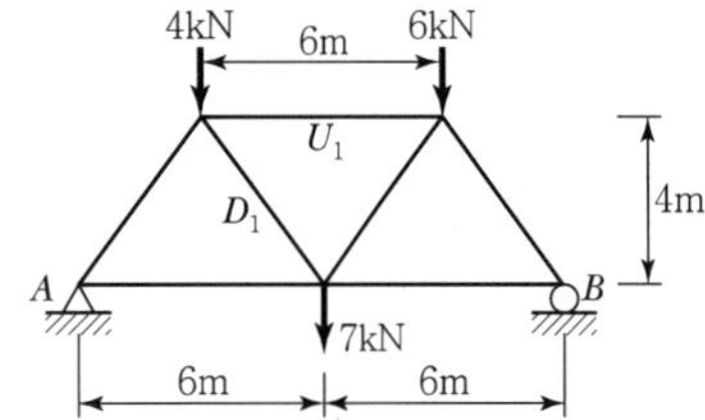

① $U_1 = 5$kN(압축), $D_1 = 9$kN(인장)
② $U_1 = 5$kN(인장), $D_1 = 9$kN(압축)
③ $U_1 = 9$kN(압축), $D_1 = 5$kN(인장)
④ $U_1 = 9$kN(인장), $D_1 = 5$kN(압축)

해설 ㉠ $\Sigma M_B = 0$

$R_A \times 12 - 4 \times 9 - 7 \times 6 - 6 \times 3 = 0$

$R_A = 8$kN$(\uparrow)$

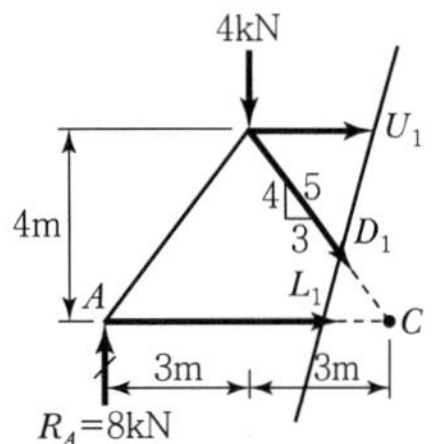

㉡ $\Sigma M_C = 0$

$8 \times 6 - 4 \times 3 + U_1 \times 4 = 0$

$U_1 = -9$kN(압축)

㉢ $\Sigma V = 0$

$8 - 4 - D_1 \frac{4}{5} = 0$

$D_1 = 5$kN(인장)

21 그림과 같은 트러스에서 부재 U의 부재력은? ['19]

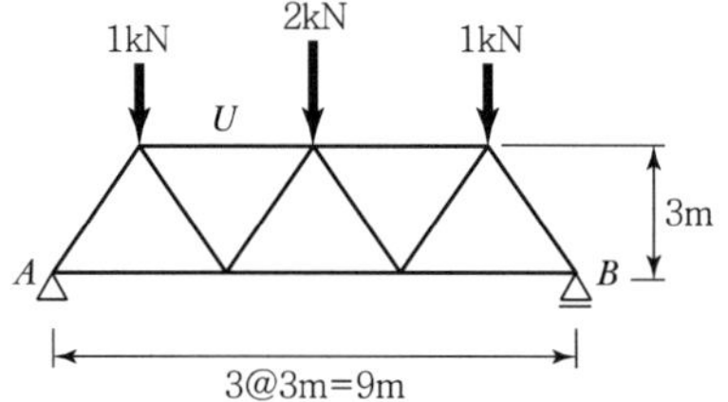

① 1.0kN(압축)　② 1.2kN(압축)
③ 1.3kN(압축)　④ 1.5kN(압축)

해설 ㉠ $R_A = R_B = \frac{1+2+1}{2} = 2kN(\uparrow)$

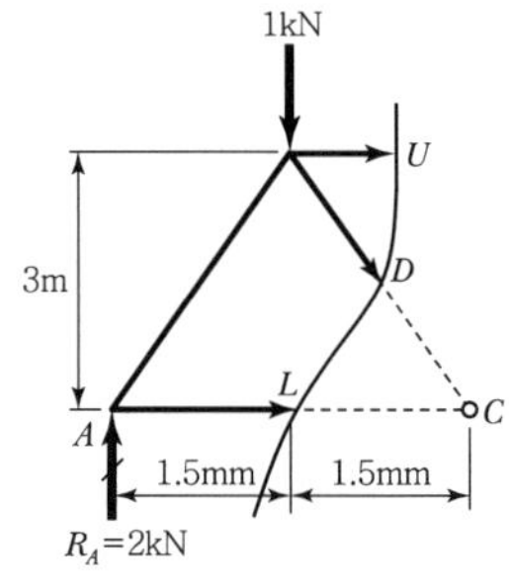

㉡ $\Sigma M_C = 0$

$2 \times 3 - 1 \times 1.5 + U \times 3 = 0$

$\therefore U = -1.5$kN(압축)

22 다음 트러스에서 부재력 U의 값으로 옳은 것은? ['13, '15]

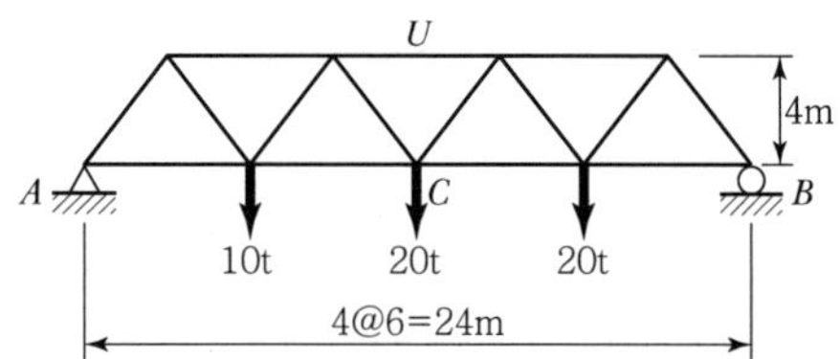

① 52.5t(압축)　② 63.5t(압축)
③ 74.5t(압축)　④ 85.5t(압축)

해설 ㉠ $\Sigma M_B = 0$

$R_A \times 24m - 10t \times 18m - 20t \times 12m - 20t \times 6m = 0$

$R_A = 22.5t$

정답 20 ③ 21 ④ 22 ①

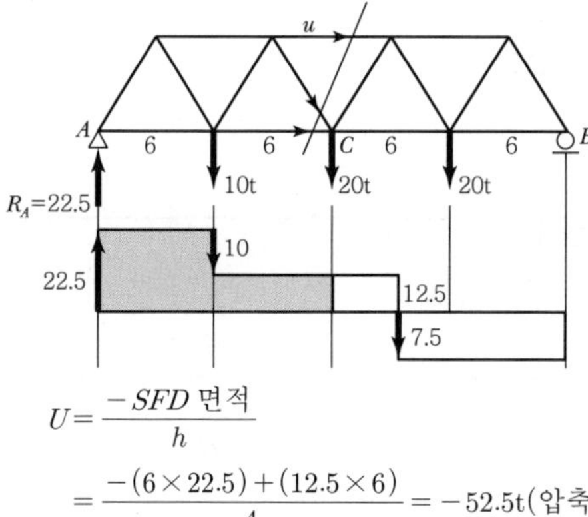

$$U=\frac{-SFD\text{ 면적}}{h}$$

$$=\frac{-(6\times22.5)+(12.5\times6)}{4}=-52.5\text{t}(\text{압축})$$

23 그림과 같은 트러스의 상현재 U의 부재력은?

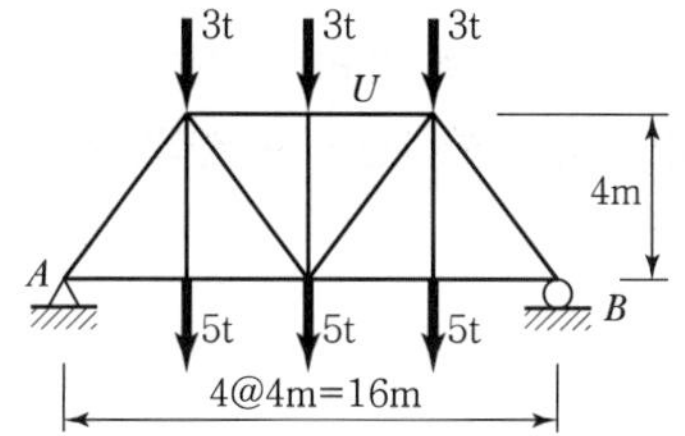

① 인장을 받으며 그 크기는 16t이다.
② 압축을 받으며 그 크기는 16t이다.
③ 인장을 받으며 그 크기는 12t이다.
④ 압축을 받으며 그 크기는 12t이다.

해설

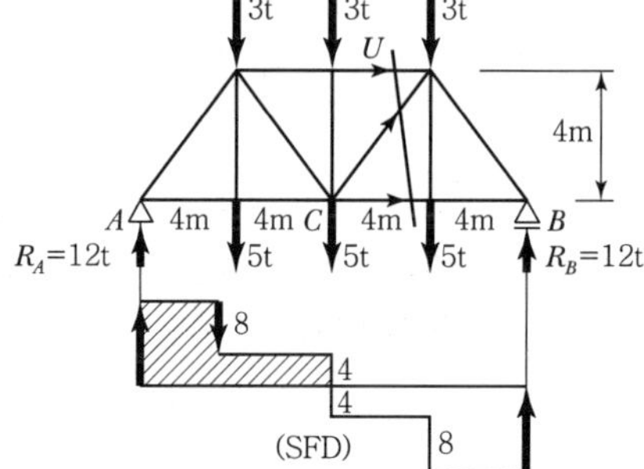

$$U=-\frac{SFD\text{ 면적}}{h}$$

$$=-\frac{(12\times4)+(4\times4)}{4}=-16\text{t}(\text{압축})$$

24 그림과 같은 트러스에서 부재 AB의 부재력은?

['15, '17]

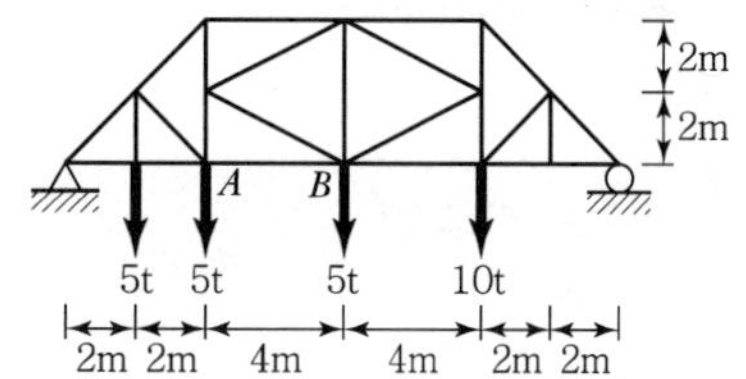

① 10.625t(인장)　　② 15.05t(인장)
③ 15.05t(압축)　　④ 10.625t(압축)

[1]

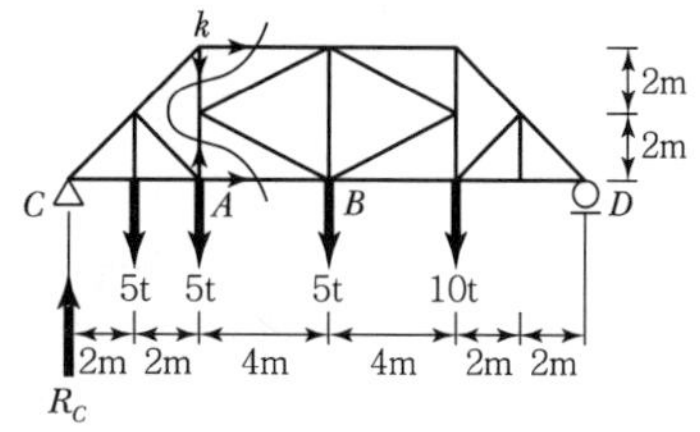

㉠ 반력 $\Sigma M_D=0$

$$R_A\times16-5\times14-5\times12-5\times8-10\times4=0$$

$$R_A=\frac{70+60+40+40}{16}=13.125\text{t}$$

㉡ $\Sigma M_k=0$

$$R_C\times4-5\times2-AB\times4=0$$

$$AB=\frac{R_C\times4-5\times2}{4}=\frac{52.5-10}{4}=10.625\text{t}$$

[2] ㉠ $\Sigma M_D=0$

$$R_c\times16-5\times14-5\times12-5\times8-10\times4=0$$

$$R_c=13.125\text{t}(\uparrow)$$

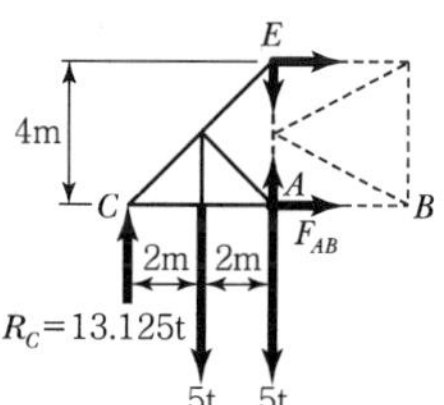

㉡ $\Sigma M_E=0$

$$13.125\times4-5\times2-F_{AB}\times4=0$$

$$F_{AB}=10.625\text{t}(\text{인장})$$

정답 23 ② 24 ①

재료의 성질

수직응력 $\sigma = \dfrac{P}{A}$

01 그림과 같이 한 변의 길이가 d인 정사각형 단면을 가진 부재가 점 A에서 하중 4.8kN을 받고 있을 때 필요한 정사각형 최소 단면의 한 변 길이 d는 얼마인가?(단, 자중은 무시하고 부재 허용인장응력 σ_w=1,200N/cm^{2}으로 한다.)

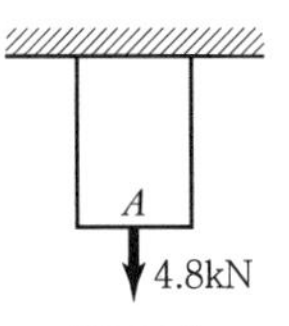

① 2cm
② 3cm
③ 1cm
④ 4cm

해설

〈공식〉 $\sigma = \dfrac{P}{A}$

$1,200 = \dfrac{4,800}{d^2}$ $\quad \therefore d = 2\text{cm}$

푸아송 비 ν, 푸아송 수 m

02 지름 4cm, 길이 100cm의 둥근 막대가 인장력을 받아서 길이가 0.6cm 늘어나고 동시에 지름이 0.008cm 만큼 줄었을 때 이 재료의 푸아송 수는?

① 1.5 ② 2.0 ③ 2.5 ④ 3.0

해설 $\text{푸아송 수}(m) = \dfrac{\text{세로변형률}}{\text{가로변형률}} = \dfrac{\frac{\Delta l}{l}}{\frac{\Delta d}{d}} = \dfrac{d \cdot \Delta l}{l \cdot \Delta d}$

$= \dfrac{4 \times 0.6}{100 \times 0.008} = 3$

03 직경 50mm, 길이 2m의 봉이 힘을 받아 길이가 2mm 늘어났다면, 이때 이 봉의 직경은 얼마나 줄어드는가?(단, 이 봉의 푸아송(Poisson's) 비는 0.3이다.) ['10, '12, '20]

① 0.015mm ② 0.030mm
③ 0.045mm ④ 0.060mm

해설

〈조건〉
$D = 50\text{mm}$ $\quad l = 2\text{m}$
$\Delta l = 2\text{mm}$ $\quad$ 푸아송 비 $\nu = 0.3$

$\text{푸아송 비}(\nu) = \dfrac{\text{가로 } \varepsilon}{\text{세로 } \varepsilon} = \dfrac{\frac{\Delta d}{D}}{\frac{\Delta l}{l}} = \dfrac{l \Delta d}{D \Delta l}$

$\therefore \Delta d = \dfrac{\nu \cdot D \cdot \Delta l}{l} = \dfrac{0.3 \times 50 \times 2}{2,000} = 0.015\text{mm}$

04 길이 50mm, 지름 10mm의 강봉을 당겼더니 5mm 늘어났다면 지름의 줄어든 값은 얼마인가?(단, 푸아송 비 $\nu = 1/3$이다.)

① $\dfrac{1}{6}$mm ② $\dfrac{1}{5}$mm ③ $\dfrac{1}{3}$mm ④ $\dfrac{1}{2}$mm

해설 ㉠ $\text{푸아송 비}(\nu) = \dfrac{\Delta d / d}{\Delta l / l} = \dfrac{l \cdot \Delta d}{d \cdot \Delta l}$

㉡ $\Delta d = \dfrac{v \cdot d \cdot \Delta l}{l} = \dfrac{\frac{1}{3} \times 10 \times 5}{50} = \dfrac{1}{3}\text{mm}$

$\sigma - \varepsilon$ 곡선

05 강재에 탄성한도보다 큰 응력을 가한 후 그 응력을 제거한 후 장시간 방치하여도 얼마간의 변형이 남게 되는데 이러한 변형을 무엇이라 하는가?

① 탄성변형 ② 피로변형
③ 소성변형 ④ 취성변형

탄성계수

06 길이 5m의 철근을 200MPa의 인장응력으로 인장하였더니 그 길이가 5mm만큼 늘어났다고 한다. 이 철근의 탄성계수는?(단, 철근의 지름은 20mm이다.) ['20]

① 2×10^4MPa ② 2×10^5MPa
③ 6.37×10^4MPa ④ 6.37×10^5MPa

정답 01 ① 02 ④ 03 ① 04 ③ 05 ③ 06 ②

해설

〈조건〉
길이 $l=5\text{m}=5\times10^3\text{mm}$
응력 $\sigma=200\text{MPa}=200\text{N/mm}^2$
늘어난 길이 $\delta=5\text{mm}$
지름 $D=20\text{mm}$ $\quad \therefore\ A=\dfrac{\pi(20)^2}{4}=314\text{mm}^2$

$$E=\frac{\sigma}{\varepsilon}=\sigma\frac{l}{\delta}=(200)\times\frac{5\times10^3}{5}=2\times10^5\text{MPa}$$

늘음량 δ

07 길이 5m, 단면적 10cm^2의 강봉을 0.5mm 늘이는 데 필요한 인장력은?(단, $E=2\times10^6\text{kg/cm}^2$)

① 2t ② 3t ③ 4t ④ 5t

해설 $\Delta l=\dfrac{Pl}{AE}$ 식에서

$$P=\frac{\Delta l\cdot A\cdot E}{l}=\frac{0.05\times10\times2\times10^6}{500}=2{,}000\text{kg}=2\text{t}$$

08 다음 중 단위 변형을 일으키는 데 필요한 힘은? ['19]

① 강성도 ② 유연도
③ 축강도 ④ 푸아송 비

 ㉠

$$\delta=\frac{PL}{AE}$$

$P=1$일 때 δ $\quad \therefore$ 유연도$(f)=\dfrac{L}{AE}$

㉡

$$P=\frac{AE}{L}\delta$$

$\delta=1$ 늘이는 데 필요한 힘

$\therefore$ 강성도$(K)=\dfrac{AE}{L}$

09 지름 20mm, 길이 1m인 강봉을 4t의 힘으로 인장할 경우 이 강봉의 변형량은?(단, 이 강봉의 탄성계수는 $E=2.0\times10^6\text{kg/cm}^2$이다.)

① 0.908mm ② 0.808mm
③ 0.737mm ④ 0.637mm

해설 $\Delta l=\dfrac{Pl}{AE}=\dfrac{4{,}000\times100}{\dfrac{2^2\pi}{4}\times2\times10^6}=0.0637\text{cm}=0.637\text{mm}$

10 길이 5m, 단면적 10cm^2인 강봉을 0.5mm 늘이는 데 필요한 인장력은?(단, 탄성계수 $E=2\times10^5\text{MPa}$이다.) ['19]

① 20kN ② 30kN
③ 40kN ④ 50kN

해설

〈공식〉 $\delta=\dfrac{PL}{AE}$

$$\therefore\ P=\frac{AE}{L}\delta=20\times10^3\text{N}=20\text{kN}$$

여기서, $E=2\times10^5\text{MPa}$
$L=5\text{m}=5{,}000\text{mm}$
$A=10\text{cm}^2=(100)^2\text{mm}^2$
$\delta=0.5\text{mm}$

11 다음과 같은 단면의 지름이 $2d$에서 d로 선형적으로 변하는 원형 단면부재에 하중 P가 작용할 때, 전체 축방향 변위를 구하면?(단, 탄성계수 E는 일정하다.)

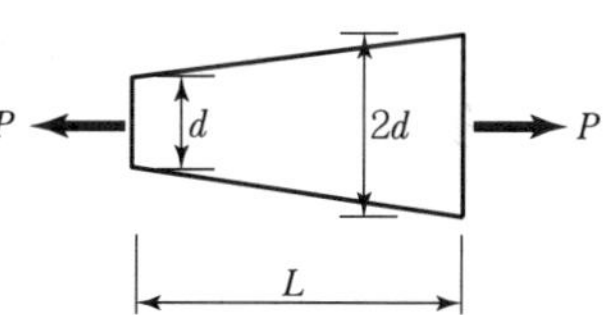

① $\dfrac{2PL}{3\pi d^2E}$ ② $\dfrac{3PL}{2\pi d^2E}$
③ $\dfrac{2PL}{\pi d^2E}$ ④ $\dfrac{3PL}{\pi d^2E}$

〈공식〉 $\delta=\dfrac{PL}{EA}=\dfrac{PL}{E\cdot\left(\dfrac{\pi d_1d_2}{4}\right)}$

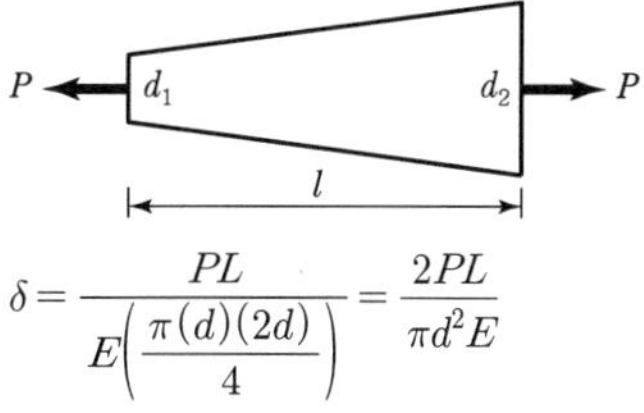

$$\delta=\frac{PL}{E\left(\dfrac{\pi(d)(2d)}{4}\right)}=\frac{2PL}{\pi d^2E}$$

정답 07 ① 08 ① 09 ④ 10 ① 11 ③

12 다음과 같은 부재에서 길이의 변화량(δ)은 얼마인가?(단, 보는 균일하며 단면적 A와 탄성계수 E는 일정하다.)

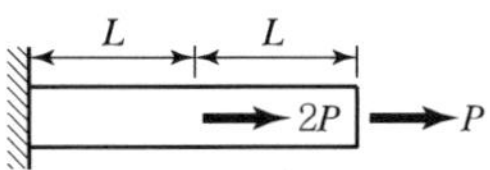

① $\dfrac{4PL}{EA}$ ② $\dfrac{3PL}{EA}$ ③ $\dfrac{1.5PL}{EA}$ ④ $\dfrac{PL}{EA}$

해설

[1]

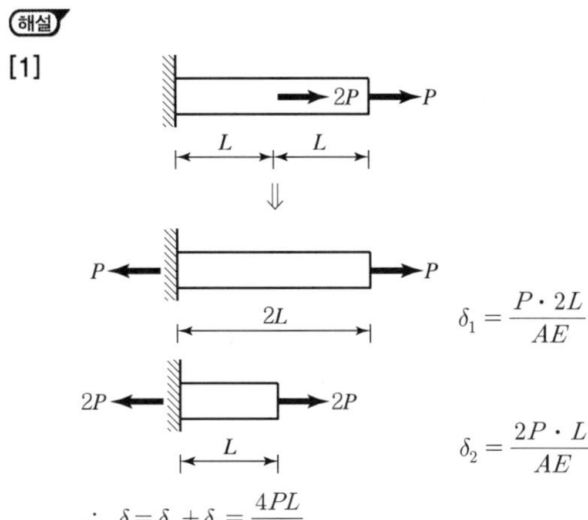

$\delta_1 = \dfrac{P \cdot 2L}{AE}$

$\delta_2 = \dfrac{2P \cdot L}{AE}$

$\therefore\ \delta = \delta_1 + \delta_2 = \dfrac{4PL}{AE}$

[2] ㉠

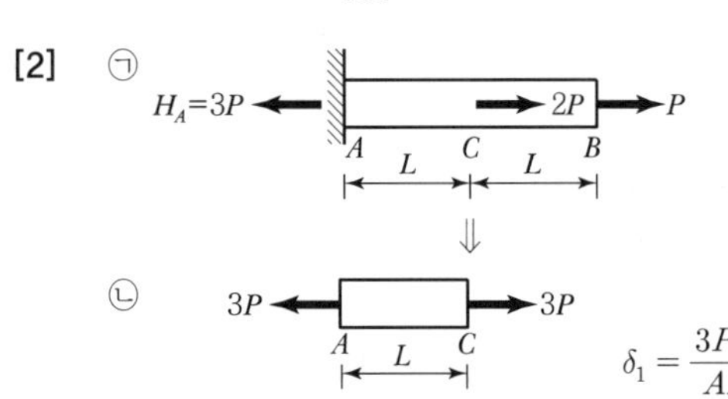

㉡ $\delta_1 = \dfrac{3PL}{AE}$

㉢

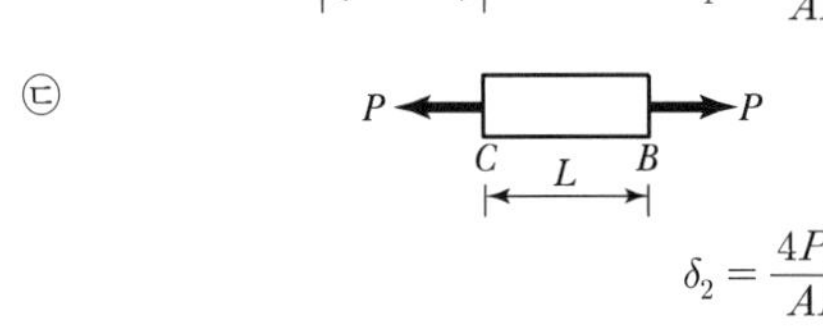

$\delta_2 = \dfrac{4PL}{AE}$

㉣ $\delta = \delta_1 + \delta_2 = \dfrac{4PL}{AE}$

13 아래의 그림과 같이 길이 L인 부재에서 전체 길이의 변화량(ΔL)은?(단, 보는 균일하며 단면적 A와 탄성계수 E는 일정) ['22]

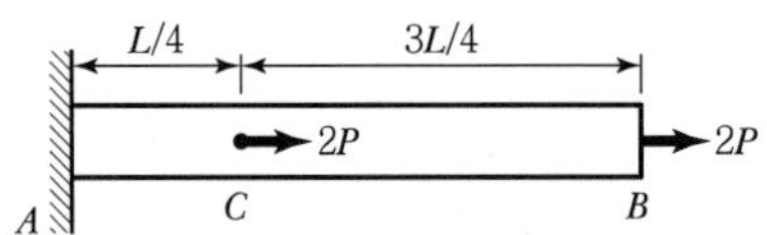

① $\dfrac{2PL}{EA}$ ② $\dfrac{2.5PL}{EA}$ ③ $\dfrac{3PL}{EA}$ ④ $\dfrac{3.5PL}{EA}$

해설

㉠ $\Delta L_1 = \dfrac{(4P)(L/4)}{EA} = \dfrac{PL}{EA}$

㉡ $\Delta L_2 = \dfrac{(2P)(3L/4)}{EA} = \dfrac{3PL}{2EA}$

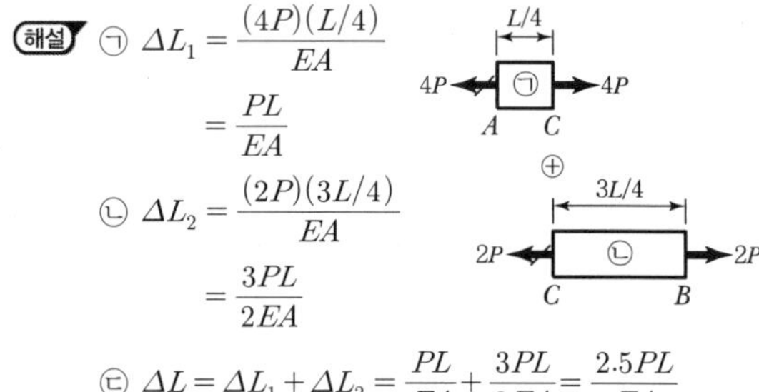

㉢ $\Delta L = \Delta L_1 + \Delta L_2 = \dfrac{PL}{EA} + \dfrac{3PL}{2EA} = \dfrac{2.5PL}{EA}$

14 다음과 같은 부재에서 AC 사이의 전체 길이의 변화량 δ는 얼마인가?(단, 보는 균일하며 단면적 A와 탄성계수 E는 일정하다고 가정한다.)

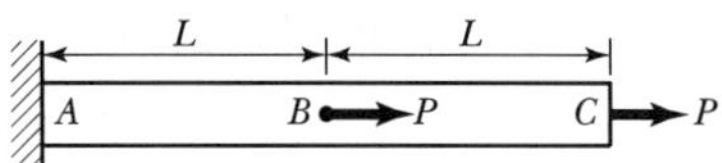

① $\dfrac{PL}{EA}$ ② $\dfrac{1.5PL}{EA}$ ③ $\dfrac{3PL}{EA}$ ④ $\dfrac{4PL}{EA}$

해설

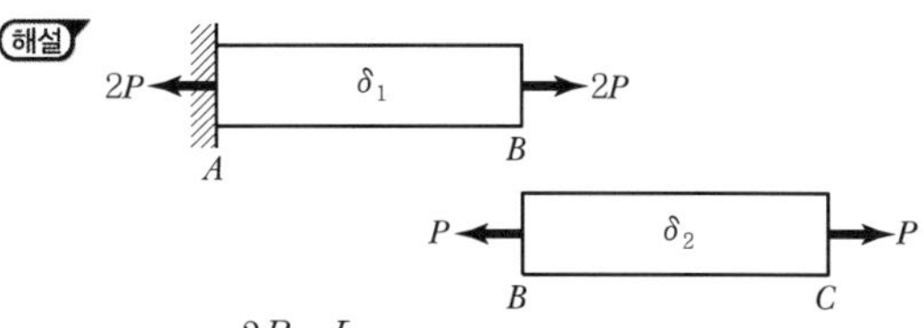

㉠ $\delta_1 = \dfrac{2P \cdot L}{AE}$

㉡ $\delta_2 = \dfrac{PL}{AE}$

㉢ $\delta = \Sigma \dfrac{PL}{AE} = \dfrac{2P \cdot L}{AE} + \dfrac{PL}{AE} = \dfrac{3PL}{AE}$

15 그림과 같은 단면적 A, 탄성계수 E인 기둥에서 줄음량을 구한 값은?

① $\dfrac{2Pl}{AE}$ ② $\dfrac{3Pl}{AE}$

③ $\dfrac{4Pl}{AE}$ ④ $\dfrac{5Pl}{AE}$

해설

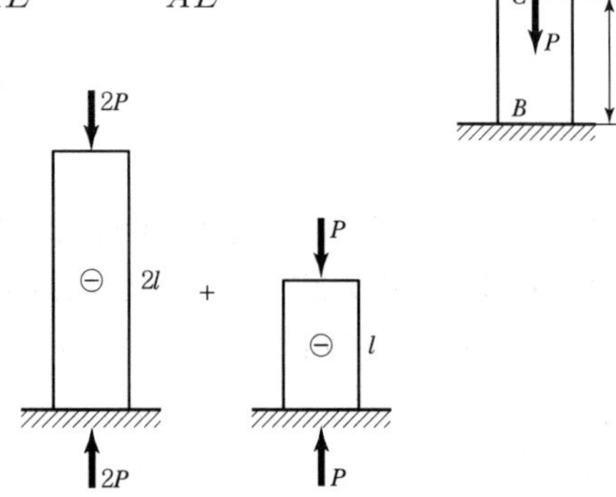

정답 12 ① 13 ② 14 ③ 15 ④

$$\delta = \frac{2P \cdot 2l}{AE} + \frac{Pl}{AE} = \frac{5Pl}{AE}(\text{압축})$$

16 다음 봉재의 단면적이 A이고 탄성계수가 E일 때 C점의 수직 처짐은? ['10, '14]

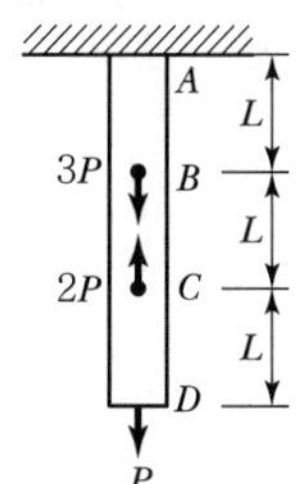

① $\frac{4PL}{EA}$　② $\frac{3PL}{EA}$　③ $\frac{2PL}{EA}$　④ $\frac{PL}{EA}$

해설

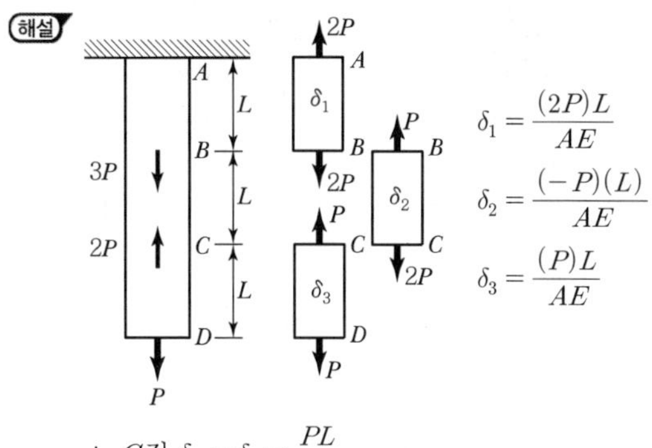

$$\delta_1 = \frac{(2P)L}{AE}$$

$$\delta_2 = \frac{(-P)(L)}{AE}$$

$$\delta_3 = \frac{(P)L}{AE}$$

$$\therefore\ C\text{점 } \delta_C = \delta_3 = \frac{PL}{AE}$$

17 다음 인장부재의 수직변위를 구하는 식으로 옳은 것은?(단, 탄성계수는 E) ['13, '18, '21]

① $\frac{PL}{EA}$　② $\frac{3PL}{2EA}$

③ $\frac{2PL}{EA}$　④ $\frac{5PL}{2EA}$

단면적 : $2A$

단면적 : A

L　L　P

해설

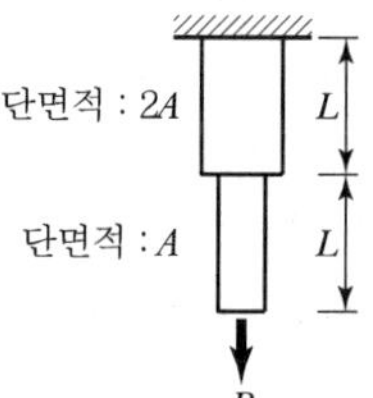

$$\delta_1 = \frac{PL}{(2A)E}$$

$$\delta_2 = \frac{PL}{AE}$$

$$\delta = \delta_1 + \delta_2 = \frac{3PL}{2AE}$$

18 부재 AB의 강성도(Stiffness)를 바르게 나타낸 것은?

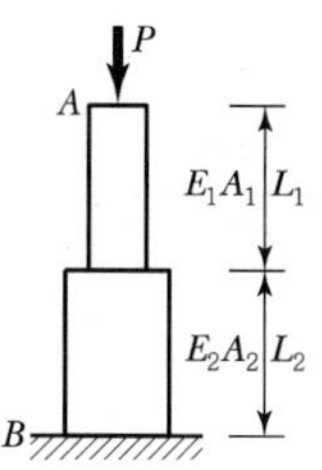

① $\frac{1}{\left(\frac{L_1}{E_1A_1} + \frac{L_2}{E_2A_2}\right)}$　② $\frac{E_1A_1}{L_1} + \frac{E_2A_2}{L_2}$

③ $\frac{E_1A_1 + E_2A_2}{L_1 + L_2}$　④ $\frac{L_1}{E_1A_1} + \frac{L_2}{E_2A_2}$

해설

〈참고〉 강성도(K)

단위변형($\delta = 1$)을 일으키는 데 필요한 힘이다.

$$K = \frac{AE}{L}$$

$$\delta = \frac{PL_1}{A_1E_1} + \frac{PL_2}{A_2E_2} = 1$$

$$\therefore\ P = \frac{1}{\frac{L_1}{A_1E_1} + \frac{L_2}{A_2E_2}} = \frac{1}{\frac{A_1E_1L_2 + A_2E_2L_1}{A_1E_1A_2E_2}} = \frac{A_1E_1A_2E_2}{A_1E_1L_2 + A_2E_2L_1}$$

19 그림에 표시한 것과 같은 단면의 변화가 있는 AB 부재의 강성도(Stiffness Factor)는? ['11, '21]

① $\frac{PL_1}{A_1E_1} + \frac{PL_2}{A_2E_2}$

② $\frac{A_1E_1}{PL_1} + \frac{A_2E_2}{PL_2}$

③ $\frac{A_1E_1}{L_1} + \frac{A_2E_2}{L_2}$

④ $\frac{A_1A_2E_1E_2}{L_1(A_2E_2) + L_2(A_1E_1)}$

P　B　A_2, E_2　L_2　A_1, E_1　L_1　A

해설

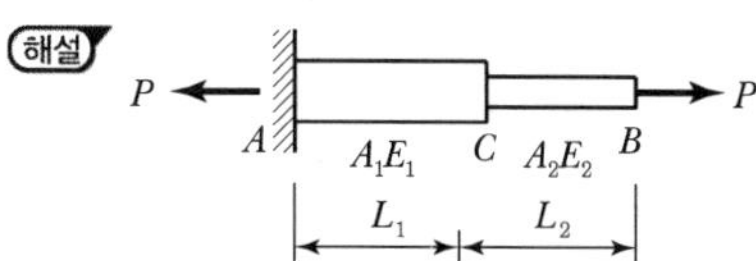

정답 16 ④　17 ②　18 ①　19 ④

㉠ 유연도(f) : 단위하중 1을 가했을 때 늘어난 길이

$$\delta = \frac{Pl}{AE}$$

$$\therefore\ f = \frac{l}{AE}$$

$$\delta = \underset{\text{AC구간}}{\frac{P_1L_1}{A_1E_1}} + \underset{\text{CB구간}}{\frac{P_2L_2}{A_2E_2}} = \frac{1L_1}{A_1E_1} + \frac{1L_2}{A_2E_2}$$

$$= \frac{1L_1A_2E_2 + 1L_2A_1E_1}{A_1E_1A_2E_2}$$

$$= \frac{A_2E_2L_1 + A_1E_1L_2}{A_1A_2E_1E_2}$$

㉡ 강성도(K) : $\delta = 1$만큼 늘이는 데 필요한 힘(P)

$$\delta = \frac{PL}{AE},\ 1 = \frac{PL}{AE}$$

$$\therefore\ P = K = \frac{AE}{L} = \frac{1}{f}$$

$$P = \frac{1}{K} = \frac{A_1A_2E_1E_2}{A_2E_2L_1 + A_1E_1L_2}$$

20 그림에 표시한 것과 같은 단면의 변화가 있는 AB 부재의 강도(Stiffness Factor)는? ['12, '15]

① $\dfrac{PL_1}{A_1E_1} + \dfrac{PL_2}{A_2E_2}$

② $\dfrac{A_1E_1}{PL_1} + \dfrac{A_2E_2}{PL_2}$

③ $\dfrac{A_1E_1}{L_1} + \dfrac{A_2E_2}{L_2}$

④ $\dfrac{A_1A_2E_1E_2}{L_1(A_2E_2) + L_2(A_1E_1)}$

해설 ㉠ $\Delta L_1 = \dfrac{PL_1}{E_1A_1}$

⊕

㉡ $\Delta L_2 = \dfrac{PL_2}{E_2A_2}$

㉢ $\Delta L = \dfrac{PL_1}{E_1A_1} + \dfrac{PL_2}{E_2A_2} = P\left(\dfrac{L_1E_2A_2 + L_2E_1A_1}{E_1A_1E_2A_2}\right)$

㉣ ($\Delta L = 1 \rightarrow P = K$)

$$P = K = \frac{A_1A_2E_1E_2}{L_1(A_2E_2) + L_2(A_1E_1)}$$

21 아래 그림과 같은 봉에 작용하는 힘들에 의한 봉 전체의 수직 처짐의 크기는? ['22]

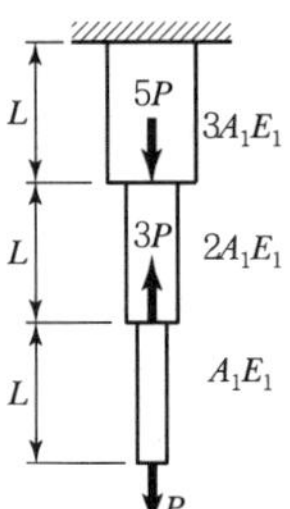

① $\dfrac{PL}{A_1E_1}$ ② $\dfrac{2PL}{3A_1E_1}$ ③ $\dfrac{4PL}{3A_1E_1}$ ④ $\dfrac{3PL}{2A_1E_1}$

해설

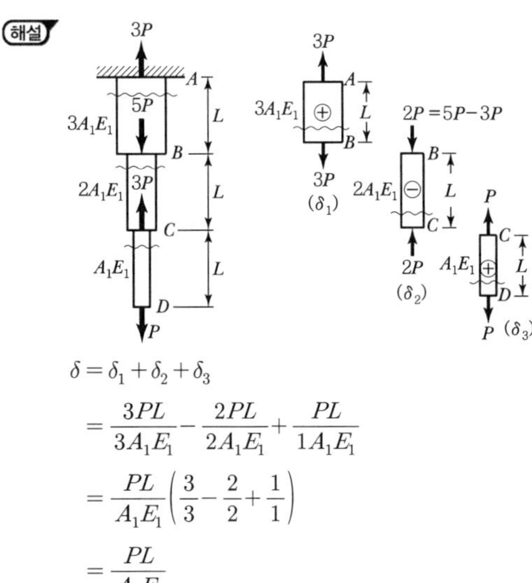

$$\delta = \delta_1 + \delta_2 + \delta_3$$

$$= \frac{3PL}{3A_1E_1} - \frac{2PL}{2A_1E_1} + \frac{PL}{1A_1E_1}$$

$$= \frac{PL}{A_1E_1}\left(\frac{3}{3} - \frac{2}{2} + \frac{1}{1}\right)$$

$$= \frac{PL}{A_1E_1}$$

22 균질한 단면봉이 그림과 같이 P_1, P_2, P_3의 하중을 B, C, D점에서 받고 있다. 각 구간의 거리 $a = 1.0\text{m}$, $b = 0.5\text{m}$, $c = 0.5\text{m}$이고, $P_2 = 10\text{kN}$, $P_3 = 4\text{kN}$의 하중이 작용할 때 D점에서의 수직방향 변위가 일어나지 않기 위한 하중 P_1은? ['22]

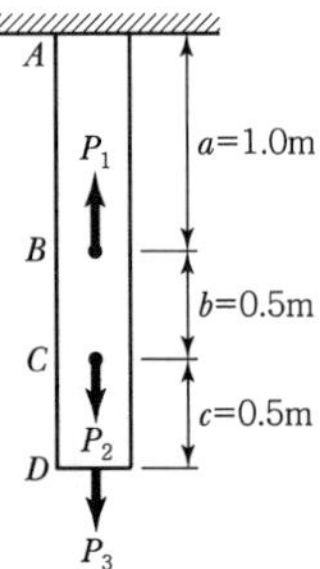

① 21kN ② 22kN ③ 23kN ④ 24kN

정답 20 ④ 21 ① 22 ③

해설

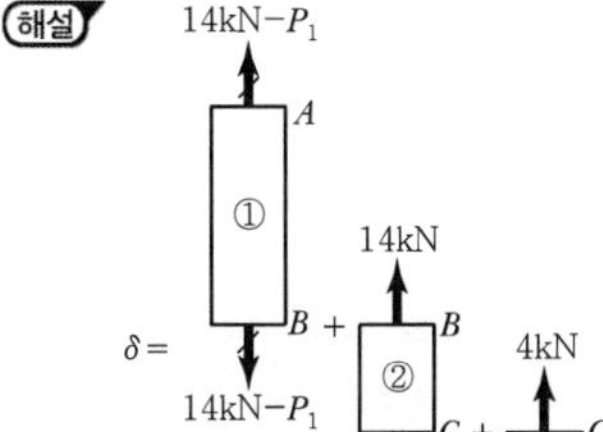

$$\delta_D = \delta_{①} + \delta_{②} + \delta_{③}$$
$$= \frac{1}{EA}[\{(14 - P_1) \times 1\} + (14 \times 0.5) + (4 \times 0.5)]$$
$$= 0$$
$(14 - P_1) + 7 + 2 = 0$, $P_1 = 23\text{kN}$

23 균질한 균일 단면봉이 그림과 같이 P_1, P_2, P_3의 하중을 B, C, D점에서 받고 있다. 각 구간의 거리 $a=1.0\text{m}$, $b=0.4\text{m}$, $c=0.6\text{m}$이고 $P_2=10\text{t}$, $P_3=5\text{t}$의 하중이 작용할 때 D점에서의 수직방향 변위가 일어나지 않기 위한 하중 P_1은 얼마인가?

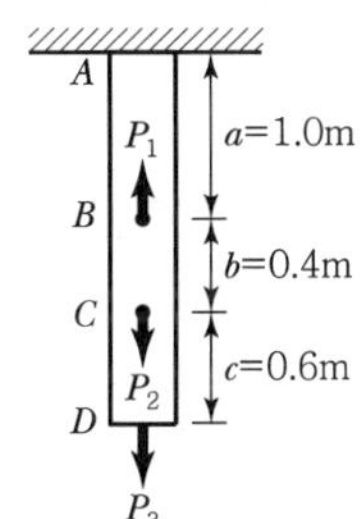

① 5t ② 6t ③ 8t ④ 24t

해설

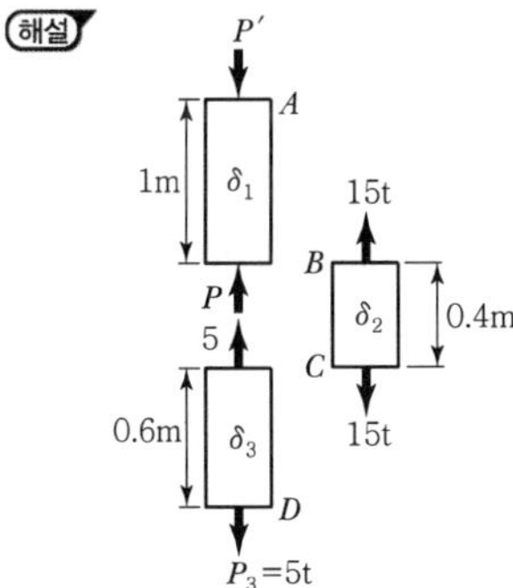

㉠ $\delta_0 = \delta_1 + \delta_2 + \delta_3$
$$= \frac{1}{AE}[(-P' \times 1) + (15 \times 0.4) + (5 \times 0.61)]$$
$$= 0$$
$\therefore P' = 9\text{t}(\uparrow)$

㉡ $P_1 = P' + 15 = 9 + 15 = 24\text{t}(\uparrow)$

24 균질한 균일 단면봉이 그림과 같이 P_1, P_2, P_3의 하중을 B, C, D점에서 받고 있다. $P_2=8\text{t}$, $P_3=4\text{t}$의 하중이 작용할 때 D점에서의 수직방향 변위가 일어나지 않기 위한 하중 P_1은 얼마인가?

① 14.4t
② 19.2t
③ 24.0t
④ 28.6t

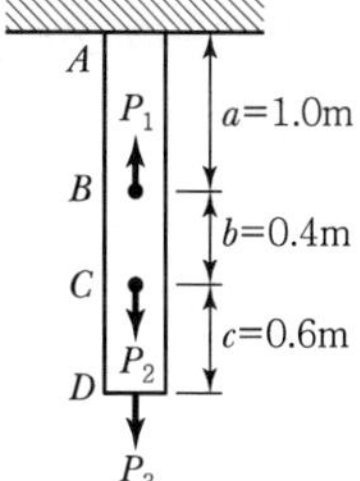

해설

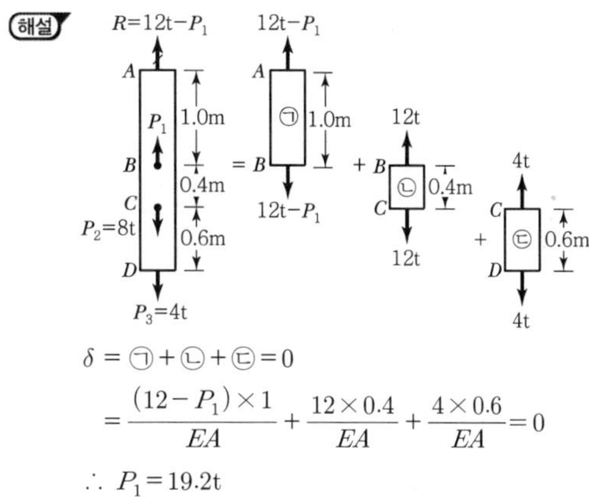

$\delta = ㉠ + ㉡ + ㉢ = 0$
$$= \frac{(12 - P_1) \times 1}{EA} + \frac{12 \times 0.4}{EA} + \frac{4 \times 0.6}{EA} = 0$$
$\therefore P_1 = 19.2\text{t}$

25 균질한 강봉에 하중이 아래 그림과 같이 가해질 때 D점이 움직이지 않게 하기 위해서는 하중 P_3에 추가하여 얼마의 하중(P)이 더 가해져야 하는가?(단, $P_1 = 12\text{t}$, $P_2 = 8\text{t}$, $P_3 = 6\text{t}$이다.)

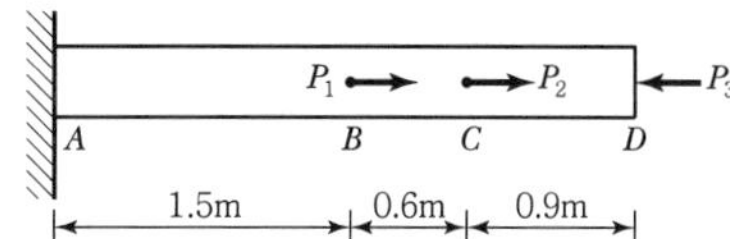

① 5.6t ② 7t
③ 11.6t ④ 14t

해설 ㉠ $\delta_{AB} = \frac{1.5}{AE}(12 + 8 - P_3')$

㉡ $\delta_{BC} = \frac{0.6}{AE}(8 - P_3')$

㉢ $\delta_{CD} = \frac{0.9}{AE}(-P_3')$

㉣ $\delta_D = \delta_{AB} + \delta_{BC} + \delta_{CD}$
$$= 30 + 4.8 - 1.5P_3' - 0.6P_3' - 0.9P_3' = 0$$
$34.8 = 3P_3'$, $P_3' = 11.6$

정답 23 ④ 24 ② 25 ①

㉤ $P_3' = P_3 +$ 추가 P

$11.6 = 6 +$ 추가 P

$\therefore$ 추가 $P = 5.6\text{t}$

26 상 · 하단이 고정인 기둥에 그림과 같이 힘 P가 작용한다면 반력 R_A, R_B 값은? ['10, '15, '18]

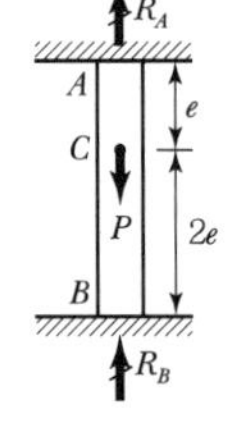

① $R_A = \dfrac{P}{2}$, $R_B = \dfrac{P}{2}$

② $R_A = \dfrac{P}{3}$, $R_B = \dfrac{2P}{3}$

③ $R_A = \dfrac{2P}{3}$, $R_B = \dfrac{P}{3}$

④ $R_A = P$, $R_B = 0$

해설 양단 고정 기둥 → 양단 고정봉

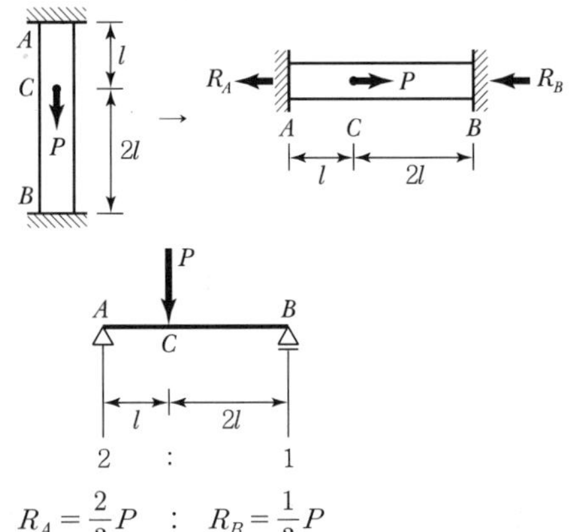

$R_A = \dfrac{2}{3}P \quad : \quad R_B = \dfrac{1}{3}P$

27 다음에서 부재 BC에 걸리는 응력의 크기는? ['19]

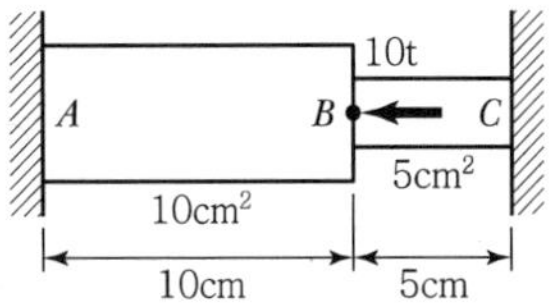

① $\dfrac{2}{3}\text{t/cm}^2$ ② 1t/cm^2

③ $\dfrac{3}{2}\text{t/cm}^2$ ④ 2t/cm^2

해설

[1]

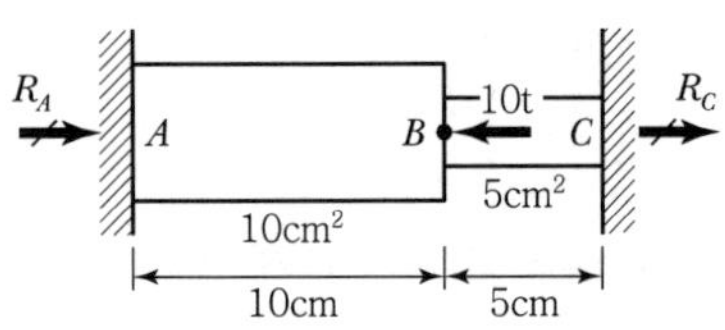

㉠ 강비

$$k_{AB} : k_{BC} = \frac{A_{AB}}{l_{AB}} : \frac{A_{BC}}{l_{BC}} = \frac{10}{10} : \frac{5}{5} = 1 : 1$$

㉡ 반력

$$R_A : R_C = 10 \times \frac{1}{2} : 10 \times \frac{1}{2} = 5\text{t} : 5\text{t}$$

㉢ 부재 BC 응력

$$\sigma_{BC} = \frac{R_C}{A_{BC}} = \frac{5}{5} = 1\,\text{t/cm}^2\text{(인장)}$$

[2]

㉠ $\delta = \dfrac{PL}{AE} \quad \therefore\ P = \dfrac{AE}{L}\delta$

㉡

R_A	:	R_B
$\dfrac{10 \times E}{10}$	:	$\dfrac{5 \times E}{5}$
1	:	1

㉢ $R_A = \dfrac{1}{1+1} \times 10 = 5\text{t}$

$R_B = \dfrac{1}{1+1} \times 10 = 5\text{t}$

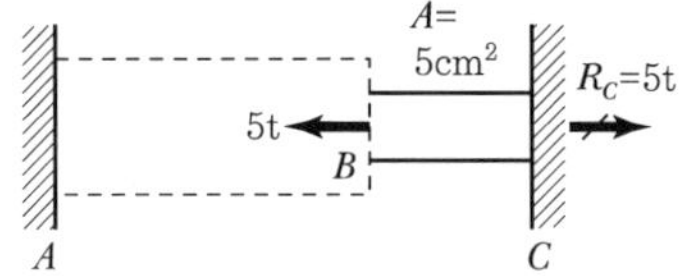

㉣ $\sigma_{BC} = \dfrac{P}{A} = \dfrac{5\text{t}}{5\text{cm}^2} = 1\text{t/cm}^2$

강선의 인장응력

28 그림과 같이 강선과 동선으로 조립되어 있는 구조물에 200kg의 하중이 작용하면 강선에 발생하는 힘은?(단, 강선과 동선의 단면적은 같고, 강선의 탄성계수는 $2.0 \times 10^6\text{kg/cm}^2$, 동선의 탄성계수는 $1.0 \times 10^6\text{kg/cm}^2$임)

① 66.7kg

② 133.3kg

③ 166.7kg

④ 233.3kg

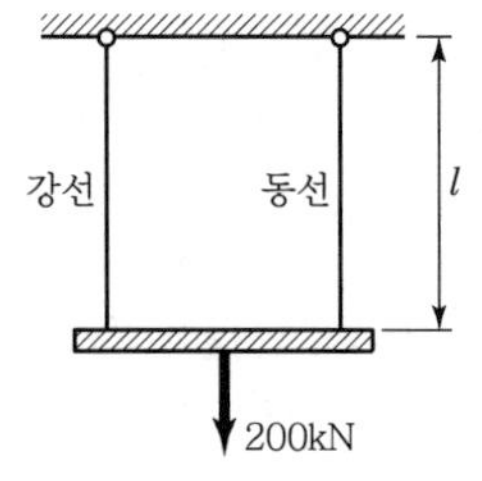

정답 26 ③ 27 ② 28 ②

해설

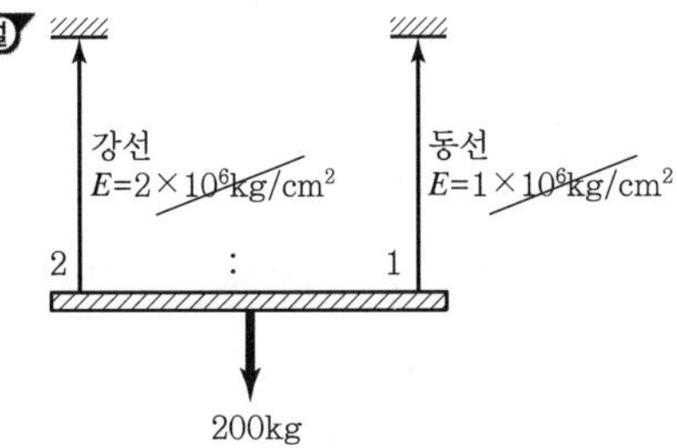

$\delta = \frac{Pl}{AE}$

$\therefore\ P = \frac{AE}{l}\delta$

$P_{강} : P_{동} = 2 : 1$

㉠ $P_{강} = 200 \times \frac{2}{2+1} = 133.3\text{kg}$

㉡ $P_{동} = 200 \times \frac{1}{2+1} = 66.66\text{kg}$

29 무게 3,000kg인 물체를 단면적이 2cm^2인 1개의 동선과 양쪽에 단면적이 1cm^2인 철선으로 매달았다면 철선과 동선의 인장응력 σ_s, σ_c는 얼마인가?(단, 철선의 탄성계수 $E_s = 2.1 \times 10^6\text{kg/cm}^2$, 동선의 탄성계수 $E_c = 1.05 \times 10^6\text{kg/cm}^2$이다.) ['10, '12]

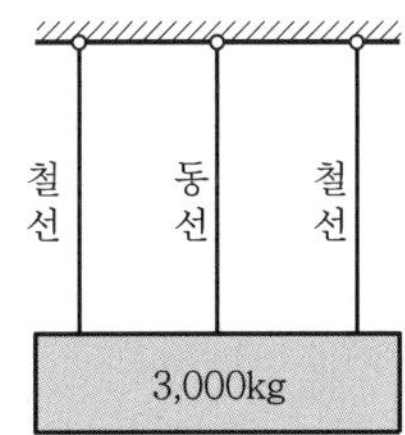

① $\sigma_s = 1,000\text{kg/cm}^2$, $\sigma_c = 1,000\text{kg/cm}^2$

② $\sigma_s = 1,000\text{kg/cm}^2$, $\sigma_c = 500\text{kg/cm}^2$

③ $\sigma_s = 500\text{kg/cm}^2$, $\sigma_c = 1,500\text{kg/cm}^2$

④ $\sigma_s = 500\text{kg/cm}^2$, $\sigma_c = 500\text{kg/cm}^2$

해설 ㉠ 탄성계수비

$$n = \frac{E_s}{E_c} = \frac{2.1 \times 10^6}{1.05 \times 10^6} = 2$$

㉡ 동선의 응력

$$\sigma_c = \frac{P}{A_c + nA_s} = \frac{3,000}{2 + 2(1 \times 2)} = 500\text{kg/cm}^2$$

㉢ 철선의 응력

$$\sigma_s = n\sigma_c = 2 \times 500 = 1,000\text{kg/cm}^2$$

트러스 처짐 I

30 그림과 같은 트러스에서 A점에 연직하중 P가 작용할 때 A점의 연직처짐은?(단, 부재의 축 강도는 모두 EA이고, 부재의 길이는 $AB = 3l$, $AC = 5l$이며, B와 C의 거리는 $4l$이다.) ['13, '16]

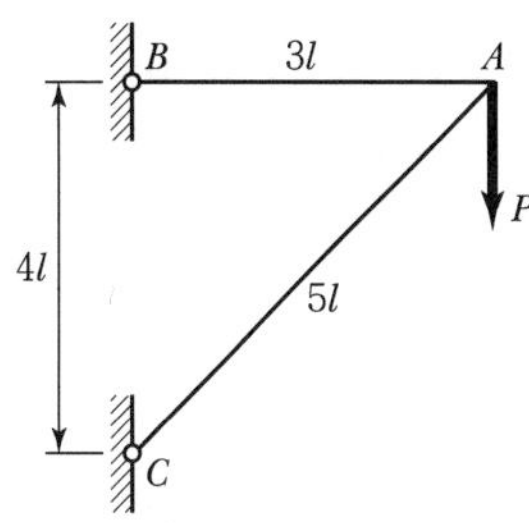

① $8.0\frac{Pl}{EA}$　② $8.5\frac{Pl}{EA}$

③ $9.0\frac{Pl}{EA}$　④ $9.5\frac{Pl}{EA}$

해설

[1] ㉠ $\Sigma V = 0$

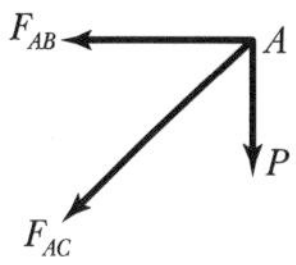

$-F_{AC} \times \frac{4}{5} - P = 0$

$F_{AC} = -\frac{5}{4}P$

㉡ $\Sigma H = 0$

$-F_{AB} - F_{AC} \cdot \frac{3}{5} = 0$

$F_{AB} = -F_{AC} \cdot \frac{3}{5} = -\left(-\frac{5}{4}P\right) \cdot \frac{3}{5} = \frac{3}{4}P$

㉢ $f_{AB} = \frac{3}{4}$

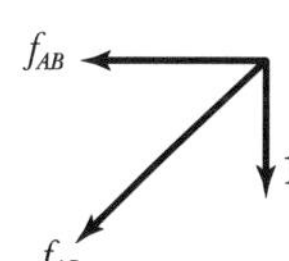

$f_{AC} = -\frac{5}{4}$

㉣ $\delta_{AV} = \Sigma\frac{E \cdot f}{EA}l$

$$= \frac{1}{EA}\left\{\underbrace{\left(\frac{3}{4}P\right) \cdot \frac{3}{4} \cdot 3l}_{AB} + \underbrace{\left(-\frac{5}{4}P\right) \cdot \left(-\frac{5}{4}\right) \cdot 5l}_{AC}\right\}$$

$$= 9.5\frac{Pl}{EA}$$

[2] ㉠ 부재력 계산

i) $\Sigma V = AC\frac{4}{5} + P = 0$　$\therefore\ AC = -\frac{5}{4}P$(압축)

ii) $\Sigma H = AB + AC \times \frac{3}{5} = 0$

$\therefore\ AB = -\left(-\frac{5}{4}\right) \times \frac{3}{5} = \frac{3}{4}P$(인장)

정답 29 ② 30 ④

㉡ 가상 단위하중 $P=1$일 때 부재력

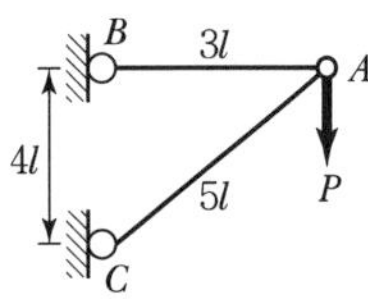

i) $\overline{AC}=-\frac{5}{4}$(압축)

ii) $\overline{AB}=-\left(-\frac{5}{4}\right)\times\frac{3}{5}=\frac{3}{4}$(인장)

㉢ A점 연직 처짐량

$$\delta_{AV}=\frac{P\overline{P}l}{AE}$$
$$=\frac{1}{AE}\left\{\left(-\frac{5}{4}P\right)\times\left(-\frac{5}{4}\right)\times 5l+\left(\frac{3}{4}P\right)\times\left(\frac{3}{4}\right)\times 3l\right\}$$
$$=9.5\frac{Pl}{AE}$$

31 그림과 같은 트러스의 C점에 300kg의 하중이 작용할 때 C점에서의 처짐을 계산하면?(단, $E=2\times10^6$ kg/cm², 단면적$=1$cm²) ['12, '15]

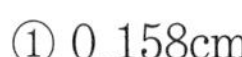

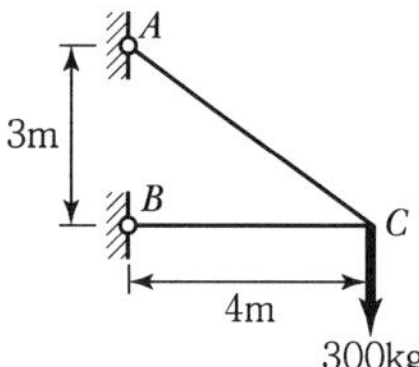

① 0.158cm
② 0.315cm
③ 0.473cm
④ 0.630cm

해설

[1] ㉠ $\Sigma V=0$

$F_{AC}\frac{3}{5}-300=0$

$F_{AC}=500$kg

㉡ $\Sigma H=0$

$-F_{BC}-F_{AC}\frac{4}{5}=0$

$F_{BC}=-F_{AC}\frac{4}{5}$

$=(-500)\times\frac{4}{5}=-400$kg

㉢ $\Sigma V=0$

$f_{AC}\frac{3}{5}-1=0$

$f_{AC}=\frac{5}{3}$

㉣ $\Sigma H=0$

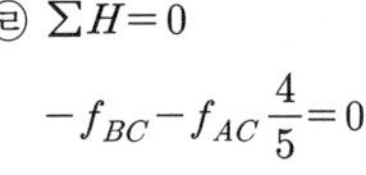

$-f_{BC}-f_{AC}\frac{4}{5}=0$

$f_{BC}=-f_{AC}\frac{4}{5}=\left(-\frac{5}{3}\right)\times\frac{4}{5}=-\frac{4}{3}$

㉤ $\delta_{CV}=\Sigma\frac{Ffl}{EA}$

$$=\frac{1}{(2\times10^6)\times1}\left\{500\times\frac{5}{3}\times500+(-400)\times\left(-\frac{4}{3}\right)\times400\right\}=0.315\text{cm}$$

[2] ㉠ 부재력

i) $\Sigma V=AC\times\frac{3}{5}-300=0$

$\therefore\ AC=300\times\frac{5}{3}=500$kg(인장)

ii) $\Sigma H=AC\times\frac{5}{3}+BC=0$

$\therefore\ BC=-500\times\frac{4}{5}=-400$kg(압축)

㉡ 단위하중 $P=1$에 의한 부재력

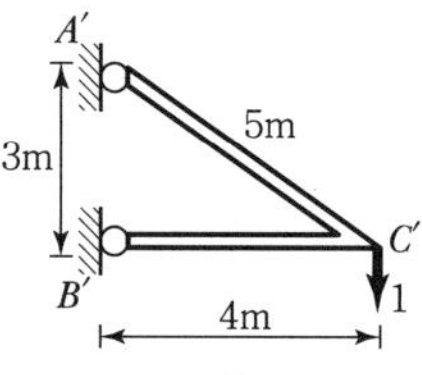

i) $A'C'=\frac{5}{3}$(인장)

ii) $B'C'=-\frac{4}{3}$(압축)

㉢ $\delta_C=\Sigma\frac{SS'l}{AE}$

$$=\frac{500\times\frac{5}{3}\times500}{1\times2\times10^6}+\frac{-400\times\left(-\frac{4}{3}\right)\times400}{1\times2\times10^6}$$

$\fallingdotseq 0.208+0.107=0.315$cm

32 그림과 같은 2부재 트러스의 B에 수평하중 P가 작용한다. B절점의 수평변위 δ_B는 몇 m인가?(단, EA는 두 부재가 모두 같다.) ['14, '17]

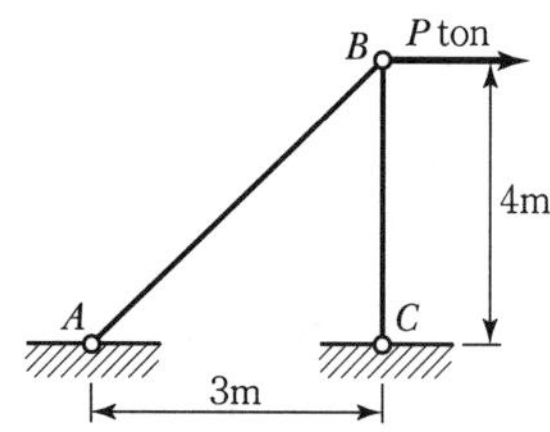

① $\delta_B=\frac{0.45P}{EA}$
② $\delta_B=\frac{2.1P}{EA}$
③ $\delta_B=\frac{21P}{EA}$
④ $\delta_B=\frac{4.5P}{EA}$

정답 31 ② 32 ③

해설 단위하중법을 이용하면

(5, 4, 3 삼각형) = (BA, BC, P 삼각형)

㉠ 부재력

$\overline{BA}=\frac{5}{3}P$

$\overline{BC}=-\frac{4}{3}P$

㉡ 단위 부재력($P=1$ 대입)

$\overline{P_{BA}}=\frac{5}{3}$

$\overline{P_{BC}}=-\frac{4}{3}$

㉢ $\delta_B=\frac{P\bar{P}l}{AE}$

$=\frac{1}{AE}\left\{\underbrace{\frac{5}{3}P\times\frac{5}{3}\times 5}_{BA}+\underbrace{\left(-\frac{4}{3}P\right)\times\left(-\frac{4}{3}\right)\times 4}_{BC}\right\}$

$=\frac{21P}{AE}(\text{m})$

33 그림과 같은 강재(Steel) 구조물이 있다. AC, BC 부재의 단면적은 각각 10cm^2, 20cm^2고 연직하중 $P=9\text{t}$이 작용할 때 C점의 연직처짐을 구한 값은?(단, 강재의 종탄성계수는 $2.05\times10^6\text{kg/cm}^2$이다.) ['11, '14, '17]

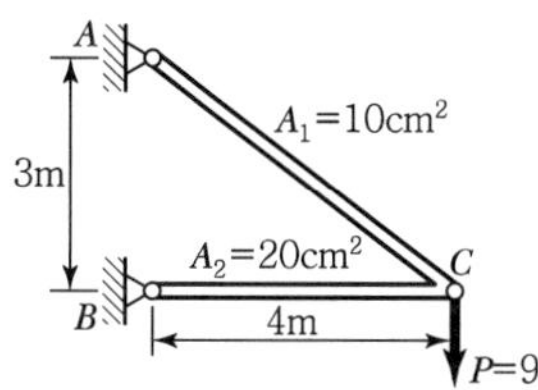

① 1.022cm ② 0.766cm

③ 0.518cm ④ 0.383cm

해설

[1]

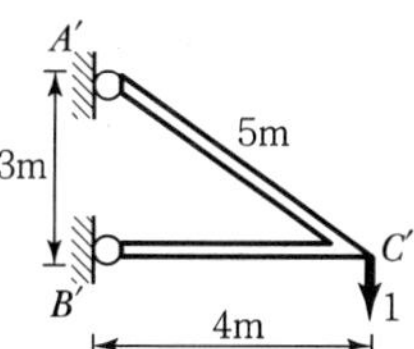

㉠ 부재력

i) $\Sigma V=S_{AC}\times\frac{3}{5}-9=0$

$\therefore S_{AC}=9\times\frac{5}{3}=15\text{t}$(인장)

ii) $\Sigma H=S_{AC}\times\frac{4}{5}+S_{BC}=0$

$\therefore S_{BC}=-15\times\frac{4}{5}=-12\text{t}$(압축)

㉡ 단위하중 $P=1$에 의한 부재력

i) $S_{AC}'=\frac{5}{3}$

ii) $S_{BC}'=\frac{-4}{5}$

㉢ 수직 처짐량

$\delta_{CV}=\Sigma\frac{S\cdot S'\cdot l}{AE}$

$=\frac{15{,}000\times\frac{5}{3}\times 500}{10\times 2.05\times10^6}+\frac{(-12{,}000)\times\left(-\frac{4}{3}\right)\times 400}{20\times2.05\times10^6}$

$\fallingdotseq 0.766\text{cm}$

[2] ㉠ AC부재 : $A_1=10\text{cm}^2$, $l_1=5\text{m}$

BC부재 : $A_2=20\text{cm}^2$, $l_2=4\text{m}$

㉡ $\Sigma V=0$

$\frac{3}{5}F_{AC}-9=0 \qquad F_{AC}=15\text{t}$

㉢ $\Sigma H=0$

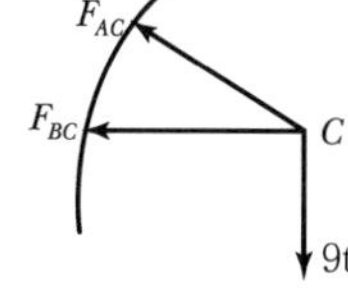

$-\frac{4}{5}F_{AC}-F_{BC}=0$

$F_{BC}=-\frac{4}{5}F_{AC}=-12\text{t}$

㉣ $P=1$일 때 $f_{AC}=f_{BC}$

i) $\Sigma V=0$

$\frac{3}{5}f_{AC}-1=0$

$f_{AC}=\frac{5}{3}$

ii) $\Sigma H=0$

$-\frac{4}{5}f_{AC}-f_{BC}=0$

$f_{BC}=-\frac{4}{5}f_{AC}=-\frac{4}{3}$

㉤ $\delta_{CV}=\frac{P\bar{P}l}{AE}=\frac{(15\times10^3)\times\frac{5}{3}\times500}{10\times(2.05\times10^6)}+\frac{(-12\times10^3)\times\left(-\frac{4}{3}\right)\times400}{20\times(2.05\times10^6)}$

$\fallingdotseq 0.766\text{cm}$

정답 33 ②

34 다음의 2부재로 된 TRUSS계의 변형에너지 U를 구하면 얼마인가?(단, ( ) 안의 값은 외력 P에 의한 부재력이고, 부재의 축강성 AE는 일정하다.)

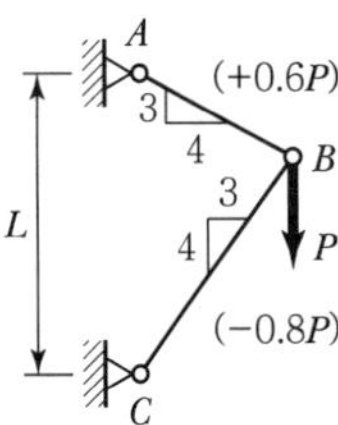

① $0.326\dfrac{P^2L}{AE}$　　② $0.333\dfrac{P^2L}{AE}$

③ $0.364\dfrac{P^2L}{AE}$　　④ $0.373\dfrac{P^2L}{AE}$

해설 ㉠ $L_{AB} : L_{BC} : L = 3 : 4 : 5$

$L_{AB} = 0.6L,\ L_{BC} = 0.8L$

㉡ $F_{AB} = 0.6P$

$F_{BC} = -0.8P$

㉢ $f_{AB} = 0.6$

$f_{BC} = -0.8$

㉣ $\delta_B = \Sigma \dfrac{FfL}{EA}$

$= \dfrac{1}{EA}\{0.6P \times 0.6 \times 0.6L + (-0.8P) \times (-0.8) \times 0.8L\}$

$= \dfrac{0.728PL}{EA}$

㉤ $U = \dfrac{1}{2}P\delta = \dfrac{1}{2}P \cdot \left(\dfrac{0.728PL}{EA}\right) = 0.364\dfrac{P^2L}{EA}$

트러스 처짐 Ⅱ

35 B점의 수직변위가 1이 되기 위한 하중의 크기 P는?(단, 부재의 축강성은 EA로 동일하다.) ['13, '16]

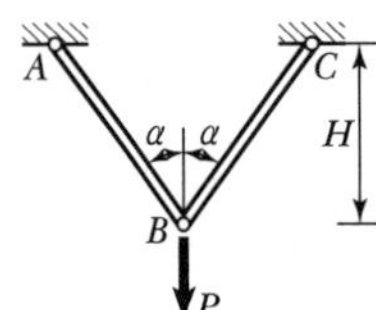

① $\dfrac{E\cos^3\alpha}{AH}$　　② $\dfrac{2E\cos^3\alpha}{AH}$

③ $\dfrac{EA\cos^3\alpha}{H}$　　④ $\dfrac{2EA\cos^3\alpha}{H}$

해설

[1]

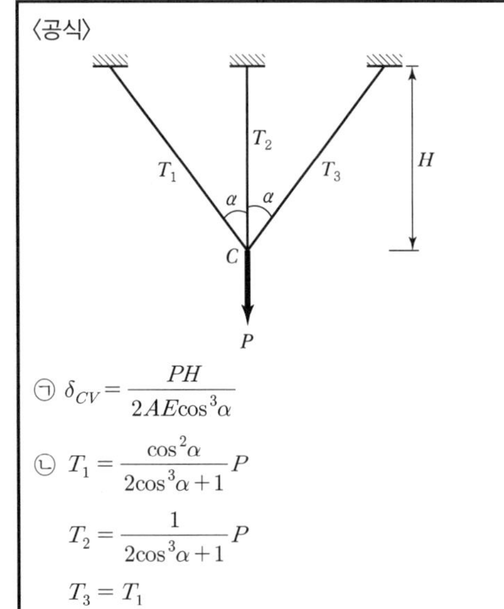

㉠ 수직변위 $\delta_{CV} = \dfrac{PH}{2EA\cos^3\alpha}$

㉡ 수직변위 $\delta_V = 1$이 되기 위해서는 $\dfrac{PH}{2EA\cos^3\alpha} = 1$

$\therefore P = \dfrac{2EA\cos^3\alpha}{H}$

[2] $\delta_B = \dfrac{PH}{2AE\cos^3\alpha}$

$1 = \dfrac{PH}{2AE\cos^3\alpha}$

$\therefore P = \dfrac{2AE\cos^3\alpha}{H}$

36 다음 그림과 같은 구조물에서 C점의 수직처짐은?(단, AC 및 BC 부재의 길이는 L, 단면적은 A, 탄성계수는 E이다.) ['19]

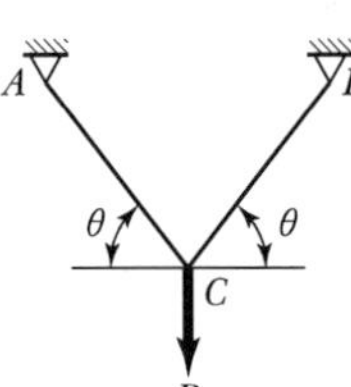

① $\dfrac{PL}{2AE\sin^2\theta}$　　② $\dfrac{PL}{2AE\cos^2\theta}$

③ $\dfrac{PL}{2AE\sin\theta\cos\theta}$　　④ $\dfrac{PL}{2AE\sin\theta}$

정답 34 ③　35 ④　36 ①

해설

[1]

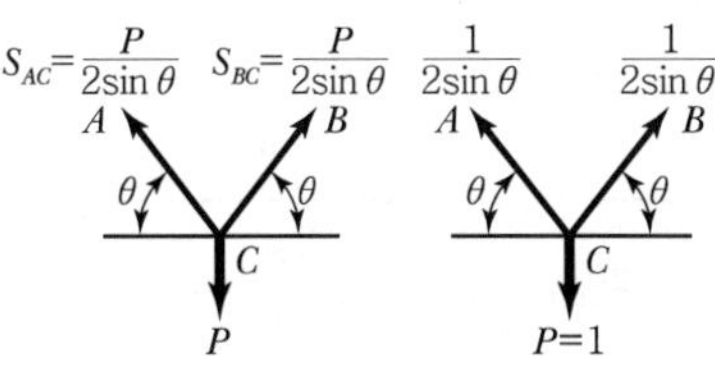

㉠ 대칭이므로 $S_{AC}=S_{BC}$

$\Sigma V=2\cdot S_{AC}\cdot\sin\theta-P=0$

$\therefore S_{AC}=S_{BC}=\frac{P}{2\sin\theta}$

㉡ 단위하중($P=1$) 작용 시 부재력

$\overline{S_{AC}}=\overline{S_{BC}}=\frac{1}{2\sin\theta}$

$$\therefore \delta_{VC}=\Sigma\frac{S\cdot\bar{S}\cdot L}{AE}$$

$$=\frac{\frac{P}{2\sin\theta}\times\frac{1}{2\sin\theta}\times L}{AE}\times 2\text{개}$$

$$=\frac{PL}{2\cdot\sin^2\theta AE}$$

[2]

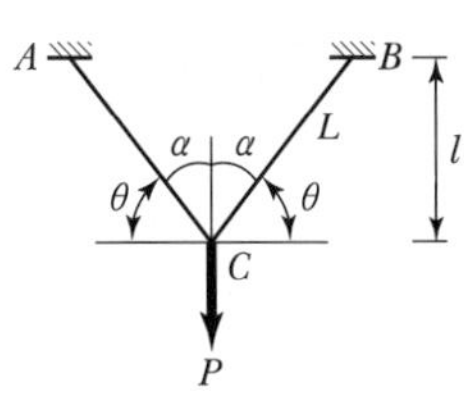

㉠ $P=k\delta$ $\quad\therefore \delta=\frac{P}{\Sigma k}$

㉡ 트러스 강성도(k)

$k=\frac{AE}{l}\cos^3\alpha$ 여기서, l : 수직길이

$$=\frac{AE}{l}\sin^3\theta=\frac{AE}{L\sin\theta}\times\sin^3\theta=\frac{AE}{L}\sin^2\theta$$

㉢ $\therefore \delta_{cv}=\frac{P}{\Sigma k}=\frac{P}{\frac{AE}{L}\sin^2\theta+\frac{AE}{L}\sin^2\theta}$

$$=\frac{PL}{2AE\sin^2\theta}$$

체적변형률 ε_V

37 그림과 같이 이축응력(二軸應力)을 받는 정사각형 요소의 체적변형률은?(단, 이 요소의 탄성계수 $E=2.0\times10^6\text{kg/cm}^2$, 푸아송 비 $\nu=0.3$이다.) ['11, '15]

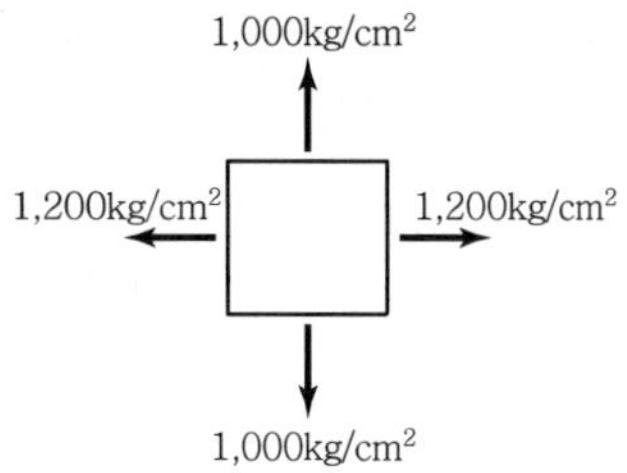

① 3.6×10^{-4} ② 4.4×10^{-4}

③ 5.2×10^{-4} ④ 6.4×10^{-4}

해설

〈공식〉

체적변형률

$$\varepsilon_V=\frac{\Delta V}{V}=\frac{1-2\nu}{E}(\sigma_x+\sigma_y+\sigma_z)$$

$$\therefore \varepsilon_V=\frac{1-2\times0.3}{2\times10^6}(1{,}200+1{,}000+0)=4.4\times10^{-4}$$

38 그림과 같은 2축응력을 받고 있는 요소의 체적변형률은?(단, 탄성계수 $E=2\times10^6\text{kN/mm}^2$, 푸아송 비 $\nu=0.2$이다.) ['11, '14, '22]

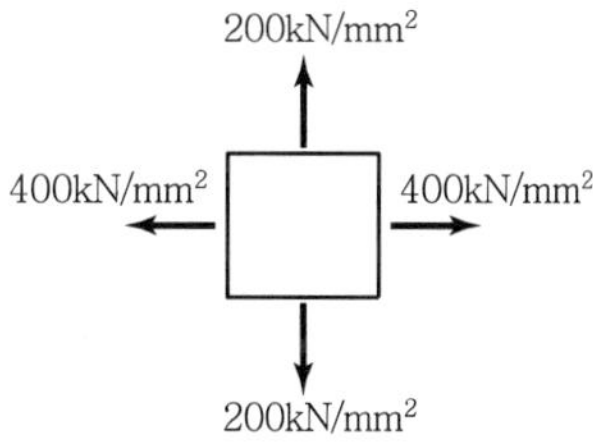

① 1.8×10^{-4} ② 3.6×10^{-4}

③ 4.4×10^{-4} ④ 6.2×10^{-4}

해설 $\varepsilon_V=\frac{\Sigma V}{V}=\frac{1-2\nu}{E}(\sigma_x+\sigma_y+\sigma_z)$

$$=\frac{1-2\times0.2}{2\times10^6}(400+200+0)$$

$$=1.8\times10^{-4}$$

정답 37 ② 38 ①

39 그림과 같이 이축응력을 받고 있는 요소의 체적변형률은?[단, 탄성계수(E)는 2×10^5MPa, 푸아송 비(ν)는 0.3이다. ['14, '15, '19, '21, '22]

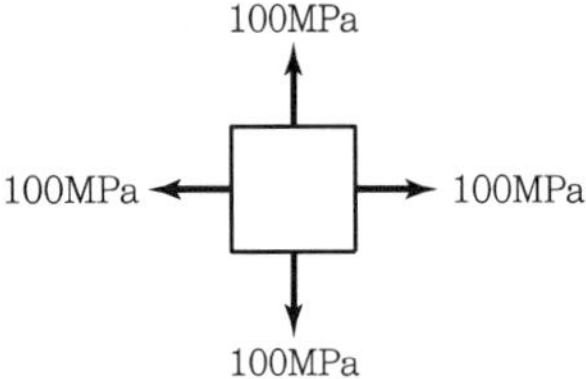

① 2.7×10^{-4} ② 3.0×10^{-4}
③ 3.7×10^{-4} ④ 4.0×10^{-4}

해설

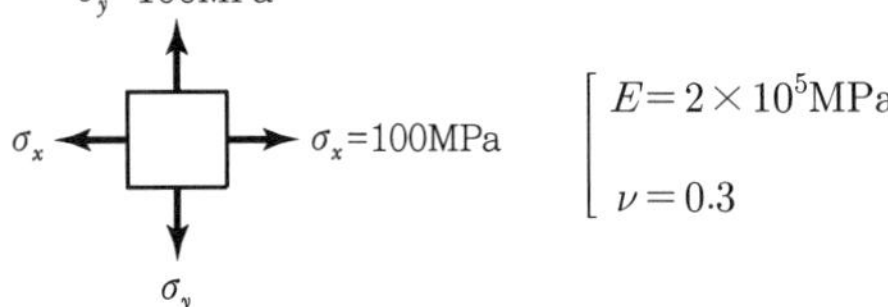

$$\begin{cases} E=2\times10^5\text{MPa} \\ \nu=0.3 \end{cases}$$

〈공식〉 $K=\dfrac{\sigma}{\varepsilon_\nu}=\dfrac{mE}{3(m-2)}=\dfrac{E}{3(1-2\nu)}$

$$\frac{\sigma}{\varepsilon_\nu}=\frac{E}{3(1-2\nu)}$$

$$\therefore\ \varepsilon_\nu=\frac{3\sigma}{E}(1-2\nu)$$

$$=\frac{(\sigma_x+\sigma_y+\sigma_z)}{E}(1-2\nu)$$

$$=\frac{100+100}{2\times10^5}(1-2\times0.3)=4\times10^{-4}$$

40 그림과 같이 이축응력(二軸應力)을 받는 정사각형 요소의 체적변형률은?(단, 이 요소의 탄성계수 $E=2.0\times10^5$MPa, 푸아송 비 $\nu=0.3$이다.) ['20]

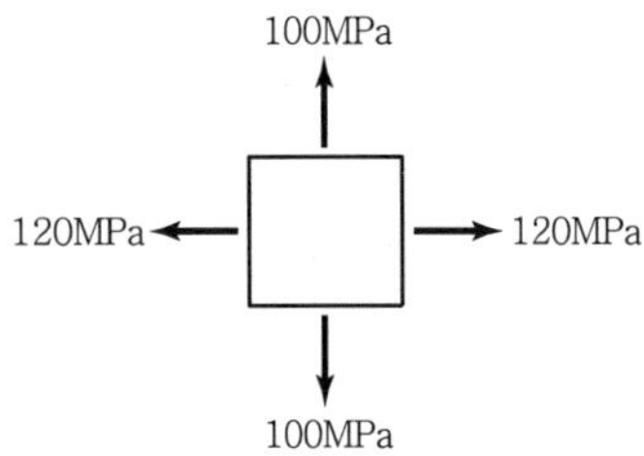

① 3.6×10^{-4} ② 4.4×10^{-4}
③ 5.2×10^{-4} ④ 6.4×10^{-4}

해설 〈공식〉 $\varepsilon_V=\dfrac{\Delta V}{V}=\dfrac{1-2\nu}{E}(\sigma_x+\sigma_y+\sigma_z)$

〈조건〉
$E=2\times10^5\text{MPa},\ \nu=0.3$
$\sigma_x=120\text{MPa},\ \sigma_y=100\text{MPa},\ \sigma_z=0$

$$\varepsilon_V=\frac{(1-2\nu)}{E}(\sigma_x+\sigma_y+\sigma_z)$$

$$=\frac{1-2\times0.3}{2\times10^5}(120+100+0)=4.4\times10^{-4}$$

〈보충〉

$$K=\frac{mE}{3(m-2)}=\frac{E}{3(1-2\nu)}$$

$$\frac{\sigma}{\varepsilon_\nu}=\frac{E}{3(1-2\nu)}$$

$$\therefore\ \varepsilon_V=\frac{3\sigma}{E}(1-2\nu)=\frac{(1-2\nu)}{E}3\sigma$$

$$=\frac{(1-2\nu)}{E}(\sigma_x+\sigma_y+\sigma_z)$$

전단탄성계수 G

41 길이 20cm, 단면 20cm×20cm인 부재에 100t의 전단력이 가해졌을 때 전단변형량은?(단, 전단탄성계수 $G=80{,}000\text{kg/cm}^2$이다.) ['10, '14]

① 0.0625cm ② 0.00625cm
③ 0.0725cm ④ 0.00725cm

해설 $\text{전단탄성계수}(G)=\dfrac{\text{전단응력}(\tau)}{\text{전단변형률}(\gamma)}$

$$=\frac{\dfrac{S}{A}}{\dfrac{\lambda}{l}}=\frac{Sl}{A\lambda}$$

$$\therefore\ \lambda=\frac{Sl}{AG}=\frac{100{,}000\times20}{20\times20\times80{,}000}=0.0625\text{cm}$$

42 전단탄성계수(G)가 81,000MPa, 전단응력(τ)이 81MPa이면 전단변형률(γ)의 값은? ['22]

① 0.1 ② 0.01 ③ 0.001 ④ 0.0001

해설 〈조건〉
전단탄성계수 $G=81{,}000$MPa
전단응력 $\tau=81$MPa

〈공식〉 $G=\dfrac{\tau}{\gamma}$ $\quad 81{,}000=\dfrac{81}{\gamma}\quad \therefore\ \gamma=0.001$

정답 39 ④ 40 ② 41 ① 42 ③

43 어떤 금속의 탄성계수(E)가 21×10^4MPa이고, 전단탄성계수(G)가 8×10^4MPa일 때, 금속의 푸아송 비는? ['19, '22]

① 0.3075　　② 0.3125
③ 0.3275　　④ 0.3325

해설

〈공식〉

전단 $G=\dfrac{E}{2(1+\nu)}$

$$8\times10^4\text{MPa}=\frac{21\times10^4\text{MPa}}{2(1+\nu)}$$

$$2(1+\nu)=\frac{21\times10^4}{8\times10^4}$$

$$1+\nu=\frac{21}{8\times2}$$

$$\therefore\ \nu=\frac{21}{16}-1=1.3125-1=0.3125$$

44 그림과 같은 직육면체의 윗면에 전단력 $V=540$kg이 작용하여 그림 (b)와 같이 상면이 옆으로 0.6cm 만큼의 변형이 발생되었다. 이 재료의 전단탄성계수(G)는 얼마인가?

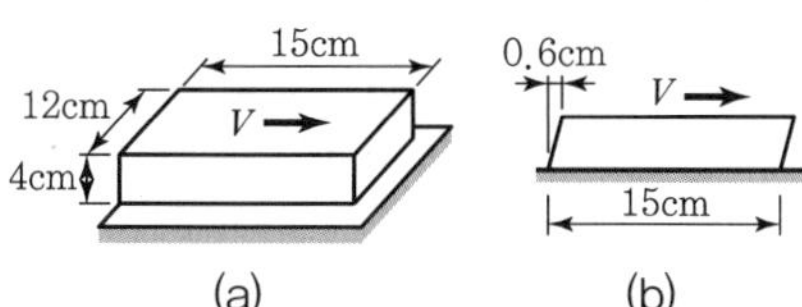

① 10kg/cm²　　② 15kg/cm²
③ 20kg/cm²　　④ 25kg/cm²

해설

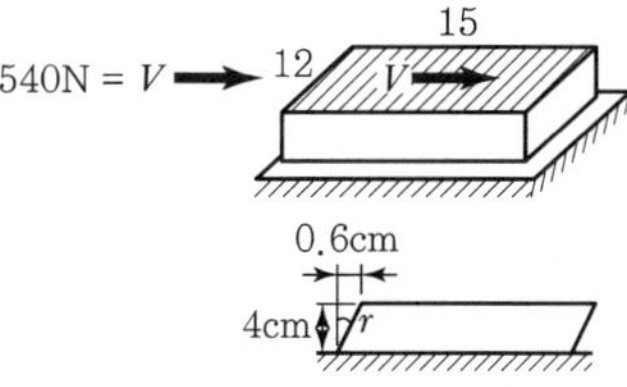

㉠ 전단응력 $\tau=\dfrac{S}{A}=\dfrac{540}{12\times15}$

㉡ 전단변형률 $\gamma=\dfrac{0.6}{4}$

㉢ 전단탄성계수(G)

$$G=\frac{\tau}{\gamma}=\frac{\dfrac{540}{12\times15}}{\dfrac{0.6}{4}}=20\text{kg/cm}^2$$

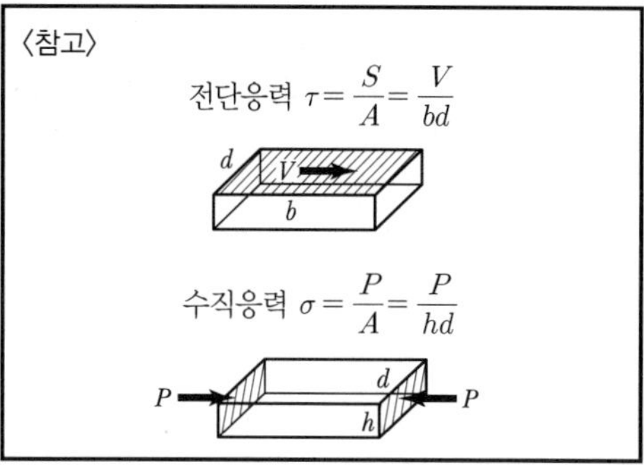

전단응력 $\tau=\dfrac{S}{A}=\dfrac{V}{bd}$

수직응력 $\sigma=\dfrac{P}{A}=\dfrac{P}{hd}$

45 지름 5cm의 강봉을 8t으로 당길 때 지름은 약 얼마나 줄어들겠는가?(단, 전단탄성계수(G) = 7.0×10^5 kg/cm², 푸아송 비(ν) = 0.5)

① 0.003mm　　② 0.005mm
③ 0.007mm　　④ 0.008mm

해설 ㉠ $E=G\cdot2(1+\nu)=(7\times10^5)\times2\times(1+0.5)$
$=2.1\times10^6\text{kg/cm}^2$

㉡ $\Delta l=\dfrac{Pl}{EA}$

$$\frac{\Delta l}{l}=\frac{P}{EA}=\frac{P}{E\left(\dfrac{\pi D^2}{4}\right)}=\frac{4P}{E\pi D^2}$$

$$=\frac{4\times(8\times10^3)}{(2.1\times10^6)\pi\cdot5^2}=0.000194$$

㉢ $\Delta D=-\nu\cdot D\cdot\dfrac{\Delta l}{l}$

$=-0.5\times5\times0.000194$
$=-0.0005\text{cm}$
$=-0.005\text{mm}$

$E-G-K$ 관계식

46 어떤 재료의 탄성계수를 E, 전단탄성계수를 G라 할 때 G와 E의 관계식으로 옳은 것은?(단, 이 재료의 푸아송 비는 ν이다.)

① $G=\dfrac{E}{2(1-\nu)}$　　② $G=\dfrac{E}{2(1+\nu)}$

③ $G=\dfrac{E}{2(1-2\nu)}$　　④ $G=\dfrac{E}{2(1+2\nu)}$

해설 $G=\dfrac{mE}{2(m+1)}=\dfrac{E}{2(1+\nu)}$

$K=\dfrac{mE}{3(m-2)}=\dfrac{E}{3(1-2\nu)}$

정답 43 ② 44 ③ 45 ② 46 ②

47 재료의 역학적 성질 중 탄성계수를 E, 전단탄성계수를 G, 푸아송 수를 m이라 할 때 각 성질의 상호관계식으로 옳은 것은? ['19, '21]

① $G=\dfrac{E}{2(m-1)}$ ② $G=\dfrac{E}{2(m+1)}$

③ $G=\dfrac{mE}{2(m-1)}$ ④ $G=\dfrac{mE}{2(m+1)}$

해설 ㉠ 전단탄성계수(G)

$$G=\frac{mE}{2(m+1)}=\frac{E}{2(1+\nu)}$$

㉡ 체적탄성계수(K)

$$K=\frac{mE}{2(m-2)}=\frac{E}{3(1-2\nu)}$$

48 탄성계수(E), 전단탄성계수(G), 푸아송 수(m) 간의 관계를 옳게 표시한 것은? ['20]

① $G=\dfrac{mE}{2(m+1)}$ ② $G=\dfrac{m}{2(m+1)}$

③ $G=\dfrac{E}{2(m+1)}$ ④ $G=\dfrac{E}{2(m-1)}$

해설 $G=\dfrac{mE}{2(m+1)}=\dfrac{E}{2(1+\nu)}$

$K=\dfrac{mE}{3(m-2)}=\dfrac{E}{3(1-2\nu)}$

49 탄성계수 E, 전단탄성계수 G, 푸아송 수 m 사이의 관계가 옳은 것은? ['19]

① $G=\dfrac{m}{2(m+1)}$ ② $G=\dfrac{E}{2(m-1)}$

③ $G=\dfrac{mE}{2(m+1)}$ ④ $G=\dfrac{E}{2(m+1)}$

해설 $G=\dfrac{E}{2\left(1+\dfrac{1}{m}\right)}=\dfrac{mE}{2(m+1)}$

50 탄성계수 $E=2.1\times10^6\text{kg/cm}^2$, 푸아송 비 $\nu=0.25$일 때 전단탄성계수는? ['13, '18]

① $8.4\times10^5\text{kg/cm}^2$ ② $1.1\times10^6\text{kg/cm}^2$

③ $1.7\times10^6\text{kg/cm}^2$ ④ $2.1\times10^6\text{kg/cm}^2$

해설

〈공식〉 $G=\dfrac{mE}{2(m+1)}=\dfrac{E}{2(1+\nu)}$

$K=\dfrac{mE}{3(m-2)}=\dfrac{E}{3(1-2\nu)}$

$E=2.1\times10^6\text{kg/m}^2$

$\nu=0.25$

$G=\dfrac{E}{2(1+\nu)}=\dfrac{2.1\times10^6\text{kg/cm}^2}{2(1+0.25)}$

$=\dfrac{2.1}{2.5}\times10^6\text{kg/cm}^2=8.4\times10^5\text{kg/cm}^2$

51 탄성계수는 $2.3\times10^6\text{kg/cm}^2$, 푸아송 비는 0.35일 때 전단탄성계수의 값을 구하면? ['10, '16]

① $8.1\times10^5\text{kg/cm}^2$ ② $8.5\times10^5\text{kg/cm}^2$

③ $8.9\times10^5\text{kg/cm}^2$ ④ $9.3\times10^5\text{kg/cm}^2$

해설 $G=\dfrac{E}{2(1+\nu)}=\dfrac{2.3\times10^6}{2(1+0.35)}\fallingdotseq8.5\times10^5\text{kg/cm}^2$

52 세로 탄성계수 $E=2.1\times10^6\text{kg/cm}^2$, 푸아송 비 $\nu=0.3$일 때 전단탄성계수 G를 구한 값은?(단, 등방이고 균질인 탄성체임)

① $7.2\times10^5\text{kg/cm}^2$ ② $3.2\times10^6\text{kg/cm}^2$

③ $1.5\times10^6\text{kg/cm}^2$ ④ $8.1\times10^5\text{kg/cm}^2$

해설 $G=\dfrac{E}{2(1+v)}=\dfrac{2.1\times10^6}{2(1+0.3)}\fallingdotseq8.1\times10^5\text{kg/cm}^2$

53 탄성계수(E)가 $2.1\times10^5\text{MPa}$, 푸아송 비(ν)가 0.25일 때 전단탄성계수(G)의 값은? ['20]

① $8.4\times10^4\text{MPa}$ ② $9.8\times10^4\text{MPa}$

③ $1.7\times10^6\text{MPa}$ ④ $2.1\times10^6\text{MPa}$

해설

〈공식〉 $G=\dfrac{mE}{2(m+1)}=\dfrac{E}{2(1+\nu)}$

$K=\dfrac{mE}{3(m-2)}=\dfrac{E}{3(1-2\nu)}$

$E=2.1\times10^5\text{MPa}$

푸아송 비 $\nu=0.25$

$G=\dfrac{E}{2(1+\nu)}=8.4\times10^5\text{MPa}$

정답 47 ④ 48 ① 49 ③ 50 ① 51 ② 52 ④ 53 ①

54 지름 20mm, 길이 3m의 연강원축(軟鋼圓軸)에 3,000kg의 인장하중을 작용시킬 때 길이가 1.4mm 늘어났고, 지름이 0.0027mm 줄어들었다. 이때 전단탄성계수는 약 얼마인가?

① 2.63×10^6kg/cm² ② 3.37×10^6kg/cm²
③ 5.57×10^6kg/cm² ④ 7.94×10^5kg/cm²

해설 ㉠ 푸아송 비(ν)

$$\nu=\frac{\beta}{\varepsilon}=\frac{0.00027/2}{0.14/300}=0.289$$

㉡ 인장응력(σ)

$$\sigma=E\cdot\varepsilon=\frac{P}{A}$$

㉢ 탄성계수(E)

$$E=\frac{P}{A\cdot\varepsilon}=\frac{3{,}000}{\pi\times2^2/4\times0.14/300}$$
$$=2.05\times10^6\text{kg/cm}^2$$

㉣ 전단탄성계수(G)

$$G=\frac{E}{2(1+\nu)}=\frac{2.05\times10^6}{2(1+0.289)}$$
$$=7.94\times10^5\text{kg/cm}^2$$

55 지름 2cm, 길이 2m인 강봉에 3,000kg의 인장하중을 작용시킬 때 길이가 1cm가 늘어났고, 지름이 0.002cm 줄어들었다. 이때 전단탄성계수는 약 얼마인가?

① 6.24×10^4kg/cm² ② 7.96×10^4kg/cm²
③ 8.71×10^4kg/cm² ④ 9.67×10^4kg/cm²

해설

〈공식〉
$$G=\frac{mE}{2(m+1)}\qquad K=\frac{mE}{3(m-2)}$$

$D=2$cm $l=2\text{m}=200$cm
$P=3{,}000$kg $\Delta l=1$cm $\Delta d=0.002$cm

㉠ 푸아송 비 $\nu=\dfrac{\text{가로 }\varepsilon}{\text{세로 }\varepsilon}=\dfrac{\frac{\Delta d}{D}}{\frac{\Delta l}{l}}=\dfrac{l\Delta d}{D\Delta l}$

$$=\frac{200\times0.002}{2\times1}=\frac{0.4}{2}=0.2$$

㉡ $E=\dfrac{\sigma}{\varepsilon}=\dfrac{Pl}{A\Delta l}$

$$=\frac{3{,}000\times200}{\frac{\pi\times2^2}{4}\times1}=191{,}082.8025\text{kg/cm}^2$$

㉢ $G=\dfrac{E}{2(1+\nu)}=\dfrac{191{,}082.8025}{2(1+0.2)}$

$$=79{,}617.8344\text{kg/cm}^2=7.96\times10^4\text{kg/cm}^2$$

56 탄성계수가 E, 푸아송 비가 ν인 재료의 체적탄성계수 K는? ['13, '15, '17, '18]

① $K=\dfrac{E}{2(1-\nu)}$ ② $K=\dfrac{E}{2(1-2\nu)}$
③ $K=\dfrac{E}{3(1-\nu)}$ ④ $K=\dfrac{E}{3(1-2\nu)}$

해설 $G=\dfrac{mE}{2(m+1)}=\dfrac{E}{2(1+\nu)}$

$K=\dfrac{mE}{3(m-2)}=\dfrac{E}{3(1-2\nu)}$

온도응력 σ_T

57 그림과 같이 단면적이 $A_1=100\text{cm}^2$이고, $A_2=50\text{cm}^2$인 부재가 있다. 부재 양 끝은 고정되어 있고 온도가 10℃ 내려갔다. 온도 저하로 인해 유발되는 단면력은?(단, $E=2.1\times10^6\text{kg/cm}^2$, 선팽창계수$(\alpha)=1\times10^{-5}$/℃)

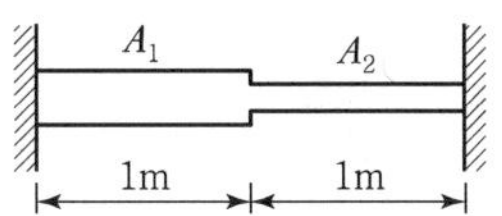

① 10,500kg ② 14,000kg
③ 15,750kg ④ 21,000kg

해설

[1]

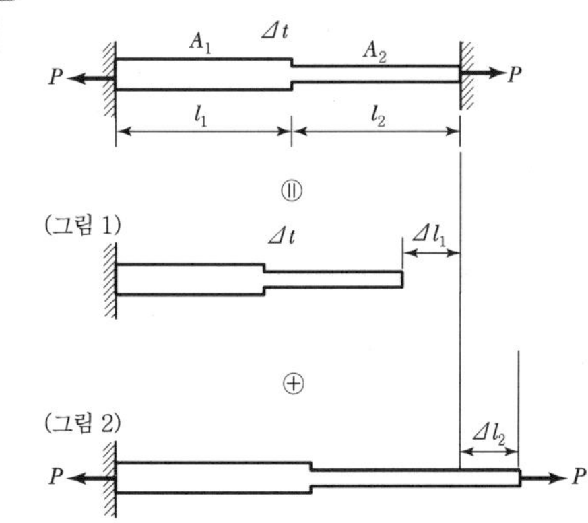

㉠ 온도 하중(Δt)에 의한 변형량 Δl_1(그림 1에서)

$\Delta l_1=(l_1+l_2)\alpha\cdot\Delta t=2l\alpha\Delta t$

㉡ 축방향 하중(P)에 의한 변형량 Δl_2(그림 2에서)

$$\Delta l_2=\frac{Pl_1}{E_1A_1}+\frac{Pl_2}{E_2A_2}=\frac{3Pl}{EA}$$

㉢ $\Delta l_1+\Delta l_2=0$

$$2l\alpha\Delta t+\frac{3Pl}{EA}=0$$

정답 54 ④ 55 ② 56 ④ 57 ②

$$P=-\frac{2}{3}\cdot\alpha\cdot\Delta t\cdot EA$$
$$=-\frac{2}{3}\times(1\times10^{-5})\times(-10)\times(2.1\times10^6)\times100$$
$$=14{,}000\text{kg(인장)}$$

[2] 양단 고정이므로 $\Delta l=\Delta l_1+\Delta_2=0$

$$\frac{Pl_1}{A_1E}-L\alpha t'+\frac{Pl_2}{A_2E}=0$$
$$P\left(\frac{l_1}{A_1E}+\frac{l_2}{A_2E}\right)=-L\cdot\alpha\cdot\Delta t=-2\cdot\alpha\cdot t'$$

여기서, $l_1=l_2=1\text{m}$

$$\therefore P=-\frac{2E\cdot\alpha t'}{\left(\frac{1}{A_1}+\frac{1}{A_2}\right)}$$
$$=-\frac{2\times(2.1\times10^6)\times(1\times10^{-5})\times(-10)}{\frac{1}{100}+\frac{1}{50}}$$
$$=14{,}000\text{kg}$$

비틀림 응력

58 그림과 같은 속이 찬 직경 6cm의 원형축이 비틀림 $T=400\text{kg}\cdot\text{m}$를 받을 때 단면에서 발생하는 최대 전단응력은? ['13, '17]

① 926.5kg/cm^2
② 932.6kg/cm^2
③ 943.1kg/cm^2
④ 950.2kg/cm^2

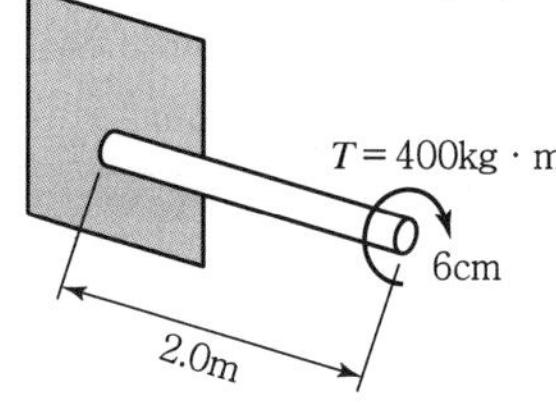

해설

〈공식〉

$$\tau=\frac{\tau\cdot r}{J}=\frac{T\cdot\frac{d}{2}}{I_P}=\frac{T\cdot\frac{d}{2}}{\frac{\pi d^4}{32}}=\frac{16T}{\pi d^3}$$

$$\tau=\frac{16\times(400\times10^2)}{\pi\times6^3}\fallingdotseq943.1\text{kg}\cdot\text{cm}^2$$

59 같은 재료로 만들어진 반경 r인 속이 찬 축과 외반경 r이고 내반경 $0.6r$인 속이 빈 축이 동일크기의 비틀림 모멘트를 받고 있다. 최대 비틀림 응력의 비는? ['13, '18]

① 1 : 1 ② 1 : 1.15
③ 1 : 2 ④ 1 : 2.15

해설

[1] ㉠ $\tau_{\max_1}=\frac{Tr}{J}=\frac{Tr}{\frac{\pi r^4}{2}}=\frac{2T}{\pi r^3}$

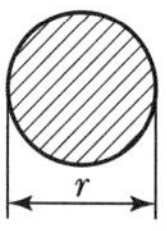

여기서, 상수 $J=I_P=\frac{\pi d^4}{32}=\frac{\pi(2r)^4}{32}=\frac{\pi r^4}{2}$

㉡ $\tau_{\max_2}=\frac{Tr}{J}=\frac{Tr}{\frac{\pi}{2}[r^4-(0.6r)^4]}=1.15\frac{2T}{\pi r^3}$

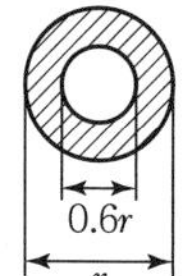

㉢ $\tau_{\max_1}:\tau_{\max_2}$

$\frac{2T}{\pi r^3}:1.5\frac{2T}{\pi r^3}$

1 : 1.15

[2]

〈공식〉 비틀림 응력 $\tau_{\max}=\frac{T\cdot r}{J}$
여기서, J : 비틀림 상수

㉠ 극관성모멘트 $J_A=\frac{\pi d^4}{32}=\frac{\pi(2r)^4}{32}=\frac{\pi r^4}{2}$

㉡ 중공단면의 $J_B=\frac{\pi[(2r)^4-(1.2r)^4]}{32}\fallingdotseq\frac{13.93\pi r^4}{32}$

㉢ $\tau_{\max1}:\tau_{\max2}=\frac{T\cdot r}{J_A}:\frac{T\cdot r}{J_B}$
$=2:\frac{32}{13.93}\fallingdotseq1:1.15$

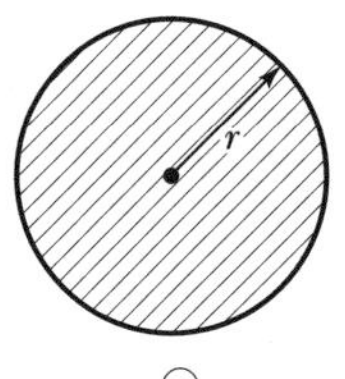

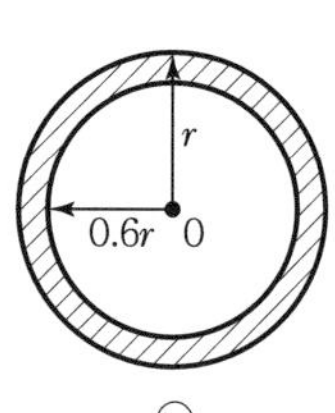

㉠ ㉡

60 반지름이 r인 중실축(中實軸)과 바깥 반지름이 r이고 안쪽 반지름이 $0.6r$인 중공축(中空軸)이 동일 크기의 비틀림 모멘트를 받고 있다면 중실축(中實軸) : 중공축(中空軸)의 최대 전단응력비는? ['11, '14, '16]

① 1 : 1.28 ② 1 : 1.24
③ 1 : 1.20 ④ 1 : 1.15

해설

[1] ㉠ $\tau_{\max1}=\frac{Tr}{I_{P1}}=\frac{Tr}{\frac{\pi r^4}{2}}=\frac{2T}{\pi r^3}$ (◎)

정답 58 ③ 59 ② 60 ④

ⓛ $\tau_{max2} = \frac{Tr}{I_{P2}} = \frac{Tr}{\frac{\pi(1-0.6^4)r^4}{2}}$ (◎)

$= \frac{1}{(1-0.6^4)}\frac{2T}{\pi r^3} = 1.15\frac{2T}{\pi r^3}$

ⓒ $\tau_{max1} : \tau_{max2} = 1 : 1.15$

[2]

〈공식〉 $\tau_{max} = \frac{T \cdot r}{I_P}$

비틀림 전단응력은 단면극2차모멘트 I_P에 반비례한다.

㉠ 중실축 $I_P = I_x + I_y = \frac{\pi r^4}{4} \times 2 = \frac{\pi r^4}{2}$

ⓛ 중공축 $I_P' = \frac{\pi r^4}{2} - \frac{\pi(0.6r)^4}{2} = \frac{\pi r^4}{2}(1-0.6^4)$

$\therefore \tau_{max} : \tau_{max}' = 1 : \frac{1}{1-0.6^4} = 1 : 1.15$

61 중공 원형 강봉에 비틀림력 T가 작용할 때 최대 전단변형률 $\gamma_{max} = 750 \times 10^{-6}$rad으로 측정되었다. 봉의 내경은 60mm이고 외경은 75mm일 때 봉에 작용하는 비틀림력 T를 구하면?(단, 전단탄성계수 $G = 8.15 \times 10^5 kg/cm^2$)

① 29.9t · cm　② 32.7t · cm
③ 35.3t · cm　④ 39.2t · cm

해설

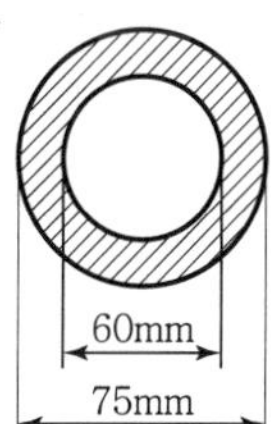

㉠ $I_P = \frac{\pi}{32}(75^4 - 60^4) = 1,833,966\text{mm}^4 = 183.4\text{cm}^4$

ⓛ $\tau_{max} = G\gamma_{max} = \frac{T \times r}{I_P}$

ⓒ $T = \frac{G\gamma_{max} I_P}{r} = \frac{2G\gamma_{max} I_P}{D}$

$= \frac{2 \times (8.15 \times 10^5) \times (750 \times 10^{-6}) \times 183.4}{(75 \times 10^{-1})}$

$= 29.9 \times 10^3 \text{kg} \cdot \text{cm} = 29.9\text{t} \cdot \text{cm}$

〈공식〉

㉠ $\tau_{max} = \frac{Tr_{max}}{J}$

ⓛ $r_{max} = \frac{D_{max}}{2} = \frac{7.5}{2}$

62 그림과 같이 X, Y축에 대칭인 빗금 친 단면에 비틀림우력 5t · m가 작용할 때 최대 전단응력은? ['12, '15]

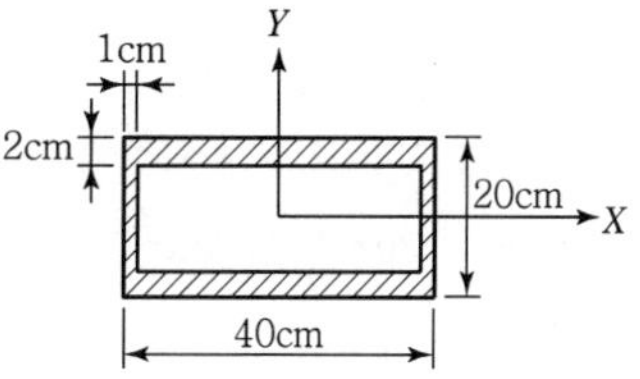

① 356.1kg/cm²　② 435.5kg/cm²
③ 524.3kg/cm²　④ 602.7kg/cm²

해설

[1] ㉠ 중심선 치수의 단면적 $A_m = 39\text{cm} \times 18\text{cm}$

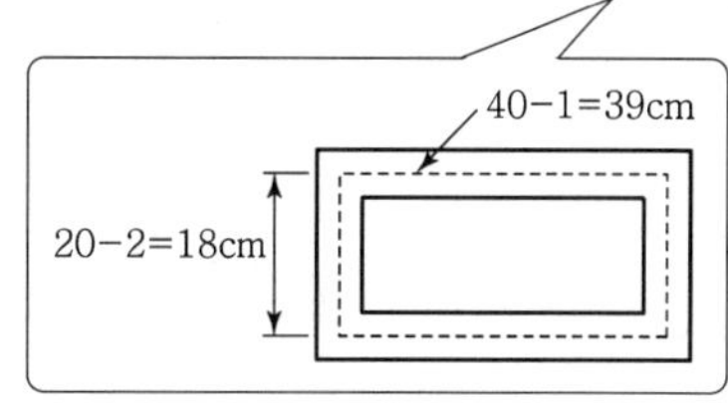

ⓛ $\tau_{max} = \frac{T}{2A_m \cdot t} = \frac{5 \times 10^5}{2 \times (39 \times 18) \times 1}$

$\fallingdotseq 356.1\text{kg/cm}^2$

[2] ㉠ $A_m = (40-1) \times (20-2) = 702\text{cm}^2$

ⓛ $f = \frac{T}{2A_m} = \frac{(5 \times 10^5)}{2 \times 702} = 356.1\text{kg/cm}$

ⓒ $\tau_{max} = \frac{f}{t_{min}} = \frac{356.1}{1} = 356.1\text{kg/cm}^2$

63 그림과 같이 X, Y축에 대칭인 빗금 친 단면에 비틀림우력 50kN · m가 작용할 때 최대전단응력은?

['12, '15 기출 유사, '21]

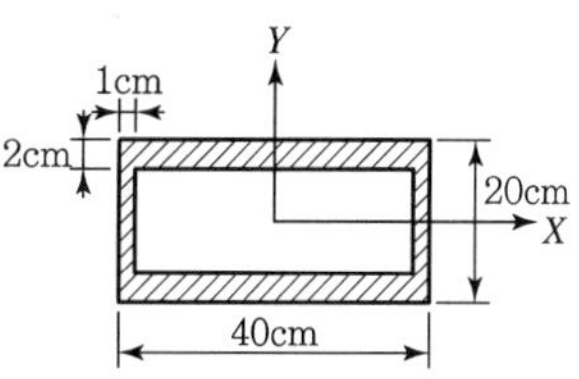

① 15.63MPa　② 17.81MPa
③ 31.25MPa　④ 35.61MPa

해설

얇은(박판단면) 중공단면의 비틀림응력(τ_{max})

$\tau_{max} = \frac{T}{2A_m t}$

㉠ A_m =중앙단면적

정답 61 ① 62 ① 63 ④

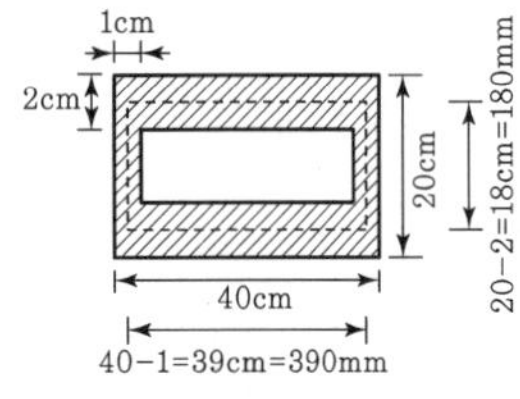

$A_m = 390 \times 180 = 70{,}200\text{mm}^2$

㉡ $t_{\min} = 1\text{cm}$

$\therefore$ 10mm

㉢ $\tau_{\max} = \dfrac{T}{2A_m t_{\min}}$

$= \dfrac{50\text{kN} \cdot \text{m} \times 10^3 \times 10^3\text{N} \cdot \text{mm}}{2 \times (70{,}200) \times (10)}$

$= 35.61\text{N/mm}^2 = 35.61\text{MPa}$

전단중심

64 전단중심(Shear Center)에 대한 다음 설명 중 옳지 않은 것은?

① 전단중심이란 단면이 받아내는 전단력의 합력점의 위치를 말한다.
② 1축이 대칭인 단면의 전단중심은 도심과 일치한다.
③ 하중이 전단중심점을 통과하지 않으면 보는 비틀린다.
④ 1축이 대칭인 단면의 전단중심은 그 대칭축 선상에 있다.

해설 1축 대칭단면의 전단중심은 그 대칭축 선상에 있고, 2축 대칭단면의 전단중심은 도심과 일치한다.

원환응력

65 평균 지름 $d=1{,}200$mm, 벽두께 $t=6$mm를 갖는 긴 강제수도관(鋼製水道管)이 $P=10\text{kg/cm}^2$의 내압을 받고 있다. 이 관벽 속에 발생하는 원환응력(圓環應力)의 크기는?

① 16.6kg/cm^2　② 450kg/cm^2
③ 900kg/cm^2　④ $1{,}000\text{kg/cm}^2$

해설 $\sigma = \dfrac{Pr}{t} = \dfrac{Pd}{2t} = \dfrac{10 \times (1{,}200 \times 10^{-1})}{2 \times (6 \times 10^{-1})}$

$= 1{,}000\,\text{kg/cm}^2$

66 지름 $d=120$cm, 벽두께 $t=0.6$cm인 긴 강관이 $q=2$MPa의 내압을 받고 있다. 이 관벽 속에 발생하는 원환응력(σ)의 크기는? ['10, '13, '20]

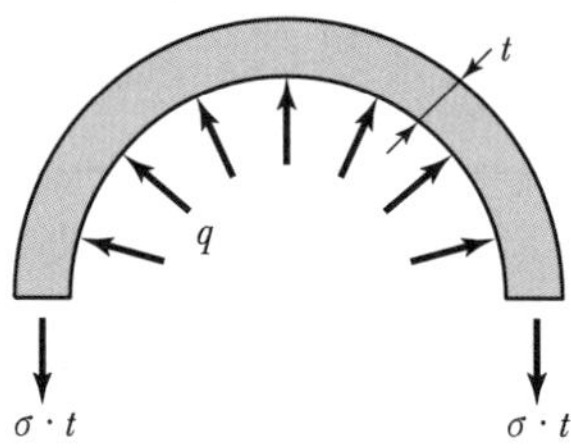

① 50MPa　② 100MPa
③ 150MPa　④ 200MPa

해설
〈조건〉
$D = 120\text{cm} = 1{,}200\text{mm}$, $t = 0.6\text{cm} = 6\text{mm}$
$P = 2\text{MPa} = 2\text{N/mm}^2$

원환응력 $\sigma = \dfrac{PD}{2t} = \dfrac{2 \times 1{,}200}{2 \times 6}$

$= 200\text{N/mm}^2 = 200\text{MPa}$

1축응력

67 단면적 2cm×2cm인 정사각형의 직선봉이 축방향력 $P=2{,}000$kg을 받고 있다. 수직선에 대하여 30° 경사진 단면에서의 수직응력(σ_θ)은?

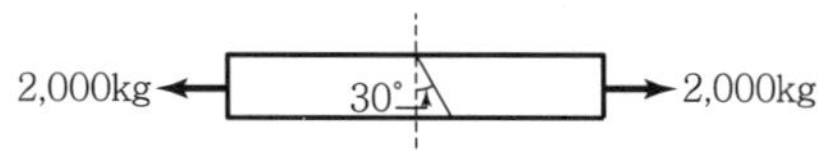

① 624kg/cm^2　② 567kg/cm^2
③ 425kg/cm^2　④ 375kg/cm^2

해설 $\sigma_\theta = \dfrac{P \cdot \cos\theta}{\dfrac{A}{\cos\theta}} = \dfrac{P}{A} \cdot \cos^2\theta$

$= \dfrac{2{,}000}{2 \times 2} \times \cos^2 30° = 375\text{kg/cm}^2$

68 축인장하중 $P=2$t을 받고 있는 지름 10cm의 원형봉 속에 발생하는 최대 전단응력은 얼마인가?

① 12.73kg/cm^2　② 15.15kg/cm^2
③ 17.56kg/cm^2　④ 19.98kg/cm^2

해설
〈공식〉 $\tau = \dfrac{\sigma}{2}\sin 2\theta$

정답 64 ② 65 ④ 66 ④ 67 ④ 68 ①

$\theta = 45°$일 때 전단응력(τ)이 최대이므로

$$\tau_{\max} = \frac{1}{2}\left(\frac{P}{A}\right)\sin(2\times 45°) = \frac{1}{2}\cdot\frac{2{,}000}{\pi\times\frac{10^2}{4}}$$

$$\fallingdotseq 12.73\text{kg/cm}^2$$

69 **그림과 같이 균일 단면 봉이 축인장력(P)을 받을 때 단면 $a-b$에 생기는 전단응력(τ)은?(단, 여기서 $m-n$은 수직단면이고, $a-b$는 수직단면과 $\phi=45°$의 각을 이루고, A는 봉의 단면적이다.)**

[핵심 p.161 50번 유사, '21]

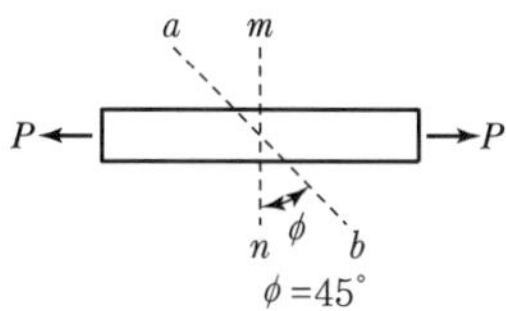

① $\tau = 0.5\dfrac{P}{A}$　　② $\tau = 0.75\dfrac{P}{A}$

③ $\tau = 1.0\dfrac{P}{A}$　　④ $\tau = 1.5\dfrac{P}{A}$

해설

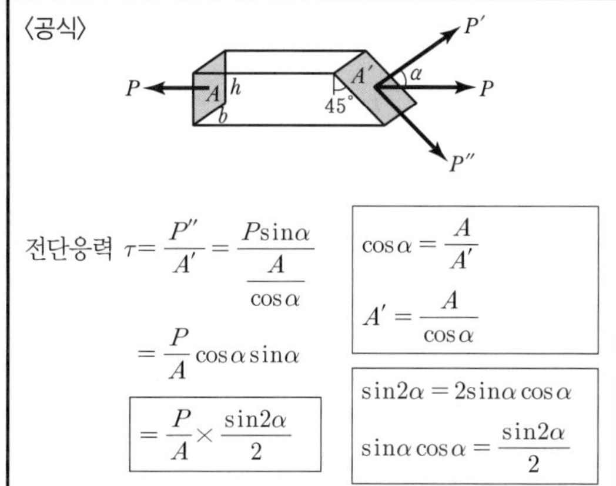

[1] $\tau = \dfrac{P}{A}\times\dfrac{\sin 2\alpha}{2} = \dfrac{P}{A}\times\dfrac{\sin(2\times 45°)}{2}$

$= \dfrac{P}{A}\times\dfrac{1}{2} = \dfrac{P}{2A}$

[2] ① 모아 원 $A(\sigma_x,\ 0)$

$B(0,\ 0)$

② $\alpha = 45°$

③ A점을 기준으로 반시계방향으로 2α 회전한 좌표 $(x,\ y)$

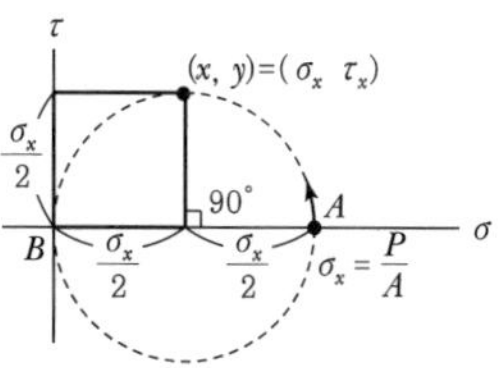

④ $\tau_x = y = \dfrac{\sigma_x}{2}$

$$\tau_{(45)} = \frac{\sigma_x}{2} = \frac{1}{2}\times\frac{P}{A} = 0.5\times\frac{P}{A}$$

2축응력

70 **아래 그림과 같은 플레이트(Plate)가 x, y축 방향으로 같은 응력 σ_a를 받고 있을 때 y축과 임의의 각 ϕ를 이루고 있는 면에서의 Normal Stress(σ_n)의 값은 얼마인가?**

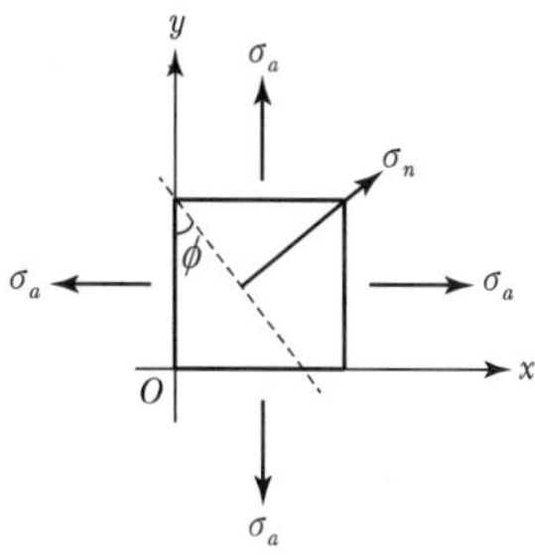

① σ_a　② $1.5\sigma_a$　③ $2\sigma_a$　④ $3\sigma_a$

해설 $\sigma_n = \dfrac{\sigma_x+\sigma_y}{2} + \dfrac{\sigma_x-\sigma_y}{2}\cdot\cos 2\phi$

$= \dfrac{\sigma_a+\sigma_a}{2} + \dfrac{\sigma_a-\sigma_a}{2}\cos 2\phi$

$= \sigma_a + 0 = \sigma_a$

평면응력

71 **평면응력상태하에서의 모아(Mohr)의 응력원에 대한 설명 중 옳지 않은 것은?** ['12, '14]

① 최대 전단응력의 크기는 두 주응력의 차이와 같다.

② 모아 원의 중심의 x좌푯값은 직교하는 두 축의 수직응력의 평균값과 같고 y좌푯값은 0이다.

③ 모아 원이 그려지는 두 축 중 연직(y)축은 전단응력의 크기를 나타낸다.

④ 모아 원으로부터 주응력의 크기와 방향을 구할 수 있다.

정답 69 ① 70 ① 71 ①

해설

[1] 최대 전단응력(τ_{max})

$$\tau_{max}=r=\frac{D}{2}=\frac{\sigma_x-\sigma_y}{2}$$

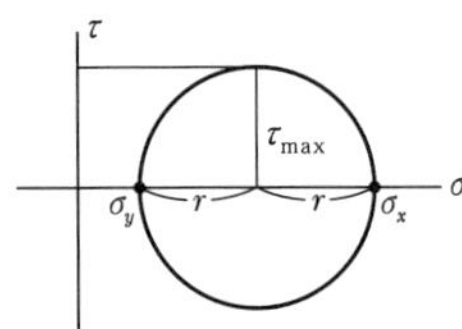

[2] 최대 전단응력(τ_{max})의 크기는 두 주응력 차이의 절반이다.

$$\tau_{max}=\frac{\sigma_{max}-\sigma_{min}}{2}$$

72 평면응력상태에서 모아(Mohr)의 응력원에 대한 설명으로 옳지 않은 것은? ['19]

① 최대 전단응력의 크기는 두 주응력의 차이와 같다.
② 모아 원으로부터 주응력의 크기와 방향을 구할 수 있다.
③ 모아 원이 그려지는 두 축 중 연직(y)축은 전단응력의 크기를 나타낸다.
④ 모아 원 중심의 x 좌푯값은 직교하는 두 축의 수직응력의 평균값과 같고, y 좌푯값은 0이다.

해설

[1] ㉠ 최대 전단응력 $\tau_{max}=R=\dfrac{\sigma_1-\sigma_2}{2}$

㉡ Mohr 원의 중심$=(\sigma_{ave},\ 0)=\left(\dfrac{\sigma_x+\sigma_y}{2},\ 0\right)$

㉢ 주단면 : $\tan 2\theta_p=\dfrac{2\tau_{xy}}{\sigma_x-\sigma_y}$

[2] ㉠

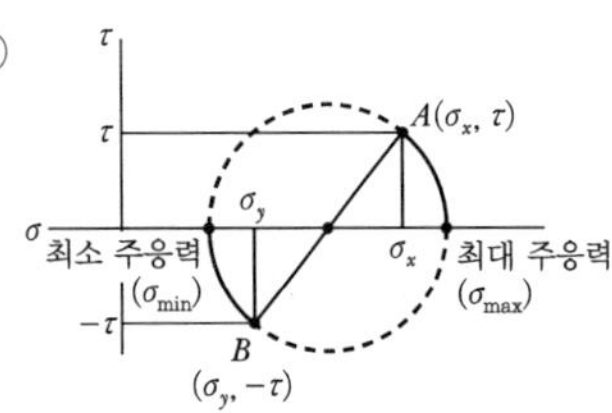

최대 주응력 − 최소 주응력 $=\sigma_{max}-\sigma_{min}=D$

$$\therefore\ \tau=r=\frac{D}{2}=\frac{\sigma_{max}-\sigma_{min}}{2}$$

㉡

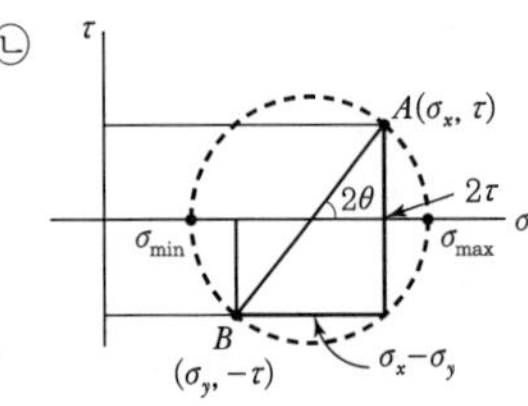

- 2θ : 주응력방향
- σ_{max} : 최대 주응력
- σ_{min} : 최소 주응력

㉢

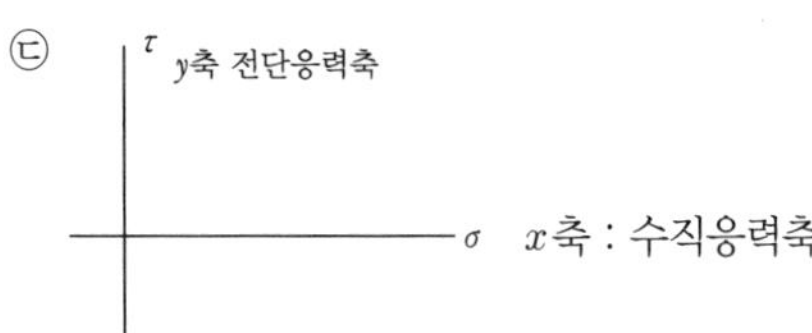

㉣

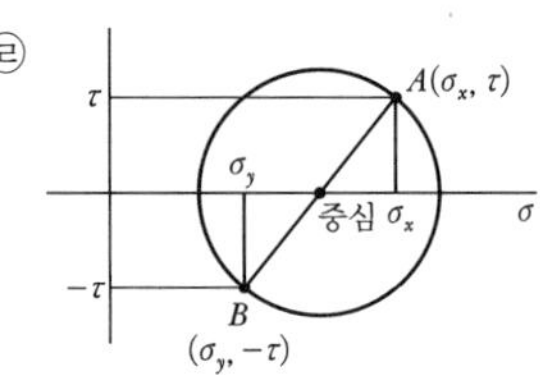

원 중심의 x좌표$=\dfrac{\sigma_x+\sigma_y}{2}$, y좌표$=0$

주응력

73 평면응력을 받는 요소가 다음과 같이 응력을 받고 있다. 최대 주응력은? ['10, '12, '16]

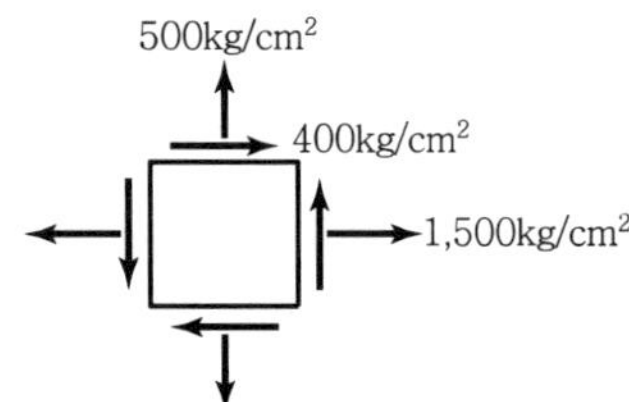

① 640kg/cm²　② 1,640kg/cm²
③ 360kg/cm²　④ 1,360kg/cm²

해설 최대 주응력

$$\sigma_{max}=\frac{\sigma_x+\sigma_y}{2}+\frac{1}{2}\sqrt{(\sigma_x-\sigma_{y)}^2)+4\cdot\tau_{xy}{}^2}$$

$$=\frac{1{,}500+500}{2}+\frac{1}{2}\sqrt{(1{,}500-500)^2+4\times(400)^2}$$

$$=1{,}000+640.3$$

$$\fallingdotseq 1{,}640\text{kg/cm}^2$$

정답 72 ① 73 ②

보의 응력

휨응력

01 지름 D인 원형 단면보에 휨모멘트 M이 작용할 때 최대 휨응력은? ['15, '17, '20]

① $\frac{64M}{\pi D^3}$ ② $\frac{32M}{\pi D^3}$ ③ $\frac{16M}{\pi D^3}$ ④ $\frac{8M}{\pi D^3}$

해설

$$Z=\frac{I_x}{y_1}=\frac{\frac{\pi D^4}{64}}{\frac{D}{2}}=\frac{\pi D^3}{32}$$

$$\sigma_{max}=\frac{M}{Z}=\frac{32M}{\pi D^3}$$

02 20cm×30cm인 단면의 저항모멘트는?(단, 재료의 허용 휨응력은 70kg/cm²이다.) ['19]

① 2.1t · m ② 3.0t · m
③ 4.5t · m ④ 6.0t · m

해설 $\sigma=\frac{M}{Z}$

$$\therefore M=\sigma \cdot Z$$
$$=(70)\left(\frac{1}{6}\times 20\times 30^2\right)$$
$$=210{,}000\text{kg/cm}$$
$$=2.1\text{t}\cdot\text{m}$$

03 단면이 원형(반지름 R)인 보에 휨모멘트 M이 작용할 때 이 보에 작용하는 최대 휨응력은? ['11, '15, '18]

① $\frac{4M}{\pi R^3}$ ② $\frac{12M}{\pi R^3}$ ③ $\frac{16M}{\pi R^3}$ ④ $\frac{32M}{\pi R^3}$

해설

[1] ㉠ $Z=\frac{I_X}{y_1}=\frac{\left(\frac{\pi R^4}{4}\right)}{R}=\frac{\pi R^3}{4}$

㉡ $\sigma_{max}=\frac{M}{Z}=\frac{M}{\left(\frac{\pi R^3}{4}\right)}=\frac{4M}{\pi R^3}$

[2] $\sigma_{max}=\frac{M}{Z}=\frac{M}{\frac{\pi D^3}{32}}=\frac{32M}{\pi D^3}=\frac{32M}{\pi(2R)^3}=\frac{4M}{\pi R^3}$

04 휨모멘트가 M인 다음과 같은 직사각형 단면에서 $A-A$에서의 휨응력은? ['22]

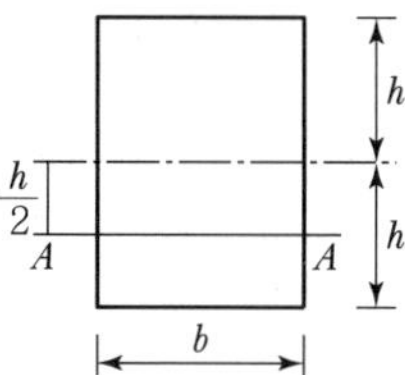

① $\frac{3M}{bh^2}$ ② $\frac{3M}{4bh^2}$
③ $\frac{3M}{2bh^2}$ ④ $\frac{M}{4b^2h^2}$

해설

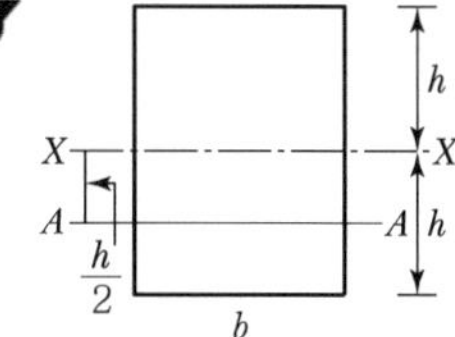

$$\sigma_{A-A}=\frac{M}{I_x}y_A=\frac{M}{\frac{b(2h)^3}{12}}\left(\frac{h}{2}\right)=\frac{12M}{8bh^3}\left(\frac{h}{2}\right)=\frac{3M}{4bh^2}$$

05 그림과 같은 직사각형 단면의 보가 최대 휨모멘트 $M_{max}=2\text{t}\cdot\text{m}$를 받을 때 $a-a$단면의 휨응력은? ['10, '14]

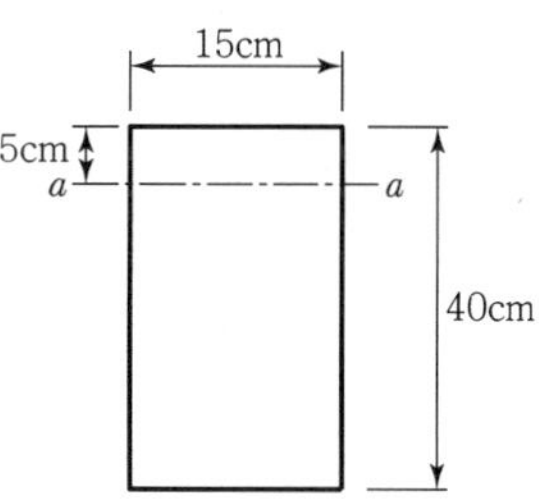

① 22.5kg/cm² ② 37.5kg/cm²
③ 42.5kg/cm² ④ 46.5kg/cm²

해설 ㉠ $I=\frac{bh^3}{12}=\frac{15\times 40^3}{12}=8\times 10^4\text{cm}^4$

㉡ $y=\frac{h}{2}-5=\frac{40}{2}-5=15\text{cm}$

㉢ $\sigma=\frac{M}{I}y=\frac{(2\times 10^5)\times 15}{(8\times 10^4)}=37.5\text{kg/cm}^2$

정답 01 ② 02 ① 03 ① 04 ② 05 ②

06 그림과 같은 직사각형 단면의 보가 최대 휨모멘트 $M_{max} = 20\text{kN}\cdot\text{m}$를 받을 때 $a-a$단면의 휨응력은? ['20]

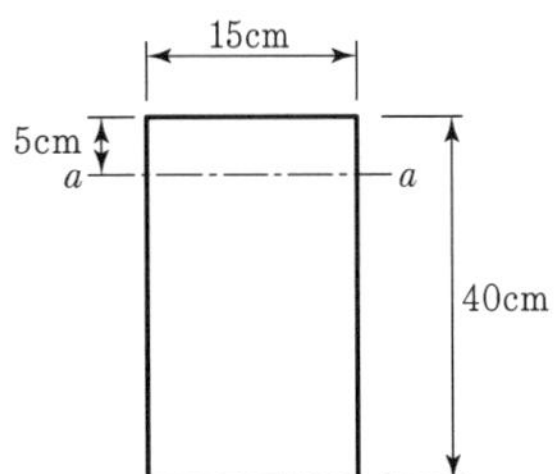

① 2.25MPa ② 3.75MPa
③ 4.25MPa ④ 4.65MPa

해설

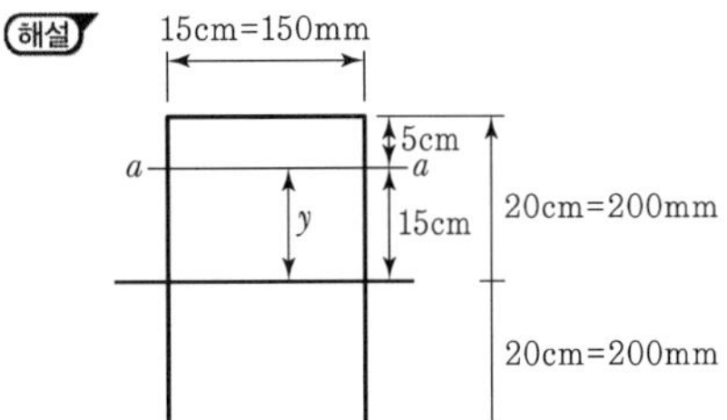

$M = 20\text{kN}\cdot\text{m} = 20\times10^3\times10^3\text{N}\cdot\text{mm}$

$I = \frac{1}{12}\times150\times400^3 = 8\times10^8\text{mm}^4$

$y = 150\text{mm}$

$$\sigma = \frac{M}{I}y = \frac{20\times10^6}{8\times10^8}\times150$$
$$= 3.75\text{N/mm}^2 = 3.75\text{MPa}$$

07 똑같은 휨모멘트 M을 받고 있는 두 보의 단면이 〈그림 1〉 및 〈그림 2〉와 같다. 〈그림 2〉의 보의 최대 휨응력은 〈그림 1〉의 보의 최대 휨응력의 몇 배인가?

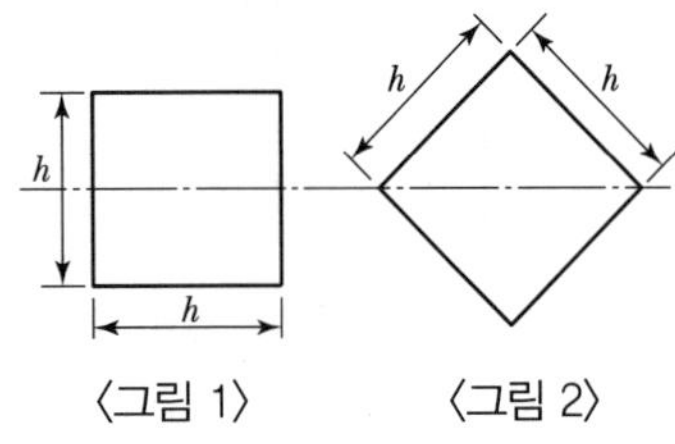

〈그림 1〉 〈그림 2〉

① $\sqrt{2}$ 배 ② $2\sqrt{2}$ 배
③ $\sqrt{5}$ 배 ④ $\sqrt{3}$ 배

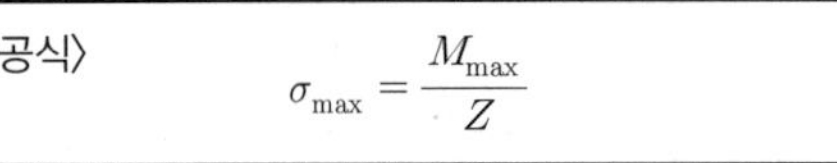
〈공식〉

$$\sigma_{max} = \frac{M_{max}}{Z}$$

㉠ $Z_1 = \frac{I}{y} = \frac{\frac{h^4}{12}}{\frac{h}{2}} = \frac{h^3}{6}$

㉡ $Z_2 = \frac{I}{y} = \frac{\frac{h^4}{12}}{\frac{h}{\sqrt{2}}} = \frac{\sqrt{2}h^3}{12}$

㉢ $\frac{Z_1}{Z_2} = \frac{2}{\sqrt{2}} = \sqrt{2}$

08 그림과 같은 단면을 갖는 부재(A)와 부재(B)가 있다. 동일 조건의 보에 사용하고 재료의 강도도 같다면, 휨에 대한 강도를 비교한 설명으로 옳은 것은? ['20]

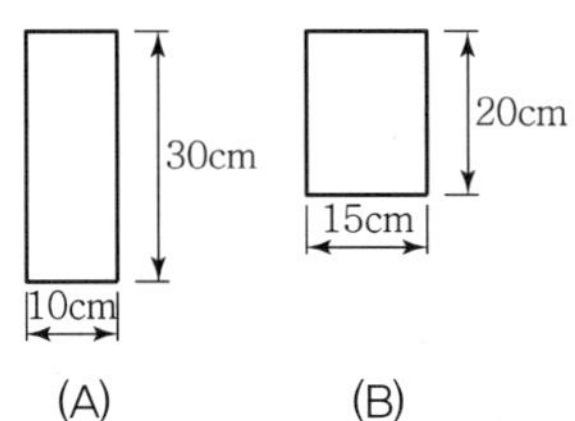

① 보 (A)는 보 (B)보다 휨에 대한 강도가 2.0배 크다.
② 보 (B)는 보 (A)보다 휨에 대한 강도가 2.0배 크다.
③ 보 (B)는 보 (A)보다 휨에 대한 강도가 1.5배 크다.
④ 보 (A)는 보 (B)보다 휨에 대한 강도가 1.5배 크다.

해설

[1] ㉠ $Z_{(A)} = \sigma_y \cdot \frac{10\times30^2}{6}$

㉡ $Z_{(B)} = \sigma_y \cdot \frac{15\times20^2}{6}$

㉢ $\frac{Z_{(A)}}{Z_{(B)}} = 1.5$

[2]

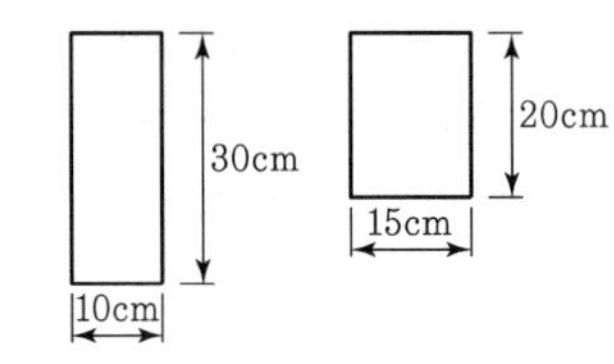

	(A)		(B)
$Z=$	$\frac{10\times30^2}{6}$	:	$\frac{15\times20^2}{6}$
	3	:	2
	1.5	:	1

〈별해〉 $A_1 = A_2$인 경우 높이비 = 강성비

(A)	:	(B)
30	:	20
1.5	:	1

정답 06 ② 07 ① 08 ④

09 길이 10m, 폭 20cm, 높이 30cm인 직사각형 단면을 갖는 단순보에서 자중에 의한 최대 휨응력은?(단, 보의 단위중량은 25kN/m³으로 균일한 단면을 갖는다.)

① 6.25MPa　② 9.375MPa
③ 12.25MPa　④ 15.275MPa

해설 ㉠ $w = rA = 1.5\,\text{kN/m} = 1.5\,\text{N/mm}$

㉡ $\sigma_{\max} = \dfrac{M_{\max}}{Z} = \dfrac{\left(\dfrac{wl^2}{8}\right)}{\left(\dfrac{bh^2}{6}\right)} = \dfrac{3wl^2}{4bh^2}$

$= \dfrac{3 \times 1.5 \times (10 \times 10^3)^2}{4 \times (20 \times 10) \times (30 \times 10)^2}$

$= 6.25\,\text{N/mm}^2 = 6.25\,\text{MPa}$

10 단순보에서 그림과 같이 하중 P가 작용할 때 보의 중앙점의 단면 하단에 생기는 수직응력의 값은?(단, 보의 단면에서 높이는 h, 폭은 b이다.)

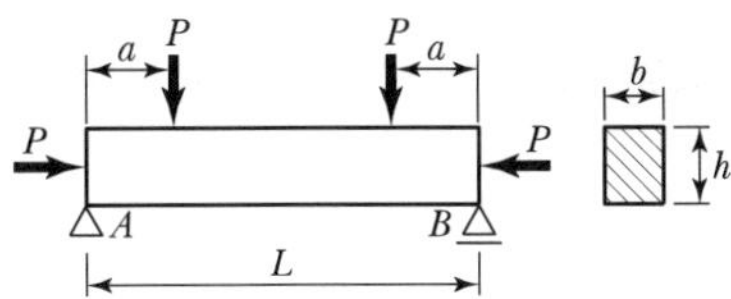

① $\dfrac{P}{bh^2}\left(1+\dfrac{6a}{h}\right)$　② $\dfrac{P}{bh}\left(1-\dfrac{6a}{h}\right)$

③ $\dfrac{P}{b^2h^2}\left(1-\dfrac{6a}{h}\right)$　④ $\dfrac{P}{b^2h}\left(1-\dfrac{a}{h}\right)$

해설

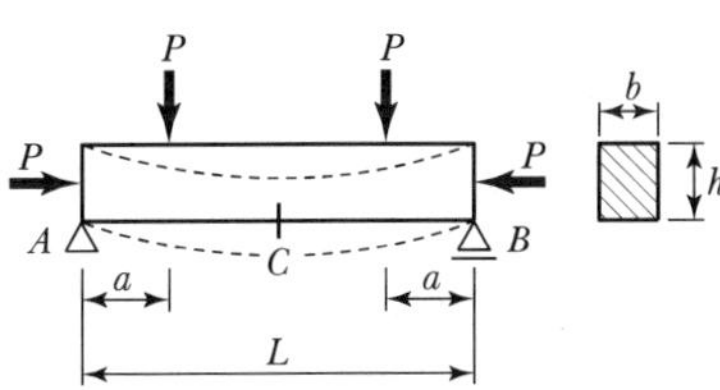

보의 중앙점($M_C = P_a$)의 단면 하단(⊕ 인장)에 생기는 수직응력

$\sigma = -\dfrac{P}{A} + \dfrac{M}{Z} = -\dfrac{P}{(bh)} + \dfrac{Pa}{\dfrac{bh^2}{6}} = \dfrac{-P}{bh}\left(1-\dfrac{6a}{h}\right)$

〈주의〉 문제의 보기에서 (−) 부호가 생략되었다.

전단응력

11 폭 30cm, 높이 40cm인 직사각형 단면의 단순보에서 전단력 V=20kN이 작용할 때 중립축으로부터 위로 10cm 떨어진 점에서 전단응력은?

① 18.75kN/cm²　② 25.5kN/cm²
③ 29.54kN/cm²　④ 37.84kN/cm²

해설

[1]

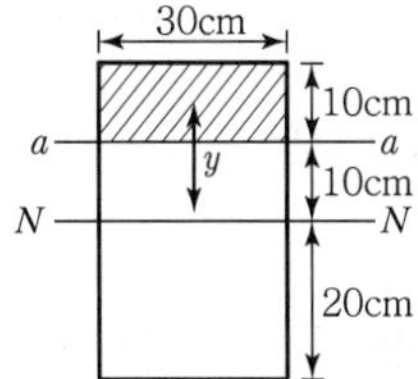

㉠ $I_N = \dfrac{bh^3}{12} = \dfrac{30 \times 40^3}{12}$

㉡ $G_x = Ay = (30 \times 10) \times 15$(빗금 친 단면1차모멘트)

㉢ $\tau_{a-a} = \dfrac{SG}{Ib} = \dfrac{20{,}000 \times (30 \times 10 \times 15)}{\dfrac{30 \times 40^3}{12} \times 30}$

$= 18.75\text{kN/cm}^2$

[2]

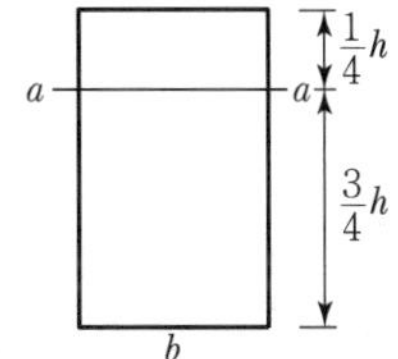

$\tau_{a-a} = \dfrac{1}{4} \times \dfrac{3}{4} \times 6 \times \dfrac{S}{A} = \dfrac{18 \times 20 \times 10^3}{16 \times (30 \times 40)}$

$= 18.75\text{kN/cm}^2$

12 직사각형 단면 보의 단면적을 A, 전단력을 V라고 할 때 최대 전단응력 $\tau_{\max}$은? ['19, '22]

① $\dfrac{2}{3}\dfrac{V}{A}$　② $1.5\dfrac{V}{A}$

③ $3\dfrac{V}{A}$　④ $2\dfrac{V}{A}$

해설 〈공식〉 $\tau_{\max} = \alpha \cdot \tau_{\text{mean}}$

㉠ 직사각형 단면 : $\alpha = \dfrac{3}{2}$

㉡ 삼각형 단면 : $\alpha = \dfrac{3}{2}$

㉢ 원형 단면 : $\alpha = \dfrac{4}{3}$

정답 09 ① 10 ② 11 ① 12 ②

13 폭 20mm, 높이 50mm인 균일한 직사각형 단면의 단순보에 최대 전단력이 10kN 작용할 때 최대 전단응력은? ['12, '16, '17 기출 응용, '21]

① 6.7MPa ② 10MPa
③ 13.3MPa ④ 15MPa

해설

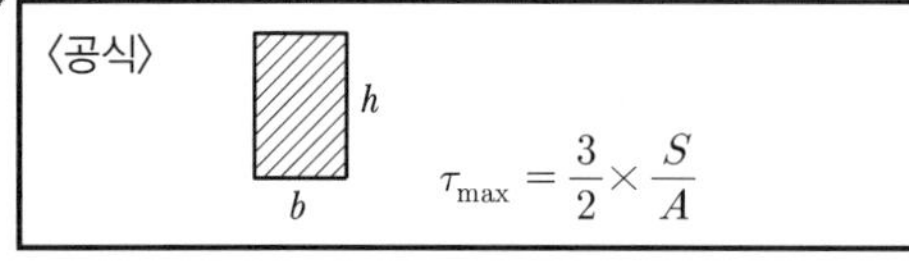

$$\tau_{\max}=\frac{3}{2}\times\frac{S}{A}=\frac{3}{2}\times\frac{10\times10^3}{20\times50}=15\text{MPa}$$

14 직사각형 단면보의 단면적을 A, 전단력을 V라고 할 때 최대전단응력($\tau_{\max}$)은? ['22]

① $\frac{2}{3}\frac{V}{A}$ ② $1.5\frac{V}{A}$ ③ $3\frac{V}{A}$ ④ $2\frac{V}{A}$

해설

〈조건〉
전단력 : V 단면적 : A

$$\tau_{\max}=\frac{3}{2}\times\frac{S}{A}=\frac{3}{2}\times\frac{V}{A}=1.5\times\frac{V}{A}$$

15 어떤 보 단면의 전단응력도를 그렸더니 다음 그림과 같았다. 이 단면에 가해진 전단력의 크기는?(단, 최대 전단응력($\tau_{\max}$)은 6kN/cm²이다.) ['19]

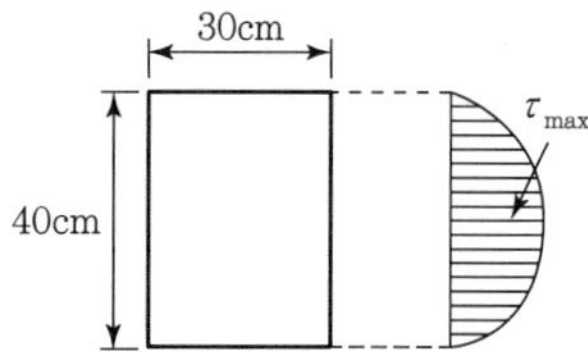

① 4,200kN ② 4,800kN
③ 5,400kN ④ 6,000kN

해설

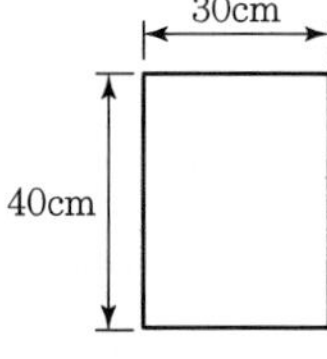

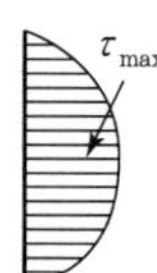

$$\tau_{\max}=\frac{3}{2}\times\frac{S}{A}$$

$$6=\frac{3}{2}\times\frac{S}{40\times30}$$

$\therefore\ S=4{,}800\text{kN}$

16 폭 100mm, 높이 150mm인 직사각형 단면의 보가 $S=7$kN의 전단력을 받을 때 최대전단응력과 평균전단응력의 차이는? ['21]

① 0.13MPa ② 0.23MPa
③ 0.33MPa ④ 0.43MPa

해설

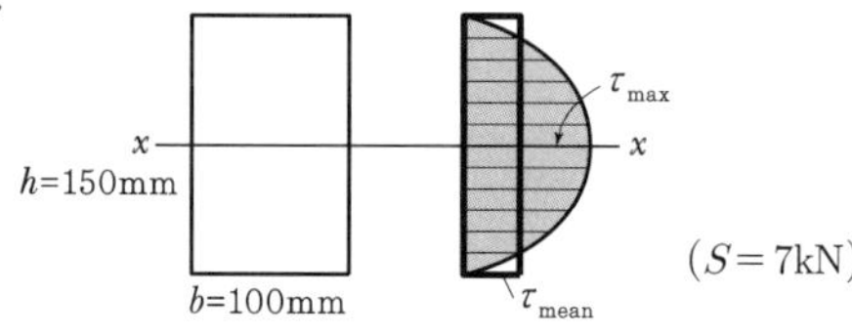

$$\tau_{\max}-\tau_{\text{mean}}=\left(\frac{3}{2}\times\frac{S}{A}\right)-\left(\frac{S}{A}\right)$$

$$=\frac{1}{2}\times\frac{S}{A}\qquad (S:7\text{kN}=7\times10^3\text{N})$$

$$=\frac{1}{2}\times\frac{7\times10^3\text{N}}{100\times150}$$

$$=0.23\text{N/mm}^2=0.23\text{MPa}$$

17 전단응력도에 대한 설명으로 틀린 것은? ['22]

① 직사각형 단면에서는 중앙부의 전단응력도가 제일 크다.
② 원형 단면에서는 중앙부의 전단응력도가 제일 크다.
③ I형 단면에서는 상, 하단의 전단응력도가 제일 크다.
④ 전단응력도는 전단력의 크기에 비례한다.

해설

㉠

㉡

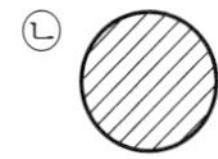

㉢

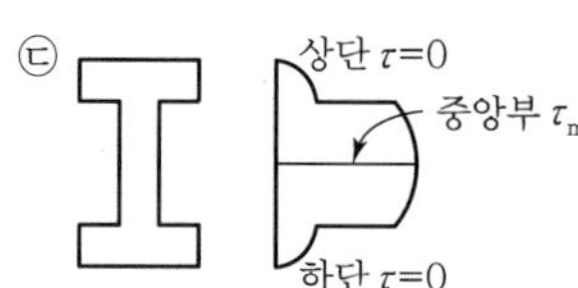

㉣ $\tau_{\max}=\frac{SG}{Ib}$

전단응력은 전단력(S)에 비례

정답 13 ④ 14 ② 15 ② 16 ② 17 ③

18 그림과 같은 T형 단면을 가진 단순보가 있다. 이 보의 지간은 3m이고, 지점으로부터 1m 떨어진 곳에 하중 $P=450$kg이 작용하고 있다. 이 보에 발생하는 최대 전단응력은?

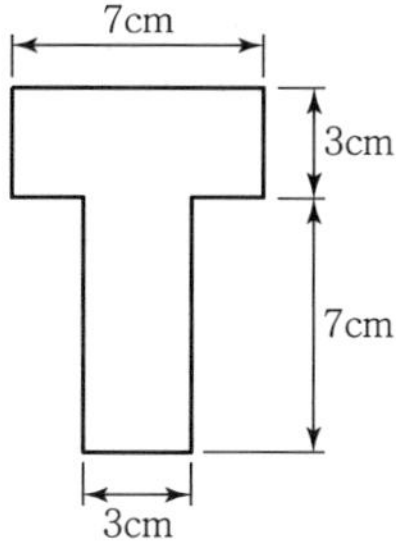

① 14.8kg/cm^2　　② 24.8kg/cm^2

③ 34.8kg/cm^2　　④ 44.8kg/cm^2

해설 ㉠ $R_A=\dfrac{2}{3}\times450=300\text{kg}$

$R_B=\dfrac{1}{3}\times450=150\text{kg}$

㉡ $S_{\max}=R_{Ay}=300\text{kg}$

㉢ $G=3\times7\times3.5+7\times3\times8.5=252\text{cm}^3$

㉣ $y_o=\dfrac{G}{A}=\dfrac{252}{3\times7+7\times3}=6\text{cm}$

㉤ $I_o=\left(\dfrac{7\times3^3}{12}+7\times3\times2.5^2\right)+\left(\dfrac{3\times7^3}{12}+3\times7\times2.5^2\right)=364\text{cm}^4$

㉥ $G_X=3\times6\times3=54\text{cm}^3$

㉦ $\tau_{\max}=\dfrac{S_{\max}G_X}{I_Xb}=\dfrac{300\times54}{364\times3}=14.8\text{kg/cm}^2$

19 그림과 같이 하중을 받는 단순보에 발생하는 최대 전단응력은? ['11 기출 유사, '21]

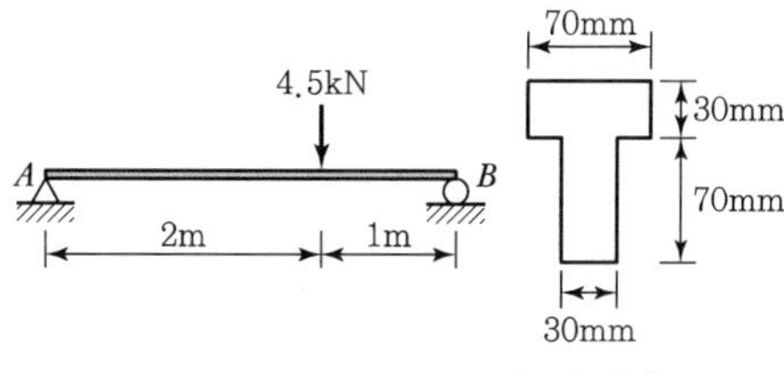

(보의 단면)

① 1.48MPa　　② 2.48MPa

③ 3.48MPa　　④ 4.48MPa

해설 〈참고〉 전단응력도

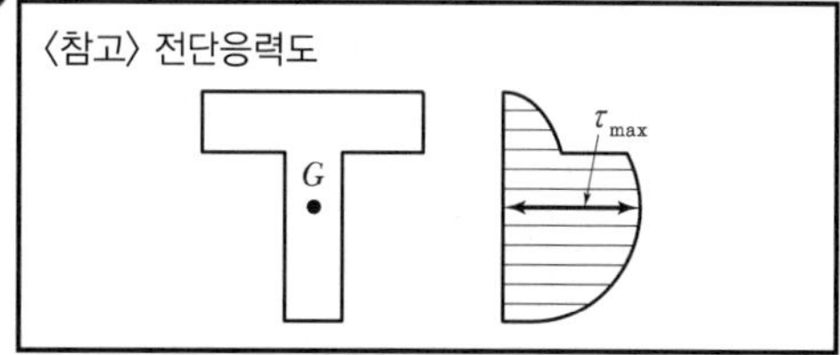

$$\tau_{\max}=\frac{S_{\max}G}{Ib}$$

㉠

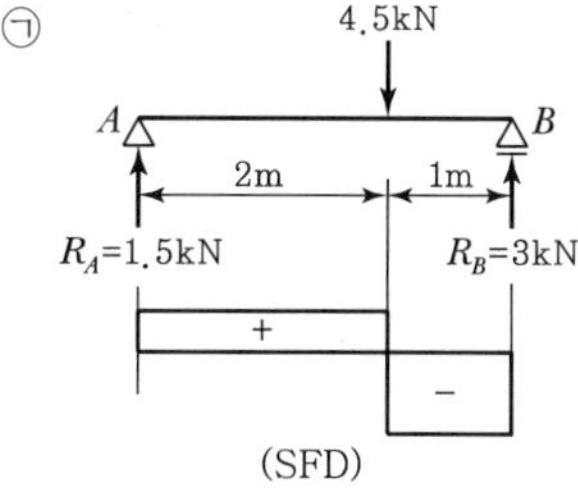

(SFD)

단순보 $S_{\max}=R_A$, R_B 중 큰 값

$=3\text{kN}=3\times10^3\text{N}$

㉡

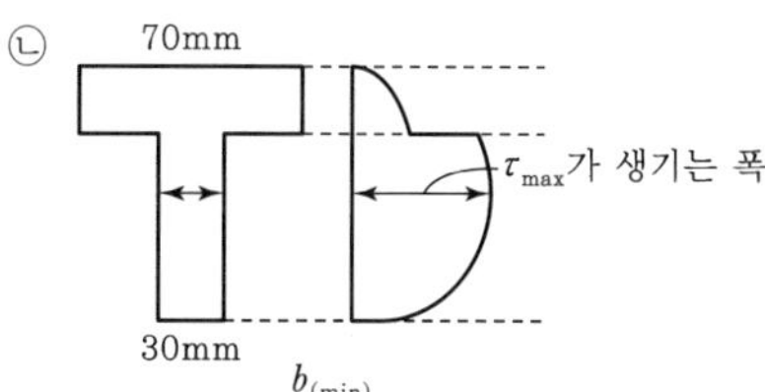

$b_{(\min)}=30\text{mm}$

㉢ 도심(y) : 도심축 I_x를 구하기 위해 도심이 필요

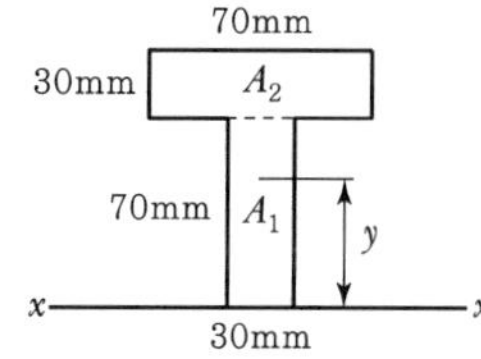

〈방법 1〉

도심 $y=\dfrac{\left(\dfrac{70}{2}\right)+\left(70+\dfrac{30}{2}\right)}{2}=\dfrac{35+85}{2}$

$=60\text{mm}$

〈방법 2〉

$A_1=A_2$이므로

도심 $y=\dfrac{G_x}{A}=\dfrac{(7\times3)\left(\dfrac{7}{2}\right)+(7\times3)\left(7+\dfrac{3}{2}\right)}{(7\times3)+(7\times3)}$

$=\dfrac{\dfrac{7}{2}+\dfrac{17}{2}}{2}=\dfrac{24}{4}=6$　　$\therefore$ 60mm

정답 18 ①　19 ①

㉣ 도심축 단면2차M(I_x)

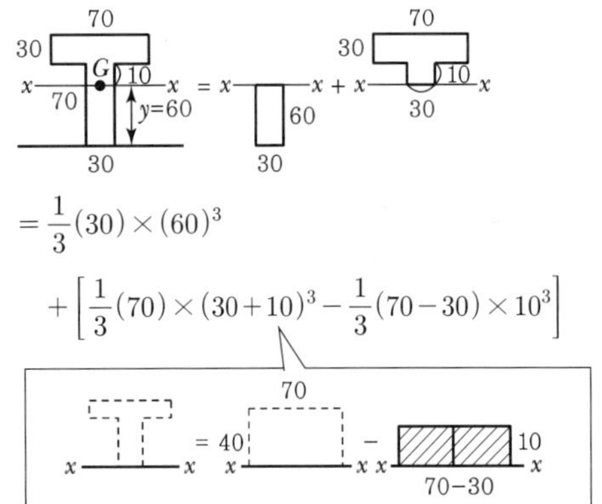

$$= \frac{1}{3}(30) \times (60)^3$$

$$+ \left[\frac{1}{3}(70) \times (30+10)^3 - \frac{1}{3}(70-30) \times 10^3 \right]$$

(70, 40, 10, 70−30)

$$= 2{,}160{,}000 + (1{,}493{,}333.33 - 13{,}333.33)$$

$$= 3{,}640{,}000\text{mm}^4$$

㉤ |도심축 상단 1차M(G)| = |도심축 하단 1차M|

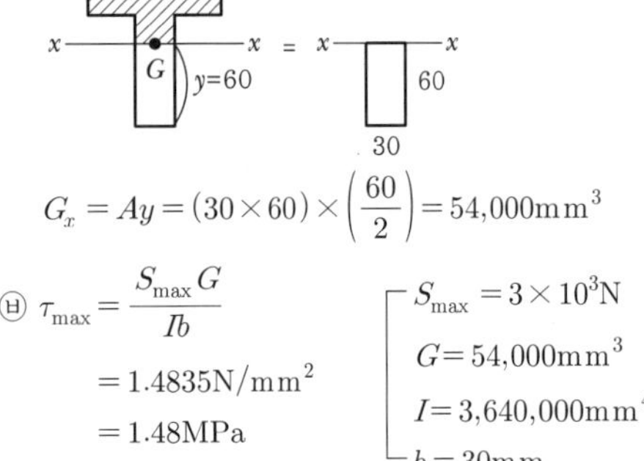

$$G_x = Ay = (30 \times 60) \times \left(\frac{60}{2} \right) = 54{,}000\text{mm}^3$$

㉥ $\tau_{max} = \dfrac{S_{max} G}{Ib}$

$= 1.4835\text{N/mm}^2$

$= 1.48\text{MPa}$

$S_{max} = 3 \times 10^3\text{N}$

$G = 54{,}000\text{mm}^3$

$I = 3{,}640{,}000\text{mm}^4$

$b = 30\text{mm}$

20 전단력 V가 작용하고 있는 그림과 같은 보의 단면에서 $\tau_1 - \tau_2$ 의 값으로 옳은 것은?

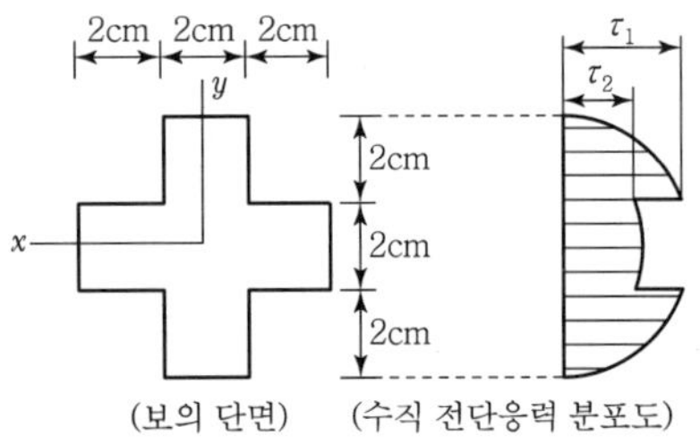

(보의 단면) (수직 전단응력 분포도)

① $\dfrac{V}{29}$ ② $\dfrac{2V}{29}$ ③ $\dfrac{3V}{29}$ ④ $\dfrac{4V}{29}$

해설

〈공식〉 $\tau = \dfrac{SG}{Ib}$

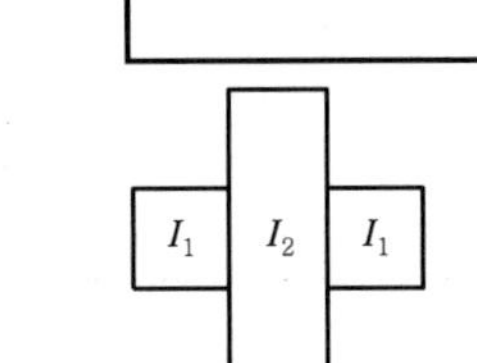

㉠ $I = \underbrace{\dfrac{2 \times 2^3}{12}}_{I_1} \times 2\text{개} + \underbrace{\dfrac{2 \times 6^3}{12}}_{I_2} = \dfrac{464}{12}\text{cm}^4$

㉡ $G = (2 \times 2) \times (1+1) = 8\text{cm}^3$

(2, 2, 1, x—x)

㉢ $S = V$

㉣ $\tau_{max} = \tau_1 = \dfrac{V \times 8}{\dfrac{464}{12} \times 2} = \dfrac{48V}{464}$

㉤ $\tau_{min} = \tau_2 = \dfrac{V \times 8}{\dfrac{464}{12} \times 6} = \dfrac{16V}{464}$

㉥ $\tau_1 - \tau_2 = \dfrac{48V}{464} - \dfrac{16V}{464} = \dfrac{32V}{464} = \dfrac{2V}{29}$

21 그림과 같은 단면에 1,500kg의 전단력이 작용할 때 최대 전단응력의 크기는?

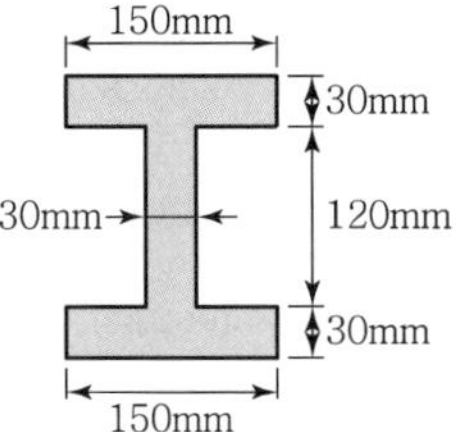

① 28.6kg/cm^2 ② 35.2kg/cm^2

③ 47.4kg/cm^2 ④ 59.5kg/cm^2

해설 ㉠ $b_o = 3\text{cm}$(단면 중립축에서 폭)

㉡ $I_X = \dfrac{15 \times 18^3}{12} - \dfrac{12 \times 12^3}{12} = 5{,}562\text{cm}^4$

㉢ $G_X = (15 \times 3) \times 7.5 + (3 \times 6) \times 3 = 391.5\text{cm}^3$

㉣ $\tau_{max} = \dfrac{S \cdot G_X}{I_X \cdot b_o} = \dfrac{1{,}500 \times 391.5}{5{,}562 \times 3} = 35.19\text{kg/cm}^2$

〈보충〉

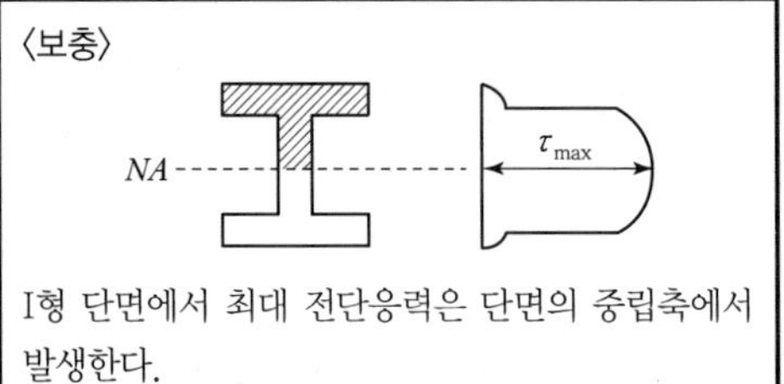

I형 단면에서 최대 전단응력은 단면의 중립축에서 발생한다.

정답 20 ② 21 ②

22 그림과 같은 단면에 1,000kN의 전단력이 작용할 때 최대 전단응력의 크기는? ['22]

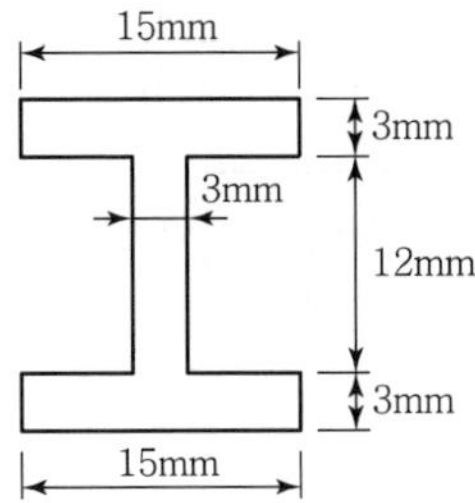

① $23.5kN/mm^2$ ② $28.4kN/mm^2$
③ $35.2kN/mm^2$ ④ $43.3kN/mm^2$

해설 ㉠ $I_x = \dfrac{15 \times 18^3}{12} - \dfrac{12 \times 12^3}{12} = 5{,}562\text{mm}^4$

㉡ $b = b_{\min} = 3\text{mm}$

㉢ $S = 1{,}000\text{kN}$

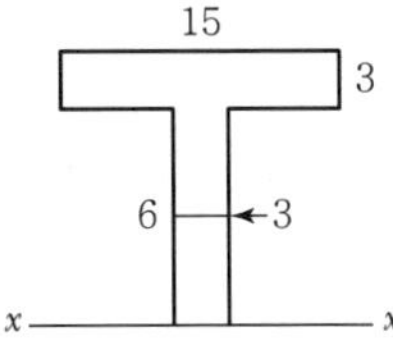

㉣ $G_x = (6 \times 3) \times \left(\dfrac{6}{2}\right) + (15 \times 3) \times \left(6 + \dfrac{3}{2}\right)$

$= 391.5\text{mm}^3$

㉤ $\tau_{\max} = \dfrac{SG}{Ib_{\min}}$

$= \dfrac{1{,}000 \times 391.5}{5{,}562 \times 3}$

$= 23.5\text{kN/mm}^2$

23 그림과 같은 단면에 15t의 전단력이 작용할 때 최대 전단응력의 크기는? ['19]

① $286kg/cm^2$
② $352kg/cm^2$
③ $474kg/cm^2$
④ $595kg/cm^2$

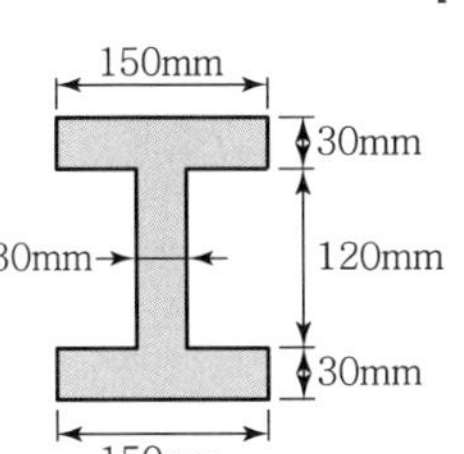

해설 ㉠ $S = 15\text{t} = 15 \times 10^3\text{kg}$

㉡

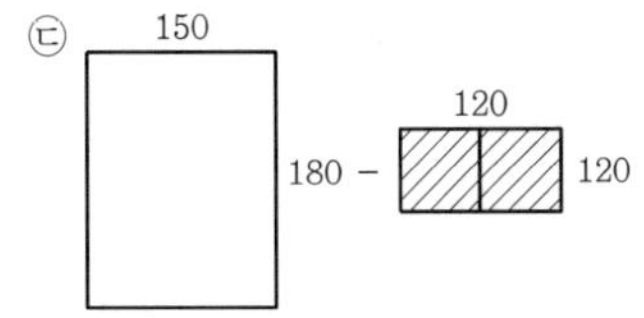

$G = (150 \times 30) \times \left(60 + \dfrac{30}{2}\right) + (30 \times 60) \times \left(\dfrac{60}{2}\right)$

$= 391{,}500$

㉢

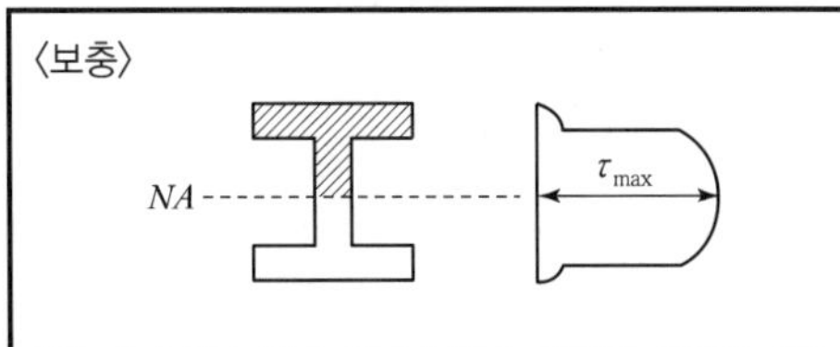

$I_x = \dfrac{150 \times 180^3}{12} - \dfrac{120 \times 120^3}{12}$

$b_{(\min)} = 30\text{mm}$

$\therefore \tau_{\max} = \dfrac{S \cdot G_X}{I_X \cdot b_{\min}} = \dfrac{15{,}000 \times 391.5}{5{,}562 \times 3}$

$= 351.94\text{kg/cm}^2$

〈보충〉

NA $\tau_{\max}$

I형 단면에서 최대 전단응력은 단면의 중립축에서 발생한다.

24 그림과 같은 단면에 전단력 $V = 60\text{t}$이 작용할 때 최대 전단응력은 약 얼마인가? ['14, '17]

① $127kg/cm^2$
② $160kg/cm^2$
③ $198kg/cm^2$
④ $213kg/cm^2$

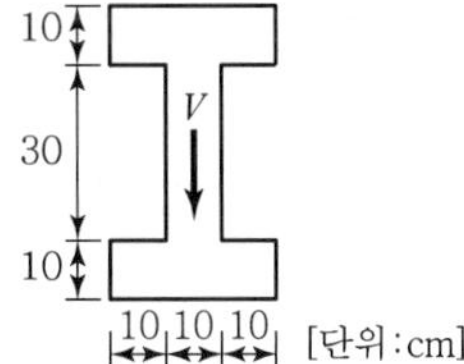

해설

〈핵심〉

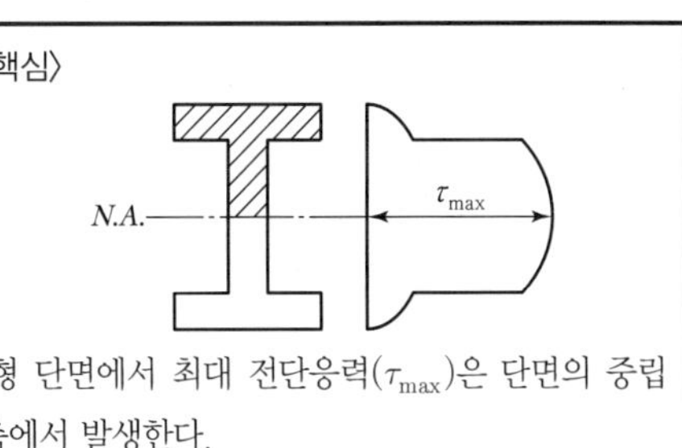

I형 단면에서 최대 전단응력($\tau_{\max}$)은 단면의 중립축에서 발생한다.

㉠ $b_o = 10\text{cm}$(단면의 중립축에서 폭)

㉡ $G_o = \left\{(30 \times 10) \times \left(15 + \dfrac{10}{2}\right)\right\} + \left\{(10 \times 15) \times \left(\dfrac{15}{2}\right)\right\}$

$= 7{,}125\text{cm}^4$

정답 22 ① 23 ② 24 ②

㉢ $I_o = \dfrac{30 \times 50^3}{12} - \dfrac{20 \times 30^3}{12} = 267{,}500\text{cm}^4$

㉣ $\tau_{\max} = \dfrac{VG_o}{I_o b_o} = \dfrac{(60 \times 10^3) \times 7{,}125}{267{,}500 \times 10}$

$= 159.8\text{kg/cm}^2$

25 그림과 같은 단면에 600kN의 전단력이 작용할 때 최대 전단응력의 크기는? ['14, '17 기출 응용, '21]

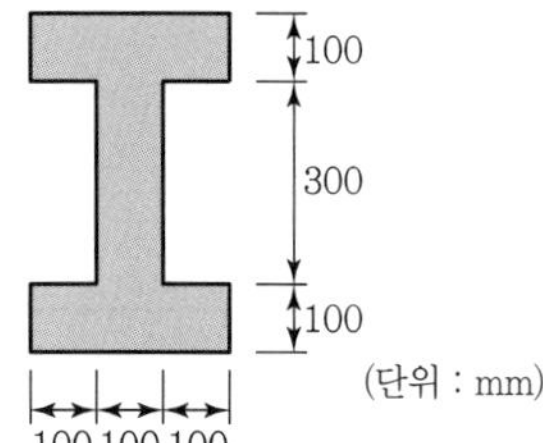

① 12.71MPa ② 15.98MPa

③ 19.83MPa ④ 21.32MPa

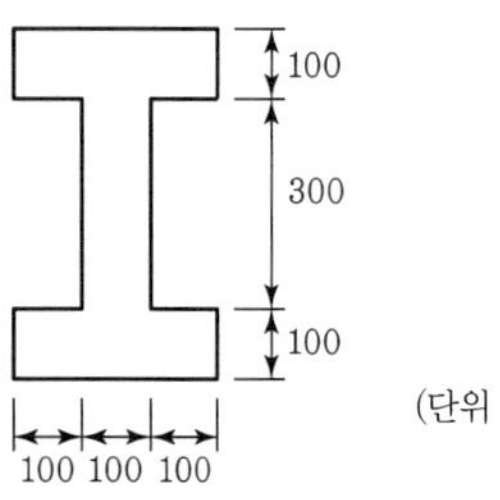

〈공식〉 $\tau_{\max} = \dfrac{SG}{Ib}$

〈전단응력분포도〉

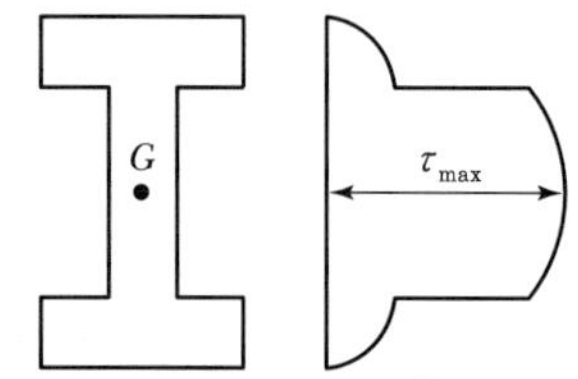

$\tau_{\max}$ =중립축에서 최대 전단응력 발생

㉠ 단면2차M(I)

$I_x = \dfrac{300 \times 500^3}{12} - \dfrac{200 \times 300^3}{12}$

$= 3{,}125{,}000{,}000 - 450{,}000{,}000$

$= 2{,}675{,}000{,}000\text{mm}^4$

㉡ 폭 $b = b_{\min} = 100\text{mm}$

($b_{\min}$ =최대 $\tau_{\max}$가 생기는 위치에서 폭을 의미)

㉢ 전단력 $S = V = 600\text{kN} = 600 \times 10^3\text{N}$

㉣ 1차M(G) : 구하는 위치의 상부단면1차모멘트(G)

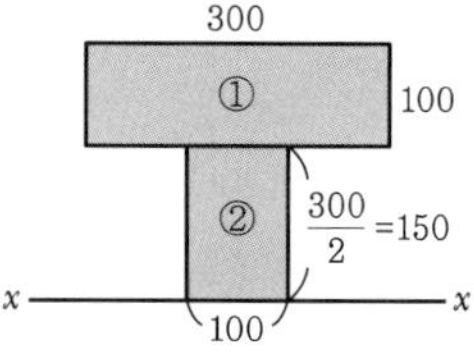

$G_x = A_1 y_1 + A_2 y_2$

$= (300 \times 100) \times \left(150 + \dfrac{100}{2}\right)$

$+ (100 \times 150) \times \left(\dfrac{150}{2}\right)$

$= 6{,}000{,}000 + 1{,}125{,}000$

$= 7{,}125{,}000\text{mm}^3$

㉤ $\tau_{\max} = \dfrac{SG}{Ib}$

$= \dfrac{(600 \times 10^3) \times (7{,}125{,}000)}{(2{,}675{,}000{,}000) \times (100)}$

$= 15.98\text{N/mm}^2$

$= 15.98\text{MPa}$

26 그림과 같은 I형 단면에 작용하는 최대 전단응력은?(단, 작용하는 전단력은 4,000kg이다.)

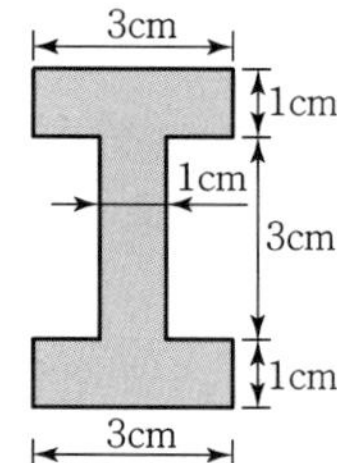

① 897.2kg/cm² ② 1,065.4kg/cm²

③ 1,299.1kg/cm² ④ 1,444.4kg/cm²

해설 ㉠ $G_x = A_1 y_1 + A_2 y_2$

$= (3 \times 1) \times 2$

$+ (1 \times 1.5) \times \dfrac{1.5}{2}$

$= 7{,}125\text{cm}^3$

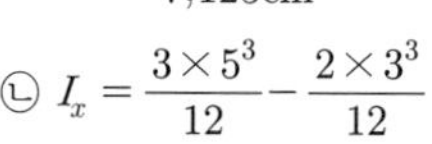

㉡ $I_x = \dfrac{3 \times 5^3}{12} - \dfrac{2 \times 3^3}{12}$

$= 26.75\text{cm}^4$

㉢ $\tau_{\max} = \dfrac{4{,}000 \times 7{,}125}{26.75 \times 1} ≒ 1{,}065.4\text{kg/cm}^2$

정답 25 ② 26 ②

27 다음 그림과 같은 I형 단면보에 8t의 전단력이 작용할 때 상연(上椽)에서 5cm 아래인 지점에서의 전단응력은?(단, 단면2차모멘트는 100,000cm⁴이다.)

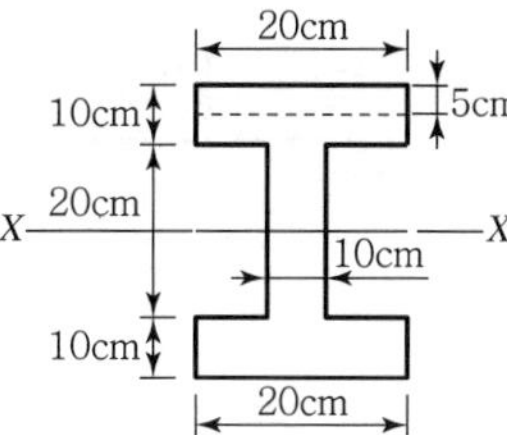

① 5.25kg/cm²
② 7.0kg/cm²
③ 12.25kg/cm²
④ 16.0kg/cm²

해설 $\tau=\dfrac{SG}{Ib}=\dfrac{8{,}000\times(20\times5\times17.5)}{100{,}000\times20}=7\text{kg/cm}^2$

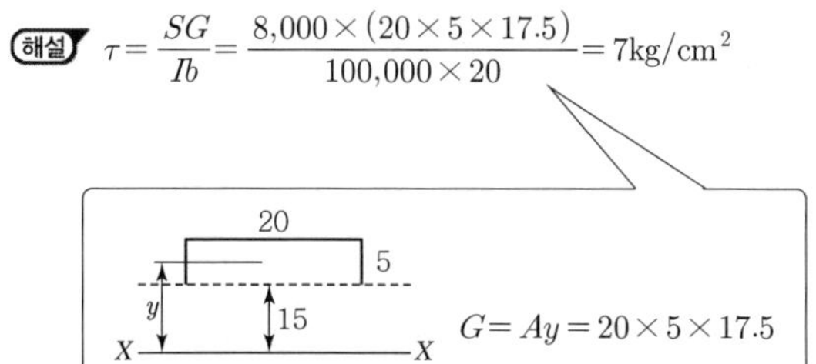

28 그림과 같은 단면에 전단력 $V=75$t이 작용할 때 최대 전단응력은?

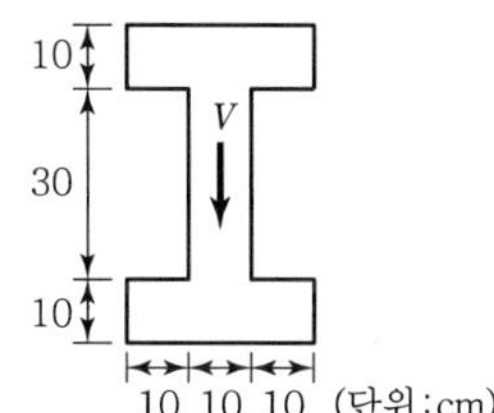

① 83kg/cm²
② 150kg/cm²
③ 200kg/cm²
④ 250kg/cm²

해설

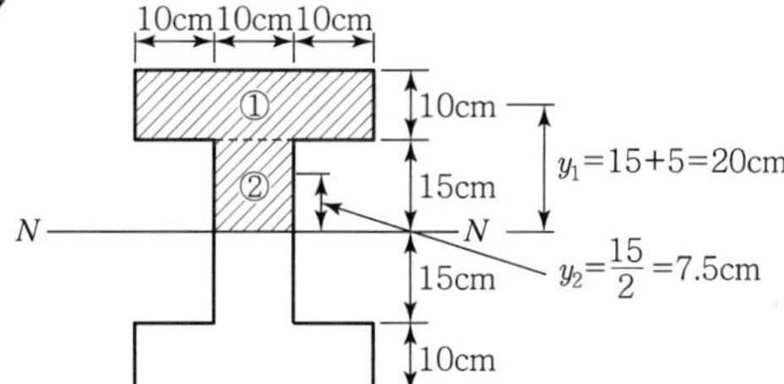

㉠ $G=\Sigma A\cdot y$

$=10\times30\times(5+15)+10\times15\times\dfrac{15}{2}$

$=7{,}125\text{cm}^3$

여기서, $A_1=10\times30$

$A_2=10\times15$

$y_1=5+15$

$y_2=\dfrac{15}{2}$

㉡ $I_N=\dfrac{BH^3}{12}-\dfrac{bh^3}{12}=\dfrac{30\times50^3-20\times30^3}{12}$

$=267{,}500\text{cm}^4$

㉢ $\tau_{\max}=\dfrac{SG}{Ib}=\dfrac{75{,}000\times7{,}125}{267{,}500\times10}$

$=200\text{kg/cm}^2$

29 그림과 같이 속이 빈 직사각형 단면의 최대 전단응력은?(단, 전단력은 2t이다.) ['12, '16, '18]

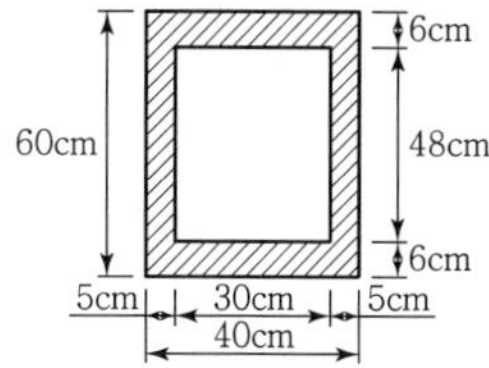

① 2.125kg/cm²
② 3.22kg/cm²
③ 4.125kg/cm²
④ 4.22kg/cm²

해설

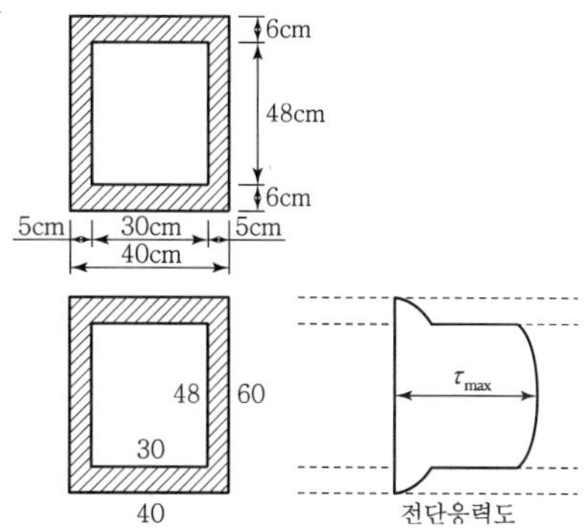

㉠ $I=\dfrac{40\times60^3}{12}-\dfrac{30\times48^3}{12}=443{,}520\text{cm}^4$

㉡ $G_x=Ay=(40\times30)\times\dfrac{30}{2}-(30\times24)\times\dfrac{24}{2}$

$=9{,}360\text{cm}^3$

㉢ $S=2\text{t}=2\times10^3\text{kg}$

㉣ $b=b_{\min}=5+5=10\text{cm}$

㉤ $\tau_{\max}=\dfrac{SG}{Ib_{\min}}=\dfrac{(2\times10^3)\times9{,}360}{443{,}520\times10}=4.22\text{kg/cm}^2$

정답 27 ② 28 ③ 29 ④

30 아래 그림과 같이 속이 빈 단면에 전단력 $V=150\text{kN}$이 작용하고 있다. 단면에 발생하는 최대 전단응력은? ['20]

① 9.9MPa　　② 19.8MPa
③ 99MPa　　④ 198MPa

해설

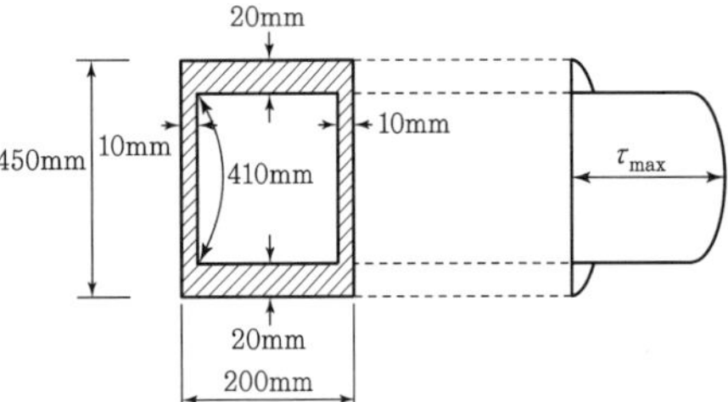

$S=150\text{kN}=150\times10^3\text{N}$

$I=\dfrac{200\times450^3}{12}-\dfrac{180\times410^3}{12}$

$b=20\text{mm}$

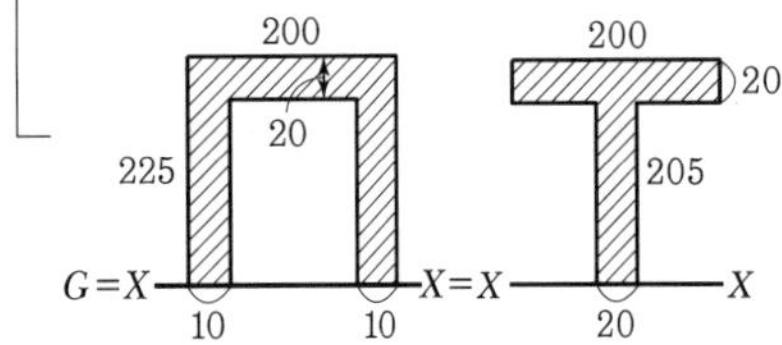

㉠ $I_N=\dfrac{BH^3}{12}-\dfrac{bh^3}{12}=\dfrac{20\times45^3}{12}-\dfrac{18\times41^3}{12}$

$\fallingdotseq 48{,}493.5\text{cm}^4$

㉡ $G_N=20\times22.5\times\dfrac{22.5}{2}-18\times20.5\times\dfrac{20.5}{2}$

$=1{,}280.25\text{cm}^3$

㉢ $b=20-18=2\text{cm}$

㉣ $\tau_{max}=\dfrac{SG}{Ib}=\dfrac{150{,}000\times1{,}280.25}{48{,}493.5\times2}$

$\fallingdotseq 1980.03\text{N/cm}^2=19.8\text{N/mm}^2$

$=19.8\text{MPa}$

31 다음 그림과 같은 단순보의 단면에서 발생하는 최대 전단응력의 크기는?

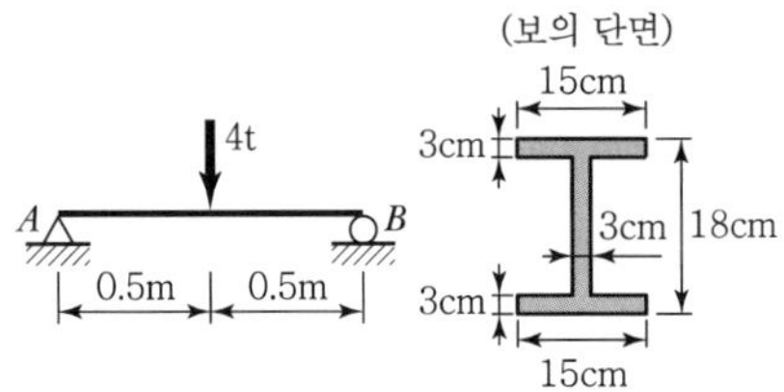

① 27.3kg/cm^2　　② 35.2kg/cm^2
③ 46.9kg/cm^2　　④ 54.2kg/cm^2

해설 ㉠ $S_{max}=2\text{t}$

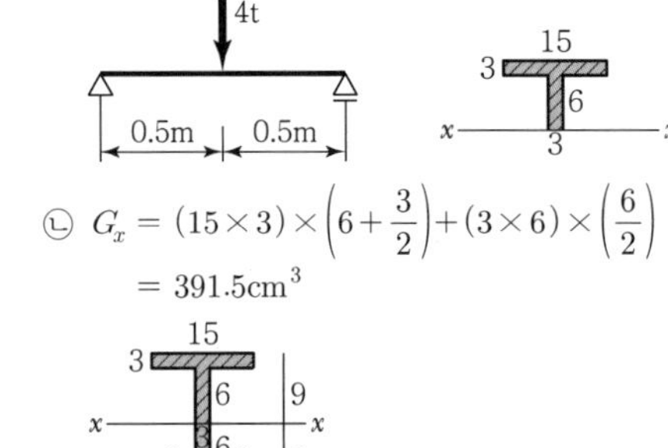

㉡ $G_x=(15\times3)\times\left(6+\dfrac{3}{2}\right)+(3\times6)\times\left(\dfrac{6}{2}\right)$

$=391.5\text{cm}^3$

㉢ $I_x=\dfrac{15\times18^3}{12}-\dfrac{12\times12^3}{12}=5{,}562\text{cm}^4$

㉣ $b_{min}=3\text{cm}$

㉤ $\tau_{max}=\dfrac{SG}{Ib_{min}}=\dfrac{(2\times10^3)\times(391.5)}{5{,}562\times3}$

$=46.925\text{kg/cm}^2$

〈보충〉

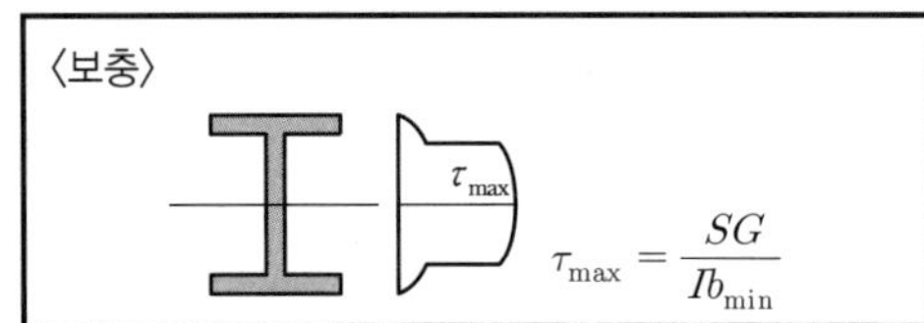

$\tau_{max}=\dfrac{SG}{Ib_{min}}$

32 그림과 같은 단순보의 단면에서 발생하는 최대전단응력의 크기는? ['22]

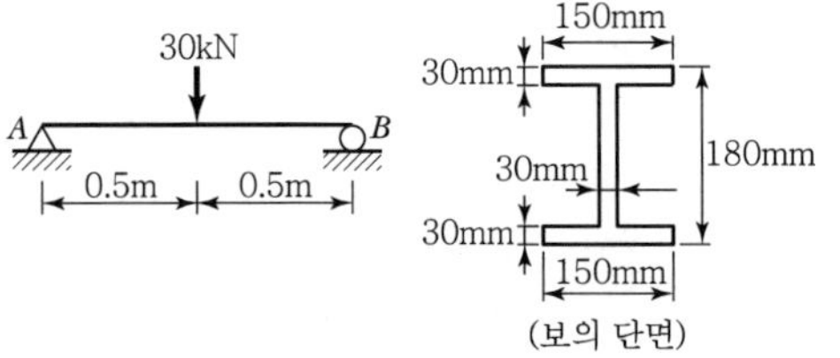

① 3.52MPa　　② 3.86MPa
③ 4.45MPa　　④ 4.93MPa

정답 30 ② 31 ③ 32 ①

해설

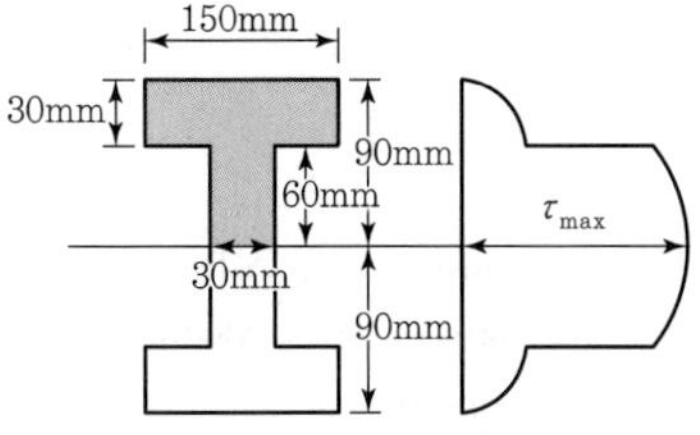

㉠ $b = 30\text{mm}$

㉡ $G_x = A \cdot y$

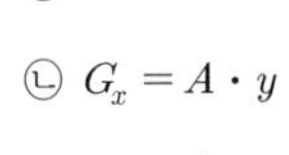

$$G_{x_1} = (150 \times 30) \times \left(60 + \frac{30}{2}\right)$$

$$= 337{,}500\text{mm}^3$$

$$G_{x_2} = (60 \times 30) \times \left(\frac{60}{2}\right)$$

$$= 54{,}000\text{mm}^3$$

$$G_x = G_{x_1} + G_{x_2} = 391{,}500\text{mm}^3$$

㉢

$$I_x = \frac{1}{12}(150) \times (180)^3 - \frac{1}{12}(120) \times (120)^3$$

$$= 72{,}900{,}000 - 17{,}280{,}000$$

$$= 55{,}620{,}000\text{mm}^4$$

㉣ $S_{max} = R_A$

$$= \frac{P}{2}$$

$$= \frac{30}{2} = 15\text{kN} = 15 \times 10^3\text{N}$$

㉤ $\tau_{max} = \dfrac{SG}{Ib}$

$$= \frac{(15 \times 10^3) \times (391{,}500)}{(55{,}620{,}000) \times 30}$$

$$= 3.519\text{N/mm}^2 = 3.52\text{MPa}$$

33 그림과 같은 T형 단면을 가진 단순보가 있다. 이 보의 지간은 3m이고, 지점으로부터 1m 떨어진 곳에 허용 $P = 450\text{kg}$이 작용하고 있다. 이 보에 발생하는 최대 전단응력은?

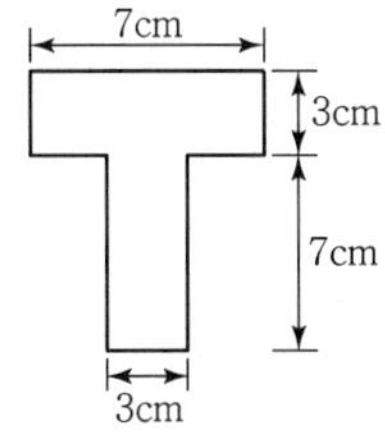

① 14.8kg/cm^2 ② 24.8kg/cm^2
③ 34.8kg/cm^2 ④ 44.8kg/cm^2

해설 ㉠

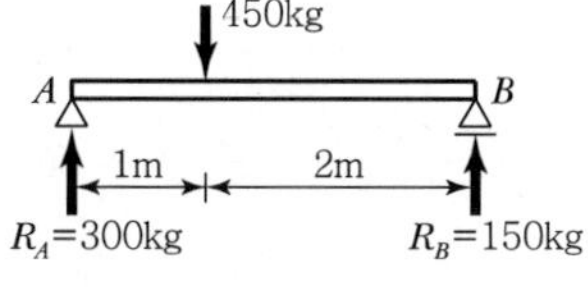

$$\Sigma M_B = R_A \times 3 - 450 \times 2 = 0$$

$$\therefore R_A = 300\text{kg}(\uparrow)$$

$$\therefore S_{max} = R_A = 300\text{kg}$$

㉡

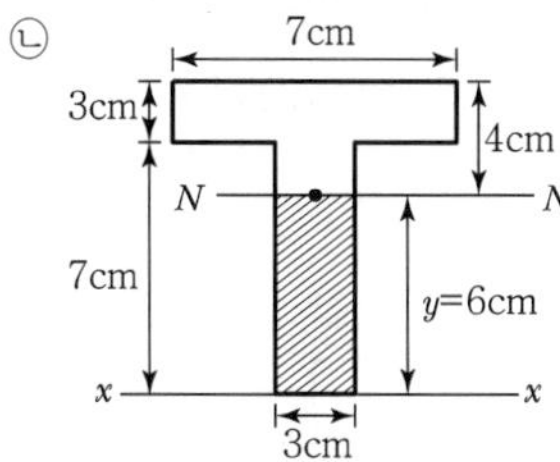

도심 $y = \dfrac{G_x}{A} = \dfrac{21 \times (7 + 1.5) + 21 \times 3.5}{21 + 21} = 6\text{cm}$

㉢ $I_N = \left(\dfrac{7 \times 4^3}{3} - \dfrac{4 \times 1^3}{3}\right) + \dfrac{3 \times 6^3}{3} = 364\text{cm}^4$

㉣ $\tau_{max} = \dfrac{SG}{Ib} = \dfrac{300 \times (3 \times 6 \times 3)}{364 \times 3} \fallingdotseq 14.8\text{kg/cm}^2$

34 아래 그림과 같은 하중을 받는 단순보에 발생하는 최대 전단응력은? ['13, '17]

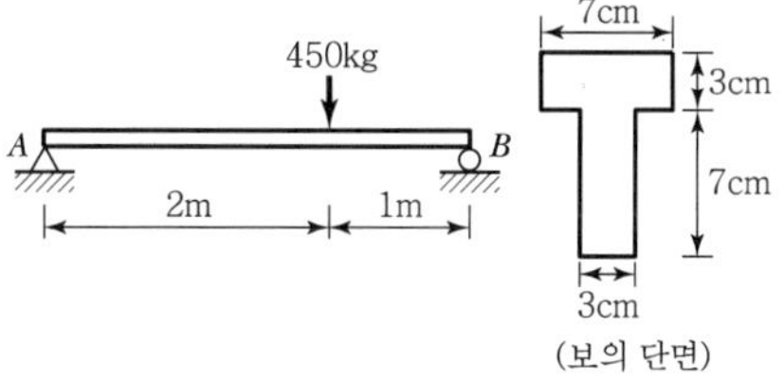

① 44.8kg/cm^2 ② 34.8kg/cm^2
③ 24.8kg/cm^2 ④ 14.8kg/cm^2

해설 ㉠ $S_{max} = R_A, R_B$ 중 큰 값

$$R_A = \frac{Pa}{l} = \frac{450\text{kg} \times 2\text{m}}{3\text{m}} = 300\text{kg}$$

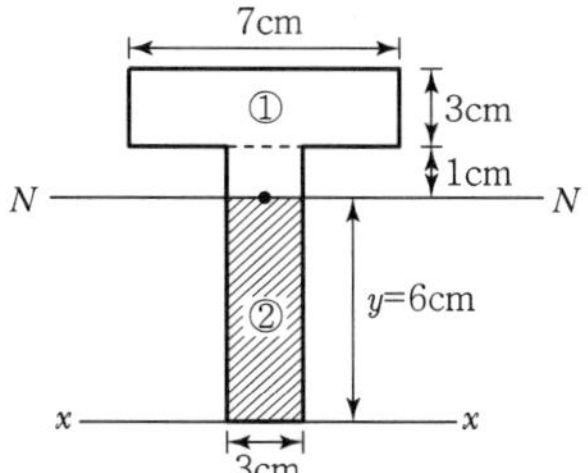

정답 33 ① 34 ④

ⓛ 도심 $y=\dfrac{G_x}{A}=\dfrac{(7\times3)\times8.5+(3\times7)\times3.5}{7\times3+3\times7}$

$=6\text{cm}$

ⓒ $G_{(N-N\text{하단면})}=(3\times6)\times3=54\text{cm}^3$(빗금 친 단면)

ⓔ $I_N=\left(\dfrac{7\times4^3}{3}-\dfrac{4\times1^3}{3}\right)+\dfrac{3\times6^3}{3}\fallingdotseq364\text{cm}^4$

ⓜ $\tau_{\max}=\dfrac{S_{\max}G}{Ib}=\dfrac{300\times54}{364.3\times3}\fallingdotseq14.8\text{kg/cm}^2$

35 그림과 같은 단순보에서 허용휨응력 $f_{ba}=50\text{kg/cm}^2$, 허용전단응력 $\tau_a=5\text{kg/cm}^2$일 때 하중 P의 한계치는?

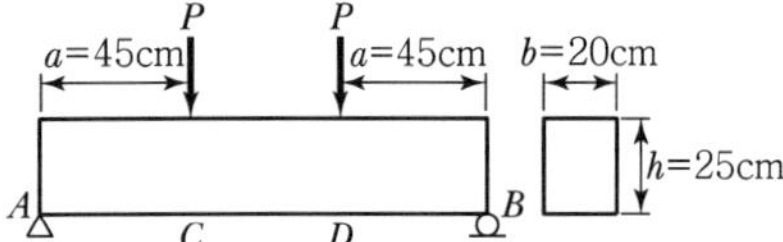

① 1,666.7kg ② 2,516.7kg
③ 2,500.0kg ④ 2,314.8kg

해설 ㉠ 전단응력 검토

$\tau_a\geq\tau_{\max}=\dfrac{3}{2}\cdot\dfrac{S_{\max}}{A}=\dfrac{3P_a}{2bh}$

$P_a\leq\dfrac{2bh\tau_a}{3}=\dfrac{2\times20\times25\times5}{3}=1{,}666.7\text{kg}$

ⓛ 휨응력 검토

$f_{ba}>f_{\max}=\dfrac{M_{\max}}{Z}=\dfrac{6P_ba}{bh^2}$

$P_b\leq\dfrac{bh^2f_{ba}}{6a}=\dfrac{20\times25^2\times50}{6\times45}=2{,}314.8\text{kg}$

ⓒ $P_{allow}=P_a,\ P_b$ 중 작은 값

$=1{,}666.7\text{kg}$

36 그림과 같은 보의 허용휨응력이 80MPa일 때 보에 작용할 수 있는 등분포하중(w)은? ['20]

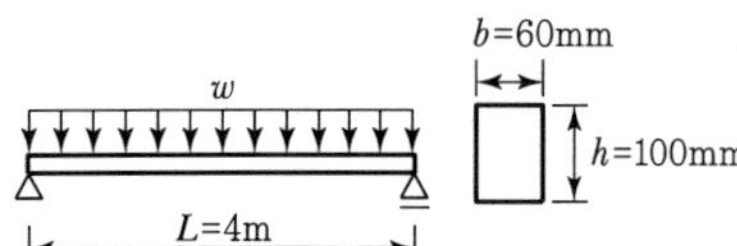

① 50kN/m ② 40kN/m
③ 5kN/m ④ 4kN/m

해설

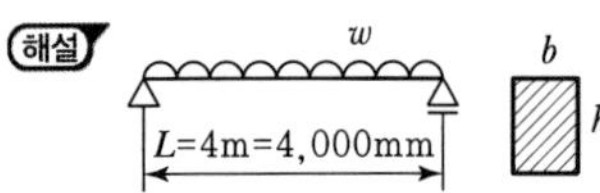

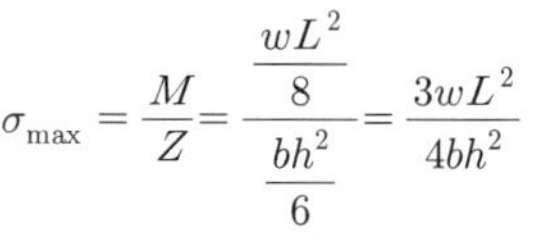

$$\sigma_{\max}=\dfrac{M}{Z}=\dfrac{\dfrac{wL^2}{8}}{\dfrac{bh^2}{6}}=\dfrac{3wL^2}{4bh^2}$$

여기서, $b=60\text{mm}$, $\sigma=80\text{MPa}=80\text{N/mm}^2$

$h=100\text{mm}$, $L=4{,}000\text{mm}$

$80\text{MPa}=\dfrac{3w(4{,}000)^2}{4(60)\times(100)^2}$

$\therefore\ w=4\text{N/mm}=4\text{kN/m}$

37 그림과 같은 단순보의 단면에서 최대 전단응력은? ['20]

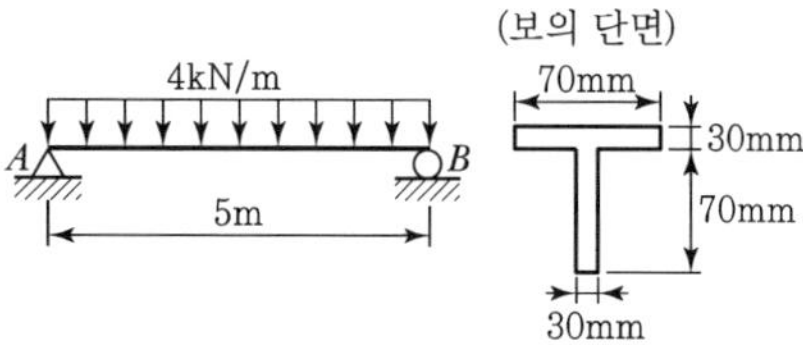

① 2.47MPa ② 2.96MPa
③ 3.64MPa ④ 4.95MPa

해설

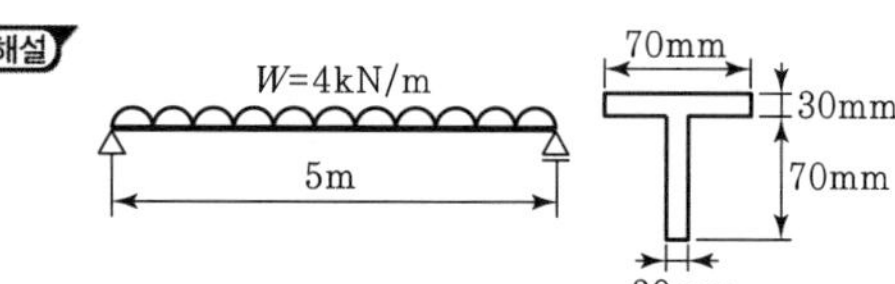

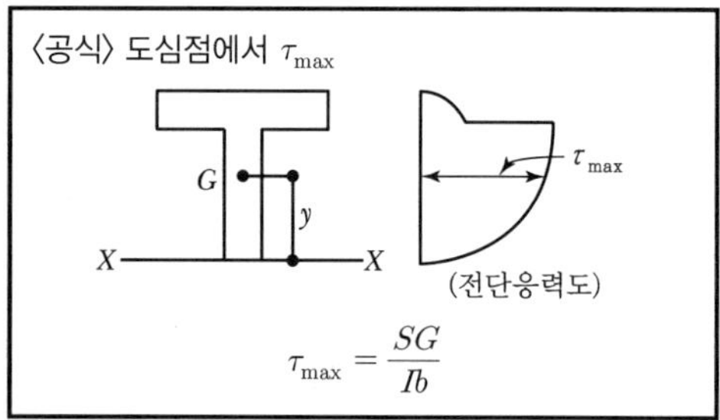

㉠ 도심(y)

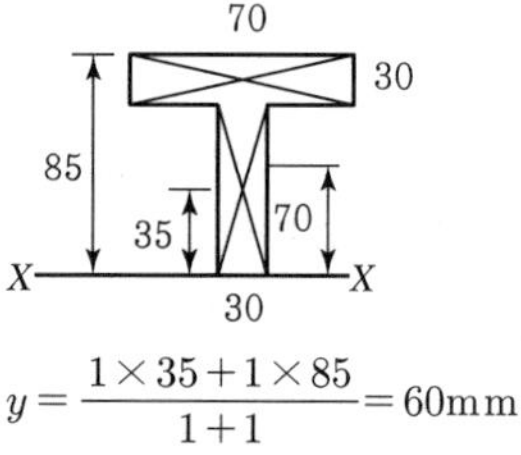

$y=\dfrac{1\times35+1\times85}{1+1}=60\text{mm}$

ⓛ 도심축(G_x)

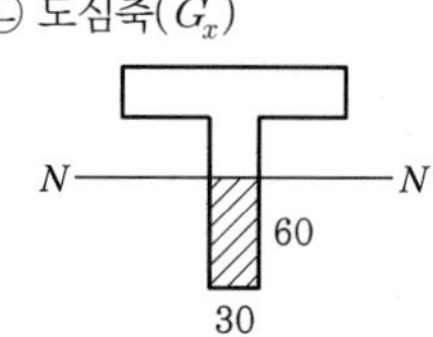

정답 35 ① 36 ④ 37 ④

$$G_x = Ay = (30\times 60)\times\left(\frac{60}{2}\right) = 54{,}000\text{mm}^3$$

㉢ 도심축 단면2차모멘트(I_N)

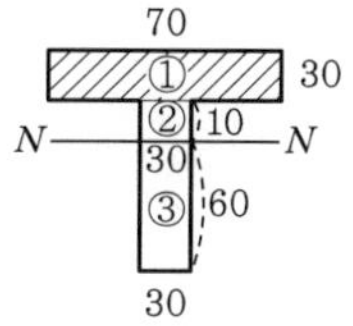

• $I_{①} =$ 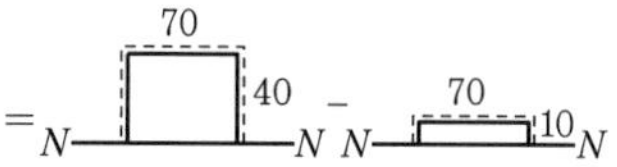

$$= \frac{70\times 40^3}{3} - \frac{70\times 10^3}{3}$$

$$= \frac{70}{3}\times(40^3 - 10^3)$$

$$= 1{,}470{,}000\text{mm}^4$$

• $I_{②} = \dfrac{30\times 10^3}{3} = 10{,}000\text{mm}^4$

• $I_{③} = \dfrac{30\times 60^3}{3} = 2{,}160{,}000\text{mm}^4$

$\therefore I = I_{①} + I_{②} + I_{③} = 3{,}640{,}000\text{mm}^4$

㉣ S_{max}

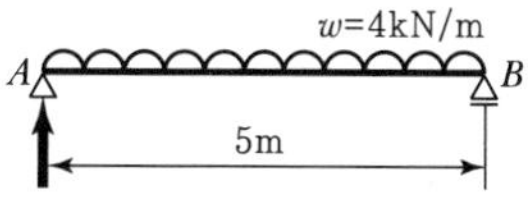

$$R_A = S_{max} = \frac{wl}{2} = 10\text{kN} = 10\times 10^3\text{N}$$

㉤ $\tau_{max} = \dfrac{S_{max}G}{Ib}$

$= 4.945\text{N/mm}^2$

$= 4.95\text{MPa}$

$I = 3{,}640{,}000\text{mm}^4$
$b = 30\text{mm}$
$S_{max} = 10\times 10^3\text{N}$
$G = 54{,}000\text{mm}^3$

38 그림과 같은 단순보의 단면에서 최대 전단응력을 구한 값은?

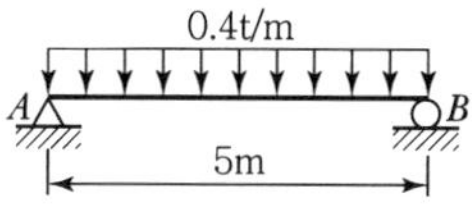

(보의 단면)

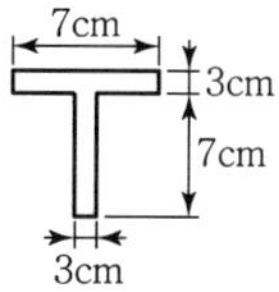

① 24.7kg/cm² ② 29.6kg/cm²
③ 36.4kg/cm² ④ 49.5kg/cm²

해설 ㉠ $w = 0.4\text{t/m} = 4\text{kg/cm}$

㉡ 최대 전단력

$$S_{max} = \frac{wl}{2} = \frac{4\times 500}{2} = 1{,}000\text{kg}$$

㉢ 도심(y)

$$y = \frac{G}{A}\text{(단면 하단으로부터)}$$

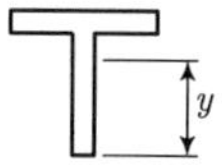

$$= \frac{(3\times7)\times3.5 + (7\times3)\times8.5}{(3\times7)+(7\times3)}$$

$$= 6\text{cm}$$

㉣ 단면1차모멘트

$M = G_X = (3\times6)\times3 = 54\text{cm}^3$

㉤ 도심축2차모멘트

$$M = I_X = \left\{\frac{7\times3^3}{12} + (7\times3)\times2.5^2\right\} + \left\{\frac{3\times7^3}{12} + (3\times7)\times2.5^2\right\}$$

$$= 364\text{cm}^4$$

㉥ $b_o = 3\text{cm}$ (단면 중립축에서 폭)

㉦ $\tau_{max} = \dfrac{S_{max}G_X}{I_X b_o} = \dfrac{1{,}000\times 54}{364\times 3} = 49.45\text{kg/cm}^2$

39 그림과 같은 단순보의 최대 전단응력 τ_{max}를 구하면?(단, 보의 단면은 지름이 D인 원이다.) ['12, '16, '21]

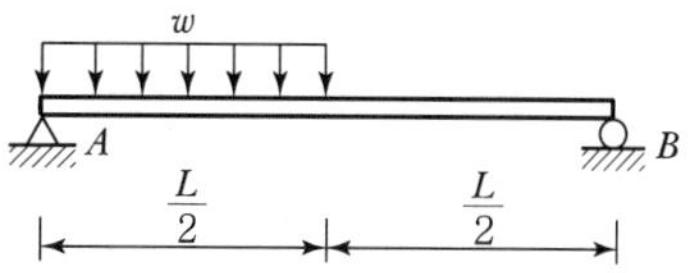

① $\dfrac{wL}{2\pi D^2}$ ② $\dfrac{9wL}{4\pi D^2}$ ③ $\dfrac{3wL}{2\pi D^2}$ ④ $\dfrac{2wL}{\pi D^2}$

해설

[1] ㉠ $\Sigma M_B = R_A\times L - \dfrac{wL}{2}\times\dfrac{3L}{4} = 0$

$\therefore R_A = \dfrac{3wL}{8}(\uparrow)$

㉡ $S_{max} = R_A$와 R_B 중 큰 값 $\therefore S_{max} = \dfrac{3}{8}wL$

㉢ $\tau_{max} = \dfrac{4}{3}\cdot\dfrac{S_{max}}{A} = \dfrac{4}{3}\times\dfrac{\frac{3wL}{8}}{\frac{\pi D^2}{4}} = \dfrac{2wL}{\pi D^2}$

[2]

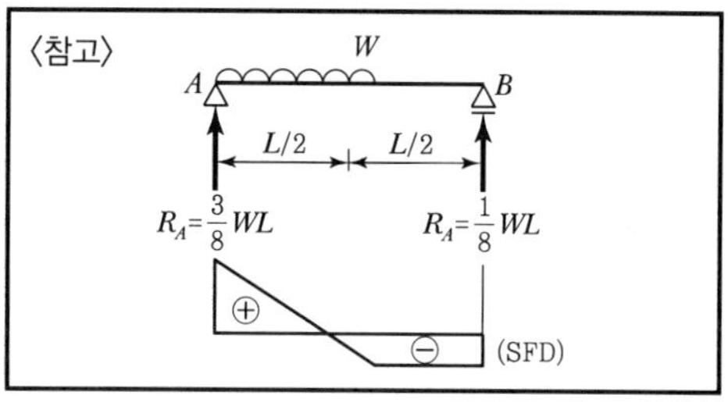

정답 38 ④ 39 ④

$$\boxed{\tau_{max} = \frac{4}{3} \times \frac{S_{max}}{A}}$$ D

$$= \frac{4}{3} \times \frac{\frac{3}{8}WL}{\frac{\pi}{4}D^2} = \frac{\not{4}}{\not{3}} \times \frac{\not{3} \times \not{4}^2 WL}{\not{8}\pi D^2} = \frac{2WL}{\pi D^2}$$

40 그림과 같은 하중을 받는 보의 최대 전단응력은?

['15, '21]

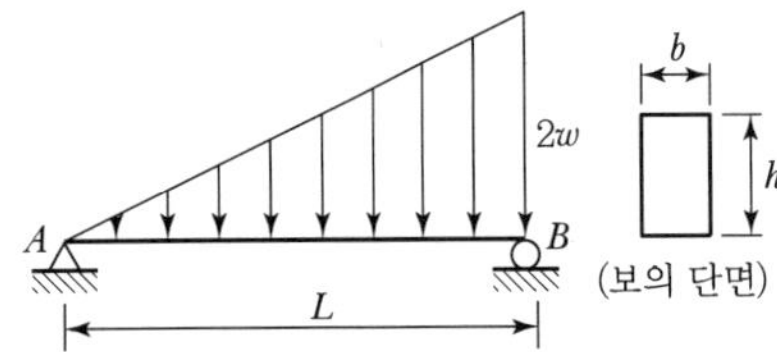

① $\frac{2wL}{3bh}$ ② $\frac{3wL}{2bh}$

③ $\frac{2wL}{bh}$ ④ $\frac{wL}{bh}$

해설

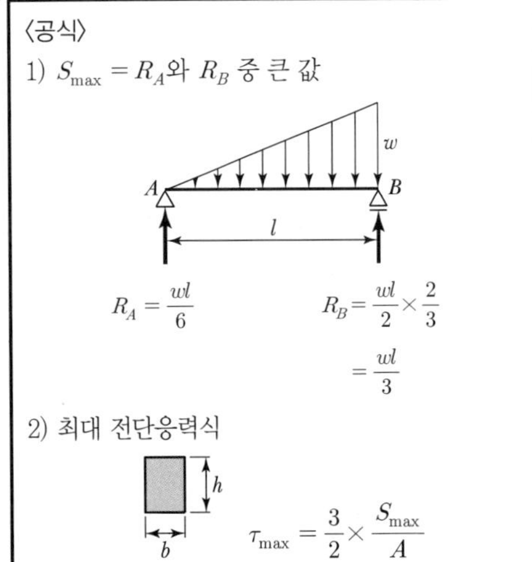

〈공식〉
1) $S_{max} = R_A$와 R_B 중 큰 값
w
A
B
l
$R_A = \frac{wl}{6}$
$R_B = \frac{wl}{2} \times \frac{2}{3} = \frac{wl}{3}$
2) 최대 전단응력식
h
b
$\tau_{max} = \frac{3}{2} \times \frac{S_{max}}{A}$

㉠ 최대 전단력(S_{max})=단순보 R_A, R_B 중 큰 것

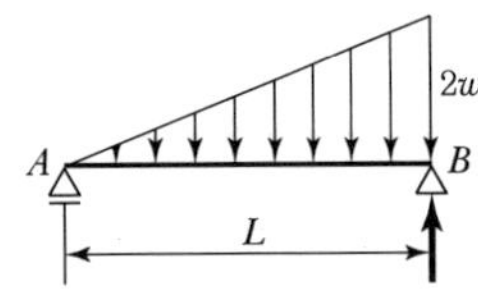

① $R_A = \frac{(2w)L}{6} = \frac{1}{3}wL$

② $R_B = \frac{(2w)L}{3} = \frac{2}{3}wL$

$\therefore S_{max} = R_B = \frac{(2w)L}{3} = \frac{2}{3}wL$

㉡ 최대 전단응력(τ_{max})

$$\tau_{max} = \frac{3}{2} \times \frac{S_{max}}{A}$$

$$= \frac{3}{2} \times \frac{\frac{2}{3}wL}{bh}$$

$$= \frac{wL}{bh}$$

41 그림과 같은 하중을 받는 보의 최대 전단응력은?

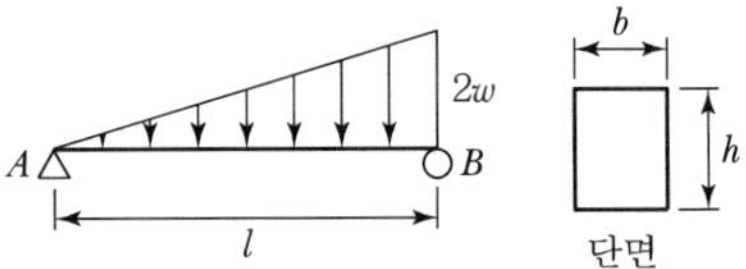

① $\frac{2}{3}\frac{\omega l}{bh}$ ② $\frac{3}{2}\frac{\omega l}{bh}$ ③ $2\frac{\omega l}{bh}$ ④ $\frac{\omega l}{bh}$

해설 ㉠ $S_{max} = R_B = \frac{2wl}{3}$

㉡ $\tau_{max} = \alpha\frac{S_{max}}{A} = \frac{3}{2} \cdot \frac{\left(\frac{2wl}{3}\right)}{(bh)} = \frac{wl}{bh}$

42 주어진 T형보 단면의 캔틸레버에서 최대 전단응력을 구하면 얼마인가?(단, T형보 단면의 $I_{N.A.} = 86.8\text{cm}^4$이다.)

['10, '11, '15, '17]

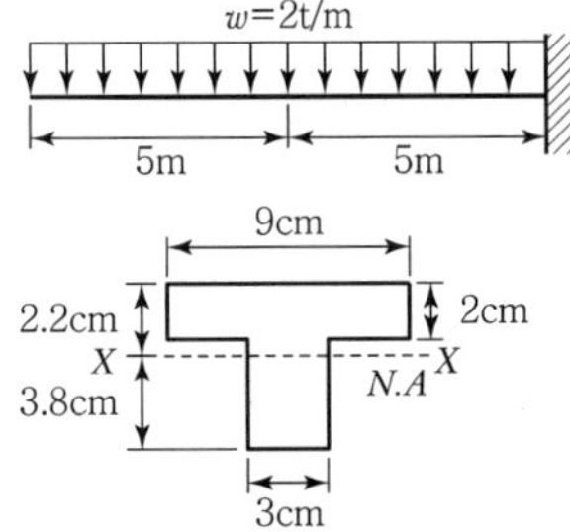

① $1,256.8\text{kg/cm}^2$ ② $1,663.6\text{kg/cm}^2$

③ $2,079.5\text{kg/cm}^2$ ④ $2,433.2\text{kg/cm}^2$

해설 ㉠ $I_X = 86.8\text{cm}^4$

㉡ $b = 3\text{cm}$

㉢ $S_{max} = wl = 2 \times 10 = 20\text{t}$

㉣ $G_X = 3 \times 3.8 \times \frac{3.8}{2} = 21.66\text{cm}^3$

㉤ $\tau_{max} = \frac{S_{max}G_X}{I_X b} = \frac{(20 \times 10^3) \times 21.66}{86.8 \times 3}$

$= 1,663.6\text{kg/cm}^2$

정답 40 ④ 41 ④ 42 ②

> 〈핵심〉
> T형 단면에서 최대 전단응력(τ_{max})은 최대 전단력(S_{max})이 발생하는 단면의 중립축에서 발생한다.

43 **그림과 같이 두 개의 나무판이 못으로 조립된 T형 보에서 $V=155$kg가 작용할 때 한 개의 못이 전단력 70kg을 전달할 경우 못의 허용 최대 간격은 약 얼마인가?(단, $I=11,354.0\text{cm}^4$)** ['10, '16]

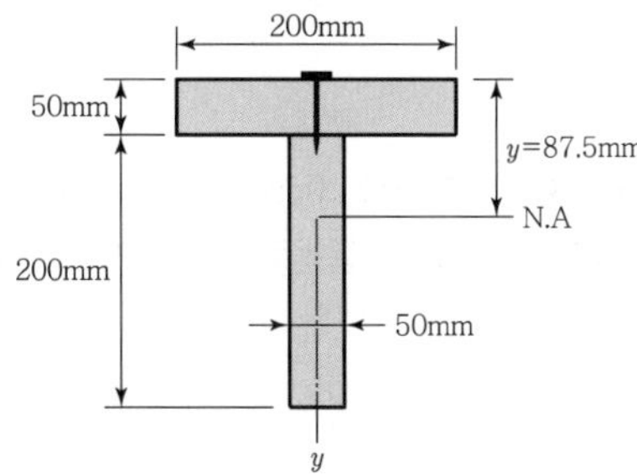

① 7.5cm ② 8.2cm
③ 8.9cm ④ 9.7cm

해설

[1]

> 〈공식〉 전단류 $f=\tau\cdot b=\dfrac{V\cdot G}{I}$

여기서, V : 전단력, G : 단면1차모멘트
I : 단면2차모멘트, n : 못의 줄 수
F : 못 1개가 버티는 전단력
S : 못의 간격

㉠ $G=A\cdot y=(200\times 50)\times(87.5-25)$
$=625{,}000\text{mm}^3=625\text{cm}^3$

㉡ $f=\dfrac{VG}{I}=\dfrac{155\times 625}{11{,}354}=8{,}532\text{kg/cm}$

㉢ $\dfrac{8{,}532}{1}=\dfrac{70}{S}$ $\therefore S=8.2\text{cm}$

[2] ㉠ 중립축에 대한 플랜지의 단면1차모멘트(G)

$G=(20\times 5)\times\left(8.75-\dfrac{5}{2}\right)=625\text{cm}^3$

㉡ 전단흐름(f)

$f=\dfrac{VG}{I}=\dfrac{155\times 625}{11{,}354}=8.53\text{kg/cm}$

㉢ 못의 허용간격(S)

$s\le\dfrac{V}{f}=\dfrac{70}{8.53}=8.2\text{cm}$

정답 43 ②

기둥

세장비

01 단면이 20cm×30cm인 압축부재가 있다. 그 길이가 2.9m일 때 이 압축부재의 세장비는 약 얼마인가? ['22]

① 33 ② 50
③ 60 ④ 100

해설

$$\lambda = \frac{l}{r_{\min}}$$

$$r = \frac{b}{2\sqrt{3}}(\square),\ \frac{b}{3\sqrt{2}}(\triangle),\ \frac{D}{4\sqrt{1}}(\bigcirc)$$

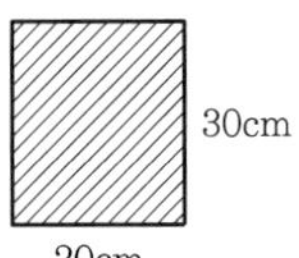

$l = 2.9\text{m} = 290\text{cm}$

$$\therefore\ \lambda = \frac{l}{r_{\min}} = \frac{2.9\times 100}{\frac{20}{2\sqrt{3}}} = \frac{290}{\frac{20}{2\sqrt{3}}} = 50.2$$

02 기둥의 길이가 3m이고 단면이 100mm×120mm인 직사각형이라면 이 기둥의 세장비는?

① 86.8 ② 94.8
③ 103.9 ④ 112.9

해설 ㉠ $I_{\min} = \frac{b^3h}{12} = \frac{10^3\times 12}{12} = 1{,}000\text{cm}^4$

㉡ $r_{\min} = \sqrt{\frac{I_{\min}}{A}} = \sqrt{\frac{1{,}000}{10\times 12}} \fallingdotseq 2.887\text{cm}$

㉢ 세장비 $\lambda = \frac{l}{r_{\min}} = \frac{300}{2.887} \fallingdotseq 103.9$

03 15cm×25cm의 직사각형 단면을 가진 길이 5m인 양단 힌지 기둥이 있다. 세장비는? ['14, '17]

① 139.2 ② 115.5
③ 93.6 ④ 69.3

해설

㉠ $r_{\min} = \sqrt{\frac{I_{\min}}{A}} = \sqrt{\frac{\left(\frac{hb^3}{12}\right)}{bh}}$

$= \frac{b}{2\sqrt{3}} = \frac{15}{2\sqrt{3}} = 4.33\text{cm}$

㉡ $\lambda = \frac{l}{r_{\min}} = \frac{(5\times 10^2)}{4.33} = 115.47$

04 길이가 3m이고 가로 20cm, 세로 30cm인 직사각형 단면의 기둥이 있다. 좌굴응력을 구하기 위한 이 기둥의 세장비는?

① 34.6 ② 43.3 ③ 52.0 ④ 40.7

해설

㉠ $r_{\min} = \sqrt{\frac{I_{\min}}{A}} = \sqrt{\frac{\left(\frac{hb^3}{12}\right)}{(bh)}}$

$= \frac{b}{2\sqrt{3}} = \frac{20}{2\sqrt{3}} = 5.77\text{cm}$

㉡ $\lambda = \frac{L}{r_{\min}} = \frac{(3\times 10^2)}{5.77} = 52$

05 그림과 같이 가운데가 비어 있는 직사각형 단면 기둥의 길이가 $L = 10\text{m}$일 때 이 기둥의 세장비는? ['11, '14]

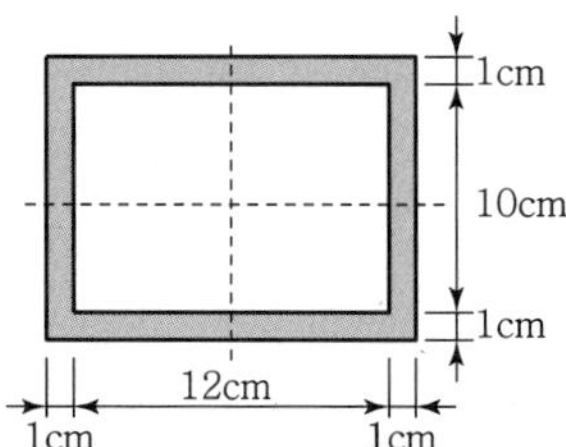

① 1.9 ② 191.9
③ 2.2 ④ 217.4

해설 ㉠ $A = 14\times 12 - 12\times 10 = 48\text{cm}^2$

㉡ $I_{\max} = \frac{BH^3 - bh^3}{12} = \frac{14\times 12^3 - 12\times 10^3}{12}$

$= 1{,}016\text{cm}^4$

㉢ $r_{\min} = \sqrt{\frac{I_{\min}}{A}} = \sqrt{\frac{1{,}016}{48}} \fallingdotseq 4.6\text{cm}$

㉣ 세장비 $\lambda = \frac{l}{r_{\min}} = \frac{1{,}000}{4.6} \fallingdotseq 217.39$

정답 01 ② 02 ③ 03 ② 04 ③ 05 ④

06 기둥의 길이가 3.5m이고 단면이 10cm×15cm인 직사각형이라면 이 기둥의 세장비는?

① 80.83　　② 121.23
③ 142.96　　④ 165.47

해설 $\lambda = \dfrac{l}{r_{min}} = \dfrac{l}{\sqrt{\dfrac{I_{min}}{A}}} = \dfrac{350}{\sqrt{\dfrac{10^3 \times \dfrac{12}{12}}{10 \times 12}}} \fallingdotseq 121.23$

07 길이가 l이고 지름이 D인 원형 단면 기둥의 세장비는?

① $\dfrac{2l}{D}$　② $\dfrac{4l}{D}$　③ $\dfrac{l}{2D}$　④ $\dfrac{l}{D}$

해설 세장비 $\lambda = \dfrac{l}{r} = \dfrac{l}{\dfrac{D}{4}} = \dfrac{4l}{D}$

08 직경 d인 원형 단면 기둥의 길이가 4m이다. 세장비가 100이 되도록 하려면 이 기둥의 직경은?

['12, '16, '19, '22]

① 9cm　② 13cm　③ 16cm　④ 25cm

해설 ㉠ $r_{min} = \dfrac{d}{4}$

㉡ $\lambda = \dfrac{l}{r_{min}} = \dfrac{l}{\left(\dfrac{d}{4}\right)} = \dfrac{4l}{d}$

$d = \dfrac{4\,l}{\lambda} = \dfrac{4 \times (4 \times 10^2)}{100} = 16\text{cm}$

편심응력

09 그림과 같은 직사각형 단면의 단주에 편심 축하중 P가 작용할 때 모서리 A점의 응력은?

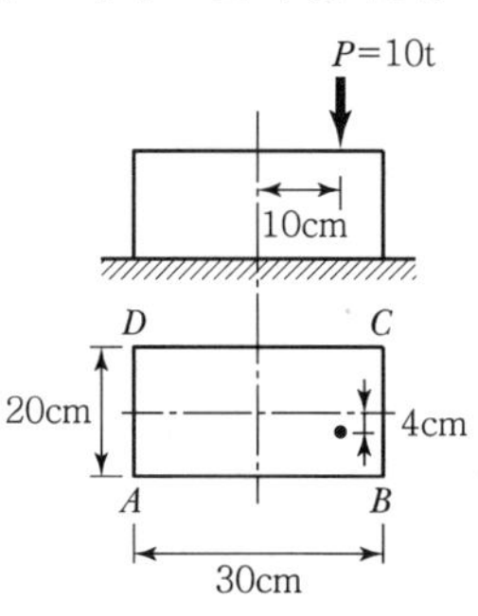

① 3.4kg/cm²　　② 30kg/cm²
③ 38.6kg/cm²　　④ 70kg/cm²

해설 ㉠ 복편심응력

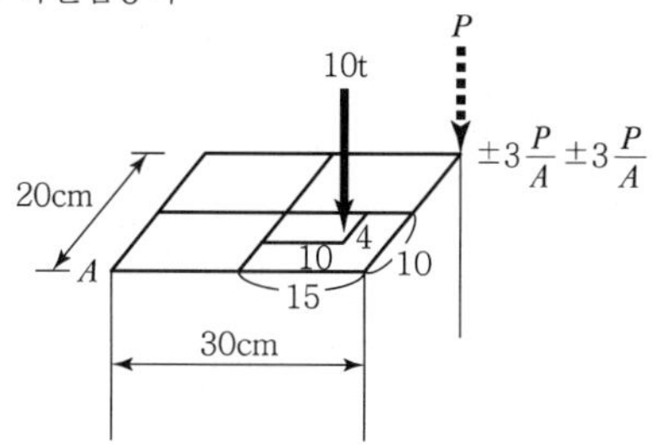

㉡ $\sigma_A = -\dfrac{P}{A} \pm \dfrac{Pe_x}{I_y}x \pm \dfrac{Pe_y}{I_x}y$

$= -\dfrac{P}{A} + \left(3 \times \dfrac{2}{3} \times \dfrac{P}{A}\right) - \left(3 \times \dfrac{2}{5} \times \dfrac{P}{A}\right)$

$\left(15 \xrightarrow{\frac{2}{3}} 10\right)$　　$\left(10 \xrightarrow{\frac{2}{5}} 4\right)$

$= -\dfrac{P}{A} + 2\dfrac{P}{A} - \dfrac{6}{5} \times \dfrac{P}{A}$

$= \dfrac{P}{A}\left(-1 + 2 - \dfrac{6}{5}\right)$

$= \dfrac{-1}{5} \times \dfrac{P}{A}$

$= -\dfrac{1}{5} \times \dfrac{10 \times 10^3}{20 \times 30}$

$= -3.4\text{kg/cm}^2$

10 다음 그림과 같은 직사각형 단면 기둥에서 e = 10cm인 편심하중이 작용할 경우 발생하는 최대 압축응력은?(단, 기중은 단주로 간주한다.)

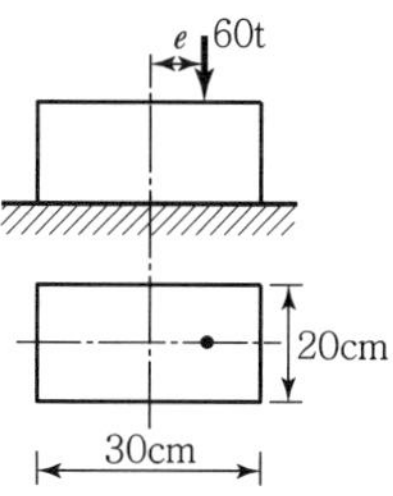

① 300kg/cm²　　② 350kg/cm²
③ 400kg/cm²　　④ 600kg/cm²

해설 $\sigma_{max} = -\dfrac{P}{A} - \dfrac{6M}{bh^2}$

$= -\dfrac{60{,}000}{20 \times 30} - \dfrac{6 \times (60{,}000 \times 10)}{20 \times 30^2}$

$= -300\text{kg/cm}^2$(압축)

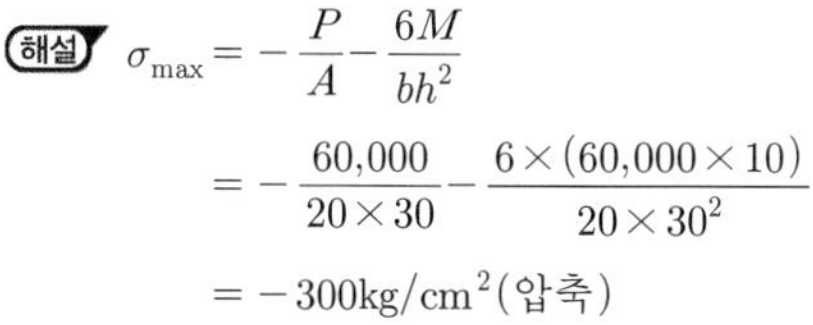

정답 06 ② 07 ② 08 ③ 09 ① 10 ①

11 그림과 같은 단주에 편심하중이 작용할 때 최대 압축응력은? ['11, '14, '17]

① 138.75kg/cm^2
② 172.65kg/cm^2
③ 245.75kg/cm^2
④ 317.65kg/cm^2

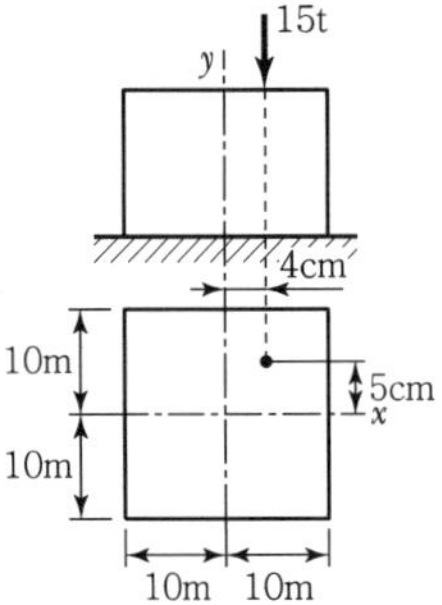

해설

[1] ㉠ $Z_x = Z_y = \dfrac{bh^2}{6} = \dfrac{20\times 20^2}{6} \fallingdotseq 1,333\text{cm}^3$

㉡ $\sigma_{\max} = -\dfrac{P}{A} - \dfrac{P\cdot e_y}{Z_x} - \dfrac{P\cdot e_x}{Z_y}$

$= -\dfrac{15,000}{20\times 20} - \dfrac{15,000\times 5}{1,333} - \dfrac{15,000\times 4}{1,333}$

$\fallingdotseq -138.75\text{kg/cm}^2$

[2] 최대 압축응력은 단면의 우측 상단에서 발생한다.

$\sigma_{\max} = -\dfrac{P}{A}\left(1+\dfrac{6e_x}{b}+\dfrac{6e_y}{h}\right)$

$= -\dfrac{(15\times 10^3)}{(20\times 20)}\left(1+\dfrac{6\times 4}{20}+\dfrac{6\times 5}{20}\right)$

$= -138.75\text{kg/cm}^2$

12 그림과 같은 직사각형 단면의 단주에서 편심하중이 작용할 경우 발생하는 최대 압축응력은?(단, 편심거리 (e)는 100mm이다.) ['13, '21]

① 30MPa
② 35MPa
③ 40MPa
④ 60MPa

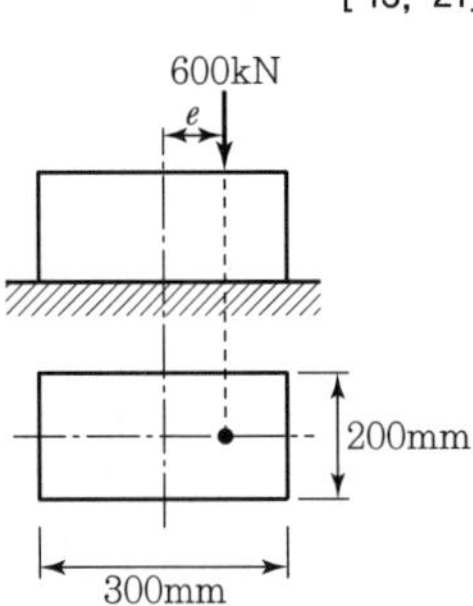

해설

〈조건〉

$P = 600\text{kN} = 600\times 10^3\text{N}$

$A = 200\times 300 = 60,000\text{mm}^2 = 6\times 10^4\text{mm}^2$

$M = Pe_x = (600\times 10^3)\times 100 = 6\times 10^7\text{N}\cdot\text{mm}$

$Z_y = \dfrac{b^2h}{6} = \dfrac{1}{6}(300)^2\times 200 = 3\times 10^6\text{mm}^3$

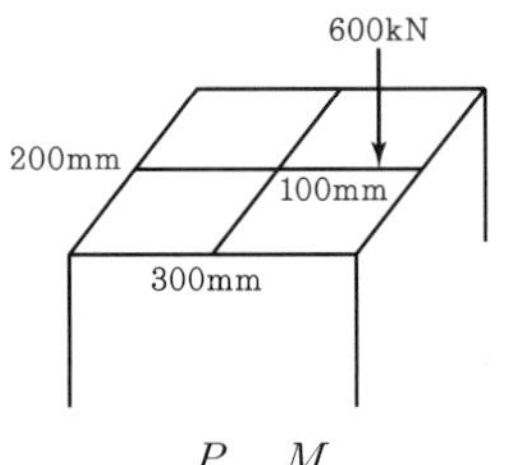

$\sigma_{\max} = -\dfrac{P}{A} - \dfrac{M}{Z_y}$

$= -\dfrac{6\times 10^5}{6\times 10^4} - \dfrac{6\times 10^7}{3\times 10^6}$

$= -10-20 = -30\text{N/mm}^2 = -30\text{MPa}$

핵거리 e_x

13 지름이 d인 원형 단면의 단주에서 핵(core)의 지름은?

① $\dfrac{d}{2}$　② $\dfrac{d}{3}$　③ $\dfrac{d}{4}$　④ $\dfrac{d}{8}$

해설

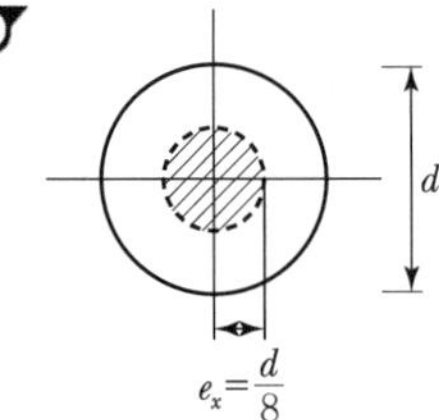

㉠ 핵거리 $e_x = \dfrac{d}{8}$

㉡ 핵지름　$\dfrac{d}{8}+\dfrac{d}{8}=\dfrac{d}{4}$

14 그림은 정사각형 단면을 갖는 단주에서 단면의 핵을 나타낸 것이다. x의 거리는? ['20]

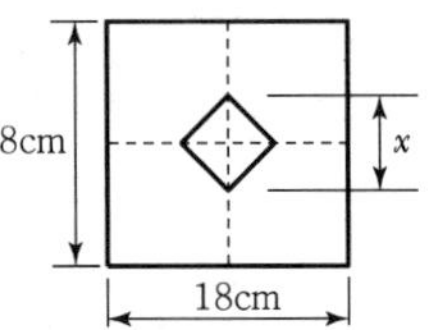

① 3cm　② 4.5cm　③ 6cm　④ 9cm

해설

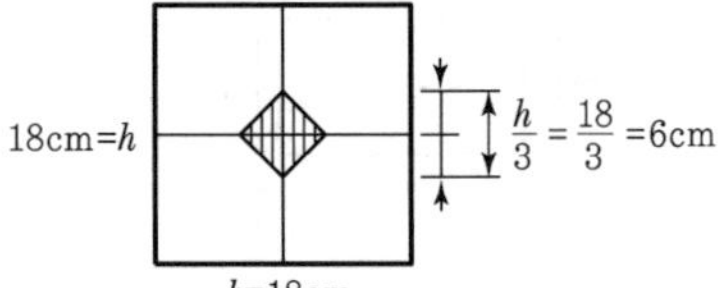

정답 11 ① 12 ① 13 ③ 14 ③

15 단주에서 단면의 핵이란 기둥에서 인장응력이 발생되지 않도록 재하되는 편심거리로 정의된다. 지름 40cm인 원형 단면의 핵의 지름은? ['19]

① 2.5cm ② 5.0cm
③ 7.5cm ④ 10.0cm

해설

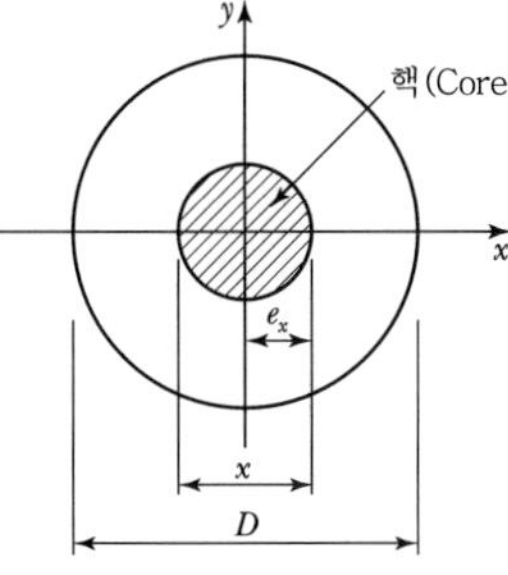

핵반경 $e=\dfrac{D}{8}$이므로

핵지름 $=2e=2\times\dfrac{D}{8}=\dfrac{D}{4}=\dfrac{40\text{cm}}{4}=10\text{cm}$

16 반지름이 25cm인 원형 단면을 가지는 단주에서 핵의 면적은 약 얼마인가? ['15, '18, '20, '22]

① 122.7cm^2 ② 168.4cm^2
③ 245.4cm^2 ④ 336.8cm^2

해설

[1]

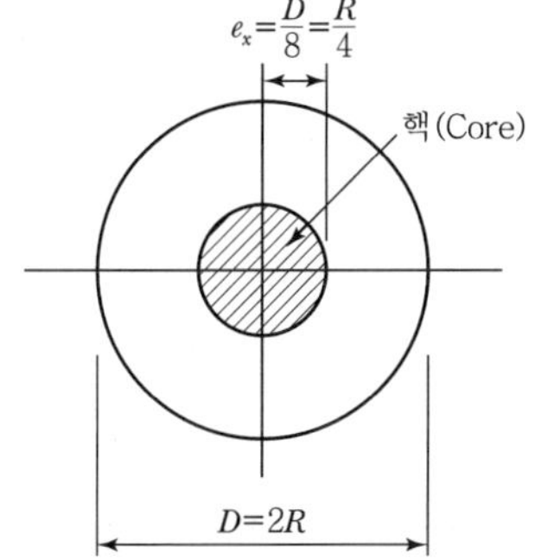

$A=\pi\left(\dfrac{R}{4}\right)^2=\dfrac{\pi R^2}{16}=\dfrac{\pi\times 25^2}{16}=122.7\text{cm}^2$

[2]

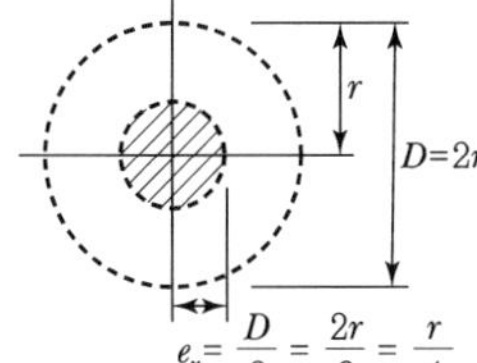

$e_x=\dfrac{D}{8}=\dfrac{2r}{8}=\dfrac{r}{4}$

핵면적 $A=\pi r^2=\pi\left(\dfrac{r}{4}\right)^2=\dfrac{\pi r^2}{16}=\dfrac{\pi}{16}(25)^2$

$=122.7\text{cm}^2$

17 반지름이 30cm인 원형 단면을 가지는 단주에서 핵의 면적은 약 얼마인가? ['20]

① 177cm^2 ② 228cm^2
③ 283cm^2 ④ 353cm^2

해설

[1]

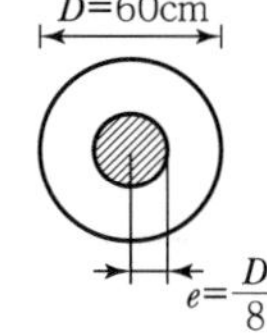

㉠ 핵반경 $e=\dfrac{D}{8}=\dfrac{60}{8}=7.5\text{cm}$

㉡ 핵면적 $A=\pi r^2=\pi\left(\dfrac{D}{8}\right)^2$

$=3.14\left(\dfrac{r}{4}\right)^2$

$=3.14\left(\dfrac{30}{4}\right)^2$

$=177\text{cm}^2$

[2]

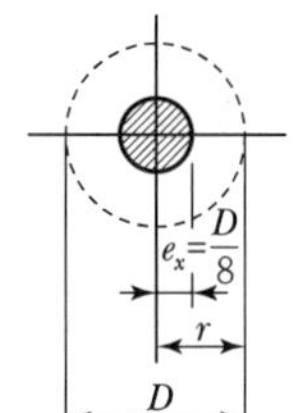

〈조건〉

$r=30\text{cm}$ $\therefore$ $D=60\text{cm}$

핵면적 $A=\pi r^2=\pi\left(\dfrac{D}{8}\right)^2=\pi\left(\dfrac{2r}{8}\right)^2=\pi\left(\dfrac{r}{4}\right)^2$

$=3.14\times\left(\dfrac{30}{4}\right)^2$

$=177\text{cm}^2$

18 그림과 같은 단주에서 편심거리 e에 $P=800\text{kN}$이 작용할 때 단면에 인장력이 생기지 않기 위한 e의 한계는? ['19]

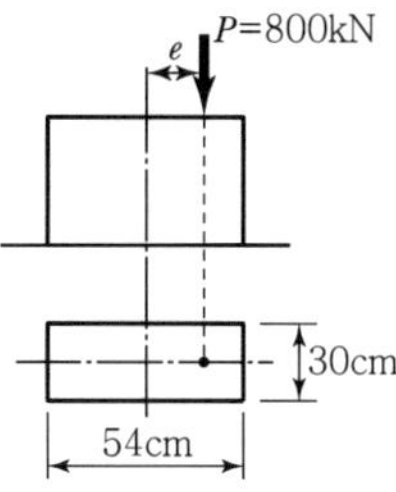

① 10cm ② 8cm
③ 9cm ④ 5cm

정답 15 ④ 16 ① 17 ① 18 ③

해설

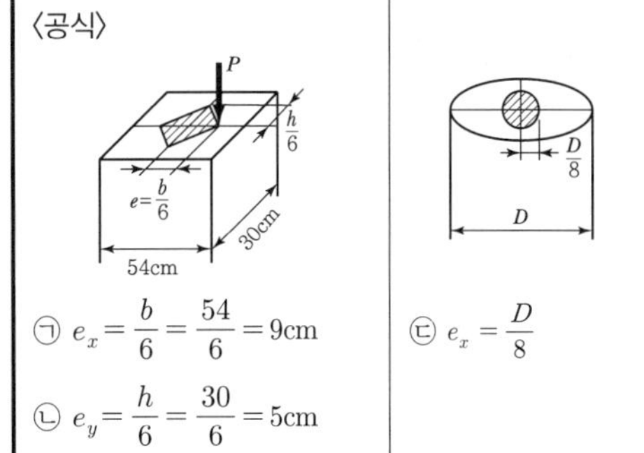

19 외반경 R_1, 내반경 R_2인 중공(中空) 원형 단면의 핵은?(단, 핵의 반경을 e로 표시한다.)

① $e=\frac{(R_1^{\,2}+R_2^{\,2})}{4R_1}$ ② $e=\frac{(R_1^{\,2}+R_2^{\,2})}{4R_1^{\,2}}$

③ $e=\frac{(R_1^{\,2}-R_2^{\,2})}{4R_1}$ ④ $e=\frac{(R_1^{\,2}-R_2^{\,2})}{4R_1^{\,2}}$

해설

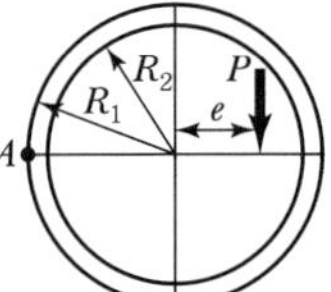

$$e=\frac{R_1^{\,2}+R_2^{\,2}}{4R_1}$$

단계수 n

20 단면과 길이가 같으나 지지조건이 다른 그림과 같은 2개의 장주가 있다. 장주 (a)가 3t의 하중을 받을 수 있다면, 장주 (b)가 받을 수 있는 하중은? ['10, '14]

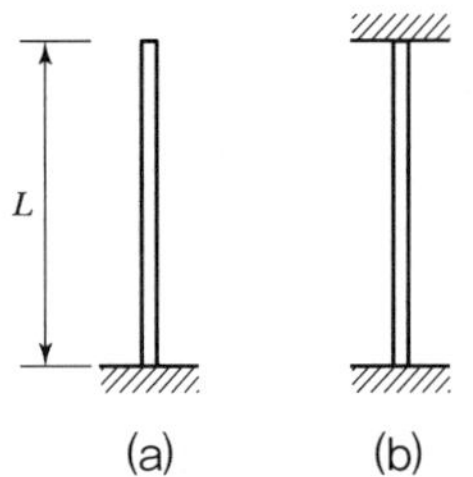

① 12t ② 24t ③ 36t ④ 48t

해설 좌굴하중은 양단 지지상태 n값에 비례하므로

$n_{(a)}:n_{(b)}=\frac{1}{4}:4=1:16$이므로

$\therefore P_a:P_b=3\text{t}:48\text{t}$

21 단면과 길이가 같으나 지지조건이 다른 그림과 같은 2개의 장주가 있다. 장주 (a)가 30kN의 하중을 받을 수 있다면, 장주 (b)가 받을 수 있는 하중은? ['10, '14, '21]

① 120kN
② 240kN
③ 360kN
④ 480kN

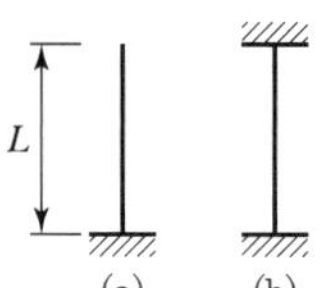

해설

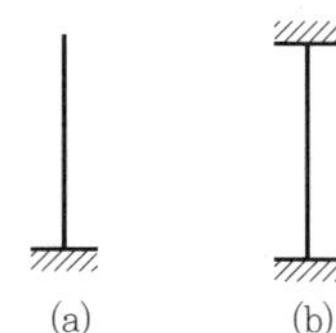

	(a)		(b)
단계수(n)	$\frac{1}{4}$	:	4
	1	:	16
	30kN	:	480kN

22 그림에서 (a)의 장주(長柱)가 4kN에 견딜 수 있다면 (b)의 장주가 견딜 수 있는 하중은? ['22]

① 4kN
② 16kN
③ 32kN
④ 64kN

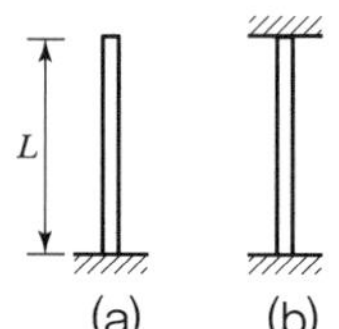

해설

〈핵심〉
좌굴하중은 단부 지지상태 n값에 비례한다.

㉠ $n_a:n_b=\frac{1}{4}:4=1:16$

㉡ $P_a:P_b=4\text{kN}:4\text{kN}\times16=4\text{kN}:64\text{kN}$

23 길이가 같으나 지지조건이 다른 2개의 장주가 있다. 그림 (a)의 장주가 40kN에 견딜 수 있다면 그림 (b)의 장주가 견딜 수 있는 하중은?(단, 재질 및 단면은 동일하며 EI는 일정하다.) ['11, '21]

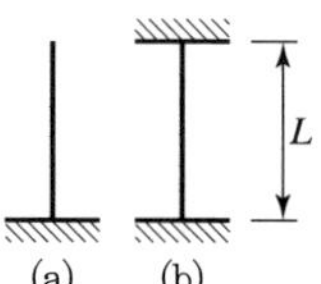

① 40kN ② 160kN
③ 320kN ④ 640kN

정답 19 ① 20 ④ 21 ④ 22 ④ 23 ④

해설

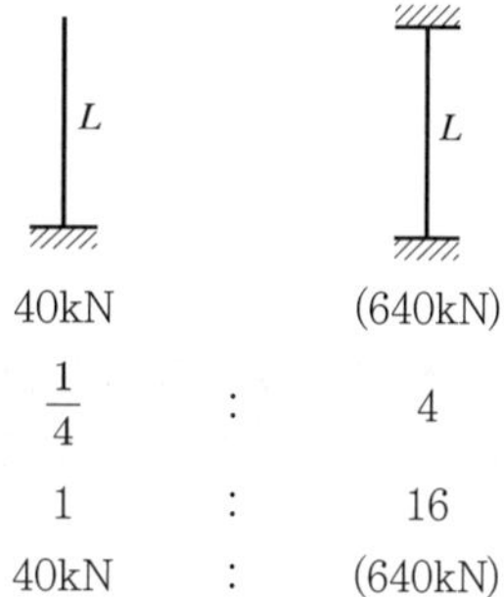

24 그림 (A)의 양단 힌지 기둥의 탄성좌굴하중이 10t 이었다면, 그림 (B) 기둥의 좌굴하중은?

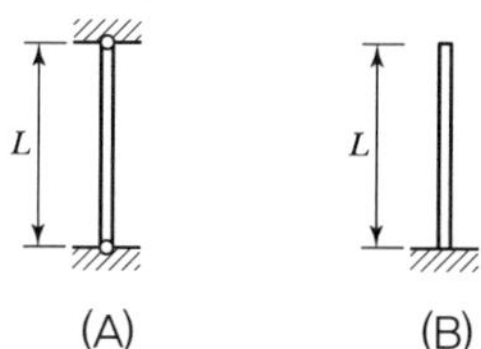

① 2.5t　　② 10t　　③ 20t　　④ 40t

해설 좌굴하중은 n에 비례하므로

$1 : \frac{1}{4} = 10\text{t} : P_B$

$\therefore P_B = 10\text{t} \times \frac{1}{4} = 2.5\text{t}$

25 그림과 같은 기둥에서 좌굴하중의 비 (a) : (b) : (c) : (d)는?(단, EI와 기둥의 길이는 모두 같다.) ['21]

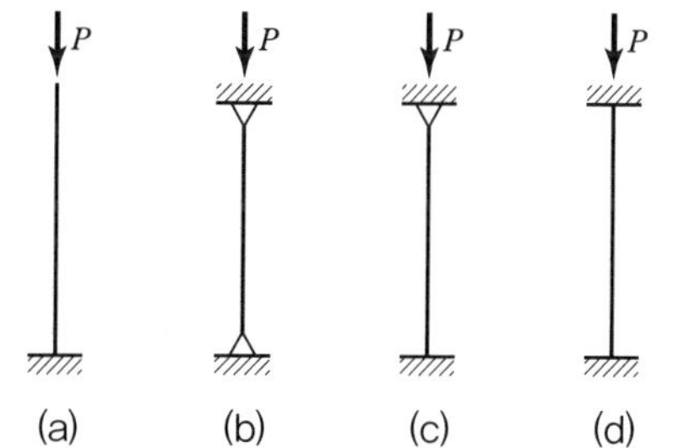

① 1 : 2 : 3 : 4　　② 1 : 4 : 8 : 12
③ 1 : 4 : 8 : 16　　④ 1 : 8 : 16 : 32

해설

〈보충〉

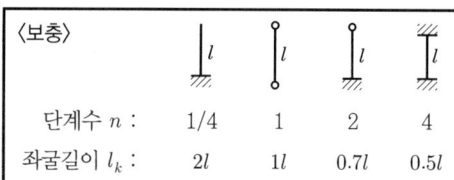

	l	l	l	l
단계수 n :	1/4	1	2	4
좌굴길이 l_k :	$2l$	$1l$	$0.7l$	$0.5l$

〈핵심〉

좌굴하중 $P_{cr} = \frac{n\pi^2 EI}{l^2}$ 식에서 P_{cr}은 n 비례한다.

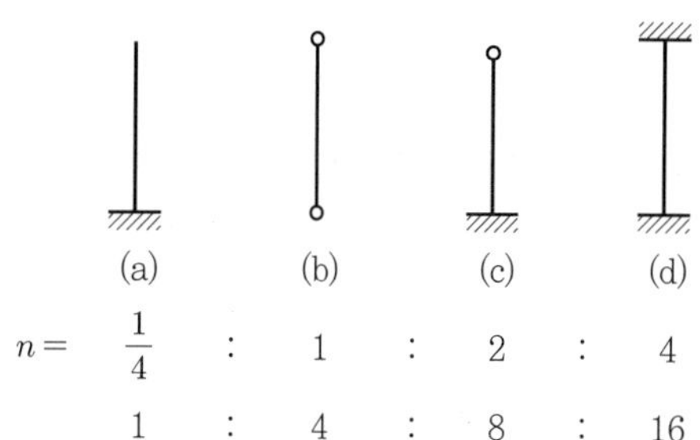

26 단면이 200mm×300mm인 압축부재가 있다. 부재의 길이가 2.9m일 때 이 압축부재의 세장비는 약 얼마인가?(단, 지지상태는 양단 힌지이다.) ['22]

① 33　　② 50　　③ 60　　④ 100

해설

〈공식〉

㉠ $\lambda = \frac{l_k}{\gamma_{min}}$

㉡ □ h, b / △ h, b / ○ D

γ_{min} : $\frac{h}{2\sqrt{3}}$　$\frac{h}{3\sqrt{2}}$　$\frac{D}{4\sqrt{1}}$

〈조건〉 $b \times h = 200\text{mm} \times 300\text{mm}$

2.9m=2.9×10³mm

$$\lambda = \frac{l_k}{\gamma_{min}} = \frac{2.9 \times 10^3}{\frac{200}{2\sqrt{3}}} = \frac{2\sqrt{3} \times 2.9 \times 10^3}{200} = 50.228$$

27 길이가 4m인 원형 단면 기둥의 세장비가 100이 되기 위한 기둥의 지름은?(단, 지지상태는 양단 힌지로 가정한다.) ['22]

① 20cm　　② 18cm
③ 16cm　　④ 12cm

해설

4m=400cm

l	l	l	l
l_k: $2l$	$1l$	$0.7l$	$0.5l$

정답 24 ① 25 ③ 26 ② 27 ③

$$\lambda = \frac{l_k}{\gamma_{\min}} = \frac{1l}{\frac{D}{4}} = \frac{4l}{D} \qquad \therefore \lambda = \frac{4l}{D}$$

$$100 = \frac{4\times(400)}{D} \qquad \therefore D = 16\text{cm}$$

28 15cm×30cm의 직사각형 단면을 가진 길이가 5m인 양단 힌지 기둥이 있다. 이 기둥의 세장비(λ)는? ['20]

① 57.7　　② 74.5
③ 115.5　　④ 149.0

해설

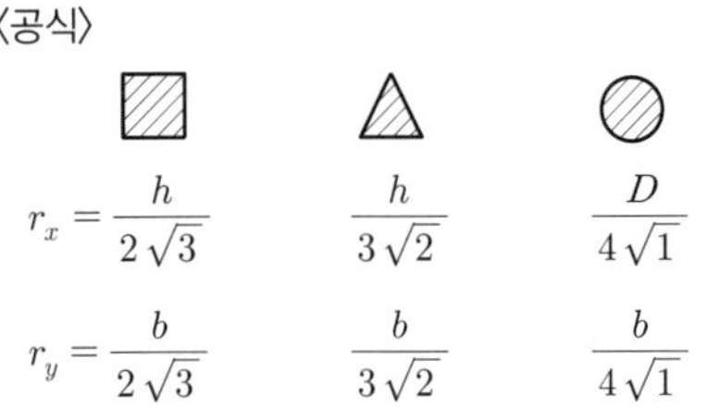

〈공식〉
$r_x = \frac{h}{2\sqrt{3}}$ $\frac{h}{3\sqrt{2}}$ $\frac{D}{4\sqrt{1}}$
$r_y = \frac{b}{2\sqrt{3}}$ $\frac{b}{3\sqrt{2}}$ $\frac{b}{4\sqrt{1}}$

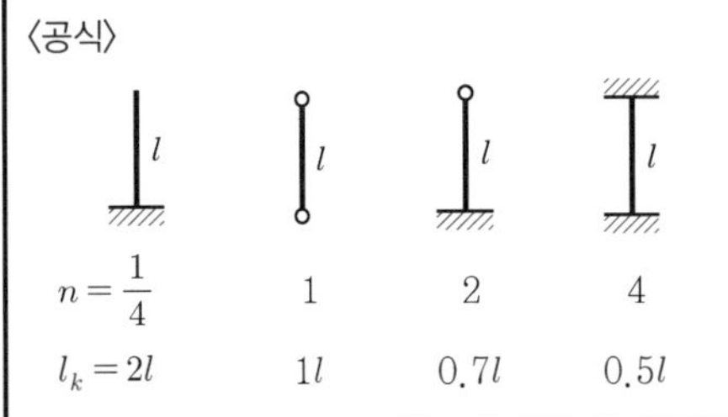

〈조건〉

15cm × 30cm　$l = 5$m　$l_k = 1l = 5$m

$$\lambda = \frac{l_k}{r_{\min}} = \frac{500}{\frac{15}{2\sqrt{3}}} = 115.46 = 115.5$$

좌굴하중 P_{cr}

29 양단이 고정된 기둥에서 축방향력에 의한 좌굴하중 P_{cr}를 구하면?(단, E : 탄성계수, I : 단면2차모멘트, L : 기둥의 길이) ['11, '17, '21]

① $P_{cr} = \frac{\pi^2 EI}{L^2}$　　② $P_{cr} = \frac{\pi^2 EI}{2L^2}$
③ $P_{cr} = \frac{\pi^2 EI}{4L^2}$　　④ $P_{cr} = \frac{4\pi^2 EI}{L^2}$

해설 양단 고정 기둥의 $n=4$

$$\therefore P_{cr} = \frac{n\pi^2 EI}{L^2} = \frac{4\pi^2 EI}{L^2}$$

30 단면2차모멘트가 I이고 길이가 L인 균일한 단면의 직선상(直線狀)의 기둥이 있다. 지지상태가 일단고정, 타단자유인 경우 오일러(Euler) 좌굴하중(P_{cr})은? [단, 이 기둥의 영(Young)계수는 E이다.] ['22]

① $\frac{4\pi^2 EI}{L^2}$　　② $\frac{2\pi^2 EI}{L^2}$
③ $\frac{\pi^2 EI}{L^2}$　　④ $\frac{\pi^2 EI}{4L^2}$

해설 좌굴하중(P_{cr})

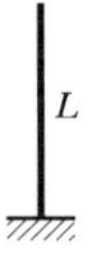

$$P_{cr} = \frac{n\pi^2 EI}{L^2} = \frac{\left(\frac{1}{4}\right)\pi^2 EI}{L^2} = \frac{\pi^2 EI}{4L^2}$$

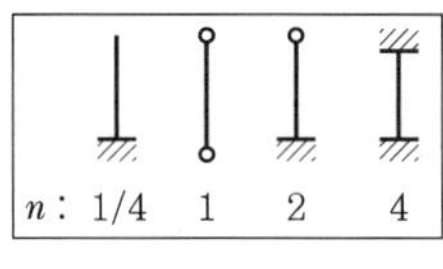

31 동일한 재료 및 단면을 사용한 다음 기둥 중 좌굴하중이 가장 큰 기둥은? ['19]

① 양단 고정의 길이가 $2L$인 기둥
② 양단 힌지의 길이가 L인 기둥
③ 일단 자유 타단 고정의 길이가 $0.5L$인 기둥
④ 일단 힌지 타단 고정의 길이가 $1.2L$인 기둥

해설

〈핵심〉

$P_b = \frac{n\pi^2 EI}{L^2}$이므로 L^2에 반비례, n에 비례

$$\begin{array}{ccccccc} ① & & ② & & ③ & & ④ \\ \therefore \frac{4}{(2L)^2} & : & \frac{1}{L^2} & : & \frac{\frac{1}{4}}{(0.5L)^2} & : & \frac{2}{(1.2L)^2} \\ 1 & : & 1 & : & 1 & : & 1.38 \end{array}$$

정답 28 ③　29 ④　30 ④　31 ④

32 바닥은 고정, 상단은 자유로운 기둥의 좌굴 형상이 그림과 같을 때 임계하중은 얼마인가? ['13, '16]

① $\dfrac{\pi^2 EI}{4L}$

② $\dfrac{9\pi^2 EI}{4L^2}$

③ $\dfrac{13\pi^2 EI}{4L^2}$

④ $\dfrac{25\pi^2 EI}{4L^2}$

해설

[1] ㉠ 변곡점 간의 길이가 $\dfrac{2}{3}L$이므로

유효좌굴계수 $K=\dfrac{2}{3}$

㉡ $n=\dfrac{1}{K^2}=\dfrac{1}{\left(\dfrac{2}{3}\right)^2}=\dfrac{9}{4}$

㉢ $P_B=\dfrac{n\pi^2 EI}{L^2}=\dfrac{\dfrac{9}{4}\times\pi^2 EI}{L^2}=\dfrac{9\pi^2 EI}{4L^2}$

[2]

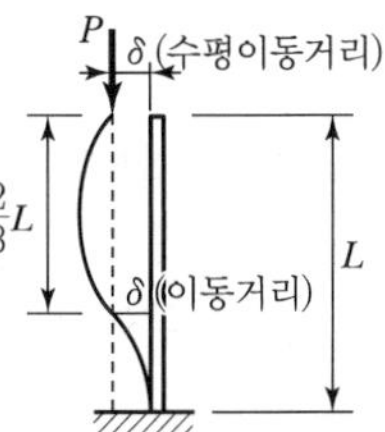

임계하중(좌굴하중)(P_{cr})

$$P_{cr}=\frac{\pi^2 EI}{{l_k}^2}=\frac{\pi^2 EI}{\left(\dfrac{2}{3}L\right)^2}=\frac{9\pi^2 EI}{4L^2}$$

[3]

〈보충〉

	n			
㉠ 단계수 : n	$\dfrac{1}{4}$	1	2	4
㉡ 좌굴길이 : l_k	$2l$	$1l$	$0.7l$	$0.5l$

여기서, $l_k=\dfrac{l}{\sqrt{n}}$

① $l_k=\dfrac{l}{\sqrt{n}}$

$\dfrac{2}{3}L=\dfrac{L}{\sqrt{n}}$

$\sqrt{n}=\dfrac{L}{\dfrac{2}{3}L}=\dfrac{3}{2}$ $\quad\therefore n=\dfrac{9}{4}$

② $P_{cr}=\dfrac{n\pi^2 EI}{L^2}=\dfrac{\left(\dfrac{9}{4}\right)\pi^2 EI}{L^2}=\dfrac{9\pi^2 EI}{4L^2}$

33 장주의 탄성좌굴하중(Elastic Buckling Load) P_{cr}은 아래 식과 같다. 기둥의 각 지지조건에 따른 n의 값으로 틀린 것은?(단, E : 탄성계수, I : 단면2차모멘트, l : 기둥의 높이)

$$\frac{n\pi^2 EI}{l^2}$$

① 양단 힌지 : $n=1$

② 양단 고정 : $n=4$

③ 일단 고정 타단 자유 : $n=1/4$

④ 일단 고정 타단 힌지 : $n=1/2$

해설

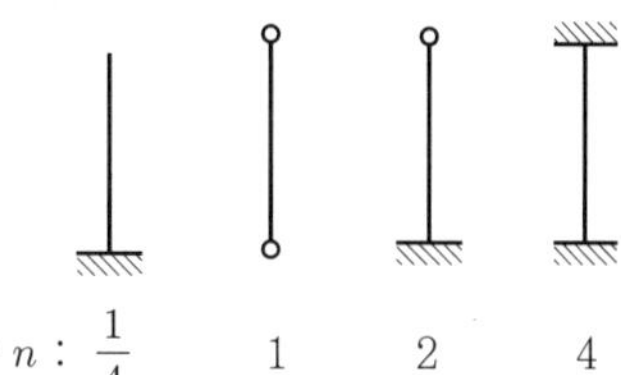

34 단면2차모멘트가 I이고 길이가 l인 균일한 단면의 직선상(直線狀)의 기둥이 있다. 지지상태가 1단 고정, 1단 자유인 경우 오일러(Euler) 좌굴하중(P_{cr})은?(단, 이 기둥의 영(Young) 계수는 E이다.) ['22]

① $\dfrac{\pi^2 EI}{4l^2}$ ② $\dfrac{\pi^2 EI}{l^2}$

③ $\dfrac{2\pi^2 EI}{l^2}$ ④ $\dfrac{4\pi^2 EI}{l^2}$

해설 좌굴하중(P_{cr})

$$P_{cr}=\frac{n\pi^2 EI}{l^2}=\frac{\dfrac{1}{4}\pi^2 EI}{l^2}=\frac{\pi^2 EI}{4l^2}$$

단계수 n : 1/4 1 2 4

〈참고〉

$P_{cr}=\dfrac{n\pi^2 EI}{l^2}$ $\quad P_{cr}=\dfrac{\pi^2 EI}{{l_k}^2}$ $\quad P_{cr^2}=\dfrac{\pi^2 EA}{\lambda^2}$

정답 32 ② 33 ④ 34 ①

35 단면2차모멘트가 I이고 길이가 l인 균일한 단면의 직선상(直線狀)의 기둥이 있다. 그 양단이 고정되어 있을 때 오일러(Euler) 좌굴하중은?(단, 이 기둥의 영(Young)계수는 E이다.) ['11, '17, '21]

① $\dfrac{4\pi^2 EI}{l^2}$ ② $\dfrac{\pi^2 EI}{(0.7l)^2}$

③ $\dfrac{\pi^2 EI}{l^2}$ ④ $\dfrac{\pi^2 EI}{4l^2}$

해설 양단 고정 상태의 $n=4$

$$\therefore P_b = \frac{n\pi^2 EI}{l^2} = \frac{4\pi^2 EI}{l^2}$$

〈보충〉

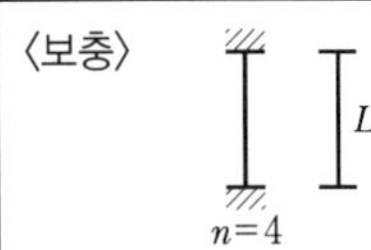

㉠ 기둥길이 L이 주어질 때

$$P_{cr} = \frac{n\pi^2 EI}{L^2} = \frac{(4)\pi^2 EI}{L^2}$$

㉡ 좌굴길이 l_k가 주어질 때

$$P_{cr} = \frac{\pi^2 EI}{l_k^2}$$

36 변의 길이가 a인 정사각형 단면의 장주(長柱)가 있다. 길이가 l이고, 최대 임계축하중이 P이고 탄성계수가 E라면 다음 설명 중 옳은 것은?

① P는 E에 비례, a의 세제곱에 비례, 길이 l^2에 반비례
② P는 E에 비례, a의 세제곱에 비례, 길이 l^3에 반비례
③ P는 E에 비례, a의 네제곱에 비례, 길이 l^2에 반비례
④ P는 E에 비례, a의 네제곱에 비례, 길이 l에 반비례

해설

$$P = \frac{\pi^2 EI_{\min}}{(Kl)^2} = \frac{\pi^2 E\left(\frac{a^4}{12}\right)}{(Kl)^2} = \frac{\pi^2 Ea^4}{12(Kl)^2}$$

37 단면이 10cm × 20cm인 장주가 있다. 그 길이가 3m일 때 이 기둥의 좌굴하중은 약 얼마인가?(단, 기둥의 $E = 2\times10^5$kg/cm², 지지상태는 일단 고정, 타단 자유이다.) ['12, '15]

① 4.58t ② 9.14t
③ 18.28t ④ 36.56t

해설 ㉠ $n = \dfrac{1}{4}$

㉡ $I_{\min} = \dfrac{b^3 h}{12} = \dfrac{10^3 \times 20}{12} \fallingdotseq 1{,}666.7\text{cm}^4$

㉢ $P_b = \dfrac{n\pi^2 EI_{\min}}{l^2} = \dfrac{\frac{1}{4}\times\pi^2\times2\times10^5\times1{,}666.7}{300^2}$

$\fallingdotseq 9{,}138.5\text{kg} \fallingdotseq 9.14\text{t}$

38 단면이 10cm × 20cm인 장주가 있다. 그 길이가 3m일 때 이 기둥의 좌굴하중은 약 얼마인가?(단, 기둥의 $E = 2\times10^5\text{kg/cm}^2$, 지지상태는 양단 힌지이다.)

① 36.6t ② 53.2t ③ 73.1t ④ 109.8t

해설 ㉠ $I_{\min} = \dfrac{hb^3}{12} = \dfrac{20\times10^3}{12} = 1{,}666.7\text{cm}^4$

㉡ $P_{cr} = \dfrac{\pi^2 EI_{\min}}{(kl)^2}$ (양단 힌지, $k=1$)

$= \dfrac{\pi^2\times(2\times10^5)\times(1{,}666.7)}{(1\times300)^2}\text{kg}$

$= 36{,}554\text{kg} = 36.6\text{t}$

39 단면이 100mm × 200mm인 장주의 길이가 3m일 때 이 기둥의 좌굴하중은?(단, 기둥의 $E = 2.0\times10^4$ MPa, 지지상태는 일단 고정, 타단 자유이다.) ['12, '15 기출 유사, '21]

① 45.8kN ② 91.4kN
③ 182.8kN ④ 365.6kN

해설

〈조건〉
1) 단면 $b\times h = 100\text{mm}\times200\text{mm}$
2) 길이 $l = 3\text{m} = 3{,}000\text{mm}$
3) 탄성계수 $E = 2\times10^4\text{MPa}$
$= 2\times10^4\text{N/mm}^2$
4) 일단고정 타단자유
단계수 $n = 1/4$
5) $\pi = 3.14$

㉠ $I_{\min} = \dfrac{1}{12}(\text{대})\times(\text{소})^3$

$= \dfrac{1}{12}(200)\times(100)^3$

$= \dfrac{1}{12}(2\times10^8) = 16{,}666{,}666.67\text{mm}^4$

정답 35 ① 36 ③ 37 ② 38 ① 39 ②

㉡ $n = \dfrac{1}{4}$

〈공식〉

$$P_{cr} = \frac{n\pi^2 EI_{\min}}{l^2}$$

$P_{cr} = 91{,}292.59\text{N}$
$= 91.2926\text{kN}$
$= 91.3\text{kN}$(정확한 계산값)
$\fallingdotseq 91.4\text{kN}$(객관식 답)

40 길이가 6m인 양단 힌지 기둥은 I－250×125×10×19(mm)의 단면으로 세워졌다. 이 기둥이 좌굴에 대해서 지지하는 임계하중(Critical Load)은 얼마인가? (단, 주어진 I－형강의 I_1과 I_2는 각각 7,340cm^{4}과 560cm^{4}이며, 탄성계수 $E = 2\times10^6$kg/cm^{2}이다.)

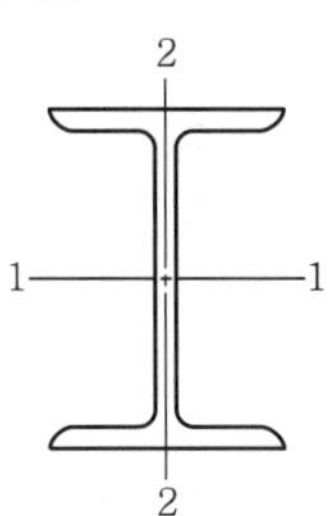

① 30.7t ② 42.6t ③ 307t ④ 402.5t

해설 $P_{cr} = \dfrac{\pi^2 EI_{\min}}{(kl)^2}$

$$= \frac{\pi^2(2\times10^6)\times(560)}{(1\times600)^2} = 30{,}705\text{kg} = 30.7\text{t}$$

41 길이가 3m이고, 가로 200mm, 세로 300mm인 직사각형 단면의 기둥이 있다. 지지상태가 양단 힌지인 경우 좌굴응력을 구하기 위한 이 기둥의 세장비는? ['20]

① 34.6 ② 43.3 ③ 52.0 ④ 60.7

해설 〈공식〉

㉠ 좌굴하중

$$P_{cr} = \frac{n\pi^2 EI}{l^2} = \frac{\pi^2 EI}{{l_k}^2} = \frac{\pi^2 EA}{\lambda^2}$$

㉡ 좌굴응력

$$\sigma_{cr} = \frac{\pi^2 E}{\lambda^2}$$

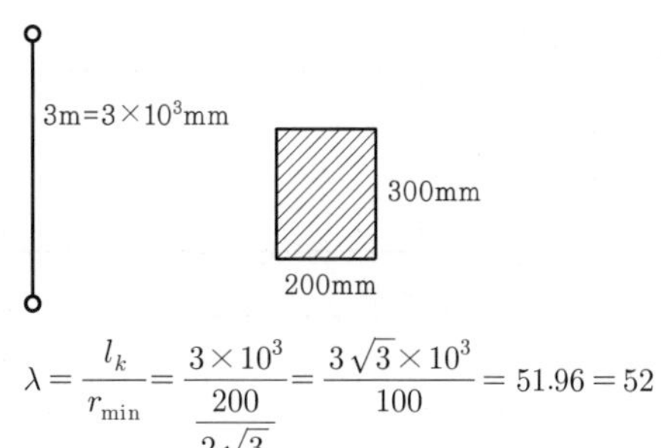

$$\lambda = \frac{l_k}{r_{\min}} = \frac{3\times10^3}{\frac{200}{2\sqrt{3}}} = \frac{3\sqrt{3}\times10^3}{100} = 51.96 = 52$$

좌굴응력 σ_{cr}

42 양단 고정의 장주에 중심축하중이 작용할 때 이 기둥의 좌굴응력은?(단, $E = 2.1\times10^6$kg/cm^{2}이고, 기둥은 지름이 4cm인 원형기둥이다.)

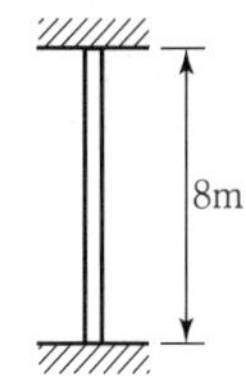

① 33.5kg/cm^2 ② 67.2kg/cm^2
③ 129.5kg/cm^2 ④ 259.1kg/cm^2

해설 ㉠ 세장비

$$\lambda = \frac{l}{r} = \frac{l}{D/4} = \frac{800}{4/4} = 800$$

㉡ 양단 고정
$n = 4$

㉢ $\sigma = \dfrac{n\pi^2 E}{\lambda^2} = \dfrac{4\pi^2\times2.1\times10^6}{800^2} \fallingdotseq 129.5\text{kg/cm}^2$

43 양단 고정의 장주에 중심축하중이 작용할 때 이 기둥의 좌굴응력은?(단, $E = 2.1\times10^5$MPa이고, 기둥은 지름이 4cm인 원형 기둥이다.) ['20]

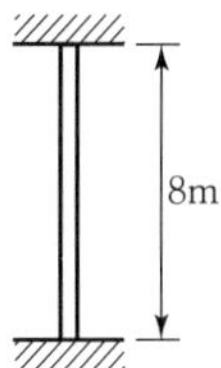

① 3.35MPa ② 6.72MPa
③ 12.95MPa ④ 25.91MPa

정답 40 ① 41 ③ 42 ③ 43 ③

해설

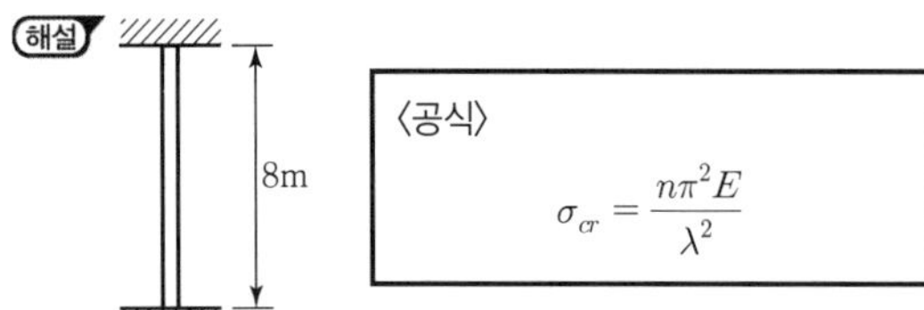

〈조건〉
$n=4$, $\pi=3.14$, $E=2.1\times10^5$MPa
$D=4$cm

$$\lambda = \frac{l}{r} = \frac{800\text{cm}}{\frac{D}{4}\text{cm}} = \frac{800}{\frac{4}{4}} = 800$$

$$\sigma_{cr} = \frac{n\pi^2 E}{\lambda^2} = \frac{4\times\pi^2\times2.1\times10^5}{800^2} = 12.95\text{MPa}$$

44 길이 2m, 지름 4cm의 원형 단면을 가진 일단 고정, 타단 힌지의 장주에 중심축 하중이 작용할 때 이 단면의 좌굴응력은?(단, $E=2\times10^6$kg/cm²이다.)

① 769kg/cm² ② 987kg/cm²
③ 1,254kg/cm² ④ 1,487kg/cm²

해설 ㉠ 세장비

$$\lambda = \frac{l}{r} = \frac{l}{D/4} = \frac{200}{4/4} = 200$$

㉡ 좌굴응력

$$\sigma_b = \frac{n\pi^2 E}{\lambda^2} = \frac{2\times\pi^2\times2\times10^6}{200^2} \fallingdotseq 987\text{kg/cm}^2$$

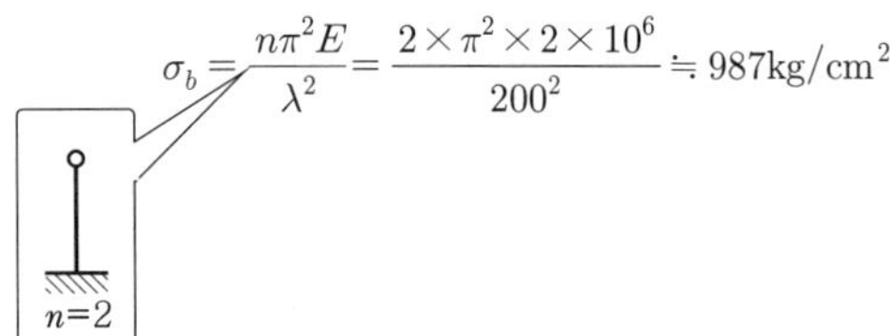

45 길이가 8m이고 단면이 3cm×4cm인 직사각형 단면을 가진 양단 고정인 장주의 중심축에 하중이 작용할 때 좌굴응력은 약 얼마인가?(단, $E=2\times10^6$kg/cm²이다.)

① 74.7kg/cm² ② 92.5kg/cm²
③ 143.2kg/cm² ④ 195.1kg/cm²

해설 ㉠ $r_{\min} = \frac{h}{2\sqrt{3}} = \frac{3}{2\sqrt{3}} = 0.866\,\text{cm}$

㉡ $\lambda = \frac{\ell}{r_{\min}} = \frac{8\times10^2}{0.866} = 923.8$

㉢ $\sigma_{cr} = \frac{\pi^2 E}{(k\lambda)^2} = \frac{\pi^2\times(2\times10^6)}{(0.5\times923.8)^2} = 92.52\,\text{kg/cm}^2$

46 양단 고정인 조건의 길이가 3m이고 가로 20cm, 세로 30cm인 직사각형 단면의 기둥이 있다. 이 기둥의 좌굴응력은 약 얼마인가?(단, $E=2.1\times10^5$kg/cm²이고, 이 기둥은 장주이다.)

① 2,432kg/cm² ② 3,070kg/cm²
③ 4,728kg/cm² ④ 6,909kg/cm²

해설 ㉠ $r_{\min} = \frac{h}{2\sqrt{3}} = \frac{20}{2\sqrt{3}} = 5.77\text{cm}$

㉡ $\lambda = \frac{l_k}{r_{\min}} = \frac{300\times0.5}{5.77} = 26$

㉢ $\sigma_{cr} = \frac{\pi^2 E}{\lambda^2} = \frac{\pi^2\times(2.1\times10^5)}{(26)^2} = 3{,}070\text{kg/cm}^2$

붕괴하중

47 그림의 수평부재 AB는 A지점은 힌지로 지지되고 B점에는 집중하중 Q가 작용하고 있다. C점과 D점에서는 끝단이 힌지로 지지된 길이가 L이고, 휨 강성이 모두 EI로 일정한 기둥으로 지지되고 있다. 두 기둥의 좌굴에 의해서 붕괴를 일으키는 하중 Q의 크기는?

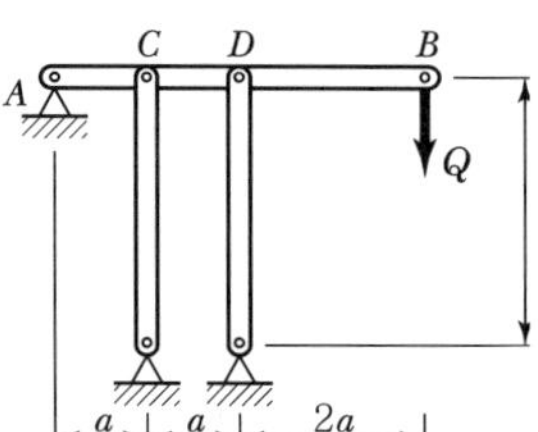

① $Q = \frac{2\pi^2 EI}{4L^2}$ ② $Q = \frac{3\pi^2 EI}{4L^2}$

③ $Q = \frac{3\pi^2 EI}{8L^2}$ ④ $Q = \frac{3\pi^2 EI}{16L^2}$

해설

[1]

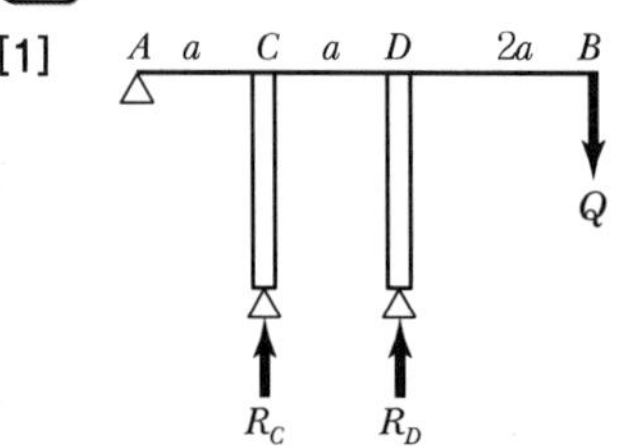

㉠ 양단 힌지 $n=1$

$$P_{cr} = R_C = R_D = \frac{1\pi^2 EI}{L^2}$$

정답 44 ② 45 ② 46 ② 47 ②

㉡ 힘의 평형조건식

$$\sum M_A = -R_C \times a - R_D \times 2a + Q \times 4a = 0$$

$$4Q = R_C + 2R_D = 3R_C = 3 \cdot \frac{\pi^2 EI}{L^2}$$

$$\therefore\ Q = \frac{3\pi^2 EI}{4L^2}$$

[2] 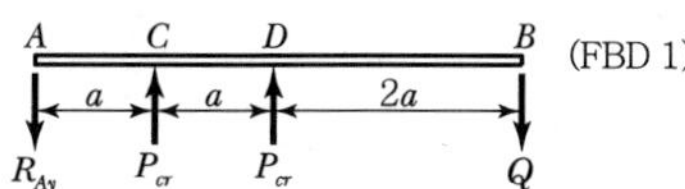

(FBD 1)

㉠ (FBD 1)로부터

$$\sum M_A = 0$$

$$Q \times 4a - P_{cr} \times a - P_{cr} \times 2a = 0$$

$$Q = \frac{3}{4} P_{cr}$$

㉡ (FBD 2) 또는 (FBD 3)으로부터

$$P_{cr} = \frac{\pi^2 EI}{(kl)^2} \text{(힌지-힌지인 경우, } k = 1.0\text{)}$$

$$= \frac{\pi^2 EI}{(1 \times L)^2} = \frac{\pi^2 EI}{L^2}$$

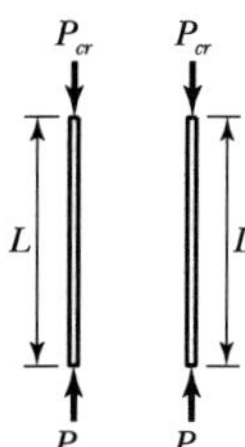

(FBD 2) (FBD 3)

㉡에서 구한 식을 ㉠의 식에 대입하면

$$Q = \frac{3\pi^2 EI}{4L^2}$$

처짐

곡률반경 R

01 지름이 d인 강선이 반지름 r인 원통 위로 굽어져 있다. 이 강선 내의 최대 굽힘모멘트 M_{max}를 계산하면?(단, 강선의 탄성계수 $E=2\times10^6\text{kg/cm}^2$, $d=2\text{cm}$, $r=10\text{cm}$) ['11, '15]

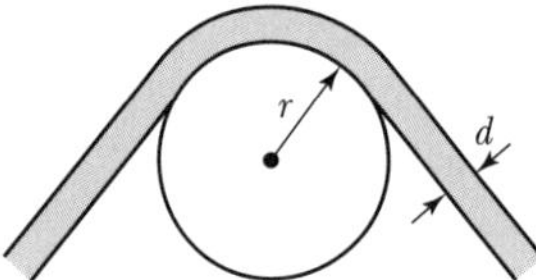

① $1.2\times10^5\text{kg}\cdot\text{cm}$ ② $1.4\times10^5\text{kg}\cdot\text{cm}$
③ $2.0\times10^5\text{kg}\cdot\text{cm}$ ④ $2.2\times10^5\text{kg}\cdot\text{cm}$

해설 $\dfrac{1}{R}=\dfrac{M}{EI}$

$$M=\frac{EI}{R}=\frac{E\left(\frac{\pi d^4}{64}\right)}{\left(r+\frac{d}{2}\right)}=\frac{E\pi d^4}{64\left(r+\frac{d}{2}\right)}$$

$$=\frac{(2\times10^6)\pi(2^4)}{64\left(10+\frac{2}{2}\right)}=1.4\times10^5\text{kg}\cdot\text{cm}$$

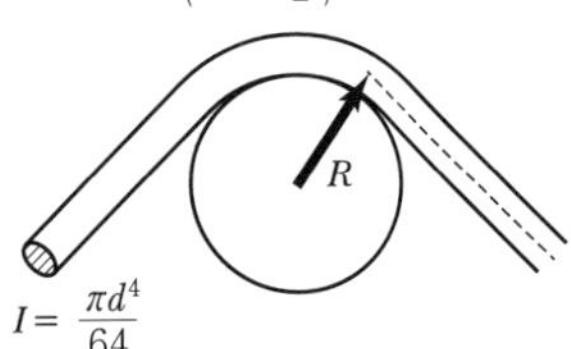

02 그림과 같은 보에서 CD 구간의 곡률반경(曲律半徑)은 얼마인가?(단, 이 보의 휨강도 $EI=3{,}800\text{t}\cdot\text{m}^2$이다.)

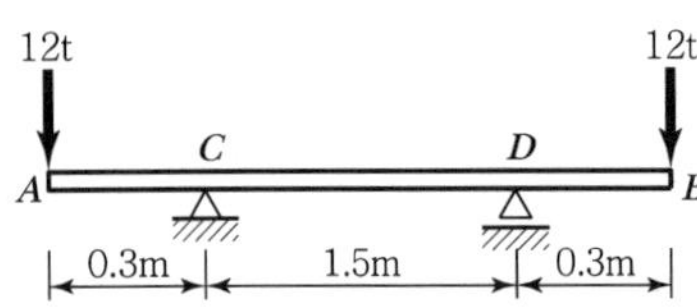

① 924m ② 1,056m
③ 1,174m ④ 1,283m

해설 ㉠ $M_C=M_D=-12\text{t}\times0.3\text{m}$
$=-3.6\text{t}\cdot\text{m}$

㉡ 곡률반경

$$R_{CD}=\frac{EI}{M_{CD}}=\frac{3{,}800}{3.6}\fallingdotseq1{,}055.6\text{m}$$

03 다음의 단순보의 C점의 곡률반경을 구하면 얼마인가?(단, $E=10{,}000\text{kg/cm}^2$, $I=40{,}000\text{cm}^4$)

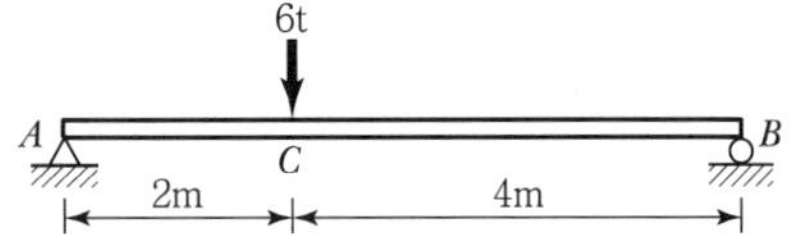

① 350cm ② 400cm
③ 450cm ④ 500cm

해설 $M_C=\dfrac{Pab}{l}=\dfrac{6\times2\times4}{6}=8\text{t}\cdot\text{m}=800{,}000\text{kg}\cdot\text{cm}$

$$\therefore R_C=\frac{EI}{M_C}=\frac{10{,}000\times40{,}000}{800{,}000}=500\text{cm}$$

단순보 처짐각 · 처짐

04 중앙에 집중하중 P를 받는 그림과 같은 단순보에서 지점 A로부터 $l/4$인 지점(점 D)의 처짐각(θ_D)과 수직 처짐량(δ_D)은?(단, EI는 일정) ['22]

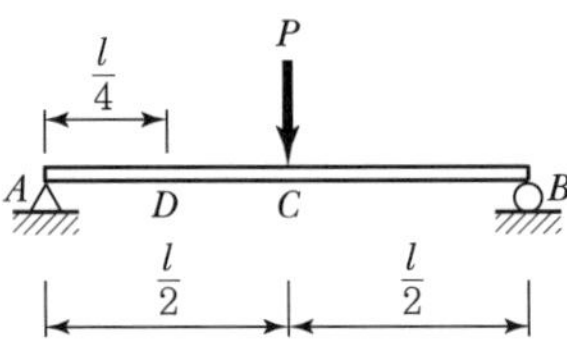

① $\theta_D=\dfrac{5Pl^2}{64EI}$, $\delta_D=\dfrac{3Pl^3}{768EI}$

② $\theta_D=\dfrac{3Pl^2}{128EI}$, $\delta_D=\dfrac{5Pl^3}{384EI}$

③ $\theta_D=\dfrac{3Pl^2}{64EI}$, $\delta_D=\dfrac{11Pl^3}{768EI}$

④ $\theta_D=\dfrac{3Pl^2}{128EI}$, $\delta_D=\dfrac{11Pl^3}{384EI}$

정답 01 ② 02 ② 03 ④ 04 ③

해설

[1]

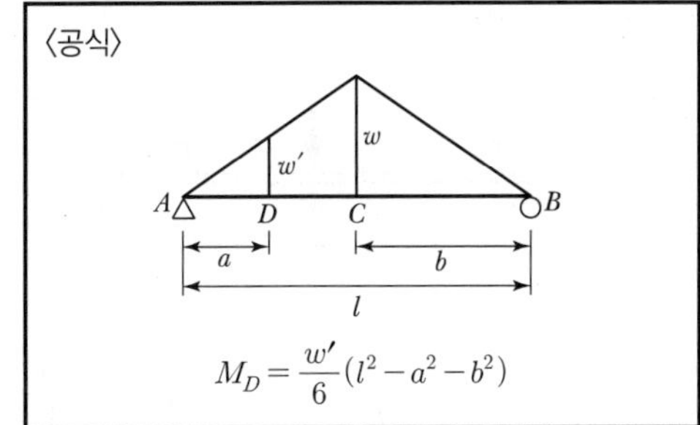

$$M_D = \frac{w'}{6}(l^2 - a^2 - b^2)$$

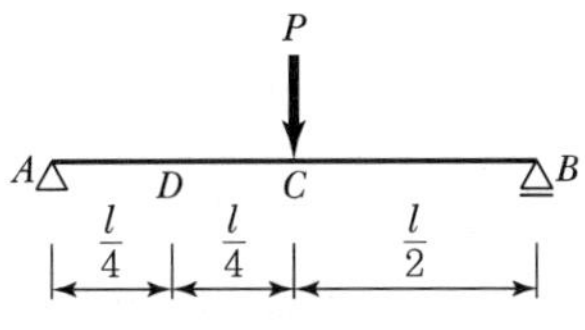

(탄성하중보)

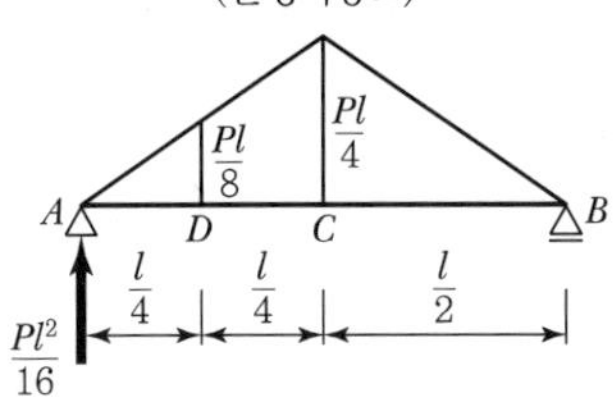

㉠ $\theta_D = \frac{S_D}{EI} = \frac{1}{EI}\left[R_A - \left(\frac{l}{4} \times \frac{Pl}{8} \times \frac{1}{2}\right)\right]$

$= \frac{1}{EI}\left[\frac{Pl^2}{16} - \left(\frac{Pl^2}{64}\right)\right]$

$= \frac{1}{EI}\left[\frac{(4-1)Pl^2}{64}\right]$

$= \frac{1}{EI} \times \frac{3}{64}Pl^2$

$= \frac{3Pl^2}{64EI}$

㉡ $\delta_D = \frac{M_D}{EI}$

$= \frac{\left(R_A \times \frac{L}{4}\right) - \left(\frac{L}{4} \times \frac{PL}{8} \times \frac{1}{2}\right)\left(\frac{L}{4} \times \frac{1}{3}\right)}{EI}$

$= \frac{\left(\frac{PL^2}{16} \times \frac{L}{4}\right) - \left(\frac{PL^2}{64} \times \frac{L}{12}\right)}{EI}$

$= \frac{\frac{PL^3}{64} - \frac{PL^3}{768}}{EI}$

$= \frac{\frac{(12-1)PL^3}{798}}{EI}$

$= \frac{11PL^3}{768EI}$

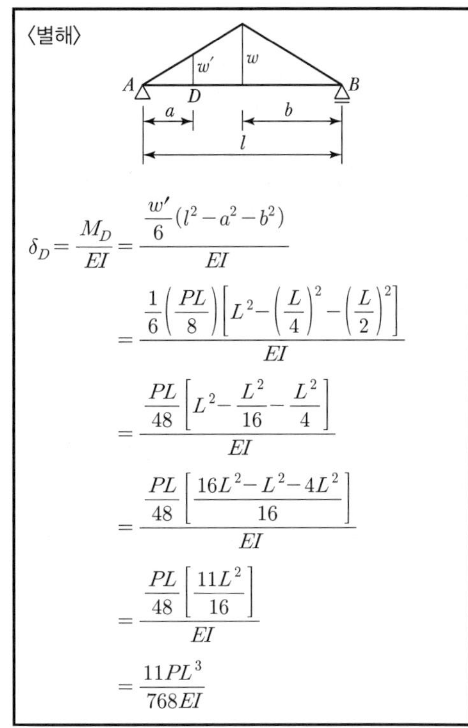

$\delta_D = \frac{M_D}{EI} = \frac{\frac{w'}{6}(l^2 - a^2 - b^2)}{EI}$

$= \frac{\frac{1}{6}\left(\frac{PL}{8}\right)\left[L^2 - \left(\frac{L}{4}\right)^2 - \left(\frac{L}{2}\right)^2\right]}{EI}$

$= \frac{\frac{PL}{48}\left[L^2 - \frac{L^2}{16} - \frac{L^2}{4}\right]}{EI}$

$= \frac{\frac{PL}{48}\left[\frac{16L^2 - L^2 - 4L^2}{16}\right]}{EI}$

$= \frac{\frac{PL}{48}\left[\frac{11L^2}{16}\right]}{EI}$

$= \frac{11PL^3}{768EI}$

[2]

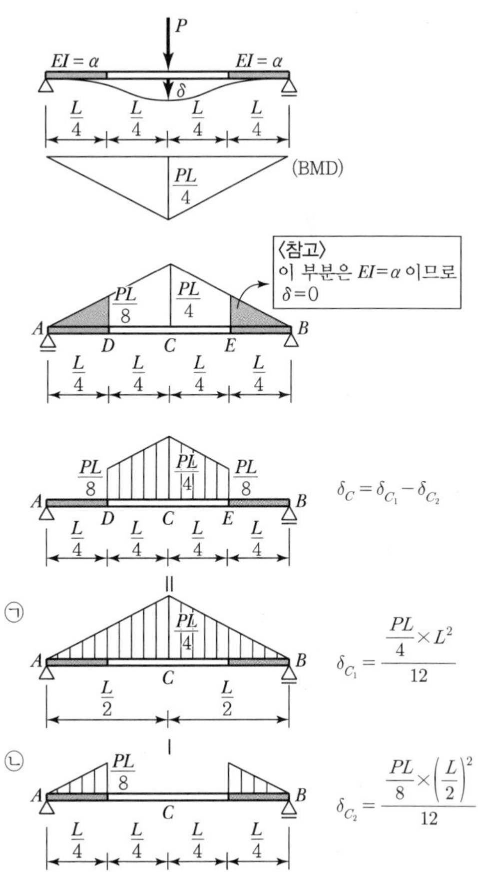

$\delta_C = \delta_{C_1} - \delta_{C_2}$

㉠ $\delta_{C_1} = \frac{\frac{PL}{4} \times L^2}{12}$

㉡ $\delta_{C_2} = \frac{\frac{PL}{8} \times \left(\frac{L}{2}\right)^2}{12}$

㉢ $\delta_C = \delta_{C_1} - \delta_{C_2}$

$$= \frac{\left\{ \frac{\frac{PL}{4} \times L^2}{12} - \frac{\frac{PL}{8} \times \left(\frac{L}{2}\right)^2}{12} \right\}}{EI}$$

$$= \frac{PL^3}{48EI} - \frac{PL^3}{384EI}$$

$$= \frac{PL^3}{384EI}(8-1)$$

$$= \frac{7PL^3}{384EI}$$

05 정정보의 처짐과 처짐각을 계산할 수 있는 방법이 아닌 것은?

① 이중적분법(Double Integration Method)
② 공액보법(Conjugate Beam Method)
③ 처짐각법(Slope Deflection Method)
④ 단위하중법(Unit Load Method)

해설 1. 처짐을 구하는 방법
㉠ 이중적분법
㉡ 모멘트면적법
㉢ 탄성하중법
㉣ 공액보법
㉤ 단위하중법

2. 부정정 구조물의 해석 방법
㉠ 연성법(하중법)
- 변위일치법
- 3연 모멘트법

㉡ 강성법(변위법)
- 처짐각법
- 모멘트 분배법

06 그림과 같은 보에서 A점의 처짐각을 구하면?(단, $EI = 2 \times 10^5 \text{kg} \cdot \text{m}^2$이다.)

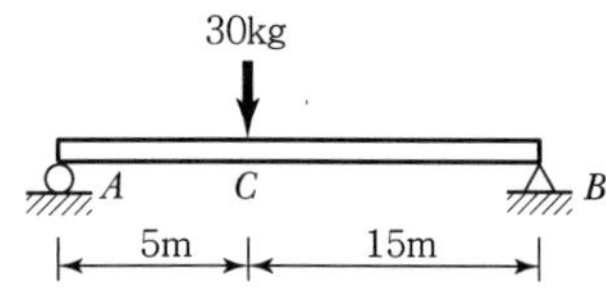

① 0.00328rad ② 0.00563rad
③ 0.00600rad ④ 0.01125rad

해설 $\theta_A = \frac{Pab(l+b)}{6EIl} = \frac{30 \times 5 \times 15 \times (20+15)}{6 \times 2 \times 10^5 \times 20}$
$= 0.00328\text{rad}$

07 다음 구조물에서 하중이 작용하는 위치에서 일어나는 처짐의 크기는? ['12, '15, '22]

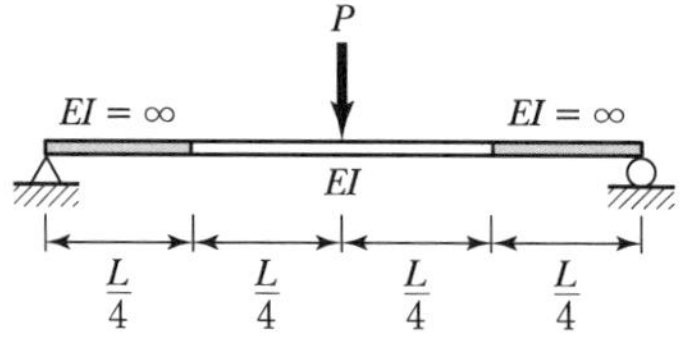

① $\frac{PL^3}{48EI}$ ② $\frac{PL^3}{96EI}$ ③ $\frac{7PL^3}{384EI}$ ④ $\frac{11PL^3}{384EI}$

해설

[1]

$\Sigma M_B = 0$

$$R_A \times L - \left\{ \left(\frac{PL}{8EI} \times \frac{L}{2}\right) + \left(\frac{1}{2} \times \frac{PL}{8EI} \times \frac{L}{2}\right) \right\} \times \frac{L}{2} = 0$$

$$R_A = \frac{3PL^2}{64EI}(\uparrow)$$

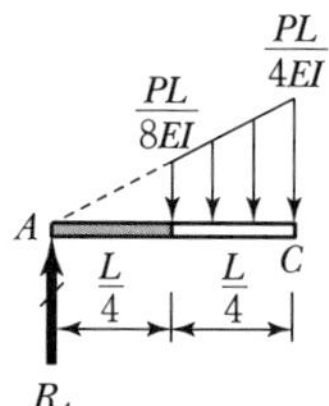

$$M_C = \frac{3PL^2}{64EI} \times \frac{L}{2} - \left\{ \left(\frac{PL}{8EI} \times \frac{L}{4}\right) \times \left(\frac{L}{4} \times \frac{1}{2}\right) + \left(\frac{1}{2} \times \frac{PL}{8EI} \times \frac{L}{4}\right) \times \left(\frac{L}{4} \times \frac{1}{3}\right) \right\}$$

$$= \frac{7PL^3}{384EI}$$

[2] 양쪽 지점 부근 $\frac{L}{4}$ 구간은 $EI = \infty$이므로 휨모멘트를 무시한다. 따라서 공액보를 그리면 다음과 같다.

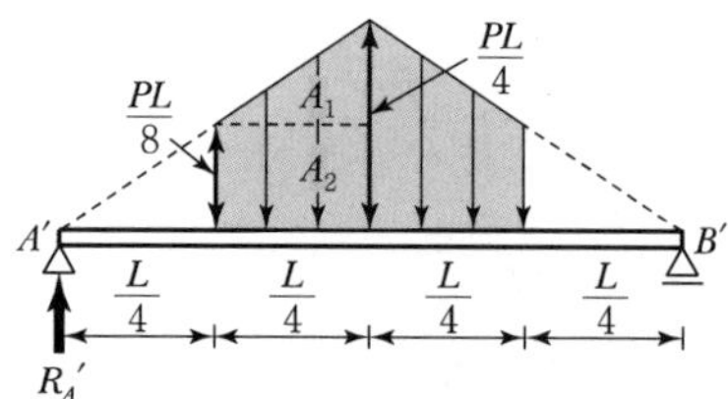

㉠ $R_A{}' = R_B{}' = \underbrace{\frac{L}{4} \times \frac{PL}{8} \times \frac{1}{2}}_{A_1} + \underbrace{\frac{L}{4} \times \frac{PL}{8}}_{A_2}$

$$= \frac{3PL^2}{64}(\uparrow)$$

정답 05 ③ 06 ① 07 ③

㉡ $y_{\max} = \dfrac{M_{\max}{}'}{EI}$

$= \dfrac{1}{EI}\left[R_A{}' \times \dfrac{L}{2} - \left(\dfrac{L}{4} \times \dfrac{PL}{8} \times \dfrac{1}{2}\right) \times \dfrac{L}{12} - \left(\dfrac{L}{4} \times \dfrac{PL}{8}\right) \times \dfrac{L}{8}\right]$

$= \dfrac{1}{EI}\left(\dfrac{3PL^2}{64} \times \dfrac{L}{2} - \dfrac{PL^3}{768} - \dfrac{PL^3}{256}\right)$

$= \dfrac{7PL^3}{384EI}$

08 그림과 같은 보에서 최대 처짐이 발생하는 위치는?(단, 부재의 EI는 일정하다.)

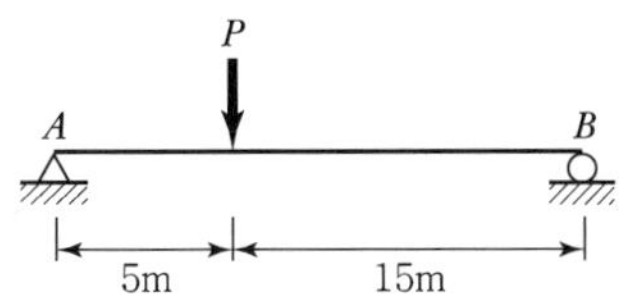

① A점으로부터 5.00m 떨어진 곳
② A점으로부터 6.18m 떨어진 곳
③ A점으로부터 8.82m 떨어진 곳
④ A점으로부터 10.00m 떨어진 곳

해설 ㉠

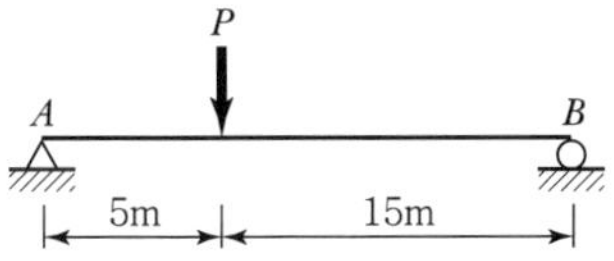

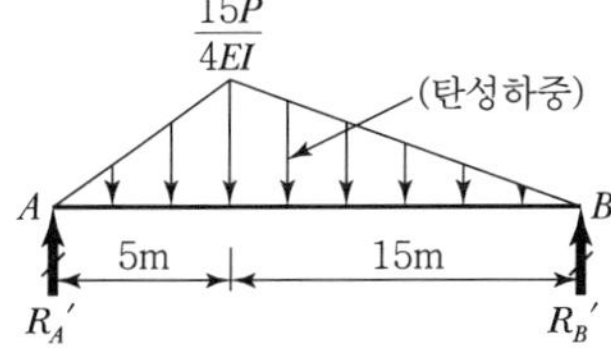

$\sum M_{Ⓐ} = 0$

$\left(\dfrac{1}{2} \times \dfrac{15D}{4EI} \times 20\right) \times \left(\dfrac{20+5}{3}\right) - R_B{}' \times 20 = 0$

$R_B{}' = \dfrac{125P}{8EI}$

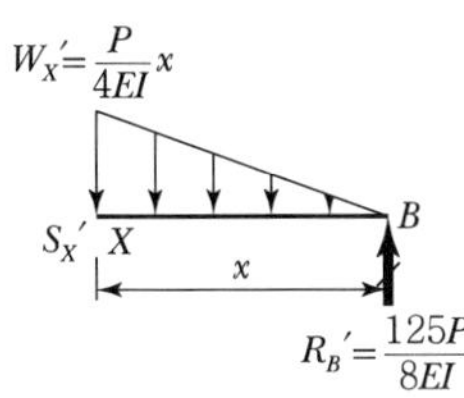

㉡ $S_x - \left(\dfrac{1}{2} \times \dfrac{P}{4EI}x \times x\right) + \dfrac{125P}{8EI} = 0$

$S_x = \dfrac{P}{8EI}(x^2 - 125)$

㉢ 최대 처짐($y_{\max}$)은 처짐각(θ)이 '0'인 곳에서 발생한다.

$S_x = 0$

$x^2 - 125 = 0,\ x = 5\sqrt{5} = 11.18\text{m}$

따라서 최대 처짐은 B점으로부터 좌측으로 11.18m 떨어진 곳, 즉 A점으로부터 20−11.18=8.82m 떨어진 곳에서 발생한다.

09 다음 그림과 같은 보에서 최대 처짐은 A로부터의 얼마의 거리(x)에서 일어나는가?(단, EI는 일정하다.)

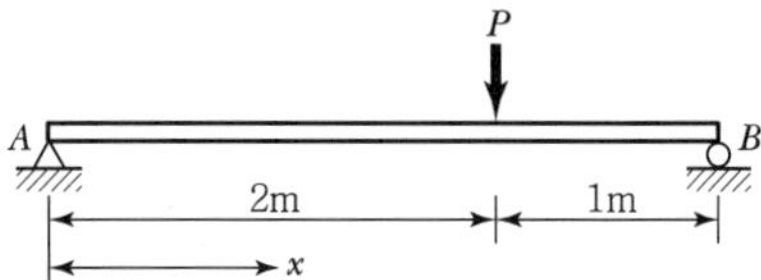

① 1.414m ② 1.633m
③ 1.817m ④ 1.923m

해설

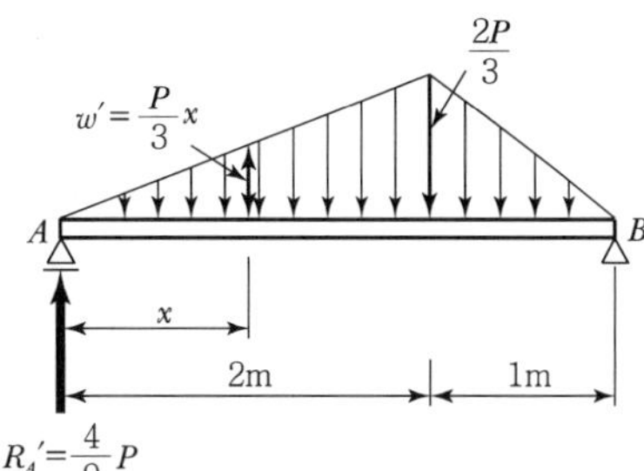

㉠ $R_A{}' = \left(\dfrac{2}{3}P \times 2 \times \dfrac{1}{2}\right) \times \dfrac{1}{3} + \left(\dfrac{2}{3}P \times 1 \times \dfrac{1}{2}\right) \times \dfrac{2}{3}$

$= \dfrac{4}{9}P$

㉡ 최대 처짐은 최대 휨모멘트가 생기는 점=전단력이 0인 곳

$S_x{}' = R_A{}' - \omega' \times x \times \dfrac{1}{2}$

$= \dfrac{3}{9}P - \left(\dfrac{P}{3}x\right) \times x \times \dfrac{1}{2} = 0$

$x^2 \fallingdotseq 2.67$

$\therefore\ x \fallingdotseq 1.633\text{m}$

10 그림과 같은 단순보에 등분포하중 q가 작용할 때 보의 최대 처짐은?(단, EI는 일정하다.) ['20]

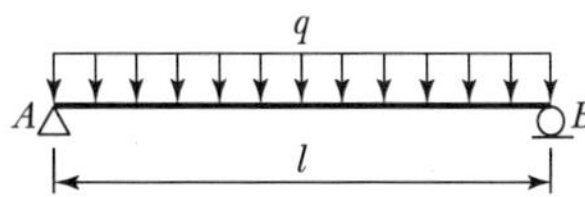

정답 08 ③ 09 ② 10 ④

① $\dfrac{ql^4}{128EI}$　　② $\dfrac{ql^4}{64EI}$

③ $\dfrac{ql^4}{38EI}$　　④ $\dfrac{5ql^4}{384EI}$

해설 $\delta_{\max} = \dfrac{5ql^4}{384EI}$

11 등분포하중을 받는 단순보에서 중앙점의 처짐을 구하는 공식은?(단, 등분포하중은 w, 보의 길이는 L, 보의 휨강성은 EI이다.) ['20]

① $\dfrac{wL^3}{24EI}$　　② $\dfrac{wL^3}{48EI}$

③ $\dfrac{wL^4}{8EI}$　　④ $\dfrac{5wL^4}{384EI}$

해설

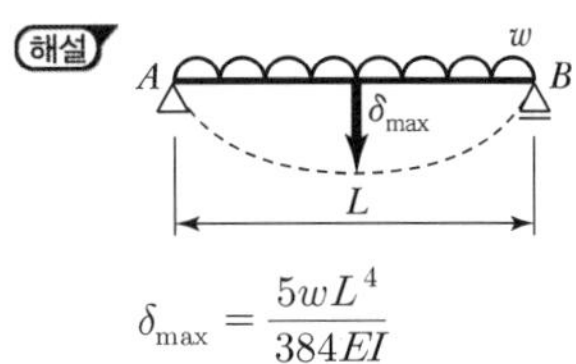

$$\delta_{\max} = \frac{5wL^4}{384EI}$$

12 그림 (a)와 (b)의 중앙점의 처짐이 같아지도록 그림 (b)의 등분포하중 w를 그림 (a)의 하중 P의 함수로 나타내면 얼마인가? ['13, '17]

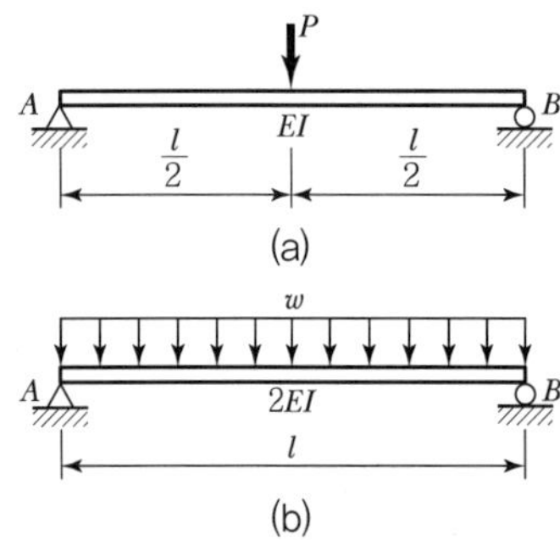

① $1.6\dfrac{P}{l}$　　② $2.4\dfrac{P}{l}$

③ $3.2\dfrac{P}{l}$　　④ $4.0\dfrac{P}{l}$

해설 ㉠ $\dfrac{Pl^3}{48EI} = \dfrac{5wl^4}{384(2EI)}$

$\dfrac{Pl^3}{48EI} = \dfrac{5wl^4}{768EI}$

㉡ $w = \dfrac{P}{48} \times \dfrac{768}{5l} = 3.2\dfrac{P}{l}$

13 그림 (a)와 (b)의 중앙점의 처짐이 같아지도록 그림 (b)의 등분포하중 w를 그림 (a)의 하중 P의 함수로 나타내면 얼마인가?(단, 재료는 같다.) ['10, '15]

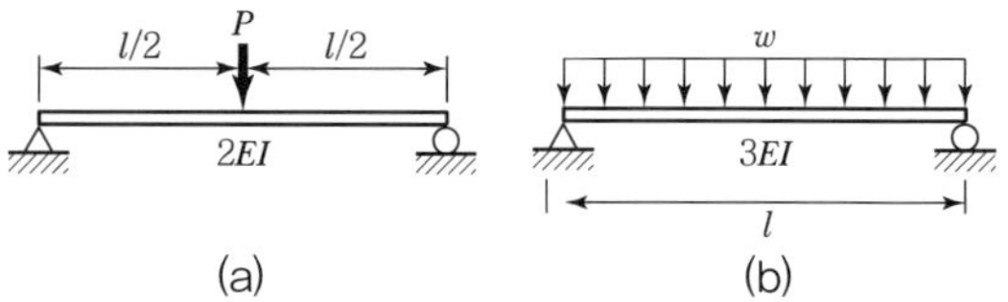

① $1.2\dfrac{P}{l}$　　② $1.6\dfrac{P}{l}$

③ $2.0\dfrac{P}{l}$　　④ $2.4\dfrac{P}{l}$

해설

[1] ㉠ $\delta_{(a)} = \dfrac{Pl^3}{48(2EI)} = \dfrac{Pl^3}{96EI}$

㉡ $\delta_{(b)} = \dfrac{5wl^4}{384(3EI)} = \dfrac{5wl^4}{1{,}152EI}$

㉢ $\delta_{(a)} = \delta_{(b)}$

$\dfrac{Pl^3}{96EI} = \dfrac{5wl^4}{1{,}152EI}$　　$w = \dfrac{12}{5}\dfrac{P}{l} = 2.4\dfrac{P}{l}$

[2] ㉠ $y_a = \dfrac{Pl^3}{48(2EI)} = \dfrac{Pl^3}{96EI}$

㉡ $y_b = \dfrac{5wl^4}{384(3EI)} = \dfrac{wl^4}{230.4EI}$

㉢ $y_a = y_b$ 이므로 $\dfrac{Pl^3}{96EI} = \dfrac{wl^4}{230.4EI}$　　$\therefore w = \dfrac{2.4P}{l}$

14 길이가 6m인 단순보의 중앙에 3t의 집중하중이 작용할 때와 등분포하중 0.5t/m가 작용할 때의 최대 처짐량에 관한 설명으로 옳은 것은?

① 최대 처짐량은 같다.

② 집중하중의 처짐량이 분포하중의 처짐량보다 1.3배 더 크다.

③ 집중하중의 처짐량이 분포하중의 처짐량보다 1.6배 더 크다.

④ 분포하중의 처짐량이 집중하중의 처짐량보다 1.3배 더 크다.

해설 ㉠ $y_P = \dfrac{Pl^3}{48EI} = \dfrac{3\times 6^3}{48EI} = \dfrac{13.5}{EI}$

㉡ $y_w = \dfrac{5wl^4}{384EI} = \dfrac{5\times 0.5\times 6^4}{384EI} = \dfrac{8.4}{EI}$

㉢ $\dfrac{y_P}{y_w} = \dfrac{\frac{13.5}{EI}}{\frac{8.4}{EI}} \fallingdotseq 1.6$

정답 11 ④　12 ③　13 ④　14 ③

15 그림과 같은 단순보에서 B점에 모멘트 M_B가 작용할 때 A점에서의 처짐각(θ_A)은?(단, EI는 일정하다.)

['16, '21]

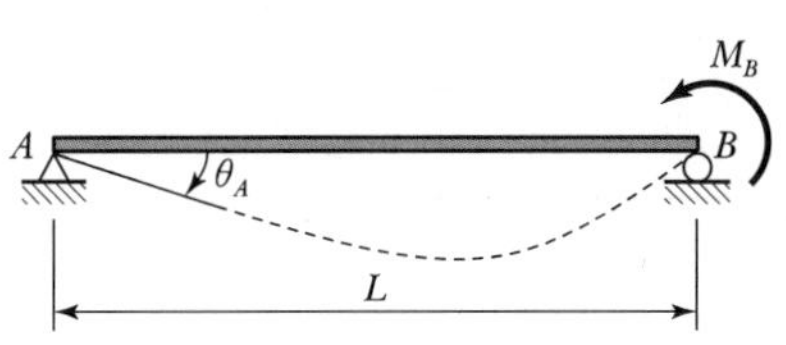

① $\dfrac{M_BL}{2EI}$ ② $\dfrac{M_BL}{3EI}$

③ $\dfrac{M_BL}{6EI}$ ④ $\dfrac{M_BL}{8EI}$

해설

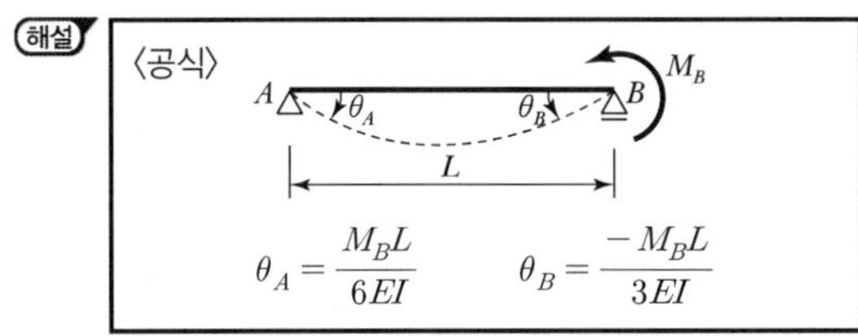

$\theta_A = \dfrac{M_BL}{6EI}$ $\theta_B = \dfrac{-M_BL}{3EI}$

16 그림과 같은 단순보에 모멘트하중 M이 B단에 작용할 때 C점에서의 처짐은?

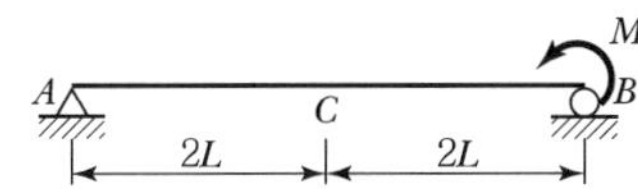

① $\dfrac{ML^2}{8EI}$ ② $\dfrac{ML^2}{4EI}$ ③ $\dfrac{ML^2}{2EI}$ ④ $\dfrac{ML^2}{EI}$

해설 $\delta_C = \dfrac{Ml^2}{16EI}$

$= \dfrac{M(4L)^2}{16EI} = \dfrac{ML^2}{EI}$

17 아래 그림과 같은 단순보의 지점 A에 모멘트 M_a가 작용할 경우 A점과 B점의 처짐각 비 $\left(\dfrac{\theta_a}{\theta_b}\right)$의 크기는?

['10, '14, '17]

① 1.5 ② 2.0 ③ 2.5 ④ 3.0

해설

$\dfrac{\theta_a}{\theta_b} = \dfrac{\dfrac{M_o\,l}{3EI}}{\dfrac{M_o\,l}{6EI}} = \dfrac{6}{3} = 2$

18 그림과 같은 단순보에서 A점의 처짐각(θ_A)은?(단, EI는 일정하다.)

['16 기출 응용, '21]

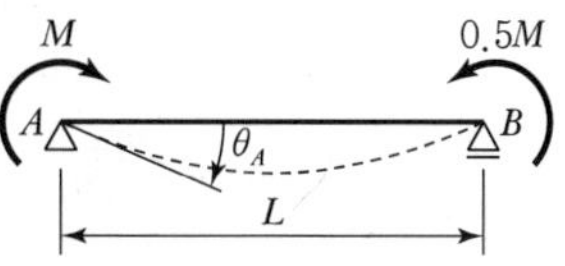

① $\dfrac{ML}{2EI}$ ② $\dfrac{5ML}{6EI}$ ③ $\dfrac{5ML}{12EI}$ ④ $\dfrac{5ML}{24EI}$

해설

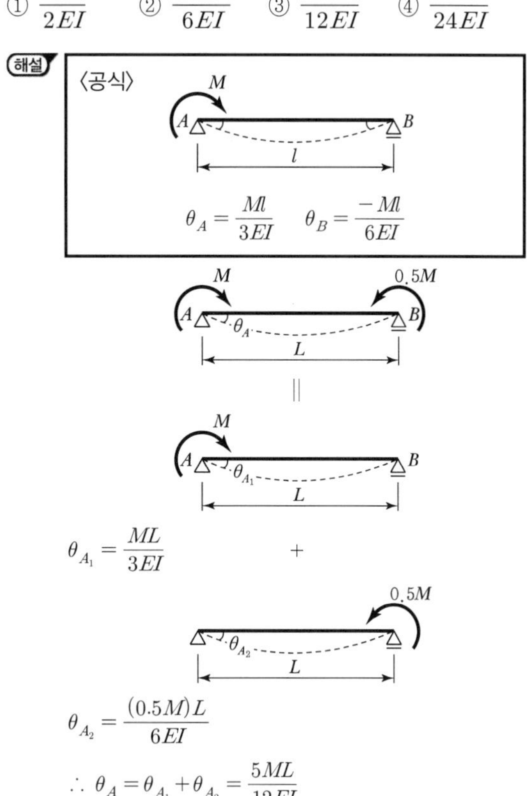

$\theta_A = \dfrac{Ml}{3EI}$ $\theta_B = \dfrac{-Ml}{6EI}$

$\theta_{A_1} = \dfrac{ML}{3EI}$

$\theta_{A_2} = \dfrac{(0.5M)L}{6EI}$

$\therefore\ \theta_A = \theta_{A_1} + \theta_{A_2} = \dfrac{5ML}{12EI}$

19 다음 그림과 같은 단순보의 중앙점 C에 집중하중 P가 작용하여 중앙점의 처짐 δ가 발생했다. δ가 0이 되도록 양쪽 지점에 모멘트 M을 작용시키려고 할 때 이 모멘트의 크기 M을 하중 P와 지간 L로 나타내면 얼마인가?(단, EI는 일정하다.)

['19]

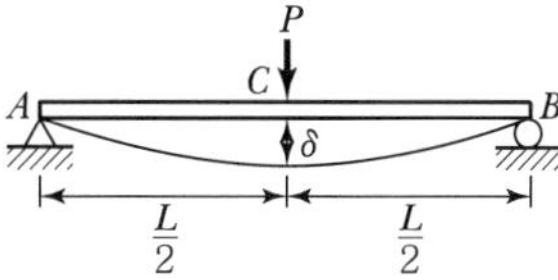

① $M = \dfrac{PL}{2}$ ② $M = \dfrac{PL}{4}$

③ $M = \dfrac{PL}{6}$ ④ $M = \dfrac{PL}{8}$

정답 15 ③ 16 ④ 17 ② 18 ③ 19 ③

해설 ㉠

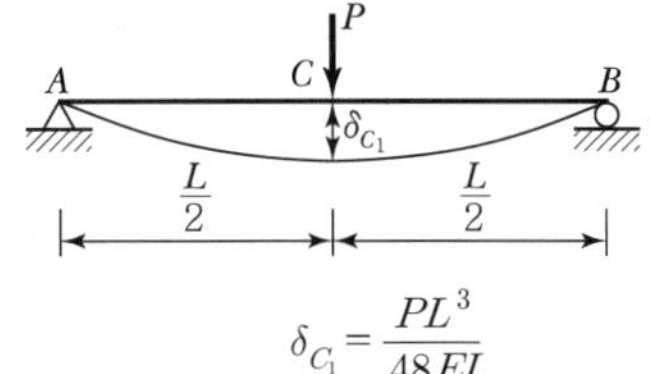

$$\delta_{C_1}=\frac{PL^3}{48EI}$$

㉡

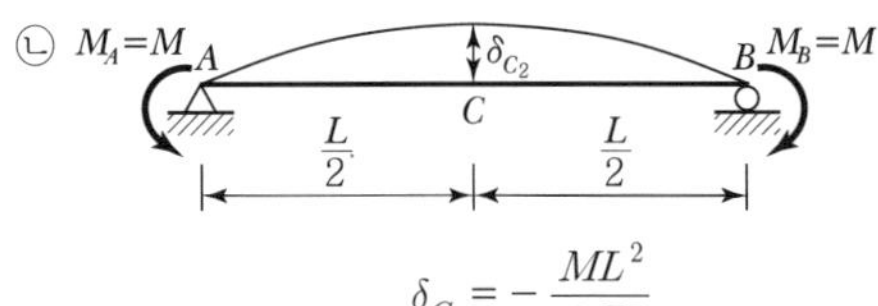

$$\delta_{C_2}=-\frac{ML^2}{8EI}$$

㉢ $\delta=\delta_{C_1}+\delta_{C_2}$

$=\dfrac{PL^3}{48EI}-\dfrac{ML^2}{8EI}=0$

$\therefore\ M=\dfrac{PL}{6}$

20 단순보의 중앙에 수평하중 P가 작용할 때 B점에서의 처짐각을 구하면?

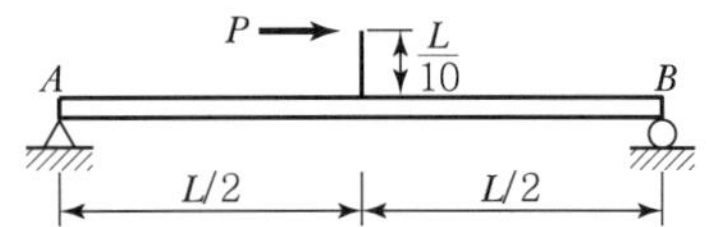

① $-\dfrac{PL^2}{240EI}$　　② $-\dfrac{PL^2}{120EI}$

③ $-\dfrac{3PL^2}{80EI}$　　④ $-\dfrac{3PL^2}{40EI}$

해설

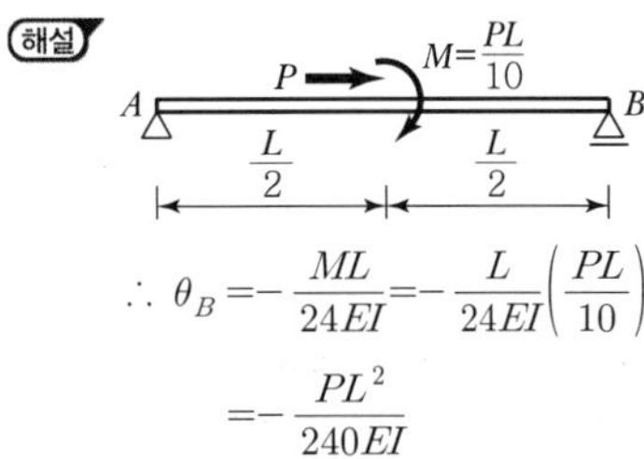

$\therefore\ \theta_B=-\dfrac{ML}{24EI}=-\dfrac{L}{24EI}\left(\dfrac{PL}{10}\right)$

$=-\dfrac{PL^2}{240EI}$

21 다음 구조물에서 최대 처짐이 일어나는 위치까지의 거리 X_m을 구하면? ['13, '17, '18]

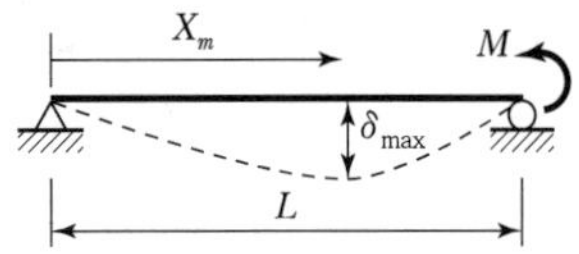

① $\dfrac{L}{2}$　　② $\dfrac{2L}{3}$

③ $\dfrac{L}{\sqrt{3}}$　　④ $\dfrac{2L}{\sqrt{3}}$

해설

[1]

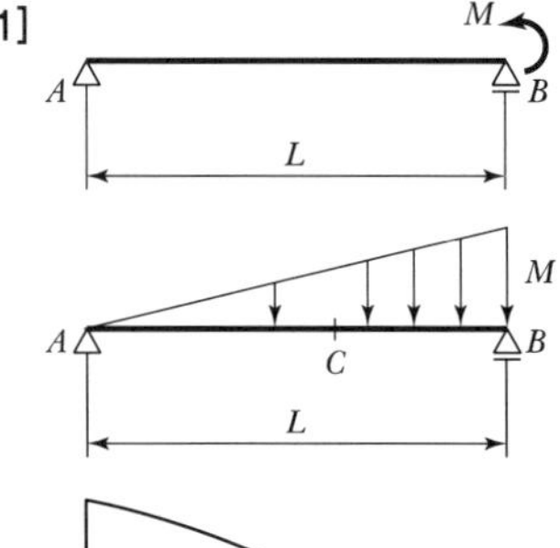

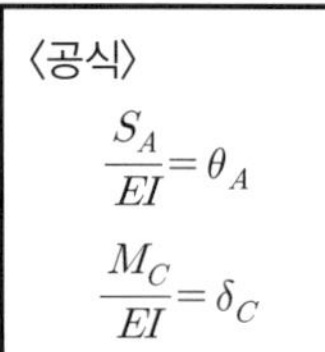

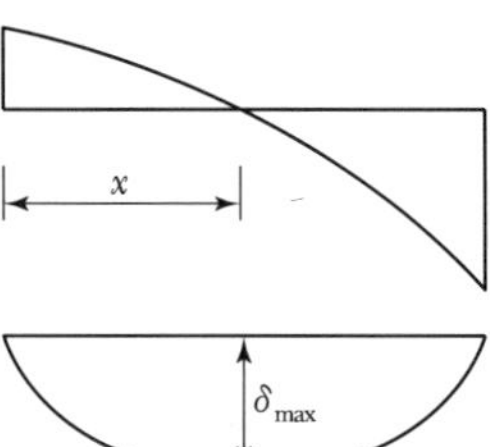

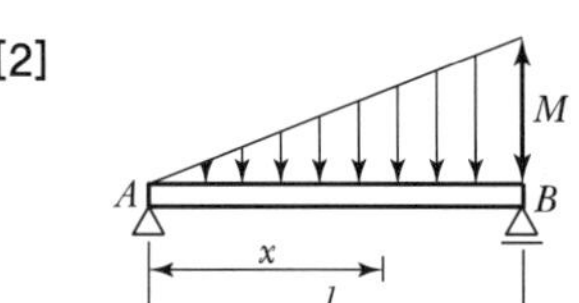

㉠ $\theta=0$인 위치

$x=\dfrac{L}{\sqrt{3}}$

㉡ 최대 처짐

$\delta_{\max}=\dfrac{ML^2}{9\sqrt{3}}$

[2]

공액보를 그리면 밑변의 길이가 M인 등변분포하중이 된다.

$\therefore\ y_{\max}=\dfrac{M_{\max}}{EI}$

따라서 최대 처짐은 최대 휨모멘트가 생기는 곳이므로 A점으로부터 $\dfrac{l}{\sqrt{3}}=0.577L$인 지점에서 최대 처짐이 생긴다.

22 그림과 같은 단순보에서 B단에 모멘트하중 M이 작용할 때 경간 AB 중에서 수직 처짐이 최대가 되는 곳의 거리 X는?(단, EI는 일정하다.) ['20]

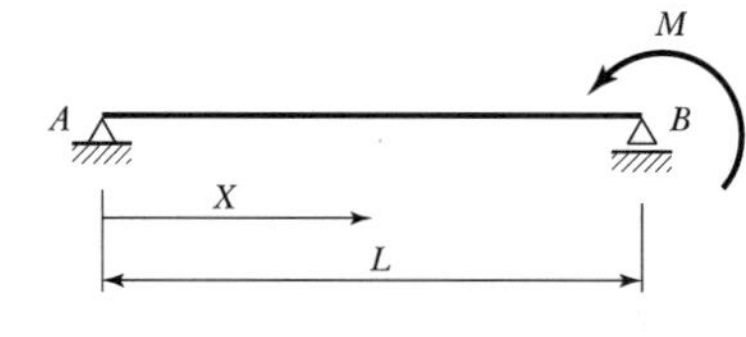

① $0.500L$　　② $0.577L$

③ $0.667L$　　④ $0.750L$

정답 20 ① 21 ③ 22 ②

해설 ㉠ 탄성하중법

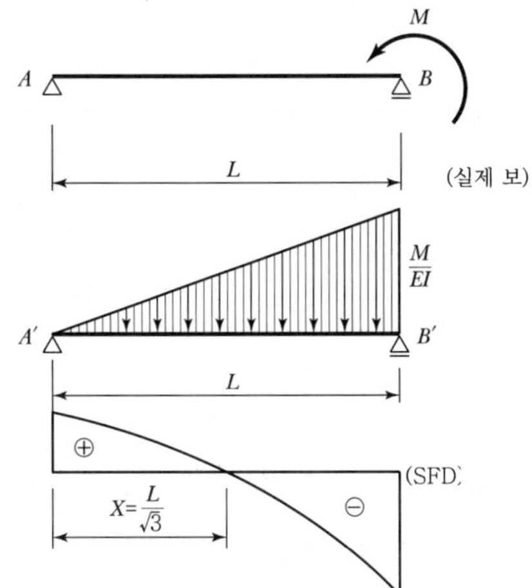

㉡ 최대 처짐이 생기는 위치 : X

$X=\frac{L}{\sqrt{3}}=\frac{\sqrt{3}}{3}L=0.577L$

㉢ 최대처짐$=\frac{M_{\max}}{EI}=\frac{ML^2}{9\sqrt{3}\,EI}$

캔틸레버보 처짐

23 다음 그림과 같은 캔틸레버보에 휨모멘트하중 M이 작용할 경우 최대 처짐 $\delta_{\max}$의 값은?(단, 보의 휨강성은 EI이다.)

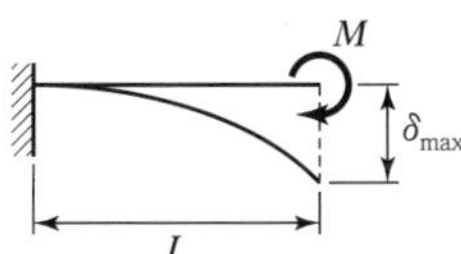

① $\frac{ML}{EI}$　② $\frac{ML^2}{2EI}$　③ $\frac{M^2L}{2EI}$　④ $\frac{ML^2}{6EI}$

해설 $\delta_{\max}=\frac{ML^2}{2EI}$

24 그림과 같은 캔틸레버보에서 자유단 A의 처짐은?(단, EI는 일정하다.)

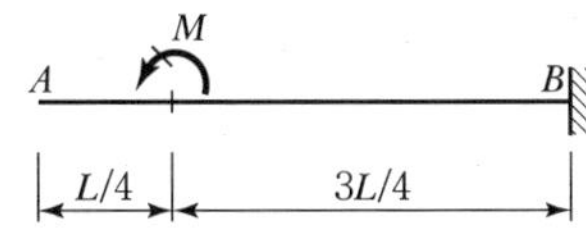

① $\frac{3ML}{I}(\downarrow)$　② $\frac{13ML^2}{32EI}(\downarrow)$

③ $\frac{7ML^2}{16EI}(\downarrow)$　④ $\frac{15ML^2}{32EI}(\downarrow)$

해설 $\delta_A=\frac{Ma}{2EI}(a+2b)=\frac{15ML^2}{32EI}(\downarrow)$

여기서, $a=\frac{3}{4}L$

$b=\frac{1}{4}L$

25 전단면이 균일하고, 재질이 같은 2개의 캔틸레버보가 자유단의 처짐값이 동일하다. 이때 캔틸레버보(b)의 휨강성 EI 값은?

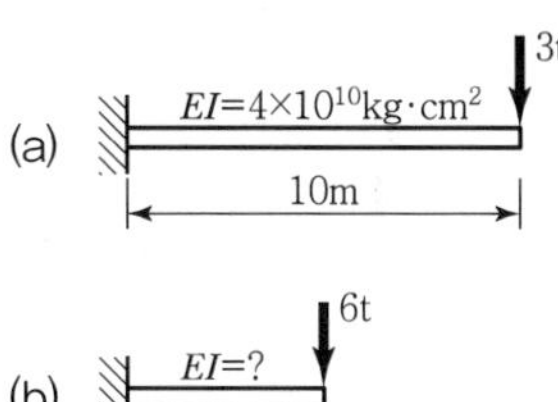

① 0.5×10^{10}kg/cm²　② 1.0×10^{10}kg/cm²

③ 2.0×10^{10}kg/cm²　④ 3.0×10^{10}kg/cm²

해설

〈공식〉 $y_{\max}=\frac{Pl^3}{3EI}$

㉠ $y_a=\frac{3{,}000\times1{,}000^3}{3\times4\times10^{10}}$

㉡ $y_b=\frac{6{,}000\times500^3}{3EI}$

㉢ $y_a=y_b$ 이므로

$EI=\frac{6{,}000\times500^3\times3\times4\times10^{10}}{3\times3{,}000\times1{,}000^3}$

$=1\times10^{10}\text{kg/cm}^2$

26 재질과 단면이 같은 아래 2개의 캔틸레버보에서 자유단의 처짐을 같게 하는 P_1/P_2의 값으로 옳은 것은? ['19]

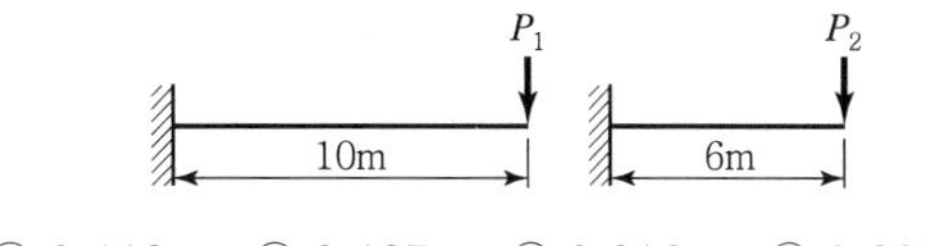

① 0.112　② 0.187　③ 0.216　④ 0.308

정답 23 ② 24 ④ 25 ② 26 ③

[1] ㉠

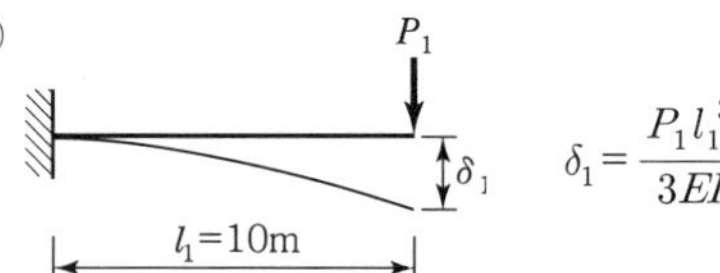

$$\delta_1 = \frac{P_1 l_1^3}{3EI}$$

㉡

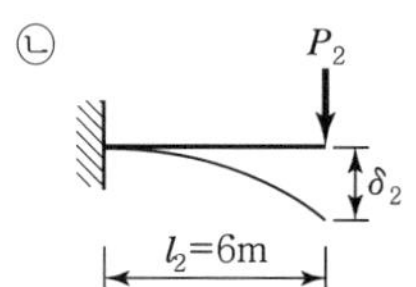

$$\delta_2 = \frac{P_2 l_2^3}{3EI}$$

㉢ $\delta_{C_1} = \delta_{C_2}$

$$\frac{P_1 l_1^3}{3EI} = \frac{P_2 l_2^3}{3EI}$$

$$\frac{P_1}{P_2} = \frac{l_2^3}{l_1^3} = \frac{6^3}{10^3} = 0.216$$

[2]

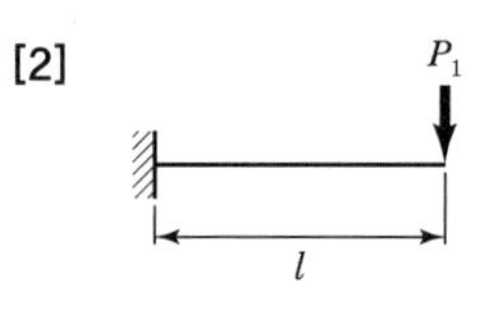

= (우측: P_2, $\frac{3}{5}l$)

δ : δ

$$\frac{P_1(l)^3}{3EI} : \frac{P_2\left(\frac{3}{5}l\right)^3}{3EI}$$

$$\frac{P_1}{P_2} = \frac{\left(\frac{3}{5}l\right)^3}{(l)^3} = \left(\frac{3}{5}\right)^3 = 0.216$$

27 그림과 같은 2개의 캔틸레버보에 저장되는 변형에너지를 각각 $U_{(1)}$, $U_{(2)}$라고 할 때 $U_{(1)} : U_{(2)}$의 비는? (단, EI는 일정하다.) ['13, '17, '21]

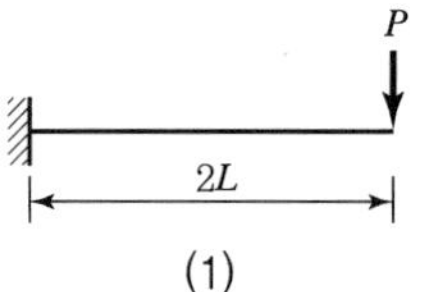

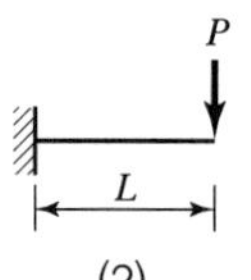

① 2 : 1 ② 4 : 1 ③ 8 : 1 ④ 16 : 1

해설

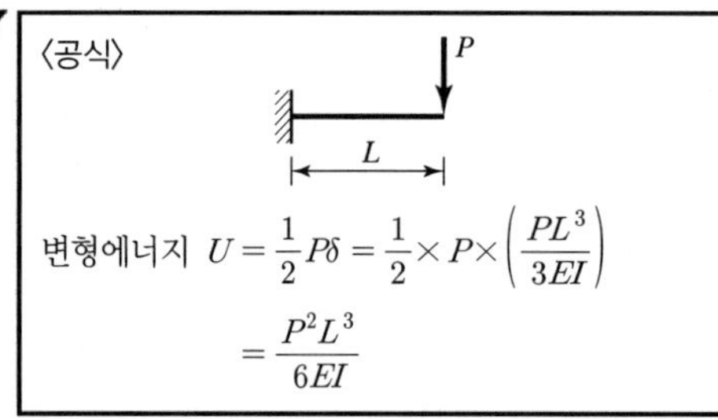

〈공식〉

변형에너지 $U = \frac{1}{2}P\delta = \frac{1}{2} \times P \times \left(\frac{PL^3}{3EI}\right) = \frac{P^2 L^3}{6EI}$

변형에너지 $U = \frac{P^2 L^3}{6EI}$ 이므로 에너지 U는 L^3에 비례

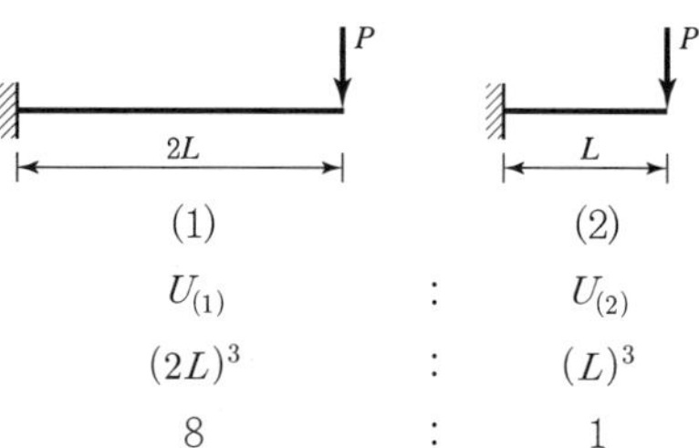

(1)		(2)
$U_{(1)}$	:	$U_{(2)}$
$(2L)^3$	:	$(L)^3$
8	:	1

28 재질과 단면이 동일한 캔틸레버보 A와 B에서 자유단의 처짐을 같게 하는 $\frac{P_2}{P_1}$의 값은?

[기출 p.371 32번 유사, '21]

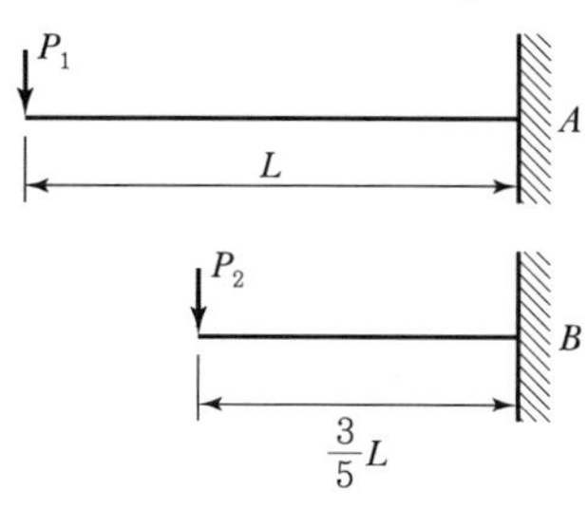

① 0.129 ② 0.216 ③ 4.63 ④ 7.72

해설

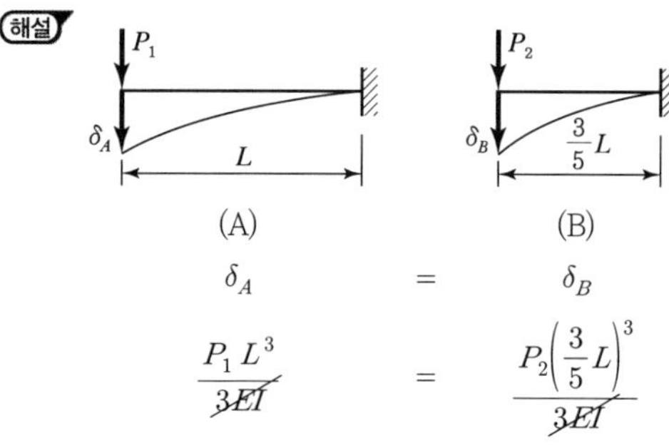

(A)		(B)
δ_A	=	δ_B
$\frac{P_1 L^3}{3EI}$	=	$\frac{P_2\left(\frac{3}{5}L\right)^3}{3EI}$

$$\therefore \frac{P_2}{P_1} = \frac{L^3}{\left(\frac{3}{5}L\right)^3} = \frac{5^3}{3^3} = 4.629 \fallingdotseq 4.63$$

29 그림과 같이 균일한 단면을 가진 캔틸레버보의 자유단에 집중하중 P가 작용한다. 보의 길이가 L일 때 자유단의 처짐이 Δ라면, 처짐이 4Δ가 되려면 보의 길이 L은 약 몇 배가 되어야 하는가?

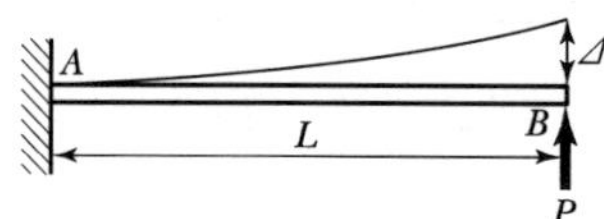

① 1.6배 ② 1.8배 ③ 2.0배 ④ 2.2배

정답 27 ③ 28 ③ 29 ①

해설 ㉠ $\delta = \dfrac{PL^3}{3EI}$

㉡ $4\delta = \dfrac{Px^3}{3EI}$

$\therefore\ x^3 = \dfrac{3EI}{P} \times 4\delta = \dfrac{3EI}{P} \times 4 \times \left(\dfrac{PL^3}{3EI}\right) = 4L^3$

㉢ $x = 3\sqrt{4}\,L = 4^{\frac{1}{3}}L = 1.587L$

30 그림과 같은 캔틸레버보에서 C점의 처짐은?(단, EI는 일정하다.) [핵심 p.220 19번 응용, '21]

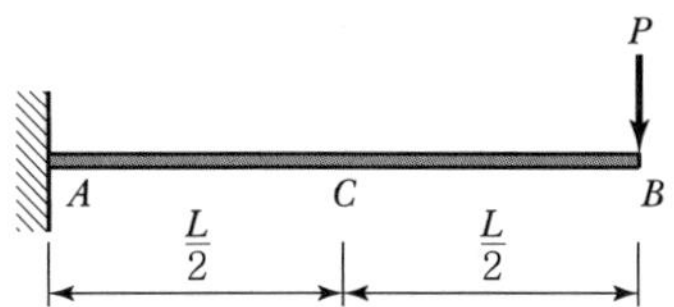

① $\dfrac{PL^3}{24EI}$　② $\dfrac{5PL^3}{24EI}$

③ $\dfrac{PL^3}{48EI}$　④ $\dfrac{5PL^3}{48EI}$

해설

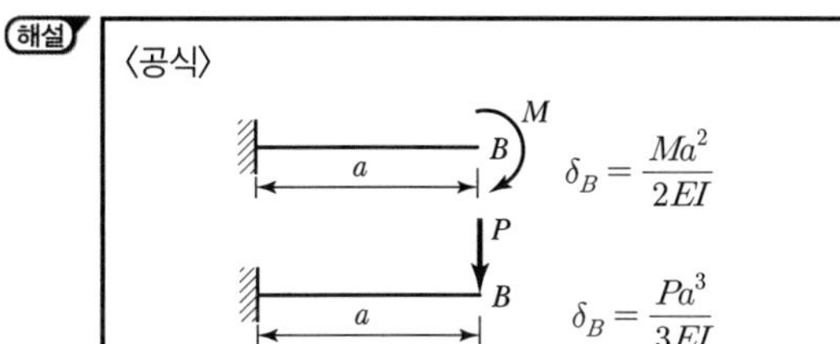

[1]

δ_C = ↷^{M}처짐 + ↓^{P}에 의한 처짐

$= \dfrac{Ma^2}{2EI} + \dfrac{Pa^3}{3EI}$

$= \dfrac{\left(\dfrac{PL}{2}\right)\left(\dfrac{L}{2}\right)^2}{2EI} + \dfrac{P\left(\dfrac{L}{2}\right)^3}{3EI}$

$= \dfrac{PL^3}{16EI} + \dfrac{PL^3}{24EI}$

$= \dfrac{PL^3}{48EI}(3+2) = \dfrac{5PL^3}{48EI}$

[2]

$\delta_C = \dfrac{M_C}{EI} = \dfrac{M_{C_1} + M_{C_2}}{EL}$

$= \dfrac{\left(\dfrac{PL}{2}\right)\times\left(\dfrac{L}{2}\right)\times\left(\dfrac{1}{2}\right)\times\left(\dfrac{L}{2}\times\dfrac{2}{3}\right) + \left(\dfrac{PL}{2}\right)\times\left(\dfrac{L}{2}\right)\times\left(\dfrac{L}{2}\times\dfrac{1}{2}\right)}{EI}$

$= \dfrac{\left(\dfrac{PL^3}{24} + \dfrac{PL^3}{16}\right)}{EI}$

$= \dfrac{5PL^3}{48EI}$

31 다음 그림과 같은 집중하중이 작용하는 캔틸레버보(Cantilever Beam)의 A점의 처짐은?(단, EI는 일정하다.) ['21]

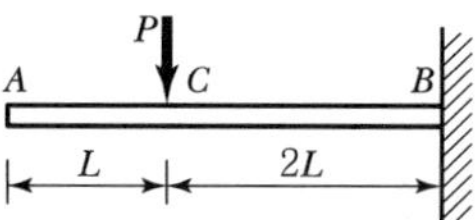

① $\dfrac{14PL^3}{3EI}$　② $\dfrac{2PL^3}{EI}$

③ $\dfrac{8PL^3}{3EI}$　④ $\dfrac{10PL^3}{3EI}$

해설

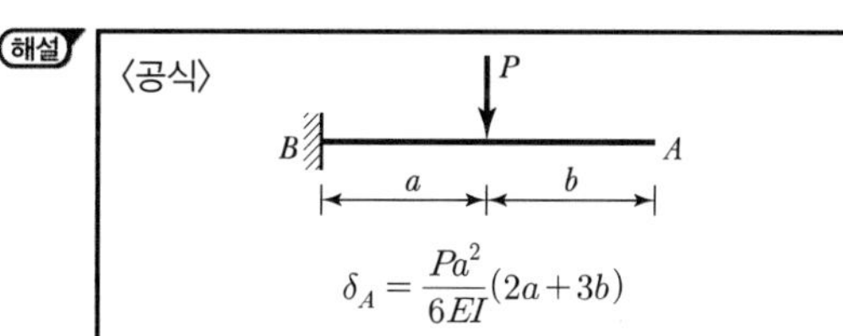

$a = 2L,\ b = L$

$\delta_A = \dfrac{Pa^2}{6EI}(2a+3b)$

$= \dfrac{P(2L)^2}{6EI}[2(2L)+3(L)] = \dfrac{14}{3EI}PL^3$

정답 30 ④　31 ①

32 그림과 같은 캔틸레버보에서 집중하중(P)이 작용할 경우 최대 처짐(δ_{max})은?(단, EI는 일정하다.) ['20]

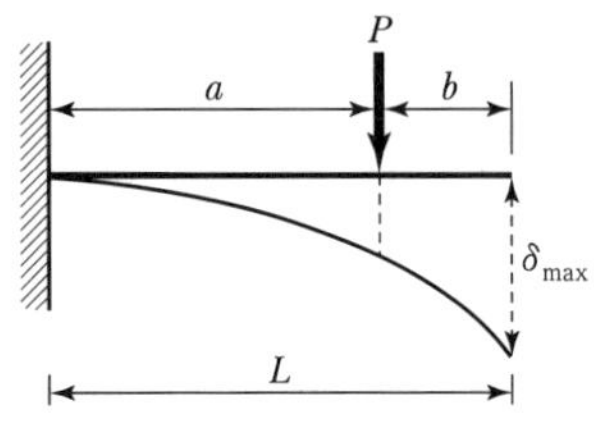

① $\delta_{max} = \dfrac{Pa^2}{3EI}(3L+a)$

② $\delta_{max} = \dfrac{P^2a}{3EI}(3L-a)$

③ $\delta_{max} = \dfrac{P^2a}{6EI}(3L+a)$

④ $\delta_{max} = \dfrac{Pa^2}{6EI}(3L-a)$

해설

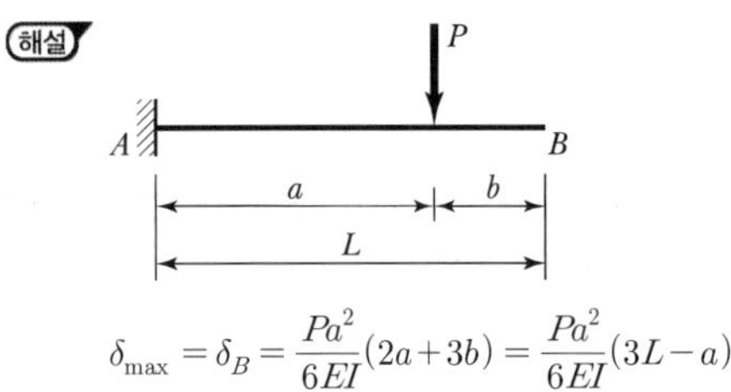

$$\delta_{max} = \delta_B = \frac{Pa^2}{6EI}(2a+3b) = \frac{Pa^2}{6EI}(3L-a)$$

33 아래 그림과 같은 캔틸레버보에 80kg의 집중하중이 작용할 때 C점에서의 처짐(δ)은?(단, $I=4.5\text{cm}^4$, $E=2.1\times10^6\text{kg/cm}^2$)

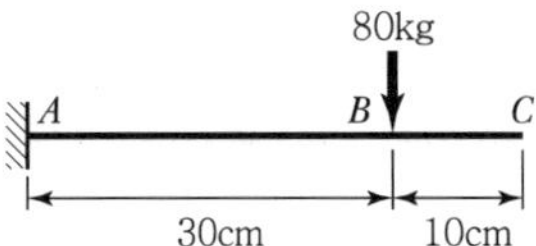

① 1.25cm　　② 1.00cm

③ 0.23cm　　④ 0.11cm

해설

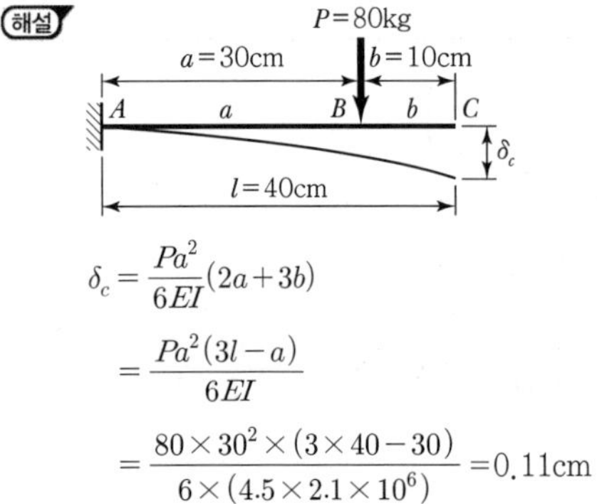

$$\delta_c = \frac{Pa^2}{6EI}(2a+3b)$$
$$= \frac{Pa^2(3l-a)}{6EI}$$
$$= \frac{80\times30^2\times(3\times40-30)}{6\times(4.5\times2.1\times10^6)} = 0.11\text{cm}$$

34 다음 그림과 같은 변단면 Cantilever보 A점의 처짐을 구하면?

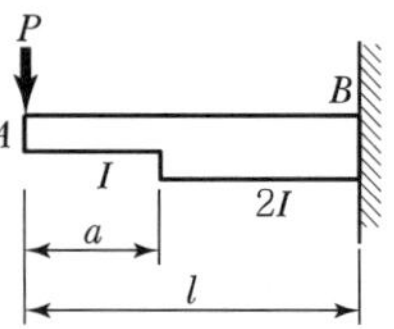

① $\dfrac{P}{6EI}(a^3+l^3)$　　② $\dfrac{P}{12EI}(a^3+l^3)$

③ $\dfrac{P}{18EI}(a^3+l^3)$　　④ $\dfrac{P}{24EI}(a^3+l^3)$

해설 공액보를 그려보면 다음과 같다.[단면2차모멘트 I가 2배이므로 휨모멘트(M)는 $\dfrac{1}{2}$로 감소한다.]

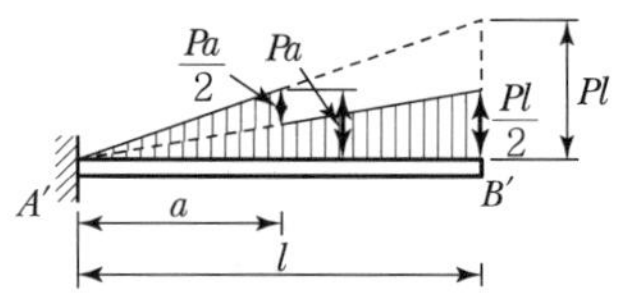

$$y_A = \frac{M_A'}{EI}$$
$$= \frac{1}{EI}\left(\frac{P\cdot a}{2}\times a\times\frac{1}{2}\times\frac{2a}{3}+\frac{Pl}{2}\times l\times\frac{1}{2}\times\frac{2l}{3}\right)$$
$$= \frac{1}{EI}\left(\frac{Pa^3}{6}+\frac{Pl^3}{6}\right)$$
$$= \frac{P(a^3+l^3)}{6EI}$$

35 그림과 같은 외팔보에서 A점의 처짐은?(단, AC 구간의 단면2차모멘트는 I이고 CB 구간은 $2I$이며, 탄성계수는 E로서 전 구간이 동일하다.) ['19]

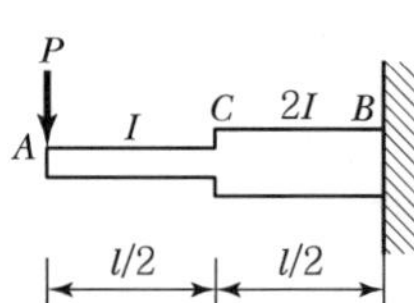

① $\dfrac{2Pl^3}{15EI}$　　② $\dfrac{3Pl^3}{16EI}$

③ $\dfrac{5Pl^3}{18EI}$　　④ $\dfrac{7Pl^3}{24EI}$

해설

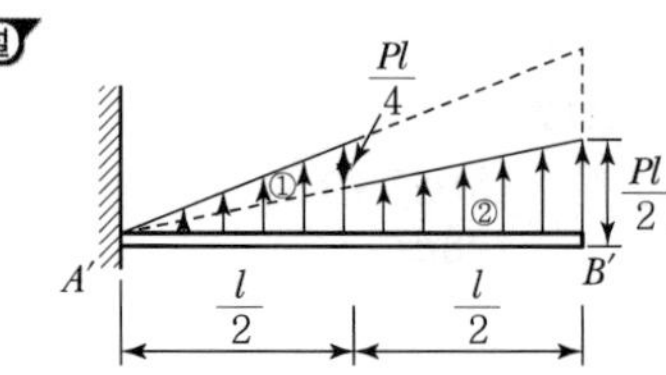

정답 32 ④　33 ④　34 ①　35 ②

$$\delta_A = \frac{M_A'}{EI}$$

$$= \frac{1}{EI}\left[\underbrace{\frac{Pl}{4}\times\frac{l}{2}\times\frac{1}{2}}_{①\ A_1}\times\left(\frac{l}{2}\times\frac{2}{3}\right) + \underbrace{\frac{Pl}{2}\times l\times\frac{1}{2}}_{②\ A_2}\times\frac{2l}{3}\right]$$

$$= \frac{1}{EI}\left(\frac{Pl^3}{48}+\frac{Pl^3}{6}\right)$$

$$= \frac{3Pl^3}{16EI}$$

36 그림과 같은 캔틸레버보에서 B점의 처짐각은? (단, EI는 일정하다.) ['19 기출, '21]

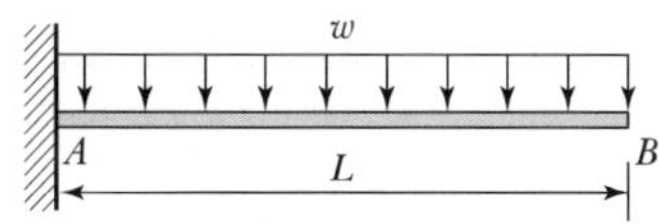

① $\frac{wL^3}{3EI}$ ② $\frac{wL^3}{6EI}$ ③ $\frac{wL^3}{8EI}$ ④ $\frac{2wL^3}{3EI}$

해설

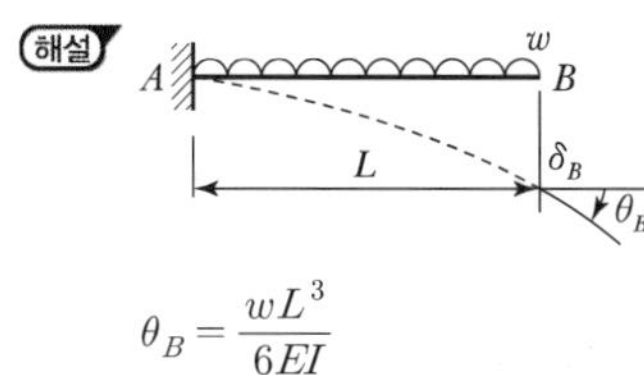

$$\theta_B = \frac{wL^3}{6EI}$$

37 탄성계수가 2.0×10^6kg/cm²인 재료로 된 경간 10m의 캔틸레버 보에 $W=120$kg/m의 등분포하중이 작용할 때, 자유단의 처짐각은?(단, IN : 중립축에 관한 단면2차모멘트이다.) ['19]

① $\theta = \frac{10^2}{IN}$ ② $\theta = \frac{10^3}{IN}$

③ $\theta = 1.5\times\frac{10^3}{IN}$ ④ $\theta = \frac{10^4}{IN}$

해설

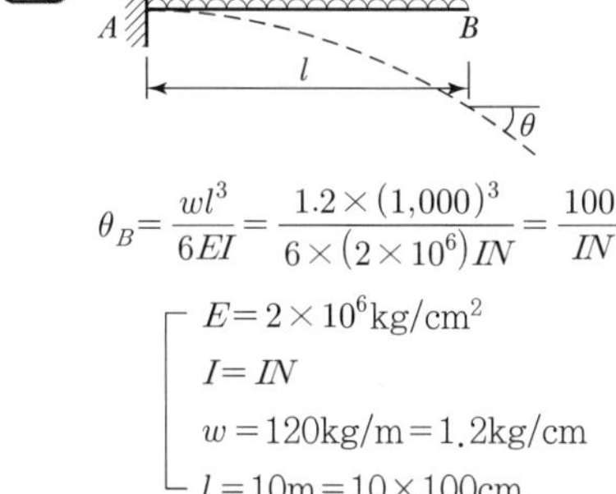

$$\theta_B = \frac{wl^3}{6EI} = \frac{1.2\times(1{,}000)^3}{6\times(2\times10^6)IN} = \frac{100}{IN}$$

- $E = 2\times10^6$kg/cm²
- $I = IN$
- $w = 120$kg/m $= 1.2$kg/cm
- $l = 10$m $= 10\times100$cm

38 다음 보의 C점의 수직 처짐량은? ['12, '17]

① $\frac{7wL^4}{384EI}$ ② $\frac{5wL^4}{384EI}$

③ $\frac{7wL^4}{192EI}$ ④ $\frac{5wL^4}{192EI}$

w, A, B, C, L/2, L/2

해설

〈공식〉

w, B, C, a, b

$$\delta_C = \frac{wa^3}{24EI}(3a+4b)$$

$$\delta_C = \frac{w\left(\frac{L}{2}\right)^3}{24EI}\left(3\times\frac{L}{2}+4\times\frac{L}{2}\right)$$

$$= \frac{wL^3}{192EI}\left(\frac{7}{2}L\right) = \frac{7wL^4}{384EI}$$

39 아래 그림의 캔틸레버보에서 C점, B점의 처짐비 ($\delta_C : \delta_B$)는?(단, EI는 일정하다.) ['20]

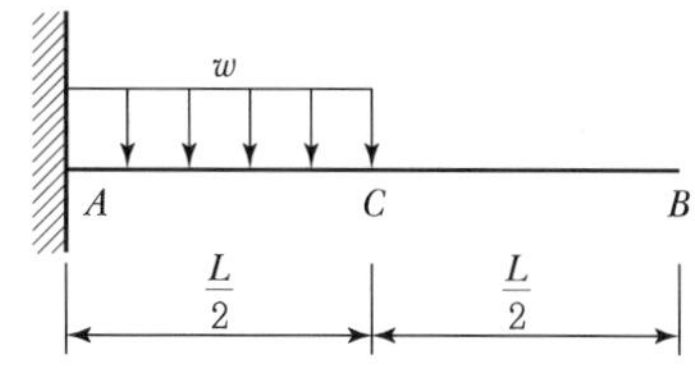

① 3 : 8 ② 3 : 7 ③ 2 : 5 ④ 1 : 2

해설

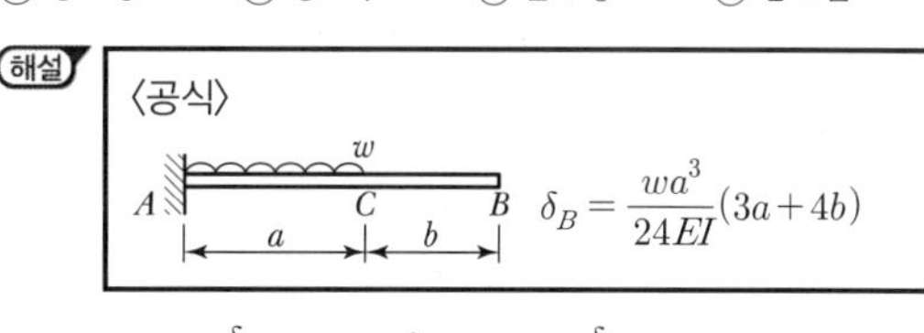

$$\delta_B = \frac{wa^3}{24EI}(3a+4b)$$

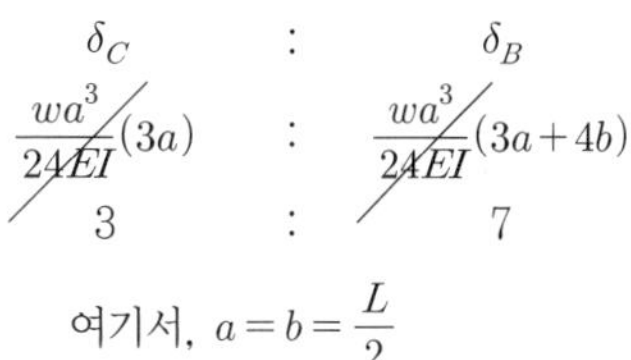

$$\delta_C \;:\; \delta_B$$

$$\frac{wa^3}{24EI}(3a) \;:\; \frac{wa^3}{24EI}(3a+4b)$$

$$3 \;:\; 7$$

여기서, $a=b=\frac{L}{2}$

40 그림과 같은 캔틸레버보에서 최대 처짐각(θ_B)은? (단, EI는 일정하다.) ['20]

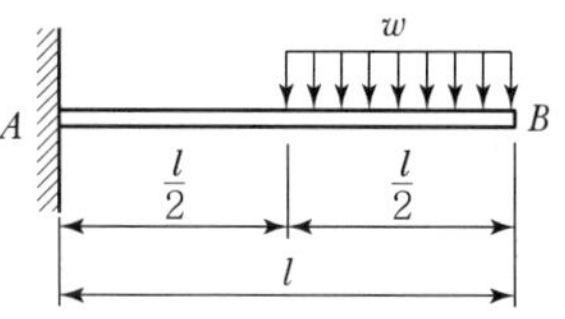

① $\frac{3wl^3}{48EI}$ ② $\frac{7wl^3}{48EI}$ ③ $\frac{9wl^3}{48EI}$ ④ $\frac{5wl^3}{48EI}$

정답 36 ② 37 ① 38 ① 39 ② 40 ②

해설

$$\theta_B = \frac{wl^3}{6EI} - \frac{w\left(\frac{l}{2}\right)^3}{6EI} = \frac{7wl^3}{48EI}$$

41 캔틸레버보에서 보의 끝 B점에 집중하중 P와 우력모멘트 M_o가 작용하고 있다. B점에서의 연직변위는 얼마인가?(단, 보의 EI는 일정하다.) ['14, '17, '22]

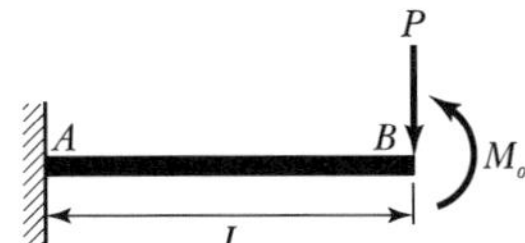

① $\delta_B = \dfrac{PL^3}{4EI} - \dfrac{M_oL^2}{2EI}$ ② $\delta_B = \dfrac{PL^3}{3EI} + \dfrac{M_oL^2}{2EI}$

③ $\delta_B = \dfrac{PL^3}{3EI} - \dfrac{M_oL^2}{2EI}$ ④ $\delta_B = \dfrac{PL^3}{4EI} + \dfrac{M_oL^2}{2EI}$

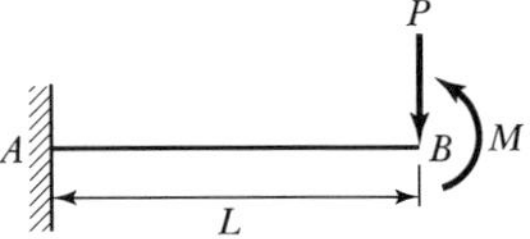

㉠

$\delta_B =$ (P 작용 시 δ_{B_1}) + (M 작용 시 δ_{B_2})

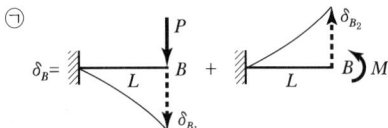

㉡ $\delta_B = \delta_{B_1} + \delta_{B_2} = +\dfrac{PL^3}{3EI} - \dfrac{M_oL^2}{2EI}$

42 그림과 같은 캔틸레버보에서 중앙점 C의 처짐은?(단, EI는 일정하다.)

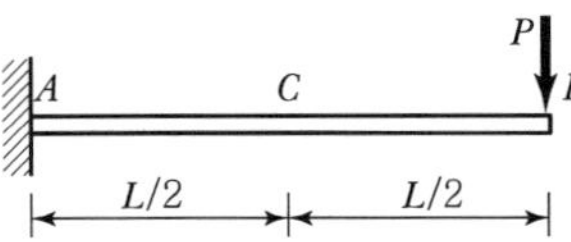

① $\dfrac{PL^3}{24EI}$ ② $\dfrac{5PL^3}{24EI}$

③ $\dfrac{PL^3}{48EI}$ ④ $\dfrac{5PL^3}{48EI}$

해설

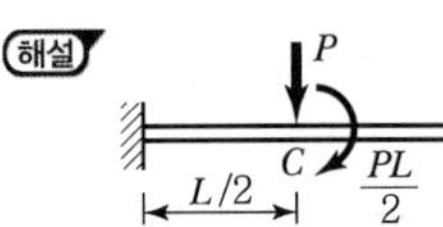

$$\delta_C = \frac{P\left(\frac{L}{2}\right)^3}{3EI} + \frac{\left(\frac{PL}{2}\right)\times\left(\frac{L}{2}\right)^2}{2EI}$$

$$= \frac{PL^3}{24EI} + \frac{PL^3}{16EI}$$

$$= \frac{5PL^3}{48EI}$$

43 아래 그림과 같은 캔틸레버보에서 B점의 연직변위(δ_B)는?(단, $M_o = 0.4\text{t}\cdot\text{m}$, $P = 1.6\text{t}$, $L = 2.4\text{m}$, $EI = 600\text{t}\cdot\text{m}^2$이다.) ['12, '16, '19]

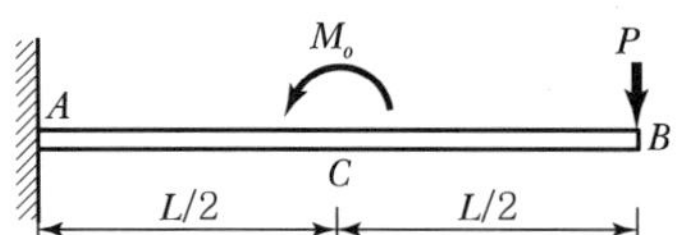

① 1.08cm(↓) ② 1.08cm(↑)

③ 1.37cm(↓) ④ 1.37cm(↑)

해설

[1]

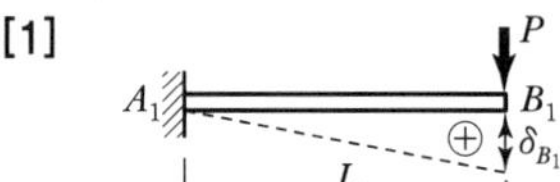

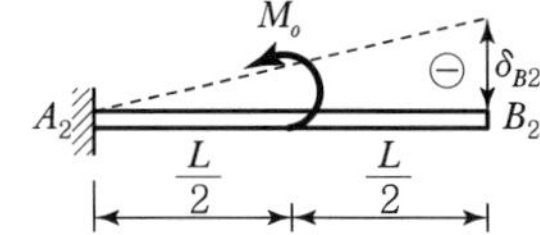

$$\delta_B = \delta_{B_1} + \delta_{B_2} = \frac{PL^3}{3EI} + \left(-\frac{3M_oL^2}{8EI}\right)$$

$$= \frac{1.6\times 2.4^3}{3\times 600} - \frac{3\times 0.4\times 2.4^2}{8\times 600}$$

$$= 0.010848\text{cm}$$

$$= 1.08\text{cm}$$

[2] $$\delta_B = \delta_{B1} - \delta_{B2} = \frac{PL^3}{3EI} - \frac{3M_oL^2}{8EI}$$

$$= \frac{L^2}{EI}\left(\frac{PL}{3} - \frac{3M_o}{8}\right)$$

$$= \frac{2.4^2}{600}\left(\frac{1.6\times 2.4}{3} - \frac{3\times 0.4}{3}\right)$$

$$= 0.0108\text{m} = 1.08\text{cm}\,(\downarrow)$$

정답 41 ③ 42 ④ 43 ①

내민보 처짐

44 다음 그림과 같은 내민보에서 C점의 처짐은?(단, 전 구간의 $EI=3.0\times10^9\text{kg}\cdot\text{cm}^2$으로 일정하다.) ['12, '18]

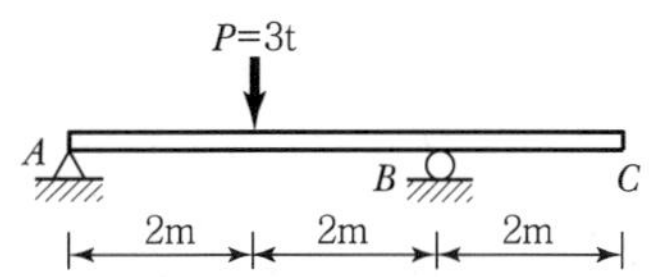

① 0.1cm ② 0.2cm
③ 1cm ④ 2cm

해설

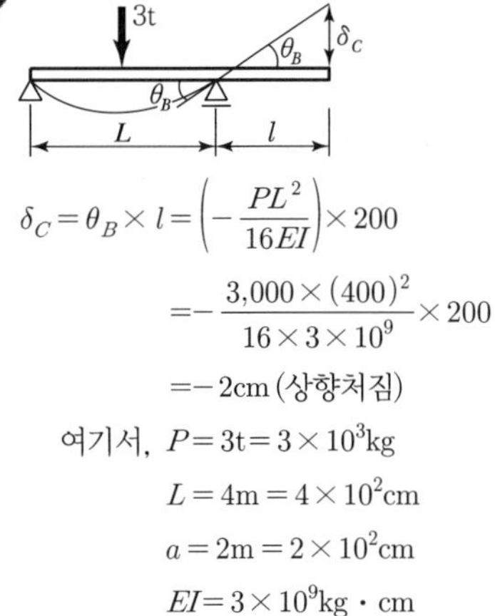

$$\delta_C=\theta_B\times l=\left(-\frac{PL^2}{16EI}\right)\times200$$

$$=-\frac{3{,}000\times(400)^2}{16\times3\times10^9}\times200$$

$$=-2\text{cm (상향처짐)}$$

여기서, $P=3\text{t}=3\times10^3\text{kg}$

$L=4\text{m}=4\times10^2\text{cm}$

$a=2\text{m}=2\times10^2\text{cm}$

$EI=3\times10^9\text{kg}\cdot\text{cm}$

45 그림과 같은 내민보에서 A점의 처짐은?(단, $I=1.6\times10^8\text{mm}^4$, $E=2.0\times10^5\text{MPa}$이다.) ['22]

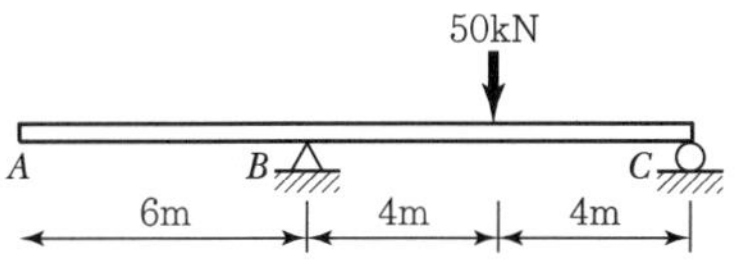

① 22.5mm ② 27.5mm
③ 32.5mm ④ 37.5mm

해설

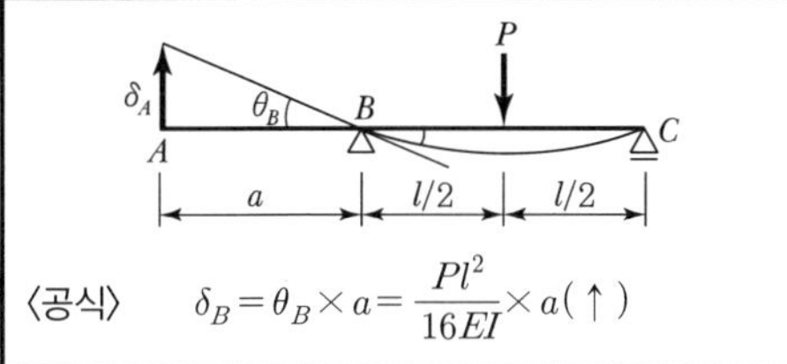

〈공식〉 $\delta_B=\theta_B\times a=\dfrac{Pl^2}{16EI}\times a(\uparrow)$

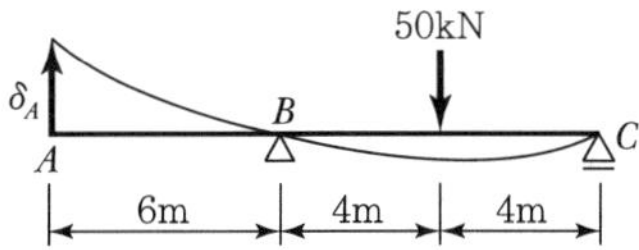

〈조건〉

$E=2\times10^5\text{MPa}=2\times10^5\text{N/mm}^2$

$I=1.6\times10^8\text{mm}^4$

$P=50\text{kN}=50\times10^3\text{N}=5\times10^4\text{N}$

$l=8\text{m}=8\times10^3\text{mm}$

$a=6\text{m}=6\times10^3\text{mm}$

$$\delta_A=\frac{Pl^2}{16EI}\times a$$

$$=\frac{(5\times10^4)\times(8\times10^3)^2\times(6\times10^3)}{16\times(2\times10^5)\times(1.6\times10^8)}$$

$$=\frac{5\times8^2\times6\times10^4\times10^6\times10^3}{16\times2\times1.6\times10^{13}}$$

$$=37.5\text{mm}$$

46 그림과 같은 내민보에서 자유단의 처짐은?(단, $EI=3.2\times10^{11}\text{kg/cm}^2$) ['19]

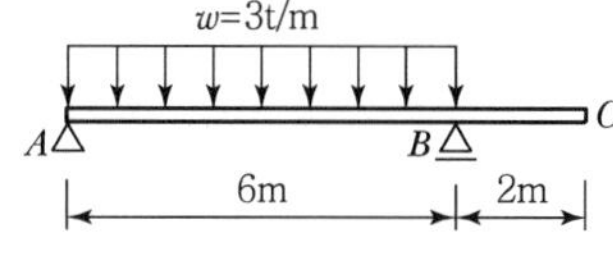

① 0.169cm ② 16.9cm
③ 0.338cm ④ 33.8cm

해설

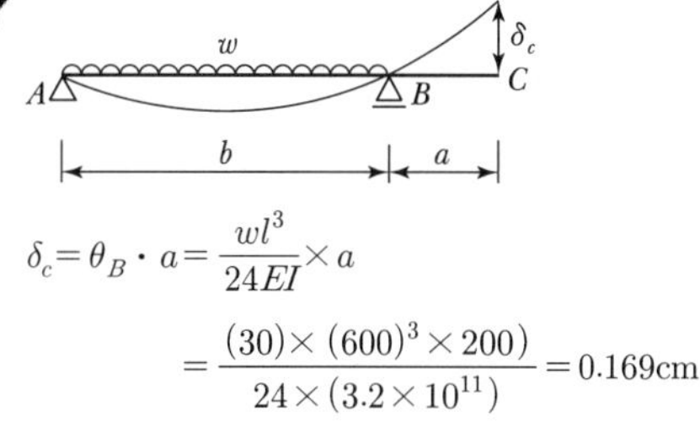

$$\delta_c=\theta_B\cdot a=\frac{wl^3}{24EI}\times a$$

$$=\frac{(30)\times(600)^3\times200)}{24\times(3.2\times10^{11})}=0.169\text{cm}$$

$w=3\text{t/m}=\dfrac{3{,}000}{100}=30\text{kg/cm}$

$l=6\text{m}=600\text{cm}$

$a=2\text{m}=200\text{cm}$

$EI=3.2\times10^{11}\text{kg/cm}^2$

47 그림과 같은 내민보에 대하여 지점 B에서의 처짐각을 구하면?(단, EI는 일정하다.) ['22]

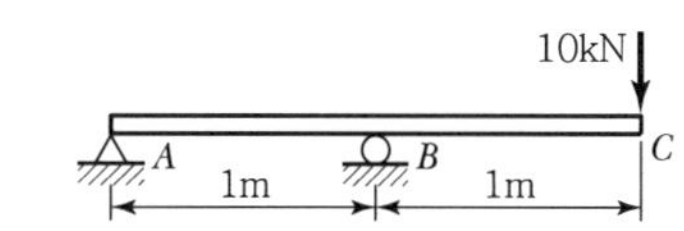

① $\dfrac{10}{3EI}$ ② $\dfrac{20}{3EI}$ ③ $\dfrac{9}{5EI}$ ④ $\dfrac{15}{6EI}$

정답 44 ④ 45 ④ 46 ① 47 ①

해설

$M = 10 \times 1 = 10\text{kN} \cdot \text{m}$

$$\theta_B = \frac{Ml}{3EI} = \frac{10 \times 1}{3EI} = \frac{10}{3EI}$$

48 그림과 같은 내민보에서 자유단 C점의 처짐이 0이 되기 위한 P/Q는 얼마인가?(단, EI는 일정하다.) ['11, '13]

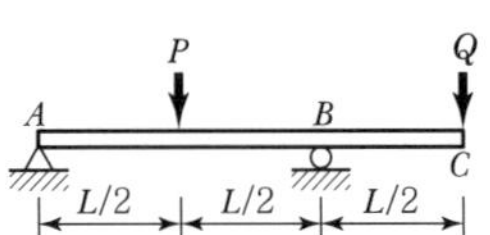

① 3 ② 4 ③ 5 ④ 6

해설

[1] ㉠

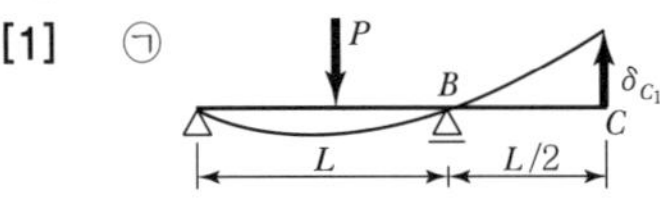

$$\delta_{c_1} = \theta_B \times \frac{L}{2} = \frac{PL^2}{16EI} \times \frac{L}{2} = \frac{PL^3}{32EI}(\uparrow)$$

㉡

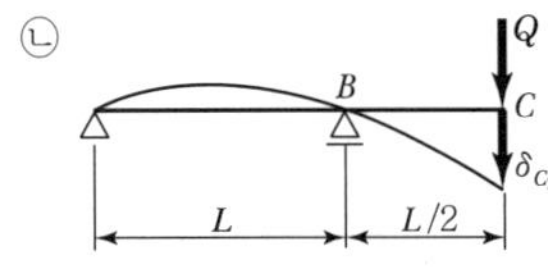

$$\delta_{c_2} = \frac{Q}{3EI}(\text{전}) \times (\text{내})^2 = \frac{Q}{3EI}\left(L + \frac{L}{2}\right) \times \left(\frac{L}{2}\right)^2$$

$$= \frac{Q}{3EI}\left(\frac{3}{2}L\right) \times \left(\frac{L^2}{4}\right) = \frac{QL^3}{8EI}(\downarrow)$$

㉢ $\delta_c = \delta_{c_1} + \delta_{c_2} = -\frac{PL^3}{32EI} + \frac{QL^3}{8EI} = 0$

$\therefore \frac{P}{Q} = \frac{32}{8} = 4$

[2]

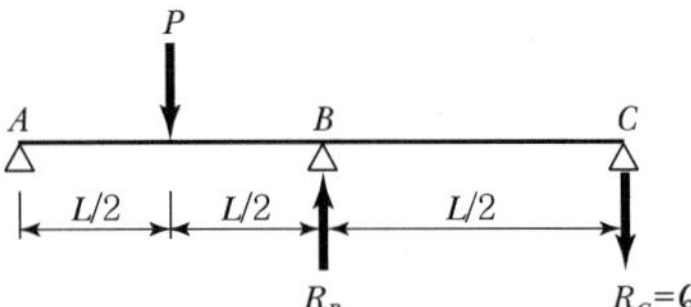

㉠ $M_B = -\frac{3PL}{16} \times \frac{L}{L + \frac{L}{2}} = -\frac{3}{16}PL \times \frac{2}{3} = -\frac{P}{8}L$

㉡ $R_C = \frac{M_B}{\frac{L}{2}} = \frac{-PL}{8} \times \frac{2}{L} = \frac{-P}{4}$

㉢ $Q = \frac{P}{4}$

$\therefore \frac{P}{Q} = \frac{4}{1} = 4$

49 다음 내민보 그림에서 점 A의 처짐은?(단, EI는 일정하다.)

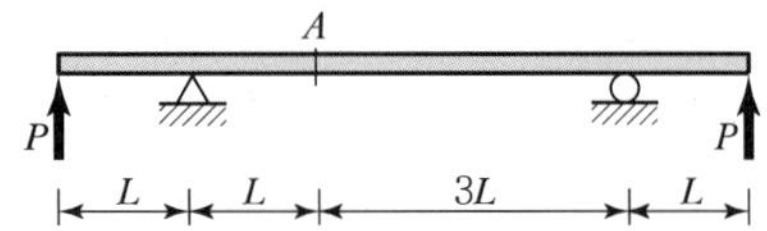

① $\frac{PL^3}{2EI}$ ② $\frac{3PL^3}{4EI}$ ③ $\frac{PL^3}{EI}$ ④ $\frac{3PL^3}{2EI}$

해설 $(w = PL)$

$$\delta_A = \frac{M_A}{EI} = \frac{wab}{2EI} = \frac{PL \times L \times 3L}{2EI} = \frac{3PL^3}{2EI}$$

50 그림과 같은 게르버보에서 하중 P만에 의한 C점의 처짐은?(단, EI는 일정하고 $EI = 2.7 \times 10^{11}\text{N} \cdot \text{cm}^2$이다.) ['10, '13, '18]

① 2.7cm
② 2.0cm
③ 1.0cm
④ 0.7cm

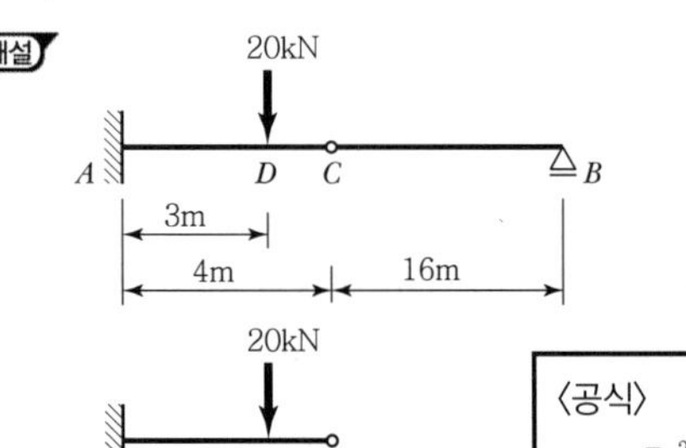

해설

〈공식〉

$$\delta_c = \frac{Pa^2}{6EI}(2a + 3b)$$

여기서, $a = 3\text{m} = 300\text{cm}$

$b = 1\text{m} = 100\text{cm}$

$P = 20\text{kN} = 20 \times 10^3\text{N}$

$EI = 2.7 \times 10^{11}\text{N} \cdot \text{cm}^2$

$$\delta_c = \frac{Pa^2}{6EI}(2a + 3b)$$

$$= \frac{(20 \times 10^3) \times (300)^2}{6 \times (2.7 \times 10^{11})}(2 \times 300 + 3 \times 100)$$

$$= \frac{2 \times 10^4 \times 9 \times 10^4}{16.2 \times 10^{11}} \times 900$$

$$= \frac{2 \times 9 \times 9 \times 10^{10}}{16.2 \times 10^{11}}$$

$$= \frac{162 \times 10^{10}}{16.2 \times 10^{11}} = \frac{16.2 \times 10^{11}}{16.2 \times 10^{11}}$$

$= 1\text{cm}$

정답 48 ② 49 ④ 50 ③

부정정보 처짐

51 길이 l인 양단 고정보 중앙에 200kg의 집중하중이 작용하여 중앙점의 처짐이 5mm 이하가 되려면 l은 최대 얼마 이하이어야 하는가?(단, $E=2\times10^6\text{kg/cm}^2$, $I=100\text{cm}^4$이다.) ['15]

① 324.72cm ② 377.68cm
③ 457.89cm ④ 524.14cm

해설 $\delta_c=\delta_{c1}+\delta_{c2}$

$$=\frac{Pl^3}{48EI}-\frac{Pl^3}{64EI}=\frac{Pl^3}{192EI}$$

$$l=\sqrt[3]{\frac{192EI\delta_a}{P}}=\sqrt[3]{\frac{192\times(2\times10^6)\times100\times0.5}{200}}$$

$=457.89\text{cm}$

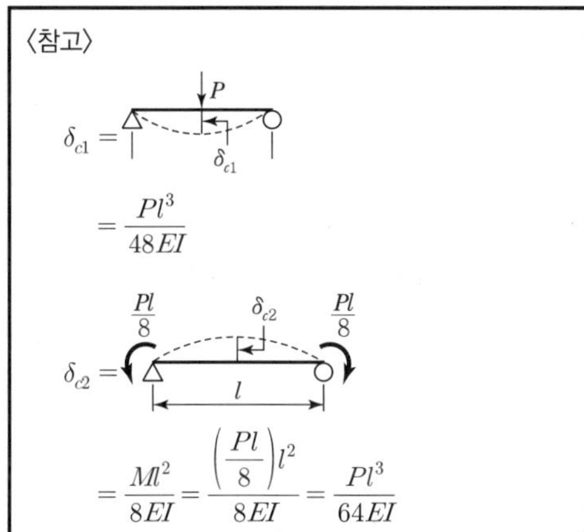

베티의 정리

52 그림과 같은 단순보의 B지점에 $M=2\text{t}\cdot\text{m}$를 작용시켰더니 A 및 B지점에서의 처짐각이 각각 0.08rad과 0.12rad이었다. 만일 A지점에서 $3\text{t}\cdot\text{m}$의 단모멘트를 작용시킨다면 B지점에서의 처짐각은? ['10, '13]

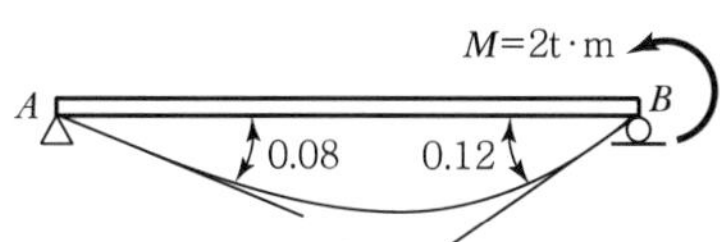

① 0.08rad ② 0.10rad
③ 0.12rad ④ 0.15rad

해설

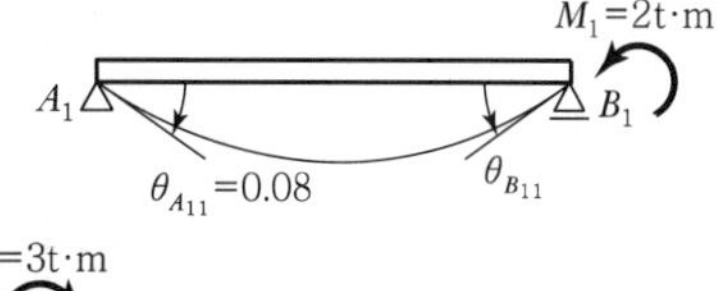

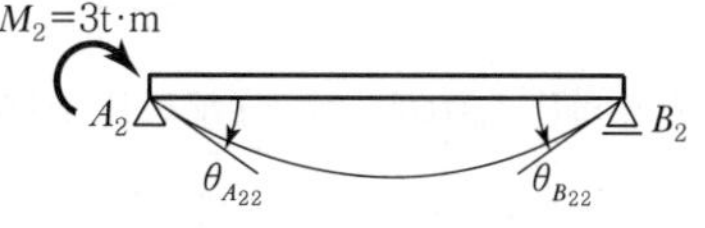

베티의 정리에서

$M_1\times\theta_{B_{22}}=M_2\times\theta_{A_{11}}$

$2\times\theta_{B_{22}}=3\times0.08$

$\therefore\ \theta_{B_{22}}=0.12\text{rad}$

라멘 처짐

53 그림과 같은 구조물에서 C점의 수직 처짐을 구하면?(단, $EI=2\times10^9\text{kg}\cdot\text{cm}^2$이며 자중은 무시한다.) ['10, '15, '18]

① 2.70mm
② 3.57mm
③ 6.24mm
④ 7.35mm

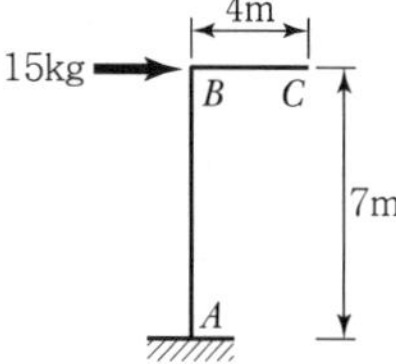

해설

[1]

〈공식〉

라멘 처짐

㉠

(P에 의한 BMD) ($P=1$에 의한 BMD)

$u=\frac{M^2l}{6EI}$, $\delta=\frac{2u}{P}$

㉡

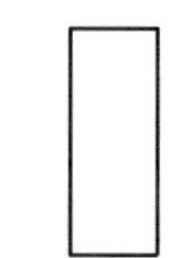

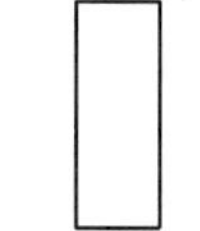

(P에 의한 BMD) ($P=1$에 의한 BMD)

$u=\frac{M^2l}{2EI}$, $\delta=\frac{2u}{P}$

정답 51 ③ 52 ③ 53 ④

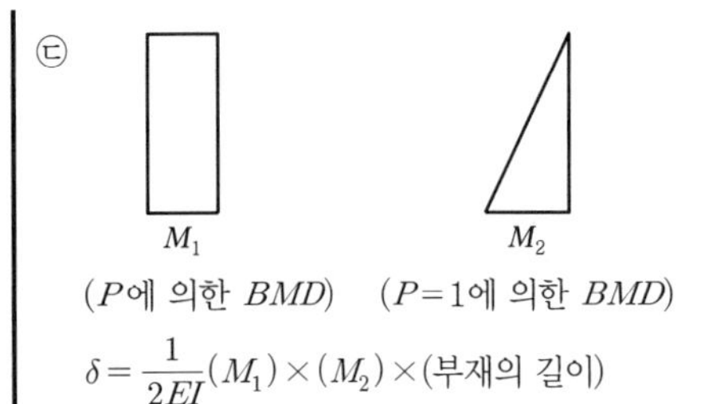

(P에 의한 BMD) ($P=1$에 의한 BMD)

$$\delta=\frac{1}{2EI}(M_1)\times(M_2)\times(\text{부재의 길이})$$

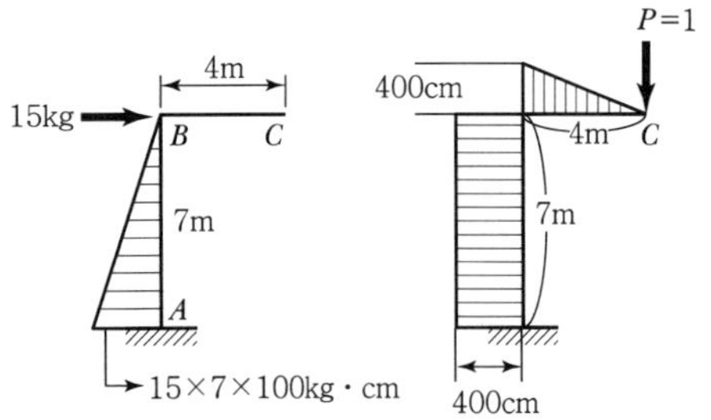

$$\delta=\frac{1}{2EI}(M_1)\times(M_2)\times(\text{길이})$$

$$=\frac{1}{2(2\times10^{9})}(15\times700)\times(400)\times(700)$$

$$=0.735\text{cm}$$

$$=7.35\text{mm}$$

[2]

15×7×100kg · cm 400kg · cm

(P에 의한 BMD) ($P=1$에 의한 BMD)

$$\delta=\frac{1}{2EI}(M_1)\times(M_2)\times(\text{부재길이})$$

$$=\frac{1}{2EI}(15\times700)\times(400)\times(700)=0.735\text{cm}$$

[3]

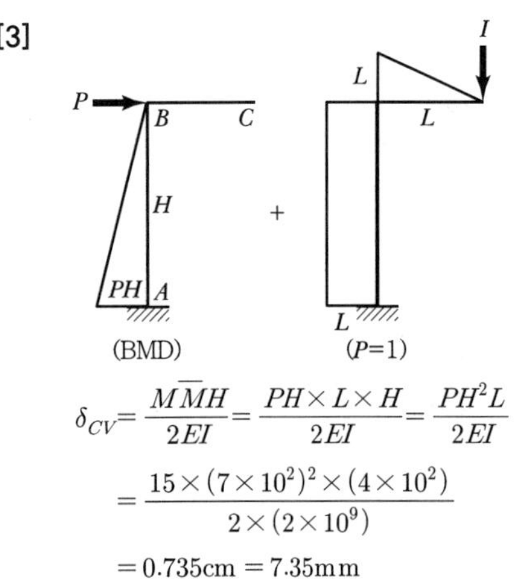

$$\delta_{CV}=\frac{M\overline{M}H}{2EI}=\frac{PH\times L\times H}{2EI}=\frac{PH^2L}{2EI}$$

$$=\frac{15\times(7\times10^2)^2\times(4\times10^2)}{2\times(2\times10^9)}$$

$$=0.735\text{cm}=7.35\text{mm}$$

54 그림과 같은 구조물에서 C점의 수직 처짐을 구하면?(단, $EI=2\times10^9\text{kg}\cdot\text{cm}^2$이며 자중은 무시한다.)

['12, '18]

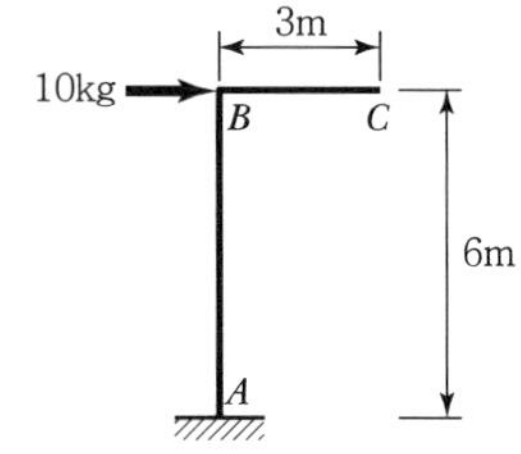

① 2.7mm ② 3.6mm

③ 5.4mm ④ 7.2mm

해설

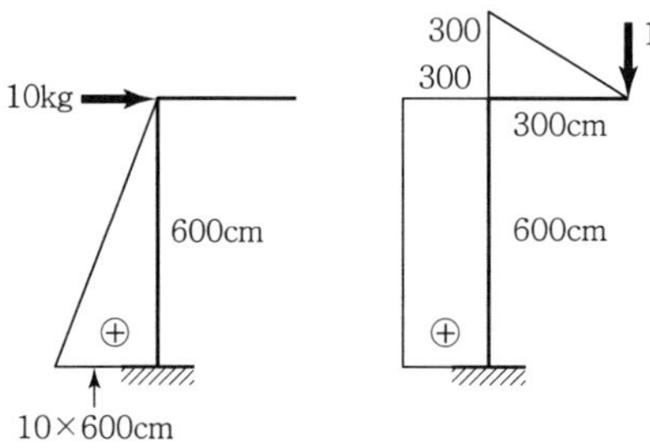

$$\delta_{CV}=\frac{1}{2EI}(M_1)\times(M_2)\times(\text{기둥길이})$$

$$=\frac{1}{2\times2\times10^9\text{kg}\cdot\text{cm}^2}(60\times100)\times300\times600$$

$$=0.27\text{cm}=2.7\text{mm}$$

55 다음 그림과 같은 정정 라멘에서 C점의 수직 처짐은?

['10, '15]

① $\dfrac{PL^3}{3EI}(L+2H)$

② $\dfrac{PL^2}{3EI}(3L+H)$

③ $\dfrac{PL^2}{3EI}(L+3H)$

④ $\dfrac{PL^3}{3EI}(2L+H)$

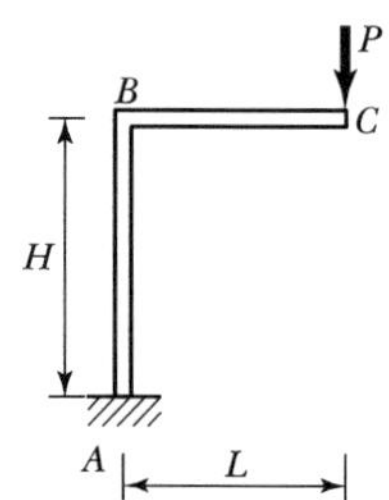

[1]

〈공식〉 $y_c=\displaystyle\int\frac{MM'}{EI}dx$

정답 54 ① 55 ③

$$y_c = \underbrace{\int_O^L \frac{1}{EI}(P \cdot x)(1 \cdot x)dx}_{BC} + \underbrace{\int_O^H \frac{1}{EI}(PL) \cdot (L)dx}_{BA}$$

$$= \frac{1}{EI}\left[\frac{Px^3}{3}\right]_O^L + \frac{1}{EI}\left[PL^2 \cdot x\right]_O^H$$

$$= \frac{PL^3}{3EI} + \frac{PL^2H}{EI} = \frac{PL^3}{3EI}(L+3H)$$

[2] ㉠ $U = \underbrace{\frac{(PL)^2H}{2EI}}_{AB\text{구간}} + \underbrace{\frac{(PL)^2L}{6EI}}_{BC\text{구간}} = \frac{P^2L^2H}{2EI} + \frac{P^2L^3}{6EI}$

㉡ $\delta = \frac{2}{P}U = \frac{PL^2H}{EI} + \frac{PL^3}{3EI} = \frac{PL^2}{3EI}(L+3H)$

56 휨강성이 EI인 프레임의 C점의 수직 처짐 δ_c를 구하면?

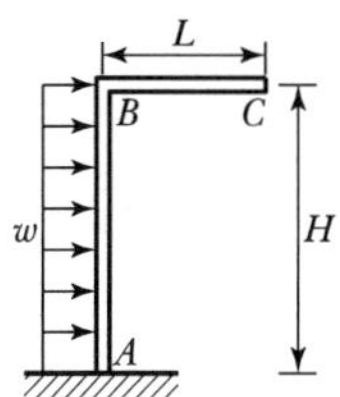

① $\frac{wLH^3}{2EI}$ ② $\frac{wLH^3}{3EI}$ ③ $\frac{wLH^3}{6EI}$ ④ $\frac{wLH^3}{12EI}$

해설

[1]

〈공식〉
(가상일 원리) $\sigma_{CV} = \int \frac{MM'}{EI}dx$

$$\delta_{CV} = \underbrace{\int_o^l \frac{0 \times (-x)}{EI}dx}_{BC} + \underbrace{\int_o^H \frac{\left(-\frac{wx^2}{2}\right) \times (-L)}{EI}dx}_{AB}$$

$$= 0 + \frac{1}{EI}\int_o^H \frac{wx^2L}{2}dx = \frac{L}{2EI}\left[\frac{wx^3}{3}\right]_o^H$$

$$= \frac{wLH^3}{6EI}$$

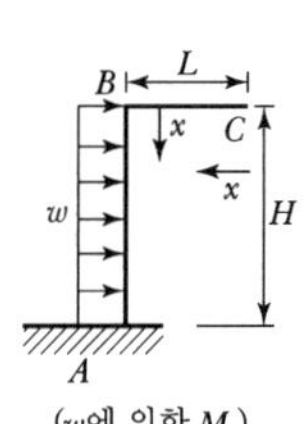

(w에 의한 M_x)

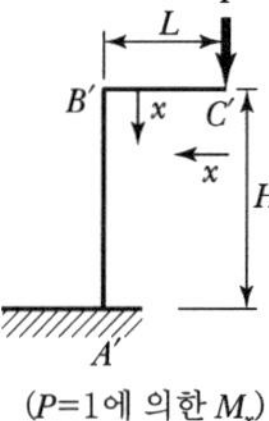

(P=1에 의한 M_x)

[2]

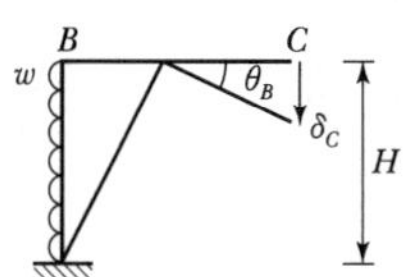

㉠ $\theta_B = \frac{wH^3}{6EI}$

㉡ $\delta_C = \theta_B \times L = -\frac{wH^3L}{6EI}$

57 다음 그림과 같은 구조물에서 B점의 수평변위는? (단, EI는 일정하다.)

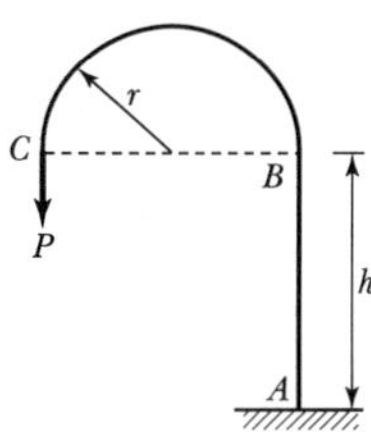

① $\frac{Prh^2}{4EI}$ ② $\frac{Prh^2}{3EI}$ ③ $\frac{Prh^2}{2EI}$ ④ $\frac{Prh^2}{EI}$

해설

[1]

C r B x x P h A C′ B′ x 1 A′

〈공식〉 $\delta_{BH} = \sum \int \frac{MM'}{EI}dx$

㉠ $\delta_{BH_1} = \frac{1}{EI}\int_0^{\pi r} \underbrace{(-P \times x) \cdot (0)dx}_{(CB\text{부재})} = 0$

㉡ $\delta_{BH_2} = \frac{1}{EI}\int_0^h \underbrace{(-2Pr)(-x)dx}_{(AB\text{부재})}$

$$= \frac{1}{EI}\left[\frac{2Prx^2}{2}\right]_0^h = \frac{Prh^2}{EI}$$

㉢ $\delta_{BH} = \delta_{BH_1} + \delta_{BH_2} = \frac{Prh^2}{EI}$

[2] $\delta_{BH} = \frac{M_Bh^2}{2EI} = \frac{(2rP)h^2}{2EI}$

$$= \frac{Prh^2}{EI}(\leftarrow)$$

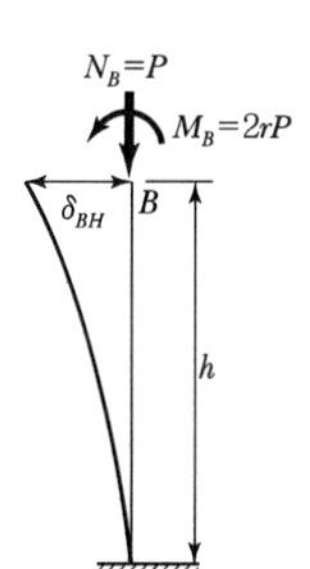

정답 56 ③ 57 ④

토목기사

11 탄성변형에너지

외력일

01 다음 그림에서 처음에 P_1이 작용했을 때 자유단의 처짐 δ_1이 생기고, 다음에 P_2를 가했을 때 자유단의 처짐이 δ_2만큼 증가되었다고 한다. 이때 외력 P_1이 행한 일은? ['10, '14]

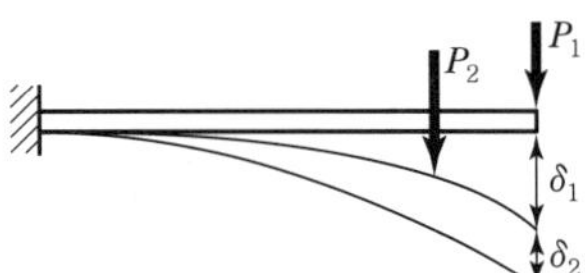

① $\frac{1}{2}P_1\delta_1 + P_1\delta_2$　　② $\frac{1}{2}P_1\delta_1 + P_2\delta_2$

③ $\frac{1}{2}(P_1\delta_1 + P_1\delta_2)$　　④ $\frac{1}{2}(P_1\delta_1 + P_2\delta_2)$

해설

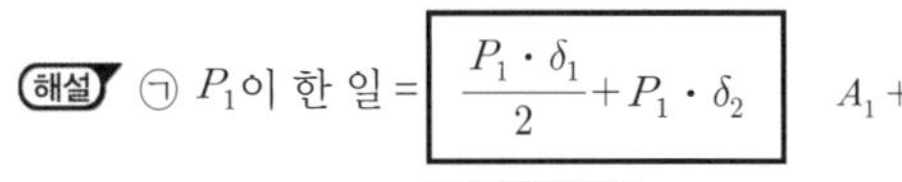

㉠ P_1이 한 일 = $\frac{P_1 \cdot \delta_1}{2} + P_1 \cdot \delta_2$　$A_1 + A_2$

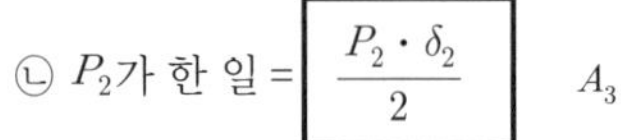

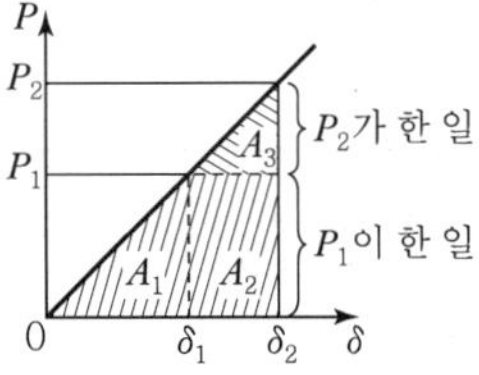

내력일

02 다음 그림과 같은 캔틸레버보에 굽힘으로 인하여 저장된 변형에너지는?(단, EI는 일정하다.)

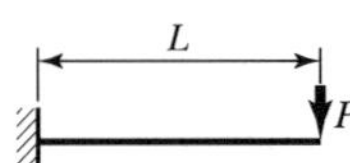

① $\frac{P^2L^3}{6EI}$　　② $\frac{P^2L^3}{48EI}$

③ $\frac{P^2L^3}{12EI}$　　④ $\frac{P^2L^3}{38EI}$

해설

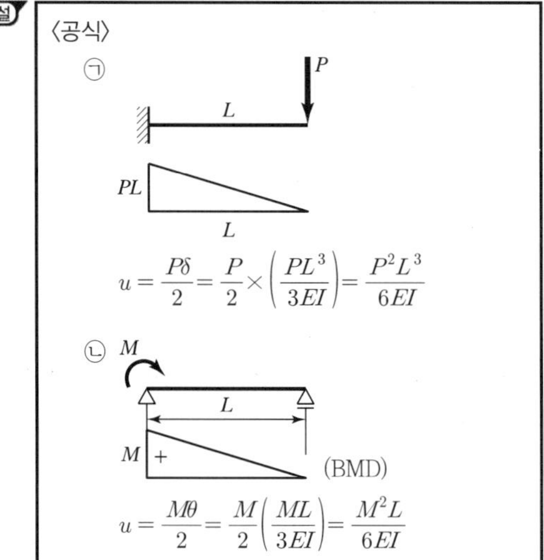

〈공식〉
㉠
P
L
PL
L
$u = \frac{P\delta}{2} = \frac{P}{2} \times \left(\frac{PL^3}{3EI}\right) = \frac{P^2L^3}{6EI}$
㉡ M
L
M
+
(BMD)
$u = \frac{M\theta}{2} = \frac{M}{2}\left(\frac{ML}{3EI}\right) = \frac{M^2L}{6EI}$

03 탄성변형에너지는 외력을 받는 구조물에서 변형에 의해 구조물에 축적되는 에너지를 말한다. 탄성체이며 선형거동을 하는 길이 L인 캔틸레버보의 끝단에 집중하중 P가 작용할 때 굽힘모멘트에 의한 탄성변형에너지는?(단, EI는 일정하다.) ['20]

① $\frac{P^2L^2}{2EI}$　② $\frac{P^2L^3}{2EI}$　③ $\frac{P^2L^2}{6EI}$　④ $\frac{P^2L^3}{6EI}$

해설

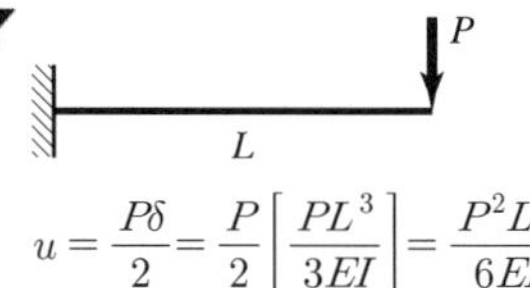

$$u = \frac{P\delta}{2} = \frac{P}{2}\left[\frac{PL^3}{3EI}\right] = \frac{P^2L^3}{6EI}$$

〈보충〉 휨모멘트에 의한 탄성에너지(u)

〈일반식〉

$$u = \int_o^l \frac{{M_x}^2}{2EI}dx$$

〈집중하중 P 작용 시〉

P

예　L

$$u = \frac{P\delta}{2} = \frac{P}{2} \times \frac{PL^3}{48EI} = \frac{P^2L^3}{96EI}$$

정답 01 ① 02 ① 03 ④

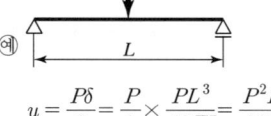

예

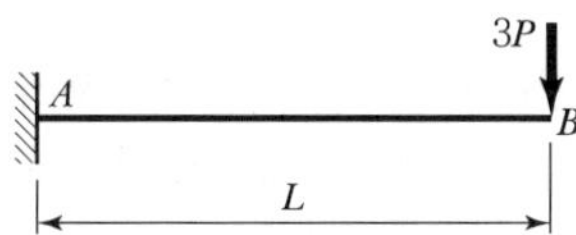

$$u = \frac{P\delta}{2} = \frac{P}{2} \times \frac{PL^3}{3EI} = \frac{P^2L^3}{6EI}$$

04 다음 그림과 같은 캔틸레버보에서 휨모멘트에 의한 탄성변형에너지는?(단, EI는 일정하다.) ['19]

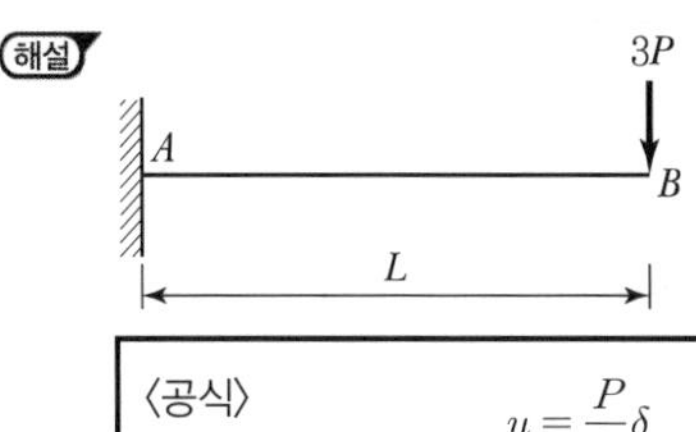

① $\frac{2P^2L^3}{3EI}$ ② $\frac{3P^2L^3}{2EI}$ ③ $\frac{2P^2L^3}{9EI}$ ④ $\frac{9P^2L^3}{2EI}$

해설

3P, A, B, L

〈공식〉 $u = \frac{P}{2}\delta$

㉠ $\delta_B = \frac{(3P)L^3}{3EI}$

㉡ $u = \frac{(3P)}{2}\delta_B = \frac{(3P)}{2} \times \left[\frac{(3P)L^3}{3EI}\right] = \frac{3P^2L^3}{2EI}$

05 휨모멘트를 받는 보의 탄성에너지를 나타내는 식으로 옳은 것은?

① $U = \int_o^L \frac{M^2}{2EI}dx$ ② $U = \int_o^L \frac{2EI}{M^2}dx$

③ $U = \int_o^L \frac{EI}{2M^2}dx$ ④ $U = \int_o^L \frac{M^2}{EI}dx$

해설 휨모멘트를 받는 보의 탄성에너지(U) 기본식

$$U = \int_o^L \frac{M^2}{2EI}dx$$

〈참고〉

- 전단력에 의한 에너지 U

$$U = \int_o^L \frac{S^2}{2GA}dx$$

- 축방향력에 의한 U

$$U = \int_o^L \frac{N^2}{2AE}dx$$

06 탄성변형에너지는 외력을 받는 구조물에서 변형에 의해 구조물에 축적되는 에너지를 말한다. 탄성체이며 선형거동을 하는 길이 L인 캔틸레버보의 끝단에 집중하중 P가 작용할 때 굽힘모멘트에 의한 탄성변형에너지는?(단, EI는 일정하다.)

① $\frac{P^2L^2}{6EI}$ ② $\frac{P^2L^2}{2EI}$ ③ $\frac{P^2L^3}{6EI}$ ④ $\frac{P^2L^3}{2EI}$

해설

[1]

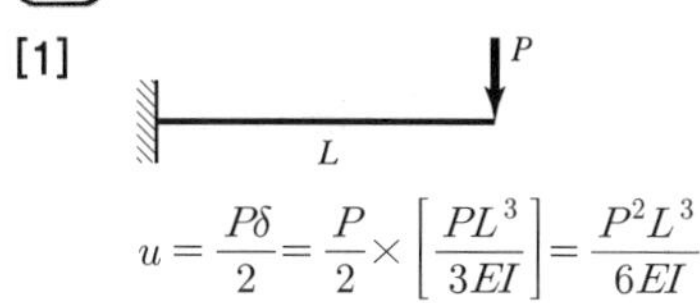

$$u = \frac{P\delta}{2} = \frac{P}{2} \times \left[\frac{PL^3}{3EI}\right] = \frac{P^2L^3}{6EI}$$

[2]

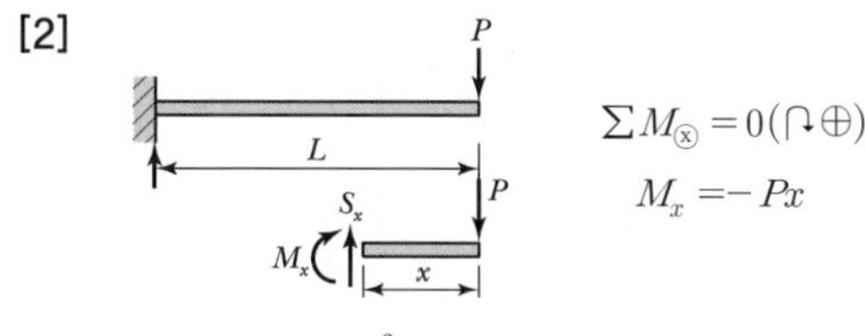

$$\Sigma M_{ⓧ} = 0(\curvearrowright\oplus)$$
$$M_x = -Px$$

$$U = \frac{1}{2}\int_0^L \frac{{M_x}^2}{EI}dx = \frac{1}{2}\int_0^L \frac{(-Px)^2}{EI}dx$$
$$= \frac{P^2}{2EI}\left[\frac{1}{3}\cdot x^3\right]_0^L = \frac{P^2L^3}{6EI}$$

07 아래 그림과 같은 캔틸레버보에서 휨모멘트에 의한 탄성변형에너지는?(단, EI는 일정하다.) ['20]

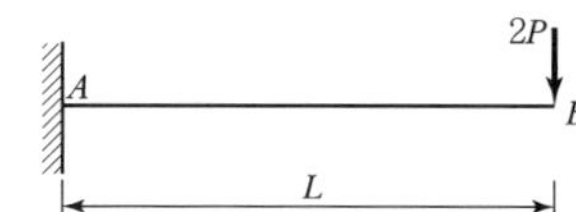

① $\frac{2P^2L^3}{3EI}$ ② $\frac{P^2L^3}{3EI}$ ③ $\frac{P^2L^3}{6EI}$ ④ $\frac{P^2L^3}{2EI}$

해설 $U = \frac{P}{2}\delta = \frac{2P}{2} \times \frac{(2P)L^3}{3EI} = \frac{2P^2L^3}{3EI}$

08 그림과 같은 2개의 캔틸레버보에 저장되는 변형에너지를 각각 $U_{(1)}$, $U_{(2)}$라고 할 때 $U_{(1)}$: $U_{(2)}$의 비는? ['13, '17]

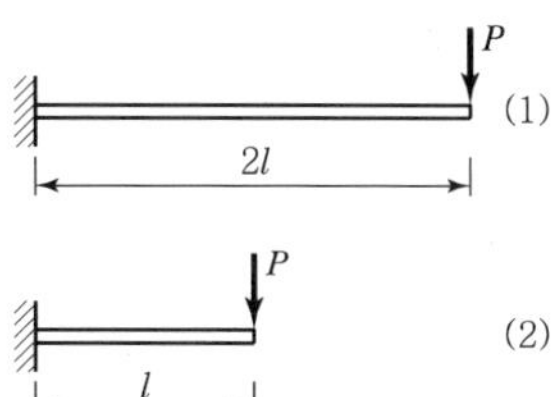

정답 04 ② 05 ① 06 ③ 07 ① 08 ③

① 2 : 1　　② 4 : 1
③ 8 : 1　　④ 16 : 1

해설

〈공식〉
$$U=\frac{P^2l^3}{6EI}$$

길이의 세제곱(l^3)에 비례한다.
$U_{(1)} : U_{(2)} = (2l)^3 : l^3 = 8 : 1$

09 다음 구조물의 변형에너지의 크기는?(단, E, I, A는 일정하다.) ['11, '16]

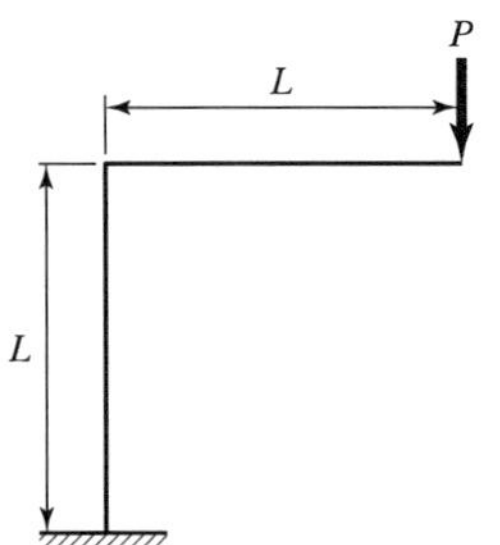

① $\dfrac{2PL^3}{3EI}+\dfrac{P^2L}{2EA}$
② $\dfrac{P^2L^3}{3EI}+\dfrac{P^2L}{EA}$
③ $\dfrac{P^2L^3}{3EI}+\dfrac{P^2L}{2EA}$
④ $\dfrac{2P^2L^3}{3EI}+\dfrac{P^2L}{EA}$

[1]

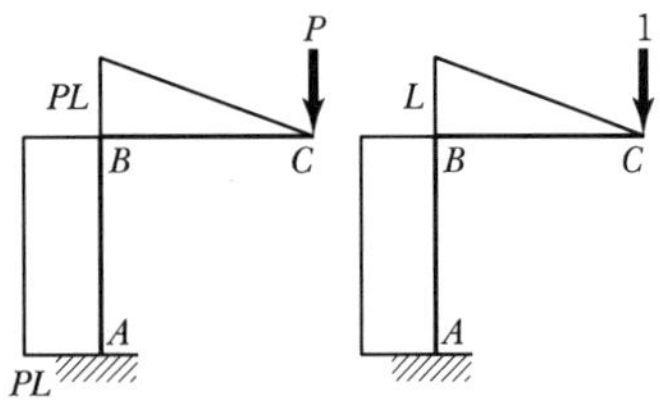

$U=AB+BC+$축방향에너지

$$=\frac{(PL)^2L}{2EI}+\frac{(PL)^2L}{6EI}+\frac{P^2L}{2AE}=\frac{2P^2L^3}{3EI}+\frac{P^2L}{2AE}$$

[2] ㉠ 휨모멘트에 의한 변형에너지

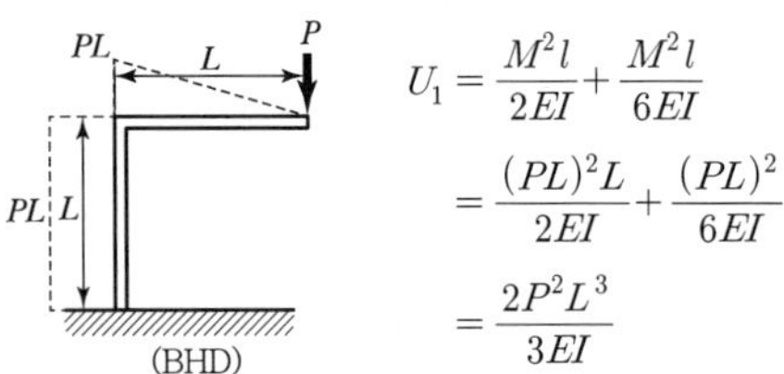

$$U_1=\frac{M^2l}{2EI}+\frac{M^2l}{6EI}=\frac{(PL)^2L}{2EI}+\frac{(PL)^2}{6EI}=\frac{2P^2L^3}{3EI}$$

〈보충〉 변형에너지

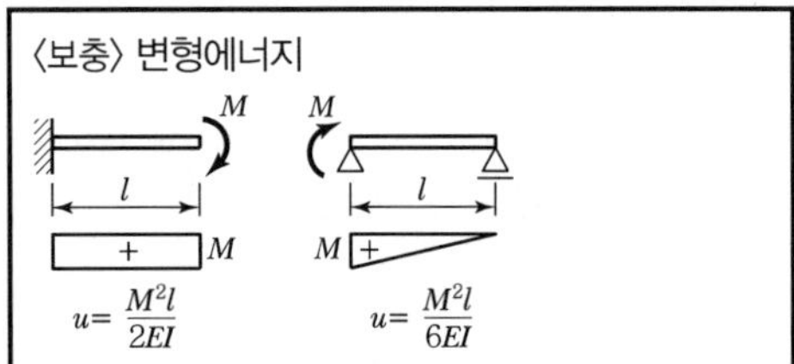

㉡ 축방향력에 의한 변형에너지

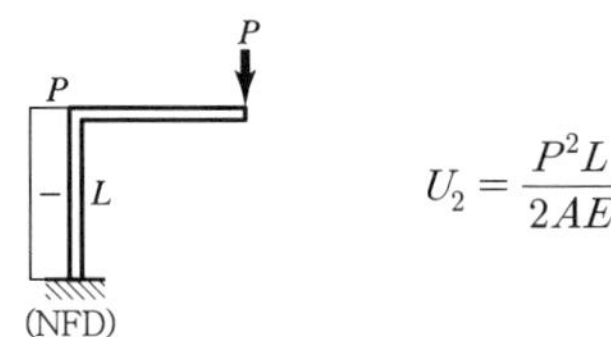

$$U_2=\frac{P^2L}{2AE}$$

㉢ $U=U_1+U_2=\dfrac{2P^2L^3}{3EI}+\dfrac{P^2L}{2EA}$

10 아래 그림과 같은 단순보에 등분포하중 w가 작용하고 있을 때 이 보에서 휨모멘트에 의한 변형에너지는?(단, 보의 EI는 일정하다.) ['12, '16, '17, '21, '22]

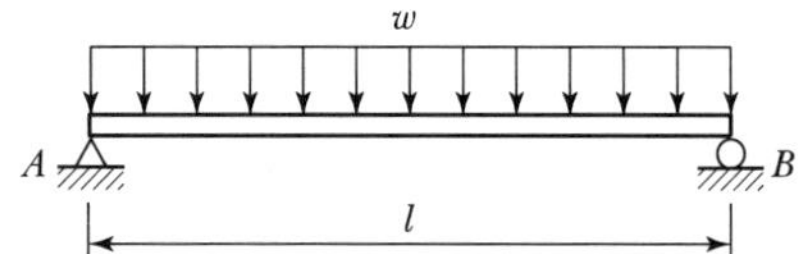

① $\dfrac{w^2l^5}{384EI}$　② $\dfrac{w^2l^5}{240EI}$　③ $\dfrac{7w^2l^5}{384EI}$　④ $\dfrac{w^2l^5}{48EI}$

해설

[1]

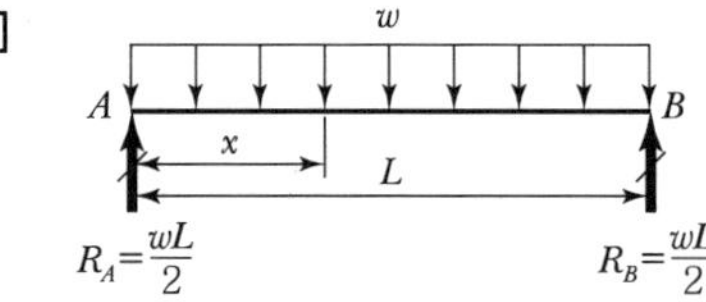

㉠ $M_x=\dfrac{wL}{2}x-\dfrac{w}{2}x^2$

㉡ $U=\dfrac{1}{2EI}\displaystyle\int_0^L M_x{}^2dx$

$$=\frac{1}{2EI}\int_0^L\left(\frac{wL}{2}x-\frac{w}{2}x^2\right)^2dx$$

$$=\frac{1}{2EI}\int_0^L\left(\frac{w^2L^2}{4}x^2-\frac{w^2L}{2}x^3+\frac{w^2}{4}x^4\right)dx$$

$$=\frac{1}{2EI}\left(\frac{w^2L^5}{120}\right)=\frac{w^2L^5}{240EI}$$

[2] ㉠ $M_x=\dfrac{wl}{2}x-\dfrac{w}{2}x^2=\dfrac{wx}{2}(l-x)$

㉡ $U=\displaystyle\int\frac{M^2}{2EI}dx=\frac{1}{2EI}\int_0^l\left[\frac{wx}{2}\cdot(l-x)\right]^2dx$

$$=\frac{1}{2EI}\int_0^l\frac{w^2}{4}\cdot x^2\cdot(l^2-2lx+x^2)dx$$

$$=\frac{w^2}{8EI}\int_0^l(l^2x^2-2lx^3+x^4)dx$$

$$=\frac{1}{8EI}\left[\frac{l^2x^3}{3}-\frac{2lx^4}{4}+\frac{x^5}{5}\right]_0^l=\frac{w^2l^5}{240EI}$$

정답 09 ① 10 ②

[3]

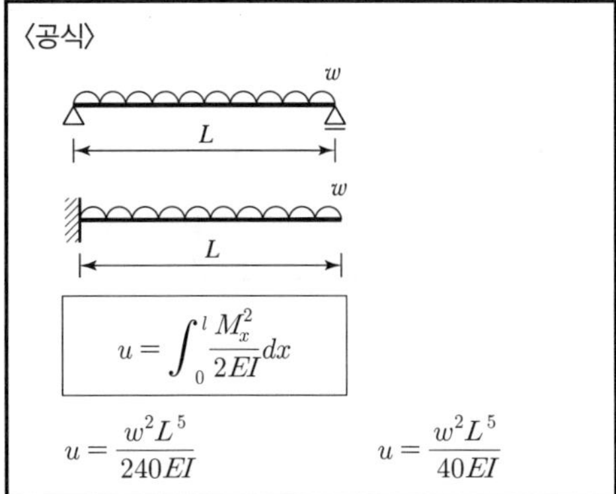

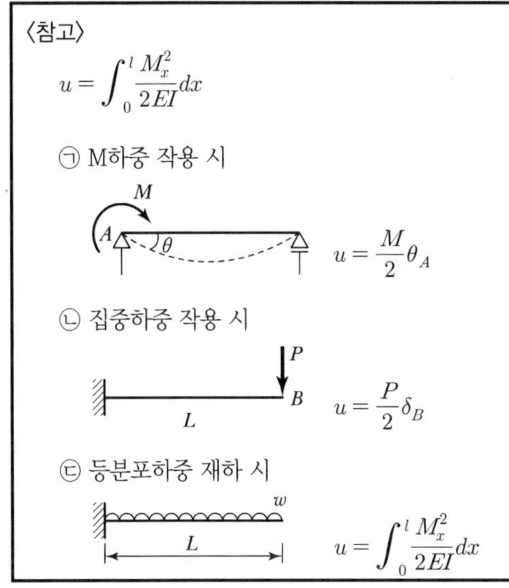

〈참고〉
$u=\int_0^l \frac{M_x^2}{2EI}dx$
㉠ M하중 작용 시
M
A
θ
$u=\frac{M}{2}\theta_A$
㉡ 집중하중 작용 시
P
B
L
$u=\frac{P}{2}\delta_B$
㉢ 등분포하중 재하 시
w
L
$u=\int_0^l \frac{M_x^2}{2EI}dx$

11 다음 그림과 같은 보에서 휨모멘트에 의한 탄성변형 에너지를 구한 값은? ['10, '16]

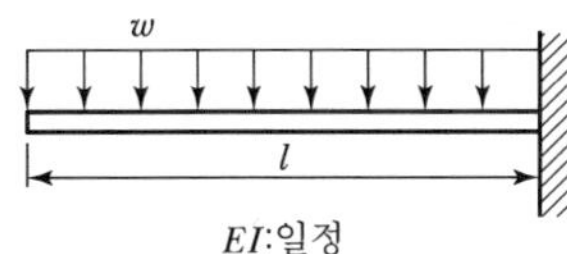

EI:일정

① $\frac{w^2l^5}{8EI}$ ② $\frac{w^2l^5}{24EI}$ ③ $\frac{w^2l^5}{40EI}$ ④ $\frac{w^2l^5}{48EI}$

해설 $U=\int \frac{M_x^2}{2EI}dx=\frac{1}{2EI}\int_0^l\left(-\frac{w\cdot x^2}{2}\right)^2dx$

$=\frac{1}{2EI}\times\frac{w^2}{4}\left[\frac{x^5}{5}\right]_0^l$

$=\frac{1}{2EI}\times\frac{w^2}{4}\times\frac{l^2}{5}$

$=\frac{w^2l^5}{40EI}$

12 아래의 표에서 설명하는 것은? ['21]

탄성체에 저장된 변형에너지 U를 변위의 함수로 나타내는 경우에, 임의의 변위 Δ_i에 관한 변형에너지 U의 1차 편도함수는 대응되는 하중 P_i와 같다. 즉 $P_i=\frac{\partial U}{\partial \Delta_i}$이다.

① Castigliano의 제1정리
② Castigliano의 제2정리
③ 가상일의 원리
④ 공액보법

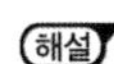

〈공식〉 카스틸리아노의 제1정리

$P=\frac{\partial u}{\partial \delta}$ u : 에너지
δ : 처짐
P : 하중

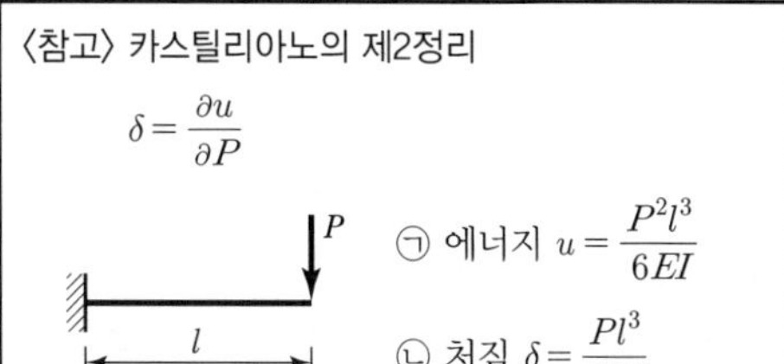

$\delta=\frac{\partial u}{\partial P}$ (2정리)

$=\frac{\partial}{\partial P}\times\left(\frac{P^2l^3}{6EI}\right)=\frac{Pl^3}{3EI}$ (카스틸리아노 2정리)

13 보의 탄성변형에서 내력이 한 일을 그 지점의 반력으로 1차 편미분한 것은 "0"이 된다는 정리는 다음 중 어느 것인가? ['14, '17]

① 중첩의 원리
② 맥스웰-베티의 상반원리
③ 최소일의 원리
④ 카스틸리아노의 제1정리

해설 최소일의 원리는 카스틸리아노의 정리 중 특수한 경우로 변위가 생기지 않는 지점에 적용된다.

$\frac{\partial W}{\partial P}=0$

정답 11 ③ 12 ① 13 ③

14 "재료가 탄성적이고 Hooke의 법칙을 따르는 구조물에서 지점침하와 온도 변화가 없을 때, 한 역계 P_n에 의해 변형되는 동안에 다른 역계 P_m이 하는 외적인 가상일은 P_m 역계에 의해 변형하는 동안에 P_n 역계가 하는 외적인 가상일과 같다."는 정리는 다음 중 어느 것인가?

① 가상일의 원리　　② 카스틸리아노의 정리
③ 최소일의 정리　　④ 베티의 법칙

해설

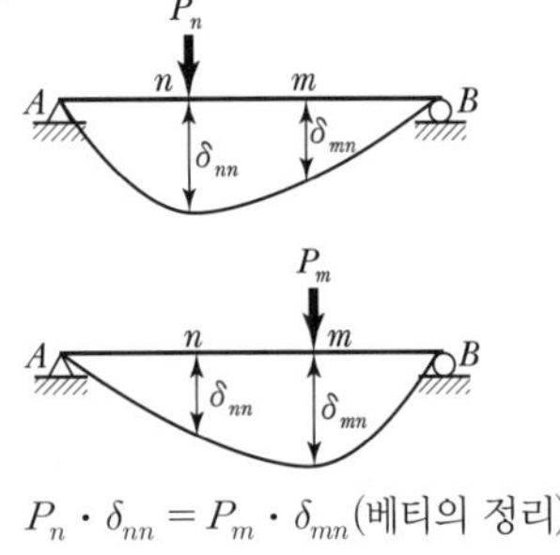

$P_n \cdot \delta_{nn} = P_m \cdot \delta_{mn}$(베티의 정리)

15 구조해석의 기본 원리인 겹침의 원리(principle of superposition)를 설명한 것으로 틀린 것은? ['12, '18]

① 탄성한도 이하의 외력이 작용할 때 성립한다.
② 외력과 변형이 비선형관계가 있을 때 성립한다.
③ 여러 종류의 하중이 실린 경우 이 원리를 이용하면 편리하다.
④ 부정정 구조물에서도 성립한다.

해설 외력과 변형이 선형관계가 있을 때 성립한다.

16 다음에서 설명하고 있는 것은? ['19]

> 탄성체에 저장된 변형에너지 U를 변위의 함수로 나타내는 경우에, 임의의 변위 Δ_i에 관한 변형에너지 U의 1차 편도함수는 대응되는 하중 P_i와 같다.
> 즉, $P_i = \dfrac{\partial U}{\partial \Delta_i}$로 나타낼 수 있다.

① 중첩의 원리
② Castigliano의 제1정리
③ Betti의 정리
④ Maxwell의 정리

해설

〈보충〉

㉠ 카스틸리아노 2정리

$$\delta = \frac{\partial u}{\partial P}$$

예

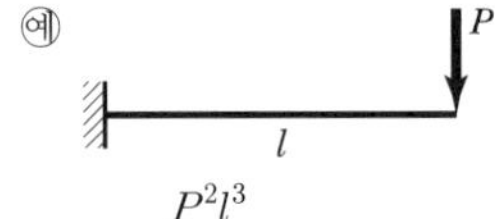

$$u = \frac{P^2 l^3}{6EI}$$

$$\therefore \delta = \frac{\partial u}{\partial P} = \frac{2Pl^3}{6EI} = \frac{Pl^3}{3EI}$$

㉡ 카스틸리아노 1정리

$$P = \frac{\partial u}{\partial \delta}$$

17 탄성변형에너지(Elastic Strain Energy)에 대한 설명으로 틀린 것은? ['22]

① 변형에너지는 내적인 일이다.
② 외부하중에 의한 일은 변형에너지와 같다.
③ 변형에너지는 강성도가 클수록 크다.
④ 하중을 제거하면 회복될 수 있는 에너지이다.

해설 탄성변형에너지

① 변형에너지 = 내력일이다.
② 탄성체에 외력이 작용하면
탄성체에 생기는 외력일과 내력일 크기는 같다.
외부 하중에 의한 일(외력일) = 내력일(변형에너지)
③

〈보충〉

N에 의한 u	S에 의한 u	M에 의한 u
$u = \dfrac{P^2 l}{2AE}$	$u = \dfrac{S^2 l}{2GA}$	$u = \dfrac{M^2 l}{2EI}$

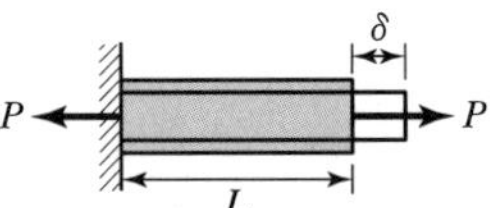

㉠ 강성도$(k) = \dfrac{AE}{l}$

㉡ $u = \dfrac{P^2 l}{2AE} = \dfrac{P^2}{2\dfrac{AE}{l}} = \dfrac{P^2}{2k}$

∴ 강성도가 클수록 변형에너지는 작다.

④ 외력을 제거하면 다시 회복하는 에너지는 탄성에너지이다.

정답 14 ② 15 ② 16 ② 17 ③

부정정 구조물

부정정 구조물

01 부정정 구조물의 해석법에 대한 설명으로 옳지 않은 것은?

① 변위법은 변위를 미지수로 하고, 힘의 평형방정식을 적용하여 미지수를 구하는 방법으로 강성도법이라고도 한다.

② 부정정력을 구하는 방법으로 변위일치법과 3연 모멘트법은 응력법에 속하며, 처짐각법과 모멘트 분배법은 변위법으로 분류된다.

③ 3연 모멘트법은 부정정 연속보의 2경간 3개 지점에 대한 휨모멘트 관계방정식을 만들어 부정정을 해석하는 방법이다.

④ 처짐각법으로 해석할 때 축방향력과 전단력에 의한 변형은 무시하고, 절점에 모인 각 부재는 모두 강절점으로 가정한다.

02 정정 구조물에 비해 부정정 구조물이 갖는 장점을 설명한 것 중 틀린 것은?

① 설계모멘트의 감소로 부재가 절약된다.

② 부정정 구조물은 그 연속성 때문에 처짐의 크기가 작다.

③ 외관을 우아하고 아름답게 제작할 수 있다.

④ 지점 침하 등으로 인해 발생하는 응력이 적다.

해설 부정정 구조물은 지점 침하 등으로 인해 발생하는 응력이 크다.

변형일치법

03 주어진 보에서 지점 A의 휨모멘트(M_A) 및 반력 R_A의 크기로 옳은 것은? ['11, '15, '19]

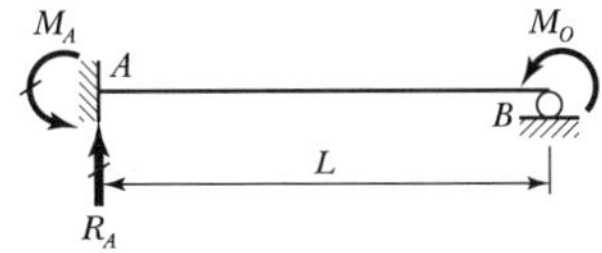

① $M_A = \dfrac{M_o}{2},\ R_A = \dfrac{3M_o}{2L}$

② $M_A = M_o,\ R_A = \dfrac{M_o}{L}$

③ $M_A = \dfrac{M_o}{2},\ R_A = \dfrac{5M_o}{2L}$

④ $M_A = M_o,\ R_A = \dfrac{2M_o}{L}$

해설

[1]

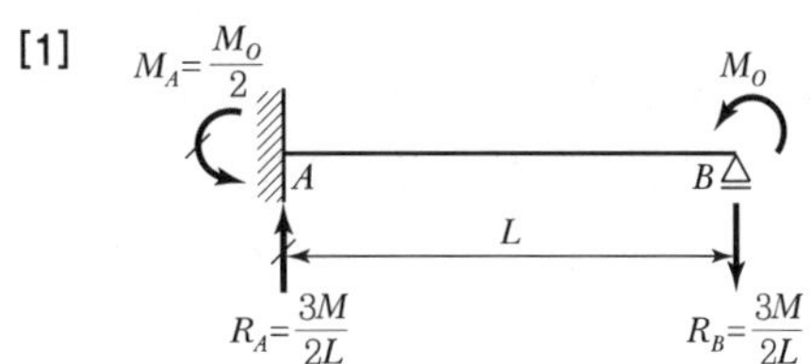

㉠ $M_A = \dfrac{M_o}{2}$

㉡ $R_A = \dfrac{3M_o}{2L}(\uparrow)$

[2] ㉠ $M_A = \dfrac{M_o}{2}(\curvearrowleft)$

㉡ $\Sigma M_{Ⓑ} = 0$

$R_A \times L - \dfrac{M_o}{2} - M_o = 0$

$R_A = \dfrac{3M_o}{2L}(\uparrow)$

04 아래 그림과 같은 보에서 A점의 수직반력은? ['20]

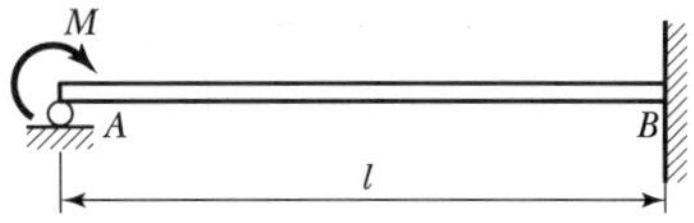

① $\dfrac{M}{l}(\uparrow)$　② $\dfrac{3M}{2l}(\downarrow)$

③ $\dfrac{3M}{2l}(\uparrow)$　④ $\dfrac{M}{l}(\downarrow)$

해설

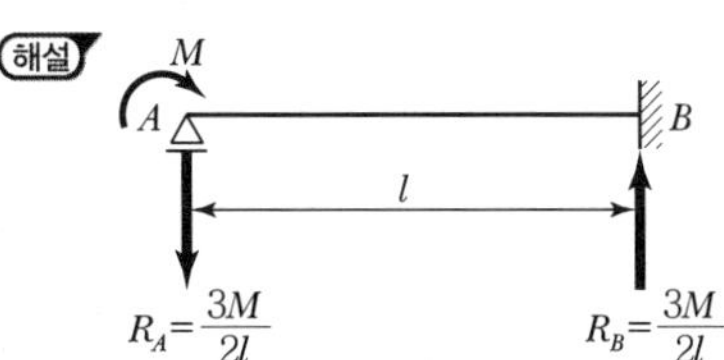

정답 01 ④ 02 ④ 03 ① 04 ②

05 아래 그림과 같은 보에서 A점의 휨모멘트는?

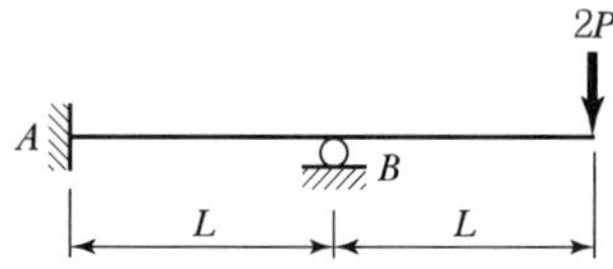

① $\frac{PL}{8}$(시계방향) ② $\frac{PL}{2}$(시계방향)

③ $\frac{PL}{2}$(반시계방향) ④ PL(시계방향)

해설 ㉠ $M_B = 2PL$

㉡ $M_A = \frac{M_B}{2} = PL$

06 그림과 같은 부정정 구조물에서 B지점의 반력의 크기는?(단, 보의 휨강도 EI는 일정하다.)

['18 기출 응용, '21]

① $\frac{7}{3}P$ ② $\frac{7}{4}P$

③ $\frac{7}{5}P$ ④ $\frac{7}{6}P$

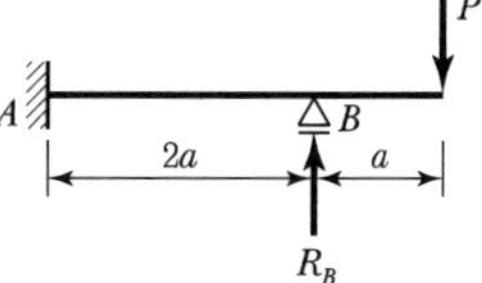

해설

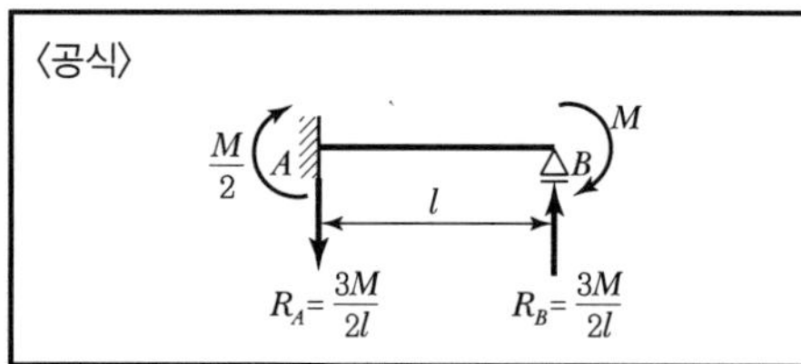

〈공식〉

$\frac{M}{2}$ A B M

l

$R_A = \frac{3M}{2l}$ $R_B = \frac{3M}{2l}$

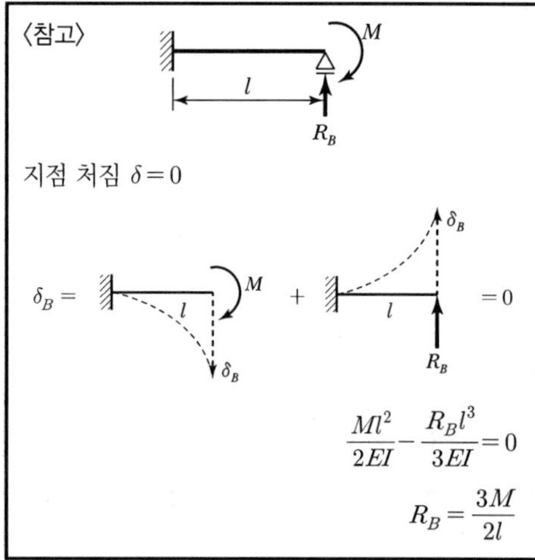

〈참고〉

지점 처짐 $\delta = 0$

$\delta_B =$ + $=0$

$$\frac{Ml^2}{2EI} - \frac{R_B l^3}{3EI} = 0$$

$$R_B = \frac{3M}{2l}$$

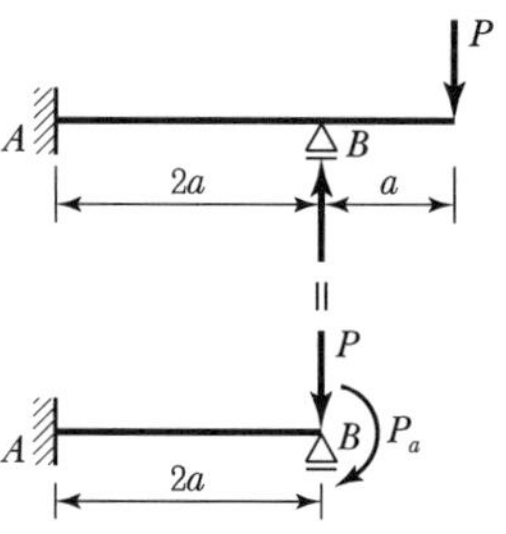

B점 반력 : R_B

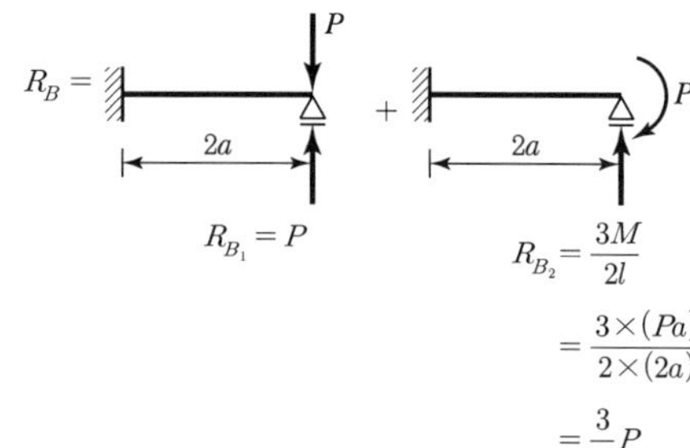

$R_B =$ +

$R_{B_1} = P$

$$R_{B_2} = \frac{3M}{2l} = \frac{3\times(Pa)}{2\times(2a)} = \frac{3}{4}P$$

$$\therefore\ R_B = P + \frac{3}{4}P = \frac{7}{4}P$$

07 다음 구조물에서 B점의 수평방향 반력 R_B를 구한 값은?(단, EI는 일정)

['11, '14]

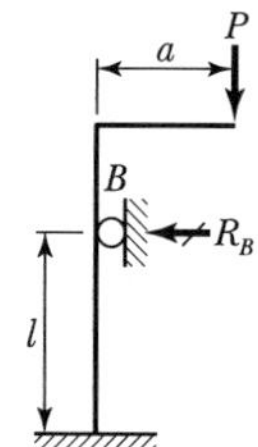

① $\frac{3Pa}{2l}$ ② $\frac{3Pl}{2a}$ ③ $\frac{2Pa}{3l}$ ④ $\frac{2Pl}{3a}$

해설 $R_B = \frac{3M}{2l} = \frac{3Pa}{2l}$

08 다음과 같은 보의 A점의 수직반력 V_A는?

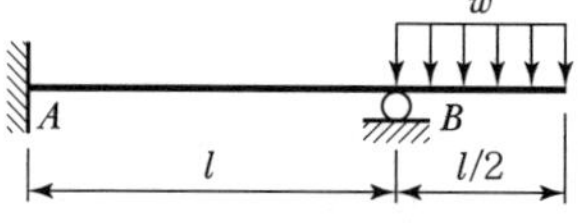

① $\frac{3}{8}wl(\downarrow)$ ② $\frac{1}{4}wl(\downarrow)$

③ $\frac{3}{16}wl(\downarrow)$ ④ $\frac{3}{32}wl(\downarrow)$

정답 05 ④ 06 ② 07 ① 08 ③

해설

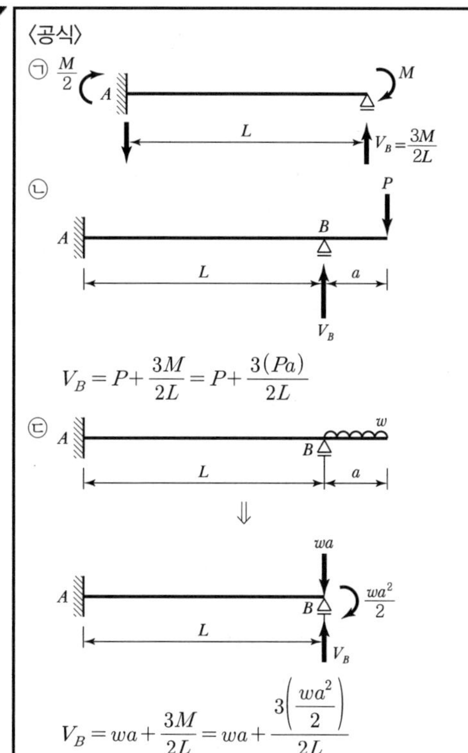

$\frac{wl}{2}$, A, B, $l/4$, l, $l/2$, V_B

㉠ $V_B=\frac{wl}{2}+\frac{3M}{2l}=\frac{wl}{2}+\frac{3\left(\frac{wl^2}{8}\right)}{2l}$

$=\frac{wl}{2}+\frac{3}{16}wl=\frac{11}{16}wl$

㉡ $\Sigma V=0$

$-\frac{wl}{2}+V_A+V_B=0$

$-\frac{wl}{2}+V_A+\frac{11}{16}wl=0$

$V_A=\frac{-3}{16}wl=\frac{3}{16}wl(\downarrow)$

09 그림과 같은 부정정보에서 지점 A의 휨모멘트값을 옳게 나타낸 것은?(단, EI는 일정하다.) ['19]

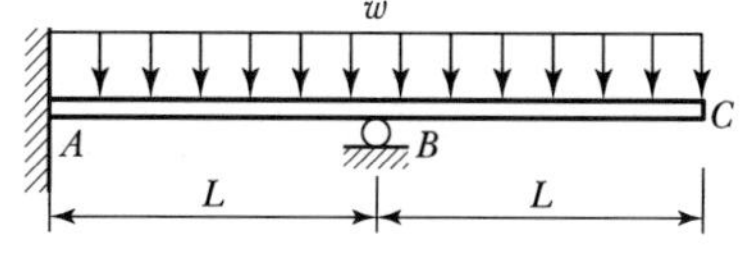

① $\frac{wL^2}{8}$　　② $-\frac{wL^2}{8}$

③ $\frac{3wL^2}{8}$　　④ $-\frac{3wL^2}{8}$

해설

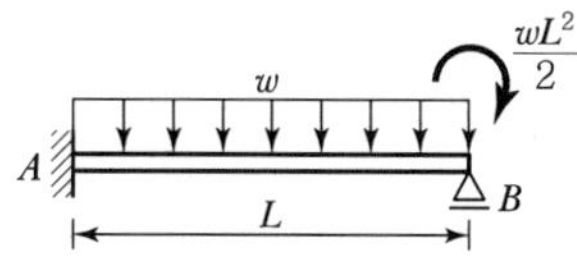

㉠ $M_B=w\times L\times\frac{L}{2}=\frac{wL^2}{2}$

㉡ $M_A=M_{등분포하중}+M_{모멘트하중}$

$=-\frac{wL^2}{8}+\frac{wL^2}{2}\times\frac{1}{2}$(전달률)

$=-\frac{wL^2}{8}+\frac{wL^2}{4}=\frac{wL^2}{8}$

10 2경간 연속보의 중앙지점 B에서의 반력은?(단, EI는 일정하다.)

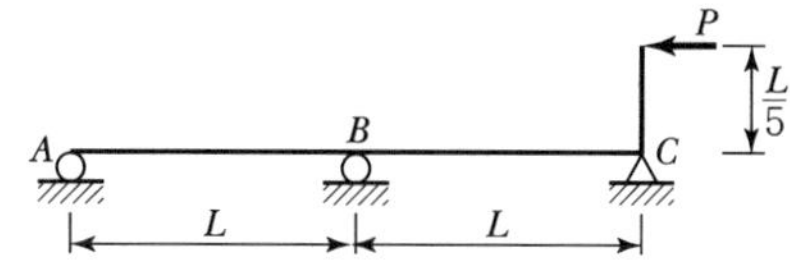

① $\frac{1}{25}P$　② $\frac{1}{15}P$　③ $\frac{1}{5}P$　④ $\frac{3}{10}P$

해설

㉠ A, B, C, L, L, $M_C=\frac{PL}{5}$

∥

㉡ A, B, C, δ_{R_1}, L, L, $M_C=\frac{PL}{5}$

$\delta_{B_1}=\frac{Ml^2}{16EI}=\frac{\left(\frac{PL}{5}\right)\times(2L)^2}{16EI}=\frac{PL^2}{20EI}$

+

㉢

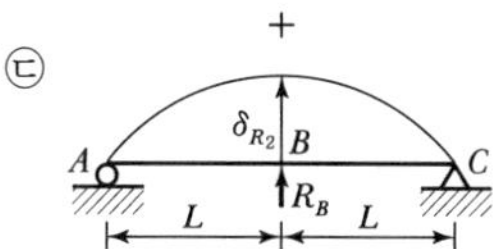

$\delta_{B_2}=\frac{-R_B(2L)^3}{48EI}=\frac{-R_BL^3}{6EI}$

정답 09 ① 10 ④

㉣ $\delta_{B_1}+\delta_{B_2}=0$

$$+\frac{PL^3}{20EI}-\frac{R_BL^3}{6EI}=0$$

$$R_B=\frac{3}{10}P$$

11 그림과 같은 캔틸레버보에서 하중을 받기 전 B점의 1cm 아래에 받침부(B')가 있다. 하중 20t이 보의 중앙에 작용할 경우 B'에 작용하는 수직반력의 크기는? (단, $EI=2.0\times10^{12}\text{kg}\cdot\text{cm}^2$이다.) ['11, '14]

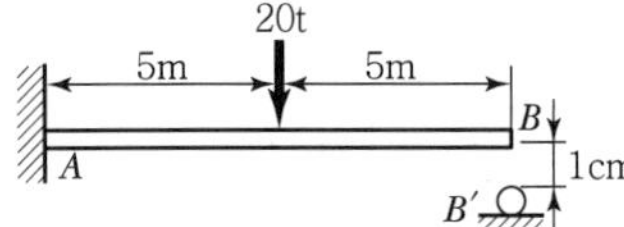

① 200kg ② 250kg ③ 300kg ④ 350kg

해설

[1] ㉠ B지점이 없을 경우

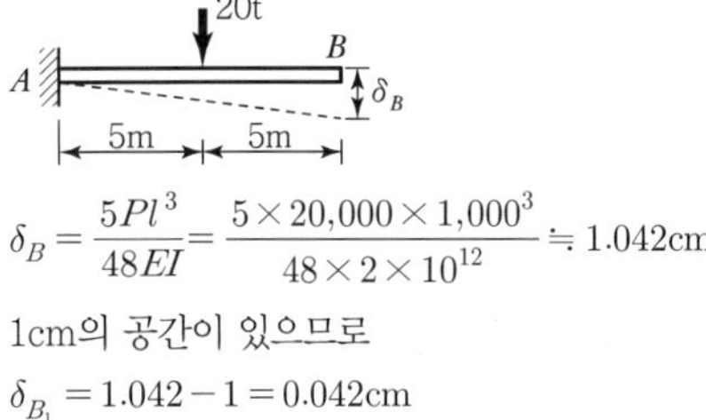

$$\delta_B=\frac{5Pl^3}{48EI}=\frac{5\times20{,}000\times1{,}000^3}{48\times2\times10^{12}}\fallingdotseq1.042\text{cm}$$

1cm의 공간이 있으므로

$$\delta_{B_1}=1.042-1=0.042\text{cm}$$

㉡ 하중이 없을 경우

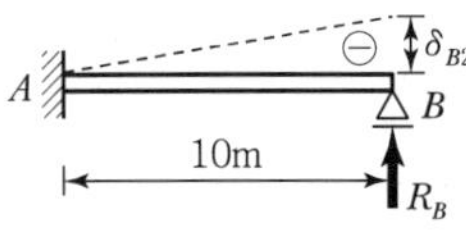

$$\delta_{B_2}=-\frac{R_B\cdot l^3}{3EI}$$

㉢ $\delta_{B_1}+\delta_{B_2}=0$

$$0.042-\frac{R_B\cdot l^3}{3EI}=0$$

$$\therefore R_B=0.042\times\frac{3EI}{l^3}=0.042\times\frac{3\times2\times10^{12}}{1{,}000^3}$$

$$\fallingdotseq250\text{kg}(\uparrow)$$

[2] ㉠

P=20t, $\frac{Pl}{2}$, A, B, δ_{B_1}, $l/2$=5m, $l/2$=5m

$$\delta_{B_1}=\left(\frac{1}{2}\cdot\frac{Pl}{2EI}\cdot\frac{l}{2}\right)\times\left(\frac{5l}{6}\right)=\frac{5Pl^3}{48EI}(\downarrow)$$

㉡

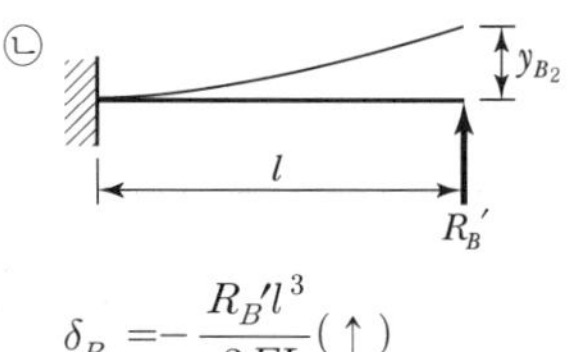

$$\delta_{B_2}=-\frac{R_B'l^3}{3EI}(\uparrow)$$

㉢ $\delta_B=\delta_{B_1}+\delta_{B_2}$

$$=\frac{5Pl^3}{48EI}-\frac{R_B'l^3}{3EI}=1\text{cm}$$

$$R_B'=\frac{5P}{16}-\frac{3EI}{l^3}$$

$$=\frac{5\times(20\times10^3)}{16}-\frac{3\times(2\times10^{12})}{(10\times10^2)^3}=250\text{kg}$$

하중항법

12 다음의 1차 부정정보에서 A점의 모멘트 M_A의 값은?(단, EI는 일정하다.)

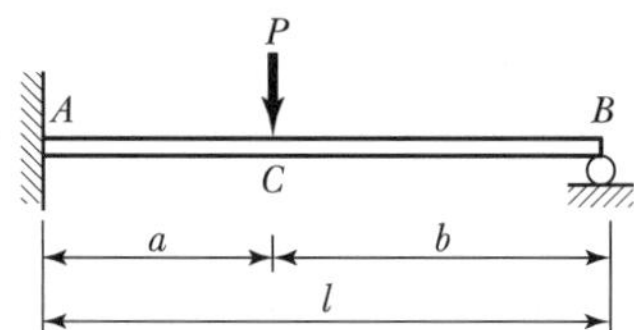

① $-\frac{Pab}{2l^2}(l+a)$ ② $-\frac{Pab}{4l^2}(l+b)$

③ $-\frac{Pab}{2l^2}(l+b)$ ④ $-\frac{Pab}{3l^2}(l+a)$

해설 $M_A=-\frac{Pab(l+b)}{2l^2}$

13 그림과 같은 부정정보에 집중하중 50kN이 작용할 때 A점의 휨모멘트(M_A)는? ['20]

① $-26\text{kN}\cdot\text{m}$
② $-36\text{kN}\cdot\text{m}$
③ $-42\text{kN}\cdot\text{m}$
④ $-57\text{kN}\cdot\text{m}$

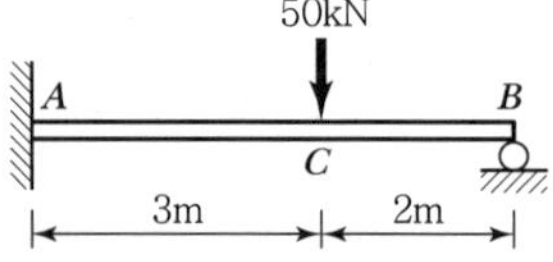

해설

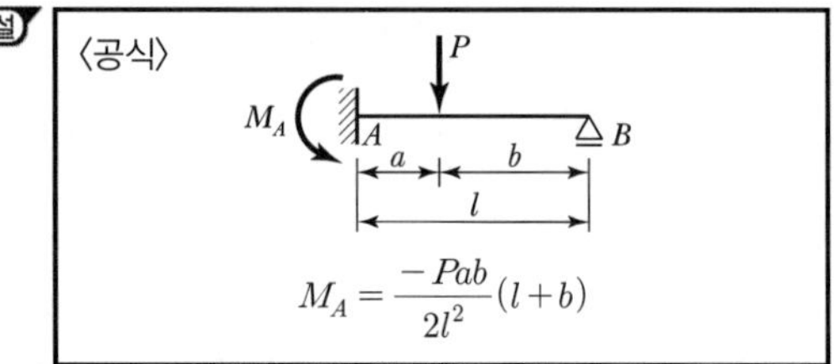

$$M_A=\frac{-Pab}{2l^2}(l+b)$$

정답 11 ② 12 ③ 13 ③

50kN

M_A A C B 3m 2m

$$M_A = -\frac{Pab}{2l^2}(l+b) = -42\text{kN}\cdot\text{m}$$

$$\begin{cases} P = 50\text{kN} \\ a = 3\text{m} \\ b = 2\text{m} \\ l = 5\text{m} \end{cases}$$

14 그림과 같은 부정정보에 집중하중이 작용할 때 A점의 휨모멘트 M_A를 구한 값은? ['11, '17]

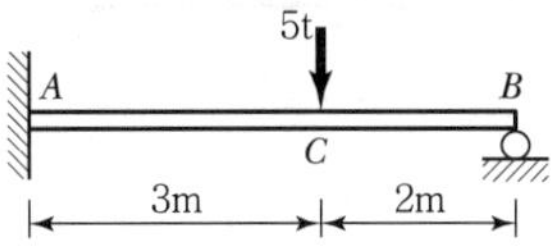

① $-5.7\text{t}\cdot\text{m}$　② $-3.6\text{t}\cdot\text{m}$

③ $-4.2\text{t}\cdot\text{m}$　④ $-2.6\text{t}\cdot\text{m}$

해설 $M_A = -\frac{Pab(l+b)}{2l^2} = -\frac{5\times3\times2(5+2)}{2\times5^2}$

$= -4.2\text{t}\cdot\text{m}$

15 다음 그림과 같이 A지점이 고정이고 B지점이 힌지(hinge)인 부정정보가 어떤 요인에 의하여 B지점이 B'로 Δ만큼 침하하게 되었다. 이때 B'의 지점반력은?

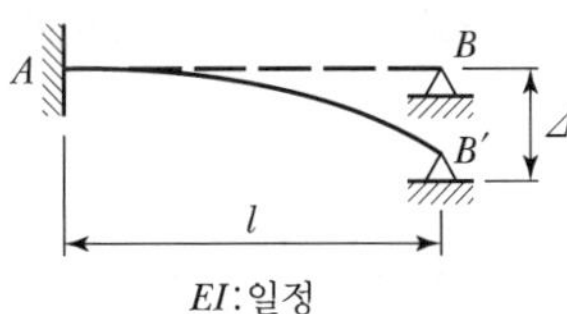

① $\frac{3EI\Delta}{l^3}$　② $\frac{4EI\Delta}{l^3}$

③ $\frac{5EI\Delta}{l^3}$　④ $\frac{6EI\Delta}{l^3}$

해설

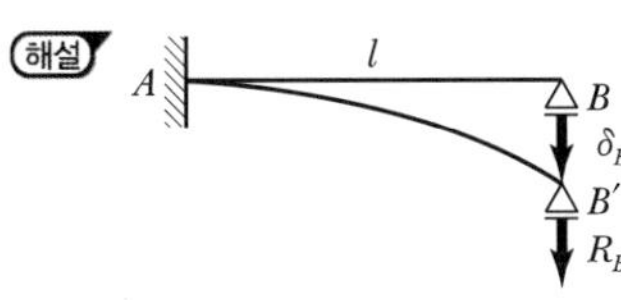

$$\delta_B = \Delta = \frac{R_B l^3}{3EI}$$

$$\therefore\ R_B = \frac{3EI}{l^3}\Delta$$

16 그림과 같이 1차 부정정보에 등간격으로 집중하중이 작용하고 있다. 반력 R_a와 R_b의 비는? ['10, '14]

① $R_a : R_b = 5:4$

② $R_a : R_b = 4:5$

③ $R_a : R_b = 2:1$

④ $R_a : R_b = 1:2$

M_a P P R_a $\frac{l}{3}$ $\frac{l}{3}$ $\frac{l}{3}$ R_b

해설 ㉠ P P A B a b

$$\theta_{A1} = \frac{Pab}{2EI} = \frac{P\left(\frac{l}{3}\right)\left(\frac{2}{3}l\right)}{2EI} = \frac{Pl^2}{9EI}$$

㉡

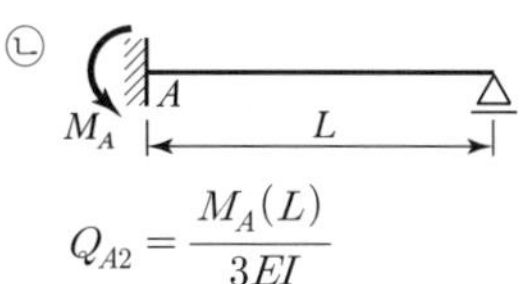

$$Q_{A2} = \frac{M_A(L)}{3EI}$$

㉢ 고정단 $\theta_A = 0$

$$-\frac{M_A(l)}{3EI} + \frac{Pl^2}{9EI} = 0 \qquad M_A = \frac{Pl}{3}$$

㉣ $R_A = \frac{2P}{2} + \frac{M_A}{3a} = \frac{4}{3}P$

$$R_B = \frac{2P}{2} - \frac{M_A}{3a} = P - \frac{1}{3}P = \frac{2}{3}P$$

㉤ $R_A : R_B = 2:1$

17 그림과 같은 부정정보에서 B점의 반력은? ['22]

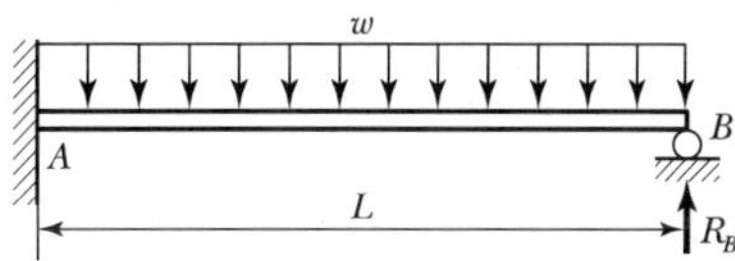

① $\frac{3}{4}wL(\uparrow)$　② $\frac{3}{8}wL(\uparrow)$

③ $\frac{3}{16}wL(\uparrow)$　④ $\frac{5}{16}wL(\uparrow)$

해설

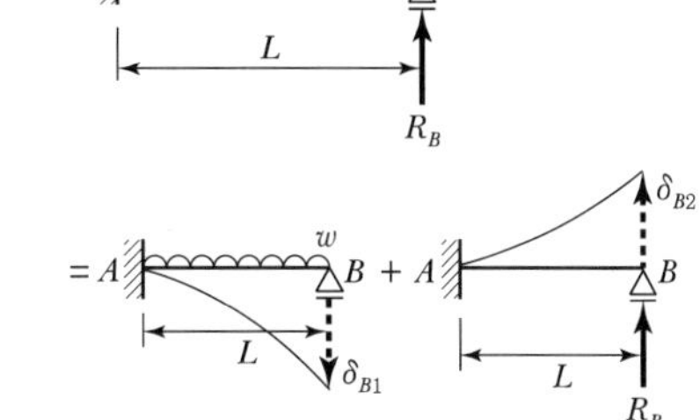

정답 14 ③　15 ①　16 ③　17 ②

$$\delta_B = \delta_{B1} + \delta_{B2} = 0$$
$$= \frac{wL^4}{8EI} - \frac{R_B L^3}{3EI} = 0$$
$$\therefore\ R_B = \frac{3}{8}wL$$

18 아래 그림과 같은 부정정보에서 B점의 연직반력 (R_B)은?

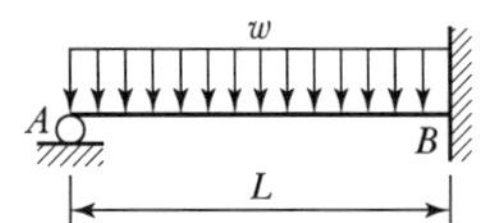

① $\frac{3}{8}wL$ ② $\frac{1}{2}wL$
③ $\frac{5}{4}wL$ ④ $\frac{6}{8}wL$

 ㉠

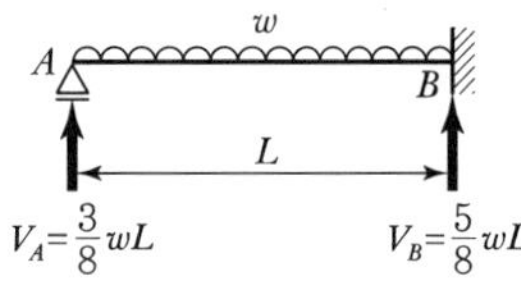

$V_A = \frac{3}{8}wL$ $V_B = \frac{5}{8}wL$

㉡

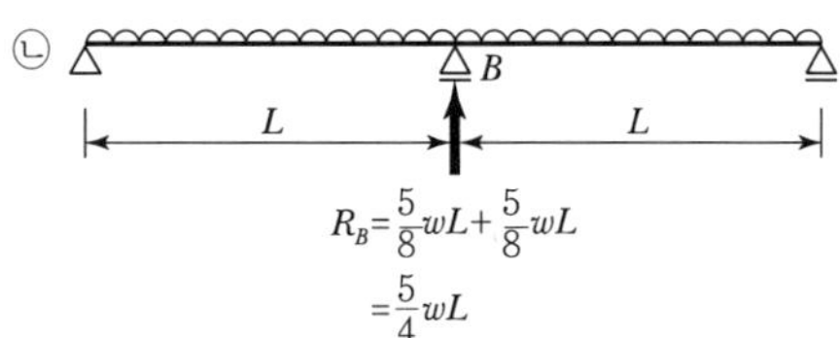

$R_B = \frac{5}{8}wL + \frac{5}{8}wL$
$= \frac{5}{4}wL$

19 그림과 같은 구조물에서 A지점에 일어나는 연직 반력 R_a를 구한 값은? ['22]

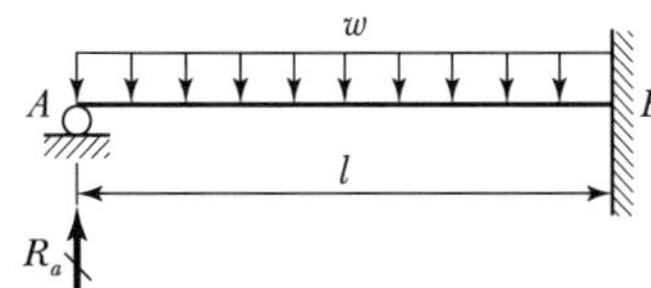

① $\frac{1}{8}wl$ ② $\frac{3}{8}wl$
③ $\frac{1}{4}wl$ ④ $\frac{1}{3}wl$

해설 ㉠ $R_A = \frac{3}{8}wl$

㉡ $R_B = \frac{5}{8}wl$

20 그림과 같은 부정정보의 A단에 작용하는 휨모멘트는?

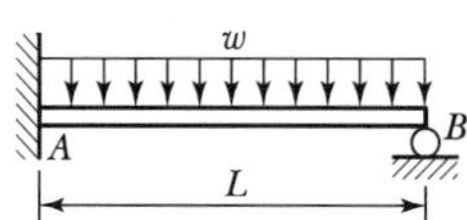

① $-\frac{1}{4}wL^2$ ② $-\frac{1}{8}wL^2$
③ $-\frac{1}{12}wL^2$ ④ $-\frac{1}{24}wL^2$

해설

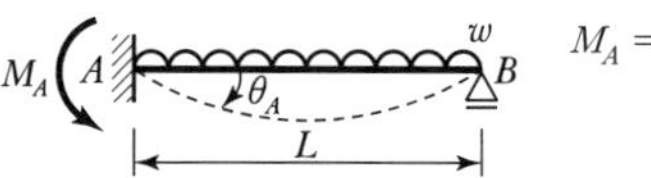

$M_A =$

고정단 처짐각 $\theta_A = 0$

㉠ $\theta_{A_1} =$

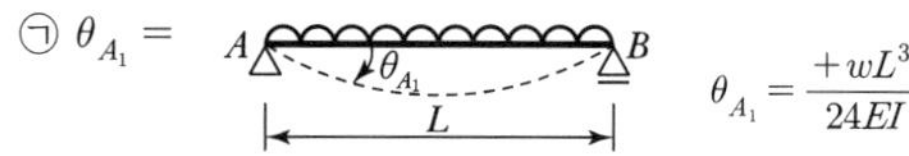

$\theta_{A_1} = \frac{+wL^3}{24EI}$

㉡ θ_{A_2}

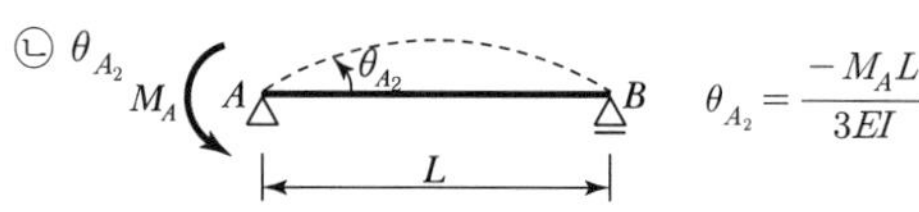

$\theta_{A_2} = \frac{-M_A L}{3EI}$

㉢ $\theta_A = \theta_{A_1} + \theta_{A_2} = 0$

$\therefore\ M_A = \frac{wL^2}{8}$

21 아래 그림과 같은 보에서 C점의 모멘트를 구하면? ['10, '12]

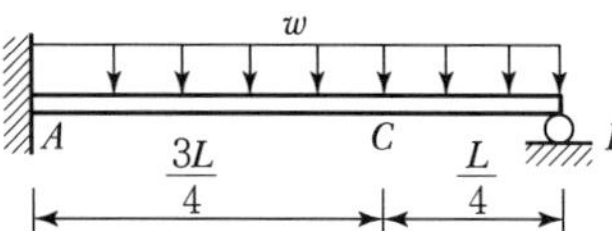

① $\frac{1}{16}wL^2$ ② $\frac{1}{12}wL^2$ ③ $\frac{3}{32}wL^2$ ④ $\frac{1}{24}wL^2$

해설 ㉠ $R_B = \frac{3wL}{8}$

㉡ $M_C = \frac{3wL}{8} \times \frac{L}{4} - \left(w \times \frac{L}{4}\right) \times \frac{L}{8} = \frac{wL^2}{16}$

22 아래 그림과 같은 1차 부정정보에서 B점으로부터 전단력이 '0'이 되는 위치(x)의 값은?

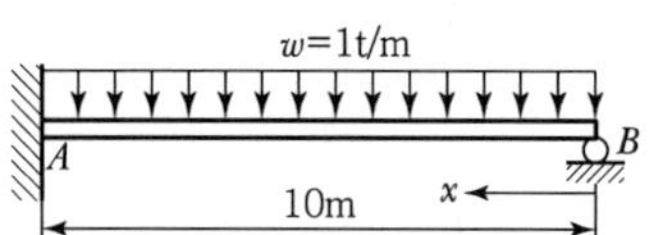

① 3.75m ② 4.25m ③ 4.75m ④ 5.25m

정답 18 ③ 19 ② 20 ② 21 ① 22 ①

해설 ㉠ $R_B = \dfrac{3wl}{8}$

㉡ $S_x = -\dfrac{3wl}{8} + wx = 0$

㉢ $x = \dfrac{3l}{8} = \dfrac{3 \times 10\text{m}}{8} = 3.75\text{m}$

23 그림과 같은 부정정보에서 지점 A의 휨모멘트값을 옳게 나타낸 것은? ['11, '15, '22]

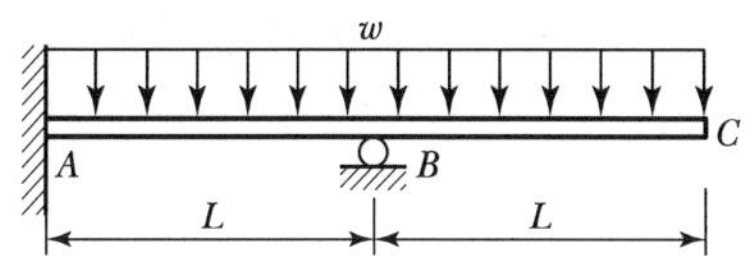

① $\dfrac{wL^2}{8}$ ② $-\dfrac{wL^2}{8}$ ③ $\dfrac{3wL^2}{8}$ ④ $-\dfrac{3wL^2}{8}$

해설

㉠ $M_B = w \times L \times \dfrac{L}{2} = \dfrac{wL^2}{2}$

㉡ $M_A = M_{등분포하중} + M_{모멘트하중}$

$= -\dfrac{wL^2}{8} + \dfrac{wL^2}{2} \times \dfrac{1}{2}$(전달률)

$= -\dfrac{wL^2}{8} + \dfrac{wL^2}{4} = \dfrac{wL^2}{8}$

24 아래 그림과 같은 양단 고정보에 3t/m의 등분포하중과 10t의 집중하중이 작용할 때 A점의 휨모멘트는?

① $-31.6\text{t} \cdot \text{m}$
② $-32.8\text{t} \cdot \text{m}$
③ $-34.6\text{t} \cdot \text{m}$
④ $-36.8\text{t} \cdot \text{m}$

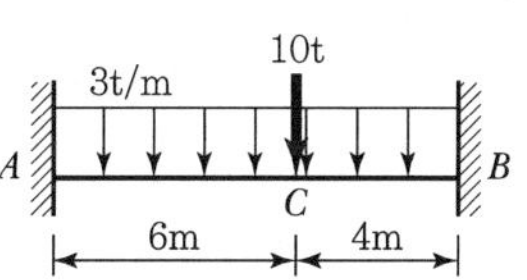

해설

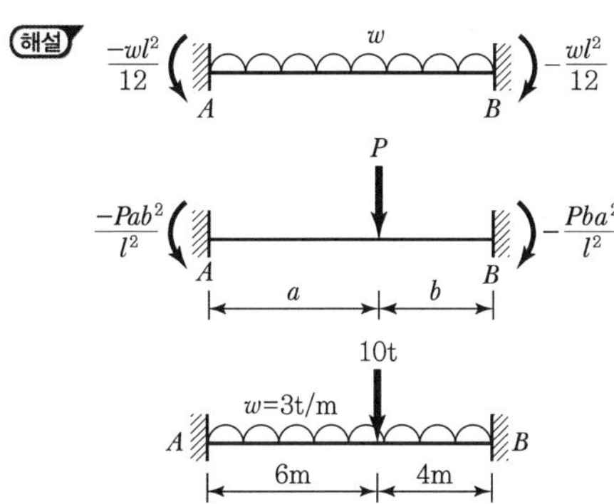

$M_{A1} = -\dfrac{wl^2}{12} = -\dfrac{3 \times 10^2}{12} = -25\text{t} \cdot \text{m}$

$M_{A2} = -\dfrac{Pab^2}{l^2} = -\dfrac{10 \times 6 \times 4^2}{10^2} = -9.6\text{t} \cdot \text{m}$

$M_A = M_{A1} + M_{A2} = -34.6\text{t} \cdot \text{m}$

25 양단 고정보에 등분포하중이 작용할 때 A점에 발생하는 휨모멘트는?

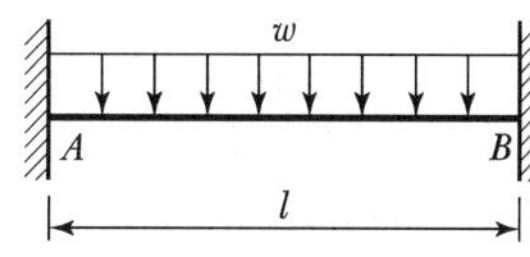

① $-\dfrac{wl^2}{4}$ ② $-\dfrac{wl^4}{6}$

③ $-\dfrac{wl^2}{8}$ ④ $-\dfrac{wl^2}{12}$

해설

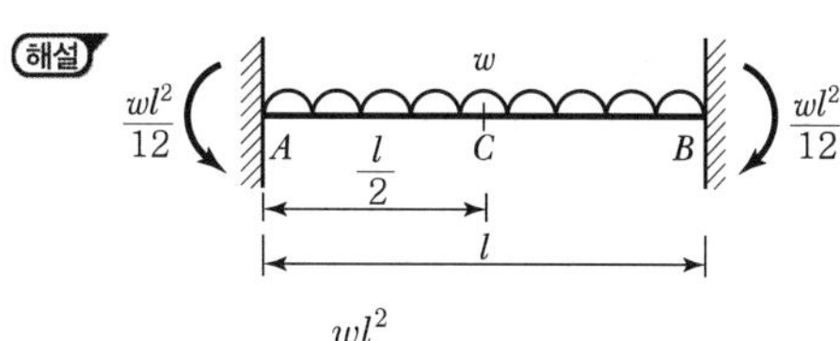

$\therefore M_A = -\dfrac{wl^2}{12}$

※ $M_C = \dfrac{wl^2}{24}$

26 그림과 같은 양단 고정보에 등분포하중이 작용할 경우 지점 A의 휨모멘트 절댓값과 보 중앙에서의 휨모멘트 절댓값의 합은? ['19]

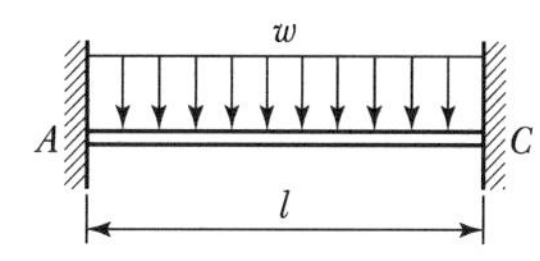

① $\dfrac{wl^2}{8}$ ② $\dfrac{wl^2}{12}$ ③ $\dfrac{wl^2}{24}$ ④ $\dfrac{wl^2}{36}$

해설

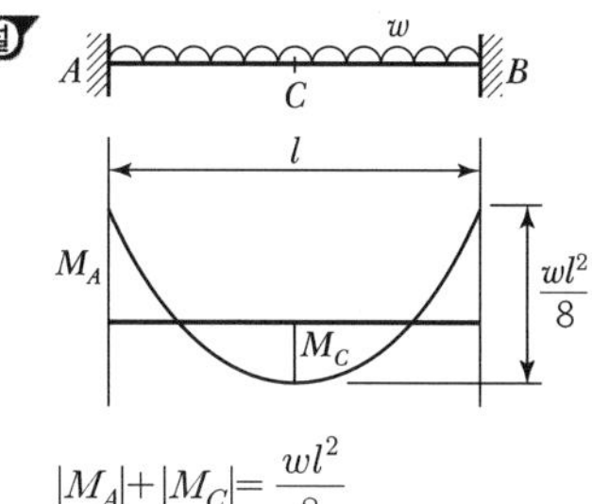

$|M_A| + |M_C| = \dfrac{wl^2}{8}$

정답 23 ① 24 ③ 25 ④ 26 ①

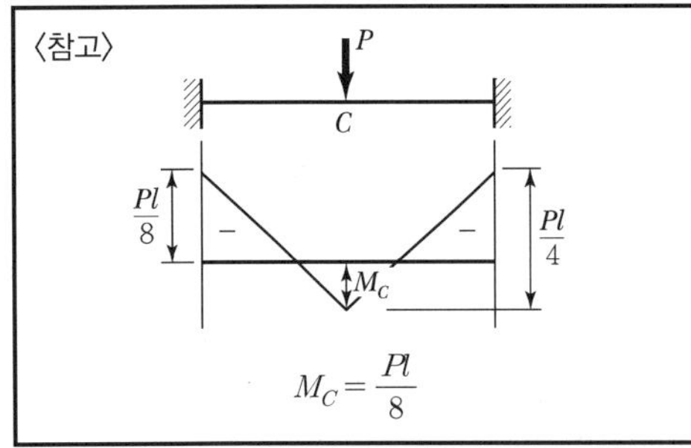

27 다음 그림과 같은 양단 고정인 보가 등분포하중 w를 받고 있다. 모멘트가 0이 되는 위치는 지점 A부터 약 얼마 떨어진 곳에 있는가?(단, EI는 일정하다.)

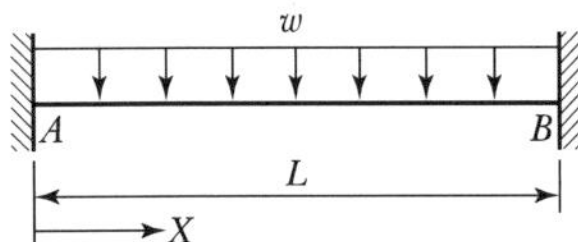

① $0.112L$ ② $0.212L$

③ $0.332L$ ④ $0.412L$

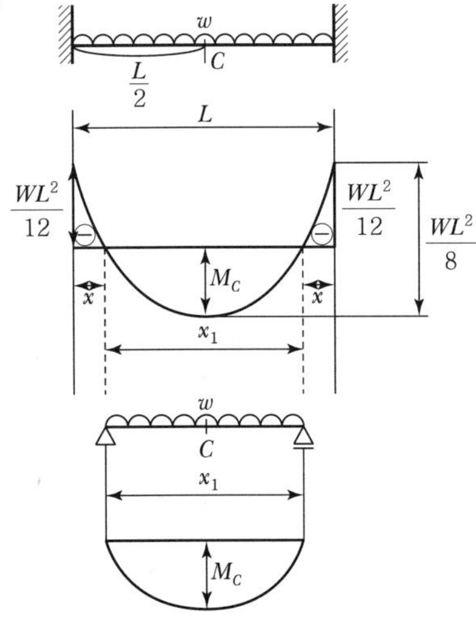

㉠ $M_C = \frac{wL^2}{8} - \frac{wL^2}{12} = \frac{wL^2}{24}$

㉡ $M_C = \frac{w(x_1)^2}{8} = \frac{wL^2}{24}$

$(x_1)^2 = \frac{8L^2}{24} = \frac{L^2}{3}$

$\therefore\ x_1 = \frac{L}{\sqrt{3}} = 0.577L$

㉢ $L = x + x_1 + x$

$x = \frac{L - x_1}{2} = \frac{L - 0.577L}{2} = 0.211L$

부정정보 처짐각

28 다음과 같은 부정정보에서 A의 처짐각 θ_A는?(단, 보의 휨강성은 EI이다.) ['13, '18, '21]

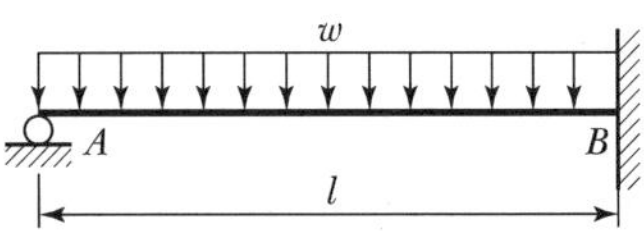

① $\frac{1}{12} \cdot \frac{wl^3}{EI}$ ② $\frac{1}{24} \cdot \frac{wl^3}{EI}$

③ $\frac{1}{36} \cdot \frac{wl^3}{EI}$ ④ $\frac{1}{48} \cdot \frac{wl^3}{EI}$

해설

[1]

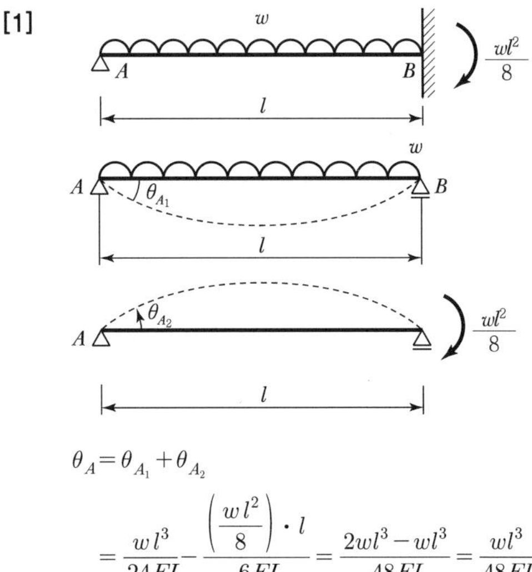

$\theta_A = \theta_{A_1} + \theta_{A_2}$

$= \frac{wl^3}{24EI} - \frac{\left(\frac{wl^2}{8}\right) \cdot l}{6EI} = \frac{2wl^3 - wl^3}{48EI} = \frac{wl^3}{48EI}$

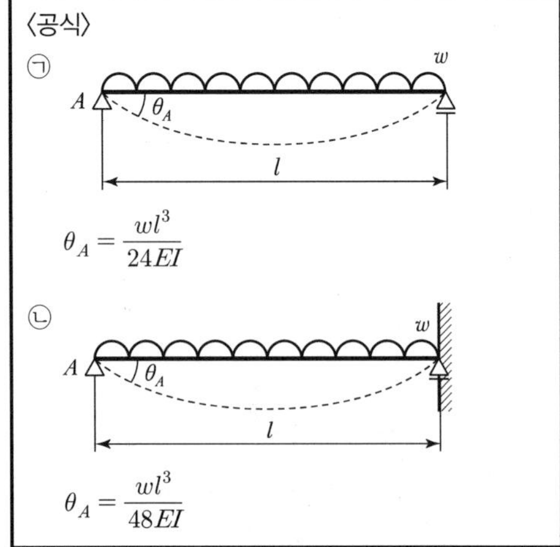

정답 27 ② 28 ④

[2] ㉠

㉡

㉢ $\theta_A = \theta_{A_1} - \theta_{A_2}$

$$= \frac{wl^3}{24EI} - \frac{Ml}{6EI} = \frac{wl^3}{24EI} - \frac{\left(\frac{wl^2}{8}\right) \cdot l}{6EI}$$

$$= \frac{wl^3}{24EI} - \frac{wl^3}{48EI} = \frac{wl^3}{48EI}$$

29 그림과 같이 양단 고정보의 중앙점 C에 집중하중 P가 작용한다. C점의 처짐 δ_C는?(단, 보의 EI는 일정하다.)

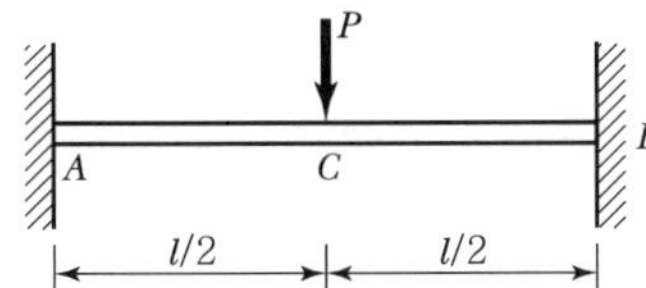

① $\delta_C = 0.00521\dfrac{Pl^3}{EI}$ ② $\delta_C = 0.00511\dfrac{Pl^3}{EI}$

③ $\delta_C = 0.00501\dfrac{Pl^3}{EI}$ ④ $\delta_C = 0.00491\dfrac{Pl^3}{EI}$

해설 $\delta_C = \dfrac{Pl^3}{192EI} \fallingdotseq 0.00521\dfrac{Pl^3}{EI}$

30 다음 그림과 같은 양단 고정보에서 중앙점의 최대 처짐은?

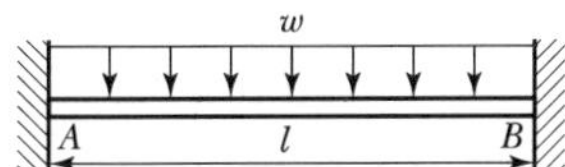

① $\dfrac{wl^3}{24EI}$ ② $\dfrac{5wl^4}{384EI}$

③ $\dfrac{wl^4}{384EI}$ ④ $\dfrac{41wl^4}{384EI}$

해설 양단 고정보 $y_{\max} = \dfrac{wl^4}{384EI}$

31 길이가 L인 양단 고정보 AB의 왼쪽 지점이 그림과 같이 작은 각 θ만큼 회전할 때 생기는 반력(R_A, M_A)은?(단, EI는 일정하다.) ['20]

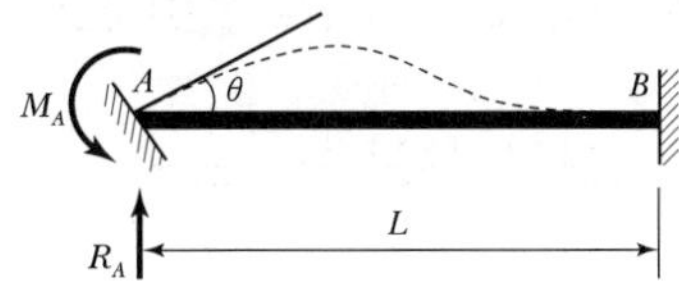

① $R_A = \dfrac{6EI\theta}{L^2}$, $M_A = \dfrac{4EI\theta}{L}$

② $R_A = \dfrac{12EI\theta}{L^3}$, $M_A = \dfrac{6EI\theta}{L^2}$

③ $R_A = \dfrac{4EI\theta}{L^2}$, $M_A = \dfrac{6EI\theta}{L}$

④ $R_A = \dfrac{2EI\theta}{L}$, $M_A = \dfrac{4EI\theta}{L^2}$

해설

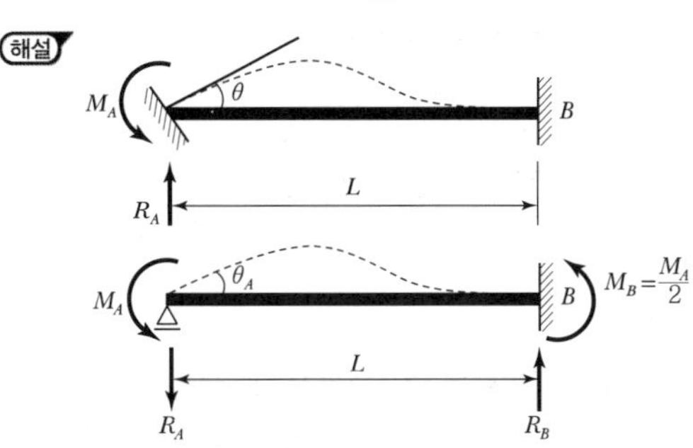

㉠ M_A

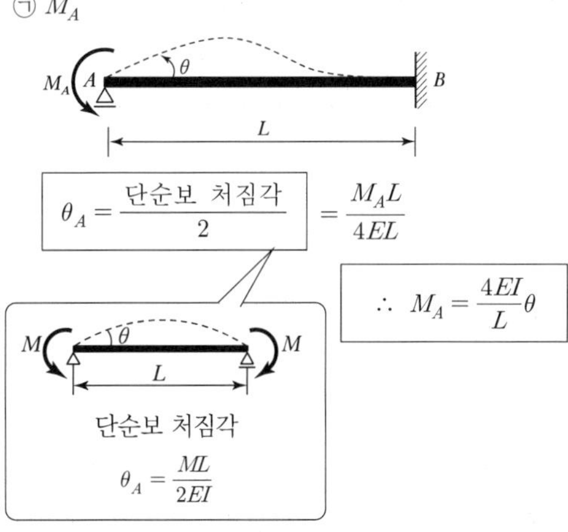

㉡ R_A

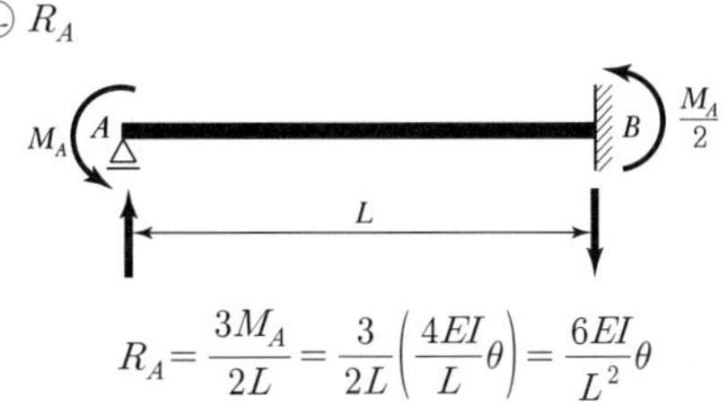

$$R_A = \frac{3M_A}{2L} = \frac{3}{2L}\left(\frac{4EI}{L}\theta\right) = \frac{6EI}{L^2}\theta$$

정답 29 ① 30 ③ 31 ①

연속보 M_B 반력

32 다음 그림과 같이 2경간 연속보의 첫 경간에 등분포 하중이 작용한다. 중앙지점 B의 휨모멘트는? ['10, '12]

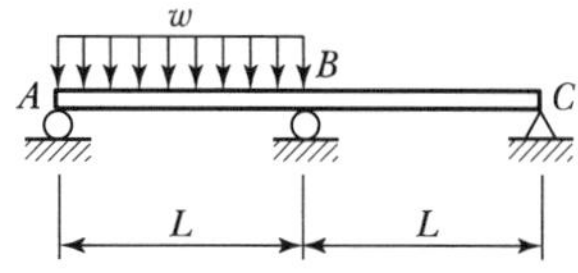

① $-\frac{1}{24}wL^2$　　② $-\frac{1}{16}wL^2$

③ $-\frac{1}{12}wL^2$　　④ $-\frac{1}{8}wL^2$

해설

[1] $M_B = -\frac{wL^2}{8} \times \frac{1}{2} = -\frac{wL^2}{16}$

[2] ㉠ $M_B = -\frac{wL^2}{8}$

㉡ $M_B = -\frac{wL^2}{16}$

33 아래 그림과 같은 연속보가 있다. B점과 C점 중간에 10t의 하중이 작용할 때 B점에서의 휨모멘트는? (단, EI는 전 구간에 걸쳐 일정하다.) ['10, '17]

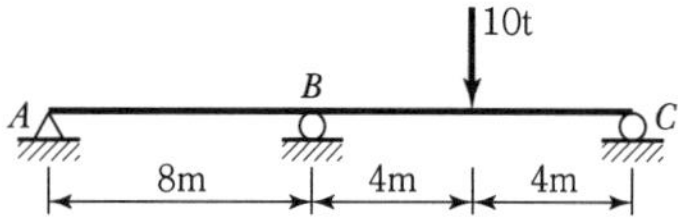

① $-5\text{t}\cdot\text{m}$　　② $-7.5\text{t}\cdot\text{m}$

③ $-10\text{t}\cdot\text{m}$　　④ $-12.5\text{t}\cdot\text{m}$

해설 $M_B = \frac{-3}{32}PL = \frac{-3}{32} \times 10 \times 8 = -7.5\text{t}\cdot\text{m}$

34 그림과 같은 연속보에서 B점의 지점 반력을 구한 값은? [기본예제 p.267 1번 응용, '14 기출]

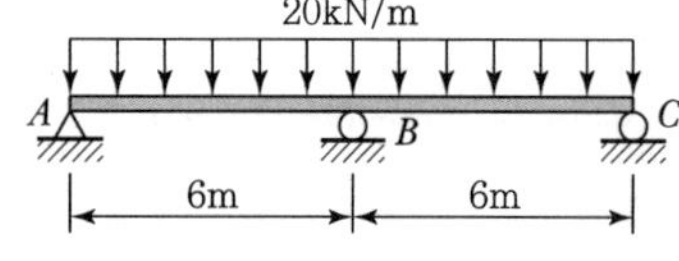

① 100kN　　② 150kN

③ 200kN　　④ 250kN

해설

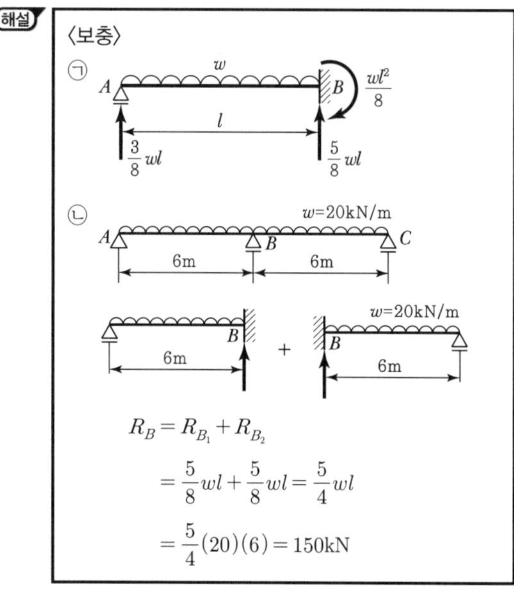

35 다음 연속보에서 B점의 지점반력을 구한 값은?

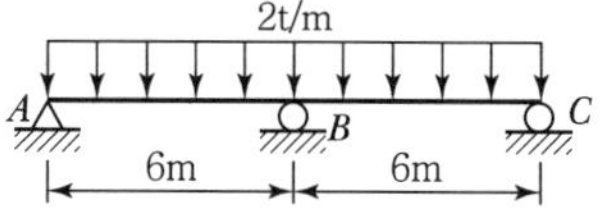

① 10t　② 15t　③ 20t　④ 25t

해설 $R_B = \frac{5wl}{4} = \frac{5 \times 2 \times 6}{4} = 15\text{t}(\uparrow)$

36 다음의 그림에 있는 연속보의 B점에서의 반력을 구하면?($E = 2.1 \times 10^6\,\text{kg/cm}^2$, $I = 1.6 \times 10^4\,\text{cm}^4$) ['19]

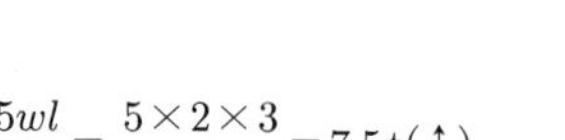

① 6.3t
② 7.5t
③ 9.7t
④ 10.1t

해설 $R_{By} = \frac{5wl}{4} = \frac{5 \times 2 \times 3}{4} = 7.5\text{t}(\uparrow)$

37 그림과 같은 연속보에서 B점의 지점 반력은? ['20]

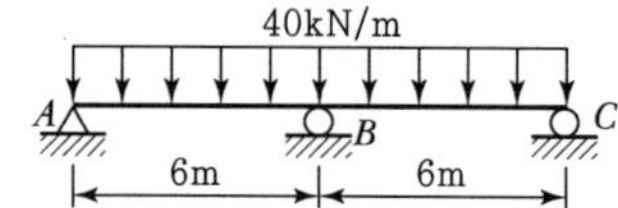

① 240kN
② 280kN
③ 300kN
④ 320kN

정답 32 ② 33 ② 34 ② 35 ② 36 ② 37 ③

해설

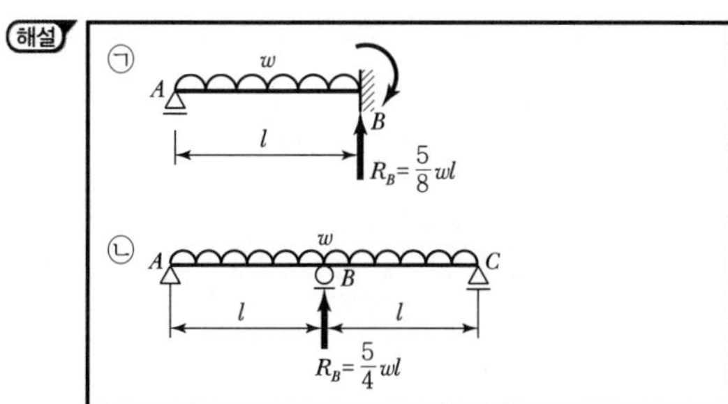

$$R_B=\frac{5}{4}wl=\frac{5}{4}\times 40\times 6=300\text{kN}$$

38 그림과 같은 연속보에서 B점의 반력(R_B)은?(단, EI는 일정하다.) ['20]

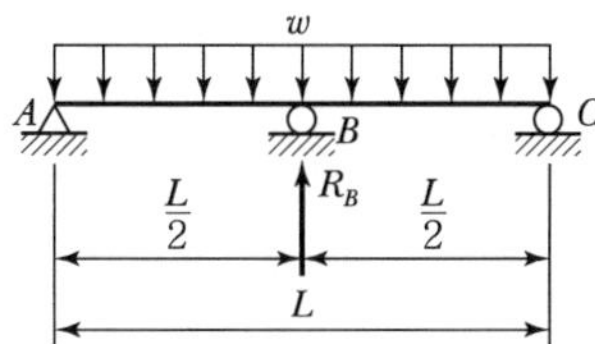

① $\frac{3}{10}wL$ ② $\frac{3}{8}wL$ ③ $\frac{5}{8}wL$ ④ $\frac{5}{4}wL$

해설

$$V_B=\frac{5}{8}w\left(\frac{L}{2}\right)+\frac{5}{8}w\left(\frac{L}{2}\right)=\frac{5}{8}wL$$

〈보충〉

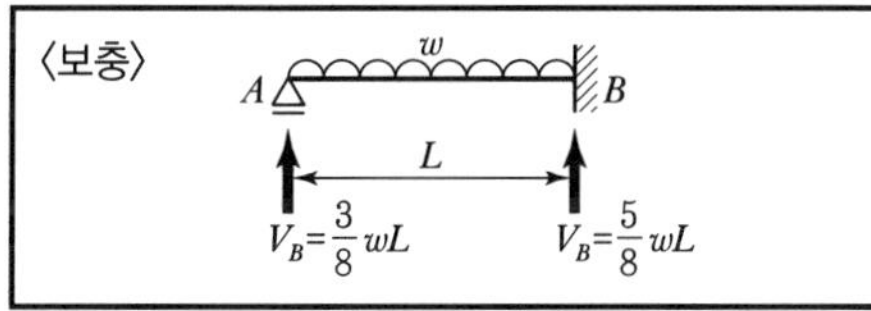

39 연속보를 삼연모멘트 방정식을 이용하여 B점의 모멘트 $M_B=-92.8\text{t}\cdot\text{m}$을 구하였다. B점의 수직반력은? ['19]

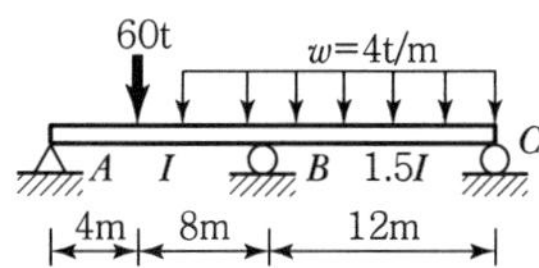

① 28.4t ② 36.3t

③ 51.7t ④ 59.5t

해설

[1]

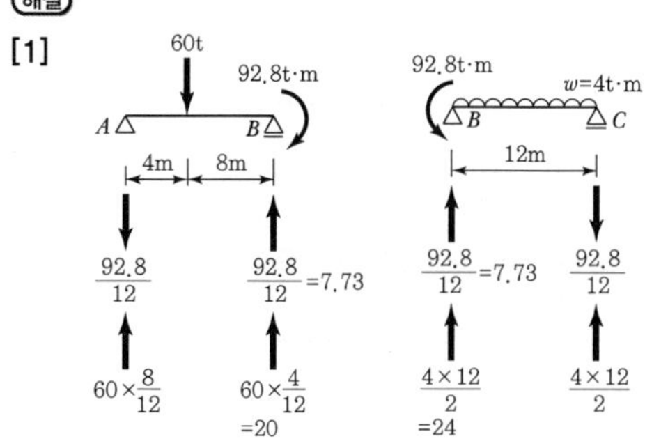

$\therefore\ R_B=7.73+7.73+20+24=59.46\text{t}$

[2]

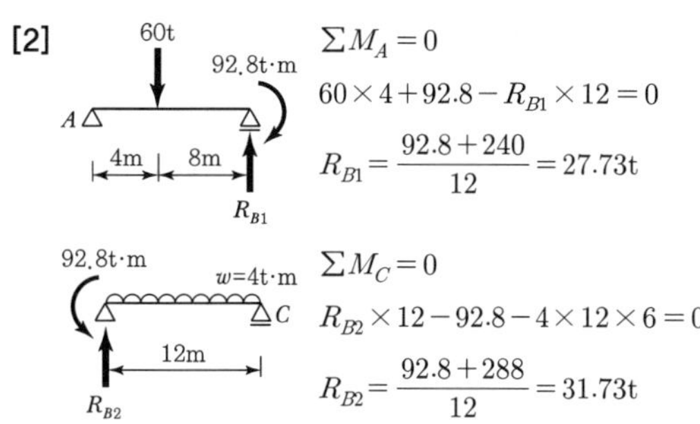

$\Sigma M_A=0$

$60\times 4+92.8-R_{B1}\times 12=0$

$R_{B1}=\frac{92.8+240}{12}=27.73\text{t}$

$\Sigma M_C=0$

$R_{B2}\times 12-92.8-4\times 12\times 6=0$

$R_{B2}=\frac{92.8+288}{12}=31.73\text{t}$

$\therefore\ R_B=R_{B1}+R_{B2}=59.46\text{t}$

40 그림과 같은 뼈대 구조물에서 C점의 수직반력(↑)을 구한 값은?(단, 탄성계수 및 단면은 전 부재가 동일하다.)

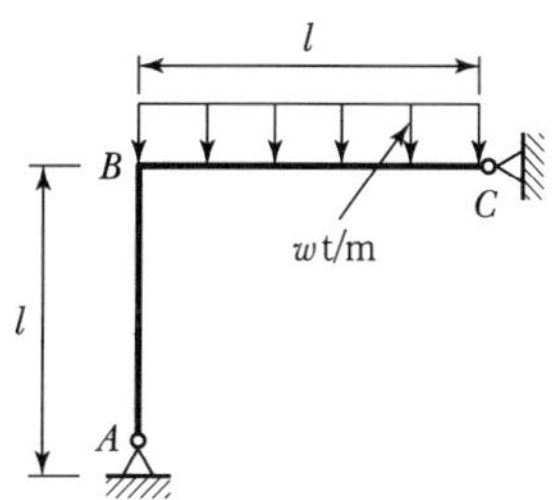

① $\frac{9wl}{16}$ ② $\frac{7wl}{16}$ ③ $\frac{wl}{8}$ ④ $\frac{wl}{16}$

해설

$$M_{B(우)}=+R_C\times l-wl\cdot\frac{l}{2}$$

$$-\frac{wl^2}{16}=R_C\times l-\frac{wl^2}{2}$$

$$\therefore\ R_C=\frac{wl}{2}-\frac{wl}{16}=\frac{7}{16}wl$$

정답 38 ③ 39 ④ 40 ②

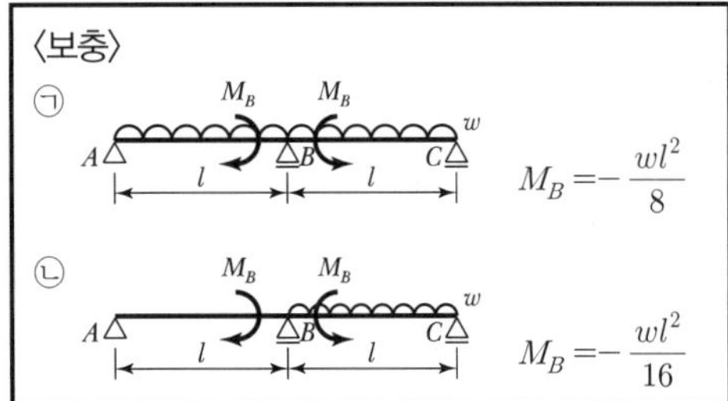

41 그림과 같은 연속보에서 B지점 모멘트 M_B는?(단, EI는 일정하다.) ['10, '13]

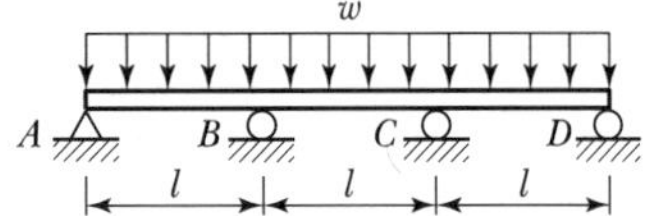

① $-\frac{wl^2}{4}$　② $-\frac{wl^2}{8}$
③ $-\frac{wl^2}{10}$　④ $-\frac{wl^2}{12}$

해설 $M_B = M_C = -\frac{wl^2}{10}$

42 연속보를 삼연 모멘트 방정식을 이용하여 B점의 모멘트 $M_B = -92.8\text{t}\cdot\text{m}$을 구하였다. B점의 수직반력을 구하면?

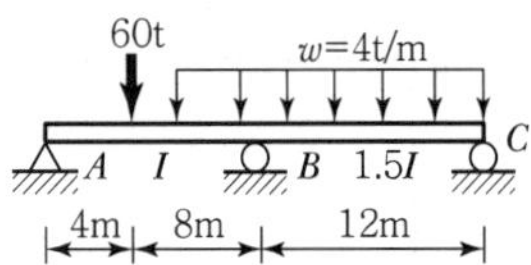

① 28.4t　② 36.3t
③ 51.7t　④ 59.5t

해설

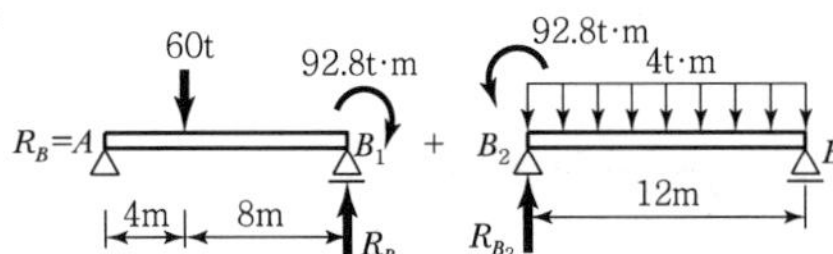

㉠ $\Sigma M_A = -R_{B1} \times 12 + 60 \times 4 + 92.8 = 0$

$\therefore R_{B_1} \fallingdotseq 27.73\text{t}(\uparrow)$

㉡ $\Sigma M_C = R_{B2} \times 12 - 4 \times 12 \times 6 - 92.8 = 0$

$\therefore R_{B_2} \fallingdotseq 31.73\text{t}(\uparrow)$

㉢ $R_B = R_{B_1} + R_{B_2} = 27.73 + 31.73 \fallingdotseq 59.5\text{t}(\uparrow)$

43 그림과 같은 2경간 연속보에 등분포하중 $w = 4$ kN/m가 작용할 때 전단력이 "0"이 되는 위치는 지점 A로부터 얼마의 거리(x)에 있는가? ['22]

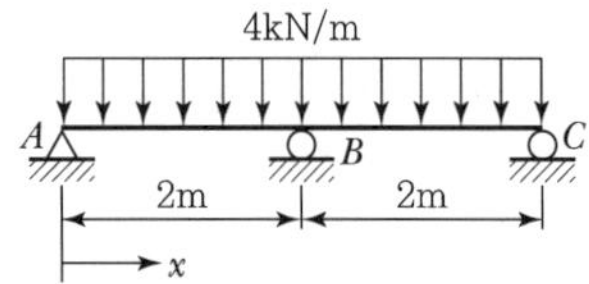

① 0.75m　② 0.85m　③ 0.95m　④ 1.05m

해설

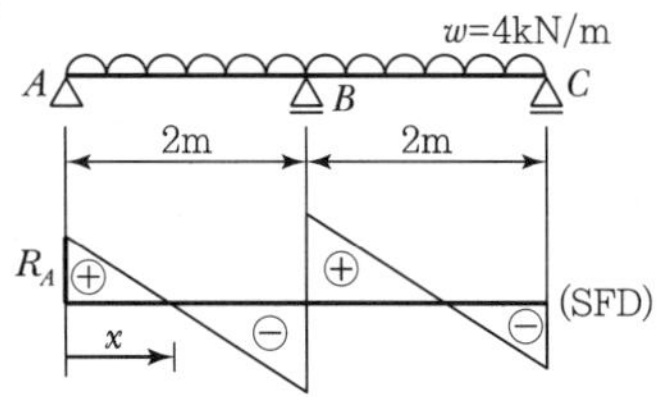

$$x = \frac{R_A}{w} = \frac{\frac{3}{8}wl}{w} = \frac{3}{8}l = \frac{3}{8} \times 2 = 0.75\text{m}$$

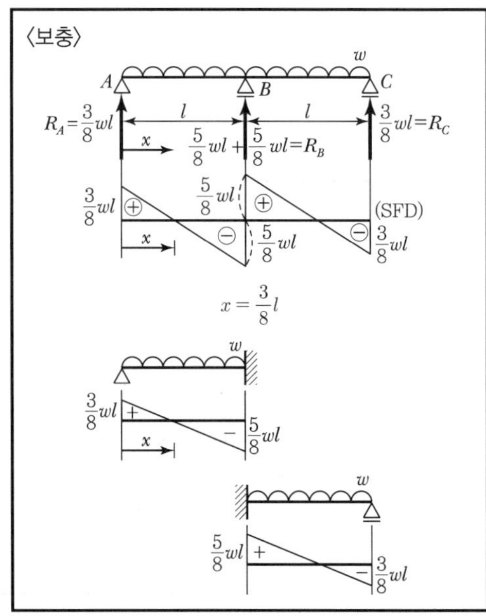

44 그림의 보에서 지점 B의 휨모멘트는?(단, EI는 일정하다.) ['10, '16]

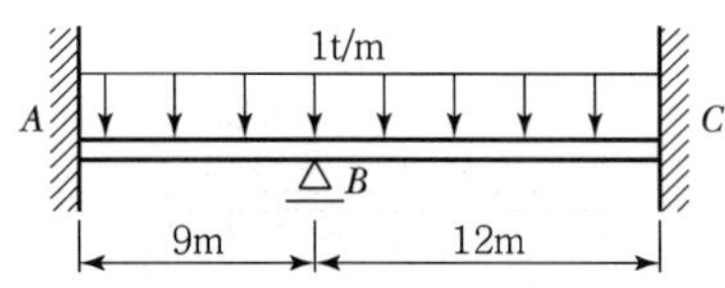

① $-6.75\text{t}\cdot\text{m}$　② $-9.75\text{t}\cdot\text{m}$
③ $-12\text{t}\cdot\text{m}$　④ $-16.5\text{t}\cdot\text{m}$

정답 41 ③　42 ④　43 ①　44 ②

해설

〈공식〉

$$M_B = -\frac{wa^2}{12}\left(\frac{a}{a+b}\right) - \frac{wb^2}{12}\left(\frac{b}{a+b}\right)$$

$$M_B = -\frac{1\times 9^2}{12}\left(\frac{9}{9+12}\right) - \frac{1\times 12^2}{12}\left(\frac{12}{9+12}\right)$$

$$= -\frac{81}{12}\times\frac{9}{21} - \frac{12^2}{2}\times\left(\frac{12}{21}\right)$$

$$= -2.89 - 6.857 = -9.75\text{t}\cdot\text{m}$$

45 그림과 같은 보에서 지점 B의 휨모멘트 절댓값은?(단, EI는 일정하다.) ['10, '16 기출 유사, '21]

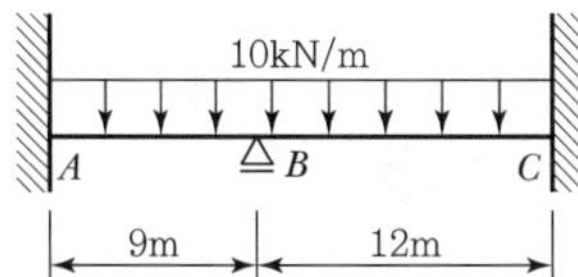

① 67.5kN · m ② 97.5kN · m
③ 120kN · m ④ 165kN · m

해설

〈공식〉

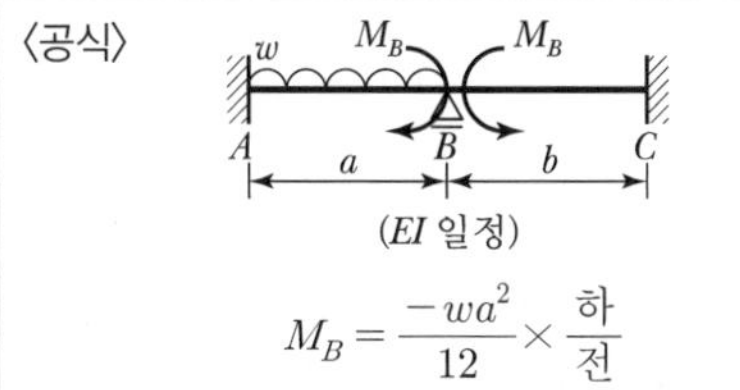

$$M_B = \frac{-wa^2}{12}\times\frac{\text{하}}{\text{전}}$$

㉠

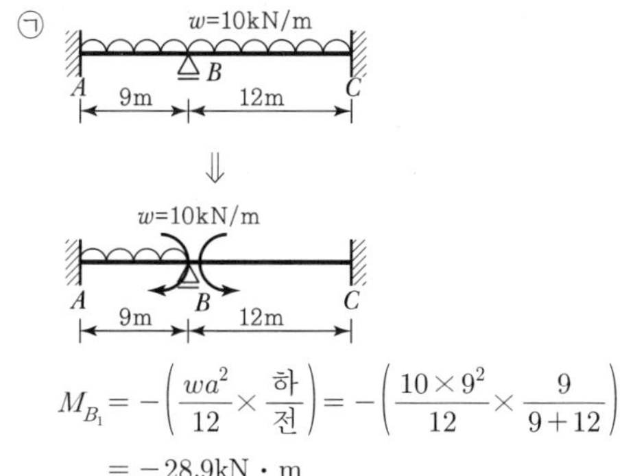

$$M_{B_1} = -\left(\frac{wa^2}{12}\times\frac{\text{하}}{\text{전}}\right) = -\left(\frac{10\times 9^2}{12}\times\frac{9}{9+12}\right)$$

$$= -28.9\text{kN}\cdot\text{m}$$

㉡

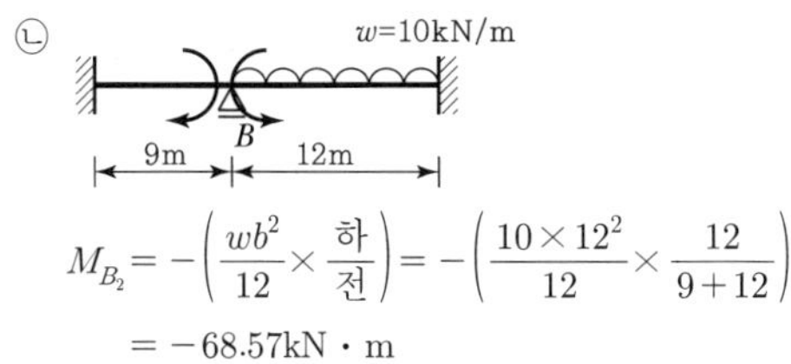

$$M_{B_2} = -\left(\frac{wb^2}{12}\times\frac{\text{하}}{\text{전}}\right) = -\left(\frac{10\times 12^2}{12}\times\frac{12}{9+12}\right)$$

$$= -68.57\text{kN}\cdot\text{m}$$

㉢ $M_B = M_{B_1} = M_{B_2} = -97.47\text{kN}\cdot\text{m}$

3연 모멘트법

46 다음 그림 (A)와 같이 하중을 받기 전에 지점 B와 보 사이에 Δ의 간격이 있는 보가 있다. 그림 (B)와 같이 이 보에 등분포하중 q를 작용시켰을 때 지점 B의 반력이 ql이 되게 하려면 Δ의 크기를 얼마로 하여야 하는가?(단, 보의 휨강도 EI는 일정하다.)

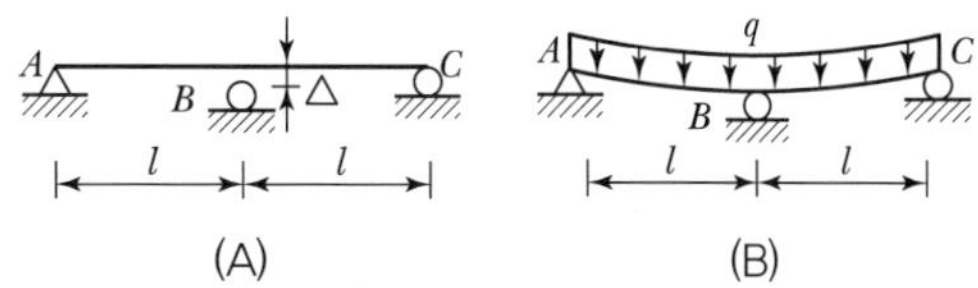

① $0.0208\dfrac{ql^4}{EI}$ ② $0.0312\dfrac{ql^4}{EI}$

③ $0.0417\dfrac{ql^4}{EI}$ ④ $0.0521\dfrac{ql^4}{EI}$

해설 ㉠ 3연 모멘트식 $(M_A = M_C = 0)$

$$2M_B\left(\frac{l}{I}+\frac{l}{I}\right)$$

$$= 6E\left(-\frac{ql^3}{24EI} - \frac{ql^3}{24EI}\right) + 6E\left(\frac{\Delta - 0}{l} - \frac{0-\Delta}{l}\right)$$

$$\frac{4M_B\cdot l}{I} = -\frac{ql^3}{2I} + \frac{12E\Delta}{l}$$

$$\therefore\ M_B = -\frac{ql^2}{8} + \frac{3EI\Delta}{l}$$

㉡ $R_B = ql$ 이므로

$$R_{B_1} = R_{B_2} = \frac{ql}{2}(\uparrow)$$

㉢

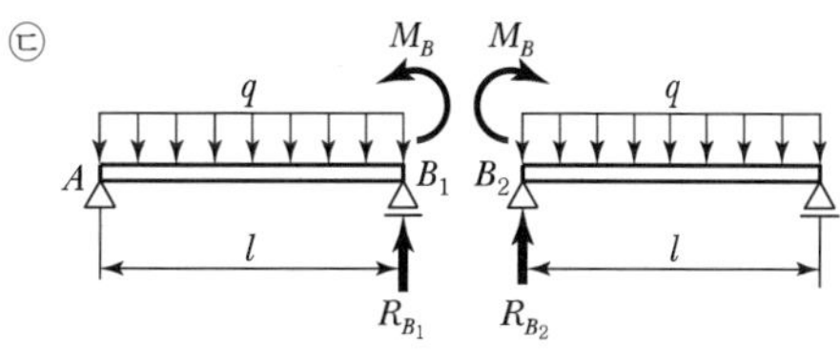

$$\Sigma M_A = -R_{B_1}\times l + ql\times\frac{l}{2} - M_B = 0$$

$$-\frac{ql}{2}\times l + \frac{ql^2}{2} - \left(-\frac{ql^2}{8} + \frac{3EI\Delta}{l^2}\right) = 0$$

$$\therefore\ \Delta = \frac{ql^4}{24EI} \fallingdotseq 0.0417\frac{ql^4}{EI}$$

정답 45 ② 46 ③

47 그림과 같은 2경간 연속보에서 B점이 5cm 아래로 침하하고, C점이 2cm 위로 상승하는 변위를 각각 취했을 때 B점의 휨모멘트로 옳은 것은? ['11, '16]

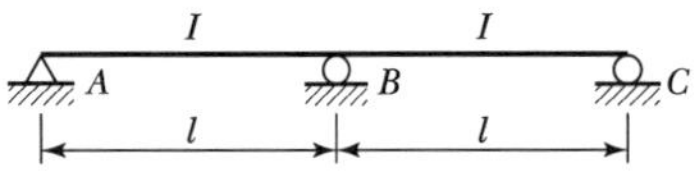

① $\frac{20EI}{l^2}$ ② $\frac{18EI}{l^2}$ ③ $\frac{15EI}{l^2}$ ④ $\frac{12EI}{l^2}$

해설

[1] 3연 모멘트식을 이용하면

$$0+2M_B\left(\frac{l}{I}+\frac{l}{I}\right)+0=0+6E\left(\frac{5-0}{l}-\frac{-2-5}{l}\right)$$

$$\frac{4M_B\cdot l}{I}=6E\left(\frac{12}{l}\right)$$

$$\therefore\ M_B=\frac{18EI}{l^2}$$

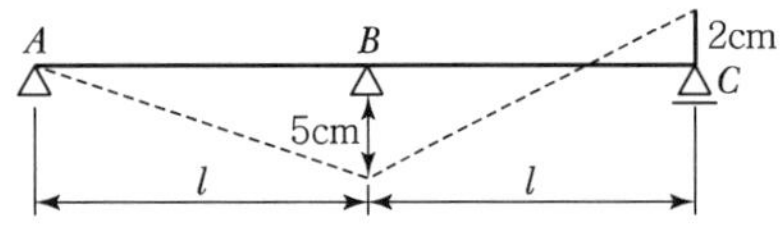

[2] $M_B=\frac{3EI}{l^2}\delta+\frac{3EI}{l^2}\left(\frac{\delta}{2}\right)=\frac{3EI}{l^2}\left(5+\frac{2}{2}\right)=\frac{18EI}{l^2}$

48 다음 부정정보의 B지점에 침하가 발생하였다. 발생된 침하량이 1cm라면 이로 인한 B지점의 모멘트는 얼마인가?(단, $EI=1\times10^6$kg · cm²이다.)

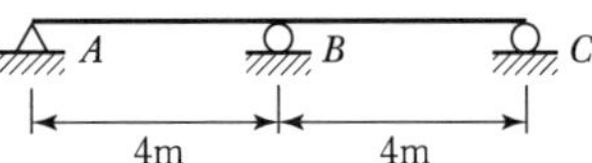

① 16.75kg · cm ② 17.75kg · cm
③ 18.75kg · cm ④ 19.75kg · cm

해설 $M_B=\frac{3EI\cdot\delta}{l^2}=\frac{3\times(1\times10^6)\times1}{(4\times100)^2}=18.75$kg · cm

49 그림과 같이 길이가 $2L$인 보에 w의 등분포하중이 작용할 때 중앙지점을 δ만큼 낮추면 중간지점의 반력 (R_B)값은 얼마인가? ['12, '17]

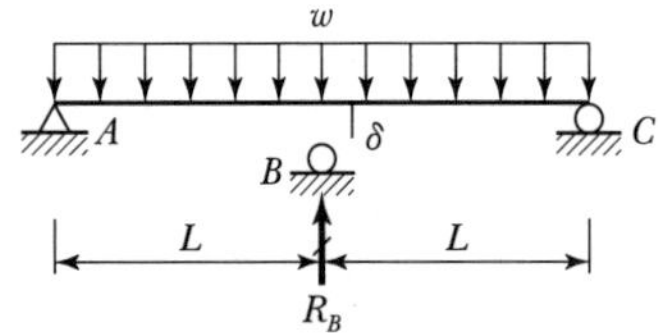

① $R_B=\frac{wL}{4}-\frac{6\delta EI}{L^3}$

② $R_B=\frac{3wL}{4}-\frac{6\delta EI}{L^3}$

③ $R_B=\frac{5wL}{4}-\frac{6\delta EI}{L^3}$

④ $R_B=\frac{7wL}{4}-\frac{6\delta EI}{L^3}$

해설 ㉠

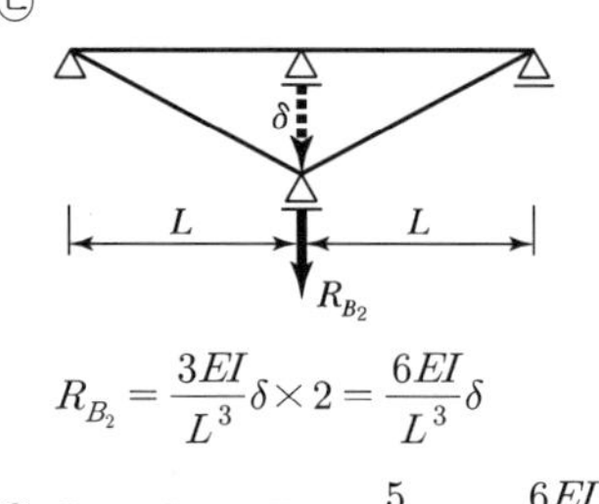

$$R_{B_1}=\frac{5}{8}wL\times2=\frac{5}{4}wL$$

㉡

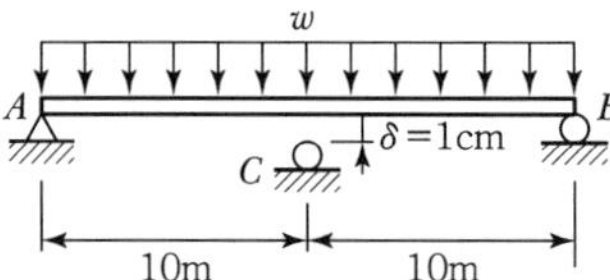

$$R_{B_2}=\frac{3EI}{L^3}\delta\times2=\frac{6EI}{L^3}\delta$$

㉢ $R_B=R_{B_1}+R_{B_2}=\frac{5}{4}wL-\frac{6EI}{L^3}\delta$

50 그림과 같이 길이 20m인 단순보의 중앙점 아래 1cm 떨어진 곳에 지점 C가 있다. 이 단순보가 등분포하중 w=1t/m를 받는 경우 지점 C의 수직반력 R_{cy}는? (단, $EI=2.0\times10^{12}$kg · cm²이다.)

w
A
B
C
δ=1cm
10m
10m

① 200kg ② 300kg
③ 400kg ④ 500kg

해설 $\delta_C=\delta_{C_1}+\delta_{C_2}$

$$1=\frac{5wl^4}{384EI}-\frac{R_{cy}l^3}{48EI}$$

$$R_{cy}=\frac{5}{8}-\frac{48EI}{l^3}$$

$$=\frac{5\times10\times2{,}000}{8}-\frac{48\times2\times10^{12}}{2{,}000^3}=500\text{kg}$$

정답 47 ② 48 ③ 49 ③ 50 ④

51 다음 그림 (A)와 같이 하중을 받기 전에 지점 B와 보 사이에 Δ의 간격이 있는 보가 있다. 그림 (B)와 같이 이 보에 등분포하중 q를 작용시켰을 때 지점 B의 반력이 ql가 되게 하려면 Δ의 크기를 얼마로 하여야 하는가?(단, 보의 휨강도 EI는 일정하다.)

(A)

(B)

① $0.0208\dfrac{ql^4}{EI}$　　② $0.0312\dfrac{ql^4}{EI}$

③ $0.0417\dfrac{ql^4}{EI}$　　④ $0.0521\dfrac{ql^4}{EI}$

해설 $y_B = \dfrac{5q(2l)^4}{384EI} - \dfrac{(ql)\times(2l)^3}{48EI} = \Delta$

$\Delta = \dfrac{1}{24}\dfrac{ql^4}{EI} = 0.0417\dfrac{ql^4}{EI}$

52 그림과 같은 3경간 연속보의 B점이 5cm 아래로 침하하고 C점이 3cm 위로 상승하는 변위를 각각 보였을 때 B점의 휨모멘트 M_B를 구한 값은?(단, $EI = 8\times10^{10}$ kg · cm²로 일정하다.)

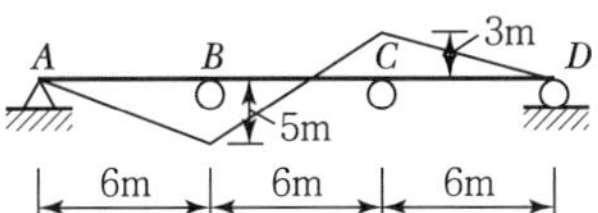

① 3.52×10^6kg · cm　　② 4.85×10^6kg · cm

③ 5.07×10^6kg · cm　　④ 5.60×10^6kg · cm

해설 ㉠ $A-B-C$ 구간

$0+2M_B\left(\dfrac{600}{I}+\dfrac{600}{I}\right)+M_C\left(\dfrac{600}{I}\right)$

$=0+6E\left(\dfrac{5-0}{600}-\dfrac{-3-5}{600}\right)$

$\therefore\ 4M_B+M_C=\dfrac{13EI}{60,000}$

㉡ $B-C-D$ 구간

$M_B\left(\dfrac{600}{I}\right)+2M_C\left(\dfrac{600}{I}+\dfrac{600}{I}\right)+0$

$=0+6E\left(\dfrac{-3-5}{600}-\dfrac{0-(-3)}{600}\right)$

$\therefore\ M_B+4M_C=\dfrac{11EI}{60,000}$

㉢ ㉠ 식×4−㉡ 식을 하면

$15M_B=\dfrac{63EI}{60,000}$

$\therefore\ M_B=\dfrac{63\times8\times10^{10}}{60,000\times15}=5,600,000\text{kg}\cdot\text{cm}$

모멘트 분배법

53 다음의 부정정 구조물을 모멘트 분배법으로 해석하고자 한다. C점이 롤러지점임을 고려한 수정강도계수에 의하여 B점에서 C점으로 분배되는 분배율 f_{BC}를 구하면? ['19]

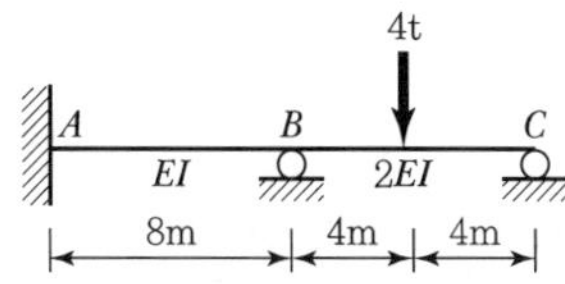

① $\dfrac{1}{2}$　　② $\dfrac{3}{5}$　　③ $\dfrac{4}{7}$　　④ $\dfrac{5}{7}$

해설

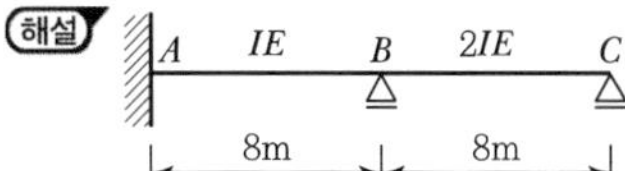

㉠ 강비(K)

K_{BA}	:	K_{BC}
$\dfrac{I}{8}$	:	$\dfrac{2I}{8}\times\dfrac{3}{4}$
1	:	$\dfrac{3}{2}$
2	:	3

㉡ 분배율(f)

$f_{BA}=\dfrac{2}{3+2}=\dfrac{2}{5}$　　$\therefore\ f_{BC}=\dfrac{3}{3+2}=\dfrac{3}{5}$

54 그림과 같은 구조물에서 단부 A, B는 고정, C지점은 힌지일 때 OA, OB, OC 부재의 분배율로 옳은 것은? ['20]

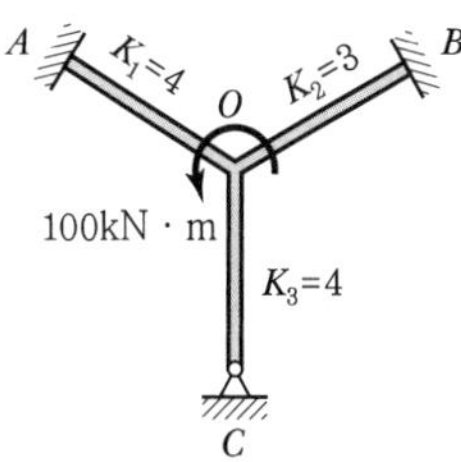

정답 51 ③ 52 ④ 53 ② 54 ②

① $DF_{OA}=\frac{4}{10}$, $DF_{OB}=\frac{3}{10}$, $DF_{OC}=\frac{4}{10}$

② $DF_{OA}=\frac{4}{10}$, $DF_{OB}=\frac{3}{10}$, $DF_{OC}=\frac{3}{10}$

③ $DF_{OA}=\frac{4}{11}$, $DF_{OB}=\frac{3}{11}$, $DF_{OC}=\frac{4}{11}$

④ $DF_{OA}=\frac{4}{11}$, $DF_{OB}=\frac{3}{11}$, $DF_{OC}=\frac{3}{11}$

해설

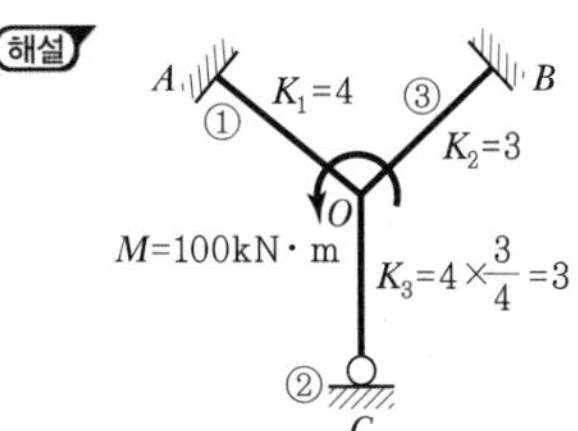

〈분배율〉

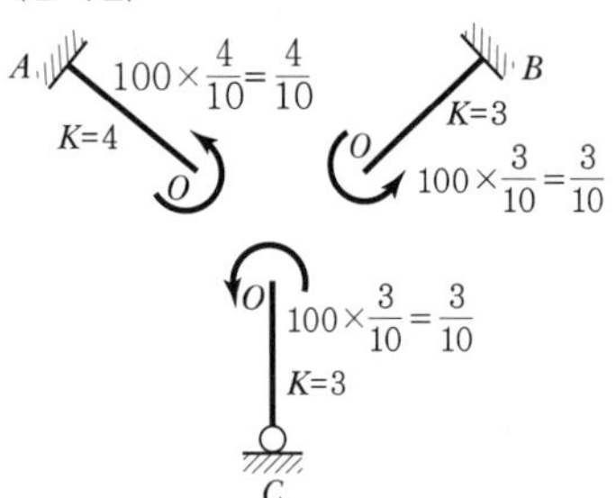

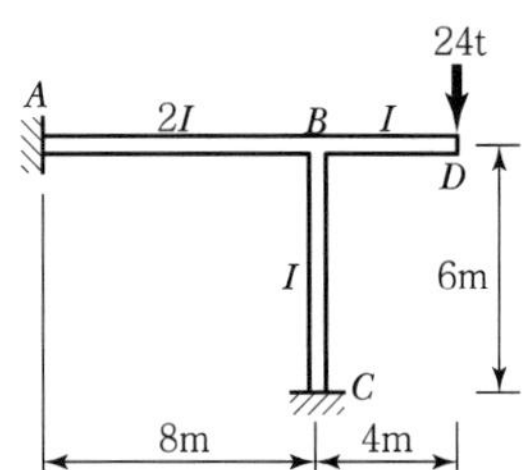

$DF_{(OA)}=\frac{4}{10}$ $DF_{(OC)}=\frac{3}{10}$ $DF_{(OB)}=\frac{3}{10}$

55 그림과 같은 라멘의 A점의 휨모멘트로 옳은 것은?

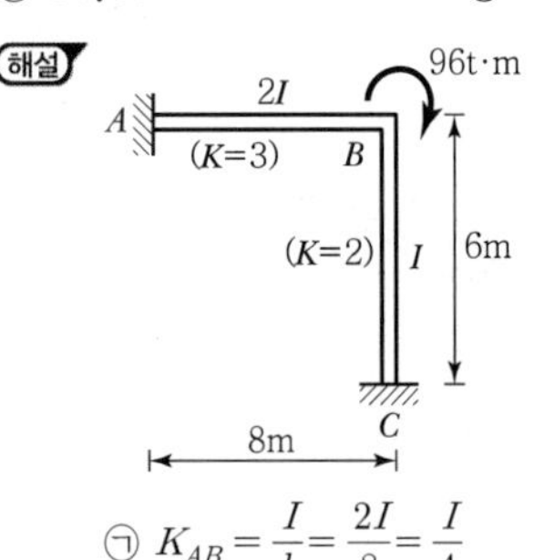

① 28.8t · m ② −28.8t · m
③ 57.6t · m ④ −57.6t · m

해설

㉠ $K_{AB}=\frac{I}{l}=\frac{2I}{8}=\frac{I}{4}$

㉡ $K_{BC}=\frac{I}{6}$

㉢ $K_{AB}:K_{BC}=\frac{I}{4}:\frac{I}{6}=3:2$

㉣ $M_A=\left(M_B\times\frac{K}{\Sigma K}\right)\times\frac{1}{2}$(전달률)

$=\left(96\times\frac{3}{3+2}\right)\times\frac{1}{2}=28.8\text{t}\cdot\text{m}$

56 그림과 같은 라멘 구조물의 E점에서의 불균형 모멘트에 대한 부재 EA의 모멘트 분배율은?

['11, '15, '18, '22]

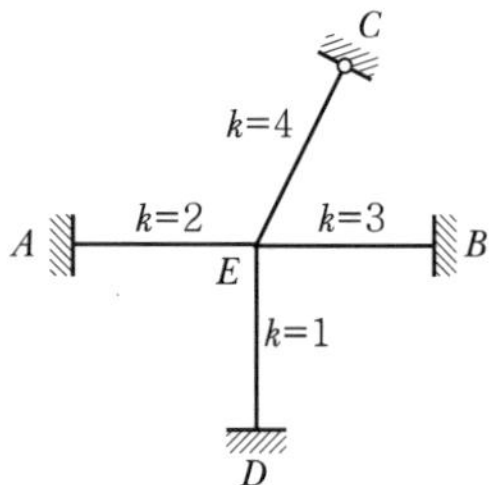

① 0.222 ② 0.1667
③ 0.2857 ④ 0.40

해설 ㉠ 강비

$K_{EA}:K_{EB}:K_{EC}:K_{ED}=2:3:4\times\frac{3}{4}:1$

$=2:3:3:1$

㉡ 분배율

$f_{EA}=\frac{2}{2+3+3+1}=\frac{2}{9}=0.222$

57 그림과 같은 구조물에서 단부 A, B는 고정, C지점은 힌지일 때 OA, OB, OC 부재의 분배율로 옳은 것은?

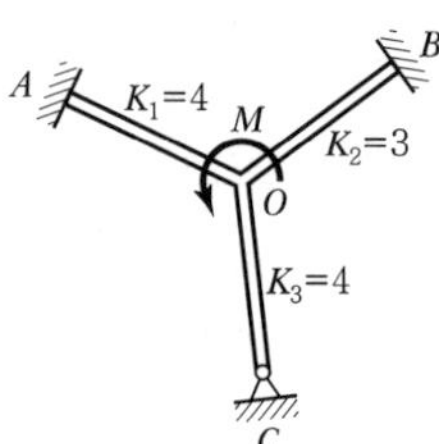

① $DF_{OA}=3/10$, $DF_{OB}=4/10$, $DF_{OC}=4/10$
② $DF_{OA}=4/10$, $DF_{OB}=3/10$, $DF_{OC}=3/10$
③ $DF_{OA}=4/10$, $DF_{OB}=3/10$, $DF_{OC}=4/10$
④ $DF_{OA}=3/10$, $DF_{OB}=4/10$, $DF_{OC}=3/10$

정답 55 ① 56 ① 57 ②

해설 분배율$(DF)=\dfrac{K}{\sum K}$(단, 힌지는 $\dfrac{3}{4}K$)

$$DF_{OA}=\frac{K_{OA}}{\sum K}=\frac{4}{4+3+\left(4\times\dfrac{3}{4}\right)}=\frac{4}{10}$$

$$DF_{OB}=\frac{K_{OB}}{\sum K}=\frac{3}{10}$$

$$DF_{OC}=\frac{K_{OC}}{\sum K}=\frac{4\times\dfrac{3}{4}}{10}=\frac{3}{10}$$

58 절점 O는 이동하지 않으며, 재단 A, B, C가 고정일 때 M_{CO}의 크기는 얼마인가?(단, K는 강비이다.) ['22]

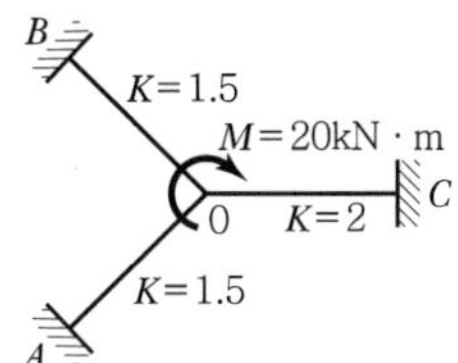

① 2.5kN · m ② 3kN · m
③ 3.5kN · m ④ 4kN · m

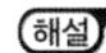
해설 ㉠ $K_{OA}:K_{OB}:K_{OC}=1.5:1.5:2=3:3:4$

㉡ $DF_{OC}=\dfrac{K_{OC}}{\sum K_i}=\dfrac{4}{3+3+4}=\dfrac{4}{10}$

㉢ $M_{OC}=M\times DF_{OC}=20\times\dfrac{4}{10}=8\text{kN}\cdot\text{m}$

㉣ $M_{CO}=\dfrac{1}{2}\times M_{OC}=\dfrac{1}{2}\times 8=4\text{kN}\cdot\text{m}$

59 다음 그림에서 A점의 모멘트 반력은?(단, 각 부재의 길이는 동일하다.) ['12, '14]

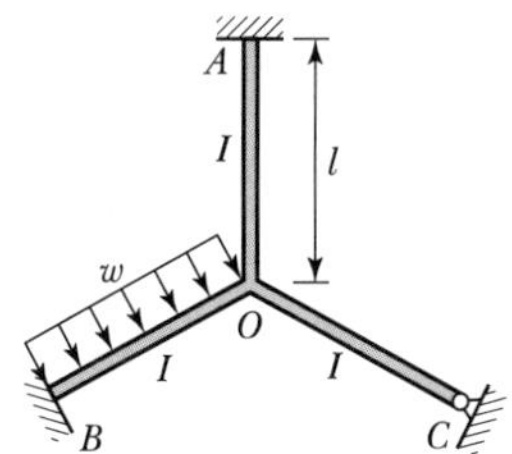

① $M_A=\dfrac{wl^2}{12}$ ② $M_A=\dfrac{wl^2}{24}$
③ $M_A=\dfrac{wl^2}{72}$ ④ $M_A=\dfrac{wl^2}{66}$

해설

[1]

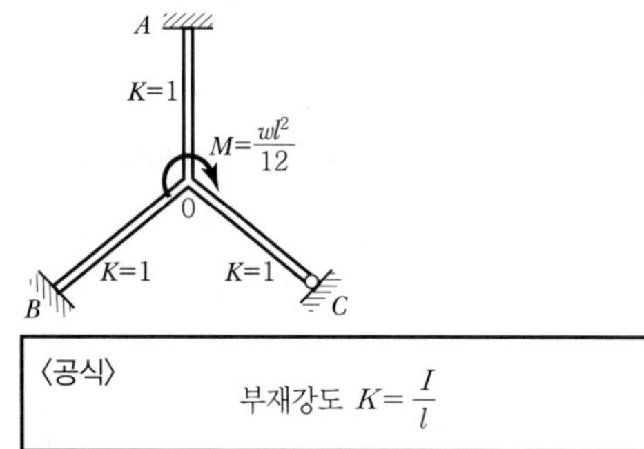

〈공식〉
부재강도 $K=\dfrac{I}{l}$

㉠ 유효강비

$$k_A:k_B:k_C=1:1:\frac{3}{4}$$

㉡ $M_A=M_{OA}\times\dfrac{1}{2}=\left(M\times\dfrac{K_{OA}}{\sum K}\right)\times\dfrac{1}{2}$

$$=\left(\frac{wl^2}{12}\times\frac{1}{1+1+\dfrac{3}{4}}\right)\times\frac{1}{2}=\frac{wl^2}{66}$$

[2] ㉠ $M_{FBO}=M_{FOB}=\dfrac{wl^2}{12}$

㉡

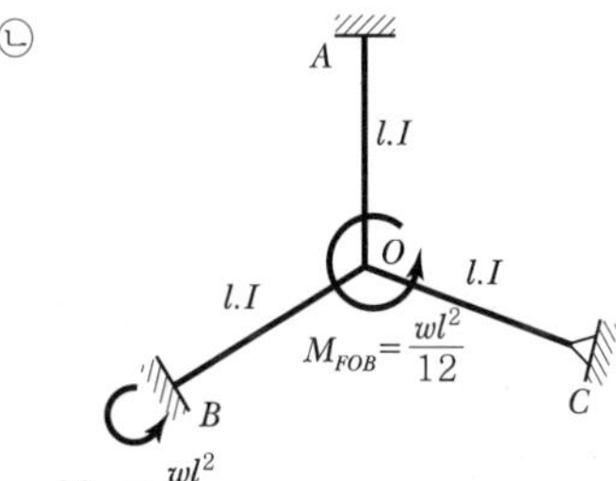

$$K_{OA}:K_{OB}:K_{OC}=\frac{I}{l}:\frac{I}{l}:\frac{I}{l}\times\frac{3}{4}=4:4:3$$

㉢ $DF_{OA}=\dfrac{K_{OA}}{\sum K_i}=\dfrac{4}{11}$

㉣ $M_{OA}=M_{FOB}\times DF_{OA}=\dfrac{wl^2}{12}\times\dfrac{4}{11}=\dfrac{wl^2}{33}$

㉤ $M_{AO}=\dfrac{1}{2}M_{OA}=\dfrac{1}{2}\times\dfrac{wl^2}{33}=\dfrac{wl^2}{66}$

정답 58 ④ 59 ④

처짐각법

60 다음 부정정보의 b단이 l^*만큼 아래로 처졌다면 a단에 생기는 모멘트는?(단, $l^*/l = 1/600$이다.)

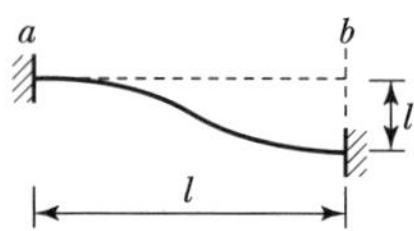

① $M_{ab} = +0.01\frac{EI}{l}$　② $M_{ab} = -0.01\frac{EI}{l}$

③ $M_{ab} = +0.1\frac{EI}{l}$　④ $M_{ab} = -0.1\frac{EI}{l}$

해설 ㉠ 고정단 처짐각 : $\theta_a = \theta_b = 0$

㉡ 강비 : $K = \frac{I}{l}$

㉢ 부재각 : $R = \frac{l^*}{l} = \frac{1}{600}$

㉣ 하중항 : $C_{ab} = 0$

㉤ $M_{ab} = 2EK(2\theta_a + \theta_b - 3R) - C_{ab}$

$= 2E \times \frac{I}{l}\left(-3 \times \frac{1}{600}\right)$

$= -0.01\frac{EI}{l}$

61 그림과 같은 양단 고정보에서 지점 B를 반시계반향으로 1rad만큼 회전시켰을 때 B점에 발생하는 단모멘트의 값이 옳은 것은?

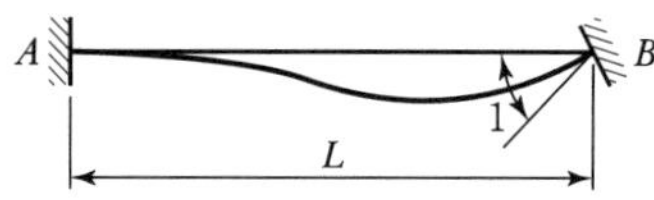

① $\frac{2EI}{L^2}$　② $\frac{4EI}{L}$　③ $\frac{2EI}{L}$　④ $\frac{2EI^2}{L}$

해설

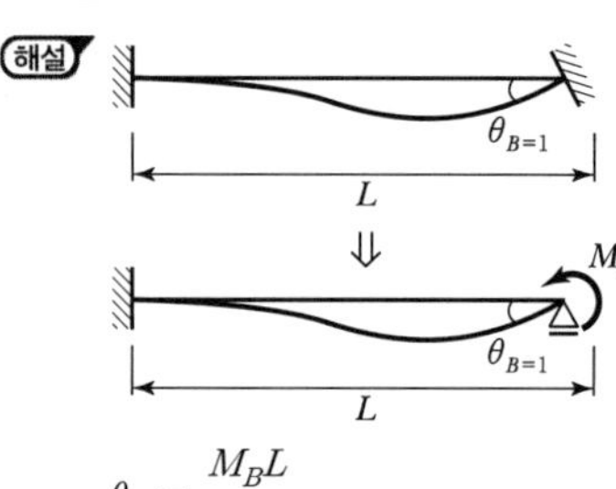

$\theta_B = \frac{M_B L}{4EI}$

$\therefore M_B = \frac{4EI\theta}{L} = \frac{4EI \times 1}{L}$

정답 60 ② 61 ②

정역학 기초

힘의 3요소

01 다음 중 힘의 3요소가 아닌 것은? ['11, '14]

① 크기 ② 방향
③ 작용점 ④ 모멘트

해설 힘의 3요소 : 크기, 방향, 작용점정

02 힘의 3요소에 대한 설명으로 옳은 것은?

① 벡터양으로 표시한다.
② 스칼라양으로 표시한다.
③ 벡터양과 스칼라양으로 표시한다.
④ 벡터양과 스칼라양으로 표시할 수 없다.

해설 힘의 3요소는 크기, 방향, 작용점으로 벡터양이다.

합력 R

03 각각 100kN의 두 힘이 120°의 각도를 이루고 1점에 작용할 때 합력의 크기는?

① 100kN
② $100\sqrt{3}$kN
③ 50kN
④ 150kN

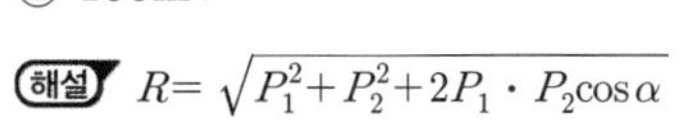

해설 $R=\sqrt{P_1^2+P_2^2+2P_1\cdot P_2\cos\alpha}$
$=\sqrt{100^2+100^2+2\times100\times100\times\cos120°}$
$=100$kN

04 그림에서 두 힘($P_1=50$kN, $P_2=40$kN)에 대한 합력(R)의 크기와 방향(θ) 값은? ['19]

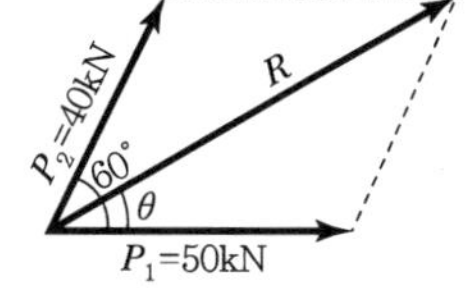

① $R=78.10$kN, $\theta=26.3°$
② $R=78.10$kN, $\theta=28.5°$
③ $R=86.97$kN, $\theta=26.3°$
④ $R=86.97$kN, $\theta=28.5°$

해설 ㉠ $R=\sqrt{P_1^2+P_2^2+2P_1P_2\cos\alpha}$
$=\sqrt{(50)^2+(40)^2+2\times50\times40\times\cos60°}$
$=78.10$kN

㉡ $\tan\theta=\dfrac{P_2\sin\alpha}{P_1+P_2\cos\alpha}$

$\theta=\tan^{-1}\dfrac{P_2\sin\alpha}{P_1+P_2\cos\alpha}$

$=\tan^{-1}\dfrac{40\sin60°}{50+40\cos60°}$

$=\tan^{-1}\dfrac{34.64}{70}=\tan^{-1}(0.49)$

$\theta=26.3°$

05 두 힘 30kg과 50kg이 30°의 각을 이루고 작용하고 있을 때 합력의 크기는?

① 64.42kg ② 68.55kg
③ 70.00kg ④ 77.45kg

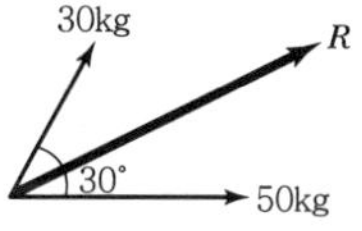

$R=\sqrt{P_1^2+P_2^2+2P_1P_2\cos\theta}$
$=\sqrt{30^2+50^2+2\times30\times50\times\cos30°}\fallingdotseq77.45$kg

06 5t과 8t인 두 힘의 합력(R)이 10t일 때 두 힘 사이의 각 α는?

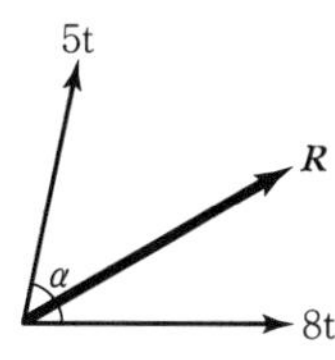

① 82.1° ② 83.8°
③ 51.3° ④ 67.0°

해설 $R=\sqrt{5^2+8^2+2\times5\times8\times\cos\alpha}=10$
$\cos\alpha=0.1375$
$\therefore\ \alpha\fallingdotseq82.1°$

정답 01 ④ 02 ① 03 ① 04 ① 05 ④ 06 ①

07 다음 그림과 같이 한 점에 작용하는 세 힘의 합력의 크기는 얼마인가? ['12, '16]

① 374.2kg
② 426.4kg
③ 513.7kg
④ 597.4kg

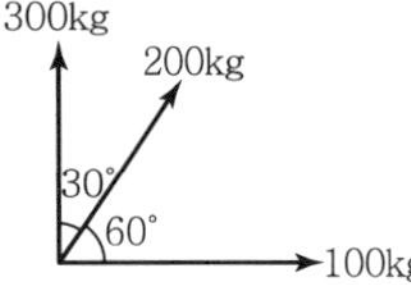

해설 ㉠ $\Sigma H = 100 + 200 \times \cos 60° = 200\text{kg}(\rightarrow)$

㉡ $\Sigma V = 300 + 200 \times \sin 60° \fallingdotseq 473\text{kg}(\uparrow)$

㉢ 합력 $R = \sqrt{\Sigma H^2 + \Sigma V^2} = \sqrt{200^2 + 473^2}$

$= 513.7\text{kg}$

모멘트

08 그림과 같은 힘의 O점에 대한 모멘트는? ['19]

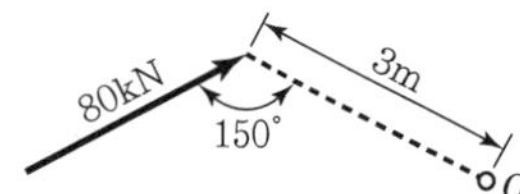

① 240kN · m ② 120kN · m
③ 80kN · m ④ 60kN · m

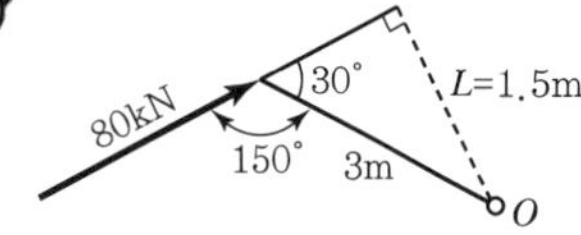

$M_o = PL$

$= 80 \times 1.5$

$= 120\text{kN} \cdot \text{m}$

바리뇽 정리

09 다음 그림에서 힘의 합력 R의 위치(x)는 몇 m인가?

① 4.5m
② 4.75m
③ 5.0m
④ 5.25m

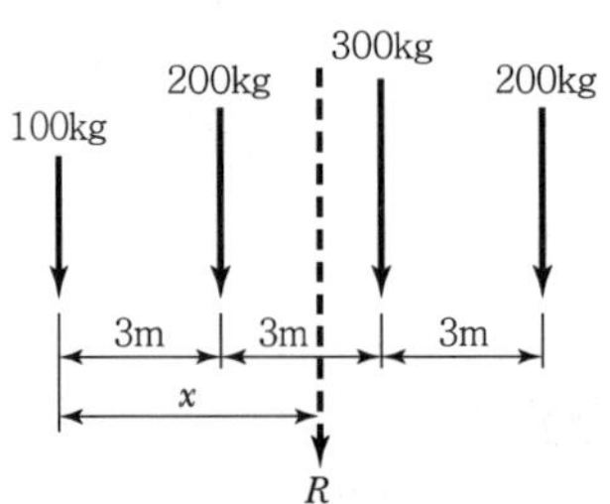

해설 $M_A = 200 \times 3 + 300 \times 6 + 200 \times 9 = Rx$

$600 + 1{,}800 + 1{,}800 = 800x$

$\therefore x = 5.25\text{m}$

10 "여러 힘이 작용할 때 임의의 한 점에 대한 모멘트의 합은 그 점에 대한 합력의 모멘트와 같다."라는 것은 무슨 정리인가? ['20]

① Lami의 정리 ② Castigliano의 정리
③ Varignon의 정리 ④ Mohr의 정리

11 다음 그림에서 힘들의 합력 R의 위치(x)는 몇 m인가?

① $5\frac{2}{3}$
② $5\frac{1}{3}$
③ $4\frac{2}{3}$
④ $4\frac{1}{3}$

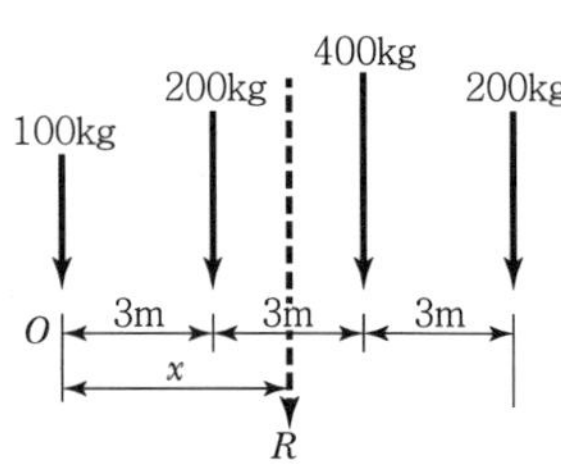

해설 ㉠ 합력 $R = 100 + 200 + 400 + 200 = 900\text{kg}(\downarrow)$

㉡ $M = 200\text{kg} \times 3\text{m} + 400\text{kg} \times 6\text{m} + 200\text{kg} \times 9\text{m}$

$= Rx$

$\therefore x = \frac{600 + 2{,}400 + 1{,}800}{900} = \frac{4{,}800}{900} = \frac{16\text{m}}{3}$

$= 5\frac{1}{3}\text{m}$

12 아래 그림에서 A점으로부터 합력(R)의 작용위치(C점)까지의 거리(x)는? ['20]

① 0.8m
② 0.6m
③ 0.4m
④ 0.2m

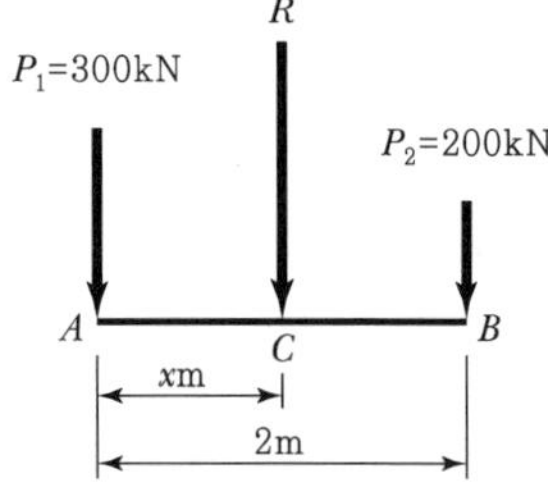

해설

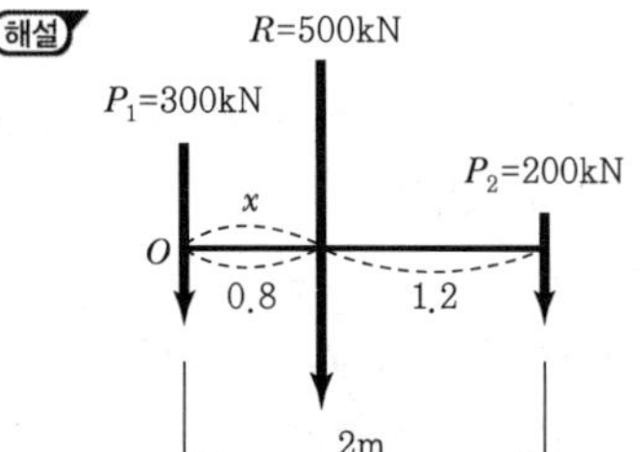

$M_o = P_1 x_1 + P_2 x_2 = R \cdot x$

$300 \times 0 + 200 \times 2 = 500x$ $\therefore x = \frac{400}{500} = 0.8\text{m}$

정답 07 ③ 08 ② 09 ④ 10 ③ 11 ② 12 ①

13 그림과 같이 세 개의 평행력이 작용하고 있을 때 A점으로부터 합력(R)의 위치까지의 거리 x는 몇 m인가? ['19]

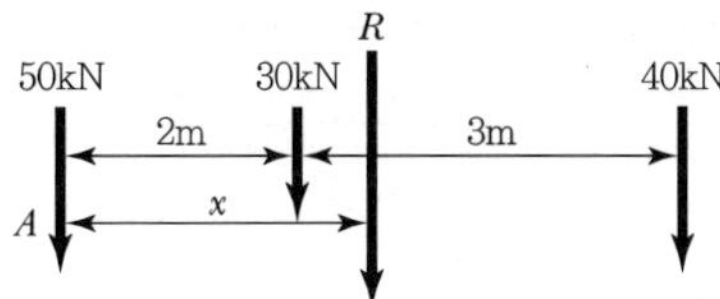

① 2.17m ② 2.86m
③ 3.24m ④ 3.96m

해설 $M_A = P_1x_1 + P_2x_2 + P_3x_3 = Rx$

$= 50 \times 0 + 30 \times 2 + 40 \times 5 = (120)x$

$60 + 200 = 120x$

$\therefore\ x = 2.17\text{m}$

14 다음 그림에서와 같은 평행력(平行力)에 있어서 P_1, P_2, P_3, P_4의 합력의 위치는 O점에서 얼마의 거리에 있겠는가?

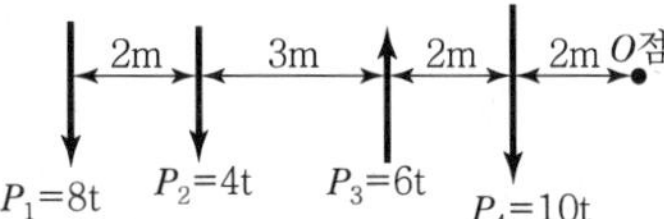

① 4.8m ② 5.4m
③ 5.8m ④ 6.0m

해설 ㉠ 합력 $R = 8 + 4 - 6 + 10 = 16\text{t}(\downarrow)$

㉡ $\Sigma M_o = 8 \times 9 + 4 \times 7 - 6 \times 4 + 10 \times 2 = R \cdot x$

$\therefore\ x = \frac{96}{R} = \frac{96}{16} = 6\text{m}\,(\leftarrow)$

15 그림과 같은 역계에서 합력 R의 위치 x의 값은?

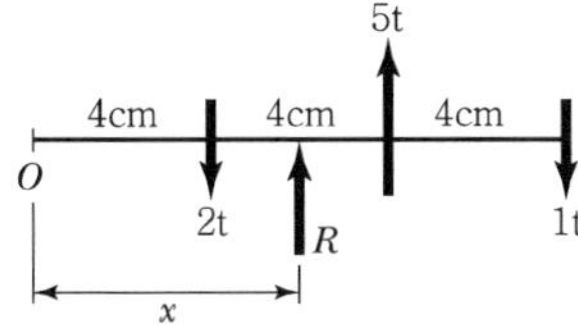

① 6cm ② 8cm
③ 10cm ④ 12cm

해설 ㉠ $R = 2\text{t}(\uparrow)$

㉡ $M_0 = (2 \times 4) - (5 \times 8) + (1 \times 12) = -Rx$

$\therefore\ x = -\frac{(-20)}{R} = \frac{20}{2} = 10\text{cm}\,(\rightarrow)$

16 그림과 같은 역계에서 합력 R의 위치 x의 값은? ['20]

① 6cm
② 8cm
③ 10cm
④ 12cm

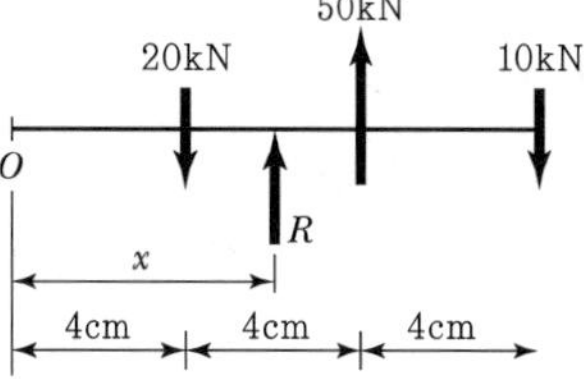

해설

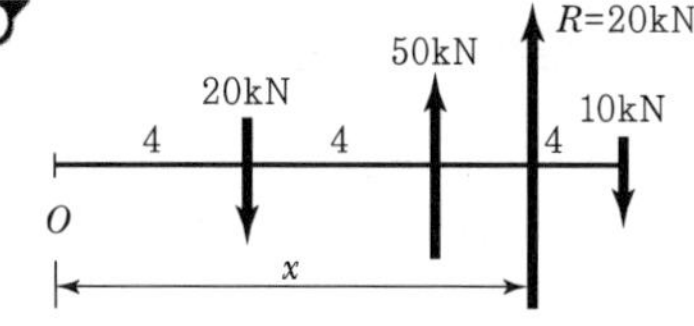

㉠ $R = -20 - 10 + 50 = 20(\uparrow)$

㉡ $M_o = P_1x_1 + P_2x_2 + P_3x_3 = R \cdot x$

$= 20 \times 4 - 50 \times 8 + 10 \times 12 = -20 \cdot x$

$= 80 - 400 + 120 = -20x$

$-200 = -20x \qquad \therefore\ x = 10\text{cm}$

17 그림과 같이 50kN의 힘을 왼쪽으로 10m, 오른쪽으로 15m 떨어진 두 지점에 나란히 분배하였을 때 두 힘 P_1, P_2의 값으로 옳은 것은? ['19]

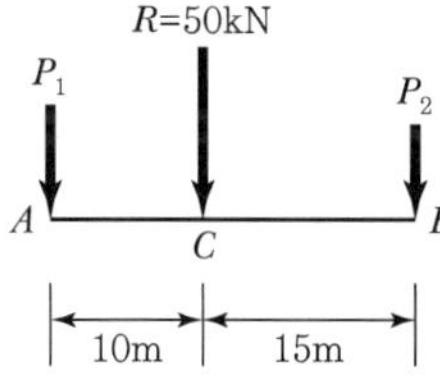

① $P_1 = 10\text{kN}$, $P_2 = 40\text{kN}$
② $P_1 = 20\text{kN}$, $P_2 = 30\text{kN}$
③ $P_1 = 30\text{kN}$, $P_2 = 20\text{kN}$
④ $P_1 = 40\text{kN}$, $P_2 = 10\text{kN}$

해설

R=50
A
B
10m
15m
P_1
P_2

㉠ $M_A = P_1x_1 + P_2x_2 = Rx$

$= P_1 \times 0 + P_2 \times 25 = 50 \times 10$

$25P_2 = 500 \qquad \therefore\ P_2 = 20\text{kN}$

㉡ $R = P_1 + P_2$

$50 = P_1 + 20 \qquad \therefore\ P_1 = 30\text{kN}$

정답 13 ① 14 ④ 15 ③ 16 ③ 17 ③

18 동일 평면상의 한 점에 여러 개의 힘이 작용하고 있을 때, 여러 개의 힘의 어떤 점에 대한 모멘트의 합은 그 합력의 동일점에 대한 모멘트와 같다는 것은 다음 중 어떤 정리인가? ['12, '16]

① Mohr의 정리 ② Lami의 정리
③ Castigliano의 정리 ④ Varignon의 정리

19 아래의 표에서 설명하는 것은?

나란한 여러 힘이 작용할 때 임의의 한 점에 대한 모멘트의 합은 그 점에 대한 합력의 모멘트와 같다.

① 바리뇽의 정리 ② 베티의 정리
③ 중첩의 원리 ④ 모아 원의 정리

20 "여러 힘의 모멘트는 그 합력의 모멘트와 같다."라는 것은 무슨 원리인가? ['12, '16]

① 가상(假想)일의 원리 ② 모멘트 분배법
③ Varignon의 원리 ④ 모아(Mohr)의 정리

해설 바리뇽(Varignon) 정리

21 바리뇽(Varignon)의 정리에 대한 설명으로 옳은 것은?

① 여러 힘의 한 점에 대한 모멘트의 합과 합력의 그 점에 대한 모멘트는 우력 모멘트로서 작용한다.
② 여러 힘의 한 점에 대한 모멘트 합은 합력의 그 점 모멘트보다 항상 작다.
③ 여러 힘의 임의 한 점에 대한 모멘트의 합은 합력의 그 점에 대한 모멘트와 같다.
④ 여러 힘의 한 점에 대한 모멘트를 합하면 합력의 그 점에 대한 모멘트보다 항상 크다.

22 "동일 평면에서 한 점에 여러 개의 힘이 작용하고 있을 때, 평면의 임의 점에서의 모멘트 총합은 동일점에 대한 이들 힘의 합력 모멘트와 같다"는 정리는? ['19]

① Mohr의 정리 ② Lami의 정리
③ Castigliano의 정리 ④ Varignon의 정리

라미의 정리

23 아래 그림과 같은 로프에서 BC에 일어나는 힘의 크기는?(단, 인장 : +, 압축 : −)

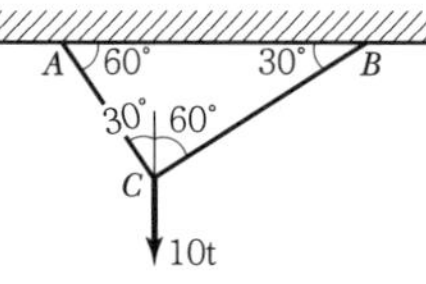

① 6.928t ② −6.928t
③ −5t ④ 5t

해설

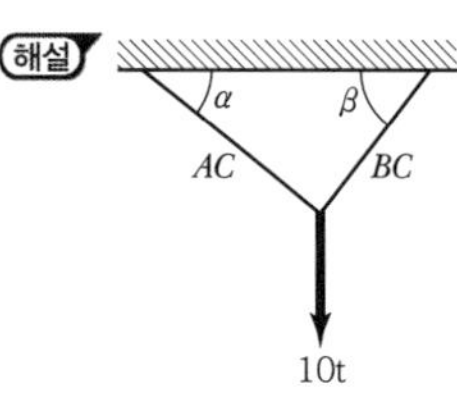

$\alpha+\beta=90°$이면

㉠ $AC=P\sin\alpha=10\sin60°=5\sqrt{3}\,\text{t}$

㉡ $BC=P\sin\beta=10\sin30°=5\text{t}$

24 그림과 같이 중량이 500kN 되는 물체가 로프에 지지되어 있을 때, 줄 AB 및 BC에 작용하는 힘은?

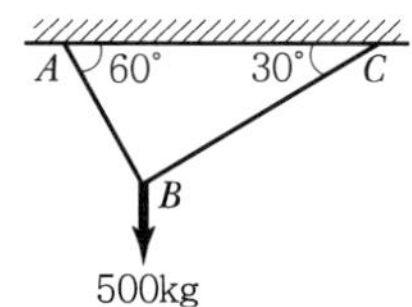

① $AB=433\text{kN}$, $BC=220\text{kN}$
② $AB=433\text{kN}$, $BC=250\text{kN}$
③ $AB=443\text{kN}$, $BC=220\text{kN}$
④ $AB=443\text{kN}$, $BC=250\text{kN}$

해설

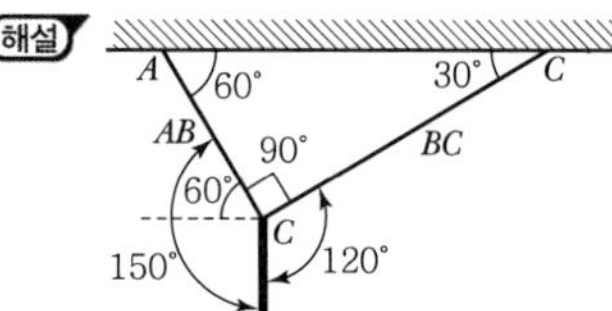

㉠ $\dfrac{AB}{\sin120°}=\dfrac{500}{\sin90°}=\dfrac{BC}{\sin150°}$

㉡ $AB=\dfrac{500}{\sin90°}\times\sin120°=250\sqrt{3}\,\text{kN}\fallingdotseq433\text{kN}$

㉢ $BC=\dfrac{500}{\sin90°}\times\sin150°=250\text{kN}$

정답 18 ④ 19 ① 20 ③ 21 ③ 22 ④ 23 ④ 24 ②

25 그림에서 C점을 얼마의 힘(P)으로 당겼더니 부재 BC에 200kN의 장력이 발생하였다면 AC에 발생하는 장력은? ['20]

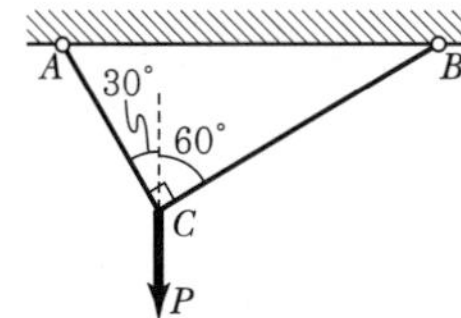

① 86.6kN ② 115.5kN
③ 346.4kN ④ 400.0kN

해설

[1]

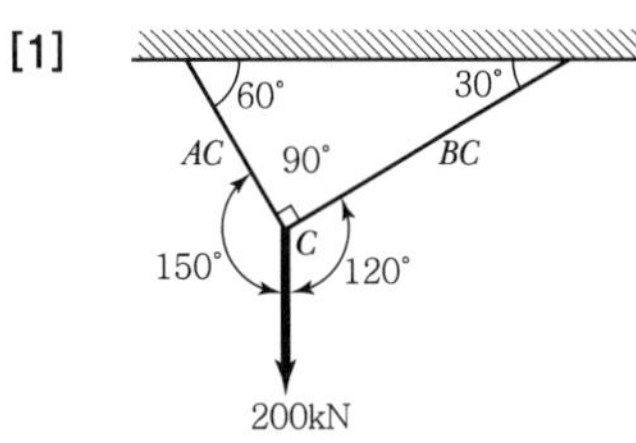

$$\frac{AC}{\sin 120°} = \frac{BC}{\sin 150°} = \frac{200}{\sin 90°}$$

$$\therefore AC = \frac{BC}{\sin 150°} \times \sin 120°$$

$$= \frac{200}{\sin 150°} \times \sin 120° \fallingdotseq 346.4\text{kN}$$

[2] $\alpha + \beta = 60° + 30° = 90°$이면

$$AC = P\sin 60° = 200 \times \frac{\sqrt{3}}{2} = 346.4\text{kN}$$

〈참고〉

$$BC = P\sin 30° = 200 \times \frac{1}{2} = 100\text{kN}$$

$$= 200 \times \frac{1}{2} = 100\text{kN}$$

26 그림과 같이 중량 300kg인 물체가 끈에 매달려 지지되어 있을 때, 끈 AB와 BC에 작용되는 힘은?

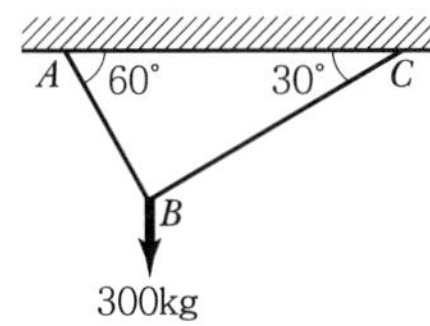

① AB=245kg, BC=180kg
② AB=260kg, BC=150kg
③ AB=275kg, BC=240kg
④ AB=230kg, BC=210kg

해설

[1] 라미의 정리를 이용하면

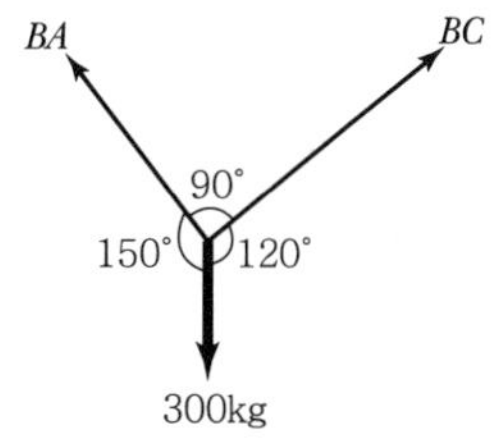

$$\frac{AB}{\sin 120°} = \frac{BC}{\sin 150°} = \frac{300\text{kg}}{\sin 90°}$$

$\therefore AB = 259.8\text{kg}$, $BC = 150\text{kg}$

[2] $\alpha + \beta = 90°$이므로

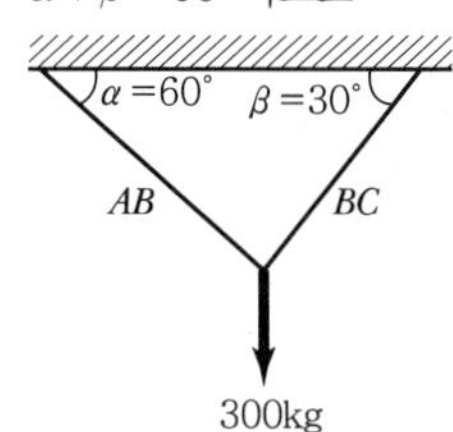

$$AB = 300 \times \sin\alpha = 300 \times \sin 60°$$

$$= 150\sqrt{3}\,\text{kg} \fallingdotseq 260\text{kg}$$

$$BC = 300 \times \sin\beta = 300 \times \sin 30°$$

$$= 150\text{kg}$$

27 그림과 같이 ABC의 중앙점에 10kN의 하중을 달았을 때 정지하였다면 장력 T의 값은 몇 kN인가? ['14, '16]

① 10kN
② 8.66kN
③ 5kN
④ 15kN

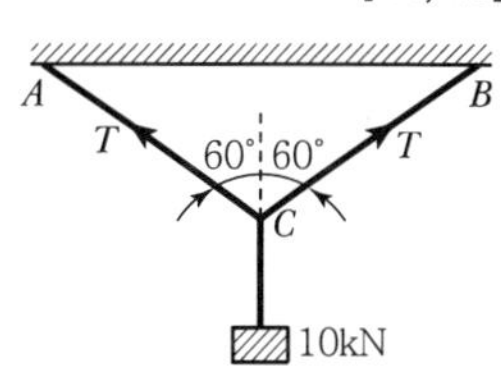

해설

[1]

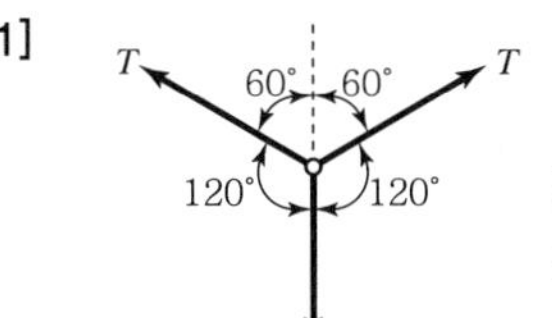

$$\frac{10}{\sin 120°} = \frac{T}{\sin 120°}$$

$T = 10\text{kN}$

[2]

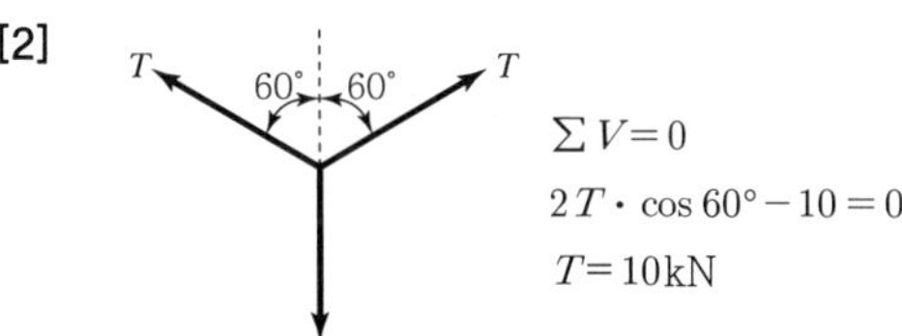

$\Sigma V = 0$

$2T \cdot \cos 60° - 10 = 0$

$T = 10\text{kN}$

정답 25 ③ 26 ② 27 ①

28 아래 그림과 같이 C점에 500kN이 수직으로 작용할 때 부재 AC의 부재력은?

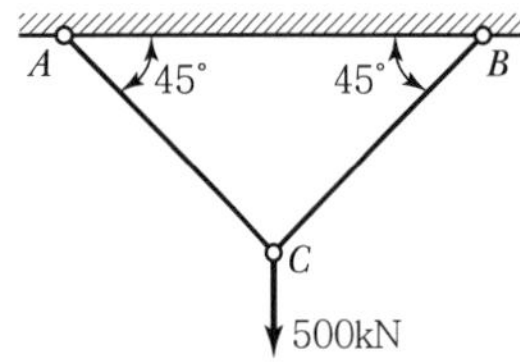

① 304.2kN ② 312.4kN

③ 353.6kN ④ 384.2kN

$$\frac{500}{\sin 90°} = \frac{AC}{\sin 135°}$$

$AC = 353.6\text{kN}$

29 그림과 같이 무게 1,000kg의 물체가 두 부재 AC 및 BC로써 지지되어 있을 때 각 부재에 작용하는 장력 T는?

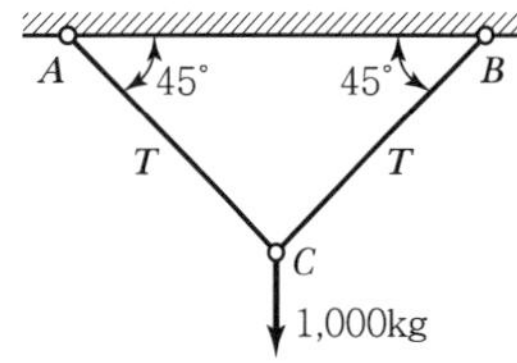

① 696kg ② 707kg

③ 796kg ④ 807kg

$\alpha + \beta = 90°$이면

$T_1 = T_2 = P\sin 45°$

$= 1{,}000 \times \dfrac{1}{\sqrt{2}}$

$= 707\text{kg}$

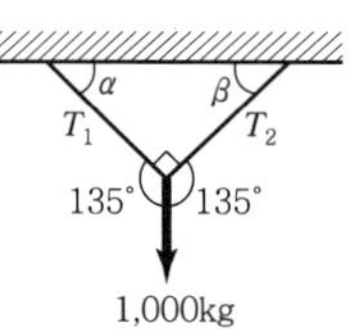

평형조건식 $\Sigma H = 0$ $\Sigma V = 0$

30 그림과 같은 구조물에서 부재 AB가 받는 힘의 크기는? ['14, '16]

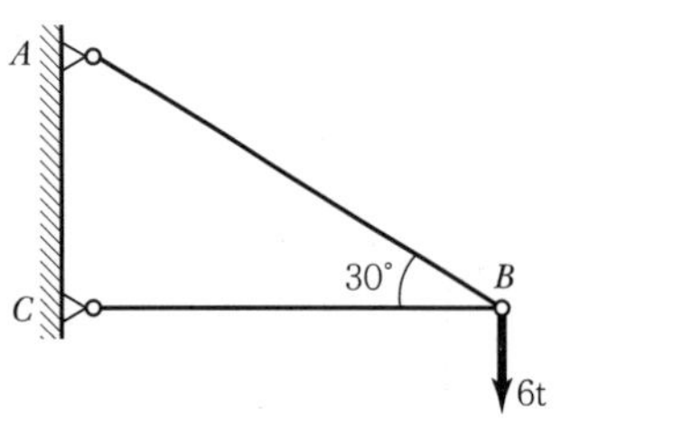

① 3t ② 6t ③ 12t ④ 18t

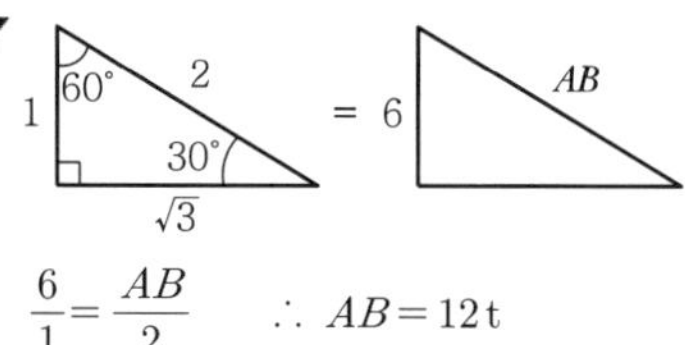

$$\frac{6}{1} = \frac{AB}{2} \qquad \therefore AB = 12\text{t}$$

31 그림과 같은 구조물에서 부재 AC가 받는 힘의 크기는?

① 6t

② 5t

③ 4t

④ 3t

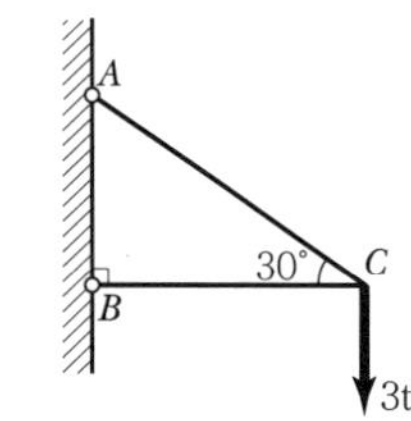

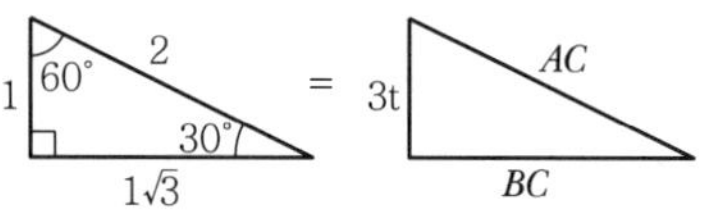

㉠ $AC = +6\text{t}$

㉡ $BC = -3\sqrt{3}\text{t}$

32 그림과 같은 구조물에서 부재 AB가 받는 힘은? ['19]

① 2.00kN

② 2.15kN

③ 2.35kN

④ 2.83kN

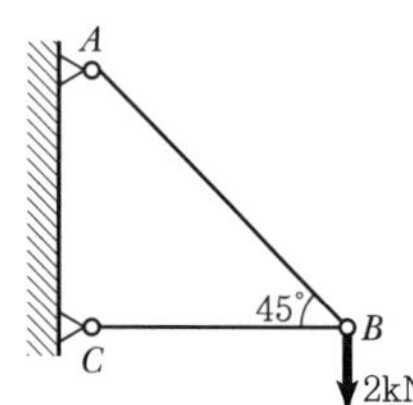

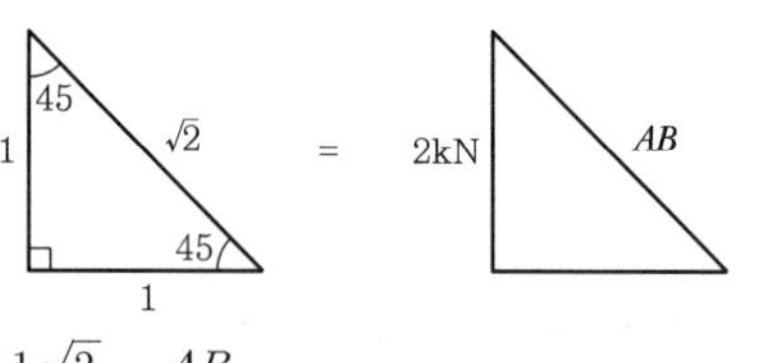

$$\frac{1\sqrt{2}}{1} = \frac{AB}{2} \qquad \therefore AB = 2\sqrt{2}\text{kN} = 2.83\text{kN}$$

33 그림과 같이 각 점이 힌지로 연결된 구조물에서 부재 $\overline{BC}$의 부재력은?

① 0.87t(압축)

② 0.87t(인장)

③ 1.73t(압축)

④ 1.73t(인장)

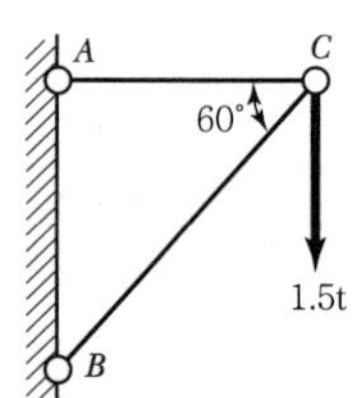

정답 28 ③ 29 ② 30 ③ 31 ① 32 ④ 33 ③

해설 ㉠

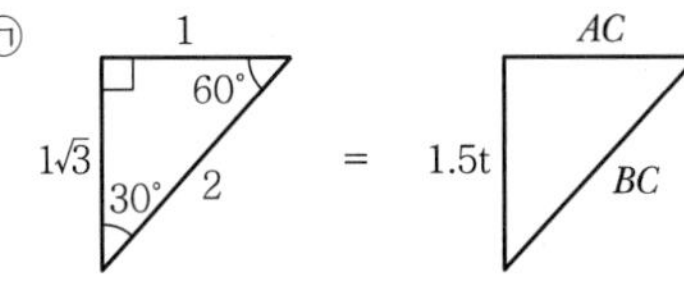

㉡ $AC=\dfrac{1.5}{\sqrt{3}}=0.866\text{t}$

㉢ $BC=-2\times\dfrac{1.5}{\sqrt{3}}=-1.732\text{t}$

34 그림에서 AB, BC 부재의 내력은?

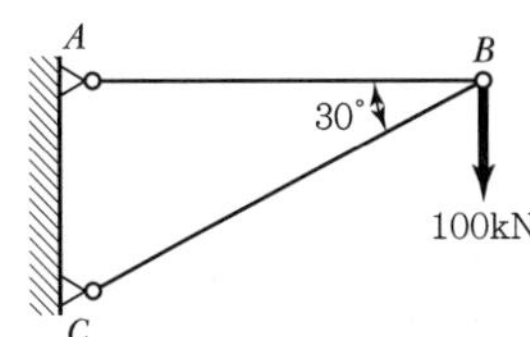

① AB 부재 : 인장 $100\sqrt{3}$ kN, BC 부재 : 압축 200kN
② AB 부재 : 인장 100kN, BC 부재 : 인장 100kN
③ AB 부재 : 인장 100kN, BC 부재 : 압축 100kN
④ AB 부재 : 압축 $100\sqrt{2}$ kN, BC 부재 : 인장 $100\sqrt{2}$ kN

해설 ㉠

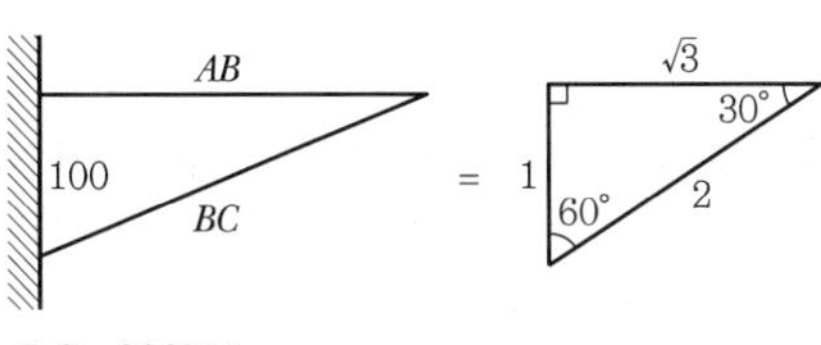

$BC=200\text{kN}$
$AB=100\sqrt{3}\text{ kN}$

㉡

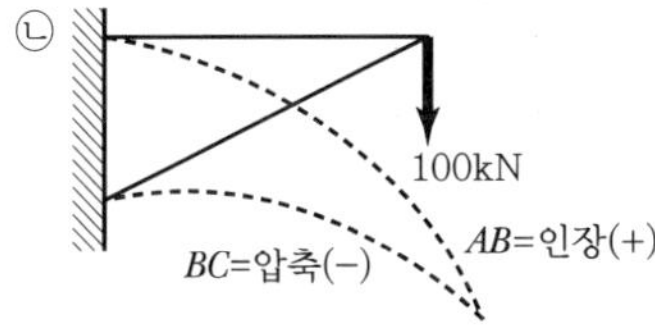

35 $P=120\text{kN}$의 무게를 매달은 그림과 같은 구조물에서 T_1이 받는 힘은? ['20]

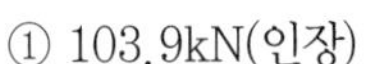

① 103.9kN(인장)
② 103.9kN(압축)
② 60kN(인장)
④ 60kN(압축)

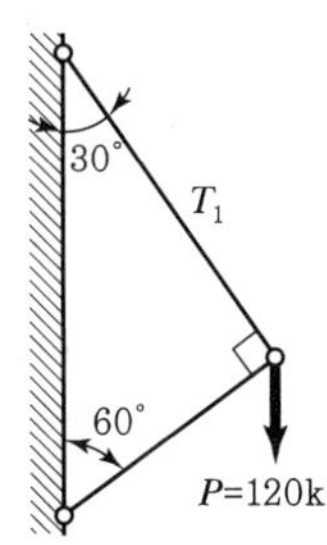

해설

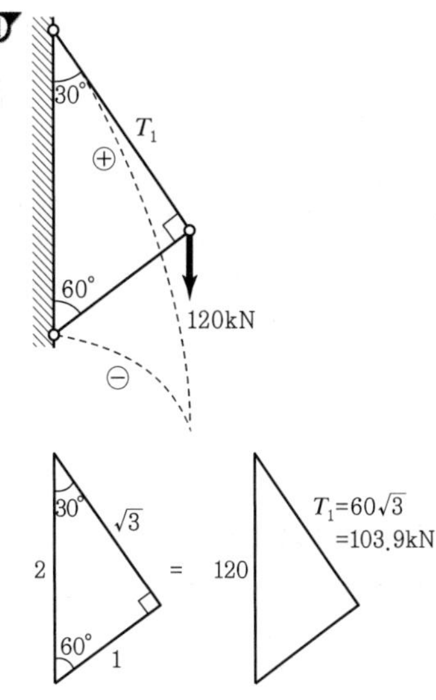

평형조건식 $\Sigma M=0$

36 그림과 같이 네 개의 힘이 평형상태에 있다면 A점에 작용하는 힘 P와 AB 사이의 거리 x는? ['10, '15]

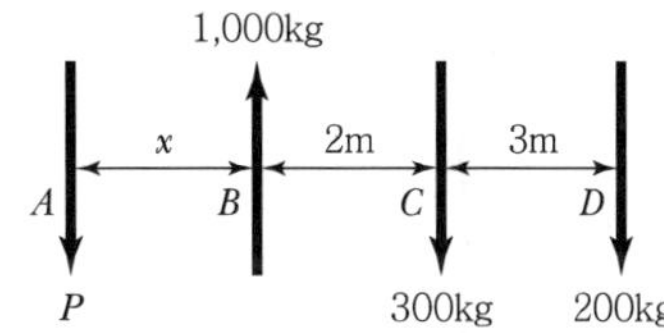

① $P=400\text{kg}$, $x=2.5\text{m}$ ② $P=400\text{kg}$, $x=3.6\text{m}$
③ $P=500\text{kg}$, $x=2.5\text{m}$ ④ $P=500\text{kg}$, $x=3.2\text{m}$

해설 ㉠ $\Sigma V=0$

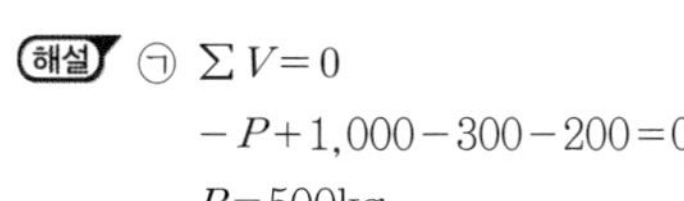

$-P+1{,}000-300-200=0$
$P=500\text{kg}$

㉡ $\Sigma M_B=0$
$-P\times x+300\times2+200\times5=0$
$x=\dfrac{1{,}600}{P}=\dfrac{1{,}600}{500}=3.2\text{m}$

37 다음 그림과 같은 세 개의 힘이 평형상태에 있다면 C점에서 작용하는 힘 P와 $\overline{BC}$ 사이의 거리 x는?

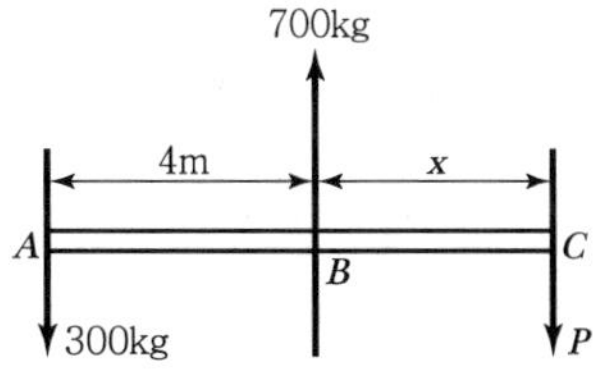

정답 34 ① 35 ① 36 ④ 37 ①

① $P=400\text{kg},\ x=3\text{m}$ ② $P=300\text{kg},\ x=3\text{m}$
③ $P=400\text{kg},\ x=4\text{m}$ ④ $P=300\text{kg},\ x=4\text{m}$

해설 ㉠ $\Sigma V=-300+700-P=0$

$\therefore\ P=400\text{kg}(\downarrow)$

㉡ $\Sigma M_A=0$

$-700\times4+P(4+x)=0$

$-2{,}800+1{,}600+400x=0$

$x=\dfrac{1{,}200}{400}=3\text{m}$

38 그림과 같은 세 개의 힘이 평형상태에 있다면 C점에서 작용하는 힘 P와 BC 사이의 거리 x는? ['19]

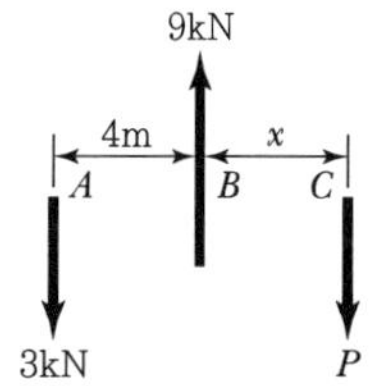

① $P=4\text{kN},\ x=3\text{m}$ ② $P=6\text{kN},\ x=3\text{m}$
③ $P=4\text{kN},\ x=2\text{m}$ ④ $P=6\text{kN},\ x=2\text{m}$

해설 ㉠

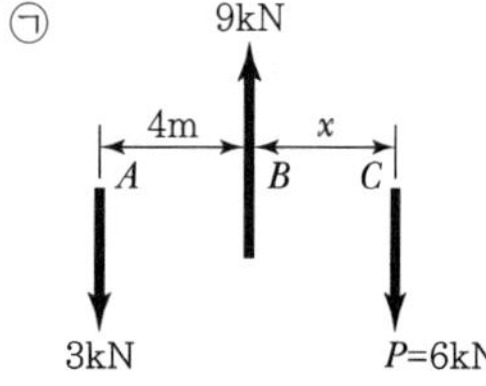

㉡ $M_B=-3\times4+6\times x=0$

$\therefore\ x=2\text{m}$

39 그림과 같은 구조물에서 BC 부재가 받는 힘은 얼마인가?

① 1.8t
② 2.4t
③ 3.75t
④ 5.0t

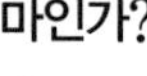

해설

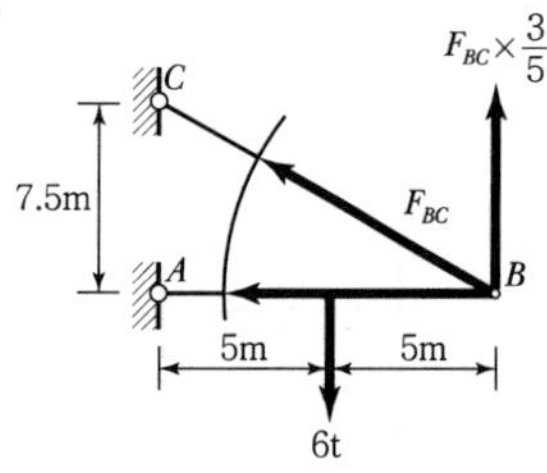

$\Sigma M_A=0$

$6\times5-F_{BC}\dfrac{3}{5}\times10=0$

$\therefore\ F_{BC}=5\text{t}$(인장)

40 무게 12톤인 아래 그림과 같은 구조물을 밀어넘길 수 있는 수평 집중하중 P는?

① 1.2t
② 1.8t
③ 2.2t
④ 2.8t

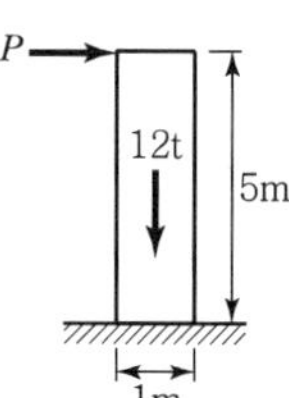

해설

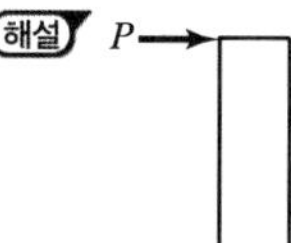

$\Sigma M_B=0$

$P\times5-12\times\dfrac{1}{2}=0$

$\therefore\ P=1.2\text{t}$

마찰

41 그림과 같은 30°의 경사진 언덕에서 4kN의 물체를 밀어 올리는 데는 얼마 이상의 힘이 필요한가?(단, 마찰계수는 0.25이다.) ['20]

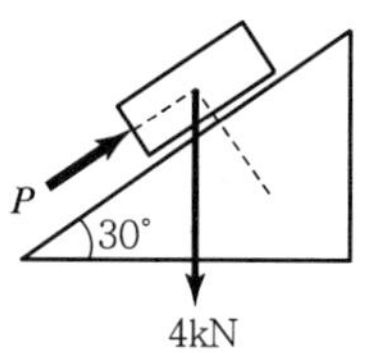

① 2.567kN ② 2.866kN
③ 3.020kN ④ 4.000kN

해설

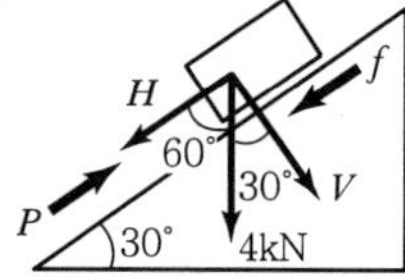

㉠ $H=4\times\cos60°=2\text{kN}$

㉡ $V=4\times\cos30°=3.464\text{kN}$

㉢ $P=H+f\cdot V$

$=2+0.25\times3.464$

$=2.866\text{kN}$

정답 38 ④ 39 ④ 40 ① 41 ②

단면의 성질

도심

01 다음 삼각형(ABC) 단면에서 y축으로부터 도심까지의 거리는?

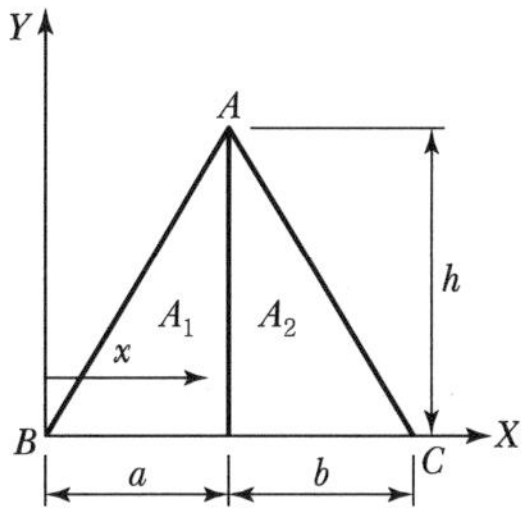

① $\dfrac{2a+b}{3}$　② $\dfrac{a+2b}{2}$

③ $\dfrac{2a+b}{2}$　④ $\dfrac{a+2b}{3}$

해설 $x=\dfrac{2a+b}{3}$

02 그림과 같이 2차 포물선 OAB가 이루는 면적의 y축으로부터 도심 위치는?

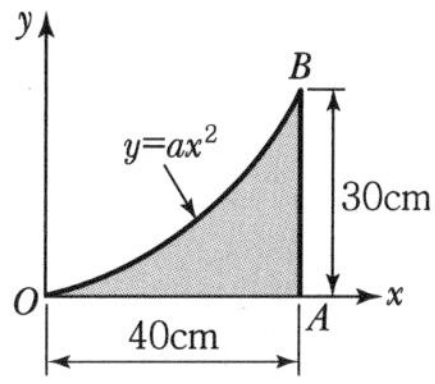

① 30cm　② 31cm

③ 32cm　④ 33cm

해설

〈공식〉

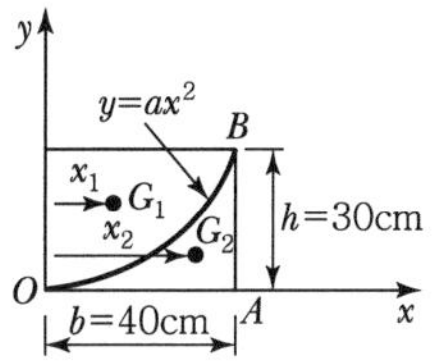

$x_1=\dfrac{3}{8}b$

$x_2=\dfrac{3}{4}b$

$x_2=\dfrac{3}{4}b=\dfrac{3}{4}\times 40=30\text{cm}$

단면1차모멘트 G_x

03 그림과 같은 단면의 X축에 대한 단면1차모멘트는 얼마인가? ['11, '14]

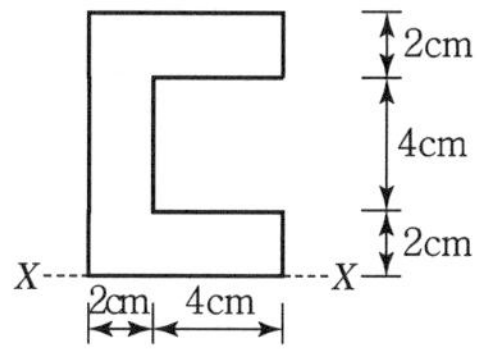

① 128cm³

② 138cm³

③ 148cm³

④ 158cm³

해설 ㉠

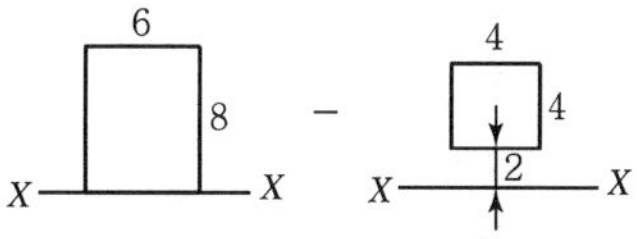

㉡ $G_x=\{(6\times 8)\times 4\}-\{(4\times 4)\times 4\}=128\text{cm}^3$

04 그림과 같은 도형(빗금 친 부분)의 X축에 대한 단면1차모멘트는? ['19]

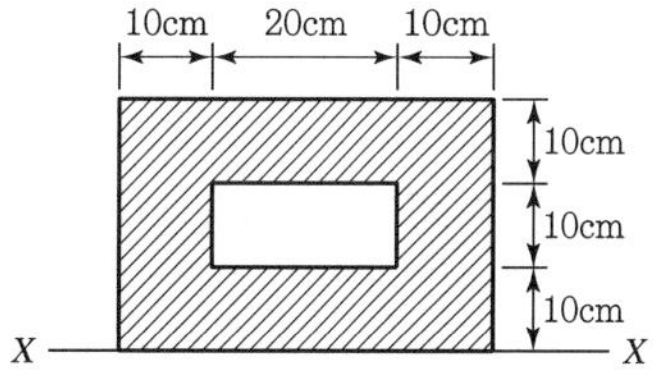

① 5,000cm³　② 10,000cm³

③ 15,000cm³　④ 20,000cm³

해설

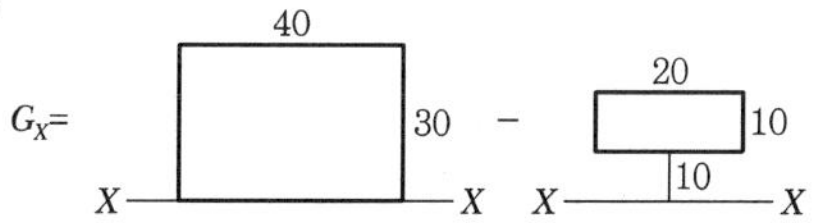

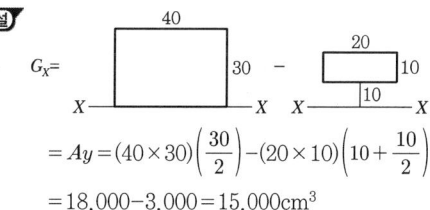

$=Ay=(40\times 30)\left(\dfrac{30}{2}\right)-(20\times 10)\left(10+\dfrac{10}{2}\right)$

$=18{,}000-3{,}000=15{,}000\text{cm}^3$

05 다음 삼각형의 x축에 대한 단면1차모멘트는?

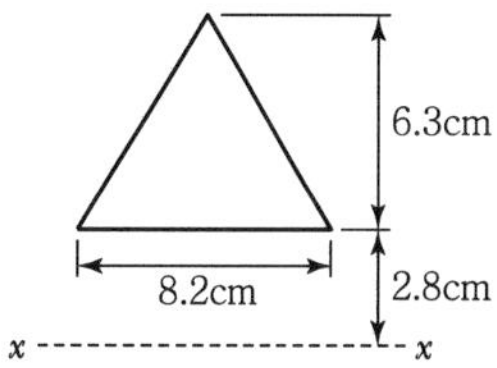

① 126.6cm³

② 136.6cm³

③ 146.6cm³

④ 156.6cm³

정답 01 ① 02 ① 03 ① 04 ③ 05 ①

해설 $G_x = \left(\frac{1}{2}\times 6.3\times 8.2\right)\times\left(2.8+\frac{6.3}{3}\right)=126.6\text{cm}^3$

06 그림과 같은 4분 원호에서 x축에 대한 단면1차모멘트의 크기는? ['19]

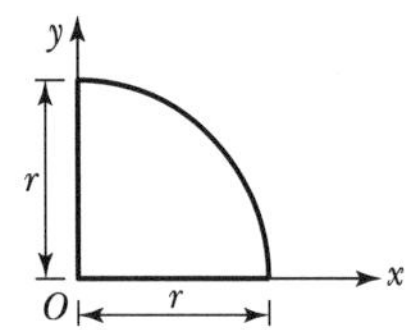

① $\frac{r^3}{2}$ ② $\frac{r^3}{3}$ ③ $\frac{r^3}{4}$ ④ $\frac{r^3}{5}$

해설 $G_x = A\cdot y = \left(\pi r^2\times\frac{1}{4}\right)\times\frac{4r}{3\pi}=\frac{r^3}{3}$

07 다음 중 단면1차모멘트와 같은 차원을 갖는 것은?

① 단면2차모멘트 ② 회전반경
③ 단면상승모멘트 ④ 단면계수

해설 $Z=\frac{I}{y}(\text{cm}^3)$

$G_x = A_y(\text{cm}^3)$

08 다음 중 단면1차모멘트의 단위로 옳은 것은?

① cm ② cm^2
③ cm^3 ④ cm^4

해설 $G_Y = A_y = (\text{cm}^2)(\text{cm}^1)=\text{cm}^3$

09 모든 도형에서 도심을 지나는 축에 대한 단면1차모멘트 값의 범위로 옳은 설명은?

① 0이다.
② 0보다 크다.
③ 0보다 적다.
④ 0에서 1 사이의 값을 갖는다.

해설 $G_X=0,\ G_Y=0$

도심 $y=\frac{G_x}{A}$

10 다음과 같은 L형 단면에서 도심의 위치 x와 y는?

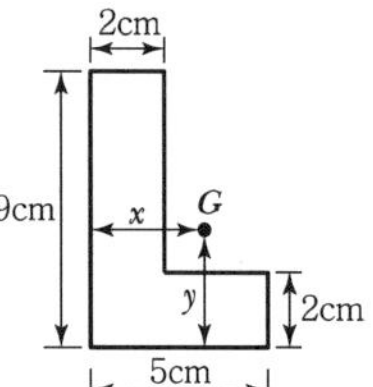

① $x=1.625\text{cm},\ y=3.625\text{cm}$
② $x=2.325\text{cm},\ y=3.625\text{cm}$
③ $x=1.625\text{cm},\ y=2.325\text{cm}$
④ $x=2.325\text{cm},\ y=1.625\text{cm}$

해설

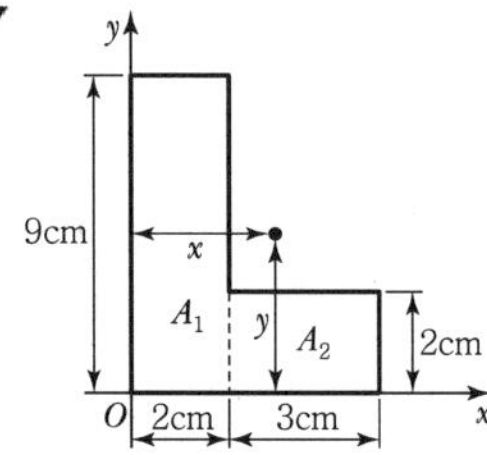

㉠ $y=\frac{G_x}{A}=\frac{18\times4.5+6\times1}{2\times9+3\times2}=3.625\text{cm}$

㉡ $x=\frac{G_y}{A}=\frac{18\times1+6\times(2+1.5)}{2\times9+3\times2}=1.625\text{cm}$

11 그림과 같은 단면의 도심거리 y를 구한 값으로 옳은 것은?

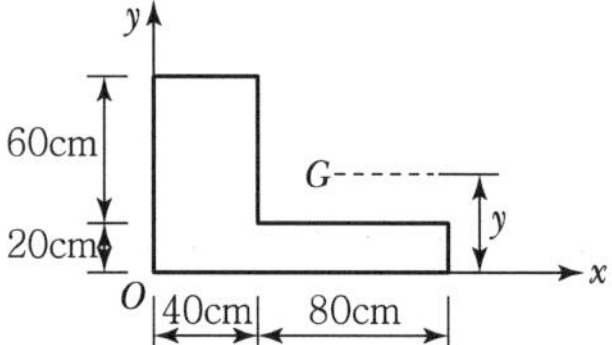

① 50cm
② 40cm
③ 30cm
④ 20cm

해설

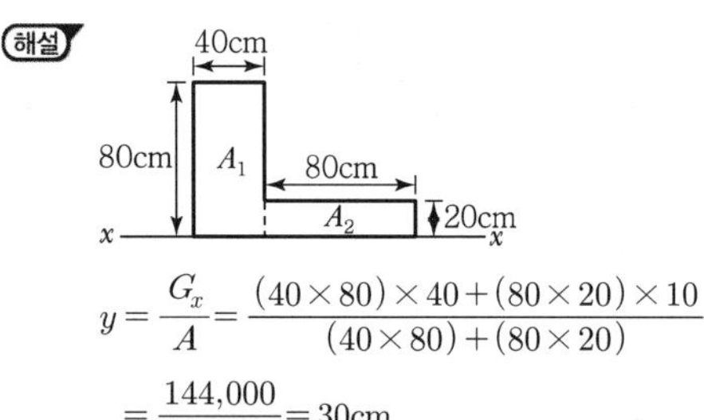

$y=\frac{G_x}{A}=\frac{(40\times80)\times40+(80\times20)\times10}{(40\times80)+(80\times20)}$

$=\frac{144{,}000}{4{,}800}=30\text{cm}$

12 그림과 같은 단면의 도심 $\bar{y}$는? ['19]

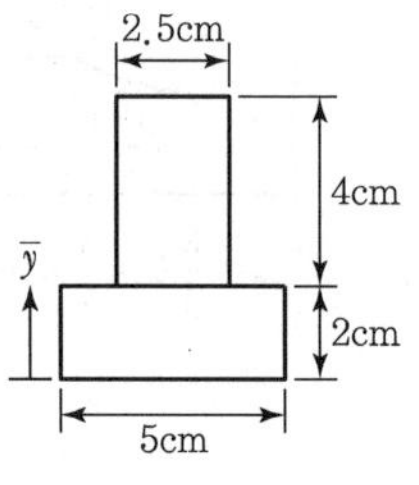

① 2.5cm
② 2.0cm
③ 1.5cm
④ 1.0cm

정답 06 ② 07 ④ 08 ③ 09 ① 10 ① 11 ③ 12 ①

해설

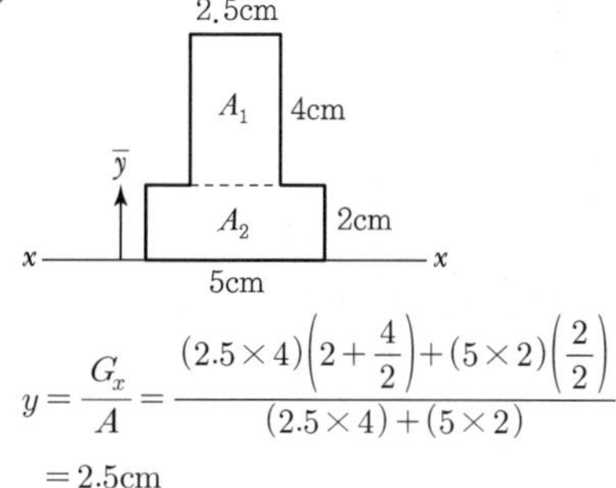

$$y=\frac{G_x}{A}=\frac{(2.5\times4)\left(2+\frac{4}{2}\right)+(5\times2)\left(\frac{2}{2}\right)}{(2.5\times4)+(5\times2)}$$
$$=2.5\text{cm}$$

13 아래 그림과 같은 단면에서 도심의 위치 $\bar{y}$로 옳은 것은? ['20]

① 2.21cm
② 2.64cm
③ 2.96cm
④ 3.21cm

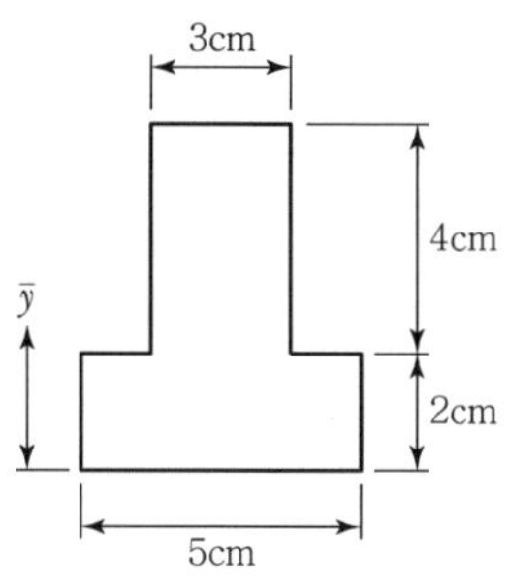

해설

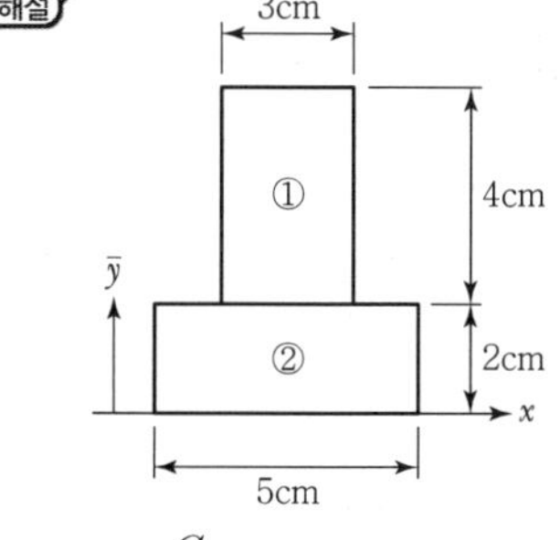

$$\bar{y}=\frac{G_x}{A}$$
$$=\frac{\left\{(3\times4)\times\left(\frac{1}{2}\times4+2\right)\right\}+\left\{(5\times2)\times\left(\frac{1}{2}\times2\right)\right\}}{(3\times4)+(5\times2)}$$
$$=2.64\text{cm}$$

14 다음 도형의 단면에서 빗금 친 부분에 대한 도심 y_0 값은?

① $\frac{8}{17}a$ ② $\frac{7}{18}a$
③ $\frac{8}{19}a$ ④ $\frac{13}{20}a$

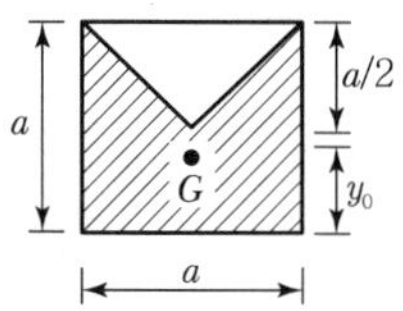

해설 $y_0=\frac{G_A-G_{x1}}{A-A_1}=\frac{a^2\times\frac{a}{2}-\frac{a^2}{4}\times\left(\frac{a}{2}+\frac{a}{2}\times\frac{2}{3}\right)}{a^2-a\times\frac{a}{2}\times\frac{1}{2}}$

$$=\frac{\frac{a^3}{2}-\frac{5a^3}{24}}{\frac{3a^2}{4}}=\frac{7a}{18}$$

15 그림과 같은 음영 부분의 단면적 A인 단면에서 도심 y를 구한 값은? ['19]

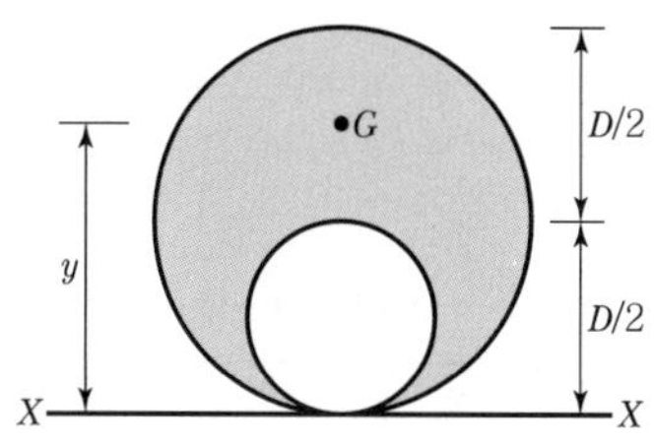

① $\frac{5D}{12}$ ② $\frac{6D}{12}$ ③ $\frac{7D}{12}$ ④ $\frac{8D}{12}$

해설 ㉠ $A=\frac{\pi D^2}{4}-\frac{\pi\left(\frac{D}{2}\right)^2}{4}=\frac{3\pi D^2}{16}$

㉡ $G_x=\frac{\pi D^2}{4}\times\frac{D}{2}-\frac{\pi\left(\frac{D}{2}\right)^2}{4}\times\frac{D}{4}=\frac{7\pi D^3}{64}$

㉢ $y=\frac{G_x}{A}=\frac{\frac{7\pi D^3}{64}}{\frac{3\pi D^2}{16}}=\frac{7D}{12}$

16 그림과 같은 빗금 친 부분의 y축 도심은 얼마인가?

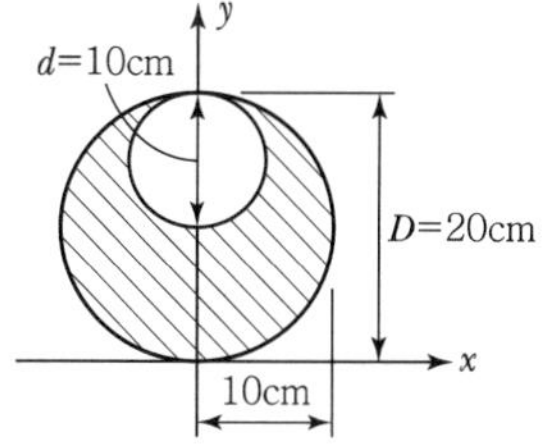

① x축에서 위로 5.43cm
② x축에서 위로 8.33cm
③ x축에서 위로 10.26cm
④ x축에서 위로 11.67cm

해설 $y=\frac{5}{12}D=\frac{5}{12}\times20=8.33\text{cm}$

정답 13 ② 14 ② 15 ③ 16 ②

17 다음 그림과 같이 직교좌표계 위에 있는 사다리꼴 도형 $OABC$ 도심의 좌표($\bar{x}$, $\bar{y}$)는?(단, 좌표의 단위는 cm) ['10, '12, '15]

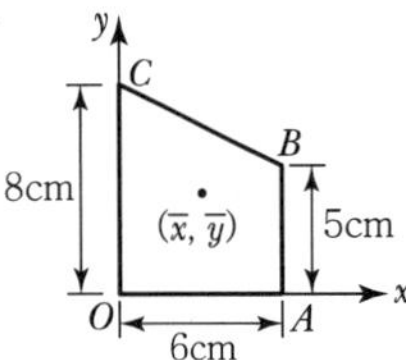

① (2.54, 3.46) ② (2.77, 3.31)
③ (3.34, 3.21) ④ (3.54, 2.74)

해설

[1] ㉠ $y=\dfrac{G_x}{A}$

$=\dfrac{\dfrac{6\times3}{2}\times(1+5)+6\times5\times2.5}{\dfrac{6\times3}{2}+(6\times5)}=\dfrac{129}{39}$

≒ 3.31cm

㉡ $x=\dfrac{G_y}{A}$

$=\dfrac{\dfrac{6\times3}{2}\times2+6\times5\times3}{\dfrac{6\times3}{2}+6\times5}=\dfrac{108}{39}$ ≒ 2.77cm

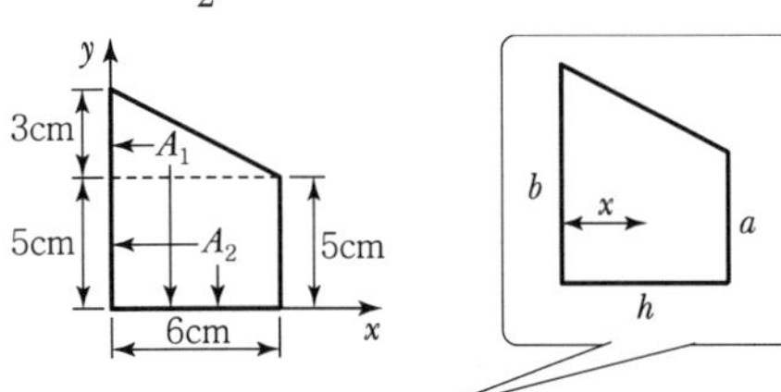

또는 $x=\dfrac{h}{3}\times\dfrac{2a+b}{a+b}=\dfrac{6}{3}\times\dfrac{2\times5+8}{5+8}=2.77\text{cm}$

[2]

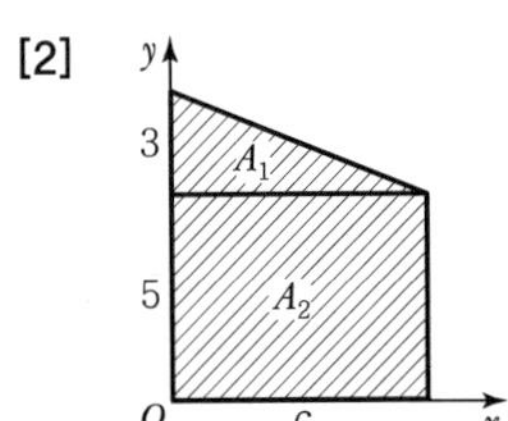

㉠ $G_x=\Sigma A\cdot x=9\times(5+1)+30\times2.5=129\text{cm}^3$

㉡ $G_y=\Sigma A\cdot y=9\times2+30\times3=108\text{cm}^3$

㉢ $\bar{x}=\dfrac{G_y}{A}=\dfrac{108}{39}$ ≒ 2.767cm

㉣ $\bar{y}=\dfrac{G_x}{A}=\dfrac{129}{39}$ ≒ 3.307cm

[3]

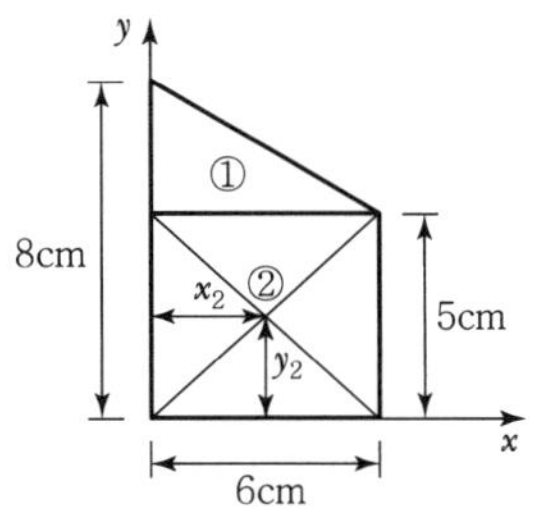

㉠ $A_1=\dfrac{1}{2}\times6\times3=9\text{cm}^2$

$A_2=6\times5=30\text{cm}^3$

㉡ $G_{y_1}=A_1\cdot x_1=9\times\dfrac{6}{3}=18\text{cm}^3$

$G_{y_2}=A_2\cdot x_2=30\times\dfrac{6}{2}=90\text{cm}^3$

㉢ $G_{x_1}=A_1\cdot y_1=9\times\left(5+\dfrac{3}{3}\right)=54\text{cm}^3$

$G_{x_2}=A_2\cdot y_2=30\times\dfrac{5}{2}=75\text{cm}^3$

㉣ $\bar{x}=\dfrac{G_y}{A}=\dfrac{108}{9+30}=2.77\text{cm}$

$\bar{y}=\dfrac{G_x}{A}=\dfrac{125}{9+30}=3.31\text{cm}$

단면상승모멘트 I_{xy}

18 그림과 같이 폭(b)이 20cm, 높이(h)가 30cm인 직사각형 단면의 x, y축에 대한 단면상승모멘트 I_{xy}는?

① 30,000cm^4
② 60,000cm^4
③ 90,000cm^4
④ 120,000cm^4

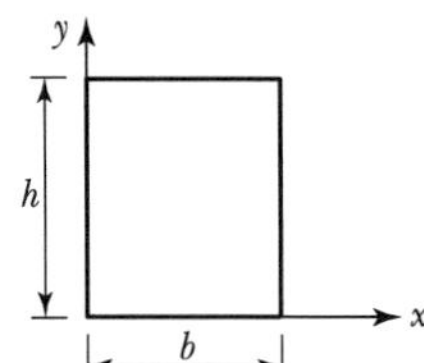

해설 $I_{xy}=A\cdot x\cdot y=bh\times\dfrac{b}{2}\times\dfrac{h}{2}=\dfrac{b^2h^2}{4}$

$=\dfrac{20^2\times30^2}{4}=90{,}000\text{cm}^4$

19 그림과 같은 단면 도형의 x, y축에 대한 단면상승모멘트(I_{xy})는? ['20]

① $\dfrac{by^3}{3}$ ② $\dfrac{b^3h}{3}$

③ $\dfrac{b^2h^2}{4}$ ④ $\dfrac{bh^3+b^3h}{3}$

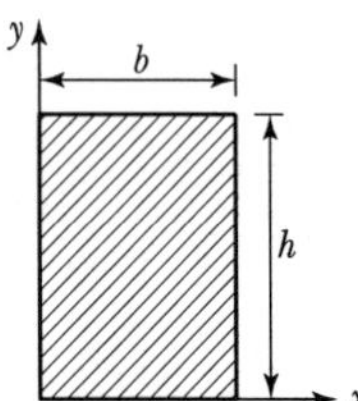

정답 17 ② 18 ③ 19 ③

해설 $I_{xy} = A \cdot x \cdot y$

$$= bh \cdot \frac{b}{2} \cdot \frac{h}{2} = \frac{b^2h^2}{4}$$

20 단면의 성질을 나타내는 값 중에서 차원(Dimension)이 틀리게 표시된 것은?

① 단면1차모멘트 : $[L^3]$

② 단면2차반경 : $[L]$

③ 단면2차상승모멘트 : $[L^3]$

④ 단면2차극모멘트 : $[L^4]$

해설 단면2차상승모멘트 : $[L^4]$

21 단면상승모멘트의 단위로 옳은 것은?

① cm ② cm^2 ③ cm^3 ④ cm^4

해설 $I_{XY} = Axy(L^4)$

22 다음 값 중 경우에 따라서는 부(−)의 값을 갖기도 하는 것은? ['19]

① 단면계수 ② 단면2차반지름

③ 단면2차극모멘트 ④ 단면2차상승모멘트

도심축 단면2차모멘트 I_x

23 반지름이 2cm인 원형도면의 도심을 지나는 축에 대한 단면2차모멘트를 구하면?

① πcm^4 ② $4\pi cm^4$

③ $16\pi cm^4$ ④ $64\pi cm^4$

해설 $I = \frac{\pi D^4}{64} = \frac{\pi r^4}{4} = \frac{\pi (2)^4}{4} = 4\pi cm^4$

24 반경이 r인 원형 단면에서 도심축에 대한 단면2차모멘트는?

① $\frac{\pi r^4}{64}$ ② $\frac{\pi r^4}{32}$ ③ $\frac{\pi r^4}{16}$ ④ $\frac{\pi r^4}{4}$

해설 $I_x = \frac{\pi D^4}{64} = \frac{\pi (2r)^4}{64} = \frac{\pi r^4}{4}$

25 그림과 같은 단면의 도심축($X-X$축)에 대한 단면2차모멘트는? ['11, '17]

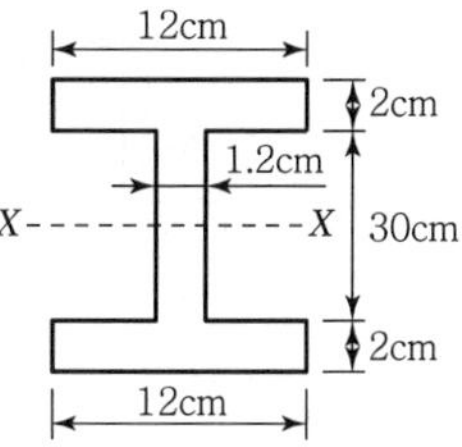

① $15,004cm^4$ ② $14,004cm^4$

③ $13,004cm^4$ ④ $12,004cm^4$

해설 $I_X = \frac{BH^3}{12} - \frac{bh^3}{12} = \frac{12 \times 34^3}{12} - \frac{10.8 \times 30^3}{12}$

$$= 39,304 - 24,300 = 15,004cm^4$$

26 반지름이 2cm인 원형 단면의 도심을 지나는 축에 대한 단면2차모멘트를 구하면?

① πcm^4 ② $4\pi cm^4$

③ $16\pi cm^4$ ④ $64\pi cm^4$

해설 $I_X = \frac{\pi r^4}{4} = \frac{\pi \times 2^4}{4} = 4\pi cm^4$

27 그림과 같은 I형 단면에서 중립축 $X-X$에 대한 단면2차모멘트는? ['10, '14]

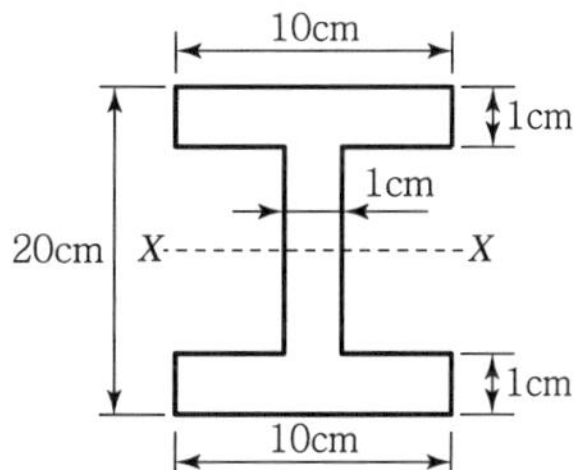

① $4,374.00cm^4$ ② $6,666.67cm^4$

③ $2,292.67cm^4$ ④ $3,574.76cm^4$

해설

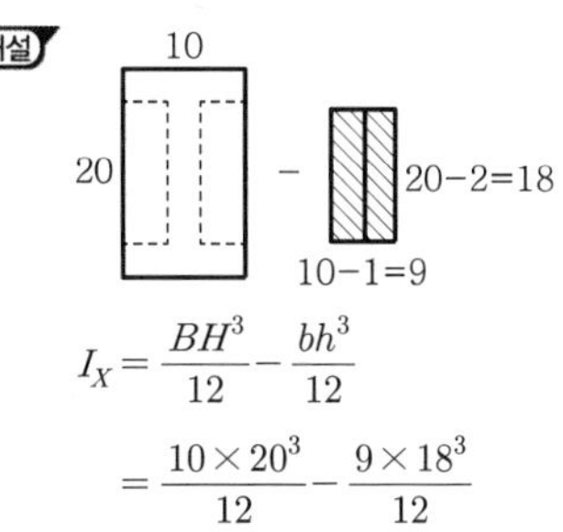

$$I_X = \frac{BH^3}{12} - \frac{bh^3}{12}$$

$$= \frac{10 \times 20^3}{12} - \frac{9 \times 18^3}{12}$$

$$≒ 2,292.67cm^4$$

정답 20 ③ 21 ④ 22 ④ 23 ② 24 ④ 25 ① 26 ② 27 ③

28 12cm×8cm 단면에서 지름 2cm인 원을 떼어버린 다면 도심축 X에 관한 단면2차모멘트는?

① 556.4cm^4
② 511.2cm^4
③ 499.4cm^4
④ 550.2cm^4

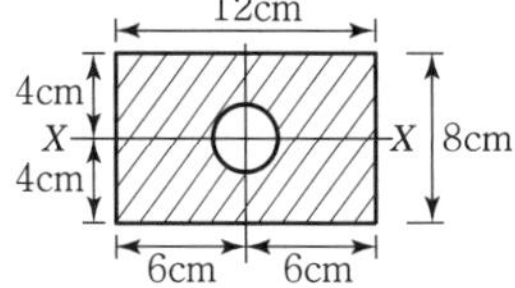

해설 $I_X = I_{X_1} - I_{X_2} = \dfrac{bh^3}{12} - \dfrac{\pi D^4}{64}$

$= \dfrac{12\times 8^3}{12} - \dfrac{\pi\times 2^4}{64} = 511.2\text{cm}^4$

도심축에 평행한 단면2차모멘트 I_x

29 단면적 A인 도형의 중립축에 대한 단면2차모멘트를 I_G라 하고 중립축에서 y만큼 떨어진 축에 대한 단면2차모멘트를 I라 할 때 I로 옳은 것은?

① $I = I_G + Ay^2$ ② $I = I_G + A^2y$
③ $I = I_G - Ay^2$ ④ $I = I_G - A^2y$

해설 $I = I_G + Ay^2$

30 그림에서 음영 처리된 삼각형 단면의 x축에 대한 단면2차모멘트는 얼마인가? ['13, '17]

① $\dfrac{bh^3}{4}$ ② $\dfrac{bh^3}{5}$
③ $\dfrac{bh^3}{6}$ ④ $\dfrac{bh^3}{8}$

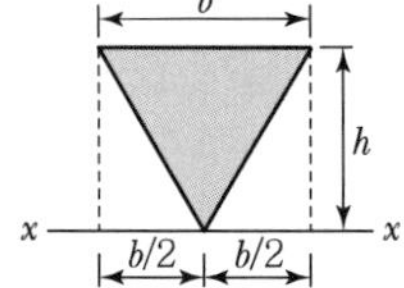

해설 $I_x = \dfrac{bh^3}{4}$

31 아래 그림과 같은 삼각형에서 $X-X$축에 대한 단면2차모멘트는?

① 2,592cm^4
② 2,845cm^4
③ 3,114cm^4
④ 3,426cm^4

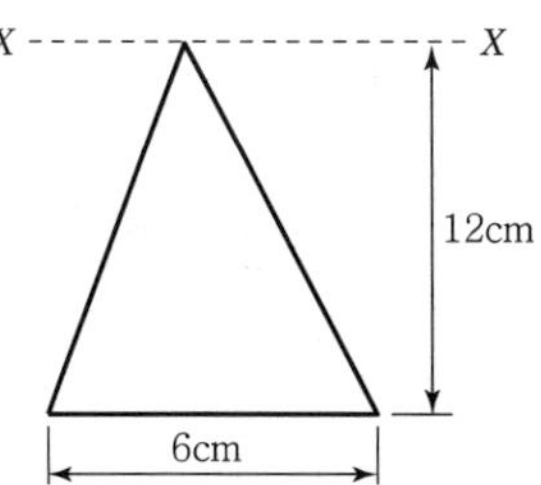

해설 $I_X = \dfrac{bh^3}{4} = \dfrac{6\times 12^3}{4} = 2{,}592\,\text{cm}^4$

32 밑변 12cm, 높이 15cm인 삼각형의 밑변에 대한 단면2차모멘트의 값은? ['19]

① 2,160cm^4 ② 3,375cm^4
③ 6,750cm^4 ④ 10,125cm^4

해설

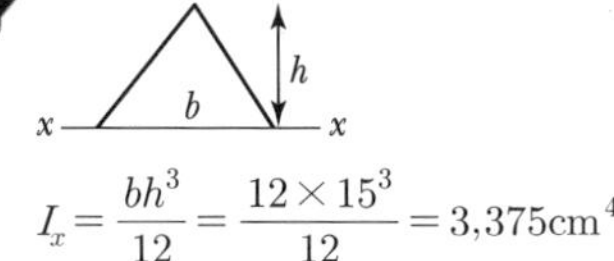

$I_x = \dfrac{bh^3}{12} = \dfrac{12\times 15^3}{12} = 3{,}375\text{cm}^4$

33 다음 그림과 같은 도형의 밑변을 지나는 축(x축)에 관한 단면2차모멘트는?(단, $b=30$cm, $h=50$cm이다.)

① 104,167cm^4
② 312,500cm^4
③ 937,500cm^4
④ 1,250,000cm^4

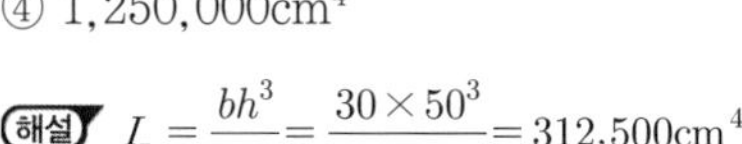

해설 $I_x = \dfrac{bh^3}{12} = \dfrac{30\times 50^3}{12} = 312{,}500\text{cm}^4$

34 다음 그림과 같은 원의 x축에 대한 단면2차모멘트는?

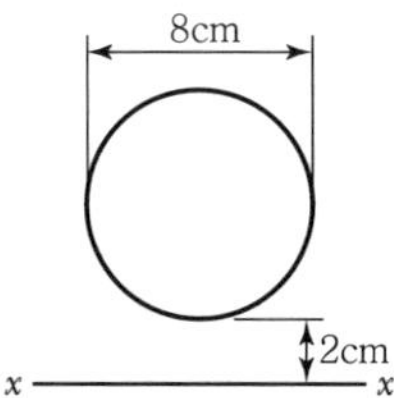

① 320πcm^4 ② 480πcm^4
③ 640πcm^4 ④ 720πcm^4

해설 $I_x = I_{도심} + Ay^2 = \dfrac{\pi D^4}{64} + \dfrac{\pi D^2}{4}\times 6^2$

$= \dfrac{\pi\times 8^4}{64} + \dfrac{\pi\times 8^2}{4}\times 6^2$

$= 64\pi + 576\pi = 640\pi$

35 밑변 6cm, 높이 12cm인 삼각형의 밑변에 대한 단면2차모멘트의 값은?

① 216cm^4 ② 288cm^4
③ 864cm^4 ④ 1,728cm^4

해설 $I_{밑변} = \dfrac{bh^3}{12} = \dfrac{6\times 12^3}{12} = 864\text{cm}^4$

정답 28 ② 29 ① 30 ① 31 ① 32 ② 33 ② 34 ③ 35 ③

36 반경 3cm인 반원의 도심을 통하는 $X-X$축에 대한 단면2차모멘트 값은? ['10, '15]

① 4.89cm^4
② 6.89cm^4
③ 8.89cm^4
④ 10.89cm^4

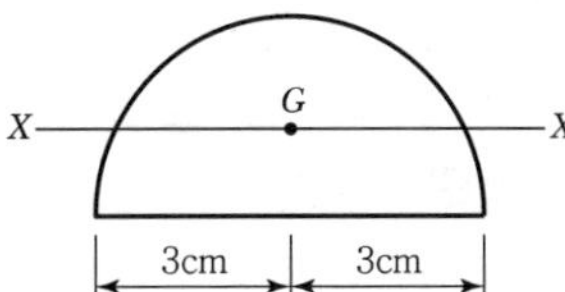

해설

[1] ㉠ 반원의 $I_x = \frac{\pi r^4}{4} \times \frac{1}{2} = \frac{\pi r^4}{8}$

㉡ 반원의 도심 $y = \frac{4r}{3\pi}$

㉢ $\therefore I_{\text{하단}} = I_{\text{도심}} + A \cdot y^2$

$\therefore I_{\text{도심}} = I_{\text{하단}} - A \cdot y^2$

$= \frac{\pi r^4}{8} - \frac{\pi r^2}{2} \cdot \left(\frac{4r}{3\pi}\right)^2$

$= \frac{\pi(3)^4}{8} - \frac{\pi(3)^2}{2} \cdot \left(\frac{4\times 3}{3\pi}\right)^2 \fallingdotseq 8.89\text{cm}^4$

[2] $I_x = I_X + Ay^2$

$I_X = I_x - Ay^2$

$= \frac{\pi r^4}{8} - \frac{\pi r^2}{2} \times \left(\frac{4r}{3\pi}\right)^2 = \left(\frac{\pi}{8} - \frac{8}{9\pi}\right) \times 3^4$

$= 8.89\text{cm}^4$

37 아래 그림에서 단면적이 A인 임의의 부재단면이 있다. 도심축으로부터 y_1 떨어진 축을 기준으로 한 단면2차모멘트의 크기가 I_{X_1}일 때, 도심축으로부터 $3y_1$ 떨어진 축을 기준으로 한 단면2차모멘트의 크기는? ['20]

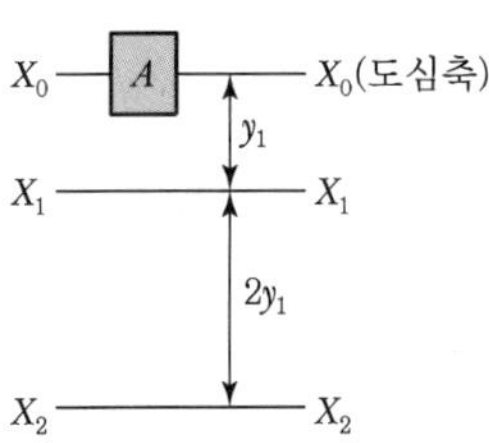

① $I_{X_1} + 2Ay_1^2$ ② $I_{X_1} + 3Ay_1^2$
③ $I_{X_1} + 4Ay_1^2$ ④ $I_{X_1} + 8Ay_1^2$

해설 ㉠ $I_{X_1} = I_{X_0} + A(y_1)^2$

㉡ $I_{X_2} = I_{X_0} + A(1y_1 + 2y_1)^2$

$= I_{X_0} + 9Ay_1^2$

$\therefore I_{X_2} = I_{X_0} + 1A(y_1)^2 + 8Ay_1^2$

$= I_{X_1} + 8Ay_1^2$

단면극2차모멘트(I_p)

38 지름이 D인 원형 단면의 도심축에 대한 단면2차극모멘트는? ['20]

① $\frac{\pi D^4}{64}$ ② $\frac{\pi D^4}{32}$ ③ $\frac{\pi D^4}{4}$ ④ $\frac{\pi D^4}{2}$

해설 $I_{P(G)} = I_x + I_y = \frac{\pi D^4}{64} + \frac{\pi D^4}{64} = \frac{\pi D^4}{32}$

단면계수 Z

39 다음 그림과 같은 직사각형 단면의 단면계수는? ['11, '15]

① 800cm^3
② $1{,}000\text{cm}^3$
③ $1{,}200\text{cm}^3$
④ $1{,}400\text{cm}^3$

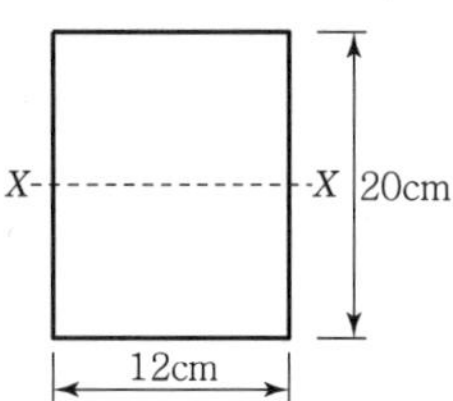

해설 $Z_X = \frac{bh^2}{6} = \frac{12 \times 20^2}{6} = 800\text{cm}^3$

40 직경 D인 원형 단면의 단면계수는? ['10, '13]

① $\frac{\pi D^3}{16}$ ② $\frac{\pi D}{16}$ ③ $\frac{\pi D}{32}$ ④ $\frac{\pi D^3}{32}$

해설 $Z_x = \frac{I_x}{y} = \frac{\frac{\pi D^4}{64}}{\frac{D}{2}} = \frac{\pi D^3}{32}$

41 그림과 같은 단면을 갖는 보에서 중립축에 대한 휨(bending)에 가장 강한 형상은?(단, 모두 동일한 재료이며 단면적이 같다.) ['19]

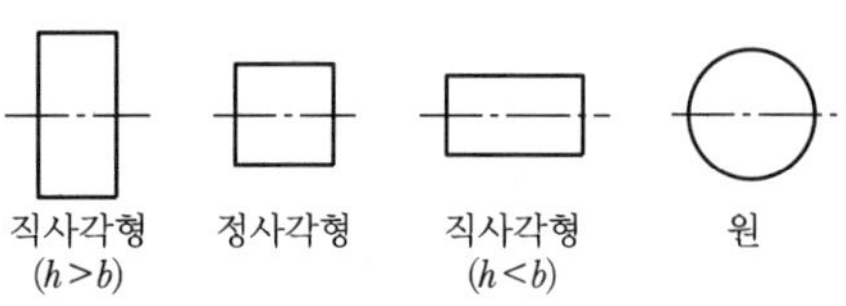

① 직사각형($h>b$) ② 정사각형
③ 직사각형($h>b$) ④ 원

해설 높이가 큰 직사각형 단면이 가장 강하다.

정답 36 ③ 37 ④ 38 ② 39 ① 40 ④ 41 ①

42 다음 중 단면계수의 단위로서 옳은 것은? ['20]

① cm ② cm^2 ③ cm^3 ④ cm^4

해설 $Z=\dfrac{I_x}{y}=\dfrac{cm^4}{cm^1}=cm^3$

> 〈참고〉 단면계수와 단위 차원이 같은 것
> 단면1차모멘트(G_x)$=Ay=(cm^2)(cm^1)=cm^3$

43 다음 중 구조물의 단면계수에 대한 설명으로 틀린 것은? ['19]

① 차원은 길이의 세제곱이다.
② 반지름이 r인 원형 단면의 단면계수는 1개이다.
③ 비대칭 삼각형의 도심을 통과하는 x축에 대한 단면계수의 값은 2개이다.
④ 도심축에 대한 단면2차모멘트와 면적을 곱한 값이다.

해설 $Z=\dfrac{I_x(\text{도심축 단면2차모멘트})}{y(\text{단면 상하단거리})}$

44 지름이 D인 원목을 직사각형 단면으로 제재하고자 한다. 휨모멘트에 대한 저항을 크게 하기 위해 최대 단면계수를 갖는 직사각형 단면을 얻으려면 적당한 폭 b는? ['20]

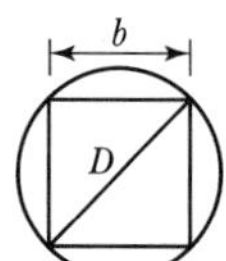

① $b=\dfrac{\sqrt{3}}{2}D$ ② $b=\sqrt{\dfrac{2}{3}}D$

③ $b=\dfrac{1}{2}D$ ④ $b=\dfrac{1}{\sqrt{3}}D$

해설 ㉠ 피타고라스 정리에 의해

$h^2=D^2-b^2$

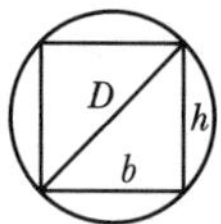

㉡ $Z=\dfrac{bh^2}{6}=\dfrac{b(D^2-b^2)}{6}=\dfrac{bD^2-b^3}{6}$

㉢ 단면계수가 최대이려면

$\dfrac{dz}{db}=\dfrac{D^2-3b^2}{6}=0$

$D^2-3b^2=0 \quad \therefore b=\dfrac{D}{\sqrt{3}}$

㉣ $h^2=\sqrt{D^2-b^2}=\sqrt{D^2-\left(\dfrac{D}{\sqrt{3}}\right)^2}=\sqrt{\dfrac{2}{3}D^2}$

$\therefore h=\dfrac{\sqrt{2}}{\sqrt{3}}D$

종합문제

45 단면의 성질 중에서 폭이 b, 높이가 h인 직사각형 단면의 단면1차모멘트 및 단면2차모멘트에 대한 설명으로 잘못된 것은?

① 단면의 도심축을 지나는 단면1차모멘트는 0이다.
② 도심축에 대한 단면2차모멘트는 $\dfrac{bh^3}{12}$이다.
③ 직사각형 단면의 밑변축에 대한 단면1차모멘트는 $\dfrac{bh^2}{6}$이다.
④ 직사각형 단면의 밑변축에 대한 단면2차모멘트는 $\dfrac{bh^3}{3}$이다.

해설

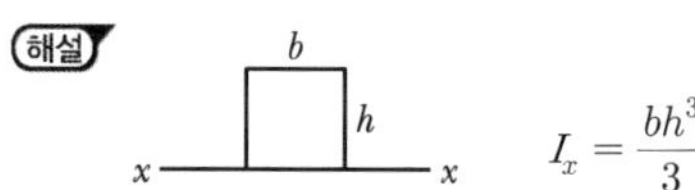

$I_x=\dfrac{bh^3}{3}$

46 단면의 성질에 대한 다음 설명 중 잘못된 것은? ['11, '14]

① 단면2차모멘트의 값은 항상 "0"보다 크다.
② 단면2차극모멘트의 값은 항상 극을 원점으로 하는 두 직교좌표축에 대한 단면2차모멘트의 합과 같다.
③ 단면1차모멘트의 값은 항상 "0"보다 크다.
④ 단면의 주축에 관한 단면상승모멘트의 값은 항상 "0"이다.

해설 단면1차모멘트의 값은 설정된 축에 대한 단면의 도심의 위치에 따라서 양(+)의 값, 음(−)의 값 그리고 '0'이 될 수 있다.

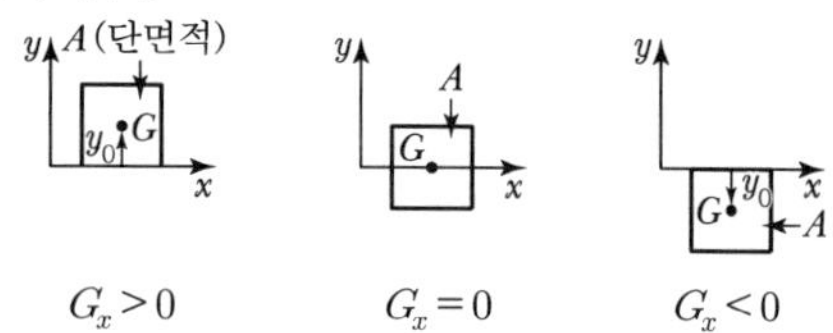

47 다음 설명 중 옳지 않은 것은?

① 도심축에 대한 단면1차모멘트는 0(零)이다.
② 주축은 서로 45° 혹은 90°를 이룬다.
③ 단면1차모멘트는 단면의 도심을 구할 때 사용된다.
④ 단면2차모멘트의 부호는 항상 (+)이다.

해설 주축은 서로 90°를 이룬다.

정답 42 ③ 43 ④ 44 ④ 45 ③ 46 ③ 47 ②

토목산업기사 03

구조물 판별식

단층 판별식

01 다음 중 지점(Support)의 종류에 해당되지 않는 것은? ['11, '15]

① 이동지점 ② 자유지점
③ 회전지점 ④ 고정지점

해설

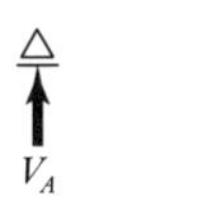

(이동지점)

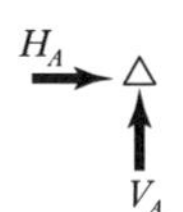

(회전지점)

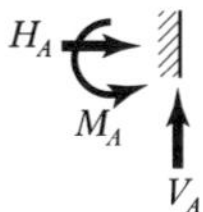

(고정지점)

02 다음 그림과 같은 구조물의 부정정 차수는?

① 1차 부정정 ② 3차 부정정
③ 4차 부정정 ④ 6차 부정정

해설 $N=R-3-H=7-3-0=4$차 부정정

03 그림과 같은 연속보에 대한 부정정 차수는? ['13, '17]

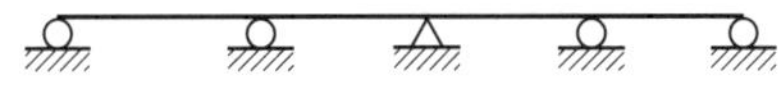

① 1차 부정정 ② 2차 부정정
③ 3차 부정정 ④ 4차 부정정

해설

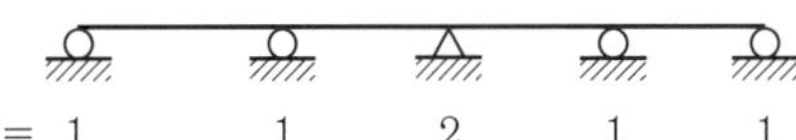

㉠ $R=1+1+2+1+1=6$
㉡ $N=R-3-H=6-3-0=3$차 부정정

04 외력을 받으면 구조물의 일부나 전체의 위치가 이동될 수 있는 상태를 무엇이라 하는가? ['19]

① 안정 ② 불안정
③ 정정 ④ 부정정

라멘 판별식

05 다음 부정정 구조물의 부정정 차수를 구한 값은?

① 8
② 12
③ 16
④ 20

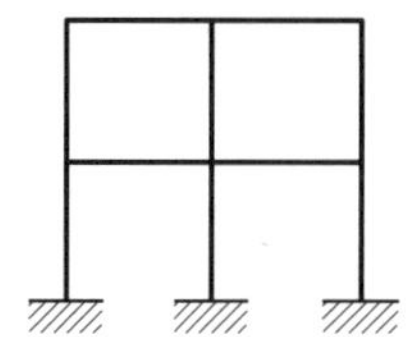

해설

[1] $N=R+m+s-2P$
$=9+10+11-2\times9=12$차 부정정

[2] $N=3\times4=12$차 부정정

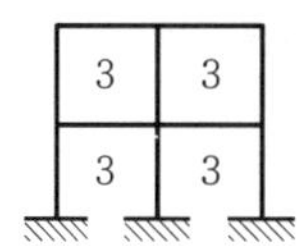

06 아래 그림과 같은 라멘의 부정정 차수는?

① 16차
② 17차
③ 18차
④ 19차

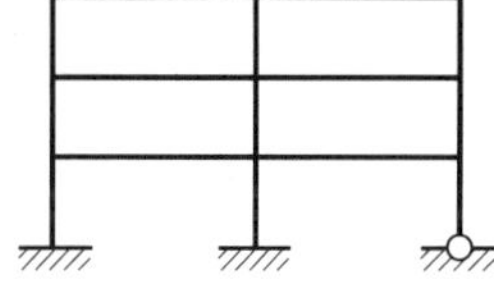

해설

[1] $N=R+m+s-2P$
$=8+15+18-2\times12=17$차 부정정

[2]

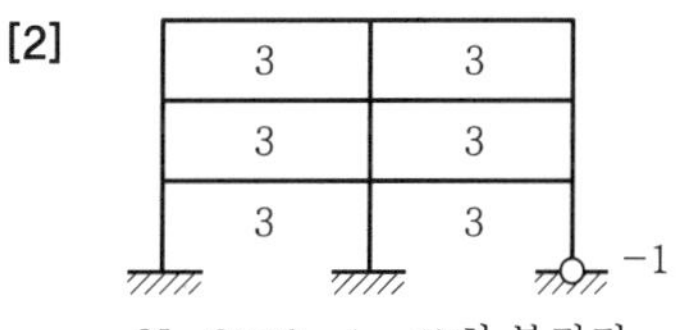

$N=3\times6-1=17$차 부정정

07 그림과 같은 구조물은 몇 차 부정정 구조물인가? ['14, '15]

① 3
② 4
③ 5
④ 6

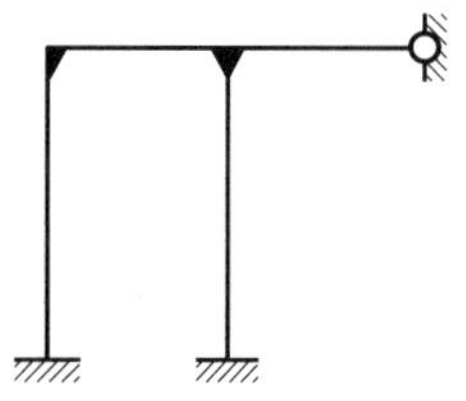

정답 01 ② 02 ③ 03 ③ 04 ② 05 ② 06 ② 07 ③

해설

[1] 일반적인 경우

$N = R + m + s - 2P$

$= 8 + 4 + 3 - 2 \times 5$

$= 5$차 부정정

여기서, N : 부정정 차수

R : 반력수

m : 부재수

s : 강접합수

P : 지점 또는 절점수

[2]

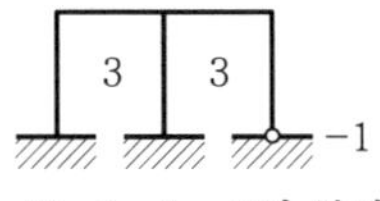

$N = 6 - 1 = 5$차 부정정

08 그림과 같은 구조물의 부정정 차수는? ['10, '16]

① 2차

② 3차

③ 4차

④ 5차

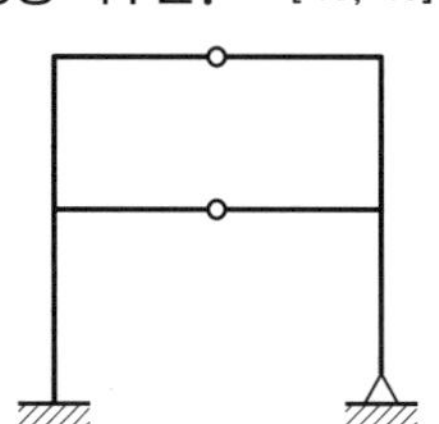

해설

[1] $N = r + m + S - 2P$

$= 5 + 8 + 6 - 2 \times 8$

$= 3$차 부정정

[2]

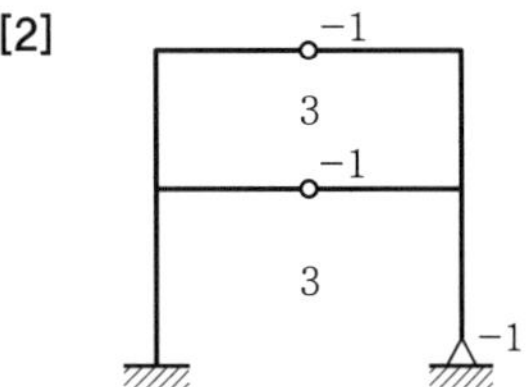

$N = 6 - 3 = 3$차 부정정

09 다음 그림과 같은 구조물의 부정정 차수는?

['12, '17]

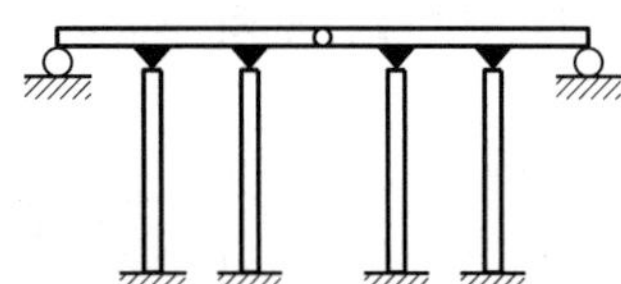

① 9차 부정정 ② 10차 부정정

③ 11차 부정정 ④ 12차 부정정

해설 $N = R + m + s - 2P$

$= 14 + 10 + 8 - 2 \times 11$

$= 10$차 부정정

10 그림과 같은 라멘(Rahmen)을 판별하면?

['13, '16]

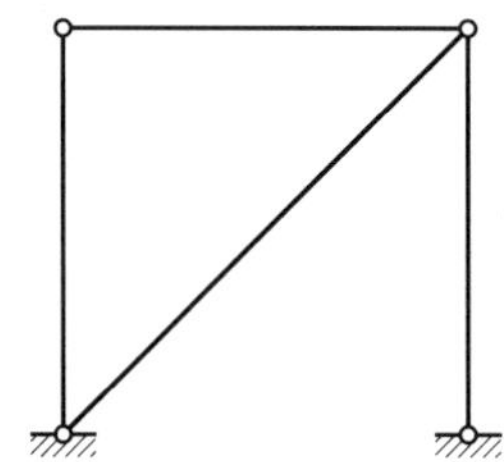

① 불안정 ② 정정

③ 1차 부정정 ④ 2차 부정정

해설 $N = r + m + S - 2P$

$= 4 + 4 + 0 - 2 \times 4 = 0$(정정 구조물)

11 아래 그림과 같은 라멘 구조의 부정정 차수는 얼마인가?

['10, '12]

① 2차

② 3차

③ 4차

④ 5차

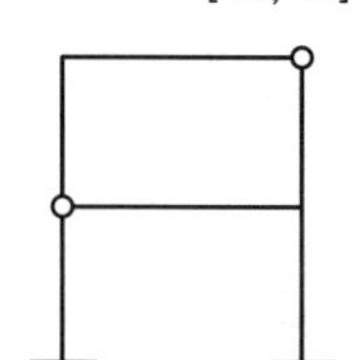

해설 반력수 $R = 6$, 부재수 $m = 6$, 강절점수 $s = 3$

지점 포함 절점수 $P = 6$

$\therefore N = R + m + s - 2P = 6 + 6 + 3 - 2 \times 6$

$= 3$차 부정정

정답 08 ② 09 ② 10 ② 11 ②

정정보

반력

01 구조 계산에서 자동차나 열차의 바퀴와 같은 하중은 주로 어떤 형태의 하중으로 계산하는가?

① 집중하중 ② 등분포하중
③ 모멘트하중 ④ 등변분포하중

02 그림과 같은 단순보에서 B점의 수직반력 R_B가 50kN까지의 힘을 받을 수 있다면 하중 80kN은 A점에서 몇 m까지 이동할 수 있는가? ['19]

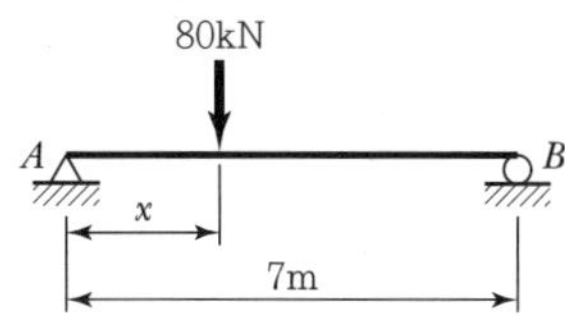

① 2.823m ② 3.375m
③ 3.823m ④ 4.375m

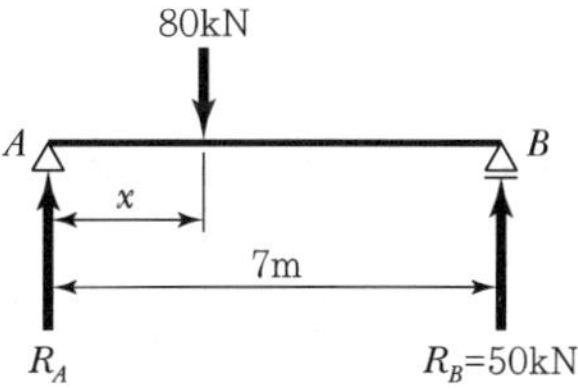

$\Sigma M_A = 0$

$80 \times x - 50 \times 7 = 0$

$\therefore\ x = \dfrac{50 \times 7}{80} = 4.375\text{m}$

03 다음 단순보에서 지점의 반력을 계산한 값으로 옳은 것은?

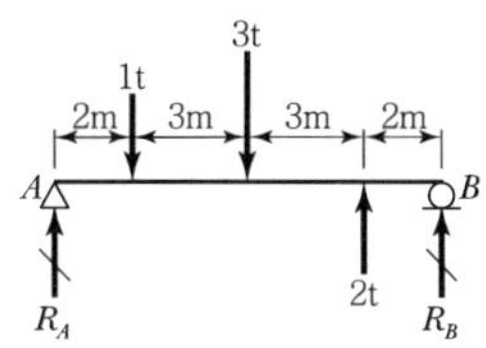

① $R_A = 1.0\text{t},\ R_B = 1.0\text{t}$
② $R_A = 1.9\text{t},\ R_B = 0.1\text{t}$
③ $R_A = 1.4\text{t},\ R_B = 0.6\text{t}$
④ $R_A = 0.1\text{t},\ R_B = 1.9\text{t}$

해설 ㉠ $\Sigma M_B = 0$

$R_A \times 10 - 1 \times 8 - 3 \times 5 - 2 \times 2 = 0$

$R_A = 1.9\text{t}(\uparrow)$

㉡ $\Sigma V = 0$

$R_A - 1 - 3 + 2 + R_B = 0$

$R_B = 2 - R_A = 2 - 1.9 = 0.1\text{t}(\uparrow)$

04 그림과 같은 단순보에서 각 지점의 반력을 계산한 값으로 옳은 것은? ['20]

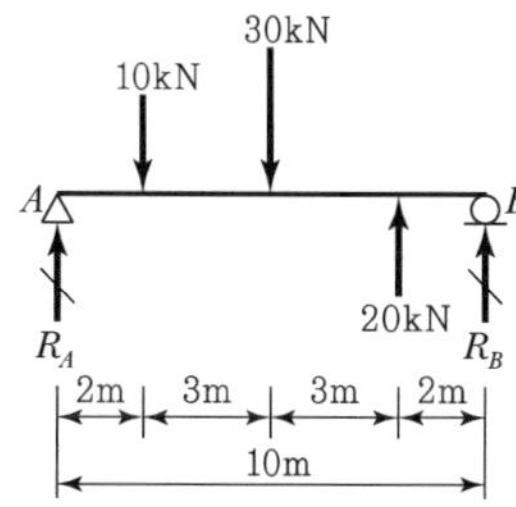

① $R_A = 10\text{kN},\ R_B = 10\text{kN}$
② $R_A = 14\text{kN},\ R_B = 6\text{kN}$
③ $R_A = 1\text{kN},\ R_B = 19\text{kN}$
④ $R_A = 19\text{kN},\ R_B = 1\text{kN}$

해설

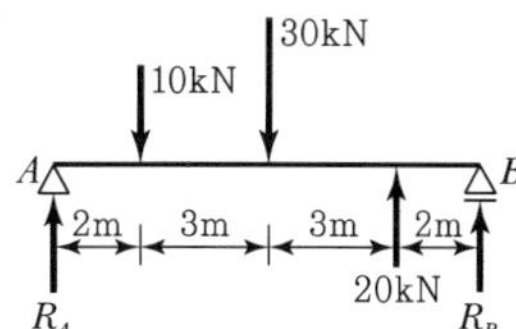

㉠ $\Sigma M_B = 0$

$R_A \times 10 - 10 \times 8 - 30 \times 5 + 20 \times 2 = 0$

$R_A = \dfrac{80 + 150 - 40}{10} = 19\text{kN}$

㉡ $\Sigma V = 0$

$R_A + 20 - 10 - 30 + R_B = 0$

$R_A + R_B = 20$

$\therefore\ R_B = 1\text{kN}$

정답 01 ① 02 ④ 03 ② 04 ④

05 그림과 같이 단순보에 하중 P가 경사지게 작용할 때 A점에서의 수직반력 V_A를 구하면?

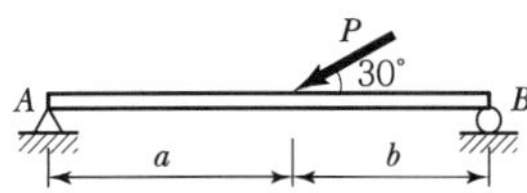

① $\dfrac{Pb}{(a+b)}$　② $\dfrac{Pa}{2(a+b)}$

③ $\dfrac{Pa}{(a+b)}$　④ $\dfrac{Pb}{2(a+b)}$

해설 $\Sigma M_B = V_A \times (a+b) - P \times \sin 30° \times b = 0$

$$V_A = \frac{\frac{P}{2} \times b}{a+b} = \frac{Pb}{2(a+b)}(\uparrow)$$

06 단순보의 전 구간에 등분포하중이 작용할 때 지점의 반력이 2t이었다. 등분포하중의 크기는?(단, 지간은 10m이다.)

① 0.1t/m　② 0.3t/m

③ 0.2t/m　④ 0.4t/m

해설 $R_A = \dfrac{wl}{2}$

$$2\text{t} = \frac{w \times 10}{2}$$

$$w = 0.4\text{t/m}$$

07 다음 단순보에서 B점의 반력(R_B)은?

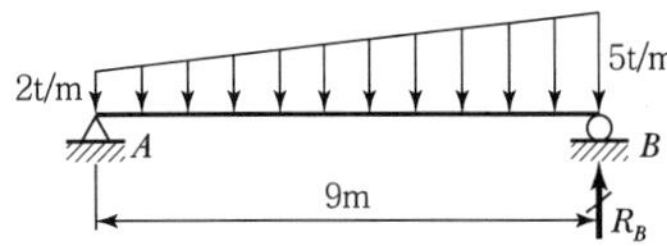

① 9t　② 13.5t

③ 18t　④ 21.5t

해설 $R_B = \dfrac{wl}{2} + \dfrac{wl}{3} = \dfrac{2 \times 9}{2} + \dfrac{3 \times 9}{3} = 18\text{t}$

08 그림과 같은 단순보의 지점 A에서 수직반력은?

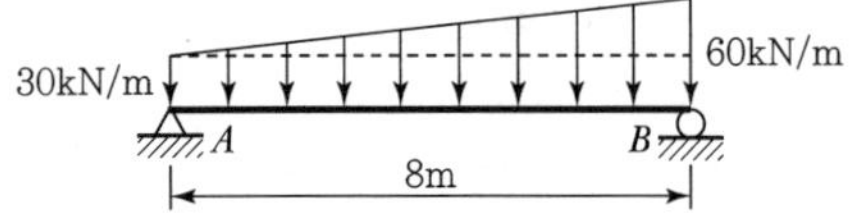

① 80kN　② 160kN

③ 200kN　④ 240kN

해설

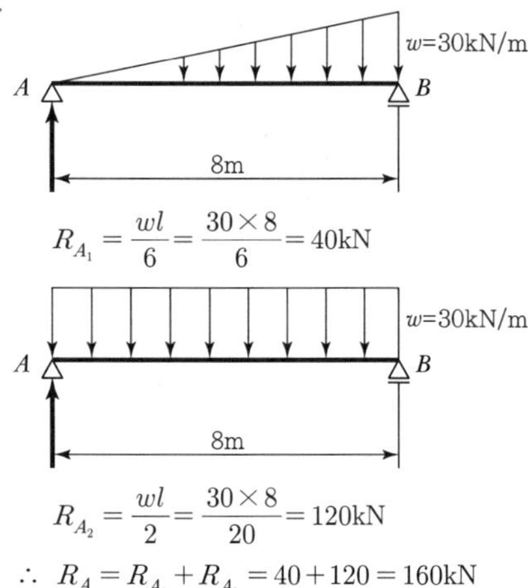

$$R_{A_1} = \frac{wl}{6} = \frac{30 \times 8}{6} = 40\text{kN}$$

$$R_{A_2} = \frac{wl}{2} = \frac{30 \times 8}{20} = 120\text{kN}$$

$\therefore\ R_A = R_{A_1} + R_{A_2} = 40 + 120 = 160\text{kN}$

09 다음 보에서 반력 R_A는?

① 2t (↓)

② 2t (↑)

③ 8t (↓)

④ 8t (↑)

해설 $\Sigma M_B = 0$

$R_A \times 8 + 16 = 0$

$R_A = -2\text{t}(\downarrow)$

10 다음 그림과 같은 보에서 A점의 반력은? ['11, '17]

① 1.5t

② 1.8t

③ 2.0t

④ 2.3t

해설 ㉠ $\Sigma M_B = R_A \times 20 - 20 - 10 = 0$

$\therefore\ R_A = 1.5\text{t}(\uparrow)$

㉡ $R_B = 1.5\text{t}(\downarrow)$

11 다음과 같은 단순보에서 A점의 반력(R_A)으로 옳은 것은? ['10, '14, '16]

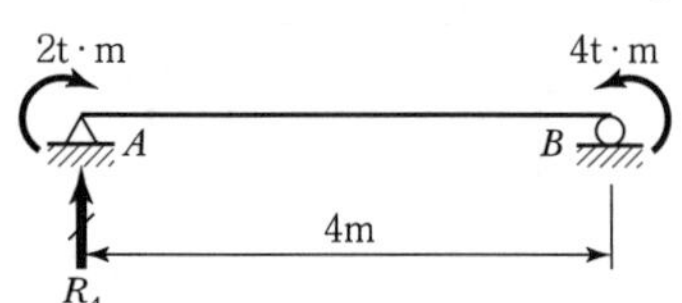

① 0.5t (↓)　② 2.0t (↓)

③ 0.5t (↑)　④ 2.0t (↑)

정답 05 ④　06 ④　07 ③　08 ②　09 ①　10 ①　11 ③

해설 $\Sigma M_B = 0$

$R_A \times 4 + 2 - 4 = 0$

$\therefore\ R_A = 0.5\text{t}(\uparrow)$

12 다음과 같은 단순보에 모멘트하중이 작용할 때 지점 B에서의 수직반력은?[단, (−)는 하향]

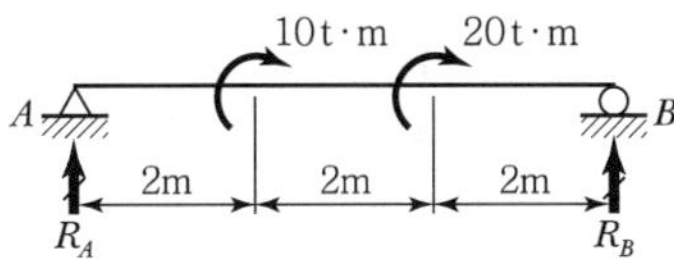

① 5t ② −5t
③ 10t ④ −10t

해설 $\Sigma M_A = 0$

$10 + 20 - R_B \times 6 = 0$

$\therefore\ R_B = 5\text{t}(\uparrow)$

13 다음과 같은 단순보에 모멘트하중이 작용할 때 각 지점에서의 수직반력을 구한 값은?[단, (−)은 하향]

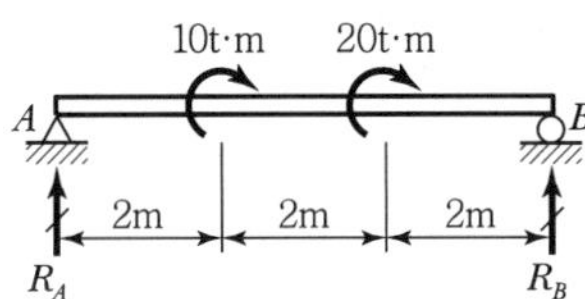

① $R_A = 4\text{t}$, $R_B = -4\text{t}$ ② $R_A = 5\text{t}$, $R_B = -5\text{t}$
③ $R_A = -4\text{t}$, $R_B = 4\text{t}$ ④ $R_A = -5\text{t}$, $R_B = 5\text{t}$

해설 ㉠ $\Sigma M_B = R_A \times 6 + 10 + 20 = 0$

$\therefore\ R_A = -5\text{t}(\downarrow)$

㉡ $\Sigma V = R_A + R_B = 0$

$\therefore\ R_B = -R_A = -(-5\text{t}) = 5\text{t}(\uparrow)$

14 아래 그림과 같은 단순보에서 지점 B의 반력은?

① 3.4t(↑)
② 4.2t(↑)
③ 5t(↑)
④ 6t(↑)

해설

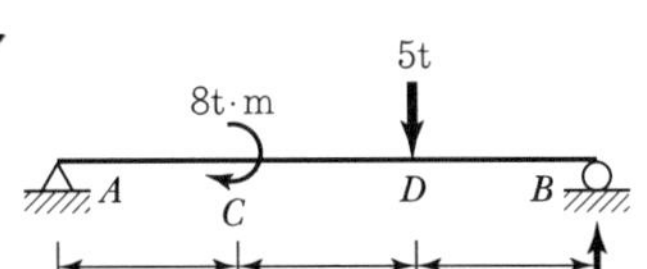

$\Sigma M_B = 0$

$-R_B \times 9 + 8 + 5 \times 6 = 0$

$\therefore\ R_B = 4.22\text{t}$

15 다음 그림에서 지점 A의 반력이 영(零)이 되기 위해 C점에 작용시킬 집중하중의 크기(P)는?

① 12kN
② 16kN
③ 20kN
④ 24kN

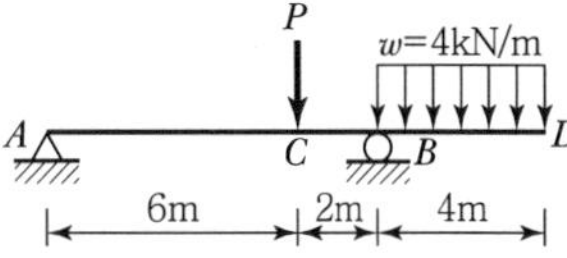

해설 $\Sigma M_B = 0$

$-P \times 2 + 4 \times 4 \times 2 = 0$

$\therefore\ P = 16\text{kN}$

16 아래 그림에서 지점 C의 반력이 영(零)이 되기 위해 B점에 작용시킬 집중하중(P)의 크기는? ['20]

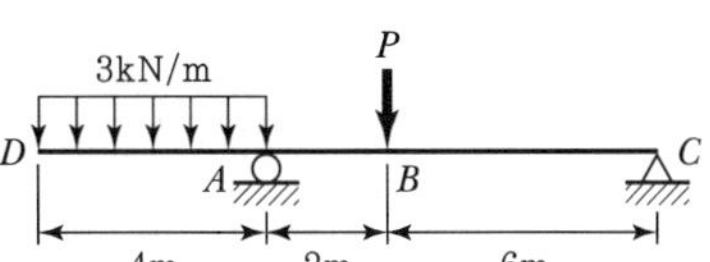

① 8kN ② 10kN ③ 12kN ④ 14kN

해설 면적 $A = wa = 3 \times 4$

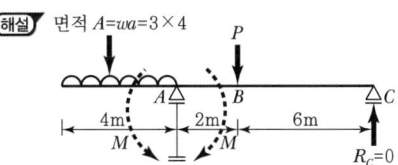

$3 \times 4 \times 2 = P \times 2$

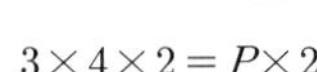

$\therefore\ P = 12\text{kN}$

17 다음 그림과 같은 구조물에서 지점 A에서의 수직반력의 크기는?

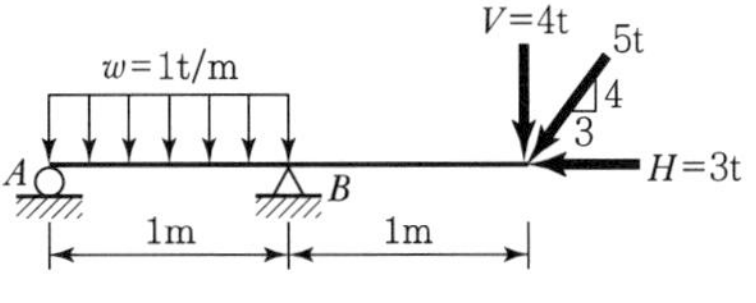

① 2t ② 2.5t ③ 3t ④ 3.5t

해설 $\Sigma M_B = 0$

$R_A \times 1 - 1 \times 1 \times \dfrac{1}{2} + 4 \times 1 = 0$

$R_A = \dfrac{4 - 0.5}{1} = 3.5\text{t}$

정답 12 ① 13 ④ 14 ② 15 ② 16 ③ 17 ④

18 아래 그림과 같은 내민보에서 지점 A에 발생하는 수직반력 R_A 는?

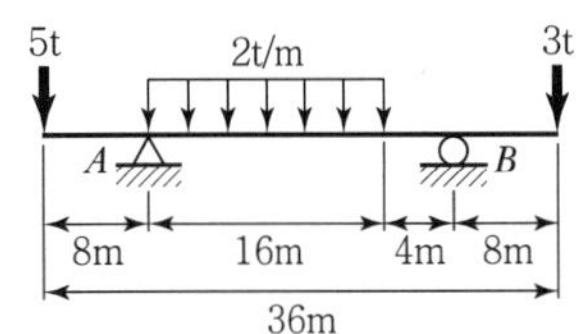

① 15t ② 20t ③ 25t ④ 30t

해설 $\Sigma M_B = 0$

$-5\times28-(2\times16)\times12+3\times8+R_A\times20=0$

$R_A=25\text{t}(\uparrow)$

19 아래 그림과 같은 보에서 지점 A의 수직반력 (R_A)은?

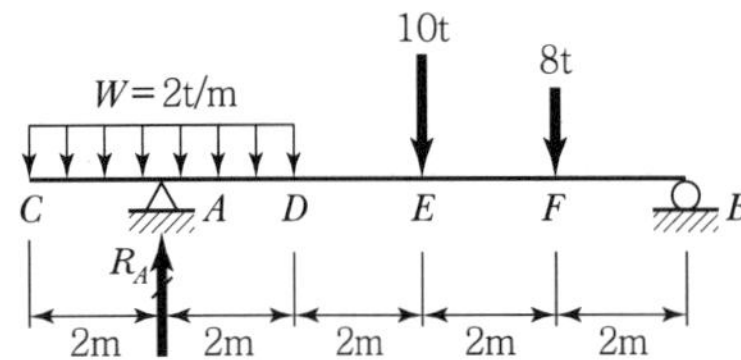

① 10t(↑) ② 15t(↑)
③ 18t(↑) ④ 22t(↑)

해설 $\Sigma M_B = 0$

$-(2\times4)\times8+R_A\times8-10\times4-8\times2=0$

$R_A=15\text{t}(\uparrow)$

20 지점 A에서의 수직반력의 크기는? ['19]

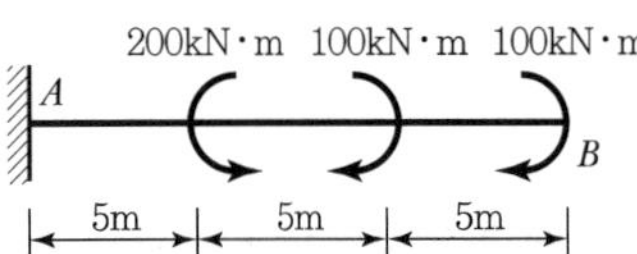

① 0kN ② 5kN ③ 10kN ④ 20kN

해설 $V_A=0$

21 아래 그림에서 연행 하중으로 인한 A점의 최대 수직반력(V_A)은? ['20]

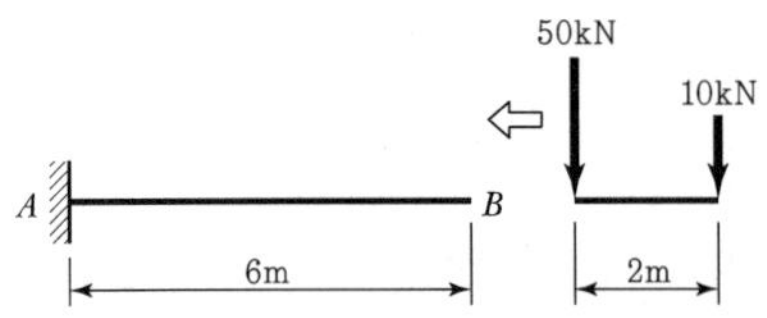

① 60kN ② 50kN
③ 30kN ④ 10kN

해설

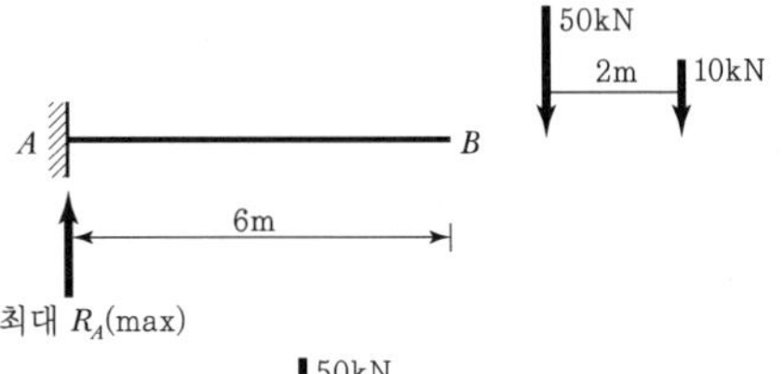

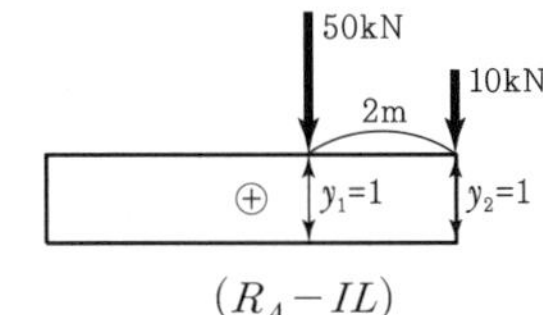

(R_A-IL)

$R_{A(\max)}=P_1y_1+P_2y_2$

$=(50\times1)+(10\times1)=60\text{kN}$

전단력 S_C

22 다음 보에서 $D\sim B$ 구간의 전단력은?

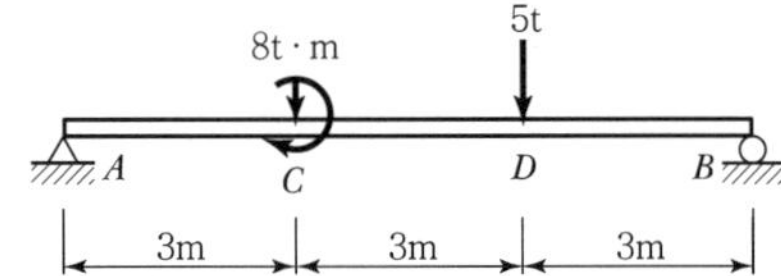

① 0.78t ② −3.65t
③ −4.22t ④ 5.05t

해설 ㉠ $\Sigma M_B=0,\ R_A\times9-5\times3+8=0,\ R_A=0.78\text{t}$

㉡ $\Sigma V=0,\ R_A+R_B-5=0,\ R_B=4.22\text{t}$

㉢ $S_{D\sim B}=-R_B=-4.22\text{t}$

23 그림과 같은 보에서 D점의 전단력은? ['13, '16]

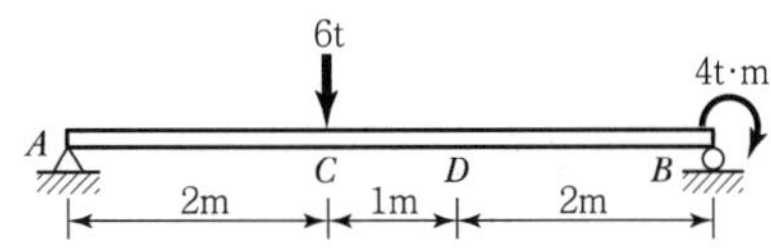

① +2.8t ② −2.8t
③ +3.2t ④ −3.2t

해설 ㉠ $\Sigma M_B=R_A\times5\text{m}-6\text{t}\times3\text{m}+4\text{t}\cdot\text{m}=0$

$R_A=2.8\text{t}(\uparrow)$

㉡ $S_D=R_A-6\text{t}=2.8\text{t}-6\text{t}=-3.2\text{t}$ 또는

$S_D=-R_B=-3.2\text{t}$

정답 18 ③ 19 ② 20 ① 21 ① 22 ③ 23 ④

24 다음 그림과 같은 내민보에서 C 점의 전단력(V_C)과 모멘트(M_C)는 각각 얼마인가?

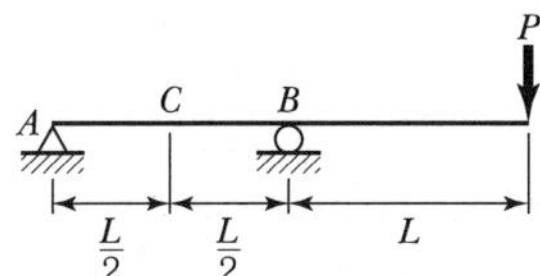

① $V_C=P,\ M_C=-\frac{PL}{2}$

② $V_C=-P,\ M_C=-\frac{PL}{2}$

③ $V_C=2P,\ M_C=PL$

④ $V_C=-P,\ M_C=\frac{PL}{2}$

해설 ㉠ $\Sigma M_B=0$

$R_A\times L+P\times L=0$

$R_A=-P(\downarrow)$

㉡ $S_C=V_C=-P$

㉢ $M_C=R_A\times\frac{L}{2}=-\frac{PL}{2}$

25 그림과 같은 보에서 C 점의 전단력은? ['11, '14]

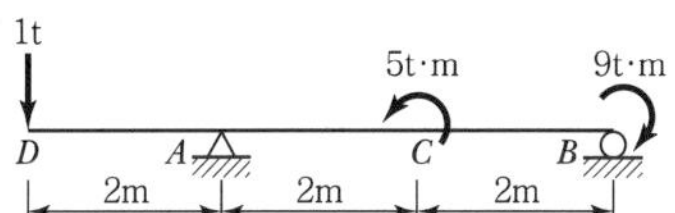

① −0.5t　② 0.5t

③ −1t　④ 1t

해설 ㉠ $\Sigma M_B=0$

$R_A\times4-1\times6-5+9=0$

$R_A=0.5\text{t}(\uparrow)$

㉡ $S_C=-1+R_A=-1+0.5=-0.5\text{t}$

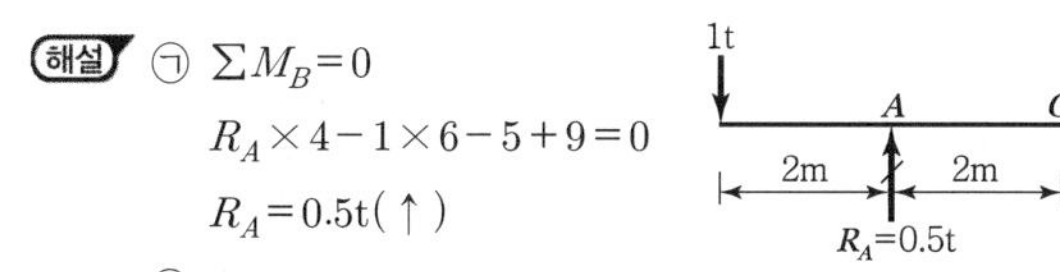

26 그림과 같은 게르버보의 C점에서 전단력의 절댓값 크기는?

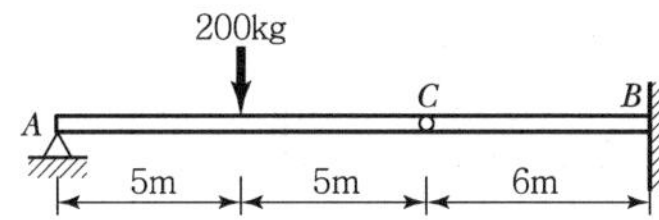

① 0kg　② 50kg

③ 100kg　④ 200kg

해설 ㉠ $R_A=R_C=\frac{P}{2}=\frac{200}{2}=100\text{kg}(\uparrow)$

㉡ $S_C=|-R_C|=|-100\text{kg}|=100\text{kg}$

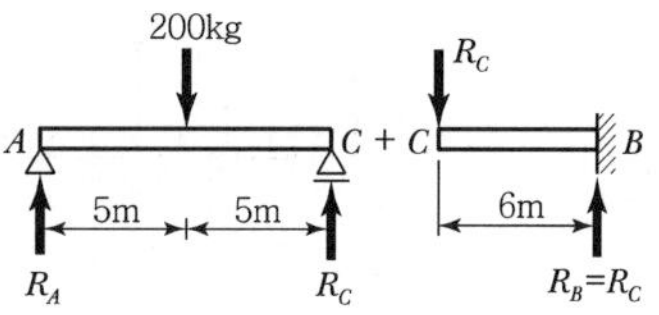

27 그림과 같은 게르버보의 A점의 전단력은? ['20]

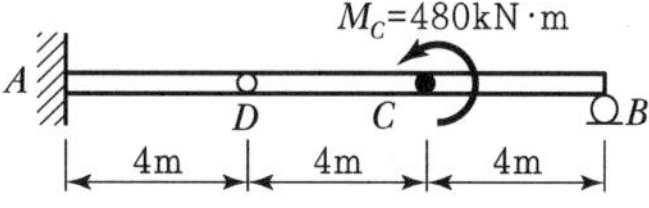

① 40kN　② 60kN

③ 120kN　④ 240kN

해설

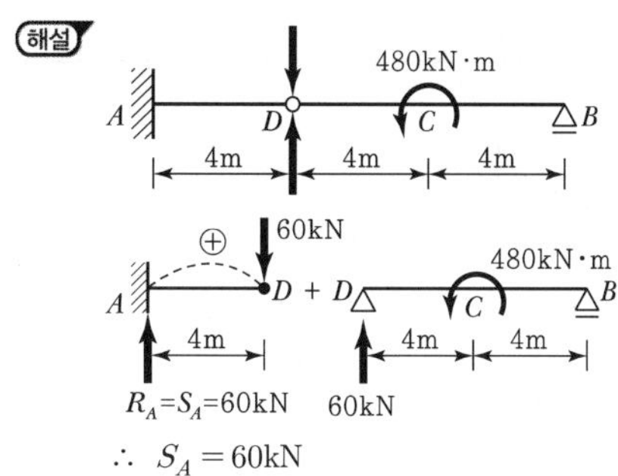

$\therefore\ S_A=60\text{kN}$

휨모멘트 M_C

28 그림과 같이 등분포하중을 받는 단순보에서 C점과 B점의 휨모멘트비$\left(\frac{M_C}{M_B}\right)$는? ['19]

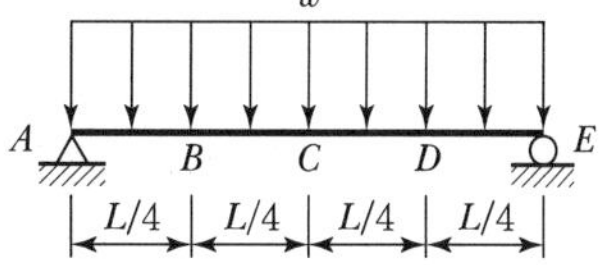

① 4/3　② 3/2　③ 2　④ 5/2

해설

$$\frac{M_C}{M_B}=\frac{\frac{wL^2}{8}}{\frac{wab}{2}}=\frac{\frac{wL^2}{8}}{\frac{w}{2}}\cdot\frac{1}{\frac{L}{4}\cdot\frac{3L}{4}}$$

$$=\frac{2\times4\times4}{8\times3}=\frac{4}{3}$$

정답 24 ② 25 ① 26 ③ 27 ② 28 ①

29 아래의 그림과 같은 단순보의 중앙점의 휨모멘트는? ['12, '16, '20]

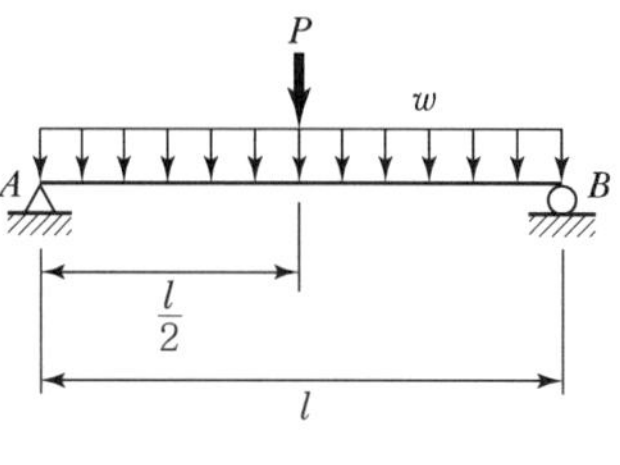

① $\frac{Pl}{2}+\frac{wl^2}{8}$

② $\frac{Pl}{2}+\frac{wl^2}{4}$

③ $\frac{Pl}{4}+\frac{wl^2}{8}$

④ $\frac{Pl}{4}+\frac{wl^2}{4}$

해설

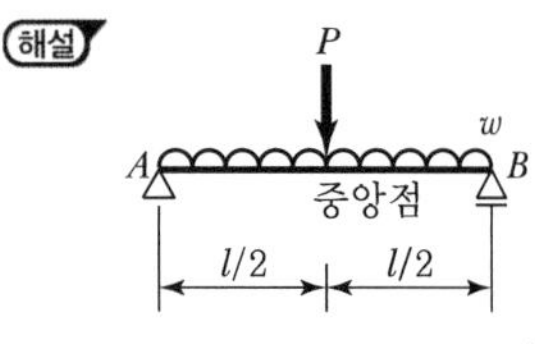

중앙점 $M_C=\frac{Pl}{4}+\frac{wl^2}{8}$

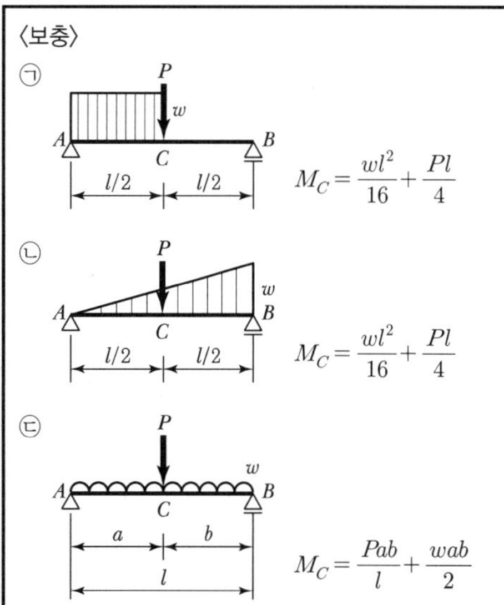

30 아래 그림의 단순보에서 지점 A에서 4m 떨어진 C점에서의 휨모멘트는?

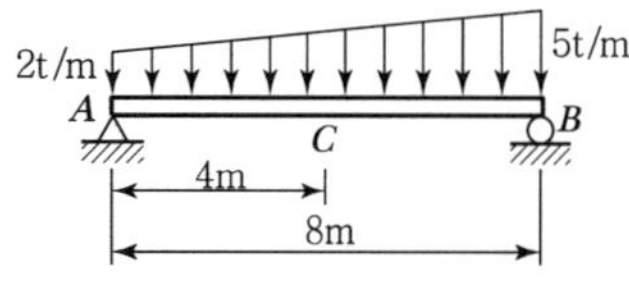

① 24t · m ② 28t · m

③ 32t · m ④ 40t · m

해설 ㉠

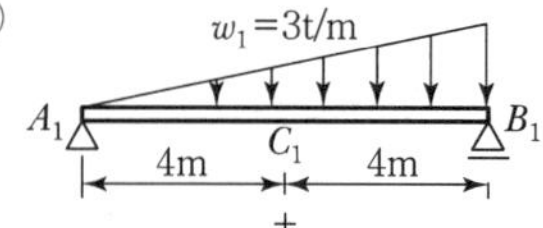

+

㉡

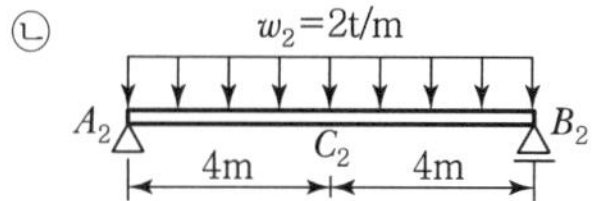

㉢ $M_C=M_{C_1}+M_{C_2}=\frac{w_1 l^2}{16}+\frac{w_2 l^2}{8}$

$=\frac{3\times 8^2}{16}+\frac{2\times 8^2}{8}=28\text{t}\cdot\text{m}$

31 그림과 같은 단순보의 중앙(C)점의 휨모멘트는?

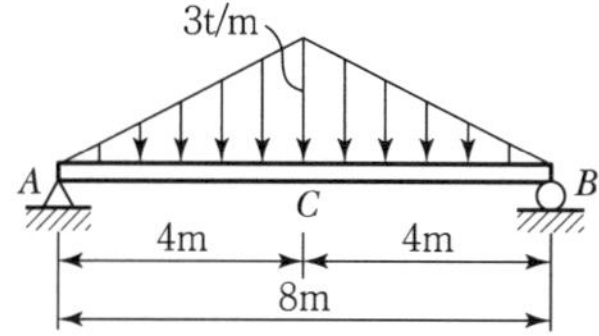

① 8t · m ② 12t · m

③ 14t · m ④ 16t · m

해설 $M_C=\frac{wl^2}{12}=\frac{3\times 8^2}{12}$

$=16\text{t}\cdot\text{m}$

32 그림과 같은 단순보의 B지점에 모멘트가 50kN · m가 작용할 때 C점의 휨모멘트는? ['20]

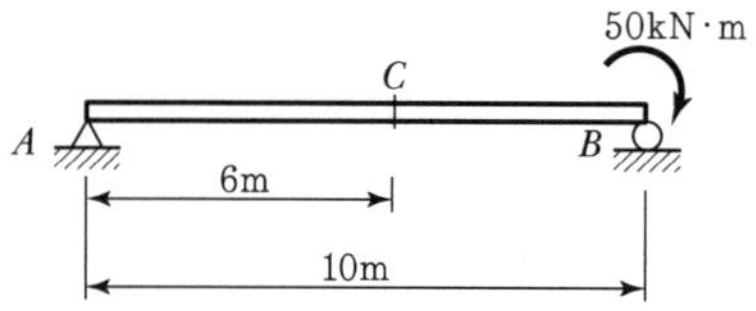

① −20kN · m ② +20kN · m

③ −30kN · m ④ +30kN · m

해설

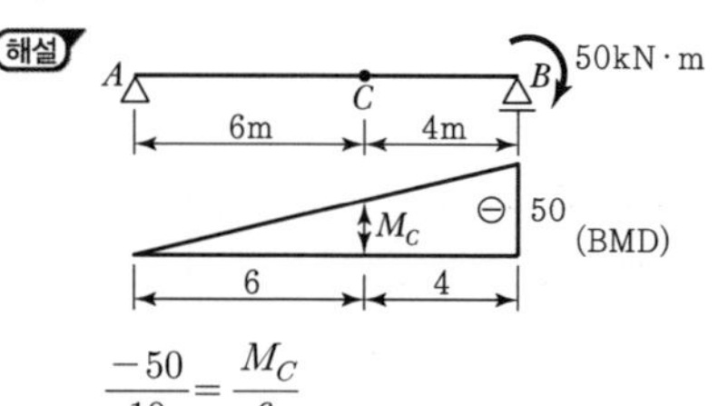

$\frac{-50}{10}=\frac{M_C}{6}$

$\therefore\ M_C=-30\text{kN}\cdot\text{m}$

정답 29 ③ 30 ② 31 ④ 32 ③

33 그림과 같은 단순보에 모멘트하중 M_1과 M_2가 작용할 경우 C점의 휨모멘트를 구하는 식은?(단, $M_1 > M_2$) ['19]

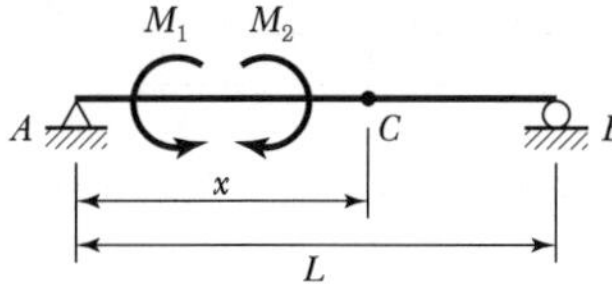

① $\left(\dfrac{M_1 - M_2}{L}\right)x + M_1 - M_2$

② $\left(\dfrac{M_2 - M_1}{L}\right)x - M_1 + M_2$

③ $\left(\dfrac{M_1 + M_2}{L}\right)x + M_1 - M_2$

④ $\left(\dfrac{M_1 - M_2}{L}\right)x - M_1 + M_2$

해설

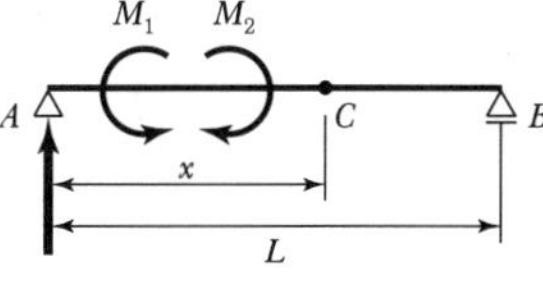

$$R_A = \frac{M_1 - M_2}{L}$$

$$M_c = R_A \times x - M_1 + M_2 = \frac{M_1 - M_2}{L}x - M_1 + M_2$$

34 그림과 같은 내민보에서 A지점에서 5m 떨어진 C점의 전단력 V_C와 휨모멘트 M_C는? ['19]

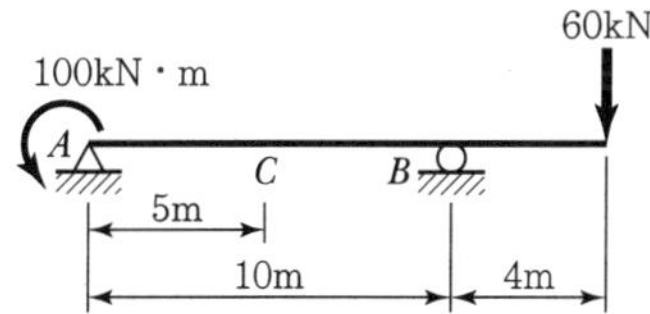

① $V_c = -14\text{kN}$, $M_c = -170\text{kN} \cdot \text{m}$

② $V_c = -18\text{kN}$, $M_c = -240\text{kN} \cdot \text{m}$

③ $V_c = 14\text{kN}$, $M_c = -240\text{kN} \cdot \text{m}$

④ $V_c = 18\text{kN}$, $M_c = -170\text{kN} \cdot \text{m}$

해설

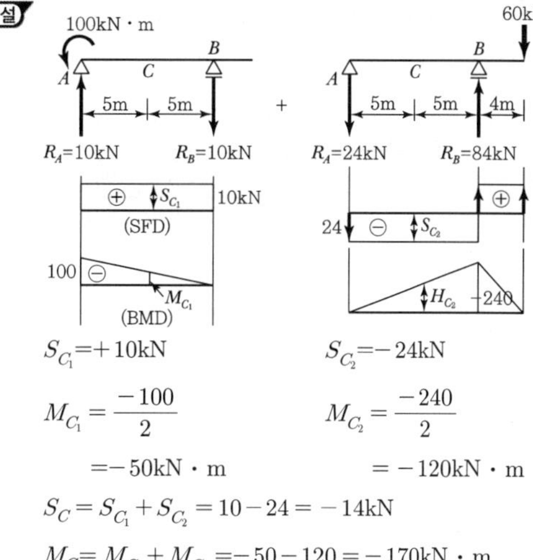

$S_{C_1} = +10\text{kN}$ $\qquad$ $S_{C_2} = -24\text{kN}$

$M_{C_1} = \dfrac{-100}{2} = -50\text{kN} \cdot \text{m}$ $\qquad$ $M_{C_2} = \dfrac{-240}{2} = -120\text{kN} \cdot \text{m}$

$$S_C = S_{C_1} + S_{C_2} = 10 - 24 = -14\text{kN}$$

$$M_C = M_{C_1} + M_{C_2} = -50 - 120 = -170\text{kN} \cdot \text{m}$$

35 그림과 같은 보에서 C점의 휨모멘트는?

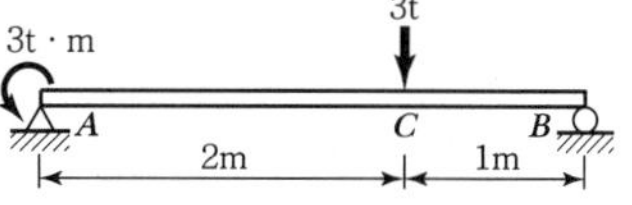

① 1t · m $\qquad$ ② −1t · m

③ 2t · m $\qquad$ ④ −2t · m

해설 ㉠ $\Sigma M_B = R_A \times 3\text{m} - 3\text{t} \cdot \text{m} - 3\text{t} \times 1\text{m} = 0$

$R_A = 2\text{t}(\uparrow)$

㉡ $M_C = R_A \times 2\text{m} - 3\text{t} \cdot \text{m} = 2\text{t} \times 2\text{m} - 3\text{t} \cdot \text{m}$

$= 1\text{t} \cdot \text{m}$

또는 $M_C = M_{C_1} + M_{C_2} = \dfrac{Pab}{l} - \left(3 \times \dfrac{1}{3}\right)$

$= \dfrac{3 \times 2 \times 1}{3} - 1 = 1\text{t} \cdot \text{m}$

36 그림과 같은 내민보에서 B점의 휨모멘트는?

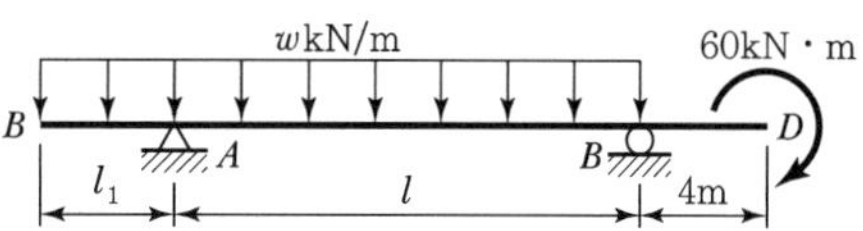

① $wl^2/2$ $\qquad$ ② wl^2

③ −60kN · m $\qquad$ ④ −24kN · m

해설 $M_{B(좌)} = M_{B(우)} = -60\text{kN} \cdot \text{m}$

정답 33 ④ 34 ① 35 ① 36 ③

37 다음 그림의 캔틸레버보에서 A점의 휨모멘트는?

['13, '16]

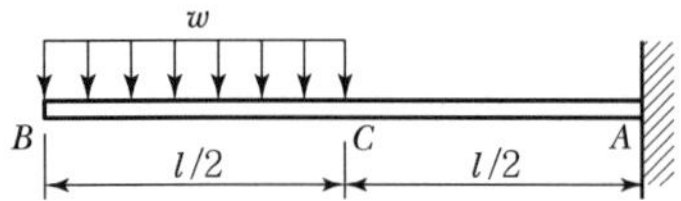

① $-\dfrac{wl^2}{8}$ ② $-\dfrac{2wl^2}{8}$

③ $-\dfrac{3wl^2}{4}$ ④ $-\dfrac{3wl^2}{8}$

해설 $M_A = -\left(w\times\dfrac{l}{2}\right)\times\left(\dfrac{l}{2}\times\dfrac{1}{2}+\dfrac{l}{2}\right)$

$= -\dfrac{wl}{2}\times\dfrac{3l}{4} = -\dfrac{3wl^2}{8}$

38 아래 그림과 같은 캔틸레버보에서 C점의 휨모멘트는?

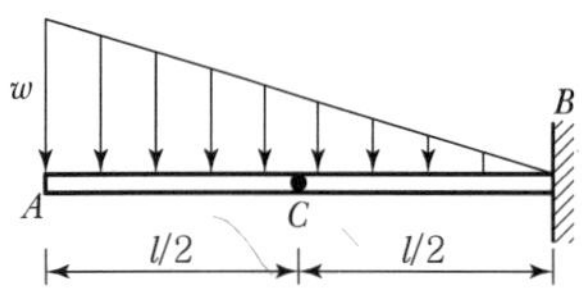

① $-\dfrac{wl^2}{8}$ ② $-\dfrac{5wl^2}{12}$

③ $-\dfrac{5wl^2}{24}$ ④ $-\dfrac{5wl^2}{48}$

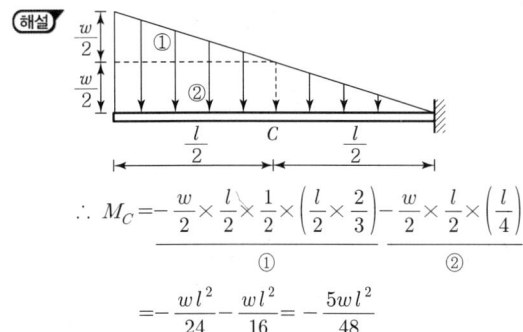

해설

$\therefore M_C = \underbrace{-\dfrac{w}{2}\times\dfrac{l}{2}\times\dfrac{1}{2}\times\left(\dfrac{l}{2}\times\dfrac{2}{3}\right)}_{①}\underbrace{-\dfrac{w}{2}\times\dfrac{l}{2}\times\left(\dfrac{l}{4}\right)}_{②}$

$= -\dfrac{wl^2}{24}-\dfrac{wl^2}{16} = -\dfrac{5wl^2}{48}$

〈보충〉

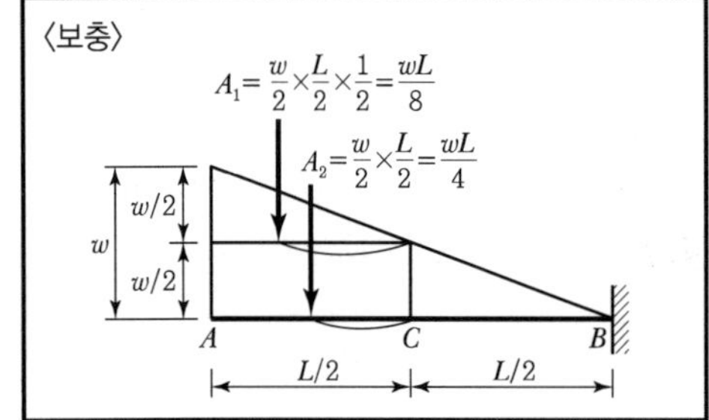

39 그림과 같은 캔틸레버보의 A점의 휨모멘트(Bending Moment)로 옳은 것은?

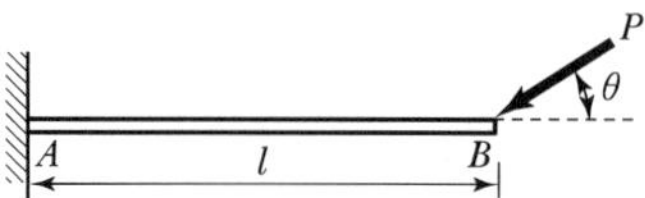

① $M_A = Pl\sin\theta$ ② $M_A = Pl\cos\theta$

③ $M_A = -Pl\sin\theta$ ④ $M_A = -Pl\cos\theta$

해설 $M_A = -P\sin\theta\times l = -Pl\sin\theta$

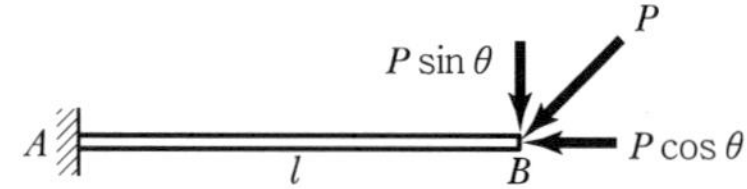

40 다음 그림의 캔틸레버보에서 최대 휨모멘트는 얼마인가?

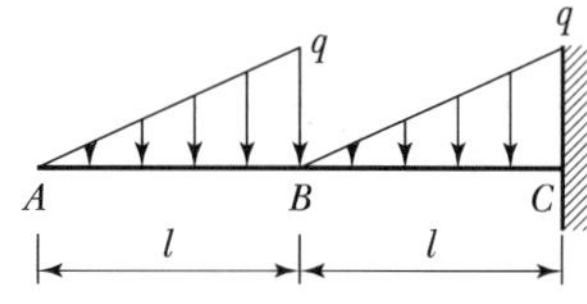

① $-\dfrac{1}{6}ql^2$ ② $-\dfrac{1}{2}ql^2$ ③ $-\dfrac{1}{3}ql^2$ ④ $-\dfrac{5}{6}ql^2$

해설 $M_{\max} = M_c = \dfrac{-ql}{2}\left(\dfrac{l}{3}+l\right)-\dfrac{ql}{2}\left(\dfrac{l}{3}\right)$

$= -\dfrac{4}{6}ql^2-\dfrac{ql^2}{6} = -\dfrac{5}{6}ql^2$

41 그림과 같은 게르버보에서 A지점의 지점 모멘트 (M_A)는?

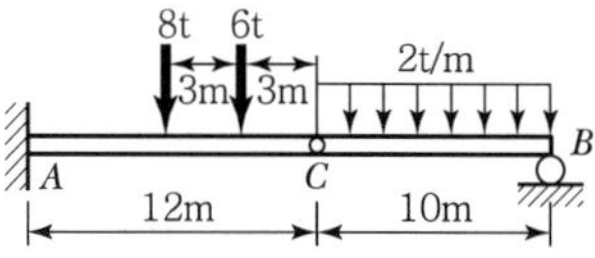

① $-222\text{t}\cdot\text{m}$ ② $+222\text{t}\cdot\text{m}$

③ $-182\text{t}\cdot\text{m}$ ④ $+182\text{t}\cdot\text{m}$

해설

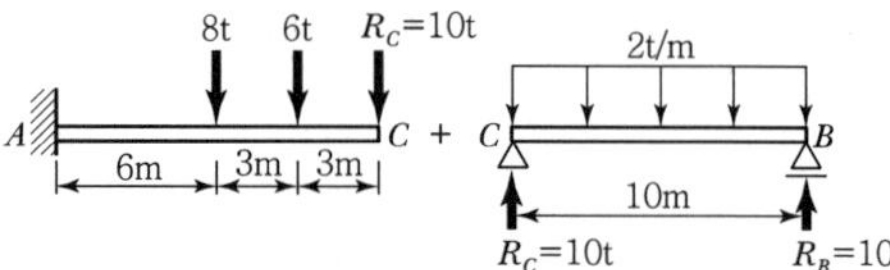

㉠ $R_C = \dfrac{wl}{2} = \dfrac{2\times10}{2} = 10\text{t}(\uparrow)$

㉡ $M_A = -10\times12-6\times9-8\times6 = -222\text{t}\cdot\text{m}$

정답 37 ④ 38 ④ 39 ③ 40 ④ 41 ①

42 그림과 같은 게르버보에서 B점의 휨모멘트 값은?

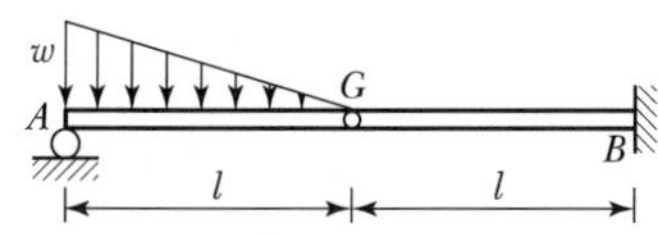

① $-\dfrac{wl^2}{2}$　　② $-\dfrac{wl^2}{3}$

③ $+\dfrac{wl^2}{3}$　　④ $-\dfrac{wl^2}{6}$

해설

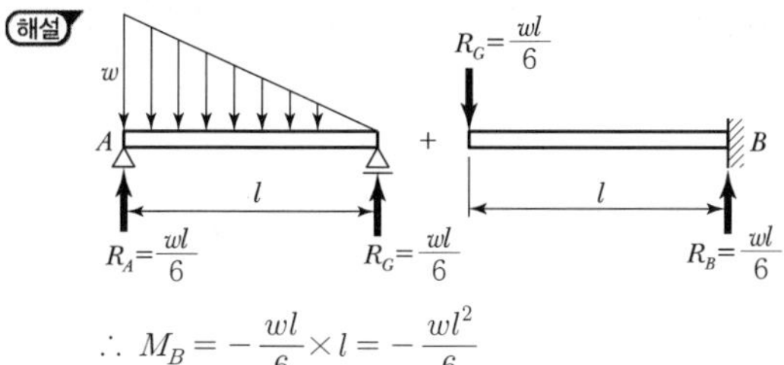

$\therefore M_B=-\dfrac{wl}{6}\times l=-\dfrac{wl^2}{6}$

43 그림과 같은 B점이 힌지로 되어 있는 게르버보에서 A점의 휨모멘트는?

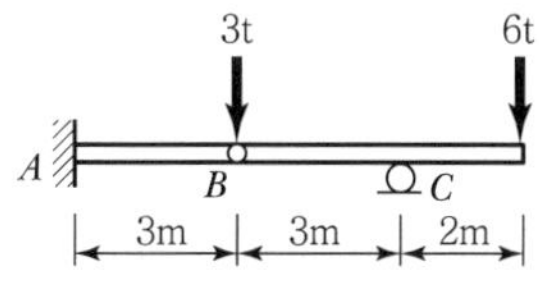

① 3.0t · m　　② 4.5t · m

③ 6.0t · m　　④ 21.0t · m

해설

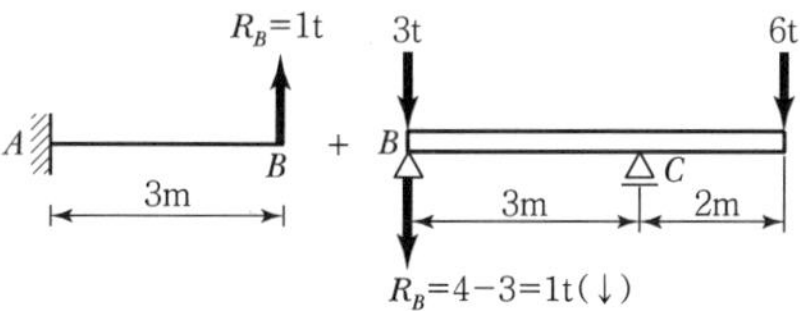

㉠ $\Sigma M_C=-R_B\times 3\text{m}-3\times 3\text{m}+6\times 2\text{m}=0$

$\therefore R_B=1\text{t}(\downarrow)$

㉡ $M_A=R_B\times 3\text{m}=1\text{t}\times 3\text{m}=3\text{t}\cdot\text{m}$

44 그림과 같은 게르버보의 C점에서의 휨모멘트 값은?

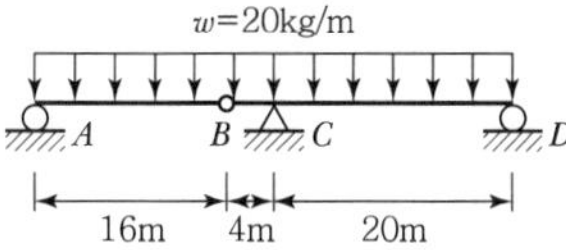

① −640kg · m　　② −800kg · m

③ −960kg · m　　④ −1,440kg · m

해설 $M_C=-R_B\times 4-20\times 4\times\dfrac{4}{2}$

$=-640-160=-800\text{kg}\cdot\text{m}$

SFD(전단력도)

45 그림에 표시한 것은 단순보에 대한 전단력도이다. 이 보의 C점에 발생하는 휨모멘트는?(단, 단순보에는 회전모멘트하중이 작용하지 않는다.) ['19]

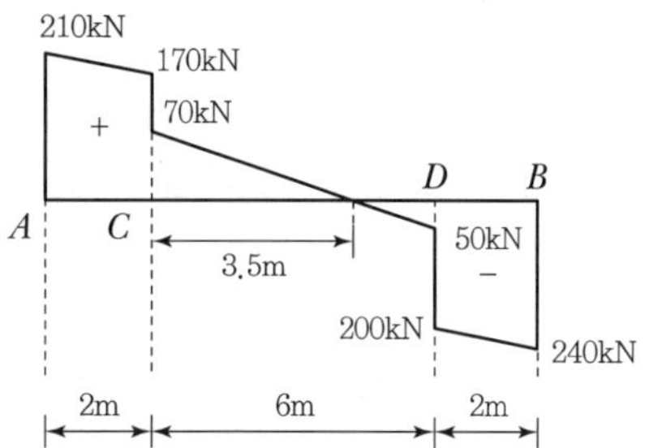

① +420kN · m　　② +380kN · m

③ +210kN · m　　④ +100kN · m

해설 $M_C=C$점까지 SFD면적

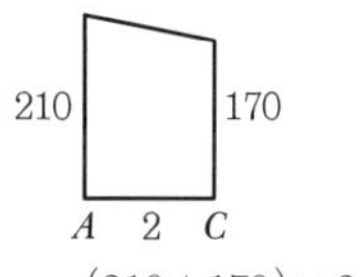

$M_C=\dfrac{(210+170)\times 2}{2}=380\text{kN}\cdot\text{m}$

최대 휨모멘트 M_{max}

46 아래 그림과 같은 단순보에서 최대 휨모멘트는?

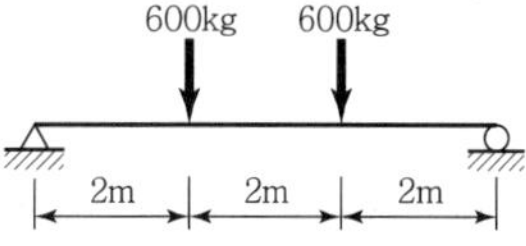

① 1,380kg · m　　② 1,056kg · m

③ 1,260kg · m　　④ 1,200kg · m

해설 하중이 대칭이므로

$R_A=R_B=\dfrac{600+600}{2}=600\text{kg}$

정답 42 ④　43 ①　44 ②　45 ②　46 ④

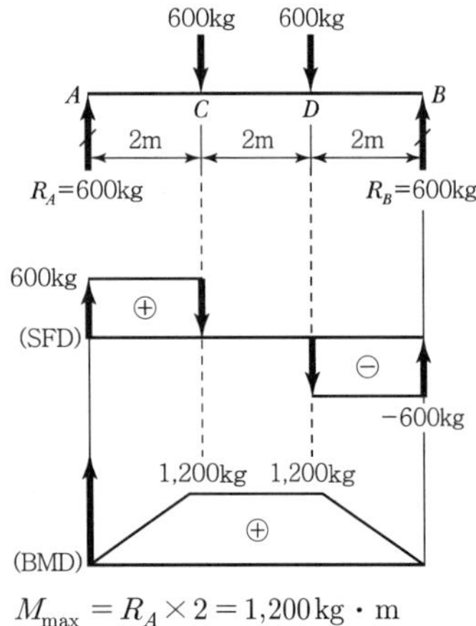

$M_{max} = R_A \times 2 = 1{,}200\text{kg} \cdot \text{m}$

47 길이 6m인 단순보에 그림과 같이 집중하중 7t, 2t이 작용할 때 최대 휨모멘트는 얼마인가? ['12, '15]

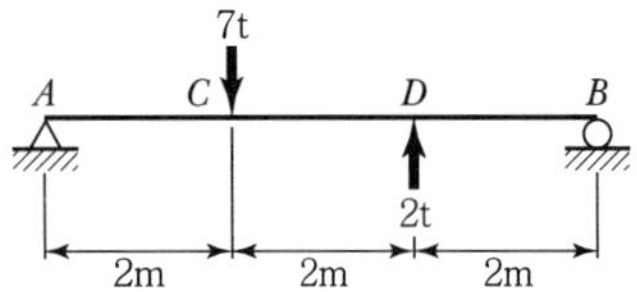

① 10.5t · m ② 8t · m
③ 7.5t · m ④ 7t · m

해설

[1] ㉠ $\Sigma M_B = 0$

$R_A \times 6 - 7 \times 4 + 2 \times 2 = 0$, $R_A = 4\text{t}(\uparrow)$

㉡ $\Sigma V = 0$

$R_A - 7 + 2 + R_B = 0$

$R_B = 5 - R_A = 5 - 4 = 1\text{t}(\uparrow)$

㉢ 최대 휨모멘트(M_{max})는 전단력이 '0'인 곳 또는 ⊕ → ⊖로 바뀌는 점, 즉 C점에서 발생하며 그 크기는 $M_{max} = R_A \times 4 = 8\text{t} \cdot \text{m}$이다.

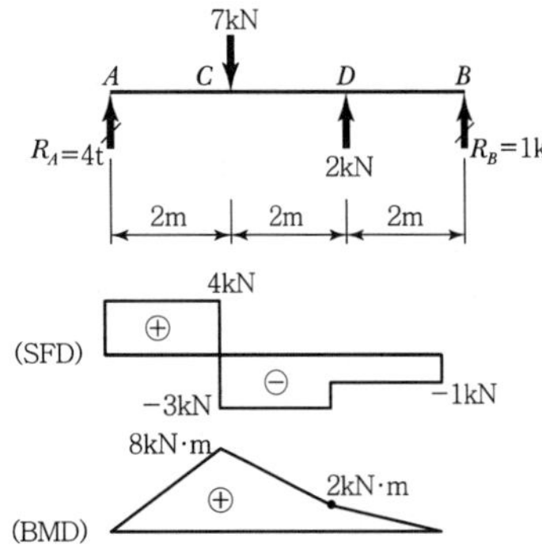

[2] ㉠ $\Sigma M_B = R_A \times 6 - 7 \times 4 + 2 \times 2 = 0$

$\therefore R_A = 4\text{t}(\uparrow)$

㉡ $\Sigma V = 0,\ -7 + 2 + R_A + R_B = 0$

$\therefore R_B = 1\text{t}(\uparrow)$

㉢ $M_C = R_A \times 2\text{m} = 4 \times 2 = 8\text{t} \cdot \text{m}$

㉣ $M_D = 4 \times 4 - 7 \times 2 = 2\text{t} \cdot \text{m}$ 또는

$M_D = \frac{7 \times 2 \times 2}{6} - \frac{2 \times 4 \times 2}{6} = \frac{28 - 16}{6}$

$= 2\text{t} \cdot \text{m}$

48 그림과 같은 단순보에서 전단력이 0이 되는 점에서 휨모멘트는?

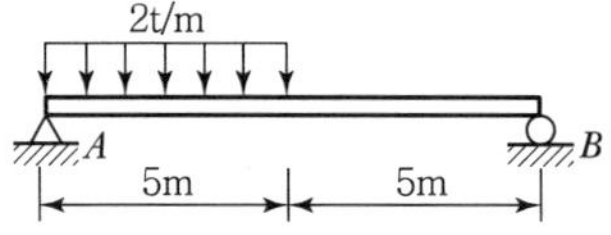

① 15.20t · m ② 14.06t · m
③ 12.50t · m ④ 0

해설 ㉠ $\Sigma M_B = R_A \times 10 - (2 \times 5) \times 7.5 = 0$

$\therefore R_A = 7.5\text{t}(\uparrow)$

㉡ $S_x = 7.5 - 2 \cdot x = 0$

$\therefore x = 3.75\text{m}$

또는 $x = \frac{3}{8} l = \frac{3 \times 10}{8} = 3.75\text{m}$

㉢ $M_{max} = 7.5 \times 3.75 - (2 \times 3.75) \times \frac{3.75}{2}$

$= 14.0625\text{t} \cdot \text{m}$

또는

$M_{max} = \frac{9}{128} w l^2 = \frac{9}{128} \times 2 \times 10^2$

$= 14.0625\text{t} \cdot \text{m}$

49 다음 그림과 같은 단순보에서 전단력이 0이 되는 점은 A점에서 얼마만큼 떨어진 곳인가?

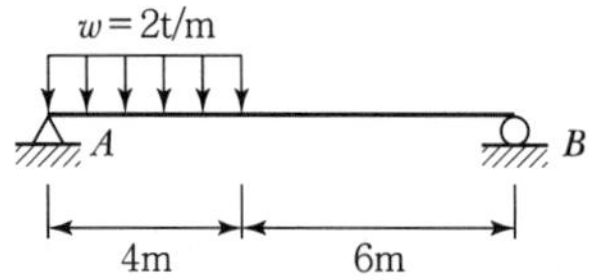

① 3.2m ② 3.5m
③ 4.2m ④ 4.5m

해설 ㉠ $\Sigma M_B = 0$

$R_A \times 10 - 2 \times 4 \times 8 = 0$

$R_A = 6.4\text{t}$

㉡ $x = \frac{R_A}{w} = \frac{6.4}{2} = 3.2\text{m}$

정답 47 ② 48 ② 49 ①

50 그림과 같은 단순보에서 최대 휨모멘트가 발생하는 위치는?(단, A점으로부터의 거리 X로 나타낸다.)

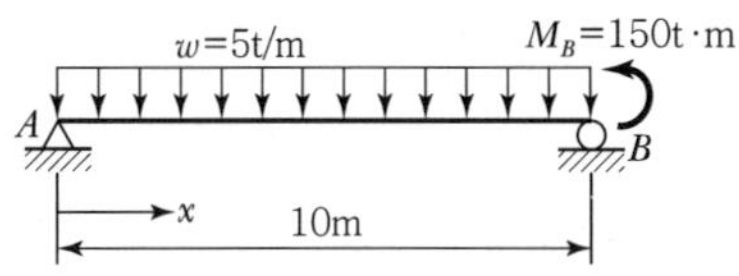

① 6m ② 7m
③ 8m ④ 9m

해설 ㉠ $\Sigma M_B=0$

$R_A \times 10-(5\times 10)\times 5-150=0$

$R_A=40\text{t}(\uparrow)$

㉡ $x=\dfrac{R_A}{w}=\dfrac{40}{5}=8\text{m}$

절대 최대 휨모멘트

51 연행하중이 절대 최대 휨모멘트가 생기는 위치에 왔을 때, 지점 A에서 하중 1t까지의 거리(x)는? ['10, '16]

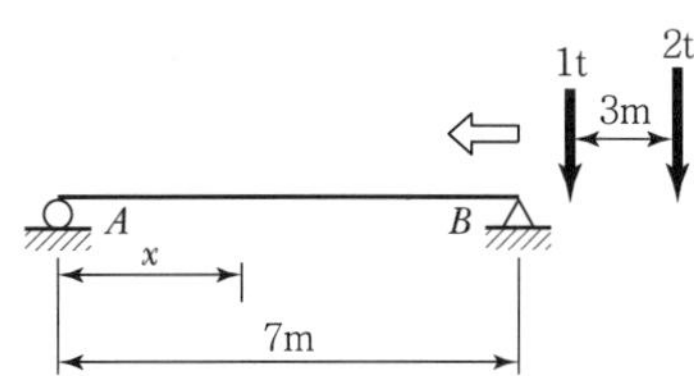

① 1.0m ② 0.8m
③ 0.5m ④ 0.2m

해설

[1]

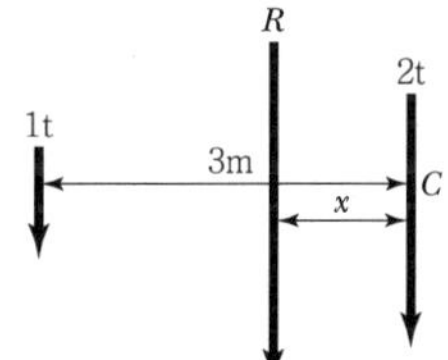

㉠ 합력 크기$(R)=1+2=3\text{t}$

㉡ 합력 위치(x)

$M_C=1\times 3=Rx$

$x=\dfrac{3}{R}=\dfrac{3}{3}=1\text{m}$

㉢ 절대 최대 휨모멘트가 발생하는 위치(x')

$x'=\dfrac{x}{2}=\dfrac{1}{2}=0.5\text{m}$

㉣ 절대 최대 휨모멘트가 발생하는 하중배치

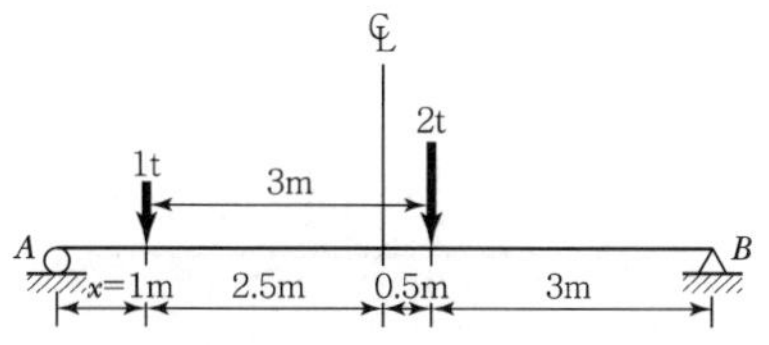

따라서 지점 A로부터 우측으로 1m 떨어진 곳이다.

[2] ㉠ 바리뇽 정리(C점)

$M_C=3\text{t}\times x=1\text{t}\times 3\text{m}$

$\therefore\ x=1\text{m}$

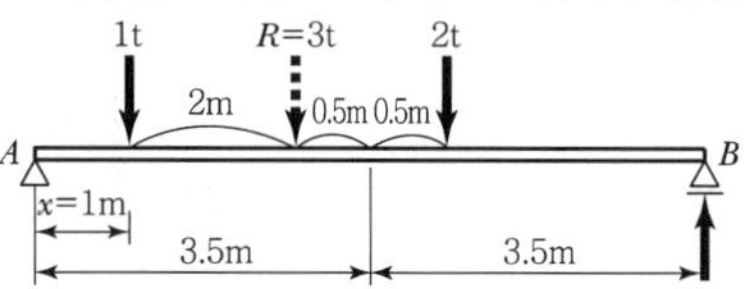

㉡ 절대 최대 휨모멘트는 합력($R=3$t)과 큰 하중(2t)의 이등분점이 보 중앙에 올 때 큰 하중(2t) 밑에 생긴다.

㉢ 1t 하중은 A지점으로부터 1m 위치에 있다.

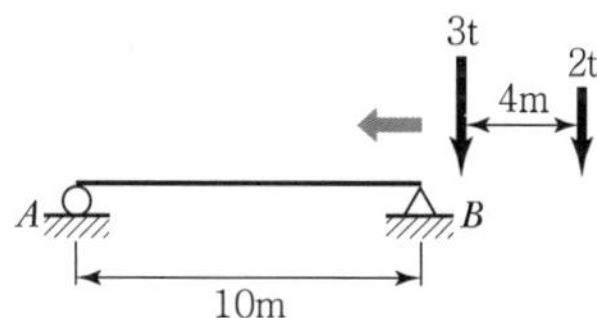

52 그림과 같은 단순보에 연행하중이 작용할 경우 절대 최대 휨모멘트는 얼마인가?

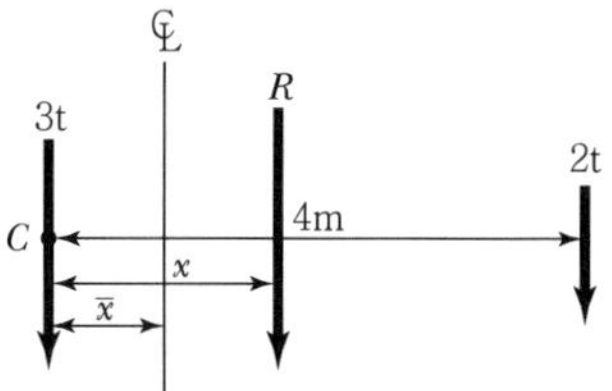

① 6.50t · m ② 7.04t · m
③ 8.04t · m ④ 8.82t · m

해설

㉠ 합력 크기(R)

$R=5\text{t}$

㉡ 합력 위치(x)

$2\times 4=R\times x$

$x=\dfrac{8}{R}=\dfrac{8}{5}=1.6\text{m}$

㉢ 절대 최대 휨모멘트가 발생하는 위치$(\bar{x})$

정답 50 ③ 51 ① 52 ④

$$\bar{x} = \frac{x}{2} = \frac{1.6}{2} = 0.8\text{m}$$

㉣

절대 최대 휨모멘트 $M = \frac{Rab}{l}$

$$= \frac{5 \times 4.2 \times 4.2}{10}$$

$$= 8.82\text{t} \cdot \text{m}$$

53 경간(L)이 10m인 단순보에 그림과 같은 방향으로 이동하중이 작용할 때 절대 최대 휨모멘트는?(단, 보의 자중은 무시한다.) ['19, '20]

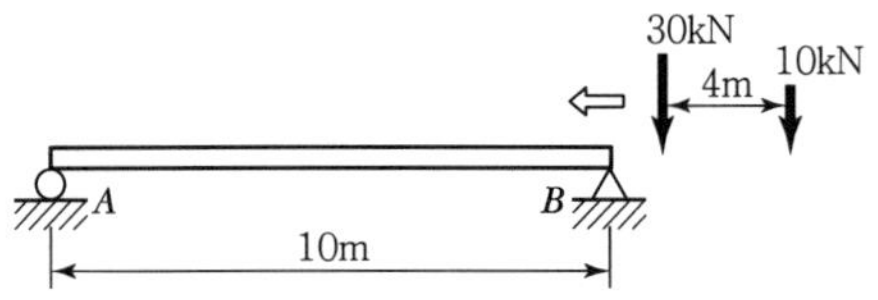

① 45kN · m　　② 52kN · m

③ 68kN · m　　④ 81kN · m

해설 ㉠ 합력 R의 위치(x)

$R \times x = 10\text{kN} \times 4\text{m}$

$\therefore x = 1\text{m}$

㉡

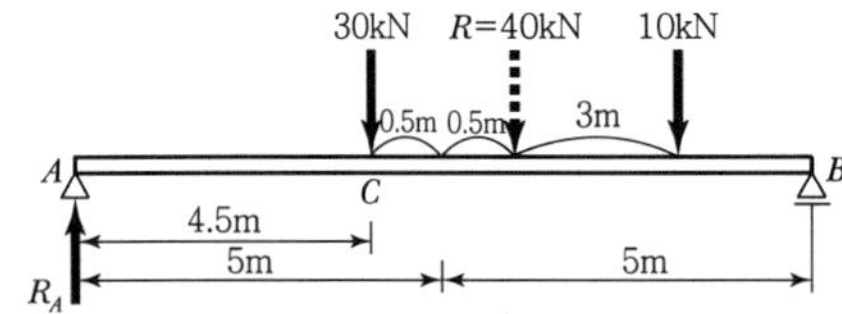

㉢ $M_C = M_{\max} = R_A \times 4.5\text{m}$

$$= \left(\frac{30 \times 5.5 + 10 \times 1.5}{10}\right) \times 4.5$$

$$= 81\text{kN}$$

정답 53 ④

라멘 · 아치

반력

01 다음과 같은 정정 라멘에서 D점의 수평반력은? (단, 점선은 부재가 아니며, 힘의 방향을 나타낸다.)

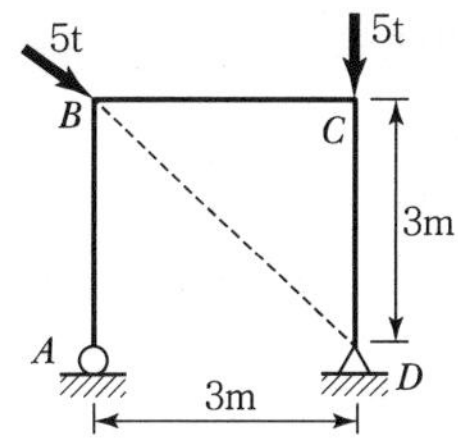

① 5t ② 10t

③ $\frac{5}{\sqrt{2}}$t ④ $5\sqrt{2}$t

해설

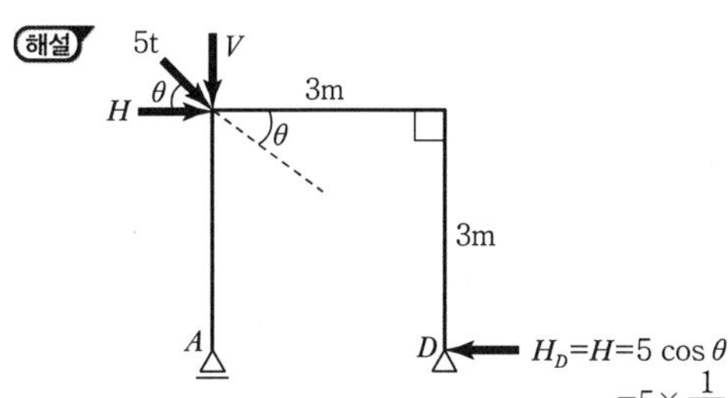

$$H_D = H = 5\cos\theta = 5\times\frac{1}{\sqrt{2}} = \frac{5}{\sqrt{2}}\text{t}$$

02 아래 그림과 같은 3활절 라멘의 지점 A의 수평반력(H_A)은?

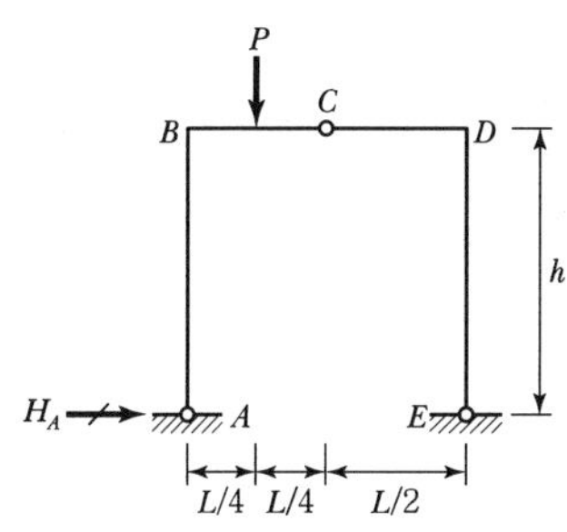

① $\frac{PL}{h}$ ② $\frac{PL}{2h}$

③ $\frac{PL}{4h}$ ④ $\frac{PL}{8h}$

해설

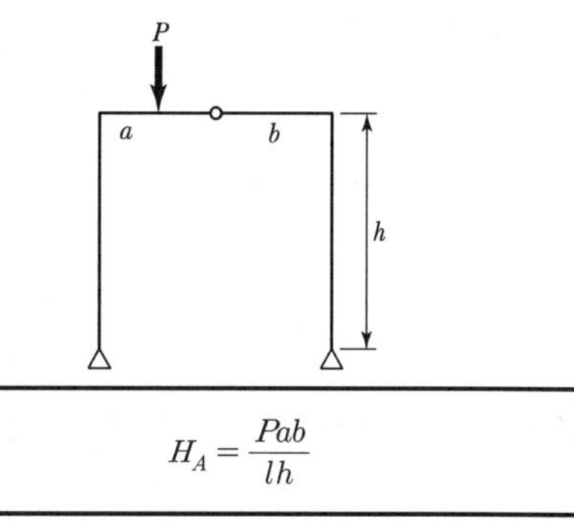

〈공식〉 $H_A = \frac{Pab}{lh}$

$$H_A = \frac{P\times\frac{L}{4}\times\frac{L}{2}}{L\times h} = \frac{PL}{8h}$$

03 다음 3힌지 라멘의 A점의 수평반력(H_A)은?

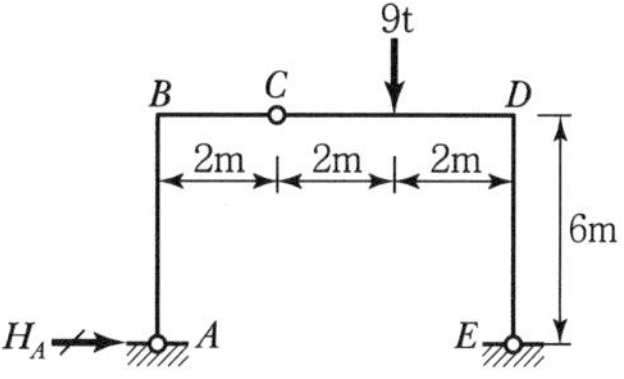

① 1t ② 2t ③ 3t ④ 4t

해설 ㉠ $\Sigma M_E=0$

$V_A\times 6 - 9\times 2 = 0$

$V_A = 3\text{t}(\uparrow)$

㉡ $\Sigma M_C=0$

$3\times 2 - H_A\times 6 = 0$

$H_A = 1\text{t}(\rightarrow)$

04 아래 그림과 같은 3힌지 라멘의 지점반력 H_A는?

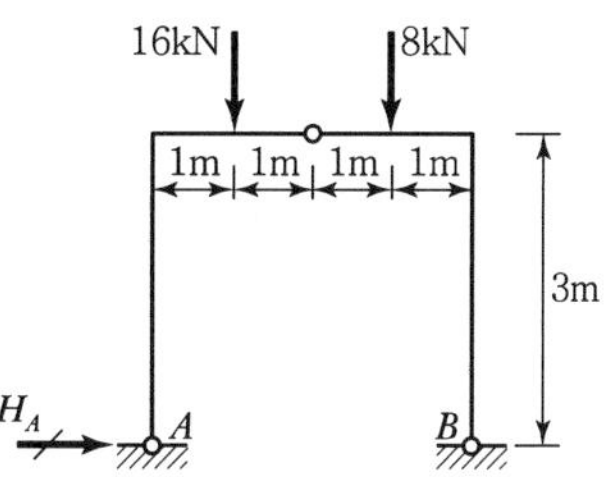

① −4t ② 4t

③ −8t ④ 8t

정답 01 ③ 02 ④ 03 ① 04 ②

해설

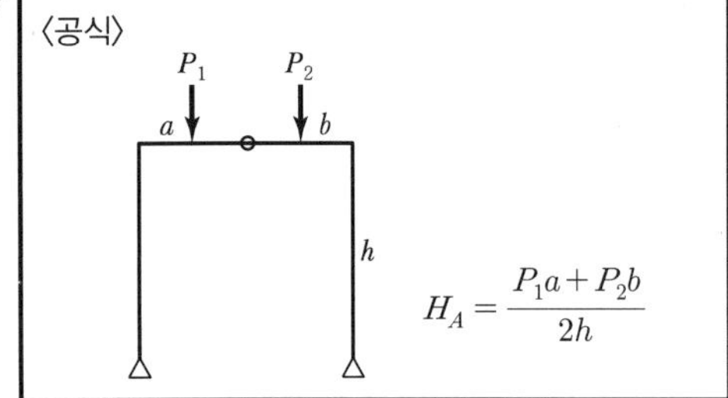

$$H_A = \frac{16\times1+8\times1}{2\times3} = \frac{24}{6} = 4\text{t}(\rightarrow)$$

05 그림과 같은 아치에서 AB 부재가 받는 힘은? ['19]

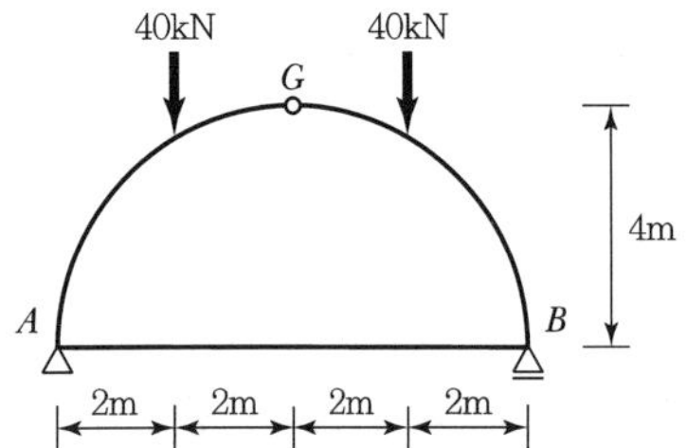

① 0　② 20kN
③ 40kN　④ 80kN

해설 AB 부재가 받는 힘 $= H_A$ 또는 H_B

$$= \frac{\text{단순보 } M_C}{2h} = \frac{40\times2+40\times2}{2\times4} = \frac{2(40+40)}{2\times4} = 20\text{kN}$$

06 다음의 라멘 구조에서 A점의 수평반력 H_A는 얼마인가?

① $\dfrac{P}{2}(\leftarrow)$
② $\dfrac{P}{4}(\leftarrow)$
③ $\dfrac{P}{2}(\rightarrow)$
④ $\dfrac{P}{4}(\rightarrow)$

해설 ㉠ $\Sigma M_B=0$

$$V_A\times l + P\times0 - P\times\frac{l}{2} = 0$$

$$V_A = \frac{P}{2}(\uparrow)$$

㉡ $\Sigma M_C=0$

$$\frac{P}{2}\times\frac{l}{2} - H_A\times l = 0$$

$$H_A = \frac{P}{4}(\rightarrow)$$

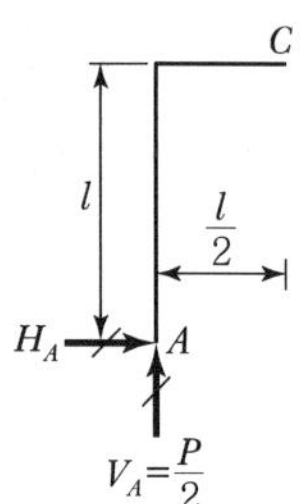

07 아래 그림과 같은 3-hinge 라멘의 수평반력 H_A 값은? ['10, '17]

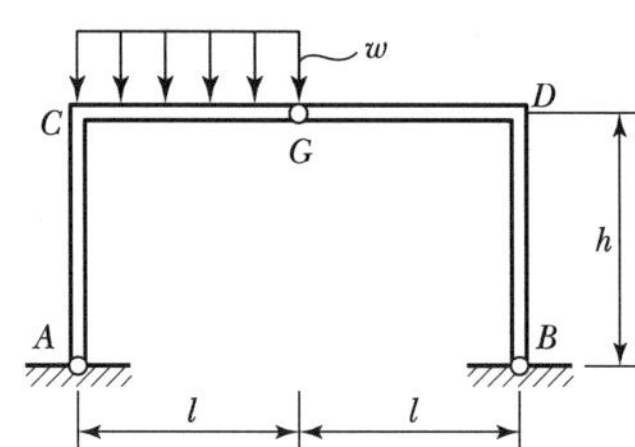

① $\dfrac{wl^2}{4h}$　② $\dfrac{wl^2}{8h}$
③ $\dfrac{wl^2}{16h}$　④ $\dfrac{wl^2}{24h}$

해설

[1] ㉠ $\Sigma M_B = V_A\times 2l - wl\times\dfrac{3}{2}l = 0$

$$\therefore\ V_A = \frac{3wl}{4}(\uparrow)$$

㉡ $\Sigma M_G = V_A\times l - H_A\times h - wl\times\dfrac{l}{2} = 0$

$$\therefore\ H_A = \frac{wl^2}{4h}(\rightarrow)$$

[2] $H_A = \dfrac{\text{단순보 } M_G}{h} = \dfrac{w(2l)^2}{16h} = \dfrac{wl^2}{4h}$

08 그림과 같은 3힌지 라멘에 등분포하중이 작용할 경우 A점의 수평반력은? ['10, '15, '20]

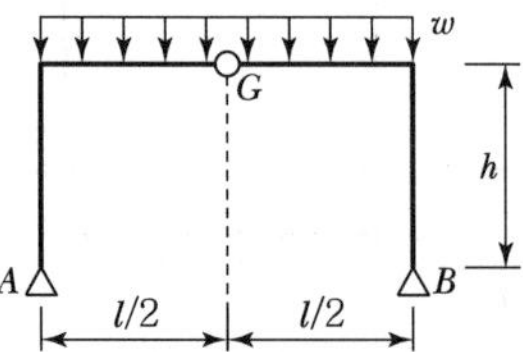

① 0　② $\dfrac{wl^2}{8}(\rightarrow)$
③ $\dfrac{wl^2}{4h}(\rightarrow)$　④ $\dfrac{wl^2}{8h}(\rightarrow)$

정답 05 ②　06 ④　07 ①　08 ④

해설

[1] ㉠ $V_A = V_B = \frac{wl}{2}(\uparrow)$

㉡ $\Sigma M_G = V_A \times \frac{l}{2} - H_A \times h - \frac{wl}{2} \times \frac{l}{4} = 0$

$\therefore H_A = \frac{wl^2}{8h}(\rightarrow)$

[2] $H_A = \frac{\text{단순보 } M_G}{h} = \frac{wl^2}{8h}$

09 그림과 같은 3힌지 아치의 수평반력 H_A는? ['19]

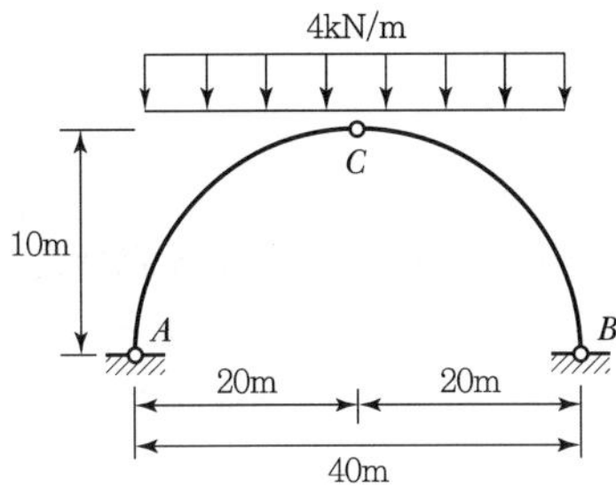

① 60kN　② 80kN
③ 100kN　④ 120kN

해설 $H_A = \frac{wL^2}{8h} = \frac{4\times(40)^2}{8\times 10} = \frac{4\times 1,600}{8\times 10} = 80\text{kN}$

10 그림과 같은 3활절 아치의 지점 A에서의 지점반력 V_A와 H_A 값이 옳은 것은?

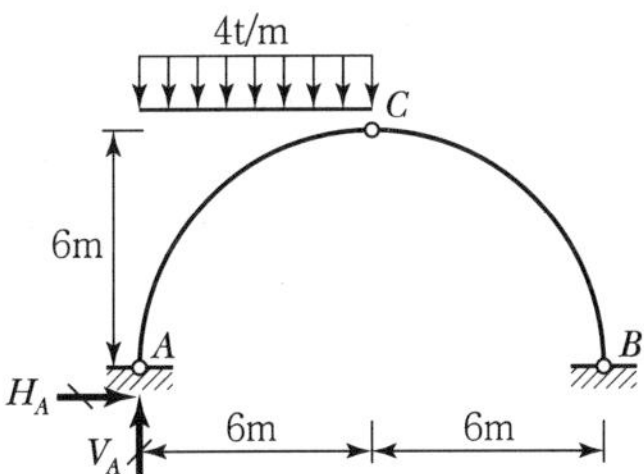

① $V_A = 18\text{t}(\uparrow)$, $H_A = 18\text{t}(\rightarrow)$
② $V_A = 18\text{t}(\uparrow)$, $H_A = 6\text{t}(\rightarrow)$
③ $V_A = 18\text{t}(\downarrow)$, $H_A = 18\text{t}(\leftarrow)$
④ $V_A = 18\text{t}(\uparrow)$, $H_A = 6\text{t}(\leftarrow)$

해설 ㉠ $V_A = \frac{3}{8}wl = \frac{3}{8}\times 4\times 12 = 18\text{t}(\uparrow)$

㉡ $H_A = \frac{\text{단순보 } M_C}{h} = \frac{wl^2}{16h} = \frac{4\times(12)^2}{16\times 6} = 6\text{t}(\rightarrow)$

11 그림과 같은 3힌지(Hinge) 아치에 하중이 작용할 때, 지점 A의 수평반력 H_A는? ['12, '15]

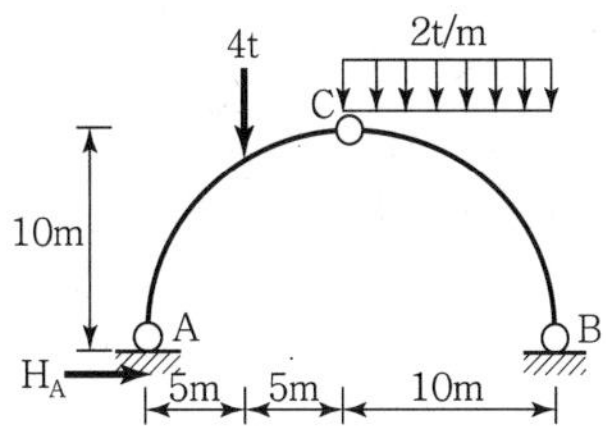

① 6t　② 8t
③ 10t　④ 12t

해설 ㉠ $\Sigma M_B = V_A \times 20 - 4\times 15 - 2\times 10\times 5 = 0$

$\therefore V_A = 8\text{t}(\uparrow)$

㉡ $\Sigma M_C = 8\times 10\times H_A\times 10 - 4\times 5 = 0$

$\therefore H_A = 6\text{t}(\rightarrow)$ 또는

$H_A = \frac{\text{단순보}M_C}{h} = \frac{Pab}{lh} + \frac{wl^2}{16h}$

$= \frac{4\times 5\times 10}{20\times 10} + \frac{2\times(20)^2}{16\times 10} = 6\text{t}$

12 다음 3힌지 아치에서 B점의 수평반력은? ['20]

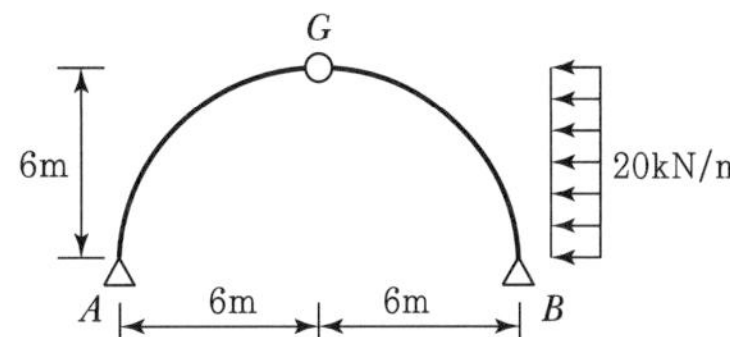

① 50kN(→)　② 70kN(→)
③ 90kN(→)　④ 110kN(→)

해설

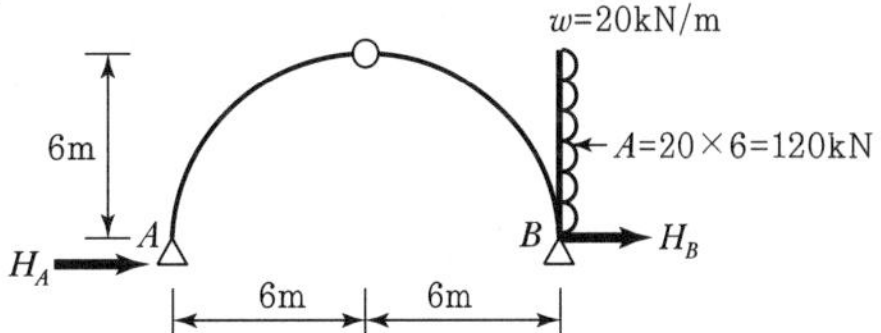

㉠ 〈간편 식〉
H_A = (힘) × (높이계수) × (거리계수)

$= (120)\times\left(\frac{1}{2}\right)\times\left(\frac{1}{2}\right) = 30\text{kN}(\rightarrow)$

㉡ $\Sigma H = 0$

$H_A + H_B - 120 = 0$

$H_A + H_B = 120$

$\therefore H_B = 90\text{kN}(\rightarrow)$

정답 09 ② 10 ② 11 ① 12 ③

<응용>

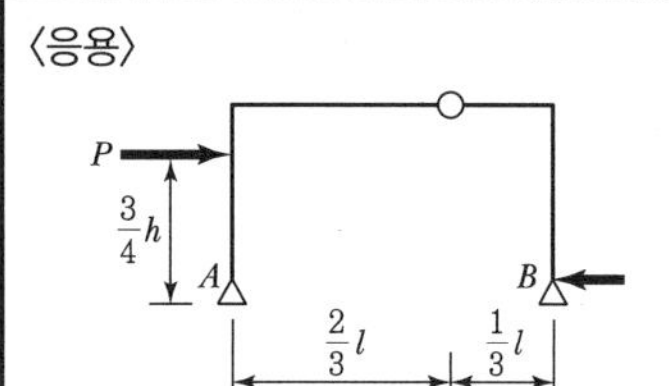

H_B =(힘)×(힌지에서 B점까지 거리계수)×(높이계수)

$= (P) \times \left(\frac{1}{3}\right) \times \left(\frac{3}{4}\right)$

$= \frac{P}{4}(\leftarrow)$

휨모멘트

13 그림에서 나타낸 구조물에서 A점의 휨모멘트는?

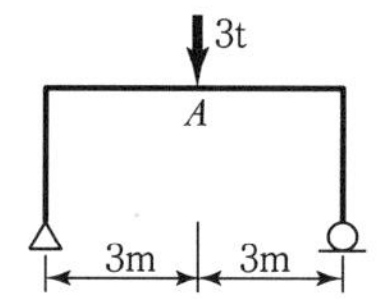

① 3t · m　② 4.5t · m
③ 6t · m　④ 7.5t · m

해설 ㉠ $R_A = R_B = \frac{P}{2} = \frac{3}{2} = 1.5\text{t}(\uparrow)$

㉡ $M_A = 1.5\text{t} \times 3\text{m} = 4.5\text{t} \cdot \text{m}$ 또는

$M_A = \frac{Pl}{4} = \frac{3 \times 6}{4} = 4.5\text{t} \cdot \text{m}$

14 그림과 같은 라멘에서 C점의 휨모멘트는? ['19]

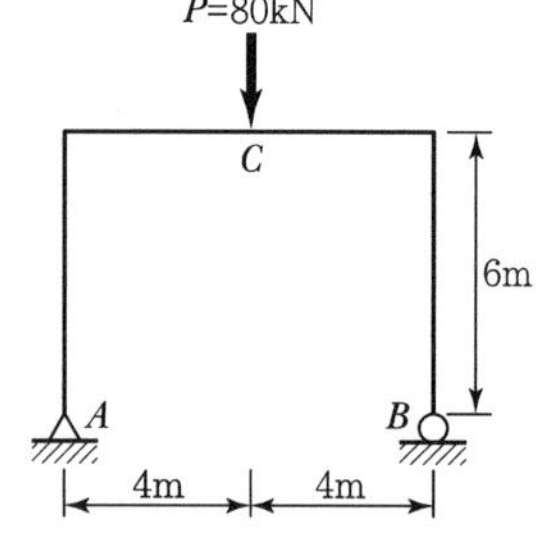

① 120kN · m　② 160kN · m
③ 240kN · m　④ 320kN · m

해설 $M_C = \frac{PL}{4} = \frac{80 \times 8}{4} = 160\text{kN} \cdot \text{m}$

15 그림과 같은 라멘에서 하중 4t을 받는 C점의 휨모멘트는? ['16, '17]

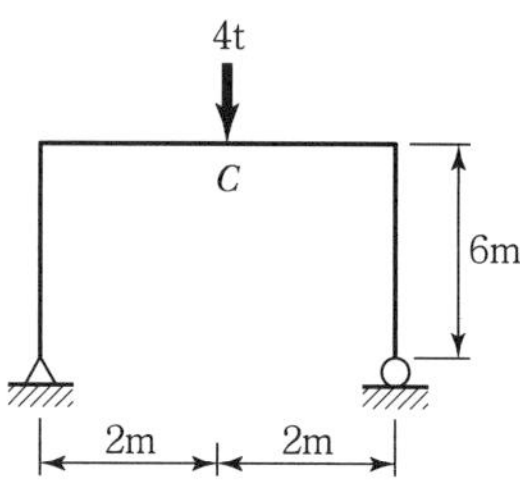

① 3t · m　② 4t · m
③ 5t · m　④ 6t · m

해설 $M_C = \frac{PL}{4} = \frac{4 \times 4}{4} = 4\text{t} \cdot \text{m}$

16 그림과 같은 라멘에서 C점의 휨모멘트는? ['13, '16]

① −11t · m
② −14t · m
③ −17t · m
④ −20t · m

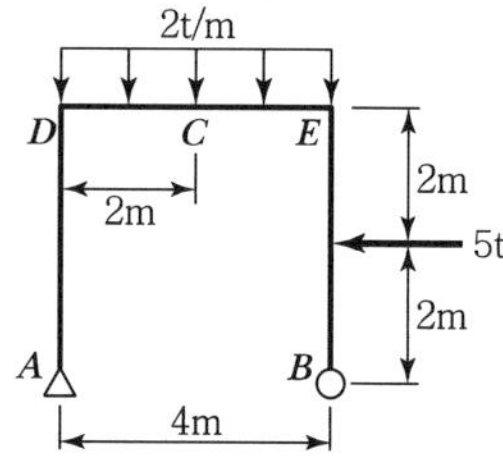

해설 ㉠ $\Sigma H = H_A - 5\text{t} = 0$

$\therefore H_A = 5\text{t}(\rightarrow)$

㉡ $\Sigma M_B = V_A \times 4\text{m} - (2\text{t/m} \times 4\text{m}) \times 2\text{m}$
$- 5\text{t} \times 2\text{m} = 0$

$\therefore V_A = 6.5\text{t}(\uparrow)$

㉢ $M_C = V_A \times 2\text{m} - H_A \times 4\text{m}$
$- (2\text{t/m} \times 2\text{m}) \times 1\text{m}$
$= 6.5 \times 2 - 5 \times 4 - 4 \times 1 = -11\text{t} \cdot \text{m}$

또는 $M_C = \frac{wl^2}{8} - \frac{(H_A \times 4) + (5 \times 2)}{2}$
$= \frac{2 \times 4^2}{8} - 15 = 4 - 15 = -11\text{t} \cdot \text{m}$

17 그림과 같은 라멘에서 A점의 휨모멘트 반력은? ['11, '14]

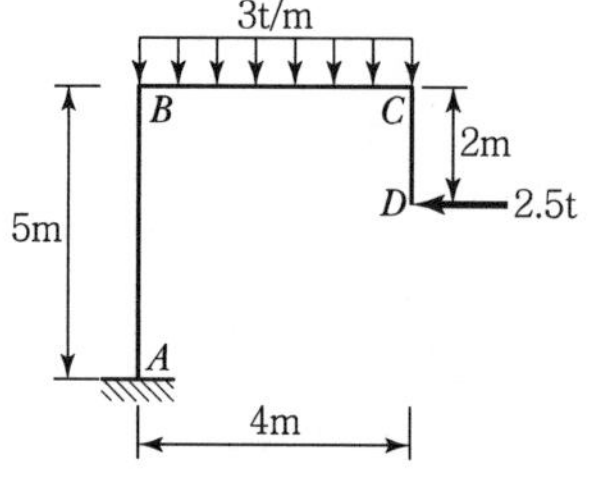

정답 13 ② 14 ② 15 ② 16 ① 17 ④

① $-9.5\text{t}\cdot\text{m}$ ② $-12.5\text{t}\cdot\text{m}$
③ $-14.5\text{t}\cdot\text{m}$ ④ $-16.5\text{t}\cdot\text{m}$

해설 $M_A = -(3\times4)\times2+2.5\times3$
$= -16.5\text{t}\cdot\text{m}(\circlearrowleft)$

18 아래 그림과 같은 3활절 라멘에 일어나는 최대 휨 모멘트는? ['13, '15]

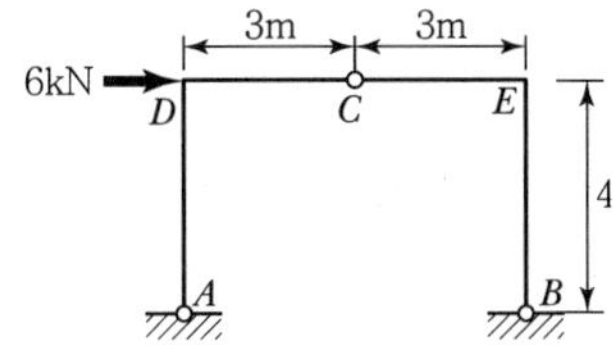

① $9\text{t}\cdot\text{m}$ ② $12\text{t}\cdot\text{m}$
③ $15\text{t}\cdot\text{m}$ ④ $18\text{t}\cdot\text{m}$

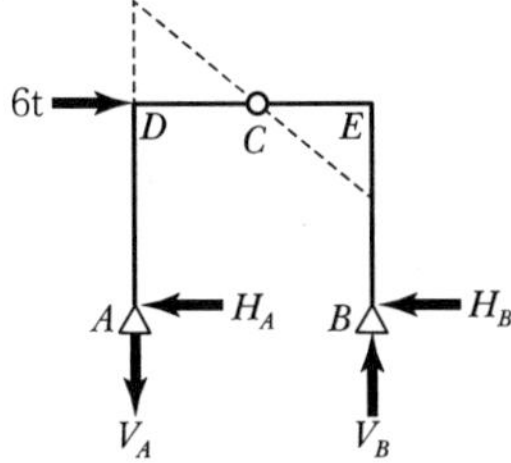

㉠ $\Sigma M_B = 0$
$V_A\times6\text{m}+6\text{t}\times4\text{m}=0$
$V_A=-4\text{t}(\downarrow)$

㉡ $\Sigma M_{C(\text{힌지 좌측})} = -4\text{t}\times3\text{m}-H_A\times4\text{m}=0$
$H_A=-3\text{t}(\leftarrow)$

㉢ $M_D = H_A\times4\text{m}=3\text{t}\times4\text{m}=12\text{t}\cdot\text{m}$

㉣ $M_E=-H_B\times4=-3\times4=-12\text{t}\cdot\text{m}$

㉤ $M_{\max}=M_D$ 또는 M_E

정답 18 ②

토목산업기사 06

트러스

트러스 가정

01 트러스를 해석하기 위한 기본가정 중 옳지 않은 것은? ['11, '15]

① 부재들은 마찰이 없는 힌지로 연결되어 있다.
② 부재 양단의 힌지 중심을 연결한 직선은 부재축과 일치한다.
③ 모든 외력은 절점에 집중하중으로 작용한다.
④ 하중 작용으로 인한 트러스 각 부재의 변형을 고려한다.

해설 트러스 해석 시 변형은 고려하지 않는다.

02 트러스 해법상의 가정에 대한 설명으로 틀린 것은? ['12, '17]

① 모든 부재는 직선이다.
② 모든 부재는 마찰이 없는 핀으로 양단이 연결되어 있다.
③ 외력의 작용선은 트러스와 동일 평면 내에 있다.
④ 집중하중은 절점에 작용시키고, 분포하중은 부재 전체에 분포한다.

해설 분포하중을 분산시켜 절점에 집중하중이 작용하는 것으로 한다.

03 트러스 해법에 대한 가정 중 틀린 것은? ['19]

① 각 부재는 마찰이 없는 힌지로 연결되어 있다.
② 절점을 잇는 직선은 부재축과 일치한다.
③ 모든 외력은 절점에만 작용한다.
④ 각 부재는 곡선재와 직선재로 되어 있다.

해설 각 부재는 직선재로 되어 있다.

04 트러스의 응력해석에서 가정 조건으로 옳지 않은 것은?

① 모든 부재는 축응력만 받는다.
② 모든 절점에는 마찰이 작용하지 않는다.
③ 모든 하중은 절점에만 작용한다.
④ 모든 부재는 휨응력을 받는다.

해설 모든 부재는 축방향력을 받는다.

05 트러스(Truss)를 해석하기 위한 가정 중 틀린 것은? ['19]

① 모든 하중은 절점에만 작용한다.
② 작용하중에 의한 트러스의 변형은 무시한다.
③ 부재들은 마찰이 없는 힌지로 연결되어 있다.
④ 각 부재는 직선재이며, 절점의 중심을 연결하는 직선은 부재축과 일치하지 않는다.

해설 ㉣ 부재축과 일치한다.

06 트러스를 정적으로 1차응력을 해석하기 위한 가정사항으로 틀린 것은? ['10, '15]

① 절점을 잇는 직선은 부재축과 일치한다.
② 외력은 절점과 부재 내부에 작용하는 것으로 한다.
③ 외력의 작용선은 트러스와 동일 평면 내에 있다.
④ 각 부재는 마찰이 없는 핀 또는 힌지로 결합되어 자유로이 회전할 수 있다.

해설 트러스 해석에 있어서 외력은 절점에만 작용하는 것으로 가정한다.

07 트러스 해석 시 가정을 설명한 것 중 틀린 것은? ['10, '16]

① 하중으로 인한 트러스의 변형을 고려하여 부재력을 산출한다.
② 하중과 반력은 모두 트러스의 격점에만 작용한다.
③ 부재의 도심축은 직선이며 연결핀의 중심을 지난다.
④ 부재들은 양단에서 마찰이 없는 핀으로 연결된다.

해설 트러스 해석 시 트러스의 변형은 고려하지 않는다.

08 축방향력만을 받는 부재로 된 구조물은?

① 단순보 ② 트러스
③ 연속보 ④ 라멘

정답 01 ④ 02 ④ 03 ④ 04 ④ 05 ④ 06 ② 07 ① 08 ②

해설 부재의 종류와 단면력

부재	단면력
트러스, 줄, 철사	축방향력
기둥(편심=0)	
기둥(편심≠0)	축방향력, 휨모멘트
보	전단력, 휨모멘트
라멘, 아치	축방향력, 휨모멘트, 전단력

0부재

09 그림과 같은 트러스에서 부재력이 0인 부재는? ['14, '16]

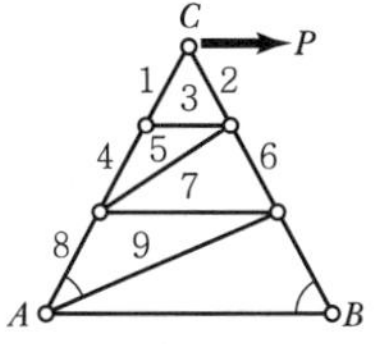

① 2, 4, 6, 8 ② 3, 5, 6, 9
③ 3, 5, 7, 9 ④ 2, 5, 7, 9

해설 ㉠ 인장재 : 1, 4, 8
㉡ 압축재 : 2, 6
㉢ 부재력이 0인 부재 : 3, 5, 7, 9

수직재

10 그림의 트러스에서 CD 부재가 받는 부재응력은? ['12, '17]

① 6.7t(인장)
② 8.3t(압축)
③ 10t(인장)
④ 10t(압축)

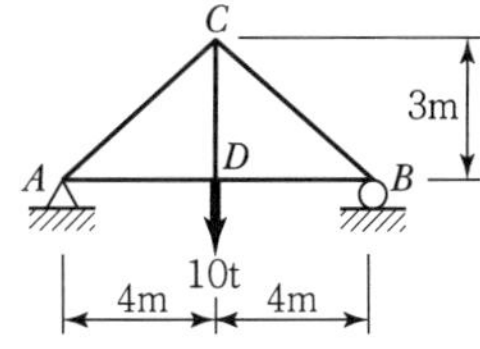

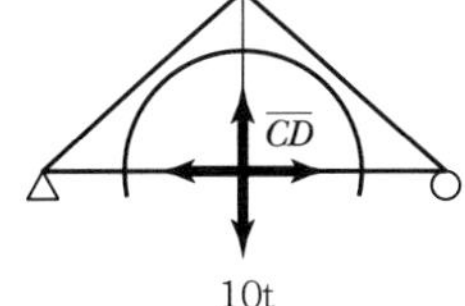

$\Sigma V=0$

$\overline{CD}-10=0$

$\overline{CD}=10\text{t}$(인장)

경사재

11 그림과 같은 트러스에서 부재 AC의 부재력은?

① 4t(인장)
② 4t(압축)
③ 7.5t(인장)
④ 7.5t(압축)

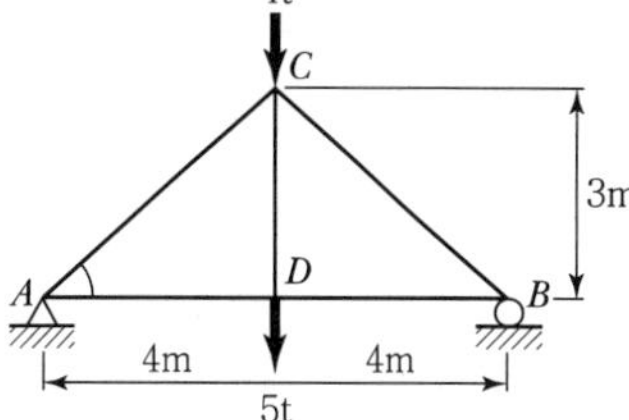

해설 ㉠ $\Sigma M_{Ⓑ}=0$

$R_A\times 8-(4+5)\times 4=0$

$R_A=4.5\text{t}(\uparrow)$

㉡ $\Sigma V=0$

$4.5+\frac{3}{5}F_{AC}=0$

$F_{AC}=-7.5\text{t}$(압축)

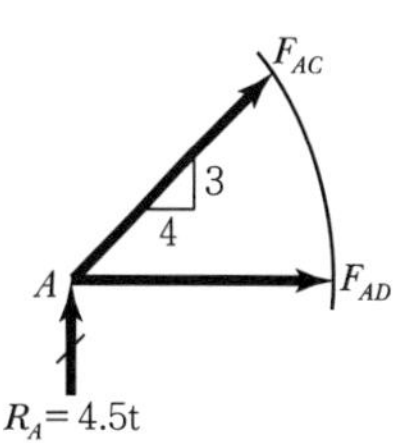

12 다음 그림과 같은 트러스에서 D 부재에 일어나는 부재내력은? ['19]

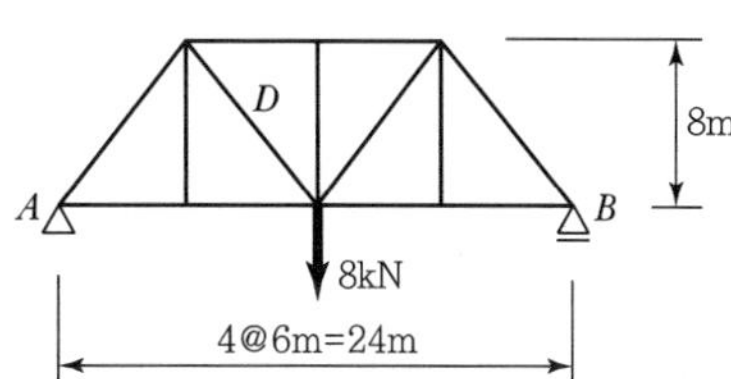

① 10kN ② 8kN
③ 6kN ④ 5kN

해설 $D=R_A\times\frac{\text{경사거리}}{\text{수직거리}}$

$=(4\text{kN})\times\frac{10}{8}$

$=5\text{kN}$

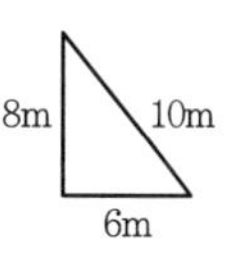

13 다음 트러스에서 경사재인 A 부재의 부재력은?

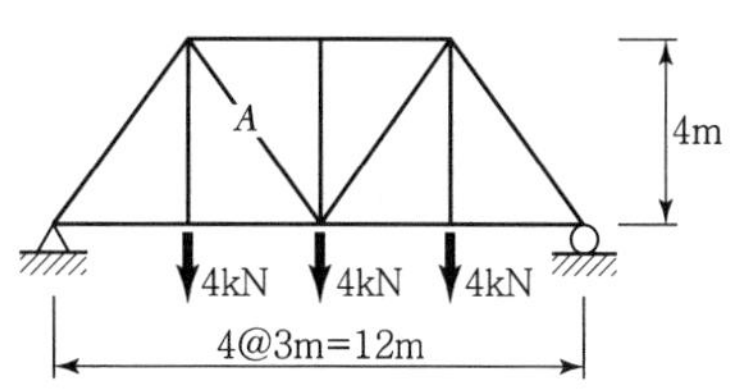

① 2.5kN(인장) ② 2kN(인장)
③ 2.5kN(압축) ④ 2kN(압축)

정답 09 ③ 10 ③ 11 ④ 12 ④ 13 ①

해설

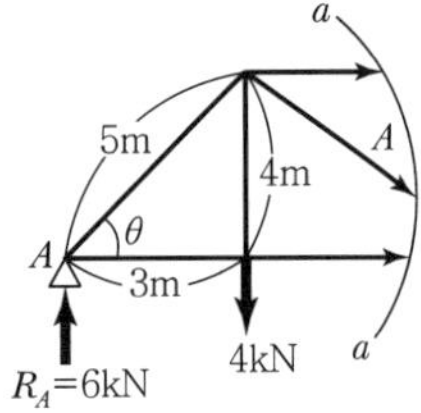

㉠ $R_A = \dfrac{12\text{kN}}{2} = 6\text{kN}(\uparrow)$

㉡ $\sum V = 6\text{kN} - 4\text{kN} - A\sin\theta = 0$

$\therefore\ A = \dfrac{6-4}{\sin\theta} = \dfrac{2}{\frac{4}{5}} = 2.5\text{kN}$(인장)

14 다음 트러스에서 경사재인 A 부재의 부재력은? ['20]

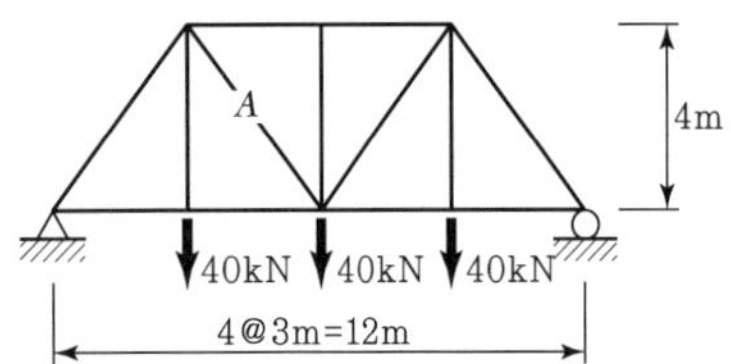

① 25kN(압축)　② 25kN(인장)
③ 20kN(압축)　④ 20kN(인장)

해설

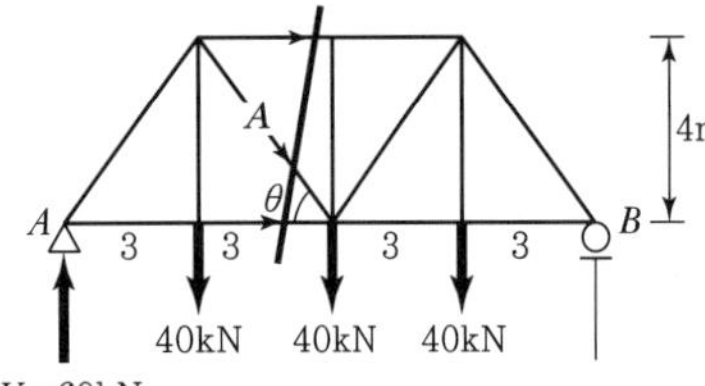

$\sum V = 0$

$60 - 40 - A\sin\theta = 0$

$20 - \dfrac{4}{5}A = 0$

$A = \dfrac{20}{4} \times 5 = 25\text{kN}$(인장)

15 다음과 같은 트러스의 D 부재의 부재력을 구하면?

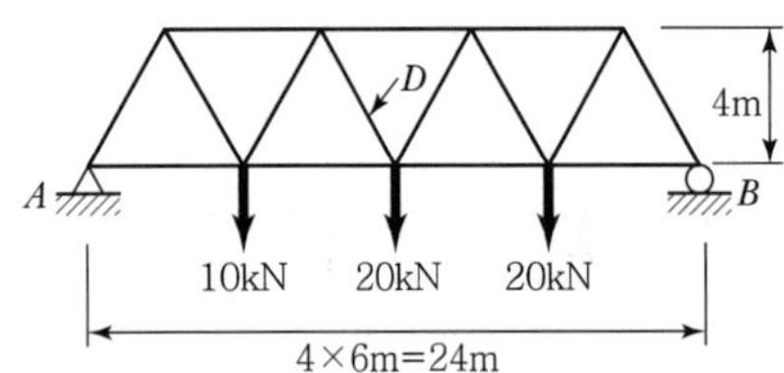

① 10.253kN　② 12.424kN
③ 15.625kN　④ 10.827kN

해설 ㉠ $\sum M_B = R_A \times 24 - 10 \times 18 - 20 \times 12 - 20 \times 6 = 0$

$\therefore\ R_A = 22.5\text{kN}(\uparrow)$

㉡ $\sum V = 22.5 - 10 - D \cdot \sin\theta = 0$

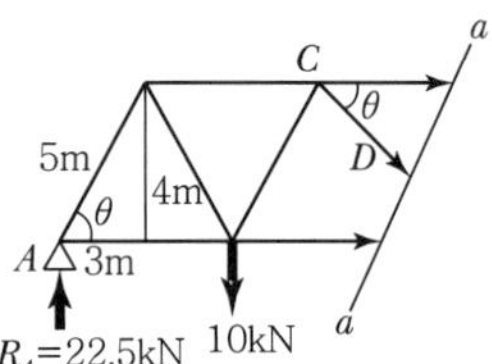

$D = \dfrac{12.5}{\sin\theta} = \dfrac{12.5}{\frac{4}{5}} = 12.5 \times \dfrac{5}{4} = 15.625\text{kN}$(인장)

16 다음의 트러스에서 부재 D_1의 응력은? ['13, '16]

① 3.4kN(인장)
② 3.6kN(인장)
③ 4.24kN(인장)
④ 3.91kN(인장)

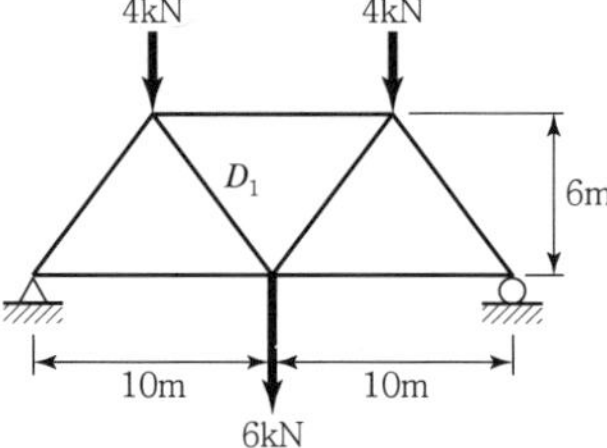

해설

[1] ㉠ $R_A = R_B = \dfrac{4+6+4}{2} = 7\text{kN}(\uparrow)$

㉡

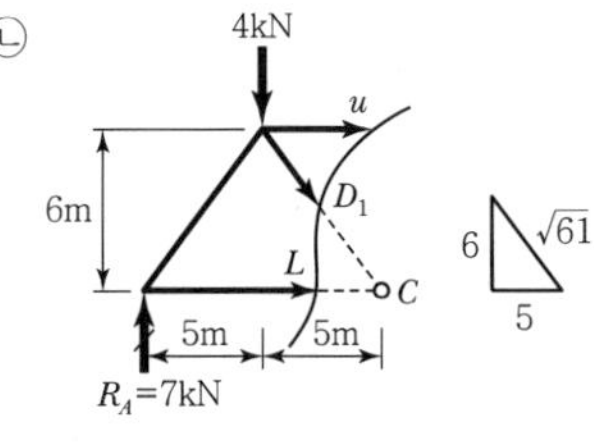

$\sum V = 0$

$7 - 4 - D_1\dfrac{6}{\sqrt{61}} = 0$

$D_1 = \dfrac{\sqrt{61}}{2} = 3.91\text{kN}$(인장)

[2] ㉠ $R_A = \dfrac{\sum P}{2} = \dfrac{14}{2} = 7\text{kN}(\uparrow)$

㉡ $\sum V = 0$

$7\text{kN} - 4\text{kN} - D_1\sin\theta = 0$

$7\text{kN} - 4\text{kN} - D_1 \times \dfrac{6}{7.81} = 0$

$\therefore\ D_1 = 3\text{kN} \times \dfrac{7.81}{6}$

$\fallingdotseq 3.91\text{kN}$(인장)

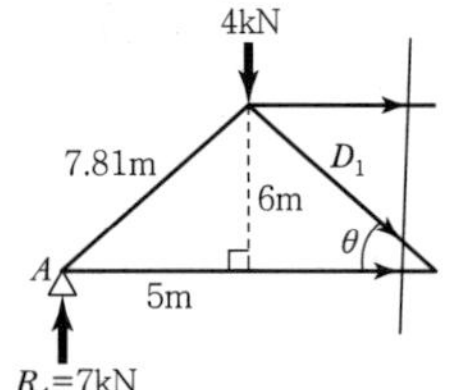

정답 14 ② 15 ③ 16 ④

17 그림과 같은 트러스에서 사재(斜材) D의 부재력은? ['20]

① 31.12kN
② 43.75kN
③ 54.65kN
④ 65.22kN

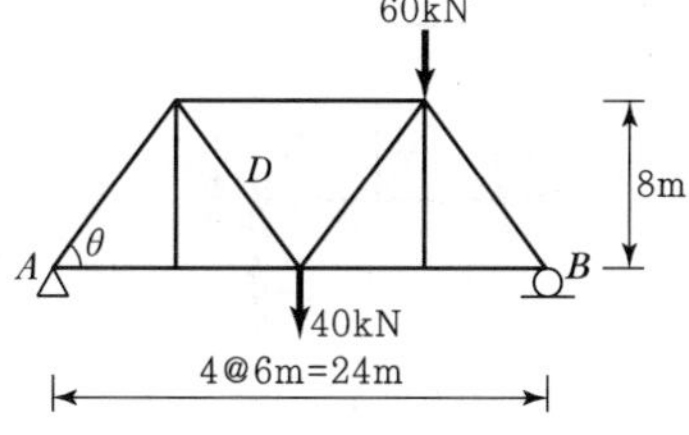

해설

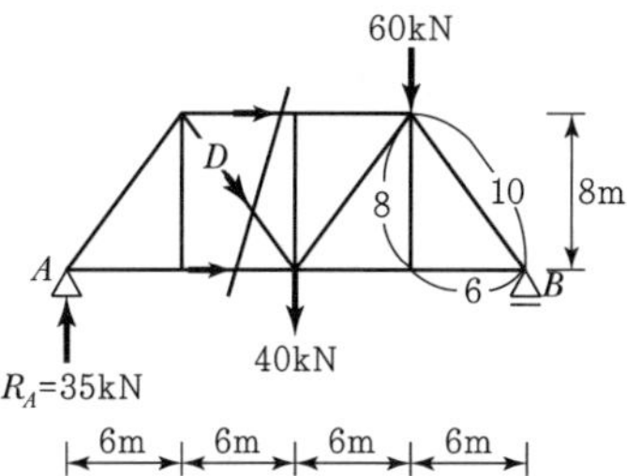

〈간편 식〉

$$D = (\text{힘}) \times \frac{\text{사거리}}{\text{수직거리}} = (35) \times \frac{10}{8} = 43.75\text{kN}$$

18 그림과 같은 트러스(Truss)에서 CB부재의 부재력은?

① 0
② −10.5t
③ −4t
④ −2.31t

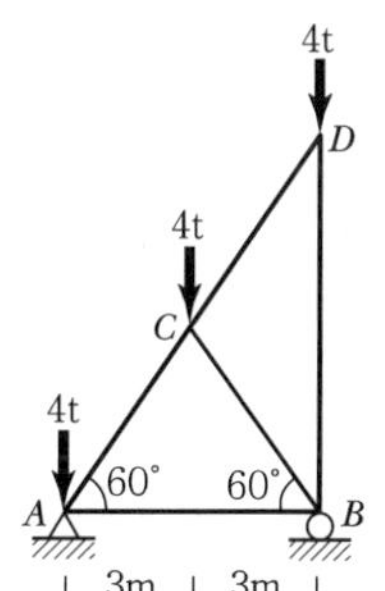

해설

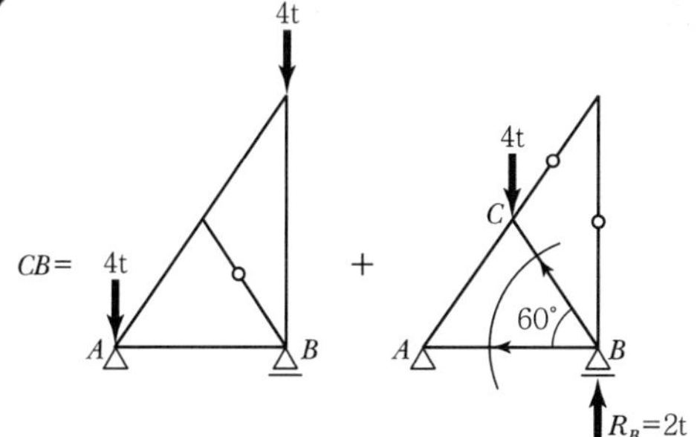

$= 0 + 2 + CB\sin 60° = 0$

$= 0 + 2 + \frac{\sqrt{3}}{2} CB = 0$

$\therefore CB = \frac{-2 \times 2}{\sqrt{3}} = \frac{-4}{\sqrt{3}} = -2.31\text{t}$(압축)

19 그림과 같은 트러스의 부재 EF의 부재력은?

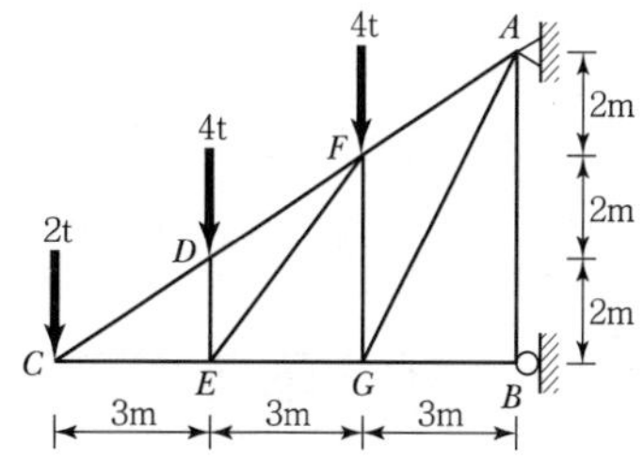

① 4.5t ② 5.0t ③ 5.5t ④ 6.0t

해설

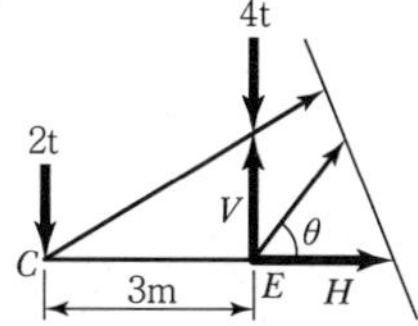

절단(좌측 부분)하여 C점의 모멘트를 취하면

$\Sigma M_C = 4\text{t} \times 3\text{m} - V \times 3\text{m} = 0$

$= 4\text{t} \times 3\text{m} - \left(\frac{4}{5}EF\right) \times 3\text{m} = 0$

$\therefore EF = 5\text{t}$(인장)

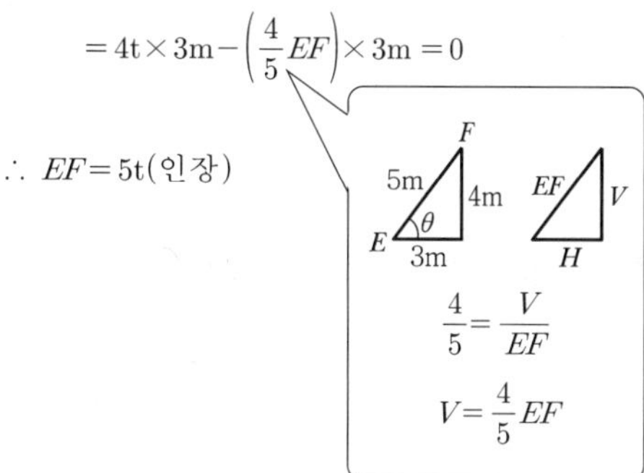

20 다음 트러스의 절점 d에 연직하중 P = 6t이 작용할 때 부재 $\overline{cd}$의 단면력은?

① 0
② 5t(인장)
③ 5t(압축)
④ 10t(인장)

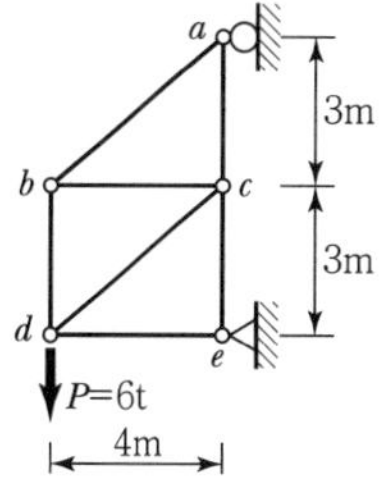

해설 ㉠ 반력

$\Sigma M_e = -R_a \times 6\text{m} - 6\text{t} \times 4\text{m} = 0$

$\therefore R_a = -4\text{t}(\rightarrow)$

㉡

a R_a=4t
5 3
4
b c
$\overline{cd}$

정답 17 ② 18 ④ 19 ② 20 ②

㉢ 절단하여 $\Sigma H=0$ 식을 적용하면

$$R_a-\overline{cd}\times\frac{4}{5}=0$$

$$\therefore\ \overline{cd}=R_a\times\frac{5}{4}=4\times\frac{5}{4}=5\text{t}(\text{인장})$$

상 · 하현재

21 아래 그림과 같은 트러스에서 부재 AB의 부재력은?

① 3.25t(인장)
② 3.75t(인장)
③ 4.25t(인장)
④ 4.75t(인장)

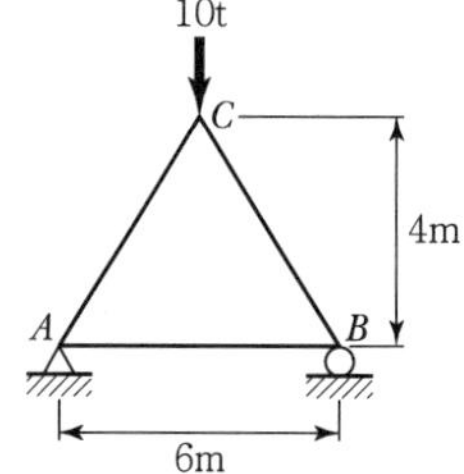

해설 $AB=\frac{Pl}{4h}=\frac{10\times 6}{4\times 4}=3.75\text{t}(\text{인장})$

22 그림과 같은 정정 트러스에 있어서 a 부재에 일어나는 부재내력은?

① 6t(압축)
② 5t(인장)
③ 4t(압축)
④ 3t(인장)

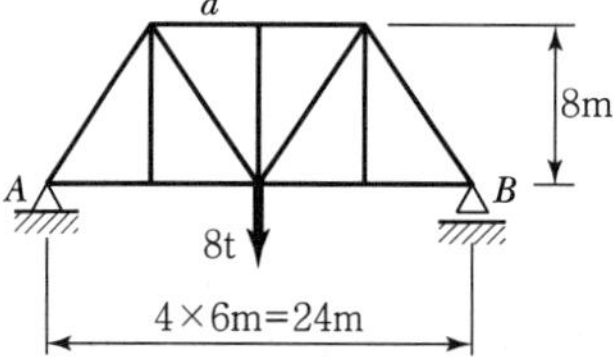

해설 ㉠ $R_A=4\text{t}(\uparrow)$

㉡ $\Sigma M_C=0$

$4\text{t}\times 12\text{m}+a\times 8\text{m}=0$

$a=-6\text{t}(\text{압축})$

또는

$\frac{-Pl}{4h}=\frac{-8\times 24}{4\times 8}=-6\text{t}$

23 그림과 같은 Truss에서 상현재 U의 부재력은 약 얼마인가?

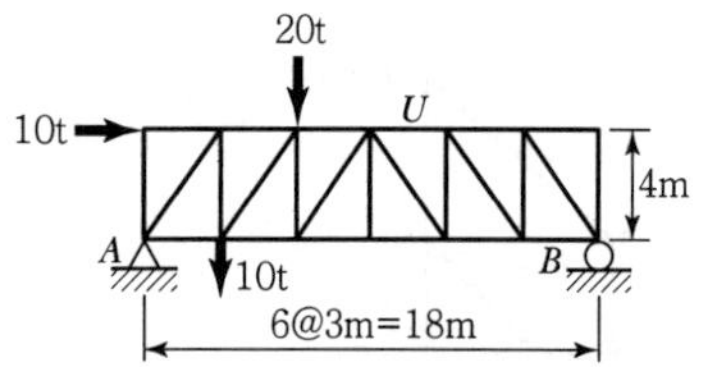

① 12.50t(압축)
② 15.84t(압축)
③ 42.56t(압축)
④ 52.52t(압축)

해설

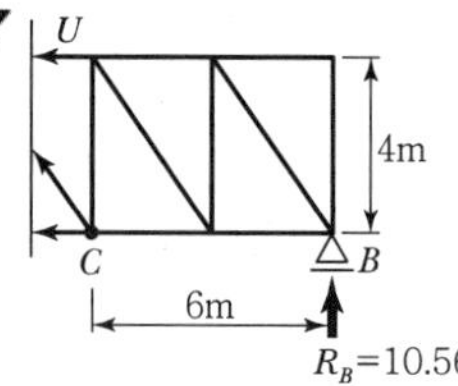

㉠ 반력 $\Sigma M_A=0$

$-R_B\times 18+10\times 4+10\times 3+20\times 6=0$

$\therefore\ R_B\fallingdotseq 10.56\text{t}(\uparrow)$

㉡ $\Sigma M_C=0$

$-U\times 4\text{m}-R_B\times 6\text{m}=0$

$\therefore\ U=\frac{-10.56\times 6}{4}=-15.84\text{t}(\text{압축})$

인장재 · 압축재

24 다음 그림과 같은 트러스에서 ⓐ, ⓓ, ⓕ 부재의 부재력은 얼마인가?

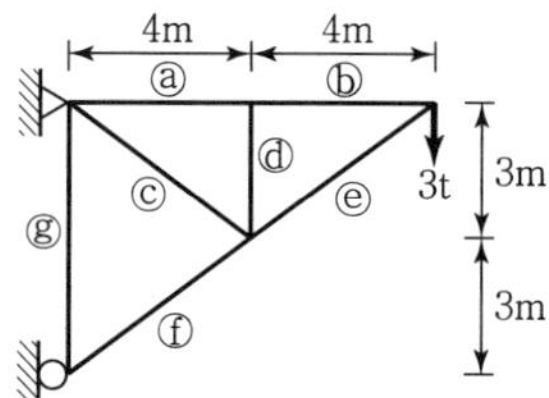

① ⓐ=4t(인장), ⓓ=0, ⓕ=5t(압축)
② ⓐ=5t(인장), ⓓ=0, ⓕ=4t(압축)
③ ⓐ=4t(압축), ⓓ=0, ⓕ=5t(인장)
④ ⓐ=5t(인장), ⓓ=0, ⓕ=5t(압축)

해설 1)

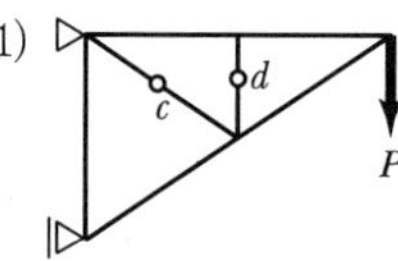

$c=d=0$부재

2)

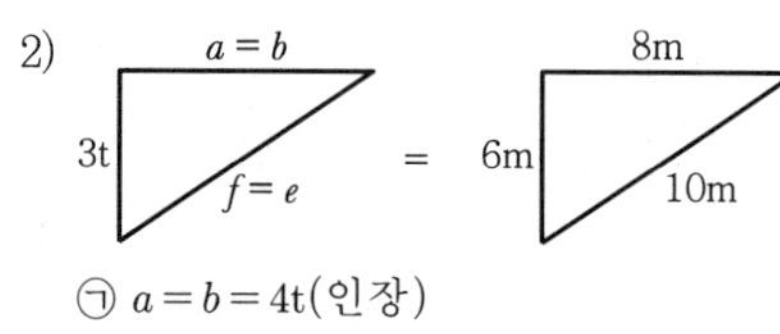

㉠ $a=b=4\text{t}(\text{인장})$

㉡ $f=e=-5\text{t}(\text{압축})$

정답 21 ② 22 ① 23 ② 24 ①

토목산업기사 07

재료의 성질

푸아송 비 ν, 푸아송 수 m

01 직경 20mm, 길이 2m인 봉에 20t의 인장력을 작용시켰더니 길이가 2.08m, 직경이 19.8mm로 되었다면 푸아송 비는 얼마인가? ['10, '12, '14]

① 0.5　② 2
③ 0.25　④ 4

해설

[1] $$\text{푸아송 비}(\nu)=\frac{\text{가로 }\varepsilon}{\text{세로 }\varepsilon}=\frac{\frac{\Delta d}{D}}{\frac{\Delta l}{l}}=\frac{l\Delta d}{D\Delta l}=\frac{2\times 0.2}{20\times 0.08}=0.25$$

[2] ㉠ $\Delta L=L'-L=2.08-2=0.08\text{m}=80\text{mm}$ (신장)
㉡ $\Delta D=D'-D=19.8-20=-0.2\text{mm}$ (수축)
㉢ $$\nu=-\frac{\frac{\Delta D}{D}}{\frac{\Delta L}{L}}=-\frac{L\cdot\Delta D}{D\cdot\Delta L}=-\frac{(2\times 10^3)\times(-0.2)}{20\times 80}=0.25$$

02 지름 10cm, 길이 25cm인 재료에 축방향으로 인장력을 작용시켰더니 지름은 9.98cm로, 길이는 25.2cm로 변하였다. 이 재료의 푸아송(Poisson)의 비는?

① 0.25　② 0.45
③ 0.50　④ 0.75

해설 $$\nu=\frac{\text{가로 }\varepsilon}{\text{세로 }\varepsilon}=\frac{\frac{\Delta d}{D}}{\frac{\Delta l}{l}}=\frac{l\Delta d}{D\Delta l}=\frac{25\times(10-9.98)}{10\times(25.2-25)}=0.25$$

03 지름이 6cm, 길이가 100cm의 둥근 막대가 인장력을 받아서 0.5cm 늘어나고 동시에 지름이 0.006cm만큼 줄었을 때 이 재료의 푸아송 비(ν)는 얼마인가? ['20]

① 5　② 2
③ 0.5　④ 0.2

해설

$$\text{푸아송 비}(\nu)=\frac{\text{가로 }\varepsilon}{\text{세로 }\varepsilon}=\frac{\frac{\Delta d}{D}}{\frac{\Delta l}{l}}=\frac{l\Delta d}{D\Delta l}=\frac{100\times 0.006}{6\times 0.5}=0.2$$

04 직경 50mm, 길이 2m의 봉이 힘을 받아 길이가 2mm 늘어나고, 직경은 0.015mm가 줄어들었다면, 이 봉의 푸아송 비는 얼마인가?

① 0.24　② 0.26　③ 0.28　④ 0.30

해설 $$\nu=-\frac{\left(\frac{\Delta D}{D}\right)}{\left(\frac{\Delta l}{l}\right)}=-\frac{l\cdot\Delta D}{D\cdot\Delta l}=-\frac{(2\times 10^3)\times(-0.015)}{(50)\times(2)}=0.3$$

05 지름 10cm, 길이 100cm인 재료에 인장력을 작용시켰을 때 지름은 9.98cm, 길이는 100.4cm가 되었다. 이 재료의 푸아송 비(ν)는?

① 0.3　② 0.5　③ 0.7　④ 0.9

해설 $$\nu=\frac{l\Delta d}{D\Delta l}=\frac{100\times 0.02}{10\times 0.4}=0.5$$
여기서, $l=100\text{cm}$, $\Delta d=10-9.98=0.02$, $D=10$, $\Delta l=0.4$

06 길이 2m, 지름 20mm인 봉에 20kN의 인장력을 작용시켰더니 길이가 2.10m, 지름이 19.8mm로 되었다면 푸아송 비는? ['19]

① 0.1　② 0.2　③ 0.3　④ 0.4

해설

$$\text{푸아송 비}(\nu)=\frac{\frac{\Delta d}{D}}{\frac{\Delta d}{l}}=\frac{l\Delta d}{D\Delta l}=0.2$$

여기서, $l=2\text{m}$
$D=20\text{mm}$
$\Delta l=2.1-2=0.1\text{m}$
$\Delta d=20-19.8=0.2\text{mm}$

정답 01 ③ 02 ① 03 ④ 04 ④ 05 ② 06 ②

07 지름 2cm의 강철봉을 8ton의 힘으로 인장할 때 봉의 지름이 가늘어진 양은?(단, 푸아송 비 $\nu = 0.3$, 탄성계수 $E = 2 \times 10^6 \text{kg/cm}^2$)

① 0.00076mm ② 0.0076mm
③ 0.042mm ④ 0.42mm

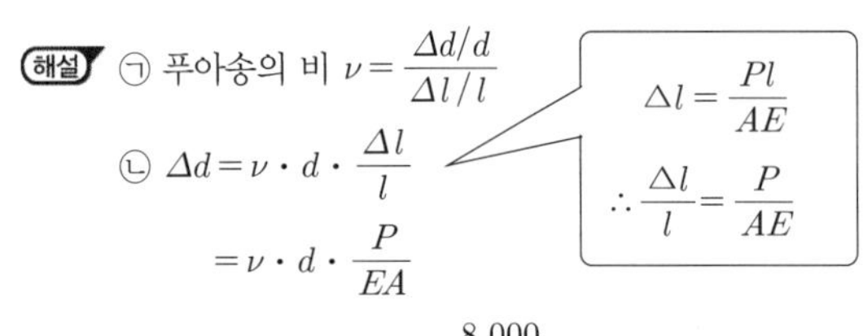

해설 ㉠ 푸아송의 비 $\nu = \dfrac{\Delta d/d}{\Delta l/l}$

㉡ $\Delta d = \nu \cdot d \cdot \dfrac{\Delta l}{l}$

$= \nu \cdot d \cdot \dfrac{P}{EA}$

$= 0.3 \times 2 \times \dfrac{8{,}000}{2 \times 10^6 \times \pi 2^2/4}$

$= 0.00076\text{cm} = 0.0076\text{mm}$

$\Delta l = \dfrac{Pl}{AE}$

$\therefore \dfrac{\Delta l}{l} = \dfrac{P}{AE}$

08 푸아송 비(Poisson's Ratio)가 0.2일 때 푸아송 수는? ['13, '16]

① 2 ② 3 ③ 5 ④ 8

해설 푸아송의 수$(m) \times$ 푸아송의 비$(\nu) = 1$

$m \times 0.2 = 1$

$m = 5$

09 가로방향의 변형률이 0.0022이고 세로방향의 변형률이 0.0083인 재료의 푸아송 수는?

① 2.8 ② 3.2 ③ 3.8 ④ 4.2

해설 푸아송의 수$(m) = \dfrac{\text{세로변형률}}{\text{가로변형률}} = \dfrac{0.0083}{0.0022} \fallingdotseq 3.8$

10 지름 $d = 3\text{cm}$인 강봉을 $P = 10\text{t}$의 축방향력으로 당길 때 봉의 횡방향 수축량은?(단, 푸아송 비 $\nu = \dfrac{1}{3}$, 탄성계수 $E = 2 \times 10^6 \text{kg/cm}^2$)

① 0.7cm ② 0.07cm
③ 0.007cm ④ 0.0007cm

해설 ㉠ 푸아송의 비$(\nu) = \dfrac{l\Delta d}{d\Delta l}$

$\therefore \Delta d = \dfrac{d\Delta l \nu}{l}$

㉡ $\Delta d = \dfrac{d\nu \Delta l}{l} = \dfrac{d\nu}{l} \times \dfrac{Pl}{AE}$

$\therefore \Delta d = \dfrac{\nu d P}{AE} = \dfrac{\dfrac{1}{3} \times 3 \times 10{,}000}{\dfrac{3^2 \pi}{4} \times 2 \times 10^6} \fallingdotseq 0.0007\text{cm}$

탄성계수 E

11 변형률이 0.015일 때 응력이 $1{,}200\text{kg/cm}^2$이면 탄성계수(E)는?

① $6 \times 10^4 \text{kg/cm}^2$ ② $7 \times 10^4 \text{kg/cm}^2$
③ $8 \times 10^4 \text{kg/cm}^2$ ④ $9 \times 10^4 \text{kg/cm}^2$

해설 $E = \dfrac{\sigma}{\varepsilon} = \dfrac{1{,}200}{0.015} = 8 \times 10^4 \text{kg/cm}^2$

12 단면이 10cm × 10cm인 정사각형이고, 길이 1m인 강재에 10t의 압축력을 가했더니 길이가 0.1cm 줄어들었다. 이 강재의 탄성계수는?

① $10{,}000\text{kg/cm}^2$ ② $100{,}000\text{kg/cm}^2$
③ $50{,}000\text{kg/cm}^2$ ④ $500{,}000\text{kg/cm}^2$

해설 $E = \dfrac{\sigma}{\varepsilon} = \dfrac{\dfrac{P}{A}}{\dfrac{\Delta l}{l}} = \dfrac{Pl}{A\Delta l}$

$= \dfrac{(10 \times 10^3) \times 100}{(10 \times 10) \times 0.1} = 10^5 \text{kg/cm}^2$

13 단면이 15cm × 15cm인 정사각형이고, 길이 1m인 강재에 12t의 압축력을 가했더니 1mm가 줄어들었다. 이 강재의 탄성계수는?

① 53.3t/cm^2 ② 53.3kg/cm^2
③ 83.3t/cm^2 ④ 83.3kg/cm^2

해설 $E = \dfrac{\sigma}{\varepsilon} = \dfrac{P/A}{\Delta l/l} = \dfrac{P \cdot l}{A \cdot \Delta l}$

$= \dfrac{12 \times 100}{(15 \times 15) \times 0.1}$

$= 53.3\text{t/cm}^2$

14 단면이 10 × 10cm인 정사각형이고, 길이 1m인 강재에 10t의 압축력을 가했더니 1mm가 줄어들었다. 이 강재의 탄성계수는?

① 50t/cm^2 ② 100t/cm^2
③ 150t/cm^2 ④ 200t/cm^2

해설 $E = \dfrac{Pl}{A\Delta l} = \dfrac{10 \times 100}{(10 \times 10) \times 0.1} = 100\text{t/cm}^2$

정답 07 ② 08 ③ 09 ③ 10 ④ 11 ③ 12 ② 13 ① 14 ②

15 단면적 10cm^2인 원형 단면의 봉이 2t의 인장력을 받을 때 변형률(ε)은?(단, 탄성계수(E) $= 2\times10^6\text{kg/cm}^2$)

① 0.0001　　② 0.0002
③ 0.0003　　④ 0.0004

해설 $E=\dfrac{\sigma}{\varepsilon}$

$$\therefore\ \varepsilon=\frac{\sigma}{E}=\frac{\dfrac{2\times10^3}{10}}{2\times10^6}=\frac{2\times10^3}{2\times10^7}=10^{-4}=0.0001$$

16 단면이 150mm×150mm인 정사각형이고, 길이가 1m인 강재에 120kN의 압축력을 가했더니 1mm가 줄어들었다. 이 강재의 탄성계수는? ['20]

① 5,333.3MPa　　② 5,333.3kPa
③ 8,333.3MPa　　④ 8,333.3kPa

해설

〈조건〉
$P=120\text{kN}=120\times10^3\text{N}$
$l=1\text{m}=10^3\text{mm}$
$A=a^2=150\times150\text{mm}^2$
$\Delta l=1\text{mm}$

$$E=\frac{\sigma}{\varepsilon}=\frac{\dfrac{P}{A}}{\dfrac{\Delta l}{l}}=\frac{Pl}{A\Delta l}=\frac{(120\times10^3)\times10^3}{(150\times150)\times1}$$
$$=5{,}333.3\text{N/mm}^2=5{,}333.3\text{MPa}$$

$$\Delta l=\frac{Pl}{EA}$$

17 다음 인장부재의 변위를 구하는 식으로 옳은 것은?(단, 단면적은 A, 탄성계수는 E)

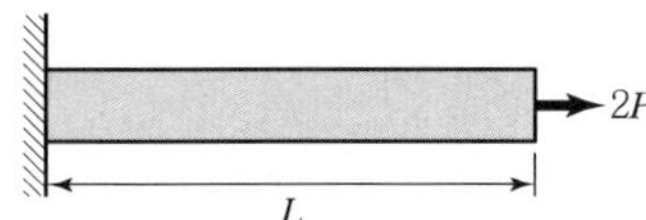

① $\dfrac{PL}{EA}$　② $\dfrac{2PL}{EA}$　③ $\dfrac{3PL}{EA}$　④ $\dfrac{4PL}{EA}$

해설 $\Delta l=\dfrac{(2P)L}{EA}=\dfrac{2PL}{EA}$

18 길이 1m, 지름 1cm의 강봉을 80kN으로 당길 때 강봉이 늘어난 길이는?(단, 강봉의 탄성계수는 2.1×10^5MPa이다.) ['19]

① 4.26mm　　② 4.85mm
③ 5.14mm　　④ 5.72mm

해설 $\Delta l=\dfrac{PL}{AE}=\dfrac{(80\times10^3)\times10^3}{78.5\times(2.1\times10^5)}=4.85\text{mm}$

여기서, $P=80\text{kN}=80\times10^3\text{N}$
$L=1\text{m}=1\times10^3\text{mm}$
$A=\dfrac{\pi\times10^2}{4}=78.5\text{mm}^2$
$E=2.1\times10^5\text{MPa}=2.1\times10^5\text{N/mm}^2$

19 그림에서 길이가 4m이고 한 변이 2cm인 정사각형 단면의 강재(鋼材)에 하중 8t을 매달았을 때 강재가 늘어난 양은?(단, 탄성계수 $E=2\times10^6\text{kg/cm}^2$이고 강재의 자중은 무시한다.)

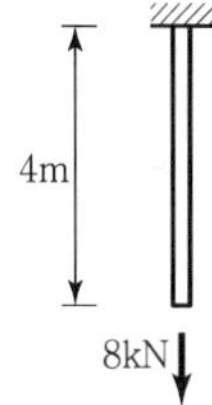

① 2mm　　② 4mm
③ 6mm　　④ 8mm

해설 $\Delta l=\dfrac{Pl}{AE}=\dfrac{8{,}000\times400}{(2\times2)\times2\times10^6}=0.4\text{cm}=4\text{mm}$

20 지름 1cm인 강철봉에 80kN의 물체를 매달 때 강철봉의 길이 변화량은?(단, 강철봉의 길이는 1.5m이고, 탄성계수 $E=2.1\times10^5$MPa이다.) ['19]

① 7.3mm
② 8.5mm
③ 9.7mm
④ 10.9mm

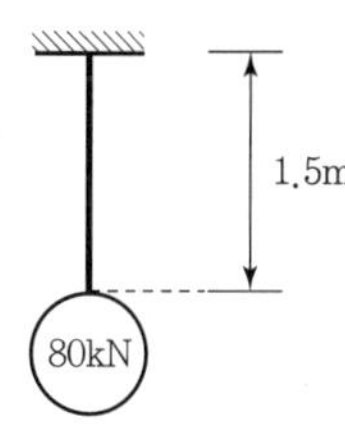

해설 $\delta=\dfrac{PL}{AE}=7.3\text{mm}$

여기서, $P=80\text{kN}=80\times10^3\text{N}$
$L=1.5\text{m}=1.5\times10^3\text{mm}$
$A=\dfrac{\pi\times10^2}{4}\text{mm}^2$
$E=2.1\times10^5\text{MPa}=2.1\times10^5\text{N/mm}^2$

정답 15 ①　16 ①　17 ②　18 ②　19 ②　20 ①

21 지름 0.2cm, 길이 1m의 강선이 100kg의 하중을 받을 때 늘어난 길이는 얼마인가?(단, $E=2.0\times10^6$ kg/cm²)

① 0.04cm ② 0.08cm ③ 0.12cm ④ 0.16cm

해설 $\Delta l=\dfrac{Pl}{EA}=\dfrac{(100)\times(1\times10^2)}{(2.0\times10^6)\times\left(\dfrac{\pi\times0.2^2}{4}\right)}=0.16\,\text{cm}$

22 지름 2cm, 길이 1m, 탄성계수 10,000kg/cm²의 철선에 무게 10kg의 물건을 매달았을 때 철선의 늘어나는 양은?

① 0.32mm ② 0.73mm
③ 1.07mm ④ 1.34mm

해설 $\Delta l=\dfrac{Pl}{EA}=\dfrac{(10)\times(1\times10^2)}{(10^4)\times\left(\dfrac{\pi\times2^2}{4}\right)}$

$=0.032\text{cm}=0.32\text{mm}$

23 길이 1m, 지름 1.5cm의 강봉을 8t으로 당길 때 이 강봉은 얼마나 늘어나겠는가?(단, $E=2.1\times10^6$kg/cm²)

① 2.2mm ② 2.6mm
③ 2.8mm ④ 3.1mm

해설 $\Delta l=\dfrac{Pl}{EA}=\dfrac{Pl}{E\left(\dfrac{\pi D^2}{4}\right)}=\dfrac{4Pl}{E\pi D^2}$

$=\dfrac{4\times(8\times10^3)\times(1\times10^2)}{(2.1\times10^6)\times\pi\times1.5^2}$

$=0.216\text{cm}=2.16\text{mm}$

24 균질한 균일 단면봉이 그림과 같이 P_1, P_2, P_3의 하중을 B, C, D점에서 받고 있다. 각 구간의 거리 $a=1.0$m, $b=0.4$m, $c=0.6$m이고 $P_2=100$kN, $P_3=50$kN의 하중이 작용할 때 D점에서의 수직방향 변위가 일어나지 않기 위한 하중 P_1은 얼마인가? ['19]

① 240kN
② 200kN
③ 160kN
④ 130kN

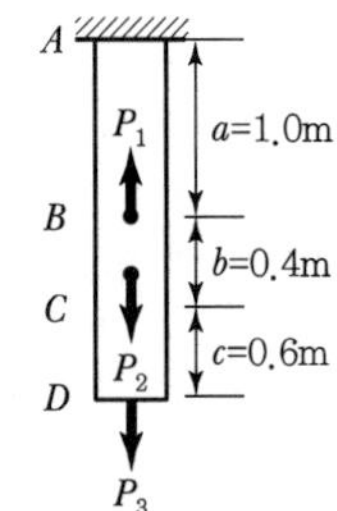

해설 $\delta_D=\dfrac{1}{AE}(-P')(1)+(150)(0.4)+(50)(0.6)=0$

$P'=60+30=90\text{kN}$

$\therefore\ P'=P_1-150$

$90=P_1-150$

$P_1=240\text{kN}$

25 다음 그림과 같은 봉(棒)이 천장에 매달려 B, C, D점에서 하중을 받고 있다. 전 구간의 축강도 EA가 일정할 때 이 같은 하중하에서 BC 구간이 늘어나는 길이는? ['13, '16]

① $-\dfrac{2PL}{3EA}$

② $-\dfrac{PL}{3EA}$

③ $-\dfrac{3PL}{2EA}$

④ 0

해설

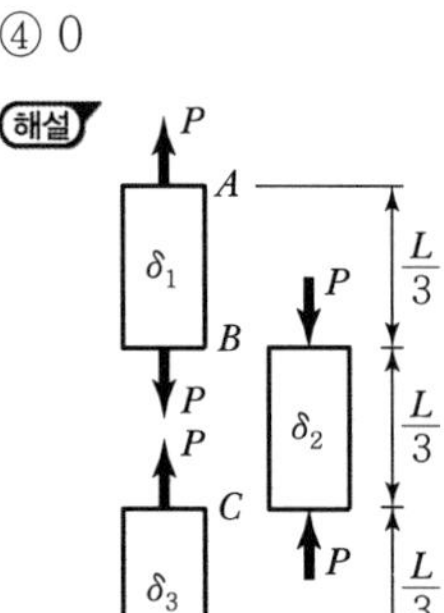
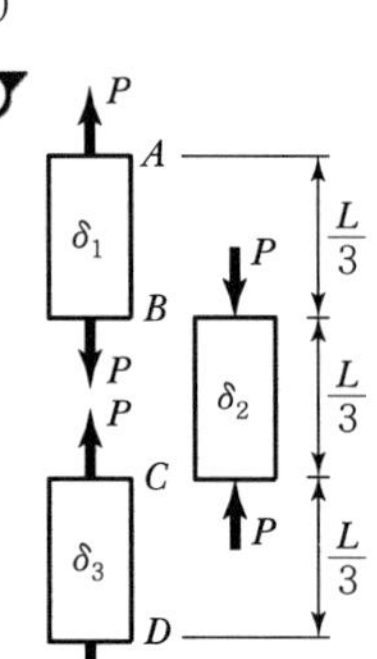

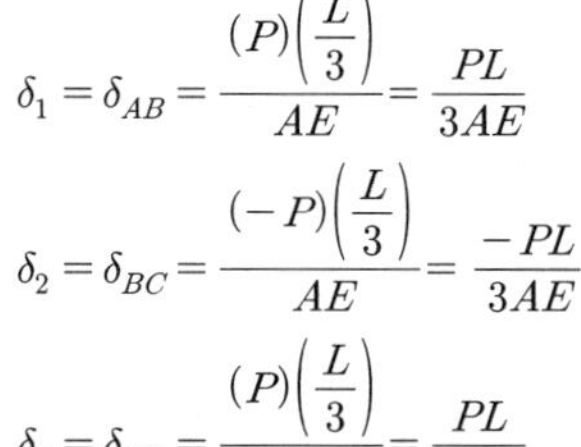

$\delta_1=\delta_{AB}=\dfrac{(P)\left(\dfrac{L}{3}\right)}{AE}=\dfrac{PL}{3AE}$

$\delta_2=\delta_{BC}=\dfrac{(-P)\left(\dfrac{L}{3}\right)}{AE}=\dfrac{-PL}{3AE}$

$\delta_3=\delta_{CD}=\dfrac{(P)\left(\dfrac{L}{3}\right)}{AE}=\dfrac{PL}{3AE}$

26 다음 인장부재의 수직변위를 구하는 식은?(단, 탄성계수는 E)

① $\dfrac{PL}{EA}$ ② $\dfrac{3PL}{2EA}$

③ $\dfrac{2PL}{EA}$ ④ $\dfrac{5PL}{2EA}$

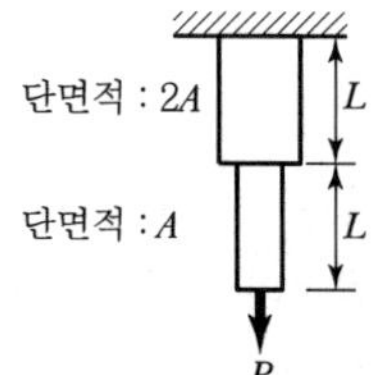

정답 21 ④ 22 ① 23 ① 24 ① 25 ② 26 ②

해설 $\delta = \Sigma \dfrac{PL}{AE} = \dfrac{PL}{(2A)E} + \dfrac{PL}{AE} = \dfrac{3PL}{2AE}$

여기서, $\delta_1 = \dfrac{PL}{(2A)E}$

$\delta_2 = \dfrac{PL}{AE}$

27 강봉에 하중이 그림과 같이 작용할 때 a점의 이동 방향과 이동량은?(단, $E = 2.0 \times 10^6 \text{kg/cm}^2$, 봉의 단면적 $A = 100\text{cm}^2$)

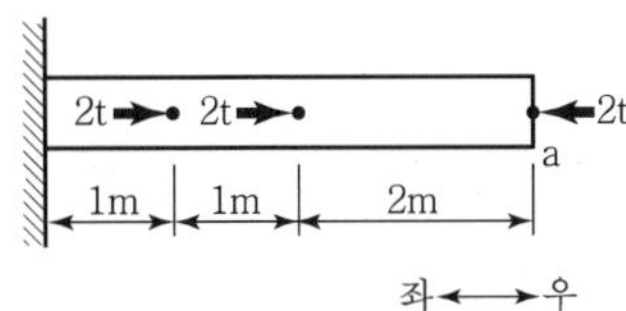

① 우로 3/1,000cm 이동
② 우로 1/1,000cm 이동
③ 좌로 3/1,000cm 이동
④ 좌로 1/1,000cm 이동

해설

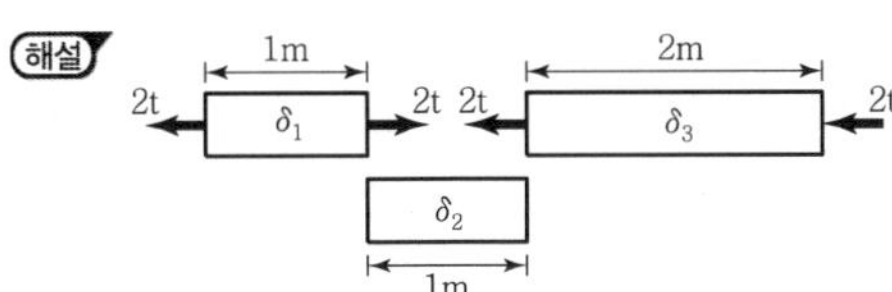

$\delta = \dfrac{Pl}{AE} = \delta_1 + \delta_2 + \delta_3$

$= \dfrac{2{,}000 \times 100}{100 \times 2 \times 10^6} + 0 + \left(-\dfrac{2{,}000 \times 200}{100 \times 2 \times 10^6}\right)$

$= 0.001 - 0.002 = -0.001\text{cm}\ (\leftarrow)$

$\therefore$ 좌로 $\dfrac{1}{1{,}000}$cm 이동

28 다음 부재의 전체 축방향 변위는?(단, E는 탄성계수, A는 단면적이다.)

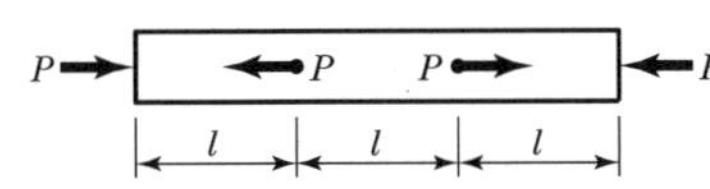

① $\dfrac{Pl}{EA}$
② $\dfrac{2Pl}{EA}$
③ $\dfrac{3Pl}{EA}$
④ 0

해설

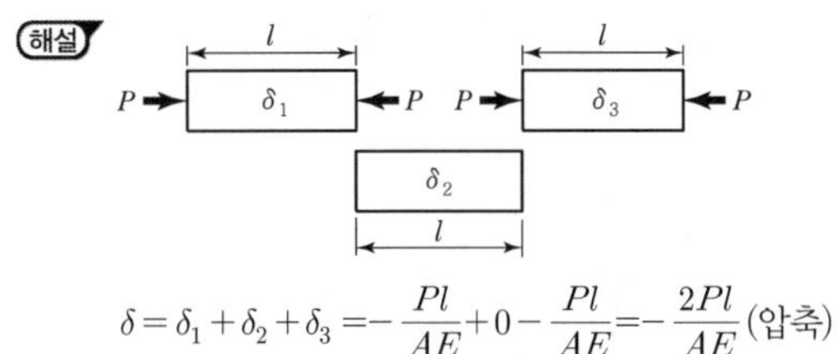

$\delta = \delta_1 + \delta_2 + \delta_3 = -\dfrac{Pl}{AE} + 0 - \dfrac{Pl}{AE} = -\dfrac{2Pl}{AE}$ (압축)

29 단면적이 3cm^2인 강봉이 아래의 그림과 같은 힘을 받을 때 이 강봉의 늘어난 길이는?(단, 강봉의 탄성계수 $E = 2.0 \times 10^6 \text{kg/cm}^2$)

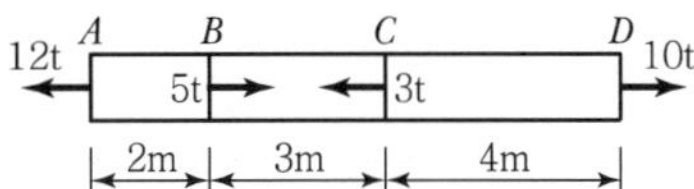

① 1.13cm
② 1.42cm
③ 1.68cm
④ 1.76cm

해설

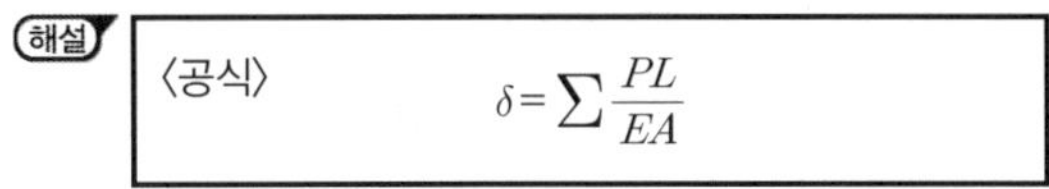

〈공식〉 $\delta = \sum \dfrac{PL}{EA}$

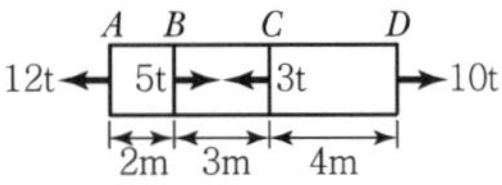

㉠ $\delta_{AB} = \dfrac{(12 \times 10^3) \times (2 \times 10^2)}{(2.0 \times 10^6) \times 3} = 0.4\text{cm}$

㉡ $\delta_{BC} = \dfrac{(7 \times 10^3) \times (3 \times 10^2)}{(2.0 \times 10^6) \times 3} = 0.35\text{cm}$

㉢ $\delta_{CD} = \dfrac{(10 \times 10^3) \times (4 \times 10^2)}{(2.0 \times 10^6) \times 3} = 0.67\text{cm}$

㉣ $\delta = \delta_{AB} + \delta_{BC} + \delta_{CD} = 0.4 + 0.35 + 0.67 = 1.42\text{cm}$

30 단면적이 10cm^2인 강봉이 그림과 같은 힘을 받을 때 이 강봉의 늘어난 길이는?(단, $E = 2.0 \times 10^6 \text{kg/cm}^2$)

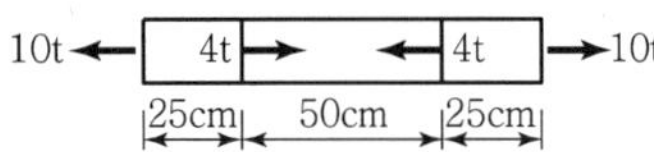

① 0.05cm
② 0.04cm
③ 0.03cm
④ 0.02cm

정답 27 ④ 28 ② 29 ② 30 ②

해설

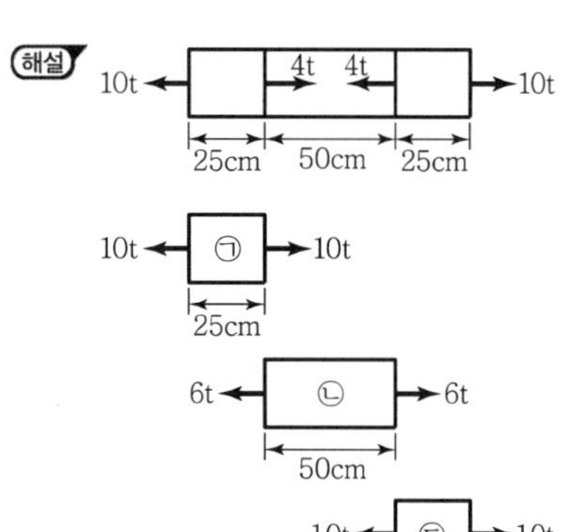

〈공식〉 $\delta = \Sigma \dfrac{PL}{AE}$

㉠ $\delta_1 = \dfrac{(10\times 10^3)\times 25}{10\times(2\times 10^6)} = 0.0125\text{cm}$

㉡ $\delta_2 = \dfrac{(6\times 10^3)\times 50}{10\times(2\times 10^6)} = 0.015\text{cm}$

㉢ $\delta_3 = \dfrac{(10\times 10^3)\times 25}{10\times(2\times 10^6)} = 0.0125\text{cm}$

㉣ $\delta = \delta_1 + \delta_2 + \delta_3 = 0.04\text{cm}$

31 단면적이 2cm²인 강봉이 그림과 같은 하중을 받는다면 이 강봉의 늘어난 값은 몇 cm인가?(단, 강봉의 탄성계수는 2×10^6kg/cm²이다.)

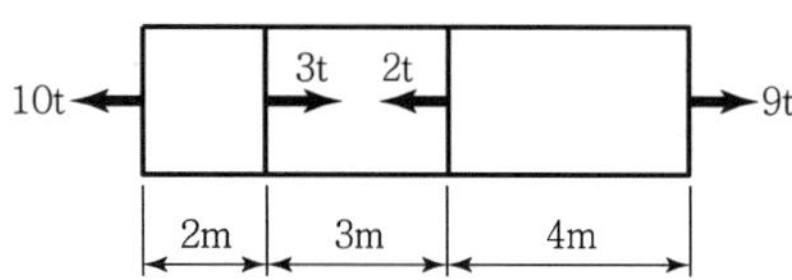

① 1.93cm ② 1.83cm
③ 1.73cm ④ 1.63cm

해설

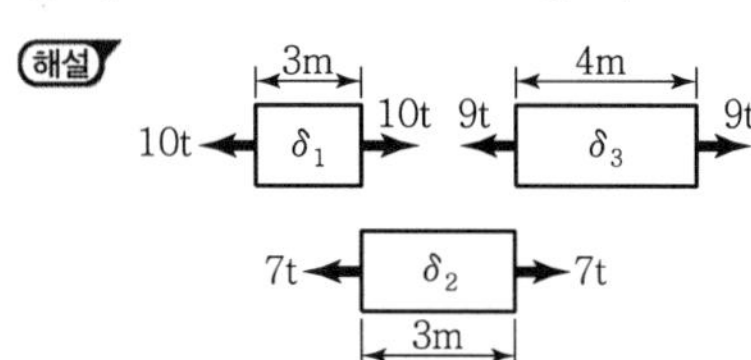

$\delta = \delta_1 + \delta_2 + \delta_3 = \dfrac{1}{AE}(P_1 l_1 + P_2 l_2 + P_3 l_3)$

$= \dfrac{1}{2\times(2\times 10^6)}(10{,}000\times 200 + 7{,}000\times 300 + 9{,}000\times 400)$

$= 1.925\text{cm}$

32 단면적이 10cm²인 강봉이 그림과 같은 힘을 받을 때 이 강봉이 늘어난 길이는?(단, $E = 2.0\times 10^6$kg/cm²)

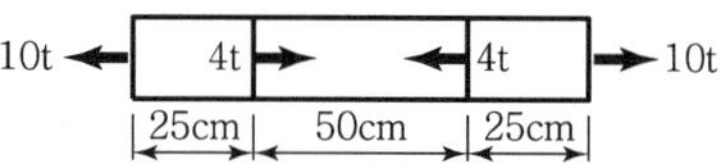

① 0.05cm ② 0.04cm
③ 0.03cm ④ 0.02cm

해설

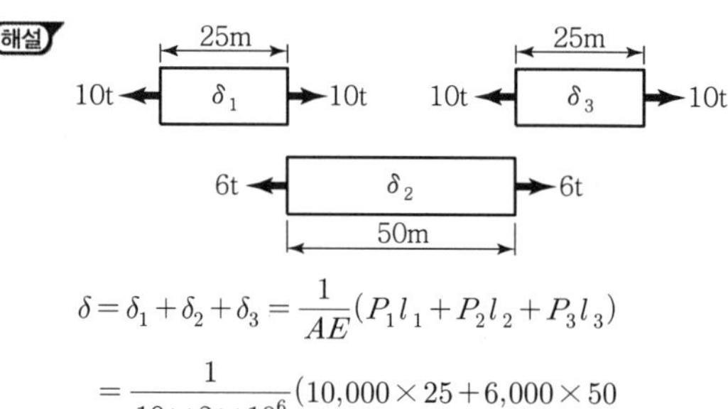

$\delta = \delta_1 + \delta_2 + \delta_3 = \dfrac{1}{AE}(P_1 l_1 + P_2 l_2 + P_3 l_3)$

$= \dfrac{1}{10\times 2\times 10^6}(10{,}000\times 25 + 6{,}000\times 50 + 10{,}000\times 25)$

$= 0.04\text{cm}$

$$P = \frac{\Delta l AE}{l}$$

33 길이 10m, 지름 30mm의 철근이 5mm 늘어나기 위해서는 약 얼마의 하중이 필요한가?(단, $E = 2\times 10^6$ kg/cm²이다.)

① 5,148kg ② 6,215kg
③ 7,069kg ④ 8,132kg

해설 $\Delta l = \dfrac{Pl}{EA}$

$\therefore P = \dfrac{\Delta l EA}{l} = \dfrac{0.5\times(2\times 10^6)\times\left(\dfrac{\pi\times 3^2}{4}\right)}{(10\times 10^2)}$

$= 7{,}069\text{kg}$

34 지름이 5cm, 길이가 250cm인 탄성체 강봉을 10mm만큼 늘어나게 하려면 얼마의 힘이 필요한가?(단, 탄성계수 $E = 2\times 10^6$kg/cm²)

① 118.9t ② 157.1t ③ 272.3t ④ 309.1t

해설 $\Delta l = \dfrac{Pl}{AE}$

$\therefore P = \dfrac{\Delta l\cdot A\cdot E}{l} = \dfrac{1\times\dfrac{5^2\pi}{4}\times 2\times 10^6}{250}$

$≒ 157{,}079\text{kg} ≒ 157.1\text{t}$

정답 31 ① 32 ② 33 ③ 34 ②

35 지름이 5cm, 길이가 200cm인 탄성체 강봉을 15 mm만큼 늘어나게 하려면 얼마의 힘이 필요한가?(단, 탄성계수 $E=2.1\times10^6$kg/cm²)

① 약 2,061t ② 약 206t
③ 약 3,091t ④ 약 309t

해설 $\Delta l=\dfrac{Pl}{AE}$

$$\therefore P=\frac{\Delta lAE}{l}=\frac{1.5\times\dfrac{\pi\times5^2}{4}\times2.1\times10^6}{200}$$

$\fallingdotseq 309{,}251\text{kg}\fallingdotseq 309\text{t}$

36 길이 10m, 지름 25mm의 철근이 5mm 늘어나기 위해서는 얼마의 하중이 필요한가?(단, $E=2\times10^6$ kg/cm²이다.)

① 3,724kg ② 4,127kg
③ 4,502kg ④ 4,909kg

해설 $\Delta l=\dfrac{Pl}{AE}$

$$\therefore P=\frac{\Delta l\cdot A\cdot E}{l}$$

$$=\frac{0.5\times\dfrac{\pi\times2.5^2}{4}\times2.1\times10^6}{1{,}000}\fallingdotseq 4{,}909\text{kg}$$

37 길이 10m, 지름 0.5cm의 강선을 1cm 늘리려 한다면 필요한 힘은?(단, $E=2.0\times10^6$kg/cm²)

① 215.6kg ② 314.5kg
③ 392.7kg ④ 452.8kg

해설 $\Delta l=\dfrac{Pl}{AE}$

$$\therefore P=\frac{\Delta l\cdot AE}{l}=\frac{1\times\dfrac{\pi\times0.5^2}{4}\times2\times10^6}{1{,}000}$$

$\fallingdotseq 392.7\text{kg}$

$\Delta d=-\nu D\varepsilon$

38 직경 3cm의 강봉을 7,000kg으로 잡아당길 때 막대기의 직경이 줄어드는 양은?(단, 푸아송 비는 1/4, 탄성계수 $E=2\times10^6$kg/cm²)

① 0.00375cm ② 0.00475cm
③ 0.000375cm ④ 0.000475cm

해설 ㉠ $\varepsilon=\dfrac{P}{EA}=\dfrac{7{,}000}{(2\times10^6)\times\left(\dfrac{\pi\times3^2}{4}\right)}=0.0005$

㉡ $\nu=-\dfrac{\left(\dfrac{\Delta D}{D}\right)}{\left(\dfrac{\Delta l}{l}\right)}=-\dfrac{\left(\dfrac{\Delta D}{D}\right)}{\varepsilon}=-\dfrac{\Delta D}{D\cdot\varepsilon}$

$\therefore \Delta D=-\nu\cdot D\cdot\varepsilon$

$=-\dfrac{1}{4}\times3\times0.0005$

$=-0.000375$cm(수축량)

39 지름 $d=2$cm인 강봉을 $P=10$t의 축방향력으로 인장시킬 때 봉의 횡방향 수축량은?(단, 푸아송 비 $\nu=\dfrac{1}{3}$, $E=2\times10^6$kg/cm²)

① 0.0006cm ② 0.0011cm
③ 0.0071cm ④ 0.0832cm

해설 ㉠ $\varepsilon=\dfrac{P}{EA}=\dfrac{(10\times10^3)}{(2\times10^6)\left(\dfrac{\pi\times2^2}{4}\right)}=0.0016$

㉡ $\nu=-\dfrac{\left(\dfrac{\Delta d}{d}\right)}{\varepsilon}=-\dfrac{\Delta d}{d\varepsilon}$

$\therefore \Delta d=-\nu\varepsilon d=-\dfrac{1}{3}\times0.0016\times2$

$\fallingdotseq -0.0011$cm

40 지름이 D이고 길이 5m의 강봉에 10t의 인장력을 가한 결과 강봉이 0.3mm 늘어났다면, 이 강봉의 지름(D)은?(단, 이 강봉의 탄성계수 $E=2{,}000{,}000$kg/cm² 이다.)

① 10.3cm ② 11.2cm
③ 11.9cm ④ 13.0cm

해설 ㉠ $\Delta l=\dfrac{Pl}{AE}$

$\therefore A=\dfrac{Pl}{\Delta l\cdot E}$

㉡ $\dfrac{\pi D^2}{4}=\dfrac{Pl}{\Delta l\cdot E}$

$\therefore D=\sqrt{\dfrac{4Pl}{\Delta l\cdot E\cdot\pi}}$

$=\sqrt{\dfrac{4\times10{,}000\times500}{0.03\times2{,}000{,}000\times\pi}}\fallingdotseq 10.3\text{cm}$

정답 35 ④ 36 ④ 37 ③ 38 ③ 39 ② 40 ①

탄성에너지 U

41 지름이 4cm인 원형 강봉을 10t의 힘으로 잡아당겼을 때 소성은 일어나지 않았고 탄성변형에 의해 길이가 1mm 증가하였다. 강봉에 축척된 탄성변형에너지는 얼마인가? ['13, '15]

① 1.0t · mm ② 5.0t · mm
③ 10.0t · mm ④ 20.0t · mm

해설 탄성에너지 $U=\frac{P\cdot\delta}{2}$

$=\frac{10t\times 1mm}{2}=5t\cdot mm$

$G-E-K$ 관계식

42 재료의 역학적 성질 중 탄성계수를 E, 전단탄성계수를 G, 푸아송 수를 m이라 할 때 각 성질의 상호관계식으로 옳은 것은? ['10, '15]

① $G=\frac{m}{2E(m+1)}$ ② $G=\frac{mE}{2(m+1)}$
③ $G=\frac{m}{2(m+1)}$ ④ $G=\frac{E}{2(m+1)}$

해설 $G=\frac{E}{2(1+\nu)}=\frac{E}{2\left(1+\frac{1}{m}\right)}=\frac{mE}{2(m+1)}$

43 어떤 재료의 탄성계수(E)가 210,000MPa, 푸아송 비(ν)가 0.25, 전단변형률(r)이 0.1이라면 전단응력(τ)은? ['20]

① 8,400MPa ② 4,200MPa
③ 2,400MPa ④ 1,680MPa

해설 ㉠ 전단탄성계수 $G=\frac{E}{2(1+\nu)}=\frac{210,000}{2(1+0.25)}$

$=84,000\text{MPa}$

㉡ $G=\frac{\tau}{r}$

$\therefore \tau=G\cdot r=84,000\times 0.1=8,400\text{MPa}$

44 어떤 재료의 탄성계수가 E, 푸아송 비가 ν일 때 이 재료의 전단탄성계수(G)는? ['19]

① $\frac{E}{1+\nu}$ ② $\frac{E}{1-\nu}$
③ $\frac{E}{2(1+\nu)}$ ④ $\frac{E}{2(1-\nu)}$

해설 $G=\boxed{\frac{E}{2(1+\nu)}}=\frac{E}{2\left(1+\frac{1}{m}\right)}=\boxed{\frac{mE}{2(m+1)}}$

45 탄성계수 E와 전단탄성계수 G의 관계를 옳게 표시한 식은?(단, ν는 Poisson's 비, m은 Poisson's 수이다.) ['11, '15]

① $E=\frac{G}{2(1+\nu)}$ ② $E=2(1+\nu)G$
③ $E=\frac{2G}{1+m}$ ④ $E=0.5(1+m)G$

해설 $G=\frac{E}{2(1+\nu)}$ $\therefore E=2(1+\nu)G$

46 탄성계수 $E=2\times10^6\text{kg/cm}^2$이고 푸아송 비 $\nu=0.3$일 때 전단탄성계수 G는? ['12, '17]

① 769,231kg/cm² ② 751,372kg/cm²
③ 734,563kg/cm² ④ 710,201kg/cm²

해설 $G=\frac{E}{2(1+\nu)}=\frac{2\times10^6}{2(1+0.3)}\fallingdotseq 769,231\text{kg/cm}^2$

47 단면적 $A=20\text{cm}^2$, 길이 $L=0.5\text{m}$인 강봉에 인장력 $P=80\text{kN}$을 가하였더니 길이가 0.1mm 늘어났다. 이 강봉의 푸아송 수 $m=3$이라면 전단탄성계수 G는 얼마인가? ['19]

① 75,000MPa ② 7,500MPa
③ 25,000MPa ④ 2,500MPa

해설 $G=\frac{mE}{2(m+1)}=75,000\text{N/mm}^2=75,000\text{MPa}$

여기서, $E=\frac{PL}{A\Delta l}=\frac{(80\times10^3)(0.5\times10^3)}{(20\times10^2)(0.1)}$

$P=80\text{kN}=80\times10^3\text{N}$
$L=0.5\text{m}=0.5\times10^3\text{mm}$
$A=20\text{cm}^2=20\times10^2\text{mm}^2$
$\Delta l=0.1\text{mm}$

$m=3$

정답 41 ② 42 ② 43 ① 44 ③ 45 ② 46 ① 47 ①

48 단면적 $A=20\text{cm}^2$, 길이 $L=50\text{cm}$인 강봉에 인장력 $P=8\text{t}$을 가하였더니 길이가 0.1mm 늘어났다. 이 강봉의 푸아송 수 $m=3$이라면 전단탄성계수 G는 얼마인가?

① $750,000\text{kg/cm}^2$ ② $75,000\text{kg/cm}^2$
③ $250,000\text{kg/cm}^2$ ④ $25,000\text{kg/cm}^2$

해설 ㉠ $E=\dfrac{P\cdot l}{A\cdot \Delta l}=\dfrac{8,000\times 50}{20\times 0.01}=2\times 10^6\text{kg/cm}^2$

㉡ $G=\dfrac{mE}{2(1+m)}=\dfrac{3\times 2\times 10^6}{2(1+3)}=750,000\text{kg/cm}^2$

49 단면적 $A=20\text{cm}^2$, 길이 $L=100\text{cm}$인 강봉에 인장력 $P=8\text{t}$을 가하였더니 길이가 1cm 늘어났다. 이 강봉의 푸아송 수 $m=3$이라면 전단탄성계수 G는?

① $15,000\text{kg/cm}^2$ ② $45,000\text{kg/cm}^2$
③ $75,000\text{kg/cm}^2$ ④ $95,000\text{kg/cm}^2$

해설 ㉠ $E=\dfrac{P\cdot l}{A\cdot \Delta l}$

$=\dfrac{(8\times 10^3)\times 100}{20\times 1}=40,000\text{kg/cm}^2$

㉡ $\nu=\dfrac{1}{m}=\dfrac{1}{3}$

㉢ $G=\dfrac{E}{2(1+\nu)}=\dfrac{40,000}{2\left(1+\dfrac{1}{3}\right)}=15,000\text{kg/cm}^2$

온도응력 σ_T

50 그림과 같이 부재의 자유단이 옆의 벽과 1mm 떨어져 있다. 부재의 온도가 현재보다 20℃ 상승할 때 부재 내에 생기는 열응력의 크기는?(단, $E=20,000\text{kg/cm}^2$, $\alpha=10^{-5}/℃$ 이다.) ['10, '17]

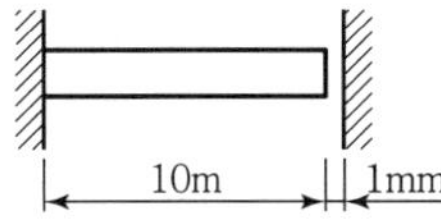

① 1kg/cm^2 ② 2kg/cm^2
③ 3kg/cm^2 ④ 4kg/cm^2

해설 $\sigma=E\cdot\varepsilon=E\times\dfrac{\Delta l}{l}$

$=20,000\times\dfrac{0.1}{1,000}=2\text{kg/cm}^2$

51 양단이 고정되어 있는 지름 3cm 강봉을 처음 10℃에서 25℃까지 가열하였을 때 온도응력은?(단, 탄성계수는 $2\times 10^6\text{kg/cm}^2$, 선팽창계수는 1.2×10^{-5}이다.)

① 280kg/cm^2 ② 360kg/cm^2
③ 420kg/cm^2 ④ 480kg/cm^2

해설 $\sigma_T=E\cdot\sigma\cdot(t-t_0)$

$=2\times 10^6\times 1.2\times 10^{-5}\times(25-10)=360\text{kg/cm}^2$

52 양단이 고정되어 있는 길이 10m의 강(鋼)이 15℃에서 40℃로 온도상승할 때 응력은?(단, $E=2.1\times 10^6\text{kg/cm}^2$, 선팽창계수 $\alpha=0.00001/℃$) ['13, '17]

① 475kg/cm^2 ② 500kg/cm^2
③ 525kg/cm^2 ④ 538kg/cm^2

해설 $\sigma_T=E\cdot\alpha(t-t_0)$

$=2.1\times 10^6\times 0.00001\times(40-15)$

$=525\text{kg/cm}^2$

53 다음 그림과 같이 양단이 고정된 강봉이 상온에서 20℃만큼 온도가 상승했다면 강봉에 작용하는 압축력의 크기는?[단, 강봉의 단면적 $A=50\text{cm}^2$, $E=2.0\times 10^6\text{kg/cm}^2$, 열팽창계수 $\alpha=1.0\times 10^{-5}$(1℃에 대해서)이다.] ['11, '14]

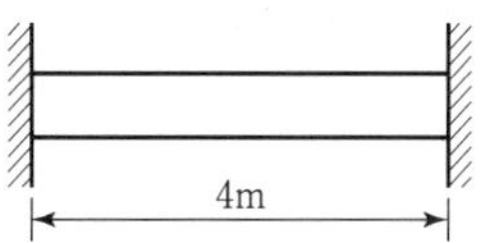

① 10t ② 15t ③ 20t ④ 25t

해설 $P=\sigma_t\cdot A=(E\cdot\alpha\cdot\Delta t)\cdot A$

$=2\times 10^6\times 1\times 10^{-5}\times 20\times 50$

$=20,000\text{kg}=20\text{t}$

54 직사각형 단면 20cm×30cm를 갖는 양단 고정지점부재의 길이가 $L=5\text{m}$이다. 이 부재에 15℃의 온도상승이 있었다면 이 부재가 받는 힘은 얼마인가?(단, 선팽창계수 $\alpha=0.6\times 10^{-5}$, 탄성계수$=2.0\times 10^6\text{kg/cm}^2$이다.)

① 10,800kg(인장) ② 10,800kg(압축)
③ 108,000kg(인장) ④ 108,000kg(압축)

정답 48 ① 49 ① 50 ② 51 ② 52 ③ 53 ③ 54 ④

해설 $P = \sigma \cdot A$

$= (E \cdot \alpha \cdot \Delta t) \cdot A$

$= (2 \times 10^6 \times 0.6 \times 10^{-5} \times 15) \times (20 \times 30)$

$= 108{,}000\text{kg}$

55 양단이 고정되어 있는 길이 10m의 강(鋼)이 15℃에서 40℃로 온도가 상승할 때 응력은?(단, $E=2.1\times10^5$MPa, 선팽창계수 $\alpha=0.00001/℃$) ['20]

① 47.5MPa ② 50.0MPa

③ 52.5MPa ④ 53.8MPa

해설

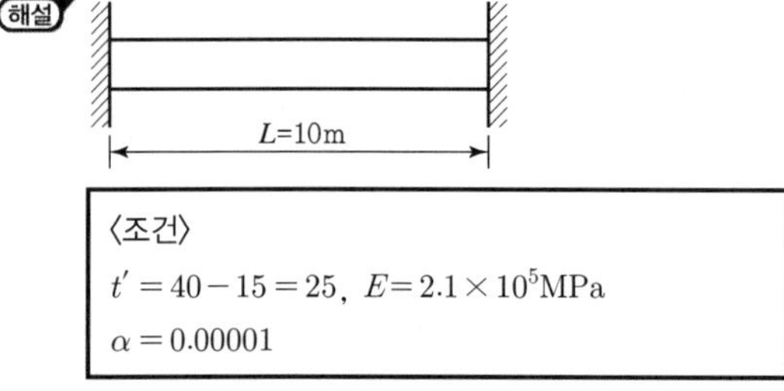

〈조건〉

$t'=40-15=25$, $E=2.1\times10^5$MPa

$\alpha=0.00001$

$\sigma_T = E\alpha t' = (2.1\times10^5)\times(10^{-5})\times25 = 52.5\text{MPa}$

주응력

56 평면응력을 받는 요소가 다음과 같이 응력을 받고 있다. 최대 주응력을 구하면? ['12, '17]

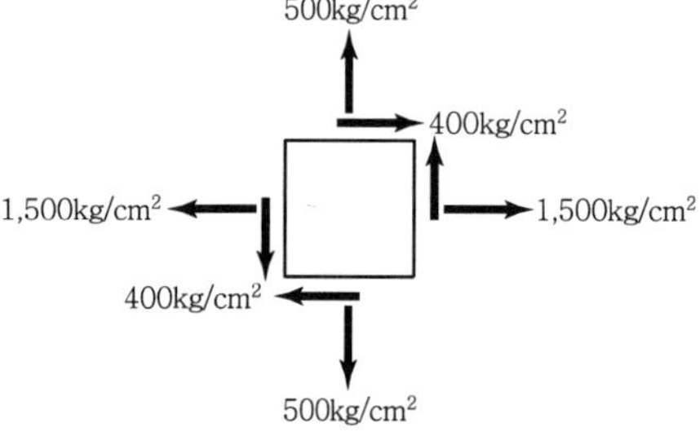

① 640kg/cm² ② 1,640kg/cm²

③ 3,600kg/cm² ④ 1,360kg/cm²

해설

[1] $\sigma_{\max} = \dfrac{\sigma_x+\sigma_y}{2} + \sqrt{\left(\dfrac{\sigma_x-\sigma_y}{2}\right)^2 + \tau_{xy}^2}$

$= \dfrac{1{,}500+500}{2} + \sqrt{\left(\dfrac{1{,}500-500}{2}\right)^2 + 400^2}$

$= 1{,}000 + 640 = 1{,}640\text{kg/cm}^2$

[2] $\sigma_{\max} = \dfrac{\sigma_x+\sigma_y}{2} + \dfrac{1}{2}\sqrt{(\sigma_x-\sigma_y)^2 + 4\cdot\tau_{xy}^2}$

$= \dfrac{1{,}500+500}{2} + \dfrac{1}{2}\sqrt{(1{,}500-500)^2 + 4\times400^2}$

$= 1{,}000 + 640 = 1{,}640\text{kg/cm}^2$

정답 55 ③ 56 ②

토목산업기사

08 보의 응력

휨응력

01 단면이 원형(지름 D)인 보에 휨모멘트 M이 작용할 때 이 보에 작용하는 최대 휨응력은? ['10, '14, '16, '19, '20]

① $\frac{12M}{\pi D^3}$　② $\frac{16M}{\pi D^3}$　③ $\frac{32M}{\pi D^3}$　④ $\frac{64M}{\pi D^3}$

해설
㉠ $Z=\frac{I_x}{y_1}=\frac{\frac{\pi D^4}{64}}{\frac{D}{2}}=\frac{\pi D^3}{32}$

㉡ $\sigma_{\max}=\frac{M}{Z}=\frac{32M}{\pi D^3}$

02 지름 200mm의 통나무에 자중과 하중에 의한 9kN · m의 외력 모멘트가 작용한다면 최대 휨응력은? ['20]

① 11.5MPa　② 15.4MPa
③ 20.0MPa　④ 21.9MPa

해설
〈조건〉
$M=9\text{kN}\cdot\text{m}$
$=9\times10^3\times10^3$
$=9\times10^6\text{N}\cdot\text{mm}$
$Z=\frac{\pi D^3}{32}=\frac{3.14\times200^3}{32}$
$=785{,}000\text{mm}^3$

$\sigma_{\max}=\frac{M_{\max}}{Z}=11.46\text{N/mm}^2=11.5\text{MPa}$

〈보충〉 단위환산
㉠ $\text{Pa}=\text{N/m}^2$
㉡ $1\text{MPa}=10^6\text{N/m}^2=10^6\text{N}/(10^3)^2\text{mm}^2$
$=1\text{N/mm}^2$

03 반지름이 r인 원형 단면보에 휨모멘트 M이 작용할 때 최대 휨응력은? ['15]

① $\frac{64M}{\pi r^3}$　② $\frac{32M}{\pi r^3}$　③ $\frac{4M}{\pi r^3}$　④ $\frac{M}{\pi r^3}$

해설
㉠ $Z=\frac{I_x}{y}=\frac{\left(\frac{\pi r^4}{4}\right)}{(r)}=\frac{\pi r^3}{4}$

㉡ $\sigma_{\max}=\frac{M}{Z}=\frac{M}{\left(\frac{\pi r^3}{4}\right)}=\frac{4M}{\pi r^3}$

04 그림과 같은 구형 단면보에서 휨모멘트 4.5t · m가 작용한다면 상단에서 5cm 떨어진 $a-a$ 단면에서의 휨응력은?

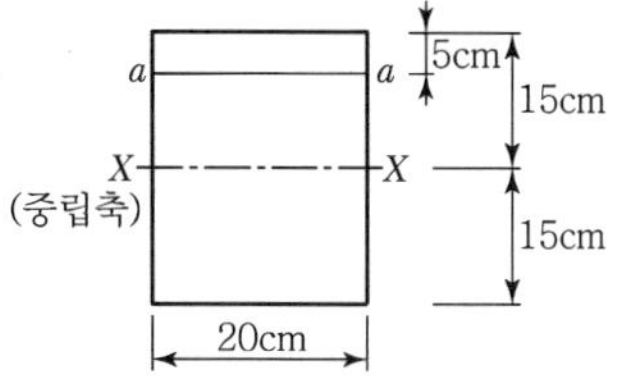

① 92.3kg/cm²　② 100kg/cm²
③ 112.6kg/cm²　④ 121.4kg/cm²

해설
㉠ $M=4.5\text{t}\cdot\text{m}=4.5\times10^5\text{kg}\cdot\text{cm}$
㉡ $y=15-5=10\text{cm}$
㉢ $I=\frac{20\times30^3}{12}=4.5\times10^4\text{cm}^4$
㉣ $\sigma_{a-a}=\frac{M}{I}y=\frac{(4.5\times10^5)\times10}{(4.5\times10^4)}=100\text{kg/cm}^2$

05 직사각형 단면인 단순보의 단면계수가 2,000m³이고, 200,000t · m의 휨모멘트가 작용할 때 이 보의 최대 휨응력은? ['13, '17]

① 50t/m²　② 70t/m²
③ 85t/m²　④ 100t/m²

해설 $\sigma_{\max}=\frac{M_{\max}}{Z}=\frac{200{,}000}{2{,}000}=100\text{t/m}^2$

06 보의 단면에서 휨모멘트로 인한 최대 휨응력이 생기는 위치는 어느 곳인가? ['12, '16]

① 중립축　② 중립축과 상단의 중간점
③ 단면 상 · 하단　④ 중립축과 하단의 중간점

정답 01 ③ 02 ① 03 ③ 04 ② 05 ④ 06 ③

해설

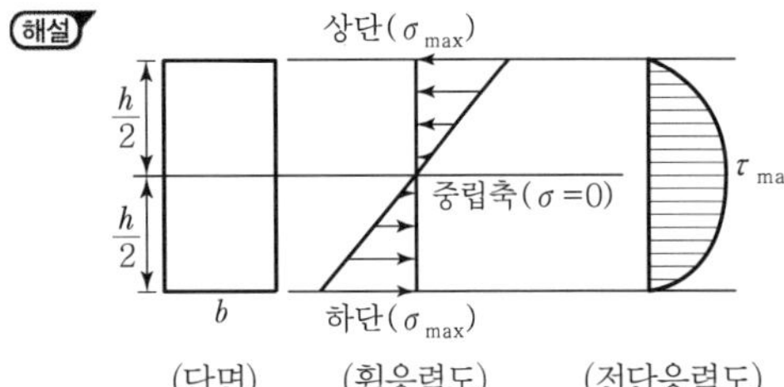

(단면) (휨응력도) (전단응력도)

07 경간 l=8m, 단면 30cm×40cm가 되는 단순보의 중앙에 10t 되는 집중하중이 작용할 때 최대 휨응력은?

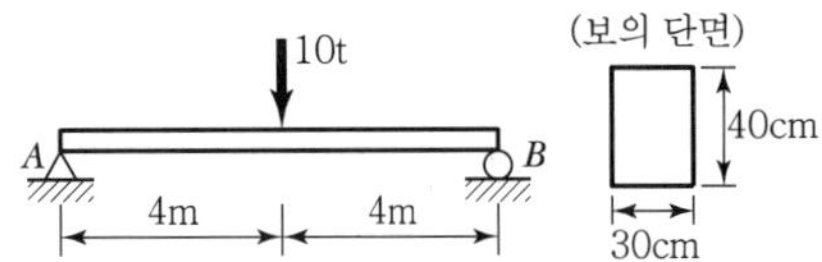

① 200kg/cm² ② 250kg/cm²
③ 300kg/cm² ④ 350kg/cm²

해설

〈공식〉
$$\sigma_{max} = \frac{M_{max}}{Z}$$

$$\sigma_{max} = \frac{6M_{max}}{bh^2} = \frac{6\times\left(\frac{Pl}{4}\right)}{30\times 40^2}$$

$$= \frac{6\times\left(\frac{10\times 8}{4}\times 10^5\right)}{30\times 40^2}$$

$$= 250\text{kg/cm}^2$$

08 아래 그림과 같은 보의 단면에 발생하는 최대 휨응력은?

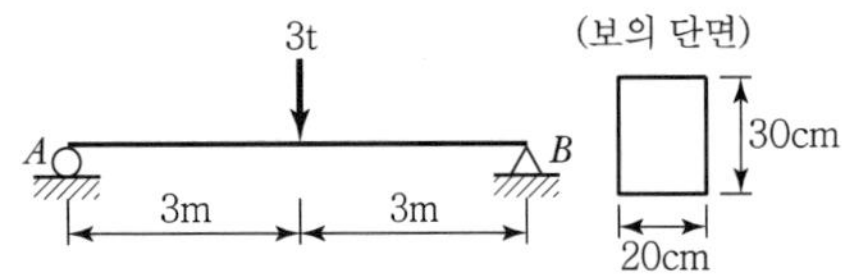

① 150kg/cm² ② 200kg/cm²
③ 250kg/cm² ④ 300kg/cm²

해설 $\sigma_{max} = \frac{M_{max}}{Z} = \frac{\left(\frac{Pl}{4}\right)}{\left(\frac{bh^2}{6}\right)} = \frac{3Pl}{2bh^2}$

$$= \frac{3\times(3\times 10^3)\times(6\times 10^2)}{2\times 20\times 30^2} = 150\text{kg/cm}^2$$

09 길이 10m, 단면 30cm×40cm인 단순보가 중앙에 120kN의 집중하중을 받고 있다. 이 보의 최대 휨응력은?(단, 보의 자중은 무시한다.) ['19]

① 55MPa ② 52.5MPa
③ 45MPa ④ 37.5MPa

해설 $\sigma_{max} = \frac{M_{max}}{Z} = 37.5\text{N/mm}^2 = 37.5\text{MPa}$

여기서, $M_{max} = \frac{PL}{4}$

$P = 120\text{kN} = 120\times 10^3\text{N}$
$L = 10\text{m} = 10\times 10^3\text{mm}$

$Z = \frac{bh^2}{6}$

$b = 30\text{cm} = 300\text{mm}$
$h = 40\text{cm} = 400\text{mm}$

10 집중하중을 받고 있는 다음 단순보의 C점에서 휨모멘트에 의하여 발생하는 최대 수직응력(σ)은?

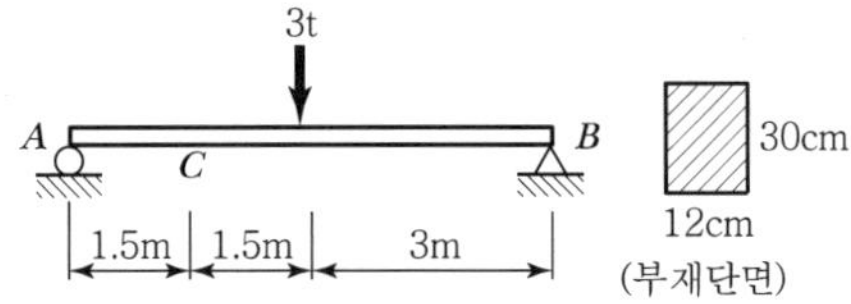

① 500kg/cm² ② 250kg/cm²
③ 125kg/cm² ④ 62.5kg/cm²

해설 ㉠ $R_A = \frac{P}{2} = \frac{3\text{t}}{2} = 1.5\text{t}(\uparrow)$

㉡ $M_C = R_A\times 1.5\text{m} = 1.5\times 1.5 = 2.25\text{t}\cdot\text{m}$

㉢ $\sigma_{max} = \frac{M_C}{Z} = \frac{6M_C}{bh^2} = \frac{6\times(2.25\times 10^5)}{12\times 30^2}$
$= 125\text{kg/cm}^2$

11 다음과 같은 단순보에서 최대 휨응력은?(단, 단면은 폭 30cm, 높이 40cm의 직사각형이다.)

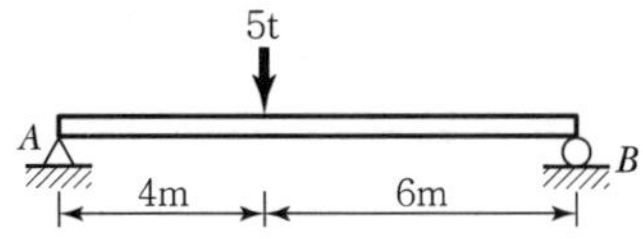

① 150kg/cm² ② 180kg/cm²
③ 220kg/cm² ④ 260kg/cm²

정답 07 ② 08 ① 09 ④ 10 ③ 11 ①

해설 ㉠ $M_{\max}=\dfrac{Pab}{l}=\dfrac{5\times4\times6}{10}=12\text{t}\cdot\text{m}$

㉡ $Z=\dfrac{bh^2}{6}=\dfrac{30\times40^2}{6}=8{,}000\text{cm}^3$

㉢ $\sigma_{\max}=\dfrac{M_{\max}}{Z}=\dfrac{12\times10^5}{8{,}000}=150\text{kg/cm}^2$

12 다음과 같은 단순보에서 최대 휨응력은?(단, 단면은 폭 300mm, 높이 400mm의 직사각형이다.) ['20]

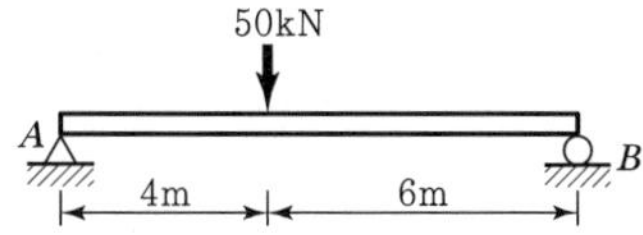

① 15MPa ② 18MPa
③ 22MPa ④ 26MPa

해설

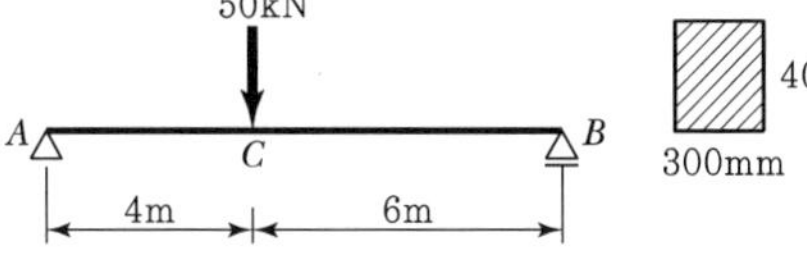

㉠ $M_{\max}=\dfrac{Pab}{l}=\dfrac{50\times4\times6}{10}=120\text{kN}\cdot\text{m}$

$=120\times10^6\text{N}\cdot\text{mm}$

㉡ $Z=\dfrac{bh^2}{6}=\dfrac{1}{6}\times300\times400^2=8\times10^6\text{mm}^3$

㉢ $\sigma_{\max}=\dfrac{M_{\max}}{Z}=\dfrac{120\times10^6}{8\times10^6}$

$=15\text{N/mm}^2=15\text{MPa}$

13 다음과 같은 단순보에서 최대 휨응력은?(단, 단면은 폭 40cm, 높이 50cm의 직사각형이다.)

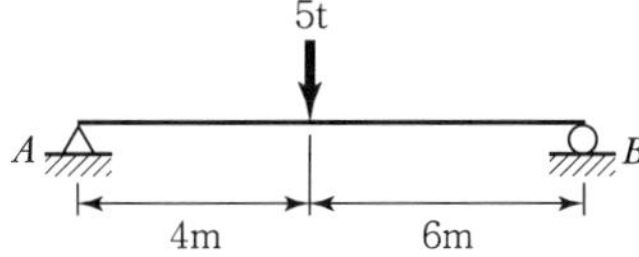

① 72kg/cm^2 ② 87kg/cm^2
③ 135kg/cm^2 ④ 150kg/cm^2

해설

$$\sigma_{\max}=\frac{M_{\max}}{Z}=\frac{\left(\dfrac{Pab}{l}\right)}{\left(\dfrac{bh^2}{6}\right)}=\frac{6Pab}{bh^2l}$$

$$=\frac{6\times(5\times10^3)\times(4\times10^2)\times(6\times10^2)}{40\times50^2\times(10\times10^2)}$$

$=72\text{kg/cm}^2$

14 그림과 같은 등분포하중에서 최대 휨모멘트가 생기는 위치에서 휨응력이 $1{,}200\text{kg/cm}^2$라고 하면 단면계수는? ['12, '17]

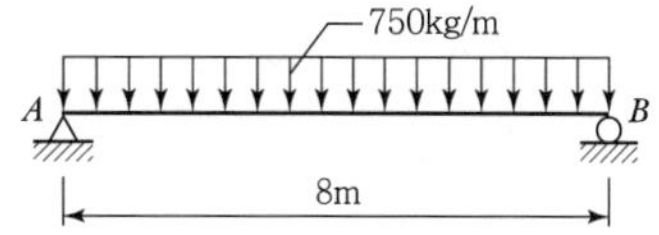

① 350cm^3 ② 400cm^3
③ 450cm^3 ④ 500cm^3

〈공식〉 $\sigma_{\max}=\dfrac{M_{\max}}{Z}$

$$Z=\frac{M_{\max}}{\sigma_{\max}}=\frac{\dfrac{wl^2}{8}}{\sigma_{\max}}=\frac{wl^2}{8\sigma_{\max}}$$

$$=\frac{7.5\times(800)^2}{8\times(1{,}200)}=500\text{cm}^3$$

15 그림과 같은 10m의 단순보에서 최대 휨응력은?

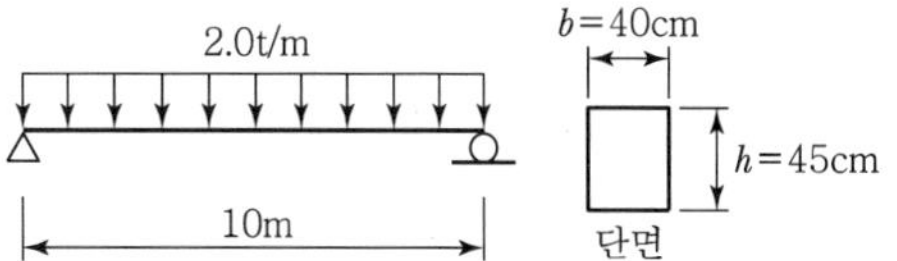

① 180.19kg/cm^2 ② 185.19kg/cm^2
③ 190.19kg/cm^2 ④ 195.19kg/cm^2

해설

$$\sigma_{\max}=\frac{M_{\max}}{Z}=\frac{\left(\dfrac{wl^2}{8}\right)}{\left(\dfrac{bh^2}{6}\right)}=\frac{3wl^2}{4bh^2}$$

$$=\frac{3\times(2\times10)\times(10\times10^2)^2}{4\times40\times45^2}=185.19\text{kg/cm}^2$$

16 경간(Span) 10m인 단순보에 아래 그림과 같은 하중이 작용할 때 최대 휨응력은?(단, 자중은 무시한다.)

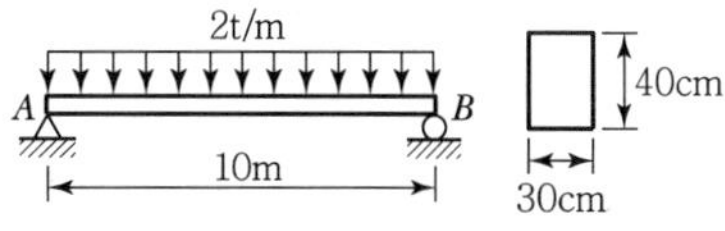

① 312.5kg/cm^2 ② 615.9kg/cm^2
③ 43.1kg/cm^2 ④ 22.6kg/cm^2

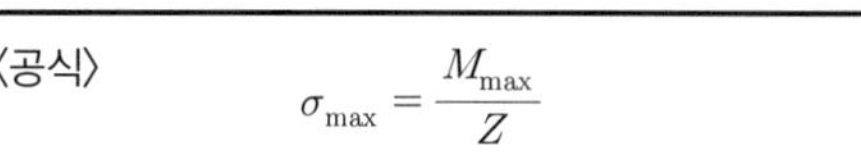

〈공식〉 $\sigma_{\max}=\dfrac{M_{\max}}{Z}$

정답 12 ① 13 ① 14 ④ 15 ② 16 ①

$$\sigma_{\max} = \frac{\frac{wl^2}{8}}{\frac{bh^2}{6}} = \frac{3wl^2}{4bh^2}$$

$$= \frac{3\times 20\times 1{,}000^2}{4\times 30\times 40^2} = 312.5\text{kg/cm}^2$$

17 그림과 같은 단순보에 등분포하중이 작용할 때 이 보의 단면에 발생하는 최대 휨응력은? ['10, '13, '17, '19]

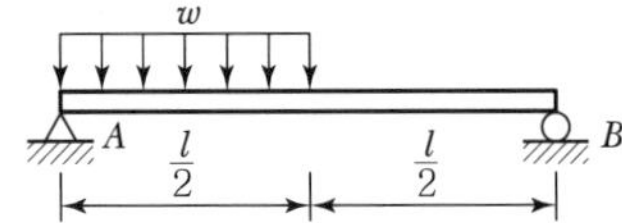

보의 단면

① $\dfrac{2wl^2}{64bh^2}$　② $\dfrac{23wl^2}{64bh^2}$

③ $\dfrac{25wl^2}{64bh^2}$　④ $\dfrac{27wl^2}{64bh^2}$

해설 ㉠ 반력

$$\Sigma M_B = R_A\times l - \frac{wl}{2}\times\left(\frac{l}{2}+\frac{l}{4}\right)=0$$

$$\therefore\ R_A = \frac{3wl}{8}(\uparrow)$$

㉡ 최대 휨모멘트는 전단력이 0이 되는 곳에 생기므로

$S_x = R_A - wx = 0$

$$\therefore\ x = \frac{R_A}{w} = \frac{3}{8}l$$

㉢ $M_{\max} = R_A\times\dfrac{3l}{8} - w\times\dfrac{3l}{8}\times\left(\dfrac{3l}{8}\times\dfrac{1}{2}\right)$

$$= \frac{3wl}{8}\times\frac{3l}{8} - \frac{9wl^2}{128} = \frac{9wl^2}{128}$$

$$\therefore\ \sigma_{\max} = \frac{M_{\max}}{Z} = \frac{\frac{9wl^2}{128}}{\frac{bh^2}{6}} = \frac{27wl^2}{64bh^2}$$

전단응력

18 직사각형 단면보에 발생하는 전단응력 τ와 보에 작용하는 전단력 S, 단면1차모멘트 G, 단면2차모멘트 I, 단면의 폭 b의 관계로 옳은 것은? ['19]

① $\tau = \dfrac{GI}{Sb}$　② $\tau = \dfrac{Sb}{GI}$

③ $\tau = \dfrac{SG}{Ib}$　④ $\tau = \dfrac{Gb}{SI}$

19 전단력을 S, 단면2차모멘트를 I, 단면1차모멘트를 Q, 단면의 폭을 b라 할 때 전단응력도의 크기를 나타낸 식으로 옳은 것은?(단, 단면의 형상은 직사각형이다.)

① $\dfrac{Q\times S}{I\times b}$　② $\dfrac{I\times S}{Q\times b}$　③ $\dfrac{I\times b}{Q\times S}$　④ $\dfrac{Q\times b}{I\times S}$

20 그림과 같은 직사각형 단면에 전단력 45kN이 작용할 때 중립축에서 5cm 떨어진 $a-a$면의 전단응력은? ['11, '15, '19]

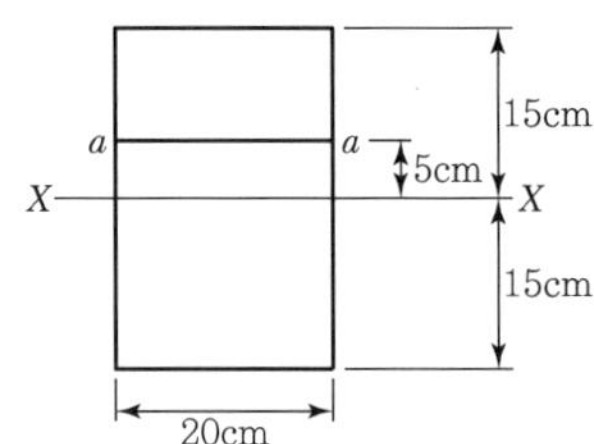

① 100kPa　② 700kPa

③ 1MPa　④ 1GPa

해설 $\tau = \dfrac{SG}{Ib}$

$= 0.1\text{kN/cm}^2$

$= 0.1\times\dfrac{10^3\text{N}}{(10\text{mm})^2}$

$= 0.1\times 10\text{N/mm}^2$

$= 1\text{N/mm}^2$

$= 1\text{MPa}$

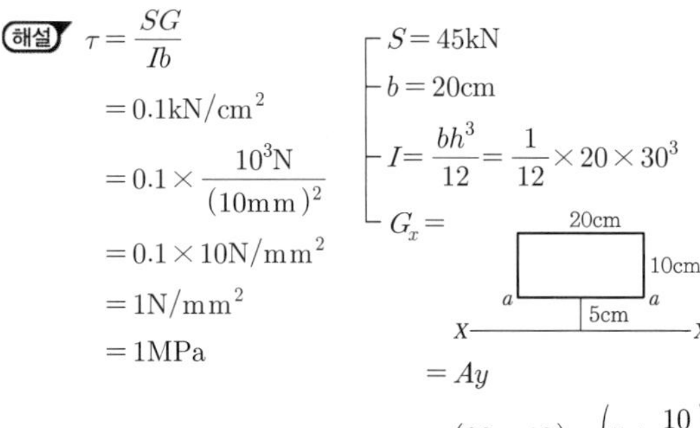

21 그림과 같은 $b=12\text{cm}$, $h=30\text{cm}$의 직사각형 보에서 2.4t의 전단력을 받을 때 위 가장자리에서 5cm 떨어진 면($a-a$면)의 전단응력은?

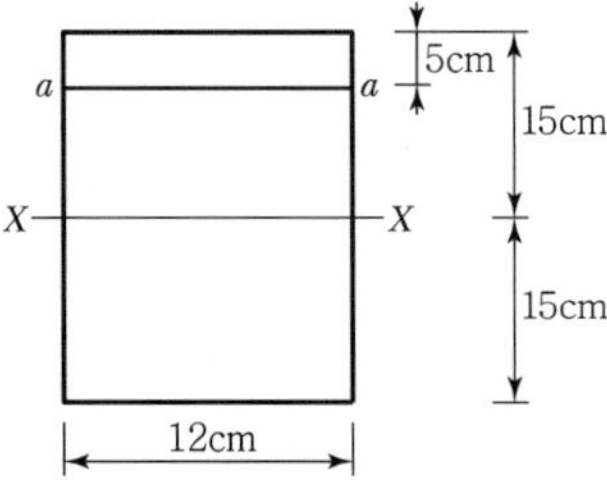

① 4.6kg/cm^2　② 5.6kg/cm^2

③ 6.6kg/cm^2　④ 7.6kg/cm^2

정답 17 ④　18 ③　19 ①　20 ③　21 ②

해설 ㉠

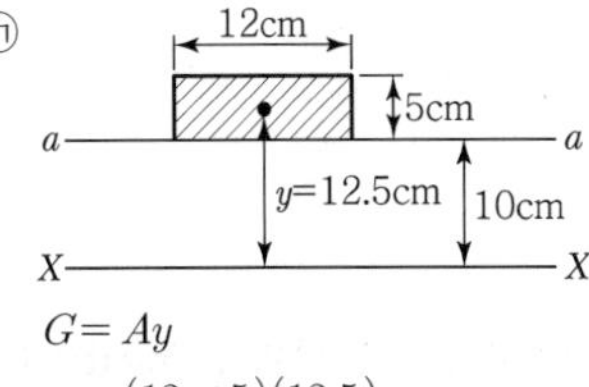

$G = Ay$
$= (12\times 5)(12.5)$

㉡ $\tau_{a-a} = \dfrac{SG}{Ib} = \dfrac{2{,}400\times(12\times 5\times 12.5)}{\dfrac{12\times 30^3}{12}\times 12}$

$= 5.6\text{kg/cm}^2$

22 원형 단면인 보에서 최대 전단응력은 평균 전단응력의 몇 배인가? ['19]

① $\dfrac{1}{2}$ ② $\dfrac{3}{2}$ ③ $\dfrac{4}{3}$ ④ $\dfrac{5}{3}$

해설 $\tau_{\max} = \dfrac{4}{3}\times\dfrac{S}{A}$

23 직사각형 단면의 최대 전단응력은 평균 전단응력의 몇 배인가? ['19]

① 1.5 ② 2.0 ③ 2.5 ④ 3.0

해설 $\tau_{\max} = \dfrac{3}{2}\times\dfrac{S}{A}$

24 다음 그림과 같은 I형 단면에 전단력 $V=15\text{ton}$이 작용할 경우 최대 전단응력은 얼마인가?

① 18.62kg/cm^2
② 25.25kg/cm^2
③ 32.88kg/cm^2
④ 44.33kg/cm^2

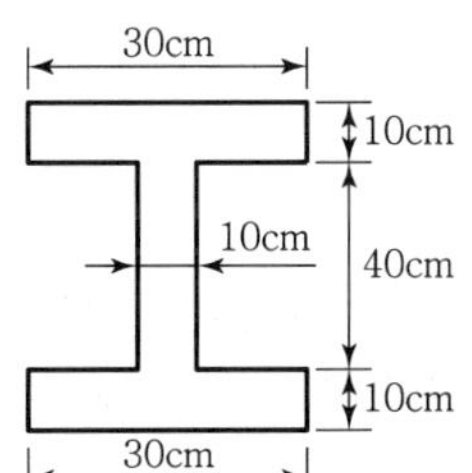

해설

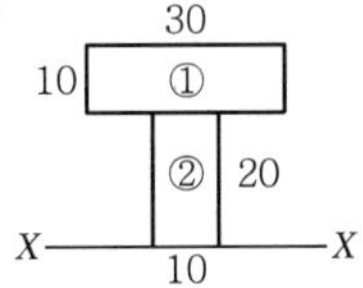

㉠ 단면1차모멘트(G)

$G_X = A_1\cdot y_1 + A_2\cdot y_2$
$= (30\times 10)\times(20+5)+(10\times 20)\times 10$
$= 9{,}500\text{cm}^3$

㉡ 단면2차모멘트

$I_X = \dfrac{BH^3}{12} - \dfrac{bh^3}{12} = \dfrac{30\times 60^3}{12} - \dfrac{20\times 40^3}{12}$
$\fallingdotseq 433{,}333\text{cm}^4$

㉢ $\tau_{\max} = \dfrac{SG}{Ib} = \dfrac{15{,}000\times 9{,}500}{433{,}333\times 10}$
$\fallingdotseq 32.88\text{kg/cm}^2$

25 지름 D인 원형 단면에 전단력 S가 작용할 때 최대 전단응력의 값은? ['11, '14]

① $\dfrac{4S}{3\pi D^2}$ ② $\dfrac{2S}{3\pi D^2}$ ③ $\dfrac{16S}{3\pi D^2}$ ④ $\dfrac{3S}{4\pi D^2}$

해설 $\tau_{\max} = \dfrac{4}{3}\cdot\dfrac{S}{A} = \dfrac{4}{3}\cdot\dfrac{S}{\dfrac{\pi D^2}{4}} = \dfrac{16S}{3\pi D^2}$

26 반지름 r인 원형 단면의 보가 전단력 S를 받고 있을 때 이 단면에 발생하는 최대 전단응력의 크기는?

① $\dfrac{3}{2}\cdot\dfrac{S}{\pi r^2}$ ② $\dfrac{3}{4}\cdot\dfrac{S}{\pi r^2}$
③ $\dfrac{4}{3}\cdot\dfrac{S}{\pi r^2}$ ④ $\dfrac{2}{3}\cdot\dfrac{S}{\pi r^2}$

해설 $\tau_{\max} = \dfrac{4}{3}\cdot\dfrac{S}{A} = \dfrac{4}{3}\cdot\dfrac{S}{\pi r^2}$

27 폭이 30cm, 높이가 50cm인 직사각형 단면의 단순보에 전단력 6t이 작용할 때 이 보에 발생하는 최대 전단응력은? ['12, '16, '17]

① 2kg/cm^2 ② 4kg/cm^2
③ 5kg/cm^2 ④ 6kg/cm^2

해설 $\tau_{\max} = \dfrac{3}{2}\times\dfrac{S}{A} = \dfrac{3}{2}\times\dfrac{S}{bh}$
$= \dfrac{3}{2}\times\dfrac{6\times 10^3}{30\times 50} = 6\text{kg/cm}^2$

28 단면이 30cm×30cm인 정사각형 단면의 보에 1.8t의 전단력이 작용할 때 이 단면에 작용하는 최대 전단응력은?

① 1.5kg/cm^2 ② 3.0kg/cm^2
③ 4.5kg/cm^2 ④ 6.0kg/cm^2

정답 22 ③ 23 ① 24 ③ 25 ③ 26 ③ 27 ④ 28 ②

해설 $\tau_{max} = \alpha\dfrac{S}{A} = \dfrac{3}{2}\dfrac{S}{bh}$

$= \dfrac{3}{2}\times\dfrac{(1.8\times10^3)}{30\times30} = 3\text{kg/cm}^2$

29 폭이 20cm, 높이가 30cm인 단면의 보에 4t의 전단력이 작용할 때 이 단면에 일어나는 최대 전단응력은?

① 4kg/cm^2 ② 6kg/cm^2
③ 8kg/cm^2 ④ 10kg/cm^2

해설 $\tau_{max} = \alpha\dfrac{S}{A} = \dfrac{3}{2}\cdot\dfrac{S}{bh}$

$= \dfrac{3}{2}\cdot\dfrac{(4\times10^3)}{20\times30} = 10\,\text{kg/cm}^2$

30 30cm×40cm인 단면의 보에 9t의 전단력이 작용할 때 이 단면에 일어나는 최대 전단응력은?

① 10.25kg/cm^2 ② 11.25kg/cm^2
③ 12.25kg/cm^2 ④ 13.25kg/cm^2

해설 $\tau = \dfrac{3}{2}\times\dfrac{S}{A} = \dfrac{3}{2}\times\dfrac{9\times10^3}{30\times40} = 11.25\text{kg/cm}^2$

31 그림과 같은 단면에서 직사각형 단면의 최대 전단응력은 원형 단면의 최대 전단응력의 몇 배인가?(단, 두 단면적과 작용하는 전단력의 크기는 동일하다.) ['20]

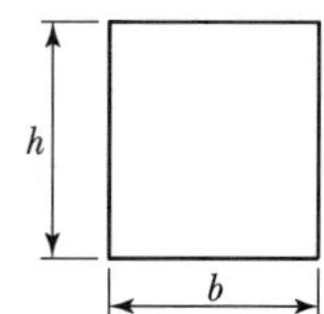

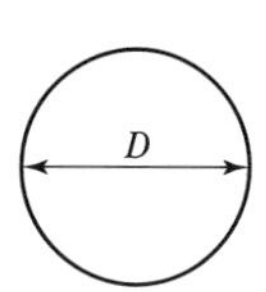

① $\dfrac{6}{5}$배 ② $\dfrac{7}{6}$배 ③ $\dfrac{8}{7}$배 ④ $\dfrac{9}{8}$배

해설

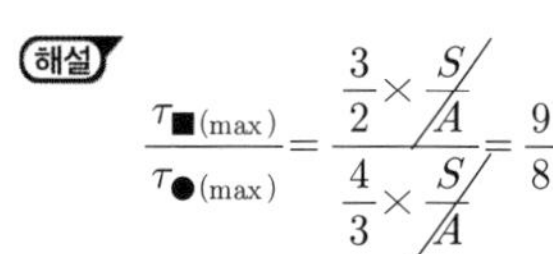

$\dfrac{\tau_{■(max)}}{\tau_{●(max)}} = \dfrac{\dfrac{3}{2}\times\dfrac{S}{A}}{\dfrac{4}{3}\times\dfrac{S}{A}} = \dfrac{9}{8}$

32 지름 30cm인 단면의 보에 9t의 전단력이 작용할 때 이 단면에 일어나는 최대 전단응력은 약 얼마인가? ['12, '16]

① 9kg/cm^2 ② 12kg/cm^2
③ 15kg/cm^2 ④ 17kg/cm^2

해설 $\tau_{max} = \dfrac{4}{3}\cdot\dfrac{S}{A} = \dfrac{4}{3}\times\dfrac{9{,}000}{\dfrac{30^2\pi}{4}} ≒ 17\text{kg/cm}^2$

33 단순보에 있어서 원형 단면에 분포되는 최대 전단응력은 평균 전단응력(V/A)의 몇 배가 되는가?

① 1.0배 ② $\dfrac{4}{3}$배
③ $\dfrac{2}{3}$배 ④ 1.5배

해설

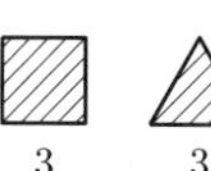

$\alpha = \quad \dfrac{3}{2} \quad \dfrac{3}{2} \quad \dfrac{4}{3}$

34 그림과 같은 원형 단면의 단순보가 중앙에 200kN 하중을 받을 때 최대 전단력에 의한 최대 전단응력은?(단, 보의 자중은 무시한다.) ['19]

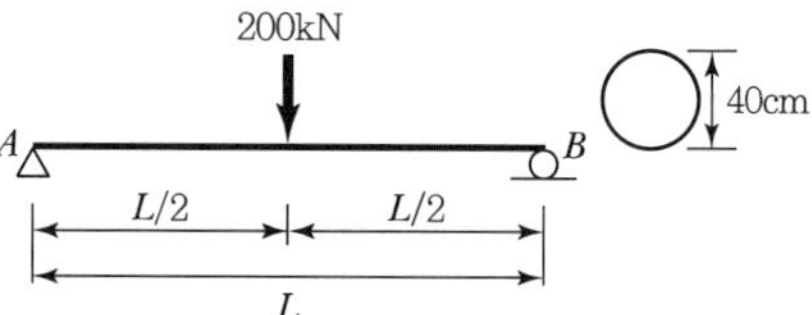

① 1.06MPa ② 1.19MPa
③ 4.25MPa ④ 4.78MPa

해설 $\tau_{max} = \dfrac{4}{3}\times\dfrac{S_{max}}{A} = 1.06\text{N/mm}^2 = 1.06\text{MPa}$

여기서, $S_{max} = R_A = 100\text{kN} = 100\times10^3\text{N}$

$A = \dfrac{\pi D^2}{4} = \dfrac{400^2\pi}{4}$

35 다음 그림과 같은 단순보의 중앙에 집중하중이 작용할 때 단면에 생기는 최대 전단응력은 얼마인가? ['11, '17]

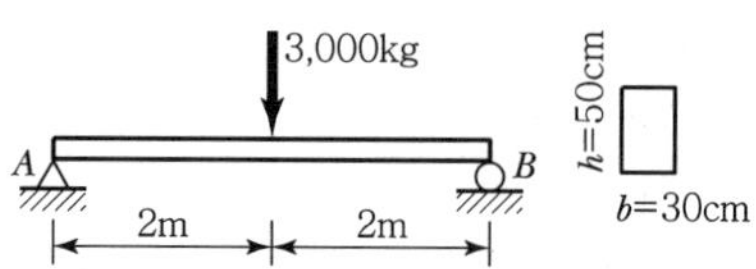

① 1.0kg/cm^2 ② 1.5kg/cm^2
③ 2.0kg/cm^2 ④ 2.5kg/cm^2

해설 ㉠ $S_{max} = R_A$와 R_B 중 큰 값

$= \dfrac{3{,}000}{2} = 1{,}500\text{kg}$

정답 29 ④ 30 ② 31 ④ 32 ④ 33 ② 34 ① 35 ②

㉡ 직사각형 $\tau_{max} = \frac{3}{2} \cdot \frac{S_{max}}{A}$

$= \frac{3}{2} \cdot \frac{1,500}{30 \times 50} = 1.5\text{kg/cm}^2$

36 다음과 같은 부재에 발생할 수 있는 최대 전단응력은?

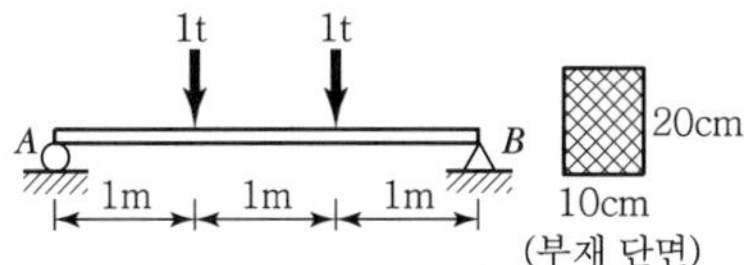

① 7.5kg/cm² ② 8.0kg/cm²
③ 8.5kg/cm² ④ 9.0kg/cm²

해설 ㉠ $\delta_{max} = R_A$와 R_B 중 큰 값 $= 1\text{t}(\uparrow)$

㉡ $\tau_{max} = \frac{3}{2} \cdot \frac{S_{max}}{A} = \frac{3}{2} \cdot \frac{R_A}{A} = \frac{3}{2} \times \frac{1,000}{10 \times 20}$

$= 7.5\text{kg/cm}^2$

37 아래 그림과 같은 단순보에 발생하는 최대 전단응력(τ_{max})은? ['20]

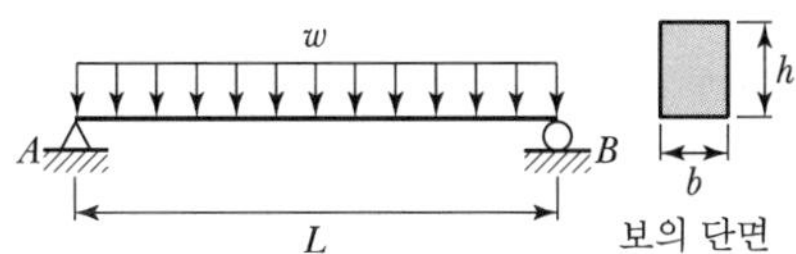

① $\frac{4wL}{9bh}$ ② $\frac{wL}{2bh}$
③ $\frac{9wL}{16bh}$ ④ $\frac{3wL}{4bh}$

$$\tau_{max} = \frac{3}{2} \cdot \frac{\left(\frac{wL}{2}\right)}{(bh)} = \frac{3wL}{4bh}$$

38 지간이 10m이고, 폭 20cm, 높이 30cm인 직사각형 단면의 단순보에서 전 지간에 등분포하중 $w = 2\text{t/m}$가 작용할 때 최대 전단응력은?

① 25kg/cm² ② 30kg/cm²
③ 35kg/cm² ④ 40kg/cm²

해설

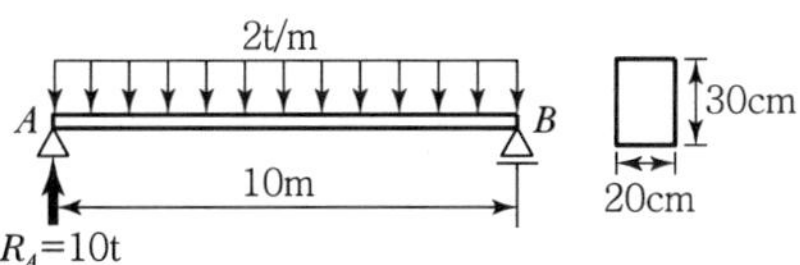

㉠ $S_{max} = R_A$와 R_B 중 큰 값 $= 10\text{t} = 10 \times 10,000\text{kg}$

㉡ $\tau_{max} = \frac{3}{2} \cdot \frac{S_{max}}{A} = \frac{3}{2} \cdot \frac{R_A}{A}$

$= \frac{3}{2} \cdot \frac{10,000}{20 \times 30} = 25\text{kg/cm}^2$

39 다음 그림과 같은 단순보에서 지점 A로부터 2m 되는 D 단면에 발생하는 최대 전단응력은 얼마인가? (단, 이 보의 단면은 폭 10cm, 높이 20cm의 직사각형 단면이다.)

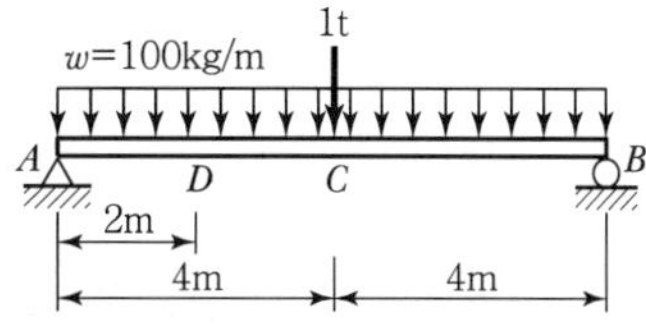

① 3.50kg/cm² ② 4.75kg/cm²
③ 5.25kg/cm² ④ 6.00kg/cm²

해설 ㉠ 대칭하중이므로

$R_A = \frac{wl + P}{2} = \frac{(100 \times 8) + 1,000}{2} = 900\text{kg}(\uparrow)$

㉡ $S_D = R_A - (100\text{kg/m} \times 2\text{m}) = 900 - 200$

$= 700\text{kg}$

㉢ $\tau_{D(max)} = \frac{3}{2} \cdot \frac{S_D}{A} = \frac{3}{2} \times \frac{700}{10 \times 20} = 5.25\text{kg/cm}^2$

40 그림과 같이 단면의 폭이 b이고, 높이가 h인 단순보에서 발생하는 최대 전단응력 τ_{max}를 구하면? ['10, '11]

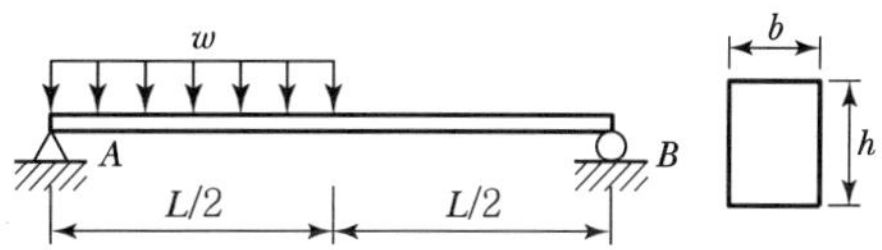

① $\frac{wL}{2bh}$ ② $\frac{3wL}{8bh}$ ③ $\frac{3wL}{4bh}$ ④ $\frac{9wL}{16bh}$

해설 ㉠ $\sum M_B = R_A \times L - \frac{wL}{2} \times \frac{3L}{4} = 0$

$\therefore R_A = \frac{3}{8}wL$

㉡ $S_{max} = R_A$와 R_B 중 큰 값 $= R_A = \frac{3}{8}wL$

㉢ $\tau_{max} = \frac{3}{2} \cdot \frac{S_{max}}{A} = \frac{3}{2} \cdot \frac{R_A}{A}$

$= \frac{3}{2} \cdot \frac{\frac{3wL}{8}}{bh} = \frac{9wL}{16bh}$

정답 36 ① 37 ④ 38 ① 39 ③ 40 ④

41 다음 그림과 같은 구조물에서 이 보의 단면이 받는 최대 전단응력의 크기는? ['13, '16]

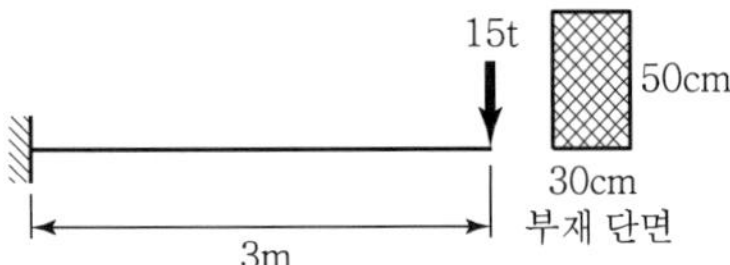

① 10kg/cm^2 ② 15kg/cm^2
③ 20kg/cm^2 ④ 25kg/cm^2

해설 $\tau_{max} = \alpha \dfrac{S_{max}}{A} = \dfrac{3}{2} \cdot \dfrac{P}{bh}$

$= \dfrac{3}{2} \cdot \dfrac{15 \times 10^3}{30 \times 50} = 15\text{kg/cm}^2$

42 내민보에 집중하중 2t이 그림과 같이 작용할 때 원형 단면에 발생하는 최대 전단응력은?(단, 단면의 직경 (D)은 20cm이다.)

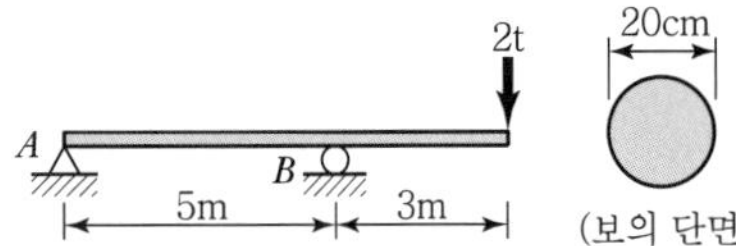

① 6.4kg/cm^2 ② 7.4kg/cm^2
③ 8.5kg/cm^2 ④ 9.5kg/cm^2

해설 ㉠ $\sum M_B = R_A \times 5 + 2 \times 3 = 0$

$\therefore R_A = -1.2\text{t}(\downarrow)$

㉡ $S_{max} = P = 2\text{t} = 2 \times 10^3\text{kg}$

㉢ $\tau_{max} = \dfrac{4}{3} \cdot \dfrac{S_{max}}{A} = \dfrac{4}{3} \times \dfrac{2{,}000}{\dfrac{20^2\pi}{4}} ≒ 8.5\text{kg/cm}^2$

정답 41 ② 42 ③

토목산업기사

09 기둥

세장비

01 기둥의 해석 및 단주와 장주의 구분에 사용되는 세장비에 대한 설명으로 옳은 것은?

① 기둥단면의 최소 폭을 부재의 길이로 나눈 값이다.
② 기둥단면의 단면2차모멘트를 부재의 길이로 나눈 값이다.
③ 기둥부재의 길이를 단면의 최소 회전반경으로 나눈 값이다.
④ 기둥단면의 길이를 단면2차모멘트로 나눈 값이다.

해설 $\lambda = \dfrac{l}{r_{\min}}$

02 기둥의 해석에 사용되는 단주와 장주의 구분에 사용되는 세장비에 대한 설명으로 옳은 것은? ['20]

① 기둥단면의 최소 폭을 부재의 길이로 나눈 값이다.
② 기둥단면의 단면2차모멘트를 부재의 길이로 나눈 값이다.
③ 기둥부재의 길이를 단면의 최소 회전반경으로 나눈 값이다.
④ 기둥단면의 길이를 단면2차모멘트로 나눈 값이다.

해설 세장비$(\lambda)=\dfrac{l(\text{기둥의 길이})}{r_{\min}(\text{최소 회전반경})}$

03 지름 D, 길이 l인 원형 기둥의 세장비는? ['19]

① $\dfrac{4l}{D}$ ② $\dfrac{8l}{D}$ ③ $\dfrac{4D}{l}$ ④ $\dfrac{8D}{l}$

해설 세장비 $\lambda=\dfrac{l}{r}=\dfrac{l}{\frac{D}{4}}=\dfrac{4l}{D}$

04 반지름 R, 길이 l인 원형 단면 기둥의 세장비는?

① $\dfrac{l}{2R}$ ② $\dfrac{l}{R}$ ③ $\dfrac{2l}{R}$ ④ $\dfrac{3l}{R}$

해설 $\lambda=\dfrac{l}{r}=\dfrac{l}{\frac{D}{4}}=\dfrac{4l}{D}=\dfrac{4l}{2R}=\dfrac{2l}{R}$

05 폭 12cm, 높이 20cm인 직사각형 단면의 최소 회전반지름 r은?

① 5.81cm ② 3.46cm
③ 6.92cm ④ 7.35cm

해설
$$r_{\min}=\sqrt{\frac{I_{\min}}{A}}=\sqrt{\frac{\left(\frac{hb^3}{12}\right)}{bh}}=\frac{b}{2\sqrt{3}}=\frac{12}{2\sqrt{3}}$$
$=3.46\text{cm}$

06 지름 d의 원형 단면인 장주가 있다. 길이가 4m일 때 세장비를 100으로 하려면 적당한 지름 d는? ['11, '17]

① 8cm ② 10cm ③ 16cm ④ 18cm

해설
〈공식〉 $\lambda=\dfrac{l}{r}=\dfrac{l}{\frac{D}{4}}=\dfrac{4l}{D}$

$\therefore D=\dfrac{4l}{\lambda}=\dfrac{4\times400}{100}=16\text{cm}$

07 직경이 d인 원형 단면의 기둥이 있다. 이 기둥의 길이가 $10d$일 때 이 기둥의 세장비는?

① 10 ② 20 ③ 30 ④ 40

해설 $\lambda=\dfrac{l}{r_{\min}}=\dfrac{l}{\frac{d}{4}}=\dfrac{4l}{d}=\dfrac{4\times(10d)}{d}=40$

08 기둥의 길이가 6m이고, 단면의 지름은 30cm일 때 이 기둥의 세장비는? ['10, '12]

① 50 ② 60 ③ 70 ④ 80

해설 $\lambda=\dfrac{l}{r_{\min}}=\dfrac{l}{\frac{D}{4}}=\dfrac{4l}{D}=\dfrac{4\times600}{30}=80$

09 지름이 D이고 길이가 $50\times D$인 원형 단면으로 된 기둥의 세장비를 구하면? ['12, '15]

① 200 ② 150 ③ 100 ④ 50

정답 01 ③ 02 ③ 03 ① 04 ③ 05 ② 06 ③ 07 ④ 08 ④ 09 ①

해설

㉠ $r_{\min} = \sqrt{\dfrac{I_{\min}}{A}} = \sqrt{\dfrac{\left(\dfrac{\pi D^4}{64}\right)}{\left(\dfrac{\pi D^2}{4}\right)}} = \dfrac{D}{4}$

㉡ $\lambda = \dfrac{l}{r_{\min}} = \dfrac{50D}{\left(\dfrac{D}{4}\right)} = 200$

편심응력 σ

10 그림과 같은 단주에서 편심하중이 작용할 때 발생하는 최대 인장응력은?(단, 편심거리(e)는 10cm)

① 30kg/cm^2
② 50kg/cm^2
③ 70kg/cm^2
④ 90kg/cm^2

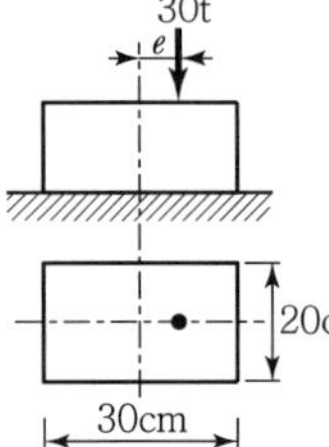

해설 $\sigma_{\max} = -\dfrac{P}{A} + \dfrac{Pe_x}{\dfrac{b^2h}{6}}$

$= -\dfrac{30\times10^3}{30\times20} + \dfrac{6\times(30\times10^3)\times10}{30^2\times20}$

$= 50\text{kg/cm}^2$

11 편심축하중을 받는 다음 기둥에서 B점의 응력을 구한 값은?(단, 기둥단면의 지름 $d=20$cm, 편심거리 $e=7.5$cm, 편심하중 $P=20$t이다.)

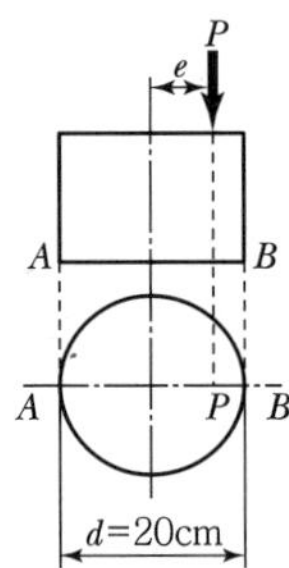

① 131.84kg/cm^2 ② 254.65kg/cm^2
③ 357.47kg/cm^2 ④ 426.91kg/cm^2

해설 $\sigma_B = \dfrac{P}{A} + \dfrac{M}{Z} = \dfrac{P}{\pi D^2/4} + \dfrac{P\cdot e_x}{\pi D^3/32}$

$= \dfrac{20{,}000}{\pi\times20^2/4} + \dfrac{20{,}000\times7.5}{\pi\times20^3/32}$

$\fallingdotseq 254.65\text{kg/cm}^2$

12 그림과 같이 $a\times2a$의 단면을 갖는 기둥에 편심거리 $a/2$만큼 떨어져서 P가 작용할 때 기둥에 발생할 수 있는 최대 압축응력은?(단, 기둥은 단주이다.) ['12, '16, '19]

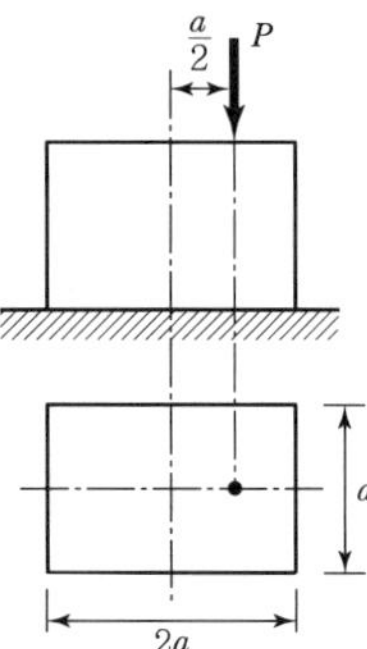

① $\dfrac{4P}{7a^2}$ ② $\dfrac{7P}{8a^2}$ ③ $\dfrac{13P}{2a^2}$ ④ $\dfrac{5P}{4a^2}$

해설

[1] $\sigma_{\max} = -\dfrac{P}{bh}\left(1+\dfrac{6e_x}{h}\right)$

$= -\dfrac{P}{a\times2a}\left(1+\dfrac{6\times\left(\dfrac{a}{2}\right)}{2a}\right) = -\dfrac{5P}{4a^2}$

[2] $\sigma = -\dfrac{P}{A} \pm \dfrac{M}{Z} = -\dfrac{P}{bh} - \dfrac{Pe_x}{\dfrac{b^2h}{6}} = -\dfrac{P}{2a\times a} - \dfrac{P\times\dfrac{a}{2}}{\dfrac{a(2a)^2}{6}}$

$= -\dfrac{P}{2a^2} - \dfrac{3P}{4a^2} = -\dfrac{5P}{4a^2}$

핵거리 e_x

13 1방향 편심을 갖는 한 변이 30cm인 정사각형 단주에서 100kN의 편심하중이 작용할 때, 단면의 인장력이 생기지 않기 위한 편심(e)의 한계는 기둥의 중심에서 얼마나 떨어진 곳인가? ['20]

① 5.0cm ② 6.7cm
③ 7.7cm ④ 8.0cm

해설

30cm
30cm
P
e
⊖
(응력도)

$e = \dfrac{b}{6} = \dfrac{30}{6} = 5\text{cm}$

정답 10 ② 11 ② 12 ④ 13 ①

14 그림과 같은 사각형 단면을 가지는 기둥의 핵 면적은? ['10, '15]

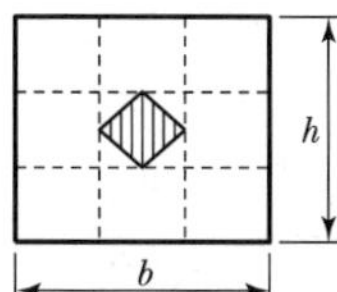

① $\dfrac{bh}{9}$ ② $\dfrac{bh}{18}$

③ $\dfrac{bh}{16}$ ④ $\dfrac{bh}{36}$

해설

[1]

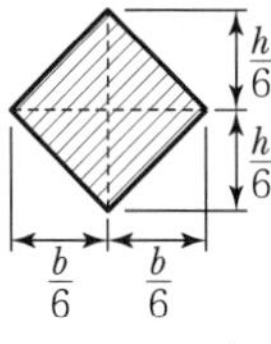

핵면적 $A = \left(\dfrac{b}{6} \times \dfrac{h}{6} \times \dfrac{1}{2}\right) \times 4$개 $= \dfrac{1}{18}bh = \dfrac{bh}{18}$

[2]

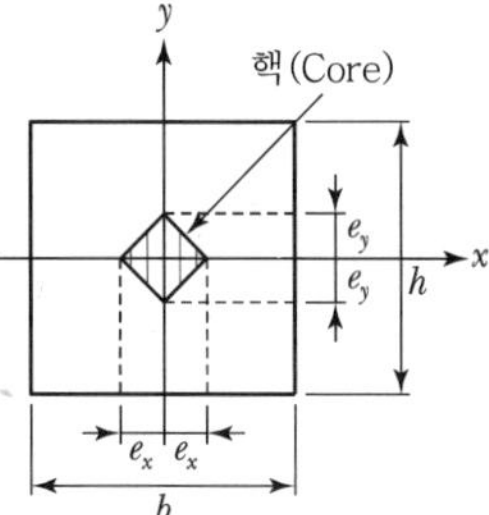

$A = 4\left(\dfrac{1}{2}e_x e_y\right) = 2e_x e_y = 2 \times \dfrac{b}{6} \times \dfrac{h}{6} = \dfrac{bh}{18}$

15 다음과 같은 단주에서 편심거리 e에 $P = 30$t이 작용할 때 단면에 인장력이 생기지 않기 위한 e의 한계는?

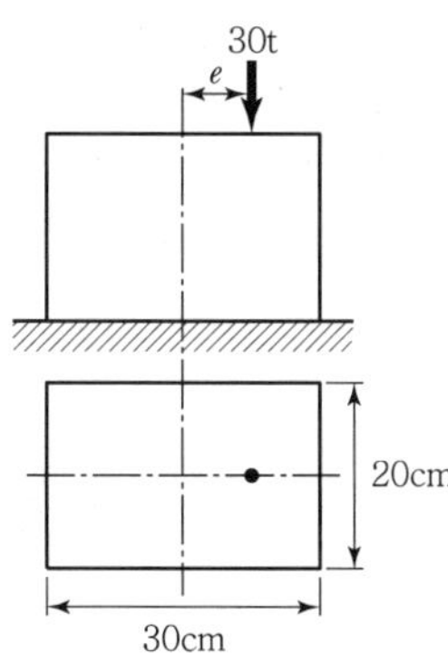

① 3.3cm ② 5cm ③ 6.7cm ④ 10cm

해설

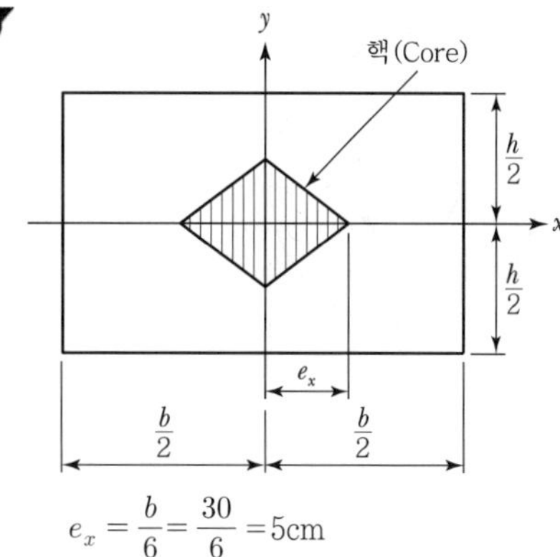

$e_x = \dfrac{b}{6} = \dfrac{30}{6} = 5\text{cm}$

16 반지름이 r인 원형 단면의 단주에서 도심에서의 핵거리 e는? ['11, '12, '14, '17, '20]

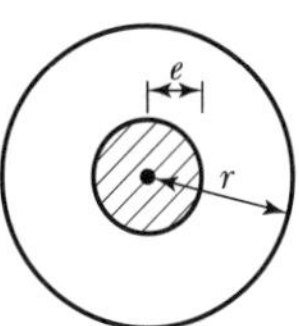

① $\dfrac{r}{2}$ ② $\dfrac{r}{4}$ ③ $\dfrac{r}{6}$ ④ $\dfrac{r}{8}$

해설 핵거리 $e = \dfrac{D}{8} = \dfrac{(2r)}{8} = \dfrac{r}{4}$

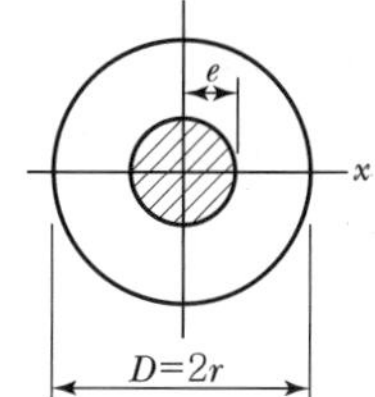

〈보충〉

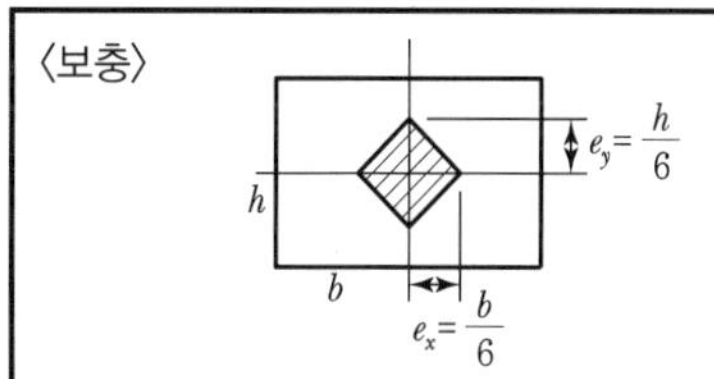

17 지름 D인 원형 단면의 단주 기둥에서 핵거리는?

① $\dfrac{1}{2}D$ ② $\dfrac{1}{4}D$

③ $\dfrac{1}{8}D$ ④ $\dfrac{1}{16}D$

정답 14 ② 15 ② 16 ② 17 ②

해설

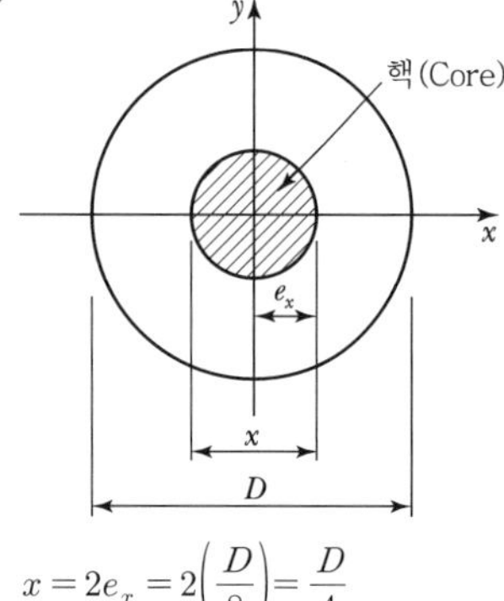

$x = 2e_x = 2\left(\frac{D}{8}\right) = \frac{D}{4}$

18 그림과 같이 지름 $2R$인 원형 단면의 단주에서 핵 지름 k의 값은?

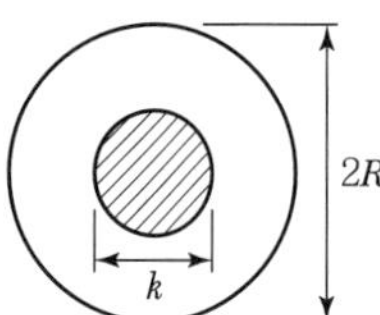

① $\frac{R}{4}$ ② $\frac{R}{3}$ ③ $\frac{R}{2}$ ④ R

해설 $k = 2e_x = 2 \times \frac{D}{8} = 2 \times \frac{(2R)}{8} = \frac{R}{2}$

19 기둥에서 단면의 핵이란 단주(短柱)에서 인장응력이 발생되지 않도록 재하되는 편심거리로 정의된다. 반지름 20cm인 원형 단면의 핵거리(e)는?

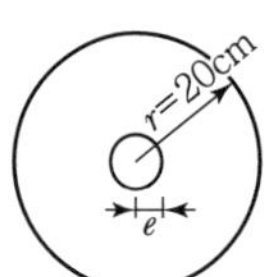

① 2.5cm ② 4cm ③ 5cm ④ 7.5cm

해설 $e = \frac{D}{8} = \frac{r}{4} = \frac{20}{4} = 5\text{cm}$

20 기둥에서 단면의 핵이란 단주(短柱)에서 인장응력이 발생되지 않도록 재하되는 편심거리로 정의된다. 반지름 10cm인 원형 단면의 핵은 중심에서 얼마인가?

① 2.5cm ② 5.0cm ③ 7.5cm ④ 10.0cm

해설 핵거리 $e = \frac{D}{8} = \frac{10}{8} = 2.5\text{cm}$

21 지름이 D인 원형 단면의 단주에서 핵(Core)의 직경은? ['19]

① $\frac{D}{2}$ ② $\frac{D}{3}$ ③ $\frac{D}{4}$ ④ $\frac{D}{6}$

해설

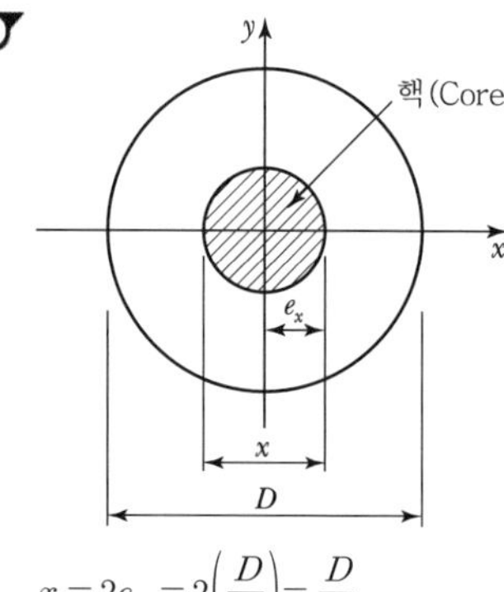

$x = 2e_x = 2\left(\frac{D}{8}\right) = \frac{D}{4}$

22 아래 그림과 같은 원형 단주의 단면에서 핵(Core)의 반지름(e)은?

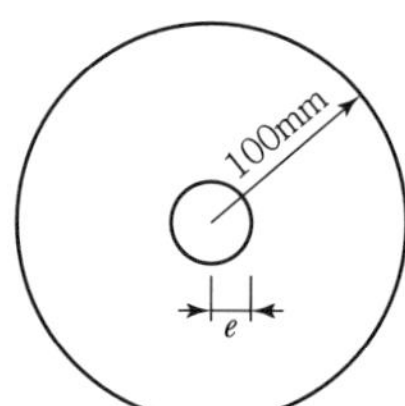

① 15mm ② 25mm
③ 50mm ④ 65mm

해설 $e_X = \frac{D}{8} = \frac{2R}{8} = \frac{R}{4} = \frac{100}{4} = 25\,\text{mm}$

단계수 n

23 그림 (A)의 양단 힌지 기둥의 탄성좌굴하중이 10t이었다면, 그림 (B) 기둥의 좌굴하중은?

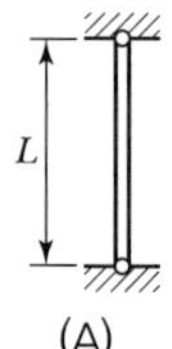

(A)

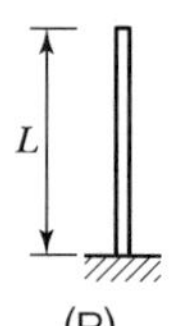

(B)

① 2.5t ② 10t
③ 20t ④ 40t

정답 18 ③ 19 ③ 20 ① 21 ③ 22 ② 23 ①

해설 좌굴하중은 n에 비례하므로

$1 : \frac{1}{4} = 10t : P_B$

$\therefore\ P_B = 10t \times \frac{1}{4} = 2.5t$

24 그림 (a)와 같은 장주가 10t의 하중에 견딜 수 있다면 (b)의 장주가 견딜 수 있는 하중의 크기는?(단, 기둥은 등질, 등단면이다.) ['10, '16]

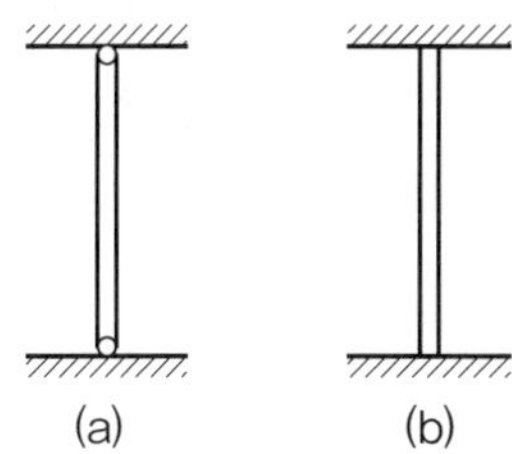

① 10t ② 20t ③ 30t ④ 40t

해설 좌굴하중은 양단 지지상태(n값)에 비례하므로

$n_a : n_b = 1 : 4$

$\therefore\ P_a : P_b = 10t : 40t$

25 일단 고정 타단 자유로 된 장주의 좌굴하중이 10t일 때 양단 힌지이고 기타 조건은 같은 장주의 좌굴하중은?

① 2.5t ② 20t ③ 40t ④ 160t

해설

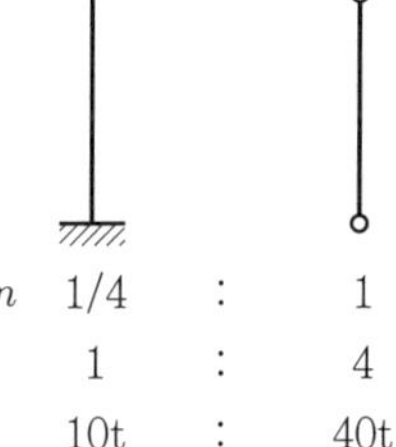

n	1/4	:	1
	1	:	4
	10t	:	40t

26 그림 (A)와 같은 장주가 10kN의 하중에 견딜 수 있다면 그림 (B)의 장주가 견딜 수 있는 하중의 크기는?(단, 기둥은 등질, 등단면이다.) ['15, '17]

① 2.5kN
② 20kN
③ 40kN
④ 80kN

(A) (B)

해설

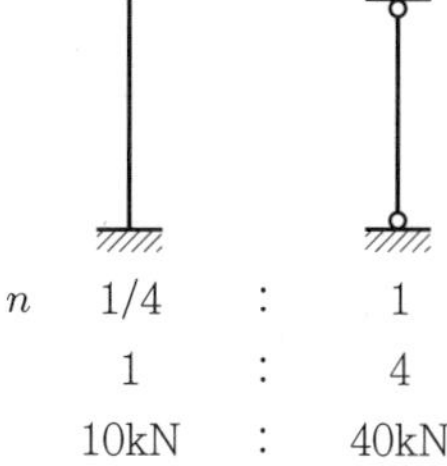

n	1/4	:	1
	1	:	4
	10kN	:	40kN

27 그림에서 (A)의 장주(長柱)가 4kN에 견딜 수 있다면 (B)의 장주가 견딜 수 있는 하중은?

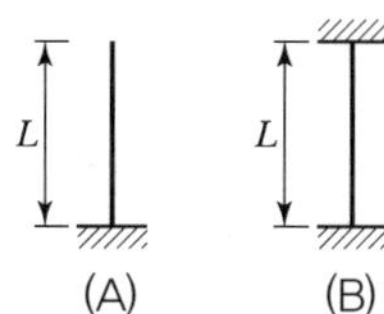

(A) (B)

① 4kN ② 8kN
③ 16kN ④ 64kN

해설 ㉠

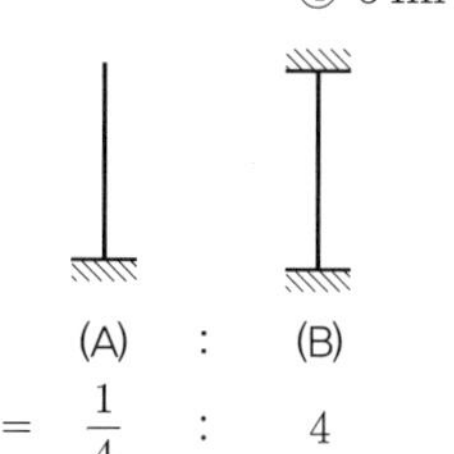

	(A)	:	(B)
$n=$	$\frac{1}{4}$	:	4

㉡ $P_{(A)} : P_{(B)} = \frac{1}{4} : 4 = 1 : 16 = 4kN : 64kN$

28 그림에서 (a)의 장주(長柱)가 4t에 견딜 수 있다면 (b)의 장주가 견딜 수 있는 하중은?

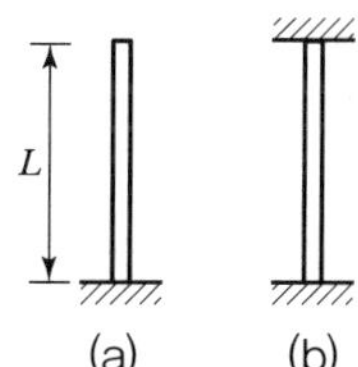

(a) (b)

① 4t ② 16t
③ 32t ④ 64t

해설 〈핵심〉 좌굴하중은 단부 지지상태 n값에 비례한다.

㉠ $n_a : n_b = \frac{1}{4} : 4 = 1 : 16$

㉡ $P_a : P_b = 4t : 4t \times 16 = 4t : 64t$

정답 24 ④ 25 ③ 26 ③ 27 ④ 28 ④

29 지지조건이 양단 힌지인 장주의 좌굴하중이 1,000kN인 경우 지점조건이 일단 힌지, 타단 고정으로 변경되면 이때의 좌굴하중은?(단, 재료성질 및 기하학적 형상은 동일하다.) ['19]

① 500kN ② 1,000kN
③ 2,000kN ④ 4,000kN

해설

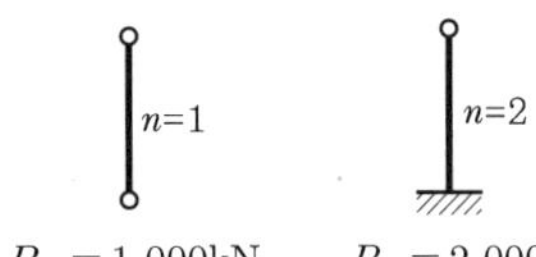

30 재질과 단면적과 길이가 같은 장주에서 양단활절 기둥의 좌굴하중과 양단고정 기둥의 좌굴하중의 비는? ['13, '16]

① 1 : 16 ② 1 : 8 ③ 1 : 4 ④ 1 : 2

해설 좌굴하중 $P_b = \dfrac{n\pi^2 EI}{l^2}$

따라서, 조건이 같으므로 n값으로 비교한다.

$n_{양단힌지} : n_{양단고정} = 1 : 4$

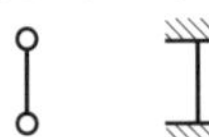

31 그림과 같은 장주의 강도를 옳게 관계시킨 것은? (단, 동질의 동단면으로 한다.)

① $A > B > C$
② $A > B = C$
③ $A = B = C$
④ $A = B < C$

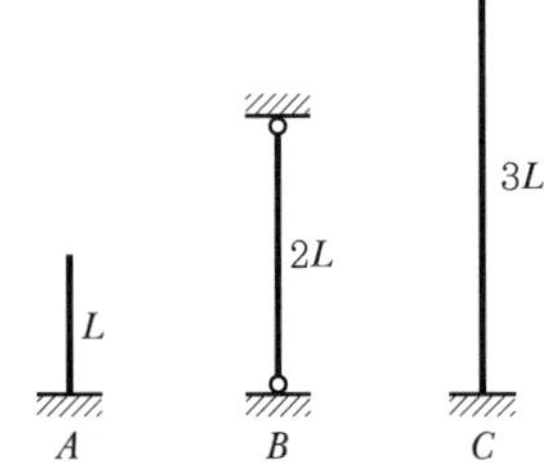

해설

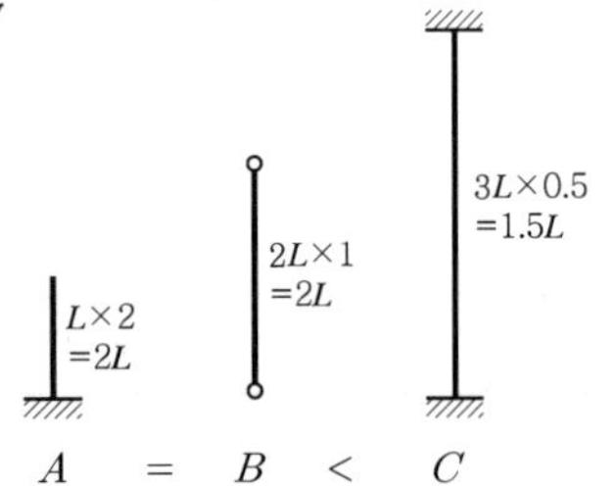

유효세장비

32 그림과 같은 양단 고정인 기둥의 이론적인 유효세장비(λ_e)는 약 얼마인가?

① 38
② 48
③ 58
④ 68

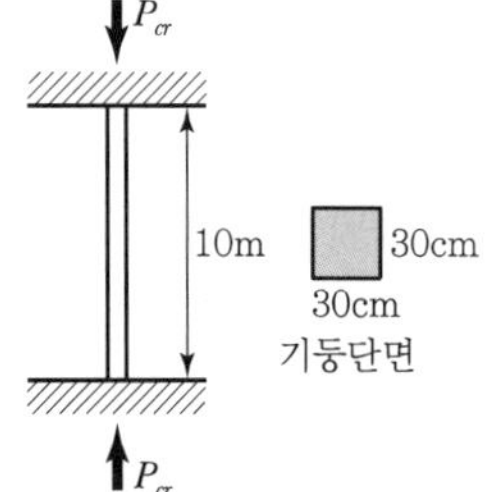

해설

[1] $\lambda = \dfrac{l_k}{r_{\min}} = \dfrac{\dfrac{(10\times 100)\times 0.5}{30}}{2\sqrt{3}} = \dfrac{500}{8.66} = 57.7 = 58$

[2] ㉠ 좌굴길이 $l_k = \dfrac{l}{2} = 10\text{m} \times \dfrac{1}{2} = 5\text{m} = 500\text{cm}$

㉡ 회전반경 $r = \dfrac{h}{2\sqrt{3}} = \dfrac{30\text{cm}}{2\sqrt{3}} \fallingdotseq 8.66\text{cm}$

∴ 세장비 $\lambda = \dfrac{l_k}{r} = \dfrac{500}{8.66} \fallingdotseq 57.7$

좌굴하중 P_{cr}

33 오일러 좌굴하중 $P_{cr} = \dfrac{\pi^2 EI}{L^2}$를 유도할 때의 가정사항 중 틀린 것은?

① 하중은 부재축과 나란하다.
② 부재는 초기 결함이 없다.
③ 양단이 핀 연결된 기둥이다.
④ 부재는 비선형 탄성 재료로 되어 있다.

34 정사각형(한 변의 길이 h)의 균일한 단면을 가진 길이 L의 기둥이 견딜 수 있는 축방향 하중을 P로 할 때 다음 중 옳은 것은?(단, EI는 일정하다.) ['20]

① P는 E에 비례, h^3에 비례, L에 반비례한다.
② P는 E에 비례, h^3에 비례, L^2에 비례한다.
③ P는 E에 비례, h^4에 비례, L에 비례한다.
④ P는 E에 비례, h^4에 비례, L^2에 반비례한다.

정답 29 ③ 30 ③ 31 ④ 32 ③ 33 ④ 34 ④

해설

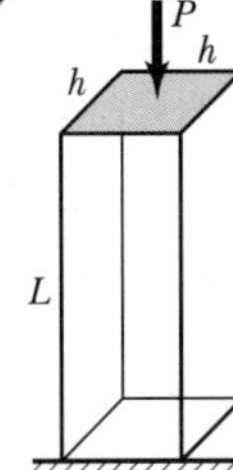

$$P_{cr} = \frac{n\pi^2 EI}{L^2} = \frac{n\pi^2 E\left(\frac{h^4}{12}\right)}{L^2}$$

∴ P는 E에 비례
h^4에 비례
L^2에 반비례

35 양단 힌지로 된 장주의 좌굴하중이 10t일 때 조건이 같은 양단 고정인 장주의 좌굴하중은?

① 2.5t　② 5t
③ 20t　④ 40t

해설 좌굴하중은 양단 지지상태 n값에 비례한다.

〈공식〉
$$P_{cr} = \frac{n\pi^2 EI}{l^2}$$

㉠ $n_{힌지} : P_{고정} = 1 : 4$
㉡ $P_{힌지} : P_{고정} = 10\text{t} : (10\text{t} \times 4) = 10\text{t} : 40\text{t}$

36 장주의 좌굴하중(P)을 나타내는 아래의 식에서 양단 고정인 장주인 경우 n값으로 옳은 것은?(단, E : 탄성계수, A : 단면적, λ : 세장비)

$$P = \frac{n\pi^2 EA}{\lambda^2}$$

① 4　② 2　③ 1　④ $\frac{1}{4}$

해설

경계 조건	n	경계 조건	n
	4		1
	2		$\frac{1}{4}$

37 중심축하중을 받는 장주에서 좌굴하중은 Euler 공식 $P_{cr} = n\frac{\pi^2 EI}{l^2}$로 구한다. 여기서 n은 기둥의 지지 상태에 따르는 계수일 때, 다음 중에서 n값이 틀린 것은?

① 일단 고정, 일단 자유단일 때, $n = \frac{1}{4}$
② 일단 고정, 일단 힌지일 때, $n = 3$
③ 양단 고정일 때, $n = 4$
④ 양단 힌지일 때, $n = 1$

해설

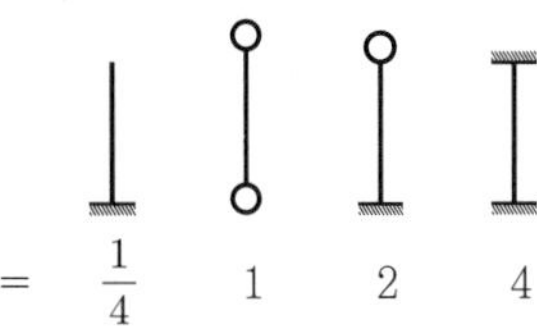

① $n = \frac{1}{4}$
② $n = 2$
③ $n = 4$
④ $n = 1$

38 동일한 재료 및 단면을 사용한 다음 기둥 중 좌굴하중이 가장 작은 기둥은?

① 양단 고정의 길이가 $2L$인 기둥
② 양단 힌지의 길이가 L인 기둥
③ 일단 자유 타단 고정의 길이가 $0.5L$인 기둥
④ 일단 힌지 타단 고정의 길이가 $1.5L$인 기둥

해설

〈공식〉
$$P_{cr} = \frac{n\pi^2 EI}{l^2}$$

$n = \frac{1}{4}$　1　2　4

㉠ $P_{cr} = \frac{4}{(2L)^2} = \frac{1}{L^2}$

㉡ $P_{cr} = \frac{1}{(1L)^2} = \frac{1}{L^2}$

㉢ $P_{cr} = \frac{1/4}{(0.5L)^2} = \frac{1}{L^2}$

㉣ $P_{cr} = \frac{2}{(1.5L)^2} = \frac{1}{1.125L^2}$

정답 35 ④　36 ①　37 ②　38 ④

39 Euler 공식을 적용하는 양단 힌지인 장주에서 탄성계수 $E=210,000\text{kg/cm}^2$, 단면 폭 $b=15\text{cm}$, 단면 높이 $h=30\text{cm}$, 기둥길이 $l=18\text{m}$이다. 이때 최소 좌굴하중 P_b 값은?

① 1.4t ② 5.4t
③ 10.8t ④ 21.6t

해설

〈주의〉
좌굴하중은 최소 단면2차모멘트 $\dfrac{b^3h}{12}$를 사용한다.

$$P_b=\frac{n\pi^2EI_{\min}}{l^2}=\frac{1\times\pi^2\times210,000\times\dfrac{15^3\times30}{12}}{1,800^2}$$

$\fallingdotseq 5,391\text{kg} \fallingdotseq 5.4\text{t}$

40 길이 1.5m, 지름 3cm의 원형 단면을 가진 1단 고정, 타단 자유인 기둥의 좌굴하중을 Euler의 공식으로 구하면?(단, $E=2.1\times10^6\text{kg/cm}^2$)

① 915kg ② 785kg
③ 826kg ④ 697kg

해설 $P_B=\dfrac{n\pi^2EI}{l^2}=\dfrac{\dfrac{1}{4}\times\pi^2\times2.1\times10^6\times\dfrac{\pi(3)^4}{64}}{150^2}$

$\fallingdotseq 915\text{kg}$

41 그림과 같은 단면을 가진 양단 힌지로 지지된 길이 4m의 장주의 좌굴하중은?(단, $E=2.1\times10^6\text{kg/cm}^2$, $A=12\text{cm}^2$, $I_x=190\text{cm}^4$, $I_y=27\text{cm}^4$)

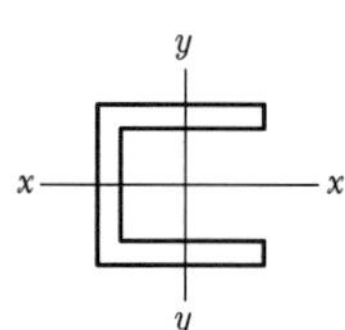

① 1.4t ② 2.1t
③ 2.5t ④ 3.5t

해설 $P_b=\dfrac{n\pi^2EI}{l^2}$ (여기서, I는 I_x, I_y 중 작은 값)

$=\dfrac{1\times\pi^2\times2.1\times10^6\times27}{400^2}$

$\fallingdotseq 3,497\text{kg} \fallingdotseq 3.5\text{t}$

42 H−300×300 형강으로 길이 $L=11\text{m}$인 일단 힌지, 타단 고정 지점의 장주기둥인 경우 좌굴하중은?(단, H형강의 $I_x=20,400\text{cm}^4$, $I_y=6,750\text{cm}^4$, 단면적 $A=119.6\text{cm}^2$, 탄성계수 $E=2\times10^6\text{kg/cm}^2$)

① 880t ② 440t
③ 220t ④ 110t

해설 ㉠ 일단 힌지 타단 고정이므로 $n=2$

㉡ $P_b=\dfrac{n\pi^2EI}{l^2}=\dfrac{2\times\pi^2\times2\times10^6\times6,750}{1,100^2}$

$\fallingdotseq 220,230\text{kg} \fallingdotseq 220\text{t}$

좌굴응력

43 그림과 같이 양단 고정인 기둥의 좌굴응력을 오일러(Euler)의 공식에 의하여 계산한 값은?(단, 기둥단면은 그림과 같으며 $E=4.0\times10^5\text{kg/cm}^2$이다.)

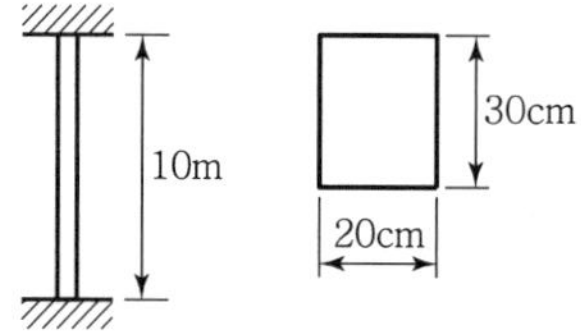

① 635kg/cm^2 ② 458kg/cm^2
③ 783kg/cm^2 ④ 526kg/cm^2

해설 ㉠ $r_{\min}=\sqrt{\dfrac{I_{\min}}{A}}=\sqrt{\dfrac{30\times20^3/12}{30\times20}}\fallingdotseq 5.77\text{cm}$

㉡ 세장비 $\lambda=\dfrac{l}{r_{\min}}=\dfrac{1,000}{5.77}\fallingdotseq 173.21$

㉢ 양단 고정이므로 $n=4$

㉣ $\sigma_b=\dfrac{n\pi^2E}{\lambda^2}=\dfrac{4\times\pi^2\times4\times10^5}{(173.21)^2}$

$\fallingdotseq 526\text{kg/cm}^2$

정답 39 ② 40 ① 41 ④ 42 ③ 43 ④

처짐

단순보 처짐

01 다음 단순보의 지점 A에서의 처짐각 θ_A는 얼마인가?(단, EI는 일정하다.)

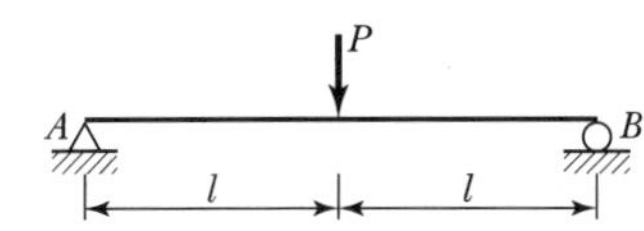

① $\dfrac{Pl^2}{6EI}$ ② $\dfrac{Pl^2}{16EI}$ ③ $\dfrac{Pl^2}{8EI}$ ④ $\dfrac{Pl^2}{4EI}$

해설 $\theta_A = \dfrac{P(2l)^2}{16EI} = \dfrac{Pl^2}{4EI}$

02 아래 그림과 같은 단순보에서 최대 처짐은? ['20]

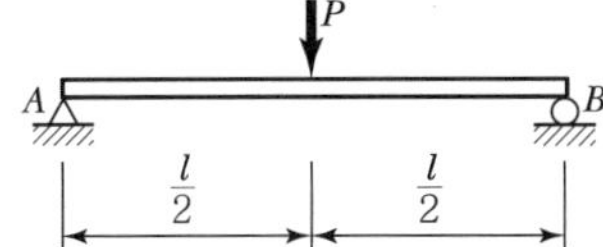

① $\dfrac{Pl^3}{48EI}$ ② $\dfrac{Pl^2}{36EI}$ ③ $\dfrac{Pl^2}{24EI}$ ④ $\dfrac{Pl^3}{12EI}$

해설 처짐각 $\theta_A = \dfrac{Pl^2}{16EI}$

최대 처짐 $\delta_{\max} = \dfrac{Pl^3}{48EI}$

03 아래 그림과 같은 단순보에 발생하는 최대 처짐은? ['19]

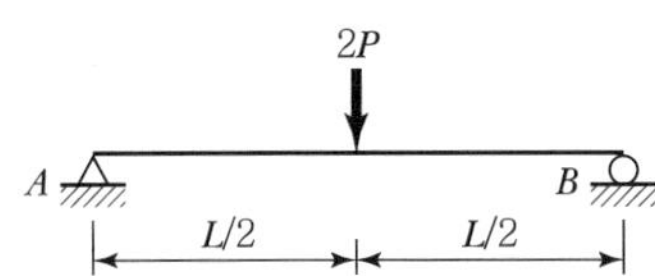

① $\dfrac{PL^3}{6EI}$ ② $\dfrac{PL^3}{12EI}$ ③ $\dfrac{PL^3}{24EI}$ ④ $\dfrac{PL^3}{48EI}$

해설 $y_{\max} = \dfrac{(2P)L^3}{48EI} = \dfrac{PL^3}{24EI}$

04 보의 단면이 그림과 같고 지간이 같은 단순보에서 중앙에 집중하중 P가 작용할 경우에 처짐 y_1은 y_2의 몇 배인가?(단, 동일한 재료이며 단면치수만 다르다.) ['19]

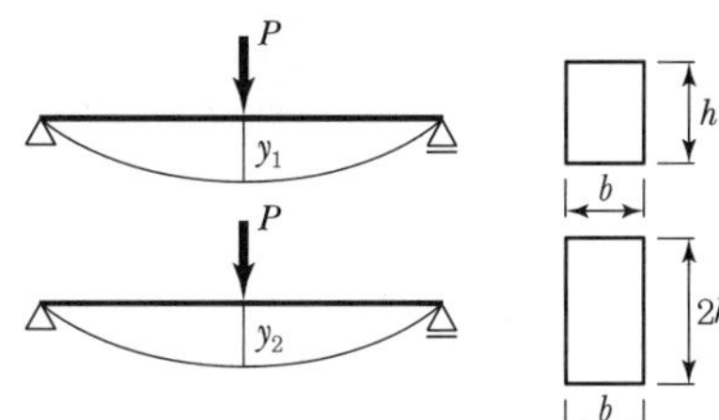

① 2배 ② 4배 ③ 8배 ④ 16배

해설
$$\frac{\delta_1 = \dfrac{PL^3}{48EI_1}}{\delta_2 = \dfrac{PL^3}{48EI_2}} = \frac{I_2}{I_1} = \frac{\dfrac{1}{12}b(2h)^3}{\dfrac{1}{12}bh^3} = 8\text{배}$$

05 전체 길이 l인 단순보의 지간 중앙에 집중하중 P가 수직으로 작용하는 경우 최대 처짐은?(단, EI는 일정하다.)

① $\dfrac{Pl^3}{8EI}$ ② $\dfrac{Pl^3}{24EI}$

③ $\dfrac{Pl^3}{48EI}$ ④ $\dfrac{Pl^3}{384EI}$

해설 $y_{\max} = \dfrac{Pl^3}{48EI}$

06 보의 중앙에 집중하중을 받는 단순보에서 최대 처짐에 대한 설명으로 틀린 것은?(단, 폭 b, 높이 h로 한다.)

① 탄성계수 E에 반비례한다.
② 단면의 높이 h의 세제곱에 반비례한다.
③ 지간 l의 제곱에 반비례한다.
④ 단면의 폭 b에 반비례한다.

해설 $\delta = \dfrac{Pl^3}{48EI}$ $\quad\therefore l^3$에 비례

정답 01 ④ 02 ① 03 ③ 04 ③ 05 ③ 06 ③

07 단순보의 중앙에 집중하중 P가 작용할 경우 중앙에서의 처짐에 대한 설명으로 틀린 것은?

① 탄성계수에 반비례한다.
② 하중(P)에 정비례한다.
③ 단면2차모멘트에 반비례한다.
④ 지간의 제곱에 반비례한다.

해설

〈공식〉 $\delta = \dfrac{Pl^3}{48EI}$

지간의 세제곱에 비례

08 EI(E는 탄성계수, I는 단면2차모멘트)가 커짐에 따른 보의 처짐은?

① 커진다.
② 작아진다.
③ 커질 때도 있고 작아질 때도 있다.
④ EI는 처짐에 관계하지 않는다.

해설 ㉠ 보의 처짐은 EI와 반비례한다.
㉡ EI가 커지면 처짐은 감소한다.

09 직사각형 단면의 단순보가 중앙에 집중하중 P를 받을 때 발생되는 최대 처짐에 대한 설명으로 틀린 것은?

① 보의 높이의 3승에 반비례한다.
② 보의 폭에 반비례한다.
③ 보의 길이의 3승에 비례한다.
④ 보의 탄성계수에 비례한다.

해설 $\delta_{max} = \dfrac{Pl^3}{48EI} = \dfrac{Pl^3}{48E\left(\dfrac{bh^3}{12}\right)}$

∴ 보의 탄성계수 E에 반비례한다.

10 단면 폭 20cm, 높이 30cm이고, 길이 6m의 나무로 된 단순보의 중앙에 2t의 집중하중이 작용할 때 최대 처짐은?(단, $E = 1.0 \times 10^5$kg/cm²이다.)

① 0.5cm ② 1.0cm
③ 1.5cm ④ 2.0cm

해설 $y_{max} = \dfrac{Pl^3}{48EI} = \dfrac{2{,}000 \times (600)^3}{48 \times 1 \times 10^5 \times \dfrac{20 \times 30^3}{12}} = 2\text{cm}$

11 길이가 6m인 단순보의 중앙에 3t의 집중하중이 연직으로 작용하고 있다. 이때 단순보의 최대 처짐은 몇 cm인가?(단, 보의 $E = 2.0 \times 10^6$kg/cm², $I = 15{,}000$cm⁴이다.)

① 0.45 ② 0.27
③ 0.15 ④ 0.09

해설 $\delta_{max} = \dfrac{Pl^3}{48EI} = \dfrac{3{,}000 \times (600)^3}{48 \times 2 \times 10^6 \times 15{,}000} = 0.45\text{cm}$

12 그림과 같은 단순보의 C의 처짐은?

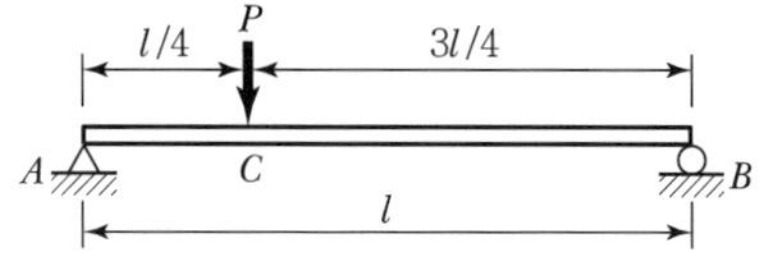

① $\dfrac{5Pl^3}{198EI}$ ② $\dfrac{7Pl^3}{198EI}$
③ $\dfrac{3Pl^3}{256EI}$ ④ $\dfrac{7Pl^3}{256EI}$

해설

$$y_c = \frac{Pa^2b^2}{3EIl} = \frac{P\left(\frac{l}{4}\right)^2\left(\frac{3l}{4}\right)^2}{3EIl} = \frac{P \times \frac{l^2}{16} \times \frac{9l^2}{16}}{3EIl} = \frac{3Pl^3}{256EI}$$

13 그림과 같은 보에서 C점의 처짐을 구하면?(단, $EI = 2 \times 10^9$kg · cm²이다.) ['10, '14]

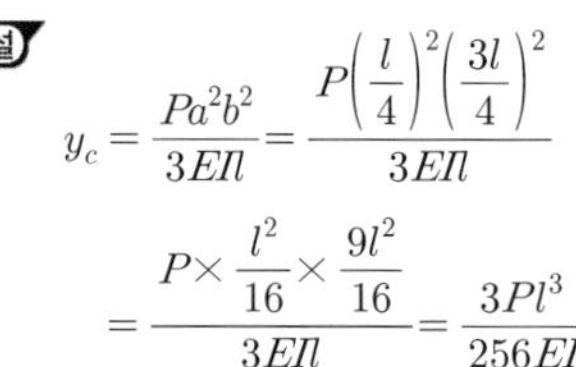

① 0.821cm ② 1.406cm
③ 1.641cm ④ 2.812cm

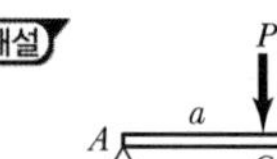

해설

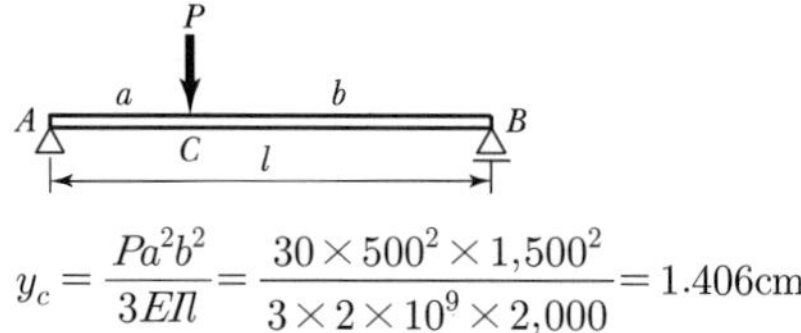

$$y_c = \frac{Pa^2b^2}{3EIl} = \frac{30 \times 500^2 \times 1{,}500^2}{3 \times 2 \times 10^9 \times 2{,}000} = 1.406\text{cm}$$

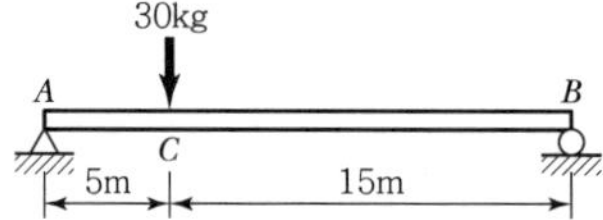

정답 07 ④ 08 ② 09 ④ 10 ④ 11 ① 12 ③ 13 ②

14 두 개의 집중하중이 그림과 같이 작용할 때 최대 처짐각은?

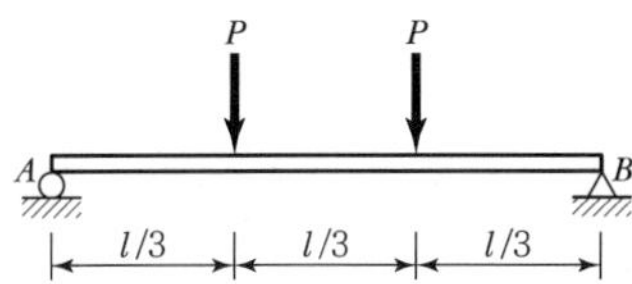

① $\dfrac{Pl^2}{6EI}$ ② $\dfrac{Pl^2}{4EI}$ ③ $\dfrac{Pl^2}{9EI}$ ④ $\dfrac{Pl^2}{12EI}$

해설 공액보

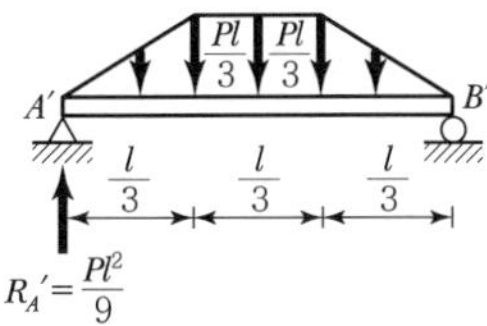

㉠ $R_A{}' = \dfrac{하중}{2} = \dfrac{1}{2}\left[\left(\dfrac{l}{3}+l\right)\times\dfrac{Pl}{3}\times\dfrac{1}{2}\right] = \dfrac{Pl^2}{9}$

㉡ $\theta_{\max} = \dfrac{S_{\max}}{EI} = \dfrac{S_A}{EI} = \dfrac{R_A{}'}{EI} = \dfrac{1}{EI}\left(\dfrac{Pl^2}{9}\right) = \dfrac{Pl^2}{9EI}$

15 지간 길이 l인 단순보에 등분포 하중 w가 만재되어 있을 때 지간 중앙점에서의 처짐각은?(단, EI는 일정하다.)

① 0 ② $wl^3/24EI$

③ $5wl^3/384EI$ ④ $7wl^3/384EI$

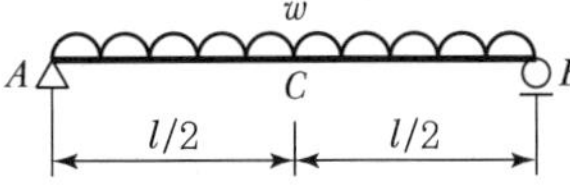

㉠ 처짐각 $\theta_c = 0$

㉡ 처짐 $\delta_c = \dfrac{5w^4}{384EL}$

16 단순보에 등분포하중이 그림과 같이 작용할 때 최대 처짐량은 얼마인가?(단, EI는 일정하다.)

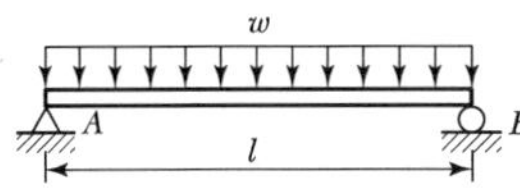

① $\dfrac{wl^4}{9EI}$ ② $\dfrac{wl^4}{48EI}$

③ $\dfrac{wl^4}{24EI}$ ④ $\dfrac{5wl^4}{384EI}$

해설 $y_{\max} = \dfrac{5wl^4}{384EI}$

17 지간이 8m, 높이가 300mm, 폭이 200mm인 단면을 갖는 단순보에 등분포하중(w)이 4kN/m가 만재하여 있을 때 최대 처짐은?[단, 탄성계수(E)는 10,000MPa이다.] ['20]

① 47.4mm ② 21.0mm

③ 9.0mm ④ 0.09mm

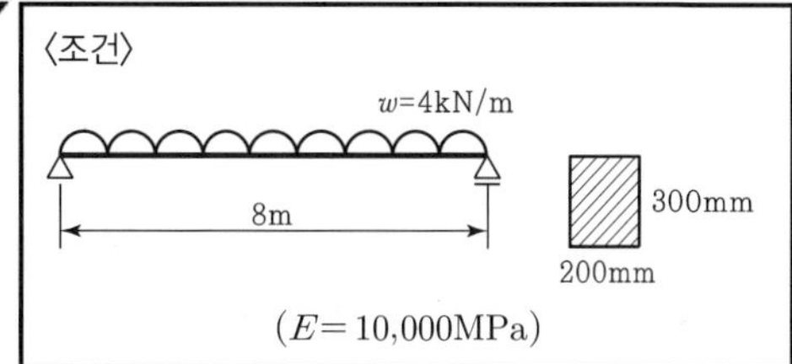

$$\delta_{\max} = \frac{5wl^4}{384EI} = \frac{5(4)(8{,}000)^4}{384(10{,}000)(4.5\times10^8)} = \frac{5\times4\times8^4\times10^{12}}{384\times4.5\times10^{12}} = 47.4\text{mm}$$

여기서, $w = 4\text{kN/m} = 4\text{N/mm}$

$l = 8\text{m} = 8{,}000\text{mm}$

$E = 10{,}000\text{MPa} = 10{,}000\text{N/mm}^2$

$I = \dfrac{bh^3}{12} = \dfrac{1}{12}(200)\times300^3 = 4.5\times10^8\text{mm}^4$

18 길이 L인 단순보에 등분포 하중(w)이 만재되었을 때 최대 처짐각은 얼마인가?(단, 보의 EI는 일정하다.) ['20]

① $\dfrac{wL^2}{24EI}$ ② $\dfrac{wL^3}{24EI}$

③ $\dfrac{wL^2}{48EI}$ ④ $\dfrac{wL^3}{48EI}$

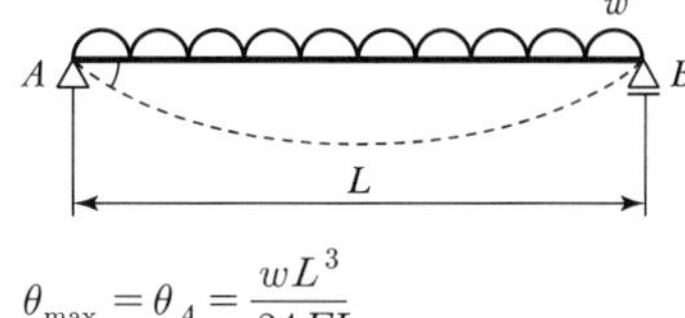

$\theta_{\max} = \theta_A = \dfrac{wL^3}{24EI}$

정답 14 ③ 15 ① 16 ④ 17 ① 18 ②

19 등분포하중(w)이 재하된 단순보의 최대 처짐에 대한 설명 중 틀린 것은?

① 하중 w에 비례한다.
② 탄성계수 E에 반비례한다.
③ 지간 l의 제곱에 반비례한다.
④ 단면2차모멘트 I에 반비례한다.

해설 $\delta_{max} = \frac{5wl^4}{384EI}$

20 직사각형 단면의 단순보가 등분포하중 w를 받을 때 발생되는 최대 처짐에 대한 설명으로 옳은 것은? ['13, '16]

① 보의 폭에 비례한다.
② 보의 높이의 3승에 비례한다.
③ 보의 길이의 2승에 반비례한다.
④ 보의 탄성계수에 반비례한다.

해설 $\delta_{max} = \frac{5wl^4}{384EI} = \frac{5wl^4}{384E \cdot \frac{bh^3}{12}}$

㉠ 보의 폭 b에 반비례
㉡ 보의 높이의 3승에 반비례
㉢ 보의 길이의 4승에 비례

21 등분포하중을 받는 직사각형 단면의 단순보에서 최대 처짐에 대한 설명으로 옳은 것은? ['19]

① 보의 폭에 비례한다.
② 지간의 세제곱에 반비례한다.
③ 탄성계수에 반비례한다.
④ 보의 높이의 제곱에 비례한다.

해설 $y_{max} = \frac{5wl^4}{384EI}$

$= \frac{5wl^4}{384 \times E \times \frac{bh^3}{12}}$

㉠ 보의 폭(b)에 반비례
㉡ 지간(l)의 네제곱에 비례
㉢ 보의 높이(h)의 세제곱에 반비례

22 단순보에 하중이 작용할 때 다음 설명 중 옳지 않은 것은?

① 등분포하중이 만재될 때 중앙점의 처짐각이 최대가 된다.
② 등분포하중이 만재될 때 최대 처짐은 중앙점에서 일어난다.
③ 중앙에 집중하중이 작용할 때의 최대 처짐은 하중이 작용하는 곳에서 생긴다.
④ 중앙에 집중하중이 작용하면 양 지점에서의 처짐각이 최대로 된다.

해설 단순보에 등분포하중이 만재될 때 양 지점에서의 처짐각이 최대가 된다.

23 지간 5m, 높이 30cm, 폭 20cm의 단면을 갖는 단순보에 등분포하중 $w = 400$kg/m가 만재하여 있을 때 최대 처짐은?(단, $E = 1 \times 10^5$kg/cm²)

① 4.71cm ② 2.67cm
③ 1.27cm ④ 0.72cm

해설 $\delta_{max} = \frac{5wl^4}{384EI} = \frac{5wl^4}{384E\left(\frac{bh^3}{12}\right)} = \frac{5wl^4}{32Ebh^3} = 0.72\text{cm}$

24 길이 $l = 3$m의 단순보가 등분포하중 $w = 0.4$t/m을 받고 있다. 이 보에 단면은 폭 12cm, 높이 20cm의 사각형 단면이고 탄성계수 $E = 1.0 \times 10^5$kg/cm²이다. 이 보의 최대 처짐량을 구하면 몇 cm인가?

① 0.53cm ② 0.36cm
③ 0.27cm ④ 0.18cm

해설 $y_{max} = \frac{5wl^4}{384EI} = \frac{5 \times (0.4 \times 10) \times (300)^4}{384 \times 1 \times 10^5 \times \frac{12 \times 20^3}{12}}$

$\fallingdotseq 0.53\text{cm}$

25 그림과 같이 집중하중 및 등분포하중을 받고 있는 단순보의 최대 처짐량은?(단, $E = 2 \times 10^6$kg/cm², $I =$ 10,000cm⁴)

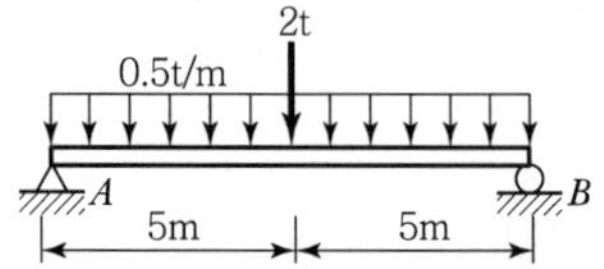

정답 19 ③ 20 ④ 21 ③ 22 ① 23 ④ 24 ① 25 ④

① 1.65cm ② 2.37cm
③ 4.22cm ④ 5.34cm

해설 $y_{\max} = \dfrac{Pl^3}{48EI} + \dfrac{5wl^4}{384EI}$

$= \dfrac{1}{2\times 10^6 \times 10{,}000}\left(\dfrac{2{,}000\times 1{,}000^3}{48} + \dfrac{5\times 5\times 1{,}000^4}{384}\right)$

$\fallingdotseq 5.34\text{cm}$

26 그림과 같이 단순보의 B점에 모멘트 M이 작용할 때 A점에서의 처짐각(θ_A)은?

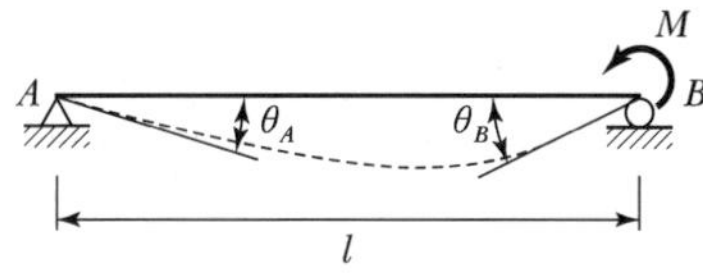

① $\dfrac{Ml}{3EI}$ ② $\dfrac{Ml}{6EI}$ ③ $\dfrac{Ml}{12EI}$ ④ $\dfrac{Ml}{2EI}$

해설 ㉠ $\theta_A = \dfrac{Ml}{6EI}$

㉡ $\theta_B = \dfrac{Ml}{3EI}$

27 그림과 같이 단순보에서 B점에 모멘트하중이 작용할 때 A점과 B점의 처짐각의 비($\theta_A : \theta_B$)는?

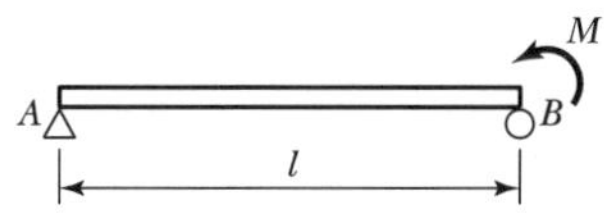

① 1 : 2 ② 2 : 1
③ 1 : 3 ④ 3 : 1

해설 ㉠ $\theta_A = \dfrac{Ml}{6EI}$

㉡ $\theta_B = \dfrac{Ml}{3EI}$

㉢ $\theta_A : \theta_B = \dfrac{Ml}{6EI} : \dfrac{Ml}{3EI} = 1 : 2$

28 다음 단순보의 지점 A에 모멘트 M_o가 작용할 경우 A점과 B점의 처짐각 비(θ_A/θ_B)는?

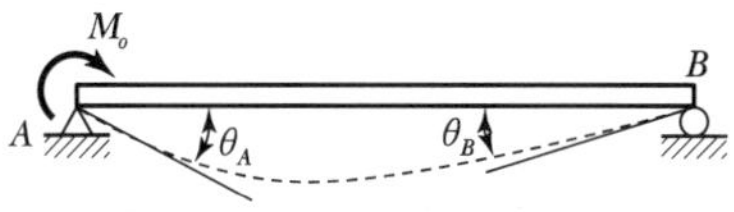

① 1.5 ② 2.0 ③ 2.5 ④ 3.0

해설 ㉠ $\theta_A = \dfrac{M_o \cdot l}{3EI}$

㉡ $\theta_B = \dfrac{M_o \cdot l}{6EI}$

㉢ $\dfrac{\theta_A}{\theta_B} = \dfrac{M_o \cdot l/3EI}{M_o \cdot l/6EI} = 2$

29 아래 그림과 같은 단순보의 양 지점에 같은 크기의 휨모멘트(M)가 작용할 때 A점의 처짐각은?(단, R_A는 지점 A에서 발생하는 수직반력이다.)

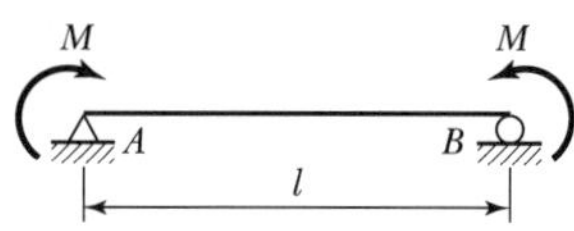

① $\dfrac{R_A l}{2EI}$ ② $\dfrac{R_A l}{3EI}$
③ $\dfrac{Ml}{2EI}$ ④ $\dfrac{Ml}{3EI}$

해설 $\theta_A = \dfrac{l}{6EI}(2M_A + M_B) = \dfrac{l}{6EI}(2M + M) = \dfrac{Ml}{2EI}$

30 그림과 같이 단순보의 양단에 모멘트하중 M이 작용할 경우, 이 보의 최대 처짐은?(단, EI는 일정하다.) ['19]

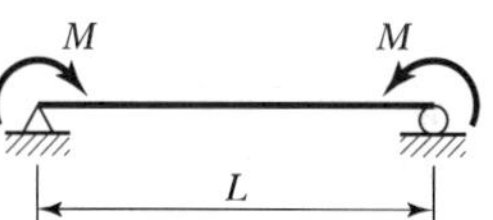

① $\dfrac{ML^2}{4EI}$ ② $\dfrac{ML^2}{8EI}$
③ $\dfrac{ML}{4EI}$ ④ $\dfrac{ML}{8EI}$

해설 공액보에서 하중강도가 M인 등분포하중과 같다.

$y_{\max} = \dfrac{M_{\max}}{EI} = \dfrac{1}{EI}\left(\dfrac{ML^2}{8}\right) = \dfrac{Ml^2}{8EI}$

M M
A B
L
(B.M.D) + M
(공액보)
M
A′ B′
$R_{A'}$
L

$$\theta_A = \frac{S_A}{EI} = \frac{1}{EI}\left(\frac{ML}{2}\right) = \frac{ML}{2EI}$$

정답 26 ② 27 ① 28 ② 29 ③ 30 ②

캔틸레버보 처짐

31 그림과 같은 길이가 l인 캔틸레버보에서 최대 처짐각은?

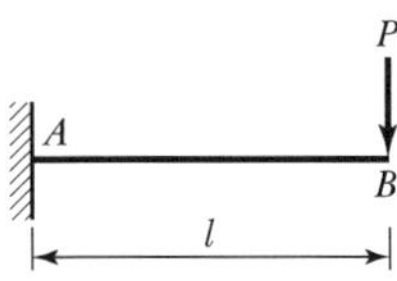

① $\theta_{max} = \dfrac{Pl^2}{2EI}$ ② $\theta_{max} = \dfrac{Pl^3}{2EI}$

③ $\theta_{max} = \dfrac{Pl^2}{3EI}$ ④ $\theta_{max} = \dfrac{Pl^3}{3EI}$

32 단일 집중하중 P가 길이 l인 캔틸레버보의 자유단 끝에 작용할 때 최대 처짐의 크기는?(단, EI는 일정하다.)

① $\dfrac{Pl^2}{2EI}$ ② $\dfrac{Pl^3}{2EI}$

③ $\dfrac{Pl^2}{3EI}$ ④ $\dfrac{Pl^3}{3EI}$

해설 $\delta_{max} = \dfrac{Pl^3}{3EI}$

33 재질 및 단면이 같은 다음의 2개의 외팔보에서 자유단의 처짐을 같게 하는 P_1/P_2의 값으로 옳은 것은? ['11, '16]

① 0.216
② 0.325
③ 0.437
④ 0.546

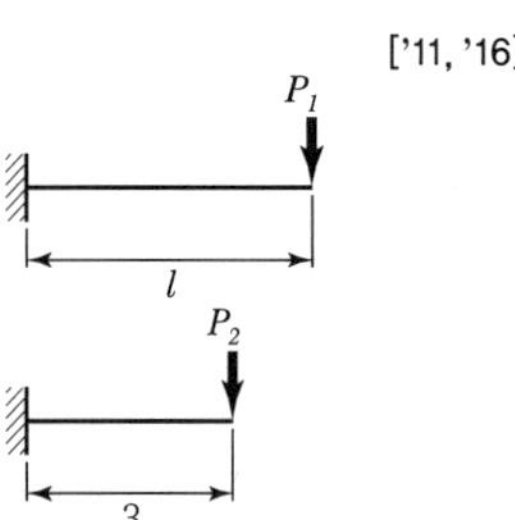

해설

[1] ㉠ $\delta_1 = \dfrac{P_1(l)^3}{3EI}$

㉡ $\delta_2 = \dfrac{P_2\left(\dfrac{3}{5}l\right)^3}{3EI}$

㉢ $\delta_1 = \delta_2$

$\dfrac{P_1}{P_2} = \left(\dfrac{3}{5}\right)^3 = \dfrac{27}{125} = 0.216$

[2] 〈공식〉 $\delta_{max} = \dfrac{Pl^3}{3EI}$

$\delta_{max} = \dfrac{P_1 \cdot l^3}{3EI} = \dfrac{P_2\left(\dfrac{3}{5}l\right)^3}{3EI}$

$\therefore \dfrac{P_1}{P_2} = \left(\dfrac{3}{5}\right)^3 = 0.216$

34 그림과 같은 캔틸레버보에서 B점의 처짐은?(단, EI는 일정하다.)

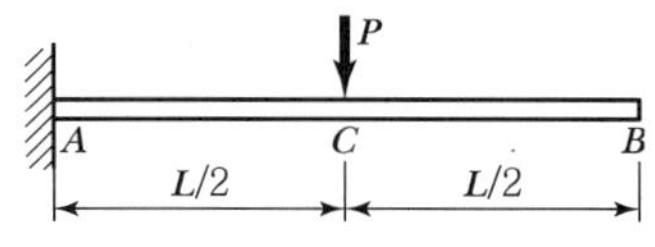

① $\dfrac{PL^3}{24EI}$ ② $\dfrac{5PL^3}{24EI}$

③ $\dfrac{PL^3}{48EI}$ ④ $\dfrac{5PL^3}{48EI}$

해설 〈공식〉

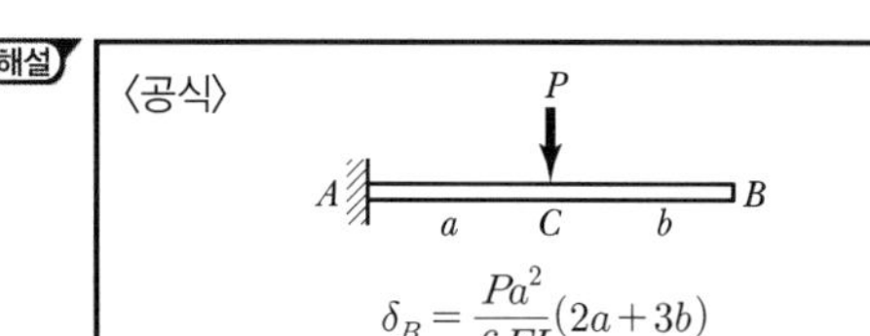

$\delta_B = \dfrac{Pa^2}{6EI}(2a+3b)$

$\delta_B = \dfrac{P\left(\dfrac{L}{2}\right)^2}{6EI} \cdot \left(2\times\dfrac{L}{2} + 3\times\dfrac{L}{2}\right)$

$= \dfrac{PL^2}{24EI} \cdot \left(\dfrac{5L}{2}\right)$

$= \dfrac{5PL^3}{48EI}$

35 아래 그림과 같은 캔틸레버보의 점 B에 연직하중 P가 작용할 때 점 B와 점 C의 처짐각 θ_B와 θ_C의 비는?

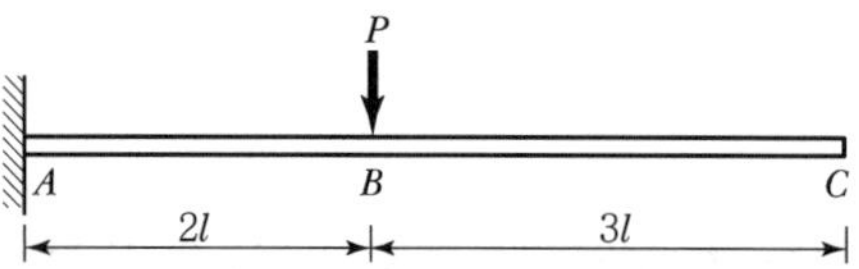

① 1 : 1 ② 2 : 3 ③ 4 : 7 ④ 4 : 9

해설 ㉠ 공액보

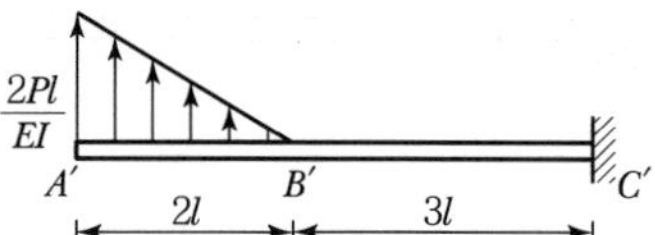

정답 31 ① 32 ④ 33 ① 34 ④ 35 ①

㉡ $\theta_B = S_B = \dfrac{2Pl}{EI} \times 2l \times \dfrac{1}{2} = \dfrac{2Pl^2}{EI}$

㉢ $\theta_C = S_C = \dfrac{2Pl}{EI} \times 2l \times \dfrac{1}{2} = \dfrac{2Pl^2}{EI}$

㉣ $\theta_B : \theta_C = 1 : 1$

36 그림과 같은 캔틸레버보에서 C점에 집중하중 P가 작용할 때 보의 중앙 B점의 처짐각은 얼마인가?(단, EI는 일정) ['12, '17]

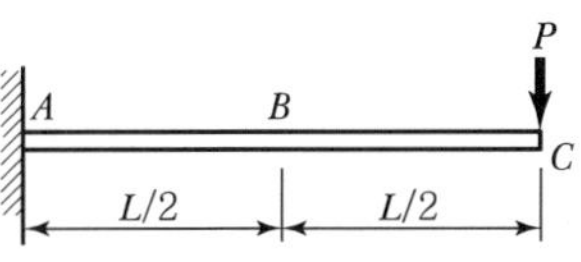

① $\dfrac{PL^2}{12EI}$　② $\dfrac{5PL^2}{12EI}$

③ $\dfrac{PL^2}{8EI}$　④ $\dfrac{3PL^2}{8EI}$

해설

[1]

〈공식〉

M, C, a, b　$\theta_C = \dfrac{Ma}{EI}$

P, C, a, b　$\theta_C = \dfrac{Pa^2}{2EI}$

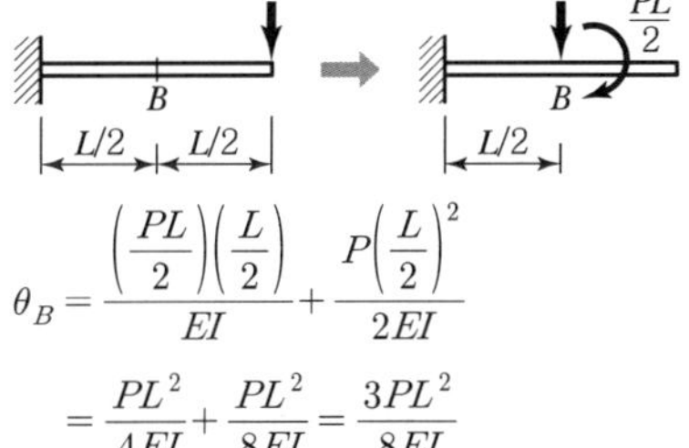

$$\theta_B = \frac{\left(\frac{PL}{2}\right)\left(\frac{L}{2}\right)}{EI} + \frac{P\left(\frac{L}{2}\right)^2}{2EI} = \frac{PL^2}{4EI} + \frac{PL^2}{8EI} = \frac{3PL^2}{8EI}$$

[2] $\theta_B = \dfrac{Ml}{EI} + \dfrac{Pl^2}{2EI}$

$$= \frac{\left(\frac{PL}{2}\right)\left(\frac{L}{2}\right)}{EI} + \frac{P\left(\frac{L}{2}\right)^2}{2EI} = \frac{PL^2}{4EI} + \frac{PL^2}{8EI} = \frac{3PL^2}{8EI}$$

37 다음 구조물에서 A점의 처짐이 0일 때, 힘 Q의 크기는? ['10, '12]

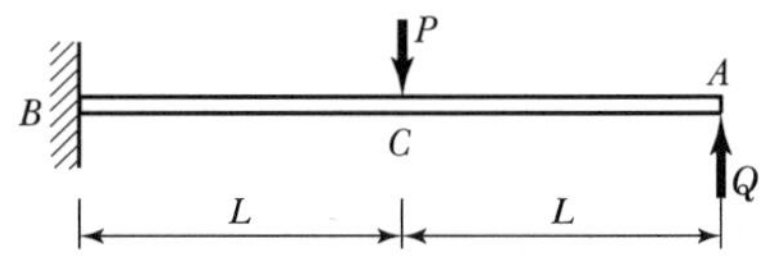

① $\dfrac{5P}{16}$　② $\dfrac{P}{2}$　③ $2P$　④ $\dfrac{2P}{3}$

해설

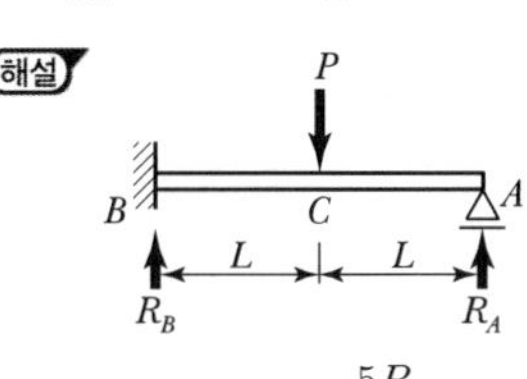

㉠ $Q = R_A = \dfrac{5P}{16}$

㉡ $R_B = \dfrac{11}{16}P$

38 그림과 같은 캔틸레버보에서 보의 B점에 집중하중 P와 모멘트 M_o가 작용하고 있다. B점에서의 처짐각(θ_b)은 얼마인가?(단, 보의 EI는 일정하다.) ['20]

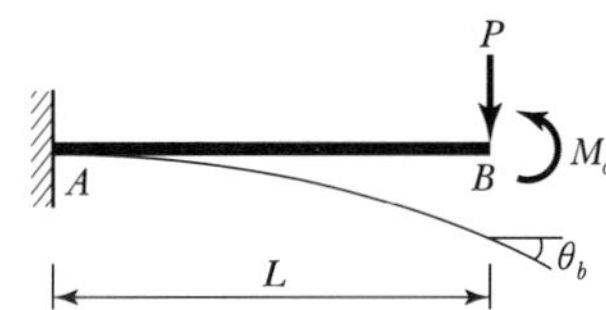

① $\theta_b = \dfrac{PL^2}{EI} - \dfrac{M_oL}{2EI}$　② $\theta_b = \dfrac{PL^2}{2EI} - \dfrac{M_oL}{EI}$

③ $\theta_b = \dfrac{PL^2}{EI} - \dfrac{M_oL}{4EI}$　④ $\theta_b = \dfrac{PL^2}{4EI} - \dfrac{M_oL}{EI}$

해설

P, B, M_o, L = P, B, L, $+\theta$ + M_o, $-\theta$, B, L

$$\theta_B = \frac{PL^2}{2EI} - \frac{M_oL}{EI}$$

39 그림과 같은 캔틸레버보에서 B점의 처짐은?(단, M_c는 C점에 작용하며, 휨강성계수는 EI이다.)

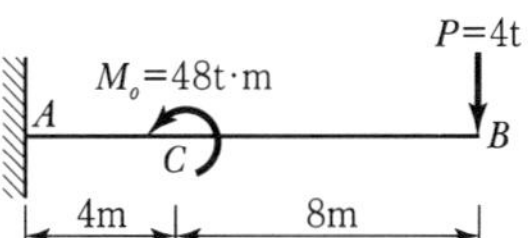

정답 36 ④　37 ①　38 ②　39 ①

① $\dfrac{384\text{t}\cdot\text{m}^3}{EI}$ ② $\dfrac{724\text{t}\cdot\text{m}^3}{EI}$

③ $\dfrac{1{,}024\text{t}\cdot\text{m}^3}{EI}$ ④ $\dfrac{1{,}428\text{t}\cdot\text{m}^3}{EI}$

해설

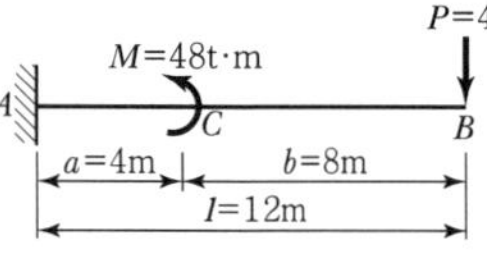

Ⓘ

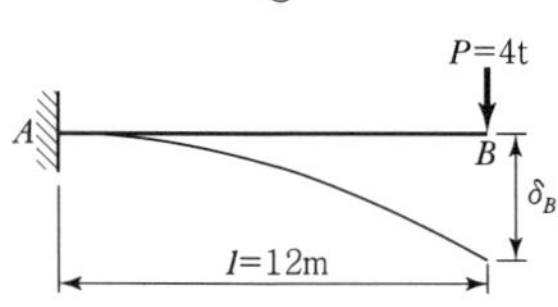

⊕

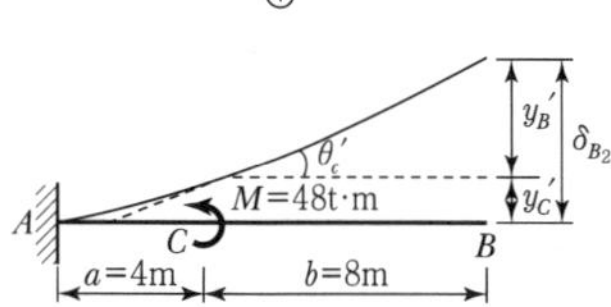

㉠ $\delta_{B1}=\dfrac{Pl^3}{3EI}=\dfrac{4\times12^3}{3EI}=\dfrac{2{,}304}{EI}\text{t}\cdot\text{m}^3$

㉡ $\delta_{B2}=\dfrac{Ma}{EI}\left(\dfrac{a}{2}+b\right)$

$=\dfrac{48\times4}{EI}\left(\dfrac{4}{2}+8\right)=\dfrac{1{,}920}{EI}\text{t}\cdot\text{m}^3$

㉢ $\delta_B=\delta_{B1}+\delta_{B2}$

$=\dfrac{1}{EI}(2{,}304-1{,}920)=\dfrac{384}{EI}\text{t}\cdot\text{m}^3$

40 아래 그림과 같은 캔틸레버보에서 A점의 처짐은? (단, EI는 일정하다.)

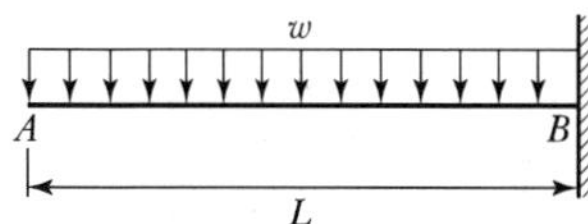

① $\dfrac{5wL^4}{384EI}$ ② $\dfrac{wL^4}{48EI}$

③ $\dfrac{wL^4}{8EI}$ ④ $\dfrac{wL^4}{4EI}$

해설 $\delta_A=\dfrac{wL^4}{8EI}$

41 아래 그림의 보에서 C점의 수직 처짐량은?

['11, '15]

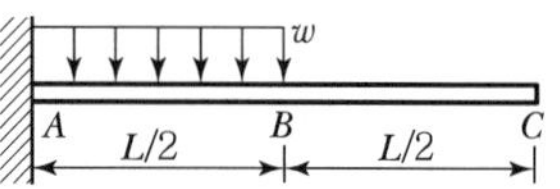

① $\dfrac{7wL^4}{384EI}$ ② $\dfrac{5wL^4}{384EI}$

③ $\dfrac{7wL^4}{192EI}$ ④ $\dfrac{5wL^4}{192EI}$

해설

[1] 공액보

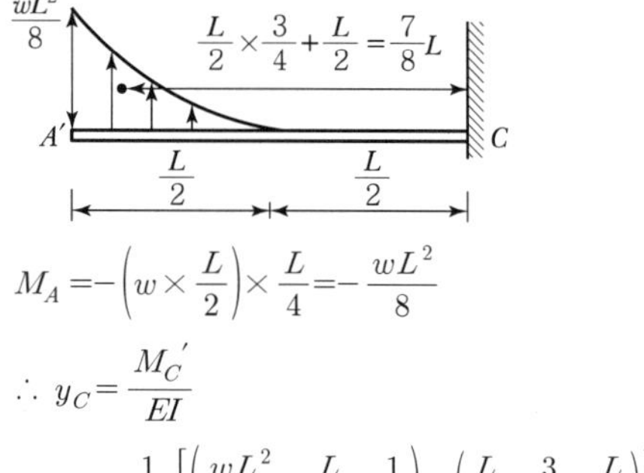

$M_A=-\left(w\times\dfrac{L}{2}\right)\times\dfrac{L}{4}=-\dfrac{wL^2}{8}$

$\therefore\ y_C=\dfrac{M_C'}{EI}$

$=\dfrac{1}{EI}\left[\left(\dfrac{wL^2}{8}\times\dfrac{L}{2}\times\dfrac{1}{3}\right)\times\left(\dfrac{L}{2}\times\dfrac{3}{4}+\dfrac{L}{2}\right)\right]$

$=\dfrac{1}{EI}\left(\dfrac{wL^3}{48}\times\dfrac{7L}{8}\right)=\dfrac{7wL^4}{384EI}$

[2] $\delta_c=\dfrac{wa^3}{24EI}(3a+4b)=\dfrac{7wL^4}{384EI}$

여기서, $a=b=\dfrac{L}{2}$

내민보 처짐

42 그림과 같은 내민보에 대하여 지점 B에서의 처짐각을 구하면?(단, EI는 일정하다.)

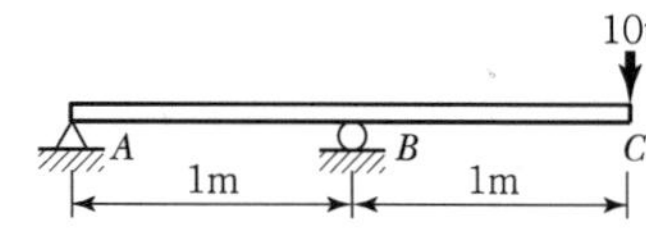

① $\dfrac{10}{4EI}$ ② $\dfrac{10}{3EI}$

③ $\dfrac{11}{6EI}$ ④ $\dfrac{9}{5EI}$

정답 40 ③ 41 ① 42 ②

해설

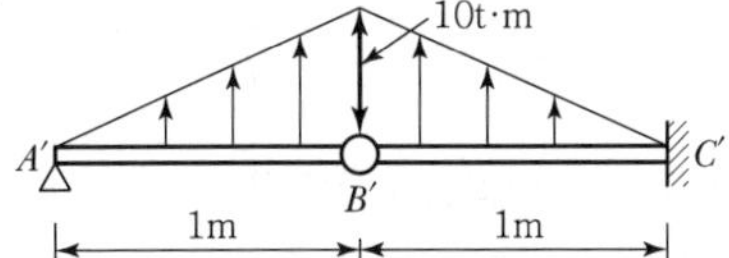

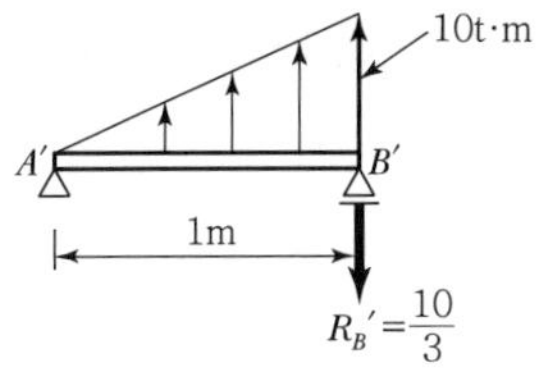

㉠ $S_B{}' = R_B{}' = \frac{wl}{3} = \frac{10\times 1}{3} = \frac{10}{3}\text{t}\cdot\text{m}^3$

㉡ $\theta_B = \frac{S_B{}'}{EI} = \frac{1}{EI}\left(\frac{10}{3}\right) = \frac{10}{3EI}$

43 그림과 같은 내민보의 자유단 A점에서 처짐 δ_A는 얼마인가?(단, EI는 일정하다.) ['11, '14]

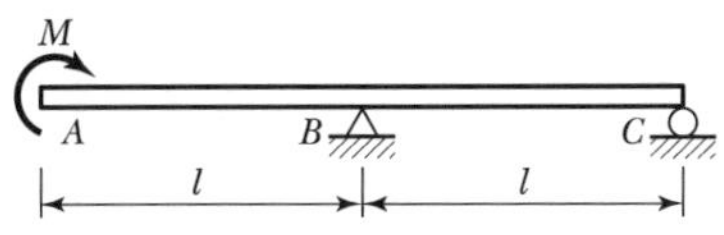

① $\frac{3Ml^2}{4EI}(\uparrow)$　② $\frac{3Ml}{4EI}(\uparrow)$

③ $\frac{5Ml^2}{6EI}(\uparrow)$　④ $\frac{5Ml}{6EI}(\uparrow)$

〈공식〉

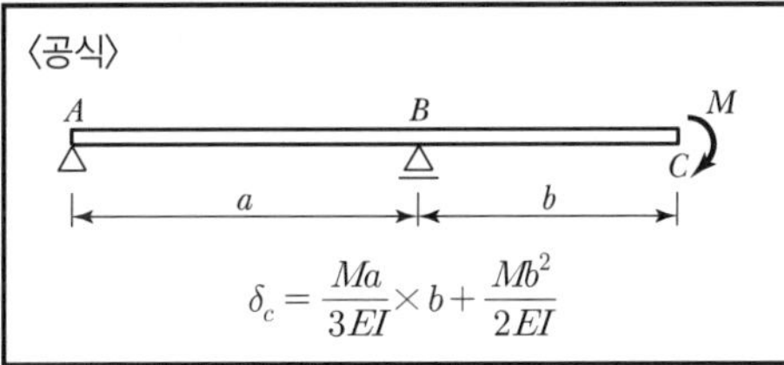

$$\delta_c = \frac{Ma}{3EI}\times b + \frac{Mb^2}{2EI}$$

$$\delta_A = \frac{Ml}{3EI}\times l + \frac{Ml^2}{2EI} = \frac{5Ml^2}{6EI}(\uparrow)$$

상반작용 원리

44 그림과 같이 D점에 하중 P를 작용하였을 때, C점에 $\Delta_C = 0.2$cm의 처짐이 발생하였다. 만약 D점의 P를 C점에 작용시켰을 경우 D점에 생기는 처짐 Δ_D의 값은? ['19]

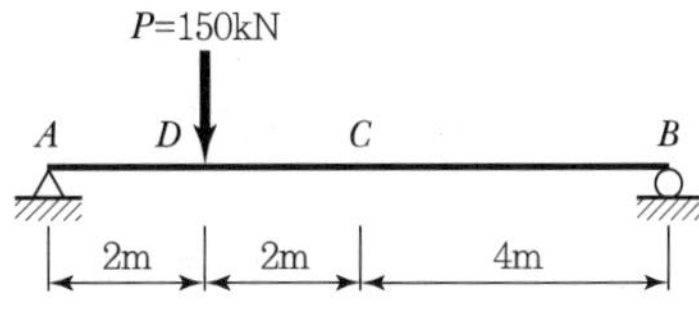

① 0.1cm　② 0.2cm

③ 0.4cm　④ 0.6cm

해설 ㉠

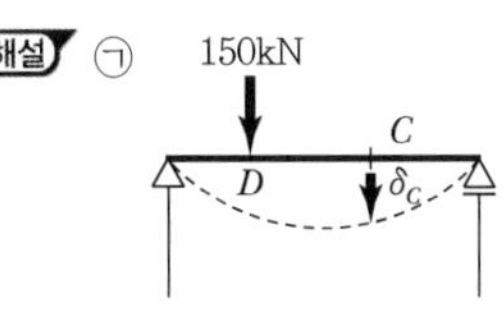

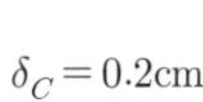

㉡

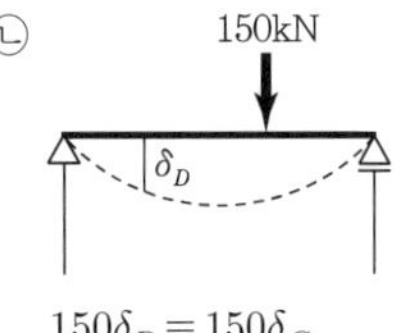

$150\delta_D = 150\delta_C$

㉢ $\delta_D = \delta_C = 0.2$cm

처짐해법

45 다음 중 처짐을 구하는 방법과 가장 관계가 먼 것은?

① 탄성하중법
② 3연 모멘트법
③ 모멘트 면적법
④ 탄성곡선의 미분방정식 이용법

해설 1. 부정정 구조물의 해법
　㉠ 연성법(하중법)
　　• 변형일치법(변위일치법)
　　• 3연 모멘트법
　㉡ 강성법(변위법)
　　• 처짐각법(요각법)
　　• 모멘트 분배법

정답 43 ③　44 ②　45 ②

2. 처짐을 구하는 방법
㉠ 이중적분법
㉡ 모멘트 면적법
㉢ 탄성하중법
㉣ 공액보법
㉤ 단위하중법

베티의 정리

46 다음 중 정정 구조물의 처짐 해석법이 아닌 것은?

① 모멘트 면적법
② 공액보법
③ 가상일의 원리
④ 처짐각법

해설 처짐을 구하는 방법
㉠ 이중적분법
㉡ 모멘트 면적법
㉢ 탄성하중법
㉣ 공액보법
㉤ 단위하중법

47 "재료가 탄성적이고 Hooke의 법칙을 따르는 구조물에서 지점침하와 온도 변화가 없을 때 한 역계 P_n에 의해 변형되는 동안에 다른 역계 P_m가 한 외적인 가상일은 P_m 역계에 의해 변형하는 동안에 P_n 역계가 한 외적인 가상일과 같다."는 것은 다음 중 어느 것인가?

① 가상일의 원리
② 카스틸리아노의 정리
③ 베티의 법칙
④ 최소일의 정리

해설 베티의 정리

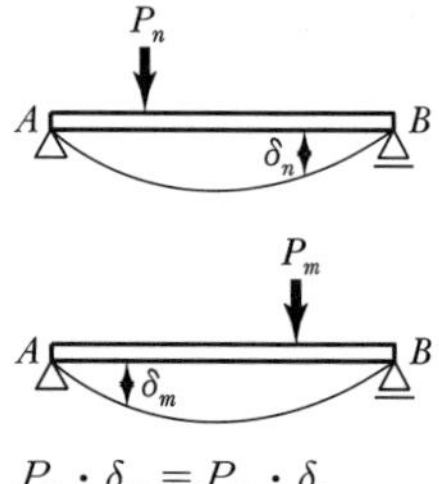

$P_n \cdot \delta_m = P_m \cdot \delta_n$

모멘트 면적법

48 아래의 표에서 설명하는 것은? ['10, '11, '15]

탄성곡선상의 임의의 두 점 A와 B를 지나는 접선이 이루는 각은 두 점 사이의 휨모멘트도의 면적을 휨강도 EI로 나눈 값과 같다.

① 제1공액보의 정리
② 제2공액보의 정리
③ 제1모멘트 면적 정리
④ 제2모멘트 면적 정리

해설 〈참고〉 제2모멘트 면적 정리
탄성곡선상의 임의의 두 점에서 한 점에서 그은 접선과 다른 한 점 사이의 연직거리는 두 점 사이의 휨모멘트도 면적의 점을 지나는 연직축에 대한 1차모멘트를 휨강도 EI로 나눈 값과 같다.

정답 46 ④ 47 ③ 48 ③

토목산업기사 **11**

탄성변형에너지

외력일

01 P_1, P_2가 0(Zero)으로부터 작용하였다. B점의 처짐이 P_1으로 인하여 δ_1, P_2로 인하여 δ_2가 생겼다면 P_1이 하는 일은?

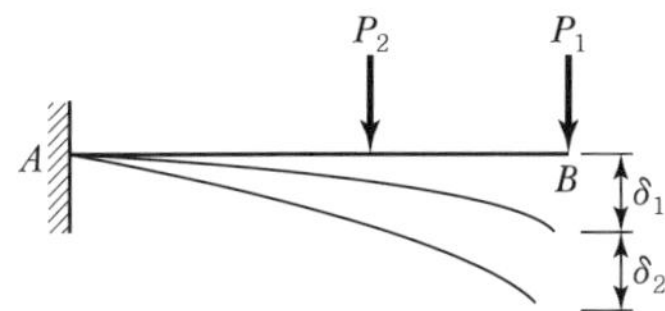

① $\frac{1}{2}P_1\delta_1 + \frac{1}{2}P_2\delta_2$ ② $\frac{1}{2}P_1\delta_1 + \frac{1}{2}P_1\delta_2$

③ $\frac{1}{2}P_1\delta_1 + P_2\delta_2$ ④ $\frac{1}{2}P_1\delta_1 + P_1\delta_2$

해설 $W = \frac{1}{2}P_1\delta_1 + P_1\delta_2$

카스틸리아노 정리

02 "탄성체가 가지고 있는 탄성변형에너지를 작용하고 있는 하중으로 편미분하면 그 하중점에서의 작용방향의 변위가 된다."는 것은 어떤 이론인가? ['11, '17]

① 맥스웰(Maxwell)의 상반정리이다.
② 모아(Mohr)의 모멘트-면적정리이다.
③ 카스틸리아노(Castigliano)의 제2정리이다.
④ 클레페이론(Clapeyron)의 3면 모멘트법이다.

03 다음에서 설명하고 있는 것은?

탄성체가 가지고 있는 탄성변형에너지를 작용하고 있는 하중으로 편미분하면 그 하중점에서 작용방향의 변위가 된다.

① 최소일의 원리
② 맥스웰-베티의 상반원리
③ 중첩의 원리
④ 카스틸리아노의 정리

해설 카스틸리아노 제2정리

수직응력에 의한 내력일

04 축방향력 N, 단면적 A, 탄성계수 E일 때 축방향 변형에너지를 나타내는 식은?

① $\int_0^\ell \frac{N^2}{2EA}dx$ ② $\int_0^\ell \frac{N}{2EA}dx$

③ $\int_0^\ell \frac{N^2}{EA}dx$ ④ $\int_0^\ell \frac{N}{EA}dx$

해설 $U = \int_0^\ell \frac{N^2}{2EA}dx$

05 탄성에너지에 대한 설명으로 옳은 것은? ['11, '14]

① 응력에 반비례하고 탄성계수에 비례한다.
② 응력의 제곱에 반비례하고 탄성계수에 비례한다.
③ 응력에 비례하고 탄성계수의 제곱에 비례한다.
④ 응력의 제곱에 비례하고 탄성계수에 반비례한다.

해설

[1] $U = \int_L\int_A \frac{1}{2}\cdot\sigma\cdot\varepsilon dA\cdot dx$

$= \int_L\int_A \frac{1}{2}\cdot\frac{\sigma^2}{E}\cdot dA\cdot dx$

$= \int_L \frac{P^2}{2EA}dx = \frac{P^2L}{2EA}$

(응력의 제곱에 비례, 탄성계수에 반비례)

[2] $U = \frac{P^2 l}{2EA} = \frac{P^2 lA}{2EA^2} = \frac{\sigma^2 lA}{2E}$

06 길이 l, 직경 d인 원형 단면봉이 인장하중 P를 받고 있다. 응력이 단면에 균일하게 분포한다고 가정할 때, 이 봉에 저장되는 변형에너지를 구한 값으로 옳은 것은?(단, 봉의 탄성계수는 E이다.)

① $\frac{4P^2l}{\pi d^2E}$ ② $\frac{2P^2l}{\pi d^2E}$ ③ $\frac{4Pl^2}{\pi d^2E}$ ④ $\frac{2Pl^2}{\pi d^2E}$

해설 $U = \frac{P^2l}{2EA} = \frac{P^2l}{2E\left(\frac{\pi d^2}{4}\right)} = \frac{2P^2l}{\pi d^2E}$

정답 01 ④ 02 ③ 03 ④ 04 ① 05 ④ 06 ②

07 아래 그림과 같은 보에서 굽힘모멘트에 의한 변형에너지는?

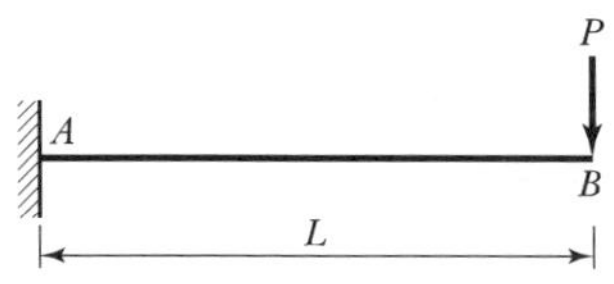

① $\dfrac{P^2L^3}{EI}$ ② $\dfrac{P^2L^3}{2EI}$ ③ $\dfrac{P^2L^3}{4EI}$ ④ $\dfrac{P^2L^3}{6EI}$

해설 $u = \dfrac{P}{2}\delta = \dfrac{P}{2} \times \dfrac{Pl^3}{3EI} = \dfrac{P^2l^3}{6EI}$

휨응력에 의한 내력일

08 휨모멘트 M을 받는 보에 생기는 탄성변형에너지를 옳게 표시한 것은?(단, 휨강성은 EI이고, A는 단면적이다.) ['10, '13]

① $\int \dfrac{M^2}{2EI}dx$ ② $\int \dfrac{M^2}{EI}dx$

③ $\int \dfrac{M^2}{EA}dx$ ④ $\int \dfrac{M^2}{2EA}dx$

해설 휨모멘트에 대한 탄성변형에너지

$U = \int \dfrac{M^2}{2EI}dx$

09 그림과 같은 캔틸레버보에서 휨모멘트에 의한 탄성변형에너지는?(단, EI는 일정하다.) ['12, '17]

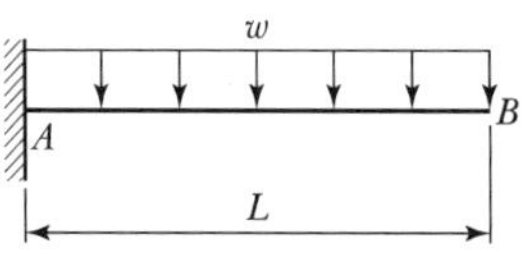

① $\dfrac{w^2L^5}{40EI}$ ② $\dfrac{w^2L^5}{90EI}$

③ $\dfrac{w^2L^5}{240EI}$ ④ $\dfrac{w^2L^5}{384EI}$

해설

[1]

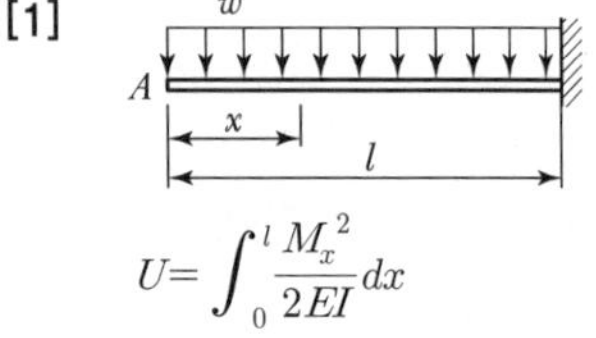

$$U = \int_0^l \frac{M_x^2}{2EI}dx$$
$$= \frac{1}{2EI}\int_0^l \left(-\frac{wx^2}{2}\right)^2 dx = \frac{w^2}{8EI}\left[\frac{1}{5}x^5\right]_0^l = \frac{w^2l^5}{40EI}$$

[2] $$U = \int \frac{M^2}{2EI}dx = \frac{1}{2EI}\int_0^L \left(\frac{w \cdot x^2}{2}\right)^2 dx$$
$$= \frac{1}{2EI} \times \frac{w^2}{4} \times \left[\frac{x^5}{5}\right]_0^L = \frac{w^2L^5}{40EI}$$

10 변형에너지(Strain Energy)에 속하지 않는 것은? ['10, '13, '16]

① 외력의 일(External Work)
② 축방향 내력의 일
③ 휨모멘트에 의한 내력의 일
④ 전단력에 의한 내력의 일

해설 변형에너지는 내력이 한 일로서 전단력, 휨모멘트, 축방향력에 의한 내력의 일을 말한다.

11 에너지 불변의 법칙을 옳게 기술한 것은? ['10, '13, '22]

① 탄성체에 외력이 작용하면 이 탄성체에 생기는 외력의 일과 내력이 한 일의 크기는 같다.
② 탄성체에 외력이 작용하면 외력의 일과 내력이 한 일의 크기의 비가 일정하게 변화한다.
③ 외력의 일과 내력의 일이 일으키는 휨모멘트의 값은 변하지 않는다.
④ 외력과 내력에 의한 처짐비는 변하지 않는다.

해설 에너지 불변의 법칙
탄성체에 외력이 작용하면 이 탄성체에 생기는 외력의 일과 내력이 한 일의 크기는 같다.

12 탄성 변형에너지(Elastic Strain Energy)에 대한 설명으로 틀린 것은?

① 변형에너지는 내적인 일이다.
② 외부하중에 의한 일은 변형에너지와 같다.
③ 변형에너지는 강성도가 클수록 크다.
④ 하중을 제거하면 회복될 수 있는 에너지이다.

해설 ㉠ 강성도$(k) = \dfrac{AE}{l}$

㉡ $\delta = \dfrac{Pl}{AE} = \dfrac{P}{\dfrac{AE}{l}}$, $P = k\delta$

㉢ $u = \dfrac{P^2l}{2AE} = \dfrac{P^2}{2\dfrac{AE}{l}} = \dfrac{P^2}{2k}$

∴ 강성도가 클수록 변형에너지는 작다.

정답 07 ④ 08 ① 09 ① 10 ① 11 ① 12 ③

토목산업기사 **12**

부정정

부정정 구조물

01 정정 구조물에 비해 부정정 구조물이 갖는 장점을 설명한 것 중 틀린 것은? ['10, '15]

① 설계모멘트의 감소로 부재가 절약된다.
② 외관이 우아하고 아름답다.
③ 부정정 구조물은 그 연속성 때문에 처짐의 크기가 작다.
④ 지점침하 등으로 인해 발생하는 응력이 작다.

해설 정정 구조물에 비해 부정정 구조물은 지점침하 등으로 인해 발생하는 응력이 크다.

02 다음 중 부정정 트러스를 해석하는 데 적합한 방법은?

① 모멘트 분배법 ② 처짐각법
③ 가상일의 원리 ④ 3연 모멘트법

해설 가상일의 원리는 부정정 트러스를 해석하는 데 적합한 방법이다.

변형일치법

03 다음 보의 지점 A에서 모멘트하중 M_o을 가할 때 타단 B의 고정단 모멘트의 크기는? ['11, '14]

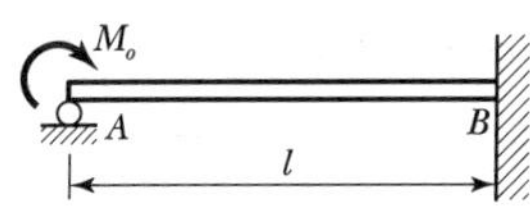

① M_o ② $\dfrac{M_o}{2}$
③ $\dfrac{M_o}{3}$ ④ $\dfrac{M_o}{4}$

해설 고정단에 $\frac{1}{2}$ 전달된다.(전달률 $\frac{1}{2}$)

$\therefore M_B = M_o \times \dfrac{1}{2}$

04 다음 그림과 같은 1차 부정정보에서 지점 B의 반력은? ['12, '13, '17]

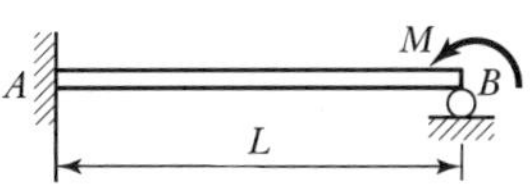

① $\dfrac{M}{L}$ ② $\dfrac{1.5M}{L}$
③ $\dfrac{2M}{L}$ ④ $\dfrac{2.5M}{L}$

해설 변형일치법

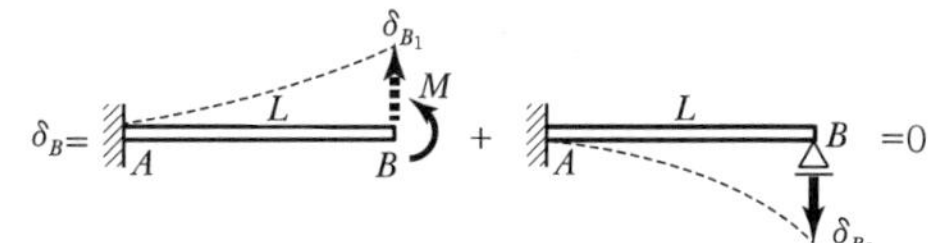

$$\delta_B = \delta_{B_1} + \delta_{B_2}$$
$$= -\frac{ML^2}{2EI} + \frac{R_B L^3}{3EI} = 0$$
$$\therefore R_B = \frac{3M}{2L} = 1.5\frac{M}{L}$$

하중항

05 그림과 같은 1차 부정정 구조물의 A지점의 반력은?(단, EI는 일정하다.) ['10, '12, '15]

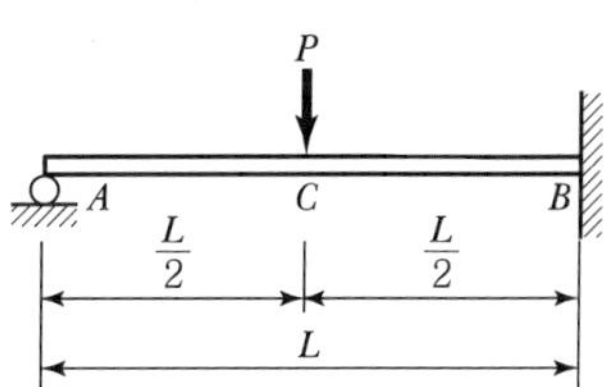

① $\dfrac{5P}{16}$ ② $\dfrac{11P}{16}$
③ $-\dfrac{3P}{16}$ ④ $\dfrac{5P}{32}$

해설 ㉠ $R_A = \dfrac{5P}{16}$

㉡ $R_B = \dfrac{11P}{16}$

정답 01 ④ 02 ③ 03 ② 04 ② 05 ①

06 다음 그림에서 등분포하중이 작용할 때 지점 B의 연직반력은? ['22]

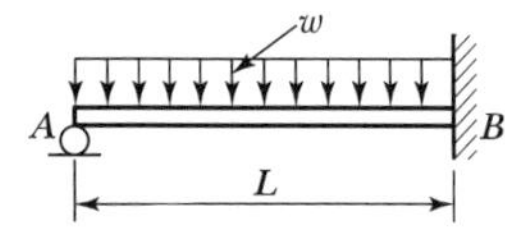

① $\frac{wL}{8}$ ② $\frac{3wL}{8}$ ③ $\frac{wL}{4}$ ④ $\frac{5wL}{8}$

해설 ㉠ $R_A = \frac{3wL}{8}$ ㉡ $R_B = \frac{5wL}{8}$

07 그림과 같은 부정정보의 A단에 작용하는 휨모멘트는?

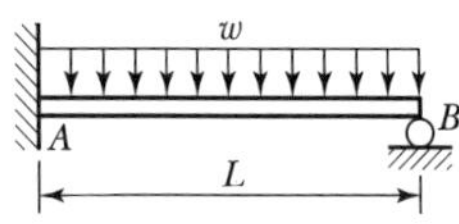

① $-\frac{1}{4}wL^2$ ② $-\frac{1}{8}wL^2$

③ $-\frac{1}{12}wL^2$ ④ $-\frac{1}{24}wL^2$

해설

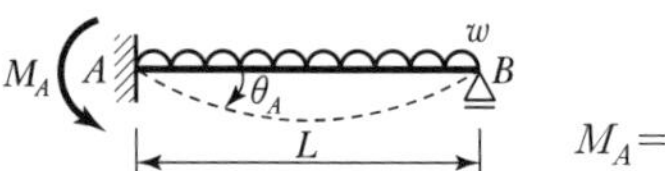

$M_A = \frac{wL^2}{8}$

〈경계 조건〉 고정단 처짐각 $\theta_A = 0$

㉠ $\theta_{A_1} =$ $\theta_{A_1} = \frac{+wL^3}{24EI}$

㉡ $\theta_{A_2} =$

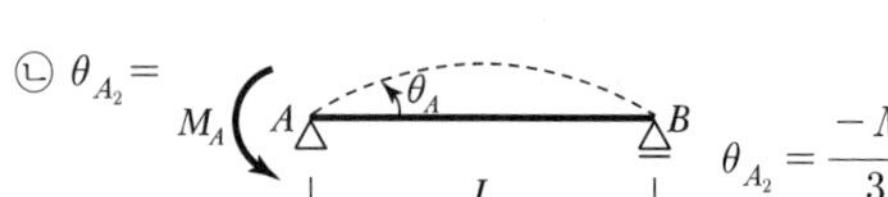

$\theta_{A_2} = \frac{-M_A L}{3EI}$

㉢ $\theta_A = \theta_{A_1} + \theta_{A_2} = 0$ $\therefore M_A = \frac{wL^2}{8}$

08 그림과 같은 구조물에서 C점의 휨모멘트 값은?

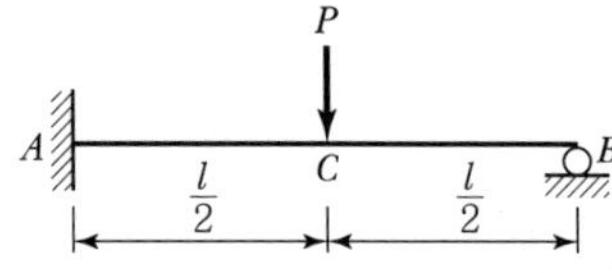

① $\frac{Pl}{4}$ ② $\frac{11Pl}{16}$ ③ $\frac{5Pl}{32}$ ④ $\frac{11Pl}{32}$

해설 $M_C = R_B \times \frac{l}{2} = \frac{5}{16}P \times \frac{l}{2} = \frac{5}{32}Pl$

09 그림과 같은 1차 부정정보의 부재 중에서 B지점을 제외한 모멘트가 0이 되는 곳은 A점에서 얼마 떨어진 곳인가?(단, 자중은 무시한다.)

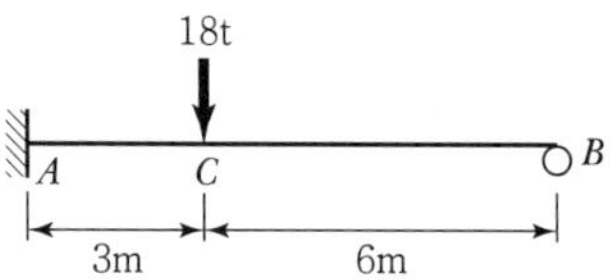

① 3m ② 2.50m

③ 1.96m ④ 1.50m

해설

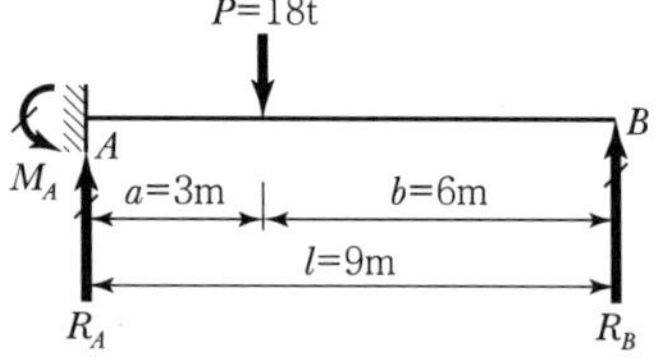

㉠ $M_A = \frac{Pab(l+b)}{2l^2} = \frac{18 \times 3 \times 6(9+6)}{2 \times 9^2}$

$= 30\text{t} \cdot \text{m}(\curvearrowleft)$

㉡ $R_B = \frac{Pa^2(3l-a)}{2l^3} = \frac{18 \times 3^2(3 \times 9 - 3)}{2 \times 9^3}$

$= 2.67\text{t}(\uparrow)$

㉢ $\Sigma V = 0,\ R_A - 18 + 2.67 = 0$

$R_A = 15.33\text{t}(\uparrow)$

㉣ $M_A = 30\text{t} \cdot \text{m}$

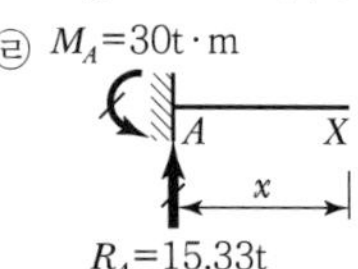

$M_x = 15.33x - 30 = 0$

$x = 1.96\text{m}(\rightarrow)(0 \le x \le 3\text{m})$

10 스팬 l인 양단 고정보의 중앙에 집중하중 P가 작용할 때 고정단의 모멘트의 크기는?

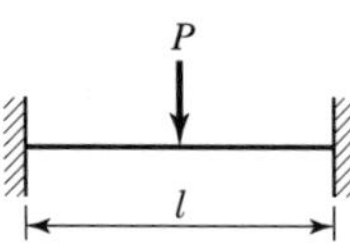

① $\frac{Pl}{2}$ ② $\frac{Pl}{4}$ ③ $\frac{Pl}{8}$ ④ $\frac{Pl}{16}$

해설 $M = -\frac{Pl}{8}$

정답 06 ④ 07 ② 08 ③ 09 ③ 10 ③

11 아래 그림과 같은 부정정보에서 C점에 작용하는 휨모멘트는?

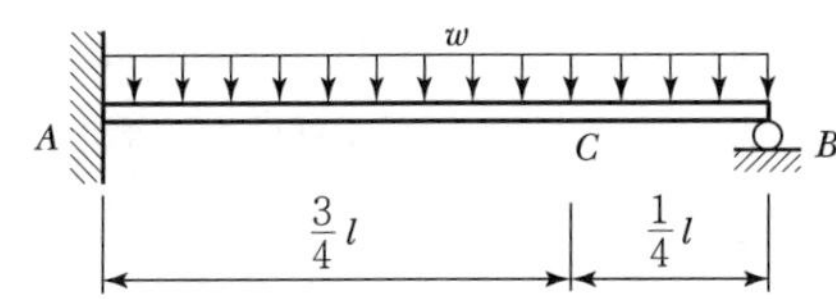

① $\frac{1}{16}wl^2$ ② $\frac{1}{12}wl^2$

③ $\frac{3}{32}wl^2$ ④ $\frac{5}{24}wl^2$

해설 ㉠ $R_B=\frac{3wl}{8}(\uparrow)$

㉡ $M_C=\frac{3wl}{8}\times\frac{l}{4}-\left(w\times\frac{l}{4}\right)\times\left(\frac{l}{4}\times\frac{l}{2}\right)$

$=\frac{3wl^2}{32}-\frac{wl^2}{32}=\frac{wl^2}{16}$

또는

$M_C=-M_A\times\frac{1}{4}+\frac{wab}{2}$

$=-\frac{wl^2}{8}\times\frac{1}{4}+\frac{w}{2}\times\left(\frac{3}{4}l\right)\times\left(\frac{1}{4}l\right)$

$=\frac{wl^2}{16}$

12 그림과 같은 연속보 B점의 휨모멘트 M_B의 값은?

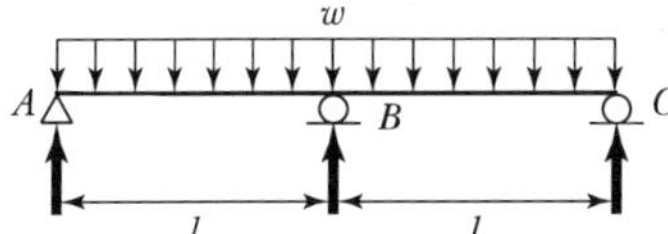

① $-\frac{wl^2}{24}$ ② $-\frac{wl^2}{16}$

③ $-\frac{wl^2}{12}$ ④ $-\frac{wl^2}{8}$

해설 $M_B=-\frac{wl^2}{8}$

13 다음의 2경간 연속보에서 지점 A에서의 수직반력은 얼마인가?

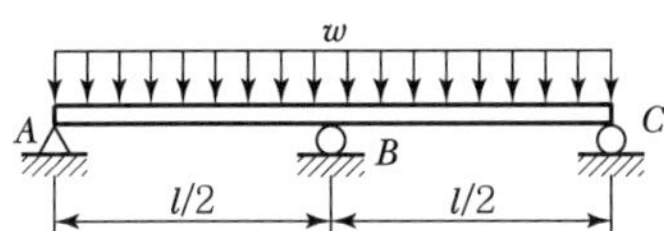

① $\frac{5wl}{16}$ ② $\frac{3wl}{8}$ ③ $\frac{5wl}{8}$ ④ $\frac{3wl}{16}$

해설

〈공식〉

$R_A=R_C=\frac{3wl}{8},\ R_B=\frac{5wl}{4},\ M_B=-\frac{wl^2}{8}$

$R_A=\frac{3w\times\frac{l}{2}}{8}=\frac{3wl}{16}$

14 그림과 같은 연속보에서 B점의 지점반력은? ['10, '13, '16]

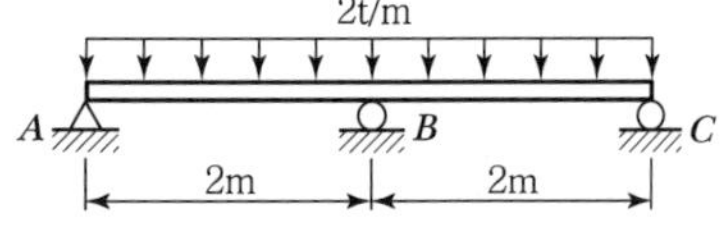

① 5t ② 2.67t ③ 1.5t ④ 1t

해설 $R_B=\frac{5}{8}wl\times2=\frac{5}{8}\times2\times2\times2=5\text{t}$

모멘트 분배법

15 그림의 구조물에서 유효강성계수를 고려한 부재 AC의 모멘트 분배율 DF_{AC}는 얼마인가? ['10, '13]

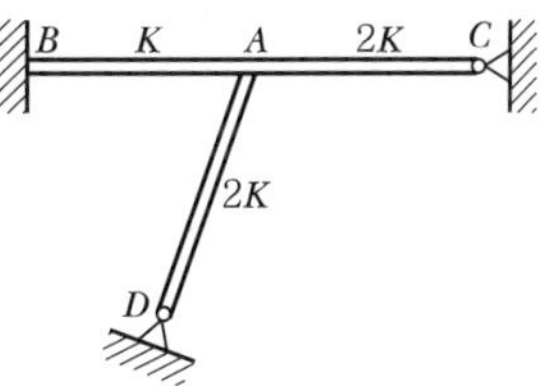

① 0.253 ② 0.375 ③ 0.407 ④ 0.567

해설

[1] 힌지는 유효강비 $\frac{3}{4}$을 적용한다.

$\therefore\ DF_{AC}=\frac{K_{AC}}{\Sigma K}=\frac{2K\times\left(\frac{3}{4}\right)}{K+2K\times\left(\frac{3}{4}\right)+2K\times\left(\frac{3}{4}\right)}$

$=\frac{\frac{3}{2}K}{K+\frac{3}{2}K+\frac{3}{2}K}=\frac{1.5}{4}=0.375$

[2] $DF_{AC}=\frac{\text{해당 강비}}{\text{전체 강비}}=\frac{2K\times\frac{3}{4}}{K+\left(2K\times\frac{3}{4}\right)+\left(2K\times\frac{3}{4}\right)}$

$=\frac{1.5K}{4K}=0.375$

정답 11 ① 12 ④ 13 ④ 14 ① 15 ②

16 다음 중 전달률을 이용하여 부정정 구조물을 풀이하는 방법은?

① 처짐각법 ② 모멘트 분배법
③ 변형일치법 ④ 3연 모멘트법

처짐각법

17 아래의 표에서 설명하는 부정정 구조물의 해법은? ['14, '16]

요각법이라고도 불리는 이 방법은 부재의 변형, 즉 탄성곡선의 기울기를 미지수로 하여 부정정 구조물을 해석하는 방법이다.

① 모멘트 분배법 ② 최소일의 방법
③ 변위일치법 ④ 처짐각법

18 부정정 구조물의 해석법인 처짐각법에 대한 설명으로 틀린 것은? ['13, '15]

① 보와 라멘에 모두 적용할 수 있다.
② 고정단 모멘트를 계산하여야 한다.
③ 모멘트 분배율의 계산이 필요하다.
④ 지점침하나 부재가 회전했을 경우에도 사용할 수 있다.

해설 모멘트 분배율은 모멘트 분배법에서 사용된다.

부정정 구조의 해법

19 다음 중 부정정 구조의 해법이 아닌 것은? ['11, '17]

① 처짐각법 ② 변위일치법
③ 공액보법 ④ 모멘트 분배법

해설 공액보는 탄성하중을 적용할 수 있도록 지점이나 자유단을 바꾼 가상적인 보로 임의의 점의 처짐각 및 처짐을 구한다.

20 다음 중 부정정 구조물의 해법으로 적합하지 않은 것은? ['12, '14, '16]

① 3연 모멘트정리 ② 변위일치법
③ 처짐각법 ④ 모멘트 면적법

해설 부정정 구조물 해법
㉠ 연성법(하중법) : 변위일치법, 3연 모멘트법
㉡ 강성법(변위법) : 처짐각법, 모멘트 분배법

21 다음 중 부정정 구조의 해법이 아닌 것은?

① 처짐각법 ② 변위일치법
③ 모멘트 분배법 ④ 공액보법

해설 1. 부정정 구조물의 해법
㉠ 연성법(하중법)
- 변형일치법(변위일치법)
- 3연 모멘트법

㉡ 강성법(변위법)
- 처짐각법(요각법)
- 모멘트 분배법

2. 처짐을 구하는 방법
㉠ 이중적분법
㉡ 모멘트 면적법
㉢ 탄성하중법
㉣ 공액보법
㉤ 단위하중법

22 다음 중 부정정 구조물의 해석방법이 아닌 것은? ['12, '17]

① 처짐각법
② 단위하중법
③ 3연 모멘트법
④ 모멘트 분배법

해설 단위하중법은 처짐을 구하는 방법이다.

정답 16 ② 17 ④ 18 ③ 19 ③ 20 ④ 21 ④ 22 ②

단원별
기사 · 산업기사 기출문제

토목기사 2023년

토목산업기사 2023~2024년
2025년

A P P L I E D M E C H A N I C S

1장 정역학 기초

평행조건식

01 부양력 200kN인 기구가 수평선과 60°의 각으로 정지상태에 있을 때 기구의 끈에 작용하는 인장력(T)과 풍압(W)을 구하면?

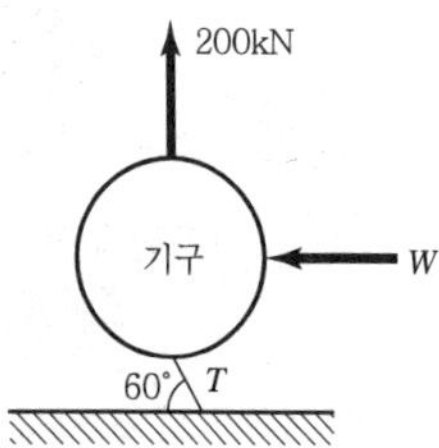

① T=220.94kN, W=105.47kN
② T=230.94kN, W=115.47kN
③ T=220.94kN, W=125.47kN
④ T=230.94kN, W=135.47kN

해설

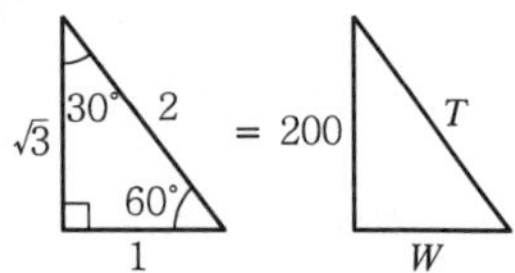

$$T=2\times\frac{200}{\sqrt{3}}=230.94\text{kN}$$

$$W=1\times\frac{200}{\sqrt{3}}=115.47\text{kN}$$

2장 단면의 성질

도심

02 그림과 같은 4분원 중에서 빗금 친 부분의 밑변으로부터 도심까지의 위치 y는?

① 116.8mm
② 126.8mm
③ 146.7mm
④ 158.7mm

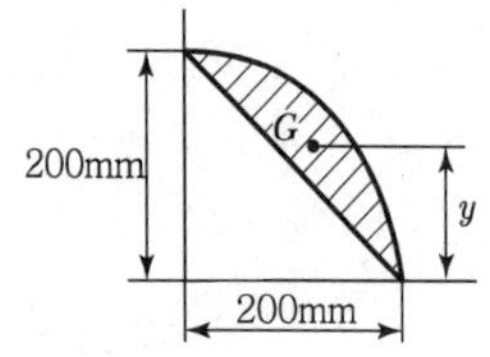

해설 ㉠ $A=\frac{\pi r^2}{4}-\frac{r^2}{2}=\frac{200^2\pi}{4}-\frac{200^2}{2}$ (◔ - ◺)

$=11{,}400\text{mm}^2$

㉡ $G_x=A\cdot y=\frac{\pi r^2}{4}\times\frac{4r}{3\pi}-\frac{r^2}{2}\times\frac{r}{3}$

$=\frac{200^2\pi}{4}\times\frac{4\times200}{3\pi}-\frac{200^2}{2}\times\frac{200}{3}$

$\fallingdotseq 1{,}333{,}333\text{mm}^3$

㉢ $y=\frac{G_x}{A}=\frac{1{,}333{,}333}{11{,}400}\fallingdotseq 116.8\text{mm}$

03 그림과 같이 원(D=40cm)과 반원(r=40cm)으로 이루어진 단면의 도심거리 y값은?

① 17.58cm
② 17.98cm
③ 44.65cm
④ 49.48cm

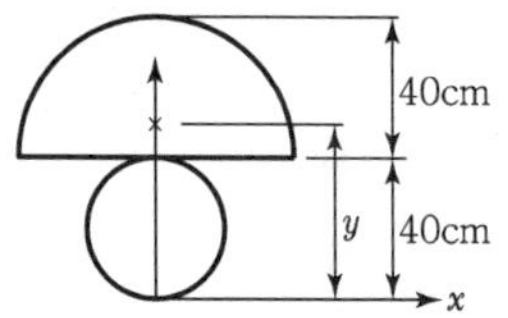

해설

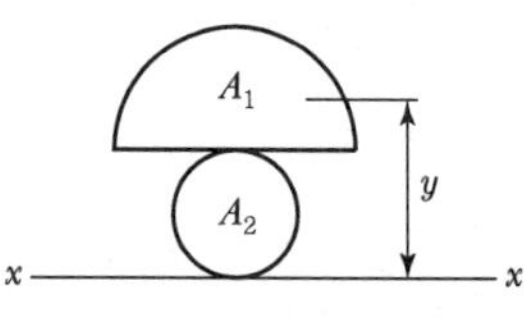

$$y=\frac{G_{x_1}+G_{x_2}}{A_1+A_2}$$

$$=\frac{\frac{\pi\times40^2}{2}\times\left(40+\frac{4\times40}{3\pi}\right)+\pi\times20^2\times(20)}{\frac{\pi\times40^2}{2}+\pi\times20^2}$$

$\fallingdotseq 44.65\text{cm}$

04 그림과 같은 T형 단면에서 도심축 $C-C$축의 위치 y는?

① 2.5h
② 3.0h
③ 3.5h
④ 4.0h

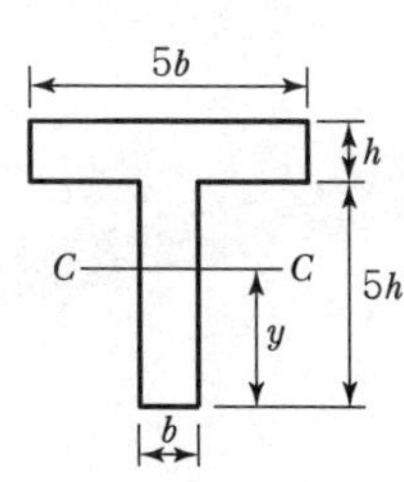

해설 $y=\frac{G_x}{A}=\frac{5bh\times5.5h+5bh\times2.5h}{5bh+5bh}=\frac{40bh^2}{10bh}=4h$

정답 01 ② 02 ① 03 ③ 04 ④

단면상승모멘트

05 그림에서 직사각형의 도심축에 대한 단면상승모멘트 I_{XY}의 크기는?

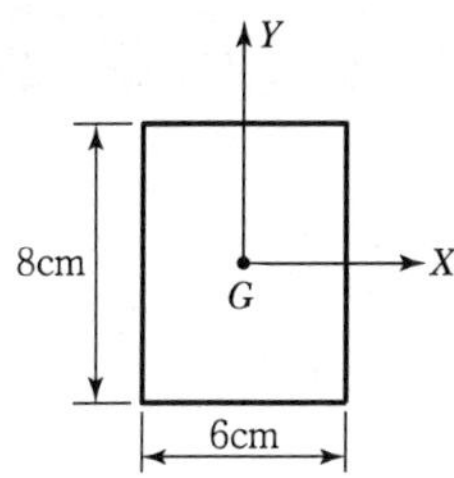

① 576cm^4　　② 256cm^4
③ 142cm^4　　④ 0cm^4

해설 대칭도형이며 X, Y 중 한 축이라도 도심을 지나면 $I_{xy}=0$이다.

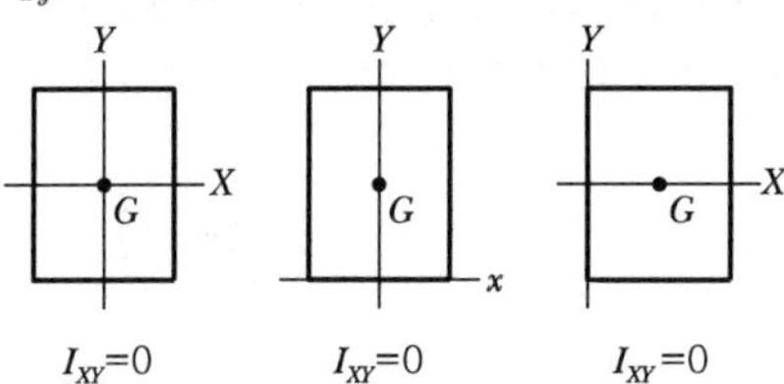

06 그림과 같은 단면의 단면상승모멘트 I_{xy}는?

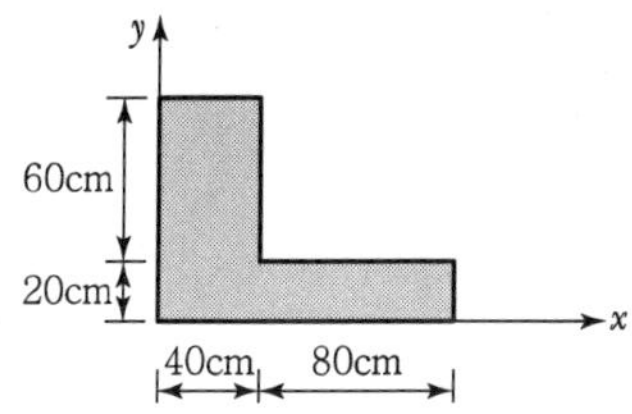

① $384{,}000\text{cm}^4$　　② $3{,}840{,}000\text{cm}^4$
③ $3{,}360{,}000\text{cm}^4$　　④ $3{,}520{,}000\text{cm}^4$

해설

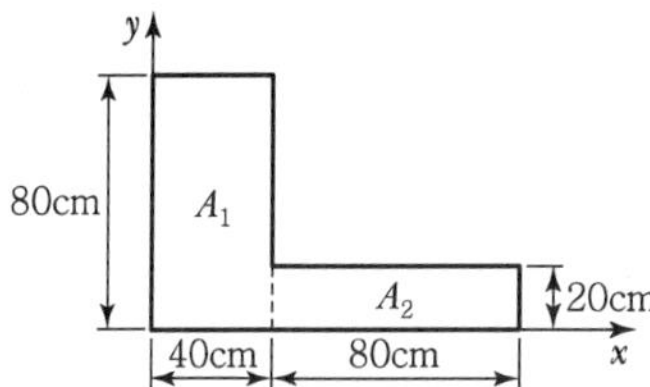

$$I_{xy}=A_1x_1y_1+A_2x_2y_2$$
$$=3{,}200\times20\times40+1{,}600\times80\times10$$
$$=3{,}840{,}000\text{cm}^4$$

단면2차모멘트

07 그림과 같은 단면의 $A-A$축에 대한 단면2차모멘트는?

① $558b^4$
② $623b^4$
③ $685b^4$
④ $729b^4$

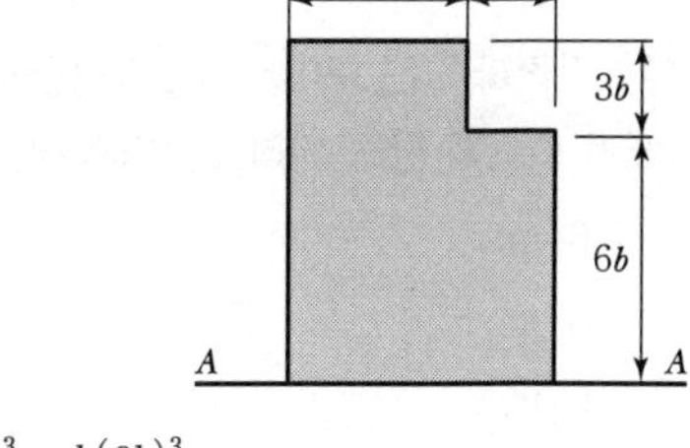

해설

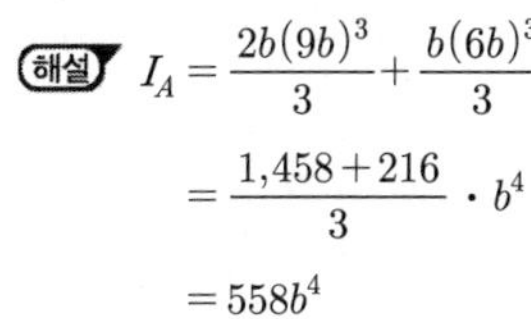

$$I_A=\frac{2b(9b)^3}{3}+\frac{b(6b)^3}{3}$$
$$=\frac{1{,}458+216}{3}\cdot b^4$$
$$=558b^4$$

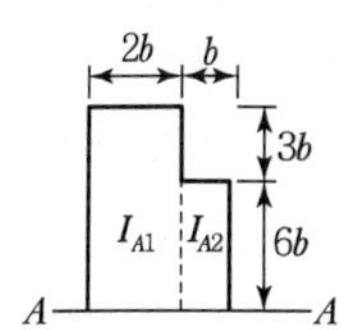

08 그림에서 $A-A$축과 $B-B$축에 대한 빗금부분의 단면2차모멘트가 각각 $80{,}000\text{cm}^4$, $160{,}000\text{cm}^4$일 때 빗금부분의 면적은?

① 800cm^2
② 752cm^2
③ 606cm^2
④ 573cm^2

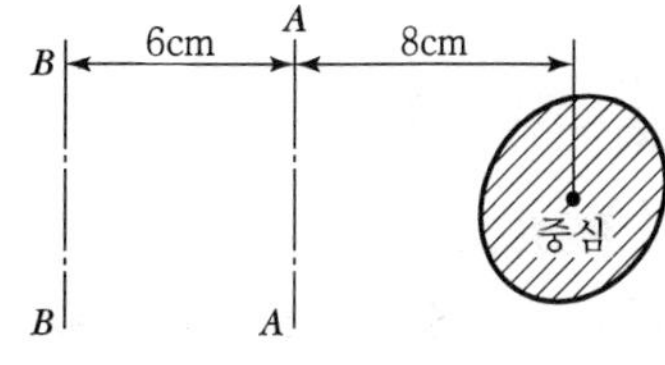

해설 ㉠

〈공식〉 $I_{임의축}=I_{도심축}+A\cdot y^2$
$\left(\because I_{도심축}=I_{임의축}-A\cdot y^2\right)$

$$\therefore I_{도심축}=I_A-A\cdot {y_A}^2=I_B-A\cdot {y_B}^2$$

㉡ $A=\dfrac{I_B-I_A}{{y_B}^2-{y_A}^2}=\dfrac{160{,}000-80{,}000}{14^2-8^2}\fallingdotseq606\text{cm}^2$

회전반경

09 그림과 같은 T형 단면의 X축에 대한 회전반경은?

① 8.47cm
② 9.12cm
③ 10.37cm
④ 11.52cm

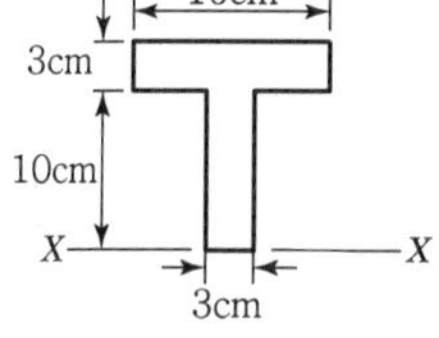

해설 ㉠ $I_x=\dfrac{10\times13^3}{3}-\dfrac{7\times10^3}{3}=4{,}990\text{cm}^4$

㉡ $A=(10\times3)\times2=60\text{cm}^2$

㉢ $r_x=\sqrt{\dfrac{I_x}{A}}=\sqrt{\dfrac{4{,}990}{60}}\fallingdotseq9.12\text{cm}$

정답 05 ④　06 ②　07 ①　08 ③　09 ②

4장 정정보

반력

10 그림과 같은 보에서 A점의 반력이 B점의 반력의 2배가 되도록 하는 거리 x는 얼마인가?

① 1.67m
② 2.67m
③ 3.67m
④ 4.67m

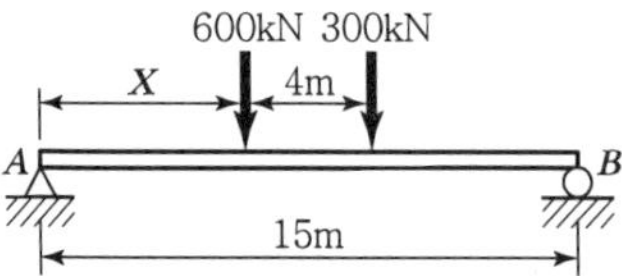

해설 ㉠ $R_A = 2R_B$

㉡ $\Sigma V = 0$

$R_A + R_B - 900\text{kN} = 0$

$\therefore R_A = 600\text{kN},\ R_B = 300\text{kN}$

㉢ $\Sigma M_A = -R_B \times 15 + 600 \times x + 300 \times (4 + x) = 0$

$-300 \times 15 + 600x + 1,200 + 300x = 0$

$\therefore x \fallingdotseq 3.67\text{m}$

휨모멘트

11 그림과 같은 내민보에서 D점에 집중하중 $P = 5\text{kN}$이 작용할 경우 C점의 휨모멘트는 얼마인가?

① $-2.5\text{kN} \cdot \text{m}$
② $-5\text{kN} \cdot \text{m}$
③ $-7.5\text{kN} \cdot \text{m}$
④ $-10\text{kN} \cdot \text{m}$

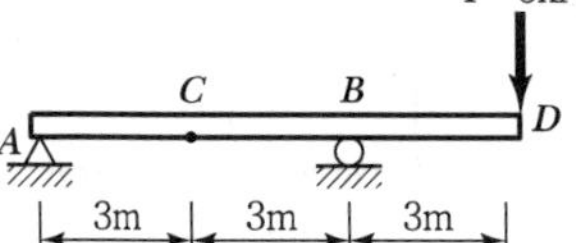

해설

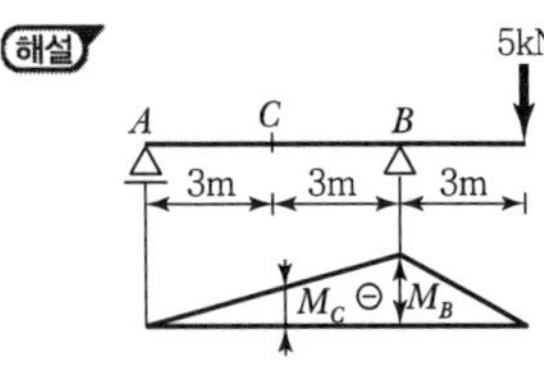

$$M_c = \frac{M_B}{2} = \frac{-5 \times 3}{2} = -7.5\text{kN} \cdot \text{m}$$

12 다음 내민보에서 B점의 모멘트와 C점의 모멘트의 절댓값의 크기를 같게 하기 위한 $\frac{L}{a}$의 값을 구하면?

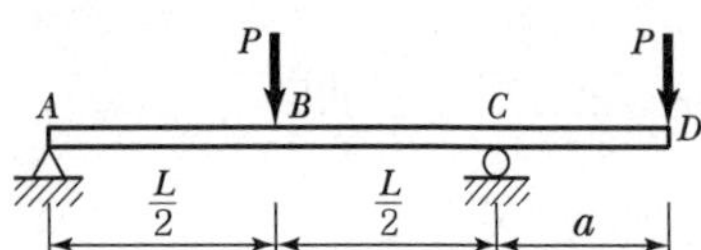

① 6　② 4.5　③ 4　④ 3

해설 ㉠ $\Sigma M_C = 0$

$R_A \times L - P \times \frac{L}{2} + P \times a = 0$

$\therefore R_A = \frac{P}{2} - \frac{Pa}{L}$

㉡ $M_B + \left(\frac{P}{2} - \frac{Pa}{L}\right) \times \frac{L}{2} = \frac{PL}{4} - \frac{Pa}{2}$

㉢ $M_C = -P \cdot a$

㉣ $M_B = |M_C|$이므로

$\frac{PL}{4} - \frac{Pa}{2} = \left| -P \cdot a \right|$

$\therefore \frac{L}{a} = 6$

절대 최대 휨모멘트

13 그림과 같이 2개의 집중하중이 단순보 위를 통과할 때 절대 최대 휨모멘트의 크기와 발생위치 x는?

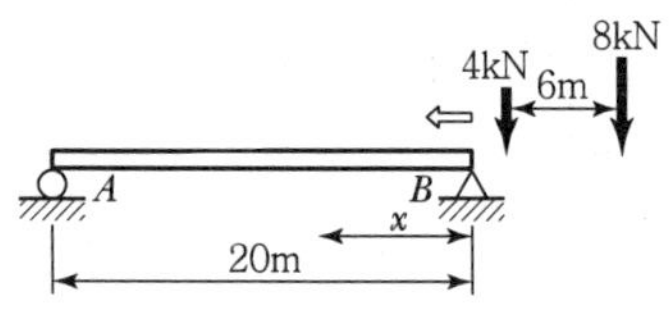

① $M_{max} = 36.2\text{kN} \cdot \text{m},\ x = 8\text{m}$
② $M_{max} = 38.2\text{kN} \cdot \text{m},\ x = 8\text{m}$
③ $M_{max} = 48.6\text{kN} \cdot \text{m},\ x = 9\text{m}$
④ $M_{max} = 50.6\text{kN} \cdot \text{m},\ x = 9\text{m}$

해설

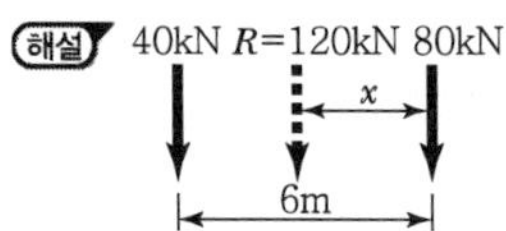

㉠ 바리뇽 정리

$R \times x = 4 \times 6 \quad \therefore x = 2\text{m}$

㉡ 절대 최대 휨모멘트는 합력($R = 12\text{kN}$)과 큰 하중(8kN)의 2등분점이 보 중앙에 올 때 큰 하중(8kN) 밑에 생긴다.($x = 9\text{m}$)

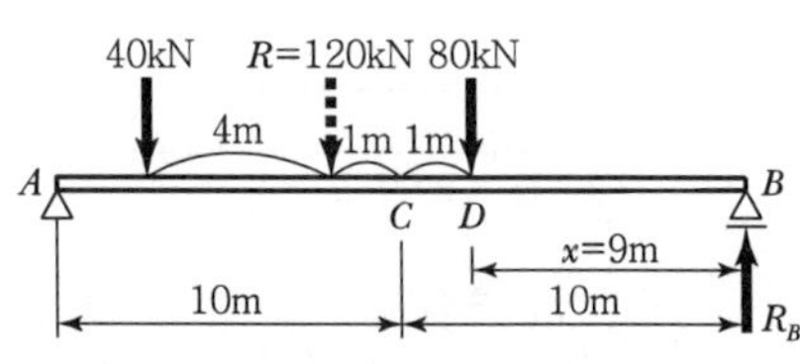

㉢ $\therefore M_D = M_{max} = R_B \times 9 = \left(\frac{8 \times 11 + 4 \times 5}{20}\right) \times 9$

$= 48.6\text{kN} \cdot \text{m}$

정답 10 ③　11 ③　12 ①　13 ③

14 그림과 같은 단순보에 하중이 우에서 좌로 이동할 때 절대 최대 휨모멘트는 얼마인가?

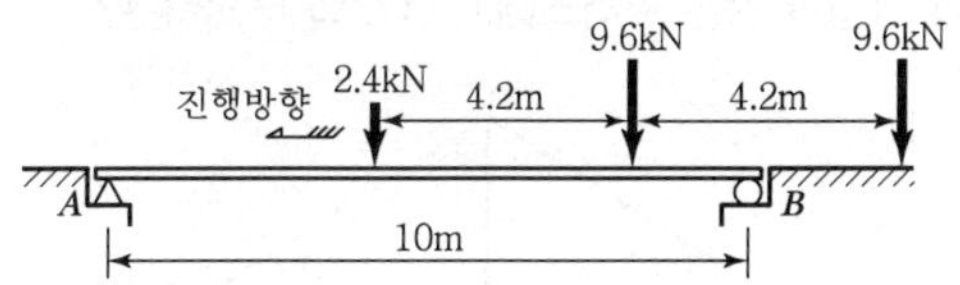

① 22.86kN · m ② 25.86kN · m
③ 29.86kN · m ④ 33.86kN · m

해설 ㉠ 바리뇽 정리(C점)

$R\times x=-2.4\times 4.2+9.6\times 4.2$

$\therefore\ x=1.4\text{m}$

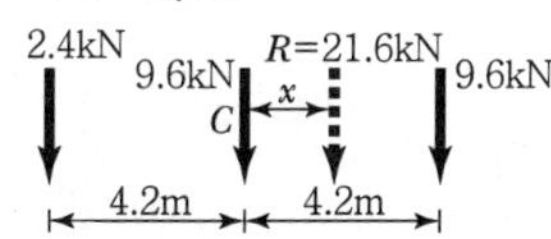

㉡ 절대 최대 휨모멘트는 합력(21.6kN)과 근접하중(9.6kN)의 이등분점이 보 중앙에 올 때 근접하중(9.6kN) 밑에 생긴다.

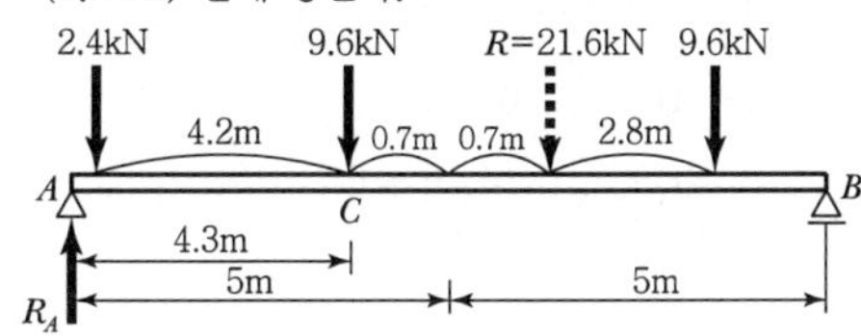

㉢ $M_{max}=R_A\times 4.3\text{m}-2.4\text{kN}\times 4.2\text{m}$

$=\left(\dfrac{21.6\times 4.3}{10}\right)\times 4.3-10.08$

$=29.8584\text{kN}\cdot\text{m}$

5장 라멘 · 아치

반력

15 그림과 같은 반원형 3힌지 아치에서 A점의 수평 반력은?

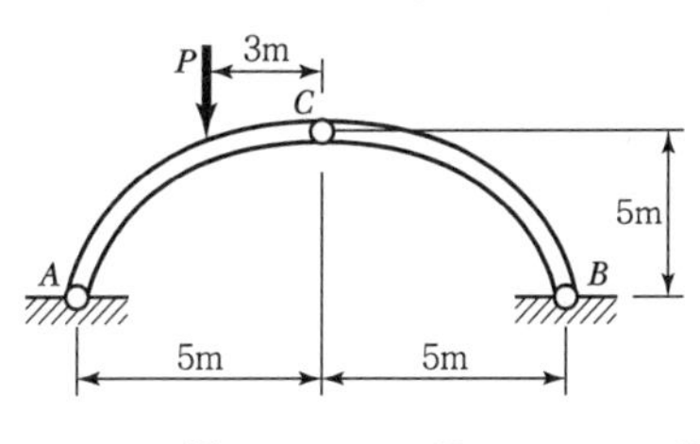

① P ② $\dfrac{P}{2}$ ③ $\dfrac{P}{4}$ ④ $\dfrac{P}{5}$

해설 ㉠ $\Sigma M_B=V_A\times 10-P\times 8=0$

$\therefore\ V_A=\dfrac{4}{5}P$

(힌지 좌측 부분)

㉡ $\Sigma M_c=V_A\times 5-P\times 3-H_A\times 5=0$

$\therefore\ H_A=\dfrac{P}{5}(\rightarrow)$

〈별해〉 $H_A=\dfrac{P(5-3)}{2h}=\dfrac{P\times 2}{2\times 5}=\dfrac{P}{5}(\rightarrow)$

휨모멘트

16 그림과 같은 정정 라멘에서 C점의 휨모멘트는?

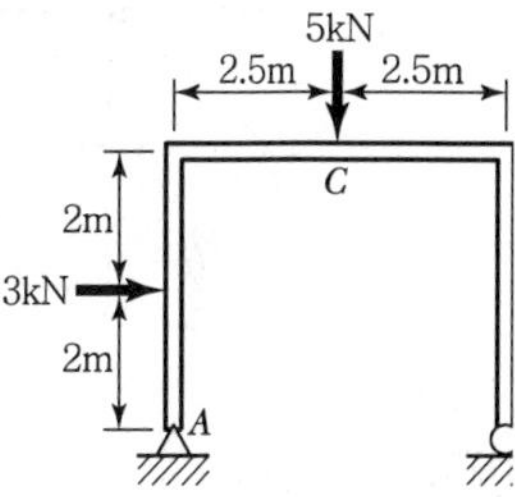

① 6.25kN · m
② 9.25kN · m
③ 12.3kN · m
④ 18.2kN · m

해설 ㉠ $\Sigma M_A=0$

$-V_B\times 5+3\times 2+5\times 2.5=0$

$\therefore\ V_B=3.7\text{kN}(\uparrow)$

㉡ $M_c=V_B\times 2.5=3.7\times 2.5=9.25\text{kN}\cdot\text{m}$

17 그림과 같은 구조에서 절댓값이 최대로 되는 휨모멘트의 값은?

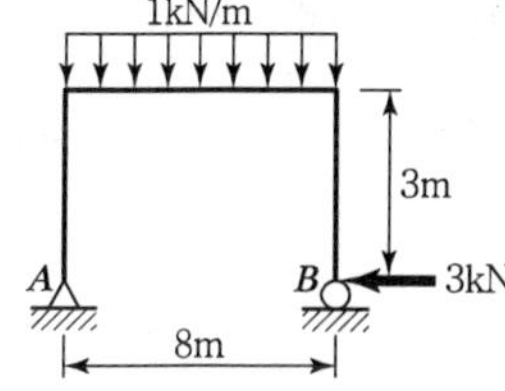

① 9.0kN · m
② 5.0kN · m
③ 4.0kN · m
④ 3.0kN · m

해설

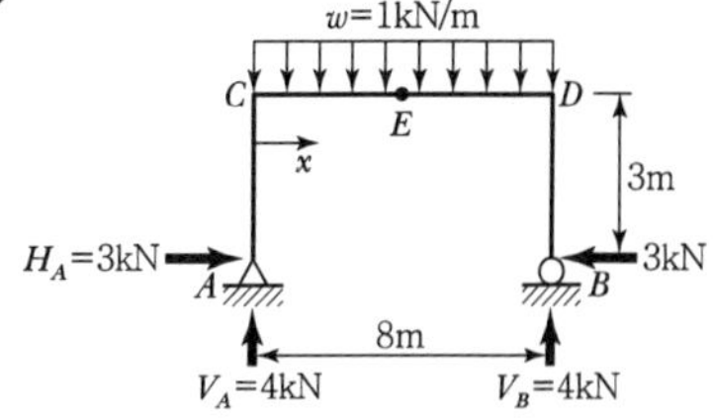

㉠ $V_A=V_B=\dfrac{1\times 8}{2}=4\text{kN}(\uparrow)$

㉡ $S_x=4t-1\times x=0$

$\therefore\ x=4\text{m}$

정답 14 ③ 15 ④ 16 ② 17 ①

㉢ $M_E = \dfrac{\omega l^2}{8} - H_A \cdot h = \dfrac{1\times 8^2}{8} - 3\times 3$

$= -1\text{kN}\cdot\text{m}$

㉣ $M_c = -M_A \times 3 = -9\text{kN}\cdot\text{m}$

6장 트러스

반력

18 그림과 같은 하중을 받는 트러스에서 A지점은 힌지(Hinge), B지점은 롤러(Roller)로 되어 있을 때 A점의 반력의 합력 크기는?

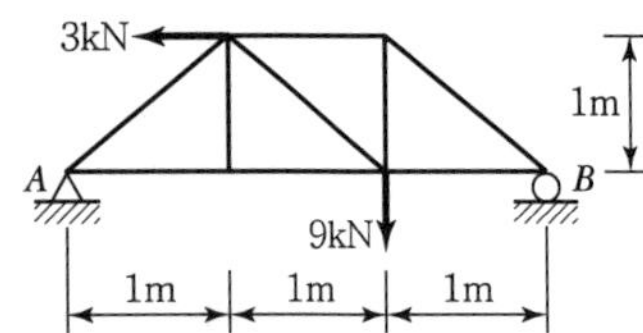

① 3kN ② 4kN ③ 5kN ④ 6kN

해설 ㉠ $\Sigma H = 0 \quad -3 + H_A = 0$

$\therefore\ H_A = 3\text{kN}(\rightarrow)$

㉡ $\Sigma M_B = V_A \times 3 - 3\times 1 - 9\times 1 = 0$

$\therefore\ V_A = 4\text{kN}(\uparrow)$

㉢ A점 반력

$R_A = \sqrt{{H_A}^2 + {V_A}^2} = \sqrt{3^3 + 4^2} = 5\text{kN}(\nearrow)$

0부재

19 다음 트러스의 부재력이 0인 부재는?

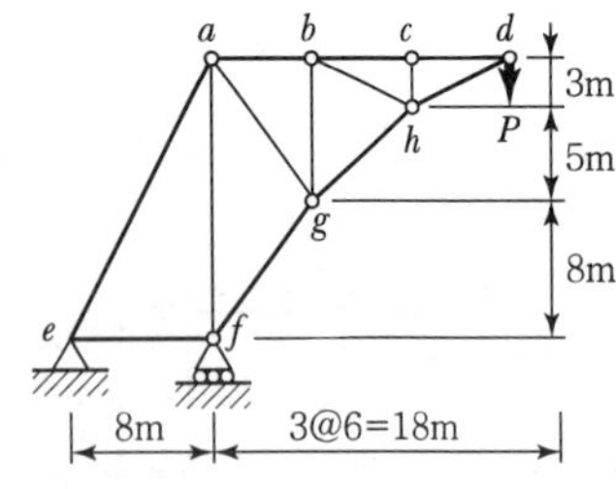

① 부재 $a-e$ ② 부재 $a-f$

③ 부재 $b-g$ ④ 부재 $c-h$

해설

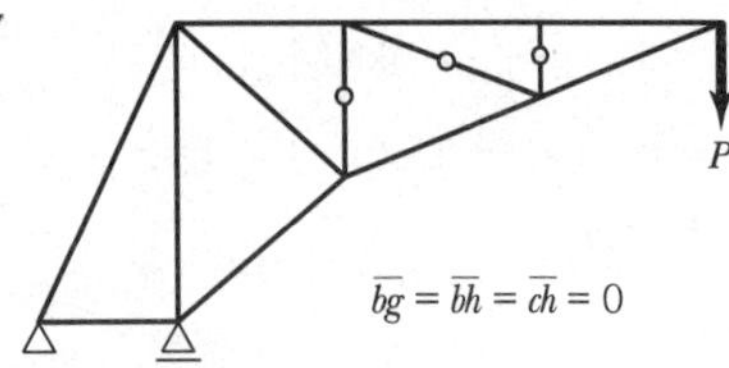

부재력

20 그림과 같은 트러스에서 AC의 부재력은?

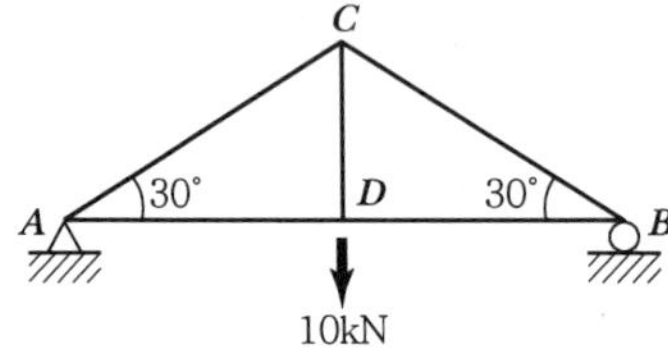

① 인장 10kN ② 인장 15kN

③ 압축 5kN ④ 압축 10kN

해설

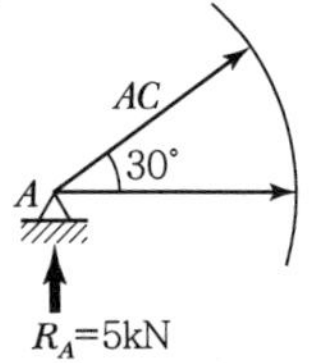

$\Sigma V = 0$

$R_A + AC \cdot \sin 30° = 0$

$5 + AC \cdot \dfrac{1}{2} = 0$

$\therefore\ AC = -10\text{kN}$(압축)

21 그림과 같은 트러스의 사재 D의 부재력은?

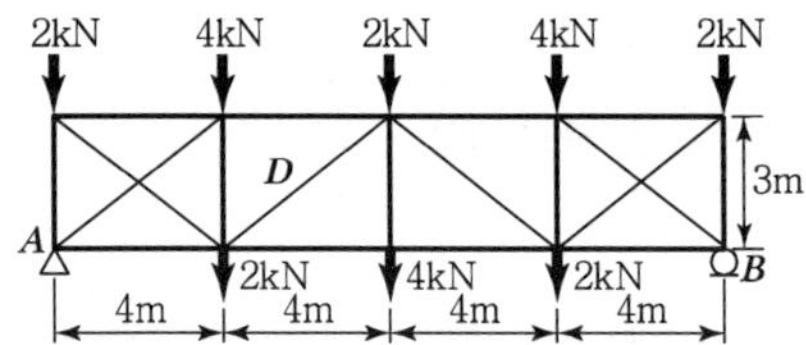

① 5kN(인장) ② 5kN(압축)

③ 3.75kN(인장) ④ 3.75kN(압축)

해설

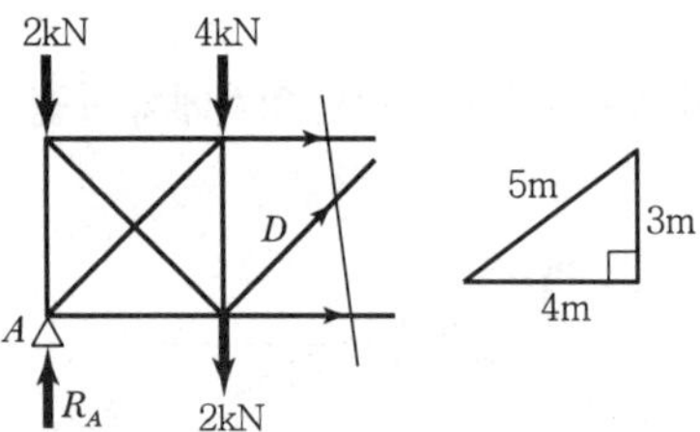

㉠ $R_A = 11\text{kN}$

㉡ $\Sigma V = 0$

$11 - 2 - 4 - 2 - D \times \dfrac{3}{5} = 0$

$\therefore\ D = -5\text{kN}$(압축)

정답 18 ③ 19 ④ 20 ④ 21 ②

7장 재료의 성질

푸아송의 비 · 수

22 직경 50mm, 길이 2m의 봉이 힘을 받아 길이가 2mm 늘어났다면, 이때 이 봉의 직경은 얼마나 줄어드는가?[단, 이 봉의 푸아송(Poisson's) 비는 0.3이다.]

① 0.015mm ② 0.030mm
③ 0.045mm ④ 0.060mm

해설

$$\text{푸아송 비}(\nu)=\frac{\text{가로}\varepsilon}{\text{세로}\varepsilon}=\frac{\frac{\Delta d}{D}}{\frac{\Delta l}{l}}=\frac{l\Delta d}{D\Delta l}$$

$$\therefore \Delta d=\frac{\nu\Delta l D}{l}=\frac{0.3\times2\times50}{2{,}000}=0.015\text{mm}$$

탄성계수 E

23 길이 5m, 단면적 10cm²의 강봉을 0.5mm 늘이는 데 필요한 인장력은?(단, $E=2\times10^6\text{N/cm}^2$)

① 2kN ② 3kN ③ 4kN ④ 5kN

해설 $\Delta l=\frac{Pl}{AE}$ 식에서

$$\therefore P=\frac{\Delta l\cdot A\cdot E}{l}=\frac{0.05\times10\times2\times10^6}{500}$$

$$=2{,}000\text{N}=2\text{kN}$$

전단탄성계수 G

24 길이 20cm, 단면 20cm×20cm인 부재에 100kN의 전단력이 가해졌을 때 전단 변형량은?(단, 전단 탄성계수 $G=80{,}000\text{N/cm}^2$이다.)

① 0.0625cm ② 0.00625cm
③ 0.0725cm ④ 0.00725cm

해설 ㉠ $\text{전단탄성계수}(G)=\frac{\text{전단응력}(\tau)}{\text{전단변형률}(\gamma)}$

$$=\frac{\frac{S}{A}}{\frac{\lambda}{l}}=\frac{Sl}{A\lambda}$$

㉡ $\lambda=\frac{Sl}{AG}=\frac{100{,}000\times20}{20\times20\times80{,}000}$

$=0.0625\text{cm}$

25 탄성계수는 $2.3\times10^6\text{kN/cm}^2$, 푸아송 비는 0.35일 때 전단 탄성계수의 값을 구하면?

① $8.1\times10^5\text{kN/cm}^2$ ② $8.5\times10^5\text{kN/cm}^2$
③ $8.9\times10^5\text{kN/cm}^2$ ④ $9.3\times10^5\text{kN/cm}^2$

〈공식〉

$$G=\frac{E}{2(1+\nu)}$$

$$G=\frac{2.3\times10^6}{2(1+0.35)}\fallingdotseq 8.5\times10^5\text{kN/cm}^2$$

26 지름 20mm, 길이 3m의 연강원축(軟鋼圓軸)에 3,000kN의 인장하중을 작용시킬 때 길이가 1.4mm 늘어났고, 지름이 0.0027mm 줄어들었다. 이때 전단 탄성계수는 약 얼마인가?

① $2.63\times10^6\text{kN/cm}^2$ ② $3.37\times10^6\text{kN/cm}^2$
③ $5.57\times10^6\text{kN/cm}^2$ ④ $7.94\times10^5\text{kN/cm}^2$

해설 ㉠ 푸아송 비 $\nu=\frac{\beta}{\varepsilon}=\frac{0.00027/2}{0.14/300}=0.289$

㉡ 인장응력 $\sigma=E\cdot\varepsilon=\frac{P}{A}$

㉢ 탄성계수 $E=\frac{P}{A\cdot\varepsilon}=\frac{3{,}000}{\pi\times2^2/4\times0.14/300}$

$=2.05\times10^6\text{kN/cm}^2$

㉣ 전단탄성계수 $G=\frac{E}{2(1+\nu)}=\frac{2.05\times10^6}{2(1+0.289)}$

$=7.94\times10^5\text{kN/cm}^2$

고정단반력

27 상하단이 고정인 기둥에 그림과 같이 힘 P가 작용한다면 반력 R_A, R_B 값은?

① $R_A=\frac{P}{2}$, $R_B=\frac{P}{2}$

② $R_A=\frac{P}{3}$, $R_B=\frac{2P}{3}$

③ $R_A=\frac{2P}{3}$, $R_B=\frac{P}{3}$

④ $R_A=P$, $R_B=0$

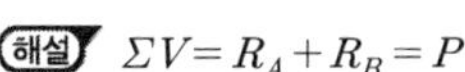

해설 $\Sigma V=R_A+R_B=P$

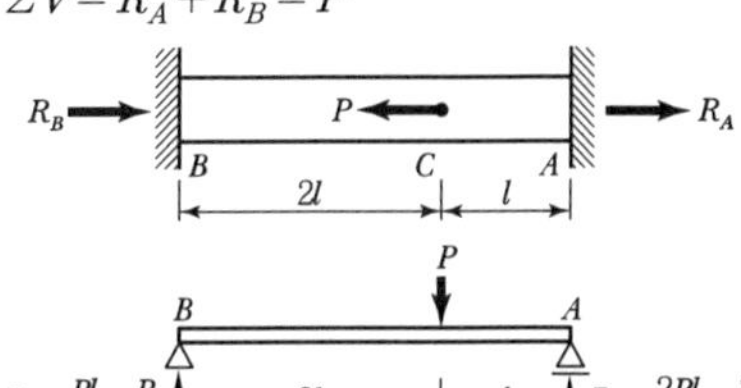

정답 22 ① 23 ① 24 ① 25 ② 26 ④ 27 ③

부재 · 응력

28 무게 3,000kN인 물체를 단면적이 $2cm^2$인 1개의 동선과 양쪽에 단면적이 $1cm^2$인 철선으로 매달았다면 철선과 동선의 인장응력 σ_s, σ_c는 얼마인가?(단, 철선의 탄성계수 $E_s = 2.1 \times 10^6 kN/cm^2$ 동선의 탄성계수 $E_c = 1.05 \times 10^6 kN/cm^2$이다.)

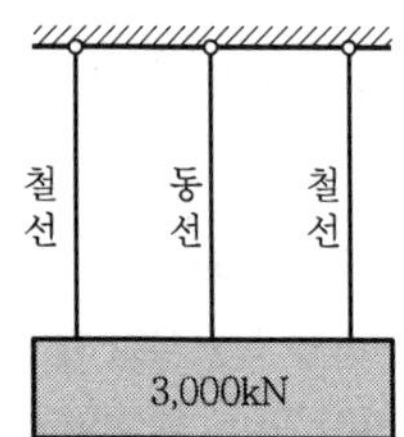

① $\sigma_s = 1,000kN/cm^2$, $\sigma_c = 1,000kN/cm^2$
② $\sigma_s = 1,000kN/cm^2$, $\sigma_c = 500kN/cm^2$
③ $\sigma_s = 500kN/cm^2$, $\sigma_c = 1,500kN/cm^2$
④ $\sigma_s = 500kN/cm^2$, $\sigma_c = 500kN/cm^2$

해설 ㉠ 탄성계수비

$$n = \frac{E_s}{E_c} = \frac{2.1 \times 10^6}{1.05 \times 10^6} = 2$$

㉡ 동선의 응력

$$\sigma_c = \frac{P}{A_c + nA_s} = \frac{3,000}{2 + 2(1 \times 2)} = 500kN/cm^2$$

㉢ 철선의 응력

$$\sigma_s = n\sigma_c = 2 \times 500 = 1,000kN/cm^2$$

전단류

29 그림과 같이 두 개의 나무판이 못으로 조립된 T형보에서 $V = 155kN$이 작용할 때 한 개의 못이 전단력 70kN을 전달할 경우 못의 허용 최대 간격은 약 얼마인가?(단, $I = 11,354.0cm^4$)

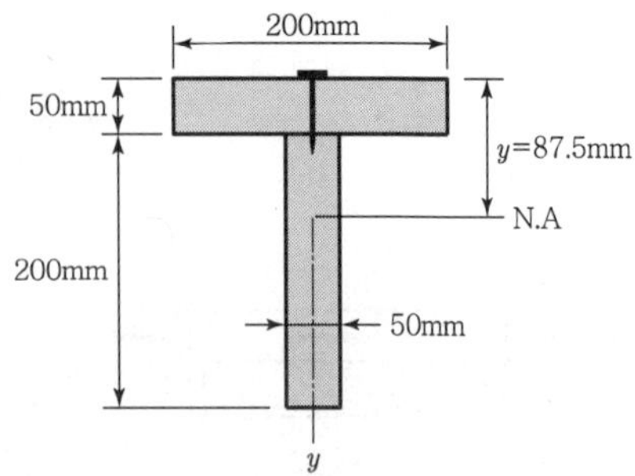

① 7.5cm ② 8.2cm ③ 8.9cm ④ 9.7cm

해설

$$전단류\ f = \tau \cdot b = \frac{V \cdot G}{I}$$

여기서, V : 전단력, G : 단면1차모멘트
I : 단면2차모멘트, n : 못의 줄 수
F : 못 1개가 버티는 전단력, S : 못의 간격

㉠ $G = A \cdot y = (200 \times 50) \times (87.5 - 25)$
$= 625,000mm^3 = 625cm^3$

㉡ $f = \frac{VG}{I} = \frac{155 \times 625}{11,354} = 8,532kN/cm$

㉢ $\frac{8,532}{1} = \frac{70}{S}$

$S = 8.2cm$

원환응력

30 지름 $d = 120cm$, 벽두께 $t = 0.6cm$인 긴 강관이 $q = 20N/cm^2$의 내압을 받고 있다. 이 관벽 속에 발생하는 원환응력 σ의 크기는?

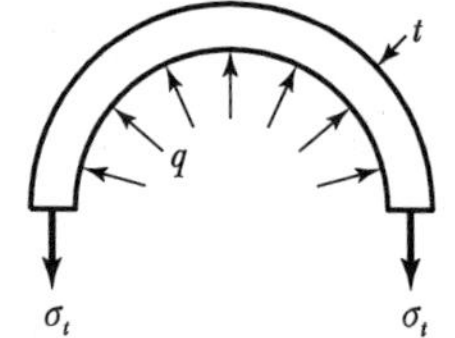

① $300N/cm^2$
② $900N/cm^2$
③ $1,800N/cm^2$
④ $2,000N/cm^2$

해설 〈공식〉 원환능력

$$\sigma = \frac{P \cdot D}{2t} \qquad (P : 내압)$$

$$\sigma = \frac{20 \times 120}{2 \times 0.6} = 2,000N/cm^2$$

경사 평면의 축응력

31 축인장하중 $P = 2kN$을 받고 있는 지름 10cm의 원형봉 속에 발생하는 최대 전단응력은 얼마인가?

① $12.73N/cm^2$ ② $15.15N/cm^2$
③ $17.56N/cm^2$ ④ $19.98N/cm^2$

〈공식〉 $\tau = \frac{\sigma}{2}\sin 2\theta$

$\theta = 45$일 때 전단응력(τ)이 최대이므로

$$\tau_{max} = \frac{1}{2}\left(\frac{P}{A}\right)\sin 2 \times 45° = \frac{1}{2} \cdot \frac{2,000}{\pi \times \frac{10^2}{4}}$$

$\fallingdotseq 12.73N/cm^2$

정답 28 ② 29 ② 30 ④ 31 ①

32 평면응력을 받는 요소가 다음과 같이 응력을 받고 있다. 최대 주응력은?

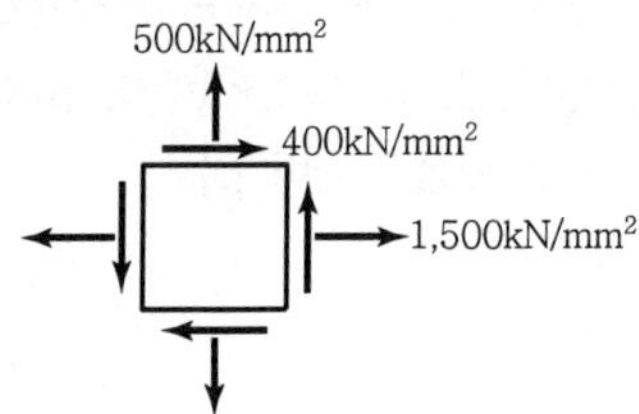

① $640kN/mm^2$　② $1,640kN/mm^2$
③ $360kN/mm^2$　④ $1,360kN/mm^2$

해설 최대 주응력

$$\sigma_{max} = \frac{\sigma_x + \sigma_y}{2} + \frac{1}{2}\sqrt{(\sigma_x - \sigma_y^2) + 4 \cdot \tau_{xy}^{\ 2}}$$
$$= \frac{1,500+500}{2} + \frac{1}{2}\sqrt{(1,500-500)^2 + 4 \times (400)^2}$$
$$= 1,000 + 640.3$$
$$≒ 1,640kN/mm^2$$

8장 보의 응력

휨응력

33 그림과 같은 직사각형 단면의 보가 최대 휨모멘트 $M_{max} = 2kN \cdot m$를 받을 때 $a-a$ 단면의 휨응력은?

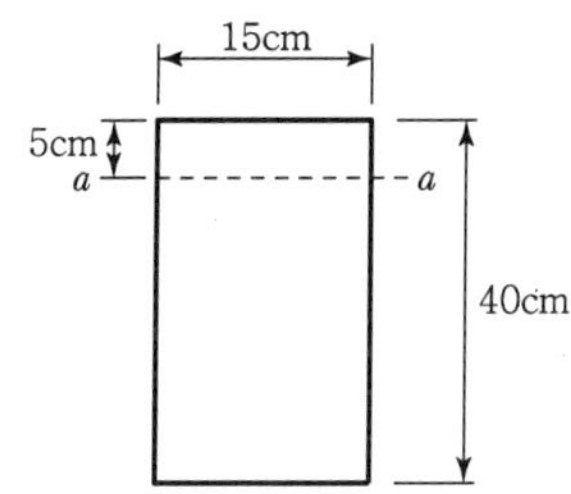

① $22.5N/cm^2$　② $37.5N/cm^2$
③ $42.5N/cm^2$　④ $46.5N/cm^2$

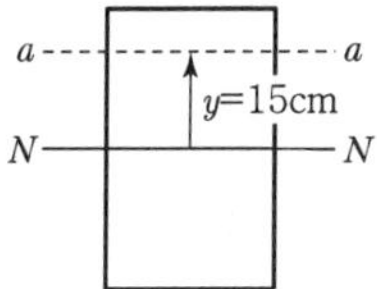

① $I_{a-a} = \frac{bh^3}{12} = \frac{15 \times 40^3}{12} = 80,000cm^4$

② $\sigma_{a-a} = \frac{M}{I} \cdot y = \frac{2 \times 10^5}{80,000} \times 15 = 37.5N/cm^2$

전단응력

34 다음 그림과 같은 I형 단면보에 8kN의 전단력이 작용할 때 상연(上椽)에서 5cm 아래인 지점에서의 전단응력은?(단, 단면2차모멘트는 $100,000cm^4$이다.)

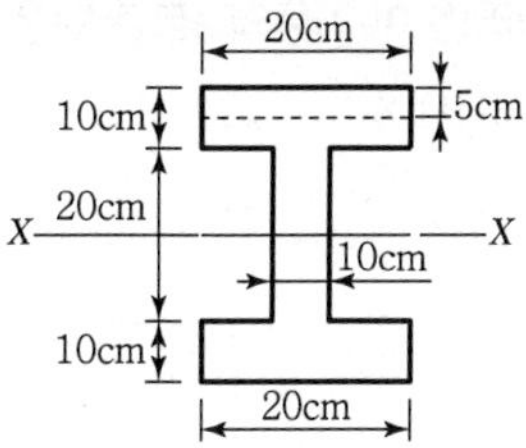

① $5.25N/cm^2$　② $7.0N/cm^2$
③ $12.25N/cm^2$　④ $16.0N/cm^2$

해설 $\tau = \frac{SG}{Ib} = \frac{8,000 \times (20 \times 5 \times 17.5)}{100,000 \times 20} = 7N/cm^2$

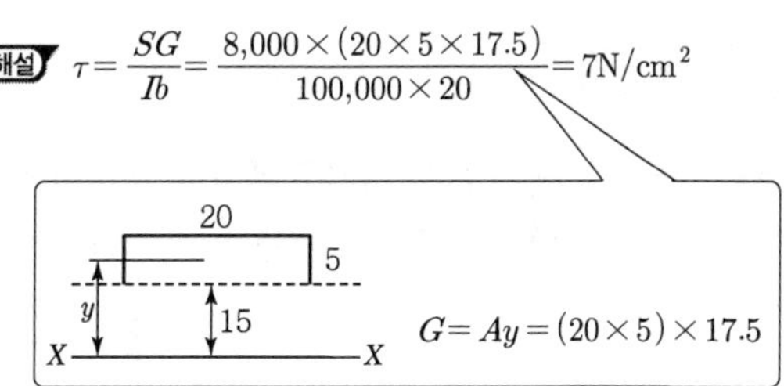

35 주어진 T형보 단면의 캔틸레버에서 최대 전단응력을 구하면 얼마인가?(단, T형보 단면의 $I_{NA} = 86.8cm^4$이다.)

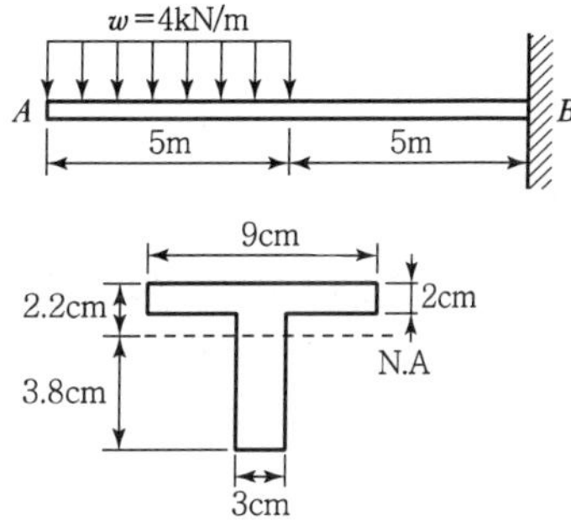

① $1,256.8N/cm^2$　② $1,663.6N/cm^2$
③ $2,079.5N/cm^2$　④ $2,433.2N/cm^2$

해설 ㉠ $S_{max} = R_B = 4 \times 5 = 20t$

㉡ $G_{NA} = A \cdot y = (3.8 \times 3) \times \frac{3.8}{2} = 21.66cm^3$

㉢ $\tau_{max} = \frac{S_{max}G}{Ib} = \frac{20 \times 10^3 \times 21.66}{86.8 \times 3}$

$≒ 1663.59N/cm^2$

정답 32 ② 33 ② 34 ② 35 ②

9장 기둥

세장비

36 기둥의 길이가 3m이고 단면이 100mm×120mm인 직사각형이라면 이 기둥의 세장비는?

① 86.8 ② 94.8 ③ 103.9 ④ 112.9

해설 ① $I_{\min} = \dfrac{b^3h}{12} = \dfrac{10^3 \times 12}{12} = 1{,}000\text{cm}^4$

② $r_{\min} = \sqrt{\dfrac{I_{\min}}{A}} = \sqrt{\dfrac{1{,}000}{10 \times 12}} \fallingdotseq 2.887\text{cm}$

③ 세장비 $\lambda = \dfrac{l}{r_{\min}} = \dfrac{300}{2.887} \fallingdotseq 103.9$

편심응력

37 그림과 같은 단주에서 편심거리 e에 $P=800\text{kN}$이 작용할 때 단면에 인장력이 생기지 않기 위한 e의 한계는?

① 10cm
② 9cm
③ 8cm
④ 5cm

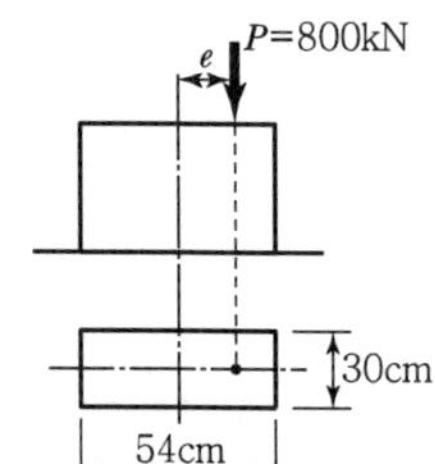

해설 인장응력이 생기지 않으려면

$e_x = \dfrac{b}{6} = \dfrac{54}{6} = 9\text{cm}$

단계수 n

38 단면과 길이가 같으나 지지조건이 다른 그림과 같은 2개의 장주가 있다. 장주 (a)가 3kN의 하중을 받을 수 있다면, 장주 (b)가 받을 수 있는 하중은?

① 12kN
② 24kN
③ 36kN
④ 48kN

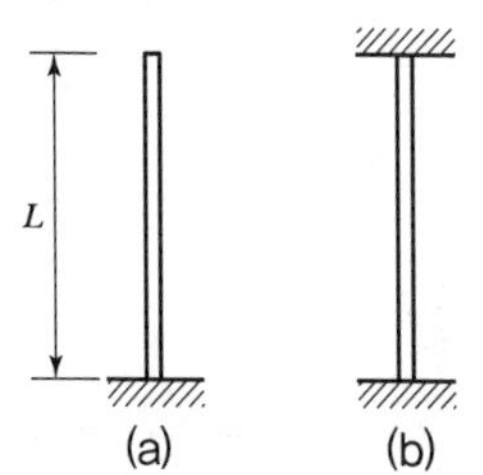

해설 좌굴하중은 양단 지지상태 n값에 비례하므로

$n_{(a)} : n_{(b)} = \dfrac{1}{4} : 4 = 1 : 16$이므로

$\therefore P_a : P_b = 3\text{kN} : 48\text{kN}$

좌굴응력

39 양단 고정의 장주에 중심축하중이 작용할 때 이 기둥의 좌굴응력은?(단, $E=2.1\times10^6\text{N/cm}^2$이고, 기둥은 지름이 4cm인 원형 기둥이다.)

① 33.5N/cm^2
② 67.2N/cm^2
③ 129.5N/cm^2
④ 259.1N/cm^2

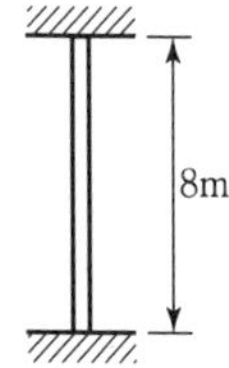

해설 ㉠ 세장비 : $\lambda = \dfrac{l}{r} = \dfrac{l}{D/4} = \dfrac{800}{4/4} = 800$

㉡ 양단 고정 : $n=4$

㉢ $\sigma = \dfrac{n\pi^2 EI}{\lambda^2} = \dfrac{4\pi^2 \times 2.1 \times 10^6}{800^2} \fallingdotseq 129.5\text{N/cm}^2$

40 길이 2m, 지름 4cm의 원형 단면을 가진 일단 고정, 타단 힌지의 장주에 중심축 하중이 작용할 때 이 단면의 좌굴응력은?(단, $E=2\times10^6\text{kN/cm}^2$이다.)

① 769kN/cm^2 ② 987kN/cm^2
③ $1{,}254\text{kN/cm}^2$ ④ $1{,}487\text{kN/cm}^2$

해설 ㉠ 세장비

$\lambda = \dfrac{l}{r} = \dfrac{l}{D/4} = \dfrac{200}{4/4} = 200$

㉡ 좌굴응력

$\sigma_b = \dfrac{n\pi^2 E}{\lambda^2} = \dfrac{2 \times \pi^2 \times 2 \times 10^6}{200^2} \fallingdotseq 987\text{kN/cm}^2$

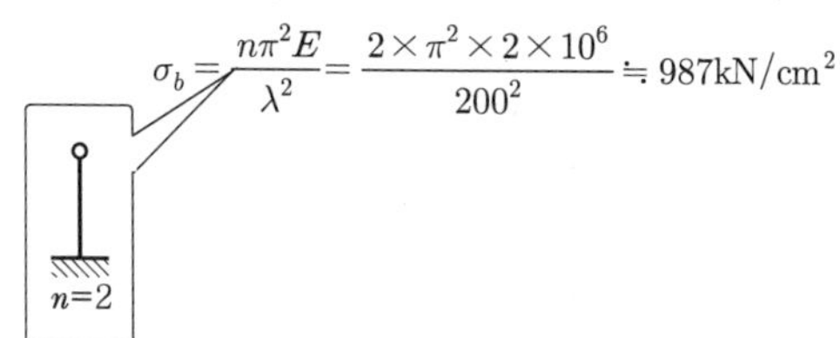

10장 처짐

단순보 처짐

41 그림 (a)와 (b)의 중앙점의 처짐이 같아지도록 그림 (b)의 등분포하중 w를 그림 (a)의 하중 P의 함수로 나타내면 얼마인가?(단, 재료는 같다.)

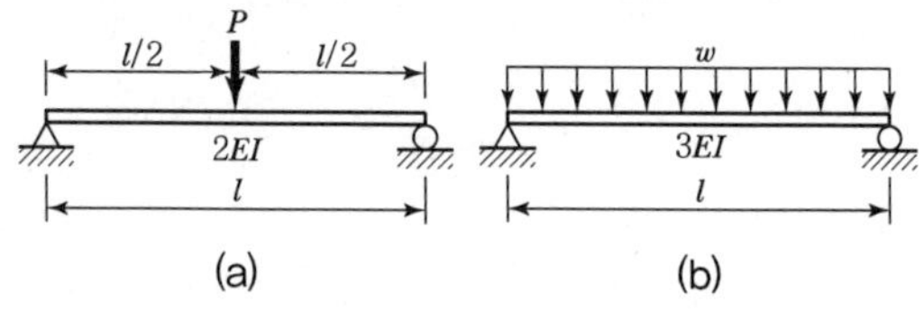

정답 36 ③ 37 ② 38 ④ 39 ③ 40 ② 41 ④

① $1.2\frac{P}{l}$　② $1.6\frac{P}{l}$　③ $2.0\frac{P}{l}$　④ $2.4\frac{P}{l}$

해설 ㉠ $y_a = \frac{Pl^3}{48(2EI)} = \frac{Pl^3}{96EI}$

㉡ $y_b = \frac{5\omega^4}{384(3EI)} = \frac{\omega l^4}{230.4EI}$

㉢ $y_a = y_b$ 이므로

$$\frac{Pl^3}{96EI} = \frac{\omega l^4}{230.4EI}$$

$$\therefore \omega = \frac{2.4P}{l}$$

42 단순보의 중앙에 수평하중 P가 작용할 때 B점에서의 처짐각을 구하면?

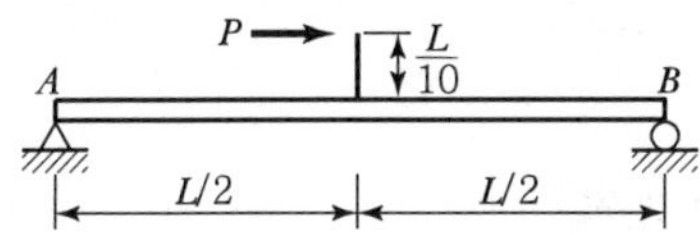

① $-\frac{PL^2}{240EI}$　② $-\frac{PL^2}{120EI}$

③ $-\frac{3PL^2}{80EI}$　④ $-\frac{3PL^2}{40EI}$

해설

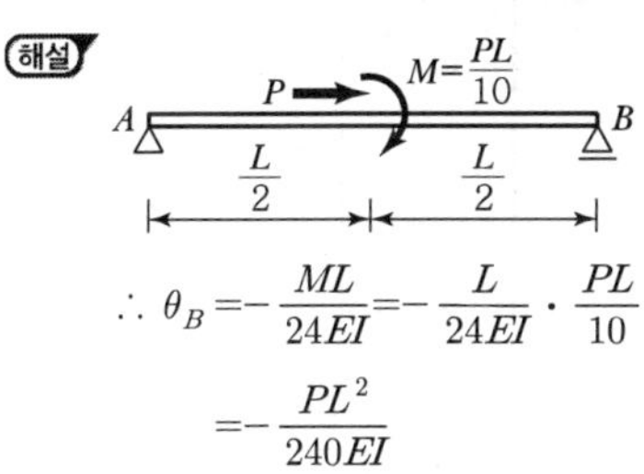

$$\therefore \theta_B = -\frac{ML}{24EI} = -\frac{L}{24EI}\cdot\frac{PL}{10}$$

$$= -\frac{PL^2}{240EI}$$

43 그림과 같은 단순보의 지점 A에 모멘트 M_a가 작용할 경우 A점과 B점의 처짐각 비 $\left(\frac{\theta_a}{\theta_b}\right)$의 크기는?

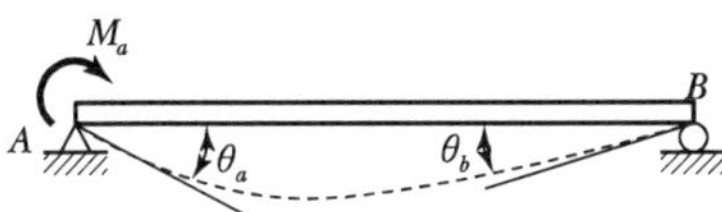

① 1.5　② 2.0

③ 2.5　④ 3.0

해설 ㉠ $\theta_a = \frac{M_a \cdot l}{3EI}$

㉡ $\theta_b = \frac{M_a \cdot l}{6EI}$

㉢ $\left(\frac{\theta_a}{\theta_b}\right) = \frac{M_a \cdot l/3EI}{M_a \cdot l/6EI} = 2$

내민보 처짐

44 그림과 같은 내민보에서 자유단 C점의 처짐이 0이 되기 위한 P/Q는 얼마인가?(단, EI는 일정하다.)

① 3

② 4

③ 5

④ 6

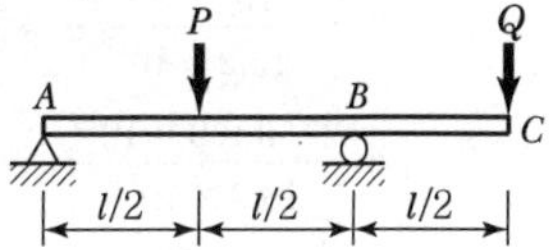

해설

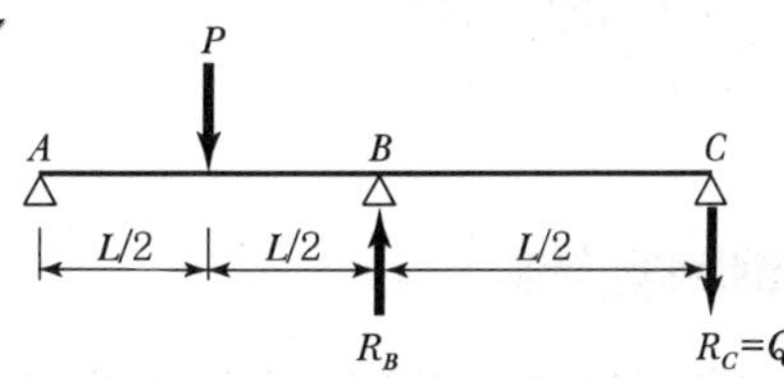

㉠ $M_B = -\frac{3PL}{16} \times \frac{L}{L+\frac{L}{2}} = -\frac{3}{16}PL \times \frac{2}{3} = -\frac{P}{8}L$

㉡ $R_C = \frac{M_B}{\frac{L}{2}} = \frac{-PL}{8} \times \frac{2}{L} = \frac{-P}{4}$

㉢ $Q = \frac{P}{4}$

$$\therefore \frac{P}{Q} = \frac{4}{1} = 4$$

게르버보 처짐

45 그림과 같은 게르버보에서 하중 P만에 의한 C점의 처짐은?(단, EI는 일정하고 $EI = 2.7 \times 10^{11}\text{kN}\cdot\text{cm}^2$이다.)

① 0.7cm

② 1.0cm

③ 2.0cm

④ 2.7cm

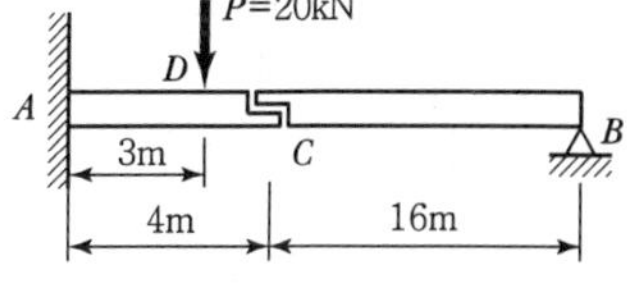

해설

20kN

A D C B

3m

4m　16m

20kN

A D C

3m　1m

〈공식〉

$$\delta_c = \frac{Pa^2}{6EI}(2a+3b)$$

여기서, $a = 3\text{m} = 300\text{cm}$, $b = 1\text{m} = 100\text{cm}$

$P = 20\text{kN} = 20 \times 10^3\text{N}$

$EI = 2.7 \times 10^{11}\text{N}\cdot\text{cm}^2$

정답 42 ① 43 ② 44 ② 45 ②

$$
\begin{aligned}
\delta_c &= \frac{Pa^2}{6EI}(2a+3b) \\
&= \frac{(20\times10^3)\times(300)^2}{6\times(2.7\times10^{11})}(2\times300+3\times100) \\
&= \frac{2\times10^4\times9\times10^4}{16.2\times10^{11}}\times900 \\
&= \frac{2\times9\times9\times10^{10}}{16.2\times10^{11}} \\
&= \frac{162\times10^{10}}{16.2\times10^{11}} = \frac{16.2\times10^{11}}{16.2\times10^{11}} \\
&= 1\text{cm}
\end{aligned}
$$

캔틸레버보 처짐

46 **전단면이 균일하고, 재질이 같은 2개의 캔틸레버보가 자유단의 처짐값이 동일하다. 이때 캔틸레버보(b)의 휨강성 EI 값은?**

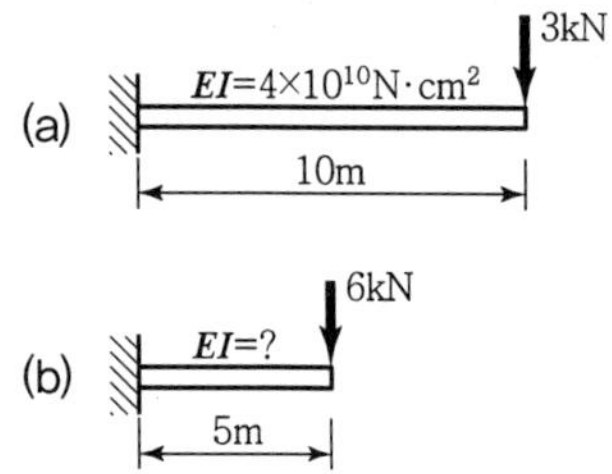

① $(0.5\times10^{10})\text{N}\cdot\text{cm}^2$ ② $(1.0\times10^{10})\text{N}\cdot\text{cm}^2$
③ $(2.0\times10^{10})\text{N}\cdot\text{cm}^2$ ④ $(3.0\times10^{10})\text{N}\cdot\text{cm}^2$

해설

〈공식〉 $y_{\max} = \dfrac{Pl^3}{3EI}$

㉠ $y_a = \dfrac{3{,}000\times1{,}000^3}{3\times4\times10^{10}}$

㉡ $y_b = \dfrac{6{,}000\times500^3}{3EI}$

㉢ $y_a = y_b$ 이므로

$$
\begin{aligned}
EI &= \frac{6{,}000\times500^3\times3\times4\times10^{10}}{3\times3{,}000\times1{,}000^3} \\
&= (1\times10^{10})\text{N}\cdot\text{cm}^2
\end{aligned}
$$

47 **그림과 같은 집중하중이 작용하는 캔틸레버보(Cantilever Beam)의 A점의 처짐은?(단, EI는 일정하다.)**

① $\dfrac{14PL^3}{3EI}$ ② $\dfrac{2PL^3}{EI}$
③ $\dfrac{8PL^3}{3EI}$ ④ $\dfrac{10PL^3}{3EI}$

해설

〈공식〉

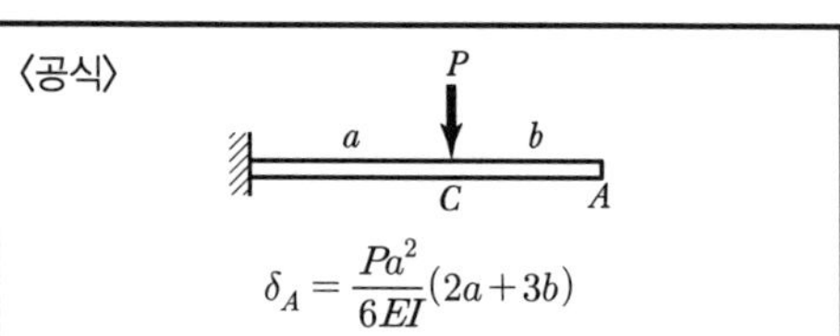

$\delta_A = \dfrac{Pa^2}{6EI}(2a+3b)$

$$
\begin{aligned}
\delta_A &= \frac{P(2L)^2}{6EI}\times(2\times2L+3L) \\
&= \frac{4PL^2}{6EI}\times7L \\
&= \frac{14}{3EI}PL^3
\end{aligned}
$$

라멘 처짐

48 **그림과 같은 구조물에서 C점의 수직처짐을 구하면?(단, $EI = 2\times10^9\text{N}\cdot\text{cm}^2$이며 자중은 무시한다.)**

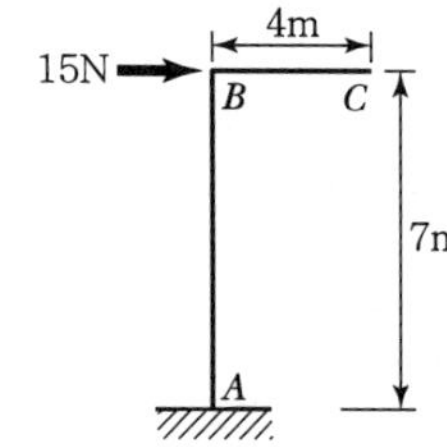

① 2.70mm ② 3.57mm
③ 6.24mm ④ 7.35mm

해설

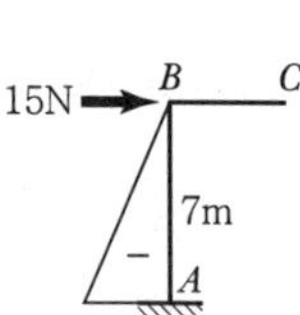

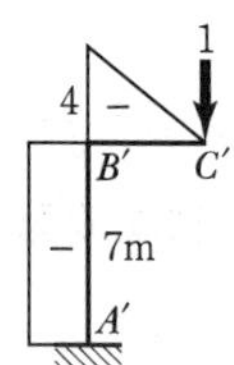

$15\times7\times100\text{N}\cdot\text{cm}$
$=15\times700\text{N}\cdot\text{cm}$
(P에 의한 BMD)

$400\text{N}\cdot\text{cm}$
($P=1$에 의한 BMD)

〈공식〉 $\delta = \dfrac{1}{2EI}(M_1)\times(M_2)\times(\text{부재길이})$

$$
\begin{aligned}
\delta &= \underbrace{\frac{1}{2EI}(15\times700)(400)(700)}_{AB} + \underbrace{\frac{1}{2EI}(0)(4)(400)}_{BC} \\
&= 0.735+0 \\
&= 0.735\text{mm}
\end{aligned}
$$

정답 46 ② 47 ① 48 ④

49 그림과 같은 정정 라멘에서 C점의 수직 처짐은?

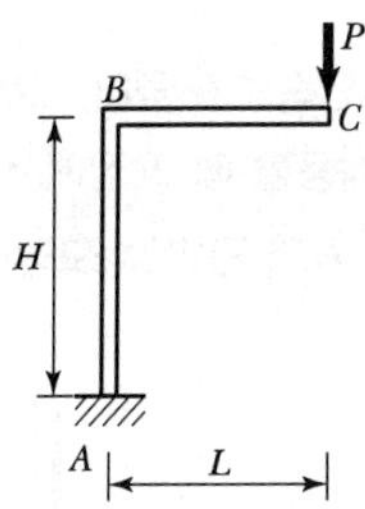

① $\dfrac{PL^3}{3EI}(L+2H)$　　② $\dfrac{PL^2}{3EI}(3L+H)$

③ $\dfrac{PL^2}{3EI}(L+3H)$　　④ $\dfrac{PL^3}{3EI}(2L+H)$

해설

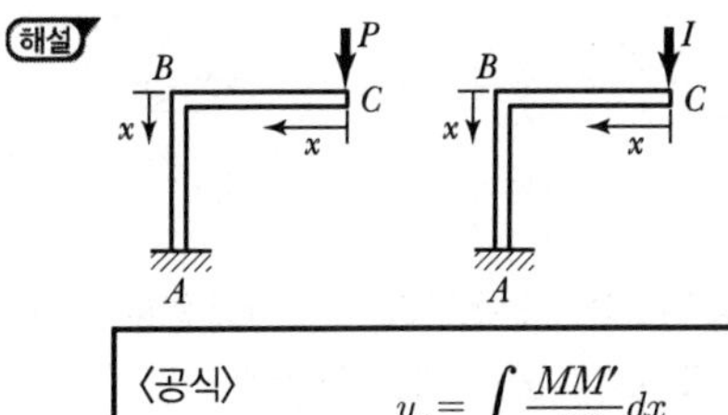

〈공식〉 $y_c=\int \dfrac{MM'}{EI}dx$

$=\underbrace{\int_O^L \dfrac{1}{EI}(P\cdot x)(1\cdot x)dx}_{BC}+\underbrace{\int_O^H \dfrac{1}{EI}(PL)\cdot(L)dx}_{BA}$

$=\dfrac{1}{EI}\left[\dfrac{Px^3}{3}\right]_O^L+\dfrac{1}{EI}\left[PL^2\cdot x\right]_O^H$

$=\dfrac{PL^3}{3EI}+\dfrac{PL^2H}{EI}=\dfrac{PL^3}{3EI}(L+3H)$

11장 탄성변형에너지

외력일

50 다음 그림에서 처음에 P_1이 작용했을 때 자유단의 처짐 δ_1이 생기고, 다음에 P_2를 가했을 때 자유단의 처짐이 δ_2만큼 증가되었다고 한다. 이때 외력 P_1이 행한 일은?

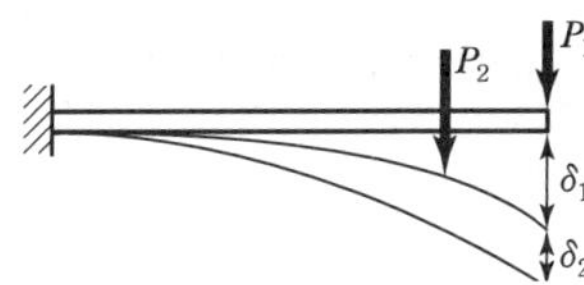

① $\dfrac{1}{2}P_1\delta_1+P_1\delta_2$　　② $\dfrac{1}{2}P_1\delta_1+P_2\delta_2$

③ $\dfrac{1}{2}(P_1\delta_1+P_1\delta_2)$　　④ $\dfrac{1}{2}(P_1\delta_1+P_2\delta_2)$

해설 ㉠ P_1이 한 일 $=\dfrac{P_1\cdot\delta_1}{2}+P_1\cdot\delta_2$　A_1+A_2

㉡ P_2가 한 일 $=\dfrac{P_2\cdot\delta_2}{2}$　A_3

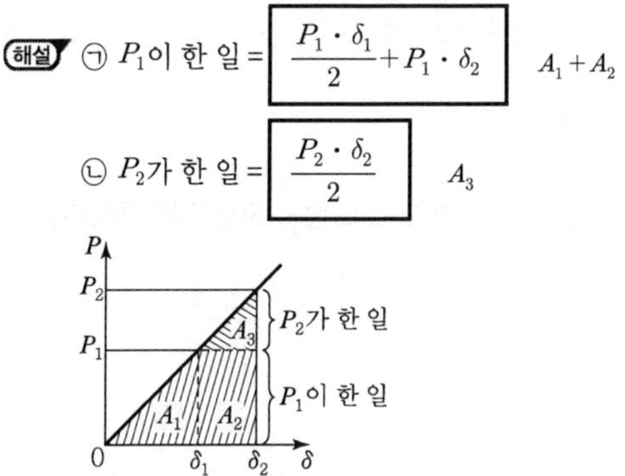

내력일

51 그림과 같은 보에서 휨모멘트에 의한 탄성변형에너지를 구한 값은?

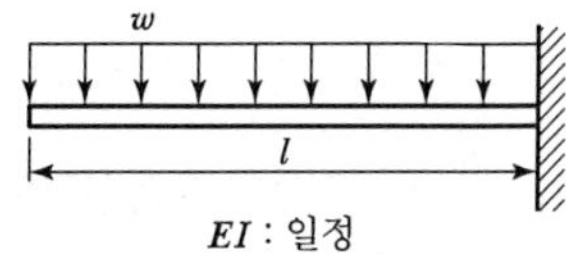

① $\dfrac{w^2l^5}{8EI}$　② $\dfrac{w^2l^5}{24EI}$　③ $\dfrac{w^2l^5}{40EI}$　④ $\dfrac{w^2l^5}{48EI}$

해설 $U=\int \dfrac{M_x^2}{2EI}dx=\dfrac{1}{2EI}\int_0^l\left(-\dfrac{\omega\cdot x^2}{2}\right)^2dx$

$=\dfrac{1}{2EI}\times\dfrac{\omega^2}{4}\times\left[\dfrac{x^5}{5}\right]_0^l$

$=\dfrac{1}{2EI}\times\dfrac{\omega^2}{4}\times\dfrac{l^2}{5}$

$=\dfrac{\omega^2l^5}{40EI}$

베티정리

52 그림과 같은 단순보의 B지점에 $M=2$kN·m를 작용시켰더니 A 및 B지점에서의 처짐각이 각각 0.08rad과 0.12rad이었다. 만일 A지점에서 3kN·m의 단모멘트를 작용시킨다면 B지점에서의 처짐각은?

① 0.08radian
② 0.10radian
③ 0.12radian
④ 0.15radian

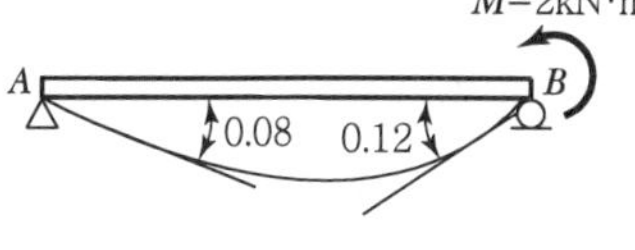

해설 베티 정리

$M_1\times\theta_{B_2}=M_2\times\theta_{A_1}$

$\therefore\ 2\times\theta_{B_2}=3\times0.08\quad\therefore\ \theta_{B_2}=0.12\text{rad}$

정답 49 ③　50 ①　51 ③　52 ③

12장 부정정 구조물

반력

53 그림과 같은 보에서 C점의 모멘트를 구하면?

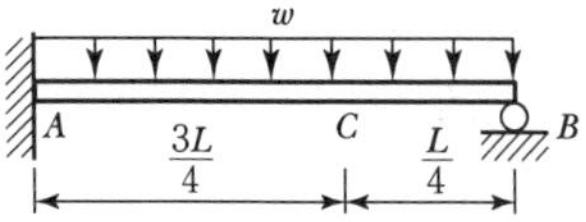

① $\frac{1}{16}wL^2$ ② $\frac{1}{12}wL^2$ ③ $\frac{3}{32}wL^2$ ④ $\frac{1}{24}wL^2$

해설 ㉠ $R_B = \frac{3}{8}\omega L(\uparrow)$

㉡ $M_c = R_B \times \frac{L}{4} - \frac{\omega L}{4} \times \frac{L}{8}$

$= \left(\frac{3}{8}\omega L\right) \times \frac{L}{4} - \frac{\omega L^2}{32} = \frac{\omega L^2}{16}$

54 그림과 같이 1차 부정정보에 등간격으로 집중하중이 작용하고 있다. 반력 R_a와 R_b의 비는?

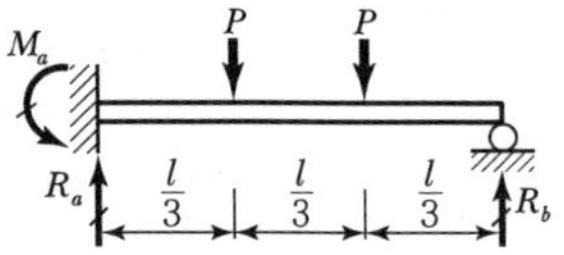

① $R_a : R_b = \frac{5}{9} : \frac{4}{9}$ ② $R_a : R_b = \frac{4}{9} : \frac{5}{9}$

③ $R_a : R_b = \frac{2}{3} : \frac{1}{3}$ ④ $R_a : R_b = \frac{1}{3} : \frac{2}{3}$

해설 ㉠

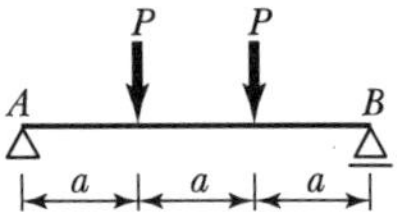

$\theta_A = \frac{\omega ab}{2EI} = \frac{P \cdot a \cdot 2a}{2EI} = \frac{Pa^2}{EI}$

㉡

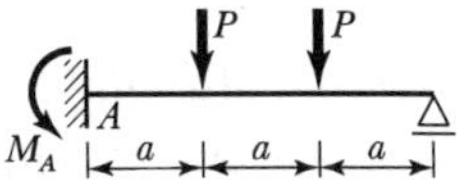

고정단 $\theta_A = 0$

$-\frac{M_A(3a)}{3EI} + \frac{Pa^2}{EI} = 0$

$M_A = Pa$

㉢ $R_A = \frac{2P}{2} + \frac{M_A}{3a} = \frac{4}{3}P$

$R_B = \frac{2P}{2} - \frac{M_A}{3a} = P - \frac{1}{3}P = \frac{2}{3}P$

㉣ $R_A : R_B = 2 : 1$

휨모멘트

55 그림과 같은 연속보가 있다. B점과 C점 중간에 10kN의 하중이 작용할 때 B점에서의 휨모멘트 M_B는?(단, 탄성계수 E와 단면2차모멘트 I는 전 구간에 걸쳐 일정하다.)

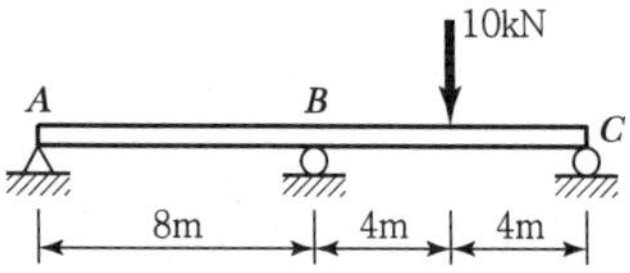

① -5kN · m ② -7.5kN · m

③ -10kN · m ④ -15kN · m

해설 $M_B = \frac{-3}{32}PL = \frac{-3}{32} \times 10 \times 8 = -7.5$kN · m

56 그림과 같이 2경간 연속보의 첫 경간에 등분포하중이 작용한다. 중앙지점 B의 휨모멘트는?

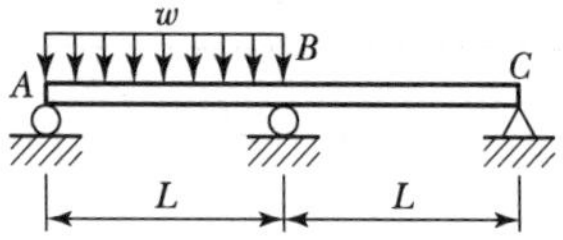

① $-\frac{1}{24}wL^2$ ② $-\frac{1}{16}wL^2$

③ $-\frac{1}{12}wL^2$ ④ $-\frac{1}{8}wL^2$

해설

㉠ 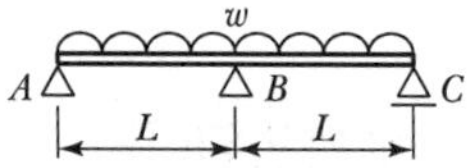

$M_B = -\frac{\omega L^2}{8}$

㉡ 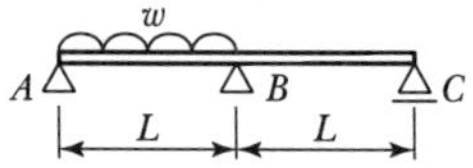

$M_B = -\frac{\omega L^2}{16}$

57 그림과 같은 연속보에서 B지점 모멘트 M_B는? (단, EI는 일정하다.)

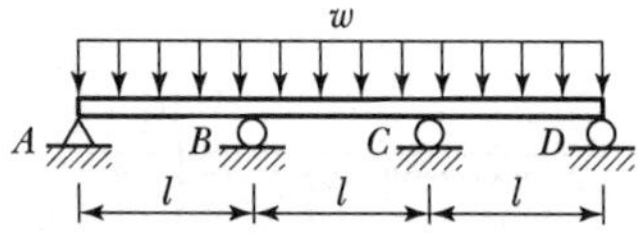

① $-\frac{wl^2}{4}$ ② $-\frac{wl^2}{8}$ ③ $-\frac{wl^2}{10}$ ④ $-\frac{wl^2}{12}$

해설 $M_B = M_C = -\frac{\omega l^2}{10}$

정답 53 ① 54 ③ 55 ② 56 ② 57 ③

58 그림의 보에서 지점 B의 휨모멘트는?(단, EI는 일정하다.)

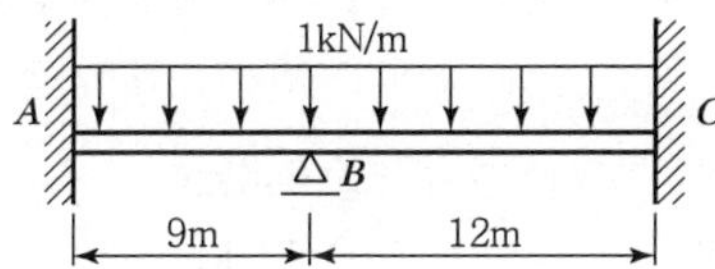

① $-6.75\text{kN}\cdot\text{m}$　② $-9.75\text{kN}\cdot\text{m}$
③ $-12\text{kN}\cdot\text{m}$　④ $-16.5\text{kN}\cdot\text{m}$

해설

〈공식〉

w / B / a / b

$$M_B=-\frac{\omega a^2}{12}\left(\frac{a}{a+b}\right)-\frac{\omega b^2}{12}\left(\frac{b}{a+b}\right)$$

$$M_B=-\frac{1\times 9^2}{12}\left(\frac{9}{9+12}\right)-\frac{1\times 12^2}{12}\left(\frac{12}{9+12}\right)$$

$$=-\frac{81}{12}\times\frac{9}{21}-\frac{12^2}{2}\times\left(\frac{12}{21}\right)$$

$$=-2.89-6.857=-9.75\text{kN}\cdot\text{m}$$

처짐

59 그림과 같이 양단 고정보의 중앙점 C에 집중하중 P가 작용한다. C점의 처짐 δ_C는?(단, 보의 EI는 일정하다.)

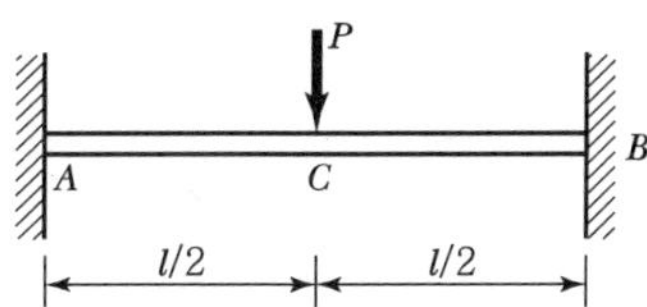

① $\delta_C=0.00521\dfrac{Pl^3}{EI}$　② $\delta_C=0.00511\dfrac{Pl^3}{EI}$
③ $\delta_C=0.00501\dfrac{Pl^3}{EI}$　④ $\delta_C=0.00491\dfrac{Pl^3}{EI}$

해설 $\delta_C=\dfrac{Pl^3}{192EI}\fallingdotseq 0.00521\dfrac{Pl^3}{EI}$

정답 58 ② 59 ①

단원별 기출문제

02 토목산업기사 (2023~2024년)

1장 정역학 기초

바리뇽 정리

01 그림과 같은 역계에서 작용하중의 합력(R)의 위치 x값은? ['24]

① 6m
② 9m
③ 10m
④ 12m

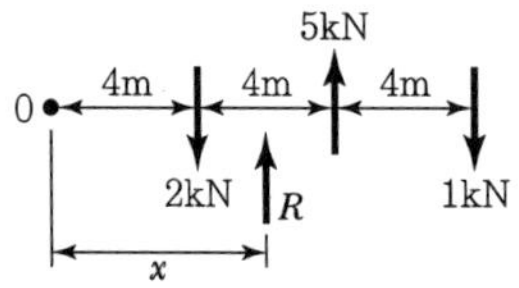

해설 ㉠ 합력 $R=-2+5-1=2\text{kN}$

$\Sigma M_0(\curvearrowright\oplus)=2\times4-5\times8+1\times12=-R\times x$

㉡ $x=\dfrac{20}{R}=\dfrac{20}{2}=10\text{m}(\rightarrow)$

라미의 정리

02 그림과 같은 평형을 이루는 세 힘에 관하여 다음 설명 중 옳은 것은? ['24]

① $\dfrac{P_2}{\sin\theta_2}=\dfrac{R}{\sin\theta_R}$

② $\dfrac{P_1}{\sin\theta_2}=\dfrac{P_2}{\sin\theta_1}$

③ $\dfrac{P_1}{\sin\theta_1}=\dfrac{R}{\sin\theta_2}$

④ $\dfrac{P_1}{\sin\theta_R}=\dfrac{P_2}{\sin\theta_1}$

해설 Lami의 정리

$$\frac{P_1}{\sin\theta_1}=\frac{P_2}{\sin\theta_2}=\frac{R}{\sin\theta_R}$$

03 그림과 같이 로프 C점에 500kN의 무게가 작용할 때 AC가 받는 장력은? ['23]

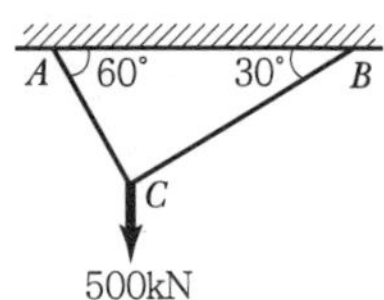

① 288kN ② 344kN
③ 433kN ④ 577kN

해설

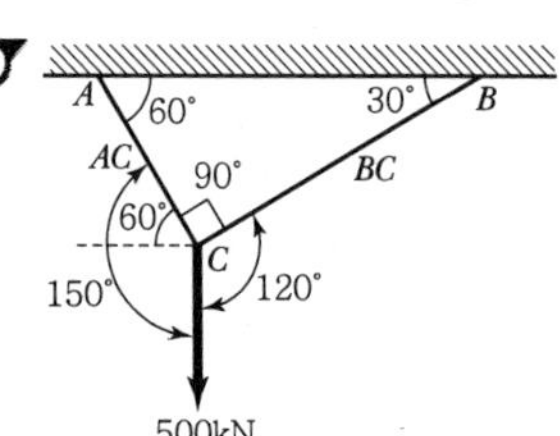

$$\frac{AC}{\sin120°}=\frac{500}{\sin90°}$$

$$AC=\frac{500}{\sin90°}\times\sin120°=250\sqrt{3}\,\text{kN}\fallingdotseq433\text{kN}$$

평형조건식

04 그림과 같은 구조물에서 사재 A의 축력으로 옳은 것은? ['23]

① 1.4kN(인장)
② 1.9kN(압축)
③ 3.0kN(인장)
④ 4.0kN(압축)

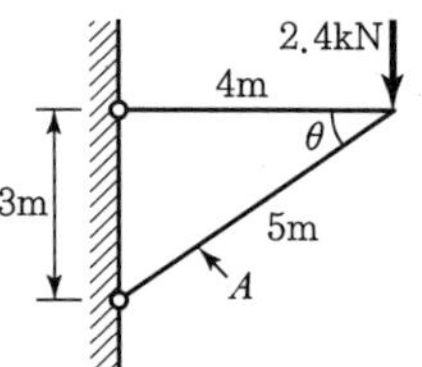

해설

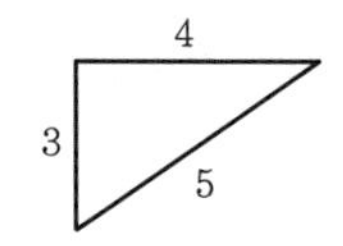

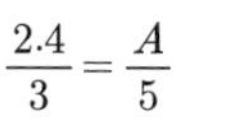

$$\frac{2.4}{3}=\frac{A}{5}$$

$$A=\frac{2.4\times5}{3}=4\text{kN}$$

05 그림과 같은 구조물에서 BC 부재가 받는 힘은 얼마인가? ['24]

① 1.8kN
② 2.4kN
③ 3.75kN
④ 5.0kN

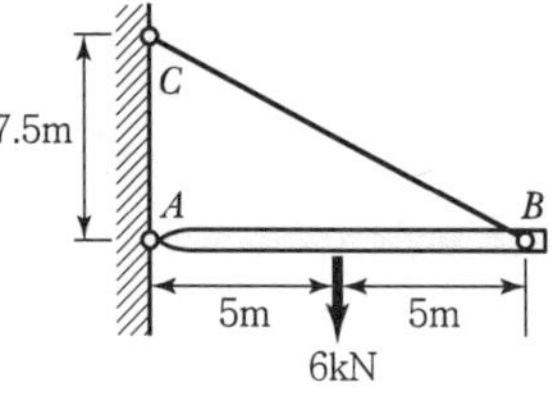

정답 01 ③ 02 ① 03 ③ 04 ④ 05 ④

해설

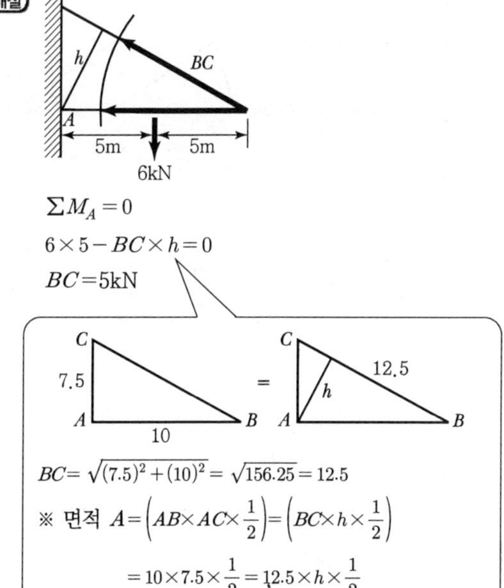

$\Sigma M_A = 0$

$6 \times 5 - BC \times h = 0$

$BC = 5\text{kN}$

$BC = \sqrt{(7.5)^2 + (10)^2} = \sqrt{156.25} = 12.5$

※ 면적 $A = \left(AB \times AC \times \frac{1}{2}\right) = \left(BC \times h \times \frac{1}{2}\right)$

$= 10 \times 7.5 \times \frac{1}{2} = 12.5 \times h \times \frac{1}{2}$

$h = \frac{10 \times 7.5}{12.5} = 6$

06 그림과 같이 D점에 6kN의 하중을 매달 때 BC 부재에 작용하는 힘은? ['23]

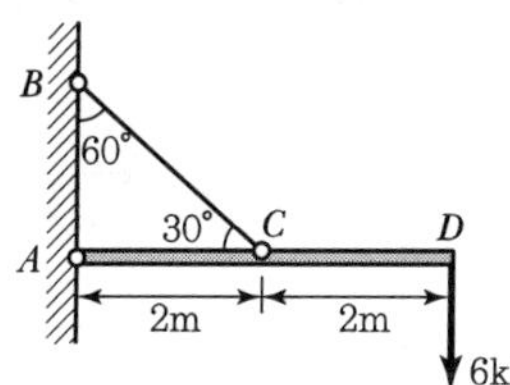

① 6kN ② 8kN
③ 12kN ④ 24kN

해설 $\Sigma M_C = 0$

$6 \times 4 - \overline{BC} \times h = 0$

$6 \times 4 - \overline{BC} \times (2 \times \sin 30°) = 0$

$\overline{BC} = 24\text{kN}$

2장 단면의 성질

도심

07 다음 그림과 같이 사각형과 삼각형을 합하여 만든 도형의 도심 y_c의 값은? ['23]

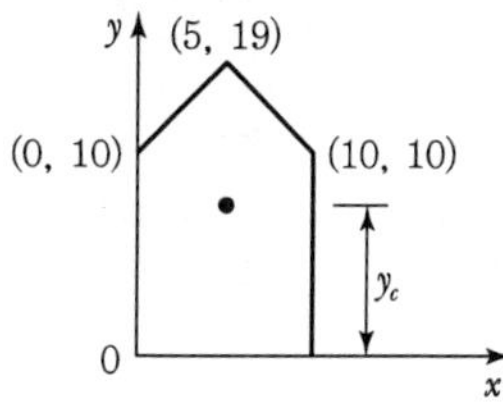

① 6.12 ② 6.45 ③ 7.48 ④ 7.97

해설 $y_c = \dfrac{(10 \times 10) \times 5 + \left(\frac{1}{2} \times 9 \times 10\right) \times \left(10 + \frac{9}{3}\right)}{10 \times 10 + \frac{1}{2} \times 9 \times 10}$

$= 7.48$

08 그림과 같은 음영 부분의 단면적 A인 단면에서 도심 y를 구한 값은? ['24]

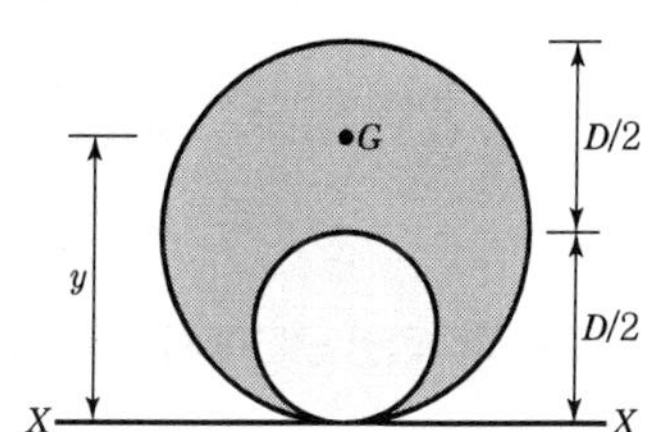

① $\frac{5D}{12}$ ② $\frac{6D}{12}$ ③ $\frac{7D}{12}$ ④ $\frac{8D}{12}$

해설 ㉠ $A = \dfrac{\pi D^2}{4} - \dfrac{\pi\left(\frac{D}{2}\right)^2}{4} = \dfrac{3\pi D^2}{16}$

㉡ $G_x = \dfrac{\pi D^2}{4} \times \dfrac{D}{2} - \dfrac{\pi\left(\frac{D}{2}\right)^2}{4} \times \dfrac{D}{4} = \dfrac{7\pi D^3}{64}$

㉢ $y = \dfrac{G_x}{A} = \dfrac{\frac{7\pi D^3}{64}}{\frac{3\pi D^2}{16}} = \dfrac{7D}{12}$

정답 06 ④ 07 ③ 08 ③

단면2차모멘트

09 그림에서 음영된 삼각형 단면의 X축에 대한 단면2차모멘트는 얼마인가? ['24]

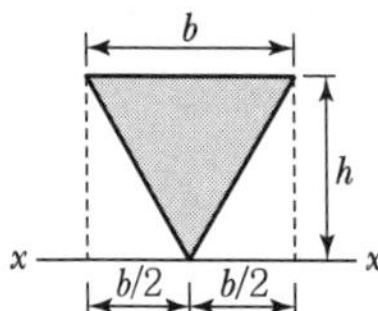

① $\dfrac{bh^3}{3}$ ② $\dfrac{bh^3}{4}$ ③ $\dfrac{bh^3}{5}$ ④ $\dfrac{bh^3}{6}$

해설 $I_x = \dfrac{bh^3}{4}$

10 그림과 같이 직경 d인 원형 단면의 $B-B$축에 대한 단면2차모멘트는? ['23]

① $\dfrac{3}{64}\pi d^4$ ② $\dfrac{5}{64}\pi d^4$

③ $\dfrac{7}{64}\pi d^4$ ④ $\dfrac{9}{64}\pi d^4$

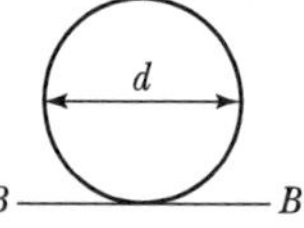

해설 $I_B = I_X + A \cdot y^2$

$$= \frac{1}{64}\pi d^4 + \frac{1}{4}\pi d^2 \times \left(\frac{d}{2}\right)^2 = \frac{5}{64}\pi d^4$$

11 그림과 같은 사다리꼴 단면에서 x축에 대한 단면2차모멘트 값은? ['23]

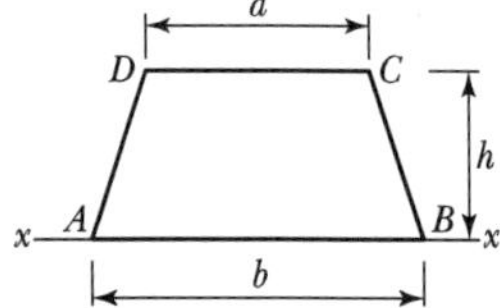

① $\dfrac{h^3}{12}(b+2a)$ ② $\dfrac{h^3}{12}(3b+a)$

③ $\dfrac{h^3}{12}(2b+a)$ ④ $\dfrac{h^3}{12}(b+3a)$

해설

[1]

〈참고〉

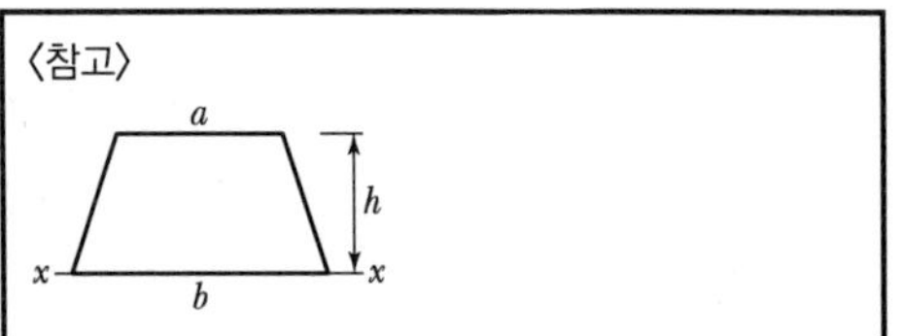

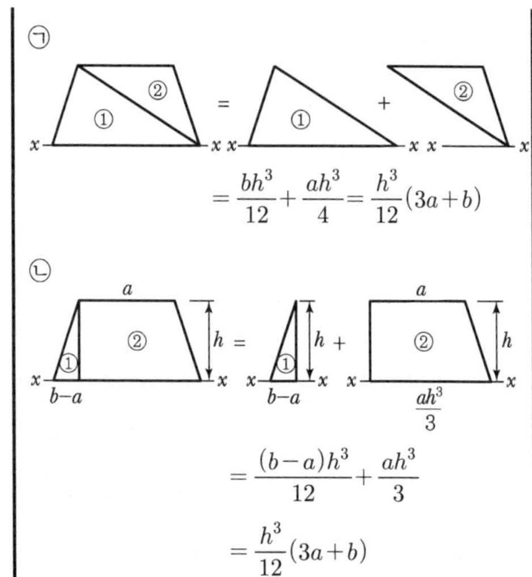

㉠ $= \dfrac{bh^3}{12} + \dfrac{ah^3}{4} = \dfrac{h^3}{12}(3a+b)$

㉡ $\dfrac{ah^3}{3}$

$= \dfrac{(b-a)h^3}{12} + \dfrac{ah^3}{3}$

$= \dfrac{h^3}{12}(3a+b)$

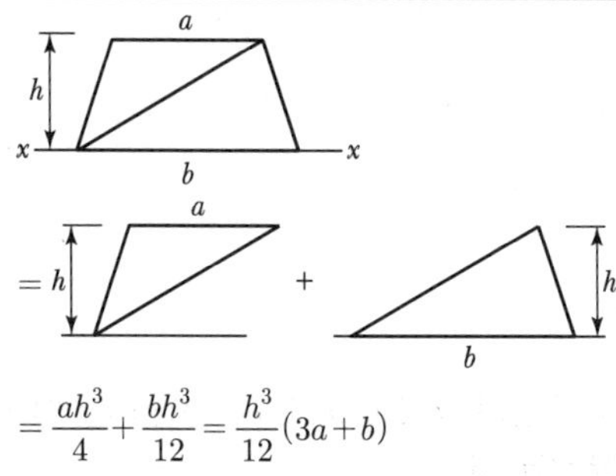

$= \dfrac{ah^3}{4} + \dfrac{bh^3}{12} = \dfrac{h^3}{12}(3a+b)$

[2]

〈공식〉

$I_x = \dfrac{bh^3}{4}$

$I_x = \dfrac{bh^3}{3}$ $I_{x_1} = \dfrac{bh^3}{4}$ $I_{x_2} = \dfrac{bh^3}{12}$

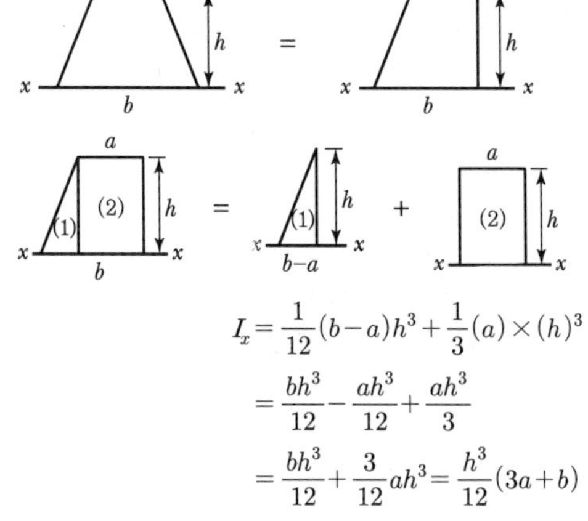

$I_x = \dfrac{1}{12}(b-a)h^3 + \dfrac{1}{3}(a)\times(h)^3$

$= \dfrac{bh^3}{12} - \dfrac{ah^3}{12} + \dfrac{ah^3}{3}$

$= \dfrac{bh^3}{12} + \dfrac{3}{12}ah^3 = \dfrac{h^3}{12}(3a+b)$

정답 09 ② 10 ② 11 ④

[3]

$$I_x = \frac{bh^3}{12} + \frac{ah^3}{4} = \frac{h^3}{12}(3a+b)$$

극모멘트 I_p

12 다음 직사각형 단면에서 0점에 대한 단면2차극모멘트 I_p는? ['24]

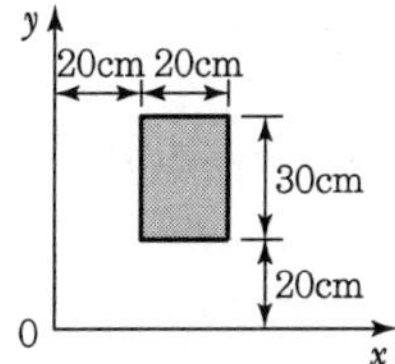

① 1,350,000cm^4　② 1,250,000cm^4
③ 1,340,000cm^4　④ 1,240,000cm^4

해설 $I_P = I_x + I_y = (I_x + Ay_0^{\ 2}) + (I_y + Ax_0^{\ 2})$

$$= \left(\frac{20\times 30^3}{12} + 20\times 30\times 30^2\right) + \left(\frac{30\times 20^3}{12} + 30\times 20\times 30^2\right)$$

$= 1,340,000\text{cm}^4$

3장 구조물 판별식

단층 N

13 다음 구조물 중 부정정 차수가 가장 높은 것은? ['23]

①
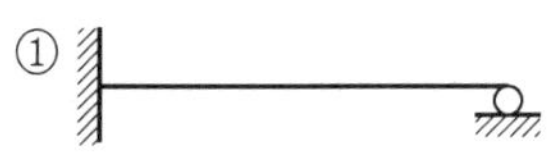

②
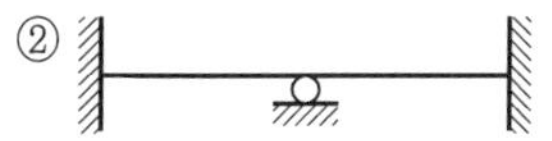

③
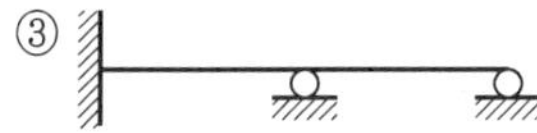

④
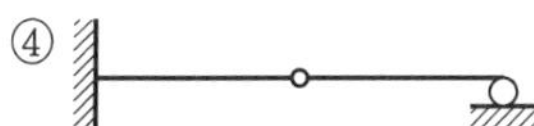

해설 (보의 경우)

$N = R - 3 - H$

여기서, R : 반력수

H : 내부힌지수

① $N = 4-3-0 = 1$차

② $N = 7-3-0 = 4$차

③ $N = 5-3-0 = 2$차

④ $N = 4-3-1 = 0$(정정)

라멘 N

14 그림과 같은 구조물의 부정정 차수는? ['24]

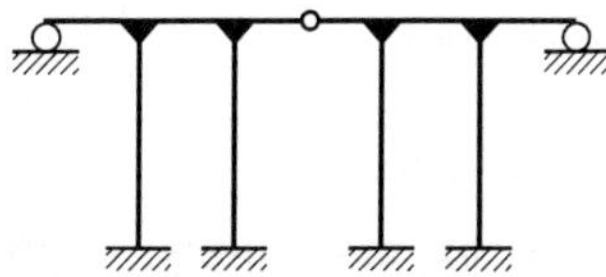

① 9차 부정정　② 10차 부정정
③ 11차 부정정　④ 12차 부정정

해설 $N = R + m + s - 2P$

$= 14 + 10 + 8 - 2\times 11$

$= 10$차 부정정

15 그림과 같은 구조물의 부정정 차수는? ['24]

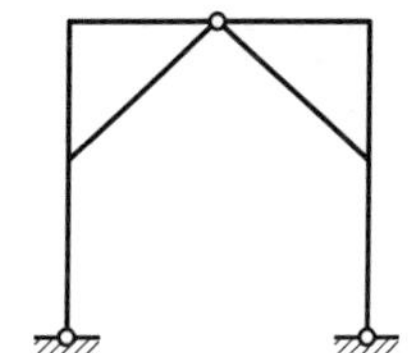

① 2차　② 3차　③ 4차　④ 5차

해설 $N = R + m + S - 2P$

$= 4 + 8 + 6 - 2\times 7$

$= 18 - 14$

$=4$차 부정정

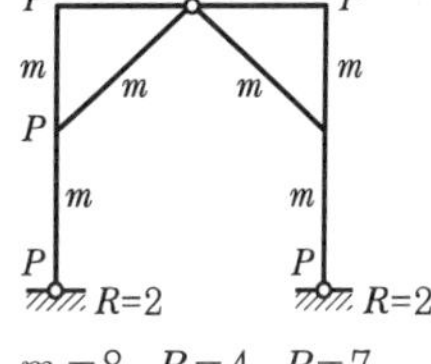

$m=8,\ R=4,\ P=7$

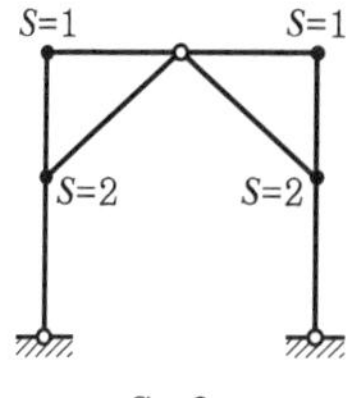

$S=6$

정답 12 ③　13 ②　14 ②　15 ③

4장 정정보

반력

16 다음 단순보에서 A점의 반력을 구한 값은? ['23]

① 10.5kN
② 11.5kN
③ 12.5kN
④ 13.5kN

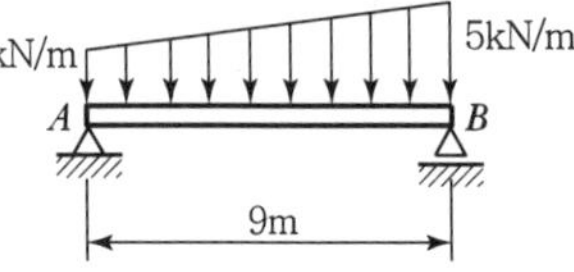

해설 $\Sigma M_B = 0$

$$R_A \times 9 - 2 \times 9 \times \frac{9}{2} - \frac{1}{2} \times 3 \times 9 \times \frac{9}{3} = 0$$

$R_A = 13.5\text{kN}(\uparrow)$

17 다음 단순보에서 지점의 반력을 계산한 값은? ['24]

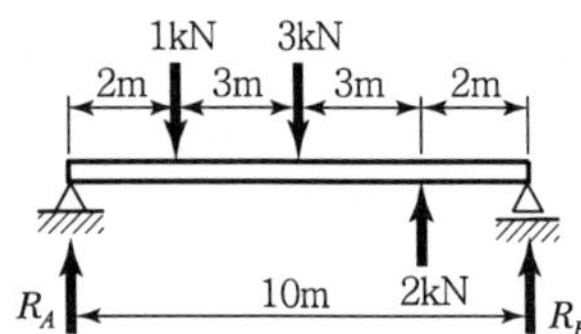

① $R_A = 1.9\text{kN}$, $R_B = 2.1\text{kN}$
② $R_A = 1.9\text{kN}$, $R_B = 0.1\text{kN}$
③ $R_A = 2.1\text{kN}$, $R_B = 1.9\text{kN}$
④ $R_A = 0.1\text{kN}$, $R_B = 1.9\text{kN}$

해설 ㉠ $\Sigma M_B = 0$

$R_A \times 10 - 1 \times 8 - 3 \times 5 + 2 \times 2 = 0$

$R_A = 1.9\text{kN}(\uparrow)$

㉡ $\Sigma V = 0$

$1.9 - 1 - 3 + 2 + R_B = 0$

$R_B = 0.1\text{kN}(\uparrow)$

18 다음 그림에서 지점 A의 반력이 영(零)이 되기 위해 C점에 작용시킬 집중하중의 크기(P)는? ['23]

① 12kN
② 16kN
③ 20kN
④ 24kN

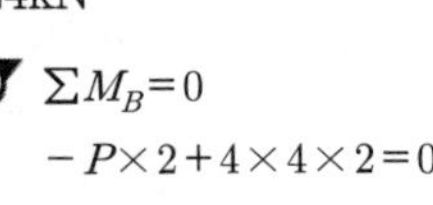

해설 $\Sigma M_B = 0$

$-P \times 2 + 4 \times 4 \times 2 = 0$

$\therefore P = 16\text{kN}$

19 그림의 게르버보에서 A점의 수직반력은? ['23]

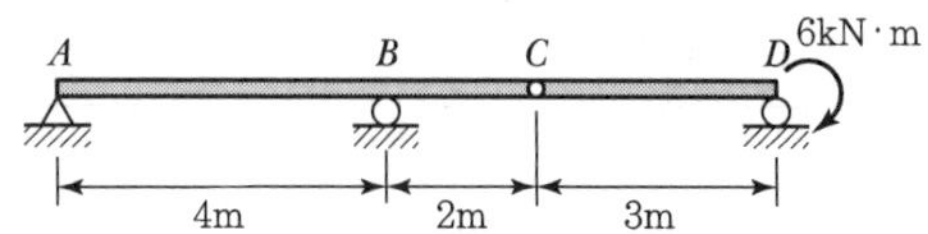

① 1kN(↑)
② 2kN(↑)
③ 3kN(↑)
④ 4kN(↑)

해설

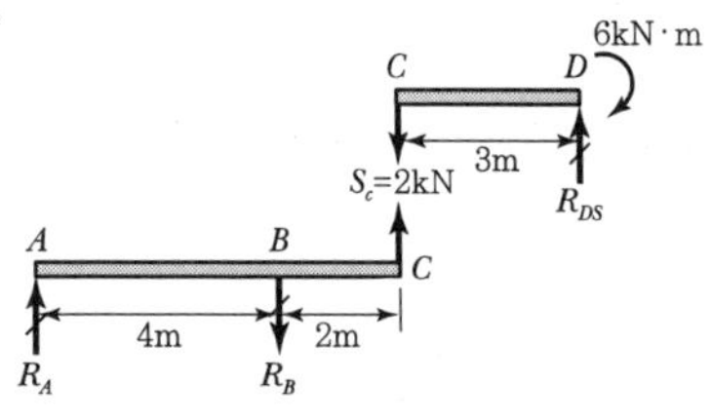

㉠ $\Sigma M_D = -S_c \times 3 + 6 = 0$

$S_c = 2\text{kN}$

㉡ $\Sigma M_B = 0$

$R_A \times 4 - 2 \times 2 = 0$

$R_A = 1\text{kN}$

SFD

20 다음 단순보의 개략적인 전단력도는? ['23]

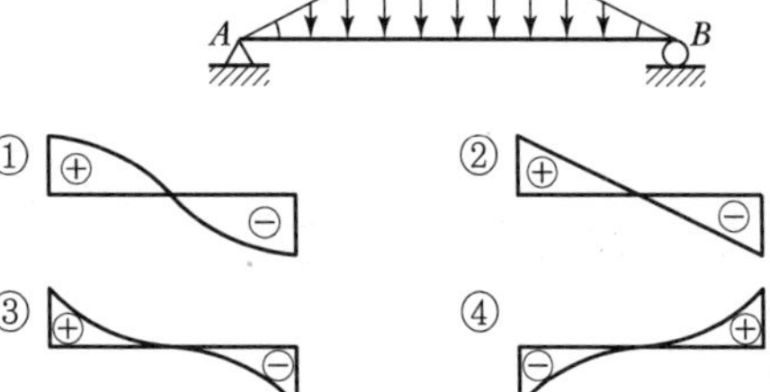

휨모멘트

21 다음 그림과 같은 단순보에서 A점으로부터 0.5m 되는 C점의 휨모멘트 M_C와 전단력 V_C는 각각 얼마인가? ['24]

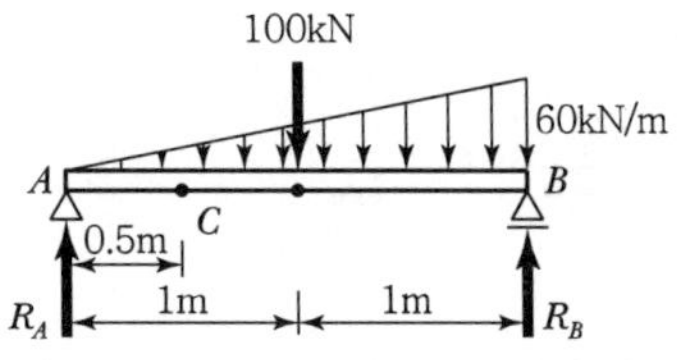

① $M_C = 34.375\text{kN}\cdot\text{m}$, $V_C = 66.25\text{kN}$
② $M_C = 44.375\text{kN}\cdot\text{m}$, $V_C = 33.75\text{kN}$

정답 16 ④ 17 ② 18 ② 19 ① 20 ① 21 ①

③ M_C=34.375kN · m, V_C=65.50kN

④ M_C=43.75kN · m, V_C=85.00kN

해설 ㉠ $R_A = \frac{P}{2} + \frac{wl}{6} = \frac{100}{2} + \frac{60 \times 2}{6} = 70\text{kN}$

㉡ 전단력

$V_C = 70\text{kN} - 1/2 \times 15\text{kN/m} \times 0.5\text{m}$

$= 66.25\text{kN}$

㉢ 휨모멘트

$M_C = 70\text{kN} \times 0.5\text{m} - 1/2 \times 15\text{kN/m}$

$\times 0.5\text{m} \times \frac{0.5\text{m}}{3}$

$= 34.375\text{kN} \cdot \text{m}$

22 길이 6m인 단순보에 그림과 같이 집중하중 7kN, 2kN이 작용할 때 최대 휨모멘트는 얼마인가? ['24]

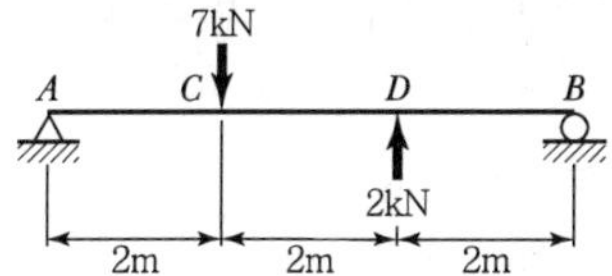

① 10kN · m　　② 8kN · m

③ 7.5kN · m　　④ 7kN · m

해설

[1] ㉠ $\Sigma M_B = 0$

$R_A \times 6 - 7 \times 4 + 2 \times 2 = 0$, $R_A = 4\text{kN}(\uparrow)$

㉡ $\Sigma V = 0$

$R_A - 7 + 2 + R_B = 0$

$R_B = 5 - R_A = 5 - 4 = 1\text{kN}(\uparrow)$

㉢ 최대 휨모멘트(M_{max})는 전단력이 '0'인 곳 또는 ⊕ → ⊖로 바뀌는 점, 즉 C점에서 발생하며 그 크기는 $M_{max} = R_A \times 4 = 8\text{kN} \cdot \text{m}$이다.

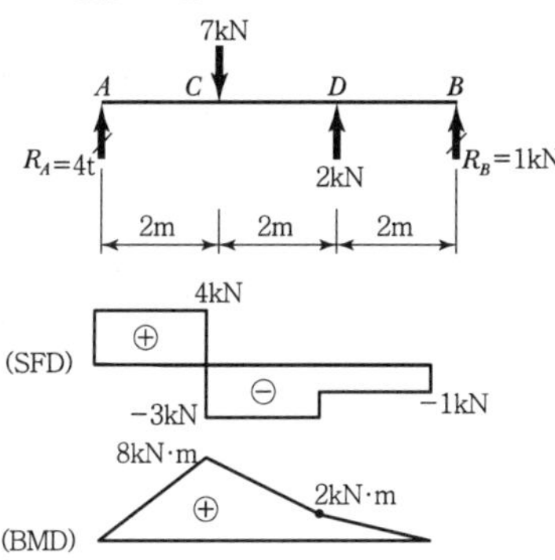

[2] ㉠ $\Sigma M_B = R_A \times 6 - 7 \times 4 + 2 \times 2 = 0$

$\therefore R_A = 4\text{kN}(\uparrow)$

㉡ $\Sigma V = 0$, $-7 + 2 + R_A + R_B = 0$

$\therefore R_B = 1\text{kN}(\uparrow)$

㉢ $M_C = R_A \times 2\text{m} = 4 \times 2 = 8\text{kN} \cdot \text{m}$

㉣ $M_D = 4 \times 4 - 7 \times 2 = 2\text{kN} \cdot \text{m}$ 또는

$M_D = \frac{7 \times 2 \times 2}{6} - \frac{2 \times 4 \times 2}{6} = \frac{28 - 16}{6}$

$= 2\text{kN} \cdot \text{m}$

23 그림과 같은 게르버보의 A점의 휨모멘트는? ['23]

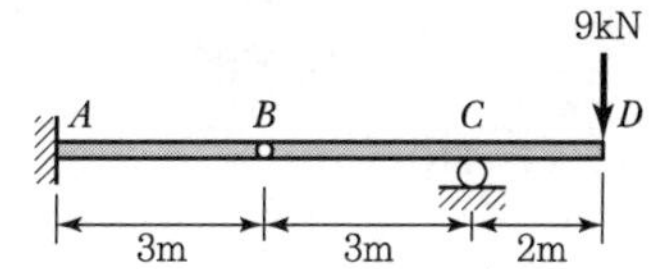

① 72kN · m　　② 36kN · m

③ 27kN · m　　④ 18kN · m

해설

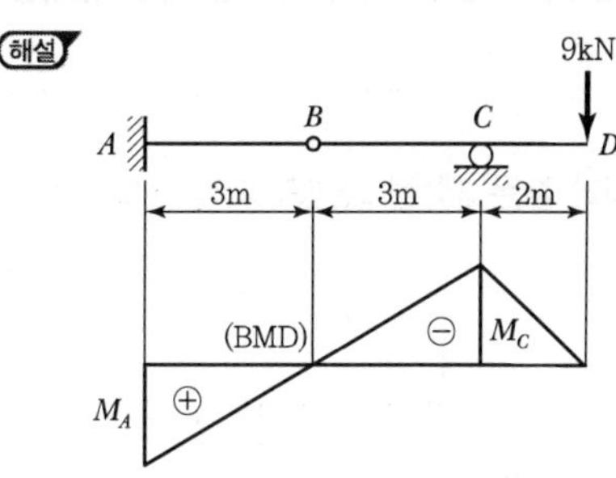

㉠ $\Sigma M_C = -9 \times 2 = -18$

㉡ $\Sigma M_A = +18\text{kN} \cdot \text{m}$

BMD

24 그림과 같은 캔틸레버보에서 휨모멘트도(BMD)로서 옳은 것은? ['24]

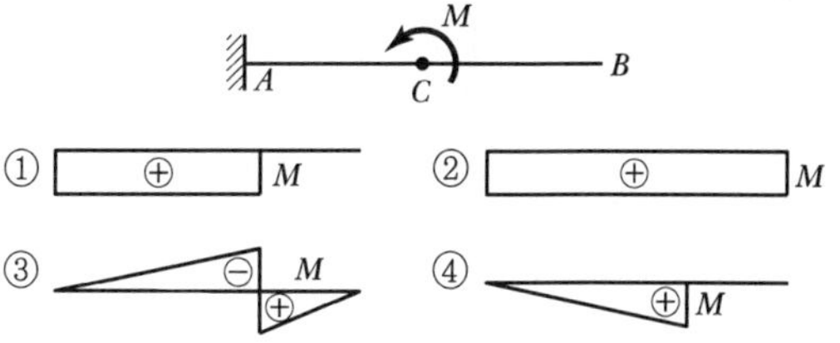

해설

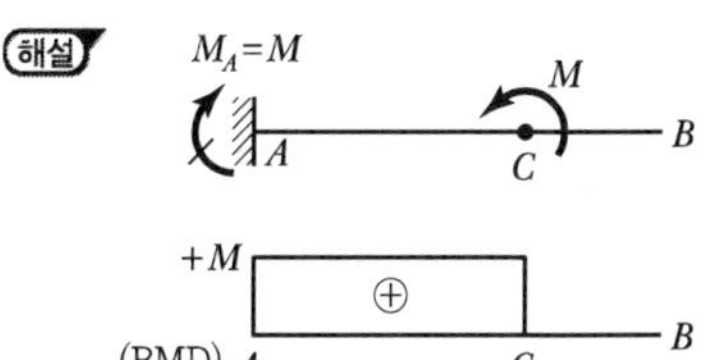

부재의 AC구간은 단면내력으로 휨모멘트만 발생되는 순수 휨(Pure Bending) 상태이다.

정답 22 ② 23 ④ 24 ①

영향선

25 다음 그림에서 연행하중으로 인한 최대반력은? ['24]

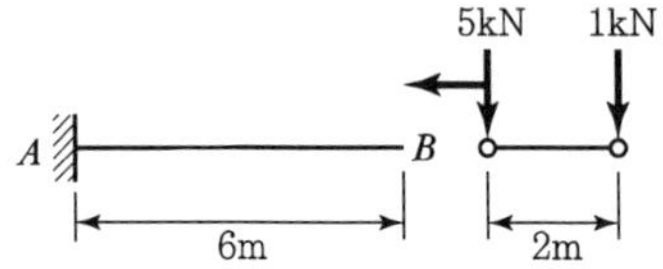

① 6kN ② 5kN
③ 3kN ④ 1kN

해설 $R_A = 5 + 1 = 6\text{kN}$

5장 라멘·아치

반력

26 아래 그림과 같은 3활절 라멘의 지점 A의 수평반력(H_A)은? ['23]

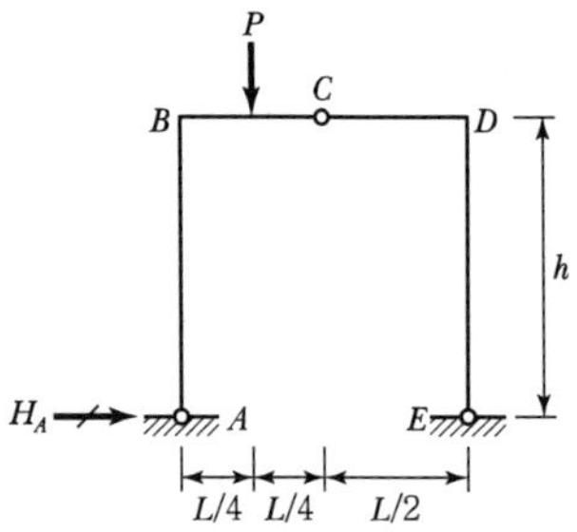

① $\dfrac{PL}{h}$ ② $\dfrac{PL}{2h}$ ③ $\dfrac{PL}{4h}$ ④ $\dfrac{PL}{8h}$

해설

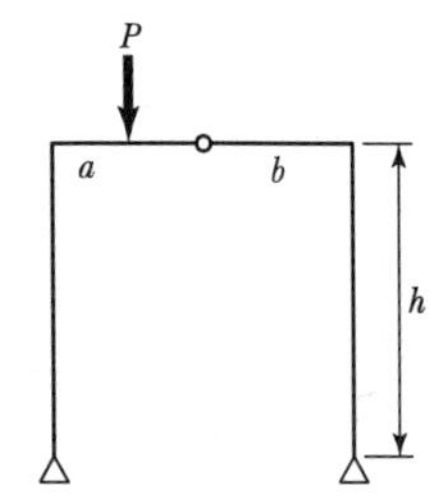

〈공식〉 $H_A = \dfrac{Pab}{lh}$

$$H_A = \frac{P \times \frac{L}{4} \times \frac{L}{2}}{L \times h} = \frac{PL}{8h}$$

휨모멘트

27 그림과 같은 3활절 라멘에 일어나는 최대 휨모멘트는? ['24]

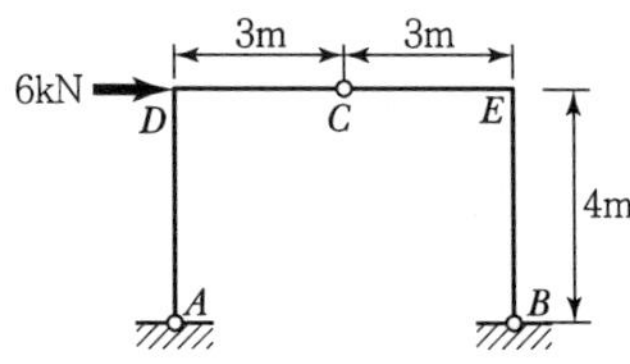

① 9kN · m ② 12kN · m
③ 15kN · m ④ 18kN · m

해설

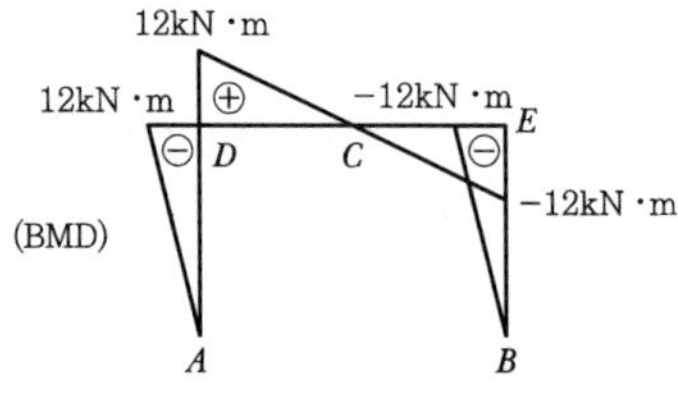

㉠ $\Sigma M_B = 0$

$V_A \times 6\text{m} + 6\text{kN} \times 4\text{m} = 0$

$V_A = -4\text{kN}(\downarrow)$

㉡ $\Sigma M_{C(\text{힌지 좌측})} = -4\text{kN} \times 3\text{m} - H_A \times 4\text{m} = 0$

$H_A = -3\text{kN}(\leftarrow)$

㉢ $M_D = H_A \times 4\text{m} = 3\text{kN} \times 4\text{m} = 12\text{kN} \cdot \text{m}$

㉣ $M_E = -H_B \times 4\text{m} = -3\text{kN} \times 4\text{m} = -12\text{kN} \cdot \text{m}$

㉤ $M_{\max} = M_D$ 또는 M_E

6장 트러스

부재력

28 그림과 같은 하우 트러스의 bc 부재의 부재력은? ['23]

① 2kN
② 4kN
③ 8kN
④ 12kN

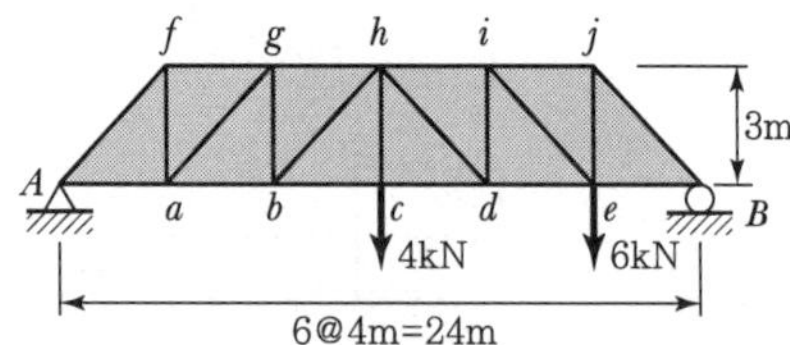

해설 ㉠ 반력

$\Sigma M_B = 0$

$R_A \times 24 - 4 \times 12 - 6 \times 4 = 0$

$R_A = \dfrac{48 + 24}{24} = 3\text{kN}$

정답 25 ① 26 ④ 27 ② 28 ④

㉡

$R_A = 3\text{kN}$

$\sum M_h = 0$

$R_A \times 12 - bc \times 3 = 0$

$bc = \dfrac{R_A \times 12}{3} = \dfrac{3 \times 12}{3} = 12\text{kN}$

29 다음 트러스에서 하현재인 U부재의 부재력은? ['24]

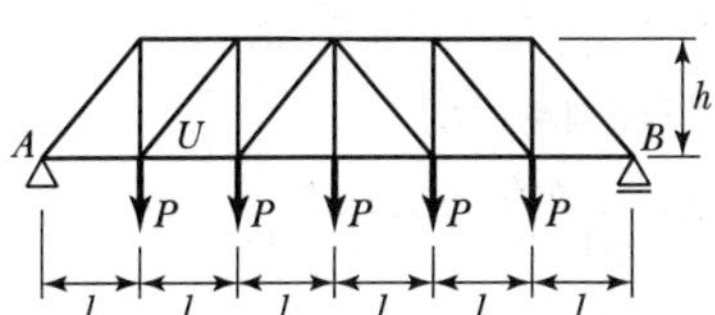

① $\dfrac{Pl}{h}$ ② $\dfrac{2Pl}{h}$ ③ $\dfrac{4Pl}{h}$ ④ $\dfrac{6Pl}{h}$

해설 ㉠ $R_A = \dfrac{5P}{2} = 2.5P$

㉡

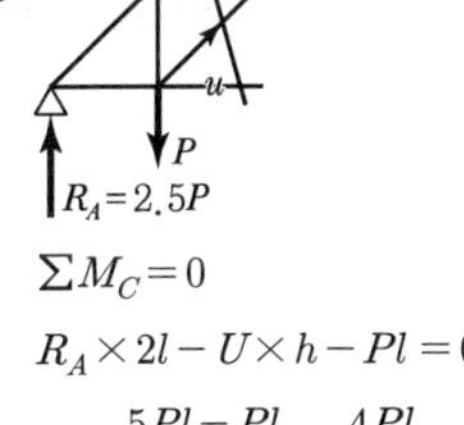

$\sum M_C = 0$

$R_A \times 2l - U \times h - Pl = 0$

$U = \dfrac{5Pl - Pl}{h} = \dfrac{4Pl}{h}$

30 다음 트러스(Truss)에서 U_1 부재의 부재력을 계산한 값은? (단, 부재들은 힌지로써 연결되어 있다.) ['24]

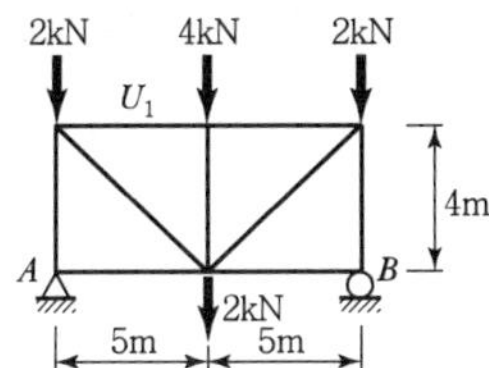

① 3.75kN(압축) ② 3.05kN(압축)
③ 2.83kN(압축) ④ 2.83kN(인장)

해설 ㉠ $R_A = R_B = 5\text{kN}(\uparrow)$

㉡ $a-a$단면으로 절단하여 $\sum M_C = 0$을 취하면

$5\text{kN} \times 5\text{m} - 2\text{kN} \times 5\text{m} + U_1 \times 4\text{m} = 0$

$\therefore U_1 = -3.75\text{kN}$(압축)

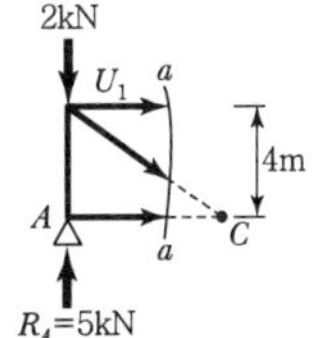

31 그림과 같은 트러스에서 부재 V(중앙의 연직재)의 부재력은 얼마인가? ['24]

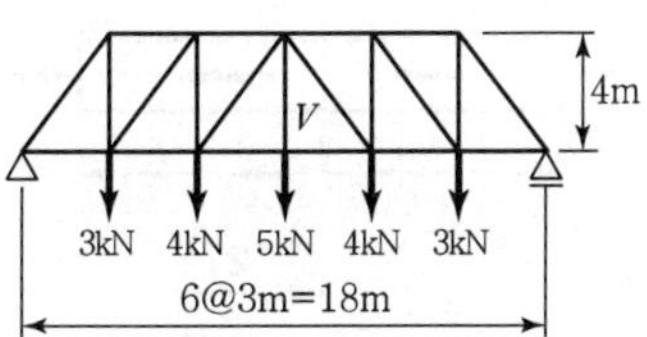

① 5kN(압축) ② 5kN(인장)
③ 4kN(압축) ④ 4kN(인장)

해설

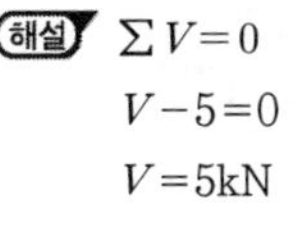

$\sum V = 0$

$V - 5 = 0$

$V = 5\text{kN}$

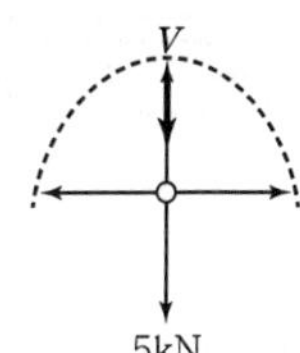

7장 재료의 성질

푸아송의 비

32 길이 2m, 지름 20mm인 봉에 20kN의 인장력을 작용시켰더니 길이가 2.10m, 지름이 19.8mm로 되었다면 푸아송 비는? ['23]

① 0.1 ② 0.2 ③ 0.3 ④ 0.4

해설

$$\text{푸아송 비}(\nu) = \dfrac{\dfrac{\Delta d}{D}}{\dfrac{\Delta l}{l}} = \dfrac{l \Delta d}{D \Delta l} = 0.2$$

여기서, $l = 2\text{m}$

$D = 20\text{mm}$

$\Delta l = 2.1 - 2 = 0.1\text{m}$

$\Delta d = 20 - 19.8 = 0.2\text{mm}$

탄성계수 E

33 변형률이 0.015일 때 응력이 $1{,}200\text{N/cm}^2$이면 탄성계수(E)는? ['24]

① $6 \times 10^4\text{N/cm}^2$ ② $7 \times 10^4\text{N/cm}^2$
③ $8 \times 10^4\text{N/cm}^2$ ④ $9 \times 10^4\text{N/cm}^2$

해설 $E = \dfrac{\sigma}{\varepsilon} = \dfrac{1{,}200}{0.015} = 8 \times 10^4\text{N/cm}^2$

정답 29 ③ 30 ① 31 ② 32 ② 33 ③

34 다음 부재의 전체 축방향 변위는?(단, E는 탄성계수, A는 단면적이다.) ['23]

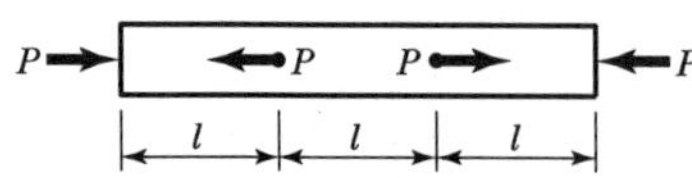

① $\frac{Pl}{EA}$ ② $\frac{2Pl}{EA}$

③ $\frac{3Pl}{EA}$ ④ 0

해설

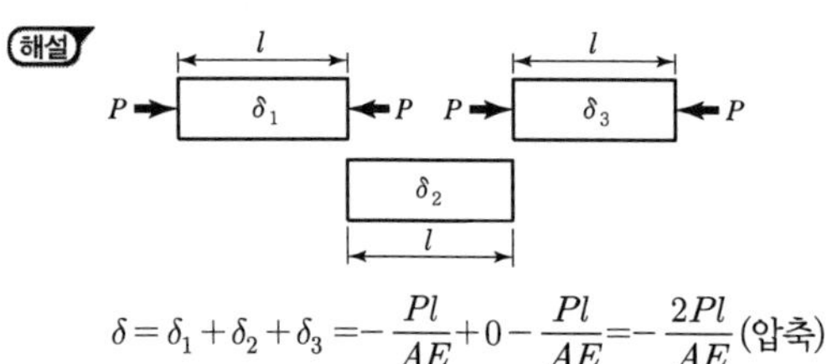

$$\delta = \delta_1 + \delta_2 + \delta_3 = -\frac{Pl}{AE} + 0 - \frac{Pl}{AE} = -\frac{2Pl}{AE} \text{(압축)}$$

35 단면적이 A인 강봉이 그림과 같은 힘을 받을 때 이 강봉은 얼마나 늘어나겠는가? ['23]

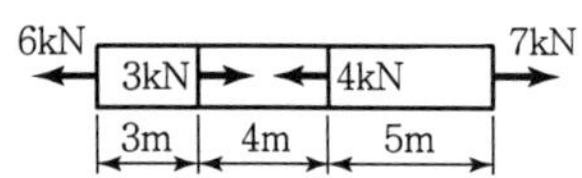

① $\frac{47}{AE}$ ② $\frac{30}{AE}$

③ $\frac{41}{AE}$ ④ $\frac{65}{AE}$

해설 $\delta = \frac{6 \times 3}{AE} + \frac{(6-3)4}{AE} + \frac{7 \times 5}{AE}$

$= \frac{18+12+35}{AE} = \frac{65}{AE}$

36 단면이 일정한 강봉을 인장응력 210N/cm²로 당길 때 0.02cm가 늘어났다면 이 강봉의 처음 길이는?(단, 강봉의 탄성계수는 2,100,000N/cm²이다.) ['23]

① 3.5m ② 3.0m

③ 2.5m ④ 2.0m

해설 $\sigma = E\varepsilon = E\frac{\Delta l}{l}$

$l = \frac{E \cdot \Delta l}{\sigma} = \frac{(2.1 \times 10^6) \times 0.02}{210}$

$= 200\text{cm} = 2\text{m}$

전단탄성계수 G

37 재료의 역학적 성질 중 탄성계수를 E, 전단탄성계수를 G, 푸아송 수를 m이라 할 때 각 성질의 상호관계식으로 옳은 것은? ['23]

① $G = \frac{E}{2(m-1)}$ ② $G = \frac{E}{2(m+1)}$

③ $G = \frac{mE}{2(m-1)}$ ④ $G = \frac{mE}{2(m+1)}$

해설 ㉠ 전단탄성계수(G)

$G = \frac{mE}{2(m+1)} = \frac{E}{2(1+\nu)}$

㉡ 체적탄성계수(K)

$K = \frac{mE}{2(m-2)} = \frac{E}{3(1-2\nu)}$

38 탄성계수 E는 2,000,000kN/cm²이고 푸아송 비 $\nu = 0.3$일 때 전단 탄성계수 G는 얼마인가? ['24]

① 769,231kN/cm² ② 751,372kN/cm²

③ 734,563kN/cm² ④ 710,201kN/cm²

해설 $G = \frac{E}{2(1+\nu)} = \frac{2 \times 10^6}{2(1+0.3)}$

$= 769{,}231\text{kN/cm}^2$

8장 보의 응력

휨응력

39 단면이 원형(지름 D)인 보에 휨모멘트 M이 작용할 때 이 보에 작용하는 최대 휨응력은? ['24]

① $\frac{12M}{\pi D^3}$ ② $\frac{16M}{\pi D^3}$

③ $\frac{32M}{\pi D^3}$ ④ $\frac{64M}{\pi D^3}$

해설

㉠ $Z = \frac{I_x}{y_1} = \frac{\frac{\pi D^4}{64}}{\frac{D}{2}} = \frac{\pi D^3}{32}$

㉡ $\sigma_{max} = \frac{M}{Z} = \frac{32M}{\pi D^3}$

정답 34 ② 35 ④ 36 ④ 37 ④ 38 ① 39 ③

40 지름 200mm의 통나무에 자중과 하중에 의한 9kN · m의 외력 모멘트가 작용한다면 최대 휨응력은? ['23]

① 11.5MPa ② 15.4MPa
③ 20.0MPa ④ 21.9MPa

해설

〈조건〉
$M = 9\text{kN}\cdot\text{m} = 9\times10^3\times10^3 = 9\times10^6\text{N}\cdot\text{mm}$
$Z = \frac{\pi D^3}{32} = \frac{3.14\times200^3}{32} = 785{,}000\text{mm}^3$

$$\sigma_{\max} = \frac{M_{\max}}{Z} = 11.46\text{N/mm}^2 = 11.5\text{MPa}$$

〈보충〉 단위환산
㉠ $\text{Pa} = \text{N/m}^2$
㉡ $1\text{MPa} = 10^6\text{N/m}^2 = 10^6\text{N}/(10^3)^2\text{mm}^2 = 1\text{N/mm}^2$

41 경간 l=8m, 단면 30cm×40cm가 되는 단순보의 중앙에 10kN 되는 집중하중이 작용할 때 최대 휨응력은? ['24]

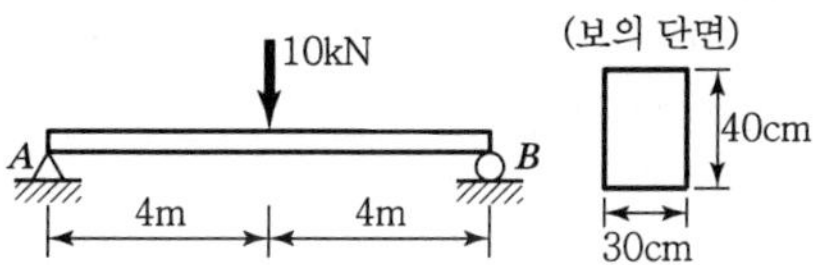

① 200N/cm² ② 250N/cm²
③ 300N/cm² ④ 350N/cm²

해설

〈공식〉
$$\sigma_{\max} = \frac{M_{\max}}{Z}$$

$$\sigma_{\max} = \frac{6M_{\max}}{bh^2} = \frac{6\times\left(\frac{Pl}{4}\right)}{30\times40^2} = \frac{6\times\left(\frac{10\times8}{4}\times10^5\right)}{30\times40^2} = 250\text{N/cm}^2$$

전단응력

42 지름 D인 원형 단면에 전단력 S가 작용할 때 최대 전단응력의 값은? ['23]

① $\frac{4S}{3\pi D^2}$ ② $\frac{2S}{3\pi D^2}$
③ $\frac{16S}{3\pi D^2}$ ④ $\frac{3S}{4\pi D^2}$

해설

$$\tau_{\max} = \frac{4}{3}\cdot\frac{S}{A} = \frac{4}{3}\cdot\frac{S}{\frac{\pi D^2}{4}} = \frac{16S}{3\pi D^2}$$

43 지름 32cm의 원형 단면보에서 3.14kN의 전단력이 작용할 때 최대 전단응력은? ['24]

① 6.0N/cm² ② 5.21N/cm²
③ 12.2N/cm² ④ 21.8N/cm²

해설

$$\tau_{\max} = \alpha\cdot\tau_{ave} = \frac{4}{3}\cdot\frac{S}{A} = \frac{4}{3}\cdot\frac{S}{\frac{\pi d^2}{4}} = \frac{16S}{3\pi d^2} = \frac{16\times(3.14\times10^3)}{3\times\pi\times32^2} = 5.21\text{N/cm}^2$$

9장 기둥

세장비

44 지름이 D이고 길이가 $50\times D$인 원형 단면으로 된 기둥의 세장비를 구하면? ['24]

① 200 ② 150
③ 100 ④ 50

해설

㉠ $r_{\min} = \sqrt{\frac{I_{\min}}{A}} = \sqrt{\frac{\left(\frac{\pi D^4}{64}\right)}{\left(\frac{\pi D^2}{4}\right)}} = \frac{D}{4}$

㉡ $\lambda = \frac{l}{r_{\min}} = \frac{50D}{\left(\frac{D}{4}\right)} = 200$

45 가로 8cm, 세로 12cm의 직사각형 단면을 가진 길이 3.45의 양단힌지 기둥의 세장비(λ)는? ['24]

① 99.6 ② 69.7
③ 149.4 ④ 104.6

해설

$$\lambda = \frac{l_k}{r_{\min}} = \frac{l_k}{\sqrt{\frac{I_{\min}}{A}}} = \frac{l_k}{\frac{b}{2\sqrt{3}}} = \frac{2\sqrt{3}\,l_k}{b} = \frac{2\sqrt{3}\times(3.45\times10^2)}{8} = 149.4$$

여기서, l_k : 좌굴길이

정답 40 ① 41 ② 42 ③ 43 ② 44 ① 45 ③

편심응력

46 그림과 같은 직사각형 단면의 기둥에서 $e=12\text{cm}$의 편심거리에 $P=100\text{kN}$의 압축하중이 작용할 때 발생하는 최대 압축응력은(단, 기둥은 단주이다.) ['23]

① 153N/cm^2
② 180N/cm^2
③ 453N/cm^2
④ 567N/cm^2

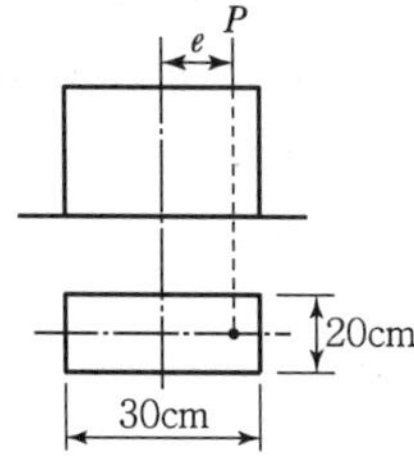

해설

$$\sigma_{\max}=-\frac{P}{A}\left(1+\frac{6e_x}{h}\right)$$
$$=-\frac{100\times10^3}{30\times20}\times\left(1+\frac{6\times12}{30}\right)$$
$$=-567\text{N/cm}^2\ (\text{압축})$$

47 그림과 같은 원형 단주가 기둥의 중심으로부터 10cm 편심하여 32kN의 집중하중이 작용하고 있다. A점의 응력을 $\sigma_A=0$으로 하려면 기둥의 지름 d의 크기는? ['24]

① 40cm
② 80cm
③ 120cm
④ 160cm

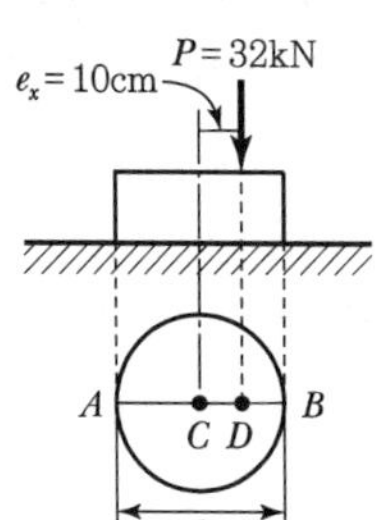

해설

$$e_x=\frac{d}{8}$$
$$d=8e_x=8\times10=80\text{cm}$$

핵거리 e_x

48 그림과 같이 지름 $2R$인 원형 단면의 단주에서 핵 지름 k의 값은? ['24]

① $\frac{R}{4}$　② $\frac{R}{3}$
③ $\frac{R}{2}$　④ R

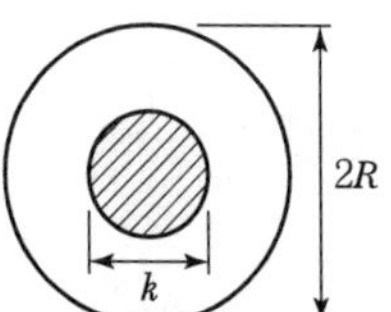

해설 $k=2e_x=2\times\frac{D}{8}=2\times\frac{(2R)}{8}=\frac{R}{2}$

단계수 n

49 그림과 같은 장주의 강도를 옳게 표시한 것은?(단, 재질 및 단면은 같다.) ['23]

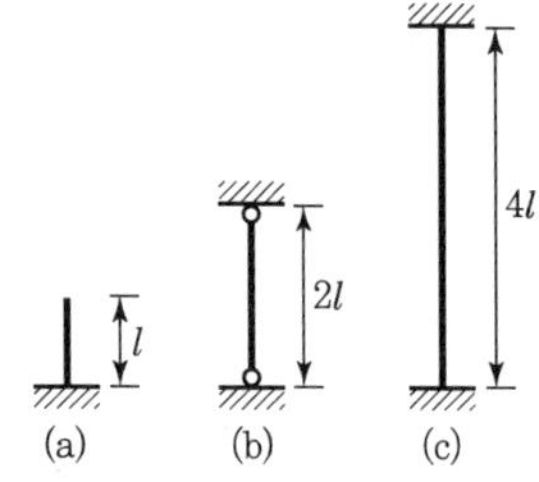

① (a) > (b) > (c)　② (a) < (b) = (c)
③ (c) > (b) > (a)　④ (a) = (c) < (b)

해설

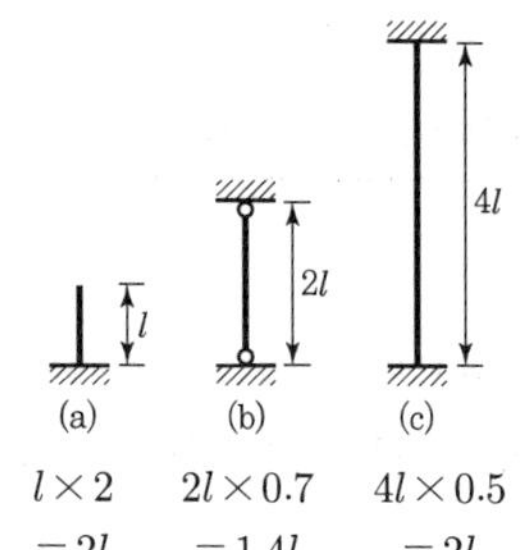

좌굴길이 (l_k)	$l\times2$ $=2l$	$2l\times0.7$ $=1.4l$	$4l\times0.5$ $=2l$

∴ (a) = (c) < (b)

10장 처짐

단순보 처짐

50 보의 단면이 그림과 같고 지간이 같은 단순보에서 중앙에 집중하중 P가 작용할 경우에 처짐 y_1은 y_2의 몇 배인가?(단, 동일한 재료이며 단면치수만 다르다.) ['23]

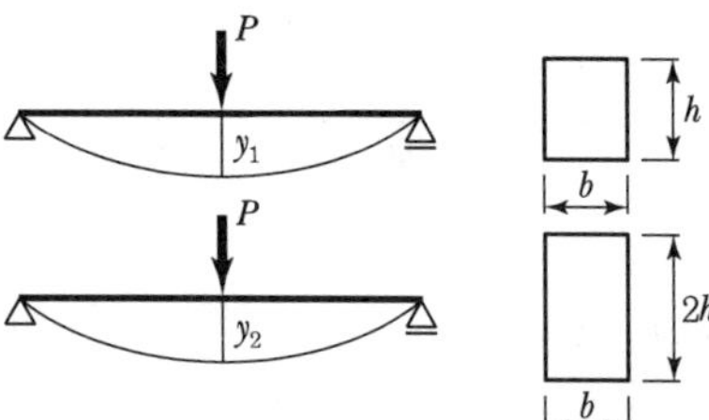

① 2배　② 4배　③ 8배　④ 16배

해설

$$\frac{\delta_1=\dfrac{PL^3}{48EI_1}}{\delta_2=\dfrac{PL^3}{48EI_2}}=\frac{I_2}{I_1}=\frac{\frac{1}{12}b(2h)^3}{\frac{1}{12}bh^3}=8\text{배}$$

정답 46 ④　47 ②　48 ③　49 ④　50 ③

51 단면 폭 20cm, 높이 30cm이고, 길이 6m의 나무로 된 단순보의 중앙에 2kN의 집중하중이 작용할 때 최대 처짐은?(단, $E=1.0\times10^5\text{N/cm}^2$이다.) ['24]

① 0.5cm ② 1.0cm ③ 2.0cm ④ 3.0cm

해설 $y_{\max}=\frac{Pl^3}{48EI}=\frac{Pl^3}{48E\left(\frac{bh^3}{12}\right)}=\frac{Pl^3}{4Ebh^3}$

$=\frac{(2\times10^3)\times(6\times10^2)^3}{4\times(1.0\times10^5)\times20\times30^3}=2\text{cm}$

캔틸레버보 처짐

52 그림과 같은 캔틸레버보의 자유단에 단위처짐이 발생하도록 하는 데 필요한 등분포하중 w의 크기는?(단, EI는 일정하다.) ['23]

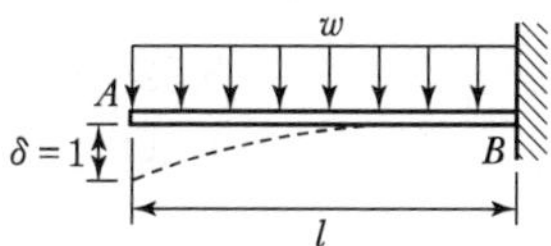

① $\frac{6EI}{l^3}$ ② $\frac{8EI}{l^4}$ ③ $\frac{3EI}{l^3}$ ④ $\frac{12EI}{l^4}$

해설 $\delta_A=\frac{wl^4}{8EI}$

$w=\frac{8EI}{l^4}\times\delta_A=\frac{8EI}{l^4}\times1=\frac{8EI}{l^4}$

53 그림과 같은 캔틸레버보에서 보의 B점에 집중하중 P와 모멘트 M_o가 작용하고 있다. B점에서의 처짐각(θ_b)은 얼마인가?(단, 보의 EI는 일정하다.) ['24]

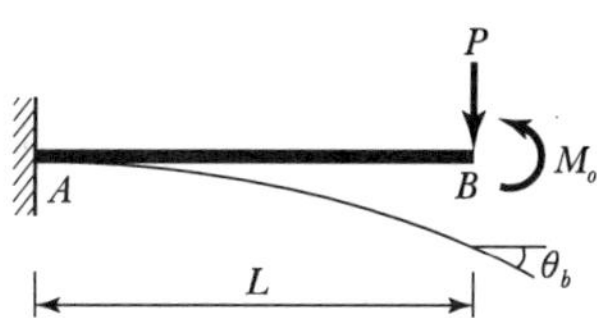

① $\theta_b=\frac{PL^2}{EI}-\frac{M_oL}{2EI}$ ② $\theta_b=\frac{PL^2}{2EI}-\frac{M_oL}{EI}$

③ $\theta_b=\frac{PL^2}{EI}-\frac{M_oL}{4EI}$ ④ $\theta_b=\frac{PL^2}{4EI}-\frac{M_oL}{EI}$

해설

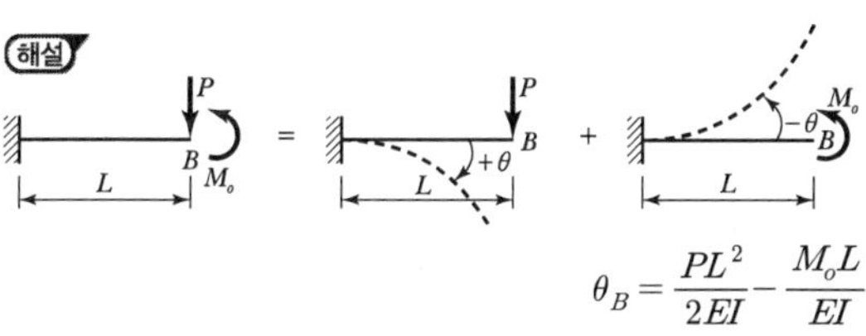

$\theta_B=\frac{PL^2}{2EI}-\frac{M_oL}{EI}$

54 아래 그림의 보에서 C점의 수직 처짐량은? ['23]

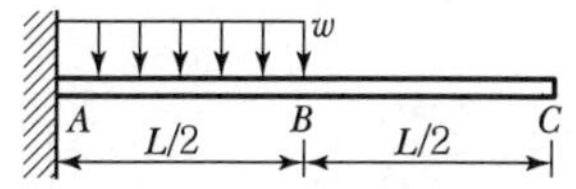

① $\frac{7wL^4}{384EI}$ ② $\frac{5wL^4}{384EI}$

③ $\frac{7wL^4}{192EI}$ ④ $\frac{5wL^4}{192EI}$

해설

[1] 공액보

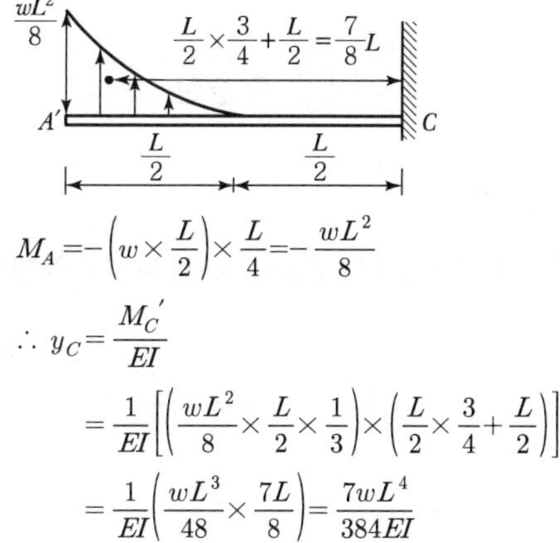

$M_A=-\left(w\times\frac{L}{2}\right)\times\frac{L}{4}=-\frac{wL^2}{8}$

$\therefore y_C=\frac{M_C'}{EI}$

$=\frac{1}{EI}\left[\left(\frac{wL^2}{8}\times\frac{L}{2}\times\frac{1}{3}\right)\times\left(\frac{L}{2}\times\frac{3}{4}+\frac{L}{2}\right)\right]$

$=\frac{1}{EI}\left(\frac{wL^3}{48}\times\frac{7L}{8}\right)=\frac{7wL^4}{384EI}$

[2] $\delta_c=\frac{wa^3}{24EI}(3a+4b)=\frac{7wL^4}{384EI}$

여기서, $a=b=\frac{L}{2}$

11장 탄성변형에너지

55 그림의 보에서 C점에 $\Delta C=0.2\text{cm}$의 처짐이 발생하였다. 만약 D점의 P를 C점에 작용시켰을 경우 D점에 생기는 처짐 ΔD의 값은? ['24]

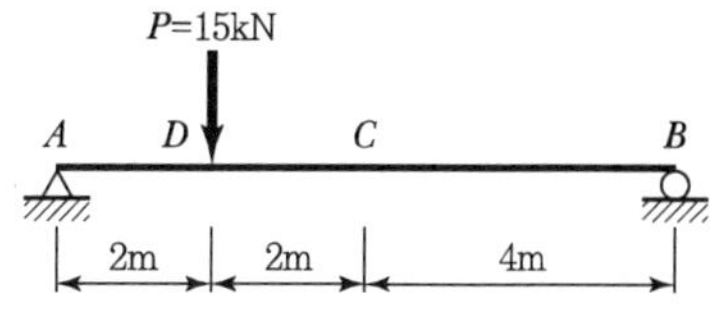

① 0.6cm ② 0.4cm

③ 0.2cm ④ 0.1cm

해설 $P_C\delta_{CD}=P_D\delta_{DC}$

$P_C=P_D$이면 $\delta_{CD}=\delta_{DC}=0.2\text{cm}$

정답 51 ③ 52 ② 53 ② 54 ① 55 ③

56 그림과 같은 정사각형 막대 단면의 변형에너지는? ['23]

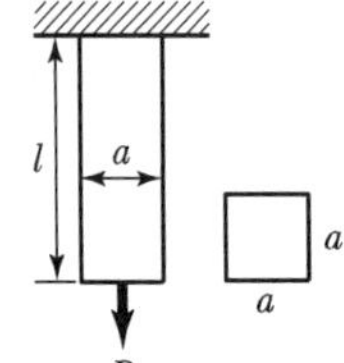

① $\dfrac{P^2l}{2a^2E}$ ② $\dfrac{2P^2l}{a^2E}$

③ $\dfrac{2a^2l}{P^2E}$ ④ $\dfrac{2El}{a^2P^2}$

해설 $U=\dfrac{P^2l}{2AE}=\dfrac{P^2l}{2a^2E}$

12장 부정정

반력

57 그림과 같은 1차 부정정보에서 지점 B의 반력은? ['23]

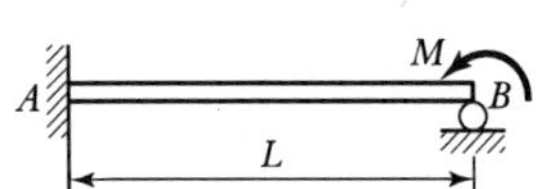

① $\dfrac{M}{L}$ ② $\dfrac{1.5M}{L}$ ③ $\dfrac{2M}{L}$ ④ $\dfrac{2.5M}{L}$

해설 변형일치법

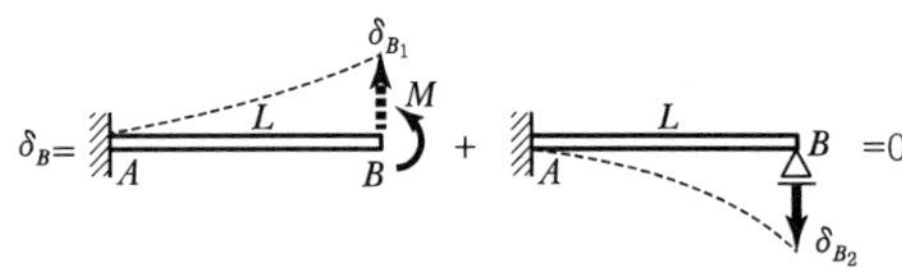

$$\delta_B=\delta_{B_1}+\delta_{B_2}=-\frac{ML^2}{2EI}+\frac{R_BL^3}{3EI}=0$$

$$\therefore\ R_B=\frac{3M}{2L}=1.5\frac{M}{L}$$

휨모멘트

58 그림과 같은 등질, 등단면인 2개의 보 (A), (B)에서 최대 휨모멘트가 같게 되기 위한 집중하중의 비 $P_1:P_2$ 값은 얼마인가? ['23]

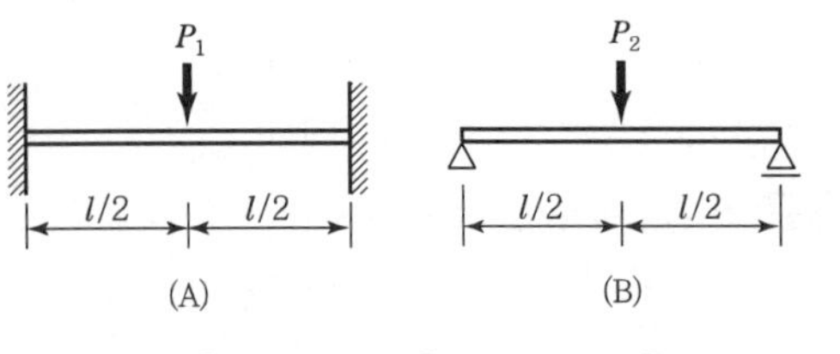

① 5 : 1 ② 4 : 1 ③ 3 : 1 ④ 2 : 1

해설 $\dfrac{P_1l}{8}=\dfrac{P_2l}{4}$

$P_1=\dfrac{8}{4}P_2=2P_2$

$\therefore\ P_1:P_2=2:1$

M분배법

59 그림과 같은 구조물의 0점에 모멘트 하중 8kN · m가 작용할 때 모멘트 M_{CO}의 값을 구한 것은? ['24]

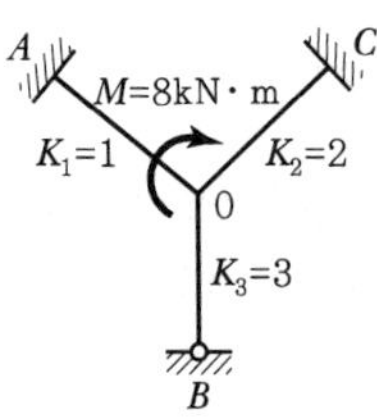

① 4.0kN · m ② 3.5kN · m

③ 2.5kN · m ④ 1.5kN · m

해설 ㉠ 강비 $k_{OA}:k_{OB}:k_{OC}=1:3\times\dfrac{3}{4}:2=4:9:8$

㉡ 분배율 $DF_{OC}=\dfrac{k_{OC}}{\sum k_i}=\dfrac{8}{21}$

㉢ $M_{OC}=M\times DF_{OC}=8\times\dfrac{8}{21}=\dfrac{64}{21}$

㉣ $M_{OC}=\dfrac{1}{2}M_{OC}=\dfrac{1}{2}\times\dfrac{64}{21}=\dfrac{32}{21}=1.52\text{kN}\cdot\text{m}$

부정정해법

60 다음 중 부정정구조물의 해석방법이 아닌 것은? ['23]

① 처짐각법 ② 단위하중법

③ 최소일의 정리 ④ 모멘트 분배법

해설 단위하중법은 가상일의 원리를 적용하여 구조물의 처짐각 및 처짐을 구하는 방법이다.

정답 56 ① 57 ② 58 ④ 59 ④ 60 ②

1장 정역학 기초

힘

01 다음 중 벡터(Vector)량인 것은?

① 면적(面積) ② 시간(時間)
③ 변위(變位) ④ 온도(溫度)

해설 벡터(Vector)는 크기와 방향을 가지는 물리량으로서 힘, 가속도, 변위, 처짐, 운동량, 전기장, 자기장 등이 벡터에 속한다.

합력

02 다음 그림에서 두 힘에 대한 합력(R)의 크기와 합력의 방향(θ)값은?

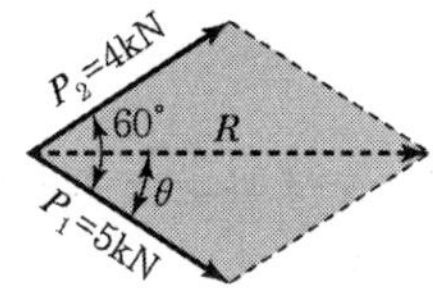

① $R=8\text{kN}$, $\theta=27°19'10''$
② $R=7.88\text{kN}$, $\theta=26°25'30''$
③ $R=7.85\text{kN}$, $\theta=26°20'50''$
④ $R=7.81\text{kN}$, $\theta=26°19'46''$

해설 $R=\sqrt{R_1^2+R_2^2+2P_1\cdot P_2\cdot\cos\alpha}$
$=\sqrt{5^2+4^2+2\times5\times4\cos60°}$
$=7.8\text{kN}$

$\tan\theta=\dfrac{P_2\cdot\sin\alpha}{P_1+P_2\cdot\cos\alpha}=\dfrac{4\times\sin60°}{5+4\times\cos60°}=0.4949$
$=26.33°=26°19'46''$

바리농 정리

03 "여러 힘의 모멘트는 그 합력의 모멘트와 같다"라는 것은 다음 중 어느 것인가?

① 가상(假想)일의 원리 ② 바리농(Varignon)의 정리
③ 모멘트 분배법 ④ 모어(Mohr)의 정리

2장 단면의 성질

단면2차 모멘트

04 다음 도형에서 $X-X$축에 대한 단면 2차 모멘트는?

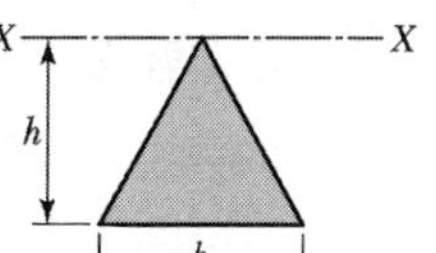

① $\dfrac{bh^3}{24}$ ② $\dfrac{7bh^3}{36}$
③ $\dfrac{bh^3}{4}$ ④ $\dfrac{5bh^3}{36}$

해설 $I_X=I_G+A\cdot\bar{y}^2=\dfrac{b\cdot h^3}{36}+\dfrac{b\cdot h}{2}\left(\dfrac{2}{3}h\right)^2$
$=\dfrac{b\cdot h^3}{36}+\dfrac{2b\cdot h^3}{9}=\dfrac{9}{36}b\cdot h^3=\dfrac{b\cdot h^3}{4}$

단면 극2차 모멘트

05 다음 그림과 같은 직사각형 단면의 도심에 대한 극관성 모멘트는?(단, $h=2b$이다.)

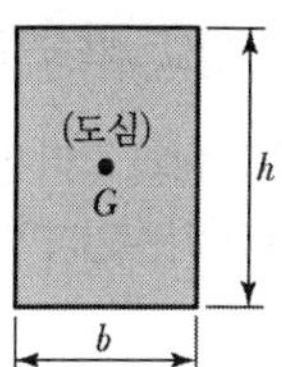

① $\dfrac{4}{3}b^4$ ② $\dfrac{5}{6}b^4$
③ $\dfrac{7}{6}b^4$ ④ $\dfrac{3}{4}b^4$

해설 $I_P=I_X+I_Y=\dfrac{bh^3}{12}+\dfrac{hb^3}{12}=\dfrac{bh}{12}(h^2+b^2)$
$=\dfrac{b\times2b}{12}(4b^2+b^2)=\dfrac{5}{6}b^4$

06 그림과 같은 원형 단면의 지름이 d일 때 중심 O에 대한 단면 2차 극모멘트는?

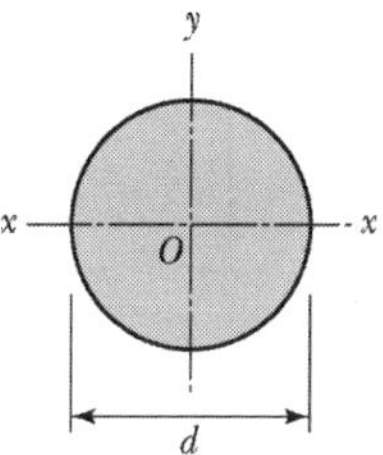

① $\dfrac{\pi d^4}{32}$ ② $\dfrac{\pi d^4}{64}$ ③ $\dfrac{\pi d^3}{16}$ ④ $\dfrac{\pi d^3}{32}$

정답 01 ③ 02 ④ 03 ② 04 ③ 05 ② 06 ①

해설 원형 단면일 경우의 도심에 대한 단면 2차 극모멘트는

$I_p = I_x + I_y = 2I_x = 2I_y$이므로

$I_p = \frac{\pi d^4}{64} \times 2 = \frac{\pi d^4}{32}$

3장 구조물 판별식

단층판별식

07 다음 그림 중 2차 부정정보는?

① 

② 

③ 

④ 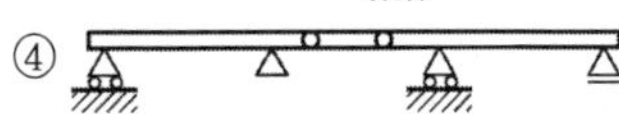

해설 ① $N=R-3-H=6-3-0=3$차 부정정

② $N=R-3-H=5-3-0=2$차 부정정

③ $N=R-3-H=4-3-0=1$차 부정정

④ $N=R-3-H=5-3-2=0$ 정정구조물

라멘 판별식

08 그림과 같이 양 지점이 고정(Fixed)인 라멘은 몇 차 부정정 차수인가?

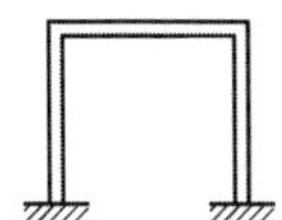

① 1차 ② 2차

③ 3차 ④ 4차

해설 $N=R+m+S-2P$

$=6+3+2-2\times4$

$=11-8$

=3차 부정정

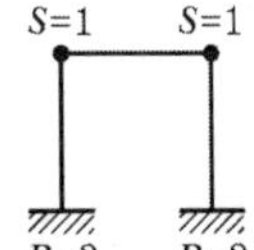

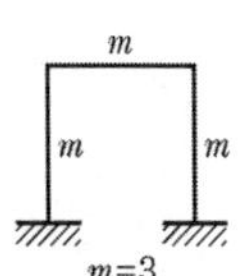

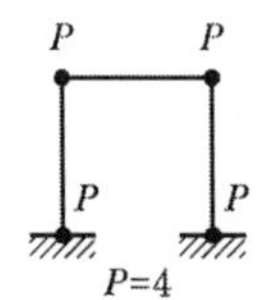

4장 정정보

반력

09 그림과 같은 보의 지점 반력 R_A, R_B가 옳은 것은?

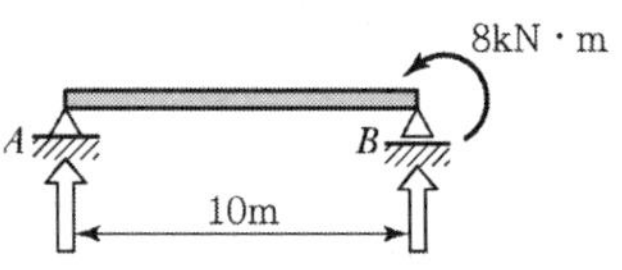

	R_A	R_B
①	0.8kN(↑)	0.8kN(↓)
②	0.8kN(↑)	0.8kN(↑)
③	0.8kN(↓)	0.8kN(↓)
④	0.8kN(↓)	0.8kN(↑)

해설 ㉠ $\Sigma M_B = 0$ $R_A \times 10 - 8 = 0$

$\therefore R_A = 0.8\text{kN}(\uparrow)$

㉡ $\Sigma V = 0$ $R_A + R_B = 0$

$\therefore R_B = 0.8\text{kN}(\downarrow)$

휨모멘트

10 다음과 같은 단순보의 중앙부의 휨모멘트 값은? (단, $a=b=c$이다.)

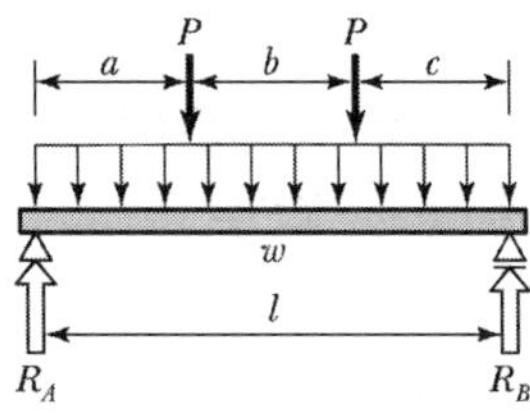

① $M = wl^2/6 + Pl/8$

② $M = wl^2/8 + P \cdot a$

③ $M = wl^2/8 + P \cdot a/2$

④ $M = wl^2/6 + P \cdot a/2$

해설 $a=b=c$이면 집중 하중에 의한 $M_C = P \cdot a$이므로

$M_C = \frac{wl^2}{8} + P \cdot a$이다.

정답 07 ② 08 ③ 09 ① 10 ②

BMD

11 단순보의 양 지점에 그림과 같은 모멘트가 작용할 때 이 보에 일어나는 휨모멘트도(B.M.D.)가 옳게 된 것은?

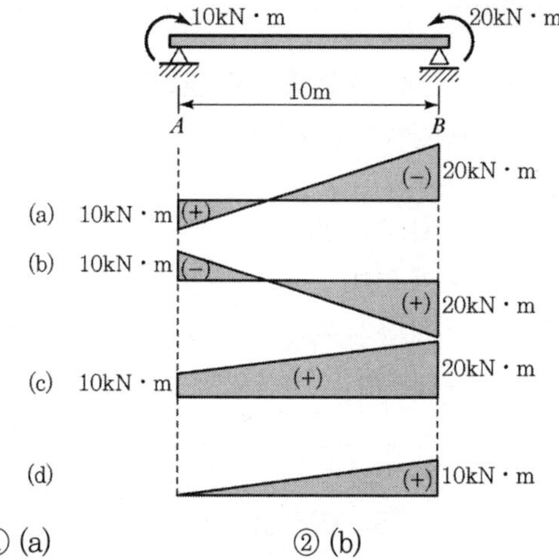

① (a)　② (b)
③ (c)　④ (d)

5장 라멘 · 아치

반력

12 그림과 같은 정정 직렬 구조에서 H_A의 조건은?

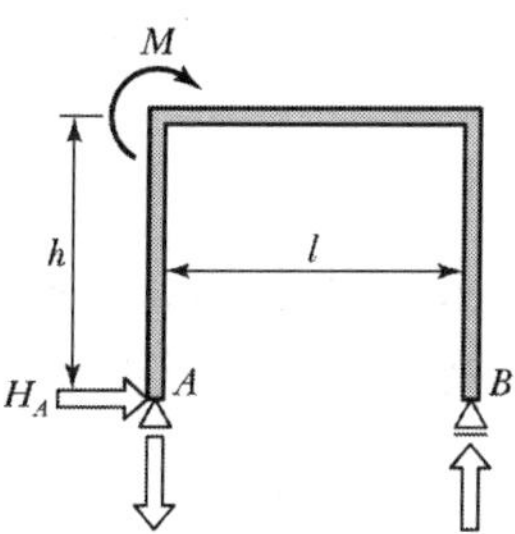

① $\dfrac{M}{l}$　② 0
③ $-\dfrac{M}{l}$　④ $\dfrac{M}{h}$

해설 $\Sigma H = 0$에서 $H_A = 0$

13 그림과 같은 구조물의 D점에 5kN의 상향 반력이 생길 때 모멘트 크기 M의 값은?

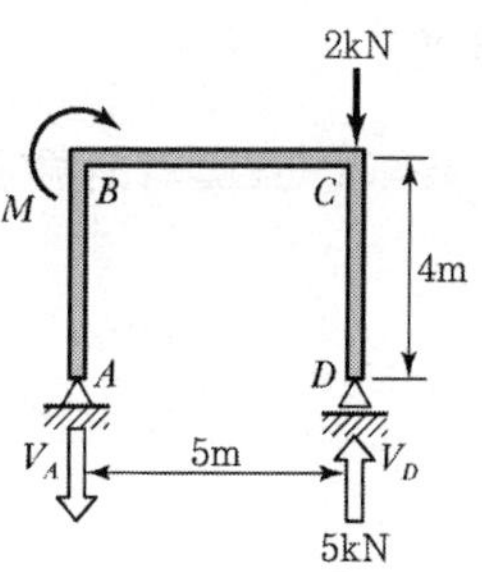

① 12kN · m　② 15kN · m
③ 20kN · m　④ 25kN · m

해설 $\Sigma M_A = 0$

$-5\times5+M+2\times5=0$

$\therefore M=25-10=15\text{kN}\cdot\text{m}$

14 아래 그림에서 보이는 바와 같은 정정 라멘의 B단에 수평 하중 P가 작용한다면 부재 DC의 중앙점 m에 작용하는 휨모멘트는?

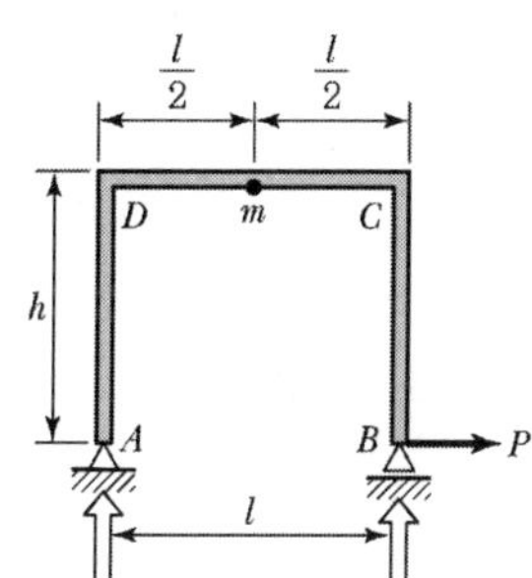

① $M_m = P\times l$　② $M_m = P\times h$
③ $M_m = P\times\dfrac{l}{2}$　④ $M_m = 0$

해설

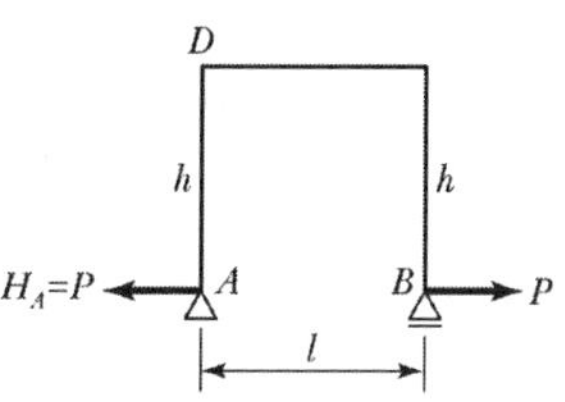

$M_D = H_A\times h$

$= P\times h$

정답 11 ③ 12 ② 13 ② 14 ②

6장 트러스

트러스 해법

15 트러스의 해석에 단면법의 종류에 속하지 않는 것은?

① Culmann ② Ritter
③ 절점법 ④ 모멘트법

반력

16 다음 그림과 같은 트러스에서 힌지 지점의 연직 반력의 크기는?

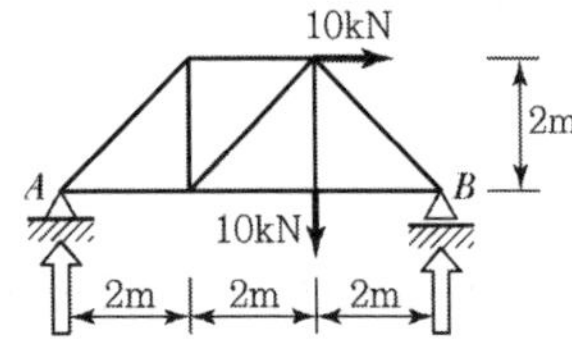

① 5kN(하향) ② 0
③ 5kN(상향) ④ 10kN(상향)

해설 $\Sigma M_B = 0$

$V_A \times 6 + 10 \times 2 - 10 \times 2 = 0$

$\therefore\ V_A = 0$

상현재

17 그림과 같은 캔틸레버 트러스에서 $\overline{DE}$ 부재의 부재력은?

① 3kN
② 5kN
③ 6kN
④ 8kN

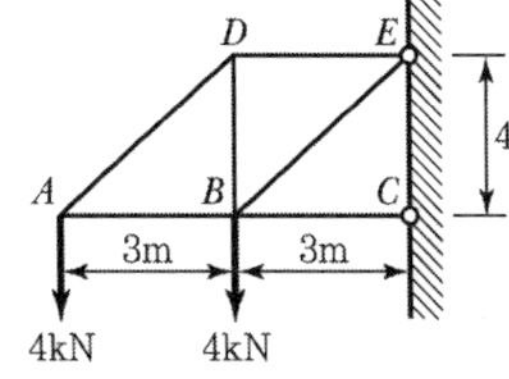

해설

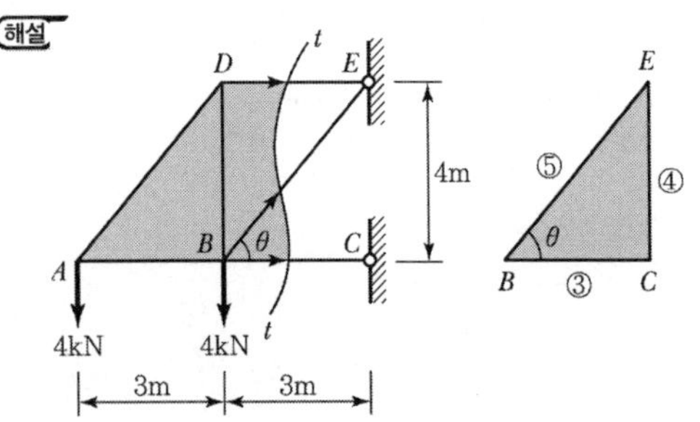

$\Sigma M_B = 0$

$-4 \times 3 + \overline{DE} \times 4 = 0$

$\therefore\ \overline{DE} = 3\text{kN}$ (인장)

온도응력 σ_t

18 열 응력에 대한 설명 중 틀린 것은?

① 재료의 선팽창계수와 관계 있다.
② 세로 탄성계수와 관계 있다.
③ 재료의 치수와 관계 있다.
④ 온도차와 관계 있다.

해설 열응력 $\sigma_t = E \cdot \varepsilon = E \cdot \alpha \cdot \Delta t = E \cdot \alpha(t_2 - t_1)$이므로 재료의 치수와는 관계가 없다.

7장 재료의 성질

수직응력

19 단면 5cm×6cm의 단주(短柱)가 15,000kN의 압축 하중을 받고 있다면 응력은?

① 250kN/cm^2 ② 500kN/cm^2
③ 750kN/cm^2 ④ $1{,}000\text{kN/cm}^2$

해설 $\sigma = \dfrac{P}{A} = \dfrac{15{,}000}{5 \times 6} = 500\text{kN/cm}^2$

탄성계수 E

20 단면이 15cm×15cm, 길이 1m인 각재에 12kN의 압축력을 가했더니 1mm가 줄어들었다. 이 각재의 탄성계수는?

① 53.3N/cm^2 ② 53.3kN/cm^2
③ 83.3N/cm^2 ④ 83.3kN/cm^2

해설 $E = \dfrac{\sigma}{\varepsilon}$

$= \dfrac{P/A}{\Delta l/l} = \dfrac{P \cdot l}{A \cdot \Delta l}$

$= \dfrac{12{,}000 \times 100}{15 \times 15 \times 0.1}$

$= 53{,}333\text{N/cm}^2 = 53.3\text{kN/cm}^3$

정답 15 ③ 16 ② 17 ① 18 ③ 19 ② 20 ②

8장 보의 응력

휨응력

21 **휨응력이라 함은?**

① 휨모멘트에 의해서 부재의 한 단면 위에 일어나는 전단 응력을 가리킨다.
② 휨모멘트에 의해서 부재의 한 단면 위에 일어나는 수직 응력을 가리킨다.
③ 휨모멘트에 의해서 부재의 한 단면 위에 일어나는 인장 응력을 가리킨다.
④ 휨모멘트에 의해서 부재의 한 단면 위에 일어나는 합성 응력을 가리킨다.

22 **폭 20cm, 높이 30cm인 직사각형 단면의 목재로 된 단순보의 어느 단면의 휨모멘트가 2,000N·m일 때 곡률 반경 R은?(단, $E=100,000\text{N/cm}^2$이다.)**

① 22,500m ② 12,250m
③ 225m ④ 122.5m

해설 ㉠ $I=\dfrac{20\times 30^3}{12}=45,000\text{cm}^4$

㉡ $R=\dfrac{100,000\times 45,000}{200,000}=22,500\text{cm}=225\text{m}$

전단응력

23 **보 속의 전단 응력의 크기는?**

① 보에 작용하는 하중의 영향을 받지 않는다.
② 보에 작용하는 하중의 영향을 받는다.
③ 고정 지점에서는 언제나 영이 된다.
④ 활절에서는 언제나 영이 된다.

해설 전단응력 $\tau=\dfrac{S\cdot G}{I\cdot b}$이므로 하중(=전단력)의 영향을 받는다.

9장 기둥

편심응력

24 **그림과 같은 단면의 핵거리 k를 구하는 식으로서 옳은 것은?(단, A는 단면적)**

① $\dfrac{I_x}{A\cdot y_2}$

② $\dfrac{I_y}{A\cdot y_2}$

③ $\dfrac{I_x}{A\cdot y_1}$

④ $\dfrac{I_y}{A\cdot y_1}$

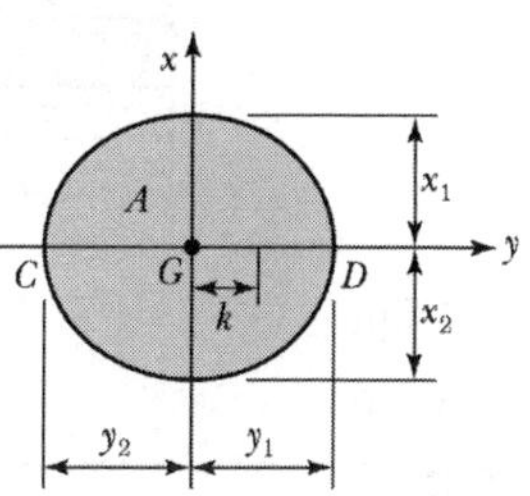

해설 〈공식〉 $\sigma_x=-\dfrac{P}{A}+\dfrac{M_x}{I_y}x=-\dfrac{P}{A}+\dfrac{P\cdot e_x}{I_y}x$

핵점은 σ_x값이 0인 곳이므로

$$\sigma_C=-\frac{P}{A}+\frac{Pe_x}{I_y}x=0 \quad (e_x=k)$$

$$=-\frac{P}{A}+\frac{Pk}{I_y}x=0$$

$$k=\frac{I_y}{Ax} \quad (x=y_2)$$

$$=\frac{I_y}{Ay_2}$$

주응력

25 **기둥의 밑면에서 응력이 그림과 같을 때 하중의 편심거리가 가장 큰 단주는?**

① ②

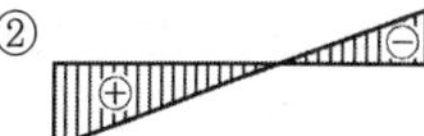

③

④

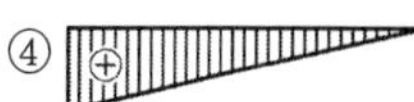

해설 응력과 하중의 작용점
① 핵점과 중심 사이(핵 내부)
② 핵 외부
③ 중심점
④ 핵점

정답 21 ③ 22 ③ 23 ② 24 ② 25 ②

26 다음 그림과 같이 $P=15\text{kN}$, $M=5\text{kN}\cdot\text{m}$를 받는 철근 콘크리트 기초가 있다. 지반에서 받는 반력이 직전 분포한다고 가정하고, 기초 1단의 반력을 0이 되도록 하려면 기초 폭은 얼마로 하면 되는가?

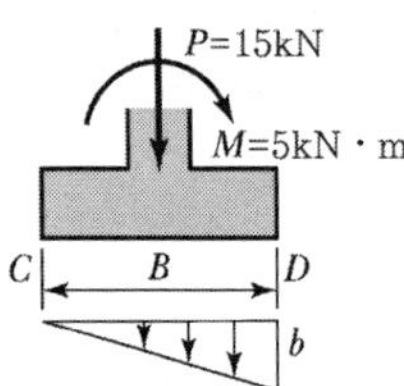

① 1.5m ② 2.0m
③ 2.5m ④ 3.0m

해설

〈공식〉

$$\sigma_c = -\frac{P}{A} + \frac{Pe_x}{I_y}x = 0 \text{에서}$$

$$\text{핵거리 } e_x = \frac{I_y}{Ax} = \frac{\frac{B^3H}{12}}{(BH)\left(\frac{B}{2}\right)} = \frac{B}{6}$$

㉠ $M = Pe_x$

$5 = 15e_x \quad \therefore e_x = \frac{1}{3}\text{m}$

㉡ $e_x = \frac{B}{6}$

$\frac{1}{3} = \frac{B}{6} \quad \therefore B = 2\text{m}$

10장 처짐

곡률반경 R

27 보의 탄성곡선의 곡률 반경 R가 1일 때 휨강성 $E\cdot I$와 휨모멘트 M의 관계를 옳게 표시한 것은?

① $M = E\cdot I$ ② $M = \frac{1}{E}$

③ $M = \frac{E}{I}$ ④ $M = \sqrt{\frac{I}{E\cdot I}}$

해설 $\frac{1}{R} = \frac{M_x}{E\cdot I}$이므로 $R=1$이라면

$\therefore M = E\cdot I$

28 그림과 같은 단순보에 등분포 하중 w가 만재하여 작용할 경우, 이 보의 처짐 곡선에 대한 곡률 반경의 최소치는 다음 중 어느 점에서 발생되는가?

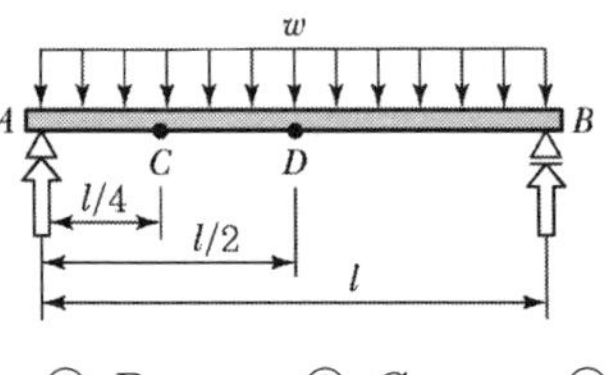

① A ② B ③ C ④ D

해설 곡률 반경은 $E\cdot I$에 비례하고 휨모멘트에 반비례한다. 즉, 휨모멘트가 최대가 되는 곳에서 곡률 반경은 최소이다. 따라서 D점에서의 곡률 반경이 최소이다.

11장 탄성변형에너지

외력일

29 어느 일정 크기의 모멘트 M이 작용하여 회전각 θ를 생기게 하는 일은?

① $\frac{M\theta}{2}$ ② $\frac{M\theta}{3}$ ③ $\frac{M\theta}{4}$ ④ $\frac{M\theta}{6}$

12장 부정정

모멘트분배법

30 다음과 같은 구조물에 O점에 모멘트 하중 $8\text{kN}\cdot\text{m}$가 작용할 때 모멘트 M_{CO}의 값을 구한 것은?

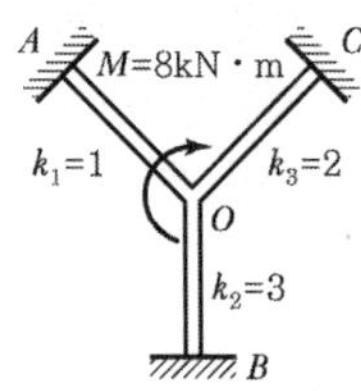

① 4kN · m
② 3.5kN · m
③ 2.5kN · m
④ 1.5kN · m

해설 ㉠ 분배율 : $f_{OC} = \frac{2}{1+2+3\times\frac{3}{4}} = \frac{8}{21}$

㉡ 분배 모멘트 : $M_{OC} = f_{OC}\times M_0$

$= \frac{8}{21}\times 8 = \frac{64}{21}\text{kN}\cdot\text{m}$

㉢ 재단 모멘트 : $M_{CO} = \frac{1}{2}M_{OC}$

$= \frac{1}{2}\times\frac{64}{21} = \frac{32}{21} = 1.52\text{kN}\cdot\text{m}$

정답 26 ② 27 ① 28 ④ 29 ① 30 ④

과년도 출제문제

토목기사 2024년 1회
2024년 2회
2024년 3회
2025년 1회
2025년 2회
2025년 3회

A P P L I E D M E C H A N I C S

01 그림과 같이 밀도가 균일하고 무게가 W인 구(求)가 마찰이 없는 두 벽면 사이에 놓여 있을 때 반력 R_A의 크기는?

① $0.500\,W$
② $0.577\,W$
③ $0.707\,W$
④ $0.866\,W$

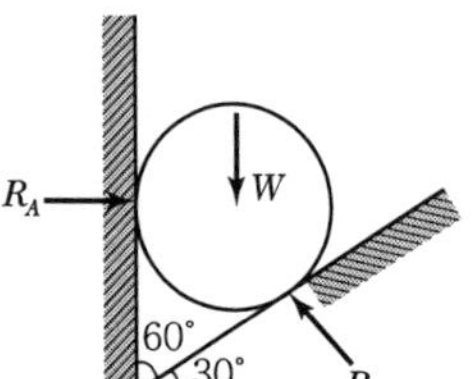

해설

[1] ㉠

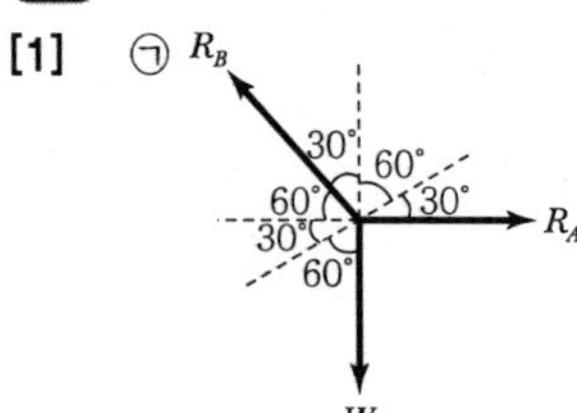

㉡

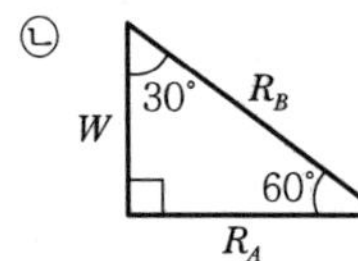

$$\sin 60° = \frac{W}{R_B} = \frac{\sqrt{3}}{2}$$

$$\therefore\ R_B = \frac{2}{\sqrt{3}}W$$

㉢ $R_A = \dfrac{R_B}{2} = \dfrac{W}{\sqrt{3}} = 0.577\,W$

[2] ㉠

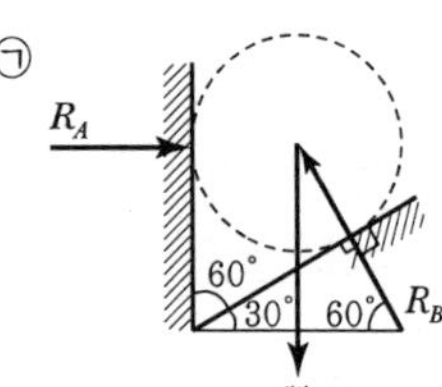

㉡ 〈시력도〉

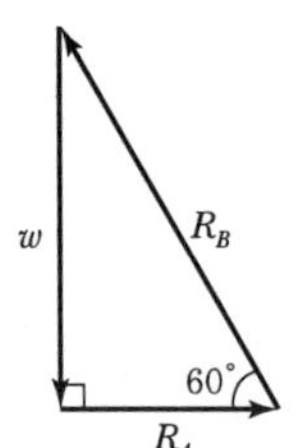

= $\sqrt{3}$, 2, 30°, 60°, 1

$$\frac{w}{\sqrt{3}} = \frac{R_B}{2}$$

$$R_B = \frac{2}{\sqrt{3}}w = 1.155w$$

02 그림과 같은 1/4원 중에서 음영 부분의 도심까지 위치 y_0는?

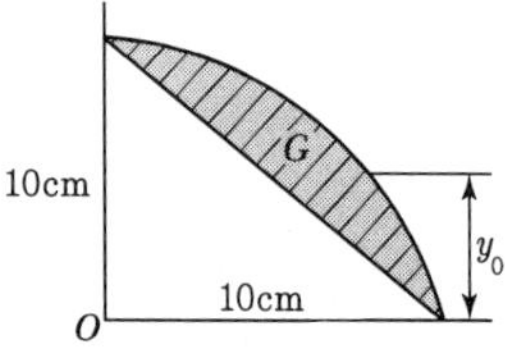

① 4.94cm
② 5.20cm
③ 5.84cm
④ 7.81cm

$$y_0 = \frac{G_x}{A} = \frac{(\text{1/4원}) - (\text{삼각형})}{(\text{1/4원}) - (\text{삼각형})}$$

$$= \frac{\left(\frac{\pi r^2}{4}\right)\left(\frac{4r}{3\pi}\right) - \left(\frac{r^2}{2}\right)\left(\frac{r}{3}\right)}{\frac{\pi r^2}{4} - \frac{r^2}{2}}$$

$$= \frac{2r}{3(\pi-2)}$$

$$= \frac{2\times 10}{3(\pi-2)} = \frac{20}{3.42} = 5.84\text{cm}$$

03 다음 그림에서 $A-A$축과 $B-B$축에 대한 빗금부분의 단면2차모멘트가 각각 80,000cm^4, 160,000cm^{4}일 때 빗금부분의 면적은?

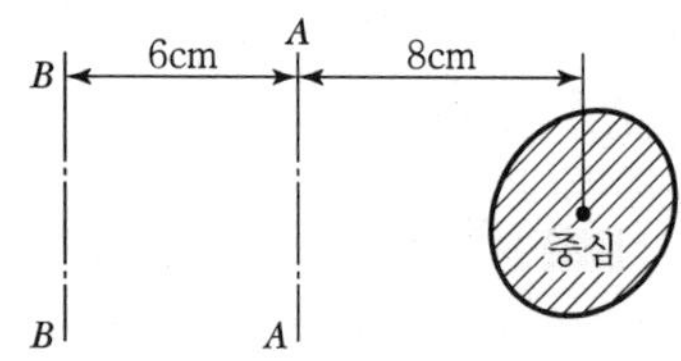

① 800cm^2
② 752cm^2
③ 606cm^2
④ 573cm^2

해설 ㉠

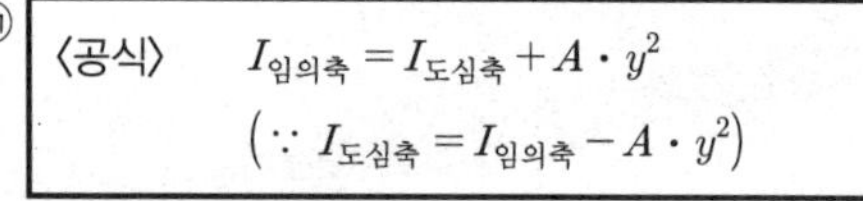
〈공식〉 $I_{임의축} = I_{도심축} + A\cdot y^2$

$(\because\ I_{도심축} = I_{임의축} - A\cdot y^2)$

$$\therefore\ I_{도심축} = I_A - A\cdot {y_A}^2 = I_B - A\cdot {y_B}^2$$

㉡ $A = \dfrac{I_B - I_A}{{y_B}^2 - {y_A}^2} = \dfrac{160{,}000 - 80{,}000}{14^2 - 8^2}$

$\fallingdotseq 606\text{cm}^2$

정답 01 ② 02 ③ 03 ③

04 그림과 같은 구조물의 부정정 차수는?

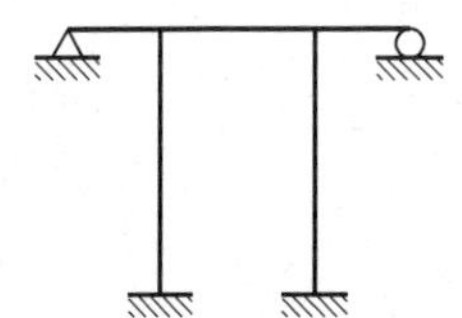

① 6차 부정정　　② 5차 부정정
③ 4차 부정정　　④ 3차 부정정

해설

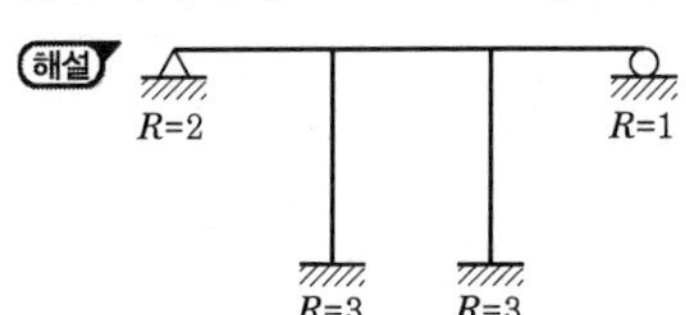

$N = R + m + S - 2P$
$= 9 + 5 + 4 - 2 \times 6$
$= 18 - 12$
$= 6$차 부정정

$R = 9$, $m = 5$, $S = 4$, $P = 6$

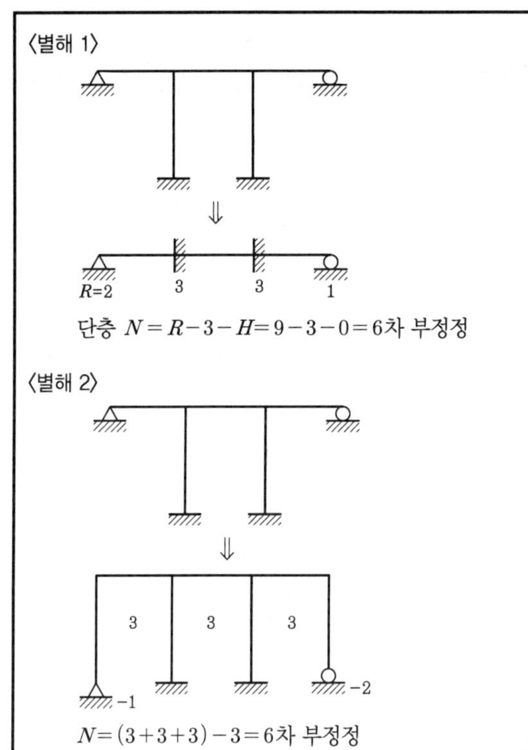

05 다음과 같은 힘이 작용할 때 생기는 전단력도의 모양은 어떤 형태인가?

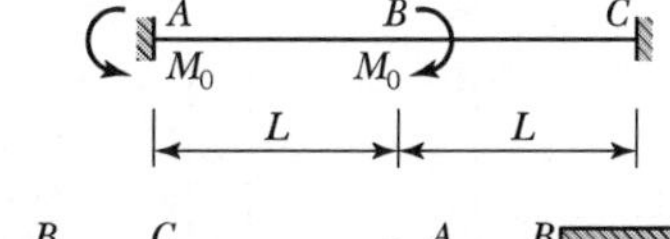

① A B C　　② A B C
③ A B C　　④ A C

해설 AB 구간은 휨모멘트 내력만 M_o로 일정하게 존재하는 순수 휨(Pure Bending) 상태이고, BC 구간은 내력이 존재하지 않는 상태이다. 따라서, 부재의 전 구간에 걸쳐서 전단력은 존재하지 않는다.

06 내민보를 갖는 단순 지지보의 C점에서 휨모멘트는?

① 60kN · m
② 15kN · m
③ 12.5kN · m
④ 0kN · m

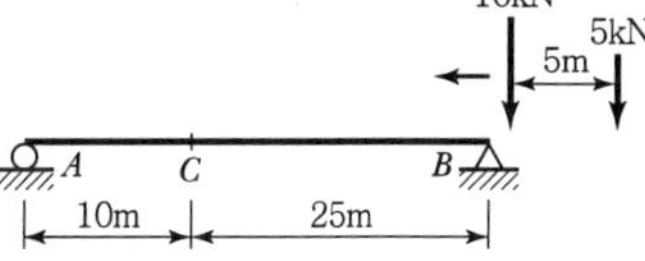

해설 C점은 자유단이므로 C점에서는 휨모멘트가 발생하지 않는다.

07 단순보 AB 위에 그림과 같은 이동하중이 지날 때 A점으로부터 10m 떨어진 C점의 최대 휨모멘트는?

① 85kN · m
② 95kN · m
③ 100kN · m
④ 115kN · m

10kN　5kN　5m
A　C　B
10m　25m

해설

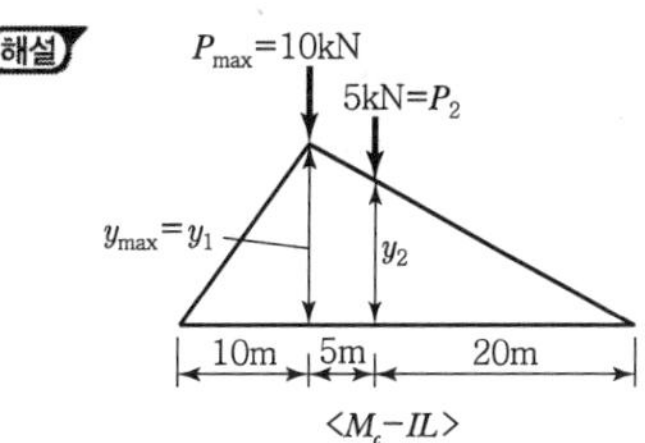

<M_c−IL>

㉠ $y_1 = \dfrac{10 \times 25}{35} = \dfrac{50}{7}$

$25 : y_1 = 20 : y_2$

㉡ $y_2 = y_1 \cdot \dfrac{20}{25} = \dfrac{50}{7} \times \dfrac{20}{25} = \dfrac{40}{7}$

㉢ $M_{c,\,max} = 10 \times \dfrac{50}{7} + 5 \times \dfrac{40}{7} = \dfrac{700}{7} = 100\text{kN} \cdot \text{m}$

정답 04 ① 05 ④ 06 ④ 07 ③

08 그림과 같은 라멘에서 휨모멘트도(BMD)가 옳게 그려진 것은?

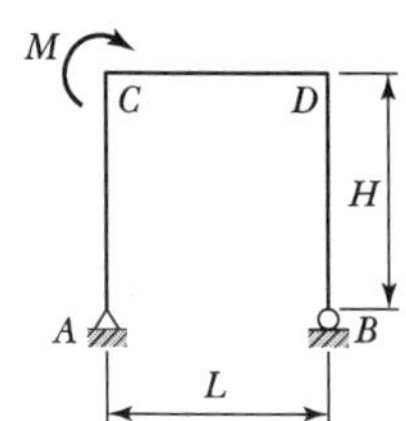

① ② ③ ④ (보기 그림)

해설 ㉠ 지점의 경계조건은 단순지지이고 작용하중은 M이다. 그러므로 AC, BD 두 수직부재의 내력은 축방향력만 존재한다.

㉡ CD 부재의 C점의 모멘트는 M이고, D점의 모멘트는 0이다.

09 그림과 같은 트러스의 상현재 U의 부재력은?

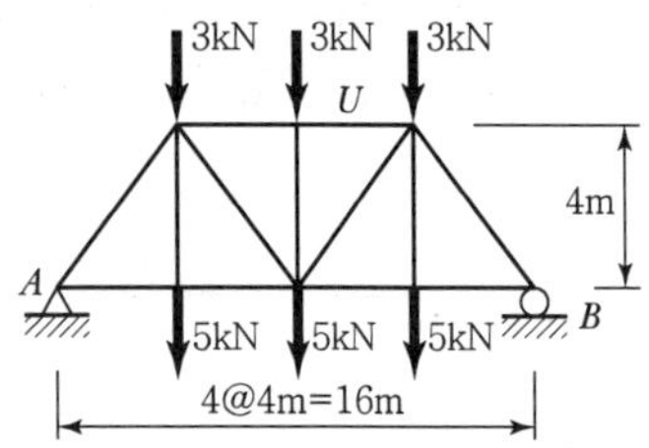

① 인장을 받으며 그 크기는 16kN이다.
② 압축을 받으며 그 크기는 16kN이다.
③ 인장을 받으며 그 크기는 12kN이다.
④ 압축을 받으며 그 크기는 12kN이다.

해설

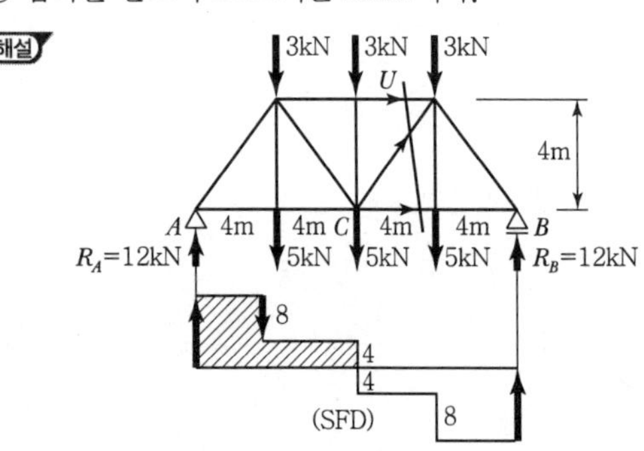

$$U = -\frac{SFD\text{ 면적}}{h}$$
$$= -\frac{(12\times4)+(4\times4)}{4} = -16\text{kN(압축)}$$

10 길이 50mm, 지름 10mm의 강봉을 당겼더니 5mm 늘어났다면 지름의 줄어든 값은 얼마인가?(단, 푸아송비 $\nu = 1/3$이다.)

① $\frac{1}{6}$mm　　② $\frac{1}{5}$mm
③ $\frac{1}{3}$mm　　④ $\frac{1}{2}$mm

해설 ㉠ 푸아송 비$(\nu) = \frac{\Delta d/d}{\Delta l/l} = \frac{l\cdot\Delta d}{d\cdot\Delta l}$

㉡ $\Delta d = \frac{v\cdot d\cdot\Delta l}{l} = \frac{\frac{1}{3}\times10\times5}{50} = \frac{1}{3}\text{mm}$

11 다음 봉재의 단면적이 A이고 탄성계수가 E일 때 C점의 수직 처짐은?

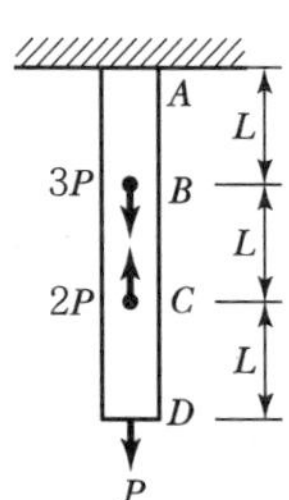

① $\frac{4PL}{EA}$　　② $\frac{3PL}{EA}$
③ $\frac{2PL}{EA}$　　④ $\frac{PL}{EA}$

해설

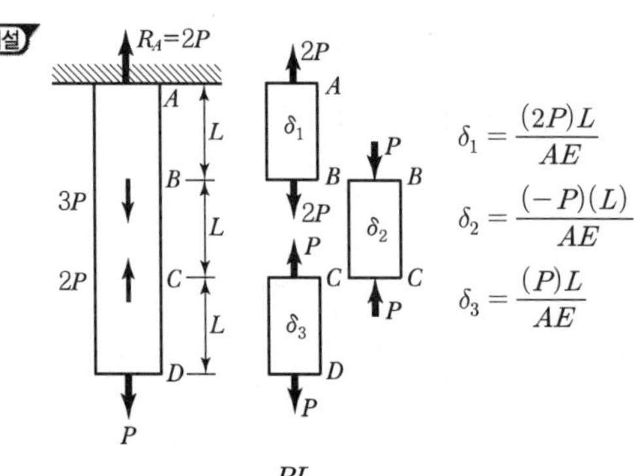

$\therefore$ C점 $\delta_C = \delta_3 = \frac{PL}{AE}$

정답 08 ② 09 ② 10 ③ 11 ④

12 B점의 수직변위가 1이 되기 위한 하중의 크기 P는?(단, 부재의 축강성은 EA로 동일하다.)

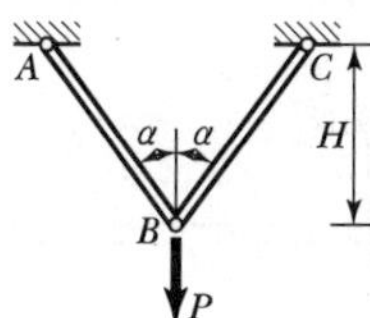

① $\dfrac{E\cos^3\alpha}{AH}$ ② $\dfrac{2E\cos^3\alpha}{AH}$

③ $\dfrac{EA\cos^3\alpha}{H}$ ④ $\dfrac{2EA\cos^3\alpha}{H}$

해설

[1]

〈공식〉

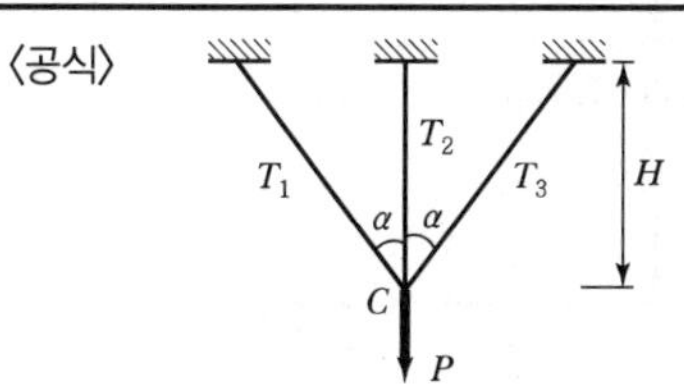

㉠ $\delta_{CV} = \dfrac{PH}{2AE\cos^3\alpha}$

㉡ $T_1 = \dfrac{\cos^2\alpha}{2\cos^3\alpha+1}P$

$T_2 = \dfrac{1}{2\cos^3\alpha+1}P$

$T_3 = T_1$

㉠ 수직변위 $\delta_{CV} = \dfrac{PH}{2EA\cos^3\alpha}$

㉡ 수직변위 $\delta_V = 1$이 되기 위해서는

$$\frac{PH}{2EA\cos^3\alpha} = 1$$

$$\therefore\ P = \frac{2EA\cos^3\alpha}{H}$$

[2] $\delta_B = \dfrac{PH}{2AE\cos^3\alpha}$

$$1 = \frac{PH}{2AE\cos^3\alpha}$$

$$\therefore\ P = \frac{2AE\cos^3\alpha}{H}$$

13 수직응력 $\sigma_x = 10\text{kN/cm}^2$, $\sigma_y = 20\text{kN/cm}^2$와 전단응력 $\tau_{xy} = 0.5\text{kN/cm}^2$을 받고 있는 아래 그림과 같은 평면응력 요소의 최대 주응력을 구하면?

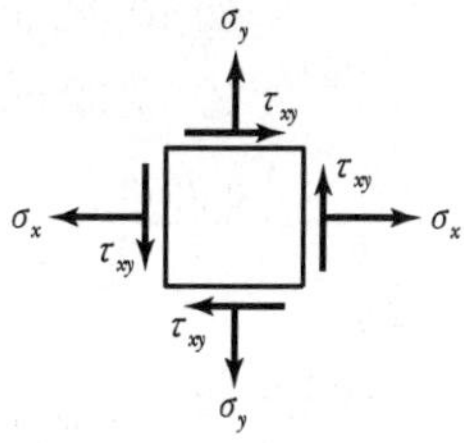

① 22.1kN/cm^2 ② 23.1kN/cm^2

③ 24.1kN/cm^2 ④ 25.1kN/cm^2

해설 $\sigma_{\max} = \dfrac{\sigma_x+\sigma_y}{2} + \sqrt{\left(\dfrac{\sigma_x-\sigma_y}{2}\right)^2 + {\tau_{xy}}^2}$

$= \dfrac{10+20}{2} + \sqrt{\left(\dfrac{10-20}{2}\right)^2 + 5^2}$

$= 22.1\text{kN/cm}^2$

14 그림과 같은 T형 단면을 가진 단순보가 있다. 이 보의 지간은 3m이고, 지점으로부터 1m 떨어진 곳에 하중 $P = 450\text{N}$이 작용하고 있다. 이 보에 발생하는 최대 전단응력은?

① 14.8N/cm^2

② 24.8N/cm^2

③ 34.8N/cm^2

④ 44.8N/cm^2

해설 ㉠ $R_A = \dfrac{2}{3}\times 450 = 300\text{N}$

$R_B = \dfrac{1}{3}\times 450 = 150\text{N}$

㉡ $S_{\max} = R_{Ay} = 300\text{N}$

㉢ $G = 3\times 7\times 3.5 + 7\times 3\times 8.5 = 252\text{cm}^3$

㉣ $y_o = \dfrac{G}{A} = \dfrac{252}{3\times 7 + 7\times 3} = 6\text{cm}$

㉤ $I_o = \left(\dfrac{7\times 3^3}{12} + 7\times 3\times 2.5^2\right) + \left(\dfrac{3\times 7^3}{12} + 3\times 7\times 2.5^2\right) = 364\text{cm}^4$

㉥ $G_X = 3\times 6\times 3 = 54\text{cm}^3$

㉦ $\tau_{\max} = \dfrac{S_{\max}G_X}{I_X b} = \dfrac{300\times 54}{364\times 3} = 14.8\text{N/cm}^2$

정답 12 ④ 13 ① 14 ①

15 정사각형의 목재 기둥에서 길이가 5m라면 세장비가 100이 되기 위한 기둥 단면 한 변의 길이로서 옳은 것은?

① 8.66cm ② 10.38mm
③ 15.82mm ④ 17.32mm

$$\lambda = \frac{l}{r_{\min}} = \frac{l}{\frac{b}{2\sqrt{3}}} = \frac{2\sqrt{3}\,l}{b}$$

$$b = \frac{2\sqrt{3}\,l}{\lambda} = \frac{2\sqrt{3}\times 500}{100} = 17.32\text{cm}$$

16 다음 그림과 같은 장주의 최소 좌굴하중을 옳게 나타낸 것은?

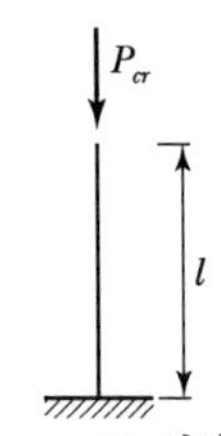

① $\frac{\pi EI}{2l^2}$

② $\frac{\pi^2 EI}{2l^2}$

③ $\frac{\pi EI}{4l^2}$

④ $\frac{\pi^2 EI}{4l^2}$

해설 k(유효길이계수)=2, (고정−자유)

$$P_{cr} = \frac{\pi^2 EI}{(kl)^2} = \frac{\pi^2 EI}{4l^2}$$

17 그림과 같이 균일한 단면을 가진 캔틸레버보의 자유단에 집중하중 P가 작용한다. 보의 길이가 L일 때 자유단의 처짐이 Δ라면, 처짐이 4Δ가 되려면 보의 길이 L은 약 몇 배가 되어야 하는가?

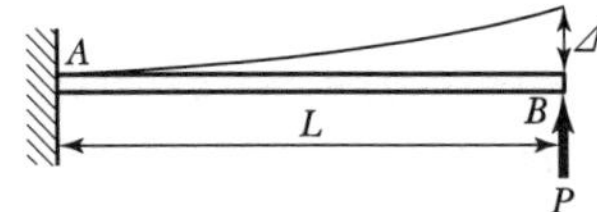

① 1.6배 ② 1.8배
③ 2.0배 ④ 2.2배

해설 ㉠ $\delta = \frac{PL^3}{3EI}$

㉡ $4\delta = \frac{Px^3}{3EI}$

$$\therefore x^3 = \frac{3EI}{P}\times 4\delta = \frac{3EI}{P}\times 4\times\left(\frac{PL^3}{3EI}\right) = 4L^3$$

㉢ $x = 3\sqrt{4}\,L = 4^{\frac{1}{3}}L = 1.587L$

18 단순보의 D점에 100kN의 하중이 작용할 때 C점의 처짐량이 5mm라 하면 다음 그림과 같은 경우 D점의 처짐량을 구하면?

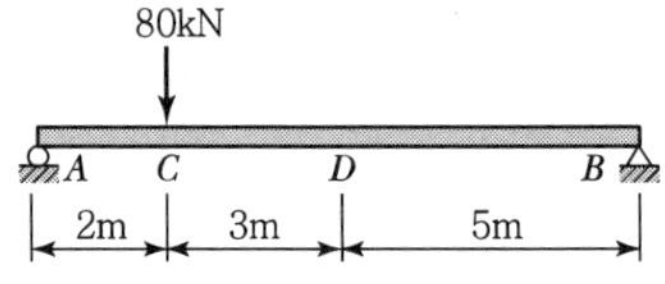

① 0.2cm ② 0.3cm
③ 0.4cm ④ 0.5cm

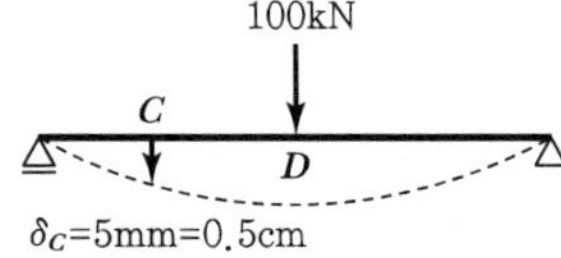

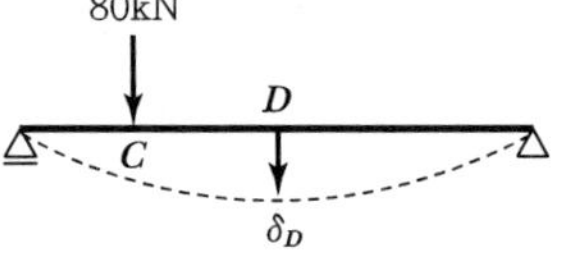

$$P_C\,\delta_C = P_D\,\delta_D$$

$$80\times 0.5 = 100\delta_D$$

$$\delta_D = \frac{80}{100}\times 0.5 = 0.4\text{cm}$$

19 다음 그림과 같이 2경간 연속보의 첫 경간에 등분포하중이 작용한다. 중앙지점 B의 휨모멘트는?

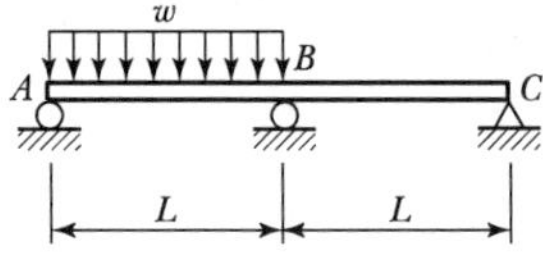

① $-\frac{1}{24}wL^2$ ② $-\frac{1}{16}wL^2$
③ $-\frac{1}{12}wL^2$ ④ $-\frac{1}{8}wL^2$

해설

[1] $M_B = -\frac{wL^2}{8}\times\frac{1}{2} = -\frac{wL^2}{16}$

[2] ㉠ $M_B = -\frac{wL^2}{8}$

㉡

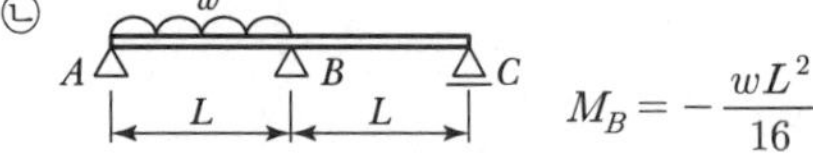

$M_B = -\frac{wL^2}{16}$

정답 15 ④ 16 ④ 17 ① 18 ③ 19 ②

20 그림과 같은 구조물에서 단부 A, B는 고정, C지점은 힌지일 때 OA, OB, OC 부재의 분배율로 옳은 것은?

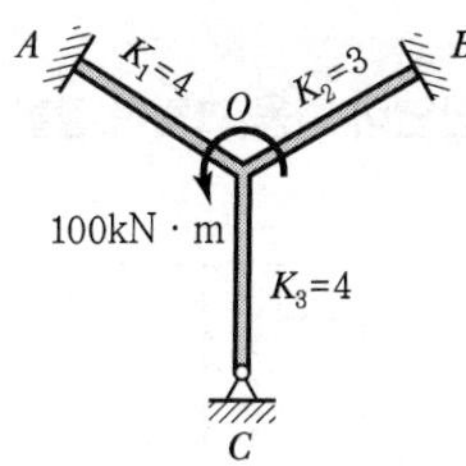

① $DF_{OA}=\dfrac{4}{10}$, $DF_{OB}=\dfrac{3}{10}$, $DF_{OC}=\dfrac{4}{10}$

② $DF_{OA}=\dfrac{4}{10}$, $DF_{OB}=\dfrac{3}{10}$, $DF_{OC}=\dfrac{3}{10}$

③ $DF_{OA}=\dfrac{4}{11}$, $DF_{OB}=\dfrac{3}{11}$, $DF_{OC}=\dfrac{4}{11}$

④ $DF_{OA}=\dfrac{4}{11}$, $DF_{OB}=\dfrac{3}{11}$, $DF_{OC}=\dfrac{3}{11}$

해설

A ① $K_1=4$ ③ B $K_2=3$

O $M=100\text{kN}\cdot\text{m}$ $K_3=4\times\dfrac{3}{4}=3$

② C

〈분배율〉

A $100\times\dfrac{4}{10}=\dfrac{4}{10}$ $K=4$ O

B $K=3$ O $100\times\dfrac{3}{10}=\dfrac{3}{10}$

O $100\times\dfrac{3}{10}=\dfrac{3}{10}$ $K=3$ C

$DF_{(OA)}=\dfrac{4}{10}$ $DF_{(OC)}=\dfrac{3}{10}$ $DF_{(OB)}=\dfrac{3}{10}$

정답 20 ②

01 그림과 같이 강선 A와 B가 서로 평행상태를 이루고 있다. 이때 각도 θ의 값은?

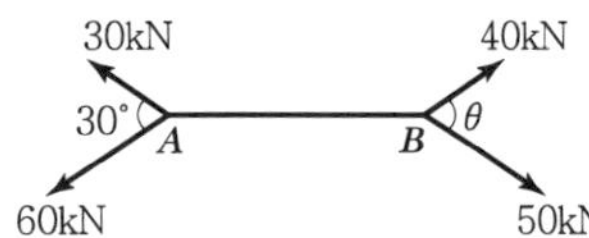

① 67.84°　② 56.63°
③ 42.26°　④ 28.35°

(해설) $R=\sqrt{30^2+60^2+2\times30\times60\times\cos60°}$

$=\sqrt{40^2+50^2+2\times40\times50\times\cos\theta}$

$30^2+60^2+3{,}600\times\frac{1}{2}=40^2+50^2+4{,}000\cos\theta$

$\therefore\ \theta=56.63°$

02 다음과 같이 1변이 a인 정사각형 단면의 1/4을 절취한 나머지 부분의 도심(C)의 위치 y_o는?

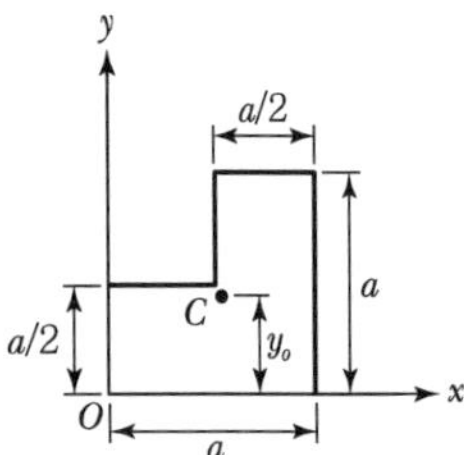

① $\frac{5a}{12}$　② $\frac{6a}{12}$
③ $\frac{7a}{12}$　④ $\frac{8a}{12}$

(해설)

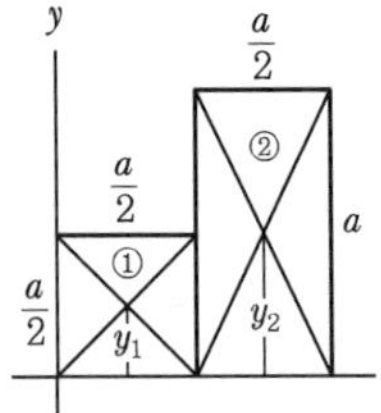

여기서 $y_1=\frac{a}{4}$, $y_2=\frac{a}{2}$

$$y=\frac{G_x}{A}=\frac{\left(\frac{a}{2}\times\frac{a}{2}\right)y_1+\left(\frac{a}{2}\times a\right)y_2}{\left(\frac{a}{2}\times\frac{a}{2}\right)+\left(a\times\frac{a}{2}\right)}=\frac{5}{12}a$$

03 단순보의 단면이 다음 그림과 같을 때 단면계수는 약 얼마인가?

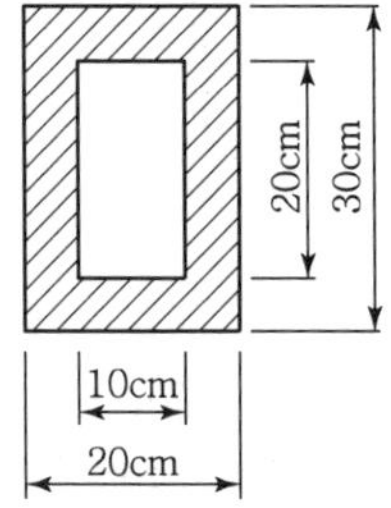

① 2,333cm³　② 2,556cm³
③ 38,333cm³　④ 45,000cm³

(해설) $Z=\frac{I_x}{y}=\frac{\frac{20\times30^3}{12}-\frac{10\times20^3}{12}}{\frac{30}{2}}=2{,}556\text{cm}^3$

04 다음 내민보에서 B지점의 반력 R_B 크기가 집중하중 300kN과 같게 하기 위해서는 L_1 길이는 얼마이어야 하는가?

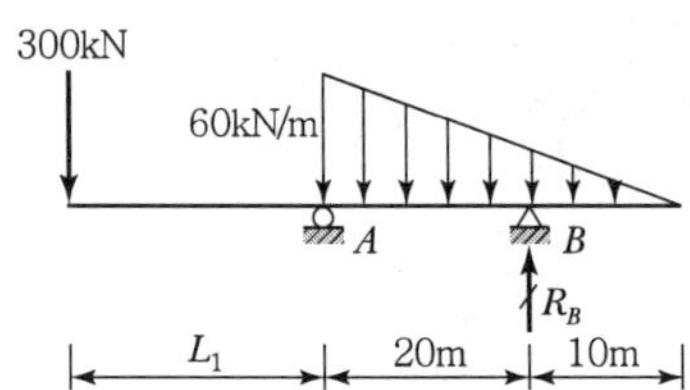

① 0m　② 5m
③ 10m　④ 20m

(해설) $\Sigma M_A=0$

$(-300\times L_1)+\left\{\left(\frac{1}{2}\times60\times30\right)\times\frac{30}{3}\right\}-R_B\times20=0$

$-300\times L_1+9{,}000-300\times20=0$

$\therefore\ L_1=\frac{9{,}000-6{,}000}{300}$

$=10\text{m}$

정답 01 ② 02 ① 03 ② 04 ③

05 단순보에 그림과 같이 하중이 작용할 경우 C점에서의 모멘트값은?

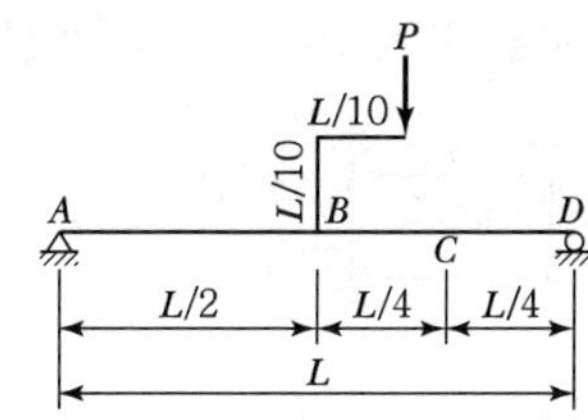

① $\frac{3PL}{20}$ ② $-\frac{3PL}{20}$

③ $\frac{PL}{8}$ ④ $-\frac{PL}{8}$

해설

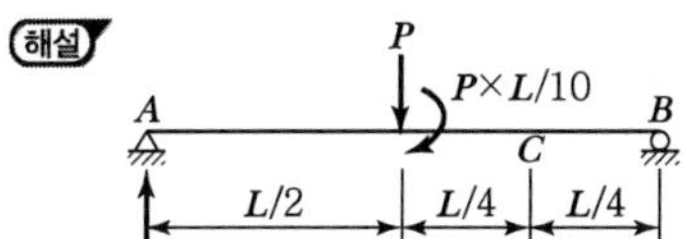

㉠ 반력

$\Sigma M_B = 0$

$R_A \times L - P \times \frac{L}{2} + P \times \frac{L}{10}$

$R_A = \frac{\frac{PL}{2} - \frac{PL}{10}}{L} = \frac{2}{5}P(\uparrow)$

$\therefore \Sigma V = 0$

$R_A + R_D = 0$

$R_D = \frac{3}{5}P(\uparrow)$

㉡ C점 휨모멘트

$M_C = R_D \times \frac{L}{4} = \frac{3}{20}PL$

06 그림의 보에서 G는 내부 힌지(Hinge)이다. 지점 B에서의 휨모멘트로 옳은 것은?

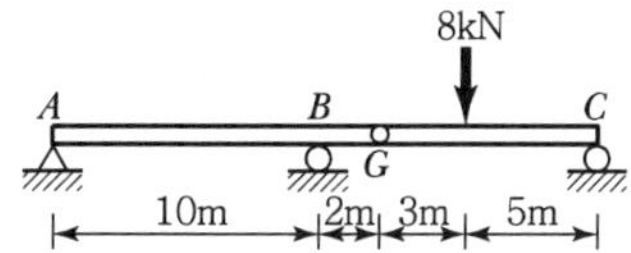

① $-10\text{kN}\cdot\text{m}$ ② $+20\text{kN}\cdot\text{m}$

③ $-40\text{kN}\cdot\text{m}$ ④ $+50\text{kN}\cdot\text{m}$

해설

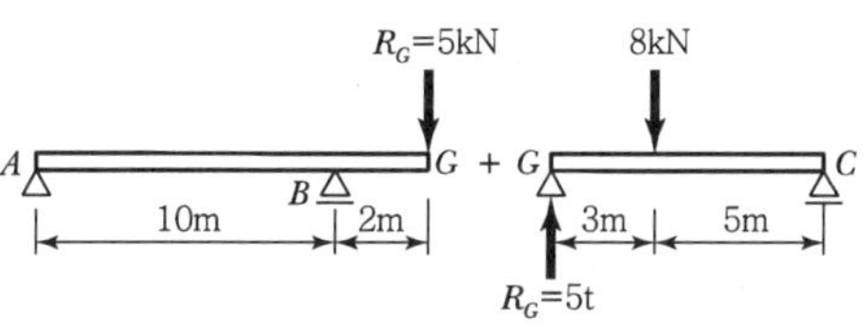

㉠ $\Sigma M_C = R_G \times 8 - 8\text{kN} \times 5 = 0$

$\therefore R_G = 5\text{kN}(\uparrow)$

㉡ $M_B = -R_G \times 2 = -5\text{kN} \times 2 = -10\text{kN}\cdot\text{m}$

07 그림과 같은 정정 라멘에 분포하중 w가 작용할 때 최대 모멘트를 구하면?

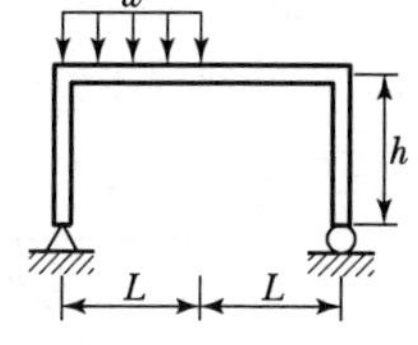

① $0.186wL^2$

② $0.219wL^2$

③ $0.250wL^2$

④ $0.281wL^2$

해설 단순보와 같다.

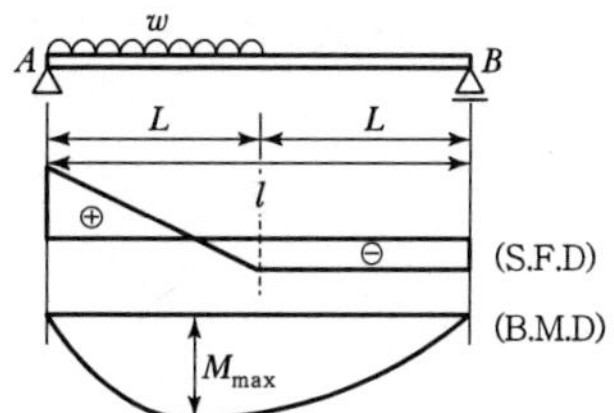

㉠ $S=0$인 위치 x

$x = \frac{3}{8}l = \frac{3}{8} \times (2L) = \frac{6}{8}L$

㉡ 최대 휨모멘트

$M_{\max} = \frac{9}{128}wl^2 = \frac{9}{128}w(2L)^2 = 0.28125wL^2$

08 그림과 같은 3힌지 라멘의 휨모멘트선도(BMD)는?

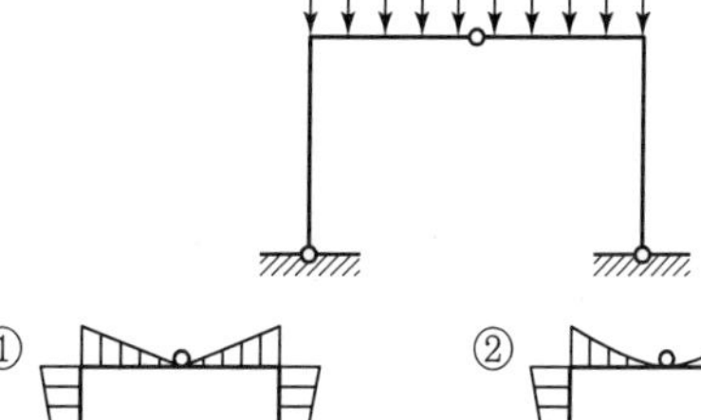

①

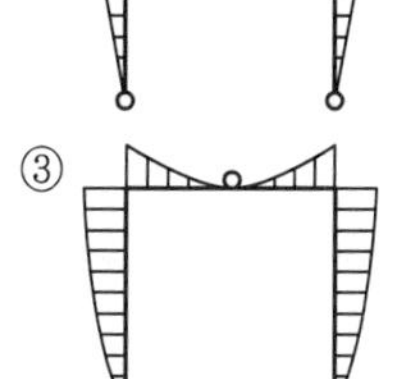

②

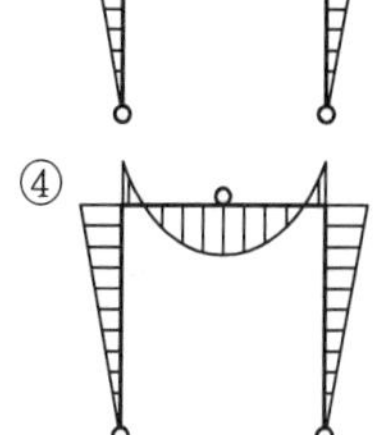

③

④

정답 05 ① 06 ① 07 ④ 08 ②

09 그림과 같은 트러스의 사재 D의 부재력은?

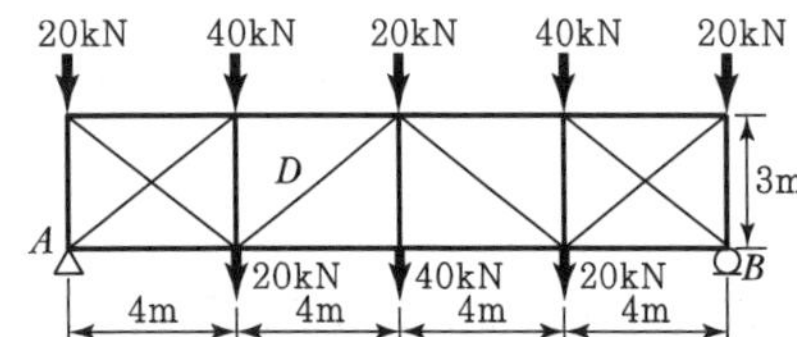

① 50kN(인장) ② 50kN(압축)
③ 37.5kN(인장) ④ 37.5kN(압축)

해설

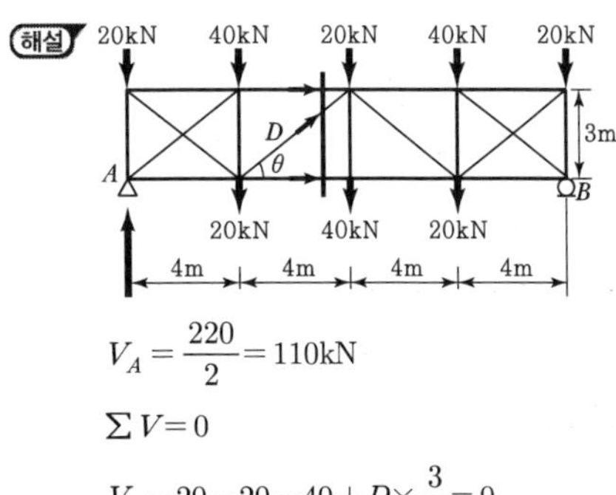

$$V_A=\frac{220}{2}=110\text{kN}$$

$$\Sigma V=0$$

$$V_A-20-20-40+D\times\frac{3}{5}=0$$

$$30+D\times\frac{3}{5}=0$$

$D=-50$kN(압축)

10 길이 5m의 철근을 200MPa의 인장응력으로 인장하였더니 그 길이가 5mm만큼 늘어났다고 한다. 이 철근의 탄성계수는?(단, 철근의 지름은 20mm이다.)

① 2×10^4MPa
② 2×10^5MPa
③ 6.37×10^4MPa
④ 6.37×10^5MPa

해설

〈조건〉
㉠ 길이 $l=5\text{m}=5\times10^3\text{mm}$
㉡ 응력 $\sigma=200\text{MPa}=200\text{N/mm}^2$
㉢ 늘어난 길이 $\delta=5\text{mm}$
㉣ 지름 $D=20\text{mm}$
㉤ 면적 $A=\frac{\pi(20)^2}{4}=314\text{mm}^2$

$$E=\frac{\sigma}{\varepsilon}=\sigma\frac{l}{\delta}=(200)\times\frac{5\times10^3}{5}$$
$$=2\times10^5\text{MPa}$$

11 그림과 같은 강봉이 2개의 다른 정사각형 단면적을 가지고 하중 P를 받고 있을 때 AB가 150MPa의 응력(Nomal Stress)을 가지면 BC에서의 응력은 얼마인가?

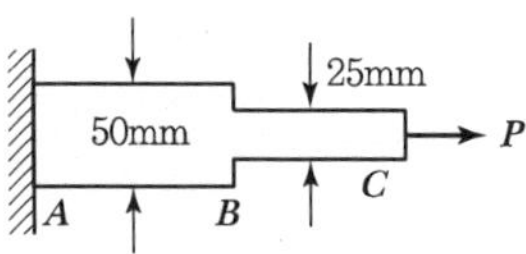

① 1,500kN/cm^2 ② 3,000kN/cm^2
③ 4,500kN/cm^2 ④ 6,000kN/cm^2

해설 ㉠ $\sigma_{AB}=\frac{P}{A_{AB}}$

$$1{,}500=\frac{P}{\frac{\pi(5)^2}{4}}$$

$$P=\frac{\pi(5)^2}{4}\times1{,}500$$

㉡ $\sigma_{BC}=\frac{P}{A_{BC}}$

$$=\frac{\frac{\pi(5)^2}{4}\times1{,}500}{\frac{\pi(2.5)^2}{4}}$$

$$=\frac{(5)^2}{(2.5)^2}\times1{,}500=6{,}000\text{kN/cm}^2$$

12 길이 20cm, 단면 20cm×20cm인 부재에 100kN의 전단력이 가해졌을 때 전단변형량은?(단, 전단탄성계수 $G=80{,}000\text{N/cm}^2$이다.)

① 0.0625cm ② 0.00625cm
③ 0.0725cm ④ 0.00725cm

해설 $$\text{전단탄성계수}(G)=\frac{\text{전단응력}(\tau)}{\text{전단변형률}(\gamma)}$$

$$=\frac{\frac{S}{A}}{\frac{\lambda}{l}}=\frac{Sl}{A\lambda}$$

$$\therefore\ \lambda=\frac{Sl}{AG}$$

$$=\frac{100{,}000\times20}{20\times20\times80{,}000}$$

$$=0.0625\text{cm}$$

정답 09 ② 10 ② 11 ④ 12 ①

13 그림과 같은 보의 단면이 2.7kN · cm²의 휨모멘트를 받고 있을 때 중립축에서 10cm 떨어진 곳의 휨응력은 얼마인가?

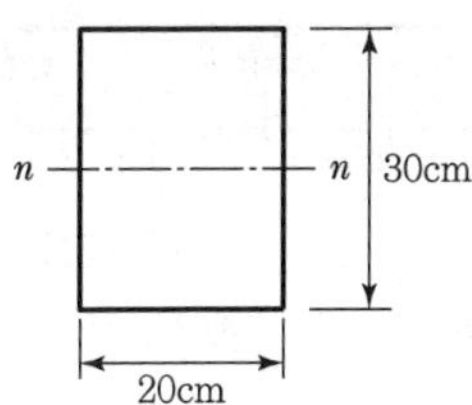

① 60N · cm²　　② 75N · cm²
③ 80N · cm²　　④ 95N · cm²

해설 $\sigma = \dfrac{M}{I}y$

$$= \frac{2.7\times10^5}{\frac{20\times30^3}{12}}\times10$$

$$= 60\text{N}\cdot\text{cm}^2$$

14 그림과 같은 단면을 가지는 단순보에서 전단력에 안전하도록 하기 위한 지간 L은?(단, 허용전단응력은 7N/cm²이다.)

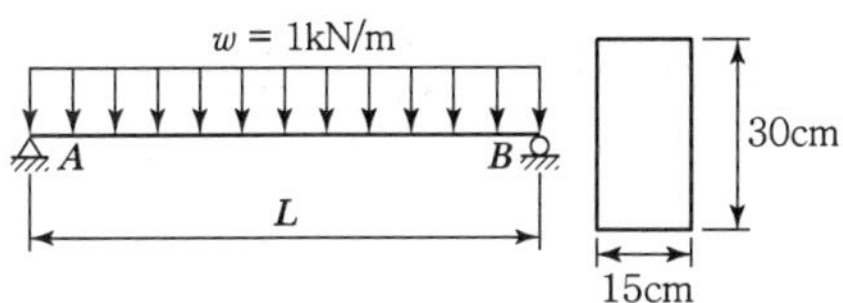

① 450cm　　② 440cm
③ 430cm　　④ 420cm

해설 $\tau = \dfrac{3}{2}\times\dfrac{S}{A}$

$$= \frac{3}{2}\times\frac{\frac{wl}{2}}{15\times30}$$

$$= \frac{3wl}{2\times2\times15\times30}$$

$$wl = \frac{7\times2\times2\times15\times30}{3}$$

$$wl = 4{,}200$$

$$l = \frac{4{,}200}{w} = \frac{4{,}200}{10}$$

$$= 420\text{cm}$$

$$w = 1\text{kN/m} = \frac{10^3\text{N}}{10^2\text{cm}} = 10\text{N/cm}$$

15 다음 4종류의 기둥에서 강도의 크기 순으로 옳게 된 것은?(단, 부재는 등질 등단면이고 길이는 같다.)

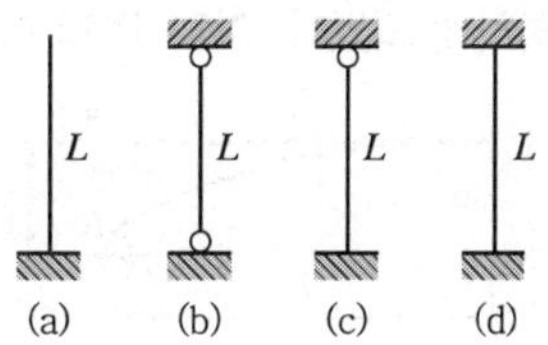

① (a)>(b)>(c)>(d)　　② (a)>(c)>(b)>(d)
③ (d)>(b)>(c)>(a)　　④ (d)>(c)>(b)>(a)

해설

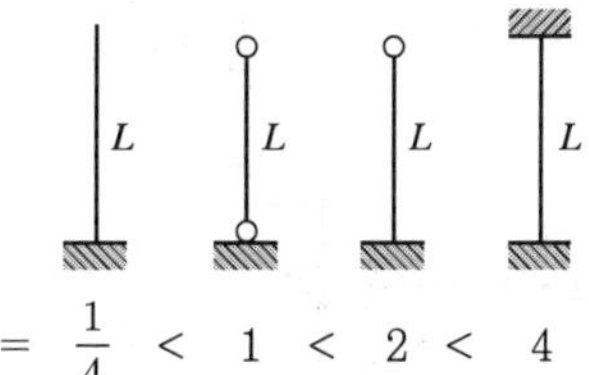

$$n = \frac{1}{4} < 1 < 2 < 4$$

16 그림 (a)와 (b)의 중앙점의 처짐이 같아지도록 그림 (b)의 등분포하중 w를 그림 (a)의 하중 P의 함수로 나타내면 얼마인가?

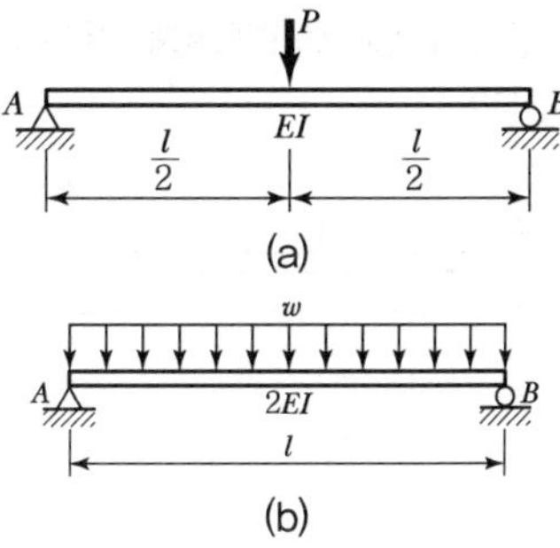

① $1.6\dfrac{P}{l}$　　② $2.4\dfrac{P}{l}$
③ $3.2\dfrac{P}{l}$　　④ $4.0\dfrac{P}{l}$

해설 ㉠ $\dfrac{Pl^3}{48EI} = \dfrac{5wl^4}{384(2EI)}$

$$\frac{Pl^3}{48EI} = \frac{5wl^4}{768EI}$$

㉡ $w = \dfrac{P}{48}\times\dfrac{768}{5l} = 3.2\dfrac{P}{l}$

정답 13 ① 14 ④ 15 ④ 16 ③

17 그림과 같이 A지점이 고정이고 B지점이 힌지(Hinge)인 부정정보가 어떤 요인에 의하여 B지점이 B'로 δ만큼 침하하게 되었다. 이때 B'의 지점반력은?

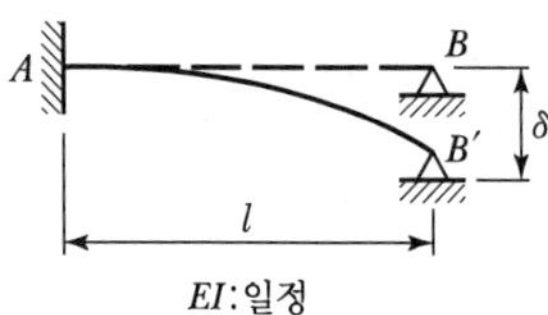

① $\dfrac{3EI\delta}{l^3}(\downarrow)$　　② $\dfrac{4EI\delta}{l^3}(\downarrow)$

③ $\dfrac{5EI\delta}{l^3}(\downarrow)$　　④ $\dfrac{6EI\delta}{l^3}(\downarrow)$

해설

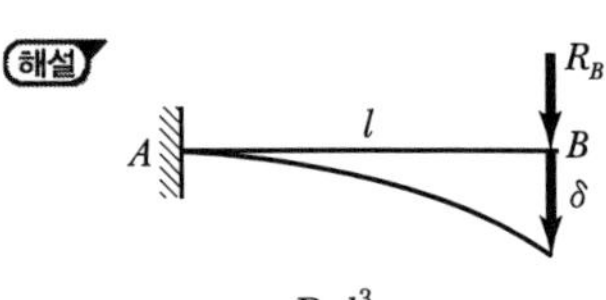

$$\delta = \Delta = \frac{R_B l^3}{3EI}$$

$$\therefore\ R_B = \frac{3EI}{l^3}\delta(\downarrow)$$

18 그림과 같은 보에서 휨모멘트에 의한 탄성변형에너지를 구한 값은?

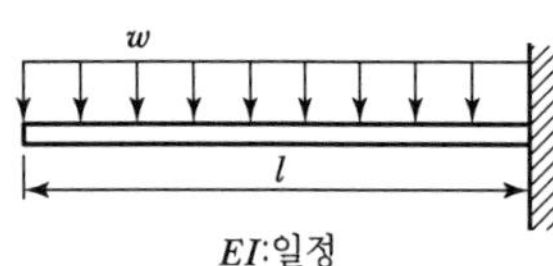

① $\dfrac{w^2l^5}{8EI}$　　② $\dfrac{w^2l^5}{24EI}$

③ $\dfrac{w^2l^5}{40EI}$　　④ $\dfrac{w^2l^5}{48EI}$

해설 $U = \displaystyle\int \frac{{M_x}^2}{2EI}dx = \frac{1}{2EI}\int_0^l \left(-\frac{w\cdot x^2}{2}\right)^2 dx$

$$= \frac{1}{2EI}\times\frac{w^2}{4}\left[\frac{x^5}{5}\right]_0^l$$

$$= \frac{1}{2EI}\times\frac{w^2}{4}\times\frac{l^2}{5}$$

$$= \frac{w^2l^5}{40EI}$$

19 다음 부정정보의 B지점에 침하가 발생하였다. 발생된 침하량이 1cm라면 이로 인한 B지점의 모멘트는 얼마인가?(단, $EI = 1\times10^6\text{N}\cdot\text{cm}^2$이다.)

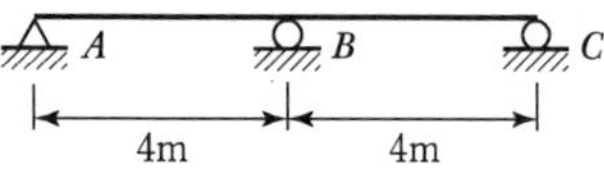

① 16.75N · cm　　② 17.75N · cm

③ 18.75N · cm　　④ 19.75N · cm

해설 $M_B = \dfrac{3EI\cdot\delta}{l^2} = \dfrac{3\times(1\times10^6)\times1}{(4\times100)^2}$

$= 18.75\text{N}\cdot\text{cm}$

20 다음 부정정보 C점에서 BC 부재에 모멘트가 분배되는 분배율의 값은?

① $\dfrac{2}{3}$　　② $\dfrac{1}{2}$

③ $\dfrac{3}{4}$　　④ $\dfrac{1}{4}$

해설 ㉠ 강비

$$k_{AC} : k_{BC} = \frac{0.5I}{8} : \frac{I}{8} = 1 : 2$$

㉡ 분배율 : $DF_{BC} = \dfrac{k_{BC}}{\sum k_i} = \dfrac{2}{1+2} = \dfrac{2}{3}$

정답 17 ① 18 ③ 19 ③ 20 ①

01 그림과 같은 30° 경사진 언덕에 40kN의 물체를 밀어 올릴 때 필요한 힘 P는 최소 얼마 이상이어야 하는가? (단, 마찰계수는 0.25이다.)

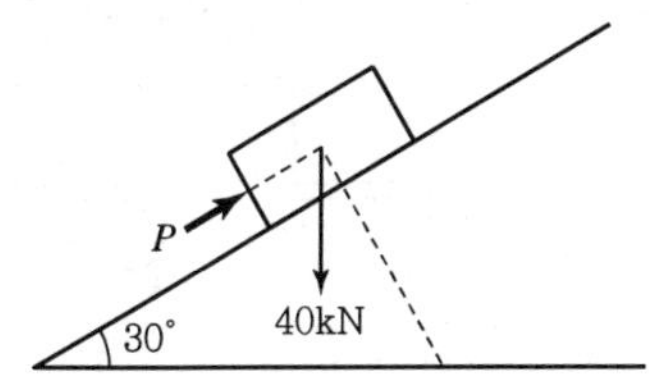

① 28.7kN ② 30.2kN
③ 34.7kN ④ 40.0kN

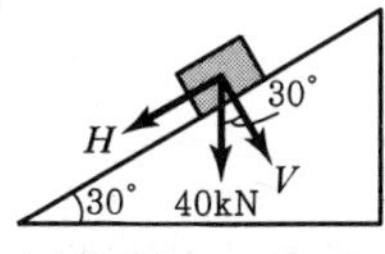

(마찰계수 $\mu = 0.25$)

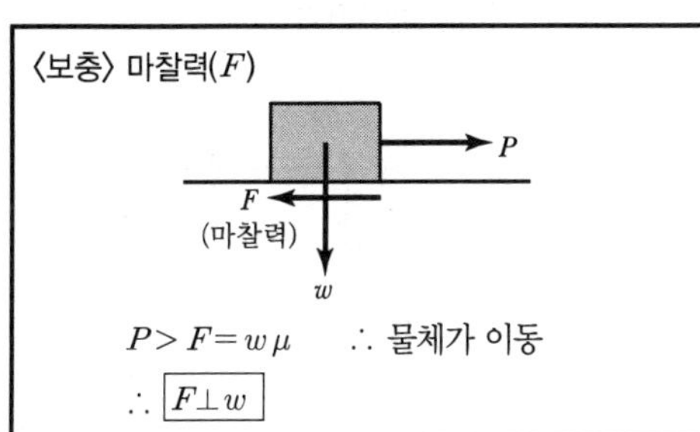

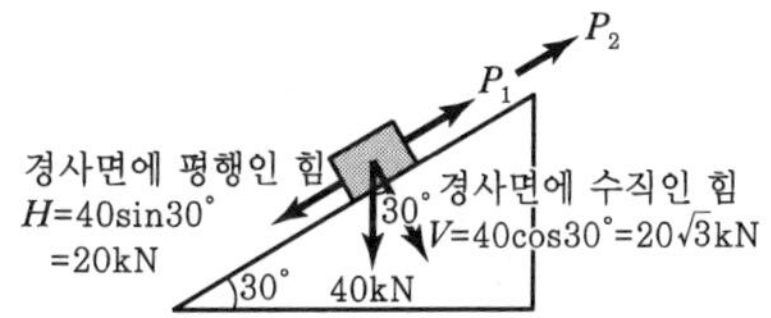

㉠ 물체를 정지시키는 힘 P_1 : H와 반대인 힘
$= H = 20\text{kN}$

㉡ 물체를 이동시키는 힘 P_2
$= V \cdot \mu$
$= 20\sqrt{3} \times 0.25 = 8.66\text{kN}$

㉢ 물체를 끌어당기는 힘 P
$P = P_1 + P_2$
$= 28.66\text{kN} = 28.7\text{kN}$

02 다음과 같은 단면적이 A인 임의의 부재단면이 있다. 도심축으로부터 y_1 떨어진 축을 기준으로 한 단면2차모멘트의 크기가 I_{x_1}일 때, $2y_1$ 떨어진 축을 기준으로 한 단면2차모멘트의 크기는?

① $I_{X_1} + Ay_1^{\,2}$
② $I_{X_1} + 2Ay_1^{\,2}$
③ $I_{X_1} + 3Ay_1^{\,2}$
④ $I_{X_1} + 4Ay_1^{\,2}$

해설 ㉠ $I_{X_1} = I_{X_0} + A \cdot y_1^{\,2}$

$\therefore I_{X_0} = I_{X_1} - A \cdot y_1^{\,2}$

㉡ $I_{X_2} = I_{X_0} + A \cdot (2y_1)^2$
$= (I_{X_1} - A \cdot y_1^{\,2}) + 4 \cdot A \cdot y_1^{\,2}$
$= I_{X_1} + 3 \cdot A \cdot y_1^{\,2}$

03 그림과 같이 변의 길이가 200mm인 정사각형 단면을 가진 기둥에서 $X-X$축에 대한 회전반경 r_X는 얼마인가?

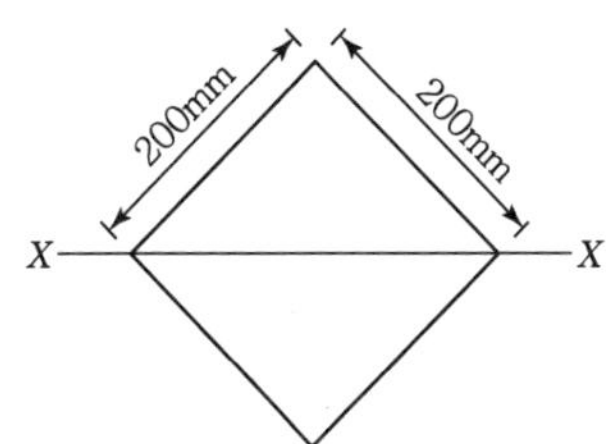

① 153.334cm ② 10.564cm
③ 8.334cm ④ 5.774cm

해설 ㉠ $A = 20 \times 20 = 400\text{cm}^2$

㉡ $I_X = \dfrac{20^4}{12} = 13{,}333.33\text{cm}^4$
(정사각형 단면의 도심을 지나는 축에 대한 단면 2차모멘트는 일정하다.)

㉢ $r_X = \sqrt{\dfrac{I_X}{A}} = \sqrt{\dfrac{13{,}333.33}{400}} = 5.774\text{cm}$

정답 01 ① 02 ③ 03 ④

04 다음의 단순보에서 A점의 반력이 B점의 반력의 3배가 되기 위한 거리 x는 얼마인가?

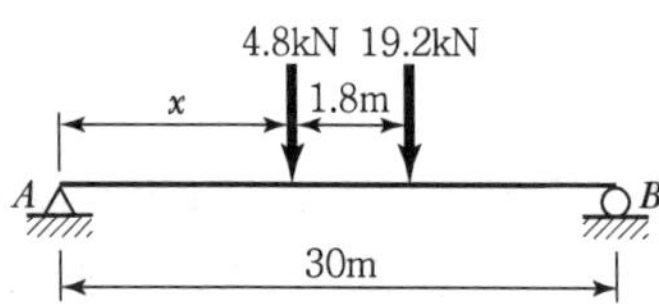

① 3.75m ② 5.04m
③ 6.06m ④ 6.66m

해설 ㉠ $\Sigma V=0$

$R_A-4.8-19.2+R_B=0$

$(3R_B)+R_B=24$

$R_B=6\text{kN}(\uparrow)$

㉡ $\Sigma M_A=0$

$4.8x+19.2(x+1.8)-6\times30=0$

$24x=145.44$

$x=6.06\text{m}(\rightarrow)$

05 그림과 같은 내민보에서 C점의 휨모멘트가 영(零)이 되게 하기 위해서는 x가 얼마가 되어야 하는가?

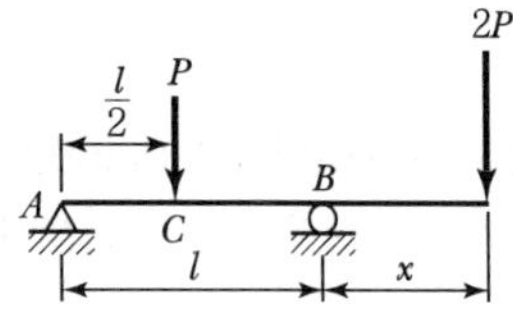

① $x=\dfrac{l}{4}$ ② $x=\dfrac{l}{3}$

③ $x=\dfrac{l}{2}$ ④ $x=\dfrac{2l}{3}$

해설

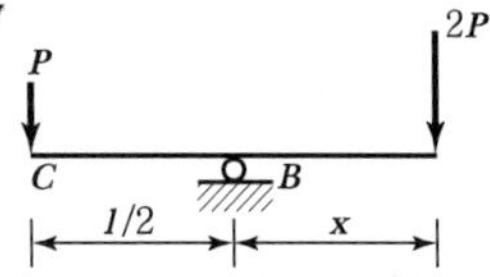

㉠ $M_c=0$이므로 $R_A=0$을 의미

㉡ $\Sigma M_B=0$

$-P\times\dfrac{l}{2}+2Px=0$

$\therefore x=\dfrac{l}{4}$

06 다음 구조물에 생기는 최대 부모멘트의 크기는 얼마인가?(단, C점에 힌지가 있는 구조물이다.)

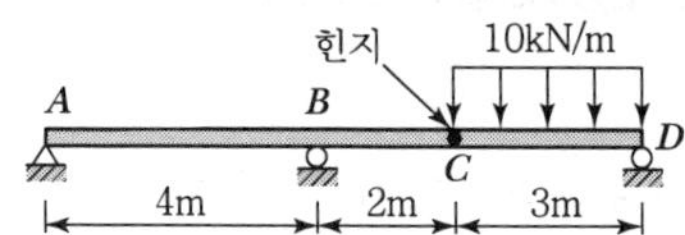

① $-11.3\text{kN}\cdot\text{m}$ ② $-15.0\text{kN}\cdot\text{m}$
③ $-30.0\text{kN}\cdot\text{m}$ ④ $-45.0\text{kN}\cdot\text{m}$

해설

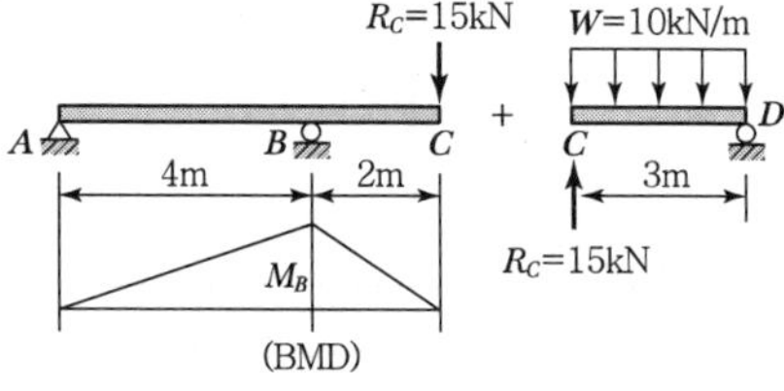

$R_C=\dfrac{Wl}{2}=\dfrac{10\times3}{2}=15\text{kN}$

$M_B=-15\times2=-30\text{kN}\cdot\text{m}$

07 그림과 같은 단순보 형식의 정정 라멘에서 F점의 휨모멘트 M_F 값은 얼마인가?

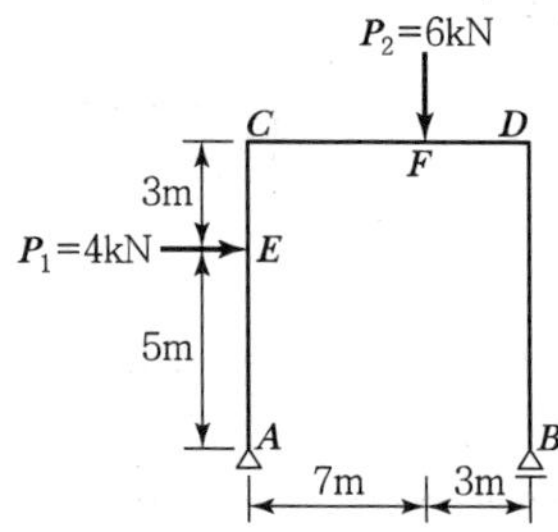

① $28.6\text{kN}\cdot\text{m}$ ② $21.6\text{kN}\cdot\text{m}$
③ $18.6\text{kN}\cdot\text{m}$ ④ $12.6\text{kN}\cdot\text{m}$

해설

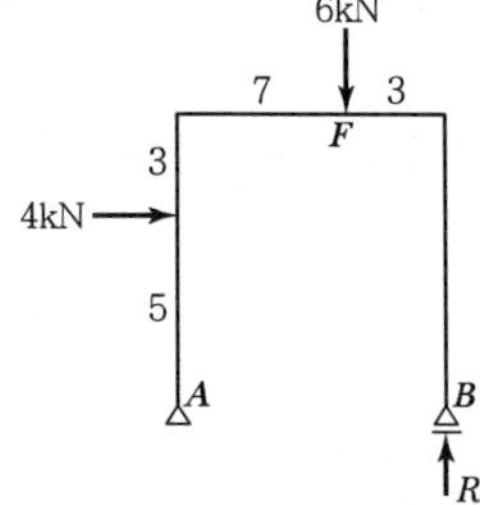

㉠ 반력

$\Sigma M_A=0$

$-R_B\times10+6\times7+4\times5=0$

$R_B=6.2\text{kN}$

㉡ $M_F=R_B\times3=6.2\times3=18.6\text{kN}\cdot\text{m}$

정답 04 ③ 05 ① 06 ① 07 ③

08 그림과 같은 반경이 r 인 반원 아치에서 D 점의 축 방향력 N_D 의 크기는 얼마인가?

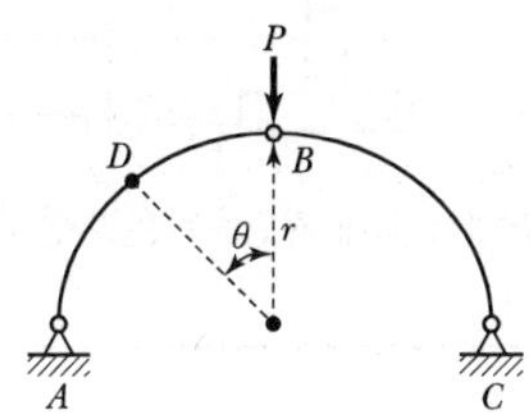

① $N_D = -\dfrac{P}{2}(\cos\theta - \sin\theta)$

② $N_D = -\dfrac{P}{2}(r\cos\theta - \sin\theta)$

③ $N_D = -\dfrac{P}{2}(\cos\theta - r\sin\theta)$

④ $N_D = -\dfrac{P}{2}(\sin\theta + \cos\theta)$

해설 ㉠ $\Sigma M_C = 0$

$V_A \times 2r - P \times r = 0$

$V_A = \dfrac{P}{2}(\uparrow)$

㉡ $\Sigma M_B = 0$

$V_A \times r - H_A \times r = 0$

$H_A = \dfrac{P}{2}(\rightarrow)$

㉢ $N_D = -\underbrace{H_A\cos\theta}_{N_1} - \underbrace{V_A\sin\theta}_{N_2}$

$= -\dfrac{P}{2}(\sin\theta + \cos\theta)$ (압축)

09 그림의 트러스에서 수직 부재 V의 부재력은?

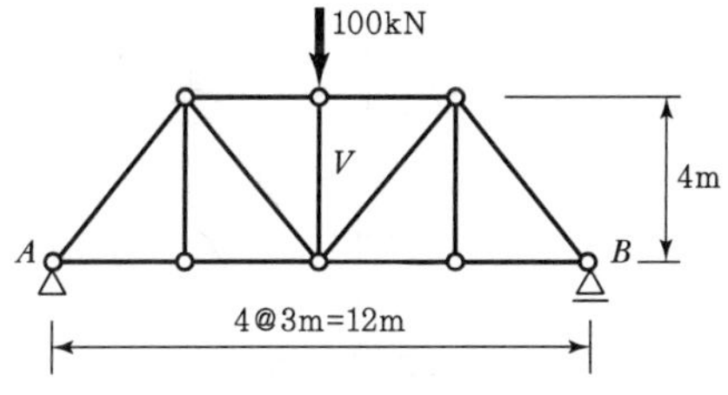

① 100kN(인장) ② 100kN(압축)

③ 50kN(인장) ④ 50kN(압축)

해설

$\Sigma V = 0$

$-100 - V = 0$

$V = -100\text{kN}$(압축)

10 지름 2cm의 강봉(鋼棒)에 10t의 축방향 인장력을 작용시킬 때 이 강봉은 얼마만큼 가늘어 지는가?(단, 푸아송(Poisson) 비 $\nu = 1/3$, $E = 2,100,000\text{N/cm}^2$)

① 0.010cm ② 0.074cm

③ 0.224cm ④ 0.648cm

해설 ㉠ $\sigma = \dfrac{P}{A} = E \cdot \varepsilon$

$$\varepsilon = \frac{P}{AE} = \frac{10 \times 10^3}{\dfrac{\pi \times 2^2}{4} \times 2.1 \times 10^6} = 0.0015$$

㉡ $\nu = -\dfrac{\dfrac{\Delta d}{d}}{\dfrac{\Delta l}{l}} = -\dfrac{\dfrac{\Delta d}{d}}{\varepsilon} = -\dfrac{\Delta d}{\varepsilon d}$

$\Delta d = -\nu\varepsilon d$

$= -\dfrac{1}{3} \times 0.0015 \times 2$

$= -0.001\text{cm}$ (수축량)

11 상 · 하단이 고정인 기둥에 그림과 같이 힘 P가 작용한다면 반력 R_A, R_B 값은?

① $R_A = \dfrac{P}{2}$, $R_B = \dfrac{P}{2}$

② $R_A = \dfrac{P}{3}$, $R_B = \dfrac{2P}{3}$

③ $R_A = \dfrac{2P}{3}$, $R_B = \dfrac{P}{3}$

④ $R_A = P$, $R_B = 0$

해설 양단 고정 기둥 → 양단 고정봉

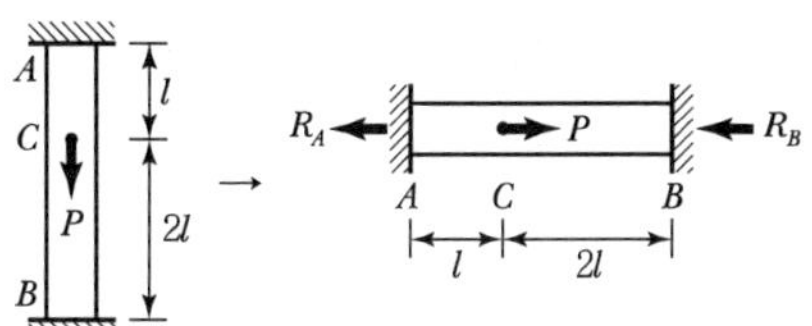

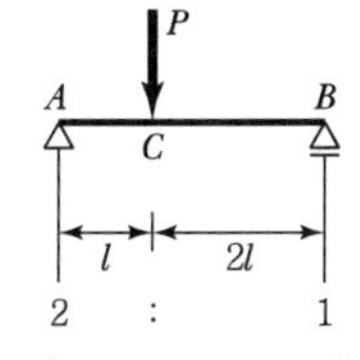

$R_A = \dfrac{2}{3}P \ : \ R_B = \dfrac{1}{3}P$

정답 08 ④ 09 ② 10 ① 11 ③

12 그림과 같이 이축응력(二軸應力)을 받는 정사각형 요소의 체적변형률은?(단, 이 요소의 탄성계수 $E=2.0\times10^6$kN/cm², 푸아송 비 $\nu=0.3$이다.)

① 3.6×10^{-4}
② 4.4×10^{-4}
③ 5.2×10^{-4}
④ 6.4×10^{-4}

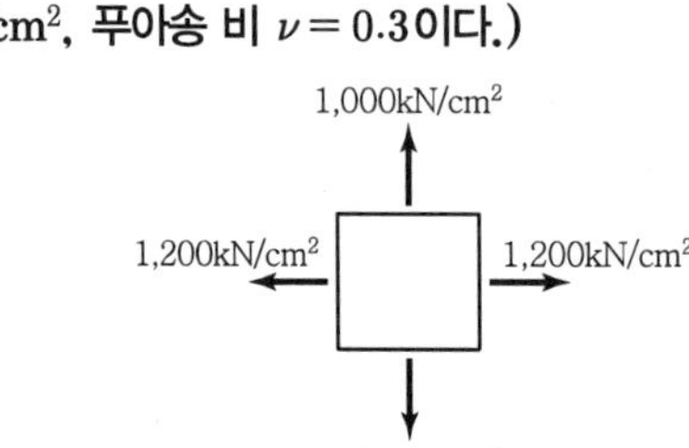

해설

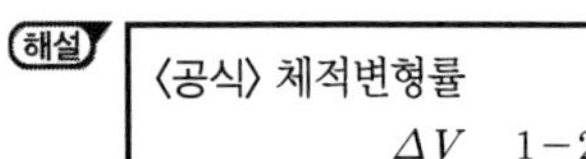

〈공식〉 체적변형률

$$\varepsilon_V=\frac{\Delta V}{V}=\frac{1-2\nu}{E}(\sigma_x+\sigma_y+\sigma_z)$$

$$\therefore\ \varepsilon_V=\frac{1-2\times0.3}{2\times10^6}(1{,}200+1{,}000+0)=4.4\times10^{-4}$$

13 그림과 같은 단면에 15kN의 전단력이 작용할 때 최대 전단응력의 크기는?

① 286N/cm²
② 352N/cm²
③ 474N/cm²
④ 595N/cm²

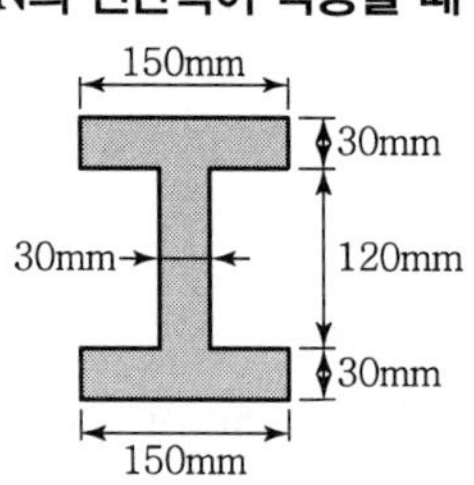

해설 ㉠ $S=15\text{kN}=15\times10^3\text{N}$

㉡

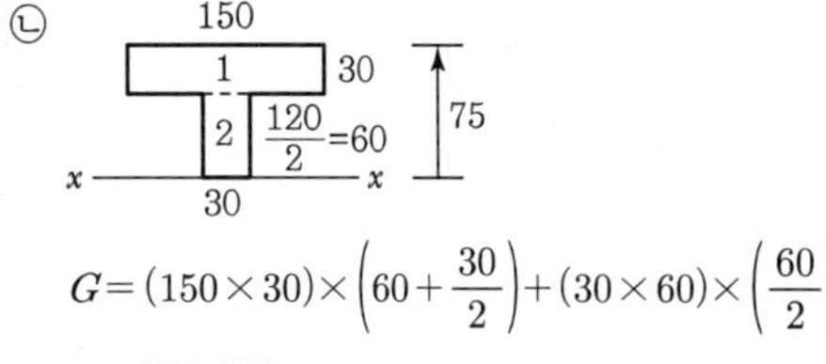

$$G=(150\times30)\times\left(60+\frac{30}{2}\right)+(30\times60)\times\left(\frac{60}{2}\right)$$

$$=391{,}500$$

㉢

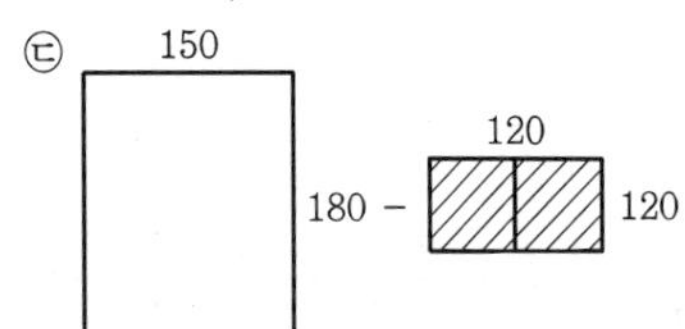

$$I_x=\frac{150\times180^3}{12}-\frac{120\times120^3}{12}$$

$$b_{(\min)}=30\text{mm}$$

$$\therefore\ \tau_{\max}=\frac{S\cdot G_X}{I_X\cdot b_{\min}}=\frac{15{,}000\times391.5}{5{,}562\times3}$$

$$=351.94\text{N/cm}^2$$

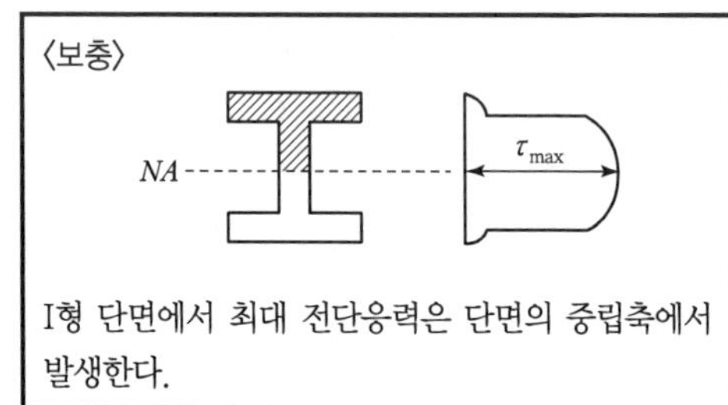

I형 단면에서 최대 전단응력은 단면의 중립축에서 발생한다.

14 그림과 같은 하중을 받는 보의 최대 전단응력은?

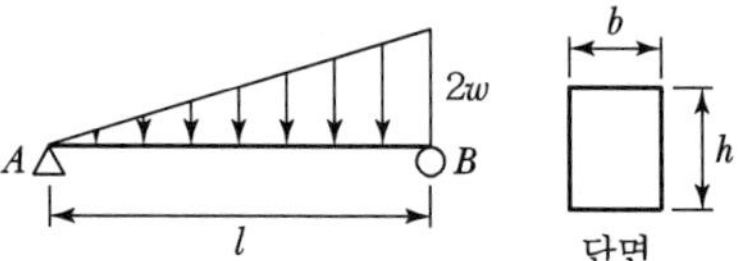

① $\dfrac{2}{3}\dfrac{\omega l}{bh}$　② $\dfrac{3}{2}\dfrac{\omega l}{bh}$

③ $2\dfrac{\omega l}{bh}$　④ $\dfrac{\omega l}{bh}$

해설 ㉠ $S_{\max}=R_B=\dfrac{2wl}{3}$

㉡ $$\tau_{\max}=\alpha\frac{S_{\max}}{A}=\frac{3}{2}\cdot\frac{\left(\frac{2wl}{3}\right)}{(bh)}=\frac{wl}{bh}$$

15 길이가 6m인 양단 힌지 기둥은 I−250×125×10×19(mm)의 단면으로 세워졌다. 이 기둥이 좌굴에 대해서 지지하는 임계하중(Critical Load)은 얼마인가?(단, 주어진 I−형강의 I_1과 I_2는 각각 7,340cm⁴과 560cm⁴이며, 탄성계수 $E=2\times10^6$N/cm²이다.)

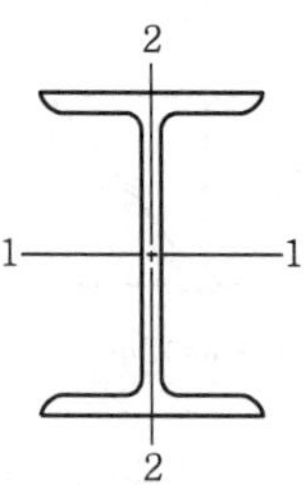

① 30.7kN　② 42.6kN
③ 307kN　④ 402.5kN

해설 $$P_{cr}=\frac{\pi^2EI_{\min}}{(kl)^2}$$

$$=\frac{\pi^2(2\times10^6)\times(560)}{(1\times600)^2}$$

$$=30{,}705\text{N}=30.7\text{kN}$$

정답 12 ② 13 ② 14 ④ 15 ①

16 균일한 단면을 가진 그림과 같은 단순보에서 A 지점의 처짐각은?(단, 탄성계수와 단면 2차모멘트는 각각 E, I이다.)

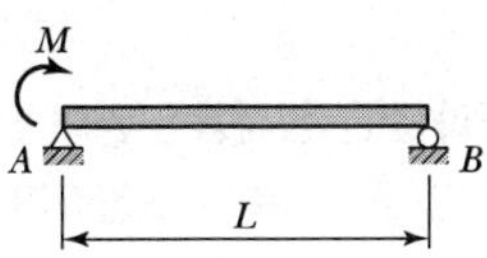

① $\dfrac{ML}{3EI}$　② $\dfrac{ML}{4EI}$　③ $\dfrac{ML}{5EI}$　④ $\dfrac{ML}{6EI}$

해설 $\theta_A = \dfrac{L}{6EI}(2M_A + M_B)$

$= \dfrac{L}{6EI}(2M+0) = \dfrac{ML}{3EI}$

17 그림과 같은 캔틸레버보에서 B점의 처짐은?(단, EI는 일정하다.)

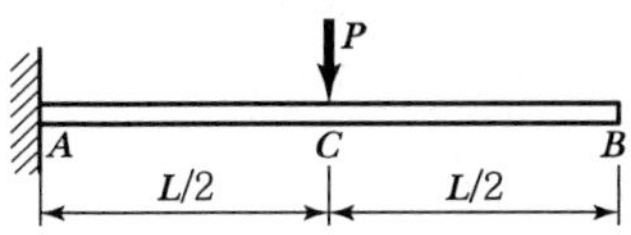

① $\dfrac{PL^3}{24EI}$　② $\dfrac{5PL^3}{24EI}$

③ $\dfrac{PL^3}{48EI}$　④ $\dfrac{5PL^3}{48EI}$

해설

〈공식〉

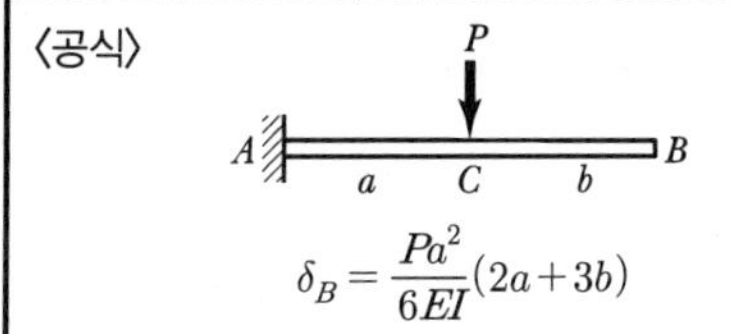

$$\delta_B = \frac{Pa^2}{6EI}(2a+3b)$$

$$\delta_B = \frac{P\left(\frac{L}{2}\right)^2}{6EI} \cdot \left(2\times\frac{L}{2} + 3\times\frac{L}{2}\right)$$

$$= \frac{PL^2}{24EI} \cdot \left(\frac{5L}{2}\right)$$

$$= \frac{5PL^3}{48EI}$$

18 그림과 같은 연속보에서 B점의 지점 반력은?

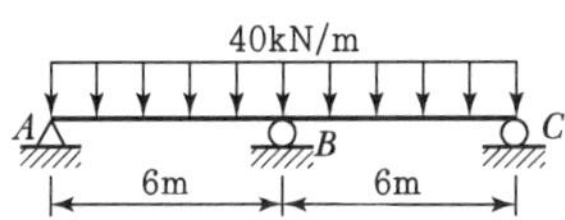

① 240kN　② 280kN

③ 300kN　④ 320kN

해설

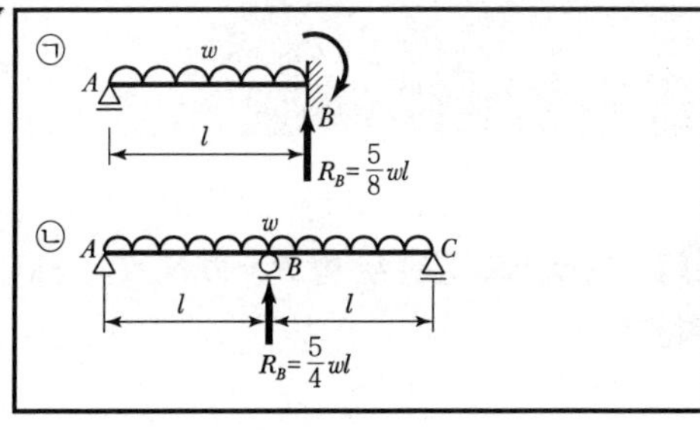

$$R_B = \frac{5}{4}wl = \frac{5}{4}\times 40\times 6 = 300\text{kN}$$

19 그림과 같은 구조물에서 B점의 휨모멘트의 크기는?

w, A, B, C, L, L

① $\dfrac{1}{12}wL^2$　② $\dfrac{1}{24}wL^2$

③ $\dfrac{5}{48}wL^2$　④ $\dfrac{11}{96}wL^2$

해설 $M_B = -\dfrac{wL^2}{12}\times\dfrac{1}{2} = \dfrac{wL^2}{24}$

20 그림과 같은 라멘의 A점의 휨모멘트로 옳은 것은?

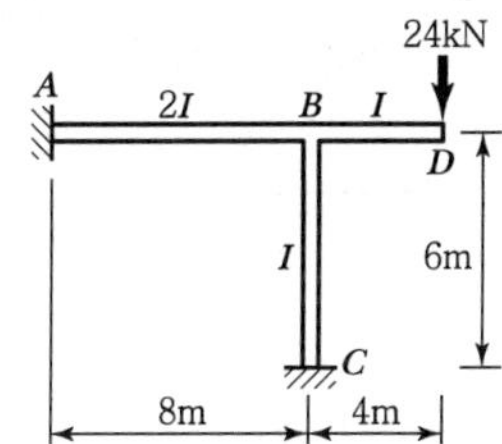

① 28.8kN · m　② −28.8kN · m

③ 57.6kN · m　④ −57.6kN · m

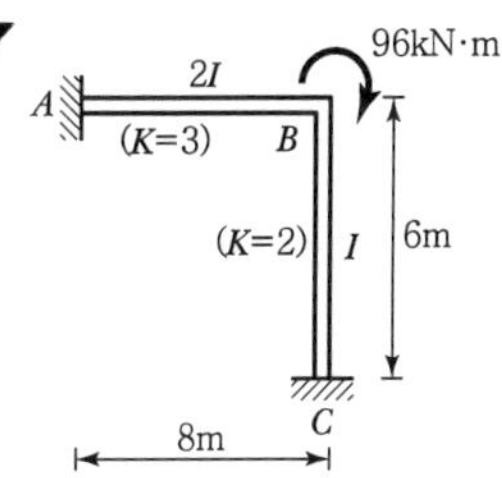

㉠ $K_{AB} = \dfrac{I}{l} = \dfrac{2I}{8} = \dfrac{I}{4}$

㉡ $K_{BC} = \dfrac{I}{6}$

㉢ $K_{AB} : K_{BC} = \dfrac{I}{4} : \dfrac{I}{6} = 3 : 2$

㉣ $M_A = \left(M_B \times \dfrac{K}{\Sigma K}\right)\times\dfrac{1}{2}$ (전달률)

$= \left(96\times\dfrac{3}{3+2}\right)\times\dfrac{1}{2} = 28.8\text{kN}\cdot\text{m}$

정답 16 ① 17 ④ 18 ③ 19 ② 20 ①

토목기사 (2025년 1회)

01 그림에서와 같은 두 힘 $P_1=2\text{kN}$, $P_2=3\text{kN}$의 합력은?

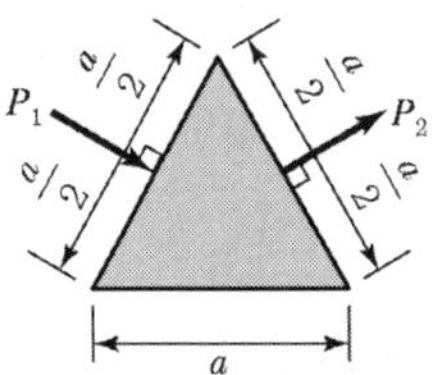

① 3.61kN ② 4.0kN
③ 4.36kN ④ 4.84kN

해설 주어진 하중 상태를 (b), (c)로 변환시키면

$$R=\sqrt{P_1^2+P_2^2+2P_1\cdot P_2\cdot\cos\alpha}$$
$$=\sqrt{2^2+3^2+2\times2\times3\times\cos60°}$$
$$=\sqrt{4+9+12\times0.5}$$
$$=\sqrt{19}\,\text{kN}\fallingdotseq4.36\text{kN}$$

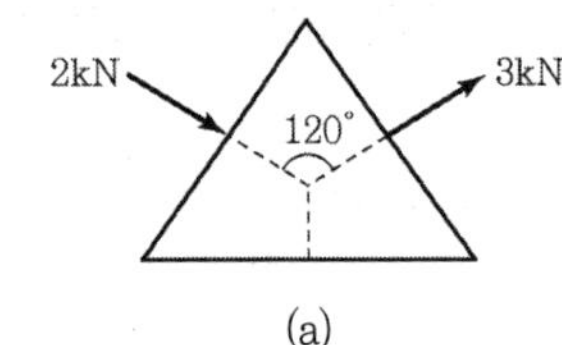

(a)

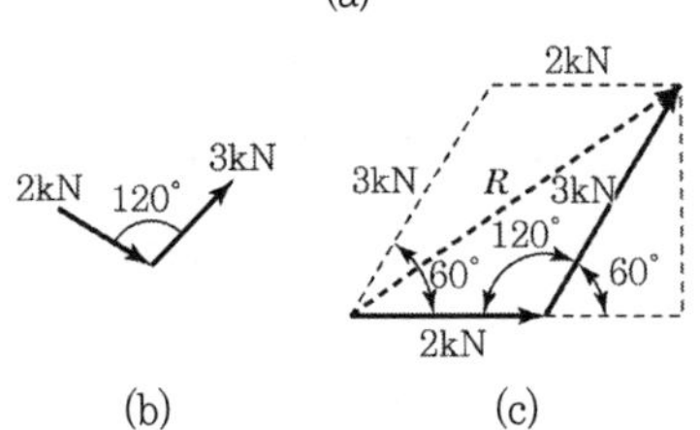

(b) (c)

02 다음 사다리꼴의 도심의 위치는?

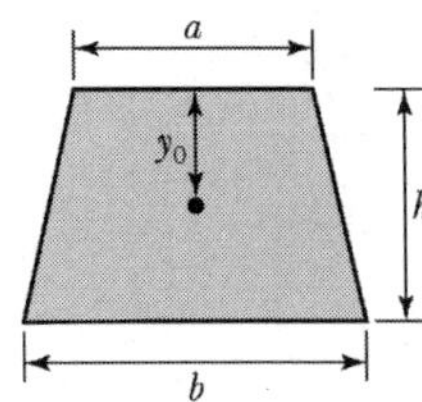

① $y_0=\frac{h}{3}\cdot\frac{2a+b}{a+b}$ ② $y_0=\frac{h}{3}\cdot\frac{a+2b}{a+b}$
③ $y_0=\frac{h}{3}\cdot\frac{a+b}{2a+b}$ ④ $y_0=\frac{h}{3}\cdot\frac{a+b}{a+2b}$

03 다음 그림과 같은 삼각형 단면의 단면 2차 반지름을 구한 값은?(단, $n-n$축은 도심축이다.)

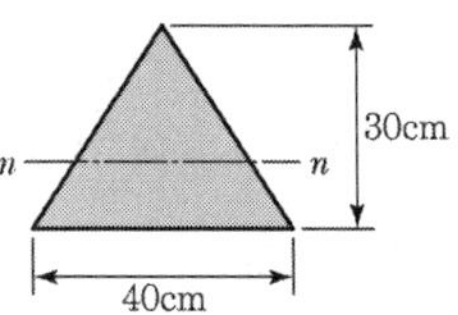

① 12.56cm ② 8.25cm
③ 7.07cm ④ 5.67cm

해설 $I_n=\frac{bh^3}{36}$, $A=\frac{bh}{2}$

$$\therefore\ \gamma_n=\sqrt{\frac{I_n}{A}}=\sqrt{\frac{bh^3/36}{bh/2}}$$
$$=\frac{h}{\sqrt{18}}=\frac{30}{\sqrt{18}}=7.07\text{cm}$$

04 다음 부정정 구조 중 부정정 차수가 가장 높은 것은?

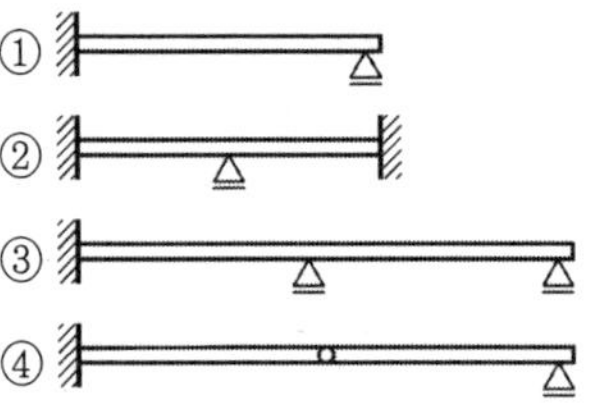

해설 ① $N=R-3-H=4-3-0=1$차 부정정
② $N=R-3-H=7-3-0=4$차 부정정
③ $N=R-3-H=5-3-0=2$차 부정정
④ $N=R-3-H=4-3-1=0$ 정정구조물

05 그림과 같은 단순보에서 옳은 지점 반력은?(단, A, B점의 반력은 R_A, R_B이다.)

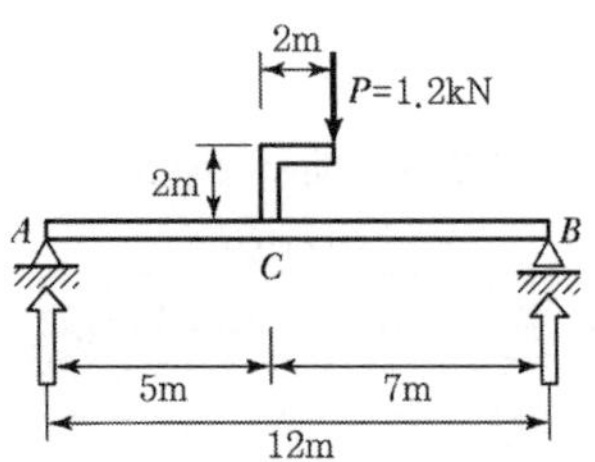

① $R_A=0.8\text{kN}$ ② $R_B=0.8\text{kN}$
③ $R_A=0.5\text{kN}$ ④ $R_B=0.5\text{kN}$

정답 01 ③ 02 ② 03 ③ 04 ② 05 ③

해설

[1]

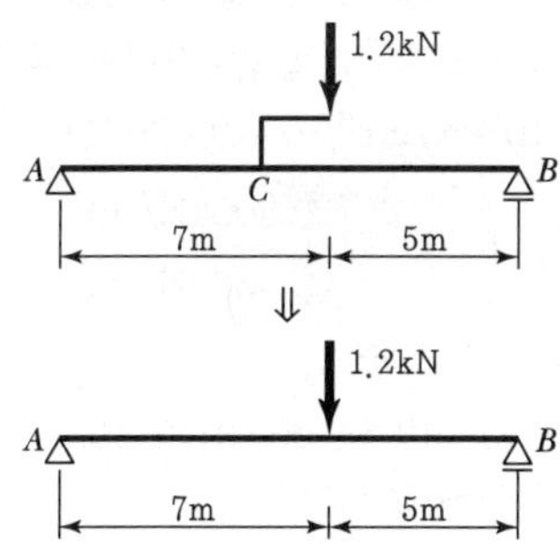

㉠ $\Sigma M_B = 0$

$R_A \times 12 - 1.2 \times 5 = 0$

$R_A = \frac{6}{12} = 0.5\text{kN}$

㉡ $R_B = P - R_A = 1.2 - 0.5 = 0.7\text{kN}$

[2]

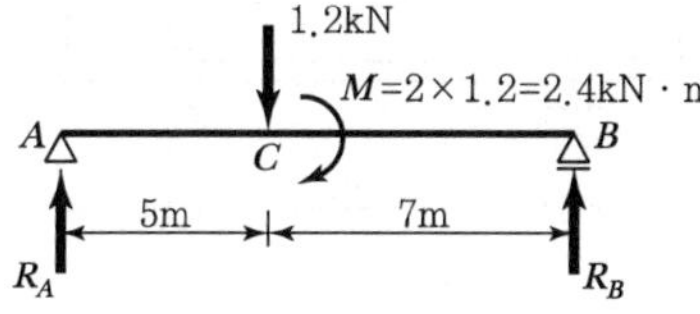

㉠ $\Sigma M_B = 0$

$R_A \times 12 - 1.2 \times 7 + 2.4 = 0$

$R_A = \frac{8.4 - 2.4}{12} = \frac{6}{12} = 0.5\text{kN}$

㉡ $R_B = 1.2 - R_A = 0.7\text{kN}$

06 그림 (b)는 그림 (a)와 같은 단순보에 대한 전단력 선도(Shear Force Diagram)이다. 보 AB에는 어떠한 하중이 실려 있는가?

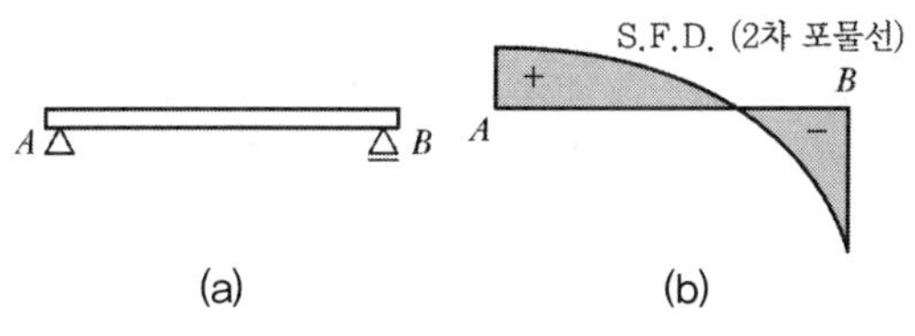

① 집중 하중 ② 등분포 하중
③ 등변분포 하중 ④ 모멘트 하중

해설 하중, 전단력도, 휨모멘트도의 관계

하중	전단력도(S.F.D.)	휨모멘트도(B.M.D)
집중 하중	기준선과 나란한 직선	1차 직선
등분포 하중	1차 직선	2차 곡선(포물선)
등변분포 하중	2차 곡선(포물선)	3차 곡선(포물선)
모멘트 하중	관계 없음	모멘트 하중 적용점에만 영향

07 다음 단순보 AB가 하중을 받을 때 그림과 같은 전단력도와 휨모멘트도를 얻었다면 이때의 하중은?(단, 부호의 규약은 ⊕ (MS, SM) ⊖ (MS, SM) 로 한다.)

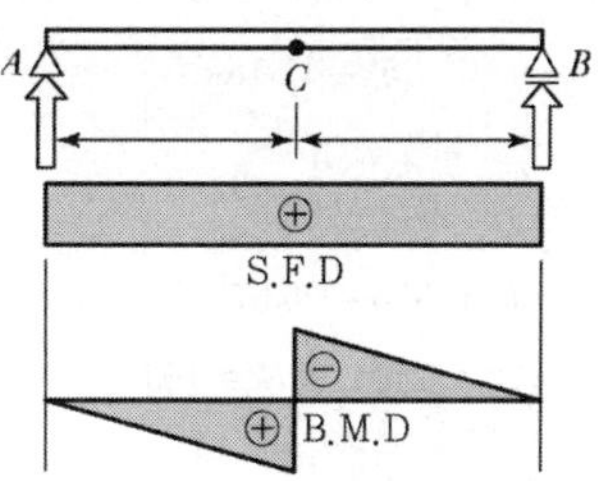

① C점에 집중 하중
② C점에 반시계 방향의 모멘트 하중
③ C점에 시계방향의 모멘트 하중
④ A점 및 B점에 반시계 방향의 모멘트 하중

08 다음 그림과 같은 라멘에서 D지점의 반력은?

① $0.5P(\uparrow)$
② $P(\uparrow)$
③ $1.5P(\uparrow)$
④ $2.0P(\uparrow)$

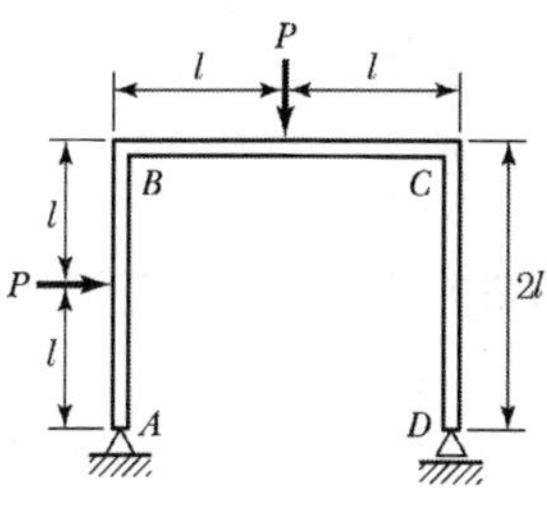

해설 $\Sigma M_A = 0$에서

$-V_D \times 2l + P \times l + P \times l = 0$

$\therefore V_D = \frac{2Pl}{2l} = P(\uparrow)$

09 다음 트러스에서 A점의 반력의 크기(R_A)와 방향(θ)은 어느 것인가?

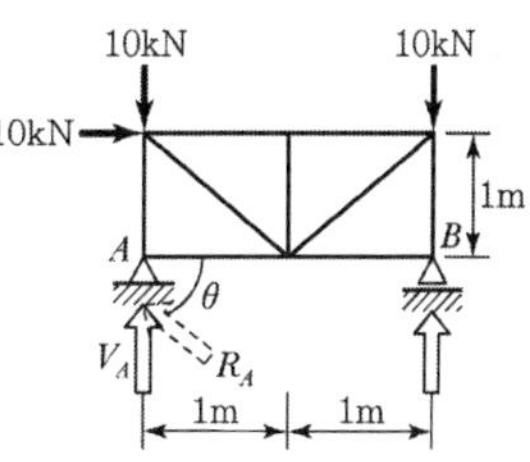

① $R_A = 5\text{kN}$, $\theta = 82.36°$
② $R_A = 10\text{kN}$, $\theta = 90°$
③ $R_A = 11.18\text{kN}$, $\theta = 26.57°$
④ $R_A = 20.86\text{kN}$, $\theta = 32.48°$

정답 06 ③ 07 ② 08 ② 09 ③

해설 ㉠ $\Sigma M_B = 0$에서

$V_A \times 2 - 10 \times 2 + 10 \times 1 = 0$

$V_A = 5\text{kN}(\uparrow)$

㉡ $\Sigma H = 0$에서 $H_A = 10\text{kN}(\leftarrow)$

㉢ $R_A = \sqrt{10^2 + 5^2} = 11.18\text{kN}$

㉣ $\therefore \tan\theta = \frac{V_A}{H_A} = \frac{5}{10} = 0.5$

⇨ $\theta = \tan^{-1} 0.5 = 26.57°$

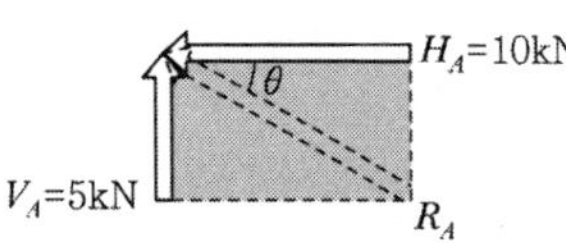

10 길이 100mm, 지름 10mm의 강봉을 당겼더니 10mm 늘어났다면 지름의 줄음량은?(단, 푸아송 비는 $\frac{1}{3}$이다.)

① $\frac{1}{3}$mm ② $\frac{1}{4}$mm
③ $\frac{1}{5}$mm ④ $\frac{1}{6}$mm

해설

〈공식〉 $\nu = \frac{\beta}{\varepsilon} = \frac{\Delta d/d}{\Delta l/l} = \frac{\Delta d \cdot l}{\Delta l \cdot d}$

β : 가로변형률

ε : 세로 변형률

$\therefore \Delta d = \frac{\Delta l \cdot d}{l}\nu = \frac{10 \times 10}{100} \times \frac{1}{3} = \frac{1}{3}\text{mm}$

11 푸아송 수가 3인 강재의 전단탄성계수와 영계수의 관계는?

① $G = E/6.0$ ② $G = E/3.7$
③ $G = E/3.0$ ④ $G = E/2.7$

해설 $G = \frac{E}{2(1+\nu)}$

$= \frac{E}{2\left(1+\frac{1}{m}\right)}$

$= \frac{m \cdot E}{2(m+1)}$

$= \frac{3E}{2(3+1)} \fallingdotseq \frac{E}{2.7}$

12 길이 10m의 강재가 15℃에서 40℃로 온도 상승할 때 이것이 양단 고정되었을 경우의 응력을 구하면?(단, $E = 21 \times 10^5\text{kN/cm}^2$, $\alpha = 0.00001$)

① 475kN/cm^2 ② 500kN/cm^2
③ 525kN/cm^2 ④ 538kN/cm^2

해설 열응력 $\sigma = E \cdot \varepsilon = E \cdot \alpha \cdot t = E \cdot \alpha(t_2 - t_1)$

$= 21 \times 10^5 \times 0.00001(40-15)$

$= 525\text{kN/cm}^2$

13 그림과 같은 보에서 CD 구간의 곡률반경(曲率半徑)은 얼마인가?(단, 이 보의 휨강도 $E \cdot I = 3{,}800\text{kN} \cdot \text{m}^2$이다.)

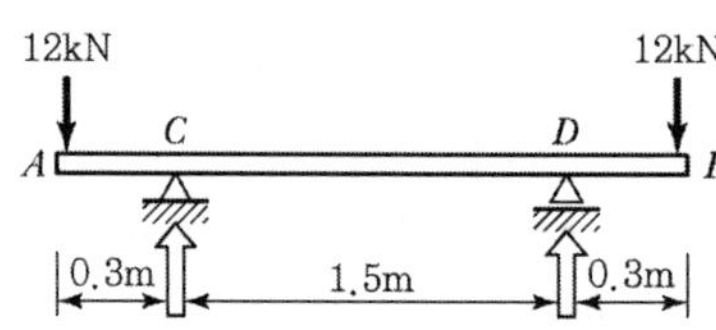

① 924m ② 1,056m
③ 1,174m ④ 1,283m

해설 ㉠ $M_C = M_D = 12 \times 0.3 = 3.6\text{kN} \cdot \text{m}$

㉡ $R = \frac{E \cdot I}{M} = \frac{3{,}800}{3.6} = 1{,}055.56\text{m}$

14 그림과 같은 보에서 수직 방향의 최대 휨응력의 비율에 맞는 것은?(단, 작용 하중은 동일하다.)

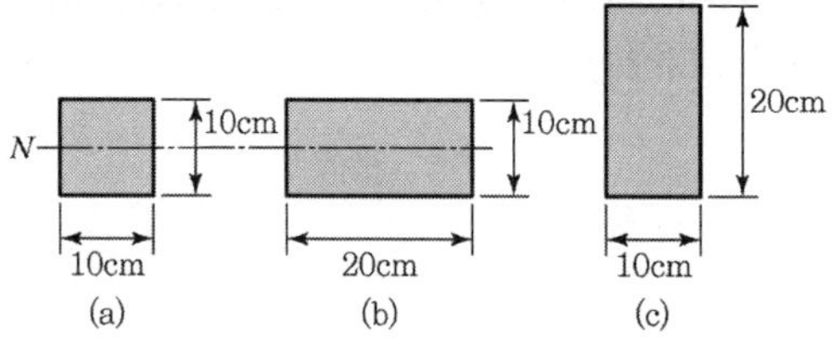

① (a)=4 : (b)=2 : (c)=1
② (a)=1 : (b)=2 : (c)=4
③ (a)=8 : (b)=4 : (c)=1
④ (a)=1 : (b)=4 : (c)=8

해설 ㉠ $Z_a = \frac{10^3}{6} = \frac{1}{6}(1{,}000)$

$Z_b = \frac{20 \times 10^2}{6} = \frac{1}{6}(2{,}000)$

$Z_c = \frac{10 \times 20^2}{6} = \frac{1}{6}(4{,}000)$

정답 10 ① 11 ④ 12 ③ 13 ② 14 ①

㉡ $\sigma_a : \sigma_b : \sigma_c = \dfrac{\cancel{M}}{Z_a} : \dfrac{\cancel{M}}{Z_b} : \dfrac{\cancel{M}}{Z_c} = \dfrac{1}{Z_a} : \dfrac{1}{Z_b} : \dfrac{1}{Z_c}$

$= \dfrac{1}{\dfrac{10\times10^2}{\cancel{6}}} : \dfrac{1}{\dfrac{20\times10^2}{\cancel{6}}} : \dfrac{1}{\dfrac{10\times20^2}{\cancel{6}}}$

$= \dfrac{1}{1{,}000} : \dfrac{1}{2{,}000} : \dfrac{1}{4{,}000}$

$=4 : 2 : 1$

15 기둥에 편심 축하중이 작용할 때 다음의 어느 상태가 맞는가?

① 압축력만 작용하며, 휨모멘트는 없다.
② 휨모멘트만 작용하며, 압축력은 작용하지 않는다.
③ 압축력과 휨모멘트가 작용하며, 인장력이 작용하는 경우도 있다.
④ 압축력 및 인장력이 작용하며, 휨모멘트는 작용하지 않는다.

해설 편심 하중이 작용하면 압축력과 휨모멘트가 발생하며 인장력이 발생하는 경우도 있다.

16 보의 단면이 그림과 같고 지간이 같은 단순보에서 중앙에 집중하중 P가 작용할 경우 처짐 y_1은 y_2의 몇 배인가?

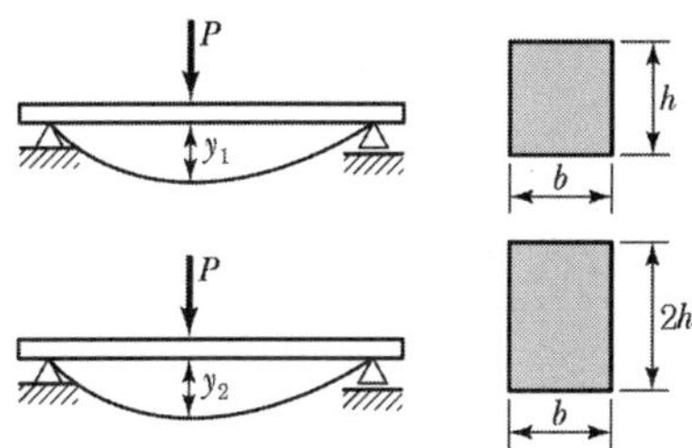

① 1배　　② 2배
③ 4배　　④ 8배

해설 $\delta_1 : \delta_2 = \dfrac{\cancel{Pl^3}}{\cancel{48E}\left(\dfrac{bh^3}{\cancel{12}}\right)} : \dfrac{\cancel{Pl^3}}{\cancel{48E}\left[\dfrac{b(2h)^3}{\cancel{12}}\right]}$

$= \dfrac{1}{h^3} : \dfrac{1}{(2h)^3}$

$=8 : 1$

17 그림과 같이 단순보에서 B점에 모멘트 하중이 작용할 때, A점과 B점의 처짐각의 비($\theta_A : \theta_B$)는?

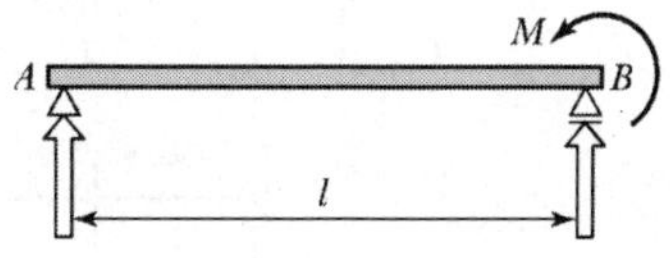

① 1 : 2　　② 2 : 1
③ 1 : 3　　④ 3 : 1

해설 ㉠ $\theta_A = \dfrac{M\cdot l}{6E\cdot I}$

㉡ $\theta_B = -\dfrac{M\cdot l}{3E\cdot I}$

㉢ $\theta_A : \theta_B = 1 : 2$

※ 한쪽에만 M이 작용할 때, 반대쪽에는 M이 작용한 곳의 $\dfrac{1}{2}$만큼의 처짐각이 발생한다.

18 탄성에너지에 대한 설명으로 옳은 것은?

① 응력에 반비례하고, 탄성계수에 비례한다.
② 응력의 자승에 반비례하고, 탄성계수에 비례한다.
③ 응력에 비례하고, 탄성계수의 자승에 비례한다.
④ 응력의 자승에 비례하고, 탄성계수에 반비례한다.

해설 $u = \dfrac{P\delta}{2} = \dfrac{P}{2}\left[\dfrac{Pl}{AE}\right] = \dfrac{P^2 l}{2AE} = \dfrac{P^2 l}{2AE}\times\dfrac{A}{A}$

$= \dfrac{P^2 Al}{2A^2 E} = \dfrac{\sigma^2 Al}{2E}$ （$\dfrac{P^2}{A^2} = \sigma^2$）

여기서, σ : 응력, A : 단면적
l : 부재길이, E : 탄성계수

19 다음과 같은 2경간 연속보에 등분포 하중 w가 만재되어 있을 때 중앙 지점의 반력 R_B는?

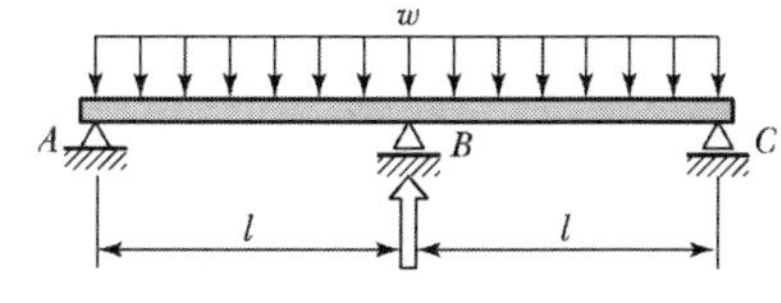

① $\dfrac{5}{2}w\cdot l$　　② $\dfrac{5}{4}w\cdot l$
③ $\dfrac{5}{8}w\cdot l$　　④ $\dfrac{5}{16}w\cdot l$

정답 15 ③　16 ④　17 ①　18 ④　19 ②

해설 변형일치법을 이용하면

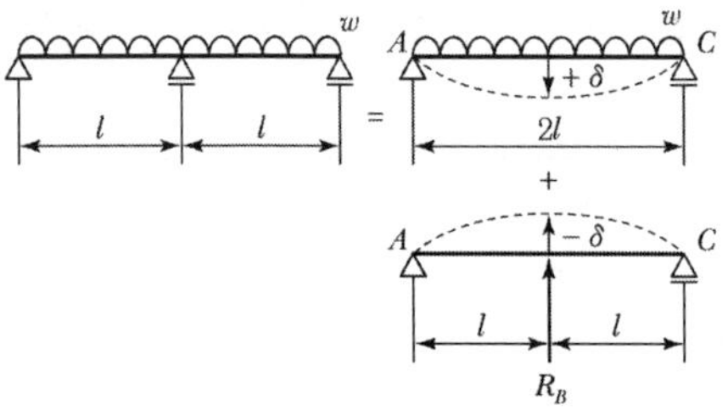

$$\delta = \frac{5w(2l)^4}{384EI} - \frac{R_B(2l)^3}{48EI} = 0$$

$$\frac{5w(2l)}{384} = \frac{R_B}{48}$$

$$R_B = \frac{48 \times 5 \times 2 \times wl}{384} = \frac{5}{4}wl$$

20 다음 중 전달률을 이용하여 부정정 구조물을 풀이하는 방법은?

① 처짐각법 ② 모멘트 분배법
③ 변형 일치법 ④ 3연 모멘트법

해설 부정정 구조물에 발생하는 불균형 모멘트를 분배율과 전달률을 이용하여 해석하는 방법이 모멘트 분배법이다.

정답 20 ②

토목기사 (2025년 2회)

01 아래의 설명은 무슨 정리인가?

"동일 평면상의 한 점에 여러 개의 힘이 작용하고 있는 경우에 이 평면상의 임의 점에 관한 이들 힘의 모멘트의 대수합은 동일점에 관한 이들 힘의 합력의 모멘트와 같다."

① Greene의 정리　② Lami의 정리
③ Varignon의 정리　④ Pappos의 정리

02 다음 그림과 같은 단면의 $x-x$축에 대한 단면 2차 모멘트 I_{x-x}를 표시한 값은?

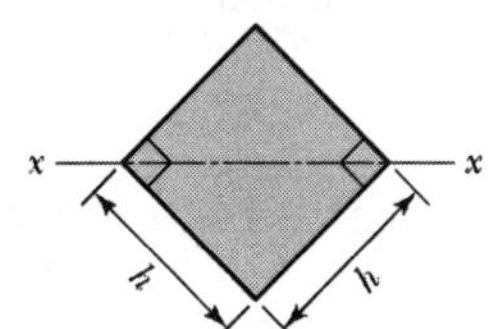

① $\frac{h^3}{24}$　② $\frac{h^3}{3}$
③ $\frac{h^4}{6}$　④ $\frac{h^4}{12}$

해설 정사각형 단면이고 x축이 도심을 지나면

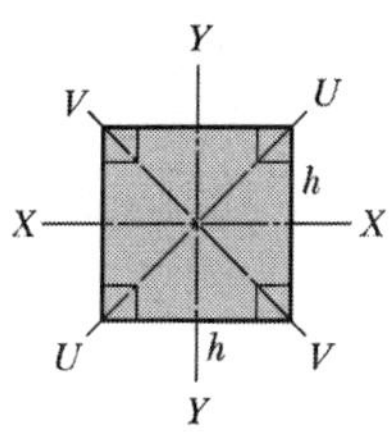

$$I_U = I_X = I_Y = I_V = \frac{hh^3}{12} = \frac{h^4}{12}$$

〈공식〉

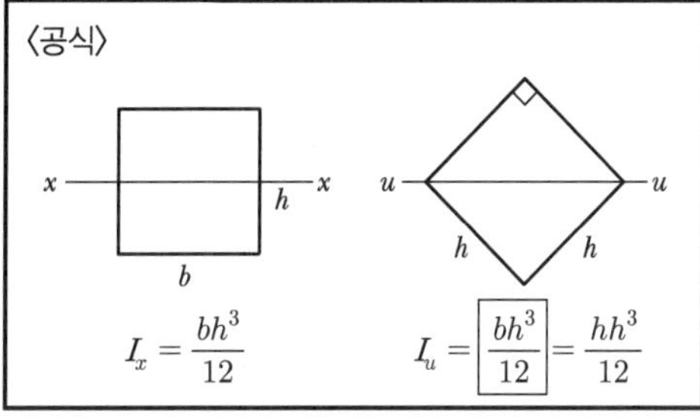

$$I_x = \frac{bh^3}{12} \qquad I_u = \boxed{\frac{bh^3}{12}} = \frac{hh^3}{12}$$

03 한 등변 L형강(100×100×10)의 단면적 $A = 19.0\text{cm}^2$, 1축과 2축의 단면 2차 모멘트 $I_1 = I_2 = 175\text{cm}^4$이고 1축과 45°를 이루는 u축의 $I_u = 278\text{cm}^4$이면 v축의 단면 2차 모멘트 I_v는?(단, 여기서 C는 도심을 나타내는 거리이다.)

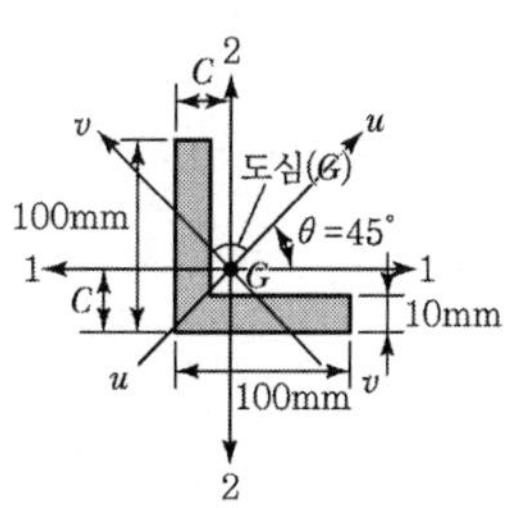

① 72cm^4　② 175cm^4
③ 193cm^4　④ 350cm^4

해설 두 주축에 대한 단면 2차 모멘트의 크기는 일정하므로

$$I_1 + I_2 = I_u + I_v$$

$$\therefore I_v = I_1 + I_2 - I_u = 175 + 175 - 278 = 72\text{cm}^4$$

04 다음 구조물의 부정정 차수는?

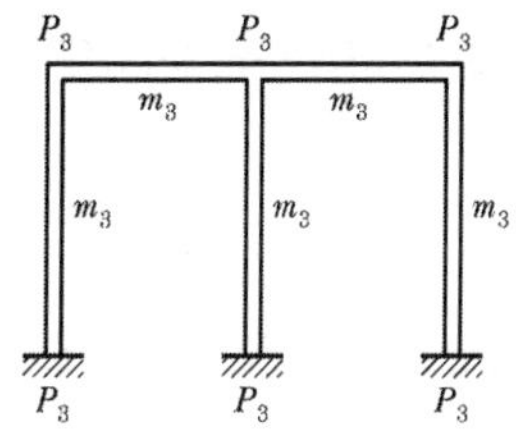

① 1차 부정정　② 2차 부정정
③ 3차 부정정　④ 6차 부정정

해설 라아멘 $N = R + m + s - 2p$
$= 9 + 5 + 4 - 2 \times 6$
$= 18 - 12$
$= 6$차 부정정

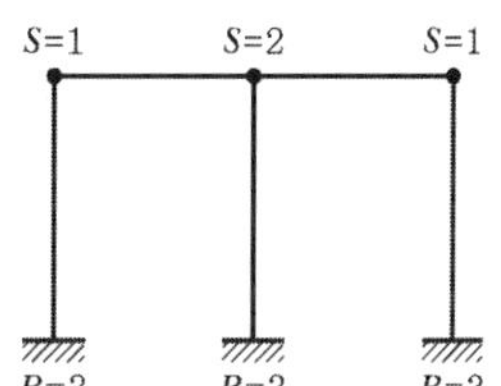

정답 01 ③　02 ④　03 ①　04 ④

05 다음 그림에서 C점의 전단력은?

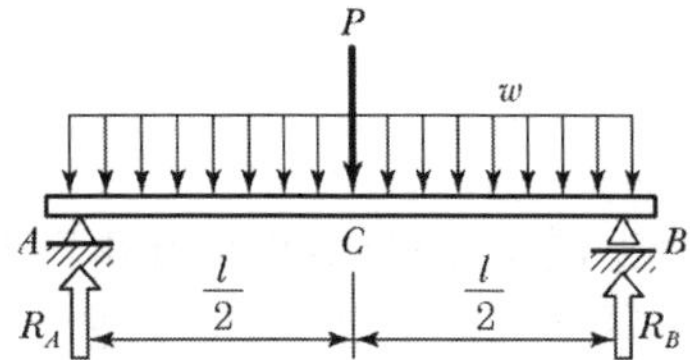

① $\frac{P}{2}+\frac{w \cdot l}{2}$　　② $\frac{w \cdot l}{2}$

③ $\frac{P}{2}$ 또는 $-\frac{P}{2}$　　④ $\frac{P \cdot l}{4}+\frac{w \cdot l^2}{3}$

해설 ㉠ 대칭구조이므로 $R_A = R_B = \frac{P}{2}+\frac{w \cdot l}{2}$

㉡ $S_{C1} = R_A - \frac{w \cdot l}{2}$

$= \frac{P}{2}+\frac{w \cdot l}{2}-\frac{w \cdot l}{2}=\frac{P}{2}$

㉢ $S_{C2} = R_A - \frac{w \cdot l}{2} - P$

$= \frac{P}{2}+\frac{w \cdot l}{2}-\frac{w \cdot l}{2}-P=-\frac{P}{2}$

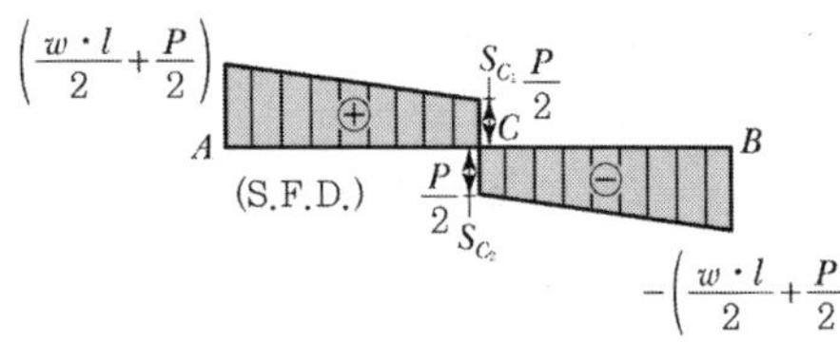

06 다음 단순보에 하중이 작용하였을 때 단면 D의 휨모멘트 M_D는?

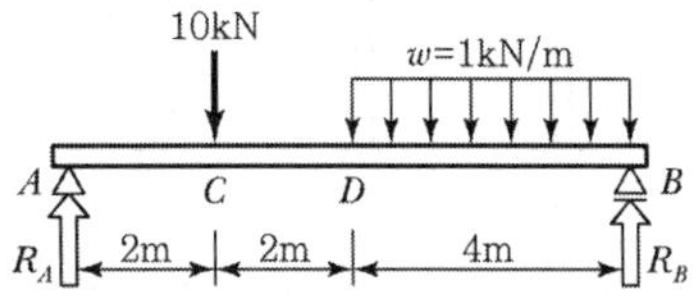

① 5.5kN · m　　② 9.0kN · m

③ 11.0kN · m　　④ 14.0kN · m

해설 ㉠ $M_B = 0$에서

$R_A \times 8 - 10 \times 6 - 1 \times 4 \times 2 = 0 \Rightarrow R_A = 8.5\text{kN}$

㉡ $M_D = 8.5 \times 4 - 10 \times 2 = 14.0\text{kN} \cdot \text{m}$

07 그림과 같은 게르버보에서 A지점의 휨모멘트는?

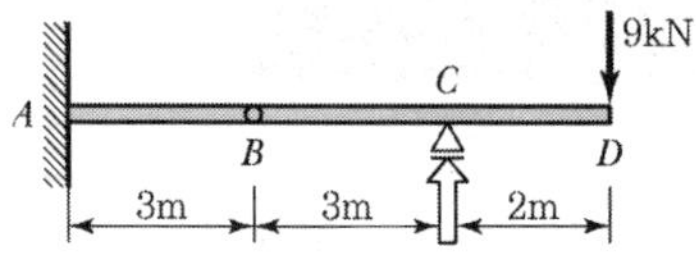

① 18kN · m　　② 27kN · m

③ 45kN · m　　④ 72kN · m

해설 보를 분리하여 M_A를 구하면

$M_A = 6 \times 3 = 18\text{kN} \cdot \text{m}$

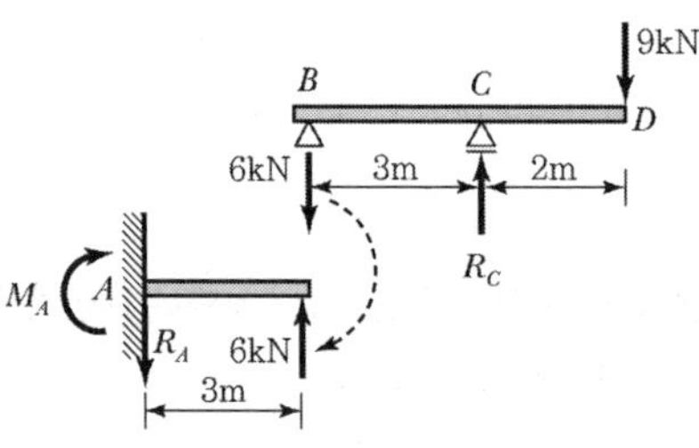

08 그림과 같은 라멘의 A점의 반력 방향은 다음 중 어느 것인가?

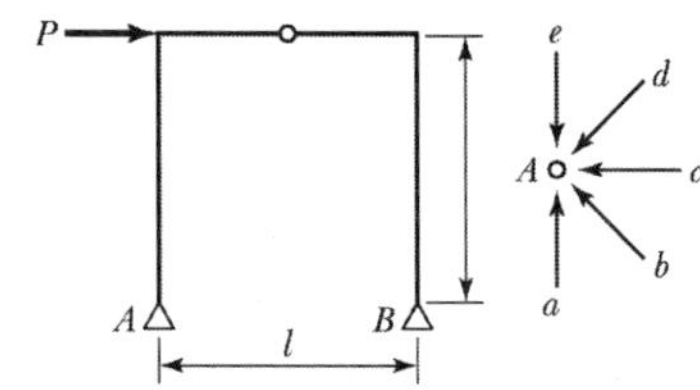

① a　　② b

③ c　　④ d

해설 $V_A(\downarrow)$, $H_A(\leftarrow)$가 존재하므로 두 반력의 합성 반력은 ↙ 방향이다.

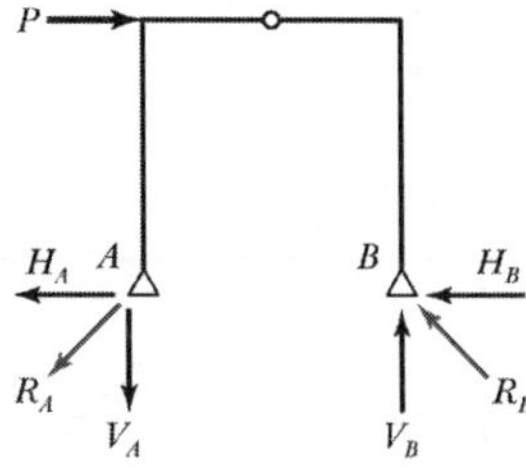

정답 05 ③　06 ④　07 ①　08 ④

09 그림과 같은 보에서 AC의 부재력은?

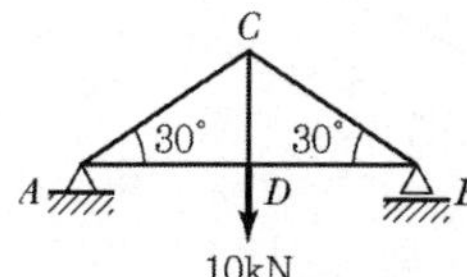

① 10kN ② 15kN
③ −5kN ④ −10kN

해설 ㉠ $R_A = R_B = 5\text{kN}(\uparrow)$
㉡ A점에서 $\Sigma V = 0$을 적용하면
$R_A + \overline{AC}\sin 30° = 0$
$\therefore \overline{AC} = -\dfrac{5}{\sin 30°} = -10\text{kN}$ (압축)

10 길이가 L인 균일한 단면적 A를 가진 봉의 인장시험 결과 탄성한도 내에서 변형 U는 인장력 P에 비례하며 $P = KU$로 나타낼 수 있다. 이때 계수 K값은?(단, 탄성계수는 E, 단면 2차 모멘트는 I이다.)

① $11EI/L^3$ ② $6EI/L^2$
③ EI/L ④ EA/L

해설 ㉠ 늘어난 길이 $\Delta l = \dfrac{P \cdot L}{AE}$ 식에서 $P = \dfrac{AE}{L}\Delta l$
㉡ 문제에서 $P = KU$로 변환하면
강성도 $K = \dfrac{AE}{L}$, $U = \Delta l$

11 탄성계수가 E, 푸아송 비가 ν인 재료의 체적탄성계수 K는?

① $K = \dfrac{E}{2(1-\nu)}$ ② $K = \dfrac{E}{2(1-2\nu)}$
③ $K = \dfrac{E}{3(1-\nu)}$ ④ $K = \dfrac{E}{3(1-2\nu)}$

해설 $K = \dfrac{m \cdot E}{3(m-2)} = \dfrac{E}{3\left(1-\dfrac{2}{m}\right)} = \dfrac{E}{3(1-2\nu)}$

12 그림과 같이 이축응력(二軸應力)을 받고 있는 요소의 체적변화율은?(단, 이 요소의 탄성계수 $E = 2 \times 10^6$ kN/cm², 푸아송 비 $\nu = 0.3$이다.)

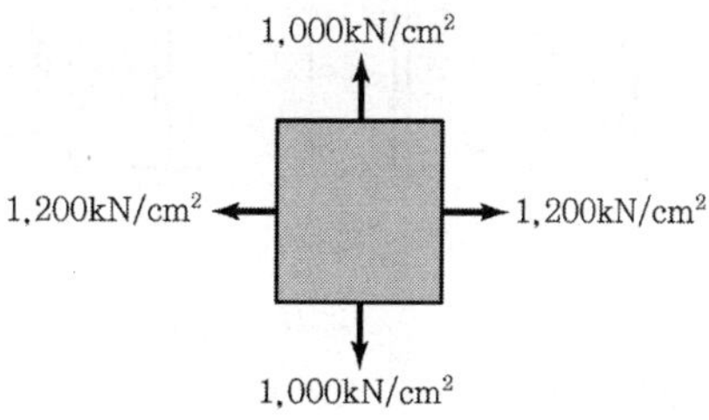

① 3.6×10^{-4} ② 4.0×10^{-4}
③ 4.4×10^{-4} ④ 4.8×10^{-4}

해설 $\varepsilon_v = \dfrac{\Delta V}{V} = \dfrac{(1-2\nu)}{E}(\sigma_x + \sigma_y)$
$= \dfrac{1-2 \times 0.3}{2 \times 10^6}(1{,}000 + 1{,}200) = 0.00044$

13 폭 b, 높이가 h인 단순보에 등분포 하중 w가 만재했을 때 보의 중앙 지점 단면에서의 최대 응력값은?(단, 지간은 l이다.)

① 0
② $3wl^2/4bh^2 + 3wl/8bh$
③ $3/4(wl/bh + wl^2/bh^2)$
④ $3wl^2/4bh^2$

해설 $\sigma_{\max} = \dfrac{M_{\max}}{I}y = \dfrac{w \cdot l^2/8}{b \cdot h^3/12} \times \dfrac{h}{2} = \dfrac{3w \cdot l^2}{4b \cdot h^2}$

14 직사각형 단면에 대한 전단계수(Shear Coefficient)는 얼마인가?

① 2.5 ② 2.0
③ 1.5 ④ 1.0

해설 $\tau = \dfrac{S \cdot G_x}{I \cdot b}$에서 직사각형 단면을 유도하면
$\tau_{\max} = 1.5\dfrac{S}{A}$이며, 계수 1.5를 전단계수라 한다.

정답 09 ④ 10 ④ 11 ④ 12 ③ 13 ④ 14 ③

15 그림과 같은 장주의 강도를 옳게 표시한 것은?(단, 재질과 단면은 같다.)

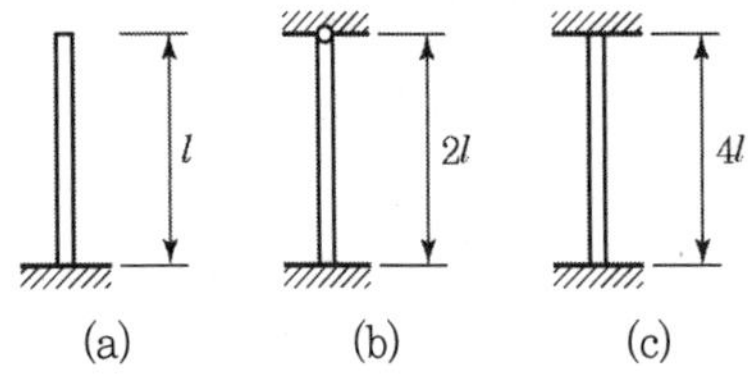

(a) (b) (c)

① (b) > (a) > (c) ② (a) < (b) = (c)
③ (c) > (b) > (a) ④ (a) = (c) < (b)

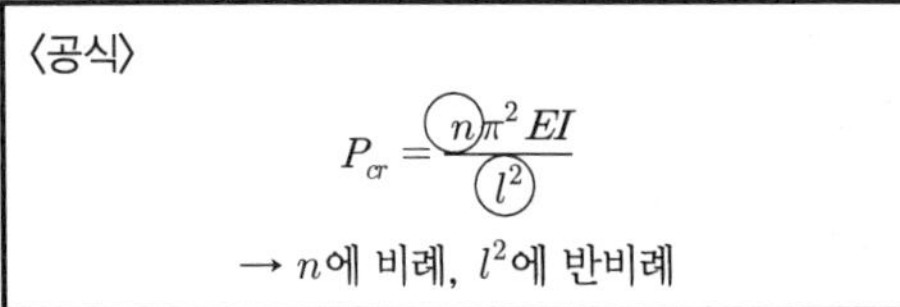

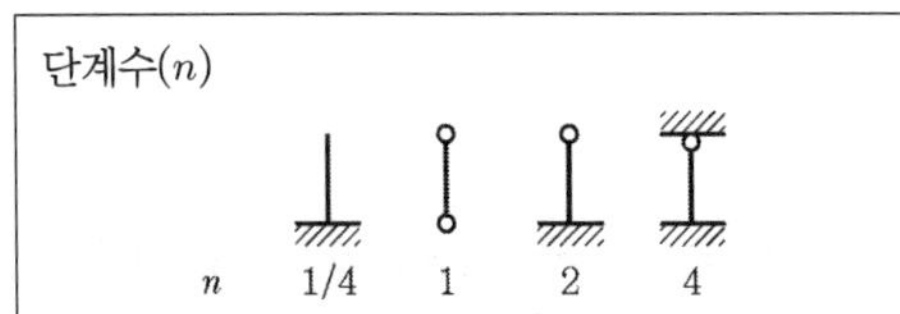

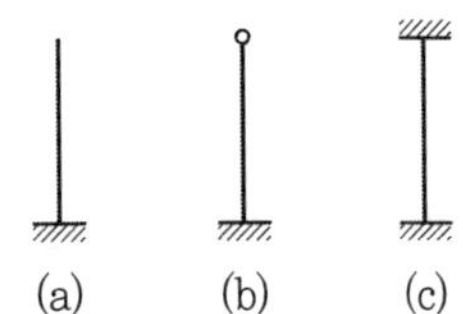

(a) (b) (c)

$$\frac{\frac{1}{4}}{l^2} : \frac{2}{(2l)^2} : \frac{4}{(4l)^2}$$

$$= \frac{1}{4} : \frac{1}{2} : \frac{1}{4}$$

$$= 1 : 2 : 1$$

$\therefore$ (a) = (c) < (b)

16 중앙점에서 서로 직교하는 두 단순보가 있다. $E \cdot I$는 일정하고 지간의 길이의 비는 1 : 2이다. 교점인 중앙점에서 집중하중 P가 작용할 때 두 보의 하중 분담률은?

① 9 : 1
② 8 : 1
③ 4 : 1
④ 2 : 1

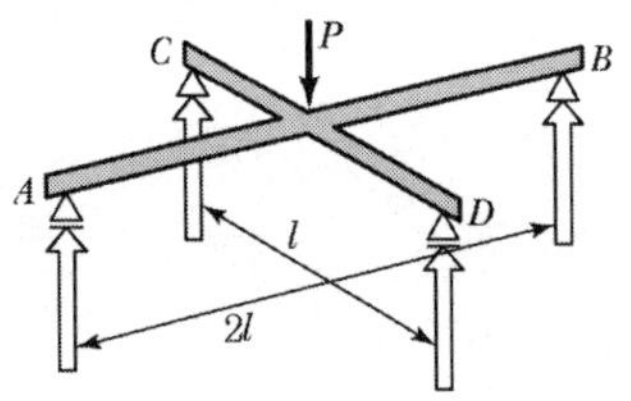

해설

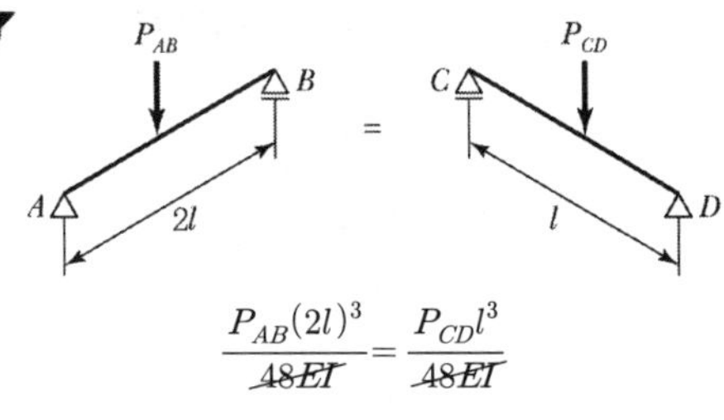

$$\frac{P_{AB}(2l)^3}{48EI} = \frac{P_{CD}l^3}{48EI}$$

$$P_{AB} : P_{CD} = l^3 : (2l)^3$$
$$= 1 : 8$$

17 그림과 같은 하중, 재질, 단면 및 길이가 같은 두 구조물에서 처짐량의 비(δ_1/δ_2)는?

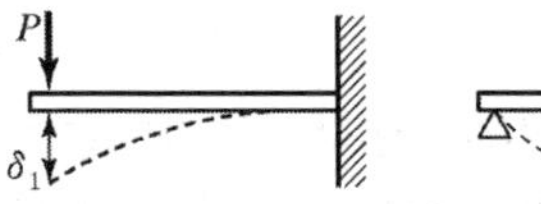

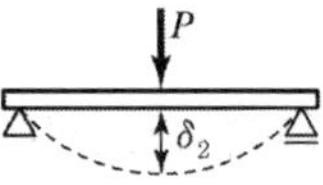

① 16 ② 12
③ 8 ④ 4

해설 ㉠ $\delta_1 = \frac{P \cdot l^3}{3EI}$

㉡ $\delta_2 = \frac{P \cdot l^3}{48EI}$

㉢ $\therefore \frac{\delta_1}{\delta_2} = \frac{48}{3} = 16$

18 그림과 같이 자유단에 휨모멘트 M이 작용할 때 캔틸레버보에 저장되는 탄성변형에너지는?

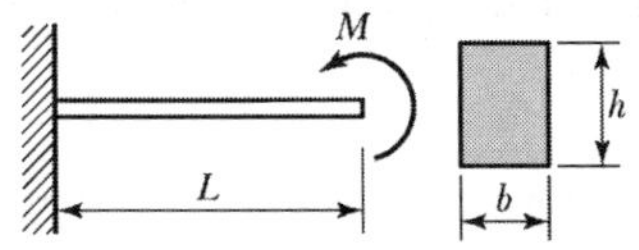

① $\frac{M^2L}{2EI}$ ② $\frac{ML^2}{EI}$

③ $\frac{M^2L}{3EI}$ ④ $\frac{M^2L}{EI}$

해설 $U = \frac{M^2 \cdot L}{2E \cdot I}$

정답 15 ④ 16 ② 17 ① 18 ①

19 그림과 같은 연속보의 지점 B에서 침하 δ가 생겼다면 M_B값을 구할 수 있는 식은?(단, EI는 일정하다.)

① $2\left(\frac{l}{I}+\frac{l}{I}\right)M_B=6E\left(\frac{\delta}{l}-\frac{\delta}{l}\right)$

② $2\left(\frac{l}{I}+\frac{l}{I}\right)M_B=6E\left[\frac{\delta}{l}-\left(-\frac{\delta}{l}\right)\right]$

③ $2\left(\frac{l}{I}+\frac{l}{I}\right)M_B=6E\left(\frac{\delta}{l}\right)$

④ $2\left(\frac{l}{I}+\frac{l}{I}\right)M_B=6E(\theta_B)+6E\left(\frac{\delta}{l}\right)$

해설

〈기본식〉

$$M_A\left(\frac{l}{I}\right)+2M_B\left(\frac{l}{I}+\frac{l}{I}\right)+M_C\left(\frac{l}{I}\right)=6E(\beta_{21}-\beta_{23})$$

⇨ $M_A=M_0=0,\ \beta_{21}=\frac{\delta}{l},\ \beta_{23}=\frac{\delta}{l}$

$\therefore\ 2\left(\frac{l}{I}+\frac{l}{I}\right)M_B=6E\left[\frac{\delta}{l}-\left(-\frac{\delta}{l}\right)\right]$

20 다음 그림과 같은 구조물에서 모멘트 M_{OB}의 값은?

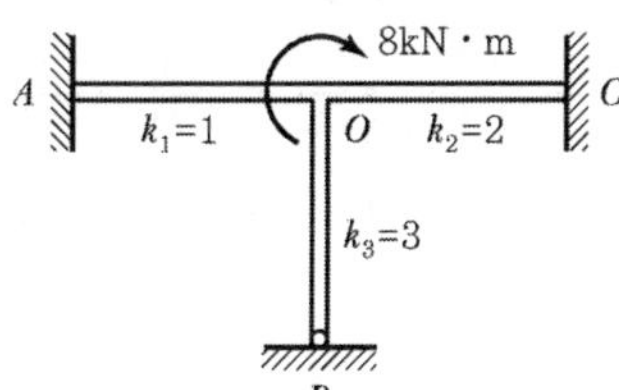

① 3.43kN · m ② 4.0kN · m

③ 4.75kN · m ④ 5.48kN · m

해설 ㉠ $\Sigma k=k_1+k_2+\frac{3}{4}k_3=1+2+\frac{3}{4}\times 3=\frac{21}{4}$

㉡ 분배율 $f_{OB}=\frac{9/4}{21/4}=\frac{9}{21}$

㉢ $M_{OB}=\frac{9}{21}\times 8=\frac{72}{21}=3.43\text{kN}\cdot\text{m}$(분배모멘트)

정답 19 ② 20 ①

토목기사 (2025년 3회)

01 그림과 같이 50kN의 무게를 매달은 구조물에서 $\overline{AC}$, $\overline{BC}$가 받는 힘은?

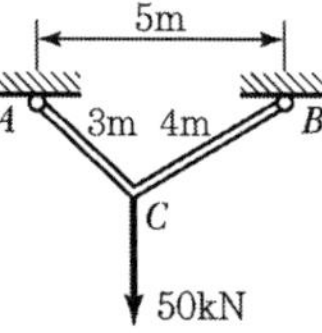

	$\overline{AC}$	$\overline{BC}$
①	40kN	30kN
②	30kN	40kN
③	20kN	30kN
④	30kN	20kN

해설 C점에서의 평형을 생각할 때 $\overline{AC}$, $\overline{BC}$ 부재는 인장을 받으므로 그림과 같이 화살표 방향으로 작용한다.

㉠ $AC = CD$

$\cos\beta = \dfrac{CD}{50} = \dfrac{4}{5}$

$CD = 40\text{kN}$

$\therefore AC = 40\text{kN}$

㉡ $BC = DE$

$\cos\alpha = \dfrac{DE}{50} = \dfrac{3}{5}$

$DE = 30\text{kN} \quad \therefore BC = 30\text{kN}$

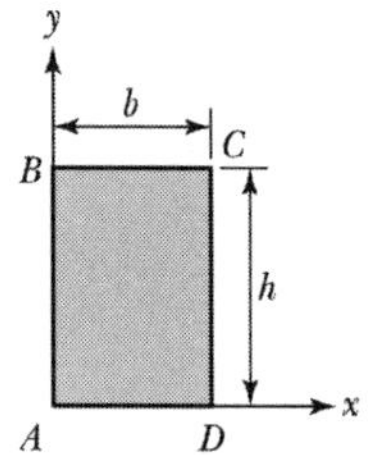

02 그림과 같은 직사각형 단면의 A점에 대한 단면 2차 극모멘트는?

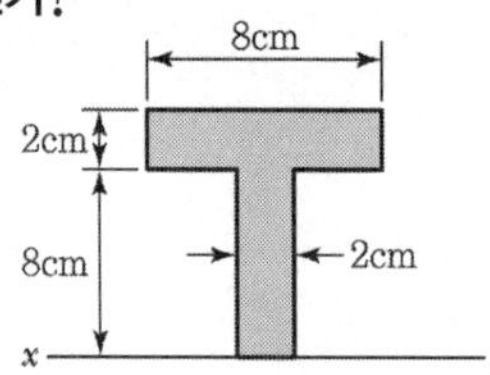

① $\dfrac{bh}{3}(b^2+h^2)$

② $\dfrac{bh}{3}(b^3+h^3)$

③ $\dfrac{bh}{6}(b^2+h^2)$

④ $\dfrac{bh}{6}(b^3+h^3)$

해설 $I_P = I_x + I_y = \dfrac{bh^3}{3} + \dfrac{hb^3}{3} = \dfrac{bh}{3}(b^2+h^2)$

03 다음 그림과 같은 T형 단면의 $x-x$축에 대한 회전반경 γ_{x-x}의 크기는 얼마인가?

① 7.16cm

② 7.97cm

③ 8.54cm

④ 9.62cm

해설 ㉠ $I_x = \left[\left(\dfrac{8\times2^3}{12}\right)+(8\times2\times9^2)\right] + \left[\left(\dfrac{2\times8^3}{12}\right)+(2\times8\times4^2)\right] = 1{,}642.6\text{cm}^4$

또는 $I_x = \dfrac{8\times10^3}{3} - \dfrac{(8-2)8^3}{3}$

$= 2{,}666.667 - 1{,}024 = 1{,}642.667$

㉡ $A = 16+16 = 32\text{cm}^2$

㉢ $\therefore \gamma_{x-x} = \sqrt{\dfrac{I_x}{A}} = \sqrt{\dfrac{1{,}642.6}{32}} = 7.165\text{cm}$

04 다음 부정정 구조물은 몇 차 부정정인가?

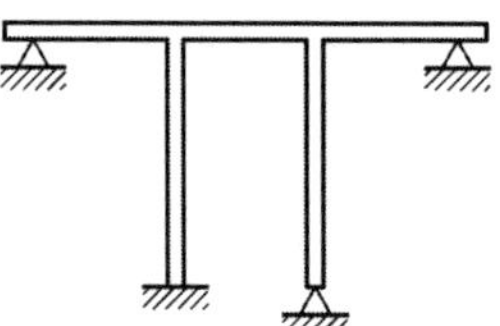

① 4차 부정정

② 5차 부정정

③ 7차 부정정

④ 8차 부정정

해설 $N = R + m + S - 2P$

$= 8+5+4-2\times6$

$= 17-12 = 5$차 부정정

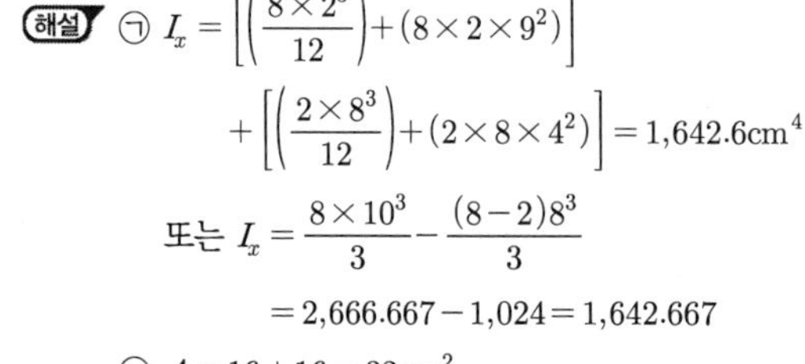

05 다음 그림에서 $x = \dfrac{l}{2}$인 점의 전단력(S.F.)은?

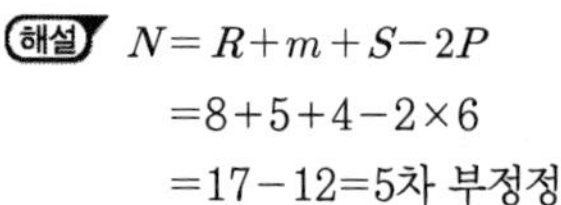
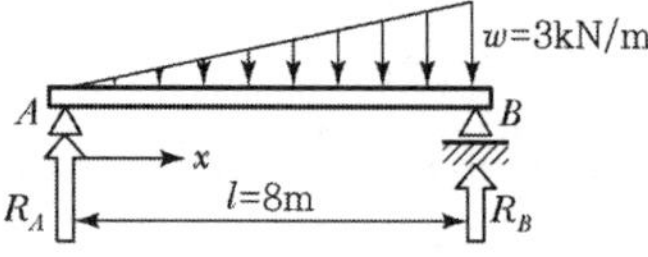

① 4kN

② 3kN

③ 2kN

④ 1kN

해설 ㉠ $R_A = \dfrac{1}{3}(\text{전체 하중}) = \dfrac{1}{3}\times\left(\dfrac{1}{2}\times3\times8\right) = 4\text{kN}$

㉡ $S_C = R_A - (\text{왼쪽 하중})$

$= 4 - \left(\dfrac{1}{2}\times1.5\times4\right) = 4-3 = 1\text{kN}$

정답 01 ① 02 ① 03 ① 04 ② 05 ④

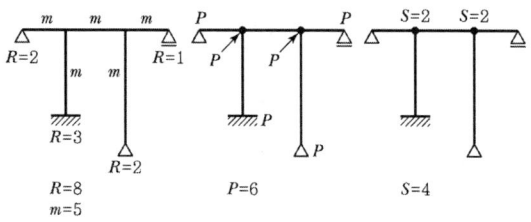

06 다음 그림과 같은 단순보의 중앙점의 휨모멘트 M_C는?

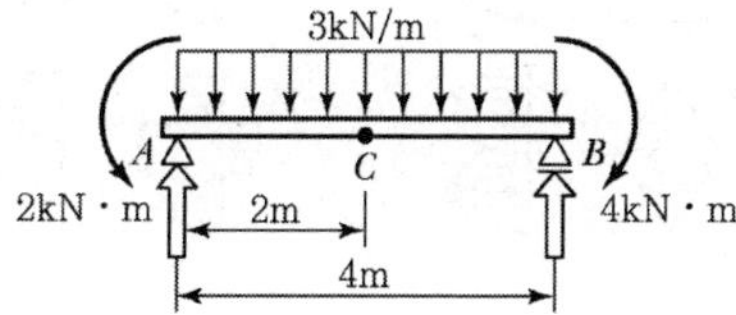

① 3kN · m　　② 4kN · m
③ 5kN · m　　④ 6kN · m

해설 ㉠ $\Sigma M_B = 0$에서

$R_A \times 4 - 3 \times 4 \times 2 - 2 + 4 = 0$

$R_A = \frac{1}{4}(24+2-4) = 5.5\text{kN}(\uparrow)$

㉡ $M_C = 5.5 \times 2 - 2 - 3 \times 2 \times 1$

$= 11 - 2 - 6 = 3\text{kN} \cdot \text{m}$

07 다음 보에서 지점 A부터 최대 휨모멘트가 생기는 단면은?

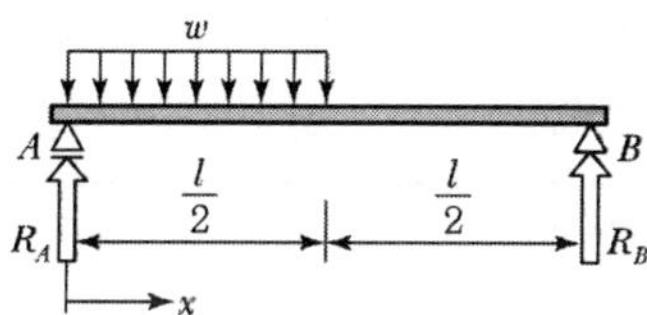

① $1/3l$　　② $1/4l$
③ $2/5l$　　④ $3/8l$

해설 ㉠ $R_A = \frac{3}{8} w \cdot l$

㉡ $S_x = \frac{3}{8} w \cdot l - w \cdot x = 0 \Rightarrow \frac{3}{8} w \cdot l = w \cdot x$

$\therefore x = \frac{3}{8} l$

08 다음 그림에서 보이는 라멘의 M점에 작용하는 모멘트는?

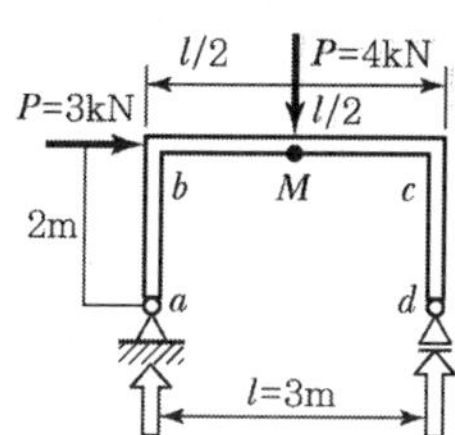

① +2kN · m　　② +3kN · m
③ +4kN · m　　④ +6kN · m

해설 ㉠ $\Sigma M_A = 0$에서

$3 \times 2 + 4 \times 1.5 - R_B \times 3 = 0$

$R_B = 4\text{kN}(\uparrow)$

㉡ $M_M = R_B \times 1.5 = 4 \times 1.5 = 6\text{kN} \cdot \text{m}$

09 다음 트러스의 c점에 하중 $P=$ 6kN가 작용한다면 부재 $\overline{ab}$가 받는 힘은?(단, 인장력의 부호는 +, 압축력의 부호는 −로 한다.)

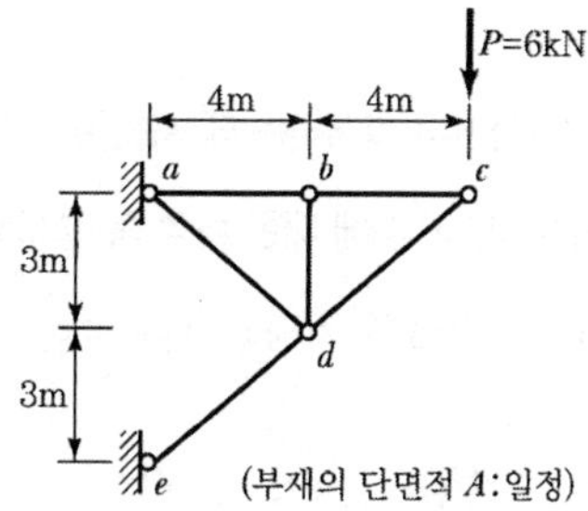

① −6kN　　② −8kN
③ +8kN　　④ +10kN

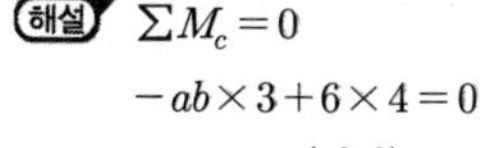

해설 $\Sigma M_c = 0$

$-ab \times 3 + 6 \times 4 = 0$

$ab = 8\text{kN}$ (인장)

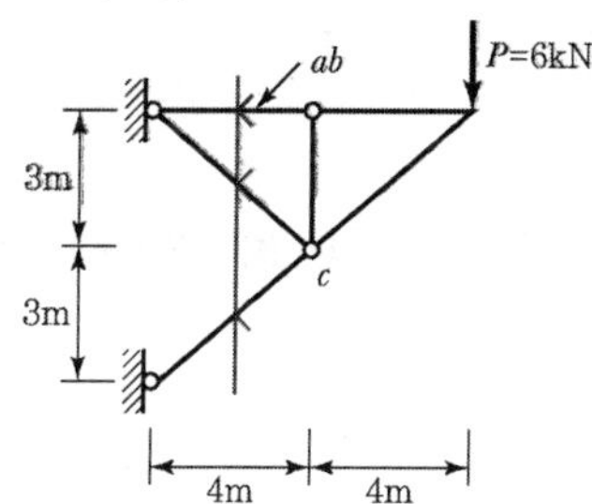

10 지름 5cm, 길이 4m의 강봉이 온도의 영향을 받아 0.2mm가 늘어났다. 이 변형을 없애기 위하여 작용시켜야 할 압축력의 크기는?(단, $E = 2.1 \times 10^6 \text{kN/cm}^2$)

① 525kN　　② 1,637kN
③ 1,896kN　　④ 2,062kN

해설 $P = \frac{A \cdot E \cdot \Delta l}{l}$

$= \frac{\pi \times 5/4 \times 2.1 \times 10^6 \times 0.02}{400}$

$= 2{,}062\text{kN}$

정답 06 ① 07 ④ 08 ④ 09 ③ 10 ④

11 탄성계수 $E=2.1\times10^6\text{kN/cm}^2$, 푸아송 비 $\nu=0.25$일 때 전단탄성계수의 값은 얼마인가?

① $8.4\times10^5\text{kN/cm}^2$ ② $10.5\times10^5\text{kN/cm}^2$
③ $16.8\times10^5\text{kN/cm}^2$ ④ $21.0\times10^5\text{kN/cm}^2$

해설 $G=\dfrac{E}{2(1+\nu)}$

$=\dfrac{2.1\times10^6}{2(1+0.25)}$

$=8.4\times10^5\text{kN/cm}^2$

12 보를 해석하거나 설계하는 데 사용하는 기본식 중에 $\sigma=\dfrac{M}{I}y$가 있다. 이 식에 대한 설명 중 옳지 않은 것은?

① σ=단면 내 임의의 점에서 휨응력으로서 단위는 kN/cm^2이다.
② 휨모멘트 M의 단위는 kN · m이다.
③ I=중립축에 대한 단면 2차 모멘트로 단위는 cm^4이다.
④ y=중립축으로부터 최대 휨모멘트까지의 거리로 단위는 cm이다.

해설 y는 중립축으로부터 휨응력을 구하고자 하는 점까지의 거리로 단위는 cm이다.

13 보에서 휨모멘트로 인한 최대 휨응력이 생기는 위치는 어느 곳인가?

① 중립축 ② 중립축과 상단의 중간점
③ 상 · 하단 ④ 중립축과 하단의 중간점

해설 휨응력 $\sigma=\dfrac{M}{I}y$이므로 중립축에서 $\sigma=0$이고, 상 · 하단에서 그 최댓값이 나타난다.

14 그림은 보의 단면에 일어나는 전단 응력의 분포 형상을 표시한 것이다. 이 단면의 모양은?

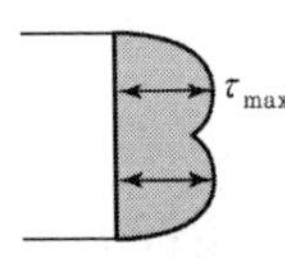

① □형 ② ○형
③ ◇형 ④ ✣형

해설 단면 형상에 따른 전단 응력 분포 형태는 다음과 같다.

①
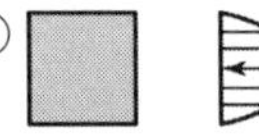
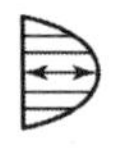
②
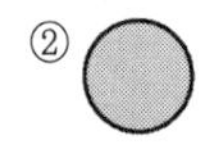
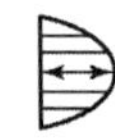
③

④
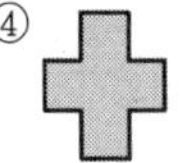

15 다음의 짧은 기둥에 편심 하중이 작용할 때, CD 부분의 연응력을 계산한 값은?

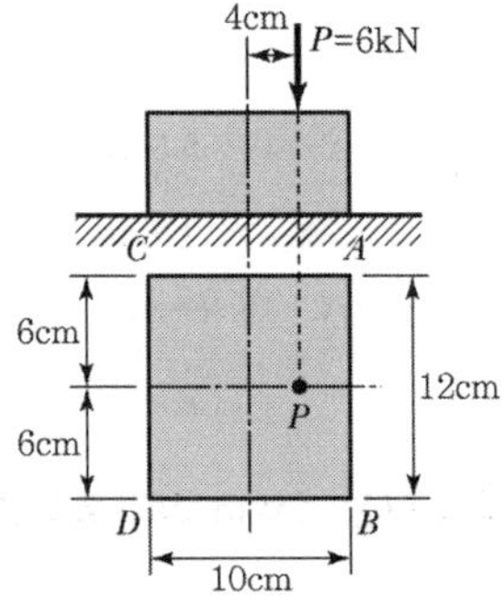

① 50kN/cm^2(압축) ② 50kN/cm^2(인장)
③ 70kN/cm^2(압축) ④ 70kN/cm^2(인장)

해설
〈공식〉
$$\sigma=\frac{-P}{A}\pm\frac{M_x}{Z_y}=\frac{-P}{b\cdot h}\pm\frac{P\cdot e_x}{h\cdot b^2/6}$$

$\sigma_{CD}=-\dfrac{6,000}{10\times12}+\dfrac{6\times6,000\times4}{12\times10^2}$

$=-50+120$

$=70\text{kN/cm}^2$(인장)

16 다음 그림에서 처짐각 θ_A는?

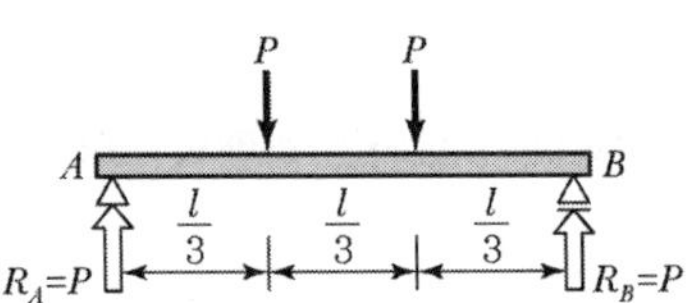

① $\dfrac{Pl^2}{9EI}$ ② $\dfrac{Pl^2}{10EI}$
③ $\dfrac{Pl^2}{24EI}$ ④ $\dfrac{Pl^2}{48EI}$

정답 11 ① 12 ④ 13 ③ 14 ③ 15 ④ 16 ①

해설 $\theta_A = S_A' = R_A' = \dfrac{P \cdot l^2}{9E \cdot I}$ (↻)

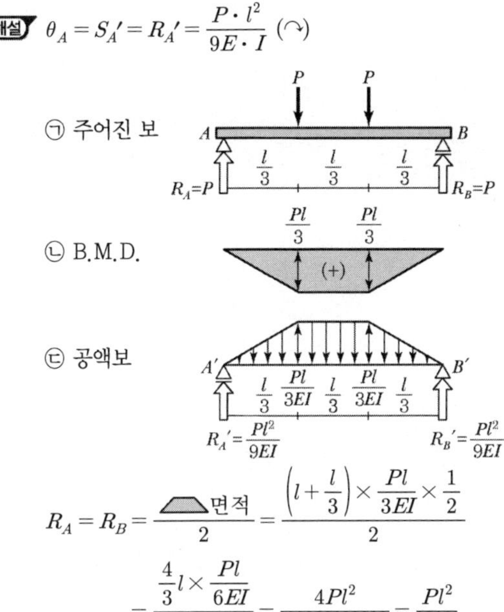

$$R_A = R_B = \frac{\text{면적}}{2} = \frac{\left(l + \frac{l}{3}\right) \times \frac{Pl}{3EI} \times \frac{1}{2}}{2}$$

$$= \frac{\frac{4}{3}l \times \frac{Pl}{6EI}}{2} = \frac{4Pl^2}{3 \times 6 \times 2EI} = \frac{Pl^2}{9EI}$$

17 그림과 같은 단순보의 A단에 M_A(↻), B단에 M_B(↺)가 작용한다. A 및 B단의 처짐각을 계산한 식은?(단, 회전각의 부호는 시계방향 회전을 플러스(+)로 생각하고, 보의 단면은 일정하다.)

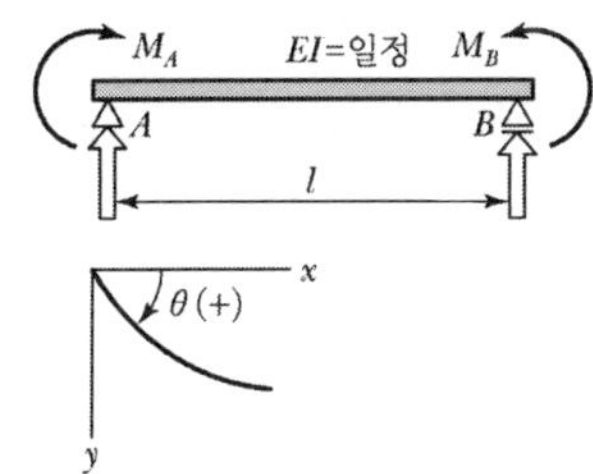

① $\theta_A = \dfrac{l}{6EI}(2M_A + M_B)$,

$\theta_B = -\dfrac{l}{6EI}(M_A + 2M_B)$

② $\theta_A = \dfrac{l}{6EI}(M_B - 2M_A)$,

$\theta_B = -\dfrac{l}{6EI}(M_A - 2M_B)$

③ $\theta_A = \dfrac{l}{3EI}(2M_A - M_B)$,

$\theta_B = -\dfrac{l}{3EI}(2M_B - M_A)$

④ $\theta_A = \dfrac{l}{3EI}(M_B - 2M_A)$,

$\theta_B = -\dfrac{l}{3EI}(M_A - 2M_B)$

해설

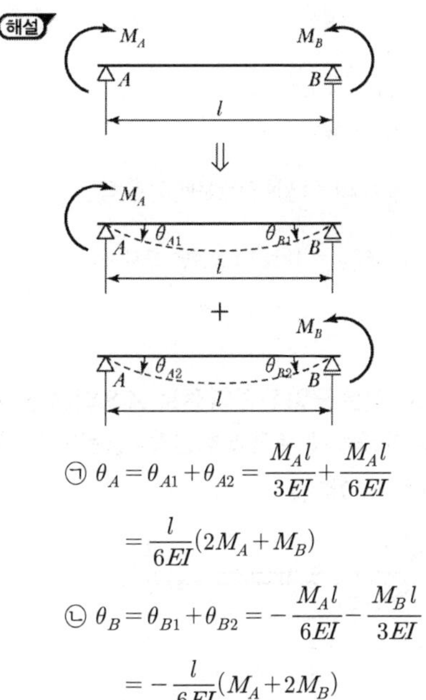

㉠ $\theta_A = \theta_{A1} + \theta_{A2} = \dfrac{M_A l}{3EI} + \dfrac{M_A l}{6EI}$

$= \dfrac{l}{6EI}(2M_A + M_B)$

㉡ $\theta_B = \theta_{B1} + \theta_{B2} = -\dfrac{M_A l}{6EI} - \dfrac{M_B l}{3EI}$

$= -\dfrac{l}{6EI}(M_A + 2M_B)$

18 다음 그림과 같이 자유단에 집중하중 P를 받고 있는 캔틸레버보에서 굽힘 모멘트에 의한 변형 에너지는?

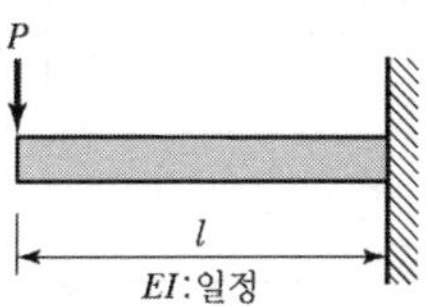

① $\dfrac{P^2 \cdot l^3}{4E \cdot I}$　　② $\dfrac{P^2 \cdot l^3}{6E \cdot I}$

③ $\dfrac{P^2 \cdot l^3}{8E \cdot I}$　　④ $\dfrac{P^2 \cdot l^3}{10E \cdot I}$

해설 $U = \dfrac{P\delta}{2} = \dfrac{P}{2}\left[\dfrac{Pl^3}{3EI}\right] = \dfrac{P^2 l^3}{6EI}$

19 다음 구조물에서 절점 D는 이동하지 않으며 재단 A, B, C는 고정일 때 M_{CD}는?

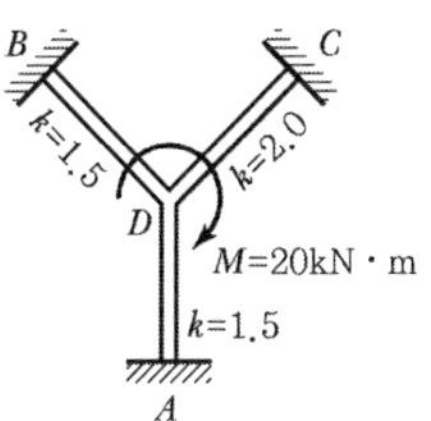

① 2.5kN · m　　② 3.0kN · m

③ 3.5kN · m　　④ 4.0kN · m

정답 17 ①　18 ②　19 ④

해설 ㉠ $\overline{DC}$ 부재의 분배율

$$f_{DC}=\frac{2}{1.5+2+1.5}=\frac{2}{5}$$

㉡ $M_{DC}=f_{DC}\cdot M$

$$=\frac{2}{5}\times 20=8\text{kN}\cdot\text{m}(\text{분배 모멘트})$$

㉢ $M_{DC}=\frac{1}{2}M_{DC}=4\text{kN}\cdot\text{m}(\text{전달 모멘트})$

20 다음 그림과 같은 균일 단면의 들보 $\overline{AB}$ 의 A 단에 M_{AB} 인 우력을 가했을 때 A 단의 회전각 θ_A 는?(단, 이 들보의 휨강성은 EI 이다.)

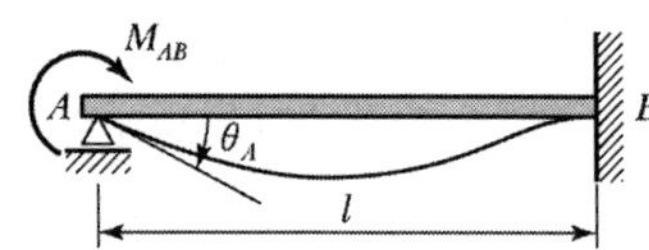

① $\theta_A=\dfrac{M_{AB}\cdot l}{4EI}$ ② $\theta_A=\dfrac{M_{AB}\cdot l}{3EI}$

③ $\theta_A=\dfrac{M_{AB}\cdot l}{EI}$ ④ $\theta_A=\dfrac{3M_{AB}\cdot l}{EI}$

해설

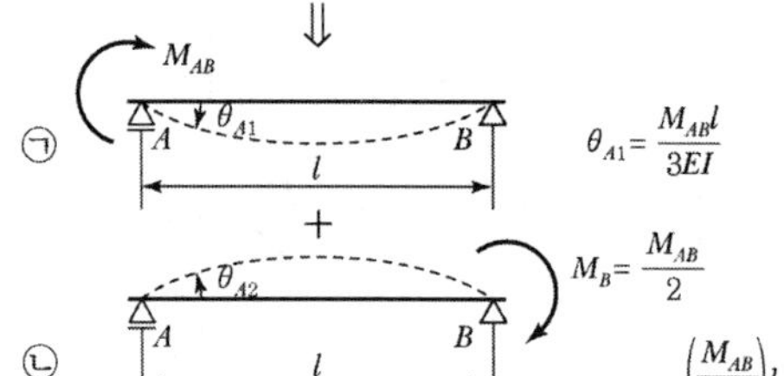

㉢ $\theta_A=\theta_{A1}+\theta_{A2}$

$$=\frac{M_{AB}l}{3EI}-\frac{M_{AB}l}{12EI}$$

$$=\frac{(4-1)M_{AB}l}{12EI}$$

$$=\frac{M_{AB}l}{4EI}$$

정답 20 ①

PART 부록 Ⅲ

응용역학 꿀 TIP

APPLIED MECHANICS

핵심이론 일점에 작용하는 여러 힘의 평형조건

(1) 도해적 조건 : 시력도(힘의 다각형)가 폐합해야 한다.($R=0$)

(2) 해석적 조건 : $\Sigma H=0, \quad \Sigma V=0$

>>> 문제

01 그림과 같은 구조물에서 부재 AC가 받는 힘의 크기는?

① 6kN
② 5kN
③ 4kN
④ 3kN

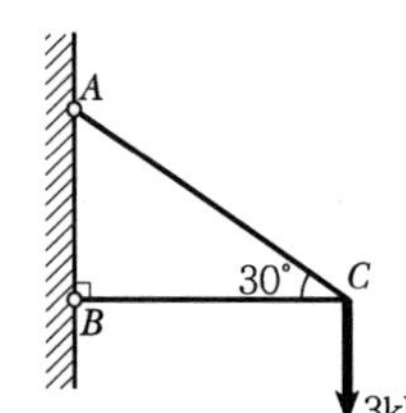

해설

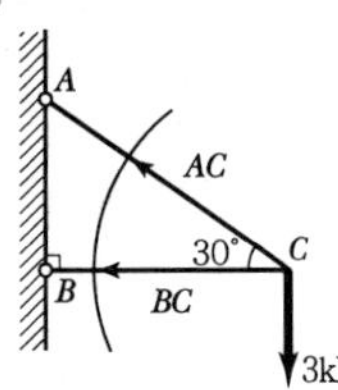

㉠ $\Sigma V=0 \quad -3+AC\sin30=0$

$AC=6\text{kN}$

㉡ $\Sigma V=0 \quad -BC-AC\cos30=0$

$BC=-3\sqrt{3}\text{kN}$

꿀 TIP

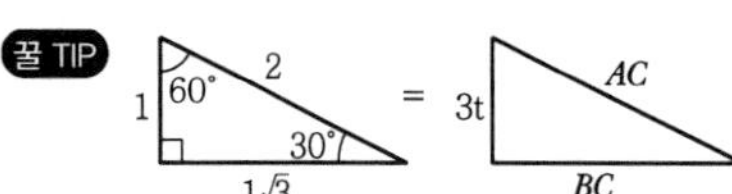

㉠ $AC=+6\text{kN}$

㉡ $BC=-3\sqrt{3}\text{kN}$

02 P=120kN의 무게를 매달은 그림과 같은 구조물에서 T_1이 받는 힘은?

① 103.9kN(인장)
② 103.9kN(압축)
③ 60kN(인장)
④ 60kN(압축)

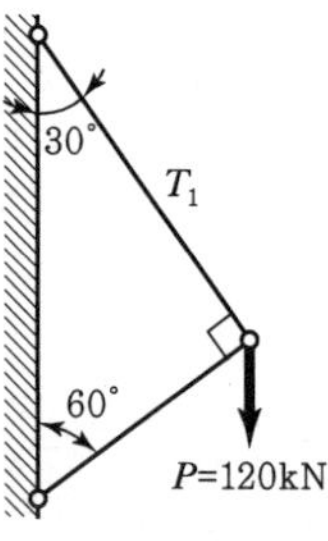

해설

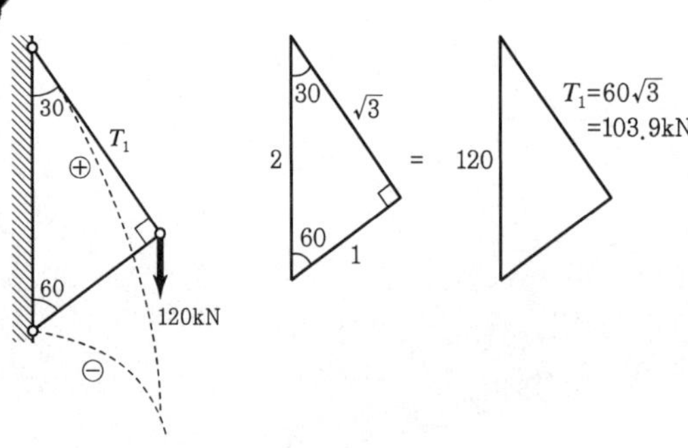

정답 01 ① 02 ①

핵심이론 여러 점에 작용하는 여러 힘의 평형조건

(1) 도해적 조건 : 시력도와 연력도가 폐합해야 한다.($R=0$, $M=0$)

(2) 해석적 조건 : $\Sigma H=0$, $\Sigma V=0$, $\Sigma M=0$

>>> 문제

03 다음 그림과 같은 구조물의 BD 부재에 작용하는 힘의 크기는?

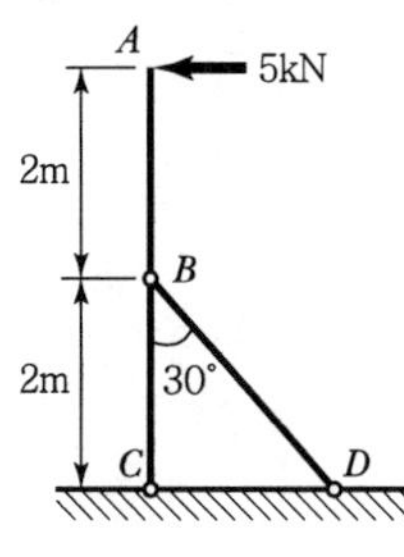

① 10kN ② 12.5kN ③ 15kN ④ 20kN

해설

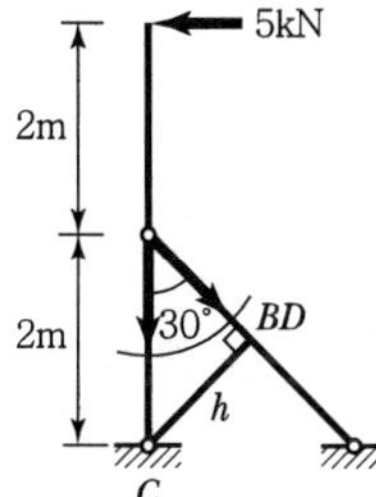

$\Sigma M_C=0$

$-5\times4+BD\times h=0$

$-20+BD\times2\sin30°=0$

$-20+BD\times1=0$

$\therefore\ BD=20\text{kN}$

꿀 TIP

거리 2배 증가

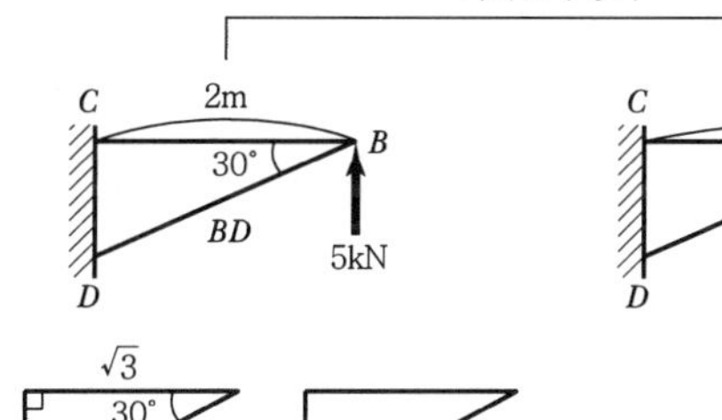

C 4m 30° B BD 5kN D

$$\frac{2}{1}=\frac{BD}{5}$$

BD=10kN BD=20kN

거리가 2배 증가하면 BD 부재력도 2배 증가

정답 03 ④

핵심이론 라미(Lami)의 정리

'한 점에 작용하는 3개의 힘이 평형을 이루고 있을 때, 이 3개의 힘이 동일 평면에 있으면 각각의 힘은 다른 2개의 힘 사이각의 sin에 정비례한다.'

$$\frac{P_1}{\sin(180° - \theta_1)} = \frac{P_2}{\sin(180° - \theta_2)} = \frac{P_3}{\sin(180° - \theta_3)}$$

$\sin(180° - \theta) = \sin\theta$

$$\boxed{\frac{P_1}{\sin\theta_1} = \frac{P_2}{\sin\theta_2} = \frac{P_3}{\sin\theta_3}}$$

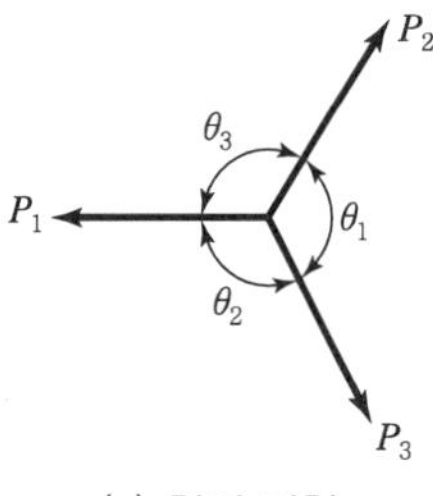

(a) 힘의 평형

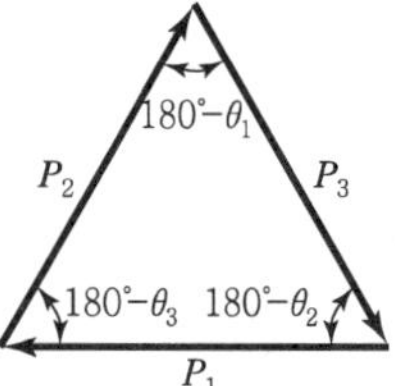

(b) 시력도

‖ 라미의 정리 ‖

>>> 문제

04 그림에서 C점을 얼마의 힘(P)으로 당겼더니 부재 BC에 200kN의 장력이 발생하였다면 AC에 발생하는 장력은?

① 34kN
② 115.5kN
③ 346.4kN
④ 400.0kN

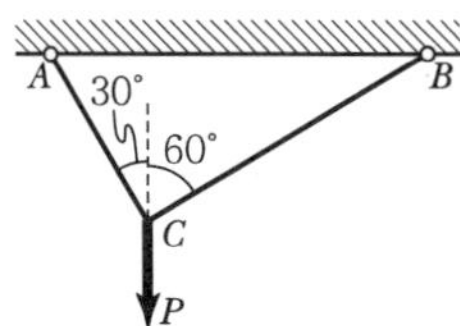

해설

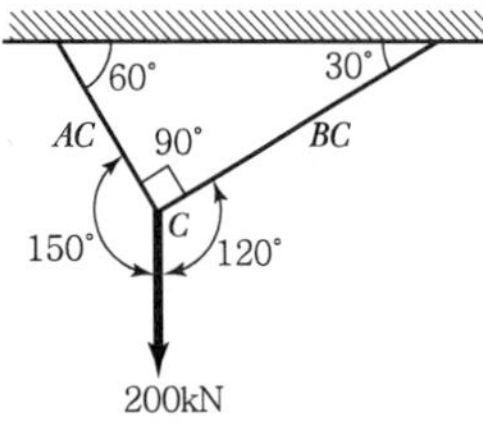

$$\frac{AC}{\sin120°} = \frac{BC}{\sin150°} = \frac{200}{\sin90°}$$

$$\therefore\ AC = \frac{BC}{\sin150°} \times \sin120°$$

$$= \frac{200}{\sin150°} \times \sin120° \fallingdotseq 346.4\text{kN}$$

꿀 TIP $\alpha + \beta = 60° + 30° = 90°$이면

㉠ $AC = P\sin60° = 200 \times \frac{\sqrt{3}}{2} = 346.4\text{kN}$

㉡ $BC = P\sin30° = 200 \times \frac{1}{2} = 100\text{kg} = 200 \times \frac{1}{2} = 100\text{kg} = 100\text{kN}$

정답 04 ③

핵심이론 힘의 평형

힘의 평형(균형) 조건	역학적 조건
① 상하 수직방향으로 움직이지 않는다.	$\Sigma V=0$
② 좌우 수평방향으로 움직이지 않는다.	$\Sigma H=0$
③ 어떤 방향으로도 회전하지 않는다.	$\Sigma M=0$

>>> 문제

05 다음 그림과 같은 세 개의 힘이 평형상태에 있다면 C점에서 작용하는 힘 P와 $\overline{BC}$ 사이의 거리 x는?

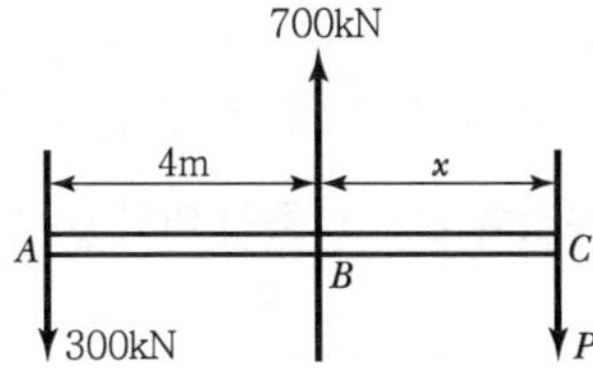

① $P=400\text{kN},\ x=3\text{m}$
② $P=300\text{kN},\ x=3\text{m}$
③ $P=400\text{kN},\ x=4\text{m}$
④ $P=300\text{kN},\ x=4\text{m}$

해설

㉠ $\Sigma V=-300+700-P=0$

$\therefore\ P=400\text{kN}(\downarrow)$

㉡ $\Sigma M_A=0$

$-700\times4+P(4+x)=0$

$-2{,}800+1{,}600+400x=0$

$x=\dfrac{1{,}200}{400}=3\text{m}$

꿀 TIP

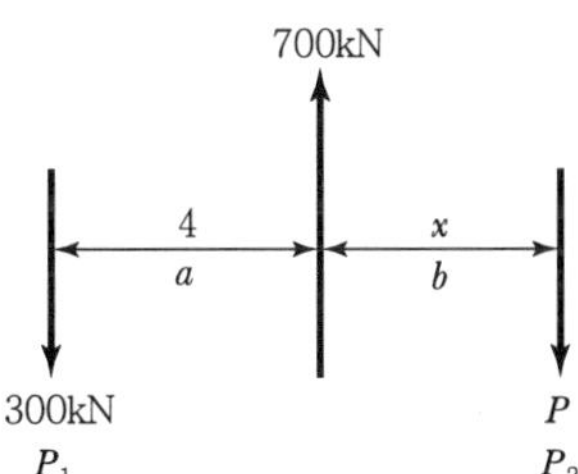

㉠ $700=300+P_2$

$P_2=400\text{kN}$

㉡ $P_1 : P_2 = b : a$

$200 : 400 = x : 4$

$x=3\text{m}$

정답 05 ①

핵심이론 도심(Centroid)

도형의 한 점을 지나는 직각좌표축에서 단면1차모멘트가 0이 되는 좌표의 원점을 도형의 도심(Centroid)이라 한다.
[단위 : cm, m]

$$G_x = A \cdot y \quad \therefore \quad \boxed{y = \frac{G_x(\text{단면1차모멘트})}{A(\text{단면적})}}$$

$$G_y = A \times x \quad \therefore \quad \boxed{x = \frac{G_y}{A}}$$

>>> 문제

06 다음 그림과 같은 T형 단면에서 도심축 $C-C$축의 위치 y는?

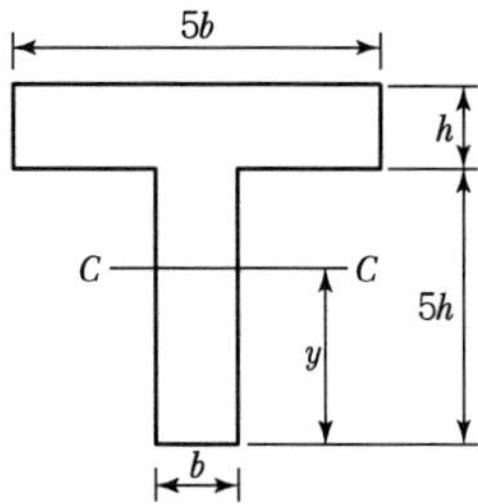

① $2.5h$ ② $3.0h$ ③ $3.5h$ ④ $4.0h$

해설

$$y = \frac{G_x}{A} = \frac{5bh \times \left(\frac{h}{2} + 5h\right) + 5bh \times 2.5h}{5bh + 5bh} = \frac{27.56h^2 + 12.5bh^2}{10bh} = 4h$$

꿀 TIP

$A_1 = A_2$이면

$$y = \frac{y_1 + y_2}{2} = \frac{5.5h + 2.5h}{2} = 4h$$

정답 06 ④

핵심이론 도심축에 평행한 임의 축에 대한 단면2차모멘트

$$I_x = I_X + A \cdot {y_0}^2$$
$$I_y = I_Y + A \cdot {x_0}^2$$

(1) 직사각형 (2) 삼각형 (3) 원형

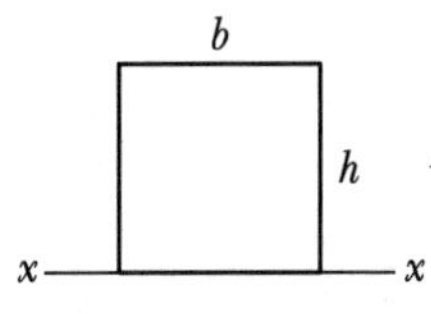

$I_X = \dfrac{bh^3}{3}$

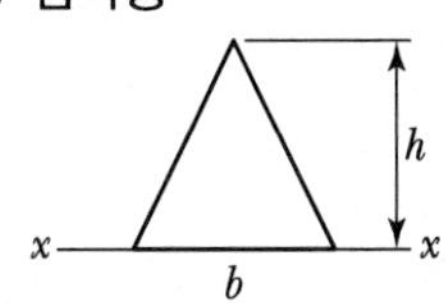

$\dfrac{bh^3}{12}$

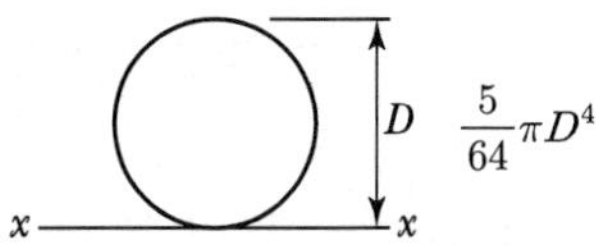

$\dfrac{5}{64}\pi D^4$

>>> 문제

07 다음 그림에서 $A-A$축에 대한 단면2차모멘트값은?

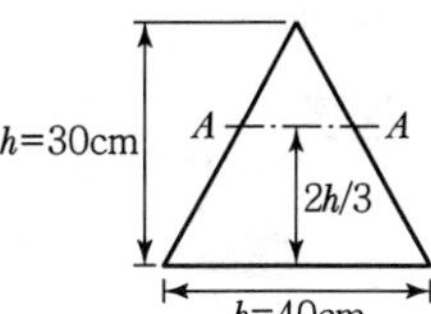

① $30,000\text{cm}^4$ ② $90,000\text{cm}^4$
③ $270,000\text{cm}^4$ ④ $330,000\text{cm}^4$

해설

$$I_A = I_X + Ay^2 = \frac{bh^3}{36} + \frac{1}{2}bh\left(\frac{h}{3}\right)^2 = \frac{bh^3}{12} = \frac{40 \times 30^3}{12} = 90,000\text{cm}^4$$

꿀 TIP

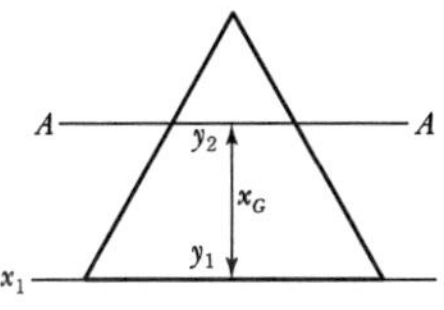

$y_1 = y_2 = \dfrac{h}{3}$ 이면 $I_{A-A} = Ix_1 = \dfrac{bh^3}{12}$

$\therefore \dfrac{40 \times 30^3}{12} = 90,000\text{cm}^4$

08 그림에서 음영 처리된 삼각형 단면의 X축에 대한 단면2차모멘트는 얼마인가?

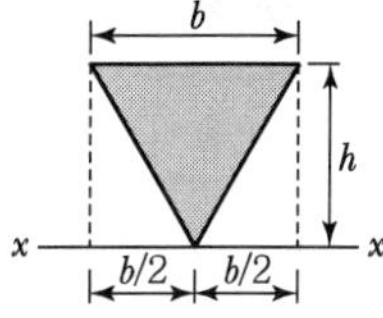

① $\dfrac{bh^3}{4}$ ② $\dfrac{bh^3}{5}$ ③ $\dfrac{bh^3}{6}$ ④ $\dfrac{bh^3}{8}$

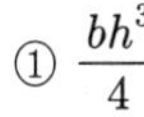

해설

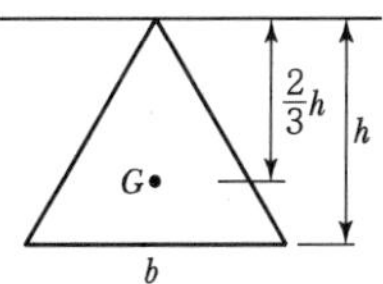

$$I_x = \frac{bh^3}{36} + Ay^2 = \frac{bh^3}{36} + \left(\frac{bh}{2}\right)\left(-\frac{2}{3}h\right)^2 = \frac{bh^3}{4}$$

꿀 TIP

〈공식〉 (1) 직사각형 (2) 삼각형

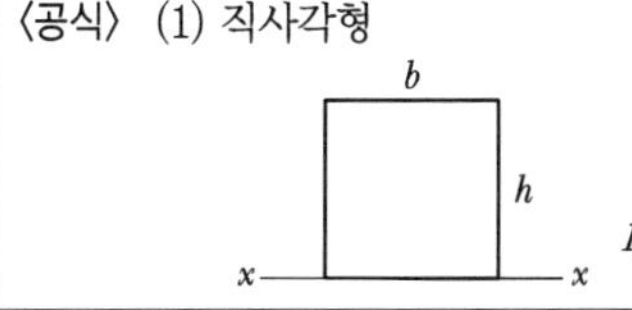

$I_X = \dfrac{bh^3}{3}$

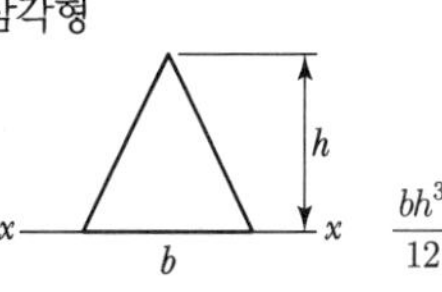

$\dfrac{bh^3}{12}$

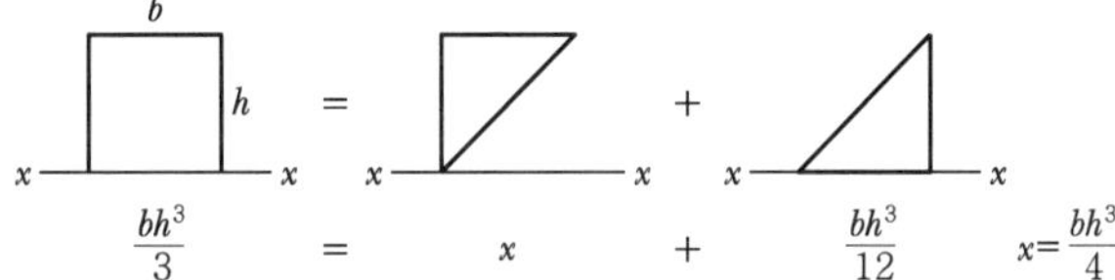

$\dfrac{bh^3}{3} = x + \dfrac{bh^3}{12}$ $x = \dfrac{bh^3}{4}$

정답 07 ② 08 ①

핵심이론 라멘 구조물 판별

$$N = R + m + S - 2P$$

여기서, N : 부정정 차수, R : 지점 반력 수, m : 점과 점 사이의 부재 수, S : 강절점 수

P : 절점 수(지점 및 자유단 포함)

>>> 문제

09 다음 부정정 구조물의 부정정 치수를 구한 값은?

① 8 ② 12
③ 16 ④ 20

해설

$N = R + m + s - 2P = 9 + 10 + 11 - 2 \times 9 = 12$차 부정정

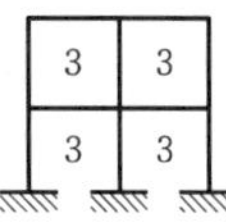

$N = 3 \times 4 = 12$차 부정정

 09 ②

핵심이론 트러스 구조물 판별

$$N = m + R - 2P$$

여기서, N : 부정정 차수, m : 부재 수, R : 지점 반력 수, P : 절점 수

>>> 문제

10 다음 트러스는 몇 차 부정정인가?

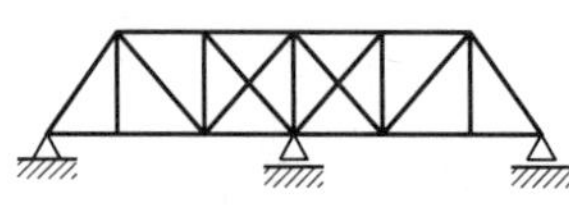

① 1차 ② 2차 ③ 3차 ④ 4차

해설

$N = R + m + S - 2P = 4 + 23 + 0 - 2 \times 12 = 3$차 부정정

꿀 TIP $N = (R - 3) + [⊠수] = (4 - 3) + (2) = 3$차 부정형

정답 10 ③

핵심이론 집중하중이 작용하는 경우

① 수평반력

$\Sigma H=0$에서 $\therefore H_A=0$

② 수직반력

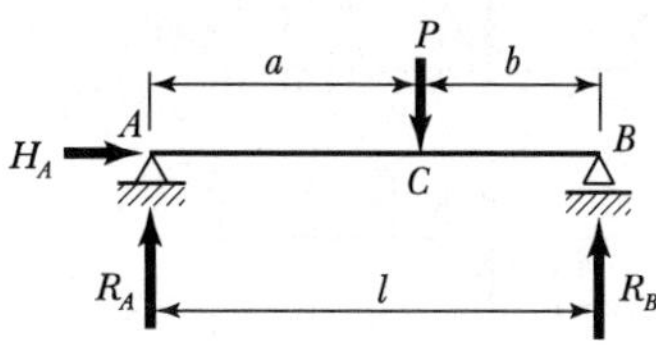

$\Sigma M_B=0$에서 $R_A\times l-P\times b=0$

$$\therefore R_A=\frac{Pb}{l}$$

$\Sigma M_A=0$에서 $-R_B\times l+P\times a=0$

$$\therefore R_B=\frac{Pa}{l}$$

즉, R_A 계산 후

$\Sigma V=0$에서 $R_A+R_B-P=0$ $\quad\therefore R_B=P-R_A$

>>> 문제

11 다음 그림과 같은 보에서 A점의 반력이 B점의 반력의 2배가 되도록 하는 거리 x는 얼마인가?

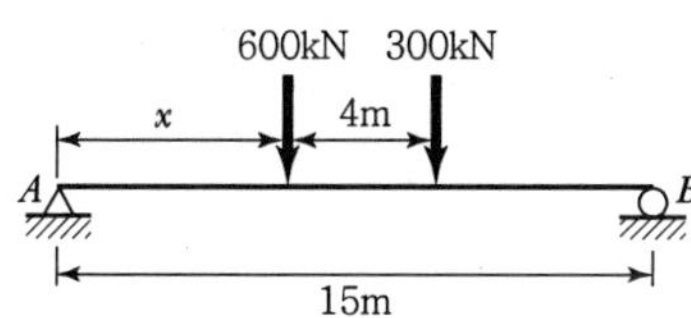

① 1.67m ② 2.67m ③ 3.67m ④ 4.67m

해설

㉠ $\Sigma V=0$

$R_A+R_B-900=0$

$(2R_B)+R_B=900$

$R_B=300\text{kN}$

$R_A=2R_B=600\text{kN}$

㉡ $\Sigma M_A=0$

$600\times x+300\times(x+4)-300\times 15=0$

$x=3.67\text{m}(\rightarrow)$

꿀 TIP

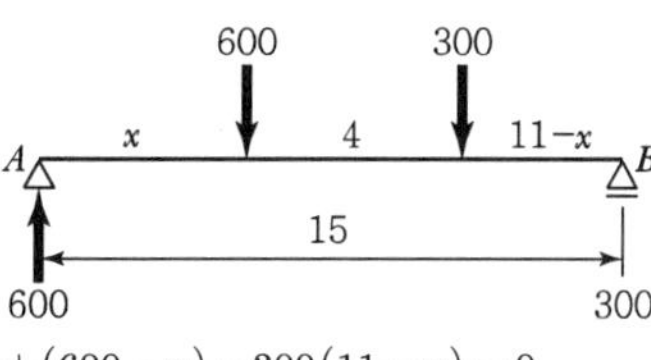

$+(600\cdot x)-300(11-x)=0$

$600x-3{,}300+300x=0$

$900x=3{,}300$

$x=\frac{33}{9}=3.67\text{ m}$

정답 11 ③

핵심이론 내민보 해석

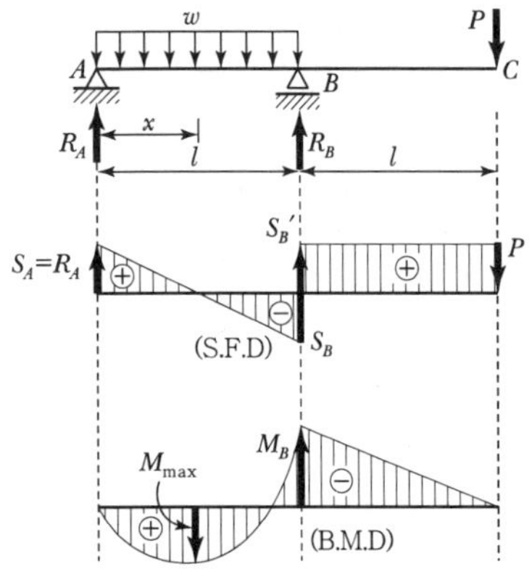

‖ 내민보의 하중에 대한 단면력도 ‖

(1) 반력(단순보와 동일하게 해석)

$\sum M_B = 0$

$R_A \times l - w \times l \times \frac{l}{2} + P \times l = 0$

$\therefore R_A = \frac{wl}{2} - P$

$\sum M_A = 0$

$-R_B \times l + w \times l \times \frac{l}{2} + P \times 2l = 0$

$\therefore R_B = \frac{wl}{2} + 2P$

(2) 전단력

$S_A = R_A = \frac{wl}{2} - P$

$S_B = S_A - w \times l = -\frac{wl}{2} - P$

$S_B' = S_B + R_B = P$

$S_{B-C} = S_B' = P$

$S_C = S_B' - P = 0$

(3) 전단력이 0인 위치의 x 계산

$S_x = 0,$

$R_A - w \times x = 0$

$\therefore x = \frac{R_A}{w} = \frac{l}{2} - \frac{P}{w}$

(4) 휨모멘트

$M_A = M_C = 0$

$M_{\max} = R_A \times x - w \times x \times \frac{x}{2}$

$M_B = R_A \times l - w \times l \times \frac{l}{2} = -P \times l$

>>> 문제

12 그림과 같은 내민보에서 D점에 집중하중 $P=5\text{kN}$이 작용할 경우 C점의 휨모멘트는 얼마인가?

① $-2.5\text{kN}\cdot\text{m}$ ② $-5\text{kN}\cdot\text{m}$

③ $-7.5\text{kN}\cdot\text{m}$ ④ $-10\text{kN}\cdot\text{m}$

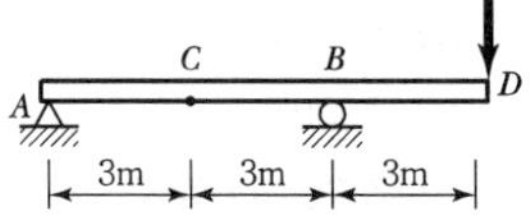

해설

① $M_B = 0 \quad -R_A \times 6 + 5 \times 3 = 0$

$R_A = 2.5\text{kN}(\downarrow)$

② $M_C = -R_A \times 3 = -7.5\text{kN}\cdot\text{m}$

꿀 TIP

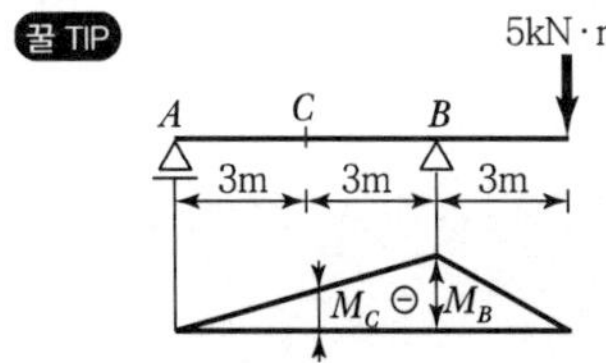

$M_c = \frac{M_B}{2} = \frac{-5 \times 3}{2} = -7.5\text{kN}\cdot\text{m}$

정답 12 ③

핵심이론 게르버보 해석

(1) 반력

① 단순보 구간의 반력

$$R_B = R_D = \frac{P}{2}$$

② 캔틸레버보 구간의 반력

$$V_A - w \times l - R_B = 0 \quad \therefore\ V_A = w \times l + \frac{P}{2}$$

(2) 전단력

$$S_A = V_A = w \times l + \frac{P}{2}$$

$$S_B = S_A - w \times l = \frac{P}{2}$$

$$S_{B-C} = S_B = \frac{P}{2}$$

$$S_C = S_B - P = -\frac{P}{2}$$

$$S_{C-D} = S_C = -\frac{P}{2}$$

$$S_D = S_C + R_D = 0$$

(3) 휨모멘트

$$M_B = M_D = 0$$

「우에서 좌로 M_C를 계산」

$$M_C = R_D \times \frac{l}{2} = \frac{Pl}{4}$$

$$M_A = + R_B \times l + w \times l \times \frac{l}{2} = -\left(\frac{Pl}{2} + \frac{wl^2}{2}\right)\text{(최종 부호 반대)}$$

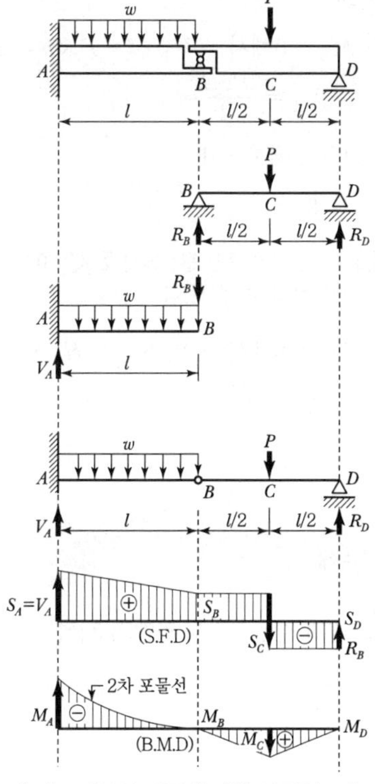

▌게르버보의 하중에 대한 단면력도▐

>>> 문제

13 그림과 같은 게르버보에서 A점의 수직반력 R_A와 휨모멘트 반력 M_A는?

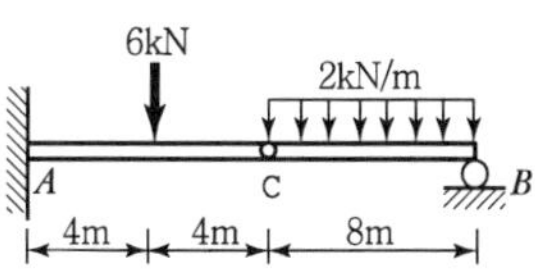
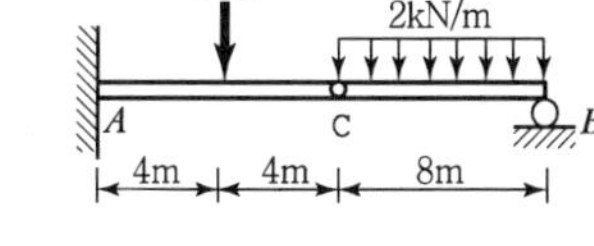

① $R_A = 2\text{kN}(\downarrow)$, $M_A = 40\text{kN}\cdot\text{m}$

② $R_A = 14\text{kN}(\uparrow)$, $M_A = -88\text{kN}\cdot\text{m}$

③ $R_A = 14\text{kN}(\uparrow)$, $M_A = -216\text{kN}\cdot\text{m}$

④ $R_A = 2\text{kN}(\downarrow)$, $M_A = 108\text{kN}\cdot\text{m}$

해설

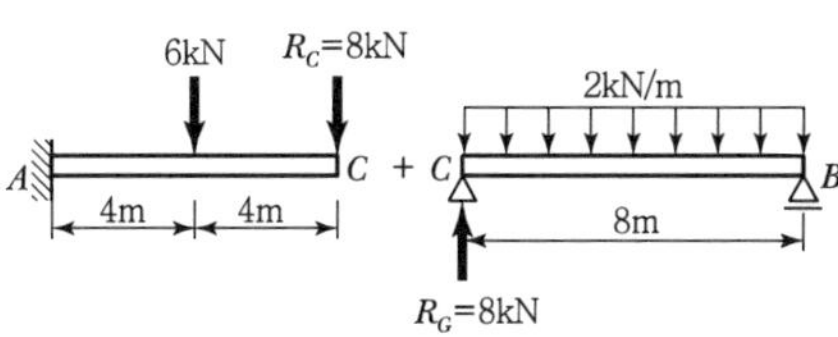

㉠ $R_A = 6t + 8t = 14\text{kN}(\uparrow)$

㉡ $M_A = -6 \times 4 - 8 \times 8 = -88\text{kN}\cdot\text{m}$

꿀 TIP

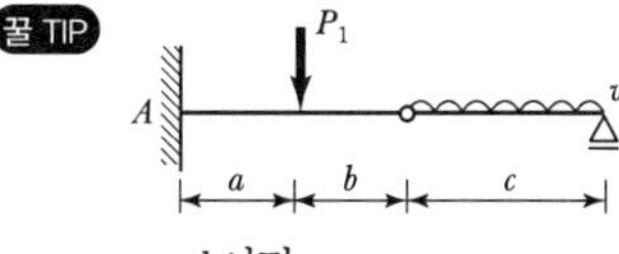

$a = b$이면

$M_A = -(P_1 + wl) \times a = -[6 + (2 \times 3)] \times 4$

$= -22 \times 4 = -88\text{kN}\cdot\text{m}$

정답 13 ②

핵심이론 3활절(Hinge) 라멘

(1) 반력

$\Sigma M_B = 0$에서 $-V_A \times l + P \times h = 0$

$\therefore V_A = \dfrac{P \cdot h}{l}$

$\Sigma V = 0$에서 $-V_A + V_B = 0$

$\therefore V_B = V_A = \dfrac{P \cdot h}{l}$

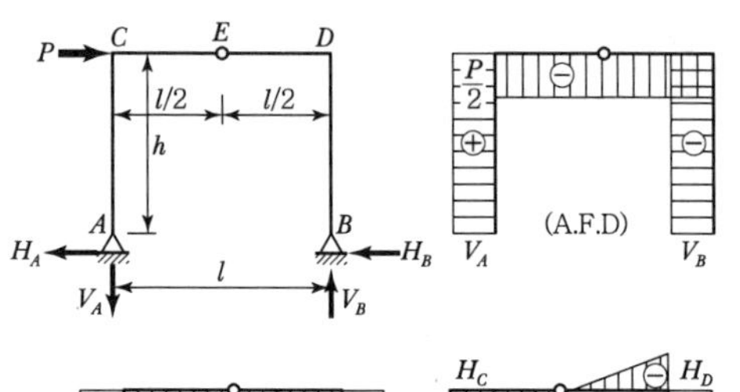

주 수평반력은 중간 활절에서 $\Sigma M = 0$으로 하여 좌 · 우 단일 부재로 하여 계산한다.

$\Sigma M_E = 0$에서 $-V_A \times \dfrac{l}{2} + H_A \times h = 0$

$\therefore H_A = \dfrac{P}{2}$

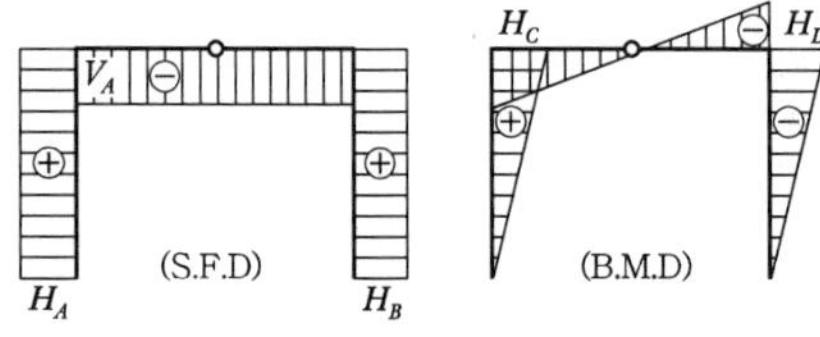

▌3활절 라멘의 단면력도▌

>>> 문제

14 그림과 같은 3활절 라멘의 지점 A의 수평반력(H_A)은?

① $\dfrac{PL}{h}$　　② $\dfrac{PL}{2h}$

③ $\dfrac{PL}{4h}$　　④ $\dfrac{PL}{8h}$

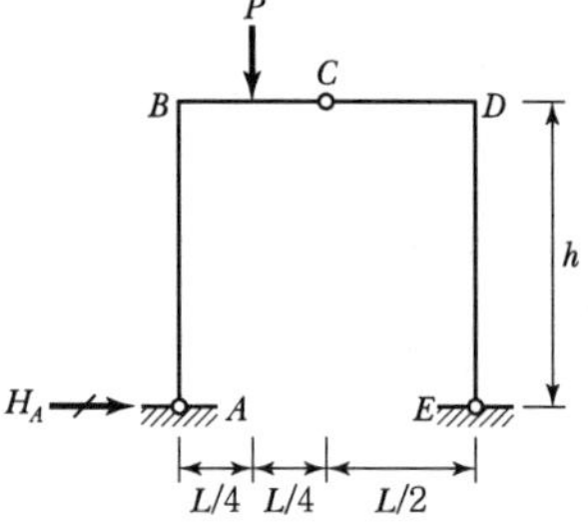

해설

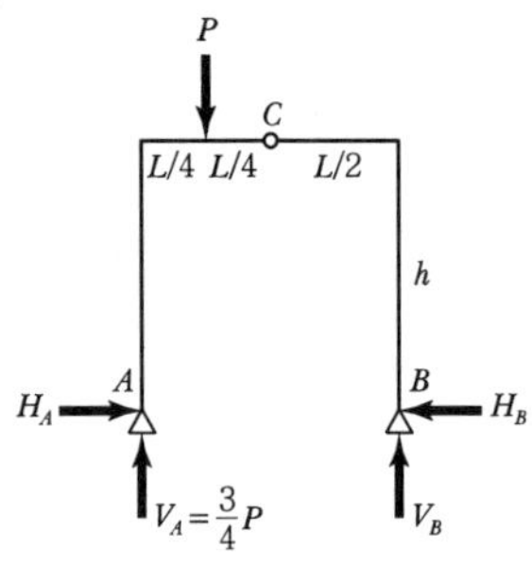

$\Sigma M_B = 0$

$V_A \times L - P \times \dfrac{3}{4}L = 0$

$V_A = \dfrac{3}{4}P$

$\Sigma M_C = 0$

$V_A \times \dfrac{L}{2} - P \times \dfrac{L}{4} - H_A \cdot h = 0$

$+\dfrac{3}{4}P \times \dfrac{L}{2} - \dfrac{PL}{4} = H_A \cdot h$

$\dfrac{3PL}{8} - \dfrac{2PL}{8} = H_A \cdot h \quad \therefore H_A = \dfrac{PL}{8h}$

꿀 TIP

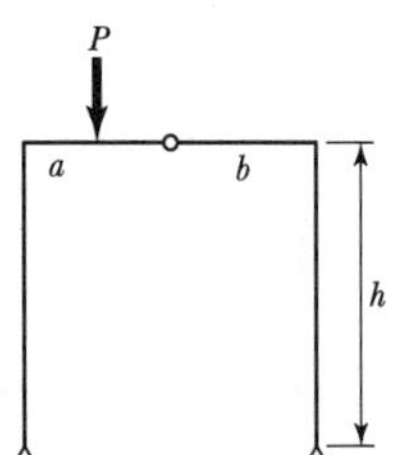

〈공식〉 $H_A = \dfrac{Pab}{lh}$

$H_A = \dfrac{P \times \dfrac{L}{4} \times \dfrac{L}{2}}{L \times h} = \dfrac{PL}{8h}$

15 아래 그림과 같은 3힌지 라멘의 지점반력 H_A는?

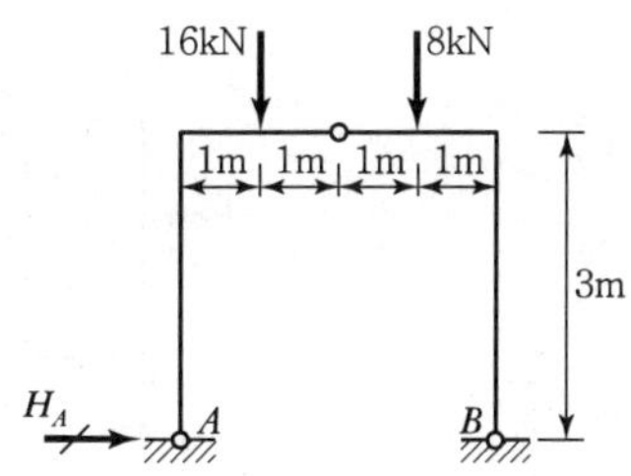

① -4kN　　② 4kN　　③ -8kN　　④ 8kN

해설

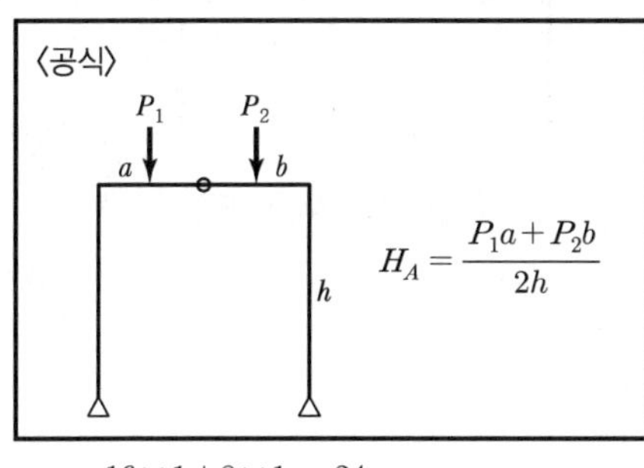

$$H_A = \frac{16\times1+8\times1}{2\times3} = \frac{24}{6} = 4\text{kN}(\rightarrow)$$

16 다음 그림과 같은 3힌지 아치에 집중하중 P가 가해질 때 지점 B에서의 수평반력은?

① $\dfrac{Pa}{4R}$　　② $\dfrac{P(R-a)}{2R}$

③ $\dfrac{P(R-a)}{4R}$　　④ $\dfrac{Pa}{2R}$

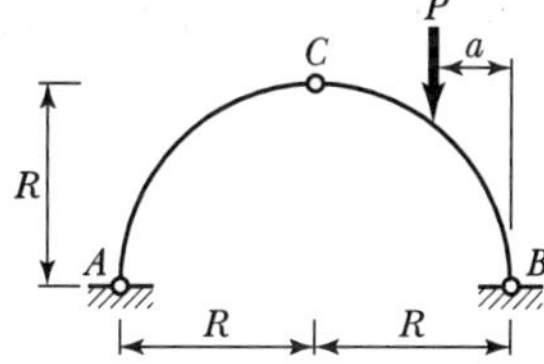

해설

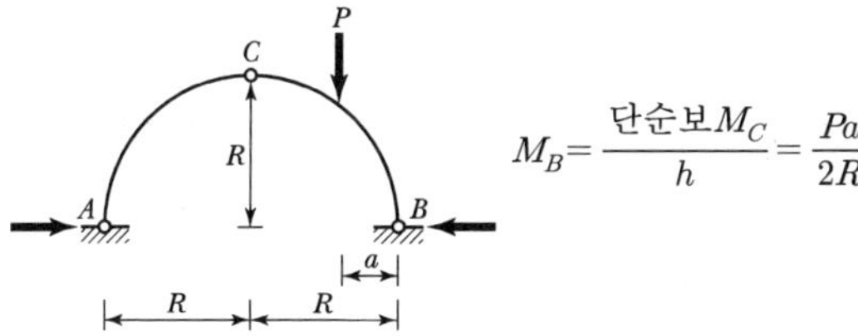

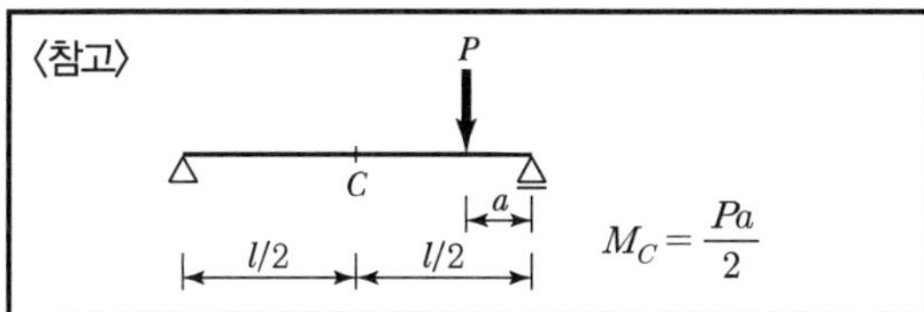

정답 14 ④ 15 ② 16 ④

핵심이론 단순보형 라멘 해석

(1) 반력

$\Sigma H=0$에서

$P-H_A=0,\ H_A=P$

$\Sigma M_A=0$에서

$-V_B\times l+P\times h_1=0,\ V_B=\dfrac{P\cdot h_1}{l}$

$\Sigma V=0$에서

$V_B-V_A=0,\ V_A=\dfrac{P\cdot h_1}{l}$

(2) 휨모멘트(M)

$M_A=M_B=0$

$M_E=H_A\times h_1=P\times h_1$

$M_C=H_A\times h-P\times h_2$

$M_D=-V_A\times l+H_A\times h-P\times h_2=0$

$M_E=\dfrac{M_C}{2}=\dfrac{Ph_1}{2}$

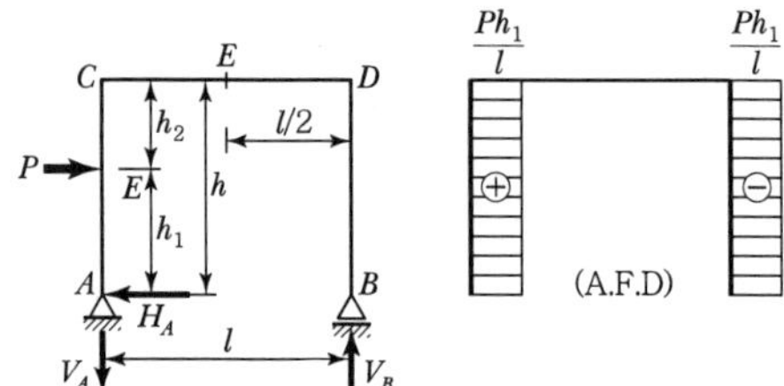

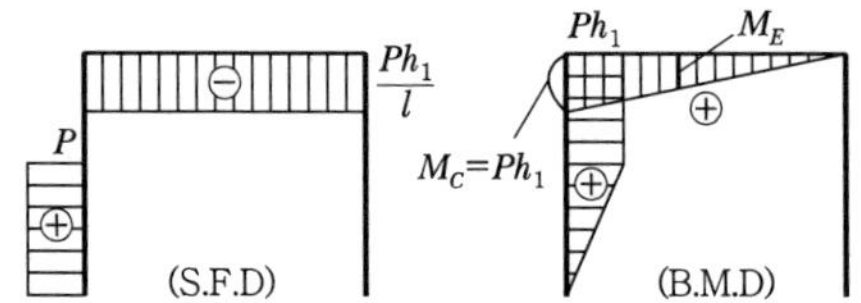

▌단순보형 라멘의 단면력도▐

>>> 문제

17 다음 그림과 같은 정정 라멘의 C점에서 휨모멘트는?

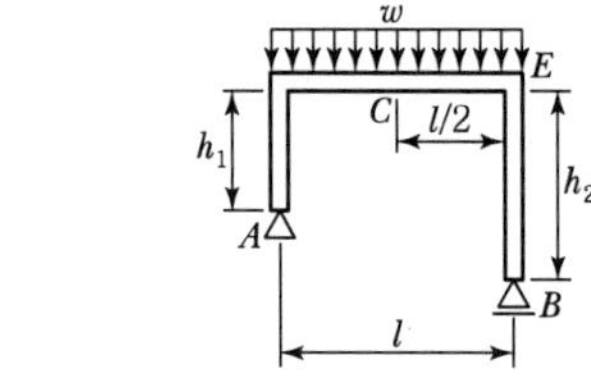

① $\dfrac{w\cdot l}{8}(h_1+h_2)$ ② $\dfrac{w\cdot l^2}{8}+\dfrac{w\cdot l}{2}h_1$ ③ $\dfrac{w\cdot l^2}{8}+\dfrac{w\cdot l}{2}h_1$ ④ $\dfrac{w\cdot l^2}{8}$

해설

㉠ $R_A=\dfrac{wl}{2}$

㉡ $M_C=R_A\times\dfrac{l}{2}-w\times\dfrac{l}{2}\times\dfrac{l}{4}=\dfrac{wl^2}{8}$

꿀 TIP ㉠

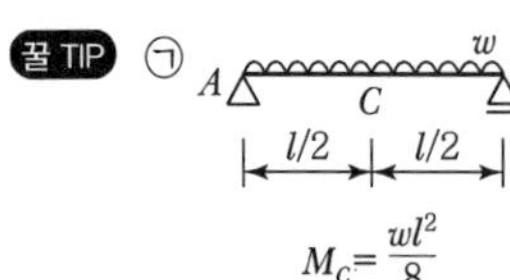

㉡

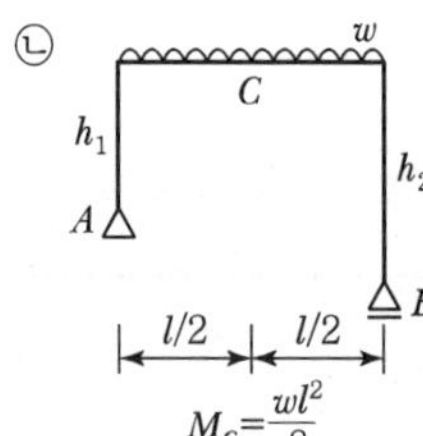

㉢

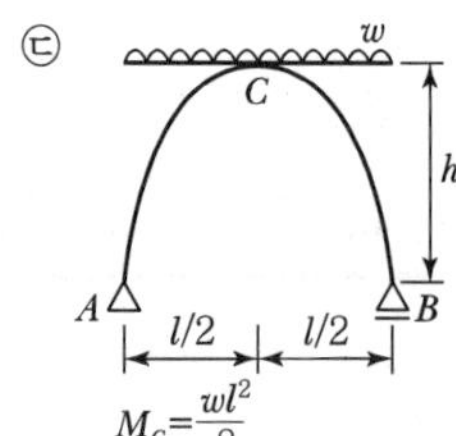

정답 17 ④

핵심이론 3활절 아치 해석

■ 반력

$\Sigma M_B = 0$에서 $V_A \times l - w \times l \times \dfrac{l}{2} = 0$ $\quad \therefore V_A = \dfrac{wl}{2}$

$\Sigma V = 0$에서 $V_A + V_B - w \times l = 0$ $\quad \therefore V_B = \dfrac{wl}{2}$

주 수평반력은 중간활절에서 $\Sigma M = 0$으로 하여 좌우 단일 부재로 하여 계산한다.

$$\Sigma M_D = 0 \quad V_A \times \frac{l}{2} - H_A \times h - w \times \frac{l}{2} \times \frac{l}{4} = 0$$

$$\therefore H_A = \frac{wl^2}{8h}$$

$$\Sigma H = 0 \quad H_A - H_B = 0 \qquad \therefore H_B = H_A = \frac{wl^2}{8h}$$

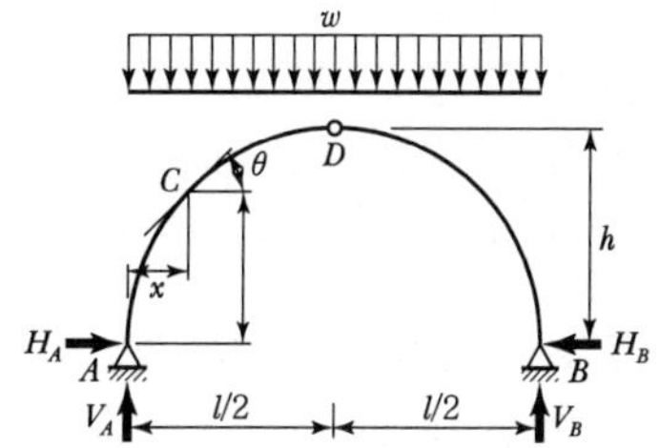

▎3활절 아치에 등분포하중이 작용할 때▎

>>> 문제

18 그림과 같은 3활절 아치에서 A지점의 반력은?

① $V_A = 750\text{kN}(\uparrow)$, $H_A = 900\text{kN}(\rightarrow)$
② $V_A = 600\text{kN}(\uparrow)$, $H_A = 600\text{kN}(\rightarrow)$
③ $V_A = 900\text{kN}(\uparrow)$, $H_A = 1{,}200\text{kN}(\rightarrow)$
④ $V_A = 600\text{kN}(\uparrow)$, $H_A = 1{,}200\text{kN}(\rightarrow)$

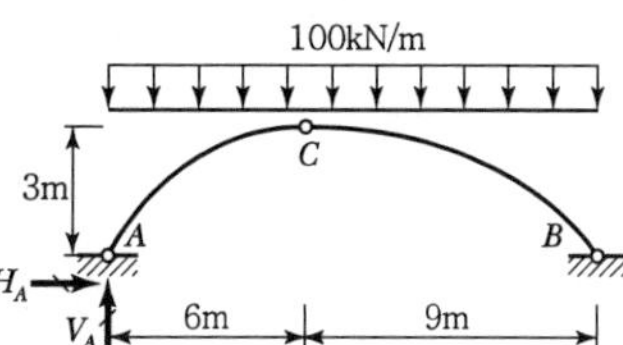

해설

㉠ $\Sigma M_B = V_A \times 15 - 100 \times 15 \times 7.5 = 0$ $\quad \therefore V_A = 750\text{kN}(\uparrow)$

㉡ $\Sigma M_C = V_A \times 6 - H_A \times 3 - 100 \times 6 \times 3 = 0$ $\quad \therefore H_A = \dfrac{750 \times 6 - 1{,}800}{3} = 900\text{kN}(\rightarrow)$

꿀 TIP

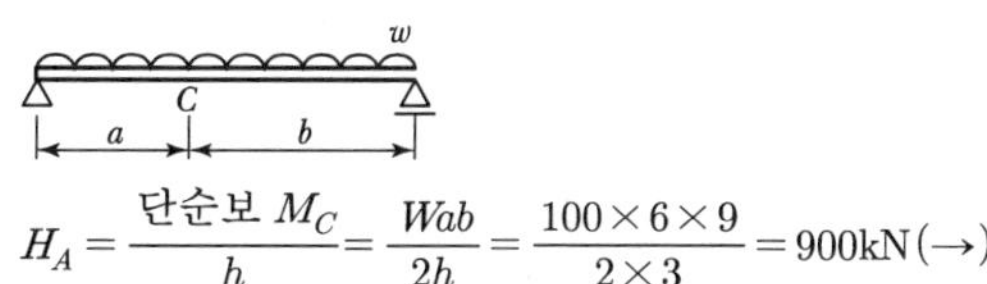

$$H_A = \frac{\text{단순보 } M_C}{h} = \frac{Wab}{2h} = \frac{100 \times 6 \times 9}{2 \times 3} = 900\text{kN}(\rightarrow)$$

19 그림과 같은 3힌지(Hinge) 아치에서 B점의 수평반력 H_B를 구하면?

① 2kN ② 3kN
③ 4kN ④ 6kN

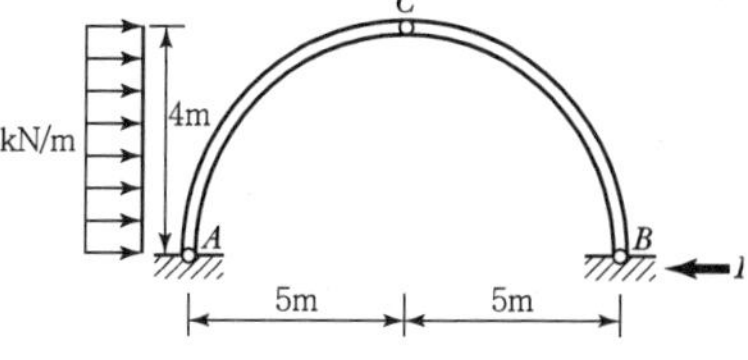

해설

㉠ $\Sigma M_A = -V_B \times 10\text{m} + 12\text{t} \times 2\text{m} = 0$

$V_B = 2.4\text{kN}(\uparrow)$

㉡ $\Sigma M_{C(\text{힌지 우측})} = -V_B \times 5\text{m} + H_B \times 4\text{m} = 0$

$\therefore H_B = \dfrac{2.4\text{kN} \times 5\text{m}}{4\text{m}} = 3\text{kN}(\leftarrow)$

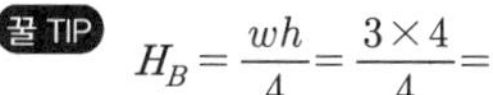
꿀 TIP $H_B = \dfrac{wh}{4} = \dfrac{3 \times 4}{4} = 3\text{kN}$

정답 18 ① 19 ②

핵심이론 격점법(절점법)

지점반력을 계산하고 미지 부재력이 2개 이하인 절점에서 부재를 절단하여 절단부재의 힘의 방향을 인장으로 가정한 후 힘의 평형조건식 중 $\sum H=0$ 또는 $\sum V=0$으로 해석하여 그 결과가 (+)이면 인장부재이고, (−)이면 압축부재가 된다. 격점법은 모든 부재의 부재력 계산에 적용되나 처음 부재의 부재력이 다른 부재의 부재력계산에 영향을 주므로 신중하게 계산하고 단주와 0부재 수직재에 사용하면 편리하다.

① 반력

$\sum M_B=0$에서 $R_A\times 2a-P\times a=0$

$\therefore\ R_A=\dfrac{P}{2}$

$\sum V=0$에서 $R_A+R_B-\sum P=0$

$\therefore\ R_B=\dfrac{P}{2}$

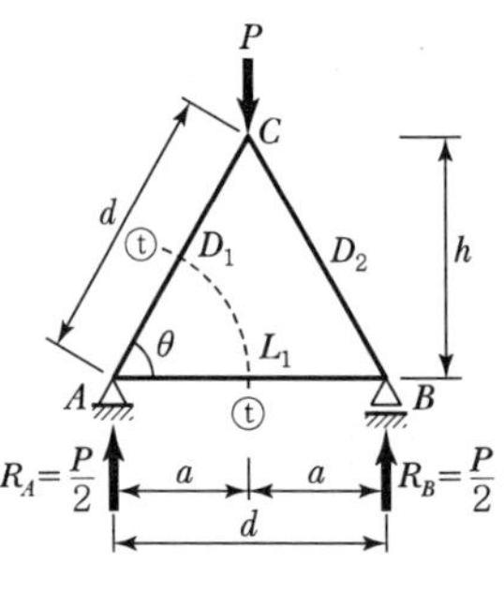

‖(그림 1) 격점법‖

② 부재각(θ)

$\cos\theta=\dfrac{a}{d}\qquad \sin\theta=\dfrac{h}{d}$

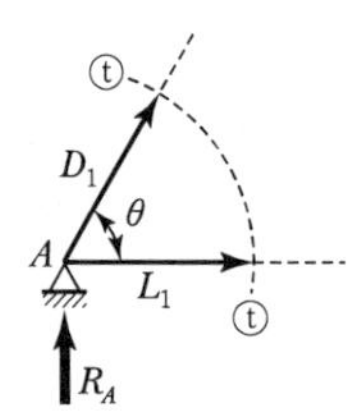

‖(그림 2) ⓣ−ⓣ부재 절단‖

③ D_1 부재력 : (그림 2)에서

$\sum V=0$에서 $D_1\cdot\sin\theta+R_A=0$

$$\therefore\ D_1=-\frac{R_A}{\sin\theta}=-\frac{\frac{P}{2}}{\frac{h}{d}}=-\frac{Pd}{2h}(\text{압축})$$

④ L_1 부재력 : (그림 2)에서

$\sum H=0$에서 $L_1+D_1\cdot\cos\theta=0$

$$\therefore\ L_1=-D_1\cdot\cos\theta=-\left(-\frac{Pd}{2h}\right)\times\frac{a}{d}=\frac{Pa}{2h}(\text{인장})$$

⑤ D_2 부재력 : 트러스하중이 대칭이므로 부재력 D_2는 D_1과 같다.

$$D_2=D_1=-\frac{Pd}{2h}(\text{압축})$$

>>> 문제

20 그림과 같은 트러스에서 AC부재의 부재력은?

① 인장 4kN
② 압축 4kN
③ 인장 8kN
④ 압축 8kN

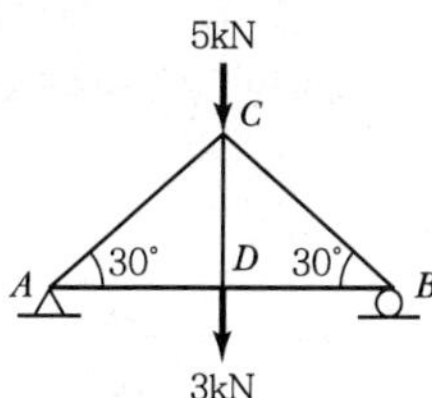

해설

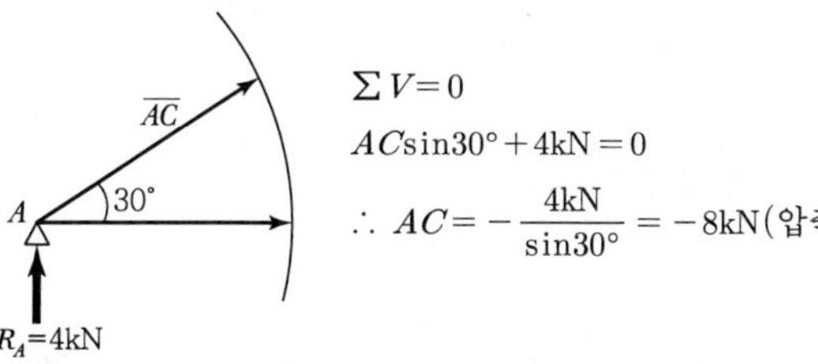

$\Sigma V=0$

$AC\sin 30° + 4\text{kN} = 0$

$\therefore\ AC = -\dfrac{4\text{kN}}{\sin 30°} = -8\text{kN}$(압축)

꿀 TIP ㉠

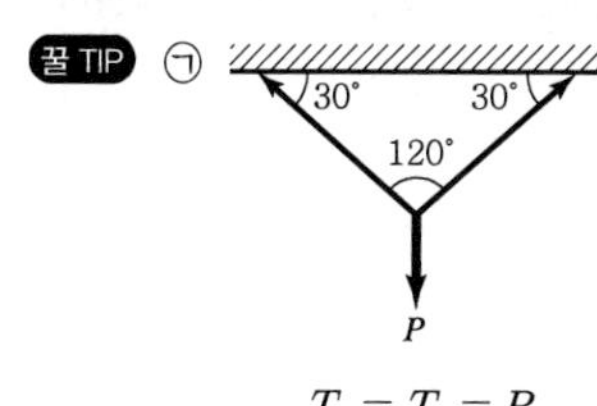

$T_1 = T_2 = P$

㉡

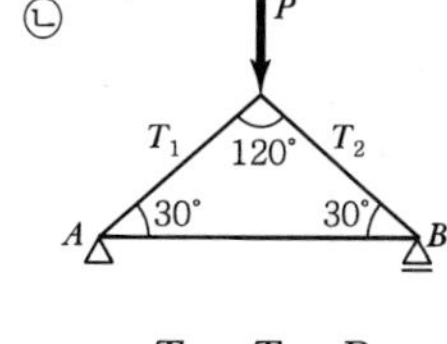

$T_1 = T_2 - P$

㉢

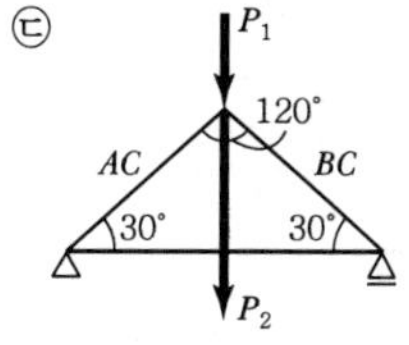

$AC = BC = P_1 + P_2 = -8\text{kN}$

21 다음 트러스에서 경사재인 A 부재의 부재력은?

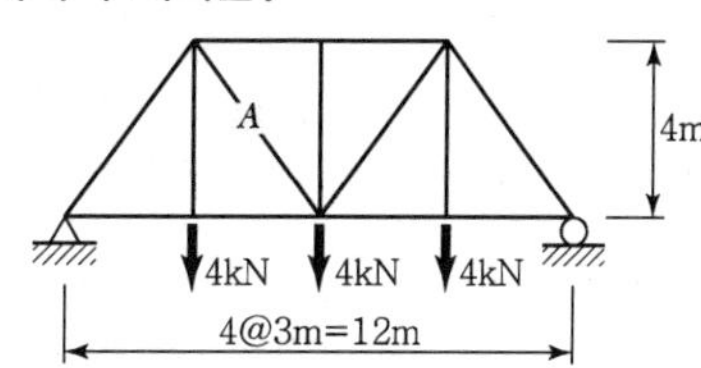

① 2.5kN(인장)　② 2kN(인장)　③ 2.5kN(압축)　④ 2kN(압축)

해설

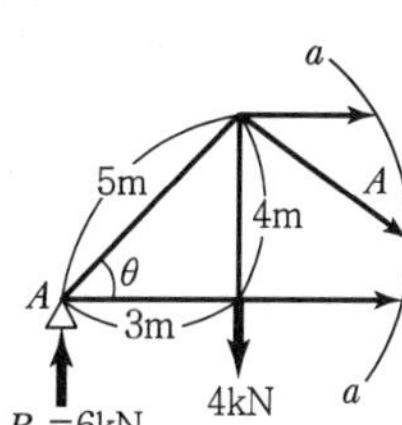

㉠ $R_A = \dfrac{12\text{kN}}{2} = 6\text{kN}(\uparrow)$

㉡ $\Sigma V = 6\text{kN} - 4\text{kN} - A\sin\theta = 0$

$\therefore\ A = \dfrac{6-4}{\sin\theta} = \dfrac{2}{\frac{4}{5}} = 2.5\text{kN}$(인장)

꿀 TIP

〈공식〉

경사재(A제) $= \times$ (반력 $-$ 외력) $\times \dfrac{\text{사(경사거리)}}{\text{직(수직거리)}}$
　　　　　　　　R_A　　P_1

$= (6-4) \times \dfrac{5\text{m}}{4\text{m}} = 2.5\text{kN}$

정답 20 ④ 21 ①

핵심이론 경사평면의 2축 응력(Biaxial Stress)

단순응력에 직각방향으로 인장 또는 압축이 동시에 작용할 때의 응력을 2축 응력이라 한다. 그림과 같이 2축방향으로 응력 σ_x, σ_y가 작용할 때 θ각만큼 경사진 단면에 대한 수직응력(Normal Stress) σ_θ와 전단응력 τ_θ를 유도하면,

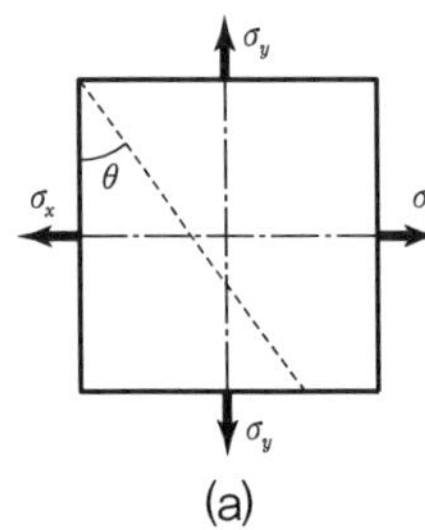

(a)

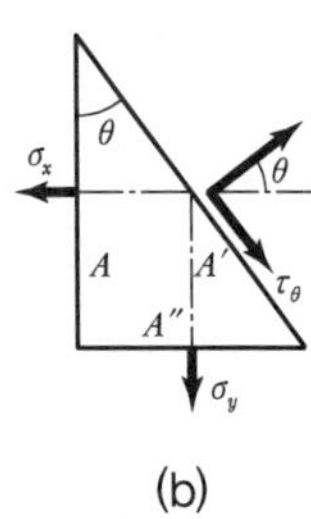

(b)

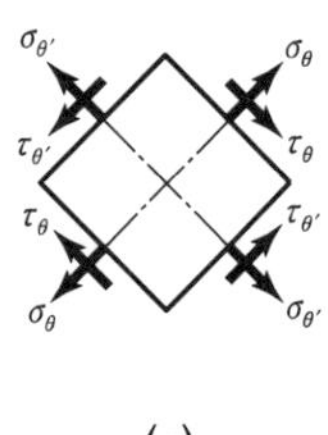

(c)

▎경사평면의 2축 응력▐

(1) θ각만큼 경사진 단면의 수직응력(σ_θ)

$$\sigma_\theta = \frac{\sigma_x + \sigma_x \cdot \cos 2\theta}{2} + \frac{\sigma_y - \sigma_y \cdot \cos 2\theta}{2} \quad ※ \left[\cos^2\theta = \frac{1+\cos 2\theta}{2},\ \sin^2\theta = \frac{1-\cos 2\theta}{2}\right]$$

$$\therefore\ \sigma_\theta = \frac{\sigma_x + \sigma_y}{2} + \left(\frac{\sigma_x - \sigma_y}{2}\right)\cos 2\theta$$

(2) θ각만큼 경사진 단면의 전단응력(τ_θ)

$$\therefore\ \tau_\theta = \left(\frac{\sigma_x - \sigma_y}{2}\right)\sin 2\theta$$

>>> 문제

22 그림과 같은 원형 단면재료에 1,200kN/cm²의 인장응력과 800kN/cm²의 압축응력이 서로 직각으로 작용할 때, 인장응력이 작용하는 면과 30°의 각도를 이루는 경사단면 위에 생기는 법선응력 σ_n 값은?

① 600kN/cm²　　② 650kN/cm²

③ 700kN/cm²　　④ 1,000kN/cm²

$\sigma_x = 1{,}200\text{kN/cm}^2$, $\sigma_y = -800\text{kN/cm}^2$

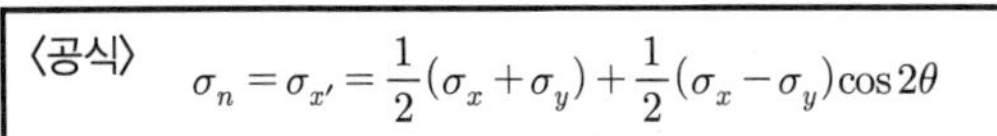

〈공식〉 $\sigma_n = \sigma_{x'} = \frac{1}{2}(\sigma_x + \sigma_y) + \frac{1}{2}(\sigma_x - \sigma_y)\cos 2\theta$

$$= \frac{1}{2}(1{,}200 - 800) + \frac{1}{2}(1{,}200 + 800)\cos 60 = 700\text{kN/cm}^2$$

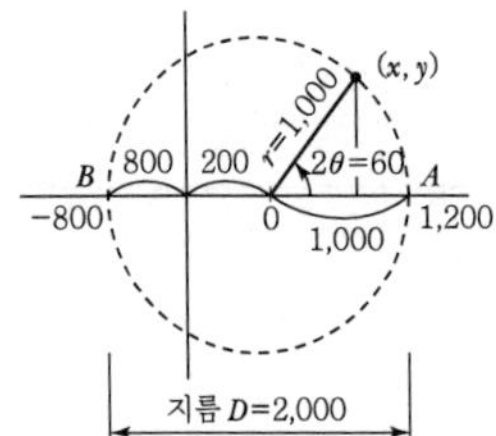

$A(\sigma_x\ \ 0)$ ⇒ $(1{,}200,\ 0)$

$B(\sigma_y\ \ 0)$ ⇒ $(-800,\ 0)$

$x = 200 + r\cos 20 = 200 + 1{,}000\cos 60$

$= 200 + 500 = 700\text{kN/cm}^2$

 22 ③

핵심이론 후크의 법칙(Hooke's Law)

탄성한도 내에서 응력은 그 변형에 비례한다.

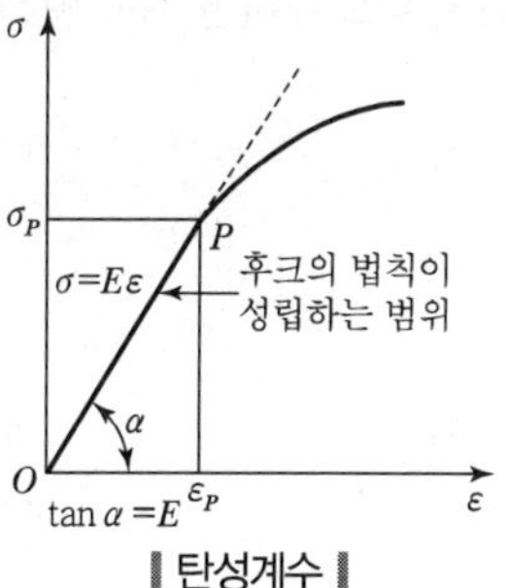

▌탄성계수▐

(1) 탄성계수 : $E = \frac{\sigma}{\varepsilon} = \frac{P/A}{\Delta l/l} = \frac{P \cdot l}{A \cdot \Delta l}$

(2) 응력도 : $\sigma = E \cdot \varepsilon = E\frac{\Delta l}{l}$

(3) 탄성 변형량 : $\Delta l = \frac{P \cdot l}{A \cdot E}$

(4) 탄성 하중 : $P = \frac{E \cdot A \cdot \Delta l}{l}$

여기서, A : 단면적, P : 축방향하중, l : 부재길이, Δl : 변형량

>>> 문제

23 상 · 하단이 고정인 기둥에 그림과 같이 힘 P가 작용한다면 반력 R_A, R_B 값은?

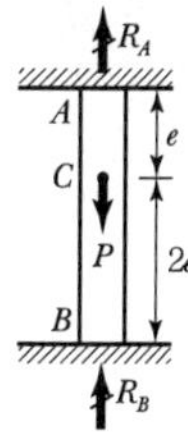

① $R_A = \frac{P}{2}$, $R_B = \frac{P}{2}$
② $R_A = \frac{P}{3}$, $R_B = \frac{2P}{3}$
③ $R_A = \frac{2P}{3}$, $R_B = \frac{P}{3}$
④ $R_A = P$, $R_B = 0$

해설

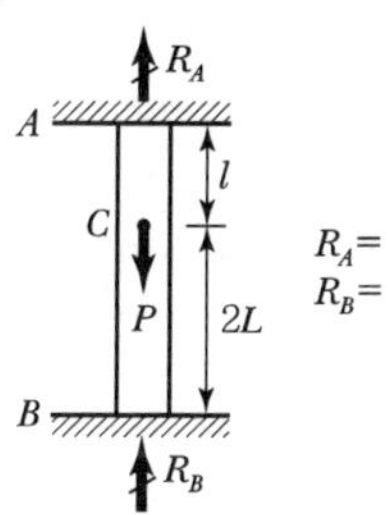

R_A=
R_B=

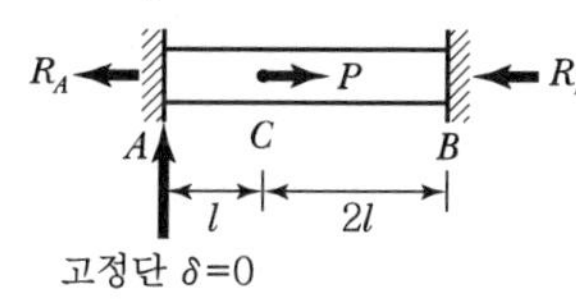

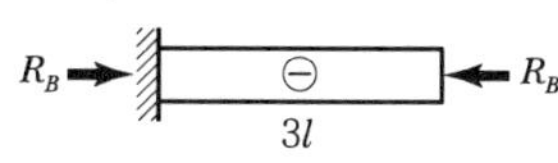

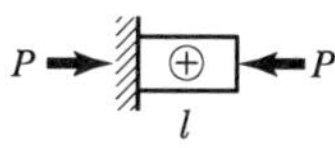

$\delta_B = -\frac{(R_B)(3l)}{AE} + \frac{Pl}{AE} = 0$

$R_B = \frac{P}{3}$

$\Sigma V = 0$

$R_A = \frac{2}{3}P$

꿀 TIP 양단 고정 기둥 → 양단 고정봉

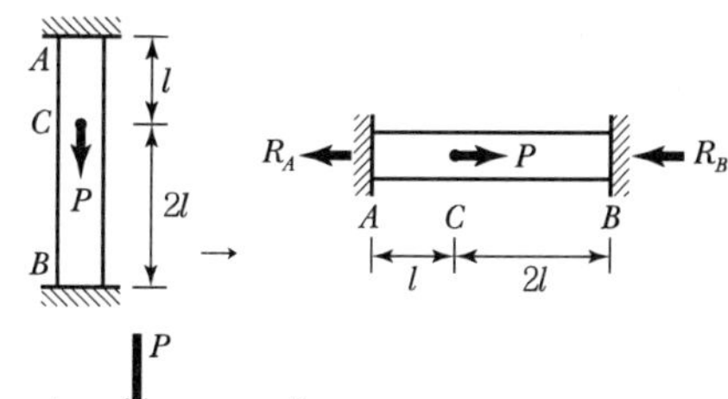

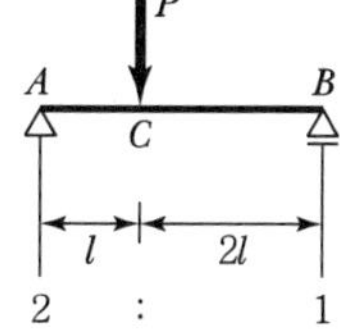

2 : 1

$R_A = \frac{2}{3}P$: $R_B = \frac{1}{3}P$

24 다음과 같은 단면의 지름이 $2d$에서 d로 선형적으로 변하는 원형 단면부재에 하중 P가 작용할 때, 전체 축방향 변위를 구하면?(단, 탄성계수 E는 일정하다.)

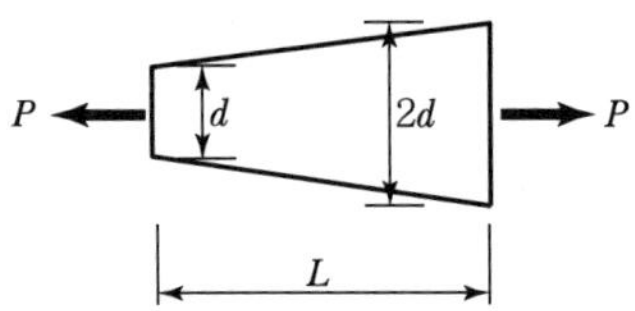

① $\dfrac{2PL}{3\pi d^2 E}$　② $\dfrac{3PL}{2\pi d^2 E}$　③ $\dfrac{2PL}{\pi d^2 E}$　④ $\dfrac{3PL}{\pi d^2 E}$

해설

〈공식〉

$$\delta = \frac{PL}{EA} = \frac{PL}{E \cdot \left(\frac{\pi d_1 d_2}{4}\right)}$$

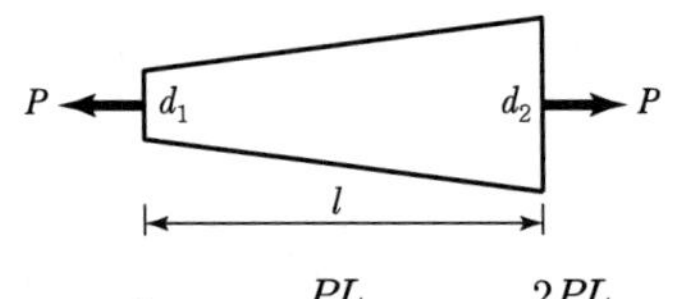

$$\delta = \frac{PL}{E\left(\frac{\pi(d)(2d)}{4}\right)} = \frac{2PL}{\pi d^2 E}$$

정답 23 ③　24 ③

핵심이론 전단응력(Shear Stress)

전단응력 공식

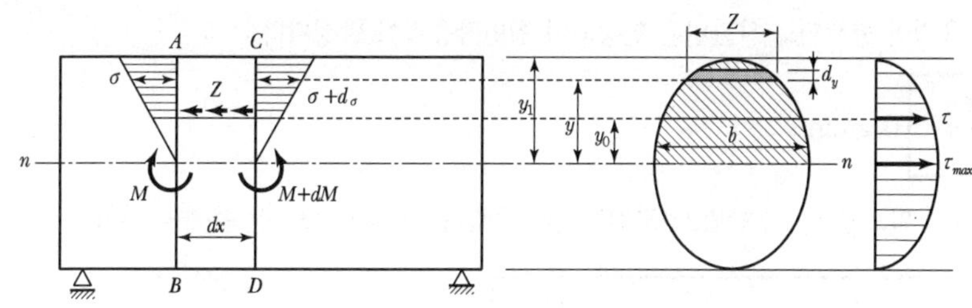

(a) 보의 단면력상태 (b) 보의 단면과 응력도

▌보의 전단응력도▌

$$\therefore\ \tau = \frac{S}{Ib} \cdot G_x$$

여기서, τ : 전단응력(kg/cm²)

I : 도심축 단면2차모멘트(cm⁴)

b : 구하는 단면의 폭(cm)

S : 전단력(kg)

G_x : 구하려는 축 위 단면의 중립축에 대한 단면1차모멘트(cm³)

>>> 문제

25 폭 30cm, 높이 40cm인 직사각형 단면의 단순보에서 전단력 $S=20$kN이 작용할 때 중립축으로부터 위로 10cm 떨어진 점에서 전단응력은?

① 18.75N/cm² ② 25.5N/cm² ③ 29.54N/cm² ④ 37.84N/cm²

해설

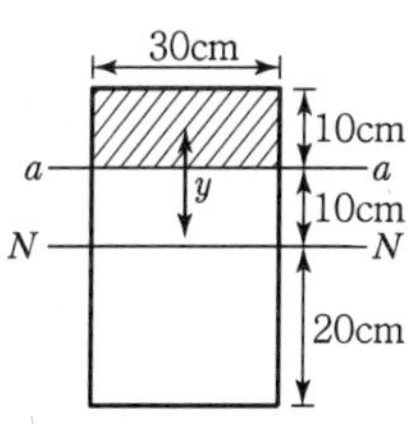

㉠ $I_N = \frac{bh^3}{12} = \frac{30 \times 40^3}{12}$

㉡ $G_x = Ay = (30 \times 40)(15)$ (빗금 친 단면1차모멘트)

㉢ $\tau_{a-a} = \frac{SG}{Ib} = \frac{20{,}000 \times (30 \times 10 \times 15)}{\frac{30 \times 40^3}{12} \times 30} = 18.75\text{N/cm}^2$

꿀 TIP

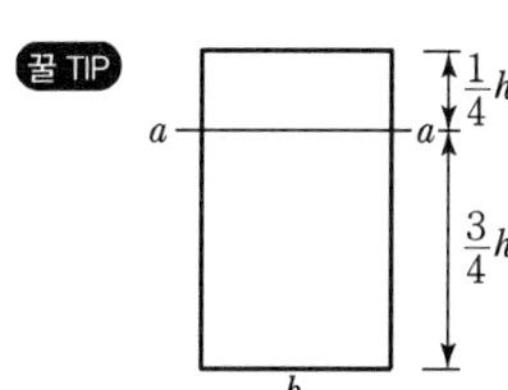

$$\tau_{a-a} = \frac{1}{4} \times \frac{3}{4} \times 6 \times \frac{S}{A} = \frac{18 \times 20 \times 10^3}{16 \times (30 \times 40)} = 18.75\text{N/cm}^2$$

정답 25 ①

핵심이론 휨응력 공식

부재에 외력이 작용하여 부재를 휘게 할 때 저항하여 단면의 수직방향으로 발생하는 응력이다. 중립축 상단면은 압축되어 휨압축응력이 발생되고 하단면은 인장되어 휨인장응력이 발생된다.

$$\sigma_{\substack{상단\\하단}} = \mp \frac{M}{I} y \quad (\text{kg/cm}^2)$$

여기서, M : 휨모멘트, I : 단면2차모멘트, y : 중립축에서부터 구하는 축까지 거리

※ 최대 휨응력

① 상연단응력 : $\sigma_c = -\dfrac{M}{Z_c}$

② 하연단응력 : $\sigma_t = \dfrac{M}{Z_t}$

여기서, Z_c와 Z_t는 각각 단면의 상 · 하연단에 대한 단면 계수이다.

>>> 문제

26 그림과 같은 단면을 갖는 부재(A)와 부재(B)가 있다. 동일 조건의 보에 사용하고 재료의 강도도 같다면, 휨에 대한 강도를 비교한 설명으로 옳은 것은?

① 보(A)는 보(B)보다 휨에 대한 강도가 2.0배 크다.
② 보(B)는 보(A)보다 휨에 대한 강도가 2.0배 크다.
③ 보(B)는 보(A)보다 휨에 대한 강도가 1.5배 크다.
④ 보(A)는 보(B)보다 휨에 대한 강도가 1.5배 크다.

30cm 10cm (A) 20cm 15cm (B)

㉠ $Z_{(A)} = \sigma_y \cdot \dfrac{10 \times 30^2}{6}$

㉡ $Z_{(B)} = \sigma_y \cdot \dfrac{15 \times 20^2}{6}$

㉢ $\dfrac{Z_{(A)}}{Z_{(B)}} = 1.5$

꿀 TIP

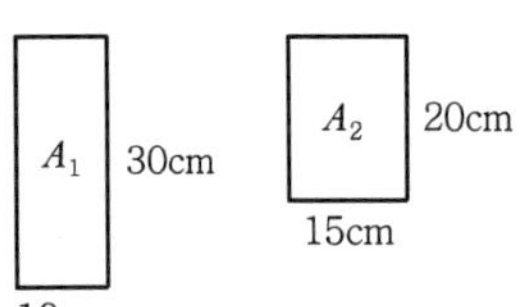

$A_1 = A_2$이면 강도비는 $h_1 : h_2$

30 : 20

3 : 2

1.5 : 1

정답 26 ④

핵심이론 편심축 하중을 받는 단주

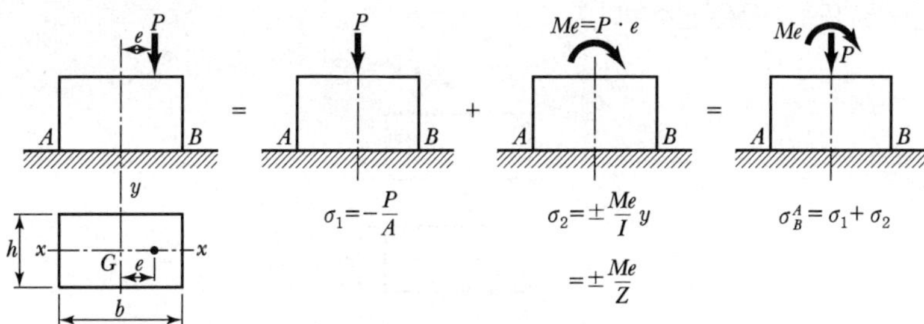

‖ 편심축 하중을 받는 기둥 ‖

그림에서 합성응력 $\sigma=\sigma_1+\sigma_2$이다.

합성응력 $\sigma_B^A=-\frac{P}{A}\pm\frac{Me}{I}y=-\frac{P}{A}\pm\frac{Me}{Z}$ (압축⊖, 인장⊕)

여기서, $A=bh$, $I=\frac{hb^3}{12}$, $y=\frac{b}{2}$, $Z=\frac{hb^2}{6}$, $Me=P\cdot e$를 대입하여 계산하면

$$\therefore\ \sigma_B^A=-\frac{P}{bh}\pm\frac{P\cdot e}{\frac{hb^2}{6}}=-\frac{P}{bh}\pm\frac{6P\cdot e}{hb^2}=\boxed{-\frac{P}{bh}\left(1\mp\frac{6e}{b}\right)}$$

>>> 문제

27 그림과 같은 단주에서 편심하중이 작용할 때 발생하는 최대 인장응력은?(단, 편심거리(e)는 10cm)

① 30N/cm²
② 50N/cm²
③ 70N/cm²
④ 90N/cm²

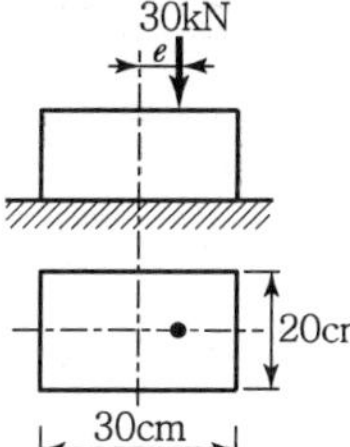

해설

$$\sigma_{\max}=-\frac{P}{A}+\frac{Pe_x}{\frac{b^2h}{6}}=-\frac{30\times10^3}{30\times20}+\frac{6\times(30\times10^3)\times10}{30^2\times20}=50\text{N/cm}^2$$

꿀 TIP

〈공식〉 $\sigma=-\frac{P}{A}+3\left(\frac{e}{\frac{b}{2}}\right)\frac{P}{A}$

$$=-\frac{P}{A}\left[1-3\left(\frac{e}{\frac{b}{2}}\right)\right]$$

$$=-\frac{30\times10^3}{30\times20}\left[1-3\left(\frac{10}{15}\right)\right]=-50[1-2]=50\text{N/cm}^2$$

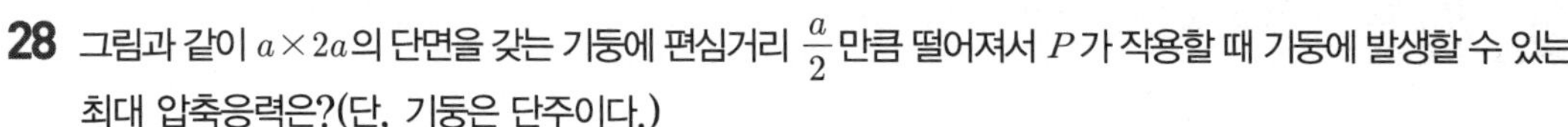

28 그림과 같이 $a \times 2a$의 단면을 갖는 기둥에 편심거리 $\frac{a}{2}$ 만큼 떨어져서 P가 작용할 때 기둥에 발생할 수 있는 최대 압축응력은?(단, 기둥은 단주이다.)

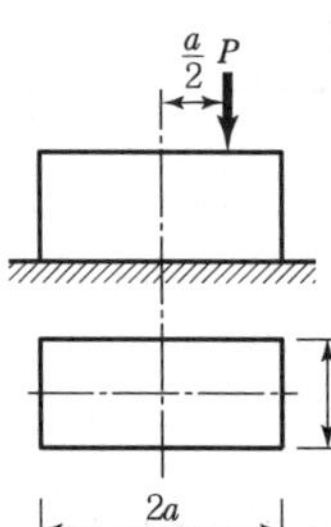

① $\dfrac{4P}{7a^2}$

② $\dfrac{7P}{8a^2}$

③ $\dfrac{13P}{2a^2}$

④ $\dfrac{5P}{4a^2}$

해설

$$\sigma = -\frac{P}{A} \pm \frac{M}{Z} = -\frac{P}{bh} - \frac{Pe_x}{\frac{b^2h}{6}} = -\frac{P}{2a \times a} - \frac{P \times \frac{a}{2}}{\frac{a(2a)^2}{6}} = \frac{P}{2a^2} - \frac{3P}{4a^2} = -\frac{5P}{4a^2}$$

꿀 TIP

$$\sigma_{max} = -\frac{P}{A} - 3\left(\frac{e}{\frac{b}{2}}\right)\frac{P}{A} = -\frac{P}{A}\left[1 + 3\left(\frac{\frac{a}{2}}{a}\right)\right] = -\frac{P}{2a^2}\left[1 + 3\left(\frac{1}{2}\right)\right] = -\frac{P}{2a^2}(-2.5) = -\frac{5P}{4a^2}$$

29 그림과 같은 직사각형 단면의 짧은 기둥에 15N의 하중이 작용할 경우 부재에 생기는 최대 응력과 최소 응력의 비는?

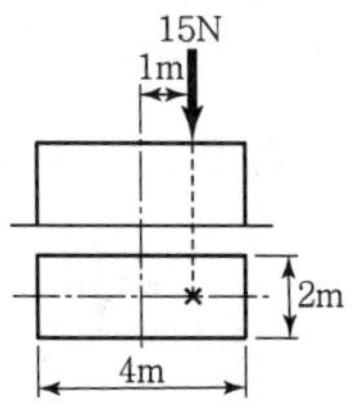

① $\dfrac{7}{5}$

② $-\dfrac{7}{5}$

③ -5

④ 5

해설

$$\sigma = -\frac{P}{A} \pm \frac{6M}{bh^2} = -\frac{15}{2 \times 4} \pm \frac{6 \times (15 \times 1)}{2 \times 4^2} = -1.875 \pm 2.8125$$

$\therefore\ \sigma_{max} = -4.6875\text{N/cm}^2$(압축)

$\sigma_{min} = +0.9375\text{N/cm}^2$(압축)

$\therefore\ \dfrac{\sigma_{max}}{\sigma_{min}} = \dfrac{-4.6875}{+0.9375} = -5$

꿀 TIP

$$\frac{\sigma_{max}}{\sigma_{min}} = \frac{-1 - 3\left(\frac{e}{\frac{b}{2}}\right)}{-1 + 3\left(\frac{e}{\frac{b}{2}}\right)} = \frac{-1 - 3\left(\frac{\frac{1}{4}}{2}\right)}{-1 + 3\left(\frac{\frac{1}{4}}{2}\right)} = \frac{-1 - 1.5}{-1 + 1.5} = -5$$

정답 27 ② 28 ④ 29 ③

핵심이론 단순보 처짐

1. 탄성하중법의 원리

(1) 탄성하중

휨모멘트도(B.M.D)를 휨강성 $E \cdot I$로 나눈 값$\left(\dfrac{M}{EI}\right)$

(2) 탄성하중법의 적용

① 탄성하중을 가상하중으로 구하는 점의 **전단력**을 계산하면 그 점의 **처짐각**이 된다.

② 탄성하중을 가상하중으로 구하는 점의 **휨모멘트**를 계산하면 그 점의 **처짐**이 된다.

2. 계산순서

① 각 단면의 휨모멘트(M)를 구하고 휨모멘트도(B.M.D)를 작도한다.

② 탄성하중 $\left(\dfrac{M}{EI}\right)$을 가상하중으로 하여 휨모멘트의 부호가 (+)이면 하향(↓)으로, (−)이면 상향(↑)으로 하여 공액보로 바꾼 단순보에 작용시킨다.

③ 가상하중에 의한 구하는 점의 전단력 S_x와 휨모멘트 M_x를 구한다.

④ 처짐각 $\theta_x = S_x$가 되고 처짐 $y_x = M_x$가 된다.

3. 탄성하중법에 의한 해석

(1) 단순보 중앙에 집중하중이 작용할 때

① A점의 처짐각(θ_A)

$$\theta_A = S_A' = R_A' = \frac{Pl}{4EI} \times \frac{l}{2} \times \frac{1}{2} = \boxed{\frac{Pl^2}{16EI}}$$

② B점의 처짐각(θ_B) : 구조와 하중이 대칭이므로

$$\theta_B = -\theta_A = -\frac{Pl^2}{16EI}$$

③ A점의 처짐(y_A)

$y_A = M_A' = 0$

④ C점의 처짐(y_c)=($y_{\max}$)

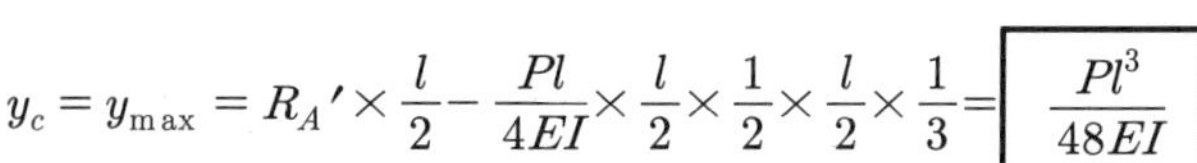

$$y_c = y_{\max} = R_A' \times \frac{l}{2} - \frac{Pl}{4EI} \times \frac{l}{2} \times \frac{1}{2} \times \frac{l}{2} \times \frac{1}{3} = \boxed{\frac{Pl^3}{48EI}}$$

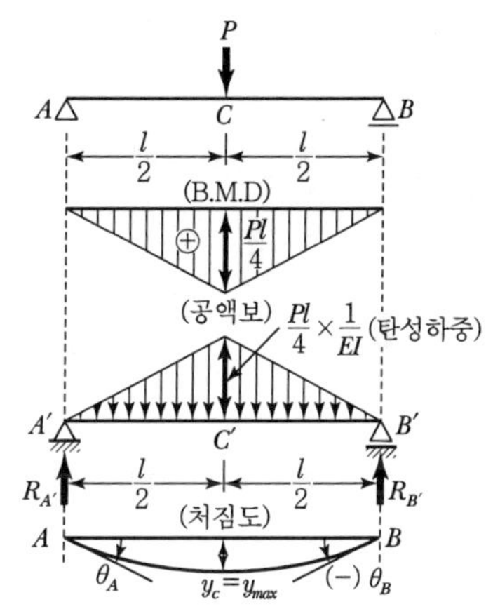

▌(그림 2) 단순보에 집중하중이 작용할 때 탄성하중법 해석▐

(2) 단순보에 등분포하중이 작용할 때

① A점의 처짐각(θ_A)

$$\theta_A = S_A' = R_A' = \frac{wl^2}{8EI} \times \frac{l}{2} \times \frac{2}{3} = \boxed{\frac{wl^3}{24EI}}$$

② θ점의 처짐각(θ_B) : 구조와 하중이 대칭이므로

$$\theta_B = -\theta_A = -\frac{wl^3}{24EI}$$

③ A점의 처짐(y_A)

$$y_A = M_A{}' = 0$$

④ C점의 처짐(y_c)=($y_{\max}$)

$$y_c = y_{\max} = R_A{}' \times \frac{l}{2} - \frac{wl^2}{8EI} \times \frac{l}{2} \times \frac{2}{3} \times \frac{l}{2} \times \frac{3}{8}$$

$$= \boxed{\frac{5wl^4}{384EI}}$$

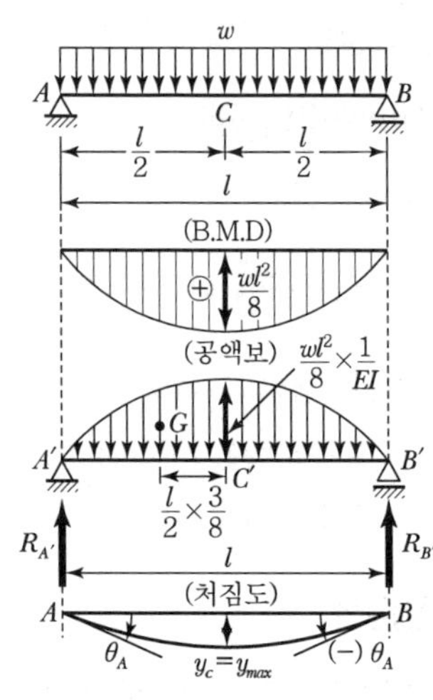

‖ (그림 3) 단순보에 등분포하중이 작용할 때 탄성하중법 해석 ‖

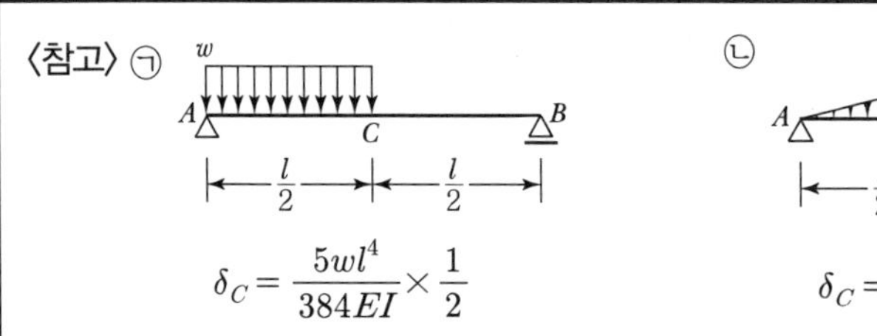

㉠ $\delta_C = \frac{5wl^4}{384EI} \times \frac{1}{2}$

㉡ $\delta_C = \frac{5wl^4}{384EI} \times \frac{1}{2}$

>>> 문제

30 그림에서 처짐각 θ_A는?

① $\frac{Pl^2}{EI}$ ② $\frac{Pl^3}{EI}$

③ $\frac{Pl^2}{9EI}$ ④ $\frac{10Pl^3}{81EI}$

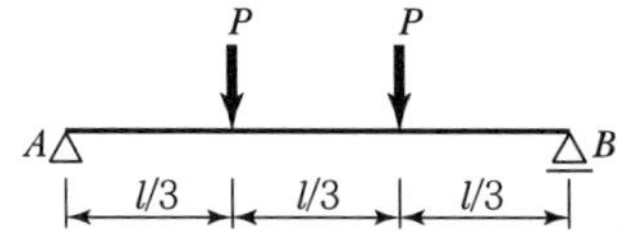

해설

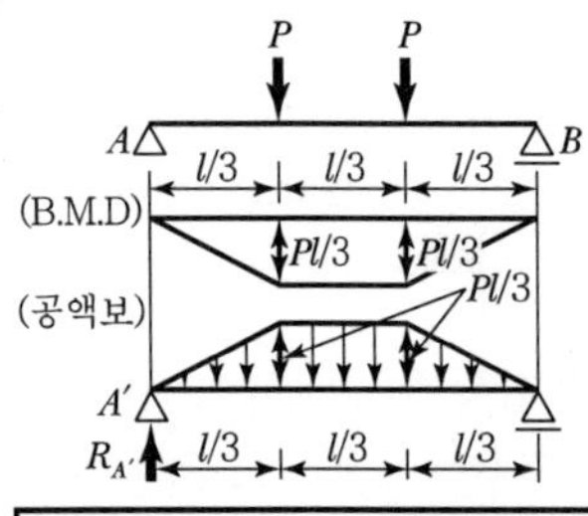

$$\theta_A = \frac{S_A}{EI} = \frac{R_A{}'\left(전 하중의 \frac{1}{2}\right)}{EI} = \frac{1}{EI}\left[\frac{\left(\frac{l}{3}+l\right)\times\frac{Pl}{3}}{2} \times \frac{1}{2}\right] = \frac{Pl^2}{9EI}$$

〈별해〉

$$\theta_A = \frac{Pa'b'}{2EI} = \frac{P\left(\frac{l}{3}\right)\left(\frac{2}{3}l\right)}{2EI} = \frac{Pl^2}{9EI}$$

정답 30 ③

핵심이론 캔틸레버보에 등분포하중이 작용할 경우

① A점의 처짐각(θ_A)과 처짐(y_A)

$$\theta_A = S_A' = 0,\ y_A = M_A' = 0$$

② B점의 처짐각(θ_B)

$$\theta_B = S_B' = R_B' = \frac{wl^2}{2} \times l \times \frac{1}{3} = \boxed{\frac{wl^3}{6EI}}$$

$$\therefore\ \theta_B = \theta_{\max}$$

③ B점의 처짐(y_B)

$$y_B = M_a' = \frac{wl}{2} \times 1 \times \frac{1}{3} \times \frac{3l}{4} = \boxed{\frac{wl^4}{8EI}}$$

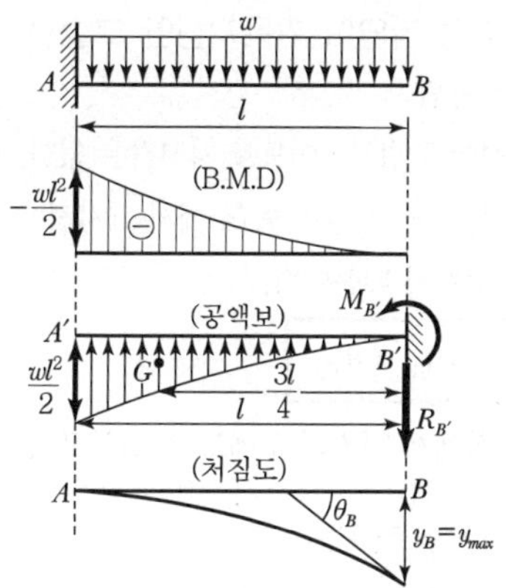

▌캔틸레버보에 등분포하중이 작용할 때 공액보법 해석▐

>>> 문제

31 아래 그림의 보에서 C점의 수직 처짐량은?

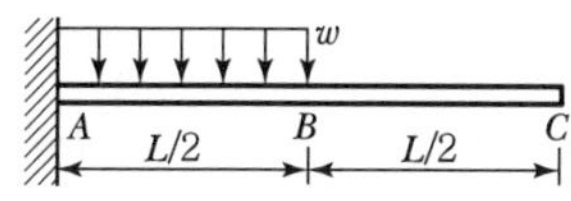

① $\dfrac{7wL^4}{384EI}$　② $\dfrac{5wL^4}{384EI}$　③ $\dfrac{7wL^4}{192EI}$　④ $\dfrac{5wL^4}{192EI}$

해설

<공액보>

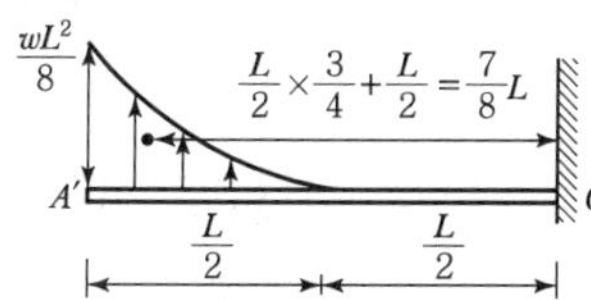

$$M_A = -\left(w \times \frac{L}{2}\right) \times \frac{L}{4} = -\frac{wL^2}{8}$$

$$\therefore\ y_C = \frac{M_C'}{EI} = \frac{1}{EI}\left[\left(\frac{wL^2}{8} \times \frac{L}{2} \times \frac{1}{3}\right) \times \left(\frac{L}{2} \times \frac{3}{4} + \frac{L}{2}\right)\right] = \frac{1}{EI}\left(\frac{wL^3}{48} \times \frac{7L}{8}\right) = \frac{7wL^4}{384EI}$$

꿀 TIP

〈공식〉 $\delta_C = \dfrac{wa^3}{24EI}(3a + 4b)$

$$\delta_C = \frac{w\left(\frac{L}{2}\right)^3}{24EI}\left(3 \times \frac{L}{2} + 4 \times \frac{L}{2}\right) = \frac{wL^3}{192EI}\left(\frac{7}{2}L\right) = \frac{7wL^4}{384EI}$$

정답 31 ①

핵심이론 처짐각을 이용하는 방법

■ 일단 고정 타단이 가동지점인 고정보의 중앙에 집중하중이 작용할 때

① 적용방법

B점이 고정지점이므로 처짐각은 없다. 만약 B지점이 활절지점이라면 그림 (b)와 같이 처짐각 θ_{B1}이 발생한다. 그러나 실제 보 (a)에서 B지점에 처짐각이 발생하지 않는 것은 그림 (c)와 같이 M_B가 작용하여 θ_{B2}가 생기기 때문이다.

$$\therefore\ \theta_{B1} = \theta_{B2}$$

위 식에서 미지의 모멘트 M_B를 구하면 그림 (d)와 같은 정정보가 되므로 정정보로 해석하면 된다.

② 반력모멘트(M_B)

$\theta_{B1} + \theta_{B2} = 0$에서

$$-\frac{Pl^2}{16EI} + \frac{M_B \cdot l}{3EI} = 0$$

$$\therefore\ M_B = \frac{3}{16}Pl$$

③ 그림 (d)와 같은 정정보를 해석하면 된다.

㉠ 반력($R_A \cdot R_B$)

$\sum M_B = 0$에서

$$R_A \times l - P \times \frac{l}{2} + \frac{3}{16}Pl = 0$$

$$\therefore\ R_A = \frac{5}{16}P$$

$\sum V = 0$에서

$$R_A + R_B = P \quad \therefore\ R_B = \frac{11}{16}P$$

㉡ 전단력(S)

$$S_{(A-C)} = R_A = \frac{5}{16}P$$

$$S_{(C-B)} = R_A - P = -\frac{11}{16}P$$

㉢ 휨모멘트(M)

$$M_A = 0$$

$$M_B = \frac{5}{16}P \times l - P \times \frac{l}{2} = -\frac{3}{16}Pl$$

$$M_C = \frac{5}{16}P \times \frac{l}{2} = \frac{5}{32}Pl$$

(a)

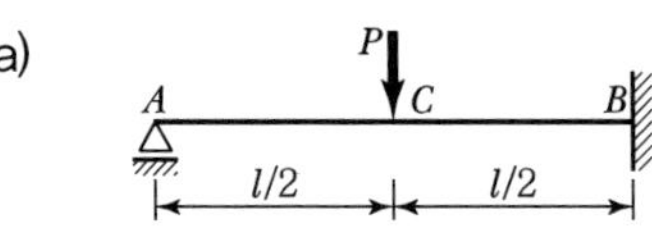

(b)

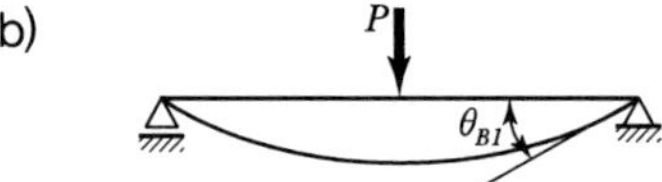

(c)

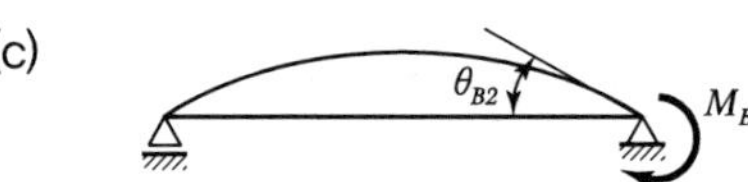

(d)

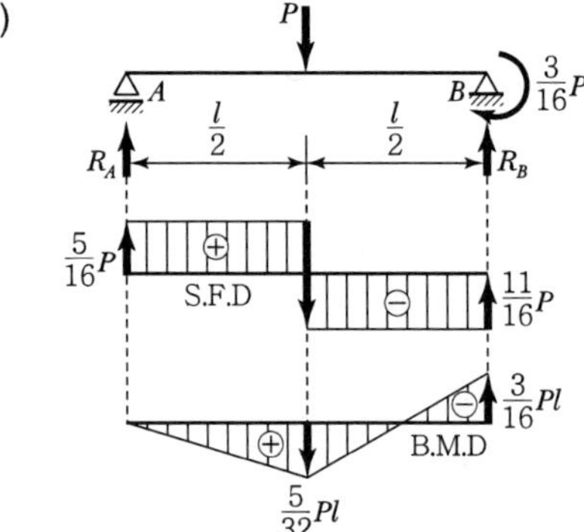

▌처짐각을 이용한 일단 고정 타단 가동인 보의 부정정 해석▐

>>> 문제

32 그림과 같은 1차 부정정 구조물의 A지점의 반력은?(단, EI는 일정하다.)

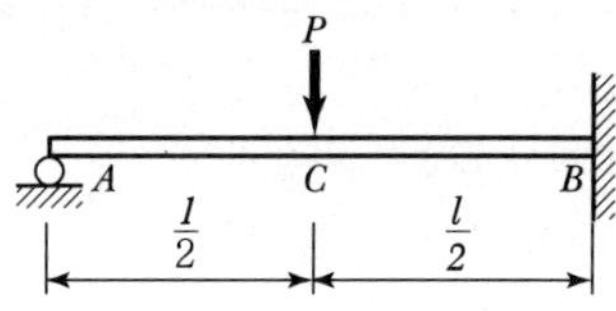

① $\frac{5P}{16}$ ② $\frac{11P}{16}$ ③ $-\frac{3P}{16}$ ④ $\frac{5P}{32}$

해설

$\delta_A = 0$

$-\frac{R_A l^3}{3EI} + \frac{5Pl^3}{48EI} = 0$

$R_A = \frac{5\times3}{48}P = \frac{5}{16}P$

꿀 TIP

$R_A = \frac{P}{2} - \frac{M_B}{l} = \frac{P}{2} - \frac{\frac{3}{16}Pl}{l} = \frac{5}{16}P$

33 다음 보의 지점 A에서 모멘트하중 M_o을 가할 때 타단 B의 고정단 모멘트의 크기는?

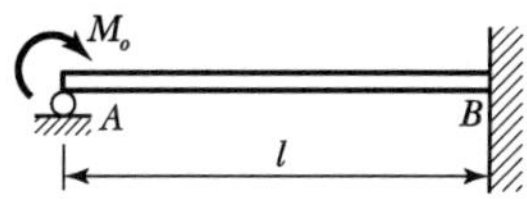

① M_o ② $\frac{M_o}{2}$ ③ $\frac{M_o}{3}$ ④ $\frac{M_o}{4}$

해설

㉠ $\delta_A = 0$

$-\frac{M_o L^2}{2EI} + \frac{R_A L^3}{3EI} = 0$

$R_A = \frac{3M_o}{2L}(\downarrow)$

㉡ $M_B = -R_A \times L + M_o = -\frac{3}{2}M_o + M_o = -\frac{M_o}{2}(\curvearrowright)$

꿀 TIP 고정단에 $\frac{1}{2}$ 전달된다.(전달률 $\frac{1}{2}$)

$\therefore M_B = M_o \times \frac{1}{2} = \frac{-M_o}{2}(\curvearrowright)$

정답 32 ① 33 ②

핵심이론 처짐을 이용하는 방법

■ 일단 고정 타단이 가동지점인 고정보에 등분포하중이 작용할 때

① 적용방법

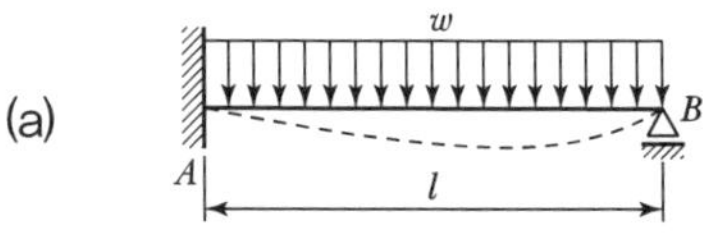

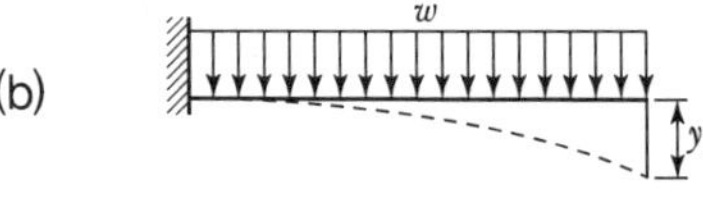

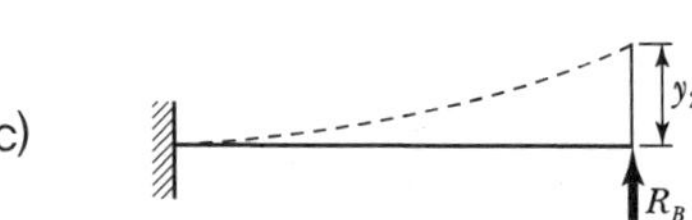

그림과 같은 1차 부정정 고정보에서 B점은 가동지점으로 처짐이 없다. 만약, B지점이 없다면 그림 (b)에서 B점에 처짐 y_1이 발생하며, 실제 처짐이 없는 것은 그림 (c)에서 반력 R_B가 작용하기 때문이다.

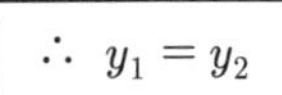

$$\therefore\ y_1 = y_2$$

위 식에서 미지의 반력 R_B를 구하면 그림 (d)와 같은 정정보가 되므로 정정보로 해석하면 된다.

② 지점반력($R_B,\ R_A$)

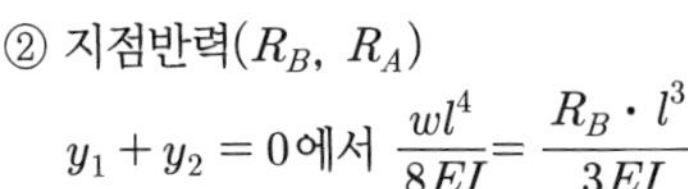

$y_1 + y_2 = 0$에서 $\dfrac{wl^4}{8EI} = \dfrac{R_B \cdot l^3}{3EI}$

$$\therefore\ R_B = \frac{3wl}{8}$$

$\Sigma V = 0$에서, $R_A + R_B - wl = 0$

$$\therefore\ R_A = wl - \frac{3wl}{8} = \frac{5wl}{8}$$

③ 지점반력모멘트(M_A)

$$-M_A + w \times l \times \frac{l}{2} - R_B \times l = 0$$

$$\therefore\ M_A = -\frac{w \cdot l^2}{8}$$ (우에서 좌로 계산할 때 최종부호 반대)

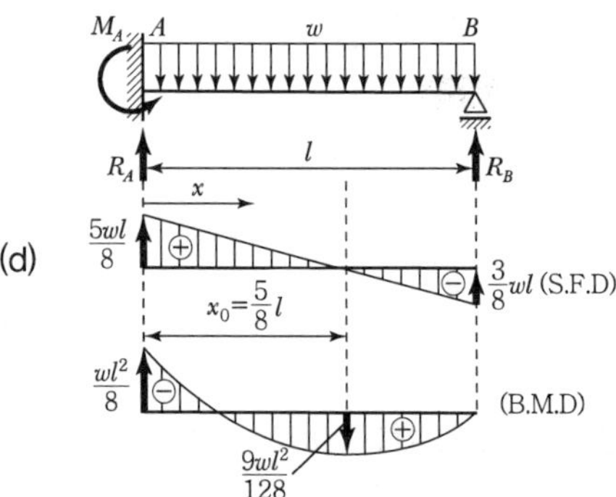

▌처짐을 이용한 일단 고정 타단 가동인 고정보의 부정정 해석▐

④ $M_{\max} = -M_A + R_A \times x_0 - w \times x_0 \times \dfrac{x_0}{2}$

$$= -\frac{wl^2}{18} + \frac{5wl}{8} \times \frac{5l}{8} - w \times \frac{5l}{8} \times \frac{5l}{8} \times \frac{1}{2} = \frac{9wl^2}{128}$$

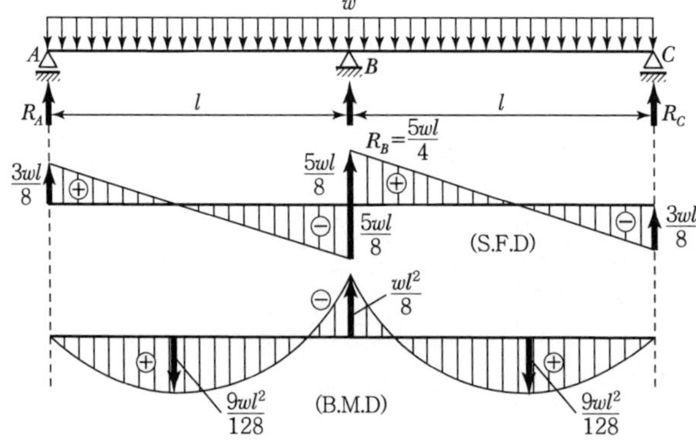

▌고정보의 제 공식을 적용한 2경간 연속보▐

>>> 문제

34 다음과 같은 부정정보에서 A의 처짐각 θ_A는?(단, 보의 휨강성은 EI이다.)

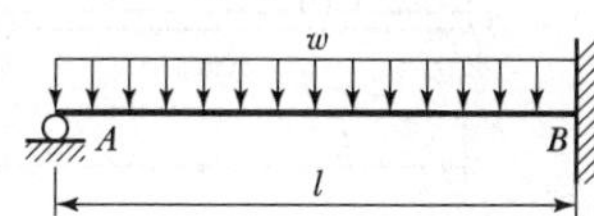

① $\dfrac{1}{12}\dfrac{wl^3}{EI}$ ② $\dfrac{1}{24}\dfrac{wl^3}{EI}$ ③ $\dfrac{1}{36}\dfrac{wl^3}{EI}$ ④ $\dfrac{1}{48}\dfrac{wl^3}{EI}$

해설

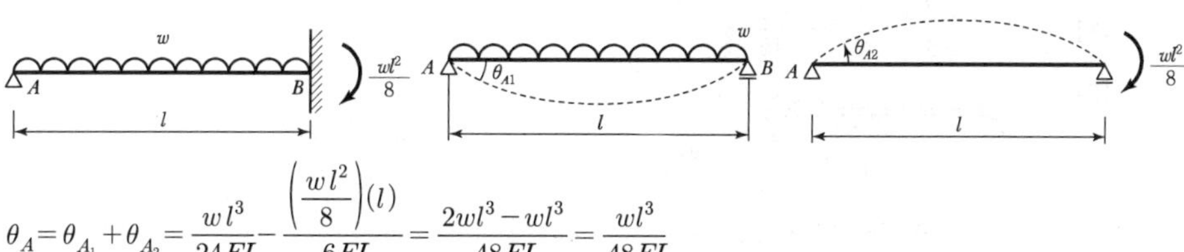

$$\theta_A=\theta_{A_1}+\theta_{A_2}=\frac{wl^3}{24EI}-\frac{\left(\frac{wl^2}{8}\right)(l)}{6EI}=\frac{2wl^3-wl^3}{48EI}=\frac{wl^3}{48EI}$$

꿀 TIP ㉠

$$\theta_A=\frac{wl^3}{24EI}$$

㉡

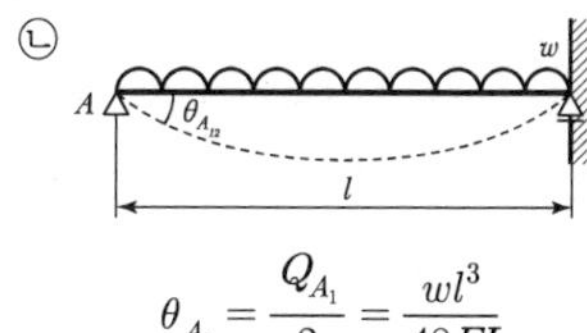

$$\theta_{A_2}=\frac{Q_{A_1}}{2}=\frac{wl^3}{48EI}$$

35 그림과 같은 2경간 연속보에 등분포하중 w가 만재되어 있을 때 중앙 지점의 반력 R_B는?

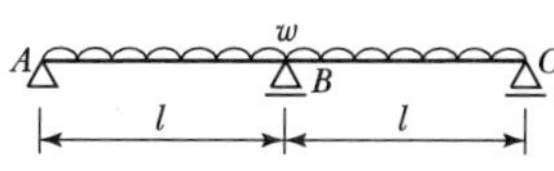

① $\dfrac{5}{2}wl$ ② $\dfrac{5}{4}wl$ ③ $\dfrac{5}{8}wl$ ④ $\dfrac{5}{16}wl$

해설

변형일치법으로 구하면

㉠

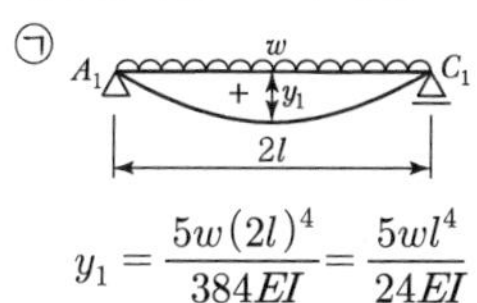

$$y_1=\frac{5w(2l)^4}{384EI}=\frac{5wl^4}{24EI}$$

㉡

$$y_2=-\frac{R_B(2l)^3}{48EI}=-\frac{R_B\cdot l^3}{6EI}$$

㉢ B점은 처짐이 없으므로 $y_B=y_1+y_2=0$

$$\frac{5wl^4}{24EI}+\left(-\frac{R_B\cdot l^3}{6EI}\right)=0,\ \therefore\ R_B=\frac{5wl}{4}(\uparrow)$$

꿀 TIP ㉠ ㉡

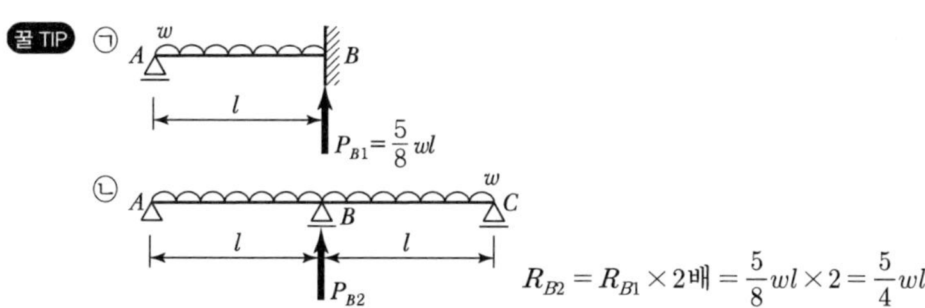

$$R_{B2}=R_{B1}\times 2\text{배}=\frac{5}{8}wl\times 2=\frac{5}{4}wl$$

36 다음 그림과 같이 2경간 연속보의 첫 경간에 등분포하중이 작용한다. 중앙지점 B의 휨모멘트는?

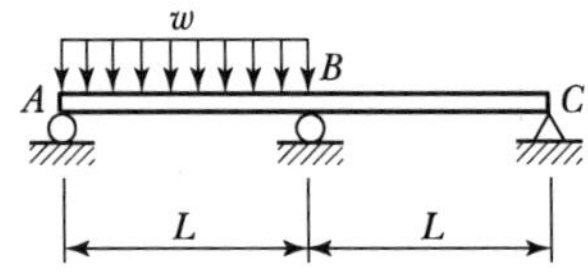

① $-\dfrac{1}{24}wL^2$　　② $-\dfrac{1}{16}wL^2$　　$-\dfrac{1}{12}wL^2$　　④ $-\dfrac{1}{8}wL^2$

해설

[1] $M_B = -\dfrac{wL^2}{8} \times \dfrac{1}{2} = -\dfrac{wL^2}{16}$

[2] ㉠ $M_B = -\dfrac{wL^2}{8}$

㉡ $M_B = -\dfrac{wL^2}{16}$

정답 34 ④　35 ②　36 ②

응용역학 토목기사산업기사 필기

발행일 | 2015. 1. 20 초판 발행
2017. 2. 20 개정 1판1쇄
2017. 3. 10 개정 1판2쇄
2018. 1. 20 개정 2판1쇄
2018. 3. 30 개정 2판2쇄
2019. 1. 20 개정 3판1쇄
2020. 1. 20 개정 4판1쇄
2021. 1. 15 개정 5판1쇄
2022. 1. 10 개정 6판1쇄
2022. 2. 20 개정 6판2쇄
2023. 1. 10 개정 7판1쇄
2024. 1. 10 개정 8판1쇄
2025. 1. 10 개정 9판1쇄
2025. 4. 30 개정 9판2쇄
2026. 1. 20 개정10판1쇄

저 자 | 이관석
발행인 | 정용수
발행처 | 예문사

주 소 | 경기도 파주시 직지길 460(출판도시) 도서출판 예문사
TEL | 031) 955 – 0550
FAX | 031) 955 – 0660
등록번호 | 11 – 76호

정가 : 27,000원

ISBN 978-89-274-6033-6 13530